Fahrwerklehrbuch Band 1

Metin Ersoy

(Hrsg.)

Fahrwerklehrbuch Band 1

Grundlagen

Springer Vieweg

Hrsg.
Metin Ersoy
Früher: ZF Friedrichshafen AG
Walluf, Deutschland

Der Inhalt dieses Werkes basiert auf dem Fahrwerkhandbuch 5. Auflage, DOI 10.1007/978-3-658-15468-4, herausgegeben von Prof. Dr. Metin Ersoy und Prof. Dr. Stefan Gies.

ISBN 978-3-658-26711-7

Die Deutsche Nationalbibliothek verzeichnet diese Publikation in der Deutschen Nationalbibliografie; detaillierte bibliografische Daten sind im Internet über http://dnb.d-nb.de abrufbar.

Springer Vieweg
© Springer Fachmedien Wiesbaden GmbH, ein Teil von Springer Nature 2020

Verantwortlich im Verlag: Markus Braun

Springer Vieweg ist ein Imprint der eingetragenen Gesellschaft Springer Fachmedien Wiesbaden GmbH und ist ein Teil von Springer Nature.
Die Anschrift der Gesellschaft ist: Abraham-Lincoln-Str. 46, 65189 Wiesbaden, Germany

Auf Anregung des Springer Vieweg Verlags wurde das erfolgreiche FAHRWERK-HANDBUCH der renommierten Reihe ATZ/MTZ-Fachbuch 2019 zu einem FAHR-WERKLEHRBUCH weiterentwickelt, welches gleichermaßen die Grundlagen des Fahrwerks und der Fahrdynamik sowie die Fahrwerksysteme und deren Komponenten aufzeigt. Dabei sollten an erster Stelle die Belange von Studierenden Berücksichtigung finden. Zudem wurde besonderer Wert auf die Aktualität und die leichte Lesbarkeit gelegt.

Unter dieser Zielsetzung wurde das Werk aufgeteilt: Band 1 behandelt die Fahrwerkgrundlagen und Band 2 die Fahrwerkbestandteile, die jeweils den Lehrumfang eines Semesters umfassen.

In beiden Bänden werden alle fahrwerkrelevanten Themen mit zahlreichen Bildern und Tabellen systematisch und übersichtlich dargestellt. Der Detaillierungsgrad ist so gehalten, dass den Studierenden eine vollständige Wissensbasis für den späteren Beruf an die Hand gegeben wird, ohne jedoch zu sehr in die technischen Details zu gehen. Im Fahrwerkhandbuch erhaltene, jedoch nicht in Serie gelangte Innovationen, wurden weggelassen. Gleichzeitig wird aber ein sehr ausführlicher Ausblick in die Zukunft des Fahrwerks gegeben.

Im ersten Kapitel „Grundlagen" des vorliegenden Bandes werden Geschichte und die Bedeutung des Fahrwerks, dessen Aufbau und Auslegung sowie Kinematik der Radaufhängung und Kenngrößen des Fahrwerks mit deren Einfluss auf Fahrdynamik, Fahrverhalten und Fahrkomfort erläutert.

Das zweite Kapitel „Fahrdynamik" erklärt die physikalischen Grundlagen der Längs-, Vertikal- und Querdynamik sowie deren Wechselwirkungen.

Das dritte Kapitel „Fahrverhalten" gibt Antwort auf die Frage, wie die Güte des Fahrwerkverhalten unter allen erdenklichen Bedingungen gemessen, beurteilt und abgestimmt werden kann.

Im Kapitel „Fahrkomfort mit NVH" werden die auf die Insassen wirkenden mechanischen und akustischen Schwingungen beschrieben und deren Optimierung, damit die Insassen sich wohlfühlen, untersucht. Hier stehen der Einsatz von Gummiverbundteilen (Gummilagern) im Vordergrund.

Mit der „Fahrwerkentwicklung" befasst sich das fünfte Kapitel, in dem die modernen Entwicklungsmethoden und -werkzeuge des Entwicklungsingenieurs, welche die Planungs-, bis zur Serieneinführungsphase, das Simulieren und Entwerfen, bis zum virtuellen und realen Validieren des Fahrwerkumfangs umfassend beschrieben werden. Vorgestellt werden alle bekannten, modernen Auslegungs-, Simulations-, Test- und Prüfmethoden.

Im sechsten Kapitel folgt die Darstellung aller bekannten Achsen und Radaufhängungen. Starre und halbstarre Achsen sowie Einzelradaufhängungen werden nicht nur in Diagrammen und Bildern beschrieben, sondern auch ihre Stärken und Schwächen einander gegenüber gestellt. Zudem wird die Frage beantwortet, welches dieser Konzepte für die Vorderachse und welches für die Hinterachse geeignet ist. Mit der Betrachtung des Gesamtfahrwerks von Heute und den Radaufhängungen der Zukunft schließt das Kapitel.

Kapitel sieben beschäftigt sich mit dem Beitrag des Fahrwerks zum Umweltschutz durch Gewichts-, Fahrwiderstands- und Verbrauchssenkungen. Abschließend werden Konzepte und Systeme für das Fahrwerk von Morgen sowie Fahrwerke für Hybrid- und Elektrofahrzeuge untersucht. Vorausschauende und intelligente Fahrwerke, moderne Fahrerassistenzsysteme und das autonome Fahren sowie die Visionen der „driving chassis" und „e-corner" werden diskutiert.

Mit den beiden Bänden des Lehrbuchs wird das komplette Fahrwerk auf dem aktuellsten Stand dargestellt. Alle Fortschritte der letzten Jahre wurden mit einbezogen. Zudem werden Lenksysteme, Elektrofahrwerke, Fahrerassistenzsysteme und das autonome Fahren erläutert. Mit den aktuellsten Fahrwerkentwicklungen und über 650 Literaturhinweisen – ein Großteil davon nach 2006 veröffentlicht – wird der Stand der Technik im Jahre 2018 umfassend wiedergegeben. Zur besseren Verständlichkeit technischer Erläuterungen wurden 1400 Farbabbildungen und 80 Tabellen beigefügt.

In diesem zweibändigen Lehrbuch haben 37 namhafte Fachexperten von Automobilherstellern, deren Zulieferer und Universitäten ihr aktuelles Wissen zu Papier gebracht. Neben den namentlich erwähnten Autoren, haben viele weitere Fachleute, sei es durch fachliche Diskussion oder Beratung, zum Gelingen der Lehrbücher tatkräftig beigetragen; Kurzbeiträge, Empfehlungen, Korrekturen und die Bereitschaft zum fachlichen Gegenlesen haben dabei geholfen.

Nicht unerwähnt bleiben sollte die unermüdliche Unterstützung des Springer Vieweg Verlags bei allen organisatorischen Aufgaben. Allen sage ich an dieser Stelle ein herzliches Dankeschön.

Walluf   Prof. Dr.-Ing. Metin Ersoy
im Januar 2019

Inhaltsverzeichnis

Abkürzungsverzeichnis

AAS	Adaptive Air Suspension
ABA	Active Brake Assist
Abb.	Abbildung
ABC	Active Body Control
ABS	Anti-Blockiersystem
ABV	Anti-Blockiervorrichtung
ACC	Autonomous/Adaptive Cruise Control
ACE	Active Cornering Enhancement
AD	Autonomous Driving
ADAS	Advanced Driver Assistance Systems
ADC	Active Dynamic Control
ADR	Automatische Distanzregelung
ADS	Adaptives Dämpfungssystem
ADS	Air Damping System
AEB	Autonomous Emergency Braking
AFS	Active Front Steering
AFS	Aktive Fahrwerkstabilisierung
AGCS	Active Geometry Control Suspension
AGR	Adaptive Geschwindigkeitsanlage
AHK	Aktive Hinterachskinematik
AICC	Autonomous Intelligent Cruise Control
AKC	Active Kinematic Control
ALC	Automatic Linear Guidance Control
AMR	Antriebsmoment Regelung
ANB	Automatische Notbremsung
AOS	Adaptive Off-Road Stabilizer
APAS	Advance Parking Assist System
APB	Aktive Parkbremse – Active Parking Brake
APS	Automatic Parking System
APQP	Advanced Product Quality Planning

ARK	Active Rear Axle Kinematics
ARM	Active Roll Mitigation
ARP	Active Rollover Control
ARS	Active Roll Stability
ART	Abstandsregeltempomat
ASC	Automatic Stability Control
ASCA	Active Suspension via Control Arm
ASCS	Active Suspension Control System
ASCx	Automatic Stability Control x (Allwheel)
ASD	Amplitudenselektive Dämpfung – Amplitude Sensitive Damper
ASIC	Application Specific Integrated Circuit
ASIL	Automotive Safety Integrity Level
ASM	Asynchron Maschine (Motor)
ASMS	Autom. Stabilitätsmanagementsystem
ASR	Antriebsschlupfregelung – Anti Slip Regulation
ASTC	Advanced Stability Control
ATB	Automatische Teilbremsung
ATC	Active Tilt Control
ATTC	Active Tire Tilt Control
ATTS	Active Torque Transfer System
AUN	Allgemeiner Unebenheitsindex
AUTOSAR	Automotive Open System Architecture
AUV	Advanced Urban Vehicle (ZF)
AWD	All Wheel Drive
AWS	All Wheel Steering
AYC	Active Yaw Control
BA	Bremsassistent
BAB	Bundesautobahn
BAS	Bremsassistenz
BASR	Bremsen-Antriebs-Schlupf-Regelung
BBA	Betriebsbremsanlage
BBC	Brake Boost Control
BbW	Brake by Wire
BDW	Brake Disc Wiping
BFD	Brake Force Display
Bj.	Baujahr
BKV	Bremskraftverstärker
BLIS	Blind Spot Information System
BMR	Bremsmomentenregelung
BSA	Baustellen Assistent
BSD	Blind Spot Detection
C2C	Car to Car (Communication)

CAD	Computer Aided Design
CAE	Computer Aided Engineering
CAM	Computer Aided Manufacturing
CAN	Controller Area Network
CAS	Collusion Avoidance System
CASE	Computer Aided Software Engineering
CBC	Cornering Brake Control
CBS	Combined Brake System
CCD	Charged Coupled Devices
CCS	Continuous Controlled Electronic Suspension
CDC	Continuous Damper Control
CDL	Collision Danger Level
CEN	European Committee for Standardization
CFK	Carbonfaserverstärkter Kunststoff
CMOS	Complimentary Metal Oxid Semiconductor
CMS	Collusion Mitigation System
CSW	Curve Speed Warning
CTA	Cross Traffic Assist
CTW	Cross Traffic Warning
CWS	Collusion Warning Assist
DARPA	Defense Advance Research Projects Agen.
DBC	Dynamic Brake Control
DBS	Dynamic Brake Support
DbW	Drive by Wire
DD	Dynamic Drive
DDS	Deflation Detection System
DIN	Deutsches Institut für Normung
DME	Digitale Motorelektronik
DMU	Digital Mock Up
DOE	Design of Experiment
DQL	Doppelquerlenker
DRC	Dynamic Ride Control
DRS	Drehratensensor
DSC	Dynamic Stability Control (BMW)
DSP	Dynamisches Stabilitätsprogramm
DSCT	Dynamic Stability and Traction Control
DSR	Driver Steering Recommendation
DTC	Dynamic Traction Control
DWS	Drehwinkelsensor
DXC	Dynamic x(Allrad) Control
eABC	Electromechanical Active Body Control
EAS	Electronic Active Steering Assistant

EASS	Electric Active Stabilizer Suspension System
EB	Emergency Braking
EBA	Elektronischer Bremsassistent – Emergency Brake Assist
EBC	Electronic Body Control
EBC	Engine Braking Control
EBD	Electronic Brake Distribution
eBKV	Elektromechanischer Bremskraftverstärker
EBM	Elektronisches Bremsen-Management
EBS	Electronically Controlled Braking System
EBV	Elektronische Bremskraftverteilung
ECD	Electronic Controlled Deceleration
ECE	Economic Commission for Europe
ECM	Electronic Chassis Management
ECU	Electronic Control Unit
EDC	Electronic Damper Control
EDS	Elektronische Differenzialsperre
E/E	Elektrik/Elektronik
EHB	Elektrohydraulische Bremse
EHCB	Elektrohydraulische Kombibremse
E-Gas	Elektronisches Gas-Pedal
EGS	Elektronische Getriebesteuerung
EMB	Elektromechanische Bremse
EMC	Electro Magnetic Compatibility
EMP	Elektronische Parkbremse
EPB	Elektrische Park-Bremse
EPH	Einparkhilfe
EPS	Electric Power Steering
EPSapa	EPS mit achsparallelen Antrieb
EPSc	EPS mit Lenksäulenantrieb
EPScr	EPS mit koaxialem Antrieb
EPSdp	EPS mit Doppelritzelantrieb
EPSp	EPS mit Servoantrieb am Ritzel
eROT	Elektrischer Rotationsdämpfer
ESA	Emergency Steer Assist
ESAS	Electric Steer Assisted System
ESD	Electrostatic Discharge
ESP	Elektronisches Stabilitätsprogramm
ESS	Emergency Stop System
ETC	Electronic Traction Control
EV	Electric (Driven) Vehicle
FAS	Fahrerassistenz-Systeme
FC	Fuel-Cell (driven) Vehicle

FCDB	Full Contact Disc Brake von NewTech
FDR	Fahrdynamikregelung
FEA	Finite-Elemente-Analyse
FEM	Finite-Elemente-Methode
FFT	Fast Fourier Transformation
FGR	Fahrgeschwindigkeitsregler
FKV	Faser-Kunststoff-Verbund
Flexray	Seriell-deterministisches Bus System
FMEA	Fehlermöglichkeits- und Einflussanalyse
FPDS	Ford Product Development System
FPM	Fahrpedal-Modul
FSD	Frequency Selective Damper
FSR	Fahrstabilitätsregelung
GCC	Global Chassis Control
GFD	Gas-Feder-Dämpfereinheit
GFK	Glasfaserverstärkter Kunststoff
GG	Grauguss
Gl., Gln.	Gleichung, Gleichungen
GM	General Motors
GMR	Giermomentenregelung
GPS	Global Positioning System
GRA	Geschwindigkeitsregelanlage
HA	Hinterachse
HAD	High Way Driving Assist
HAQ	Hinterachs-Quersperre
HBA	Hydraulischer Bremsassistent
HBM	Hydraulisches Bremsenmanagement
HCU	Hydraulic Control Unit
HDA	Highway Driving Assist
HDC	Hill Descent Control
HECU	Hydraulic Electronic Control Unit
HEV	Hybrid Electric Vehicle
HICAS	High Capacity Actively Controlled Suspension
HiL	Hardware in the Loop
HHC	Hill Hold Control
HMI	Human Machine Interface
HPS	Hydraulic Power Servosteering
HRB	Hydraulic Rear Wheel Boost
HUD	Head up Display
IBC	Integrated Brake Control
ICC	Intelligent Cruise Control
ICC	Integrated Chassis Control

ICCS	Integrated Chassis Control System
ICD	Intelligent Controlled Damper
ICM	Integrated Chassis Management
IDS	Interaktives Dynamisches Fahrsystem
IPAS	Intelligent Parking assist System
IR	Individual(Einzelrad)-Regelung
IR	Infrarot
ISAD	Integrated Starter Alternator Damper
ISG	Integrated Starter Generator
ISO	International Standard Organization
IWD	Intelligent Wheel Dynamics
KAS	Kreuzungsassistenz
K&C	Kinematics and Compliances
KQA	Kreuzungs- /Querverkehrassistent
KVP	Kontinuierlicher Verbesserungsprozess
LbW	Leveling by Wire
LCA	Lane Change Assist
LCC	Lane Change Control
LDP	Line Departure Prevention
LDW	Lane Departure Warning
LFD	Luft-Feder-Dämpfereinheit
LG	Lane Guidance
LIDAR	Light Detection and Ranging
LIN	Local Interconnected Network
LKA	Line Keeping Assistance
LKS	Lane Keeping Support
LRR	Long Range Radar
LSD	Limited-slip differential
LWS	Lenkwinkelsensor
MagneRide	Magneto-Rheologische Dämpfung
MB	Mercedes Benz
MBA	Mechanischer Bremsassistent
MBC	Magic Body Control
MBS	Multi Body System/Simulation (MKS)
MBU	Motorbremsmomentunterstützung
MEB	Modularer Elektrifizierungsbaukasten (VW)
MKS	Multikörpersimulationssystem
MMI	Man Machine Interface
MRR	Middle Range Radar
MPV	Multi Purpose Vehicle
MSR	Motor Schleppmomentenregelung
NCAP	New Car Assessment Program

NVH	Noise Vibration Harshness
OCP	Optimized Contact Patch
OEM	Original Equipment Manufacturer
OTA	Overtake Assist
PBA	Pneumatischer Bremsassistent
PCB	Printed Circuit Board
PCW	Predictive Collusion Warning
PDC	Park Distance Control
PDC	Pneumatic Damper Control
PDM	Product Data Management
PDM	Pull Drift Migration
PEP	Produktentstehungsprozess
PHEV	Plug-in Hybrid Electric Vehicle
PM	Projektmanagement
PSD	Power Spectral Density
PSM	Permanent erregte Synchron Machine
PSS	Predictive Safety System
PTFE	Poly-Tetrafluor-Ethylen
PTO	Power Take Off
Quattro	Audi Allrad-System
RADAR	Radio Detection and Ranging
RCTA	Rear Cross Traffic Alert
RDK	Reifendruckkontrolle
REAS	Relative Absorber System
RGP	Remote Garage Parking
RIM	Radindividuelle Momentenregelung
RLDC	Road Load Data Collections
ROP	Roll Over Protection
RSC	Road Surface Scan
RSC	Roll Stability Control
RSP	Roll Stability Control
RZA	Roadwork Zone Assist
s.	siehe
SAE	Society of Automotive Engineers
S-AWC	Super All Wheel Control
SBC	Sensotronic Brake Control
SCB	Slip-Control-Boost
SbW	Steer by Wire
SE	Simultaneous Engineering
SiL	Software in the Loop
SIL	Safety Integrity Level
SLS	Self Leveling Suspension

SMR	Schleppmomentenregelung
SOP	Start of Production
SPICE	Software Process Improvement and Capability Determination
SRR	Short Range Radar
SSP	Straßensimulationsprüfstand
STA	Stauassistent
STC	Stability Traction Control
STC	Steer Torque Control
SUC	Sport Utility Cabriolet
SUV	Sport Utility Vehicle
SW	Software
S&G	Stop and Go
TA	Trailer Assist
TC(S)	Traction Control (System)
TCM	Traffic Channel Message
THz	Tandemhauptbremszylinder
TMC	Tandem Main Cylinder
TOD	Torque on Demand
TPA	Trailer Parking Assist
TPMS	Tire Pressure Monitoring System
TSA	Traffic Sign Assist
TSA	Trailer Stability Assist
TSC	Torque Steer Compensation
TSC	Trailer Stability Control
TSR	Traffic Sign Recognition
TTC	Time to Collision
TT-CAN	Time Triggert CAN
TTP	Time Triggered Protocol
TWD	Totwinkeldetektion
TWE	Totwinkelerkennung
TWIN	Integrierte Spur- und Sturzverstellung
UCL	Under Steer Control Logic
ÜLL	Überlagerungslenkung
UMTS	Universal Mobile Telecommunication Sys.
V2V	Vehicle to Vehicle
VA	Vorderachse
VDC	Vehicle Dynamic Control
VGRS	Variable Gear Ratio Steering
ViL	Vehicle in the Loop
VPE	Virtual Product Environment
VSA	Vehicle Stability Assist
VSC	Vehicle Stability Control

VTD	Variable Torque Distribution
VTG	Verteilergetriebe
XbW	X by Wire
xDRIVE	Allrad System von BMW
μC/μP	Microcomputer/Microprocessor
4Motion	Permanenter Allradantrieb von VW
4WS	Four Wheel Steering

Einführung zum Fahrwerk 1

Metin Ersoy und Bernd Heißing

Einleitung

Wenn in den Fachkreisen der Kraftfahrzeugtechnik über Pkw geredet wird, werden Worte wie Mobilität, Antriebsleistung, Verbrauch, Umweltschutz, Fahrzeugklasse, Sicherheit, Fahrkomfort, Fahrdynamik, elektronische Systeme und Elektrifizierung benutzt. Aktuell sind auch Begriffe wie CO_2-*Emission, Hybridantrieb, Elektroantrieb, Fahrerassistenz, Connectivity, Autonomes Fahren, Agilität.*

Das Fahrwerk spielt dabei immer die wesentlichste Rolle, wenn es um Fahrsicherheit, Fahrkomfort, Fahrdynamik, autonomes Fahren und Agilität geht. Alle fahrsicherheits und komfortrelevanten elektronischen Regelsysteme sowie Fahrerassistenzsysteme findet man im Fahrwerk integriert.

Das Gesamtfahrzeug besteht traditionell aus drei Hauptgruppen: Antrieb, Fahrgestell und Aufbau.

Der Antrieb sichert mit den Elementen des Antriebsstrangs den Vortrieb des Fahrzeugs.

Der Aufbau bietet Platz für Personen und Gepäck.

Das Fahrgestell sorgt für deren Beförderung bzw. Mobilität, obwohl durch die tragenden Karosseriestrukturen das Fahrgestell nicht mehr alleine alle für das Fahren wichtigen Komponenten umfasst.

Heute ermöglicht nur noch bei einigen Pick-ups, Light-Trucks und Geländefahrzeugen der Chassisrahmen ein fahrbereites Fahrgestell (Abb. 1.1). Der Begriff Fahrgestell erlebt jedoch bei den aktuellen Elektrofahrzeugen seine Wiedergeburt.

M. Ersoy (✉)
Ehemals ZF Friedrichshafen AG, Walluf, Deutschland

B. Heißing
Ehemals Lehrstuhl für Fahrzeugtechnik, TU München, München, Deutschland

© Springer Fachmedien Wiesbaden GmbH, ein Teil von Springer Nature 2020
M. Ersoy (Hrsg.), *Fahrwerklehrbuch Band 1,*
https://doi.org/10.1007/978-3-658-26712-4_1

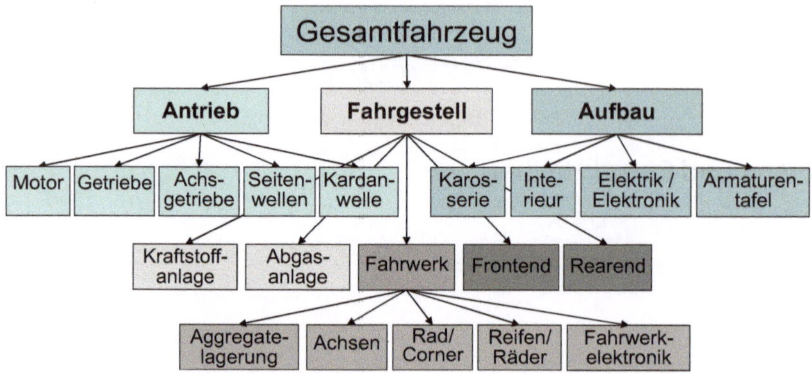

Abb. 1.1 Hauptbaugruppen des Gesamtfahrzeugs

Das Fahrgestell wurde bereits 1906 von Karl Blau wie folgt beschrieben: „Das Fahrgestell baut sich aus den Wagenrädern mit dem federnd aufgesetzten Stahlrahmen auf, der den Motor mit allem Zubehör für die Übertragung und den regelmäßigen Betrieb aufnimmt" [1].

Neben Antrieb und Aufbau gehört das Fahrwerk zu den Hauptbestandteilen des Automobils und besteht aus Reifen, Rädern, Radträgern, Radlagern, Radbremsen, Bremsanlage, Radführung, Achsträger, Federung, Stabilisator, Dämpfung, Lenkgetriebe, Lenkgestänge, Lenksäule, Lenkrad, Fußhebelwerk, Aggregatelagerung, Seitenwellen, Achsgetriebe und Fahrwerksregel-, bzw. Fahrerassistenzsystemen (Abb. 1.2). Diese umfassen in der Grundausstattung eines Mittelklassefahrzeuges

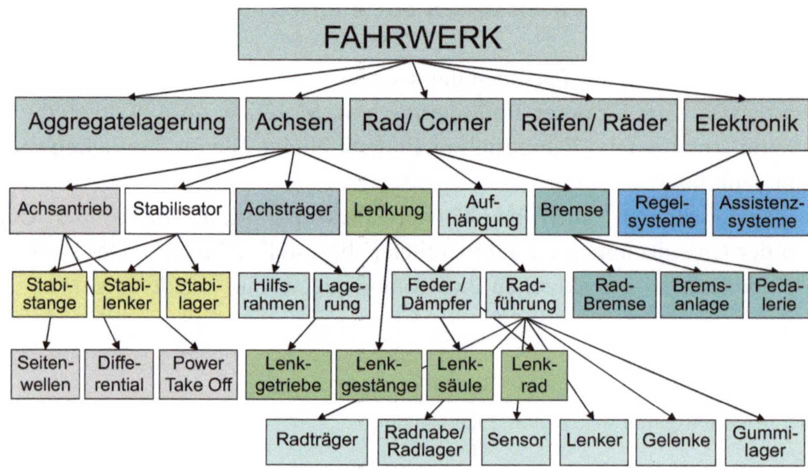

Abb. 1.2 Bestandteile eines modernen Fahrwerks

ca. 20 % des Gesamtgewichtes und beanspruchen (ohne Elektronik) ca. 15 % der Herstellkosten [2] (Abb. 1.3).

Das Fahrwerk ist die Verbindung des Fahrzeugs zur Straße und realisiert alle Hauptfunktionen, die zum Fahren und Führen des Fahrzeuges erforderlich sind: Antriebsmoment auf die Fahrbahn übertragen (Fahrwiderstände überwinden, Beschleunigen), Bremsen, Gasgeben, Räder führen, Lenken, Federn und Dämpfen.

Das vorliegende Buch ist als wissenschaftliches Lehrbuch für Lehrende und Studierende an Fachhochschulen und Universitäten konzipiert. Es geht nicht zu tief in die Theorie, dafür behandelt es alle wissenschaftlichen Aspekte des letzten Stands der Technik mit Betonung auf Aktualität und Innovationen und gibt einen Ausblick auf das Fahrwerk der Zukunft. Zahlreiche Literaturangaben ermöglichen eine weitergehende Vertiefung der Thematik.

Wegen des Umfangs wurde das Werk in zwei Bände unterteilt: Band 1 behandelt Grundlagen, Theorie und fahrwerkspezifische Themen. Band 2 widmet sich ausschließlich den Bestandteilen des Fahrwerks. Als „Grundlagen" wird in diesem Kapitel zuerst das Fahrwerk mit dessen Geschichte und Kenngrößen beschrieben.

In den folgenden Kap. 2, 3, 4 und 5 werden „Fahrdynamik", „Fahrverhalten", „Fahr-Fahrkomfort" Kap. 6 widmet sich den „Achsen" und „Radaufhängungen". Alle aktuellen

HERSTELLER	Volvo	Ford	Ford	Toyota	Durchschnitt		
MODELL	S80	Taurus	Mondeo	Camry	kg	%	
Karosserie	301	286	276	299	291	20	
Türen	90	111	97	102	100	7	
Glasscheiben	55	56	36	45	48	3	
Stoßstangen	31	31	28	23	28	2	
Sitze	78	69	72	59	69	5	
Cockpit	48	52	40	49	47	3	AUFBAU
Zwischensumme	604	604	550	577	584	39,4	
Fahrwerk	233	180	191	187	198	13	
Räder + Reifen	94	92	87	97	93	6	FAHRWERK
Zwischensumme	326	272	279	285	290	19,6	
Motor	167	157	156	137	154	10	
Getriebe	101	103	86	89	95	6	
Antriebswellen	14	13	16	15	14	1	
Auspuff	38	30	40	26	34	2	
Tank	80	63	56	70	67	5	ANTRIEB
Zwischensumme	400	366	355	336	364	24,5	
Klimaanlage	28	29	26	27	28	2	
Elektrik	57	49	40	46	48	3	AGGREGAT
Zwischensumme	85	77	66	73	75	5,1	
Andere	196	210	115	157	170	11	SONSTIGES
Zwischensumme	196	210	115	157	170	11,4	
TOTAL kg	1611	1530	1365	1428	1483	100	

Abb. 1.3 Gewichtsverteilung der Hauptbaugruppen ausgewählter Pkw-Modelle (Modelljahr 2000)

Achssysteme und deren Weiterentwicklungen in der Zukunft werden hier sehr ausführlich diskutiert. Das abschließende Kap. 7 thematisiert die Zukunft des Fahrwerks. Dazu gehören nicht nur die konventionellen Fahrwerkbestandteile, sondern auch aktuelle Entwicklungen wie CO^2-Reduzierung, Hybridisierung und Elektrifizierung des Antriebs, elektronische Systeme sowie die Fahrerassistenzsysteme, aber auch die zukünftige Mobilität mit autonom fahrenden Autos und all ihre Aspekte sehr ausführlich dargestellt.

1.1 Geschichte, Definition, Bedeutung

1.1.1 Entstehungsgeschichte

Die Geschichte des Fahrwerks und des Fahrzeuges beginnt vor über 6000 Jahren mit der Erfindung des Rades. Das Rad gilt als eine der wichtigen Erfindungen der Menschheit. An Prunkwagen der Sumerer (2700 v. Chr.) befanden sich vier geteilte Scheibenräder mit metallischem Reif, die drehbar auf den zwei festen *Achsen* befestigt waren (Abb. 1.4). Die zwei Achsen sollten die Stabilität und Tragfähigkeit des Wagens und der Metallreif die Lebensdauer des Rades erhöhen. Die Radlager waren mit Öl oder tierischem Fett geschmiert.

1800 bis 800 v. Chr. wurden die ersten *Lenkungen* an der Vorderachse bekannt; die Achse war nicht mehr fest, sondern an ihrem Mittelpunkt drehbar mit dem Wagenkasten befestigt.

Die Römer trennten den Wagenkasten vom Fahrgestell, um den Komfort zu steigern. Sie befestigten den Wagenkasten, die spätere Karosserie, mit Ketten oder mit Lederriemen hängend am Fahrgestell um die Stöße, die von der Fahrbahn kommen, zu reduzieren [3]. Somit entstand die erste *Aufhängung*.

Die ersten *gefederten* Wagen mit *Lenkung* und *Bremsen* entstanden im zehnten Jahrhundert in Mitteleuropa (Abb. 1.5); Blattfedern dienten als Federungselement, ein an einer Kette hängender Bremsschuh am Rad als Bremse und die in der Mitte drehbar gelagerte Achse als Mühlenlenkung. Die Fahrzeugmasse war in einen *gefederten* und einen *ungefederten* Anteil getrennt; erste Voraussetzung, um die Geschwindigkeit der Wagen über 30 km/h zu erhöhen.

Der Fahrkomfort konnte im 18. Jahrhundert durch die Eigendämpfung der elliptischen Blattfederpakete weiter verbessert werden; die Reibung zwischen den Blättern

Abb. 1.4 Prunkwagen der Sumerer 2700 v. Chr.

Abb. 1.5 Pferdekutsche
mit Aufhängung, Federung,
Bremse und Lenkung

wirkte als Schwingungsdämpfer. Die Blattfedern übernahmen auch die Aufgabe der Radführung; damit waren die schweren Stützbalken zwischen den Achsen nicht mehr notwendig.

Mit dem Ende des Römischen Reiches wurden die befestigten Wege stark vernachlässigt. Das war wohl mit ein Grund dafür, dass zu Beginn des 19. Jahrhunderts Fahrzeuge mit schweren Dampfantrieben wirtschaftlich nur auf Schienenwegen zu betreiben waren. Erst mit dem Bau eines befestigten Straßennetzes *(Fahrbahn)* in England durch MacAdam, mit dem Einsatz von Speichenrädern durch Walter Hancock (1830) und der Einführung von *Luftreifen* durch John Boyd Dunlop (1888) nach der Erfindung von Robert William Thomson (1845), waren alle Voraussetzungen für komfortables und schnelles Fahren auf der Straße geschaffen.

Eine andere Erfindung von 1816 ist die Achsschenkellenkung, ein Patent von Georg Lankensperger, Kutschenbauer aus München, und seinem Lizenznehmer in London, Rudolph Ackermann [4, 5]. Sie ermöglichte, dass sich beim Lenken nicht die gesamte Achse, sondern nur die Räder mit eigenem beweglichem Bolzen drehten. Durch die Verbindung der gelenkten Räder mit einem Gestänge, erhielt jedes Rad einen eigenen Lenkwinkel. Bei nicht parallelem Einschlag schneiden sich die senkrechten Linien zu den vier Radmitten in der horizontalen Ebene an einem Punkt.

Dieses Prinzip ist als *„Ackermann-Prinzip"* immer noch eine wichtige Voraussetzung für die Lenkungsauslegung (s. Abb. 1.42).

Im 18. Jahrhundert kamen erste Fahrzeuge mit einem eigenen Antrieb durch Dampfmaschinen auf die Straße (1769 Nicolas Joseph Cugnot, 1784 James Watt, 1802 Richard Trevithick) mit zum Teil fortschrittlichen Fahrwerken. Diese erste Art des mobilen Fortbewegens mit eigenem Antrieb auf der Fahrbahn war jedoch nicht das Vorbild für heutige Automobile mit einem Verbrennungsmotor. Erst nach der Erfindung des Gasmotors 1860 durch Étienne Lenoir und dessen Weiterentwicklung zum Viertakter (1876 August Otto, Gottlieb Daimler, Wilhelm Maybach) und dem Einsatz von Petroleum als Kraftstoff [6] (schnell laufender Benzinmotor) durch Daimler im Jahr 1883, war es Karl Benz möglich, im Oktober 1885 das erste selbst fahrende Fahrzeug mit Verbrennungsmotor als Urvater heutiger Automobile zu bauen (Abb. 1.6), für welches am 29. Januar 1886 das Patent erteilt wurde [7].

Abb. 1.6 Das erste Automobil (Karl Benz 1885)

Die Autopioniere haben das Fahrwerk, wie vieles andere auch, zuerst unverändert aus dem Kutschenbau übernommen: Speichenräder mit Flachbettfelge und Wulstreifen, Kuhschwanzlenkung, elliptische Blattfederung, Klotzbremsen, Lederriemenschwingungsdämpfer und Starrachsen. Aber schon bald veränderte sich das Aussehen und orientierte sich zunehmend an der Funktion schnell fahrender Automobile.

Abb. 1.7 zeigt die erste Daimler „Motorkutsche" (1886). Sehr schnell entwickelte sich ein besserer Antriebsstrang und eine bessere Fahrwerksanordnung ähnlich dem heutigen Standardantrieb, wie z. B. der Mercedes F 188 aus dem Jahr 1910 zeigt (Abb. 1.8).

Die Entwicklungsgeschichte des Fahrwerks ist eng verbunden mit dessen Trennung der Funktionen, die vorher durch dieselben Bauteile erfüllt wurden [8]:

- Trennung der Karosserie und Fahrgestell,
- Trennung der gefederten/ungefederten Massen,
- Trennung der Radführung und Federung,
- Trennung der Federung und Dämpfung,
- Trennung von Rad und Achse (Einzelradaufhängung),

Abb. 1.7 Die erste Daimler „Motorkutsche" (1886)

Abb. 1.8 Das Automobil mit eigenem, von dem Kutschenimage abgekoppeltem Aussehen (Mercedes 1910)

- Trennung der Felgen und Reifen,
- Trennung der Lenker (Mehrlenkerachsen),
- Trennung der Anbindung Radaufhängung zur Karosserie durch einen Achsträger.

Zu den bedeutendsten Erfindungen der ersten 100 Jahre der Fahrwerktechnik zählen Radialgürtelreifen, Schrauben- und Luftfederung, hydraulische Schwingungsdämpfer, Kugelgelenke, Gummilager, Zahnstangenservolenkung, hydraulische Allradbremse, Scheibenbremse, Wälz- statt Gleitlagerung des Rades, Trennung von Radführung und Federung, Einzelradaufhängungen, Mehrlenkerachsen, Frontantrieb, Allradantrieb, Elektrolenkung und elektronische Systeme (z. B. ABS, ASR, EBV, ESP, ACC, EPS …).

Fahrwerkentwicklung

Während der ersten 50 Jahre des Automobils wurden die Fahrwerke mehr intuitiv, handwerklich und eher improvisierend entwickelt. Die ersten Automobile von Benz (1885) und Daimler (1886) hatten gar keine Radaufhängung; die Räder waren direkt am Achskörper befestigt. Nur die Sitzbank war gefedert, um ein Mindestmaß an Fahrkomfort zu gewährleisten.

Ein leichtes autark arbeitendes Antriebsaggregat war am Anfang der Automobilgeschichte Mittelpunkt der Automobilentwicklung. Die Entwicklung des Fahrwerks hinkte bis vor fünfzig Jahren deutlich hinter der des Antriebs hinterher, wobei Karl Benz derjenige war, der viel Sorgfalt auch auf die Entwicklung des Fahrwerks verwendete. Erst die, mit den leistungsstarken Antriebsaggregaten steigenden Fahrgeschwindigkeiten und die notwendigen Sicherheits- (insbesondere in den Kurven und beim Bremsen), Komfort- sowie Zuverlässigkeitsverbesserungen, lenkten den Entwicklungsschwerpunkt auch zum Fahrwerk.

Mit dem Einsatz von CAD um 1970 konnte mehr und mehr vom Reißbrett zur ungleich effektiveren Workstation gewechselt werden. Die Konstrukteure waren nicht

Tab. 1.1 Wichtigste Erfindungen bzw. Premieren in der Geschichte des Pkw-Fahrwerks. A: Antrieb, B: Bremse, D: Dämpfung, F: Federung, L: Lenkung, R: Reifen, RF: Radführung, RL: Radlagerung, S: Sonstiges

Erfindung/Fortschritt	Land	Erfinder/Einführungsmodell	Jahr	Kategorie
Achsschenkellenkung	D/UK	Lankenspergel /Ackermann	1816	L
Speichenrad/Luftreifen	UK	Hancock / Thomsen	1845	R
Zahnstangenlenkung	F	A. Bollee	1878	L
Erstes Automobil mit Ottomotor	D	Karl Benz	1886	A
Kugellager im Fahrwerk und Motor	D	Lutzmann	1894	RL
Auto mit Standardantrieb	F	Renault	1896	A
Kegelrollenlager	USA	Timken	1898	RL
Zahnstange als Spurstange	USA	L. Megy	1902	L
Rotations-Hydrodämpfer	F	Hodaille	1906	D
Hydraulische Bremse	USA	Malcom Lockheed/Chrysler 70	1920	B
Luftfederung	USA	Westinghouse	1920	F
Kugelgelenk	D	Fritz Gaudi	1922	RF
Ross-Lenkung	USA	Bishop / ZF in Europa	1923	L
McPherson-Aufhängung	I	Fiat-Patent/Ford Consul, Anglia	1926	RF
Kugelumlauflenkung	USA	Saginaw	1930	L
Frontantrieb mit Frontlängsmotor	D	DKW F1	1931	A
Einzelradaufhängung	D	Mercedes DQL	1933	RF
Teleskopdämpfer	USA	Monreo	1934	D
Selbsttragende Karosserie	I, F, D	Lancia, Citroen, Opel	1934	S
Radial (Gürtel) -Reifen	F	Michelin / Citroen 2CV	1949	R
Hydraulische Servolenkung	USA	Francis Davis/Chyrsler Imperial	1951	L
Teilbelag-Scheibenbremse	UK	Jaguar	1952	B
Kugelgelenk wartungsfrei	D	Ehrenreich	1952	RF
Einrohrdämpfer	F/D	B. de Carbon, Bielstein/Mercedes	1953	D
Hydropneumatische Federung	F	Citroen 15CV und DS	1954	F
Frontantrieb mit Frontquermotor	UK	Mini	1959	A
Schraubenfeder (Progressive)	F/D	Jean Gregorie/Lloyd Arabella	1959	F
Antiblockiersystem	UK	Dunlop Maxaret	1965	B
Verbundlenkerachse	D	Audi 50	1975	RF
Freiprogrammiertes ABS	D	F. Oswald/Bosch	1978	B
Antriebsschlupfregelung ASR	D	Bosch/Mercedes	1987	B

(Fortsetzung)

Tab. 1.1 (Fortsetzung)

Erfindung/Fortschritt	Land	Erfinder/Einführungsmodell	Jahr	Kategorie
Elektromechanische Servo-lenkung	J	Suzuki Servo	1988	L
ESP (elektron. Sicherheits-programm)	D	Bosch/Mercedes	1995	B
EPS Electric Power Steering	D	In Großserie VW/ZF (EPS dp)	2003	L

nur in der Lage, die komplizierten Radbewegungen am Bildschirm durchzuspielen, sehr schnell Einbau- und Kollisionsuntersuchungen durchzuführen, sondern auch den Änderungs- und Optimierungsaufwand drastisch zu reduzieren.

Die Zunahme des Wissens über das dynamische Verhalten des Automobils und die Einführung computergestützter Berechnungs- und Simulationsverfahren während der letzten 35 Jahre sorgte für hohe Fahrsicherheit und hohen Fahrkomfort.

Die Vernetzung der mechanischen Grundfunktionen mit Sensorik, Elektrik und Elektronik ist heute der aktuelle Stand in der Fahrwerktechnik. Verfeinerte, hydraulische und elektrische Regelsysteme der Lenkung, Federung, Dämpfung und Bremse und vor allem das aktuelle Aufkommen der Regelelektronik ebnen den Weg hin zum „intelligenten" Fahrwerk.

Eine Hauptrolle spielt dabei künftig das Vernetzen der vielen Einzelsysteme, um synchronisierte Eingriffe zu gewährleisten bis hin zum autonomen Fahren.

Tab. 1.1 zeigt eine Zusammenfassung wichtiger Erfindungen und Fortschritte in der Geschichte des Pkw-Fahrwerks.

1.1.2 Definition und Abgrenzung

Das Fahrwerk ist die Summe der Systeme im Fahrzeug, die zum Erzeugen der Kräfte zwischen Fahrbahn und Reifen und zu deren Übertragung zum Fahrzeug dienen, um das Fahrzeug zu beschleunigen, zu lenken, zu bremsen, zu dämpfen und zu federn.

Im Einzelnen sind das Rad/Reifen, Radlagerung, Radträger, Bremsen, Radaufhängung, Federung, Dämpfung Lenkung, Stabilisatoren, Achsträger, Achsgetriebe, Seitenwellen, Fußhebelwerk (Pedalerie), Lenksäule, Lenkrad, Aggregatelagerung und alle Regelsysteme zur Unterstützung der Fahrwerksaufgaben sowie Fahrerassistenzsysteme [9].

1.1.3 Aufgabe und Bedeutung

Das Fahrwerk stellt die Verbindung zwischen dem Fahrzeug – samt Insassen und Gepäck – und der Fahrbahn her. Mit Ausnahme der Massenkräfte und der aerodynamischen Einflüsse werden alle äußeren Kräfte und Momente in das Fahrzeug über die Kontaktfläche Fahrbahn/Reifen eingeleitet. Das wichtigste Kriterium beim Fahren ist, dass der Kontakt zwischen Fahrzeug und Fahrbahn am Reifenlatsch nie unterbrochen wird, weil sonst keine Bahnführung, keine Beschleunigung, keine Bremsung und keine Seitenkraftübertragung (Lenkung) möglich sind.

Die Aufgabe wäre einfach zu realisieren, wenn die Fahrbahn ohne Hindernisse immer geradeaus führen würde, immer trocken und griffig wäre und es keine Unebenheiten und keine externen Einflüsse gäbe. Dann wäre bei Geradeausfahrt die einzige Eigenschaft des Fahrwerks, das Fahrzeug zu beschleunigen, auf der Spur zu halten und zu bremsen. Selbst die Erfüllung dieser Aufgabe wird schwierig, wenn die Fahrgeschwindigkeit steigt. Auch ein Serienauto kann ohne abzuheben 431 km/h erreichen (Bugatti Veyron 16.4 Grand Sport mit 882 kW[10]).

Die Aufgabe des Fahrwerks ist aber deshalb so schwierig, weil die Fahrbahn weder stets gerade verläuft, eine glatte, griffige Oberfläche ohne Unebenheiten hat, noch frei von Hindernissen bleibt. Je höher die Geschwindigkeit, desto höher werden die Anforderungen an die Kraftübertragung in den Radaufstandsflächen, weil die zu beherrschende Energie (Fahrzeugmasse mal Quadrat der Fahrzeuggeschwindigkeit) exponentiell steigt.

Der Fahrer beeinflusst die Bewegungen des Fahrzeugs in Längs- und Querrichtung. In senkrechter Richtung zur Fahrbahn folgt das Automobil hingegen den Straßenunebenheiten ohne aktiven Eingriff des Fahrers.

Um Komfort und Sicherheit beim Fahren zu gewährleisten, sollen die Fahrbahnunebenheiten und Fahrbahnunterschiede so gering wie möglich auf das Fahrzeug übertragen werden [9].

Die Aufgaben des Fahrwerks sind daher vielseitig und lassen sich im Überblick wie folgt auflisten [11]:

- Das Fahrzeug bewegen, rollen, festhalten.
- Das Fahrzeug beim Fahren stets der in Spur halten.
- Die Fahrzeugmasse abstützen, federn und ihre Schwingungen dämpfen.
- Die von der Fahrbahn kommenden Geräusche und Schwingungen dämpfen bzw. isolieren.
- Die externen Störgrößen (z. B. Wind, Fahrbahnunebenheiten) kompensieren.
- Das Antriebsmoment auf die Fahrbahn bringen.
- Die Räder lagern, führen, lenken und bremsen.
- Dem Fahrer eine sichere und komfortable Fahrzeugführung gewährleisten.

Insgesamt ist das Fahrwerk verantwortlich für das dynamische Fahrzeugverhalten sowie für Fahrsicherheit und Fahrkomfort. Damit gehört es neben Motor und Getriebe zu den wichtigsten und technisch anspruchsvollsten Systemen eines Fahrzeugs.

Die Bedeutung und Vielseitigkeit der Fahrwerktechnik kommt aber auch daher, weil sie nicht nur Funktionsgruppen bündelt, sondern sie umfasst auch die Regelung der einzelnen Funktionsgruppen und ihrer Wechselwirkungen untereinander.

Ein fahrdynamisch optimal abgestimmtes Auto ist für den Fahrer mit geringem Aufwand zu fahren, weil es die von ihm eingegebenen Befehle unmittelbar, vorhersehbar und präzise umsetzt. Es vermittelt ein Gefühl der Sicherheit und wird als fahraktiv empfunden. Dieses Gefühl wird auch mit „Freude am Fahren" beschrieben und ist ein Kaufkriterium für viele Autofahrer.

Die Fahrdynamik eines Fahrzeugs bestimmt ganz wesentlich die Möglichkeiten des Fahrers, die kritischen Situationen zu beherrschen oder zu vermeiden. Das Fahrwerk verleiht dem Automobil seine Fahrsicherheit in allen Fahrsituationen.

Hoher Fahrkomfort wird nicht nur subjektiv als angenehm empfunden, sondern hat auch einen nachgewiesenen Einfluss auf das physische und psychische Leistungsvermögen des Fahrers.

Die Unfallstatistiken zeigen, dass 36 % aller Unfälle mit Todesfolge entstehen, weil das Fahrzeug (bei Unachtsamkeit des Fahrers, bei überhöhter Geschwindigkeit oder schlechten Straßenverhältnissen) von der Fahrbahn abkommt. Die Wahrscheinlichkeit, dass das Fahrzeug in der Spur bleibt ist größer, je besser und sicherer ein Fahrwerk funktioniert.

Das Fahrwerk hat aber auch einen wesentlichen Einfluss auf Raumausnutzung, Gewicht, Aerodynamik und die Gesamtkosten des Fahrzeugs.

Der Leichtbau spielt beim Fahrwerk eine wesentlich größere Rolle als bei allen anderen Baugruppen, da die gesamte ungefederte Masse des Fahrzeuges (Räder, Reifen, Radträger, Radlagerung, Bremse, anteilig Feder, Dämpfer, Radaufhängung) sich im Fahrwerk befindet. Durch die Reduzierung dieser Masse können die Fahreigenschaften deutlich beeinflusst werden. Je kleiner die ungefederten Massen sind, desto weniger wird der Aufbau von Radschwingungen beeinflusst und desto einfacher wird das ständige in Kontakthalten des Fahrzeugs mit der Fahrbahn. Es entstehen so weniger Störgrößen, welche den Fahrkomfort und besonders die Fahrsicherheit beeinträchtigen.

Fast alle Fahrerassistenzsysteme wirken über das Fahrwerk auf die Kurshaltung und Stabilisierung des Fahrzeugs. Damit wird ebenfalls die Bedeutung des Fahrwerks für moderne Fahrzeuge unterstrichen.

1.2 Fahrwerkaufbau

Bevor der Fahrwerkaufbau beschrieben wird, sind zwei übergeordnete Klassifizierungen des Pkw, nämlich Fahrzeugklassen und Antriebskonzepte zu erläutern, weil diese eine wesentliche Rolle bei der Festlegung und Diskussion des Fahrwerks spielen.

1.2.1 Fahrzeugklassen

Pkw-Klassen werden nach deren Einsatz und Außenabmessungen definiert. Vor 40 Jahren waren es wenige unterschiedliche Typen: Limousinen der Kompakt-, Mittel- und Oberklasse und einige Derivate wie Kombi, Fließheck, Coupe, Cabriolet und Sportwagen.

Heute ist es nicht mehr so übersichtlich, weil jedes Jahr neue Modellvarianten und sogenannte „Cross-overs" entstehen (Abb. 1.9). Dementsprechend gibt es unterschiedlich detaillierte Klassifizierungen.

Damit nicht für jede dieser Varianten ein komplett neues Fahrwerk entwickelt werden muss, wurden Modul oder Plattformstrategien eingeführt; jeder OEM hat weltweit nur eine überschaubare Anzahl unterschiedlicher Antriebs- und Fahrwerkkonzepte, die er dann mit Anpassungen an die modellspezifische Spur, den Radstand und die Radlasten als ein Baukastensystem bei allen seinen Modellen anwenden kann.

Die Fahrwerkkonzepte für Module oder Plattformen richten sich in erster Linie nach den Baureihen und deren Marktpreis.

Es gibt am unteren Ende ein kostengünstig herstellbares Konzept (meist für Front-Quer-Motor mit Frontantrieb, vorne McPherson, hinten Verbundlenkerachse) und am oberen Ende ein technisch aufwändiges, luxuriöses und teures Konzept (Allradantrieb, vorne und hinten Mehrlenkerachsen wahlweise mit Luftfederung und aktiven Fahrwerk und Fahrerassistenzsystemen).

Sport Utility Fahrzeuge (SUVs, MPVs Geländefahrzeuge) zeichnen sich durch eine min. 100 mm größere Bodenfreiheit, Böschungswinkel bis zu 40° und Allradantrieb aus. Auch innerhalb der SUVs gibt es fünf unterschiedliche Größen, abgeleitet von Plattformklassen: bei BMW: X1, X2, X3, X5, X6, X7, bei Audi: Q1, Q2, Q3, Q5, Q7, Q9 und bei Mercedes: GLA, GLB, GLC, GLE, GLS [12].

VANs sind die Limousinen-Derivate, die besonders durch die großen komfortablen Innenmaße und durch die Möglichkeit, mehr als 5 Personen zu transportieren, gekennzeichnet sind. Auch hier gibt es Mikro-, Mini-, Mittelklasse- und sogar Oberklasse-VANs.

Stark im Kommen sind die Stadtfahrzeuge mit den Merkmalen klein, kompakt, wendig, sparsam, niedrigste CO_2-Emissionen und kostengünstig. Ein erstes Fahrzeug dieser Klasse war das Smart City-Coupé aus dem Jahr 1998. Heute gibt es viele Wettbewerber: Toyota iQ, Urban Cruiser, Fiat 500, Suzuki Alto, Nissan Pixo, Hyundai i10, Ford KA, Opel Karl, VW Up etc.

Eine ganz neue Antriebsklasse bilden die Hybrid-, Fuel Cell und Elektrofahrzeuge, die zuerst auf Basis vorhandener Plattformen angeboten werden. Nach den lange ernüchternd niedrigen Verkaufszahlen, werden seit 2013 viele neue Modelle angeboten (z. B. BMW i3, i8; Citroen C-Zero; Fiat 500e; Ford Focus-e; Hyundai Ioniq E; Kia Soul EV; Mercedes B Klasse ED; Mitsubishi MiEV; Nissan Leaf, e-NV; Opel Ampera; Peugeot iOn, Partner E; Renault ZOE, Twizy; Smart ED; Toyota Prius, Auris; Volvo C60 Hybrid Plug-in; VW Jetta Hybrid, E-Up, E-Golf, Tesla Model S, X). Ab 2020 kommen zahlreiche neue Modelle mit größeren Reichweiten und günstigeren Preisen auf den Markt. Damit könnten die Verkaufszahlen für Fahrzeuge mit Alternativantrieben einen Schub bekommen.

Die Transporter bieten in erster Linie viel Platz für Passagiere, aber auch für den kommerziellen Transport von Lasten. Sie umgehen damit die Geschwindigkeitseinschränkungen von Lkws. Sie sind schnell, wendig und kostengünstig, bieten jedoch entsprechend weniger Komfort. Die US-Alternative zum europäischen Transporter sind die

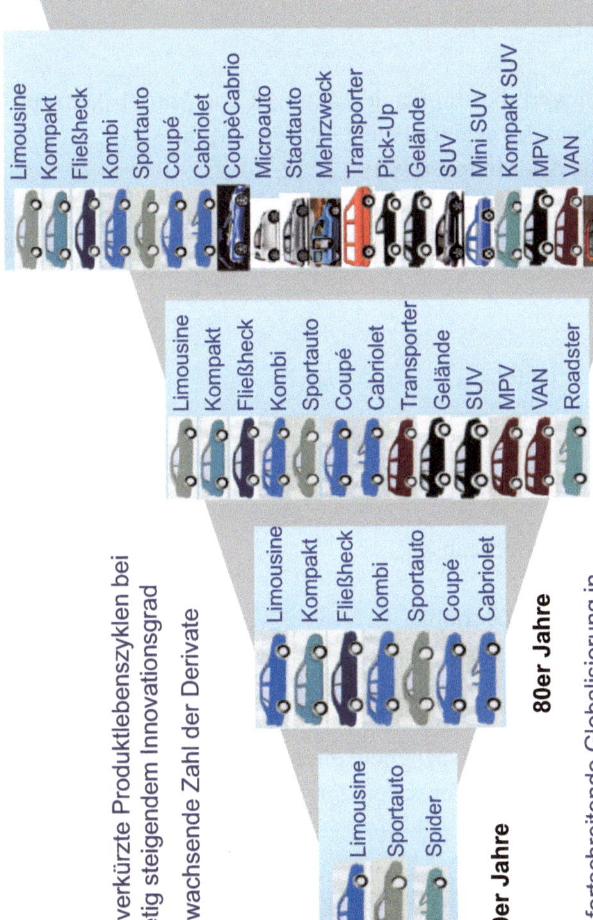

Abb. 1.9   Wachsende Anzahl der Fahrzeugmodelle

Pick-ups, die neben den zumeist 3 Passagieren auch mittels einer großen, offenen Ladefläche sperrige und schwere Gegenstände transportieren können.

Obwohl es keine strikten Regeln gibt, die bestimmen, welche Fahrzeugklassen welche Fahrwerkkonzepte haben müssen, existieren sinnvolle Zuordnungen zwischen Fahrzeugklassen und Fahrwerkkonzepten.

1.2.2 Antriebskonzepte

Der zweitwichtigste das Fahrwerk bestimmende Faktor ist das Antriebskonzept, das die Lage des Antriebsaggregats und der angetriebenen Achsen vorgibt.

Es gibt drei grundsätzliche Anordnungen [13]:

- Frontmotoranordnung,
- Mittelmotoranordnung,
- Heckmotoranordnung.

Zwei Motoreinbaurichtungsvarianten:

- Längseinbau,
- Quereinbau

sowie drei Möglichkeiten der Antriebsachsen:

- Antreiben der Vorderräder (Frontantrieb),
- Antreiben der Hinterräder (Heckantrieb) und
- Antreiben aller Räder (Allradantrieb).

Daraus ergeben sich $3 \times 2 \times 3 = 18$ Möglichkeiten. Davon machen viele jedoch technisch-wirtschaftlich keinen Sinn. Großserienfahrzeuge haben die folgenden Kombinationen:

1. Front-Quer-Motoranordnung mit Frontantrieb,
2. Front-Quer-Motoranordnung mit Allradantrieb,
3. Front-Längs-Motoranordnung mit Frontantrieb,
4. Front-Längs-Motoranordnung mit Heckantrieb,
5. Front-Längs-Motoranordnung mit Allradantrieb,
6. Heck-Quer-Motoranordnung mit Heckantrieb,
7. Heck-Längs-Motoranordnung mit Heckantrieb,
8. Heck-Längs-Motoranordnung mit Allradantrieb,
9. Mitte-Längs-Motoranordnung mit Heckantrieb.

Aktuell werden in Serienautos nur sechs der aufgeführten 9 Antriebskonzepte bevorzugt eingesetzt (Abb. 1.10):

- Front-Quer-Motoranordnung mit Frontantrieb bei Fahrzeugen bis zur Mittelklasse, wegen der Wirtschaftlichkeit, Fahrstabilität, Seitenwindunempfindlichkeit, Gutmütigkeit, dem wintertauglichen Fahrverhalten, der einfachen Allraderweiterung und Raumökonomie,
- Front-Längs-Motoranordnung mit Frontantrieb bei Fahrzeugen ab der Mittelklasse wegen der Fahrstabilität, Gutmütigkeit, dem wintertauglichen Fahrverhalten und der Einbaumöglichkeit von großen Motoren und der einfachen Allraderweiterung,
- Front-Längs-Motoranordnung mit Heckantrieb bei Fahrzeugen ab der oberen Mittelklasse wegen der Fahrsicherheit, Fahrdynamik, günstigen Achslastverteilung, der von Antriebseinflüssen freien Lenkung, Agilität und schließlich der Einbaumöglichkeit von großen Motoren,
- Allradversionen der drei oberen Anordnungen wegen der Benutzung der gleichen Plattform in Modellen, insbesondere SUVS, und wegen der Beschränkung des übertragbaren Drehmomentes über einer Achse bei hochmotorisierten Varianten,
- Längseinbau von Mittel oder Heckmotoren mit Heckantrieb bei kleinen, sportlichen Fahrzeugen zur Steigerung der Traktion und Fahreigenschaften. Wegen der Einschränkungen an Variabilität und der hohen Kosten ist diese Variante jedoch nicht als Plattform für weitere Derivate geeignet.

Durch die kompakte Bauweise und den Wegfall einiger Bauteile bietet der Frontantrieb 3 bis 5 % Gewichtsvorteil gegenüber der Standardbauweise. Dagegen ist der Vorderachslastanteil mit 56 bis 65 % ungünstig bezüglich Lenkkräfte, Bremskraftverteilung und Untersteuern im Grenzbereich [13]. Vorteilhaft ist dagegen die bessere Traktion und Fahrstabilität im Wesentlichen bei niedrigen Reibwerten.

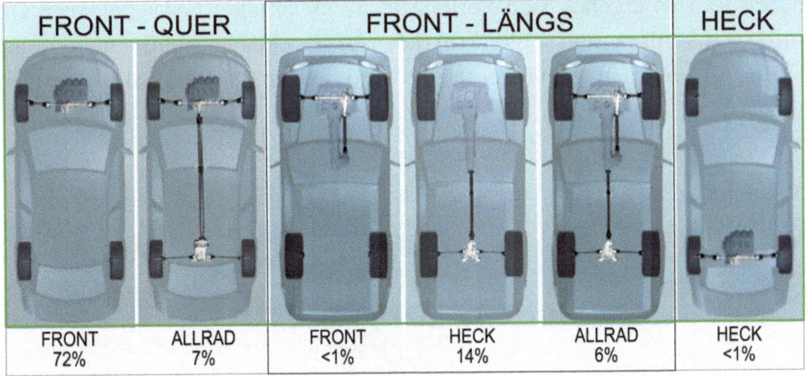

Abb. 1.10 Gegenüberstellung der Antriebsarten und deren weltweiten prozentualen Marktanteile in 2015

Der Bestand heutiger Fahrzeuge wird durch vier Antriebsarten und die dazugehörigen Fahrwerkkonzepte geprägt: Front-Quer-Motor mit Frontantrieb (weltweit 72 % aller Fahrzeuge), Front-Längs-Motor mit Heckantrieb (14 %) und deren Allradversionen (13 %). Alle anderen Konzepte zusammen liegen weit unter 2 %.

Front-Quer-Motor mit Frontantrieb (Abb. 1.11)

Diese Kombination findet die weitaus größte Verbreitung in der Fahrzeugpopulation. Die Vorteile sind: niedrige Kosten, viel Innenraum durch kompakte, leichte Bauweise, stabiles und gutmütiges Fahrverhalten und gute Traktion auch auf schlechten, winterlichen Straßen.

Nachteile ergeben sich durch die bei Zuladung sinkende Traktion und Steigfähigkeit, und bei der Unterbringung größerer Motoren ergeben sich wegen des begrenzten Beugewinkels der Seitenwellen eingeschränkte Radlenkwinkeleinschläge.

Als Fahrwerk hat dieses Antriebskonzept vorne fast ausschließlich ein McPherson-Federbein, weil dieses, ähnlich wie das Antriebskonzept, kostengünstig, Platz sparend und mit guten Fahreigenschaften gebaut werden kann. Die kinematischen Nachteile (Störkrafthebelarm) bei stärkeren Motorvarianten lassen sich z. B. durch die Auflösung der unteren 3-Punkt-Lenker und die zweiteilige Gestaltung der Radträger (drehbar/nicht drehbar) reduzieren.

An der Hinterachse wird meist die kostengünstige und platzsparende Verbundlenkerachse eingesetzt. Die fahrdynamischen Grenzen der Verbundlenkerachsen werden ab der unteren Mittelklasse häufig durch Verwendung von Mehrlenkerachsen (ein Längslenker und drei Querlenker) ausgeglichen, jedoch mit Kosten-, Gewichts- und Raumnachteilen.

Front-Längs-Motor mit Heckantrieb (Abb. 1.12)

Diese Kombination wird häufig für die Fahrzeuge oberhalb der Mittelklasse verwendet. Sie ist ab der oberen Mittelklasse als Standard zu sehen, weil sie Packagevorteile bei der zwanglosen Unterbringung von großvolumigen Motoren und fast beliebigen Schalt und Automatikgetriebevarianten aufweist. Durch die Trennung von gelenkten und angetriebenen Rädern ergeben sich Vorteile im Lenkverhalten. Ausgewogene Gewichts und Komfortverhältnisse und gute Traktion auf trockenen Fahrbahnen unabhängig von der Zuladung oder in Anhängerbetrieb sind weitere Vorteile, die eine sportliche

Abb. 1.11 Front-Quer-Motor mit Frontantrieb

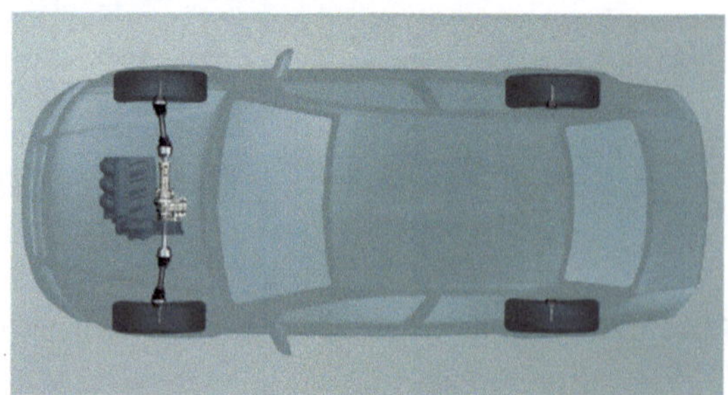

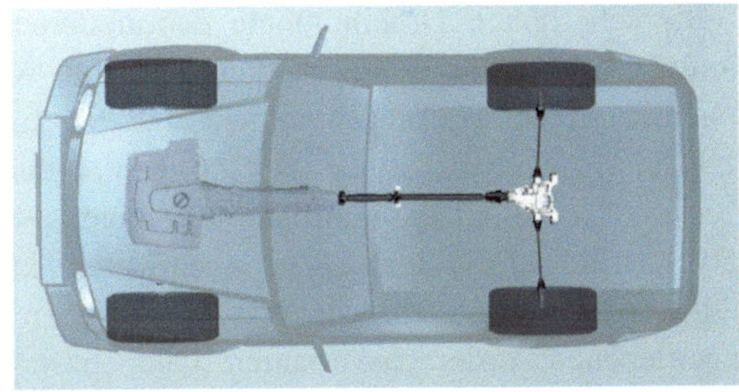

Abb. 1.12 Front-Längs-Motor mit Heckantrieb

Fahrdynamik ermöglichen. Auch für die passive Sicherheit (Frontalaufprall) bietet der Längseinbau mit langen Knautschzonen gute Voraussetzungen.

Als Fahrwerk hat dieses Antriebskonzept oft Doppelquerlenker an der Vorderachse, z. T. mit der oberen Lenkerebene oberhalb des Reifens und unten mit aufgelösten Lenkern (Trag- und Führungslenker getrennt).

An der Hinterachse sind Mehrlenkerachsen in unterschiedlichen Varianten zu finden; mit fünf Lenkern, mit einem 4-Punkt-Trapezlenker plus je einem oberen Querlenker und unteren Schräglenker, alle gelagert auf einem Achsträger, um den Komfort zu steigern.

Front-Motor mit Allradantrieb (Abb. 1.13)

Seit der erfolgreichen Einführung des Audi Quattro wird der Allradantrieb immer beliebter. Mit dem Allradantrieb können die Vorteile eines Front- und Heckantriebs kombiniert werden, jedoch zu höheren Kosten, höherem Gewicht und Kraftstoffverbrauch. Die mit Allradantrieb erheblich verbesserte Traktion ist nicht nur außerhalb der festen Straßen vorteilhaft, sondern auch bei Nässe und winterlichen Fahrbahnen sowie bei leistungsstarken Fahrzeugen auf trockener Fahrbahn.

Mit fortschreitender Entwicklung von leichteren und leistungsfähigeren Pkws werden die Traktions- und Fahrverhaltensvorteile des Allradantriebs immer häufiger genutzt.

Abb. 1.13 Gängige aktuelle Allradantriebskonzepte. **a** Front-Längs-Motor, **b** Front-Quer-Motor

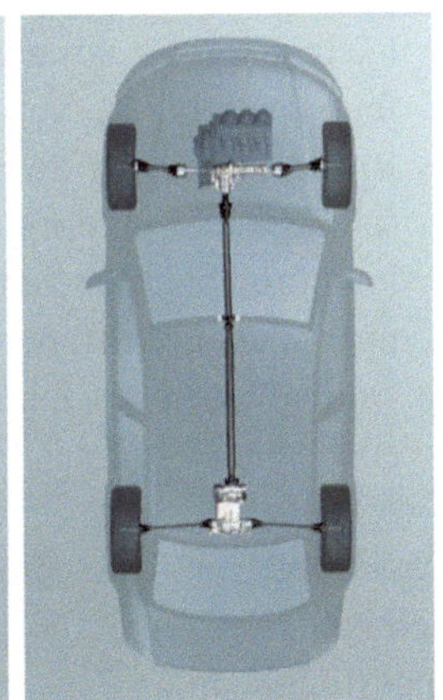

Die sehr hohen Drehmomente der modernen Dieselmotoren erschweren die volle Kraftübertragung vom Reifen zur Fahrbahn, wenn nur eine Achse angetrieben wird. Schon bei einem Motordrehmoment ab 220 N m lässt sich bei einem durchschnittlichen Pkw auf einer nassen Straße (μ <0,6) erst ab dem zweiten Gang das volle Drehmoment über eine Achse auf die Fahrbahn übertragen. Auf der trockenen Fahrbahn sind es etwa 350 N m, die auf die Straße übertragen werden können.

Die Fahrwerke beim Allradantrieb ergeben sich aus der Kombination der frontangetriebenen Vorderachsvarianten (Quer- bzw. Längsmotor) und der Hinterachsvarianten des Heckantriebs.

Der Allradantrieb findet in den letzten Jahren zunehmend Verbreitung. Alle Hersteller bieten Allradversionen vieler ihrer Modelle an. Der Anteil liegt z. B. bei Volvo bei 50 % und bei BMW bei über 30 %.

1.2.3 Fahrwerkkonzeption

Der Begriff „Fahrwerkkonzeption" wird hier mit Absicht benutzt, weil das Fahrwerk eine Komposition unterschiedlicher Systeme bedeutet. Zu jedem dieser Systeme lässt sich eine definierte Anzahl von Konzepten zuordnen. Das Fahrwerk hat kein eigenes Konzept aber eine Konzeption, die durch das Zusammenwirken der Konzepte der einzelnen Fahrwerksysteme entsteht.

In den Lastenheften der neuen Pkw-Modelle stehen für die Anforderungen an das Fahrwerk stets ähnliche Formulierungen [14, 15], nur deren Gewichtungen unterscheiden sich je nach Fahrzeugklasse und Fahrzeughersteller deutlich voneinander:

- sicheres, stabiles, voraussehbares Fahrverhalten und Beherrschbarkeit bei allen Fahrbedingungen bis an die physikalischen Grenzen,
- stabile und komfortable Geradeausfahrt in Bezug auf Seitenwind und Fahrbahnunebenheiten,
- präzises (direktes und exaktes), intuitives Lenkverhalten, das sowohl komfortabel und leichtgängig ist, als auch das Gefühl für die Straße vermittelt,
- fein dosierbares, Vertrauen vermittelndes und standfähiges Bremsverhalten: kurze Bremswege, hohe Standfestigkeit, aktive Unterstützung in Notsituationen durch elektronische Radschlupfsysteme,
- komfortables Abrollen bei guter Kontrolle der Aufbaubewegungen; sanftes Schweben über unebenen Straßen,
- ein harmonisches Zusammenspiel aller Eigenschaften, das sowohl Fahrvergnügen als auch ein entspanntes Fahrerlebnis vermittelt.

Das Erreichen (oder nicht Erreichen) dieser Anforderungen hängt davon ab, ob die richtigen Konzepte für jedes Fahrwerksystem ausgewählt, zueinander angepasst und abgestimmt sind.

Die Festlegung der einzelnen Systemkonzepte für das Fahrwerk wird sehr stark beeinflusst von der gewählten Fahrzeugklasse, dem Antriebskonzept, den Außen- und Innenabmessungen (Packageanforderungen), den Komfortanforderungen sowie vom angestrebten Fahrdynamik- und Fahrkomfortverhalten. Dazu kommen auch die üblichen Anforderungen wie niedriges Gewicht, niedrige Kosten, Montierbarkeit, Service und Reparaturfreundlichkeit, Recyclebarkeit usw.

Die Fahrwerkkonzeption wird bestimmt durch:

- Vorderachskonzept,
- Hinterachskonzept,
- Federungs- und Dämpfungskonzept,
- Lenkungskonzept,
- Konzept der Bremsanlage,
- Fahrwerk-Regelungskonzept.

Sie wird vervollständigt durch die Festlegungen von:

- Reifen und Rädern,
- Radlagerung und Radträger,
- Anbindung zum Aufbau (Achsträger),
- Achsantrieb,
- Pedalerie, Lenkrad (Bedienelemente),
- Aggregatelagerung.

In den Folgekapiteln werden diese Konzepte und Komponenten ausführlich beschrieben.

1.2.4 Trends in der Fahrwerkkonzeption

Nachdem über einen langen Zeitraum der Automobilgeschichte nur wenige konventionelle Fahrzeugkonzepte, wie die Stufen- oder Schräghecklimousine, die Kombilimousine oder der Sportwagen den Schwerpunkt der Fahrzeugentwicklung bildeten, werden heute zunehmend stärker an die Kundenbedürfnisse angepasste Fahrzeugkonzepte, vielfach auch als Nischenmodelle bezeichnet, realisiert. Vielfalt bestimmt das Angebot.

Der Trend in allen Fahrzeugklassen geht eindeutig weg von klassischen Limousinen, Stufenheck oder Kombis hin zu SUVs und Cross-over-Modellen. Nach der Welle mit MPVs sowie Micro- und Mini-Vans (Trendautos) ist der Anteil von SUV und Cross-over-Modellen im deutschen Markt auf 30 % gestiegen [16]. Von 2010 bis 2016 haben sich auch europaweit die Absatzzahlen dieser Modelle verfünffacht.

Der Anteil von Trendautos bleibt bei 20 %. Die traditionellen Segmente dagegen sanken von 90 % in 1995 bis auf 40 % in 2016.

Bei SUVs mit 25 % Marktanteil in Europa (2015) und weltweit 26 Mio. Fahrzeugen (2016) haben sich neben den bekannten großen (z. B. Mercedes GLE, BMW X5, Audi Q7, VW Touareg, Porsche Cayenne) auch kleinere Plattformen durchgesetzt. Es gibt nun mittlere SUVs (z. B. BMW X3, Audi Q5, Mercedes GLC) und kleine SUVs (z. B. BMW Mini, BMW X1, Audi Q2, Renault Capture, Mercedes GLA, VW T-Roc, T-Cross, Skoda Yeti, Ford Kuga). SUVs machen nun 25 % aller Neuzulassungen in Europa (2015) aus.

„Cross-over" ist die Bezeichnung für Mischmodelle wie z. B. Sport-Tourer (eine Mischung von Oberklassen-Limousine, Van und Off-Road – z. B. Mercedes GLS-Klasse, BMW X6), Off-Road und Coupé (Mini Paceman, Range Rover Evoque), Off-Road, SUV Cabriolet oder Mischung von Coupé und Kombi (Porsche Panamera Sport Turismo, Mercedes CLS Shooting Brake).

Die um 100 bis 150 mm höher gesetzten Versionen der Volumenmodelle mit großzügigem und variablem Platz in Innenraum gehören ebenfalls zu den Trendautos (Ford B-Max, C-Max und S-Max, Mercedes A- und B-Klasse, Opel Meriva und Zafira, Honda FRV, Hyundai Matrix, Peugeot 2008 und 3008, Renault Scènic, Skoda Roomster, Toyota Verso, VW Touran).

Die Popularität der Cabriolets stieg durch die Einführung der versenkbaren Hardtops statt Stoffverdeck. Nach Peugeot 402 Eclipse (1937) und Mercedes-SLK (1997) bieten jetzt viele Automobilhersteller (z. B. VW Eos, Ford Focus CC, Peugeot 307CC) mindestens ein Cabriolet-Modell mit versenkbarem Dach. Hier ist jedoch seit Jahren eine Marktsättigung zu beobachten.

Steigend in den Stückzahlen sind auch die sehr kostengünstigen Fahrzeuge (Verkaufspreis unter 8000 €) der Kompakt-Klasse, die sogenannten Low-Budget-Fahrzeuge wie Dacia Logan und Sandero in Europa. Besonders in den Ländern mit höchsten Pkw-Steigerungsraten wie China (Chery-QQ3), Indien (Tata-Nano, Suzuki-Maruti), Russland (Lada-Granta) haben diese einfachen und kostengünstigen Familienfahrzeuge (5 Personen, 4 Türen) einen wachsenden Markt.

Der wichtigste Trend der letzten Jahre (bedingt durch die hohen Kraftstoffpreise und die gewachsene Sorge um die Umwelt) ist jedoch die verstärkte Nutzung verbrauchsreduzierender Maßnahmen bis hin zu Hybridisierung und Elektrifizierung des Antriebs. Heute bieten nahezu alle Hersteller Mild- und Full-Hybridfahrzeuge z. T. mit Plug-in-Lademöglichkeit an.

Auch Fahrzeuge mit reinem Elektroantrieb (sogenannte Zero-Emission Vehicles) werden bis 2020 in kleineren Serien gebaut. In 2019 waren trotzdem weltweit 60 Modelle zu kaufen. Sobald die Batterietechnologie sich weiter verbessert und Batterien kostengünstiger produziert werden können, werden diese Fahrzeuge nennenswerte (>5 %) Marktanteile erobern. Dies braucht wohl nach den Erkenntnissen der letzten Jahre noch länger als vor 5–6 Jahren prophezeit wurde (Ziel in Deutschland: in 2020 eine Million E-Fahrzeuge). Dieses Ziel wird wohl ab 2020 durch die Einführung eigener Plattformen für E-Autos mit größerer Reichweite erreicht, wenn VW (MEB Plattform), BMW (i-Reihe) und Mercedes (EQ Plattform) viele Volumenmodelle mit reinem Elektroantrieb auf den Markt bringen. In 2016 überschritt der Bestand weltweit eine Million Fahrzeuge [17].

Lange Zeit werden für solche Antriebsarten die Fahrwerke aus den vorhandenen Plattformen übernommen. Es ist jedoch sicher zu prognostizieren, dass mit den steigenden

Stückzahlen besonders für die Elektrofahrzeuge neue, besser geeignete Fahrwerke entwickelt werden, die sich von den konventionellen deutlich unterscheiden.

Ein größerer Veränderungsbedarf ergibt sich dabei für die Bremsanlage. Die elektrifizierten Antriebe holen einen Großteil der Effizienz aus der Möglichkeit, die Bremsenergie zu rekupieren. Die Bremsbetätigung muss dabei die jeweils optimale Verteilung auf E-Maschine und Bremse ermöglichen, ohne dass der Fahrer irritiert wird.

Die bestehenden Trends bei den Antriebskonzepten setzen sich in den nächsten Jahren weiter fort: der Anteil an der gesamten Weltproduktion von kostengünstigen Modellen mit Front-Quer-Motor und Frontantrieb incl. Allradversionen wird voraussichtlich von 75 % auf 80 % steigen. Der Anteil größerer Premium-Modelle mit Front-Längs-Motor und Heckantrieb wird von 16 % auf 14 % sinken (jedoch bei unveränderten Stückzahlen) aber deren Allradversionen auf 6 % steigen.

Alle Allradversionen werden weltweit insgesamt einen Anteil von 14–15 % erreichen.

1.3   Fahrwerkauslegung

Die Auslegung des Fahrwerks für neue Modelle basiert auf dem Lastenheft für das Fahrwerk, das aus dem Lastenheft für das Gesamtfahrzeug abgeleitet und mit den fahrwerkspezifischen Anforderungen ergänzt wird. Bei der Festlegung der Anforderungen sind aktuelle und zukünftige gesetzliche Bestimmungen, Kundenpräferenzen sogar die Megatrends der Gesellschaft zu berücksichtigen (s. Abschn. 7.1).

Das Fahrzeug wird für ein bestimmtes Marktsegment und eine Käuferschicht vorgesehen und muss in diesem Segment den aktuell üblichen Merkmalen [18] und Abmessungen [9] entsprechen oder diese übertreffen.

Zum Vergleich werden sowohl Benchmark-Fahrzeuge des Wettbewerbs als auch die eigenen Referenz-Modelle genutzt.

Die Gesamtfahrzeugeigenschaften lassen sich z. B. in folgende für die Fahrwerksgestaltung wichtigen Merkmale untergliedern:

- **passive und aktive Sicherheit,**
- *Innen- und Außenabmessungen, Kofferraum,*
- Ergonomie, Bedienkomfort,
- aerodynamische Merkmale,
- **Fahrdynamik,**
- Emission,
- *Antriebskonzept,*
- *fahrdynamische Leistung,*
- Antriebsleistung,
- *Verbrauch,*
- **Fahrsicherheit,**

- **NVH** (Geräusch/Schwingung),
- **Fahrkomfort,**
- *Elektrik/Elektronik,*
- *Gewicht,*
- *Design Kompatibilität (Modularität),*
- Fixkosten, Recycling,
- Design, Styling,
- *Zuverlässigkeit,*
- *Kaufpreis, Betriebskosten.*

Es ist nun nicht möglich und auch nicht notwendig in allen diesen Merkmalen der Beste zu sein. Wichtig ist vielmehr für jedes einzelne Merkmal zu entscheiden, ob man in dieser Kategorie der Klassenbeste, unter den Besten oder Durchschnitt sein will bzw. darunter bleiben kann. Danach werden die Prioritäten und die Gewichtung der einzelnen Merkmale festgelegt. Die ausgewählten Wettbewerbs- und Eigenmodelle werden nach diesen Merkmalen analysiert und vermessen, um möglichst viele objektive Werte für jedes Merkmal festzulegen.

Aus dieser Liste sind die fett gedruckten Merkmale 100 % fahrwerkrelevant und andere (kursive) werden durch das Fahrwerk mit beeinflusst, die dann in das Lastenheft für das Fahrwerk aufgenommen werden. Einige andere Festlegungen wiederum beeinflussen in sehr großem Umfang das Fahrwerk, wie z. B. Antriebsart und Gewichtsverteilung auf die Achsen.

In der Regel wird das Fahrwerk heute bei einer neuen Fahrzeuggeneration nicht immer wieder neu definiert, sondern weiterentwickelt bzw. angepasst. Das erkennt man auch an den Berichten über das Fahrwerk der neuen Modelle:

> … alle Entwicklungsaktivitäten für das Fahrwerk sind daraufhin ausgerichtet, das hohe Niveau an aktiver Fahrsicherheit des Vorgängers nochmals zu steigern und markentypische Fahrwerkseigenschaften sicherzustellen …
> … das erfolgreiche Konzept des Vorgängers wurde übernommen und weiterentwickelt …
> … aufbauend auf den Qualitäten des Vorgängermodells und den neueren Erkenntnissen und Kriterien, die aus den Entwicklungen von Schwestermodellen resultieren, wurde ein Fahrwerkkonzept entwickelt, das ein Optimum darstellt …
> …zur weiteren Optimierung der Fahreigenschaften des Vorgängerfahrwerks halten nun Systeme Einzug, die vorher noch einer höheren Klasse vorbehalten waren…

Manchmal sind jedoch die gestiegenen Anforderungen durch eine Optimierung des Vorgängers nicht mehr zu erfüllen oder ein Modell muss durch einen großen Innovationsschub in seinen fahrdynamischen Leistungen deutlich verbessert werden. Solche vollständig neu entwickelten Fahrwerke der letzten Jahre sind z. B.:

- Fünflenker-Vorderachse von Audi A4, A6, A8,
- Schwertlenker-Hinterachse FordFocus,

- Integrallenker-Hinterachse der BMW 7er und 5er, Ford-Mondeo, Volvo XC90,
- Mehrlenker-Hinterachse Volvo S80,
- Mehrlenker-Hinterachse VW Golf 5,
- Fünflenker-Hinterachse BMW 1er und 3er.

1.3.1 Anforderungen an das Fahrwerk

Die Anforderungen an das Fahrwerk lassen sich nach folgenden Fahrzeugmerkmalen zusammenfassen [19] (Abb. 1.14):

- Fahrdynamik,
- Fahrkomfort,
- Fahrsicherheit,
- Fahrzeugbedienung,
- Plattformstrategie,
- Fahrwerk-Gewicht,
- Fahrwerk-Kosten,
- Fahrwerk-Zuverlässigkeit, Robustheit.

Sie werden wiederum sehr stark beeinflusst von anderen Fahrzeugmerkmalen wie:

- Schwerpunktlage, Achslastverteilung,
- Antriebsanordnung,
- Außenabmessungen,
- Kofferraum, Tankinhalt,
- Fahrleistungen (z. B. Höchstgeschwindigkeit, Motordrehmoment),
- Aerodynamik (Auftriebsbeiwerte),
- Karosseriesteifigkeit.

Die **Fahrdynamik** bestimmende Faktoren sind:

- Anlenkverhalten,
- Zielgenauigkeit,
- Pendelstabilität,
- Traktion,
- Eigenlenkverhalten,
- Lastwechselreaktionen,
- Handlichkeit,
- Geradeauslauf,
- Lenk-/Bremsverhalten,
- Verreißsicherheit,

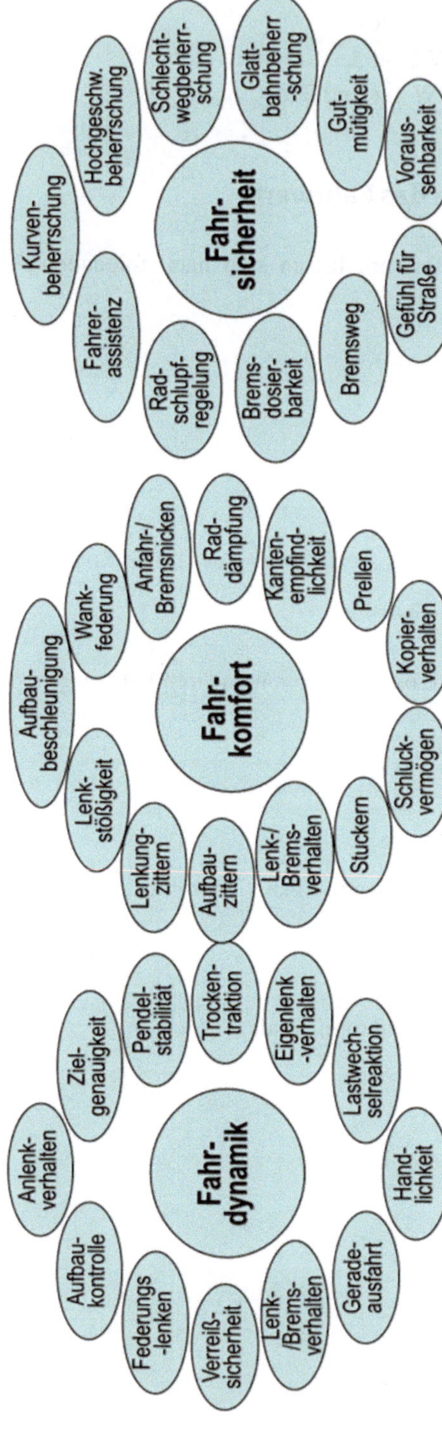

Abb. 1.14 Beurteilungsmerkmale des Fahrwerks in Hinblick auf Dynamik, Komfort und Sicherheit [6]

- Federungslenken,
- Aufbaukontrolle.

Den **Fahrkomfort** bestimmende Faktoren sind:

- Aufbaubeschleunigung,
- Wankfederverhalten,
- Kopierverhalten der Einzelräder,
- Anfahr-/Bremsnicken,
- Raddämpfung,
- Kantenempfindlichkeit,
- Prellen (7 bis 25 Hz),
- Schluckvermögen,
- Reiten/Anfedern,
- Stuckern (7 bis 15 Hz),
- Aufbauzittern (0,5 bis 5 Hz),
- Lenkungszittern,
- Lenkstößigkeit.

Die **Fahrsicherheit** bestimmende Faktoren sind:

- Beherrschbarkeit in den Kurven,
- Beherrschbarkeit bei hoher Geschwindigkeit,
- Beherrschbarkeit auf schlechter Fahrbahn,
- Beherrschbarkeit auf glatter Fahrbahn,
- Gutmütiges Verhalten im Grenzbereich,
- Vorhersehbarkeit des Fahrzeugverhaltens,
- Gefühl für die Straße,
- Bremsweg, Dosierbarkeit der Bremse,
- Radschlupf-Regelungssysteme (aktive Unterstützung in Notsituationen),
- Fahrerassistenzsysteme (aktive Unterstützung bei normalen Fahrsituationen).

Abb. 1.15 nach [21] stellt eine Zusammenfassung aller Anforderungen und deren Wirkungen am Fahrwerk dar. Diese Anforderungen werden erfüllt durch das Zusammenwirken der Fahrwerksysteme und Komponenten. Diese sind:

- Vorderradaufhängung,
- Hinterradaufhängung,
- Federung und Dämpfung,
- Bremssystem,
- Lenksystem,
- Radlagerung, Radträger

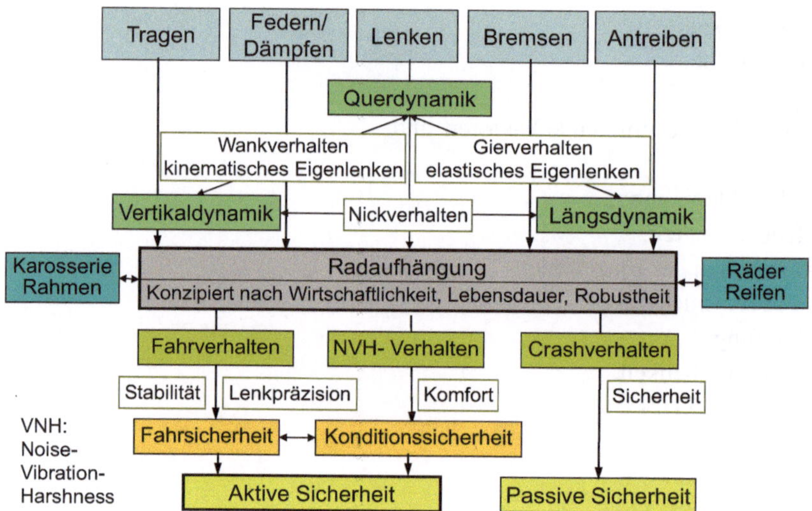

Abb. 1.15 Zusammenstellung der Anforderungen an das Fahrwerk [21]

- Räder und Reifen,
- Fahrwerkregelsysteme,
- Pedalerie, Lenkrad,
- Aggregatelagerung.

1.3.2 Fahrwerk-Kinematikauslegung

Die Fahrwerkauslegung wird nach der Verabschiedung des Fahrwerklastenheftes und Festlegung der Konzepte für die einzelnen Fahrwerksysteme sowie nicht systemgebundenen Komponenten definiert.

Im Prozess der Fahrwerksauslegung erfolgt die Festlegung der Abmessungen, Toleranzen, Materialien, Oberflächen, Fertigungsverfahren, Verbindungsverfahren aller Baugruppen und Einzelteile.

Im ersten Schritt wird die Kinematik ausgelegt und optimiert, was eine funktionelle Konstruktion bedeutet. Im nächsten Schritt werden die einzelnen Komponenten (Lenker und Gelenke) mit ihren Bauräumen entsprechend den Belastungen sowie Steifigkeiten dimensioniert und in mehreren Iterationen optimiert, was eine gestalterische Konstruktion bedeutet.

Die Kinematikauslegung des Fahrwerks ist gleichbedeutend mit der Kinematik der Radaufhängung und Lenkung, weil diese eine kinematische Kette bilden.

1.3.3 Kinematik der Radaufhängung

Wegender Bedeutung der Stellung des Reifens zur Fahrbahn spielt die kinematische Analyse der Aufhängung eine sehr wichtige Rolle. Sie steht am Anfang der Fahrwerkentwicklung, unmittelbar nach der Festlegung des Radaufhängungskonzepts [22].

Für weitere Beschreibungen ist zuerst ein Koordinatensystem für das Fahrzeug zu definieren, auf das sich dann die Anordnung der Radaufhängung bezieht. Abb. 1.16 zeigt das rechtshändige, fahrzeuggebundene Koordinatensystem nach ISO 88551.3/DIN 70000.

Die x-Achse weist in der Fahrzeugmittelebene nach vorn, die y-Achse nach links und die z-Achse nach oben. Der Koordinatenmittelpunkt befindet sich meist in der Vorderachsebene, auf der Fahrbahn oder Vorderradmittenhöhe. Andere mögliche Lagen für den Koordinatenursprung sind der vorderste Karosseriepunkt oder der für fahrdynamische Untersuchungen häufig verwendete Fahrzeugschwerpunkt. Für die Beschreibung der Radkinematik wird dieses System auf die Mitte der Radaufstandfläche in Konstruktionslage und auf die Radachse parallel verschoben, um die Radbewegungen ausgehend aus der Radruhelage zu beschreiben.

Die Kinematik der Radaufhängung bestimmt die räumliche Bewegung des Rades bei Federung und Lenkung. Durch das gewählte Aufhängungskonzept liegen Anzahl und Relativanordnung (Topologie) der Kinematikpunkte fest. Die weiteren Festlegungen aus dem Fahrwerklastenheft wie Radstand, Spurweite, Reifen- und Felgengrößen ermöglichen die Positionierung der Kinematikpunkte relativ zum Fahrzeug.

Für die Berechnung einiger Kenngrößen wie Wank- und Nickausgleich usw. werden außerdem die Lage des Schwerpunkts, Achslasten, Bremskraftverteilung und Antriebskraftverteilung (bei Allradantrieb) benötigt.

Da die Kinematik sich mit der Beladung ändert, wird für die Auslegung eine Referenzlage definiert (Lage mit Fahrer, Beifahrer und ca. 50 kg Zuladung), die *Konstruktionslage* oder kurz „*K0-Lage*" genannt wird.

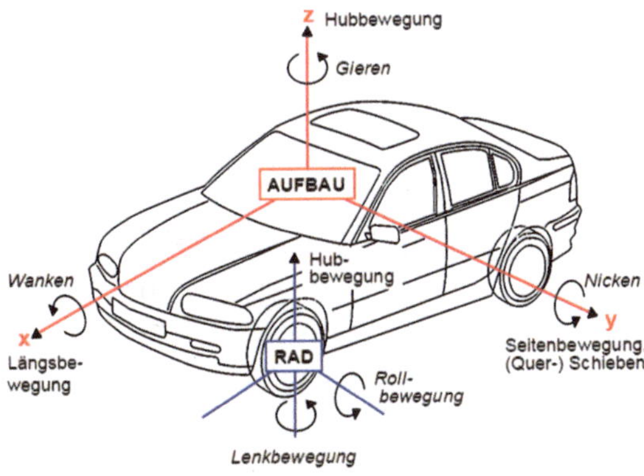

Abb. 1.16 Fahrzeugkoordinatensystem nach ISO 8855 70000 bzw. DIN 70000

1.3.3.1 Kenngrößen des Fahrwerks am Fahrzeug

Im Folgenden werden alle fahrwerkspezifischen Kenngrößen beschrieben und erläutert.

Radaufstandspunkt *(wheel contact point, point de contact de la roue avec la chaussée)*
Schnittpunkt der Radmittelebene mit der Projektion der Raddrehachse auf die Fahrbahnebene.

Radstand l *(wheelbase, empattement)*
Abstand der Radaufstandspunkte der Vorder- und Hinterräder in der x-y-Ebene (Abb. 1.17).
Langer Radstand bedeutet:

- mehr Raum für Passagiere,
- besserer Fahrkomfort (geringes Nicken),
- bessere Fahrsicherheit (geringer Giermomentaufbau)

Kurzer Radstand dagegen bedeutet:

- bessere Handlichkeit (Kurvenfahrten, Parken),
- geringere Kosten und Gewicht.

Typische Werte:

- 2100 bis 3500 mm, Mittelwert: 2500 mm
- Radstand/Fahrzeuglänge: $0,6 \pm 0,07$

Allgemeine Empfehlung Das Radstand/Fahrzeuglängenverhältnis sollte möglichst groß sein. Für Kleinfahrzeuge soll dieses Verhältnis nahe 0,7 liegen.

Radstandsänderung *(wheelbase changes, modification de l´empattement)*
Durch die Federbewegung des Rades (Längsfederung) können sich der Aufstandspunkt und damit der Radstand ändern (Abb. 1.18).

Abb. 1.17 Radstand l nach
ISO 612/DIN

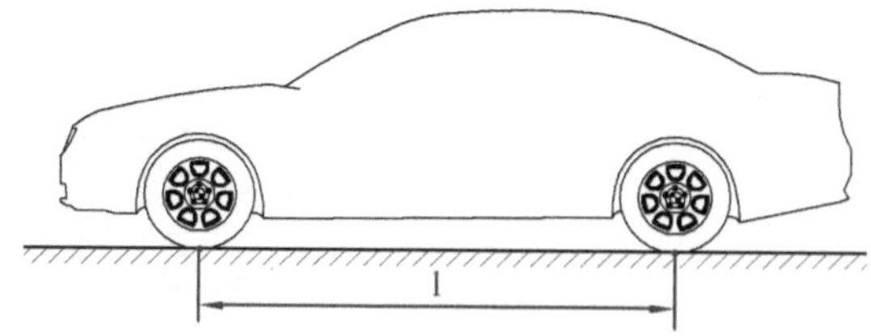

Abb. 1.18   Radstandsänderung

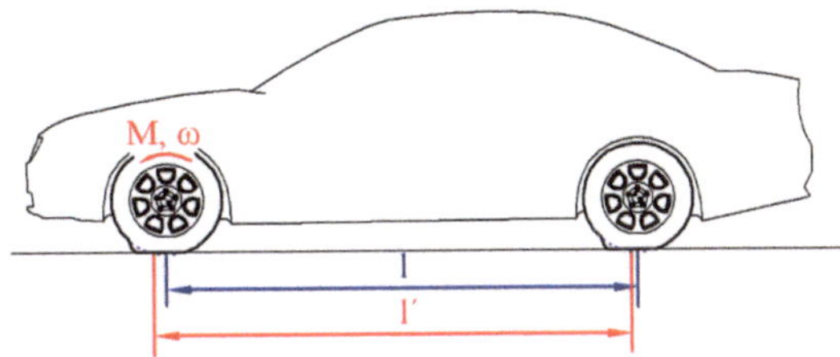

Vorteile (wenn sich das Rad nach hinten bewegt):

- Fahrwerk gleicht horizontale Stöße aus,
- positiv (komfortabel) für die Federung,
- Verbesserung des Abrollkomforts.

Nachteile:

- Ständig leicht schwankende Raddrehzahlen,
- Drehschwingungen im Antriebsstrang,
- Raddrehzahlsignale (ABS) verfälscht,
- Bremstrampeln kann angefacht werden.

Typische Werte:

- im Allgemeinen sehr klein, bis 20 mm.

Bemerkung In Längsrichtung elastisch weich gelagerte Achsträger vergrößern die Radstandsänderungen.

Spurweite *s* (*track width, écartement des roues*)
Abstand der Radaufstandspunkte einer Achse in der Projektion auf die y-z-Ebene (Abb. 1.19).

Abb. 1.19   Spurweite *s* nach
ISO 612/DIN 70000

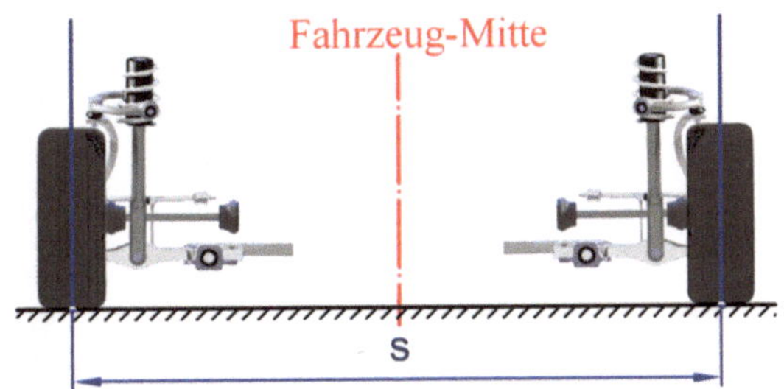

Vorteile einer breiten Spurweite:

- besseres Fahrverhalten,
- besserer Fahrkomfort (geringes Wanken),
- besseres Design.

Nachteile:

- große Fahrzeugbreite und damit mehr Gewicht,
- höherer Luftwiderstand,
- stärkeres Verziehen bei ungleichen Bremskräften.

Typische Werte:

- 1210 bis 1700 mm,
- Spurweite/Fahrzeugbreite: 0,80 bis 0,86.

Bemerkung Spurweite der Vorder- bzw. Hinterräder können unterschiedlich sein.

Spurweitenänderung *(wheel track change, modification de l 'écartement des roues)*
Durch Sturzänderung des Rades und kinematische Einflüsse während der Radbewegung
ändert sich der Aufstandspunkt und damit die Spurweite (Abb. 1.20).
  Nachteile:

- Querschlupf am Reifenlatsch beeinträchtigt die Kraftübertragung,
- Geradeausfahrt wird gestört,
- Reifenverschleiß erhöht sich,
- Rollwiderstand steigt,
- negative Rückwirkungen auf die Lenkung entstehen.

Abb. 1.20 Spurweitenänderung

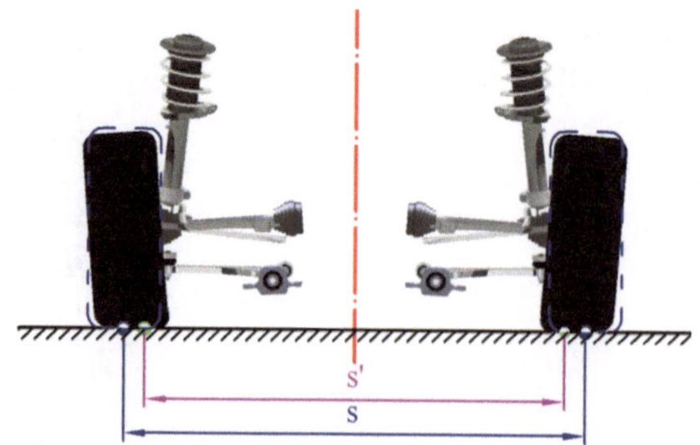

Typische Werte:

- im Allgemeinen sehr klein, bis 20 mm.

Allgemeine Empfehlung Spurweitenänderung besonders um die K0-Lage herum möglichst gering halten.

Fahrzeug Schwerpunktlage S *(center of gravity, position du centre de gravité)* Der fiktive Punkt, in dem die Gesamtfahrzeugmasse auf einem Punkt konzentriert angenommen werden kann (Abb. 1.21).

Niedrige Schwerpunktlage bedeutet:

- gutes Fahrverhalten und hohe Fahrsicherheit,
- geringes Wanken und Nicken,
- geringe Radlastschwankung bei Steigungen und beim Bremsen oder Beschleunigen.

Hohe Schwerpunktlage ergibt:

- bessere Hinterachsbelastung bei Steigung.

Typische Werte:

- 1000 bis 1750 mm hinter der Vorderachse,
- 300 bis 750 mm über der Fahrbahn.

Bemerkungen Die Schwerpunktlage ist abhängig von der Fahrzeugbeladung und bestimmt die Achslastverteilung. Die Achslasten wiederum bestimmen die Höhe der auf die Fahrbahn übertragbaren Kräfte beim Beschleunigen, Bremsen und Lenken. Die Lage des Schwerpunktes ist besonders für die Trägheitskräfte von Bedeutung, weil diese immer am Schwerpunkt des Fahrzeugs einwirken.

Achslastverteilung
Das Verhältnis der auf das Gesamtgewicht bezogenen Achslasten an Vorder- und Hinterachse. Die Achslastanteile werden meist in % angegeben.

Abb. 1.21 Fahrzeug-Schwerpunktlage S

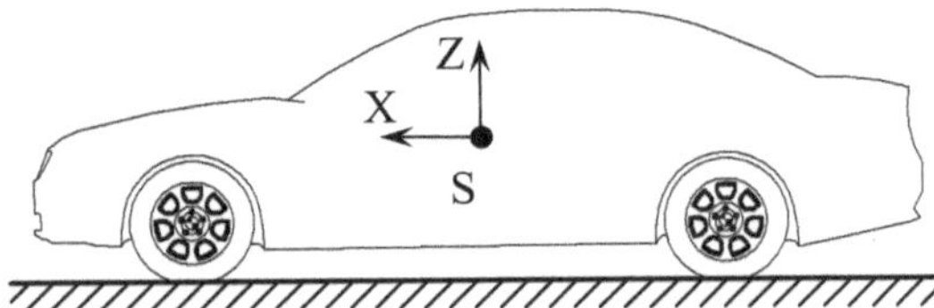

Typische Werte in der K0-Lage sind:

- 45:55 % bis 60:40 %

Allgemeine Empfehlung Die Achslastverteilung sollte aus Traktionsgründen bei einem Frontantriebler etwa bei 55/45 % und bei einem Heckantriebler etwa bei 50/50 % liegen.

Anmerkung Die Achslastverteilung hat einen großen Einfluss auf das Eigenlenkverhalten. Für ein neutrales Eigenlenkverhalten ist eine gleichverteilte Achslast günstig. Soll ein tendenziell untersteuerndes Fahrverhalten erzielt werden, dann ist eine hohe Vorderachslast günstig.

Diese grundlegenden Daten sind Voraussetzungen für die kinematische Auslegung der Radaufhängung.

Ziel der Auslegung ist die Ermittlung aller Kinematikpunkte, die auch als *hard points* bekannt sind, sodass die Anforderungen an das Fahrwerk erfüllt werden. Mit der Festlegung der Kinematikpunkte liegen auch die Lenkerlängen, jedoch noch nicht die Lenkerverläufe, Lenkerquerschnitte und das Package fest.

1.3.3.2 Momentanpole der Radaufhängung

Die meisten Einzelradaufhängungen führen komplizierte räumliche Bewegungen aus. Diese Bewegungen lassen sich veranschaulichen, wenn sie in zwei Ebenen (Seiten- und Queransicht) dargestellt werden [23]. Jeder starre Körper (z. B. der Radträger) einer kinematischen Kette hat bei seiner Bewegung einen momentanen räumlichen Punkt, der sich nicht bewegt ($v = 0$); der Körper dreht sich dann um diesen Punkt mit der Drehgeschwindigkeit ω. Dieser Punkt wird *„Momentanpol P"* genannt. Der Momentanpol lässt sich sehr einfach finden und ersetzt augenblicklich alle Glieder einer Kette. Mit der Kenntnis des Momentanpols und der Winkelgeschwindigkeit, kann man nun die Bewegungsrichtung eines jeden Punktes auf dem Bauteil (senkrecht zur Verbindungslinie zum Momentanpol), dessen Geschwindigkeit (Abstand zum Momentanpol multipliziert mit der Winkelgeschwindigkeit) und dessen Querbeschleunigung (Quadrat der Winkelgeschwindigkeit, dividiert durch den Abstand zum Momentanpol) ermitteln.

Die räumliche Bewegung der Radaufhängung (Radmittelpunkt und Radaufstandspunkt) kann in die Längs- und Querebenen projiziert werden (Seitenansicht und Ansicht von hinten). Es ist zweckmäßig, das momentane Zentrum der Drehpunkte in beiden Ebenen, d. h. die Längs- und Querpole des Rades, zu kennen.

Da die Momentanpole sich gegenüber dem Aufbau nicht bewegen, können sie als die Verbindungsstellen der Radaufhängung zum Aufbau angenommen werden, d. h. der Aufbau stützt sich über diese Punkte auf die Räder bzw. Fahrbahn (Abb. 1.22).

1.3.3.3 Radhubkinematik

Die Radbewegung kann im einfachsten Fall auf eine Linear- oder Drehbewegung zurückgeführt werden. Diese Art der Radbewegung wird erreicht, wenn das Rad sich linear/vertikal bewegt (Drehschubgelenk) oder um die Quer-, Längs- oder Schrägachse

Abb. 1.22 Längs- und Querpole der Radaufhängung [9]

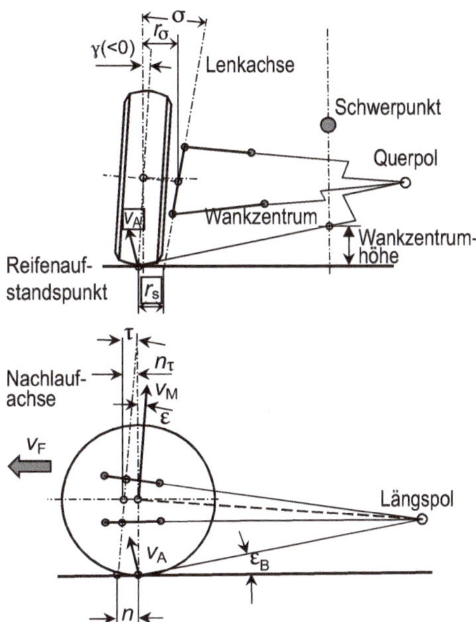

mit einem Längs-, Quer- oder Schräglenker dreht. Bei diesen einfachsten Radaufhängungen (Abb. 1.23) werden die Lenker am Radträger ohne Gelenk (unmittelbar) fest verbunden. Die Radmitte bewegt sich in einer Ebene entlang einer Kurve.

Eine derartige Radaufhängung kann aber die Anforderungen an das heutige Fahrwerk nicht erfüllen. Besseren Komfort und Fahrdynamik erreicht man, wenn der Lenker gelenkig (mittelbar) am Radträger befestigt wird und weitere Radführungselemente hinzukommen. Dann entsteht z. B. eine McPherson-Aufhängung (ein Dreieckslenker und ein Drehschubgelenk, das sogenannte „Federbein") oder eine Doppelquerlenkeraufhängung (zwei Querlenker übereinander) (Abb. 1.24a, b). Der Radmittelpunkt bewegt sich jedoch immer noch in einer Ebene.

Abb. 1.23 Radführungen mit einem Lenker

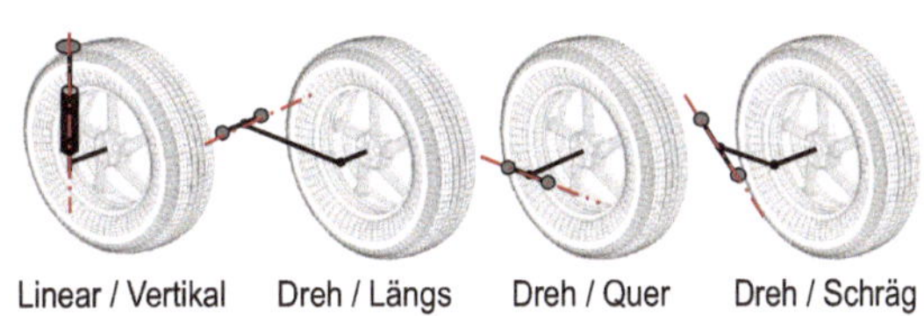

Abb. 1.24 a–c Radführungen mit mehreren Lenkern

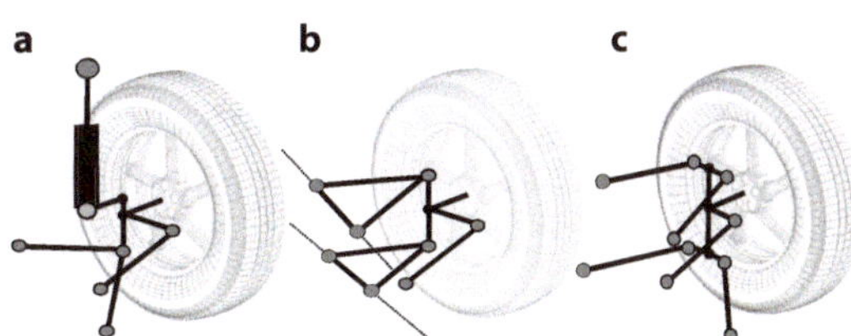

Noch aufwändiger werden die Aufhängungen [11], wenn die Drehachsen schräg angeordnet sind oder die Dreipunktlenker aufgelöst werden (Abb. 1.24c) oder aber in die untere Ebene ein Vierpunktlenker eingebaut wird.

Für die nicht angetriebenen Achsen genügen die ebenen oder sphärischen Aufhängungen (siehe auch Abb. 6.35), weil die dabei frei wählbaren zwei bzw. drei voneinander unabhängigen Parameter ausreichen, die Kinematik der Aufhängung zu optimieren.

Bei den modernen Radführungen an angetriebenen Achsen durchläuft der Radträger beim Ein- und Ausfedern eine räumliche Koppelbewegung.

Die räumliche Bewegung lässt sich durch fünf voneinander unabhängige Parameter beschreiben, die ausschließlich von der Kinematik der Aufhängung abhängig sind [11].

Der **Sturzwinkel** (die vertikale Querneigung des Rades zur Fahrbahn) beeinflusst die Übertragbarkeit der Seitenkräfte. Der **Schrägfederungswinkel** beeinflusst die Übertragung der Längskräfte. Das **Wankzentrum** sagt etwas über die Art der Seitenkraftabstützung bei der Kurvenfahrt. Die **Vorspuränderung** bestimmt das Eigenlenkverhalten beim Ein- und Ausfedern und zusammen mit der **Sturzänderung** beeinflusst sie das Seitenführungsvermögen der Radaufhängung in den Grenzsituationen. Sie ist von erheblicher Bedeutung für die Fahrstabilität [9, 11].

Um diese Zusammenhänge besser zu verstehen, werden zuerst diese Kenngrößen definiert und deren Einfluss und Bedeutung erläutert.

1.3.3.4 Kenngrößen der Radhubkinematik

Die Lage des Rades wird durch mehrere Kenngrößen definiert. Diese sind abhängig von der Art der Kinematikkette, den kinematischen Abmessungen und von dem momentanen Federungsstand des Rades [20].

Radhub *s (wheel travel, course de la roue)* (**oder Radfederweg**)

Der vertikale Verschiebeweg s des Radmittelpunktes, den das Rad von der Konstruktionslage aus zurücklegt. Positiv beim Einfedern, negativ beim Ausfedern des Rades.

Typische Werte der maximalen Federwege aus der Konstruktionslage:

- Einfederung 60 bis 100 mm,
- Ausfederung 70 bis 120 mm.

Abb. 1.25 Spurwinkel δ, Vorspur C < B, Nachspur C > B, (Felgengrößenabhängig) nach ISO 612/DIN 70000

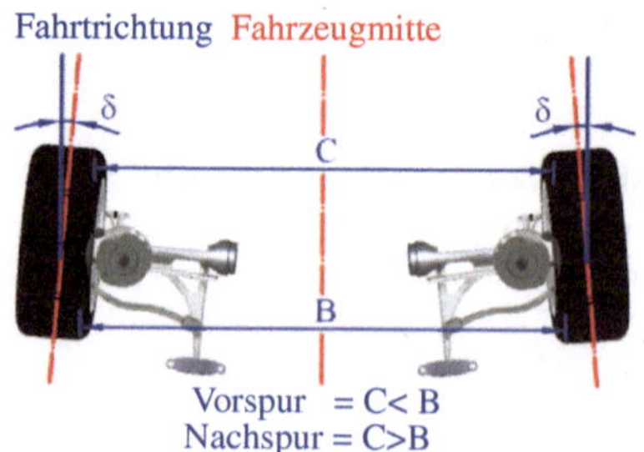

Bemerkungen Die SUVs und Geländefahrzeuge haben deutlich größere Federwege (über 100 mm Einfederweg). Auch die Fahrzeuge der Premiumklasse haben aus Komfortgründen größere Federwege, weil dadurch die Aufbaufeder weicher ausgelegt werden kann ohne bei höheren Lasten zu früh in den Einsatzbereich der Zusatzfeder (Endanschläge) zu kommen.

Eine Niveauregelung gleicht den Federwegverlust durch Beladung aus. Die Radhübe können dann kleiner ausgelegt werden und die Änderungen der kinematischen Kenngrößen bleiben geringer.

Spurwinkel δ *(toe angle, angle de pincement)*
Der Winkel zwischen den Schnittlinien der Radmittelebenen beider Räder mit der Fahrbahnebene ohne Lenkeinschlag. Positiv wenn die Winkelspitze in die Fahrtrichtung zeigt (Abb. 1.25).

Vorspur *(toe-in, pincement des roues)*
Differenz der Abstände der Felgenhörner hinter und vor den Radmittelpunkten der Räder einer Achse, wenn der Abstand vorn kleiner ist als der Abstand hinten.

Nachspur *(toe-out, contre pincement des roues)*
Wie oben, jedoch ist der Abstand der Felgenhörner vorn größer als der Abstand hinten.

Die Spur beeinflusst die Geradeausfahrt, das Kurvenverhalten und die Fahrwerkabstimmung.

Typische Werte für den Spurwinkel in der K0-Lage:

- Vorderachse bei Hinterradantrieb $0°$ bis $+30'$,
- Vorderachse bei Vorderradantrieb $-30'$ bis $+20'$,
- für die Hinterachse max. $-10'$ bis $+20'$.

Anmerkungen Den geringsten Reifenverschleiß und Rollwiderstand hat ein genau geradeaus rollendes Rad. Bei Geradeausfahrt führt ein zu großer positiver Vorspurwinkel zu einem Reifenverschleiß auf den Außenschultern.

Häufig wird bewusst ein geringer statischer Vorspurwinkel eingestellt und damit die Lenkkette vorgespannt, um die Fahrstabilität während des Geradeausfahrens zu verbessern.

In der Literatur wird für jedes Rad auch ein eigener Spurwinkel definiert. In diesem Fall ist der Gesamtspurwinkel die Summe beider Radspurwinkel.

Allgemeine Empfehlung An der Hinterachse sollte beim Bremsen und bei Kurvenfahrt das kurvenäußere Rad in Vorspur gehen. Dadurch kann einer durch die veränderte Achslastverteilung beim Bremsen hervorgerufenen Übersteuertendenz entgegengewirkt werden und das Fahrverhalten über einen weiten Querbeschleunigungsbereich neutral gehalten werden. Parallel dazu sollten die Vorderräder beim Bremsen und in der Kurvenfahrt in Nachspur gehen.

Sturz γ *(camber, carrossage)*

Der Winkel zwischen der Radmittelebene und einer zur Fahrbahn senkrechten Ebene, die parallel zur Schnittlinie der Radmittelebene mit der Fahrbahnebene verläuft (Abb. 1.26). Der Sturz beeinflusst den Seitenkraftaufbau und damit die Querdynamik.

Der Sturz ist positiv definiert, wenn das Rad nach außen geneigt ist. Er ist negativ, wenn das Rad nach innen geneigt ist. Ein negativer Sturz am Kurvenaußenrad erzeugt Sturzseitenkräfte, die die Querführung der Achse verbessern. Für eine gute Seitenkraft-übertragung sollte das Rad auch unter Seitenkraft nie in positiven Sturz gehen.

Ein größerer Sturzwinkel verursacht Reifenverschleiß und höheren Rollwiderstand.

Typische Werte in der Konstruktionslage [3]:

- -2 bis $0°$.

Bemerkungen Der negative Sturz trägt zur Reifenseitenführung in den Kurven bei. Der Sturz ändert sich bei einer Einzelradaufhängung mit der Federbewegung, daher auch mit der Beladung.

Sturzseitenkraft und Sturzmoment entstehen, weil durch den Sturzwinkel der Reifen wie ein Kegel um den Schnittpunkt zwischen Fahrbahn und Radachse rollt. Das Rad ist dann bestrebt, mit einem Kreisbogen um die Spitze des Kegels zu rollen (Abb. 1.27).

Durch einen positiven Sturz ergeben sich Sturzseitenkräfte nach außen. D. h., um die Lenkachse wird ständig ein kleines Giermoment erzeugt, das dann dem Flattern des Rades, das um die Lenkachse wegen des Spiels oder der Elastizitäten am Lenkstrang entstehen kann, entgegen wirkt (Vorspannen).

Unter Einfluss der Längs- und Querneigung der Lenkachse ändert sich der Sturz auch beim Lenken. Die Lenkachsenquerneigung verursacht in der Kurve an den beiden

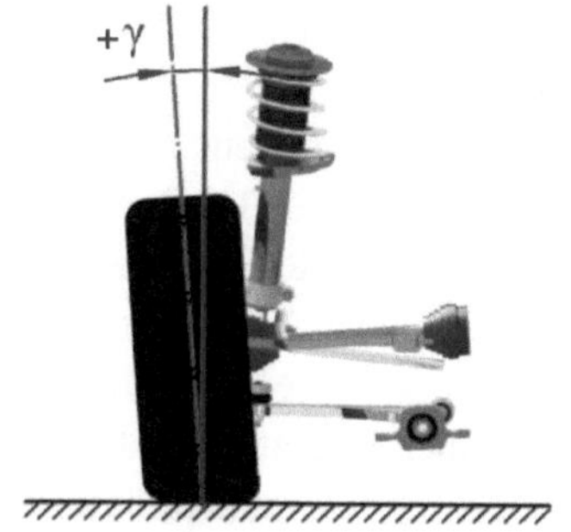

Abb. 1.26 Sturz γ nach ISO 612/DIN 70000

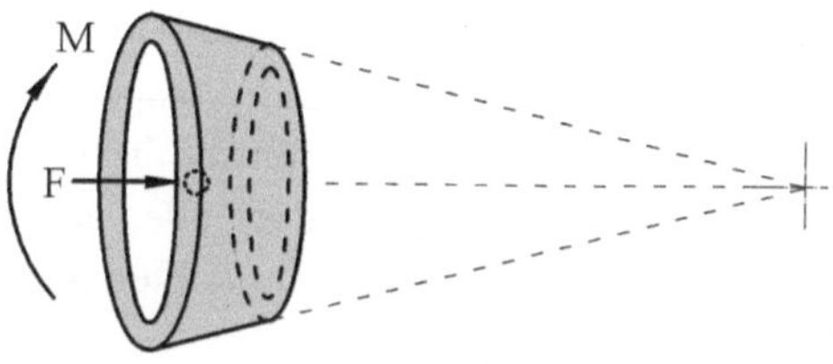

Abb. 1.27 Sturzseitenkraft F_γ und Sturzmoment M_γ

gelenkten Rädern eine Änderung des Radsturzes in positiver Richtung. Für das Kurveninnenrad wirkt es günstig, weil der negative Sturz, der durch die Wankbewegung des Aufbaues entsteht, kompensiert wird.

Für das Kurvenaußenrad überlagern sich beide Effekte und es entsteht ein größerer positiver Sturz, der die Spursteife des Reifens senkt.

Die Lenkachsenlängsneigung verursacht beim Kurvenaußenrad einen negativen und beim Kurveninnenrad einen positiven Sturz. Die ungünstigen Auswirkungen auf das Außenrad werden dadurch verringert.

Allgemeine Empfehlung Um das Rad bei Kurvenfahrt auch unter Wankwinkel möglichst vertikal zur Fahrbahn zu halten, sollte über dem Einfedern ein zunehmender negativer Sturz eingestellt werden. Damit kann eine Beeinträchtigung der Seitenführung durch zu hohe Sturzwinkel verhindert werden.

Wankpol (*roll center, centre de roulis*) Wankpol oder Momentanzentrum ist der momentane Drehpunkt des Aufbaus in einer Achsebene, um den sich der Aufbau bei Wankbewegungen seitlich neigt (Abb. 1.28 und 1.29).

Hoher Wankpol (oberhalb der Fahrbahn) bedeutet:

- Aufbau wankt weniger, weil der Hebelarm Wankpol zum Schwerpunkt klein ist.

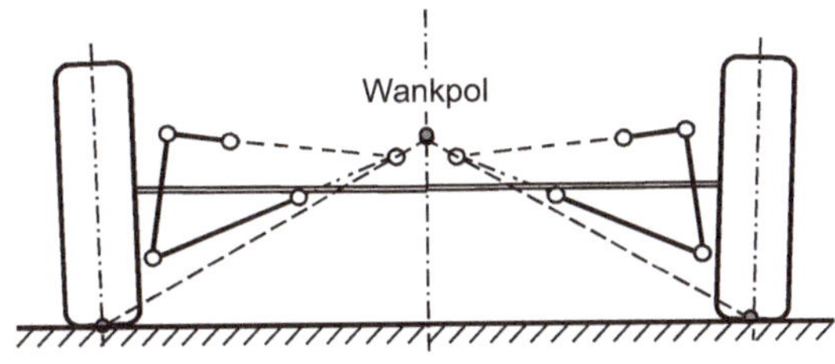

Abb. 1.28 Wankpol der Aufbau für eine Achse

Abb. 1.29 Fahrzeugwankwinkel um Wankpol ca. 8°

Tiefer Wankpol (an oder unter der Fahrbahn) erzeugt:

- geringe Spurweiten und Sturzänderung.

Typische Werte in der Konstruktionslage:

- an der Hinterachse 80 bis 250 mm,
- an der Vorderachse 0 bis 130 mm.

Bemerkungen Bei Einzelradaufhängungen bewegen sich die Wankpole mit einseitiger Federung auch seitlich und die Seitenkraft am kurvenäußeren Rad kann dadurch ein Ausfedern verursachen, welches auch als unerwünschter Aufstützeffekt (Jacking force) bekannt ist. Der Wankpol beeinflusst die Radlaständerungen bei Kurvenfahrt und damit das Eigenlenkverhalten.

Wankachse (*roll axis, axe de roulis*)
Wankachse oder Rollachse ist die Verbindungslinie der vorderen und hinteren Wankpole (Abb. 1.30). Der Aufbau wankt um diese Achse, wenn an dem Schwerpunkt Seitenkräfte (Fliehkraft in den Kurven etc.) eingeleitet werden.
Typische Werte in der Konstruktionslage:

- leichte Neigung nach vorne max. 6° (neue Quellen empfehlen 0°).

Bemerkungen Durch die Neigung der Wankachse lässt sich die Verteilung der Wankabstützung auf die Vorder- und Hinterachse beeinflussen. Liegt der hintere Wankpol höher, ist die Wankabstützung hinten auch höher, dadurch entstehenden höheren Radlastdifferenzen an der Hinterachse, die wiederum das Seitenführungspotenzial reduzieren. Das heißt, das Eigenlenkverhalten verändert sich in Richtung Übersteuern.
Da die Wankpole sich beim Federn ändern, ändert sich auch die Wankachsenneigung mit dem Beladungszustand. Dies muss bei der kinematischen Auslegung berücksichtigt werden.

Abb. 1.30 Wankachse Aufbau/Fahrbahn

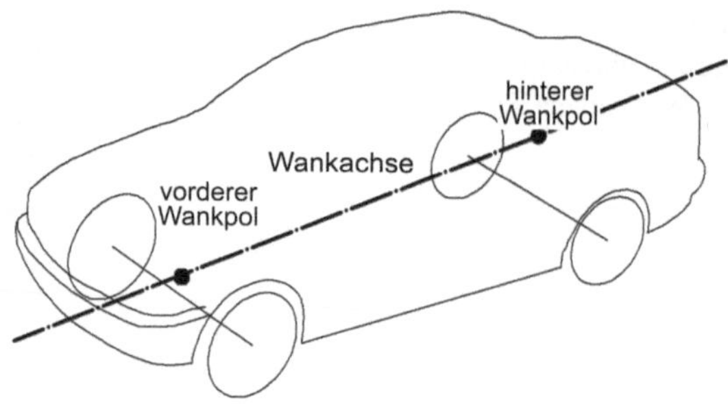

Abb. 1.31 Schrägfederungswinkel ε

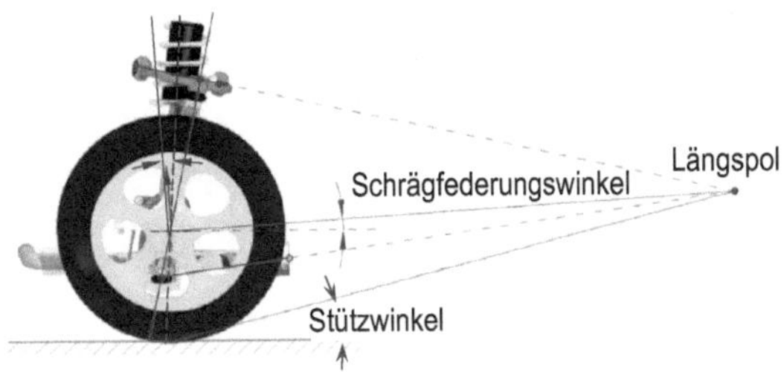

Schrägfederung ε *(diagonal springing, suspension oblique)*

Winkel auf der x-z-Ebene zwischen der Bewegungsrichtung des Radmittelpunktes beim Federn und der z-Achse (Abb. 1.31).

Bemerkungen Eine Schrägfederung, bei der sich das Rad beim Einfedern nach hinten bewegt und so dem Hindernis ergänzend zur Längsfederung nachgibt, unterstützt einen guten Fahrkomfort. An der Vorderachse steht diese Auslegung allerdings einem guten Bremsnickausgleich im Wege. Bei normalen Geschwindigkeiten auftretende, hochfrequente Stöße können allein durch die Schrägfederung nicht ausgeglichen werden. Sie stellt aber den Antriebsstützwinkel für den Antrieb über die Gelenkwellen dar und kann die Radaufhängung von Momenten frei halten.

Bremsnickausgleich X_{BR} *(anti dive, compensation du tangage au freinage)*

Anteil der Abstützung der beim Bremsen entstehenden Nickmomente durch die Lenker der Radaufhängung (tatsächlicher Bremsabstützwinkel bzw. optimaler Bremsabstützwinkel). Der verbleibende Anteil wird durch die Federung aufgefangen (vordere Federn werden belastet und die hinteren entlastet) (Abb. 1.32 und 1.33). Der Federkraftdifferenz mal dem Radstand entspricht das unabgestützte Bremsnickmoment.

Hoher Bremsnickausgleich bedeutet:

- Fahrzeugaufbau nickt beim Bremsen weniger.

Typische Werte in der Konstruktionslage:

- 60 bis 80 %.

Abb. 1.32 Bremsnickausgleich X_{BR}

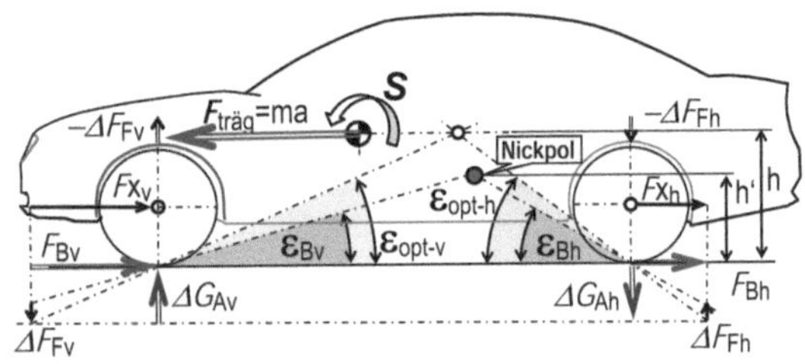

Abb. 1.33 Nicken des Fahrzeugs beim Bremsen

Bemerkungen Das Nickmoment ergibt sich aus der gefederten Masse, der Schwerpunktlage, dem Radstand und der Verzögerung. Beim Bremsen entsteht eine Radlastverschiebung, die ohne Bremsnickausgleich die Aufbaufederung vorne zum Ein- und hinten zum Ausfedern veranlasst. Die Bremskräfte am Radaufstandspunkt und deren Hebelarme um den kinematischen Längspol der Radaufhängung wirken der Nickbewegung entgegen.

Die Bremskraft führt bei positivem Bremsstützwinkel an der Vorderachse zu einem ausfedernden Moment und an der Hinterachse zu einem einfedernden Moment.

Der Bremsstützwinkel hängt allein von der Kinematik der Aufhängung ab und beschreibt die Neigung des Polstrahls vom Radaufstandspunkt zum Längspol.

Anfahrnickausgleich X_{AN} *(anti squat, compensation du tangage à l 'accélération)*
Anteil der Abstützung der beim Beschleunigen entstehenden Nickmomente durch die Lenker (tatsächlicher Anfahrabstützwinkel bzw. optimaler Anfahrabstützwinkel) (Abb. 1.34). Den verbleibenden Anteil fängt die Federung auf (das Fahrzeug nickt nach hinten).

Hoher Anfahrnickausgleich bedeutet:

- Fahrzeug nickt beim Anfahren weniger.

Typische Werte in der Konstruktionslage:

- 60 bis 80 %.

Bemerkungen Die Antriebskraft greift über die Gelenkwelle an der Radmitte an. Das Versatzmoment von der Radmitte zum Radaufstandspunkt ist das Antriebsmoment und wird am Achsgetriebe abgestützt. Das Rad bleibt gegenüber der Aufhängung drehbar und der Radaufstandspunkt dreht sich nicht mehr um den Längspol, sondern bewegt sich parallel zur Radmitte. Wie beim Bremsnickausgleich wird auch beim Anfahrnickausgleich die Antriebskraft genutzt um einem Aus-, bzw. Einfedern entgegenzuwirken.

Abb. 1.34 Anfahrnickausgleich X_{AN}

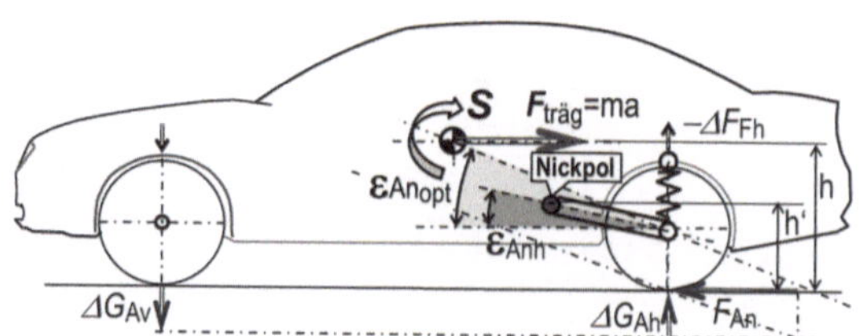

Entsprechend wirkt der Anfahrausgleich nur an einer angetriebenen Achse. Der Anfahrstützwinkel beschreibt die Neigung des Polstrahls vom Radmittelpunkt (bei Starrachse von Radaufstandspunkt) zum Längspol der Radaufhängung. Bei Starrachsen stützt sich das Antriebmoment am Achskörper ab, daher bleiben Antriebstützwinkel und Bremsstützwinkel identisch.

1.3.3.5 Kenngrößen der Lenkkinematik

Die Vorderräder sind um eine senkrechte Lenkachse drehbar gelagert. Deshalb muss die Vorderradaufhängung einen zusätzlichen Freiheitsgrad aufweisen. Die Lenkung muss nicht nur die Führung des Fahrzeugs ermöglichen, sondern auch ständig eine Rückmeldung über Fahrzustand und Seitenkräfte an den Fahrer geben, um ihm die Fahrzeugführung zu erleichtern. Dies lässt sich vor allem mit einer ausgewogenen Anordnung der Lenkdrehachse erreichen [24].

Lenkachse *(king pin axis, essieu directeur)*
die (virtuelle) Achse, um die sich das Rad beim Lenken dreht (frühere Achsschenkelachse) (Abb. 1.35).

Bemerkungen Die Lenkachse ergibt sich bei üblichen Vorderachsen durch die Verbindungslinie zwischen den oberen und unteren Drehgelenkpunkten (Kugelgelenke). Sie liegt in der Regel konstruktionsbedingt immer an der Radinnenseite, räumlich leicht geneigt zur Vertikalachse. Die Neigung ist zweckmäßigerweise nach hinten und nach innen gerichtet, um dem Fahrzeug hohe Fahrstabilität zu verleihen und Lenkradrückstellung zu gewährleisten. Die Lage und die Neigungen der Lenkachse werden mit den Kenngrößen Spreizungswinkel, Lenkrollradius, Nachlaufwinkel und Nachlaufstrecke definiert.

Lenkachsenspreizung σ *(king pin inclination, inclination de pivot de fusée)*
Neigungswinkel der Lenkachse zu einer Senkrechten auf der Fahrbahn in der y-z-Ebene (Abb. 1.36). Positiv, wenn die Achse nach innen geneigt ist.
Typische Werte in der Konstruktionslage:

- Hinterradantrieb mit Motor vorn 5 bis 9°,
- Hinterradantrieb mit Motor hinten 5 bis 13°,
- Vorderradantrieb mit Motor vorn 8 bis 16°.

Abb. 1.35 Lenkachse
(Achsschenkelachse)

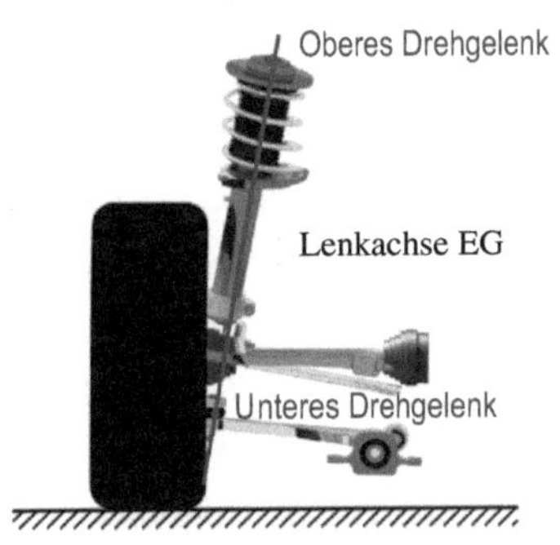

Abb. 1.36 Spreizung σ, Lenkrollradius r_s

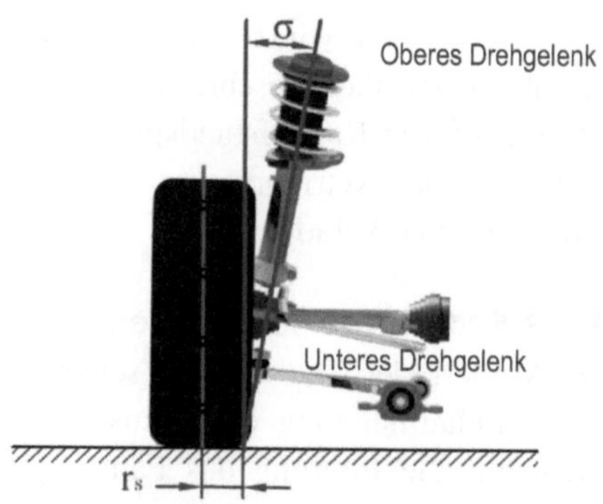

Bemerkungen Der Abstand der Lenkachse zur Radmittelebene sollte klein gehalten werden, um die Hebelarme der am Rad angreifenden Kräfte gering zu halten. Deshalb wird der untere, in der Radschüssel liegende Gelenkpunkt soweit wie möglich nach außen gelegt.

Je nach Aufhängungstyp ist dies beim oberen Gelenkpunkt nur eingeschränkt möglich und es ergibt sich schon aus diesen Zwängen ein Spreizungswinkel.

Die Spreizung bestimmt den Lenkrollradius und unterstützt damit die Lenkrückstellung. Sie hat außerdem Einfluss auf die Spurstangenlänge und die Nachlaufänderung.

Allgemeine Empfehlung Die Spreizung sollte sich mit der Radfederung möglichst wenig ändern, da sich mit einer Spreizänderung der Störkrafthebelarm verändert. Bei unterschiedlichen Einfederungen links/rechts, z. B. bei Kurvenfahrt können dann unerwünschte Lenkmomente entstehen (*Torquesteer*).

Lenkrollradius r_s (scrub radius, déport au sol)

Abstand des Schnittpunktes der Lenkachse mit der Fahrbahnebene zur Schnittlinie der Radmittelebene mit der Fahrbahn (Abb. 1.36).

Positiver Lenkrollradius, wenn der Lenkachsenschnittpunkt mit der Fahrbahn von der Radmittelebene aus nach innen liegt, negativer Lenkrollradius, wenn er von der Radmittelebene aus nach außen liegt.

Typische Werte in der Konstruktionslage:

- -20 bis $+80$ mm.

Bemerkungen Durch den negativen Lenkrollradius bei μ-Split-Bremsung wird ein Lenkmoment und damit ein Lenkwinkel erzeugt, der dem durch μ-Split entstehenden Giermoment entgegenwirkt und das Fahrzeug stabilisiert (Abb. 1.37). Der Lenkrollradius kann sich für unterschiedliche Reifenbreiten ändern.

Allgemeine Empfehlung Heute wird der Lenkrollradius wegen ABS meist nahe 0 mm (*center point steering*) eingestellt, um den Einfluss der individuellen Radregelungen (ABS) auf das Lenkmoment auszuschalten.

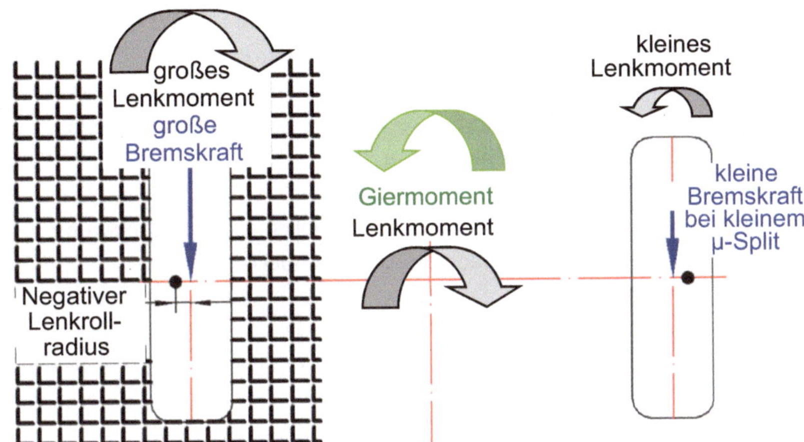

Abb. 1.37 Einfluss des Rollradius beim μ -Split; *links:* Fahrbahn hoher Griffigkeit, *rechts:* Fahrbahn niedriger Griffigkeit

Nachlaufwinkel τ *(caster angle, angle de chasse)*

Neigungswinkel der Lenkachse zur Senkrechten auf die Fahrbahn in der x-z-Ebene (Abb. 1.38). Positiv definiert, wenn die Achse nach hinten geneigt ist.

Typische Werte in der Konstruktionslage:

- Hinterradantrieb mit Motor vorn 1 bis 10°,
- Hinterradantrieb mit Motor hinten 3 bis 15°,
- Vorderradantrieb mit Motor vorn 1 bis 5°.

Abb. 1.38 Nachlaufwinkel τ, Nachlaufstrecke n

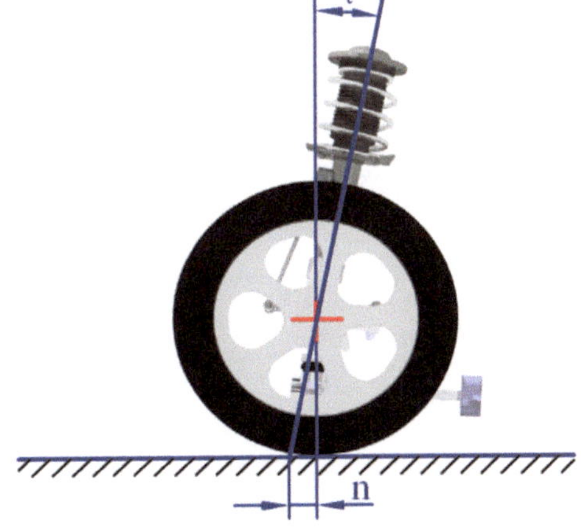

Bemerkungen Durch Nachlauf und Spreizung wird der Aufbau beim Lenken angehoben, wodurch ein (Gewichts-) Lenkrückstellmoment erzeugt wird.

Der Nachlaufwinkel bestimmt zusammen mit dem Nachlaufversatz die Nachlaufstrecke.

Der Nachlaufwinkel erzeugt am kurvenäußeren eingeschlagenen Rad einen negativen Sturz, der die Seitenkraftübertragung begünstigt.

Allgemeine Empfehlung Der Nachlaufwinkel sollte sich mit der Radfederung möglichst wenig ändern, weil sich zugleich die Nachlaufstrecke ändert.

Nachlaufstrecke (Nachlauf) *n (caster trail, chasse)*

Abstand in *x*-Richtung zwischen dem Durchstoß der Lenkachse mit der Fahrbahn und der Senkrechten zur Fahrbahn am Radaufstandspunkt (Abb. 1.38). Der Nachlauf wird positiv definiert, wenn der Schnittpunkt vor dem Radaufstandspunkt liegt.

Typische Werte in der Konstruktionslage:

- bei mechanischer Lenkung: 0 bis 10 mm,
- bei Servolenkung: 10 bis 40 mm.

Bemerkungen Die Nachlaufstrecke ist sehr wichtig für die Spurhaltungsstabilität und die Lenkrückstellung, weil beim positiven Nachlauf das Rad genau wie bei einem Nachlaufrad, hinter der Lenkachse und dadurch immer in der Spur bleibt. Dieser Effekt entsteht durch ein Rückstellmoment infolge der Querkräfte, die am Reifenlatsch angreifen.

Die Nachlaufstrecke gewährleistet über die Seitenkräfte bei Kurvenfahrt die Lenkrückstellung. Mit zunehmendem Lenkwinkel reduziert sich die Nachlaufstrecke, weshalb bei großen Lenkausschlägen auf ausreichende Rückstellung geachtet werden muss.

Ein zu großer Nachlauf verschlechtert auf der anderen Seite die Seitenwindempfindlichkeit und das Zurückschlagen der Lenkung bei der Fahrt über ein Hindernis in der Kurve, was als „*kick back*" bezeichnet wird.

Nachlaufversatz (Radversetzung) l_{NLV} *(spindle off-set, déport de chasse)*

horizontaler Abstand, der sich zwischen dem Radmittelpunkt und der Lenkachse auf der *x-z*-Ebene am Radmittelpunkt ergibt. Er wird positiv gezählt, wenn der Radmittelpunkt hinter der Lenkachse liegt (Abb. 1.39).

Abb. 1.39 Nachlaufversatz l_{NLV}, Sprung s_{NLV}

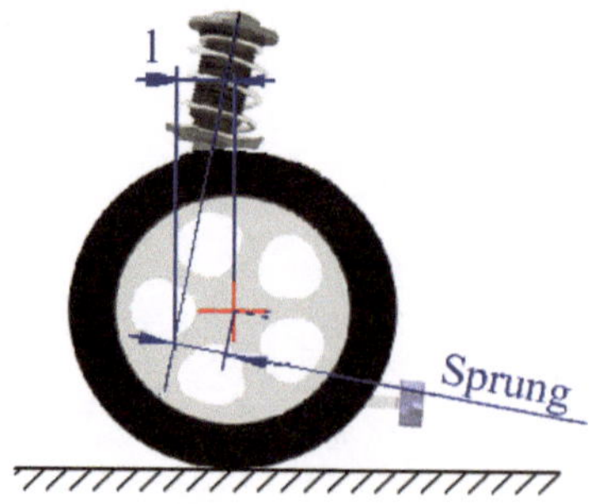

Typische Werte in der Konstruktionslage:

- 35 bis 65 mm.

Bemerkungen Der Nachlaufversatz ermöglicht, den Nachlauf unabhängig vom Nachlaufwinkel auszulegen. Beim Durchfedern dreht sich der Radträger in der Seitenansicht um seinen Längspol; Nachlaufwinkel und -strecke ändern sich. Diese sind zu begrenzen, um das Rückstellverhalten nicht zu sehr zu beeinflussen, indem der Längspol weit genug entfernt von der Radmitte liegt. Dies schränkt aber die Größe der Stützwinkel ein.

Störkrafthebelarm r_{BR} und r_{AN} *(lateral offset on the ground, bras de levier de la force perturbatrice)*

Störkrafthebelarm beim Bremsen r_{BR}: der senkrechte Abstand vom Radaufstandspunkt zur Lenkachse. Der Störkrafthebelarm entspricht dem Lenkrollradius multipliziert mit dem Kosinus des Nachlaufwinkels und des Spreizungswinkels (Abb. 1.40).

Störkrafthebelarm beim Antreiben r_{AN}: der senkrechte Abstand vom Radmittelpunkt zur Lenkachse. Die beim Bremsen und Anfahren entstehenden Längskräfte verursachen ein Drehmoment um die Lenkachse, die dann störend auf das Lenksystem wirken. Diese sind proportional abhängig von den Störkrafthebelarmen.

Typische Werte in der Konstruktionslage:

- 10 bis 50 mm.

Bemerkungen

Die in der Kurvenfahrt auftretende Antriebsmomentdifferenz zwischen den Rädern verursacht durch den Störkrafthebelarm Lenkmomente und Lenkradschwingungen. Ein kleiner Störkrafthebelarm ist daher besonders bei den frontangetriebenen Fahrzeugen erwünscht, um die Lenkstörungen zu minimieren.

Abb. 1.40 Störkrafthebelarm beim Bremsen (r_{BR}) und beim Antreiben (r_{AN})

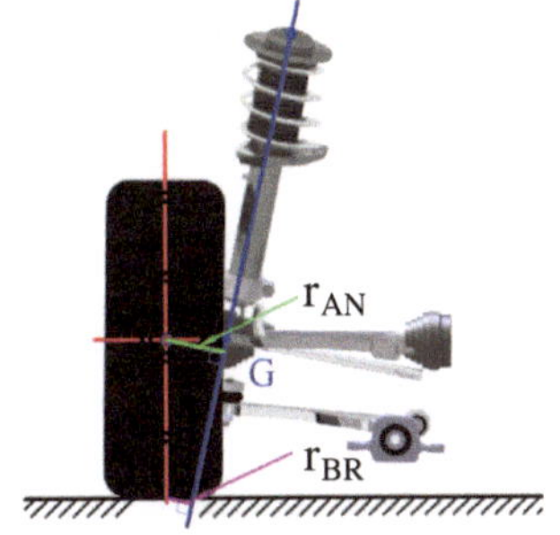

Spurstangenweg *(tie rod stroke, course de la barre de direction)*
der Verschiebeweg, den die Zahnstange der Lenkung (resp. Innengelenk der Spurstange) aus der 0-Position zurücklegt. Er ist positiv, wenn die Bewegung nach links und negativ, wenn diese nach rechts zeigt.

Typische Werte in der Konstruktionslage:

- 140 bis 180 mm Gesamtweg.

Bemerkungen Der Spurstangenweg ist nur indirekt von Bedeutung, wichtiger sind die Radlenkwinkel die sich zusammen mit den Spurhebelarmen ergeben. Große Wege bedeuten jedoch lange und schwere Lenkgetriebe und dementsprechend kurze Spurstangen, die zu vermeiden sind.

Radlenkwinkel δ *(steer angle, angle de braquage des roues)*
Winkel zwischen der x-Achse des Fahrzeugkoordinatensystems und der Schnittlinie der Radmittelebene (Abb. 1.41).

Die mit einer Radführung maximal möglichen Radlenkwinkel zeigen, wie stark die Räder zu lenken sind. Wegen der Lenkkinematik und der Ackermann-Bedingung haben die beiden Räder einer gelenkten Achse voneinander abweichende Lenkwinkel.

Typische Werte für maximalen Lenkwinkel in der Konstruktionslage:

- 30 bis 43° in beiden Richtungen.

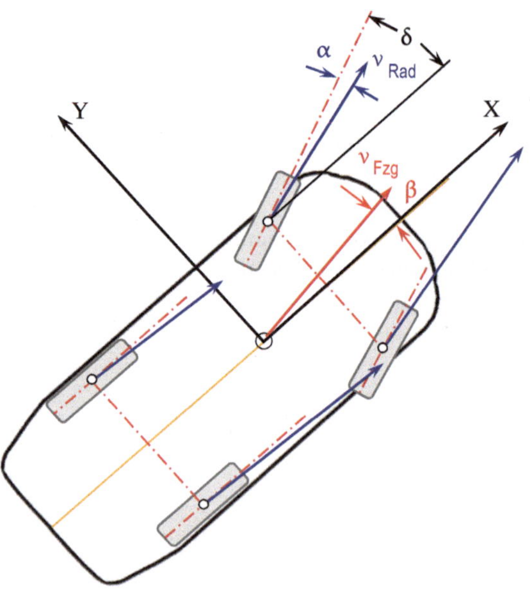

Abb. 1.41 Radlenkwinkel δ, Schräglaufwinkel α, Schwimmwinkel β

Bemerkungen Ein großer Radlenkwinkel reduziert den Wendekreis, erleichtert das Parken, benötigt jedoch größere Lenkraddrehungen. Die Lenkraddrehwinkel und Lenkgetriebeübersetzung bestimmen den Radlenkwinkel.

Der Radlenkwinkel wird begrenzt durch den Freiraum im Radkasten, durch die Anordnung der Aufhängung sowie den zulässigen Beugewinkeln der Seitenwellen.

Schräglaufwinkel α *(tire side slip angle, inclinaison de l'axe – pivot d'essieu)*
der Winkel zwischen dem Geschwindigkeitsvektor des Rades entlang der Radmittelebene und der tatsächlichen Bewegungsrichtung des Fahrzeugs im Radaufstandspunkt (Abb. 1.41).

Der Schräglaufwinkel entsteht immer dann, wenn an der Radaufstandsfläche Seitenkräfte einwirken. Um diese Kräfte auf der Fahrbahn abstützen zu können, ist ein Querschlupf in der Reifenlauffläche notwendig. Dadurch läuft der Reifen schräg (s. Abschn. 2.2.1.2).

Typische Werte im „normalen" Fahrbetrieb:

- max. 12°. Bei einer Fahrzeugquerbeschleunigung von 0,4 g bleibt dieser Wert unter 4°.

Bemerkungen Der Schräglaufwinkel entsteht, sobald gelenkt wird und bestimmt, zusammen mit den Reifen- und Fahrbahneigenschaften sowie der Radlast, die Höhe der Seitenkraft. Das Eigenlenkverhalten wird durch das Zusammenspiel der Seitenkräfte an allen vier Rädern bestimmt.

Schwimmwinkel β *(vehicle side slip angle, angle de flottement)*
der Winkel zwischen dem Geschwindigkeitsvektor des Fahrzeugschwerpunktes und der Fahrzeuglängsachse (Abb. 1.41). Der Schwimmwinkel entsteht, wenn während der Kurvenfahrt der Momentanpol nicht auf der Höhe des Schwerpunktes liegt, was ohne Hinterradlenkung immer der Fall ist (Abb. 1.42).

Ackermannwinkel δ_{AM} *(Ackerman angle, angle de Jeantaud)*
der Vorderradlenkwinkel, um ein frontgelenktes Fahrzeug ohne Seitenkraft und damit ohne Schräglaufwinkel, (bei langsamer Fahrt), um eine Kurve zu führen (Abb. 1.42). Da die beiden Räder auf unterschiedlichen Kurvenradien laufen, müssen sie auch unterschiedliche Ackermannwinkel aufweisen (der Lenkwinkel am Innenrad muss größer sein als am Außenrad).

Der Ackermann-Anteil ist das prozentuale Verhältnis aus tatsächlich vorhandenem Lenkdifferenzwinkel und dem nach Ackermann berechneten idealen Differenzwinkel:

$$(\delta_{\text{innen}} - \delta_{\text{außen}}) / (\delta_{\text{innen}} - \delta_{\text{AM außen}}) \cdot 100$$

Bemerkungen Die Einhaltung des Ackermann-Gesetzes erhöht den Wendekreis, weil der Einschlagwinkel des Innenrades ($\delta_{\text{innen−max}}$) durch den Radkasten begrenzt ist (sonst müsste der Fußraum zur Seite hin stark eingeschränkt werden). Beim Vorderradantrieb bestimmen die zulässigen Beugungswinkel der Antriebsgelenke den maximalen Lenkwinkel. Deshalb wird eine Abweichung von 10 % oder bis zu 3° bewusst in Kauf

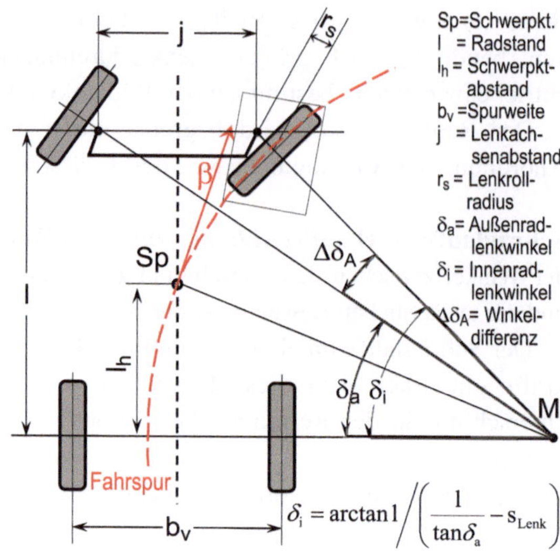

Abb. 1.42 Ackermann-Winkel δ_{AM}

genommen, weil pro Grad Lenkfehler eine Wendekreisverkürzung von 0,1 m erreicht wird. Außerdem kann das weniger eingeschlagene Außenrad nur eine kleinere Seitenkraft übertragen [24].

Der in der Kurvenfahrt entstehende Schräglaufwinkel reduziert den Ackermannwinkel, sodass der Fehler dann nicht so sehr von Bedeutung ist (s. Abb. 2.106).

Wendekreisradius R_w *(turning radius, cercle de braquage)*

der Kreisbogen, den die am weitesten nach außen vorstehenden Fahrzeugteile beim größten Lenkanschlag beschreiben (Abb. 1.43).

Abb. 1.43 Wendekreisradius R_w, Spurkreisradius R_S

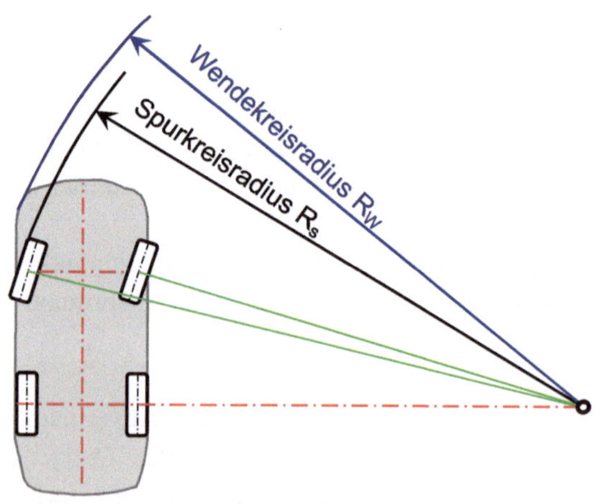

Spurkreisradius R_S
der Kreisbogen, den der äußere Radaufstandspunkt beim max. Lenkanschlag beschreibt.
Ein kleiner Wendekreis verbessert die Manövrierfähigkeit des Fahrzeugs. Dazu muss der
Radstand möglichst klein und der Lenkanschlag möglichst groß sein.

Typische Werte für Wendekreisdurchmesser in der Konstruktionslage:

- 10 bis 12 m, jedoch abhängig vom Radstand,
- Wendekreisdurchmesser/Radstand: 4,0 bis 4,2.

1.3.3.6 Raderhebungskurven

Die meisten der oben erläuterten kinematischen Kenngrößen sind nicht konstant sondern ändern sich entsprechend der kinematischen Auslegung mit dem Durchfedern und
Lenken des Rades. Die sich damit ergebenden Radstellungsänderungen sind neben der
Grundabstimmung des Fahrwerks in Konstruktionslage von besonderer Bedeutung für
das Fahrverhalten in den ergebenden Radstellungsänderungen sind neben der Grundabstimmung des Fahrwerks in Konstruktionslage unterschiedlichen Fahrbedingungen
und bei Annäherung an den Grenzbereich.

Die Radstellungsänderungen (Spurweite, Spur und Sturz) werden in als „Raderhebungskurven" bezeichneten Diagrammen als Funktion des Radhubes oder des Lenkwinkels dargestellt. In Abb. 1.44 sind auch die durch Elastizitäten in der Radführung
verursachten Veränderungen in den Radkenngrößen bei Geradeausfahrt, beim Bremsen
und Beschleunigen sowie in der Kreisfahrt angezeigt.

Kinematische Spuränderung – Optimierungskriterien für den Spurverlauf

Zur gezielten Beeinflussung des Lenkverhaltens werden bei vielen Fahrzeugen kinematische Spuränderungen beim Einfedern eingesetzt. Bei konzeptbedingt zum Übersteuern
neigenden Fahrzeugen lässt sich die für die Fahrstabilität günstige Untersteuerungs-
tendenz durch Optimierung der Spuränderung sicherstellen.

Dazu werden die Radaufhängungen so ausgelegt, dass die Vorderräder beim Einfedern in die Nachspur und die Hinterräder in die Vorspur gehen.

Bei Kurvenfahrt treten auf den Rädern durch die Wankneigung des Aufbaus kinematische
Spuränderungen auf, die gezielt das Eigenlenkverhalten des Fahrzeugs beeinflussen [25].

An der Hinterachse sollen die Lenkwinkeländerungen beim Ein- und Ausfedern möglichst gering gehalten werden, da sich durch übermäßige Radstellungsänderungen das Geradeauslaufverhalten verschlechtern kann. Ein kinematisches
Wanklenken der Hinterräder ist dann sinnvoll, wenn dadurch unerwünschte Lenk-
effekte, z. B. durch Elastizitäten, kompensiert werden können. Bei der kinematischen
Auslegung muss ein Optimum durch Zusammenwirken von Wank- und Elastizitäts-
lenken gefunden werden.

Im Allgemeinen gilt es, dass die Spuränderungen möglichst klein gehalten werden
(weniger als 0,5°) und beim Einfedern und beim Bremsen an der Vorderachse in die
Nachspur und an der Hinterachse in die Vorspur gehen sollen (Abb. 1.44).

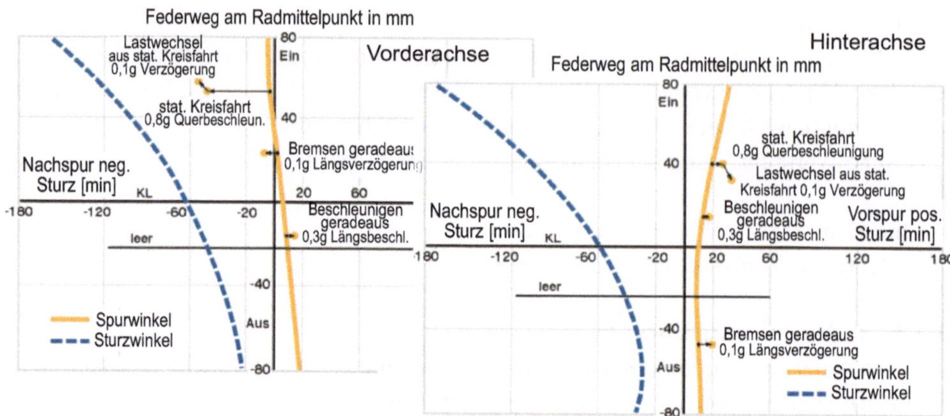

Abb. 1.44 Spur- und Sturzänderung, abhängig von Radhub (Audi A4, Vorder- und Hinterachse)

Kinematische Sturzänderung – Optimierungskriterien für den Sturzverlauf

Gehen die Räder bei Kurvenfahrt kurvenaußen in negativen Sturz, werden die Seitenkräfte an der Achse um die durch den Sturz zusätzlich übertragbaren Seitenkräfte erhöht und der Schräglaufwinkel nimmt ab. Diese Tendenz sorgt, bezogen auf das Gesamtfahrzeug, bei negativem Sturz an der Vorderachse für weniger und an der Hinterachse für mehr Untersteuern. Um eine gute Seitenführung zu erzielen, sollte durch Optimierung der Radaufhängungskinematik am kurvenäußeren Rad ein negativer Sturz entstehen (Abb. 1.44). Dies bedeutet jedoch eine starke, negative Sturzänderung zum Aufbau, die bei Einfederungen in Geradeausfahrt mit Nachteilen wie Reifenverschleiß und Lenkungsunruhe verbunden sein kann.

Im Allgemeinen lässt sich sagen, dass die Sturzänderung beim Einfedern sowohl an der Vorderachse als auch an der Hinterachse ins Negative gehen und in der Konstruktionslage möglichst um 0° kleine Änderungen erfahren soll (Abb. 1.44).

Fahrzeuge mit Heckantrieb, die unter Einfluss von Antriebskräften konzeptionell zum Übersteuern tendieren, weisen in der Regel negative Sturzwinkel an den Hinterrädern auf. Zur Erhöhung der Untersteuertendenz sind daher nur geringe kinematische Sturzänderungen erforderlich, wenn in der Konstruktionslage bereits relativ große negative Sturzwinkel vorgesehen wurden [27].

1.3.3.7 Software zur Radkinematikberechnung

Da die Radaufhängung eine definierte kinematische Kette darstellt, lässt sie sich mit bekannten mathematischen Ansätzen exakt beschreiben. Ein mit Hilfe der von Matschinsky [11] aufgestellten Vektorrechnungen geschriebenes Excel-Programm „ABE" ist in Abschn. 5.5.1 ausführlich erläutert [25], [26], [28].

1.3.4   Elastokinematik und Bauteilelastizitäten der Radaufhängung

Bisher wurden für die Gelenke und Lenker keine Elastizitäten berücksichtigt. Im Fahrwerk werden jedoch gern statt starrer Drehlager, elastische Gummilager eingesetzt, die der Radaufhängung gewisse Nachgiebigkeiten verleihen, die zum Abbau der niederfrequenten Stoßkräfte und zur Isolierung des Körperschalls dienen (Abb. 1.45).

Die erwähnten Längsstöße erfordern für eine komfortable Auslegung eine elastische Längsfederung bis zu ±20 mm. Ein Großteil dieser Elastizität wird durch die Gummilager in den Lenkern und Achsträgern erreicht. Ein kleiner Anteil ergibt sich durch die Elastizitäten der Lenker unter Belastung. Dagegen erlaubt die gewünschte steife Auslegung in der Querrichtung nur geringe Gummilager- und Lenker-Elastizitäten.

Diese Elastizitäten verändern die zwangsläufigen Bewegungen der kinematischen Kette und damit die Radkennwerte, abhängig von der Höhe der Kräfte.

In den Diagrammen in Abb. 1.44 sieht man auch die elastokinematische Spuränderung, die neben den Raderhebungskurven als Punkte dargestellt sind. Diese werden verursacht durch die Längskräfte am Reifenlatsch, die beim Bremsen oder Beschleunigen entstehen, oder durch die Querkräfte, die sich bei Kurvenfahrt aufbauen. Wie die Diagramme zeigen, können die elastokinematischen Eigenschaften das Spurverhalten deutlich stärker beeinflussen als die kinematische Radstellungsänderung.

Die Berechnung und Optimierung der Radaufhängung unter Berücksichtigung der Elastizitäten und Kräfte nennt man **„Elastokinematik"**. Darunter versteht man die sorgfältige Abstimmung der Elastizitäten aller Komponenten der Aufhängung (Gelenke und Lenker) sowie der betroffenen Fahrwerk- (Achsträger) und Aufbauteile (Karosseriesteifigkeit). Das Ziel der Elastokinematik ist, die durch die Elastizitäten entstehenden Verformungen unter äußerer Belastung zu kompensieren oder diese sogar in gewünschte Bewegungen umzuwandeln [11]. Da die Eingangsgrößen nicht nur Radhub und Lenkwinkel sind, sondern auch von der Belastung und dem Fahrmanöver abhängen, lässt sich

Abb. 1.45 Kinematikänderungen durch das Lager Nr. 5

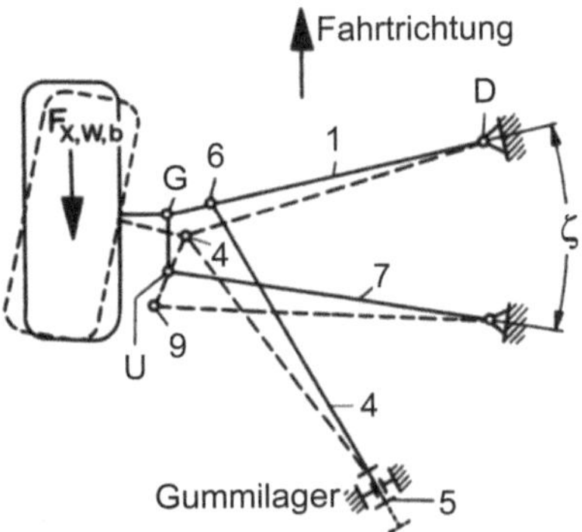

die Elastokinematik nicht mehr mit relativ einfachen Excel-Programmen berechnen. Dazu werden MKS-Programme (Mehr-Körper-Simulation) ADAMS oder SIMPAC eingesetzt (s. Abschn. 5.4.3.2).

Obwohl die Gummilager seit den 30er Jahren im Fahrwerk zu finden sind, ist eine genaue mathematische Analyse und Simulation der Elastokinematik durch nichtlineare Simulationsprogramme erst seit den 70er Jahren möglich.

Die elastokinematische Auslegung der Radaufhängung beginnt beim ersten Entwurf der Radaufhängungskinematik [13]. Durch die Elastokinematik lässt sich nicht nur der Fahrkomfort sondern auch das Fahrverhalten deutlich verbessern, indem die Kenngrößen wie Spur, Sturz, Wankpol, Brems- und Antriebsnickausgleich etc. durch die Federraten der Gummilager beeinflusst werden.

Es sind nicht nur die lokalen Gummilagerelastizitäten, die die Elastokinematik bestimmen, sondern auch die Nachgiebigkeiten der Lenker und Achsträger unter Last. Wenn diese steif genug ausgelegt werden, sind sie meist zu groß, schwer und teuer. Deshalb ist eine Optimierung aller Bauteile nach Steifigkeit und Spannung (FEM-Analyse) unumgänglich. Wenn die Lenker nur auf Druck und Zug belastet werden (2-Punkt-Lenker ohne Versatz), können sie in der Regel als starr betrachtet werden. Wenn dagegen Biegung bzw. Torsion auftritt, dann können sie, wegen deutlich höheren Nachgiebigkeiten nicht mehr als starr angenommen werden.

Abb. 1.46 zeigt einen deutlichen Unterschied von 40 % an der berechneten Sturzänderung eines Rades, wenn diese mit und ohne Radträgerelastizität (mit ADAMS/Flex oder ADAMS/Car) simuliert wird.

Zu beachten ist auch das Alterungsverhalten des Gummis, das sich mit der Zeit setzt und verhärtet, während die Metallteile ihre Elastizität beibehalten.

Gummilager sind sehr gut für die Schwingungsisolation geeignet, weil die Materialdämpfung von Gummi erheblich höher ist als von Metall. Es ist einleuchtend, dass bei einer Mehrlenkeraufhängung mit fünf Stablenkern die Bauteilsteifigkeiten kaum eine Rolle spielen. Dazu kommt der Vorteil, dass diese Aufhängung mit den fünf voneinander

Abb. 1.46 Sturzänderungen mit und ohne Berücksichtigung der Radträgerelastizität

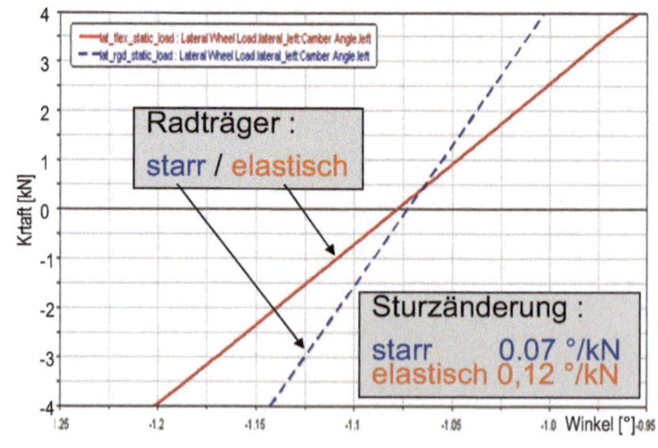

unabhängigen Lenkern sich für eine optimale elastokinematische Abstimmung am besten eignet.

In den Lastenheften für das Fahrwerk werden deshalb auch Zielwerte für die von den Steifigkeiten abhängige Kenngrößenveränderungen pro einwirkende Kraft (mm/kN, Grad/kN) angegeben. Diese sind:

- Längsfederung beim Bremsen, Rollen in mm/kN,
- Längsfederung beim Stoß in mm/kN,
- Spuränderung beim Bremsen, Rollen in °/kN,
- Radquernachgiebigkeit in mm/kN,
- Spur- und Sturzänderung bei Querbelastung in °/kN.

Ausgehend von diesen Zielwerten werden die notwendigen Nachgiebigkeiten an den Gummilagern, Kugelgelenken und Lenkern bestimmt. Diese Zielwert-Kaskadierung wird meist iterativ durchgeführt. Mit Optimierungsprogrammen kann diese Aufteilung automatisch berechnet werden, und zwar so, dass die Lenkergewichte minimal bleiben [25].

1.3.5 Zielwerte für die Kenngrößen

Vor der Fahrwerkauslegung werden für die kinematischen Kenngrößen quantitative Zahlen als Zielwert zugeordnet, die dann während der Auslegung (Synthese) zu erreichen sind. Sie sind abhängig von dem gewählten Fahrzeugkonzept, der Fahrzeugklasse und dem Aufhängungskonzept. Diese Zielwerte sind die Ergebnisse der eigenen Erfahrungen oder Werte, die aus den Messungen der Wettbewerbsfahrzeuge gewonnen sind. Entsprechen die Kenngrößen der Radaufhängung diesen Werten, so zeigt die Erfahrung, dass dann auch die oben genannten Anforderungen an das Fahrwerk weitgehend erfüllt werden.

Tab. 1.2 zeigt beispielhaft die Zielwerte für ein Auto der oberen Mittelklasse mit McPherson-Vorderradaufhängung, Front-Quermotor, Mehrlenker-Hinterradaufhängung und Allradantrieb.

1.3.6 Synthese der Radaufhängungen

Neben den im Abschn. 1.3.1 erwähnten Anforderungen, spielen bei der Synthese der Aufhängung auch weitere, nicht immer ausdrücklich festgeschriebene Gesichtspunkte eine wichtige Rolle, wie z. B. Maßstäbe und aktuelle Trends, die durch den Wettbewerb gesetzt sind, Firmentradition und Erfahrung mit den Vorgängermodellen, die Weiterentwicklung der Antriebsaggregate des Vorgängermodells, verfügbare Fertigungseinrichtungen, Möglichkeiten der Fertigungskontrolle, aber auch neue Aufgabenstellungen und Erkenntnisse, denen das Vorgängerkonzept nicht entsprechen kann.

Tab. 1.2 Radaufhängung: Zielwerte für einen Pkw der oberen Mittelklasse (Beispiel) in Konstruktionslage

Kenngrößen	Einheit	Vorderachse	Hinterachse
Spurbreite	mm	1564	1554
Ausfederung	mm	85	100
Einfederung	mm	100	130
Spur/Rad	°	−0,2	−0,2
Sturz	°	−1	−0,8
Spreizung	°	8 … 15	−
Nachlaufwinkel	°	4 … 5	−
Nachlauf-Versatz	mm	35 … 60	−
Lenkrollradius	mm	−15 … +5	−
Nachlauf	mm	12 … 15	−
Bremsnickausgleich	%	15 … 40	>70
Spuränderung	min/mm	−0,24	0,06
Sturzänderung	min/mm	−0,9	0,1 … 0,15
Nachlaufänderung	′/mm	0 … 0,6	0 … 0,6
Wankpolhöhe	mm	50 … 80	80 … 120
Aufbau Federrate	N/mm	20 … 22	18 … 20
Federrate	N/mm	23 … 25	20 … 23
Reifenfederrate	N/mm	200 … 250	200 … 220
Wankrate	N/mm	600 … 900	700 … 800
Längselastizität Br.	mm/kN	4 … 8	8 … 16/g
Stabilisatoranteil	%	<50	<50
Längselastizität R.	mm/kN	3 … 4	4 … 10/g
Längsspurelast. Br.	°/kN	0,1 … 0,2	0,05
Längsspurelast. R.	°/kN	0 … 0,5	0,03
Rad-Querelastizität	mm/kN	<2,0	< 1,5
Spur-Querelastizität	°/ kN	−0,08	0,01
Sturz-Querelastizität	°/ kN	<0,3	<1,0

Obwohl der Fahrzeugkäufer von seinem neuen Auto ein komfortables und sicheres Fahrverhalten erwartet, bleibt ihm der technische Aufwand, wie das Fahrwerk selbst, vor seinen Augen verborgen (Abb. 1.47). Er ist deshalb nicht bereit, eine fahrwerktechnisch gute, innovative aber leider auch teurere Lösung genauso gut zu honorieren wie z. B. die innere oder äußere Ausstattung.

Die Vorhaben der Fahrwerkentwicklung kollidieren zudem regelmäßig mit denen anderer Bereiche, wenn es um die Verteilung des Einbauraumes, die Festlegung der

Abb. 1.47 Fahrwerk im
Verborgenen

Montagesequenzen und Entwicklungsressourcen geht [11]. Daher wird oftmals das Fahrwerkkonzept des Vorgängermodells mit notwendigen Änderungen und Optimierungen
weitergeführt (Anpassung an den Stand der Technik).

Unter der Synthese der Aufhängung ist nun (entsprechend den Anforderungen, dem
ausgewählten Konzept, der Zielwerte für die Kenngrößen) die Festlegung aller für die
Fertigung notwendigen Angaben zu verstehen. Diese sind:

- Festlegung des Bauraums,
- Festlegung der Kinematikpunkte,
- Festlegung der Gummilagerfederraten,
- Festlegung der Kräfte, Wege, Winkel,
- Festlegung der notwendigen Steifigkeiten,
- Festlegung der Werkstoffe, Fertigungsverfahren,
- Festlegung der Bauteilquerschnitte,
- Sicherstellung des kollisionsfreien Verlaufs aller Bauteile mit Sicherheitsabstand,
- Optimierung der Gewichte,
- Festlegung der Toleranzen,
- Festlegung der Oberflächenbeschichtungen,
- Festlegung der Verbindungen, Verschraubungen und Anziehmomente.

Viele dieser Punkte werden in den folgenden Kapiteln behandelt. Hier wird nur auf
einige der wichtigsten konstruktiven Auslegungskriterien hingewiesen [29]:

- Entkopplung von Funktionen, um die sich gegenseitig beeinflussenden
  Anforderungen unabhängig voneinander optimieren zu können,
- Stetigkeit aller Abläufe sichern, nach Möglichkeit auf die Linearität der Systemeigen-
  schaften achten,
- hohe Struktursteifigkeit der Anbindungspunkte; Realisierung der gewünschten Nachgiebigkeiten und Isolationen durch die Gummilager und nicht durch metallische Radaufhängungsbauteile,

- minimale Reibung an allen Gelenken/Führungen,
- geringe dynamische Radlastschwankungen,
- niedrigste Aufbauvertikalbeschleunigungen,
- geringe Wank-/Nickwinkel in allen Fahrsituationen,
- Vermeidung von Nebenfederraten,
- Gummilagerauslegung für lange Lebensdauer,
- Vermeidung der Übertragung hoher Kräfte von der Aufhängung direkt zur Karosserie,
- schnelle und nachvollziehbare Rückmeldung des Fahrwerks über die Fahrsituation zum Fahrer,
- möglichst große Quersteifigkeit und Längselastizität des Fahrwerks,
- neutrales oder leicht untersteuerndes Eigenlenken,
- negativer Sturz beim Einfedern,
- ausreichende Radhübe, damit die Endanschläge nicht oder nur sehr selten erreicht werden,
- direkte, präzise und spielfreie Lenkung,
- große Lenkübersetzung bei kleinen und kleine Lenkübersetzung bei großen Lenkwinkeln,
- Lenkachse möglichst nahe zur Radmitte,
- kleiner Lenkrollradius,
- Robustheit gegenüber fertigungs- oder einsatzbedingten Parameterschwankungen,
- Einsatz der nur für die Serientauglichkeit geprüften und freigegebenen Innovationen,
- möglichst kleine Teileanzahl, einfache Bauteilgeometrien und niedrige Gewichte,
- ständige Beachtung der Kosten-/Nutzen-Verhältnisse.

Aufgaben zum Kapitel 1 – Einleitung

1. Welche Vorteile hat eine Front-Quer-Motoranordnung?
2. Wann ist ein Allradantrieb sinnvoll?
3. Was sind die drei wichtigsten Fahrzeugeigenschaften, die vom Fahrwerk bestimmt werden?
4. Was sind die Vorteile der großen Ein- und Ausfederwege fürs Rad?
5. Weshalb wählt man kleine Spurwinkeleinstellungen für Räder in K0-Lage?
6. Warum sollten in der Kurvenfahrt und beim Bremsen Vorderräder zur Nachspur und Hinterräder zur Vorspur gehen?
7. Was bewirkt der Radsturzwinkel?
8. Was passiert mit den Radlasten beim Bremsen?
9. Welchen Vorteil hat ein negativer Lenkrollradius?
10. Wie lässt sich der Lenkrollradius eines Autos sehr einfach messen?
11. Warum muss die Nachlaufstrecke immer positiv (vor der Radaufstandfläche) liegen?
12. Was ist der Schräglaufwinkel und wie entsteht er?
13. Was besagt das Ackermann-Gesetz?
14. Was bringt die Abkopplung der Achse vom Aufbau (Zweimassenfederungssystem)?
15. Was will man durch die Elastokinematik erreichen?

Literatur

1. Fecht, N.: Fahrwerktechnik für Pkw. Moderne Industrie, Landsberg am Lech (2004)
2. Ersoy, M.: Konstruktionskataloge für Pkw Leichtbauachsen. HdT Essen, Fahrwerktechnik in München am 6./7. Juni 2000
3. Arkenbosch, M., Mom, G., Neuwland, J.: Das Auto und sein Fahrwerk, Bd. 1. Motorbuch, Stuttgart (1992)
4. Gillespie, T.D.: Fundamentals of Vehicle Dynamics. SAE, Warrendale (1992)
5. Dixon, J.C.: Tires, Suspension, Handling. SAE, Warrendale (1996)
6. Schönfeld, M.: Die Geschichte des Automobils. www.learnline.de (2005)
7. Seiffert, R.: Die Ära Gottlieb Daimlers. Vieweg + Teubner, Wiesbaden (2009)
8. Automobil Industrie Jubiläumsausgabe, AI 6. Vogel, Würzburg (2005)
9. Braess, H.H., Seiffert, U.: Handbuch Kraftfahrzeugtechnik. Vieweg + Teubner, Wiesbaden (2011)
10. Renz, S.: Der Dampf des Giganten. AMS 2017(8):90–97 (2017)
11. Matschinsky, W.: Radführungen der Straßenfahrzeuge. Springer, Berlin (1998)
12. Björn: http://mein-auto-blog.de/die-mercedes-suv-familie-bekommt-neue-namen-61621.html. 25. Aug. 2014
13. Preukscheid, A.: Fahrwerktechnik: Antriebsarten. Vogel, Würzburg (1988)
14. Sonderausgaben von ATZ und MTZ über die neuen Automobilmodelle 2000 bis 2005. Vieweg, Wiesbaden (2000–2005)
15. Spezialausgaben der Automobil Industrie über die neuen Automobilmodelle 2000–2005. Vogel-Verlag, Würzburg (2000–2005)
16. Priemer, B.: Trend-Wetter. Auto-Motor-Sport **8**, 72–73 (2003)
17. Scheiner, J.: ZSW-Studie: 740.000 Elektroautos weltweit. Automobil Industrie – Online 20.03.15
18. Bostow, D., Howard, G., Whitehead, J.P.: Car Suspension and Handling. In: SAE International. SAE, Warrendale (2004)
19. Bleck, U.N.: Fahrzeugeigenschaften, Fahrdynamik und Fahrkomfort. ATZ/AMZ 2004(März):76–78 (2004)
20. Heißing, B.: Grundlagen der Fahrdynamik. Seminar, Haus der Technik, Berlin (2002)
21. Piepereit: Fahrwerk und Fahrsicherheit. Vorlesungsumdruck, FH Osnabrück (2003)
22. Wallentowitz, H.: Quer- und Vertikaldynamik von Fahrzeugen. Vorlesungsumdruck Kraftfahrzeuge 1, IKA Aachen. FKA-Verlag, Aachen (1998)
23. Volmer, J.: Getriebetechnik, Leitfaden. VEB Verlag Technik, Berlin (1974)
24. Stoll, H.: Lenkanlagen und Hilfskraftlenkungen. Vogel, Würzburg (1992)
25. Elbers, C.: Mathematische Abbildung von Kinematik und Elastokinematik aus Prüfstandsmessung. Dissertation, RWTH Aachen, IKA, Aachen, D 82 (2001)
26. Vemireddy, K.; Dittmar, T.; Eckstein, L.; Hesse, L.; Rettweiler, P.: Development of a driving dynamics oriented suspension design during the early concept phase. ChassisTech 16–17.6 2015, S. 233–255. München
27. Zomotor, A.: Fahrwerktechnik: Fahrverhalten, 2. Aufl. Vogel, Würzburg (1991)
28. Ersoy, M.: Neue Entwicklungswerkzeuge für Pkw-Achsen. Haus der Technik Essen: Fahrwerktechnik. München am 3./4. Juni 2003
29. Gies, S.: Entwicklungsschritte bei der Realisierung einer Hinterachse. HdT-Seminar, Essen, 24.11.1998

Fahrdynamik

2

Metin Ersoy und Henning Wallentowitz

Einleitung

Die Fahrdynamik beschreibt die Bewegungen des Fahrzeugs im Raum sowie die auf das Fahrzeug einwirkenden Kräfte und Momente. Fahrzeugbewegungen wie Geradeaus-, Kurvenfahrten, Brems- und Beschleunigungsvorgänge sowie Vertikal-, Gier-, Nick- und Wankbewegungen werden durch entsprechende Wege, Geschwindigkeiten, Beschleunigungen, Winkel, Drehraten und Winkelbeschleunigungen beschrieben. Hinzu kommen die dabei entstehenden Schwingungen und Kräfte des komplexen dynamischen Systems.

Die Kräfte, die auf das Fahrzeug wirken, sind die Trägheitskräfte, die beim Beschleunigen, Bremsen und während der Kurvenfahrt entstehen sowie das Eigengewicht des Fahrzeugs samt dessen Beladung. Diese können als am Fahrzeugschwerpunkt wirkend betrachtet werden. Hinzu kommen aerodynamische Kräfte und Motorantriebsmomente. Diese Kräfte und Momente werden über die vier Radaufstandsflächen – *Reifenlatsch* genannt – als Vertikal- und Horizontalkräfte auf die Fahrbahn übertragen.

Die Fahrdynamik von Kraftfahrzeugen wird klassisch getrennt nach den drei verschiedenen translatorischen Bewegungsfreiheitsgraden des Fahrzeugaufbaus betrachtet (s. Abb. 1.21). Bei Untersuchung der Bewegungsvorgänge in Fahrzeuglängsrichtung, also Antreiben und Bremsen, spricht man von der *Längsdynamik* des Fahrzeugs. Hierbei sind vor allem die Fahrwiderstände mit dem daraus resultierenden Leistungs- und Energiebedarf des Fahrzeugantriebs Gegenstand der Untersuchungen. Weiterhin von Interesse bei

M. Ersoy (✉)
Ehemals ZF Friedrichshafen AG, Walluf, Deutschland
E-Mail: metin.ersoy@t-online.de

H. Wallentowitz
IKA Institut für Kraftfahrwesen, Aachen, Deutschland

© Springer Fachmedien Wiesbaden GmbH, ein Teil von Springer Nature 2020   59
M. Ersoy (Hrsg.), *Fahrwerklehrbuch Band 1*,
https://doi.org/10.1007/978-3-658-26712-4_2

Betrachtung der Fahrzeuglängsdynamik sind die Brems- und Traktionseigenschaften auch auf verschiedenen Fahrbahnbelägen und -zuständen.

Das Schwingungsverhalten des Aufbaus in Richtung der Fahrzeughochachse wird als *Vertikaldynamik* bezeichnet. Hierbei geht es vor allem um die Abstimmung des Federungs- und Dämpfungsverhaltens, um einerseits die Aufbaubeschleunigungen gering zu halten und somit den Fahrkomfort für die Insassen zu erhöhen, auf der anderen Seite aber ebenfalls durch Reduktion der dynamischen Vertikallastschwankungen an allen vier Rädern, die Fahrsicherheit zu verbessern.

Der zweite Bewegungsfreiheitsgrad des Fahrzeugs in horizontaler Ebene, die Bewegungen quer zur Fahrzeuglängsachse, wird durch den Begriff *Querdynamik* zusammengefasst. Beschrieben werden hierbei vor allem Vorgänge, die die Fahrstabilität, das Kurvenverhalten und die Spurführung bzw. Kurshaltung generell betreffen. Von großer Bedeutung ist das querdynamische Verhalten besonders bei der Auslegung von Fahrerassistenz- und Fahrdynamikregelsystemen.

Hauptaugenmerk liegt dabei auf dem Zusammenspiel und der gemeinsamen Abstimmung der einzelnen Fahrwerkkomponenten wie Reifen, Federung, Dämpfung. Lenkung und Lenkerkinematik, Elastokinematik sowie Fahrwerksregelsystemen (Abb. 2.1).

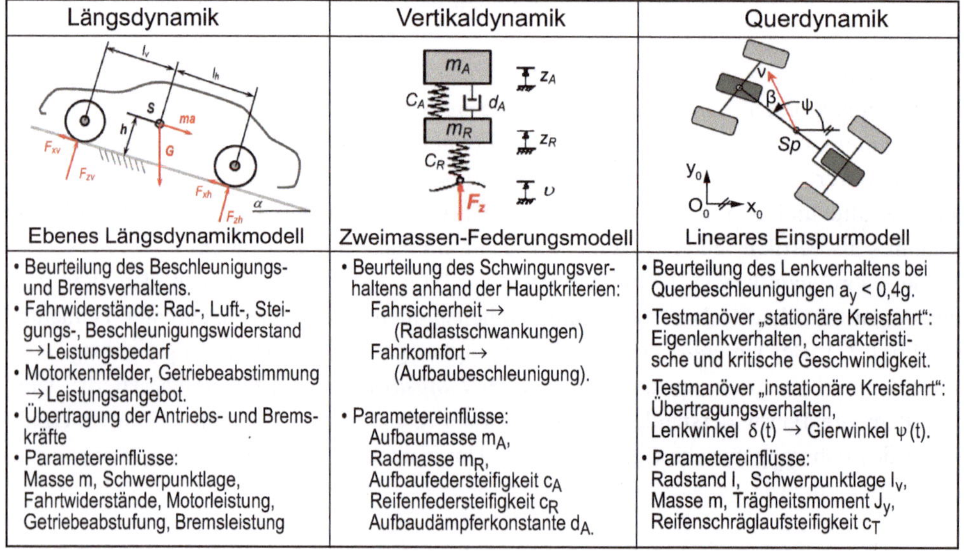

Längsdynamik	Vertikaldynamik	Querdynamik
Ebenes Längsdynamikmodell	Zweimassen-Federungsmodell	Lineares Einspurmodell
• Beurteilung des Beschleunigungs- und Bremsverhaltens. • Fahrwiderstände: Rad-, Luft-, Steigungs-, Beschleunigungswiderstand →Leistungsbedarf • Motorkennfelder, Getriebeabstimmung →Leistungsangebot. • Übertragung der Antriebs- und Bremskräfte • Parametereinflüsse: Masse m, Schwerpunktlage, Fahrtwiderstände, Motorleistung, Getriebeabstufung, Bremsleistung	• Beurteilung des Schwingungsverhaltens anhand der Hauptkriterien: Fahrsicherheit → (Radlastschwankungen) Fahrkomfort → (Aufbaubeschleunigung). • Parametereinflüsse: Aufbaumasse m_A, Radmasse m_R, Aufbaufedersteifigkeit c_A Reifenfedersteifigkeit c_R Aufbaudämpferkonstante d_A.	• Beurteilung des Lenkverhaltens bei Querbeschleunigungen $a_y < 0{,}4g$. • Testmanöver „stationäre Kreisfahrt": Eigenlenkverhalten, charakteristische und kritische Geschwindigkeit. • Testmanöver „instationäre Kreisfahrt": Übertragungsverhalten, Lenkwinkel $\delta(t)$ → Gierwinkel $\psi(t)$. • Parametereinflüsse: Radstand I, Schwerpunktlage l_v, Masse m, Trägheitsmoment J_y, Reifenschräglaufsteifigkeit c_T

Abb. 2.1 Domänen und Modelle der Fahrdynamik

2.1 Fahrwiderstände und Energiebedarf

Bei der Auslegung des Antriebsstrangs eines Fahrzeugs ist die genaue Kenntnis der während des Fahrbetriebs auftretenden Fahrwiderstände notwendig. Der Energie- bzw. Leistungsbedarf und damit der Kraftstoffverbrauch sowie das Beschleunigungsvermögen werden hierdurch festgelegt.

2.1.1 Fahrwiderstände

Man unterscheidet zwischen Fahrwiderständen bei stationärer sowie bei instationärer Fahrt. Im stationären Fall, also bei Fahrt mit konstanter Geschwindigkeit treten Rad-, Luft- und Steigungswiderstände auf.

Im instationären Fall, also bei beschleunigter Fahrt, kommen Widerstandskräfte aufgrund der Massenträgheiten des Fahrzeugs hinzu. Die stationären Fahrwiderstände wirken hier weiter (Tab. 2.1).

Der vom Antrieb des Fahrzeugs zu überwindende Gesamtfahrwiderstand F entspricht einer Bedarfskraft F_{Bed}, die an den angetriebenen Rädern des Fahrzeugs zur Verfügung gestellt werden muss, damit die Fahrt in dem entsprechenden Betriebszustand ermöglicht werden kann:

$$F = F_{\text{Bed}} = F_{\text{L}} + 4F_{\text{R}} + F_{\text{St}} + F_{\text{C}} \tag{2.1}$$

mit den Anteilen:

Tab. 2.1 Übersicht der Fahrwiderstände

Fahrwiderstände	
Stationär	Instationär
Radwiderstände (Abschn. 2.1.1.1) • Rollwiderstand (Reifen Anteile) • Walkwiderstand • Reibwiderstand • Lüfterwiderstand • Fahrbahnwiderstand (Fahrbahn Anteile) • unebene Fahrbahn • plastisch verformbare Fahrbahn • nasse Fahrbahn • Schräglaufwiderstand • Lagerreibung und Restbremsmomente	Beschleunigungswiderstand (Abschn. 2.1.1.4) • Translatorische Anteile • Rotatorische Anteile
Luftwiderstand (Abschn. 2.1.1.2)	
Steigungswiderstand (Abschn. 2.1.1.3)	

- Gesamtfahrwiderstand F,
- Bedarfskraft der Antriebsräder F_{Bed},
- Luftwiderstand F_{L},
- Radwiderstand eines Rades F_{R},
- Steigungswiderstand F_{St},
- Beschleunigungswiderstand F_{C}.

Nachfolgend werden die vier Fahrwiderstände im Einzelnen detaillierter betrachtet.

2.1.1.1 Radwiderstände

Der Radwiderstand F_{R} fasst die am rollenden Rad entstehenden Widerstandskräfte $F_{\text{R,i}}$ zusammen. Der Gesamtradwiderstand F_{R} setzt sich aus den folgenden Anteilen zusammen:

- Anteil des Reifens (Rollwiderstand) $F_{\text{R,T}}$,
- Anteil durch die Fahrbahn $F_{\text{R,Tr}}$,
- Anteil durch Schräglauf $F_{\text{R},\alpha}$,
- Anteil durch Lagerreibung und Restbremsmomente $F_{\text{R,fr}}$.

Gemäß den vorausgegangenen Betrachtungen berechnet sich der Gesamtradwiderstand F_{R} aus der Summe seiner Teilwiderstände:

$$F_{\text{R}} = F_{\text{R,T}} + F_{\text{R,Tr}} + F_{\text{R},\alpha} + F_{\text{R,fr}} \tag{2.2}$$

Der Reifen-Rollwiderstand $F_{\text{R,T}}$ seinerseits setzt sich wiederum aus drei Anteilen zusammen [1]:

- Walkwiderstand $F_{\text{R,T,Walk}}$,
- Lüfterwiderstand $F_{\text{R,T,L}}$ und
- Reibungswiderstand $F_{\text{R,T,fr}}$.

Für den Reifen-Rollwiderstand $F_{\text{R,T}}$ ergibt sich:

$$F_{\text{R,T}} = F_{\text{R,T,Walk}} + F_{\text{R,T,L}} + F_{\text{R,T,fr}} \tag{2.3}$$

Bei Geradeausfahrt auf trockener Straße – Grundlage der meisten Fahrwiderstandsberechnungen – kann der Radwiderstand F_{R} dem Reifen-Rollwiderstand $F_{\text{R,T}}$ gleichgesetzt werden [1], da einerseits die Lagerreibwiderstände vergleichsweise gering ausfallen und andererseits davon ausgegangen wird, dass sich weder die Fahrbahn plastisch verformt noch das Rad unter Einfluss von Schräglauf- oder Sturzwinkel läuft.

Die Anteile des Gesamtradwiderstandes F_{R} werden nachfolgend detaillierter beleuchtet.

Anteil des Reifens $F_{\mathrm{R,T}}$

Rollt das luftbereifte Rad auf einer idealen Fahrbahn (eben und trocken) im Geradeauslauf, so entsteht eine Widerstandskraft entgegen der Laufrichtung [1]. Diese Widerstandskraft wird als Reifen-Rollwiderstand $F_{\mathrm{R,T}}$ bezeichnet.

Die Rollwiderstandskraft $F_{\mathrm{R,T}}$ des Reifens hängt im Wesentlichen von seinem konstruktiven Aufbau und den Werkstoffeigenschaften ab.

Walkwiderstand $F_{\mathrm{R,T,Walk}}$

Auf befestigten Straßen ergibt sich der Rollwiderstand fast ausschließlich aus der Reifen-Walkverlustarbeit [2]. Er beträgt ca. 80 bis 95 % des Gesamtradwiderstands [3]. Maßgebend sind hierbei die Walkamplitude, bestimmt durch die Einfederung s_{T}, die Radlast $F_{\mathrm{Z,W}}$ und den Innendruck p_{T} sowie die Walkfrequenz, bestimmt durch die Radumfangsgeschwindigkeit v_{W} [4].

Hauptursache für die Entstehung des Rollwiderstands aus der Walkverlustarbeit sind dabei die viskoelastischen Eigenschaften des Reifengummis, vergleichbar mit denen eines mechanischem Feder-Dämpfer-Systems: Nach Verformung kehrt ein viskoelastischer Körper zwar in seine Ursprungsform zurück, benötigt hierfür jedoch eine gewisse Zeit. Dieses Phänomen wird als „Hysterese" bezeichnet. (Hysterese: *Wirkungsfortdauer nach Beendigung der Ursache* [3]). Dieser zeitliche Verzug der Verformungsrückstellung ist direkt an einen Energieverlust gekoppelt [3].

Die viskoelastischen Eigenschaften der Gummi-Werkstoffe sind auf der anderen Seite aber hauptverantwortlich für gute Haftungseigenschaften eines Reifens auf der Fahrbahnoberfläche. Daher muss für jeden Reifen ein Kompromiss zwischen geringem Rollwiderstand einerseits und guten Kraftübertragungscharakteristiken andererseits gefunden werden.

Unter Einwirkung äußerer Kräfte verformt sich ein Reifen. Rollt das Rad unter dieser Belastung mit der Drehzahl ω, wiederholt sich der Vorgang des Ein- und Ausfederns kontinuierlich für jeden Punkt des Reifenumfangs. Neben einer Einfederung Δh in radialer Richtung kommt es dabei auch zu einer Stauchung des Umfangs um die Länge Δs. Zur Veranschaulichung dient das Radersatzmodell aus Abb. 2.2, dessen Umfang durch

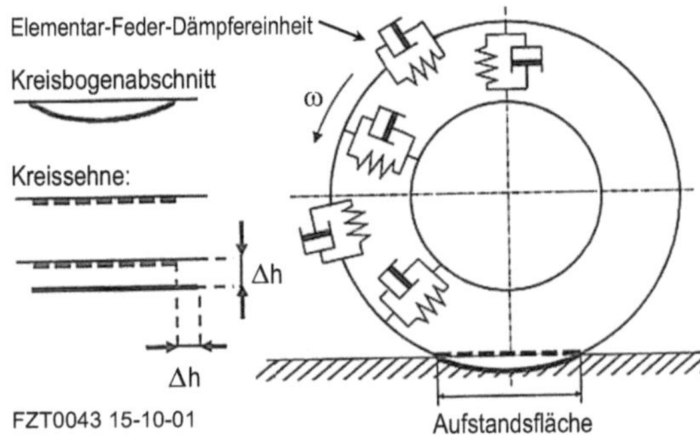

Abb. 2.2 Radersatzmodell zur Darstellung der viskoelastischen Feder-Dämpfereigenschaften der Reifenstruktur [1]

lineare Feder-Dämpfer-Elemente gegen die Felge abgestützt ist. Zusätzlich kann man sich auch den Reifengürtel aus Elementarfedern und -dämpfern zusammengesetzt vorstellen. Diese Feder-Dämpfer-Elemente repräsentieren die viskoelastischen Hysterese Eigenschaften des Reifengummis sowie seines Strukturaufbaus [1].

Beim Umlauf des Ersatzmodells mit der Drehzahl ω wird in jedem „Elementar-Schwingungsdämpfer" ein Teil der Einfederungsarbeit aufgrund der viskoelastischen Werkstoffeigenschaften als Dämpfungsarbeit in Wärme umgewandelt. Im Gegensatz zur elastischen Verformungsarbeit, die beim Reifenausfedern zurückgewonnen wird, muss die irreversible Umwandlung der Dämpfungsarbeit in Wärme als Verlust gewertet werden. Der dadurch hervorgerufene Walkwiderstand $F_{R,T,Walk}$ des Reifens entspricht dem Quotienten aus geleisteter Dämpfungsarbeit $W_{D,T,Walk}$ und zurückgelegter Wegstrecke s_T:

$$F_{R,T,Walk} = F_{R,T,Walk,radial} + F_{R,T,Walk,Umfang}$$

mit

$$F_{R,T,Walk,radial} = \frac{W_{D,T,Walk,radial}}{\Delta h}$$

$$F_{R,T,Walk,Umfang} = \frac{W_{D,T,Walk,Umfang}}{\Delta s} \tag{2.4}$$

Im Allgemeinen weist bei der Gegenüberstellung von Reifen aus gleichen Lagenmaterialien, der Reifen mit der größeren Lagenzahl die höhere Dämpfung k_D auf, da die Relativbewegungen der Lagen gegeneinander Dämpfungsarbeit und somit Wärme erzeugen.

Untersuchungen zur Reifendämpfung k_D bei verschiedenen Rollgeschwindigkeiten v_W haben ergeben, dass der Dämpfungsbeiwert k_D mit steigender Geschwindigkeit v_W abnimmt [1].

Diesem walkwiderstandsenkenden Effekt überlagert sich allerdings bei steigender Geschwindigkeit v_W eine entgegengesetzte Wirkung: Die Einfederung s_T sowie die Verzwängung der Profilstollen im Reifenlatsch des unter Last rollenden Rades verursachen wegen der mit der Geschwindigkeit zunehmenden Bedeutung der Massenkräfte ein Nachschwingen des Reifengürtels C_R auf der Latschaustrittsseite. Dieses Phänomen wird als Deformationswellenbildung bezeichnet. Das Abklingen dieser Schwingung infolge der Reifendämpfung k_D erzeugt Wärme, wodurch der Walkwiderstand $F_{R,T,Walk}$ weiter zunimmt (Abb. 2.3).

Der Vorgang der Ausbildung der Deformationswelle außerhalb der Reifenaufstandsfläche überwiegt dabei den Effekt der sinkenden Reifendämpfung k_D in seinem Einfluss auf den geschwindigkeitsabhängigen Verlauf des Walkwiderstands $F_{R,T,Walk}$. Er steigt mit zunehmender Geschwindigkeit mit geringer Progressivität linear an, um ab etwa 35 m/s Fahrgeschwindigkeit stark progressiv zuzunehmen. Der Walkwiderstand $F_{R,T,Walk}$ ist, wie bereits erwähnt, der wesentlichste Teil des Reifenrollwiderstandes $F_{R,T}$ [1].

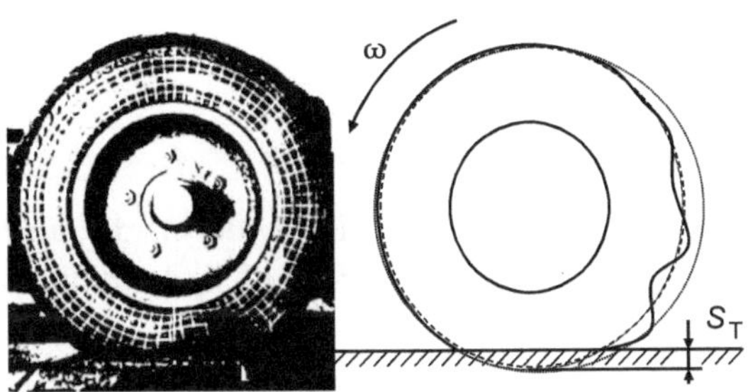

Abb. 2.3 Deformationswellenbildung [1]

Reibwiderstand $F_{\mathrm{R,T,fr}}$

In dem in Abb. 2.2 gezeigten Radersatzmodell durchlaufen die Feder-Dämpfer-Elemente des Laufstreifens den Reifenlatsch. Dabei wird der Kreisbogenabschnitt des Reifenumfangs auf die Länge seiner Sehne, die Aufstandsflächenlänge, gestaucht. Dadurch kommt es im Reifenlatsch zu Relativbewegungen zwischen Fahrbahn und Laufstreifen, dem sogenannten Teilgleiten, sowohl in Längs- als auch in Querrichtung. Dieses Teilgleiten verursacht Abrieb. Dabei wird Energie umgesetzt, die vom Antrieb als zusätzlicher Reibwiderstand $F_{\mathrm{R,T,fr}}$ überwunden werden muss [1].

Lüfterwiderstand $F_{\mathrm{R,T,L}}$

Die Luftwiderstandskraft F_{L}, die auf einen sich in einem Fluid (Gas oder Flüssigkeit) bewegenden Körper einwirkt, nimmt mit dem Quadrat der Relativgeschwindigkeit v_{Rel} zwischen Körper und dem ihn umgebendem Medium zu.

$$F_{\mathrm{L}} \sim v_{\mathrm{Rel}}^{2} \tag{2.5}$$

Gleiches gilt für einen Reifen. Durch die Abrollbewegung des Reifens während der Fahrt ergeben sich Strömungsverluste, die jedoch sinnvollerweise nur im Zusammenhang mit der Luftumströmung des gesamten Fahrzeugs betrachtet werden. Sie werden deshalb meist dem Gesamtluftwiderstand zugeschlagen.

Rollwiderstandsbeiwert k_{R}

Der durch den Reifen verursachte Rollwiderstand $F_{\mathrm{R,T}}$ ist die Summe aus Walkwiderstand $F_{\mathrm{R,T,Walk}}$, Reibwiderstand $F_{\mathrm{R,T,fr}}$ und Lüfterwiderstand $F_{\mathrm{R,T,L}}$.

$$F_{\mathrm{R,T}} = F_{\mathrm{R,T,Walk}} + F_{\mathrm{R,T,L}} + F_{\mathrm{R,T,fr}} \tag{2.6}$$

Diese Zusammenfassung ist zweckmäßig, da die einzelnen Anteile von Walk- und Reibwiderstand in der Praxis ohnehin nicht getrennt gemessen werden können. Im

Allgemeinen wird der gesamte Radwiderstand F_R dem Reifenrollwiderstand $F_{R,T}$ gleichgesetzt:

$$F_R \approx F_{R,T} \tag{2.7}$$

Angesichts eines nahezu linearen Verlaufs der Rollwiderstandskraft F_R über der Radlast $F_{Z,W}$ kann eine lastbezogene Kennzahl definiert werden, der dimensionslose Rollwiderstandsbeiwert k_R:

$$k_R = \frac{F_R}{F_{Z,W}} \tag{2.8}$$

$$F_{R,T} = k_{R,T} \cdot F_{Z,W} \approx F_R = k_R \cdot F_{Z,W} \tag{2.9}$$

Im Rahmen üblicher Berechnungen wird dieser Rollwiderstandsbeiwert k_R als konstant über Radlast $F_{Z,W}$ und Fahrgeschwindigkeit v_W angenommen.

Die genauere Betrachtung verdeutlicht, dass sowohl eine Last-, eine Innendruck-, eine Zeit-, eine Temperatur- als auch eine Geschwindigkeitsabhängigkeit vorliegen. Abb. 2.4 zeigt einen degressiv ansteigenden Verlauf der Rollwiderstandskraft F_R über der Radlast $F_{Z,W}$ für einen Radialreifen.

Daraus resultiert ein mit steigender Radlast $F_{Z,W}$ sinkender Rollwiderstandsbeiwert k_R, (Abb. 2.5). In diesem Bild ist auch der Einfluss des Reifendruckes p_T auf den Rollwiderstandsbeiwert k_R dargestellt. Es ergibt sich ein mit steigendem Luftdruck p_T sinkender Rollwiderstandsbeiwert k_R. Der Grund hierfür ist folgender: Da erhöhter Innendruck p_T zu einer Versteifung des Reifens führt, nimmt die Einfederung bei gleich bleibender Radlast $F_{Z,W}$ ab. Dies verringert die zur Drehung des Rades aufzuwendende

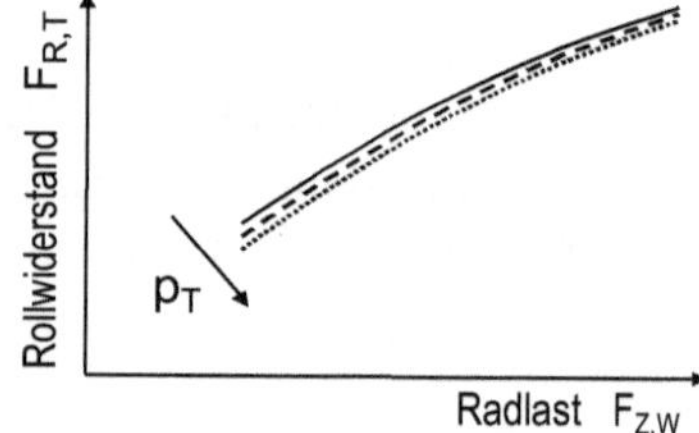

Abb. 2.4 Abhängigkeit der Reifenrollwiderstandskraft von der Radlast und dem Reifenfülldruck p_T

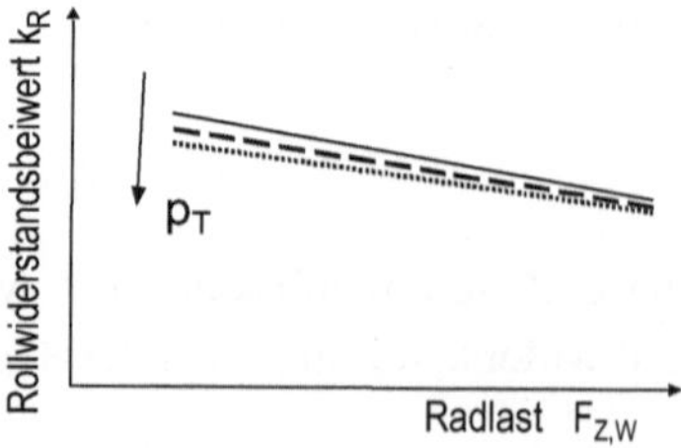

Abb. 2.5 Rollwiderstandsbeiwert von Radialreifen als Funktion von der Radlast $F_{Z,W}$ und dem Innendruck p_T

Walkarbeit und reduziert wegen der kleineren Reifenlatschfläche ebenfalls den Reib-widerstandsanteil [1].

Im direkten Zusammenhang mit der Innendruckabhängigkeit des Rollwiderstandsbei-wertes k_R stehen sowohl der Einfluss der Reifentemperatur θ_T als auch dessen Abhängig-keit von Fahrtzeit t_T und Fahrtstrecke s_T. Infolge der viskoelastischen Walkarbeit und der damit verbundenen Umwandlung von Antriebsenergie in Wärme heizen sich die Reifen-struktur und die eingeschlossene Druckluft mit zunehmender Fahrtzeit t_T und -strecke s_T auf; der Innendruck p_T und die Reifentemperatur θ_T steigen. Da mit zunehmendem Innendruck p_T der Rollwiderstandsbeiwert k_R abnimmt, führt auch eine Steigerung der Reifentemperatur θ_T (bei ungeregeltem Fülldruck!) zu sinkendem Rollwiderstand (Abb. 2.6).

Je nach Betriebszustand, charakterisiert durch Radlast $F_{Z,W}$, Fahrgeschwindigkeit v_W, (im kalten Zustand eingestellten) Reifen-Nenndruck $p_{T,Nenn}$ und Umgebungstemperatur θ_U stellt sich nach einer bestimmten Fahrtzeit t_T bzw. Fahrtstrecke s_T ein Gleichgewicht zwischen zugeführtem Wärmestrom (Walkarbeit) und abgeführtem Wärmestrom ein:

$$\dot{Q}_{zu} = \frac{dW_{D,T,Walk}}{dt} = \dot{Q}_{ab} \qquad (2.10)$$

Die Wärmeabfuhr erfolgt dabei über die Straße, die Felge und die Umgebungsluft bzw. den Kühlluftstrom des Fahrtwindes. Dieser Gleichgewichtszustand führt dazu, dass sich bei Konstantfahrt ebenfalls ein konstanter Rollwiderstandsbeiwert k_R, ein konstanter Innendruck p_T und eine konstante Reifentemperatur θ_T ausbilden. Diese sind charakteris-tisch für den Reifen in dem jeweiligen Betriebszustand (Abb. 2.7).

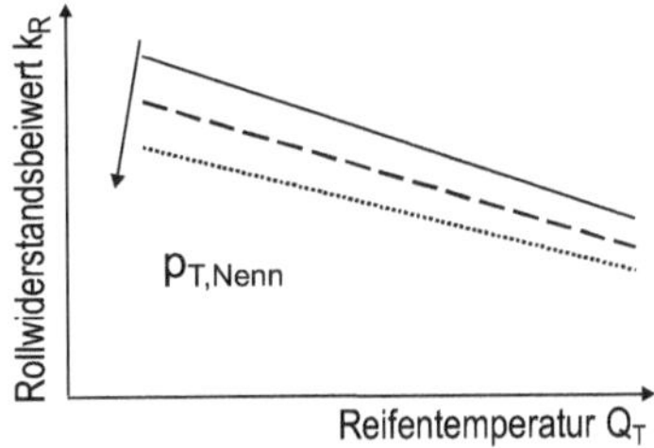

Abb. 2.6 Rollwiderstandsbeiwert k_R gegen Reifentemperatur mit Einfluss des Nenn-Innen-drucks $p_{RT,Nenn}$

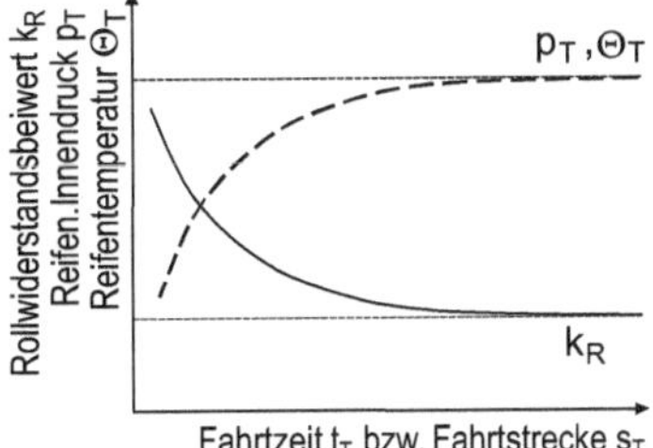

Abb. 2.7 Einfluss von Fahrtzeit und Fahrtstrecke auf Rollwiderstand, Reifentemperatur und Reifeninnendruck

Den Geschwindigkeitseinfluss auf den Rollwiderstandsbeiwert k_R gibt Abb. 2.8 wieder.

Der zunächst nur langsam steigende Verlauf des Rollwiderstandsbeiwertes k_R mit zunehmender Rollgeschwindigkeit v_W ist auf die mit der Geschwindigkeit wachsende Auswirkung der Deformationswellenbildung (s. Abb. 2.3), auf den Walkwiderstand $F_{R,T,Walk}$ und somit den gesamten Rollwiderstand F_R zurückzuführen. Der Einfluss des mit zunehmender Rollgeschwindigkeit v_W kleiner werdenden Reifendämpfungsbeiwerts k_D auf den Gesamtrollwiderstand F_R wird durch den Effekt der *Deformationswellenbildung* überkompensiert.

Der Zusammenhang zwischen Fahrgeschwindigkeit v_W und Rollwiderstandsbeiwert k_R kann rechentechnisch durch ein Polynom 4. Ordnung angenähert werden [1, 2]:

$$k_R = k_{R0} + k_{R1} \cdot \left(\frac{v_W}{100\,\text{km/h}} \right) + k_{R4} \cdot \left(\frac{v_W}{100\,\text{km/h}} \right)^4 \qquad (2.11)$$

Bei niedrigen Geschwindigkeiten $v_W < 80$ km/ h entspricht k_R in etwa dem Wert k_{R0}. Dieser liegt im Allgemeinen bei $k_{R0} \approx 0{,}01$.

Typische Rollwiderstandsbeiwerte k_R und deren Streuband für verschiedene Typen von Pkw-, Radial- sowie Diagonalreifen in Abhängigkeit der Fahrgeschwindigkeit v_W zeigt die Abb. 2.9.

Neue rollwiderstandsoptimierte Reifen (Abb. 2.10) erreichen im unteren Geschwindigkeitsbereich durchaus Werte von $k_R = 0{,}008$ mit dem Ausblick $0{,}004$ im Jahr 2030 [5]. Bei höheren Geschwindigkeiten um $v_W = 150$ km/h werden dagegen bereits Werte von $k_R = 0{,}017$ erreicht [4].

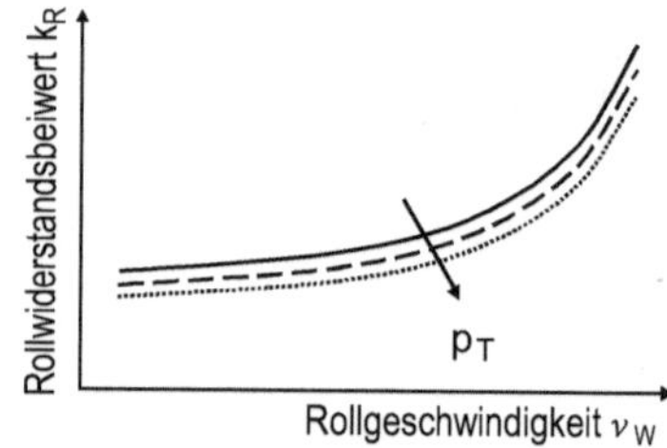

Abb. 2.8 Rollwiderstandsbeiwert k_R gegen Rollgeschwindigkeit mit Einfluss des Reifeninnendrucks p_T

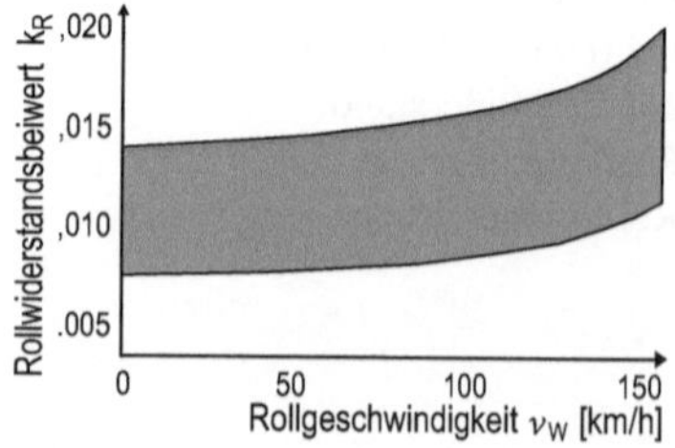

Abb. 2.9 Streuband Rollwiderstandsbeiwerte in Abhängigkeit der Fahrgeschwindigkeit für Pkw-Reifen [4]

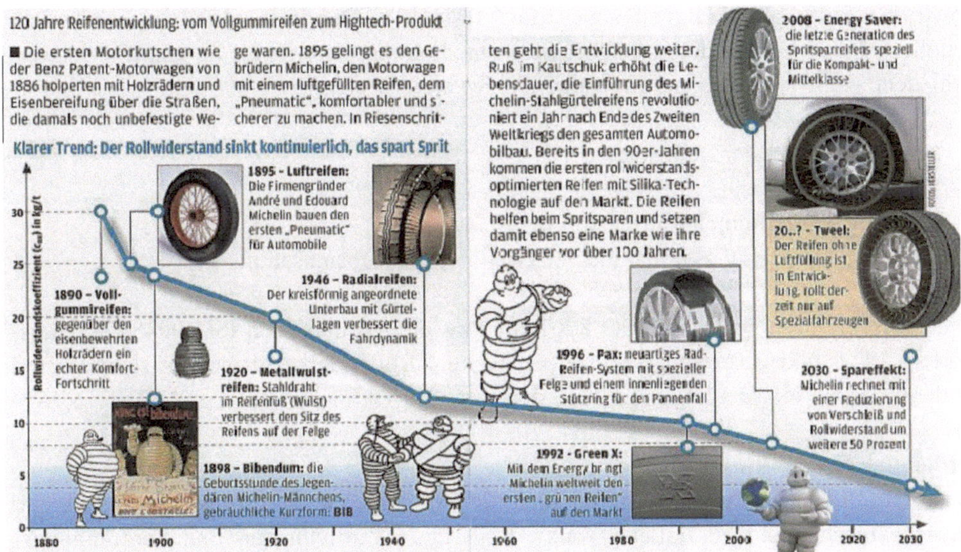

Abb. 2.10 Entwicklung der Rollwiderstandsbeiwerte k_R von Reifen bis zum Jahre 2030 [5]

Der Rollwiderstandsbeiwert k_R von Fahrzeugreifen ist im Laufe der letzten 120 Jahre deutlich reduziert worden. Abb. 2.11 zeigt diese Entwicklung für Pkw- und Lkw-Reifen. Zum Vergleich ist der Rollwiderstandsbeiwert k_R von Eisen- und U-Bahnreifen aufgetragen.

Spezialreifen für Verbrauchswettfahrten beispielsweise liegen heute auf dem Niveau von Eisenbahnstahlrädern ($k_R \approx 0{,}001$) [3].

Reifenrollwiderstände F_{RT} bzw. deren Beiwerte $k_{R,T}$ werden auf speziellen Prüfständen (s. Bd. 2, Abb. 9.72) experimentell ermittelt. Im Allgemeinen handelt es sich hierbei um Außentrommel-Reifenprüfstände mit Durchmessern von 1,5 m bis 3,0 m. Die Prüftrommeln verfügen dabei über glatte bzw. definiert texturierte Laufbahnen. Neben der Umgebungstemperatur θ_U sind die thermische Konditionierung, die Aufwärmphase

Abb. 2.11 Entwicklung der Rollwiderstandsbeiwerte k_R von Reifen im Laufe der letzten 120 Jahre [3]

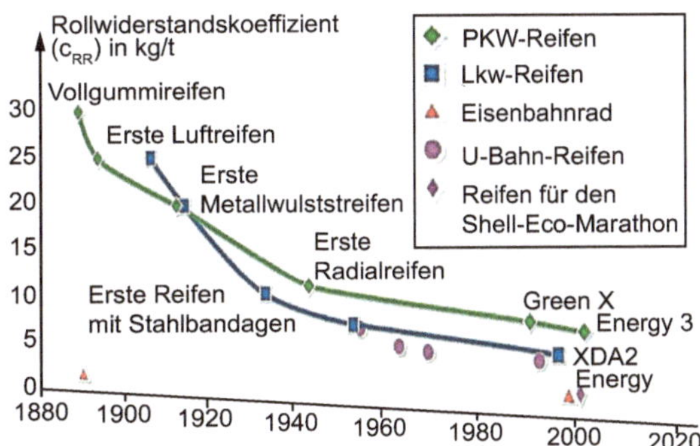

sowie die Prüfgeschwindigkeiten v_W exakt festgelegt. Der Reifendruck p_T wird nicht reguliert. Daher kommt der Aufwärmphase eine hohe Bedeutung zu. Es können vier verschiedene Rollwiderstandsmessverfahren angewendet werden:

- Kraftmessung in der Radnabe,
- Verzögerungsmessung,
- Messung des Trommel-Antriebsmoments sowie
- Messung der Leistungsaufnahme der Trommel-Antriebsmaschine.

Die Messverfahren sind nach ISO 8767 für Pkw-Reifen und nach ISO 9948 für Transporter-, Lkw- und Busreifen genormt [6]. Weitere Rollwiderstandsmessprozeduren sind in den SAE-Normen J 1269 und J 2452 definiert [7].

Anteil der Fahrbahn $F_{R,Tr}$

Nach Gl. 2.1 trägt neben dem Reifen auch die Fahrbahn zum Radrollwiderstand F_R bei. Ursache hierfür sind zusätzliche Walk-, Reibungs-, Verdichtungs- und Verdrängungswiderstände durch unebene, nasse und plastische verformbare Fahrbahnen. Für den zusätzlichen Radwiderstand durch Fahrbahneinfluss kann daher geschrieben werden:

$$F_{R,Tr} = F_{R,U} + F_{R,pl} + F_{R,Schwall} \qquad (2.12)$$

mit den Anteilen:

- unebene Fahrbahn $F_{R,U}$,
- plastische verformbare Fahrbahn $F_{R,pl}$ und
- Schwallwiderstand $F_{R,Schwall}$.

Widerstand durch unebene Fahrbahn $F_{R,U}$

Kleine Fahrbahnunebenheiten werden vom Reifen aufgefangen, gedämpft und somit als Anregungssignal für vertikale Aufbaubeschleunigungen herausgefiltert.

Diese Eigenschaft des Reifens wird auch als *„Schluckvermögen"* bezeichnet. Darüber hinaus federt zusätzlich das gesamte Rad relativ zur Karosserie über die Aufbau-Feder-Dämpferelemente ein. Dabei wird sowohl im Reifen als auch im Aufbaudämpfer Energie aufgrund der viskoelastischen Eigenschaften (Walken, Dämpfkraft) in Wärme umgewandelt. Die beim Ausfedern von Reifen und Radaufhängung zurückgewonnene Federarbeit des Reifeninnendrucks und der Aufbautragfeder ist um die Dämpfungsarbeit ΔW (Walken, Dämpfkraft) geringer als die zuvor beim Einfedern aufgewendete Arbeit. Diese zusätzliche Dämpfungsarbeit ΔW muss alleine vom Antrieb des Fahrzeugs kompensiert werden und ergibt, bezogen auf die dabei zurückgelegte Wegstrecke s_T, den Radwiderstandsanteil durch unebene Fahrbahn $F_{R,U}$:

$$F_{R,U} = \frac{\sum_0^{s_T} \Delta W}{s_T} \qquad (2.13)$$

Widerstand durch plastisch verformbare Fahrbahn

Nur im Gelände spielt der Verformungswiderstand des Untergrunds eine wesentliche Rolle; er kann bei weichem Boden allerdings auch mehr als 15 % der Fahrzeuggewichtskraft $m_{V,t} \cdot g$ betragen [4]. Durch das Fahren auf plastischen Fahrbahnen kann dabei ein Radwiderstand $F_{R,pl}$ entstehen, der das 10- bis 100-fache des eigentlichen Rollwiderstands $F_{R,T}$ beträgt [3].

Bei der Fahrt auf unbefestigtem Gelände (Erde, Sand, Gras oder Schnee) sinkt der Reifen ein. Die Fahrbahn wird dabei bleibend plastisch verformt und es entstehen zusätzliche Reibkräfte zwischen Reifenseitenwand und Fahrbahn [1, 2]. Hierbei wird eine zusätzliche Radwiderstandskraft $F_{R,pl}$ erzeugt (Abb. 2.12), die sich im Wesentlichen aus den drei Hauptanteilen Verdichtungswiderstand $F_{R,pl,dicht}$, Verdrängungs- oder „Bulldozing"-Widerstand $F_{R,pl,Bull}$ sowie der Seitenwandreibung in Spurrillen $F_{R,pl,Spur}$ zusammensetzt:

$$F_{R,pl} = F_{R,pl,dicht} + F_{R,pl,Bull} + F_{R,pl,Spur} \tag{2.14}$$

Die Energie ΔW_{pl}, die vom Antrieb eines Fahrzeugs aufgewendet werden muss, um die Fahrbahn plastisch zu verformen, sei es durch Verdichtung oder Verdrängung sowie um den Reifen durch eine Spurrille zu treiben, ist den Fahrwiderständen zuzurechnen. Analog zum Radwiderstand auf unebener Fahrbahn $F_{R,U}$ kann daher auch hier geschrieben werden:

$$F_{R,pl} = \frac{\sum_0^{s_T} \Delta W_{pl}}{s_T} \tag{2.15}$$

Analog zum Rollwiderstand F_R auf ebener, ideal steifer Fahrbahn kann auch für den zusätzlichen Radwiderstand auf plastisch verformbarem Untergrund ein Widerstandsbeiwert $k_{R,pl}$ definiert werden, da sich ein nahezu linearer Zusammenhang zwischen der Radlast $F_{Z,W}$ und der Widerstandskraft $F_{R,pl}$ einstellt.

$$k_{R,pl} = \frac{F_{R,pl}}{F_{Z,W}} \tag{2.16}$$

Bei Radwiderstandsberechnungen kann der Beiwert $k_{R,pl}$ dem Reifen-Rollwiderstandbeiwert $k_{R,T}$ zugeschlagen werden:

$$F_R = F_{R,T} + F_{R,pl} = F_{Z,W} \cdot \left(k_{R,T} + k_{R,pl} \right) \tag{2.17}$$

Abb. 2.12 Radwiderstände auf plastischer Fahrbahn [1]

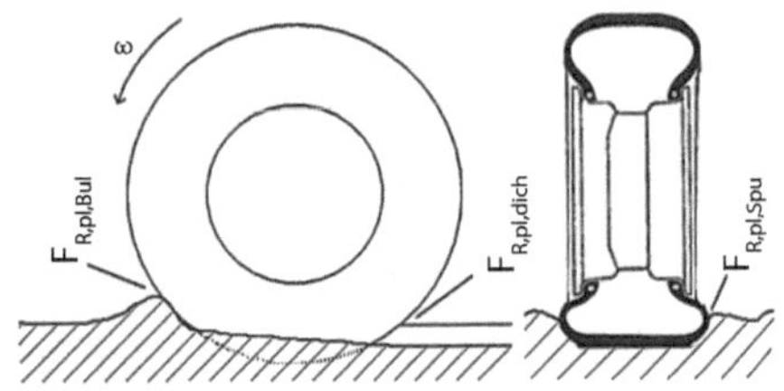

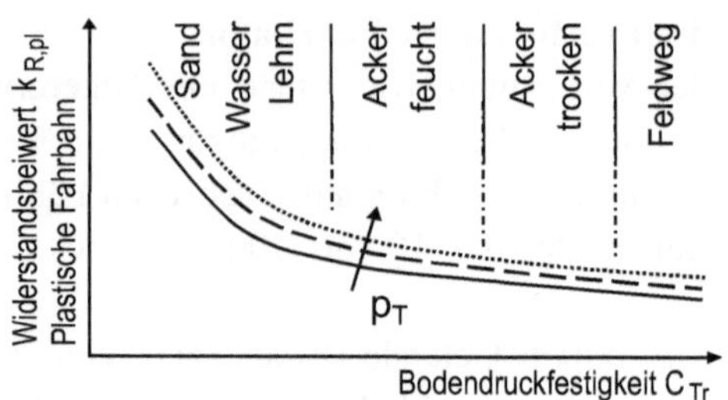

Abb. 2.13 Widerstandsbeiwerte plastischer Fahrbahnen

Der Zusatzwiderstand auf plastischen Fahrbahnen $F_{R,pl}$ steigt auf ideal steifem Bodenbelag mit zunehmendem Reifenluftdruck p_T an. Mit zunehmendem Innendruck p_T wird bei konstanter Radlast $F_{Z,W}$ die Reifenaufstandsfläche A_T kleiner. Bei Fahrt auf plastischer Fahrbahn hat dies ein stärkeres Einsinken des Rades in den Boden mit zunehmendem Innendruck p_T zur Folge. Abb. 2.13 zeigt diesen Zusammenhang für verschiedene plastisch verformbare Fahrbahnen.

In Tab. 2.2 sind Widerstandsbeiwerte $k_{R,pl}$ für unterschiedliche Fahrbahntypen aufgeführt [1].

Widerstand durch nasse Fahrbahn $F_{R,Schwall}$

Um auf nassen Straßen ausreichend Fahrbahnkontakt herstellen zu können, muss der Reifen Wasser verdrängen. Durch die hierfür erforderlichen Verdrängungskräfte erhöht sich der Reifen-Rollwiderstand gegenüber der Fahrt auf trockenem, ideal steifen Fahrbahnbelag um den Schwallwiderstand $F_{R,Schwall}$. Er hängt von dem pro Zeiteinheit zu verdrängenden Wasservolumen ab. Dieses wiederum bestimmt sich aus der Reifenbreite B, der Fahrgeschwindigkeit v_W und der Wasserfilmhöhe H (Abb. 2.14) [2].

Auf experimentellem Wege ist der folgende empirische Zusammenhang zwischen dem Schwallwiderstand $F_{R,Schwall}$, der Reifenbreite B, der Fahrgeschwindigkeit v_W, der Wasserfilmhöhe H ermittelt worden [1, 2]:

$$F_{R,Schwall} = \frac{B}{10} \cdot \left(\frac{v_W}{N(H)} \right)^{E(H)} \tag{2.18}$$

Tab. 2.2 Widerstandsbeiwerte plastischer Fahrbahnen $k_{R,pl}$ [1]	Fahrbahn	Beiwert $k_{R,pl}$
	Asphalt, Beton, Kopfsteinpflaster	0,005–0,015
	Fester Schotter	0,02–0,03
	Geteerter Schotter	0,04–0,04
	Sehr gute Erdwege	0,05–0,15
	Nasse aufgeweichte Böden, Sand, Lehm	0,15–0,35

Abb. 2.14 Schwallwiderstand
infolge Wasserverdrängung [1]

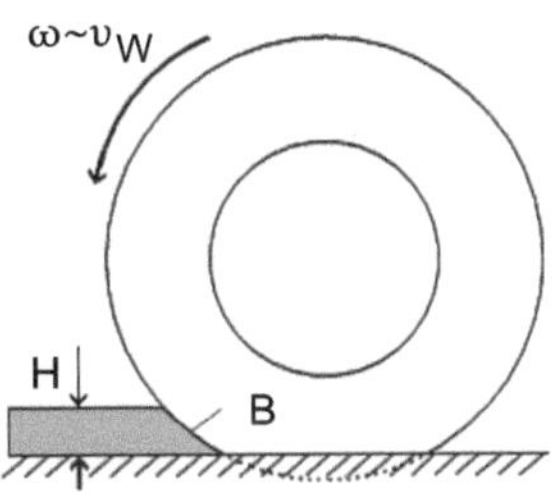

mit den folgenden Bezeichnungen:

- $F_{R,\text{Schwall}}$ Schwallwiderstand [N],
- B Reifenbreite [cm],
- v_W Geschwindigkeit [km/h],
- H Wasserfilmhöhe [mm],
- $N(H)$ empirische Kenngröße als Funktion von H,
- $E(H)$ empirische Kenngröße als Funktion von H.

Reifenbauart, Luftdruck p_T oder Radlast $F_{Z,W}$ haben keinen oder nur sehr geringen Einfluss auf den Schwallwiderstand $F_{R,\text{Schwall}}$. Abb. 2.15 zeigt den Zusammenhang zwischen Wasserfilmhöhe H und den empirischen Kenngrößen $N(H)$ und $E(H)$ [1].

Bei größeren Geschwindigkeiten v_W und Wasserfilmhöhen H sowie bei geringen Profiltiefen ist der Schwallwiderstand $F_{R,\text{Schwall}}$ unabhängig von der Fahrgeschwindigkeit v_W, da der Reifen in diesem Fall den Wasserfilm nicht mehr durchdringen kann [2]. Er schwimmt auf. Man spricht in diesem Fall von *Aquaplaning*. Der resultierende Gesamt-Radwiderstand auf nasser Fahrbahn F_R ergibt sich als Summe aus der Schwallwiderstandskraft $F_{R,\text{Schwall}}$ und dem Reifen-Rollwiderstand $F_{R,T}$ auf trockener Fahrbahn:

$$F_R = F_{R,T} + F_{R,\text{Schwall}} \tag{2.19}$$

Anteil durch Schräglauf $F_{R,\alpha}$

In den zuvor angestellten Betrachtungen des Rad- und Reifen-Rollwiderstands ist davon ausgegangen worden, dass sich die Mittelebene des rollenden Rades exakt in Fahrtrichtung erstreckt. Im allgemeinen Fall ist dies nicht zutreffend, da Räder einer Achse

Abb. 2.15 Abhängigkeit der
Kenngrößen N und E von der
Wasserfilmhöhe H [1]

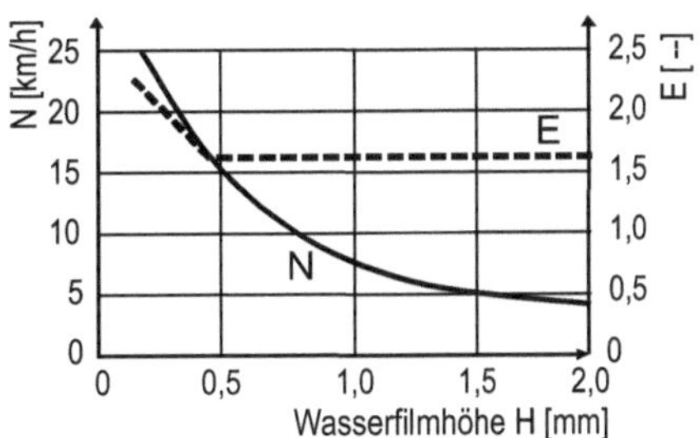

aufgrund der Achsgeometrie mit einem gewissen (Gesamt-)Vorspurwinkel $\delta_{V,0}$ zur Fahrzeuglängsachse ausgerichtet sein können. Aufgrund dieses (Gesamt-)Vorspurwinkels werden die Reifen bei Geradeausfahrt in einen (Gesamt-)Schräglaufwinkel α gezwängt, der dann dem (Gesamt-) Vorspurwinkel $\delta_{V,0}$ entspricht.

Rollt ein Reifen mit der Schräglaufsteifigkeit C_α (s. auch Abschn. 2.2.1.2) unter einen Schräglaufwinkel $\alpha/2$, dann erzeugt er eine Seitenkraft $F_{Y,W}$ der Größe:

$$F_{Y,W} = C_\alpha \cdot \frac{\alpha}{2} \tag{2.20}$$

Dieser Zusammenhang ist nur für kleine Winkel α gültig (im Allgemeinen bis $\alpha/2 < 2°$). Die Seitenkraft $F_{Y,W}$ wirkt dabei immer senkrecht zur Reifenmittelebene bzw. im Winkel von $90° - \alpha/2$ zur Rollrichtung des Rades. Bei vektorieller Betrachtung dieser Reifenseitenkraft $F_{Y,W}$ wird daher deutlich, dass auch immer ein Anteil der Reifenseitenkraft $F_{Y,W}$ entgegen der Fahrtrichtung von Rad und Fahrzeug wirkt. Diesen Zusammenhang zeigt Abb. 2.16.

Die der Bewegungsrichtung entgegenwirkende zusätzliche Rad-Widerstandskraft $F_{R,\alpha}$ erhält man aus den entsprechenden Sinus-Komponenten der Seitenkraft $F_{Y,W}$ und dem Reifenschräglaufwinkel $\alpha/2$ zu [1]:

$$\begin{aligned} F_{R,a} &= \sin{(\alpha/2)} \cdot F_{Y,W} \\ &= \sin{(\alpha/2)} \cdot C_\alpha \cdot \alpha/2 \end{aligned} \tag{2.21}$$

Der Schräglaufwinkel α entspricht in diesem Fall dem Achs-Vorspurwinkel $d_{V,0}$. Rad-Vorspurwinkel liegen im Allgemeinen im Bereich sehr kleiner Winkel $\delta_{V,0}/2 < 20$ min. Entsprechend kann für den zusätzlichen Radwiderstand $F_{R,\alpha}$ infolge Schräglauf α bzw. Vorspur $d_{V,0}$ formuliert werden:

$$F_{R,\alpha} = \left(\frac{\alpha}{2}\right)^2 \cdot C_\alpha = \left(\frac{\delta_{V,0}}{2}\right)^2 \cdot C_\alpha \tag{2.22}$$

Für den Vorspur- bzw. Schräglaufradwiderstand $F_{R,\alpha}$ kann mit der radlastspezifischen Schräglaufsteifigkeit

$$C_\alpha^* = C_\alpha / F_{Z,W} \tag{2.23}$$

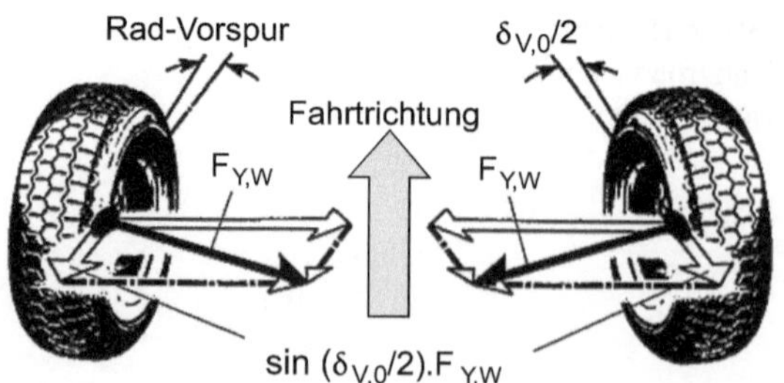

Abb. 2.16 Vorspurwiderstand $F_{R,a}$ durch Vorspurwinkel $\delta_{V,0}$ [1]

ein Widerstandsbeiwert $k_{\mathrm{R},\alpha}$ definiert werden [1]:

$$
k_{\mathrm{R},\alpha} = \frac{F_{\mathrm{R},\alpha}}{F_{\mathrm{Z,W}}} = \frac{\left(\frac{\delta_{\mathrm{V},0}}{2}\right)^2 \cdot C_\alpha}{F_{\mathrm{Z,W}}}
$$
$$
= \left(\frac{\delta_{\mathrm{V},0}}{2}\right)^2 \cdot C_\alpha^*
\tag{2.24}
$$

Abb. 2.17 zeigt ein Streuband für Schräglaufwiderstandsbeiwerte $k_{\mathrm{R},\alpha}$ verschiedener Fahrzeugreifen ausgewertet aus Messungen der Schräglaufsteifigkeit.

Verglichen mit dem Streuband für Reifen-Rollwiderstandsbeiwerte k_{R} bei Geradeausfahrt ergibt sich, dass Radwiderstände aus Schräglauf bereits ab etwa 2° Schräglaufwinkel die gleiche Größenordnung erreichen können wie die Rollwiderstände bei Geradeausfahrt [1].

Der resultierende Gesamt-Radwiderstand F_{R} für ein unter Vorspur rollendes Rad ergibt sich als Summe aus der Vorspurwiderstandskraft $F_{\mathrm{R},\alpha}$ und dem Reifen-Rollwiderstand $F_{\mathrm{R,T}}$ auf trockener Fahrbahn:

$$
F_{\mathrm{R}} = F_{\mathrm{R,T}} + F_{\mathrm{R},\alpha}
\tag{2.25}
$$

Lagerreibung und Restbremsmomente $F_{\mathrm{R,fr}}$
Bei der Belastung eines Radlagers mit einer Kraft [2]

$$
F_{\mathrm{Lager}} = \sqrt{F_{\mathrm{X,W}}^2 + F_{\mathrm{Z,W}}^2},
\tag{2.26}
$$

die sich aus einer vertikalen Radkraft $F_{\mathrm{Z,W}}$ und einer horizontalen Radkraft $F_{\mathrm{X,W}}$ zusammensetzt, ergibt sich zusammen mit

- dem Lagerradius r_{Lager},
- dem Radhalbmesser r_{dyn} und
- dem Lagerreibbeiwert μ_{Lager}

für die zusätzliche Radwiderstandskraft $F_{\mathrm{R,fr}}$ infolge Lagerreibung [2]:

$$
F_{\mathrm{R,fr}} = \mu_{\mathrm{Lager}} \cdot \frac{r_{\mathrm{Lager}}}{r_{\mathrm{dyn}}} \sqrt{F_{\mathrm{X,W}}^2 + F_{\mathrm{Z,W}}^2}
\tag{2.27}
$$

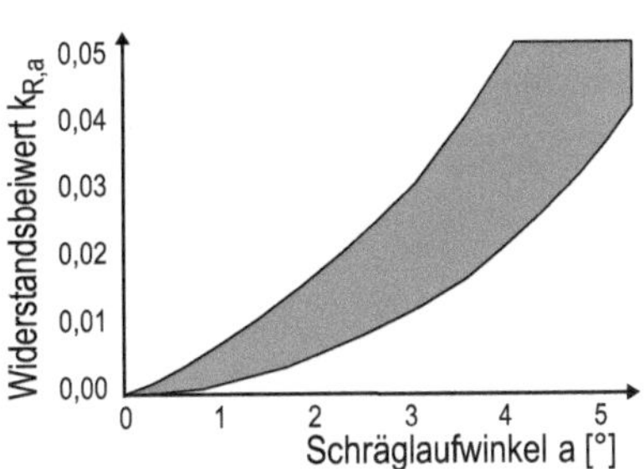

Abb. 2.17 Streuband Schräglaufwiderstandsbeiwert $k_{\mathrm{R},\alpha}$ in Abhängigkeit vom Schräglaufwinkel α [1]

Der Anteil durch Lagerreibung ist gegenüber dem Reifen-Rollwiderstand $F_{R,T}$ vergleichsweise gering und kann daher im Allgemeinen vernachlässigt werden. Eine Ausnahme tritt an Gleitlagern während des Anfahrvorgangs auf. Dort kann $F_{R,fr}$ sogar größer als $F_{R,T}$ werden. Kraftfahrzeuge werden aber fast ausschließlich mit Wälzlagern als Radlager ausgerüstet.

Nicht zu vernachlässigen ist dagegen das Restbremsmoment $M_{B,Re}$ von – vor allem älteren – Scheibenbremsen. Dieses Moment kann selbst dann anliegen, wenn das hydraulische System nach Lösen des Bremspedals bereits völlig drucklos ist [2]. Die Formel für die zusätzliche Radwiderstandskraft $F_{R,fr}$ ist:

$$F_{R,fr} = \frac{M_{B,Re}}{r_{dyn}} \tag{2.28}$$

Bezogen auf die aktuelle Radlast $F_{Z,W}$ kann daraus ein Widerstandskoeffizient $k_{R,fr}$ abgeleitet werden:

$$k_{R,fr} = \frac{F_{R,fr}}{F_{Z,W}} = \frac{M_{B,Re}}{r_{dyn} \cdot F_{Z,W}} \tag{2.29}$$

Die Abb. 2.18 zeigt den experimentell ermittelten Widerstandskoeffizienten $k_{R,fr}$ infolge Restbremsmoment $M_{B,Re}$ im Vergleich zum Reifen-Rollwiderstandsstreuband aus Abb. 2.9. Hieraus wird deutlich, dass die Verluste aus $k_{R,fr}$ nicht zu vernachlässigen sind. Das Schleifen wird durch Schwingungen verringert, die bei Fahrten auf unebenen Straßen oder bei Reifenungleichförmigkeiten auftreten [2].

2.1.1.2 Luftwiderstand

Bewegt sich ein geschlossener Körper mit einer konstanten Geschwindigkeit durch eine Flüssigkeit (Wasser) oder ein Gas (Luft) so müssen zur Aufrechterhaltung seines Bewegungszustandes Strömungswiderstände überwunden werden. In erster Linie handelt es sich dabei um die Widerstandsformen

- Druckwiderstand und
- Reibungswiderstand.

Abb. 2.18 Radwiderstand $k_{R,fr}$ infolge Restbremsmoment im Vergleich zu Rollwiderständen k_R [2]

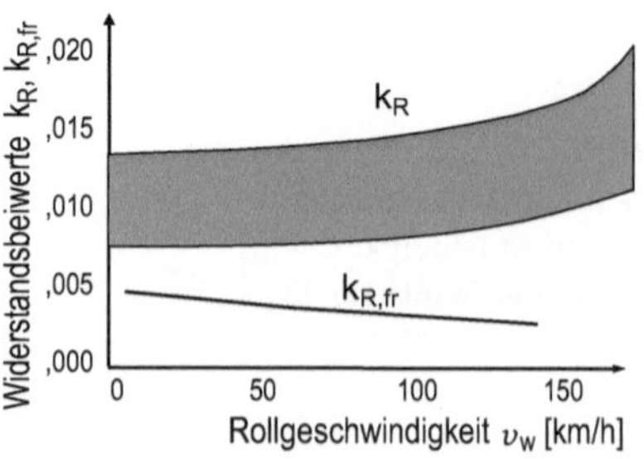

Da es sich bei einem Kraftfahrzeug nicht um einen geschlossenen Körper handelt, kommt hier noch der innere Luftwiderstand hinzu. Der innere Luftwiderstand beschreibt die Durchströmung (z. B. zur Motorkühlung) des Fahrzeugs. Weiterhin werden durch die Bewegung des Fahrzeugkörpers und durch die ihn umgebende Luft Verwirbelungen erzeugt, die zusätzlich als induzierter Luftwiderstand bezeichnet werden.

Nach dem neuen WLTP-Zyklus zur Messung des Durchschnittverbrauchs hat der Luftwiderstand einen Anteil von ca. 30 %. Dieser wird wiederum zu 40 % durch die Proportionen der Karosserie verursacht, zu 30 % durch das Rad und das Radhaus, zu 20 % durch den Unterboden und zu 10 % durch die Funktionsöffnungen [8]. Um den Luftwiderstand zu verringern und ein Abreißen der Luftströmung zu verhindern, wird Wert gelegt auf eine durchgehende Bodenverkleidung mit so wenig Anbauteilen wie möglich und einer geschickten Gestaltung des Radkastens.

Beim Druckwiderstand handelt es sich um den hauptsächlich durch den Staudruck p_∞ sowie die Heckabrisszone eines Fahrzeugs erzeugten Luftwiderstand $F_{\mathrm{L},\infty}$. Auch der induzierte Luftwiderstand wird dem Druckwiderstand zugerechnet.

Allgemein berechnet sich der Staudruck p_∞ aus der Dichte der Luft ρ_L und der Anströmgeschwindigkeit v_∞ zu:

$$p_\infty = \frac{\rho_\mathrm{L}}{2} \cdot v_\infty^2 \tag{2.30}$$

Bei Luft handelt es sich um ein ideales Gas. Die Dichte der Luft errechnet sich dabei in Abhängigkeit von der Umgebungstemperatur θ_U, dem Umgebungsluftdruck p_U und der Gaskonstante von Luft R_L zu:

$$\rho_\mathrm{L} = \frac{p_\mathrm{U}}{R_\mathrm{L} \cdot \theta_\mathrm{U}} \tag{2.31}$$

Bei Betrachtung dieses Zusammenhangs wird deutlich, dass der Luftwiderstand eines Fahrzeugs auch von den aktuellen Umgebungsbedingungen abhängt.

Multipliziert man den Staudruck p_∞ mit der Stirnfläche A_L des Fahrzeugs und dem dimensionslosen Luftwiderstandsbeiwert c_w ergibt sich für den Druckwiderstand $F_{\mathrm{L},\infty}$:

$$F_{\mathrm{L},\infty} = p_\infty \cdot c_\mathrm{w} \cdot A_\mathrm{L} = \frac{\rho_\mathrm{L}}{2} \cdot v_\infty^2 \cdot c_\mathrm{w} \cdot A_\mathrm{L} \tag{2.32}$$

Beim fahrenden Fahrzeug wird die Anströmgeschwindigkeit v_∞ durch die Kombination aus Fahrzeuggeschwindigkeit v_X und Windgeschwindigkeit v_L beschrieben.

$$v_\infty = v_\mathrm{X} \pm v_\mathrm{L} \tag{2.33}$$

Das Vorzeichen für die Windgeschwindigkeit v_L ergibt sich aus der Windrichtung: Bei Gegenwind wird die Windgeschwindigkeit v_L addiert, bei Rückenwind subtrahiert. Die Größe der Windgeschwindigkeit v_L beträgt im Mittel $v_\mathrm{L} \approx 4{,}7\,\mathrm{m/s} = 17\,\mathrm{km/h}$. Die Richtung der Windgeschwindigkeit zur Fahrzeuglängsachse ist zufällig und damit stochastisch verteilt, da sie vom Straßenverlauf und von der Windrichtung abhängt [2].

Durch Einführung des dimensionslosen Luftwiderstandsbeiwertes c_w werden der Reibungs- und der innere Luftwiderstand dem Druckwiderstand zugeschlagen. Der Reibungswiderstand spielt vor allem bei langen Fahrzeugen wie Bussen oder Lkw eine Rolle. Der Luftwiderstandsbeiwert c_w charakterisiert außerdem die jeweilige Karosserieform: Fahrzeuge unterschiedlicher Gestalt aber gleicher Stirnflächengröße A_L erzeugen bei gleichen Umgebungsbedingungen unterschiedliche Luftwiderstandskräfte F_L.

Stirnflächen von Pkw bewegen sich im Bereich von $1{,}5\,\mathrm{m}^2 < A_L < 2{,}5\,\mathrm{m}^2$ und für Lkw und Busse von $4\,\mathrm{m}^2 < A_L < 9\,\mathrm{m}^2$. Luftwiderstandsbeiwerte von Pkw-Karosserien liegen zwischen $c_w = 0{,}22$ und $c_w = 0{,}4$. Als Durchschnittswert von Pkw-Aufbauten wurde beispielsweise im Jahr 2002 $c_w = 0{,}32$ ermittelt. Bei Lkw und Bussen betragen die c_w-Werte im Allgemeinen $0{,}4 < c_w < 0{,}9$ [3, 4]. Als Grundgleichung zur Berechnung der Luftwiderstandskraft F_L kann zusammenfassend formuliert werden:

$$F_L = \frac{p_U}{2 \cdot R_L \cdot \theta_U} \cdot (v_x \pm v_L)^2 \cdot c_w \cdot A_L \tag{2.34}$$

Der Luftwiderstandsbeiwert c_w wird experimentell für jedes Fahrzeug im Windkanal bestimmt.

Eine kurze Darstellung der Entwicklung des Luftwiderstandsbeiwertes c_w von Pkw-Karosserien in den letzten 80 Jahren zeigt Abb. 2.19.

Aus vielen Grundsatzuntersuchungen ist bekannt, dass mit Körpern in den Abmessungen von Pkws theoretisch ein Luftwiderstandsbeiwert von $c_w = 0{,}15$ möglich ist [2].

Da bei schnellen Fahrten der Luftwiderstand Hauptkraftstoffverbraucher ist, werden in der letzten Zeit immer mehr Autos mit sehr niedrigem Luftwiderstand vorgestellt.

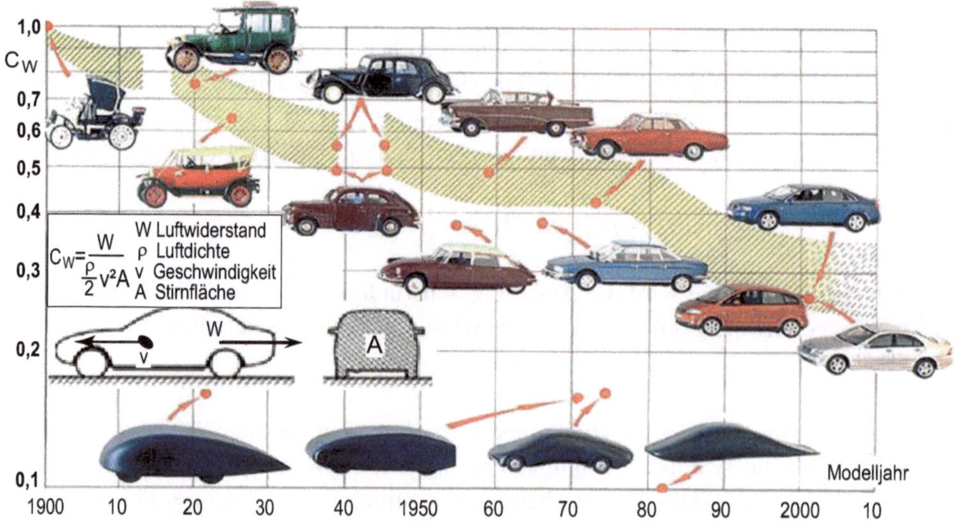

Abb. 2.19 Geschichtliche Entwicklung des Luftwiderstandsbeiwertes c_w [9]

Z. Zt. (in 2016) halten den besten Wert mit 0,22 der Audi A4, der Mercedes CLA und der 5er BMW. Das angestrebte Ziel liegt bei 0,20.

Das Mercedes Konzeptfahrzeug hat nun den niedrigsten Wert von 0,19 erreicht, allerdings mit Maßnahmen, die aus Kostengründen in der Serie wohl nicht zur Anwendung kommen. So fährt z. B. bei schneller Fahrt eine Heckverkleidung aus, erkennbar ganz links im Bild (Abb. 2.20) [10].

2.1.1.3 Steigungswiderstand

Die Straßensteigung p ist definiert als Quotient aus vertikaler und horizontaler Fahrbahnprojektion, dies entspricht dem Tangens des Steigungswinkels α_{St}.

Im Straßenverkehr ist eine Angabe der Steigung in Prozent üblich [1].

$$p = \tan\left(\alpha_{St}\right) \tag{2.35}$$

Beim Befahren von Steigungen bzw. Gefällestrecken wird die Gesamtgewichtskraft $F_{Z,V,t}$ aufgrund der Neigung α_{St} des Fahrzeugs im Erdschwerefeld anteilig zu einer Fahrwiderstandskraft F_{St} bzw. einer zusätzlichen Antriebskraft F_{St}.

$$F_{Z,V,t} = m_{V,t} \cdot g \tag{2.36}$$

Der Sinusanteil der Gesamtgewichtskraft $F_{Z,V,t}$ wirkt auf Steigungen in Fahrzeuglängsrichtung. Folglich errechnet sich der Steigungswiderstand F_{St} zu:

$$F_{St} = F_{Z,V,t} \cdot \sin\left(\alpha_{St}\right) = m_{V,t} \cdot g \cdot \sin\left(\alpha_{St}\right) \tag{2.37}$$

Bei Verwendung der Straßensteigung p an Stelle des Steigungswinkels α_{St} ergibt sich aus den Gln. 2.35 und 2.37:

$$F_{St} = m_{V,t} \cdot g \cdot \sin\left(\arctan\left(p\right)\right) \tag{2.38}$$

Bis zu einer Steigung von $p = 30\,\%$, dies entspricht in etwa $\alpha_{St} = 17°$, kann in Gl. 2.37 bei einem max. Fehler von weniger als $5\,\%$ geschrieben werden [2]:

$$\sin\left(\alpha_{St}\right) \approx \tan\left(\alpha_{St}\right) = p \tag{2.39}$$

Der Ausdruck in Gl. 2.38 vereinfacht sich dann zu:

$$F_{St} = m_{V,t} \cdot g \cdot p \quad (\text{mit } p < 30\,\%) \tag{2.40}$$

Bei Berechnung des Steigungswiderstandes auf befestigten Straßen ist diese Vereinfachung zulässig, da die max. Fahrbahnsteigung auf $p_{max} = 30\,\%$ begrenzt ist.

Abb. 2.20 Mercedes Konzeptfahrzeug mit $C_w = 0,19$

Einen Überblick üblicher Werte für maximale Straßensteigungen gibt die Tab. 2.3.
Im physikalischen Sinne handelt es sich beim Steigungswiderstand F_{St} um eine konservative Kraft, das heißt, dass die Energie W_{St}, die zur Überwindung dieses Widerstands vom Fahrzeugantrieb aufgewendet werden muss, im Gegensatz zum Reifen-Walkwiderstand $F_{R,T,Walk}$ beispielsweise, nicht dissipiert, sondern in Form von potenzieller Energie gespeichert wird und somit wiedergewonnen werden kann. Bei Bergabfahrt steht demnach eine zusätzliche Antriebsenergie in Form der potenziellen Energie der Fahrzeuggesamtmasse $m_{V,t}$ zur Verfügung. Moderne Elektro- und Hybridfahrzeuge machen sich diesen Umstand zu Nutze und können bei Bergabfahrt eine Rekuperation betreiben, um Kraftstoff einzusparen.

2.1.1.4 Beschleunigungswiderstand

Um den Bewegungszustand eines Fahrzeugs mit der Gesamtmasse $m_{V,t}$ (Leergewicht plus Zuladung) von der Geschwindigkeit v_{x1} auf v_{x2} mit der Beschleunigung $a_x = dv_x/d_t$ zu ändern, muss der Trägheits- oder Beschleunigungswiderstand F_C überwunden werden. Bei instationärer Fahrt muss also neben den Fahrwiderständen Rad-, Luft- und Steigungswiderstand ebenfalls den Trägheitskräften F_C Rechnung getragen werden:

$$F_C = F_{C,trans} + F_{C,rot}$$

$$= \left(m_{V,t} + \frac{\Theta_{red,i}}{r_{dyn}^2} \right) \cdot a_x \tag{2.41}$$

Neben der translatorischen Beschleunigung a_x der trägen Fahrzeuggesamtmasse $m_{V,t}$ muss ebenfalls eine rotatorische Beschleunigung der sich drehenden Teile des Fahrzeugantriebsstrangs (Räder, Getriebe, Motor) erfolgen. Diese findet in Gl. 2.41

Tab. 2.3 Zulässige Steigungen [RAS-L1, 1]

Straßenlage	Straßenart	v [km/ h]	P_{max} [%]
Straßen außerhalb bebauter Gebiete	Kreisstraße	40	10,0
	Landstraße	60	6,5
	Bundesstraße	80	5,0
		100	4,5
	Bundesautobahn	100	4,5
		120	4,0
		140	4,0
Stadtstraßen	mehrspurig	–	5–6
	Anlieger	–	10,0
	Wohnwege	–	10,0
Alpenstraßen		–	30,0

Berücksichtigung durch das auf das Rad reduzierte Massenträgheitsmoment $\Theta_{\text{red,i}}$ der gesamten Wuchtgruppe vom Motor über das Getriebe (im Gang i) bis zu den Rädern. Der dabei an den Antriebsrädern zu überwindende rotatorische Trägheitswiderstand $F_{\text{C,rot}}$ errechnet sich aus der Drehbeschleunigung am Rad a_{R}, dem Radhalbmesser r_{dyn} und dem reduzierten Massenträgheitsmoment der Wuchtgruppe $\Theta_{\text{red},i}$ zu:

$$F_{\text{C,rot}} = \frac{\Theta_{\text{red,i}} \cdot a_{\text{R}}}{r_{\text{dyn}}} \tag{2.42}$$

Die Drehbeschleunigung am Rad a_{R} kann mithilfe von Gl. 2.43 durch die translatorische Beschleunigung a_x und dem den dynamischen Radradius r_{dyn} dargestellt werden:

$$a_{\text{R}} = \frac{a_x}{r_{\text{dyn}}} \tag{2.43}$$

Das auf die Antriebsräder eines Fahrzeugs reduzierte Massenträgheitsmoment des gesamten Antriebsstrangs $\Theta_{\text{red},i}$ mit dem im Getriebe eingelegten Gang i wird mit Gl. 2.44 berechnet [1]:

$$\begin{aligned} \Theta_{\text{red},i} = \Theta_{\text{R}} &+ i_{\text{h(v)}}^2 \cdot \Theta_{\text{Antr}} \\ &+ i_{\text{h(v)}}^2 \cdot i_{\text{G},i}^2 \cdot \left(\Theta_{\text{Mot}} + \Theta_{\text{K}} + \Theta_{\text{G},i} \right) \end{aligned} \tag{2.44}$$

mit:

- dem Massenträgheitsmoment aller vier Fahrzeugräder Θ_{R},
- dem Massenträgheitsmoment der Antriebswellen Θ_{Antr},
- dem Massenträgheitsmoment des Motors Θ_{Mot},
- dem Massenträgheitsmoment der Kupplung Θ_{K},
- dem Massenträgheitsmoment des Getriebes $\Theta_{\text{G,i}}$,
- der Getriebeübersetzung $i_{\text{G,i}}$ im Gang i,
- der Achsgetriebeübersetzung $i_{\text{h(v)}}$, mit h für Hinterachs- und v für Vorderachsantrieb.

Die Gl. 2.44 kann weiter vereinfacht werden, indem man das reduzierte Massenträgheitsmoment $\Theta_{\text{red,i}}$ im Gang i durch einen sogenannten Massenfaktor e_i im Gang i der Fahrzeugleermasse $m_{\text{V,ul,0}}$ zuschlägt. Die Fahrzeuggesamtmasse $m_{\text{V,t}}$ muss hierzu in seine Anteile Leermasse und Zuladung zerlegt werden:

$$m_{\text{V,t}} = m_{\text{V,ul,0}} + m_{\text{zu}} \tag{2.45}$$

Der Massenfaktor e_i im Gang i wird definiert als:

$$e_i = \frac{\Theta_{\text{red,i}}}{m_{\text{V,ul,0}} \cdot r_{\text{dyn}}^2} + 1 \tag{2.46}$$

Durch Einsetzen der Gln. 2.46 und 2.45 in Gl. 2.41 ergibt sich für den Beschleunigungswiderstand F_{C} [1]:

$$F_{\text{C}} = \left(e_i \cdot m_{\text{V,ul,0}} + m_{\text{zu}} \right) \cdot a_x \tag{2.47}$$

Da die Getriebeübersetzung i_G in die Ermittlung des reduzierten Massenträgheitsmomentes $\Theta_{red,i}$ quadratisch eingeht, kann der Massenfaktor e_i in einem breiten Bereich streuen. So ist beispielsweise bei Gelände- oder Nutzfahrzeugen mit extrem hoch übersetztem Kriechgang *(Crawler)* ein höherer Kraftbedarf für die Beschleunigung α der rotierenden Massen erforderlich, als für die rein translatorische Beschleunigung a_x des Fahrzeugs [1]. Bei normalen Pkws ist dieser Faktor allerdings relativ klein. Beim ersten Gang beträgt er ca. 1,1 und beim 6. Gang liegt er nahezu bei null.

Genau wie beim Steigungswiderstand F_{St} handelt es sich auch beim Beschleunigungswiderstand F_C um eine konservative Kraft. Die zum Beschleunigen des Fahrzeugs und seiner rotatorischer Massen erforderliche Energie W_C wird in Form kinetischer Energie W_{kin} im aktuellen Bewegungszustand gespeichert.

$$W_C = W_{kin}$$
$$= \frac{1}{2} \cdot \left(e_i \cdot m_{V,ul,0} + m_{zu} \right) \cdot v_x^2 \tag{2.48}$$

Durch Rekuperation kann diese Energie W_{kin} bei Abbremsung des Fahrzeugs wiedergewonnen und dem Antrieb für den nächsten Anfahrvorgang zur Verfügung gestellt werden. Moderne Hybrid- und Elektrofahrzeuge machen sich diesen Umstand zu Nutze und können regenerativ Bremsen, indem die elektrische Antriebsmaschine als Generator verwendet wird. Die dabei zurückgewonnene Energie kann in Li-Ionen Batterien der elektrifizierten Autos zwischengespeichert werden. Allerdings lässt sich nur ein Teil der Bremsenergie zurückgewinnen, weil es bei hohen Strömen (z. B. bei einer Bremsung über 0,5 g) z. Zt. physikalisch nicht möglich ist.

2.1.1.5 Gesamtfahrwiderstand

Der Gesamtfahrwiderstand F_{Bed} eines Fahrzeugs setzt sich aus den Anteilen Luftwiderstand F_L, Gesamt-Radwiderstand F_R (4 Räder), Steigungswiderstand F_{St} und Beschleunigungswiderstand F_C zusammen.

$$F = F_{Bed} = F_L + F_R + F_{St} + F_C \tag{2.49}$$

Diese Einzelwiderstände haben bei Fahrten auf verschiedenen Straßenarten unterschiedlich starke Anteile am Gesamtfahrwiderstand. Eine typische Verteilung auf „Stadt", „Landstraße" und „Autobahn" zeigt nachfolgend das Diagramm in Abb. 2.21.

Setzt man die in den Abschn. 2.1.1.1 bis Abschn. 2.1.1.4 hergeleiteten Zusammenhänge für die einzelnen Fahrwiderstandsanteile in Gl. 2.49 ein, erhält man die Grundgleichung zur Fahrwiderstandsberechnung:

$$\begin{aligned} F_{Bed} =& \frac{p_U}{2 \cdot R_L \cdot \theta_U} \cdot (v_x \pm v_L)^2 \cdot c_w \cdot A_L \\ &+ \sum_j k_{R,j} \cdot F_{Z,V,t} \\ &+ m_{V,t} \cdot g \cdot \sin(\alpha_{St}) \\ &+ \left(e_i \cdot m_{V,ul,0} + m_{zu} \right) \cdot a_x \end{aligned} \tag{2.50}$$

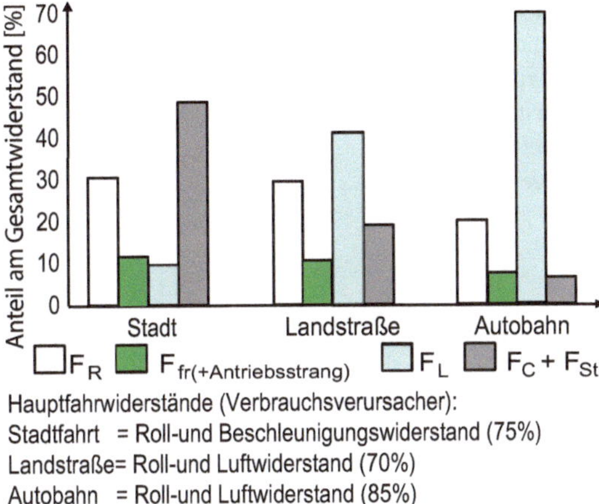

Abb. 2.21 Typische Anteile der Einzelfahrwiderstände bei Fahrt auf unterschiedlichen Straßen [3]

Multipliziert mit der aktuellen Fahrgeschwindigkeit v_x ergibt sich aus Gl. 2.50 die Leistung P_{Bed}, die an den Antriebsrädern des Fahrzeugs zur Verfügung stehen muss, um den Fahrzustand aufrecht zu erhalten.

$$
\begin{aligned}
P_{\text{Bed}} \\
= \begin{pmatrix}
\frac{p_{\text{U}}}{2 \cdot R_{\text{L}} \cdot \theta_{\text{U}}} \cdot (v_x \pm v_{\text{L}})^2 \cdot c_{\text{w}} \cdot A_{\text{L}} \\
+ \sum_j k_{\text{R,j}} \cdot F_{\text{Z,V,t}} + m_{\text{V,t}} \cdot g \cdot \sin(\alpha_{\text{St}}) \\
+ \left(e_i \cdot m_{\text{V,ul,0}} + m_{\text{zu}}\right) \cdot a_x
\end{pmatrix} \cdot v_x
\end{aligned}
\tag{2.51}
$$

2.1.2 Seitenwindkräfte

Die Reaktion von Fahrzeugen als Folge von einwirkendem Seitenwind, kurz als Seitenwindempfindlichkeit bezeichnet [13], betrifft in erster Linie das Geradeauslaufverhalten und damit den Spurbreitenbedarf eines Kraftfahrzeugs. Fahrstabilität und Fahrsicherheit werden aus diesem Grund maßgeblich durch die Seitenwindempfindlichkeit beeinflusst.

Der beim Testen auf öffentlichen Straßen auftretende natürliche Seitenwind lässt sich als Grundströmung mit überlagerten stochastischen Anteilen beschreiben (Abb. 2.22) [13].

Typische Windgeschwindigkeiten in Deutschland und deren jährliche Vorkommensdauer zeigt Abb. 2.23.

Die Seitenwindempfindlichkeit wird auch heute noch vielfach durch Vorbeifahrt an Seitenwindanlagen auf Teststrecken untersucht. Diese Versuche werden so durchgeführt, dass das Lenkrad in Geradeausstellung festgehalten wird, während der Seitenwind mit konstanter Geschwindigkeit auf das untersuchte Fahrzeug einwirkt. Hierbei handelt es sich um ein Open-Loop-Manöver. Daneben werden aber auch Untersuchungen zum Closed-Loop-Verhalten durchgeführt, um z. B. eine Unterscheidung hinsichtlich des Fahrerlenkaufwands zur Korrektur der Seitenwindstörung treffen zu können [13].

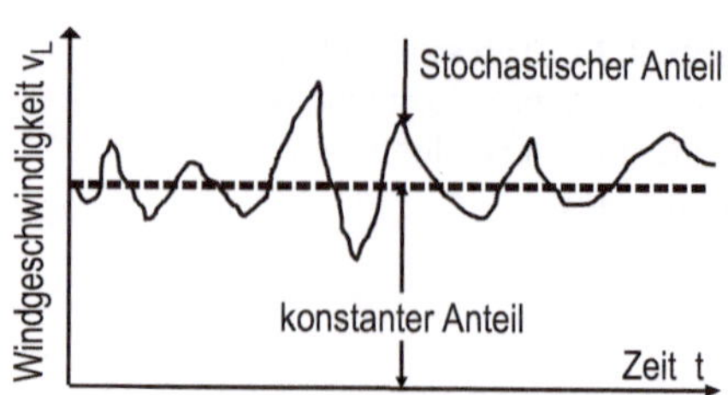

Abb. 2.22 Erscheinungsbild der Windgeschwindigkeit v_L bei natürlichem Seitenwind bestehend aus einem konstanten und einem überlagerten Anteil [11, 14]

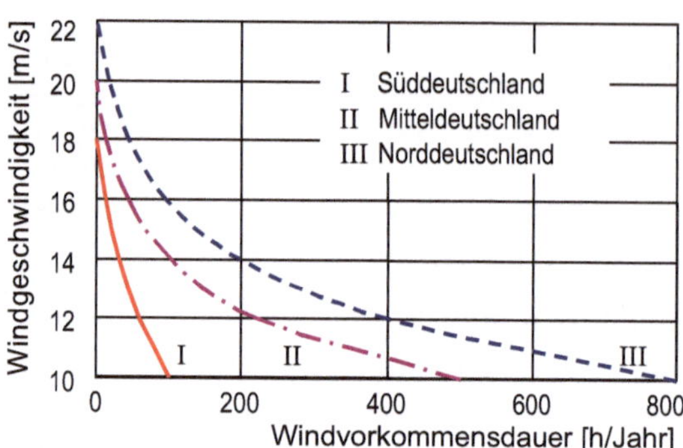

Abb. 2.23 Natürliches Windaufkommen in verschiedenen Regionen Deutschlands [11]

Die Vorbeifahrt an einer Seitenwindanlage testet das Fahrzeugverhalten vor allem nur bei sehr geringen Störfrequenzen, weshalb die Aussagekraft derartiger Versuche nicht besonders groß ist [12].

Messungen unter wechselnden Windverhältnissen, wie sie bei natürlichem Seitenwind auftreten, beinhalten größere Windrichtungsänderungen, sodass hier eine größere Spanne von Anströmwinkeln τ durchlaufen wird, auf die Fahrzeuge in unterschiedlichem Ausmaßreagieren können.

Deshalb stellt die Untersuchung der Seitenwindempfindlichkeit von Fahrzeugen bei natürlichem Seitenwind unter realen Verkehrsbedingungen, gerade im Hinblick auf die Fahrsicherheit, die beste Annäherung an die Erfordernisse der Praxis dar. Komplexe Fahrmanöver wie beispielsweise das Vorbeifahren an Lkws oder das Unterfahren von Brücken unter Seitenwindeinfluss werden hier am besten berücksichtigt [12].

Aus diesen Erkenntnissen kann bereits ein Beurteilungsmaßstabfür die Seitenwindempfindlichkeitabgeleitet werden. Da besonders Situationen zu Unfällen führen, bei denen sich der Windangriffspunkt D_p und damit das Windgiermoment M_Lz stark ändert, ist der Schwerpunkt der Untersuchungen auf die Fahrzeug-Gierreaktion zu legen [13].

Rechnerische Grundlagen

In erster Linie verursacht ein auf ein Fahrzeug einwirkender Seitenwind ein Giermoment M_Lz und eine Querkraft F_Lz. Werden keine Korrekturen z. B. durch eine Lenkwinkeländerung des Fahrers vorgenommen, erfährt das Fahrzeug hierbei eine Seiten- und Winkelabweichung vom vorgegebenen Kurs. Hierdurch entstehen an den Reifen

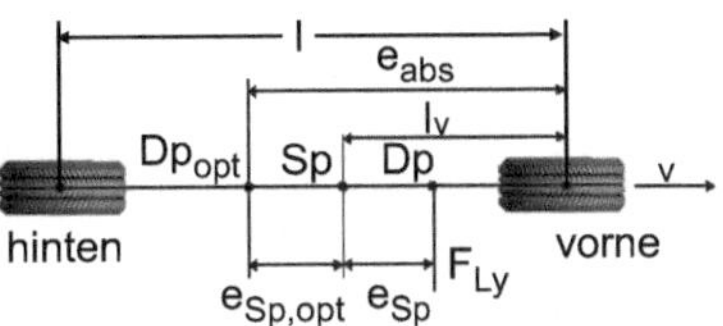

Abb. 2.24 Geometrische Druck- und Schwerpunktverhältnisse am Einspurmodell eines Fahrzeugs [14]

windverursachte Querkräfte, die der Gierbewegung des Fahrzeugs entgegenwirken. Inwieweit sich das windverursachte Giermoment M_{Lz} auswirkt, hängt im Wesentlichen von der Fahrwerksauslegung des Fahrzeugs und der Lage von Schwerpunkt S_p und Wind-Druckpunkt D_p zueinander ab [13]. Das in Abb. 2.24 dargestellte Einspurmodell stellt die geometrischen Beziehungen bezüglich des Angriffspunktes Dp einer Windseitenkraft F_{Ly} dar. Die Reaktion eines Fahrzeugs auf seitlich angreifende Luftkräfte hängt von der Lage des Druckmittelpunktes D_p und der Größe der Kraft F_{Ly} ab. Die auf das Fahrzeug wirkende Luftseitenkraft wird, wie in Abb. 2.25 gezeigt, als Resultierende im Druckmittelpunkt dargestellt. Dieser befindet sich in einem Abstand e_{Sp} vor dem Fahrzeugschwerpunkt. Hieraus resultiert das Windgiermoment M_{Lz} um die Fahrzeug-z-Achse [14]. Bei einer in Fahrtrichtung verlaufenden Anströmung hat die in Fahrzeuglängsrichtung wirkende Windkraft keinen direkten Einfluss auf die Kurshaltung. Bei Schräganströmung folgt aus der Vektoraddition der Fahrzeuggeschwindigkeit v_x und der Windgeschwindigkeit v_L (Abb. 2.25) eine Anströmgeschwindigkeit v_{res} mit einem Anströmwinkel τ_L zur Symmetrieachse des Fahrzeugs.

Die auf das Fahrzeug wirkenden Kräfte F_{Ly} und Momente M_{Lz} werden durch folgende Gleichungen ausgedrückt [11, 13]:

$$F_{Ly} = c_y(\tau_L) \cdot A_{quer} \cdot \frac{\rho_L}{2} v_{res}^2 \tag{2.52}$$

$$\begin{aligned} M_{Lz} &= F_{Ly} \cdot e_{Sp} \\ &= c_y(\tau_L) \cdot A_{quer} \cdot \frac{\rho_L}{2} v_{res}^2 \cdot e_{Sp} \\ &= c_{Mz}(\tau_L) \cdot A_{quer} \cdot l \cdot \frac{\rho_L}{2} v_{res}^2 \end{aligned} \tag{2.53}$$

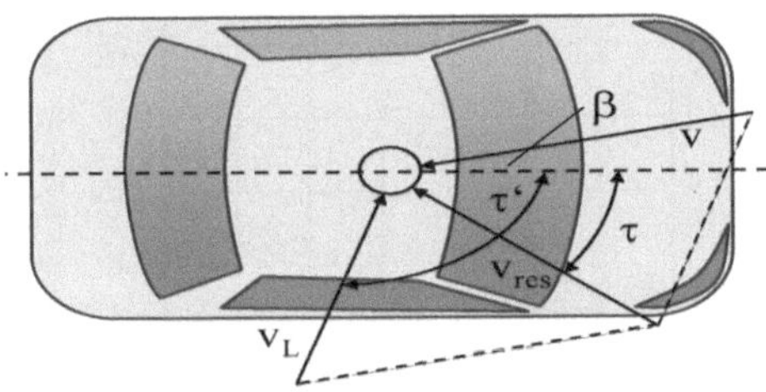

Abb. 2.25 Anströmverhältnisse an einem Fahrzeug bei Geradeausfahrt und angreifendem Seitenwind [11]: V: Fahrgeschwindigkeit, v_L: Absolutgeschwindigkeit, v_{res}: Relativgeschwindigkeit, τ': Windanströmwinkel, τ: rel. Fahrzeuganströmwinkel, β: Schwimmwinkel

mit:

- e_{Sp} Abstand zwischen Sp und Dp,
- A_{quer} Querspantfläche,
- ρ_L Dichte der Luft,
- v_{res} resultierende Anströmgeschwindigkeit,
- τ_L Anströmwinkel,
- c_y aerodynamischer Seitenwindkraftbeiwert als Funktion von τ_L,
- c_{Mz} aerodynamischer Seitenwindgiermomentbeiwert als Funktion von τ_L.

Messtechnisch ermittelte Seitenwindbeiwerte c_y und c_{Mz} für ein Beispielfahrzeug zeigt Abb. 2.26.

Hier sieht man deutlich, dass bis zu einem Wert von $\tau_L \approx 20°$ der Anstieg des Luftbeiwertes c_y über dem Anströmwinkel τ_L linearisiert werden kann [12].

$$c_y(\tau_L) = c_y \cdot \tau_L \tag{2.54}$$

Damit vereinfachen sich die Beziehungen der seitlich angreifenden Luftkraft F_{Ly} und das Moment M_{Lz} um die Hochachse bezüglich des Fahrzeugschwerpunktes Sp zu:

$$F_{Ly} = c_y \cdot \tau_L \cdot A_{quer} \cdot \frac{\rho_L}{2} v_{res}^2$$

$$= k_y \cdot \tau_L \cdot v_{res}^2 \tag{2.55}$$

$$M_{Lz} = F_{Ly} \cdot e_{Sp} = k_y \cdot \tau_L \cdot v_{res}^2 \cdot e_{Sp} \tag{2.56}$$

$$k_y = c_y \cdot A_{quer} \cdot \frac{\rho_L}{2} \tag{2.57}$$

Die Größen k_y und e_{Sp} sind charakteristische Fahrzeugkonstanten. Damit ist der Ausdruck

$$\tau_L \cdot v_{res}^2 \tag{2.58}$$

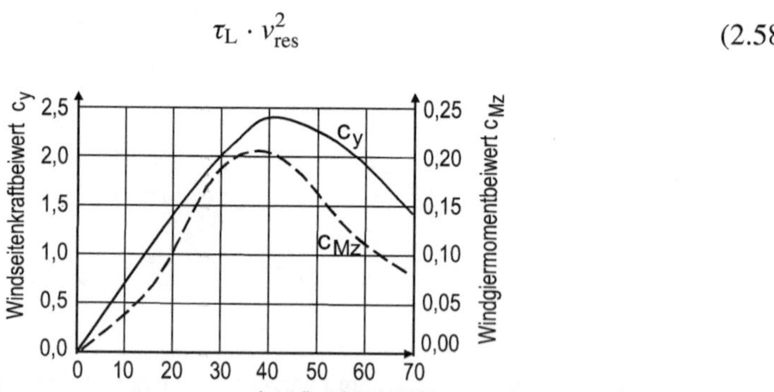

Abb. 2.26 Seitenwindbeiwerte c_Y und c_{Mz} in Abhängigkeit des Anströmwinkels τ_L [11]

ein Maß für die von außen wirkende Windstörung.

Der Windgiermomentbeiwert c_{Mz} kann ebenfalls bis zu $\tau_{\mathrm{L}} \approx 20°$ ohne relevante Genauigkeitseinbußen linearisiert werden. Aus den Gln. 2.52 und 2.53 ergeben sich für den Momentenbeiwert:

$$c_y(\tau_{\mathrm{L}}) \cdot e_{\mathrm{Sp}} = c_{\mathrm{Mz}}(\tau_{\mathrm{L}}) \cdot l \tag{2.59}$$

Diese Beziehung liefert für verschiedene Anströmwinkel den oben beschriebenen Druckpunktabstand e_{Sp}, der bis zu einem Anströmwinkel von $\tau_{\mathrm{L}} = 20°$ ungefähr konstant bleibt und anschließend mit weiter zunehmendem Anströmwinkel in Richtung Fahrzeugheck wandert. Zur Untersuchung des Fahrzeuggierverhaltens im gesamten Seitenwindanregungsspektrum wird das Gierübertragungsverhalten herangezogen. Es ist definiert als:

$$\left| \frac{\dot{\psi}}{\left(\tau_{\mathrm{L}} \cdot v_{\mathrm{res}}^2\right)} \right| \tag{2.60}$$

Abb. 2.27 zeigt ein typisches Gierübertragungsverhalten im Frequenzspektrum bei Seitenwindanregung mit Fahrereinfluss (Closed-Loop) und ohne Fahrereinfluss (Open-Loop).

Bei Betrachtung des Gierübertragungsverhaltens wird deutlich, dass sich der Fahrereinfluss bis ca. 0,5 Hz Seitenwindanregung positiv auswirkt, während er im Bereich der Fahrzeuggiereigenfrequenz um ca. 1,0 Hz die Fahrzeug-Gierreaktionen deutlich verstärkt. Ab ca. 1,5 Hz ist kein nennenswerter Fahrereinfluss mehr feststellbar.

Die c_{w}-Optimierung führt bei modernen Fahrzeugen (insbesondere bei Fließheckfahrzeugen) teils zu einer Vergrößerung der Windgiermomentenbeiwerte c_{Mz}. Hierbei verändert sich das Seitenwindverhalten und dies kann zu einer größeren Seitenwindempfindlichkeit und damit verbundener erhöhter Giergeschwindigkeitsreaktion führen, die aus subjektiver Sicht des Fahrers eine negative Fahrzeugeigenschaft darstellt. Da lediglich das Zeitverhalten der Gierbewegung und nicht das Giergeschwindigkeitsmaximum

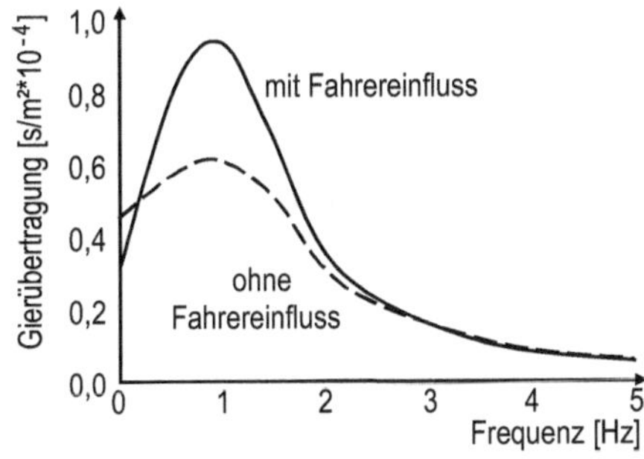

Abb. 2.27 Gierübertragungsverhalten (Amplitudenspektrum) ohne und mit Fahrerlenkeinfluss bei 150 km/h [13]

ausschlaggebend ist, führt eine Vergrößerung der Gierträgheit nur zu einer geringfügigen Verbesserung des Seitenwindverhaltens.

Großen Einfluss hat die Heckform eines Fahrzeugs auf das Seitenwindverhalten. Bei einem Fahrzeug mit Vollheck tritt im Heckbereich ein größerer Druckunterschied zwischen der dem Wind zugewandten und der dem Wind abgewandten Seite auf als bei einem Fließheckfahrzeug. Das Vollheckfahrzeug besitzt eine größere seitliche Kraftangriffsfläche im hinteren Bereich, wodurch sich der Kraftangriffspunkt e_{Sp} in Richtung Heck verlagert (der Druckpunkt Dp liegt in der Regel vor dem Fahrzeug-Schwerpunkt Sp). Hieraus resultieren eine größere, hintere Seitenkraft und ein reduziertes Giermoment. Das Fließheckfahrzeug weist dementsprechend eine geringere auftretende Seitenkraft, jedoch ein größeres Giermoment auf. Ein Stufenheckfahrzeug kann nach [15] bezüglich des Seitenwindverhaltens zwischen Vollheck und Fließheck eingestuft werden. Selbst bei einer großen c_w Reduzierung bei Vollheckfahrzeugen ist kein wesentlich stärkeres Seitenwindverhalten zu erwarten [15].

Eine c_w - (bzw. c_x -) Optimierung stellt sich jedoch bei Vollheckfahrzeugen schwieriger dar als bei Fließheckfahrzeugen. [13]

Der Einfluss des Seitenwindes auf die Fahrstabilität lässt sich heute bei Fahrzeugen mit einer elektro-mechanischen Lenkung aktiv ausgleichen (s. Bd. 2, Abschn. 4.9).

2.1.3 Kraftstoffverbrauch

Um die Fahrwiderstände F_{Bed} überwinden und den damit verbundenen Leistungsbedarf P_{Bed} abdecken zu können, muss das Fahrzeug mit der Energie E aus einer entsprechenden Energiequelle versorgt werden. Aufgrund der sehr hohen Energiedichte (Energieeinheit pro Masseneinheit) haben sich in der Kraftfahrzeugtechnik fossile Brennstoffe in Form flüssiger Kohlenwasserstoffverbindungen durchgesetzt. Diese lassen sich heute noch kostengünstig aus Erdöl herstellen und sind weltweit verfügbar, obwohl in absehbarer Zeit die Erdölreserven verbraucht sein werden.

Im Einzelnen handelt es sich bei den flüssigen Kohlenwasserstoffverbindungen um so genannte Otto-Kraftstoffe („Normal-Benzin" und „Super") bzw. Diesel-Kraftstoffe. Die Energie ist in chemischer Form in den Atombindungen der Kohlenwasserstoff-Moleküle gespeichert. Diese wird bei Oxidation des Brennstoffs mit Sauerstoff als Wärme freigesetzt. Als Nebenprodukte entstehen Wasser H_2O und CO_2. Das Treibhausgas CO_2 wird zu einem großen Teil mitverantwortlich für die globale Klimaerwärmung gemacht. Die EU-Gesetzgebung hat deshalb einen Flotten-CO_2-Emissionsgrenze von 130 g/ km für die Autohersteller bis 2012 und ab 2020 sogar nur noch 95 g/ km vorgeschrieben [16]. Sowohl aus Gründen der Ressourcenknappheit und Wirtschaftlichkeit als auch zur Klimaschonung ist es ein Ziel bei der Entwicklung von Fahrzeugen, den Kraftstoffverbrauch so niedrig wie möglich zu halten. Dies kann einerseits durch Reduktion der Fahrwiderstände (z. B. durch rollwiderstandsarme Reifen oder geringe c_w-Luftwiderstandsbeiwerte), durch Energierückgewinnung, Start-Stopp-Automatik, als auch durch die Optimierung der motorinternen Prozesse sowie Verbesserung der Wirkungsgrade des Antriebsstrangs erzielt werden.

Darüber hinaus kann über den Einsatz alternativer Energieträger nachgedacht werden. Beispiele für weitere Energieträger- und Energiespeichermöglichkeiten sowie deren Energiedichte zeigt die Tab. 2.4 [1, 3, 4]. Auf Basis der Energiedichte eines Speichermediums kann der Kraftstoffverbrauch B [kg] eines Fahrzeugs berechnet werden. Im Allgemeinen wird ein spezifischer Kraftstoffverbrauch angegeben. Dieser ist bezogen auf die Fahrtstrecke s_x [m] und wird mit B_e [kg/m] bezeichnet. Die Energie E_{Bed}, [J] die zur Zurücklegung der Fahrstrecke s_x [m] benötigt wird, berechnet sich bei Kenntnis der Fahrwiderstände F_{Bed}, der Bedarfsleistung P_{Bed} [W] zu [4]:

Tab. 2.4 Energiespeicherdichte verschiedener Medien [1, 3, 4]; 1 Wh = 3600 J

Energiespeicher	Energiedichte [Wh/kg]
Einfache Brennstoffe	
Wasserstoff	33.326
Kohlenstoff	9101
Fossile Brennstoffe (Kohlenwasserstoffe)	
Otto-Kraftstoffe	12.080
Diesel-Kraftstoff	11.800
Flüssiggas (LPG)	12.185
Methanol	5450
Elektrische Speicher	
Blei-Säure-Akku	30–50
Nickel-Cadmium-Akku	40–60
Nickel-Metallhydrid-Akku	60–80
Natrium-Nickel-Chlorid-Akku	80–100
Lithium-Ionen-Akku	90–120
Lithium-Polymer-Akku	140–180
Lithium-Luft-Akku	2000–5000
Zink-Luft-Akku	100–220
Superkondensator	1–7
Brennstoffzelle	>5000
Mechanische Speicher	
Schwungrad	5–11
Hydraulische/pneumatische Speicher	
Druckspeicher	<0,7
Wärmespeicher	
Salz-Kristallisation	>30

$$E_{\text{Bed}} = \int_0^{s_x} F_{\text{Bed}}(s) \cdot ds = \int_0^{t_x} P_{\text{Bed}}(t) \cdot dt \qquad (2.61)$$

Der Zusammenhang zwischen dem Streckenverbrauch B_e [kg/m] und der aufgewendeten Arbeit E_{Bed} [J] bestimmt sich bei Verwendung einfacher oder fossiler Brennstoffe über den massenspezifischen Heizwert H_u [J/kg] des jeweiligen Energieträgers. Die Heizwerte von Otto- und Dieselkraftstoff sowie weiterer fossiler Kraftfahrzeug-Treibstoffe zeigt die Tab. 2.5.

Die Umwandlung und Übertragung der chemisch im Kraftstoff gespeicherten Energie in mechanische Antriebsenergie an den Rädern des Fahrzeugs ist verlustbehaftet. Einerseits entstehen prozess-, reibungs- und kühlungsbedingte Verluste im Verbrennungsmotor des Fahrzeugs, andererseits müssen Reibungsverluste im Antriebsstrang (Getriebe, Lager) hingenommen werden. Zur Berechnung des Kraftstoffverbrauchs B werden mittlere Verlustwerte angenommen, die durch den mittleren Motorwirkungsgrad $\eta_{\text{med,M}}$ und den mittleren Antriebsstrangwirkungsgrad $\eta_{\text{med,A}}$ beschrieben werden. Typische Verluste im Antriebsstrang eines Fahrzeugs zeigt Abb. 2.28.

Daraus wird deutlich, dass das Produkt aus mittlerem Motorwirkungsgrad $\eta_{\text{med,M}}$ und mittlerem Antriebsstrangwirkungsgrad $\eta_{\text{med,A}}$ lediglich ca. 10–15 % beträgt. Von der getankten Energie lassen sich also nur ca. 10–15 % zur Überwindung der Fahrwiderstände nutzen.

Aus der für den Personennahverkehr eingesetzten Primärenergie entstehen durchschnittlich sogar nur ca. 9,5 % mechanischer Antriebsenergie, die tatsächlich zur Übewindung der Fahrwiderstände genutzt werden [1]. Der Rest dissipiert größtenteils als Wärme.

Damit den Antriebsrädern die geforderte Energiemenge E_{Bed} zur Überwindung der Fahrwiderstände F_{Bed} auf der Strecke s_x zur Verfügung gestellt werden kann (s. Gl. 2.61), muss im Motor die Kraftstoffmasse B mit dem Heizwert H_u eingesetzt werden [2].

$$E_{\text{Bed}} = \eta_{\text{med,M}} \cdot \eta_{\text{med,A}} \cdot B \cdot H_u \qquad (2.62)$$

Tab. 2.5 Massen- und volumenspezifische Heizwerte und Dichten fossiler Brennstoffe [16]

Kraftstoff	Otto	Diesel	LPG	Erdgas
Heizwert pro kg:				
[J/kg]	43.500	42.500	46.100	47.700
[Wh/kg]	12.080	11.800	12.185	13.240
Kraftstoffdichte:				[kg/m^3]
[kg/l]	0,755	0,845	0,540	0,654
Heizwert pro l:				[kg/m^3]
[J/l]	32.800	35.900	24.900	31.200
[Wh/l]	9120	9970	6920	8660

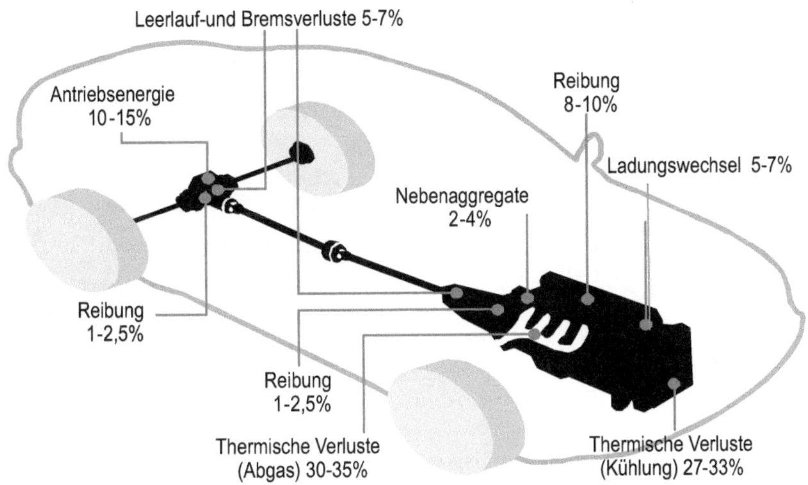

Abb. 2.28 Verluste im Fahrzeugantriebsstrang [1]

Der streckenspezifische Verbrauch B_e ergibt sich [17]:

$$B_e = \frac{B}{s_x} = \frac{1}{\eta_{med,M} \cdot \eta_{med,A} \cdot H_u \cdot s_x} \cdot E_{Bed} \qquad (2.63)$$

Die geforderte Radantriebsenergie E_{Bed} bestimmt sich aus den Fahrwiderständen F_{Bed} (s. Gl. 2.62). Ein Teil der Fahrwiderstandskräfte sind konservative Kräfte (Steigungs- und Beschleunigungswiderstand). Der Anteil der Radantriebsenergie, der für die Überwindung dieser Kräfte aufgewendet werden muss, wird in Form kinetischer und potenzieller Energie gespeichert. Bei Abbremsung des Fahrzeugs kann die kinetische Energie

$$E_{Bed,kin} = \frac{e_i \cdot m_{V,ul,0} + m_{zu}}{2} \cdot v_x^2 \qquad (2.64)$$

durch Rekuperation zurückgewonnen werden und nach Zwischenspeicherung, beispielsweise in einem Schwungrad, einem Superkondensator oder einem Akkumulator, dem Fahrzeug für den nächsten Anfahrvorgang wieder zur Verfügung gestellt werden. Dies ist eine Möglichkeit zur Kraftstoffeinsparung.

Die Abb. 2.29 zeigt die Verbrauchsanteile der wichtigsten Fahrzeugaggregate [18]. Es ist klar ersichtlich, dass insbesondere beim Verbrennungsmotor noch mit 19 % das meiste Optimierungspotenzial steckt.

Die Verwendung von Kraftstoffen mit höherer Energiedichte führt nur zu einem geringeren Massenverbrauch, nicht jedoch zu einem niedrigeren Energieverbrauch.

Neben dem Verbrauch sind auch die Emissionswerte von Bedeutung, vor allem die Emission von CO_2, (aus Gründen des Umweltschutzes) aber auch NO_x (wegen der

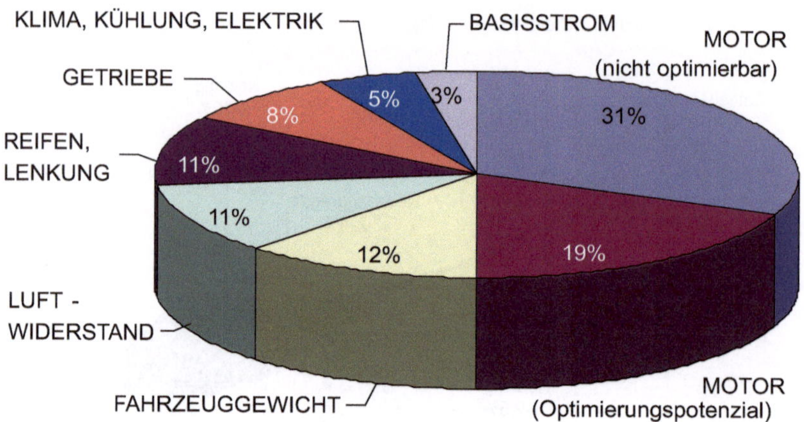

Abb. 2.29 Verbrauchsanteile und Ersparnispotenzial [18]

Krebsgefahr) Bei einem Verbrennungsmotor sind sie abhängig vom Kraftstoffverbrauch. Bei Elektro- und Hybridfahrzeugen sind sie jedoch abhängig davon, wie viel CO_2 beim Erzeugen des Stroms emittiert wird. So sind die Elektrofahrzeuge emissionsfreundlich (zero emission), wenn diese ausschließlich mit Strom aus erneuerbaren Energiequellen betrieben werden.

Weitere Verbrauchseinsparpotenziale während des Fahrzeugbetriebs bieten folgende Maßnahmen:

- hoher Antriebsstrangwirkungsgrad η_A,
- großer Motorwirkungsgrad η_M,
- Downsizing des Motorhubraums, der Zylinderzahl (bei gleichbleibender Leistung),
- Verwendung von Leichtlauf-Motorölen,
- Vermeidung von Fahrten unter 2 km (Verbrauch des kalten Motors bis zu 30 l/100 km),
- Start/Stopp-Automatik, Abschalten des Motors bei stehendem Fahrzeug,
- Betrieb des Motors bei optimalem Wirkungsgrad,
- Ausschalten von Nebenverbrauchern (z. B. Klimaanlage, Heckscheibenheizung),
- Einsatz von Nebenaggregaten mit „power on demand" (Elektrolenkung, elektromechanische Bremse, elektromechanische Aktivfederung, elektromechanische Ventilsteuerung usw.),
- Verwendung rollwiderstandsarmer Reifen,
- Fahrt mit 0,2 bis max. 0,5 bar höherem Reifenfülldruck p_T (aber nicht im Winter),
- Einstellung der korrekten Achsgeometrie,
- Fahrt auf trockener, befestigter Straße mit möglichst wenigen, kleinen Bodenunebenheiten,
- Verwendung sauberer, geschmierter Radlager,
- Einstellung großen Bremsenlüftspiels,

- möglichst geringes Fahrzeuggesamtgewicht $m_{V,t}$,
- Verzicht auf unnötige Zuladung m_{zu},
- möglichst geringe rotatorische Massenträgheiten Θ_{red} sowie kleine Massenfaktoren e_i,
- Fahrt in der jeweils höchsten Gangstufe i (schnell Hochschalten),
- Getriebe mit breiter Spreizung (>7),
- Vermeidung zu hoher Geschwindigkeiten,
- gleichmäßige Fahrt bei konstanter v (Tempomat),
- Fahrzeug mit kleinem Luftwiderstand ($c_w \cdot A_L$),
- Verzicht auf unnötige Anbauteile,
- Hybrid- oder Elektroantrieb (Bremsenergierückgewinnung).

2.2 Kraftübertragung zwischen Reifen und Fahrbahn

Der Reifen ist eine entscheidende Komponente für das längs-, quer- und vertikaldynamische Fahrzeugfahrverhalten. Abgesehen von den aerodynamischen Einflüssen werden sämtliche Kräfte und Momente, die auf den Fahrzeugaufbau einwirken, in der Radaufstandsfläche von der Fahrbahn über die Reifen auf das Fahrzeug übertragen.

Den Aufbau eines Luftreifens zeigt Abb. 2.30.

Die Eigenschaften des Reifens hängen stark von den lokalen Effekten in der Reifen-Fahrbahnkontaktzone ab [19]. Die Kraftübertragung findet dabei reibschlüssig statt. Verantwortlich ist das Zusammenspiel der Reibungspartner Straße und Reifenlaufstreifen.

Man unterscheidet zwischen zwei hauptsächlichen Reibungsvorgängen, die die Kraftübertragung zwischen Fahrbahn und Reifen ermöglichen [20]:

- Adhäsionsreibung (intermolekulare Haftkräfte),
- Hysteresereibung (Verzahnungskräfte – Formschluss).

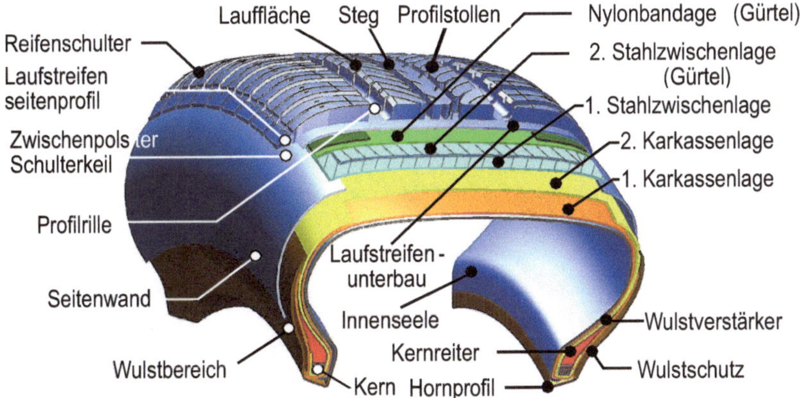

Abb. 2.30 Aufbau eines modernen Pkw-Reifens [21]

Kohäsions- und Viskosereibung spielen dabei keine Rolle.

Die Hyteresereibungseigenschaften, also das Verzahnungsverhalten zwischen Reifen-laufstreifen und Fahrbahnrauigkeiten, werden durch das viskoelastische Werkstoff-verhalten von Gummi bestimmt (s. auch Abschn. 2.1.1.1). Eine große Dämpfung im Gummiwerkstoff des Laufstreifens führt zu einem hohen Hysteresereibungskoeffizienten Adhäsionsreibung nach dem van der Waal'schen Gesetz, findet auf molekularer Ebene zwischen den Reibpartnern statt und erfordert einen direkten Kontakt (Größenord-nung 10^{-5} mm [21]) der beiden Reibungspartner Straße und Reifenlaufstreifen. Neben dem Abstand hat auch die Art der Moleküle einen großen Einfluss auf die Größe der Adhäsionskraft.

Abb. 2.31 zeigt anschaulich den Unterschied zwischen Hysterese- und Adhäsions-kräften im Reifenlatsch. Auf trockener Fahrbahn ist die Adhäsionskomponente maß-geblich. Liegt ein viskoses Zwischenmedium vor, wie beispielsweise Wasser, Öl, Eisschicht, Blätter usw., das den direkten Kontakt der Gummimoleküle mit dem Stra-ßenbelag verhindert, so können keine intermolekularen Haftkräfte und somit keine Adhäsionsreibung aufgebaut werden.

In diesem Fall überträgt ausschließlich die Hysteresereibung Kräfte zwischen Rad und Fahrbahn. Um die Hysteresekomponente nutzen zu können, muss jedoch eine aus-reichende Straßenrauigkeit vorliegen. Diese liegt normalerweise in der Größenordnung von 10 bis 0,001 mm [3].

Der Einfluss der Adhäsionsreibungskomponente bei nasser Fahrbahn wird durch die Laufstreifenprofilierung sowie Drainageeigenschaften der Straße vergrößert. Verdrängen diese den Wasserfilm zwischen Laufstreifen und Fahrbahn, erst dann können die inter-molekularen Bindungskräfte zwischen Reifengummi und Fahrbahn voll wirken.

Bei sehr niedrigen Umgebungstemperaturen und Fahrt auf Schnee und Eis spielen wiederum Adhäsionskräfte die Hauptrolle, da der Gummiwerkstoff hier nahezu Glas-temperatur erreicht hat und sich ähnlich wie Glas verhält. Er ist dann nicht mehr aus-reichend viskoelastisch, um die Verzahnung zum Untergrund aufrechtzuerhalten. Daher haben die Winterreifen eine Gummimischung mit deutlich niedrigerer Glastemperatur,

Abb. 2.31 Hysterese-
und Adhäsionsreibung:
vergrößerte Darstellung des
Fahrbahnkontaktes [19, 21]

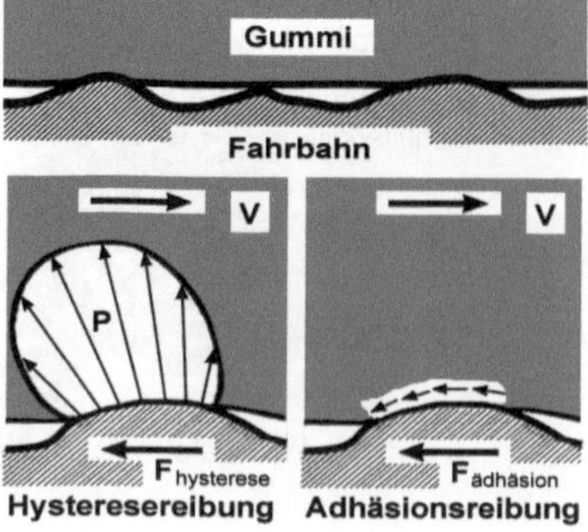

um auch bei Minustemperaturen die Hysteresereibung zu ermöglichen. Zusätzlich können hier spezielle Profilierungen des Laufstreifens eine zusätzliche Abhilfe schaffen (beispielsweise durch Lamellenprofilierung).

Darüber hinaus spielen der lokale Druck und die lokale Gleitgeschwindigkeit eine wichtige Rolle. Je geringer und gleichmäßiger die lokalen Drücke sind, desto höher ist der Kraftschlussbeiwert (Reibkoeffizient). Den typischen Zusammenhang zwischen der Flächenpressung im Profilstollen und dem Kraftschlussbeiwert zeigt Abb. 2.32. Hier ist ein μ-Streuband für verschiedene Profilgummimischungen auf Safety-Walk-Belag gezeigt.

Je nachdem ob zwischen den Reibpartnern (zwischen den einzelnen Stollen der Reifen und der Fahrbahn) eine Relativbewegung herrscht, entsteht eine Haft- oder Gleitreibung.

Der Übergang von „Haften" in „Gleiten" wird durch die Gleitgeschwindigkeit zwischen Profil und Fahrbahn bestimmt. Den entsprechenden Zusammenhang zwischen Kraftschlussbeiwert und lokaler Gleitgeschwindigkeit zeigt das Diagramm in Abb. 2.33.

Im Allgemeinen sollen Flächenpressung und Gleitgeschwindigkeit zur Erzielung eines möglichst großen Kraftschlussbeiwerts μ gleichmäßig verteilt sein und sich auf niedrigem Niveau bewegen.

Daher muss der (Gummi-)Werkstoff des Reifens bestmöglich an die im normalen Fahrbetrieb auftretenden Umgebungstemperaturen, die Druckbelastungen, Fahrgeschwindigkeiten und Anregungsfrequenzen angepasst werden.

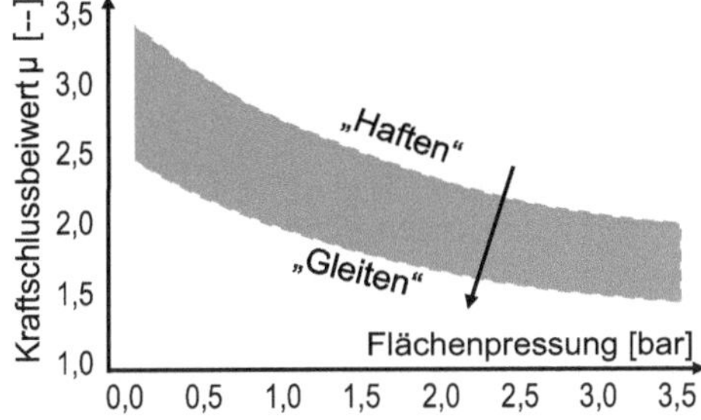

Abb. 2.32 Streubereich der Kraftschlussbeiwerte μ für Laufstreifengummimischungen in Abhängigkeit der lokalen Flächenpressung; ermittelt an Gummiproben auf Safety-Walk-Belag [22, 23]

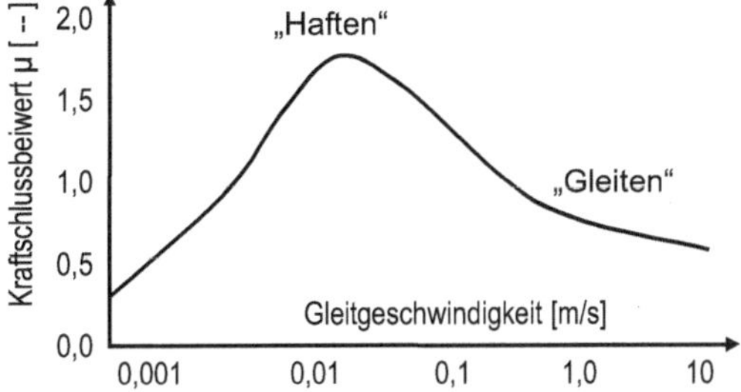

Abb. 2.33 Einfluss der Gleitgeschwindigkeit auf den Kraftschlussbeiwert μ [23, 24]

Neben der reibschlüssigen Kraftübertragung zwischen Laufstreifen und Fahrbahn wird das Kraftübertragungsverhalten von Fahrzeugreifen durch Profilstollendeformationen in Längs- und Querrichtung bestimmt. Die Summe der Deformationskräfte an den Profilstollen wirkt auf den Reifengürtel, der sich dadurch ebenfalls deformiert und seine Lage relativ zur Felge ändert. Aufgrund dieser Wirkungskette liegt es nahe, die Deformationen zu unterteilen in:

- lokale Profildeformationen und
- globale Reifen-(Gürtel-) Deformationen

Da sich die Kraftübertragungsmechanismen in den unterschiedlichen Betriebszuständen voneinander unterscheiden, bietet es sich ferner an, zwischen

- freiem Rollen,
- vertikaler Belastung,
- Bremsen/Antreiben und
- Kurvenfahren

zu unterscheiden. Für diese Betriebszustände werden die grundsätzlichen Kraftübertragungsmechanismen nachfolgend beschrieben [19].

Die Übertragung von Kräften in der Aufstandsfläche des rollenden Reifens ist demnach immer mit einer Deformation des Reifens in Form elastischer Profil- und Strukturdeformationen verbunden. Diese Deformationen sind für fahrdynamische Betrachtungen wichtig. Sie dienen neben den Parametern Radlast, Temperatur, Fülldruck und Fahrgeschwindigkeit als Eingangsgröße für das Kraftübertragungselement Reifen. Abhängig von diesen „Eingangsgrößen" erzeugt der Reifen die zur Fahrzeugfortbewegung und -Spurhaltung erforderlichen Kräfte zwischen Laufstreifen und Fahrbahn.

Die beiden nachfolgenden Abschnitte beschäftigen sich detaillierter mit der Kraftübertragung im Reifenlatsch und den globalen Reifenkräften sowie deren rechentechnischer Abbildung, die für fahrdynamische Betrachtungen von Bedeutung ist.

2.2.1 Physik der Kraftübertragung zwischen Reifen und Fahrbahn

Während der Fahrt erfährt der Reifen vier verschiedene Belastungsarten, die im allgemeinen Fall kombiniert auftreten. Hierbei handelt es sich um

- freies Rollen,
- vertikale Kraftübertragung,
- Bremsen/Antreiben und
- Kurvenfahrt (Schräglauf/Sturz).

Freies Rollen

Im Falle des freien Rollens wirken in erster Linie Rollwiderstandskräfte auf den Reifen. Dies ist bereits in Abschn. 2.1.1.1 behandelt worden.

Vertikale Kraftübertragungseigenschaften

Die vertikale Belastung des Reifens erfolgt selbstverständlich auch im Falle des freien Rollens. An dieser Stelle soll jedoch auf die statischen und höherdynamischen vertikalen Federungseigenschaften eines Reifens eingegangen werden.

Bei Luft- und Vollgummireifen handelt es sich um viskoelastische Bauteile. Eine Belastung $F_{Z,W}$ in vertikaler Richtung z wird der Reifen mit einer entsprechenden globalen Deformation s_T in derselben Richtung beantworten. Der Reifen kann als Feder beschrieben werden. Die Federsteifigkeit c_T ist dabei abhängig vom Fülldruck p_T, dem konstruktiven Aufbau des Reifens, der Rollgeschwindigkeit v_W, der Radlast $F_{Z,W}$ und der Frequenz f der Reifenbelastung.

Abb. 2.34 zeigt beispielhaft die Anteile der Last aufnehmenden Komponenten der Reifenstruktur als Funktion der Eindrückung s_T.

Die Komponente I entspricht dem Tragkraftanteil $F_{T,Strukt}$ des festen Gummi-Gewebe-Körpers infolge einer elastischen Formänderung.

Die Komponente II stellt die sogenannte Rundhaltekraft $F_{T,Rund}$ der Pressluft p_T dar, die den Reifen in seinen Wandungen versteift.

Die Komponente III stellt den sehr geringen Anteil der Luftkompression $F_{T,press}$ dar.

Die Komponente IV stellt den Hauptanteil dar, der auf Anpassung der Bodenaufstandsfläche A_T an die vertikale Belastung $F_{Z,W}$ beruht und als „Tragkraft der Luft" bezeichnet werden kann [20]:

$$F_{Z,W} = p_T \cdot A_T + F_{T,press}$$

$$+F_{T,Strukt} + F_{T,Rund} \tag{2.65}$$

Die Latschfläche A_T beschreibt die gesamte von der Umrandung des Latsches eingefasste Fläche. Je nach Profilpositivanteil $\iota_{T,pos}$ von 60 bis 80 % kann die tatsächliche Profilaufstandsfläche $A_{T,tat}$ sehr viel kleiner ausfallen. Der lokale Druck auf die Profilstollen kann daher höher als der Reifeninnendruck p_T werden. Der mittlere Druck im

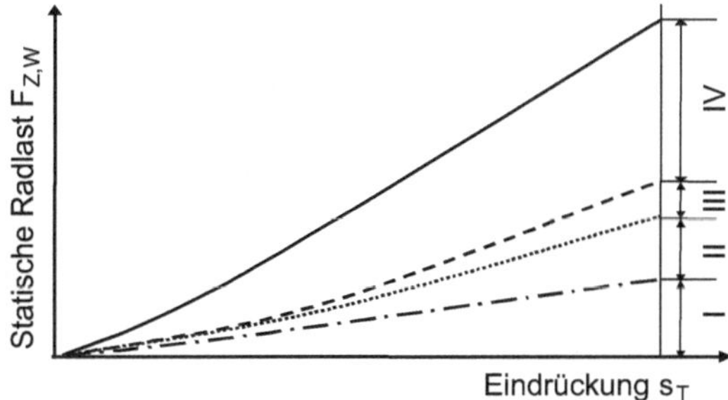

Abb. 2.34 Schematischer Aufbau der Federkennlinie eines Luftreifens [20]. *I* Tragkraft des leeren Reifens, *II* Rundhaltekraft der Luft, *III* Kompressionsanteil der Luft, *IV* Tragkraft der Luft

tatsächlichen Kontaktbereich kann dabei 1 bis 2 bar über dem Fülldruck liegen. Einen weiteren Beitrag zur Erhöhung des lokalen Drucks im Reifenlatsch leistet die Rauigkeit der Straße. Die tatsächliche Kontaktfläche kann hierdurch nochmals auf ca. 7 bis 60 % des Profilpositivanteils absinken. Dies führt bei Pkw-Reifen zu lokalen Druckspitzen von bis zu 45 bar [3].

Je größer die Radlast $F_{Z,W}$, umso mehr vergrößert sich der Reifenlatsch A_T. Mit abnehmendem Innendruck p_T vergrößert sich die Latschfläche ebenfalls. Die Größe, insbesondere die Länge der Latschfläche A_T ist direkt an die Reifeneinfederung s_T gekoppelt.

Eine typische Druckverteilung im Reifenlatsch zeigt Abb. 2.35. Die genaue Ausformung des Druckgebirges im Reifenlatsch wird durch die Radlast $F_{Z,W}$, den Fülldruck p_T, die Struktureigenschaften und die Profilgestaltung bestimmt. Deutlich zu sehen ist der Einfluss der Reifenseitenwände auf das Druckgebirge. Je gleichmäßiger die Druckverteilung und je geringer das Druckniveau in der Aufstandsfläche ist, desto größer ist, das Kraftübertragungspotenzial des Reifens (s. auch Abb. 2.36).

Den Einfluss des Reifenfülldrucks p_T auf die vertikale Federkennlinie eines Pkw-Reifens zeigen qualitativ die Abb. 2.36 und Abb. 2.37. Die Federkennlinien weisen im Arbeitsbereich einen linearen Verlauf auf. Aus der Änderung der Vertikallast $F_{Z,W}$ als Funktion der Einfederung s_T (Absenkung der Radachse) lässt sich die Federkonstante des Reifens c_T ermitteln:

$$c_T = \frac{d\left(F_{Z,W}(s_T)\right)}{ds_T} \tag{2.66}$$

Im Arbeitsbereich des Reifens ist der Zusammenhang zwischen Vertikalkraft $F_{Z,W}$ und Reifeneinfederung s_T fast linear. Dort kann vereinfacht mit einer konstanten Reifenfedersteifigkeit c_T gerechnet werden.

Zusammen mit den ungefederten Radmassen $m_{U,R}$ (Felge, Radträger, Radbremse anteilig Lenker und Feder/Dämpfer) ergibt sich aus der Reifenfedersteifigkeit c_T und

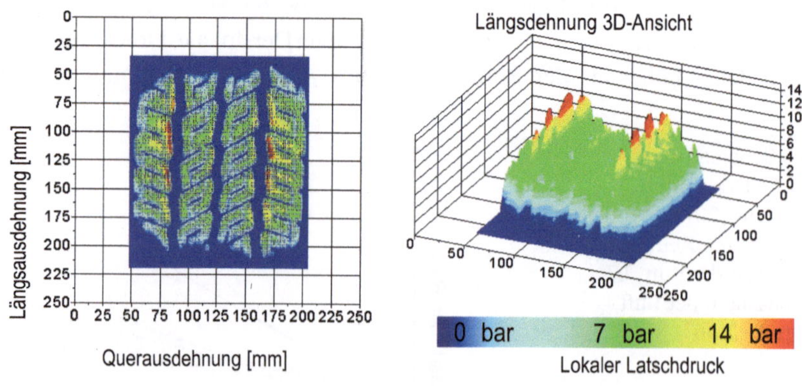

Abb. 2.35 Typische Druckverteilung in der Reifenaufstandsfläche [21]

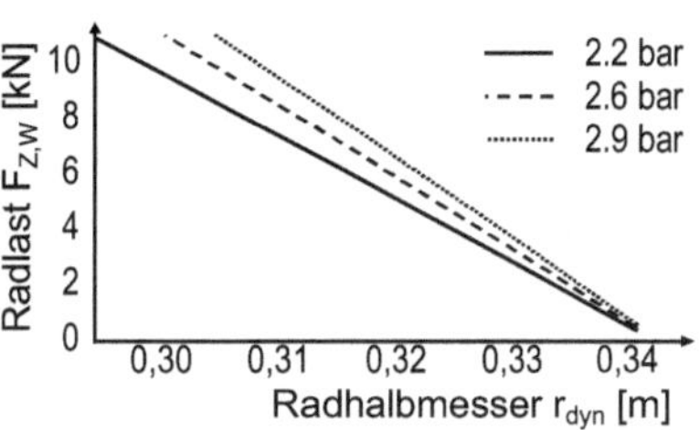

Abb. 2.36 Einfluss verschiedener Fülldrücke p_T auf die vertikale Federkennlinie eines Pkw-Reifens

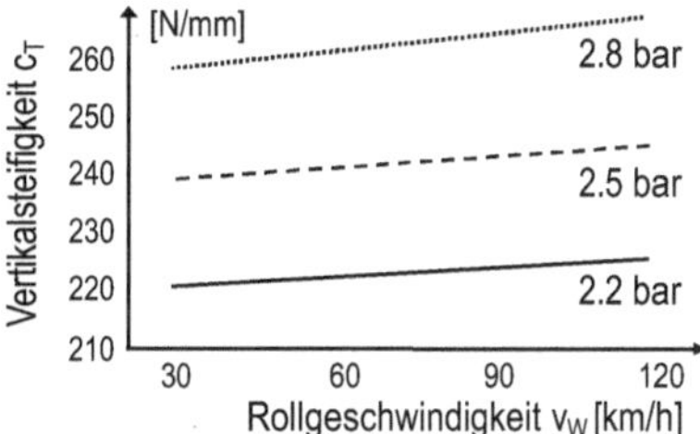

Abb. 2.37 Einfluss verschiedener Fülldrücke p_T und verschiedener Rollgeschwindigkeiten ϖ_W auf die vertikaler Reifenfedersteifigkeit c_T eines Pkw-Reifens

der jeweiligen Aufbaufederrate c ein schwingfähiges Feder-Masse-Teilsystem. Seine Eigenfrequenz liegt im Allgemeinen bei 10–15 Hz. Der Reifenfülldruck p_T beeinflusst diese Eigenfrequenz. Bei Fahrbahnanregungen in diesem Frequenzbereich kommt es zu Resonanzerscheinungen. Diese müssen vom Aufbaudämpfer bedämpft werden, um die resultierenden dynamischen Radlastschwankungen so gering wie möglich zu halten. Geschieht dies nicht, reduzieren sich der Fahrkomfort und das Kraftübertragungspotenzial des Reifens.

Typische Vertikalfedersteifigkeiten c_T von Pkw-Luftreifen liegen im Bereich von 200 bis 350 N/mm. Neben dem Reifenfülldruck p_T hat ebenfalls die aktuelle Rollgeschwindigkeit v_W einen Einfluss auf die vertikale Reifenfedersteifigkeit c_T. Mit steigender Raddrehzahl ω nehmen die an der Masse des Reifengürtels angreifenden Beschleunigungskräfte zu. Diese führen zu einer „Versteifung" des Reifens. Abb. 2.37 zeigt den Einfluss von Fülldruck p_T und Rollgeschwindigkeit v_W auf die Vertikalfedersteifigkeit eines Pkw-Reifens.

Aufgrund des viskoelastischen Verhaltens des Gummiwerkstoffs und somit der Reifenstruktur verfügt der Reifen neben den Federungs- auch über Dämpfungseigenschaften. Diese sind wiederum von verschiedenen Rand- und Betriebsbedingungen abhängig. Da diese Dämpfungsbeiwerte im Vergleich zum Aufbauschwingungsdämpfer des Fahrzeugs sehr klein sind, können sie entweder durch eine Konstante $k_\text{D,T}$ angenähert oder für bestimmte Betrachtungen sogar vernachlässigt werden. Für $k_\text{D,T}$ kann im Bereich normaler Betriebsbedingungen näherungsweise ein Wert von 50 bis 100 N s/ m angenommen werden. Relevanz hat die Reifendämpfung $k_\text{D,T}$ bei Betrachtung des Reifenrollwiderstands $F_\text{R,T}$ (s. Abschn. 2.1.1.1) und bei der Zunahme der Reifenfedersteifigkeit c_T bei dynamischer Anregung.

Die bisherige Betrachtung der vertikalen Reifenkräfte bezog sich auf die Einfederung des gesamten Reifenlatsches, also auf Bodenunebenheiten, die mindestens der Länge des Latsches entsprechen. Fahrbahnunebenheiten bzw. Fahrbahnhindernisse können allerdings auch sehr viel kleiner ausfallen. Aufgrund der Elastizität des Reifengürtels, des Profils und der Seitenwände ist der Reifen in der Lage, Unebenheiten, die im Vergleich zur Latschlänge klein sind, zu „schlucken", ohne dass eine globale Rad- bzw. Achseinfederung erforderlich ist. Diese Eigenschaft verbessert den Abroll- und Fahrkomfort des Fahrwerks.

Relevant für den Fahrkomfort ist neben dem Schluckvermögen eines Reifens auch sein Eigenschwingverhalten. Der Reifengürtel ist massebehaftet und ergibt daher mit den entsprechenden Steifigkeiten der Reifenstruktur (Fülldruck, Seitenwände, Biegesteifigkeit des Gürtels selbst) ein schwingfähiges Feder-Masse-System. Die Eigenfrequenzen des Reifens müssen daher mit den Eigenfrequenzen des Fahrwerks abgestimmt werden, um komfortmindernde Resonanzen zu vermeiden. Die Eigenfrequenzen des Fahrwerks werden maßgeblich durch die Gummilager und die Massen der einzelnen Bauteile bestimmt.

Messtechnisch untersucht werden die Komforteigenschaften eines Reifens, also sein Schluckvermögen und das Eigenschwingverhalten durch Hindernisüberfahrten (Schlagleisten) und Modalanalysen. Durch impulsförmige bzw. breitbandige Anregungen wird die Reifenstruktur in Schwingungen versetzt. Diese werden in Form von Kraft- oder Beschleunigungsmessungen ausgewertet und auf die Anregungssignale bezogen.

Schlagleistenüberfahrten werden im Allgemeinen auf Trommelprüfständen durchgeführt. Der vertikale Bewegungsfreiheitsgrad des Rades wird nach Einstellung der korrekten Radlast festgesetzt, sodass lediglich die Reifenstruktur elastisch verformt wird, ohne dass sich die Radmitte bewegt. Auf der Lauftrommel wird eine Metallleiste definierter Abmessungen senkrecht oder schräg zur Laufrichtung befestigt.

Abb. 2.38 zeigt ein typisches Messergebnis einer Schlagleistenüberfahrt im Zeit- und Frequenzbereich für die drei Reifenkräfte $F_{x,H}$, $F_{y,H}$ und $F_{z,H}$ Auf der einen Seite kann hiermit das Schluckvermögen durch die Höhe des ersten Kraftpeaks beurteilt werden, andererseits erhält man Auskunft über das Eigenschwingverhalten der Struktur durch Betrachtung der abklingenden Vibration nach Verlassen des Fahrbahnhindernisses. Im direkten Zusammenhang mit den Hindernisüberfahrten des Reifens stehen die Ergebnisse einer Reifenmodalanalyse. Aus dieser lassen sich direkt die Frequenzen und Dämpfungen der einzelnen charakteristischen Modalforen ablesen. Dargestellt sind in Abb. 2.39 beispielhaft die ersten Eigenschwingformen eines unbelasteten Luftreifens. Es handelt sich um sogenannte „Starrkörpermoden", da der Reifengürtel als starrer Körper relativ zur Felge schwingt und sich dabei nicht selbst verformt.

Sie sind auch direkt bei Auswertung der Schlagleistenüberfahrten zu erkennen und hauptverantwortlich für das Nachschwingen des Reifens nach Verlassen des Hindernisses. Die Frequenzen der Starrkörpermoden liegen je nach Reifengröße und Fülldruck bei 30 bis 100 Hz. Die höherfrequenten Eigenmoden eines Reifens beruhen auf elastischen Gürtelverformungen in axialer, radialer und tangentialer Richtung, spielen aber

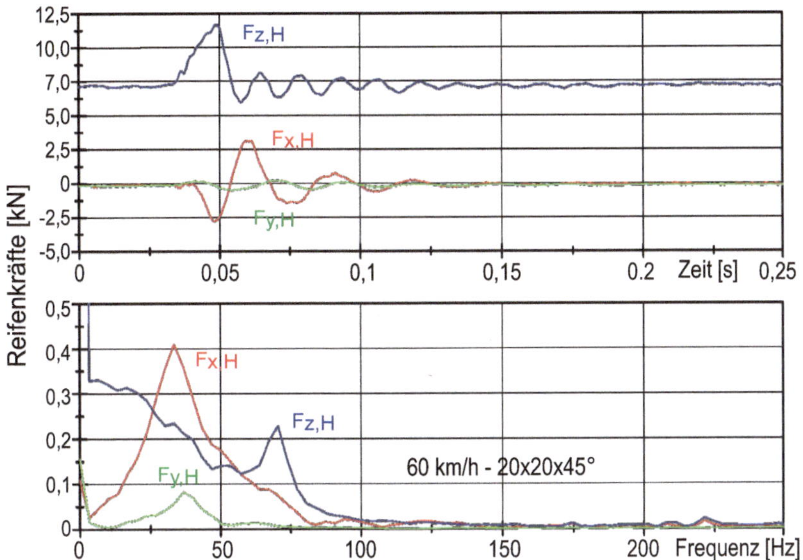

Abb. 2.38 Ergebnis einer Schlagleistenüberfahrt im Zeit- und Frequenzbereich

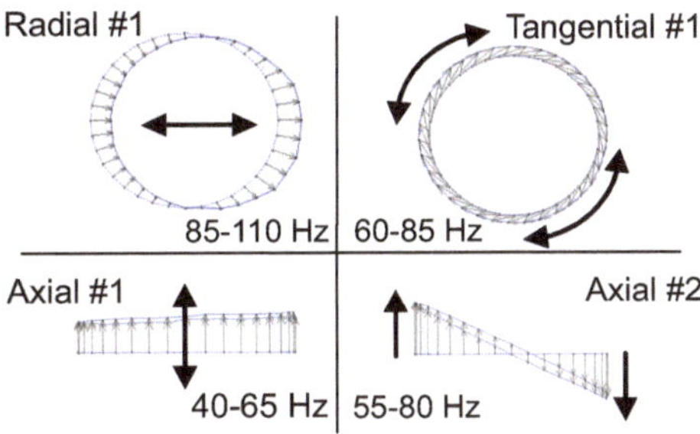

Abb. 2.39 Typische Starrkörperschwingformen eines Pkw-Reifens

bei fahrdynamischen Betrachtungen keine Rolle. Sie betreffen vielmehr die akustischen Reifeneigenschaften, wie z. B. das Abrollgeräusch.

2.2.1.1 Bremsen und Antreiben

Die Übertragung einer horizontalen Kraft $F_{X,W}$ oder $F_{Y,W}$ in der Radaufstandsfläche A_T ist aufgrund der in Abb. 2.31 gezeigten viskoelastischen Reibungsmechanismen immer mit Schlupf verbunden. Nur bei einer Relativbewegung zwischen dem elastischen Reifengummi und der Fahrbahn können sich die Reifenprofilstollen über den Mechanismus der Hysteresereibung an den Fahrbahnrauigkeiten abstützen und so eine Horizontalkraft erzeugen.

Umfangsschlupf wird definiert als Differenz der Radwinkelgeschwindigkeiten mit und ohne Momenteneinwirkung dividiert durch die größere von beiden.

Anders formuliert ist es die Differenz zwischen der Fahrzeuggeschwindigkeit und Radgeschwindigkeit (Raddrehzahl multipliziert mit dem dynamischen Radradius) dividiert durch die größere von beiden.

Wenn der Schlupf $\kappa = 0$ ist, ist das Rad weder gebremst noch angetrieben, die Räder rollen ohne Relativbewegung zur Fahrbahn (Abb. 2.40).

Ist der Schlupf $|\kappa| = 1$, dann ist das Rad blockiert (beim Bremsen) oder dreht durch (beim Antreiben). In diesen Fällen herrscht am Reifenlatsch reine Gleitreibung.

Die höchste Kraftübertragung wird bei einem Schlupfwert von ca. $\kappa = 0{,}1 - 0{,}3$ erreicht und wird kritischer Schlupf genannt. Beim Bremsen drehen sich die Räder langsamer. Läuft ein Profilstollen in den Reifenlatsch ein, haftet dieser auf der Fahrbahn und bleibt zuerst da stehen. Da aber das Rad weiter rollt, baut sich im Gummi eine Schubspannung auf und das Profil dehnt sich, solange die Zugkraft noch kleiner ist als die Haftkraft. Wird die Zugkraft größer als die Haftkraft (ca. Latschmitte in Abb. 2.41 beim maximalen Kraftschlussbeiwert μ_{Haft}) rutscht der Stollen auf der Fahrbahn und zieht sich zu seiner Ursprungslänge zurück. Dadurch entsteht ein Schlupf (Relativbewegung) zwischen dem Reifenlatsch und der Fahrbahn.

Der Schlupf setzt sich aus Formschlupf (Verzahnung und Profilstollendeformation bei haftendem Rad) und Gleitschlupf (Relativbewegung zwischen Reifen und Straße) zusammen. Abb. 2.41 zeigt die Schubspannungsverteilung τ_{Brems} im Reifenlatsch infolge Profilstollendeformation unter Einwirkung einer Bremskraft $F_{\text{X,W}}$. Dargestellt ist ein Schlupfzustand, bei dem Teilgleiten auftritt. Wird die durch den jeweiligen Haftreibwert μ_{Haft} und die lokale Flächenpressung p_{lokal} maximal übertragbare Schubspannung τ_{max} überschritten, steht zur weiteren Kraftübertragung nur noch der Gleitreibwert μ_{Gleit} zur Verfügung, der jedoch ca. $25\,\%$ geringer ist als der Haftreibwert μ_{Haft}.

Die gesamt übertragbare Bremskraft ist die Summe aller Schubspannungen τ_{Brems} im Reifenlatsch. Je größer der gesamte Reifenschlupf κ, desto größer werden die

$v_x = \omega r$	$v_x > \omega r$		$v_x < \omega r$	
rollendes Rad	gebremstes Rad	blockiertes Rad	angetriebenes Rad	durchdrehendes Rad
kein Schlupf	Bremsschlupf		Antriebsschlupf	
$\kappa_A = \kappa_B = 0$	$\kappa_B = \dfrac{\omega \cdot r - v_x}{v_x}$	$\kappa_B = -1$	$\kappa_A = \dfrac{\omega \cdot r - v_x}{\omega_w \cdot r}$	$\kappa_A = 1$

Abb. 2.40 Definition des Umfangschlupfes am starren Rad [25]. $v =$ Aufbau Geschwindigkeit, $\omega =$ Radwinkelgeschwindigkeit, $A =$ Antrieb, $B =$ Bremsen, $M =$ Momentanpol, $P =$ Kontaktpunkt

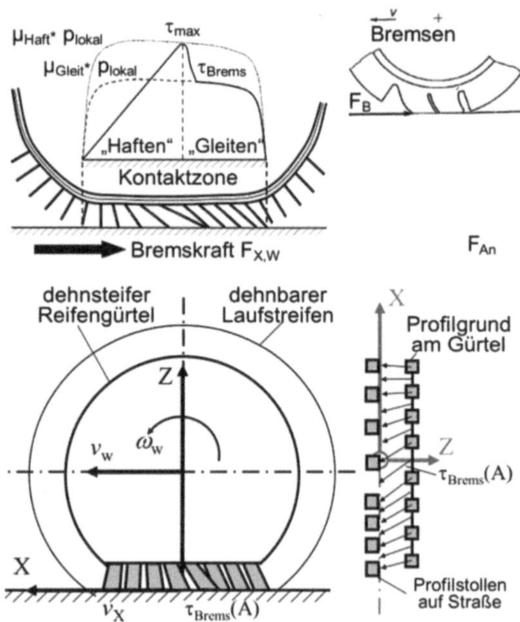

Abb. 2.41 Profilstollendeformation und resultierende Schubspannungsverteilung τ_{Brems} im Reifenlatsch [19]

Gleitanteile gegenüber den Deformationsschlupfanteilen. Den Zusammenhang zwischen Reifenschlupf κ und Kraftschlussbeiwert μ mit den jeweiligen Gleitschlupfanteilen und Deformationsschlupfanteilen zeigt Abb. 2.42. In der Praxis bei fahrdynamischen Betrachtungen wird nicht zwischen den beiden Schlupfarten unterschieden. Es wird ein globaler Reifenschlupf jeweils für die Reifenlängs- und -querrichtung definiert.

Bei der Übertragung von Längskräften unterscheidet man weiter zwischen Antriebsschlupf κ_A und Bremsschlupf κ_B.

$$\kappa_A = \frac{\omega_W \cdot r_{dyn} - v_x}{\omega_W \cdot r_{dyn}} \tag{2.67}$$

$$\kappa_B = \frac{\omega_W \cdot r_{dyn} - v_x}{v_x} \tag{2.68}$$

Der Bremsschlupf κ_B ist nach dieser Definition immer negativ, der Antriebsschlupf κ_A immer positiv. Unter Antriebsschlupf κ_A dreht das Rad immer schneller, als es der aktuellen Fahrgeschwindigkeit v_x entsprechen würde, bei Bremsschlupf κ_B immer langsamer. Bei betragsmäßig kleinen Schlupfwerten κ überwiegt der Formschlupf- bzw. Haftreibungsanteil $\mu_{X,W}$, bei betragsmäßig großen Schlupfwerten κ der Gleitschlupf- bzw. Gleitreibungsanteil $\mu_{X,W,lo}$. Der maximale Kraftschlussbeiwert μ_{Haft} des Reifens wird im Schlupfbereich des Teilgleitens erreicht (ca. 10 bis 30 %).

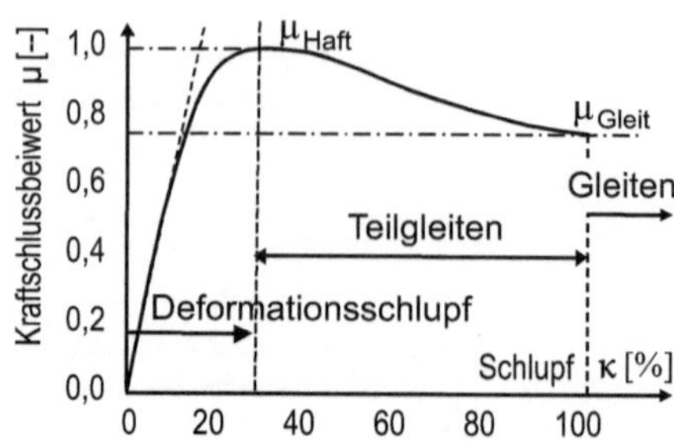

Abb. 2.42 Teilgleiten und Gleiten bestimmen den Verlauf des Kraftschlussbeiwerts μ

Genau genommen gibt es nicht einen Haftreibungsbeiwert μ_{Haft} und einen Gleit-reibungsbeiwert μ_{Gleit}, sondern eine Kraftschlusskurve, die den globalen Reifen-Längs-kraftschlussbeiwert μ in Abhängigkeit der Radlast $F_{\text{Z,W}}$, des Innendrucks p_{T}, der Fahrgeschwindigkeit v_x, des Schlupfes κ und des Fahrbahnbelages beschreibt.

Abb. 2.43 zeigt den Streubereich des Reifen-Längskraftschlussbeiwerts μ bei ver-schiedenen Fahrbahnbelägen und -zuständen in Abhängigkeit des Bremsschlupfs κ_{B}. Darüber hinaus sind in der Tab. 2.6 die Kraftschlussbeiwerte verschiedener unbefestigter Fahrbahnen aufgelistet. Auf unbefestigten Fahrbahnen beeinflusst die Strukturfestigkeit des Untergrunds maßgeblich den Kraftschlussbeiwert μ.

Den Einfluss verschiedener Fahrgeschwindigkeiten v_x auf den Kraftschlussbeiwert μ zeigt das Diagramm in Abb. 2.44. Je höher die Fahrgeschwindigkeit v_x wird, desto größer wird die Relativgeschwindigkeit im Gleitbereich des Reifenlatsches. Infolge dessen sinkt dort der Gleitreibungsbeiwert μ_{Gleit} und damit der Gesamtkraftschlussbeiwert.

Der Einfluss der Fahrgeschwindigkeit v_x macht sich daher im Bereich hoher Schlupf-werte (Teilgleiten und Gleiten, Abb. 2.42) bemerkbar. Bei genauer Kenntnis der μ-Schlupf-Kurve lässt sich die für den jeweiligen Fahrzustand übertragbare Längskraft $F_{\text{X,W}}$ in Abhängigkeit vom Schlupf κ für den untersuchten Reifen berechnen:

$$F_{\text{X,W}}\left(\mu, F_{\text{Z,W}}, \kappa\right) = \mu\left(\kappa, F_{\text{Z,W}}\right) \cdot F_{\text{Z,W}} \tag{2.69}$$

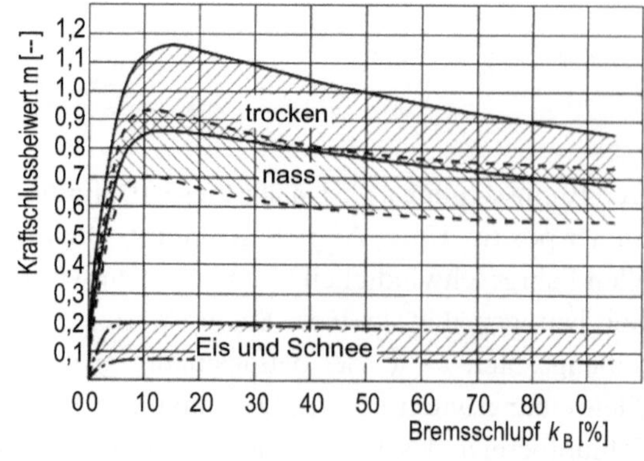

Abb. 2.43 Zusammenhang zwischen Umfangsschlupf und Kraftschlussbeiwert [17]

Tab. 2.6 Kraftschlussbeiwerte μ nicht befestigter Fahrbahnen [17]

Fahrbahn	Kraftschlussbeiwert μ
Grasnarbe feucht	0,55–0,25
Lehm trocken bis nass	0,45–0,50
Lehm/Ton trocken bis nass	0,55–0,30
Mutterboden trocken bis nass	0,40–0,30
Kiesweg fest bis locker	0,35–0,30
Sandweg fest bis locker	0,30–0,35

Abb. 2.44 Zusammenhang zwischen Umfangsschlupf κ_B und Kraftschlussbeiwert μ für verschiedene Fahrgeschwindigkeiten ϖ_x (Streubereiche) bei konstanter Radlast $F_{Z,W}$ [17]

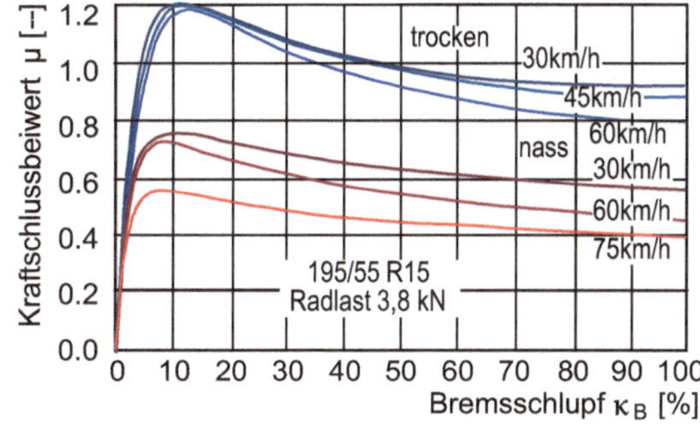

Abb. 2.45 Bremskraft-Bremsschlupf-Kennfeld für einen Pkw-Luftreifen bei verschiedenen Radlasten

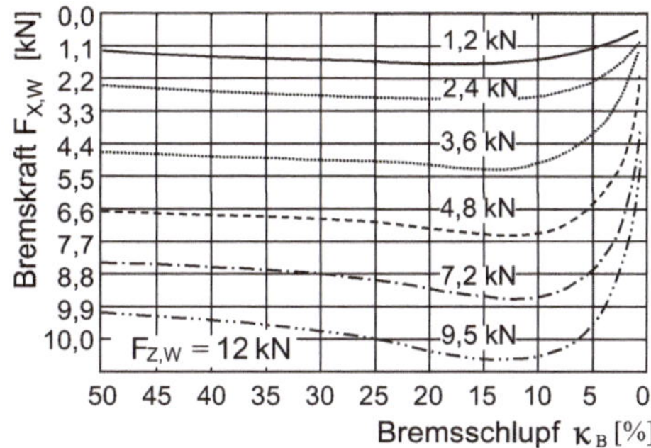

Ein typisches Bremskraft-$F_{X,W}$-Bremsschlupf κ_B-Kennfeld bei unterschiedlichen Radlasten $F_{Z,W}$, aufgenommen auf einem Reifenprüfstand mit Außentrommellaufbahn zeigt Abb. 2.45. In erster Näherung, besonders bei nicht laufrichtungsgebundenem Laufstreifenprofil, kann von Symmetrie zwischen den Charakteristiken der Bremskraft- und Antriebskraftübertragung eines Reifens ausgegangen werden.

2.2.1.2 Kurvenfahrt

Die Übertragung einer Seitenkraft $F_{Y,W}$ in der Radaufstandsfläche A_T erfolgt in ähnlicher Weise, wie die einer Kraft in Umfangsrichtung. Aufgrund der Profil- und Struktur-Elastizitäten in Reifenquerrichtung kann die Kraftübertragung nur bei gleichzeitiger elastischer Verformung des Reifens erfolgen. Diese macht sich in Form eines Querschlupfes S_α bemerkbar. Der Querschlupf S_α wird auch als Schräglaufwinkel α bezeichnet, da das Rad bei Kurvenfahrt unter Seitenkraft $F_{Y,W}$ um den Winkel α abweichend schräg zur Fahrzeug-, bzw. Rad-Rollrichtung v_x bzw. v_W läuft. Die Skizze in Abb. 2.46 verdeutlicht diesen Zusammenhang.

Ähnlich Längs- und Umfangsschlupf kann auch ein Querschlupf S_α definiert werden: Die durch die Seitenkrafteinwirkung hervorgerufene Quergeschwindigkeitskomponente $v_{W,quer}$ wird zur kräftefreien Rollgeschwindigkeit $v_{W,längs}$ ins Verhältnis gesetzt:

$$S_\alpha = \frac{v_{W,quer}}{v_{W,längs}} = \frac{v_W \cdot \sin(\alpha)}{v_W \cdot \cos(\alpha)} = \tan(\alpha) \tag{2.70}$$

Ein unter $\alpha = 45°$ Schräglauf rollendes Rad hätte demnach den Querschlupf $S_\alpha = 100\,\%$. Diese Betrachtungsweise ermöglicht einen Vergleich der Kraftübertragungsmechanismen in Längs- und Querrichtung des Reifens. In der Praxis allerdings werden die Seitenkräfte $F_{Y,W}$ und die Rückstellmomente $M_{Z,W}$ über dem Schräglaufwinkel α und nicht über dem Querschlupf S_α aufgetragen. Dies hat mehrere Gründe:

- Theoretisch sind Schräglaufwinkel größer als $\alpha = 45°$ denkbar (querrutschendes Rad $\alpha = 90°$).
- Die Messung von Reifencharakteristiken und Kraftschlussbeiwerten [2] bei großen Schräglaufwinkeln ($|\alpha| > 20°$) ist schwer reproduzierbar.
- Der im „normalen" Fahrbetrieb auftretende Schräglaufwinkel ist selten größer als $|\alpha| > 12°$.

Wie erfolgt nun im Einzelnen die Kraftübertragung in Reifenquerrichtung bei einem mit Schräglauf rollenden Reifen? Entsprechend der Analogie zwischen Längs- und Querschlupf, kann auch die zum Aufbau der Reifenseitenkräfte $F_{Y,W}$ verantwortliche

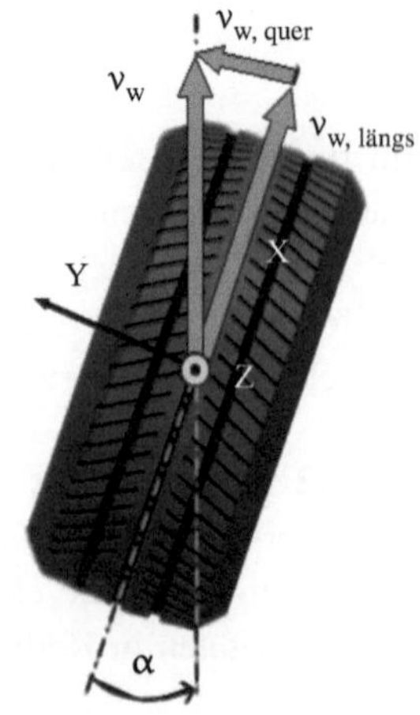

Abb. 2.46 Definition des Schräglaufwinkels α

Profilstollenverformung mit resultierender Schubspannungsverteilung in der Reifenaufstandsfläche mit der zum Kraftaufbau der Radumfangskraft $F_{X,W}$ verglichen werden. Abb. 2.47 skizziert die Profilstollenverformung bei Einwirken einer Seitenkraft $F_{Y,W}$ am rollenden Rad:

Bei Einlauf des Profilstollens in den Reifenlatsch A_T haftet dieser zunächst bedingt durch den lokalen Bodendruck p_{lokal} und den Kraftschlussbeiwert μ_{Haft} auf der Fahrbahn und folgt dabei der Fahrtrichtung v_W kinematisch. Aufgrund des Schräglaufwinkels α zwischen Fahrtrichtung v_W und Reifenmittelebene wird der Profilstollen dabei relativ zur Reifenmittelebene und somit zum Reifengürtel, an dem er befestigt ist, ausgelenkt.

Diese elastische Auslenkung ruft eine Schubspannung τ_α im Gummiwerkstoff des Stollens hervor. Der Profilstollen unterliegt Deformationsschlupf. Je weiter er den Latsch durchläuft, desto größer wird die kinematische Auslenkung und somit die wirkende Schubspannung τ_α. Diese Spannung τ wird einerseits durch die Befestigung des Stollens an der Reifenstruktur, andererseits durch den Kraftschluss μ zur Fahrbahn abgestützt. Der Kraftschluss zur Straße kann dabei nur eine maximale Schubspannung $\tau_{\alpha,max}$ bis zum Haftlimit übertragen. Limitiert wird diese durch den maximalen Kraftschlussbeiwert μ_{Haft} und den lokalen Bodendruck p_{lokal}. Wird dieser „Abrisspunkt" der maximal übertragbaren Schubspannung τ_α, max auf der „Haftlimit"- Kurve erreicht, wird der Haftbereich verlassen und die Stollenoberfläche geht ins vollständige Gleiten über („Gleitlimit"). Da der Gleitreibwert μ_{Gleit} kleiner als der Haftreibwert μ_{Haft} ausfällt, ist die entsprechende Schubspannung τ_α und somit die Profilstollenauslenkung kleiner als im Haftbereich. Folglich relaxiert die Stollenauslenkung bis zu einem Punkt, an dem die Schubspannung τ_α wieder mit dem lokalen Bodendruck p_{lokal} und dem Kraftschlussbeiwert μ_{Haft} korrespondiert.

Geschieht dieser Wechsel zwischen Haften und Gleiten mit hoher Frequenz, so spricht man von „*stick-slip*" Effekten, welche sich durch spürbare Vibrationen und durch laute Geräusche bemerkbar machen.

Summiert man die in der Reifenaufstandsfläche A_T bei einem unter Schräglauf α rollenden Rad wirkenden Schubspannungen $\tau_\alpha(A)$ über der Fläche A_T auf, so erhält man die Seitenkraft $F_{Y,W}$:

$$F_{Y,W} = \int_{A_T} \tau_\alpha(A) \cdot \mathrm{dA} \tag{2.71}$$

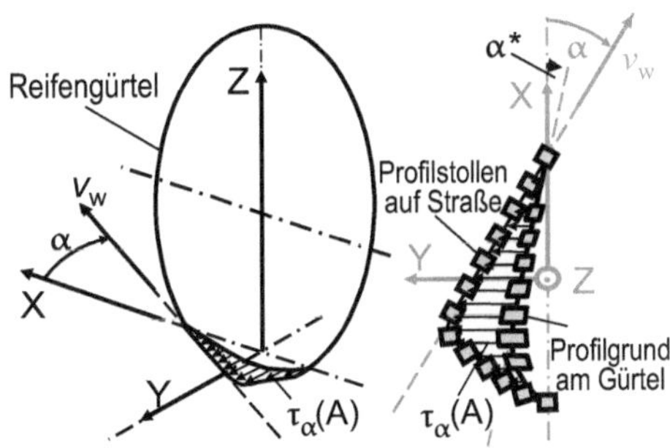

Abb. 2.47 Profilverformung im Latsch bei Schräglauf: Haft- und Gleitreibung [19]; Profilschräglaufwinkel α^* weicht vom eigentlichen Schräglauf α ab [3, 21, 23]

Für sehr kleine Schräglaufwinkel ($\alpha < 3°$) entspricht die Form der Schubspannungsverteilung τ_α einem Dreieck, da der Abrisspunkt auf der „Haftlimit"-Kurve noch nicht erreicht wird und reiner Deformationsschlupf vorliegt. Der Zusammenhang zwischen Seitenkraft $F_{Y,W}$ und Schräglaufwinkel α ist linear. Bei zunehmendem Schräglaufwinkel wird der Gleitanteil am Gesamtschlupf jedoch immer größer. Die Dreieckform der Schubspannungsverteilung im Haftbereich wird durch einen Teil ergänzt, der in seiner Form der Vertikaldruckverteilung im Gleitbereich entspricht. Der Verlauf der Seitenkraft $F_{Y,W}$ bei großen Schräglaufwinkeln wird daher zunehmend degressiv, bis er schließlich auf ein konstantes Niveau bei reinem Gleiten abfällt. Abb. 2.48 zeigt ein typisches Kennlinienfeld für die Seitenkraft $F_{Y,W}$ und dem Schräglaufwinkel α für einen Pkw-Reifen.

Auf trockener Fahrbahn ist der Zusammenhang zwischen der Seitenkraft $F_{Y,W}$ und dem Schräglaufwinkel α im Bereich bis $|\alpha| < 3°$ nahezu linear (dies entspricht in etwa einer Fahrzeugquerbeschleunigung von $a_y = 0{,}4\,g$ [2]).

Die Berechnung der Seitenkraft $F_{Y,W}$ aus dem wirkenden Schräglaufwinkel α kann im linearen Bereich mithilfe der Schräglaufsteifigkeit c_α erfolgen:

$$c_\alpha = \left|\frac{\mathrm{d}\left(F_{Y,W}\right)}{\mathrm{d}\alpha}\right|_{\alpha=0°} \tag{2.72}$$

$$F_{Y,W} = c_\alpha \cdot \alpha \quad \text{mit} \quad |\alpha| < 3° \tag{2.73}$$

Aufgrund der zur Reifenquer- bzw. Drehachse (Y-Achse) asymmetrischen Schubspannungsverteilung im Reifenlatsch ist die Erzeugung einer Seitenkraft $F_{Y,W}$ immer mit der Entstehung eines Rückstellmoments $M_{Z,W}$ um die Reifenhochachse Z verbunden. Die Seitenkraft $F_{Y,W}$ greift im Schwerpunkt der Fläche der Schubspannungsverteilung an. Dieser ist um den sogenannten Reifennachlauf n_T zur Reifenquerachse versetzt. Die Seitenkraft $F_{Y,W}$ greift dabei hinter der Reifen-Querachse Y im Latsch an. Dies führt zu dem Rückstellmoment $M_{Z,W}$, welches das Bestreben hat, den Schräglaufwinkel des Rades aufzuheben und es gerade in Fahrtrichtung zu stellen.

Abb. 2.48 Seitenkraft-
Schräglaufwinkel-Kennfeld
für einen Pkw-Reifen bei
verschiedenen Radlasten $F_{Z,W}$

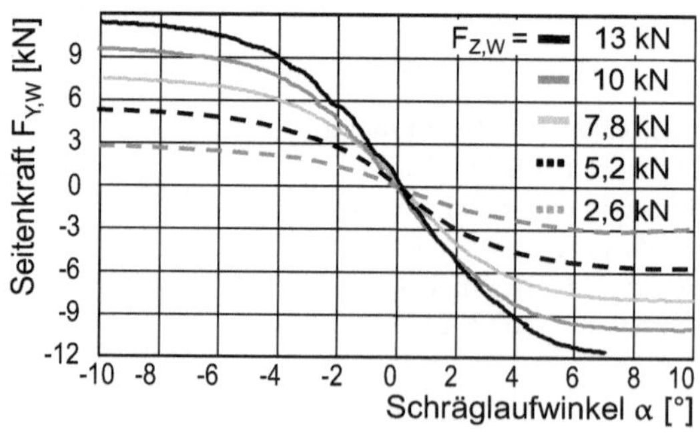

Führt man einen Hebelarm $x_\mathrm{T}(A)$ ein, an dem die lokale Schubspannung $\tau_\alpha(x_\mathrm{T},A)$ relativ zur Reifenhochachse Z angreift, so lässt sich das Rückstellmoment $M_{\mathrm{Z,W}}$ berechnen:

$$M_{\mathrm{Z,W}} = \int_{A_\mathrm{T}} \tau_\alpha(x_\mathrm{T},A) \cdot x_\mathrm{T}(A) \cdot \mathrm{d}A \qquad (2.74)$$

Dividiert man das Rückstellmoment $M_{\mathrm{Z,W}}$ durch die Seitenkraft $F_{\mathrm{Y,W}}$ erhält man den Reifennachlauf n_T für den aktuellen Betriebszustand.

$$n_\mathrm{T} = \frac{M_{\mathrm{Z,W}}}{F_{\mathrm{Y,W}}} \qquad (2.75)$$

Abb. 2.49 zeigt das zum Seitenkraftkennfeld in Abb. 2.48 gehörende Kennfeld für das Rückstellmoment $M_{\mathrm{Z,W}}$ zum Schräglauf-α-Kennfeld für einen Pkw-Reifen. Der Kurvenverlauf des Rückstellmoments $M_{\mathrm{Z,W}}$ hat ein ausgeprägtes Maximum bei $\alpha = 3$ bis $6°$ Schräglaufwinkel. Die weitere Zunahme der Seitenkraft $F_{\mathrm{Y,W}}$ reicht nicht aus, um die Verkürzung des Reifennachlaufs n_T zu kompensieren. Bei sehr großen Schräglaufwinkeln α kann das Rückstellmoment das Vorzeichen wechseln und so zu einem Zustellmoment werden, welches das Bestreben hat, die Räder weiter einzuschlagen.

Einfluss eines Sturzwinkels

Seitenkräfte $F_{\mathrm{Y,W}}$ in der Reifenaufstandsfläche können ebenfalls erzeugt werden, indem das rollende Rad in seiner Längsebene relativ zur Straße geneigt wird. Man spricht vom Stürzen des Rades. Der Sturzwinkel γ ist als Winkel zwischen Reifenlängsebene und der Fahrbahnnormalen definiert (Abb. 2.50). Die Sturzseitenkraft wirkt dabei immer in Neigungsrichtung des Rades. Im „normalen" Betrieb liegt bis ca. $\gamma = 10°$ Sturzwinkel ein nahezu linearer Zusammenhang zwischen der Seitenkraft $F_{\mathrm{Y,W}}$ und dem Sturzwinkel γ vor.

Die Ursache dafür sind die relativ kleinen Profilverformungen und die damit verbundenen geringeren Schubspannungen τ_γ. Beim geradeaus rollenden, gestürzten Rad liegt fast ausschließlich Deformationsschlupf und kein Gleiten vor. Die durch einen

Abb. 2.49 Rückstellmoment-Schräglauf-Kennfeld

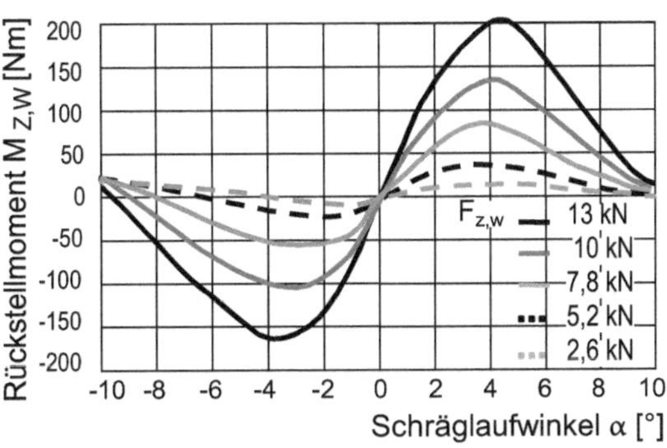

Abb. 2.50 Definition des
Sturzwinkels γ

bestimmten Sturzwinkel γ erzeugbaren Seitenkräfte $F_{Y,W}$ sind bei Schräglauf α gleicher
Größe für einen Pkw-Reifen um das 5- bis 10-fache geringer.

Sturzseitenkräfte entstehen folgendermaßen: Bei Einlauf in den Reifenlatsch haftet der Profilklotz auf der Fahrbahn und folgt kinematisch der Fahrzeugbewegung.
Verantwortlich hierfür sind wiederum der lokale Bodendruck p_{lokal} und der Kraftschlussbeiwert μ_{Haft}, die den Stollen auf der Fahrbahn haften lassen. Beim Durchlaufen des
Reifenlatsches folgt der Profilstollen fortwährend der Bewegungsrichtung des Fahrzeugs.
Durch die Neigung der Reifenstruktur (der Reifengürtel ist bei Seitenansicht kreis-
förmig) relativ zur Straße verformt sich diese elastisch relativ zu den auf der Fahrbahn
haftenden Profilklötzen. Es entsteht eine Schubspannungsverteilung $\tau_\gamma(A)$, die immer
symmetrisch zur Reifenhochachse ausgebildet ist. Summiert man die Schubspannungsverteilung τ_γ im Reifenlatsch A_T auf, so erhält man die Sturzseitenkraft $F_{Y,W}$:

$$F_{Y,W} = \int_{A_T} \tau_\gamma(A) \cdot \mathrm{d}A \tag{2.76}$$

Obwohl die Sturzseitenkraft $F_{Y,W}$ immer in Latschmitte auf Höhe der Radhochachse
angreift, wirkt bei gestürztem Rad dennoch ein Moment $M_{Z,W}$ um die Hochachse Z (hier:
Fahrbahnnormale). Dies resultiert aus der Verdrehung der Stollen relativ zum Gürtel bei
Durchlaufen des Reifenlatsches (Abb. 2.51).

Wirken Schräglauf- und Sturzwinkel gleichzeitig, so müssen die aus beiden Einzeleffekten resultierenden Schubspannungsverteilungen τ_α und τ_γ unter Berücksichtigung
der maximal übertragbaren Schubspannung $\tau_{\max}$ (p_{lokal}, μ_{Haft}) superpositioniert werden. Die Abb. 2.52 und Abb. 2.53 zeigen den Einfluss der Radlast $F_{Z,W}$ auf ein Seitenkraft-Schräglauf-Kennfeld bei einem konstanten Reifensturzwinkel.

Die Seitenkraftkurven $F_{Y,W}$ werden in erster Näherung (Schräglaufwinkel im Bereich
bis ca. $|\alpha| < 8°$) durch Sturzeinfluss mit einen Kraftoffset versehen.

Gleiches gilt für das Rückstellmoment $M_{Z,W}$, hier jedoch für den gesamten Schräg-
laufwinkelbereich. Bei betragsmäßig großen Schräglaufwinkeln kann mit einem

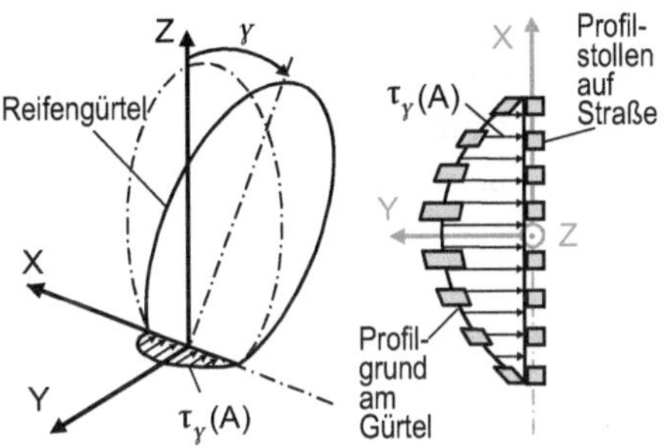

Abb. 2.51 Profilstollenverformung $t_\gamma(A)$ im Reifenlatsch A bei Sturzwinkel γ

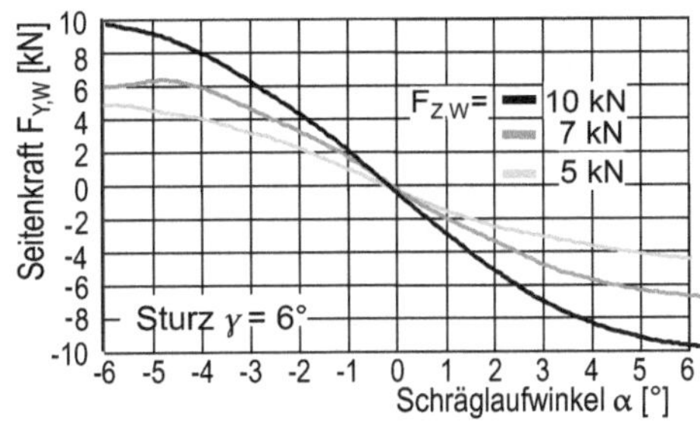

Abb. 2.52 Seitenkraft-Schräglauf-Kennfeld für einen Pkw-Luftreifen bei verschiedenen Radlasten $F_{Z,W}$ und konstantem positivem Sturzwinkel γ

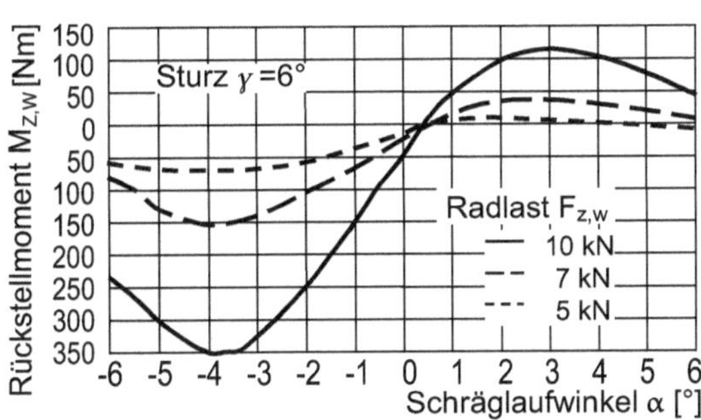

Abb. 2.53 Rückstellmoment-Schräglauf-Kennfeld für einen Pkw-Luftreifen bei verschiedenen Radlasten $F_{Z,W}$ und konstantem positivem Sturzwinkel γ

entsprechenden überlagerten Sturzwinkel (positiv bei negativem Schräglauf, negativ bei positivem Schräglauf) die maximal übertragbare Seitenkraft $F_{Y,W}$ geringfügig erhöht werden. Dies gilt für trockene Straßen, zum Teil für Nässe, nicht jedoch für vereiste Fahrbahnen (Abb. 2.53) [2].

Kombinierter Schlupf

„Kombinierter Schlupf" bezeichnet den Betriebszustand des Reifens, in dem Längs- und Querkräfte gleichzeitig übertragen werden müssen. Denkbare Fahrzustände hierbei wären „beschleunigte Kurvenfahrt" oder „Bremsen in der Kurve".

Die dabei vom Reifen erzeugten Längs- und Querkräfte lassen sich wiederum durch Überlagerung der aus den Einzeleffekten resultierenden Schubspannungsverteilungen τ_α (Schräglaufseitenkraft), τ_γ (Sturzseitenkraft) und τ_{Brems} bzw. τ_{Antrieb} (Umfangskräfte) unter Berücksichtigung der maximal übertragbaren Schubspannung $\tau_{\text{max}}(p_{\text{lokal}}, \mu_{\text{Haft}})$ bestimmen.

Vereinfacht kann dieser Zustand dargestellt werden, wenn man davon ausgeht, dass in der Reifenaufstandsfläche in horizontaler Ebene eine maximale Kraft $F_{\text{H,W}}$ übertragen werden kann, die von der aktuellen Radlast $F_{\text{Z,W}}$ und dem maximalen Kraftschlussbeiwert μ_{Haft} abhängt und sich vektoriell aus Umfangskraft $F_{\text{X,W}}$ und Seitenkraft $F_{\text{Y,W}}$ zusammensetzt:

$$F_{\text{H,W}}\left(F_{\text{Z,W}}, \mu\right) = \sqrt{F_{\text{X,W}}^2 + F_{\text{Y,W}}^2} \tag{2.77}$$

Dieser Zusammenhang lässt sich grafisch mit dem in Abb. 2.54 gezeigten Kamm'schen Kreis verdeutlichen.

Der Kamm'sche Kreis kann dabei als Einhüllende der Längskraft-/Querkraft-Kennlinien bei kombiniertem Schlupfzustand verstanden werden. Diese Reifenkennlinien werden bei Bremsversuchen mit konstantem Schräglaufwinkel α ermittelt (Abb. 2.55). Trägt man die Seitenkräfte $F_{\text{Y,W}}$ aus dem in Abb. 2.55 über den Umfangskräften $F_{\text{X,W}}$ auf, ergibt sich das Diagramm nach Krempel (Abb. 2.56). Zeichnet man eine Einhüllende um die Kraftkennlinien ein, ergibt sich der Kamm'sche Kreis $F_{\text{H,W,max}}$ aus Abb. 2.54.

Aufgrund der Fadenlagen in der Reifenkarkasse und der Tatsache, dass die kraftübertragenden Karkassenfäden nur Kräfte in Zugrichtung übernehmen können, dominieren bei einem kombinierten Schlupfzustand die Umfangskräfte. Dies führt dazu, dass bei einem blockierten Rad fast ausschließlich nur noch Umfangskräfte übertragen werden können, während es zu einem nahezu vollständigen Verlust der Seitenführungskräfte kommt. Aus diesem Grund wurde das ABS-System eingeführt, welches ein vollständiges Blockieren der Räder verhindert und somit zu jeder Zeit ein gewisses Maß an

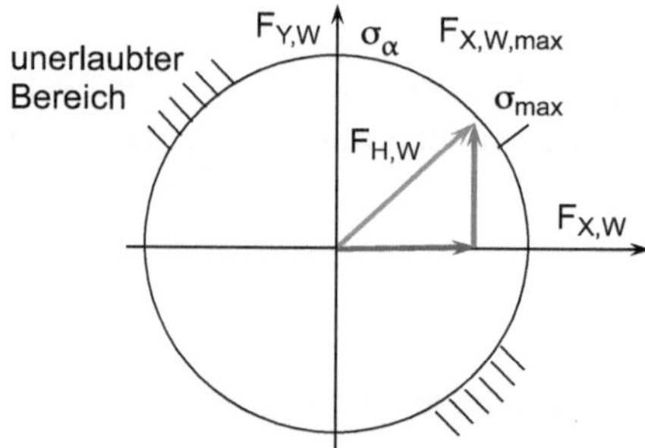

Abb. 2.54 Kraftübertragungsgrenze bei kombiniertem Längs- und Querschlupf (Kamm'scher Kreis) [3, 21]

Abb. 2.55 Kombinierter Längs- und Querschlupf: Umfangskräfte $F_{X,W}$ und Seitenkräfte $F_{Y,W}$ bei verschiedenen konstanten Schräglaufwinkeln α in Abhängigkeit des Längsschlupfs κ bei konstanter Radlast $F_{Z,W}$

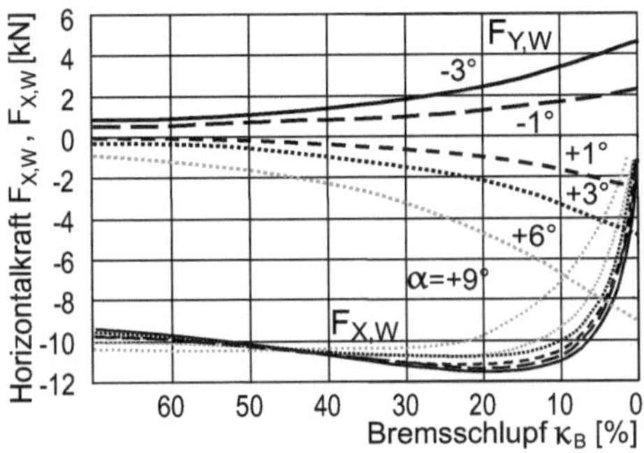

Abb. 2.56 Kombinierte Längskräfte $F_{X,W}$ und Querkräfte $F_{Y,W}$ mit Einhüllender zur Darstellung der maximal übertragbaren horizontalen Kraft $F_{H,W,max}$ in der Reifenaufstandsfläche

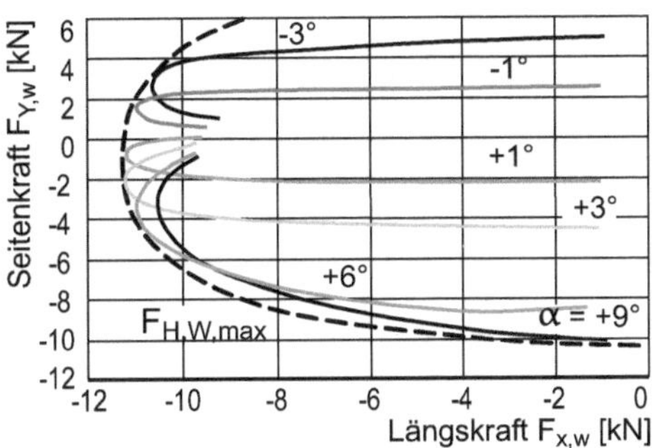

Seitenkraftpotenzial zur Verfügung steht. Hierdurch kann auch bei getretener Bremse eine Kursänderung vorgenommen werden.

Transientes Reifenverhalten

Die zuvor angestellten Betrachtungen zum Reifenkraft-Übertragungsverhalten gelten genau genommen nur für stationäre bzw. quasistationäre Fälle, in denen die Größen Schräglauf, Sturz, Umfangsschlupf sowie Reifenkräfte und Momente zeitlich konstant bleiben bzw. sich nur mit geringer Geschwindigkeit ändern. Bei Untersuchung dynamischer Vorgänge im Reifenlatsch (z. B. Lenkwinkel- bzw. Schräglaufwinkelsprung, ABS-Bremsung), bei denen sich der Schräglauf $\alpha(t)$ und der Umfangsschlupf $\kappa(t)$ als Funktion der Zeit schnell ändern, muss der zeitlich verzögerte Aufbau der entsprechenden Radkräfte $F_{X,W}$ und $F_{Y,W}$ und Momente $M_{X,W}$ und $M_{Z,W}$ Berücksichtigung finden. Dies kann durch einen Verzögerungsansatz erster Ordnung geschehen. Aus regelungstechnischer Sicht verhält sich ein Reifen damit wie ein PT1-Glied. Die entsprechenden Differenzialgleichungen, die den zeitlichen Aufbau der Kräfte beschreiben, zeigen für $F_{Y,W}$ die Gl. 2.78 und für $F_{X,W}$ die Gl. 2.79.

$$\frac{c_\alpha}{c_y \cdot v_x} \cdot \frac{dF_{Y,W}}{dt} + F_{Y,W} = F_{Y,W,stat} \tag{2.78}$$

$$\frac{c_\kappa}{c_x \cdot v_x} \cdot \frac{\mathrm{dF_{X,W}}}{\mathrm{dt}} + F_{X,W} = F_{X,W,\text{stat}} \tag{2.79}$$

Die dabei verwendeten Variablen beschreiben folgende Reifenparameter und Betriebsgrößen:

- Schräglaufsteifigkeit c_α mit

$$c_\alpha = \left.\frac{\mathrm{d}\left(F_{Y,W}\right)}{\mathrm{d}\alpha}\right|_{\alpha=0°},$$

- statische Reifenseitensteifigkeit c_y,
- stationäre Seitenkraft $F_{Y,W}$ bei α,
- Längsschlupfsteifigkeit c_κ mit

$$c_\kappa = \left.\frac{\mathrm{d}\left(F_{X,W}\right)}{\mathrm{d}\kappa}\right|_{\kappa=0\,\%},$$

- statische Reifenlängssteifigkeit c_x,
- stationäre Längskraft $F_{X,W}$ bei κ,
- Fahrgeschwindigkeit v_x.

Der verzögerte Aufbau der Kräfte ist wegabhängig. Dieser Umstand wird durch die jeweiligen Einlauflängen σ_α für die Seitenkraft $F_{Y,W}$ und σ_κ für die Umfangskraft $F_{X,W}$ charakterisiert:

$$\sigma_\alpha = \frac{c_\alpha}{c_y} \quad \text{und} \quad \sigma_\kappa = \frac{c_\kappa}{c_x} \tag{2.80}$$

Die Einlauflängen σ beschreiben den Weg, den der Reifen zurücklegen muss, um ca. 2/3 der stationären Reifenkraft aufzubauen.

Bei Vorgabe eines Schräglaufwinkelsprungs $\alpha_0(t)$ gemäß Abb. 2.57 für die Differenzialgleichung in Gl. 2.76 antwortet ein Reifen mit der Schräglaufsteifigkeit c_α und der Einlauflänge σ_α bei einer Fahrgeschwindigkeit v_x mit einem Kraftaufbau $F_{Y,W}(t)$, der sich durch eine exp-Funktion beschreiben lässt:

$$F_{Y,W}(t) = c_\alpha \cdot \alpha_0 \cdot \left(1 - \mathrm{e}^{-(v_x \cdot t/\sigma_\alpha)}\right) \tag{2.81}$$

2.2.2 Reifenkräfte im Detail

Aufgrund der Vielzahl von Wirkparametern, angefangen bei den Basisgrößen wie Radlast $F_{Z,W}$, Schräglaufwinkel α, Sturzwinkel γ, Umfangsschlupf κ und Fülldruck

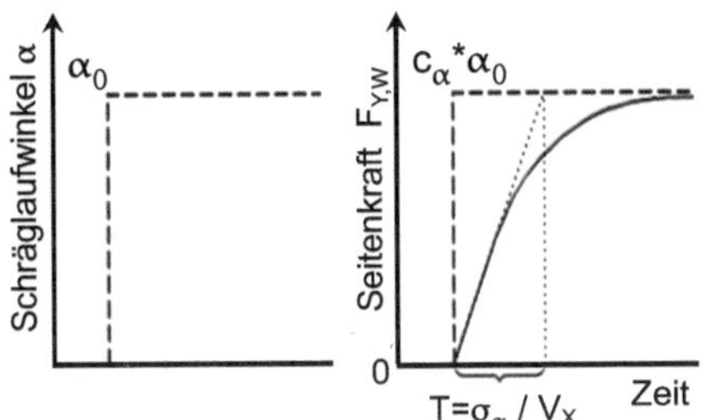

Abb. 2.57 Zeitverlauf der Seitenkraft $F_{Y,W}$ bei Schräglaufwinkelsprungvorgabe α

p_T bis hin zu Einflüssen wie Reifentemperatur θ_T, Profiltiefe und -gestaltung, Fahrbahnbeschaffenheit und Reibwert μ sowie Rollgeschwindigkeit v_W ist die detaillierte Abbildung der Reifeneigenschaften nur mit komplexen Rechenmodellen möglich. Hinzu kommt das ausgeprägt nichtlineare Verhalten der Kraftübertragungseigenschaften von Fahrzeugreifen. Mithilfe einfacher linearer Gleichungen kann lediglich das Reifenverhalten bei kleinen Schräglauf-, Sturzwinkeln, Umfangsschlupfwerten sowie Radlastvariationen in der Nähe des eigentlichen Betriebspunktes des Reifens abgebildet werden. Die Reifenkräfte und Momente werden in diesem Fall basierend auf linearisierten „Steifigkeiten" bzw. Beiwerten berechnet:

$$F_{Z,W} = c_T \cdot s_T \tag{2.82}$$

$$F_{Y,W} = c_\alpha \cdot \alpha + c_\gamma \cdot \gamma \tag{2.83}$$

$$F_{X,W} = c_\kappa \cdot \kappa + k_R \cdot F_{Z,W} \tag{2.84}$$

$$M_{Z,W} = c_{Mz,\alpha} \cdot \alpha + c_{Mz,\gamma} \cdot \gamma \tag{2.85}$$

Für rechentechnische Grundsatzuntersuchungen der Fahrzeug-Querdynamik mit dem linearisierten Einspurmodell ist diese Beschreibung des Reifenverhaltens zunächst ausreichend. Die entsprechenden „Steifigkeiten" und Beiwerte müssen messtechnisch ermittelt oder können aus Datenbanken basierend auf Erfahrungswerten verwendet werden.

Sollen Berechnungen den Grenzbereich der Fahrdynamik eines Fahrzeugs untersuchen, kommt man nicht umhin, die nichtlinearen Reifeneigenschafen mit hoher Genauigkeit abzubilden. Dies ist theoretisch mit der Hinterlegung von gemessenen Reifen-Kennfeldern möglich.

Will man allerdings echtzeitfähige Berechnungen, beispielsweise im Rahmen einer Fahrdynamikregelung durchführen, ist dieses Verfahren weniger gut geeignet. Außerdem lassen kennfeldbasierte Rechnungen keine Extrapolation über die gemessenen Größen hinaus zu. Hohe Genauigkeiten erfordern einen hohen Messaufwand. Darüber hinaus ist

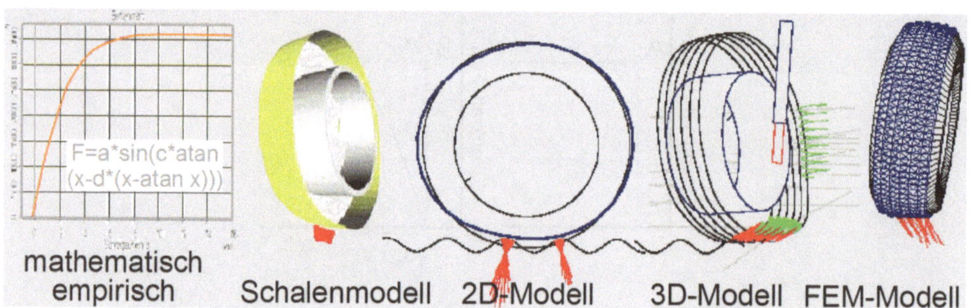

Abb. 2.58 Modellierungsansätze zur simulationstechnischen Abbildung des Reifenverhaltens [25]

es praktisch unmöglich, die Reifenkennfelder für alle denkbaren Fahrbahntypen, Reibwertzustände und bei allen möglichen Reifenfülldrücken messtechnisch zu erfassen und in Kennfeldern abzulegen. Aus diesem Grunde bedient man sich bei simulationstechnischen Fahrdynamikuntersuchungen sogenannter Reifenmodelle (Abb. 2.58), die sich je nach Anwendungsfall (z. B. Berechnung des Eigenlenkverhaltens oder Bestimmung von Betriebslasten) in verschiedenen Detaillierungsgraden und Komplexitäten voneinander unterscheiden.

Modellierung des Reifenverhaltens

Zur rechnerischen Untersuchung des fahrdynamischen Verhaltens von Gesamtfahrzeugen ist die modelltechnische Abbildung der Kraftübertragungseigenschaften der verwendeten Reifen von großer Bedeutung. Aufgrund vieler Einflussparameter und der starken Nichtlinearität des Reifenverhaltens ist eine sehr komplexe simulationstechnische Abbildung erforderlich. Für diesen Fall kann der Reifen als „Black-Box" betrachtet werden, die in Abhängigkeit bestimmter Eingangsgrößen wie Radlast $F_{Z,W}$, Schlupf κ, Schräglauf α und Sturz γ die entsprechenden Reifenkräfte und Momente realistisch berechnen kann (Abb. 2.59).

Mit zunehmendem Detaillierungsgrad können die Reifenmodelle die Reifenkräfte nicht nur im quasistationären Bereich sondern auch bei höherfrequenten Anregungen

Abb. 2.59 Modellierung des Reifenverhaltens: Eingangs- und Ausgangsgrößen

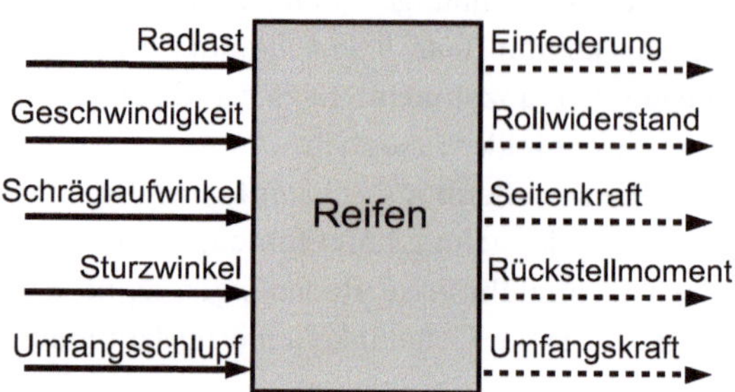

auf Basis der modalen Schwingungsformen der Reifenstruktur berechnen (Abschn. 2.2). Dadurch werden Komfort-, Schlechtweg- und Betriebslastensimulationen möglich.

Die „einfachsten" Reifenmodelle berechnen die Reifenkräfte auf Basis von linearen „Steifigkeiten" und Beiwerten. Die Gln. 2.82 bis 2.85 stellen daher bereits ein einfaches Reifenmodell dar, das sich für Fahrdynamikuntersuchungen mit dem linearen Einspurmodell eignet.

Die nächste Stufe zunehmender Detaillierung stellen mathematische bzw. empirische Reifenmodelle dar. Diese können vielfach sämtliche Kräfte und Momente berechnen und dabei bereits Nichtlinearitäten im Kraftverlauf berücksichtigen. Kombinierter Schlupf und der Einfluss von Sturzwinkeln wird ebenfalls erfasst. Auch das transiente Reifenverhalten ist vielfach enthalten. Diese Modelle sind mit freien Parametern ausgestattet, die an zuvor durchgeführte Reifenmessungen angepasst werden müssen. Die Parameter stehen dabei im Allgemeinen nicht für die physikalischen Reifeneigenschaften sondern sind eher abstrakter Natur. Je größer der durchgeführte Messumfang, desto höher die Genauigkeit des Reifenmodells, da auch hier die Extrapolationseigenschaften begrenzt sind. Der Rechenaufwand dieser Modelle ist eher gering. Sie sind vielfach echtzeitfähig. Ausführungsbeispiele für Reifenmodelle dieser Art sind „Magic Formula", „HSRI", „TMeasy" und „UA-Tire".

Um Schwingungseigenschaften von Fahrzeugreifen berechnen zu können, ist ein erhöhter Detaillierungsgrad erforderlich. Reifenmodelle dieser Art werden auch als physikalische Modelle bezeichnet, da ihr Modellierungsansatz die Feder-Masse-Dämpfungseigenschaften der Reifenstruktur abbildet. Diese Modelle sind derart aufgebaut, dass sie den Reifengürtel als starren oder flexiblen, massebehafteten Körper über Feder-Dämpfer-Elemente an die ebenfalls starre Felge anbinden. Hierdurch wird beispielsweise die Berechnung der Starrkörpermoden möglich. Physikalische Reifenmodelle können dabei beispielsweise die Überfahrt von Fahrbahnhindernissen mit anschließendem Nachschwingen der Reifenstruktur simulieren. Rollwiderstandsberechnungen werden ebenfalls möglich. Der Rechenaufwand dieser Modelle ist deutlich größer, als bei mathematischen bzw. empirischen Modellen. Echtzeitfähigkeit ist im Allgemeinen nicht mehr möglich. Ausführungsbeispiele sind FTire, RMOD-K, SWIFT und CDTire.

Abschließend sollen an dieser Stelle noch FEM-Reifenmodelle erwähnt werden. Diese spielen allerdings für fahrdynamische Untersuchungen keine Rolle. Sie werden im Entwicklungsprozess der Reifen eingesetzt (s. a. Bd. 2, Abschn. 9.4.2)

Koordinatensysteme zur Beschreibung des Reifenverhaltens

Um die verschiedenen Reifenmodelle in verschiedenen Simulationsumgebungen verwenden zu können und um Messungen der Reifeneigenschaften miteinander vergleichen zu können, ist ein Datenaustauschstandard entwickelt worden. Dieses „*Tyre Data Exchange Format*" wird durch das Akronym „TYDEX" bezeichnet. Im Rahmen von TYDEX sind beispielsweise die Einheiten der Messgrößen genormt. Weiterhin gibt es standardisierte Messkoordinatensysteme, die eine Vergleichbarkeit der Simulations- und Messergebnisse untereinander gewährleisten sollen. Es wurden drei verschiedene

Reifen-Koordinatensysteme definiert, die sich durch die Lage des Ursprungs und der Bewegung des Koordinatensystems bei Reifenbewegungen voneinander unterscheiden:

- *TYDEX-W:* Ursprung in der Mitte des Reifenlatsches auf der Fahrbahn, schwenkt bei Schräglauf mit, bleibt bei Sturz senkrecht zur Fahrbahn;
- *TYDEX-H:* Ursprung in Radmitte, schwenkt bei Schräglauf mit, bleibt bei Sturz senkrecht zur Fahrbahn;
- *TYDEX-C:* Ursprung in der Radmitte, schwenkt bei Sturz und Schräglauf mit.

2.2.3 Wirkung der Reifenkräfte auf die Fahrstabilität

Die Stabilität des gesamten Fahrzustands eines Fahrzeugs wird ganz entscheidend durch die verwendeten Reifen bestimmt. Die Fahrstabilität bezieht sich in diesem Zusammenhang hauptsächlich auf die folgenden Fahreigenschaften bzw. -zustände:

- Geradeauslaufverhalten und Spurrillenempfindlichkeit,
- Anlenkverhalten bzw. Ansprechverhalten der querdynamischen Fahrzeugbewegung mit sicherer Lenkungsrückstellung zum Geradeauslauf,
- Vorhersagbarer und dabei möglichst linearer Zusammenhang zwischen der Lenkvorgabe und der Fahrzeugreaktion,
- Sichere Ankündigung des querdynamischen Grenzbereichs,
- Ausreichende Kraftschlussreserve im Antriebs- und Bremsfall bzw. bei Kurvenfahrt auf trockener und nasser Fahrbahn,
- Geringer Einfluss dynamischer Radlastschwankungen auf die Kraftschlussreserve,
- Sichere Beherrschbarkeit des Fahrzeugs im Falle von Reifenversagen.

Das Geradeauslaufverhalten eines Fahrzeugs wird wesentlich durch Reifeneigenschaften beeinflusst, die sich durch Ungleichförmigkeiten (Non-Uniformities) sowie Ply-Steer-Kräfte und -momente ergeben. Ferner bestimmt der Reifennachlauf n_T durch seine, die Lenkung zurückstellende Wirkung den Geradeauslauf des Fahrzeugs. Hohe Profilsteifigkeiten und vor allem breite Reifen mit vornehmlich Längsrillen-Profilgestaltung folgen gerne Fahrbahnlängsrillen. Insbesondere Reifen mit einer hohen Sturz-Seitenkraftsteifigkeit c_y zeigen dabei große Spurrillenempfindlichkeiten [27, 28].

Reifen mit großen Schräglaufsteifigkeiten c_α (Gl. 2.83) bei gleichzeitig kurzer Relaxations- bzw. Einlauflänge σ_α (siehe hierzu Gln. 2.80 und 2.81) führen im Hinblick auf das Gesamtfahrzeug zu einem besseren Ansprech- und Anlenkverhalten der querdynamischen Fahrzeugbewegung. Erreicht wird diese Eigenschaft u. a. durch eine hohe statische Reifenquerfedersteifigkeit c_y (z. B. durch Verwendung von Niederquerschnittsreifen oder auch von Run-Flat-Reifen mit verstärkten Seitenwänden; siehe hierzu Bd. 2, Abb. 13.58). Werden diese Reifeneigenschaften zu extrem ausgelegt, so führt dies zu einem nervösen Geradeauslauf, da das Fahrzeug zu empfindlich auf Lenkbewegungen reagiert.

Die Schräglaufsteifigkeiten σ_α der verwendeten Reifen beeinflussen maßgeblich sowohl das quasistationäre Eigenlenkverhalten eines Fahrzeugs in Form des Schwimmwinkelaufbaus und des Eigenlenkgradienten (siehe hierzu Abschn. 2.5.3.2 sowie die Gl. 2.278) als auch dessen dynamische Eigenschaften wie die Giereigenfrequenz (siehe Gl. 2.233) und Gierbedämpfung (siehe Gl. 2.234).

Ein in weiten Bereichen „lineares" Fahrverhalten lässt sich durch die Verwendung von Reifen realisieren, die bis in hohe Schräglauf-, Schlupf- und Sturzbereiche hinein einen proportionalen Zusammenhang zwischen der jeweiligen Schlupf- und der entsprechenden Reifenkraftgröße aufweisen.

Aus Sicht einer rechtzeitigen Ankündigung des querdynamischen Grenzbereichs (Kraftschlussgrenze bzw. maximal erzielbare Fahrzeugquerbeschleunigung a_Y) an den Fahrer ist es jedoch ebenso wünschenswert, dass die Reifenkennlinien relativ früh einen degressiven Verlauf aufweisen und in die Kraftsättigung übergehen. Diese Charakteristiken künden dem Fahrer durch den weniger stark ansteigenden Lenkmomentbedarf bzw. sogar durch eine Abnahme des Lenkmoments den Grenzbereich des Fahrzeugs sicher an.

Vor allem im Hinblick auf kurze Anhaltewege eines Fahrzeugs ist ein hohes Kraftschlusspotenzial μ_{max} der Reifen sowohl auf trockener als auch auf nasser Fahrbahn anzustreben. Ferner sollten die längsdynamischen Relaxationslängen bzw. Einlaufstrecken σ_κ (siehe hierzu Gl. 2.80) kurz ausfallen, um im Falle der hochdynamischen ABS-Bremspulsation einen schnellen Reifen-Bremskraftaufbau $F_{X,W}$ zu gewährleisten. Dies wird durch Reifen mit großer statischer Umfangssteifigkeit c_x erreicht. Mit aus diesem Grund haben sich Stahlgürtelreifen durchgesetzt. Damit das ABS seine volle Wirkung entfalten kann, ist es außerdem sehr wichtig, dass die Reifen im ABS-Schlupfregelbereich noch genügend große Seitenkräfte aufbauen können (s. Abb. 2.52).

In Bezug auf die Fahrstabiltät kommt dem direkten Reifen-Fahrbahn-Kontakt in Form der wirkenden Radaufstandskraft $F_{Z,W}$ eine wichtige Rolle zu. Reifen können die erforderlichen horizontalen Längs- $F_{X,W}$ und Querkräfte $F_{Y,W}$ nur dann aufbauen, wenn eine vertikale Radlast $F_{Z,W}$ vorliegt. Aufgrund der lediglich degressiven Zunahme der horizontalen Reifenkräfte mit steigender Radlast (s. Abb. 2.134 und Abb. 2.135) sowie wegen ihres transient verzögerten Aufbaus (PT_1-Verhalten) bedingt durch die Einlaufstrecken σ_κ und σ_α, sind dynamische Radlaständerungen insgesamt so gering wie möglich zu halten. Hierzu tragen neben den Federungs- und Dämpfungseigenschaften des gesamten Fahrwerks auch die radialen Reifenfedersteifigkeiten c_T sowie die ungefederten Rad- bzw. Reifenmassen m_T bei (siehe hierzu die Diagramme mit den PSD der dynamischen Radlastschwankungen in Abb. 2.89 und Abb. 2.90 sowie den Abschn. 2.6.1). Im Sinne einer hohen Fahrstabiltät sind dabei möglichst geringe dynamische Radlastschwankungen anzustreben. Aus Sicht des Reifens wird diese Anforderung durch geringes Gewicht m_T sowie durch relativ niedrige radiale Steifigkeiten c_T erzielt.

Diese werden vor allem durch den Reifenfülldruck p_T beeinflusst. Allerdings kann der Fülldruck p_T nicht beliebig weit reduziert werden. Grenzen werden hier durch den Rollwiderstand, den Verschleiß und die Hochgeschwindigkeitsfestigkeit gesetzt.

2.3 Längsdynamik

Bei Untersuchung der Bewegungsvorgänge in Fahrzeuglängsrichtung, also Antrieben und Bremsen, spricht man von der **Längsdynamik** des Fahrzeugs. Hier sind die Fahrwiderstände, Leistungs- und Energiebedarf des Antriebs sowie die Brems- und Traktionseigenschaften auf verschiedenen Fahrbahnbelägen und -zuständen Gegenstand der Untersuchungen.

Für die Antriebsentwickler liegt auf der Längsdynamik das Hauptaugenmerk. Für die Fahrwerksentwickler steht die Übertragung der Brems- und Antriebskräfte auf die Fahrbahn im Vordergrund, nicht so sehr der Leistungsbedarf, Wirkungsgrad, die Höchstgeschwindigkeit, Elastizität oder das Steigungsvermögen.

2.3.1 Anfahren und Bremsen

Beim Anfahren und Bremsen entstehen äußere Kräfte auf ein Kraftfahrzeug. Antriebs- oder Bremskräfte wirken als Radumfangskräfte, während das Gesamtfahrzeug der Trägheit unterliegt und daher die Trägheitskraft im Gesamtschwerpunkt angreift.

Bei modernen Fahrzeugen wird die Gesamtbremskraft auf Vorder- und Hinterachse gemäß einer Bremskraftverteilung (s. Bd. 2, Abschn. 3.4.1) aufgeteilt, sodass die Umfangskräfte an allen Rädern angreifen.

Beim Antreiben ist nur die angetriebene Achse zu betrachten. Handelt es sich um ein allradgetriebenes Fahrzeug, so wird die Gesamtantriebskraft gemäß der Antriebskraftverteilung aufgeteilt.

Zusammen mit dem Abstand des Fahrzeugschwerpunktes zur Fahrbahn ergibt sich beim Anfahren und Bremsen ein Nickmoment, welches durch Radlastverschiebungen kompensiert wird.

Somit stehen Trägheitskraft, Reifenumfangskräfte sowie die resultierenden Radlastdifferenzen im statischen Gleichgewicht. Beim Bremsen findet eine Radlastverschiebung nach vorn statt, während beim Beschleunigen die hinteren Radlasten ansteigen.

Eine steigende Radlast bringt zunächst eine verbesserte Kraftübertragung mit sich, wenn man den Coulomb'schen Reibungskoeffizienten und somit den linearen Zusammenhang zwischen der Vertikal- und Horizontalkraft betrachtet. Da die Reifeneigenschaften einen degressiven Verlauf über steigender Radlast bis hin zu einer Sättigung der übertragbaren Kraft zeigen, führt eine Radlasterhöhung im Grenzbereich des Reifens nicht notwendigerweise zu einer erhöhten übertragbaren Umfangskraft (s. Abschn. 2.6.1). Die entstehenden Radlastdifferenzen beim Antreiben und Bremsen führen zu einer Nickbewegung des Aufbaus, die allerdings durch geeignete Maßnahmen im Bereich der Radkinematik durch die Abstützung in der Radaufhängung abgeschwächt bzw. gar kompensiert werden kann (Abb. 2.60). Diese von der Aufhängungskinematik abhängigen Maßnahmen werden als Anfahr- bzw. Bremsnickausgleich bezeichnet. Die Punkte L_v und L_h bilden die Längspole, die momentan ortsfest bleiben (s. Abschn. 1.3.3.2).

2.3.1.1 Bremsnickausgleich

Beim Bremsen greift die Trägheitskraft im Schwerpunkt an und zeigt in Fahrtrichtung nach vorn.

$$F_{\text{Träg}} = m \cdot a_x \tag{2.86}$$

Dieser Trägheitskraft entspricht die Summe der wirksamen Bremskräfte in Umfangsrichtung am Reifenlatsch.

$$F_{\text{Träg}} = F_{\text{Brems,ges}} = F_{\text{Brems,v}} + F_{\text{Brems,h}} \tag{2.87}$$

Die Bremskräfte stehen im Verhältnis der Bremskraftverteilung zueinander, die bei älteren Fahrzeugen starr durch die Querschnittsverhältnisse im Bremskraftverteiler vorgegeben ist aber bei modernen Fahrzeugen elektronisch geregelt wird und sogar die Änderungen an Zuladung berücksichtigt.

$$k_{\text{Brems}} = \frac{F_{\text{Brems,v}}}{F_{\text{Brems,h}}} \tag{2.88}$$

Aus der Trägheitskraft und den Bremskräften in Radumfangsrichtung resultiert die Radlastverschiebung ΔG, die in die dargestellte Richtung zeigt. Das System Fahrzeug ist damit statisch bestimmt. Um sich interne Vorgänge im Fahrwerk beim Bremsvorgang anzuschauen, wird eine Bilanz um den Radmittelpunkt formuliert (Abb. 2.61).

Die Resultierende aus Bremskraft sowie Radlastdifferenz greift im Reifenaufstandspunkt (Latsch) an. Die Wirkungslinie der Resultierenden zeigt den optimalen Bremsabstützwinkel $\varepsilon_{\text{Brems}}$ zur Horizontalen an.

Liegt der tatsächliche Nickpol einer Achse außerhalb dieser Wirkungslinie, so verursacht die Resultierende im Reifenlatsch ein Moment, welches über eine Federkraftänderung ΔF_{F} kompensiert werden muss.

Abb. 2.60 Stützwinkel beim Bremsen und Antreiben

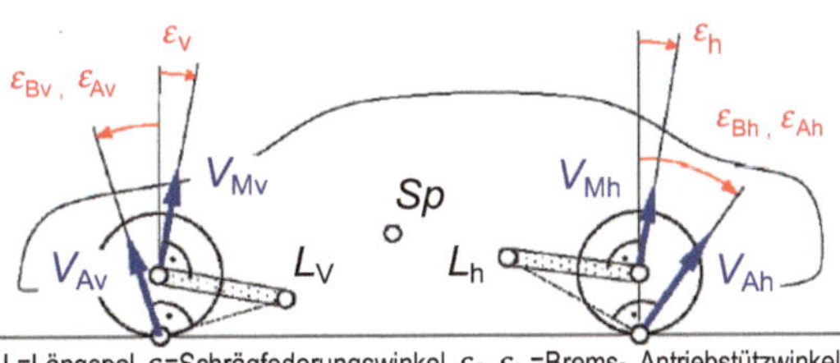

Abb. 2.61 Kräfteplan beim
Bremsen

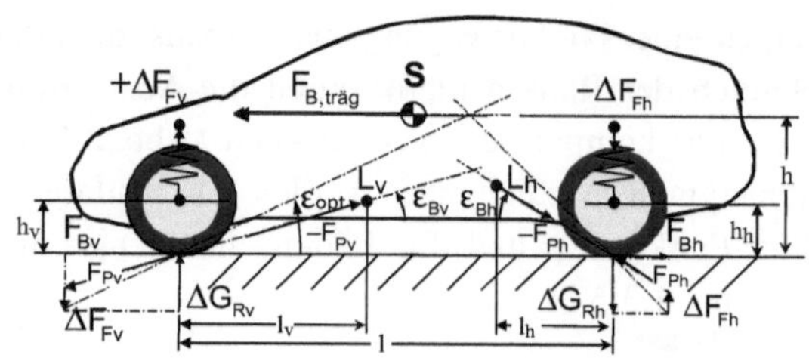

Die resultierende Reifenkraft teilt sich also auf in einen Anteil, der direkt von der
Radaufhängung gestützt wird, sowie eine Kraftkomponente, die in Richtung der Aufbaufeder wirkt und daher für eine Federbewegung verantwortlich ist.

Der optimale Bremsabstützwinkel wird geometrisch sowie über ein Momentengleichgewicht beschrieben:

$$\tan\left(\varepsilon_{\text{opt,v}}\right) = \frac{h}{l} \cdot \left(1 + \frac{1}{F_{\text{Bv}}/F_{\text{Bh}}}\right) \tag{2.89}$$

$$\tan\left(\varepsilon_{\text{opt,h}}\right) = \frac{h}{l} \cdot \left(1 + F_{\text{Bv}}/F_{\text{Bh}}\right) \tag{2.90}$$

Eine Momentenbilanz um den tatsächlichen Längspol L einer Achse, der sich aus der
Konstruktion und der kinematischen Lage ergibt, zeigt den Grad des Bremsnickausgleichs X an. [20]

$$X \cdot \Delta G_{\text{v}} \cdot l_{\text{v}} = F_{\text{Bv}} \cdot h_{\text{v}} \tag{2.91}$$

$$X = \frac{F_{\text{Bv}}}{\Delta G_{\text{v}}} \cdot \frac{h_{\text{v}}}{l_{\text{v}}} = \frac{\tan\left(\varepsilon_{\text{tats}}\right)}{\tan\left(\varepsilon_{\text{opt}}\right)} \cdot 100\,\% \tag{2.92}$$

Eine analoge Berechnung gilt für die Hinterachse.

Für den Bremsnickausgleich X werden also der tatsächliche sowie der optimale
Bremsabstützwinkel in Relation gesetzt. Der optimale Stützwinkel ist dabei eine Größe,
die über Fahrzeugparameter charakterisiert wird, während der tatsächliche Bremsabstützwinkel einen kinematischen Kennwert einer Achse darstellt.

2.3.1.2 Anfahrnickausgleich

Für das Anfahren gelten prinzipiell die gleichen Betrachtungen wie beim Bremsen.
Allerdings wird das Antriebsmoment in der Regel über eine Antriebswelle zum Rad
übertragen und somit direkt über den Antriebstrang an der Karosserie abgestützt. Im
Gegensatz zum Bremsvorgang wird also beim Antreiben kein Moment in den Radträger
eingeleitet.

Bei der Kräftebilanz Abb. 2.62b wird dem Rechnung getragen, indem das Kräftepaar in den Radaufstandspunkt verschoben wird. Das am Reifenlatsch entstehende

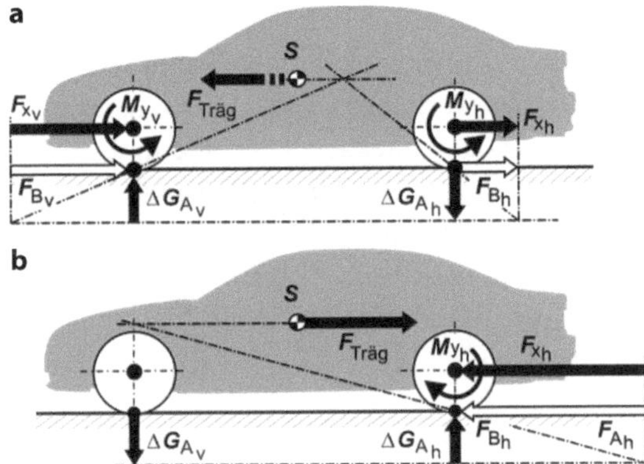

Abb. 2.62 Kräfteplan beim Bremsen (**a**) und Antreiben mit Heckantrieb (**b**)

Antriebsmoment wird nicht am Radträger abgestützt, sodass die Fahrwerkkomponenten nur die horizontalen Kraftanteile abzustützen haben [20].

Somit wird zunächst über die globale Kräftebilanz des Fahrzeugs die Wirkungslinie der resultierenden Kraft aus Antriebskraft und Radlastdifferenz berechnet. Diese Wirkungslinie wird in den Radmittelpunkt verschoben.

Die gleichen Betrachtungen finden wie beim Bremsvorgang statt. Der Winkel zwischen der Wirkungslinie der Resultierenden und der Fahrbahn wird als optimaler Anfahrabstützwinkel bezeichnet und kann über die Fahrzeugdaten berechnet werden, wobei analog zur Bremskraftverteilung die Verteilung des Anfahrmomentes auf Vorder- und Hinterachse bekannt sein muss.

$$\tan\left(\varepsilon_{\text{An,opt,v}}\right) = \frac{h}{l} \cdot \left(1 + \frac{1}{M_{\text{An,v}}/M_{\text{An,h}}}\right) \qquad (2.93) \cdot$$

$$\tan\left(\varepsilon_{\text{An,opt,h}}\right) = \frac{h}{l} \cdot \left(1 + M_{\text{An,v}}/M_{\text{An,h}}\right) \qquad (2.94)$$

Auch beim Anfahrvorgang kann ein Momentengleichgewicht um den tatsächlichen Längspol aufgestellt werden, womit sich der Anteil des Anfahrnickausgleichs berechnen lässt. Die Komponente der resultierenden Kraft im Reifenlatsch, welche nicht direkt über den Längspol und damit über das Fahrwerk abgestützt wird, verursacht eine resultierende Federkraftänderung und damit einen Federweg, der das Fahrzeug nicken lässt.

$$X_{\text{v}} = \frac{\tan\left(\varepsilon_{\text{An,tats,v}}\right)}{\tan\left(\varepsilon_{\text{An,opt,v}}\right)} \cdot 100\,\% \qquad (2.95)$$

Durch einen hohen Nickausgleich beim Anfahren oder Bremsen kann gewährleistet werden, dass auch auf schlechten Fahrbahnen hohe Umfangskräfte übertragen werden können, ohne dass die Federung durchschlägt. Damit kann die Feder weiterhin gemäß den

Auslegungszielen weich dargestellt werden. Weiterhin führt eine reduzierte Nickneigung des Aufbaus zu einer erhöhten Fahrsicherheit und Erhöhung des Komforts bei längsdynamischen Vorgängen [30]. Die dynamischen Achslastverschiebungen bleiben durch Maßnahmen zum Nickausgleich allerdings unberührt.

Beim Anfahren spielen Antriebsart und -achse eine große Rolle. Beim Einzelachsantrieb kann die Antriebskraft nur an einer Achse wirken. Wenn der Motordrehmoment nicht an nur einer Achse auf die Straße übertragen werden kann, sind beide Achsen anzutreiben (Allradantrieb). Abb. 2.63 zeigt den Kräfteplan für Allrad-, Hinterrad und Vorderradantrieb.

2.3.1.3 Lastwechsel bei Geradeausfahrt

Als Lastwechsel wird der Moment bezeichnet, in dem der Fahrer das Fahrpedal zurücknimmt bzw. dieses ruckartig freigibt. Wenn dabei der Triebstrang noch mit den Antriebsrädern verbunden (eingekuppelt) ist, wirkt das Schlepp- und Reibmoment des Motors als Bremsmoment auf die angetriebenen Räder. Dieses Bremsmoment sorgt für eine Verzögerung, dadurch kommt es wie bei einem Bremsvorgang durch die Bremsanlage zu dynamischen Radlastverschiebungen nach vorn sowie zu einer Nickbewegung des Aufbaus. Jedoch stützt sich auch hier das Verzögerungsmoment nicht am Radträger ab. Besondere Bedeutung kommt diesem Lastwechsel bei Kurvenfahrt zu, was in Abschn. 2.6.2.3 erläutert wird.

Ein Brems- oder Beschleunigungsvorgang verursacht Federbewegungen an beiden Achsen. Dabei kann es zu kinematischen Einflüssen der Radaufhängung kommen, vor allem, wenn z. B. durch Beschleunigen in der Kurve die kinematischen Bewegungen auf

Abb. 2.63 Kräfteplan beim Anfahren mit den drei unterschiedlichen Antriebsarten

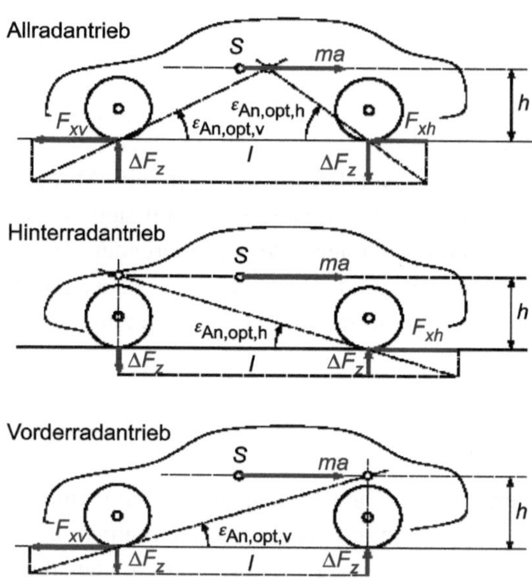

der Innen-/Außenseite nicht identisch sind. So kann ein unterschiedlicher Sturzwinkel für zusätzliche, asymmetrische Seitenkräfte sorgen. Ein unterschiedlicher Nachlauf an einer angetriebenen Vorderachse kann die Lenkung stören.

2.4 Vertikaldynamik

Durch Fahrbahnunebenheiten, durch dynamische Wank- und Nickvorgänge des Fahrzeugs bei Quer- und längsdynamischen Manövern oder aber durch interne Anregungen (Antriebstrang, Rad-Reifen) werden vertikale Kräfte erzeugt, die zwischen Fahrwerk und Aufbau wirken. Vor allem die resultierenden Kräfte aus Fahrbahnunebenheiten erzeugen vertikale Störgrößeneinträge in das Fahrzeugschwingsystem. Ziele einer gelungenen Vertikaldynamik sind unter anderem geringe Aufbaubeschleunigungen, geringe Wank- und Nickbewegungen, geringe dynamische Radlastschwankungen sowie ein beladungsunabhängiges Fahrzeugschwingungsverhalten [4].

Abb. 2.64 fasst die Ziele, Komponenten und Parameter der Vertikaldynamik zusammen.

Die Vertikalkräfte bestehen im Wesentlichen aus Feder- und Dämpferkräften, die dafür sorgen, dass der Aufbau relativ zum Fahrwerk abgestützt wird sowie die Bewegungen des Fahrzeugs relativ zur Fahrbahn in Grenzen gehalten werden.

Zur Untersuchung des Schwingungsverhaltens von Kraftfahrzeugen werden geeignete Ersatzmodelle erstellt, auf die die allgemeinen Methoden der Schwingungslehre anwendbar sind. In diesem Kapitel sollen Schritt für Schritt gängige Ersatzmodelle vorgestellt werden, mit denen sich die unterschiedlichen Anwendungsfälle berechnen lassen.

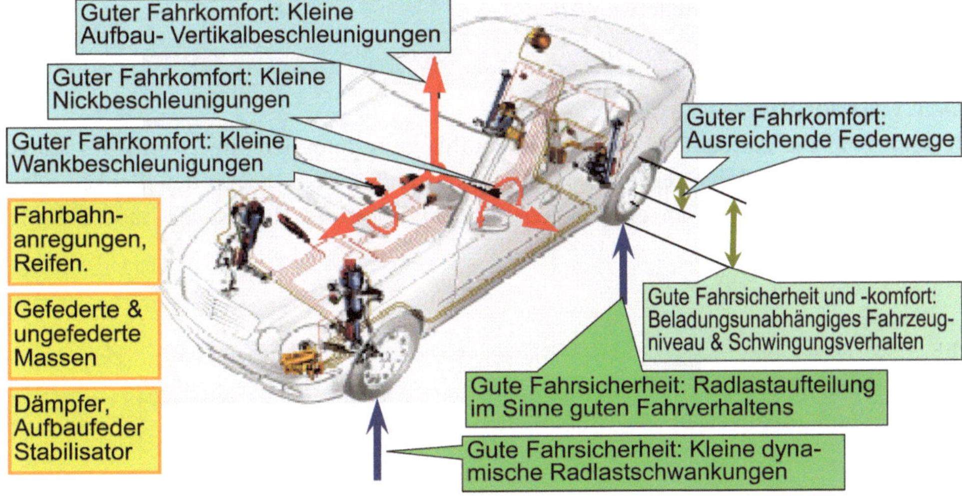

Abb. 2.64 Vertikaldynamik, Ziele, Komponenten und Parameter

Die untersuchten Modelle bestehen aus verschiedenen Massen, die ggf. trägheitsbehaftet sind, und enthalten jeweils Feder- und Dämpferelemente. Aus den Modellen lassen sich so Schwingungsgleichungen, Eigenfrequenzen und Dämpfungsmaße ableiten.

Zunächst werden jedoch die Komponenten der Schwingungsmodelle beschrieben.

2.4.1 Aufbaufedern

Unter Aufbaufedern werden hier die Teile der Radaufhängungen von Kraftfahrzeugen behandelt, die bei einer elastischen Verformung Rückstellkräfte liefern. Neben den konventionellen Schrauben-, Blatt- und Torsionsstabfedern können dies auch Gasfedern sein. Die verschiedenen Bauteile werden in Bd. 2, Kap. 5, Bild 5-2 dargestellt. Allen Aufbaufedern ist gemeinsam, dass sich abhängig von der Einfederung Δz eine rückstellende Federkraft F_{Feder} ergibt [20] (Abb. 2.65).

Aus dieser Darstellung lässt sich die Federkonstante ableiten. Ist der Federkraftverlauf nicht linear, ist die Federkonstante nur für den jeweiligen Arbeitspunkt gültig und ergibt sich aus dem Gradienten:

$$c_{\text{Feder}} = \frac{\mathrm{dF}}{\mathrm{dz}} \tag{2.96}$$

Schraubenfedern weisen generell einen linearen Verlauf auf, es sei denn, es werden besondere konstruktive Merkmale wie veränderliche Schraubensteigung, veränderlicher Windungsdurchmesser oder Ähnliches eingestellt. Dann sind auch mit Schraubenfedern nichtlineare Federkennungen erreichbar.

Für die Gleichungen der Schwingungslehre wird für Fahrzeuge mit Schraubenfedern oftmals vereinfachend eine konstante Federsteifigkeit verwendet.

Damit gilt mit dem Einfederweg Δf:

$$F_{\text{Feder}} = c_{\text{Feder}} \cdot \Delta f_{\text{Feder}} \tag{2.97}$$

2.4.1.1 Federübersetzung

Generell sind die Aufbaufedern in die Radaufhängung integriert. Im Normalfall stützt sich die Feder einerseits gegen den Aufbau und andererseits gegen den Lenker oder direkt am Radträger ab, an dessen achsseitigem Ende die Radlast als äußere Kraft angreift.

Abb. 2.65 Definition der Federsteifigkeit c_{Feder} (Gl. 2.107)

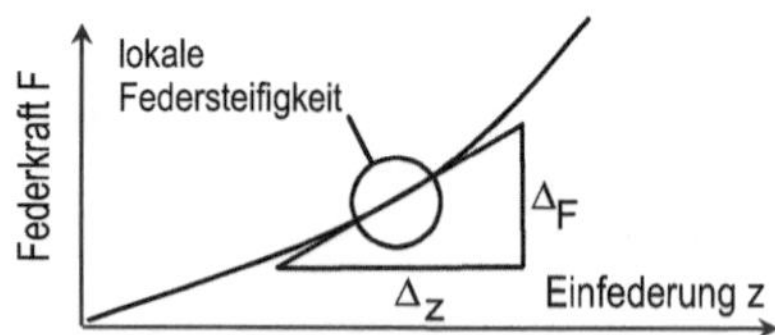

In Abhängigkeit von der Kinematik der Radaufhängung und der Federanordnung besteht zwischen einer Einfederbewegung des Radaufstandspunktes Δz_R und der entsprechenden Zusammendrückung der Aufbaufeder Δf bei Einzelradaufhängungen ein Übersetzungsverhältnis i (Abb. 2.66):

$$i = \frac{\Delta f}{\Delta z_R} \tag{2.98}$$

Das Federübersetzungsverhältnis i ist in der Regel kleiner als 1 und nicht konstant, sondern von der momentanen Lage der als Getriebeglieder aufzufassenden Radaufhängungsbauteile, also vom momentanen Einfederungszustand abhängig.

In der Literatur ist die Definition nicht einheitlich. Daher sind Übersetzungsverhältnisse größer als 1 anzutreffen, wenn Gl. 2.98 reziprok verwendet wird. Es ist aus dem Kontext zu entscheiden, wie das Übersetzungsverhältnis definiert ist. Das Übersetzungsverhältnis kann sowohl analytisch für einen Punkt, oder aber aus einem Kinematikberechnungsprogramm rechnergestützt ermittelt werden. Zwischen der Radlast F_R und der Federkraft F_F besteht mit dieser Hebelübersetzung i folgendes Gleichgewicht:

$$F_F = \frac{F_R}{i} \tag{2.99}$$

Ähnlich wie bei der Bestimmung der Federsteifigkeit kann nun also über das Übersetzungsverhältnis auch die radbezogene Federsteifigkeit als lokale Steigung der resultierenden Federkraft über dem Federweg berechnet werden, denn (nur) diese fließt in die schwingungstechnischen Gleichungen ein. Bei gegebenem Übersetzungsverhältnis gilt für einen bestimmten Einfederungszustand z_R [20]:

$$c_{\text{radbezogen}} = \frac{dF_R}{dz_R} = \frac{d(F_F \cdot i)}{dz_R}$$

$$= \frac{dF_F}{dz_R} \cdot i + \frac{di}{dz_R} \cdot F_F$$

$$= \frac{dF_F}{df} \cdot \frac{df}{dz_R} \cdot i + \frac{di}{dz_R} \cdot F_F$$

Abb. 2.66 Radbezogene Federsteifigkeit $c_{\text{Radbezogen}}$

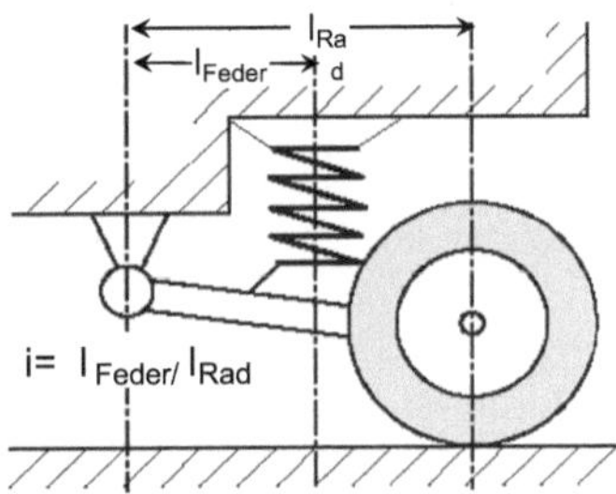

$$= c \cdot i^2 + \frac{\mathrm{d}i}{\mathrm{d}z_R} \cdot F_F \qquad (2.100)$$

Eine gewünschte progressive Kennlinie der Federung kann also unter Umständen auch durch entsprechende kinematische Auslegung der Radaufhängung erzielt werden.

2.4.1.2 Eigenfrequenzen

Interessante Erkenntnisse zeigt der Vergleich der prinzipbedingten Eigenfrequenzen der verschiedenen Federarten, vor allem unter veränderlicher Beladung. Mithilfe der allgemeinen Berechnung der Eigenfrequenz können die einzelnen Federn näher charakterisiert werden.

$$\omega = \sqrt{\frac{c}{m}} \qquad (2.101)$$

Im allgemeinen Fall weisen Stahlfederbauarten eine konstante Federsteifigkeit auf. Eine steigende Beladung geht über die anteilig zu berücksichtigende Masse m linear in die Berechnung ein, sodass effektiv die Eigenfrequenz bei steigender Beladung mit der Quadratwurzel der Beladung sinkt.

Bei der Luftfeder kann diese Varianz der Eigenfrequenz prinzipbedingt nahezu verhindert werden. Dazu wird die Federsteifigkeit der Luftfeder ermittelt sowie die Beladung durch den Luftfederinnendruck ausgedrückt [20].

$$\omega_e = \sqrt{\frac{c}{m}} = \sqrt{\frac{c \cdot g}{(p - p_a) \cdot A}} \qquad (2.102)$$

Mit der Federsteifigkeit, der theoretischen Federhöhe

$$c(f) = A \cdot n \cdot p(f) \cdot \frac{l}{h_{th}} \qquad (2.103)$$

$$h_{th} = \frac{V(f)}{A} \qquad (2.104)$$

ergibt sich:

$$\omega_e = \sqrt{\frac{g \cdot n \cdot p}{h_{th} \cdot (p - p_a)}} \qquad (2.105)$$

Bei verhältnismäßig kleinen Federdurchmessern wird $p \gg p_a$, sodass die Eigenfrequenz nur durch konstante Ausdrücke beschrieben wird:

$$\omega_e \approx \sqrt{\frac{g \cdot n}{h_{th}}} \qquad (2.106)$$

Dadurch ist die Eigenfrequenz der Luftfeder (nahezu) konstant. Dieses gilt jedoch nicht für eine Gasfeder mit konstantem Gasgewicht (z. B. hydropneumatische Feder), da sich

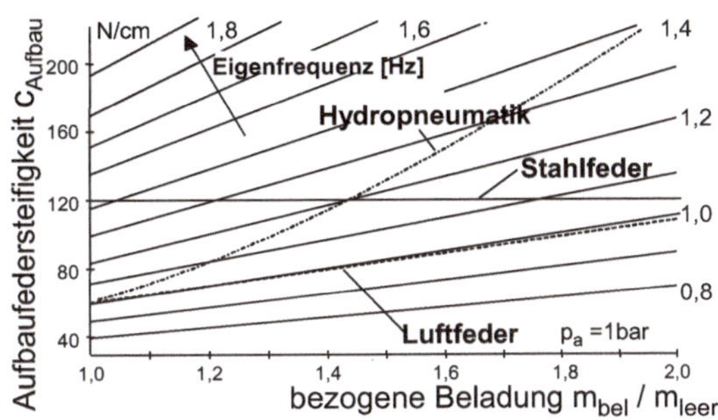

Abb. 2.67 Eigenfrequenzen verschiedener Federn [20]

die Federsteifigkeit unterschiedlich darstellt. Den prinzipiellen Vergleich zeigt Abb. 2.67. Für eine detaillierte Beschreibung siehe Bd. 2 Kap. 5.

2.4.2 Schwingungsdämpfer

Ein weiteres, wichtiges Element der schwingungstechnischen Ersatzmodelle ist der Schwingungsdämpfer.

Er gewährleistet sowohl die Fahrsicherheit als auch den optimalen Fahrkomfort eines Fahrzeugs.

Die Fahrsicherheit wird stark durch die Bodenhaftung der Räder beeinflusst. Die Radmassen zusammen mit den anteiligen Massen der Radaufhängung werden als ungefederte Massen bezeichnet, da sie nur über die Reifenfeder und nicht über die Aufbaufedern ($c_R \gg c_A$) abgefedert sind. Die Schwingungen der nicht gefederten Massen sind daher nach Möglichkeit zu minimieren, d. h. stark zu bedämpfen (Abb. 2.68).

Ein zufriedenstellender Fahrkomfort erfordert zwar einerseits kleine Aufbauschwingungsamplituden durch eine stärkere Dämpfung, andererseits aber auch geringe Aufbaubeschleunigungen, die auch von den Dämpferkräften verursacht werden, was eher eine schwache Dämpfung bedingt. Bei der Dämpferauslegung ist daher ein Kompromiss zwischen harter Sicherheitsdämpfung und weicher Komfortdämpfung anzustreben.

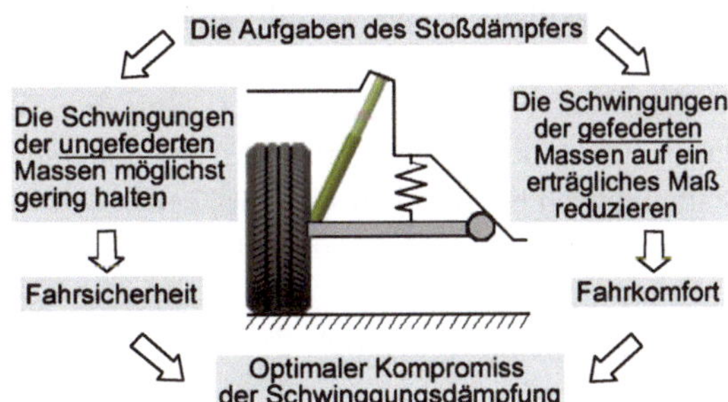

Abb. 2.68 Aufgaben des Stoßdämpfers [20]

Schwingungsdämpfer unterscheiden sich grundsätzlich durch die Art, wie die Dämpferkraft erzeugt wird, welche die Umwandlung von Schwingungsenergie in Wärme bewirkt (Abb. 2.72).

Die unterschiedlichen Dämpferkonzepte und -bauarten werden in Bd. 2, Kap. 6 detailliert erläutert.

Dämpferkonstante

Wie die Federelemente aus Abschn. 2.4.1 werden auch die Dämpfer in die Radführung integriert und stützen sich zumeist zwischen einem Fahrwerklenker und dem Aufbau ab. Dadurch ist auch hier die Umrechnung der Dämpferkonstanten vom reinen Komponentenkennwert auf einen für die Schwingungslehre nutzbaren Kennwert notwendig. Dazu muss der Kennwert wie eine Federkonstante auf das Rad bezogen werden, man spricht auch hier von einer radbezogenen Dämpferkonstante. Diese Umrechnung unterliegt den gleichen Bedingungen wie die im Abschn. 2.4.1 für die Aufbaufedern beschriebenen.

Im Kap. 6 über Dämpfer wird sichtbar, dass analog zu den verschiedenen Federbauarten der Schwingungsdämpfer im Regelfall eine nicht konstante bzw. nicht lineare Charakteristik aufweist. Dennoch wird für allgemeine Schwingungsuntersuchungen ein konstanter Wert für die Dämpfungseigenschaft angenommen.

Im Gegensatz zur Aufbaufederung ist die Dämpferkraft nicht proportional vom Verfahrweg (Radhub) abhängig sondern folgt der vereinfachten Gleichung:

$$F_{\text{Dämpfer}} = k_{\text{Dämpfer}} \cdot \Delta \dot{f}_{\text{Dämpfer}} \tag{2.107}$$

Somit ist die Dämpferkraft geschwindigkeits- bzw. frequenzabhängig, während die Aufbaufederkraft stets wegabhängig ist.

2.4.3 Fahrbahn als Anregung

Die Fahrbahnunebenheiten stellen im Frequenzbereich bis etwa 30 Hz die intensivste Erregerquelle für das Schwingungssystem Kraftfahrzeug dar. Die Fahrbahn regt einerseits durch Unebenheiten Vertikalbewegungen an und wird andererseits als deren Wirkung durch Radlastschwankungen beansprucht [20].

Im Allgemeinen treten Fahrbahnunebenheiten als Anregung mit unterschiedlicher Amplitude und Wellenlänge in unregelmäßigen Abständen auf. Man spricht von einer stochastischen Fahrzeuganregung. Um die Wirkung der Fahrbahnunebenheiten auf das Schwingungssystem Kraftfahrzeug untersuchen zu können, müssen diese zunächst mathematisch beschrieben werden [20].

Da die Beschreibung stochastischer Unebenheitsanregungen bis hin zur spektralen Leistungsdichte leider nur wenig anschaulich ist, wird zunächst die generelle Vorgehensweise dargestellt (Abb. 2.69).

Abb. 2.69 Schrittweise Herleitung der Beschreibung von Fahrbahnunebenheiten [20]

2.4.3.1 Harmonische Anregungen

Geht man im einfachsten Fall von einem harmonischen (sinusförmigen) Unebenheitsverlauf aus, bei dem die Fahrbahnunebenheiten mit der Amplitude $\hat{h}$ in gleichen Abständen L aufeinander folgen, so ergibt sich ein Unebenheitsverlauf gemäß Abb. 2.70.

Diese Unebenheitshöhe lässt sich beschreiben:

$$h(x) = \hat{h} \cdot \sin{(\Omega x)} \tag{2.108}$$

mit $\Omega = \Pi/L$ als Wegkreisfrequenz und der Wellenlänge L. Der Zusammenhang zwischen dem Weg x und der Zeit t wird durch $x = vt$ beschrieben.

Für weiterführende Betrachtungen wird die komplexe Schreibweise eingeführt

Abb. 2.70 Sinusförmiger Unebenheitsverlauf [20]

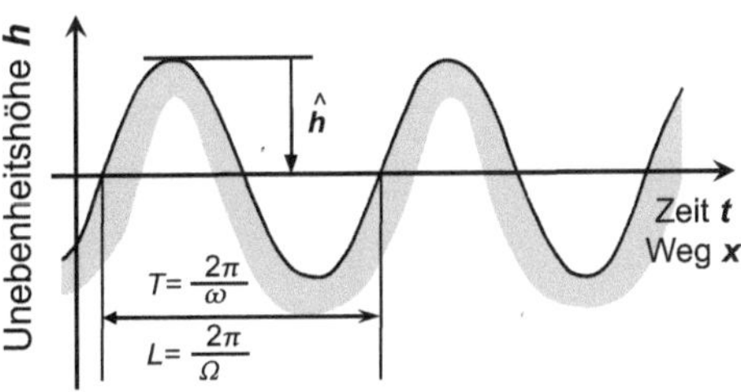

$$h(x) = \hat{h} \cdot \sin(\Omega x) = \underline{\hat{h}} \cdot e^{j\Omega x} \qquad (2.109)$$

Beim Befahren dieser Fahrbahn mit konstanter Geschwindigkeit v lässt sich der wegabhängige Unebenheitsverlauf in einen zeitabhängigen umformulieren:

$$h(t) = \hat{h} \cdot \sin(\omega t) \qquad (2.110)$$

mit ω als Zeitkreisfrequenz. In komplexer Schreibweise ergibt sich:

$$h(t) = \hat{h} \cdot \sin(\omega t) = \underline{\hat{h}} \cdot e^{j\omega t} \qquad (2.111)$$

Da die gleiche Unebenheit beschrieben wird, gilt die Gleichheit von $h(x)$ und $h(t)$. Es ergibt sich nach Gleichsetzen von Gl. 2.109 und Gl. 2.111:

$$\omega t = \Omega x \qquad (2.112)$$

und mit der Beziehung

$$x = vt \qquad (2.113)$$

folgt die Zeitkreisfrequenz zu:

$$\omega = v \cdot \Omega = 2\pi \frac{v}{L} \qquad (2.114)$$

2.4.3.2 Periodische Unebenheiten

Der nächste Schritt bei der Beschreibung der Fahrbahnunebenheiten ist der Übergang zu einem nicht mehr rein sinusförmigen, aber dennoch periodischen Unebenheitsverlauf, Abb. 2.71 [20].

Solche periodische Anregungsfunktionen lassen sich als Summe einzelner Sinusschwingungen beschreiben. Diese wird als Fourier-Reihe bezeichnet. Die wegabhängige Unebenheitsfunktion lautet nach [2].

$$\begin{aligned}
h(x) = h_0 &+ \hat{h}_1 \cdot \sin(\Omega x + \varepsilon_1) \\
&+ \hat{h}_2 \cdot \sin(2\Omega x + \varepsilon_2) + \ldots \\
&+ \hat{h}_k \cdot \sin(k\Omega x + \varepsilon_k) + \ldots
\end{aligned} \qquad (2.115)$$

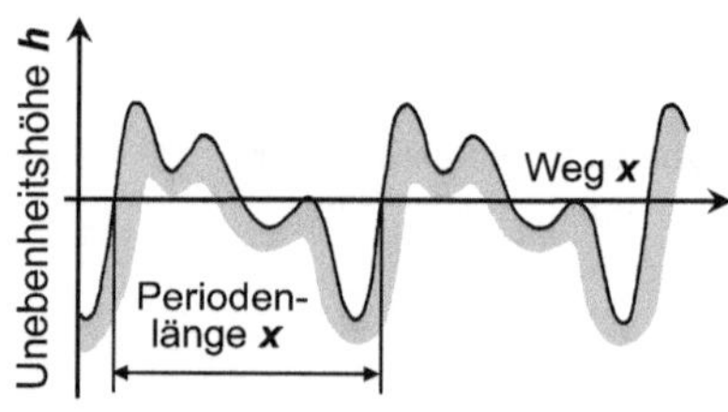

Abb. 2.71 Periodischer Unebenheitsverlauf [20]

Zusammengefasst ergibt sich:

$$h(x) = h_0 + \sum_{k=1}^{\infty} \hat{h}_k \cdot \sin\left(\Omega x + \varepsilon_k\right) \tag{2.116}$$

Aus der wegabhängigen ergibt sich die zeitabhängige Unebenheitsfunktion für periodische Anregungen:

$$h(t) = h_0 + \hat{h}_1 \cdot \sin\left(\omega t + \varepsilon_1\right)$$

$$+\hat{h}_2 \cdot \sin\left(2\omega t + \varepsilon_2\right) + \ldots$$

$$+\hat{h}_k \cdot \sin\left(k\omega t + \varepsilon_k\right) + \ldots \tag{2.117}$$

$$h(t) = h_0 + \sum_{k=1}^{\infty} \hat{h}_k \cdot \sin\left(\omega t + \varepsilon_k\right) \tag{2.118}$$

mit:

$\hat{h}_k$ Amplitude, $\Omega = \Pi/X$, $\omega = v \cdot \Omega$

ε_k Phasenverschiebung

X Periodenlänge.

Die Erregungen durch periodische Fahrbahnunebenheiten können auch in komplexer Schreibweise formuliert werden [17].

$$h(x) = \sum_{k=1}^{\infty} \underline{\hat{h}}_k \cdot e^{jk\Omega x} \tag{2.119}$$

bzw. im Zeitbereich

$$h(t) = \sum_{k=1}^{\infty} \underline{\hat{h}}_k \cdot e^{jk\omega t} \tag{2.120}$$

Trägt man die einzelnen Amplituden $\hat{h}_k$ der Fourier-Reihe über der Frequenz auf, ergibt sich das zu dem periodischen Unebenheitsverlauf gehörende diskrete Amplitudenspektrum (Linienspektrum) Abb. 2.72.

2.4.3.3 Stochastische Unebenheiten

Auf realen Fahrbahnen gibt es im Allgemeinen keinen periodischen Unebenheitsverlauf. Um dennoch die soeben beschriebenen Funktionen der periodischen Anregungen zu verwenden, muss man die Periodenlänge X stark anwachsen lassen. Im Grenzfall wird die Periodenlänge unendlich groß, dadurch wird der Schritt von der regelmäßigen,

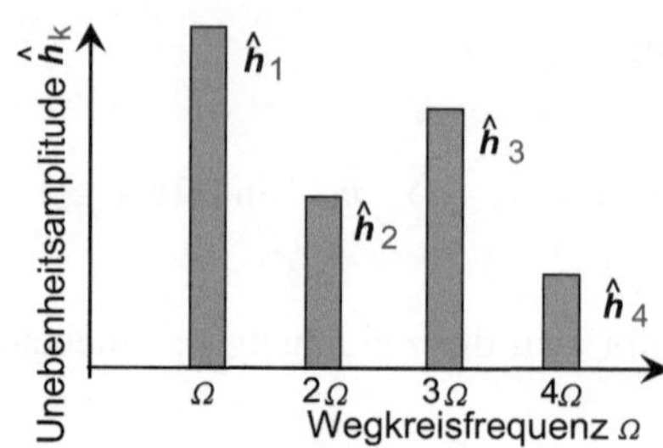

Abb. 2.72 Amplitudenspektrum eines periodischen Unebenheitsverlaufs [20]

periodischen Unebenheitsfunktion zur völlig unregelmäßigen, stochastischen Unebenheitsfunktion vollzogen [2].

Im Grenzfall der unendlich großen Periodenlänge X wird aus der Summenformel ein Integral [31].

$$h(x) = \int_{-\infty}^{+\infty} \underline{\hat{h}}(\Omega) \cdot e^{j\Omega x} d\Omega \tag{2.121}$$

Daraus ergibt sich das kontinuierliche Amplitudenspektrum

$$\underline{\hat{h}}(\Omega) = \frac{1}{2\pi} \int_{-\infty}^{+\infty} h(x) \cdot e^{-j\Omega x} dx \tag{2.122}$$

Die zeitabhängige Unebenheitsfunktion erhält man wieder durch Einsetzen der Verknüpfungen aus Gl. 2.113 und Gl. 2.114 [17].

$$\begin{aligned}
h(t) &= \int_{-\infty}^{+\infty} \underline{\hat{h}}(\Omega) \cdot e^{j\omega t} d\Omega \\
&= \int_{-\infty}^{+\infty} \underline{\hat{h}}(\Omega) \cdot e^{j\omega t} \cdot \frac{1}{v} d\omega \\
&= \int_{-\infty}^{+\infty} \underline{\hat{h}}(\omega) \cdot e^{j\omega t} d\omega
\end{aligned} \tag{2.123}$$

Daraus sind folgende Zusammenhänge ersichtlich:

$$\underline{\hat{h}}(\Omega) d\Omega = \underline{\hat{h}}(\omega) d\omega \tag{2.124}$$

$$\underline{\hat{h}}(\omega) = \frac{1}{v} \cdot \underline{\hat{h}}(\Omega) \tag{2.125}$$

Es ist also wichtig, dass zwischen dem wegfrequenzabhängigen Spektrum und dem zeitfrequenzabhängigen Spektrum ein Unterschied besteht.

2.4.3.4 Spektrale Dichte der Fahrbahnunebenheiten

Für theoretische Untersuchungen der durch Fahrbahnunebenheiten verursachten Fahrzeugschwingungen ist die Kenntnis des Unebenheitsverlaufs als Funktion der Zeit oder des zurückgelegten Weges in der Regel weniger wichtig. Es interessiert vielmehr, welche Anregungen beim Befahren einer unebenen Fahrbahn im statistischen Mittel bei bestimmten Fahrbahnen auftreten, d. h. welche Amplituden und welche Häufigkeit Fahrbahnunebenheiten haben, die in bestimmten festen Abständen aufeinander folgen. Man bildet dazu den quadratischen Mittelwert, der im Allgemeinen wie folgt definiert ist:

$$\overline{g}^2 = \frac{1}{T} \int_0^T g^2(t)\,\mathrm{dt} \tag{2.126}$$

Setzt man nun Gl. 2.123 in diese Gleichung ein und führt einige Umformungen durch [2], so ergibt sich der quadratische Mittelwert der Fahrbahnunebenheiten.

$$\overline{h}^2 = \int_0^\infty \lim_{T \to \infty} \frac{4\pi}{T} \left(\hat{h}(\omega) \right)^2 \mathrm{d}\omega \tag{2.127}$$

Die hier auftretenden Grenzwerte besagen, dass diese einfachen Ausdrücke nur für sehr große Zeitspannen T bzw. Weglängen X gelten. Die Integrandenfunktion

$$\Phi_\mathrm{h}(\omega) = \lim_{T \to \infty} \frac{4\pi}{T} \left(\hat{h}(\omega) \right)^2 \tag{2.128}$$

wird als Leistungsdichtespektrum für Unebenheiten bezeichnet.

Um eine Aussage über die Unebenheitscharakteristik zu erhalten, ist die bisher hergeleitete spektrale Dichte wegkreisfrequenzabhängig zu definieren, da ansonsten Aussagen über die Fahrgeschwindigkeit enthalten sind. Es gilt analog [2]:

$$\Phi_\mathrm{h}(\Omega) = \lim_{X \to \infty} \frac{4\pi}{X} \left(\hat{h}(\Omega) \right)^2 \tag{2.129}$$

$$\hat{h}(\omega) = \frac{1}{v} \cdot \hat{h}(\Omega) \tag{2.130}$$

$$X = v \cdot T \tag{2.131}$$

Eingesetzt in Gl. 2.129 ist ersichtlich, dass zwischen der wegkreisfrequenzabhängigen sowie der zeitabhängigen spektralen Leistungsdichte der folgende Zusammenhang gilt (Abb. 2.73):

$$\Phi_\mathrm{h}(\Omega) = v \cdot \Phi_\mathrm{h}(\omega) \tag{2.132}$$

Die wegkreisfrequenzabhängige spektrale Dichte (a) kann anhand verschiedener Fahrgeschwindigkeiten (b) in die zeitkreisfrequenzabhängige spektrale Dichte (c) überführt werden. Diese ist dann abhängig von der Erregerkreisfrequenz sowie der Fahrgeschwindigkeit.

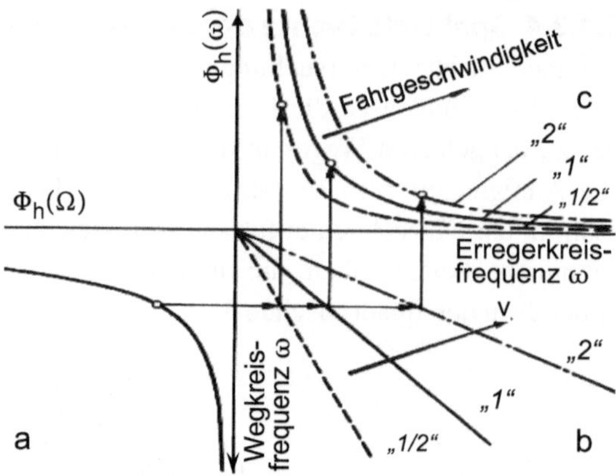

Abb. 2.73 Zusammenhang zwischen weg- und zeitabhängiger spektraler Leistungsdichte [2]

2.4.3.5 Gemessene reale Fahrbahnunebenheiten

Misst man die Leistungsdichtespektren $\Phi_\mathrm{h}(\Omega)$ verschiedener Straßen und trägt diese in doppeltlogarithmischem Maßstab auf, so ergeben sich für alle Fahrbahnen ähnliche Verläufe (Abb. 2.74).

Generell sinkt die Unebenheitsdichte mit steigender Wegkreisfrequenz bzw. mit sinkender Unebenheitswellenlänge. Das bedeutet, dass generell die spektrale Dichte langwelliger Unebenheiten höher ist.

In dieser Darstellung lassen sich die Leistungsdichtespektren durch Geraden annähern, die dann durch folgende Gleichung beschrieben werden können:

$$\Phi_\mathrm{h}(\Omega) = \Phi_\mathrm{h}(\Omega_0)\left(\frac{\Omega}{\Omega_0}\right)^{-\mathrm{w}} \tag{2.133}$$

Hierin ist $\Phi_\mathrm{h}(\Omega_0)$ die spektrale Leistungsdichte bei einer Bezugswegkreisfrequenz Ω_0, die i. d. R. zu $\Omega_0 = 10^{-2}\ \mathrm{cm}^{-1} = 1\ \mathrm{m}^{-1}$ gewählt wird [20]. Es entspricht einer Bezugswellenlänge von

$$L_0 = \frac{2\pi}{\Omega_0} = 6{,}28\,\mathrm{m}\,.$$

$\Phi_\mathrm{h}(\Omega_0)$ wird auch als „Unebenheitsgrad der Fahrbahn" bezeichnet. Eine synonyme Nennung ist der AUN (Allgemeiner Unebenheitsindex). „w" bezeichnet die Steigung der Geraden und wird auch Welligkeit genannt.

Die Welligkeit der Fahrbahn schwankt in Abhängigkeit der Fahrbahnbauart zwischen 1,7 und 3,3. Im Mittel über verschiedene Fahrbahnen beträgt die Welligkeit $w = 2$ und wird für die „Normstraße" angesetzt [32].

Unebenheitsgrad und Welligkeit gelten als Beurteilungskriterien für die Beschaffenheit einer Fahrbahn. Eine Zunahme von $\Phi_\mathrm{h}(\Omega_0)$ entspricht einer größeren Unebenheit der Fahrbahn, während eine Zunahme von w einem höheren Anteil langer Wellen im Spektrum entspricht.

Abb. 2.74 Spektrale
Leistungsdichte der
Unebenheiten in Abhängigkeit
von der Wegkreisfrequenz
für eine Landstraße und eine
Autobahn [20]

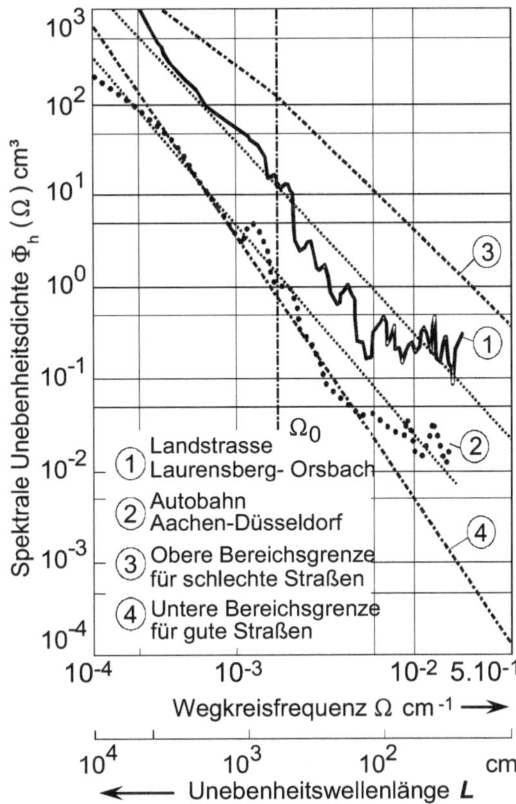

Für bundesdeutsche Fernstraßen sind Kenngrößen für die Unebenheit und Welligkeit festgelegt. Der AUN-Zielwert für Fernstraßen beträgt $< 1{,}5\,\text{cm}^3$. Der Zielwert ist der Abnahmewert für Neubaustrecken. Der Warnwert beträgt $3{,}5\,\text{cm}^3$. Beim Erreichen des Warnwertes werden eine intensive Beobachtung sowie eine Analyse des Fahrbahnzustandes veranlasst. Der Schwellenwert ist mit $4{,}5\,\text{cm}^3$ definiert. Beim Erreichen des Schwellenwerts wird die Prüfung baulicher oder verkehrsmindernder Maßnahmen angeordnet [33].

2.4.4 Zweimassen-Feder-Dämpfersysteme mit dem Reifen als Federelement

Mit einfachen Gleichungen und Schwingungsdiagrammen lässt sich erläutern, warum ein Zweimassen-Feder-Dämpfersystem mit Aufbaufeder und Raddämpfer sowie mit dem Reifen ebenfalls als Feder-Dämpferelement für die Fahrzeugaufhängung das komfortabelste und sicherste System ist.

Es werden vier mögliche Aufhängungssysteme untereinander verglichen. Diese sind:

a) ungefedertes Fahrzeug (z. B. Prunkwagen der Sumerer in Abb. 1.4 mit Holzrädern),
b) gefedertes Fahrzeug ohne Reifenfeder (z. B. Pferdekutsche in Abb. 1.5 mit Holzrädern),
c) nur auf Reifen schwingendes Fahrzeug (z. B. Fahrrad),
d) doppelt abgefedertes Fahrzeug.

Abb. 2.75 zeigt diese einfachen Vertikalschwingungssysteme als mathematische Modelle und die Diagramme in Abb. 2.76 zeigen die Vergrößerungsfunktion für die Aufbaubeschleunigung (als Fahrkomfort) und für die Radlastschwankungen (als Fahrsicherheit) für eine harmonische Erregerfrequenz von 0 bis 25 Hz (Fahrgeschwindigkeiten bis zu 150 km/h.).

Für die Berechnungen benutzte Parameterwerte sind:

Massen [kg]	$m_A = 256$	$m_R = 31$
Steifigkeiten [kN/m]	$c_A = 20{,}2$	$c_R = 128$
Dämpfung [kN s/m]	$k_A = 1{,}140$	$k_R = 0{,}0$

Aufbaumasse ist hier $\frac{1}{4}$ des Fahrzeuggewichts. Aus den Kurvenverläufen in Abb. 2.76 lassen sich die einzelnen Modelle wie folgt kommentieren [23]:

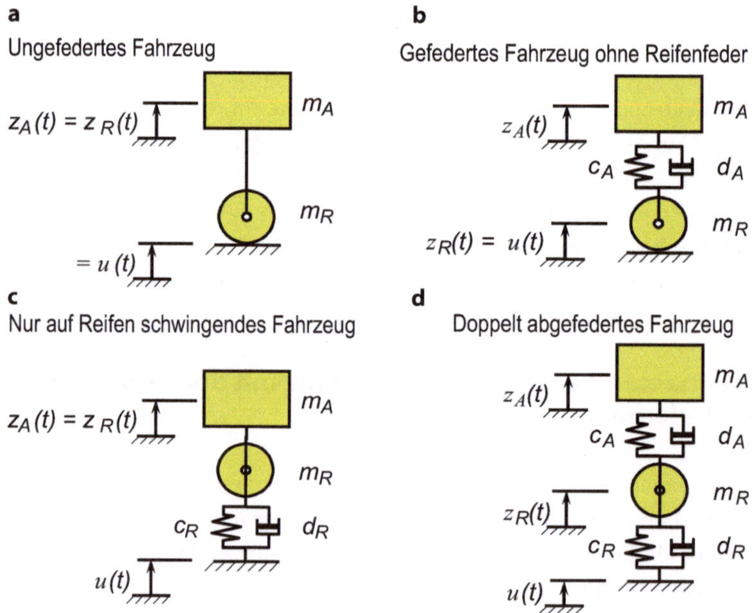

Abb. 2.75 Vergleich einfacher Schwingungsmodelle [23]

Abb. 2.76 Vergleich Fahrkomfort und Fahrsicherheit einzelner Modelle [23]

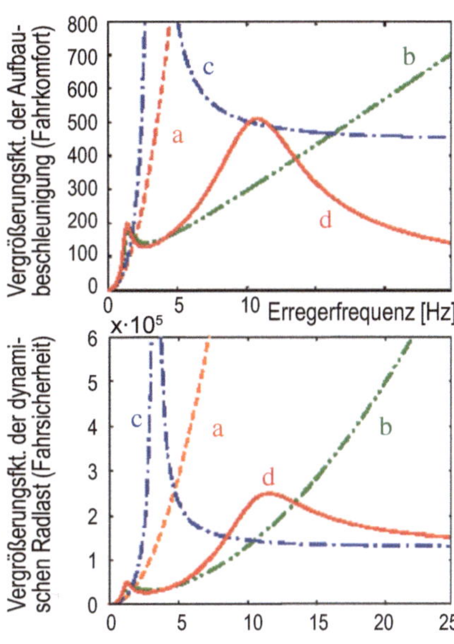

a) Ungefedertes Fahrzeug

Da die gesamte Fahrzeugmasse dem Verlauf der Unebenheiten folgen muss, treten ab kleinen Erregerfrequenzen stark ansteigende Amplituden der Beschleunigung und der dynamischen Radlast auf. Das Rad hebt ab niedrigen Geschwindigkeiten von der Fahrbahn ab; keine sichere Fahrt.

b) Gefedertes Fahrzeug ohne Reifenfeder

Hier muss nur die Radmasse m_R dem Verlauf der Unebenheiten folgen. Oberhalb der Resonanzstelle bei der Aufbau-Eigenfrequenz f_A gleicht der Verlauf qualitativ demjenigen von (a), jedoch zu höheren Frequenzen hin verschoben. Gegenüber (a) können höhere Fahrgeschwindigkeiten realisiert werden. Für Straßenfahrt ist dieses System dennoch ebenfalls ungeeignet. Für Schienenfahrzeuge (geringere Welligkeit der Fahrbahn) ist es nur bei nicht zu großen Fahrgeschwindigkeiten brauchbar (einfacher zweiachsiger Güterwagen).

c) Nur auf Reifen schwingendes Fahrzeug

Wegen der sehr kleinen Reifendämpfung tritt ein ausgeprägtes Resonanzmaximum auf, das ebenfalls zu unzulässigen Beschleunigungs- und Radlastamplituden führt. Auch ein solches Fahrzeug ist für eine schnelle Fahrt (> 30 km/h) ungeeignet.

d) Doppelt abgefedertes Fahrzeug

Es treten zwei Resonanzmaxima bei der Aufbau- (f_A typisch 0,8–1,5 Hz) und Radeigenfrequenz (f_R typisch 10–15 Hz) auf. Gegenüber (c) können die Resonanzspitzen durch einen stark wirkenden Aufbaudämpfer klein gehalten werden. Die Zusatzfederung durch den Luftreifen ermöglicht ein schnelles Fahren.

Damit lässt sich festhalten:

Nur die doppelte Abfederung wie im Modell (d) führt zu begrenzten maximalen Amplituden der Vertikalbeschleunigung und der Radlastschwankungen und ermöglicht dadurch ein schnelles und komfortables Fahren der Fahrzeuge.

2.4.5 Federungsmodelle

Nachdem die für das Erstellen von schwingungstechnischen Ersatzmodellen notwendigen einzelnen Komponenten vorgestellt sind, können nun schrittweise die Ersatzmodelle vorgestellt werden.

2.4.5.1 Einmassen-Ersatzsystem

Das einfachste Fahrzeugmodell ist das Einmassen-Ersatzsystem gemäß Abb. 2.77. Die Masse entspricht der des Anteils der Aufbaumasse, der auf das betrachtete Fahrzeugrad entfällt. Die Achsmasse ist mit dem Aufbau ungefedert verbunden. Die Federung – z. B. bei Baumaschinen oder Muldenkippern – wird vom Reifen übernommen. Als Dämpfung wirkt lediglich die Reifendämpfung [20].

Folgende Bewegungsgleichung beschreibt das Schwingungssystem:

$$m_A \cdot \ddot{z}_A = -k_R \cdot (\dot{z}_A - \dot{z}_E) - c_R \cdot (z_A - z_E) \tag{2.134}$$

$$\ddot{z}_A = -\frac{k_R}{m_A} \cdot (\dot{z}_A - \dot{z}_E) - \frac{c_R}{m_A} \cdot (z_A - z_E) \tag{2.135}$$

Die Eigenfrequenz ω_e und das Dämpfungsmaß D ergeben sich bei Vernachlässigung der Fußpunkterregung z_E, d. h. durch Lösung des homogenen Teiles dieser Differenzialgleichungen mittels des Ansatzes $z = z_0 \cdot e^{\omega t}$ zu

$$\omega_e = \sqrt{\frac{c_R}{mA}} \tag{2.136}$$

$$D = \frac{k_R}{k_{krit}} = \frac{k_R}{2 \cdot m_A \cdot \omega_e} \tag{2.137}$$

Abb. 2.77 Einmassen-Federungsmodell [20]

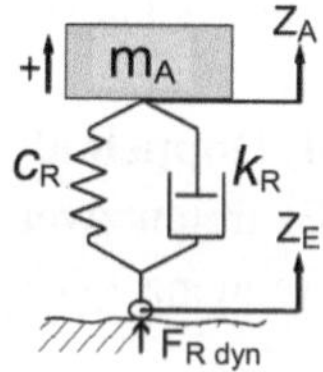

Dabei besteht zwischen ungedämpfter Eigenkreisfrequenz ω_e, gedämpfter Eigenkreisfrequenz $\omega_{em,D}$ und Dämpfung D folgender Zusammenhang:

$$\omega_{em,D} = \omega_e \sqrt{1 - D^2} \tag{2.138}$$

Zur Ermittlung des Schwingungsverlaufes des Aufbaus $z_A\,(t)$ sowie der Feder- und Dämpferkräfte bei beliebig vorgegebener Erregung (z. B. gemessenes Fahrbahnprofil) eignen sich Simulationsumgebungen, insbesondere dann, wenn Nichtlinearitäten zu berücksichtigen sind (z. B. Reifenabheben, geknickte Schwingungsdämpfer- und Federkennlinien) [20]. Verwendet man als Anregungssignal z_E einen Gleitsinus (Sinus konstanter Amplitude und variierender Frequenz), so lässt sich aus den Scheitelwerten von Aufbauamplitude und Anregungsamplitude die Vergrößerungsfunktion ermitteln:

$$V(f) = \frac{z_A}{z_E} \tag{2.139}$$

Bemerkung: Die Vergrößerungsfunktion für die Aufbauamplituden bezogen auf die Erregeramplituden z_A/z_E ist mit der Vergrößerungsfunktion für die Aufbaubeschleunigung bezogen auf die Erregerbeschleunigungen $\ddot{z}_A/\ddot{z}_E$ identisch, da aus der zweifachen Differentiation einer Sinusschwingung folgt:

$$\begin{aligned}
\ddot{z}_E(t) &= -\omega^2 \cdot z_E(t) \\
\ddot{z}_A(t) &= -\omega^2 \cdot z_A(t)
\end{aligned} \tag{2.140}$$

$$\frac{z_A(t)}{z_E(t)} = \frac{\ddot{z}_A(t)}{\ddot{z}_E(t)} \tag{2.141}$$

Die Vergrößerungsfunktion des Einmassen-Federungsmodells ist in Abb. 2.78 aufgetragen.

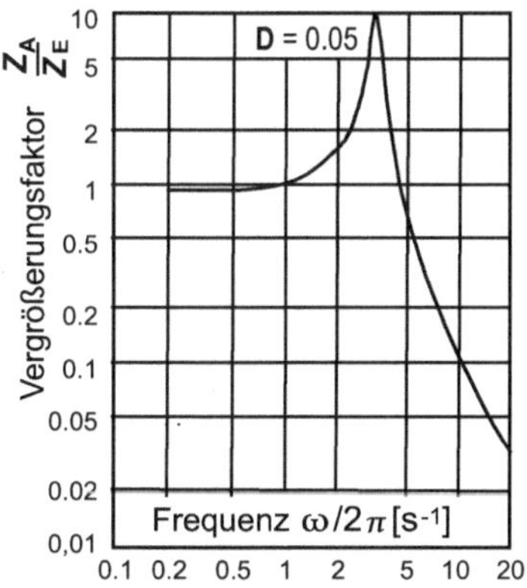

Abb. 2.78 Vergrößerungsfunktion des Einmassen-Federungsmodells [20]

Wegen geringer Eigendämpfung der Reifen tritt eine ausgeprägte Resonanzamplitude auf. Dabei liegt die Eigenfrequenz – resultierend aus anteiliger Aufbau- und Achsmasse und der Reifenfederkonstante – mit etwa 3 bis 4 Hz in einem Frequenzbereich hoher Schwingungsempfindlichkeit des Menschen [20].

2.4.5.2 Zweimassen-Ersatzsystem

Übliche Kraftfahrzeuge haben nicht nur Reifen-, sondern auch Aufbaufedern. Das einfachste Ersatzsystem, das jedoch bereits wesentliche Merkmale einer realen Fahrzeugfederung aufweist, ist das im folgenden behandelte Zweimassen-Ersatzsystem. Es entsteht durch Reduktion aus einem Vierradfahrzeug, indem als Aufbaumasse der auf das betrachtete Rad entfallende Anteil eingesetzt wird. Dabei wird u. a. der Einfluss von Massenkopplung vernachlässigt.

Die Struktur eines Zweimassen-Ersatzsystems zeigt Abb. 2.79. Das System besteht aus der anteiligen Aufbaumasse, einer Rad- bzw. Achsmasse, den Aufbaufedern und -dämpfern sowie der Reifenfederung und -dämpfung [20].

Die das System beschreibenden Differenzialgleichungen ergeben sich durch Formulierung des Kräftegleichgewichts an der Aufbau- und der Radmasse:

$$m_A \cdot \ddot{z}_A = -k_A \cdot (\dot{z}_A - \dot{z}_R) - c_A \cdot (z_A - z_R) \tag{2.142}$$

$$m_R \cdot \ddot{z}_R = -k_A \cdot (\dot{z}_R - \dot{z}_A) - c_A \cdot (z_R - z_A)$$

$$-k_R \cdot (\dot{z}_R - \dot{z}_E) - c_R \cdot (z_R - z_E) \tag{2.143}$$

Die beiden Differenzialgleichungen sind über die Aufbaufederung bzw. die Aufbaudämpfung miteinander gekoppelt. Zur näherungsweisen Bestimmung der beiden Eigenkreisfrequenzen ω_e und Dämpfungen D soll die Kopplung der beiden Differenzialgleichungen vernachlässigt werden, sodass nur die homogenen Teile der Differenzialgleichungen betrachtet werden [20]. Für die Aufbaumasse m_A ergibt sich damit:

$$m_A \cdot \ddot{z}_A + k_A \cdot \dot{z}_A + c_A \cdot z_A = 0 \tag{2.144}$$

Abb. 2.79 Zweimassen-Federungsmodell [20]

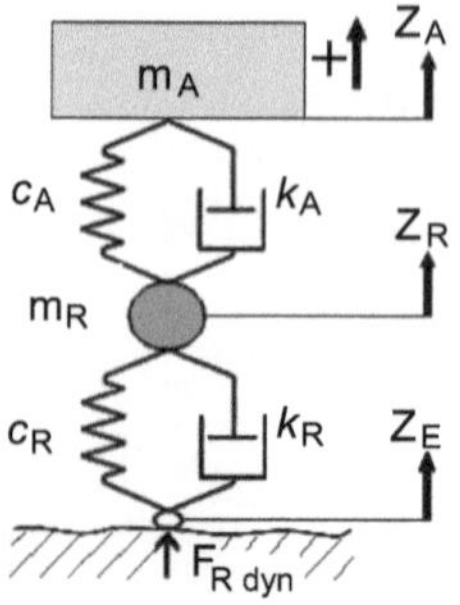

woraus für Eigenkreisfrequenz ω_{eA} und Dämpfung D_A folgen:

$$\omega_{eA} = \sqrt{\frac{c_A}{m_A}} \tag{2.145}$$

$$D_A = \frac{k_A}{2m_A\omega_{eA}} \tag{2.146}$$

Ebenso ergibt sich bei der Radmasse m_R aus

$$m_R \cdot \ddot{z}_R + (k_R + k_A) \cdot \dot{z}_R + (c_R + c_A) \cdot z_R = 0 \tag{2.147}$$

Eigenkreisfrequenz ω_{eR} und Dämpfung D zu:

$$\omega_{eR} = \sqrt{\frac{c_R + c_A}{m_R}} \tag{2.148}$$

$$D_R = \frac{k_A + k_R}{2\,m_R\,\omega_{eR}}$$

$$= \frac{k_A + k_R}{2\,\sqrt{m_R\,(c_R + c_A)}} \tag{2.149}$$

Des Weiteren lässt sich durch eine Formulierung des Kräftegleichgewichts am Radaufstandspunkt und mithilfe der Gln. 2.142 und 2.143 ein Ausdruck für die auf die Fahrbahn wirkenden Reifenkräfte ermitteln, d. h. eine Gleichung für die dynamische Radlast $F_{R,dyn}$:

$$F_{R,dyn} = -k_R \cdot (\dot{z}_R - \dot{z}_E) - c_R \cdot (z_R - z_E)$$

$$= m_A \cdot \ddot{z}_A + m_R \cdot \ddot{z}_R \tag{2.150}$$

Mithilfe dieser Gleichung lässt sich durch Messen der jeweiligen Beschleunigung von Aufbau- und Radmasse und in Kenntnis der Massen ein Verfahren zur indirekten Messung der dynamischen Radlast herleiten [20].

Die Vergrößerungsfunktion wurde beim Einmassen-Ersatzsystem ermittelt, indem das System mit einem Gleitsinus als Anregungssignal z_E beaufschlagt wurde und die Scheitelwerte der Aufbauamplitude z_A berechnet wurden. Es ist auch möglich, das System mit einer synthetisch erzeugten Fahrbahn anzuregen und daraus auf die Vergrößerungsfunktion zu schließen [20].

2.4.5.3 Erweiterung um Sitzfederung

Eine Erweiterung des bisher betrachteten Zweimassen-Ersatzsystems um die Sitzfederung führt zu einem Dreimassen-Ersatzsystem (Abb. 2.80).

Dabei stellt die hinzugefügte Masse, die Masse des gefederten Teiles des Sitzes und des darauf sitzenden Menschen dar. Wegen der im Verhältnis zur Aufbaumasse geringen hinzugefügten Masse kann die Rückwirkung auf den Aufbau im Allgemeinen

Abb. 2.80 Struktur eines Dreimassen-Federungsmodells [20]

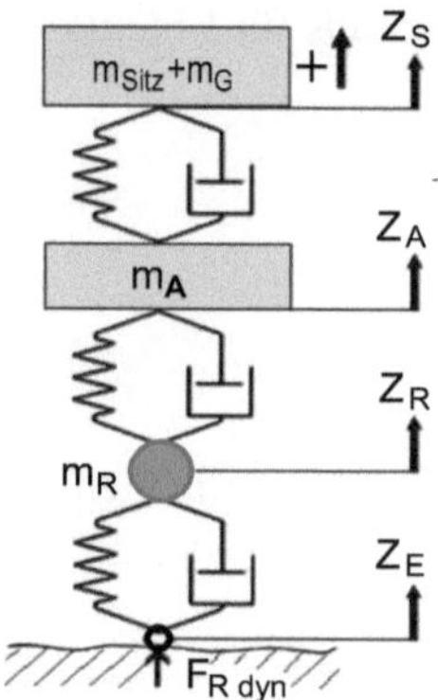

vernachlässigt werden. Man kann daher von einem Zweimassen-System mit aufgesetztem einfachem Schwinger ausgehen. [20]

2.4.5.4 Einspur-Federungsmodell

Bei den Einspur-Federungsmodellen wird der Aufbau nicht mehr als Punktmasse, sondern als ein mit Masse behafteter Balken angesehen. Im einfachsten Fall handelt es sich um das Modell eines zweiachsigen Fahrzeuges mit starrem Aufbau, d. h. um einen biegesteifen Balken, Abb. 2.81 [20]. Zunächst müssen wieder die Differenzialgleichungen formuliert werden. Das Einspur-Federungsmodell für ein zweiachsiges Fahrzeug nach Abb. 2.81 hat vier Freiheitsgrade:

- Heben und Nicken des Aufbaus und
- Heben der Vorder- und Hinterachse.

Abb. 2.81 Einspur-Federungsmodell [20]

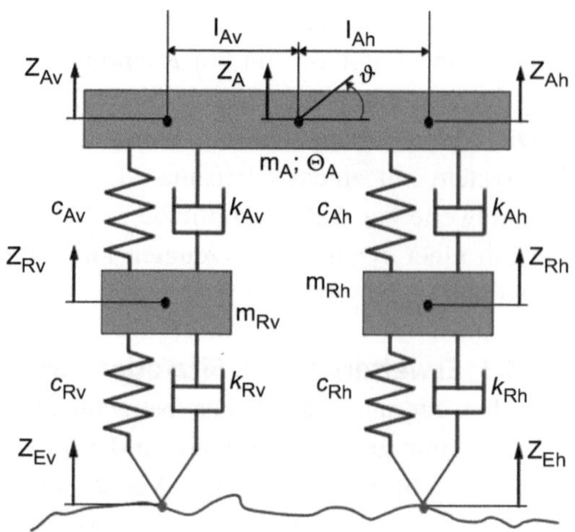

Für den Schwerpunkt des Aufbaus gilt:

$$m_{\mathrm{A}} \ddot{z}_{\mathrm{A}} = -k_{\mathrm{Av}} \cdot (\dot{z}_{\mathrm{Av}} - \dot{z}_{\mathrm{Rv}}) - c_{\mathrm{Av}} \cdot (z_{\mathrm{Av}} - z_{\mathrm{Rv}})$$

$$-k_{\mathrm{Ah}} \cdot (\dot{z}_{\mathrm{Ah}} - \dot{z}_{\mathrm{Rh}})$$

$$-c_{\mathrm{Ah}} \cdot (z_{\mathrm{Ah}} - z_{\mathrm{Rh}}) \tag{2.152}$$

$$\Theta_{\mathrm{A}} \ddot{\vartheta}_{\mathrm{A}} = l_{\mathrm{v}} \cdot k_{\mathrm{Av}} \cdot (\dot{z}_{\mathrm{Av}} - \dot{z}_{\mathrm{Rv}})$$

$$+ l_{\mathrm{v}} \cdot c_{\mathrm{Av}} \cdot (z_{\mathrm{Av}} - z_{\mathrm{Rv}})$$

$$- l_{\mathrm{h}} \cdot k_{\mathrm{Ah}} \cdot (\dot{z}_{\mathrm{Ah}} - \dot{z}_{\mathrm{Rh}})$$

$$- l_{\mathrm{h}} \cdot c_{\mathrm{Ah}} \cdot (z_{\mathrm{Ah}} - z_{\mathrm{Rh}}) \tag{2.152}$$

Vorder- und Hinterachse gehorchen den Gleichungen:

$$m_{\mathrm{Rv}} \ddot{z}_{\mathrm{Rv}} = k_{\mathrm{Av}} \cdot (\dot{z}_{\mathrm{Av}} - \dot{z}_{\mathrm{Rv}}) + c_{\mathrm{Av}} \cdot (z_{\mathrm{Av}} - z_{\mathrm{Rv}})$$

$$- k_{\mathrm{Rv}} \cdot (\dot{z}_{\mathrm{Rv}} - \dot{z}_{\mathrm{Ev}})$$

$$- c_{\mathrm{Rv}} \cdot (z_{\mathrm{Rv}} - z_{\mathrm{Ev}}) \tag{2.153}$$

$$m_{\mathrm{Rh}} \ddot{z}_{\mathrm{Rh}} = k_{\mathrm{Ah}} \cdot (\dot{z}_{\mathrm{Ah}} - \dot{z}_{\mathrm{Rh}})$$

$$+ c_{\mathrm{Ah}} \cdot (z_{\mathrm{Ah}} - z_{\mathrm{Rh}})$$

$$- k_{\mathrm{Rh}} \cdot (\dot{z}_{\mathrm{Rh}} - \dot{z}_{\mathrm{Eh}})$$

$$- c_{\mathrm{Rh}} \cdot (z_{\mathrm{Rh}} - z_{\mathrm{Eh}}) \tag{2.154}$$

Dabei bestehen zwischen den Aufbaubewegungen über den Achsen z_{Av} und z_{Ah}, der Bewegung des Aufbauschwerpunktes z_{A} und dem Nickwinkel ϑ folgende Zusammenhänge:

$$z_{\mathrm{Av}} = z_{\mathrm{A}} - l_{\mathrm{v}} \cdot \vartheta \tag{2.155}$$

$$z_{\mathrm{Ah}} = z_{\mathrm{A}} + l_{\mathrm{h}} \cdot \vartheta \tag{2.156}$$

Wie bei dem Einrad-Federungsmodell lassen sich auch für das Einspur-Federungsmodell aus den Differenzialgleichungen die Eigenkreisfrequenzen und Dämpfungsmaße angeben, falls die Kopplung der Differenzialgleichungen vernachlässigt wird (Tab. 2.7). Man geht also von der Vorstellung aus, dass alle Freiheitsgrade – bis auf den betreffenden – blockiert sind [20].

Tab. 2.7 Übersicht über verschiedene Eigenfrequenzen und Dämpfungsmaße [20]

	Eigenkreisfrequenz	Dämpfungsmaß
Hub	$\sqrt{\dfrac{c_{Av} + c_{Ah}}{m_A}}$	$\dfrac{k_{Av} + k_{Ah}}{2\sqrt{m_A \cdot (c_{Av} + c_{Ah})}}$
Aufbau vorn	$\sqrt{\dfrac{c_{Av}}{m_{Av}}}$	$\dfrac{k_{Av}}{2\sqrt{m_{Av}\, c_{Av}}}$
Aufbau hinten	$\sqrt{\dfrac{c_{Ah}}{m_{Ah}}}$	$\dfrac{k_{Ah}}{2\sqrt{m_{Ah}\, c_{Ah}}}$
Nicken	$\sqrt{\dfrac{l_{Av}^2\, c_{Av} + l_{Ah}^2\, c_{Ah}}{\Theta_A}}$	$\dfrac{l_{Av}^2\, k_{Av} + l_{Ah}^2\, k_{Ah}}{2\sqrt{\Theta_A \cdot \left(l_{Av}^2\, c_{Av} + l_{Ah}^2\, c_{Ah}\right)}}$
Vorderachse	$\sqrt{\dfrac{c_{Av} + c_{Rv}}{m_{Rv}}}$	$\dfrac{k_{Av} + k_{Rv}}{2\sqrt{m_{Rv} \cdot (c_{Av} + c_{Rv})}}$
Hinterachse	$\sqrt{\dfrac{c_{Ah} + c_{Rh}}{m_{Rh}}}$	$\dfrac{k_{Ah} + k_{Rh}}{2\sqrt{m_{Rh} \cdot (c_{Ah} + c_{Rh})}}$

Die achsanteiligen Aufbaumassen ergeben sich aus der Schwerpunktlage:

$$m_{Av} = m_A \frac{l_{Ah}}{l_{Av} + l_{Ah}} \tag{2.157}$$

$$m_{Ah} = m_A \frac{l_{Av}}{l_{Av} + l_{Ah}} \tag{2.158}$$

Im Hinblick auf den Federungskomfort sollte die Nickeigenfrequenz niedrig sein. Bei vorgegebenen Federsteifen für die Hubfederung ist eine gezielte Beeinflussung allerdings schwierig, da die übrigen Einflussparameter in der Regel nach anderen Gesichtspunkten festgelegt werden (Schwerpunktlage, Radstand) oder sich mehr oder weniger aus dem Fahrzeugkonzept ergeben (Trägheitsmoment) [20].

2.4.5.5 Zweispur-Federungsmodell

Ein weiter detailliertes Schwingungsmodell ist das Zweispurmodell. Dieses beinhaltet zunächst die Aufbaumasse sowie vier Radmassen. Der Aufbau mit der Masse m_A und den Trägheitsmomenten J_y (Querachse) und J_x (Längsachse) stützt sich dabei jeweils über ein Feder- und Dämpferelement an den 4 Rädern ab. Die Räder stützen sich wiederum über die Reifenfeder und die Reifendämpfer auf der Fahrbahn ab [20].

Damit weist dieses Ersatzmodell mehr Freiheitsgrade auf als die bisher gezeigten Modelle. Für die Untersuchung der Vertikaldynamik bewegen sich die vier Räder hauptsächlich in vertikaler Richtung. Neben einer ebenfalls vertikal gerichteten translatorischen Bewegung kann der Fahrzeugaufbau rotatorische Schwingungen um die Längsachse (Wanken, manchmal auch als Rollen bezeichnet) oder um die Querachse

(Nicken) ausführen. Weitere Freiheitsgrade bzw. Detaillierungsgrade sind durchaus denkbar. So kann beispielsweise die Aufbaumasse weiter aufgeteilt werden, wobei die entstehenden Teilmassen (Antrieb, Fahrer und Sitz, Fahrerhaus beim Lkw) wiederum mit Feder- und ggf. Dämpferelementen anzubinden sind.

Abb. 2.82 zeigt das Zweispur-Federungsmodell einer Starrachse, welche die ersten Betrachtungen etwas erleichtert. Wie zu erkennen ist, kann sich bei einer solchen Anordnung der Fahrzeugaufbau relativ zur Radaufhängung drehen. Dieses geschieht um einen Momentanpol der Bewegung, der durch konstruktive bzw. kinematische Methoden bestimmt werden kann. Dieser Momentanpol wird auch als Wankpol bezeichnet, die Bewegung selbst wird als „Wanken" bezeichnet.

In Abb. 2.83 sind die Kräfte eingezeichnet, die bei Kurvenfahrt unter Querbeschleunigung entstehen. Zu erkennen ist hier das Wankmoment des Aufbaus, welches über die beiden Aufbaufedern abgestützt wird.

Das Wankmoment entsteht durch die am Aufbauschwerpunkt angreifende Fliehkraft der Aufbaumasse, als Hebelarm gilt der Abstand des Aufbauschwerpunktes zur Wankachse (Δh).

Abb. 2.82 Zweispur-Federungsmodell [20]

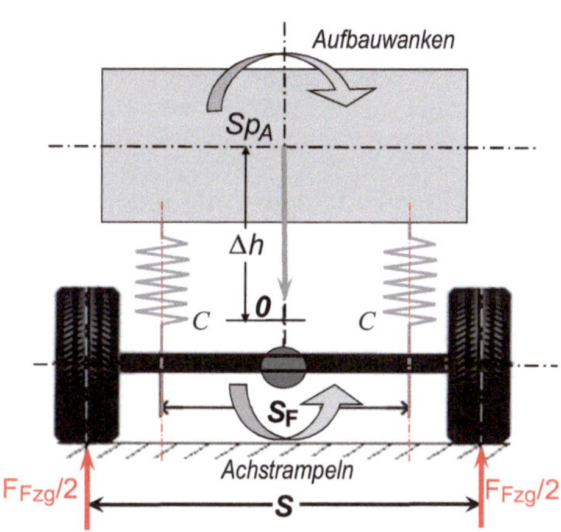

Abb. 2.83 Kräfteplan des Zweispurmodells unter Querbeschleunigung ohne Stabilisator

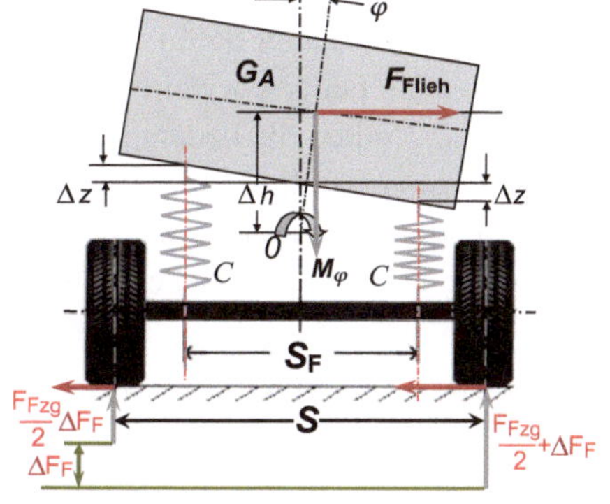

Die Wankachse ist die Verbindungslinie von vorderem und hinterem Wankpol und kann daher eine Neigung in Längsrichtung aufweisen. Diese Neigung wird hier jedoch zunächst vernachlässigt.

Demnach gilt für das Wankmoment:

$$M_\varphi = F_{\text{Flieh,A}} \cdot \Delta h \cdot \cos(\varphi)$$

$$+ m_{\text{A}} \cdot g \cdot h \cdot \sin(\varphi) \tag{2.159}$$

Die Auslenkung des Schwerpunkts bei einem Wankwinkel wird ebenfalls vernachlässigt, da die Auslenkung vor allem bei einem Pkw sehr gering ist ($\cos(\varphi) \approx 1$).

Daher wird vereinfachend von folgendem Wankmoment ausgegangen [20]:

$$M_\varphi = F_{\text{Flieh,A}} \cdot \Delta h \tag{2.160}$$

Dieses Wankmoment ist über die Aufbaufederung (vorn und hinten) abzustützen. Es wird folgendes Momentengleichgewicht aufgestellt:

$$F_{\text{Flieh,A}} \cdot \Delta h = 2 \cdot \frac{s_{\text{Fv}}}{2} \cdot c_{\text{Av}} \cdot f_{\text{Fv}}$$

$$+ 2 \cdot \frac{s_{\text{Fh}}}{2} \cdot c_{\text{Ah}} \cdot f_{\text{Fh}} \tag{2.161}$$

Die jeweilige Federspurweite (lateraler Abstand zwischen den Federanlenkpunkten) wird als s_{F} bezeichnet, die jeweiligen Federwege als f_{F}.

Zwischen den Federwegen und dem Wankwinkel φ besteht folgender, geometrischer Zusammenhang

$$f_{\text{F}} = \varphi \cdot \frac{s_{\text{F}}}{2} \tag{2.162}$$

Eingesetzt in Gl. 2.161 erhält man eine Beziehung für den Wankwinkel φ

$$\varphi = \frac{2 \cdot \Delta h}{c_{\text{Av}} \cdot s_{\text{Fv}}^2 + c_{\text{Ah}} \cdot s_{\text{Fh}}^2} \cdot F_{\text{Flieh,A}} \tag{2.163}$$

Der Wankwinkel hängt damit von den Aufbaufedersteifigkeiten und insbesondere quadratisch von den Federspurweiten ab. Da der Wankwinkel bei Kurvenfahrt möglichst klein zu halten ist, sollten die Federspurweiten möglichst groß sein.

Die hier dargestellten Aufbaufedern wirken der Wankneigung des Aufbaus entgegen. Die Aufbaufedern können dabei von einem Stabilisator unterstützt werden. Dabei handelt es sich um ein zusätzliches Bauteil in der Radaufhängung, welches in der Draufsicht im Allgemeinen eine U-Form hat (Abb. 2.84).

Die Enden des Stabilisators sind ggf. über Verbindungselemente mit dem linken und rechten Teil der Radaufhängung verbunden, Abb. 2.85.

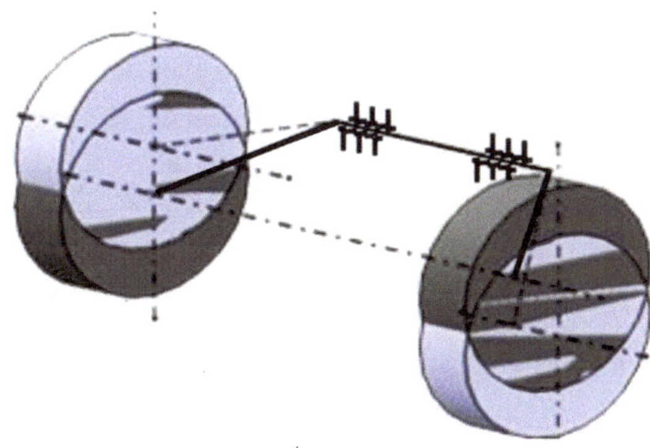

Abb. 2.84 Prinzip eines Stabilisators [20]

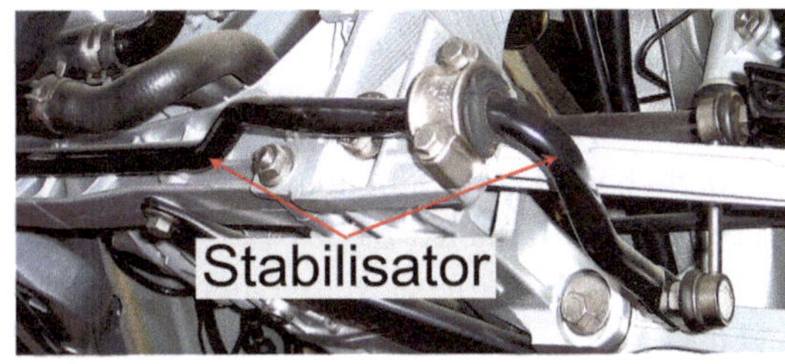

Abb. 2.85 Hinterer Stabilisator eines Porsche 911 (Typ 996)

Bei einer gleichsinnigen Einfederbewegung bewegt sich der Stabilisator passiv und ohne Wirkung mit.

Kommt es zu gegensinnigen Federbewegungen an der rechten und linken Seite, so wird der Stabilisator verdrillt. Da er als Torsionsfeder wirkt, liefert er dadurch ein Rückstellmoment, welches proportional zum Verdrehwinkel ist. Dieses Rückstellmoment wirkt der Wankbewegung entgegen und reduziert damit den Wankwinkel (Abb. 2.86).

Die Stabilisatorsteifigkeit kann auf die Spurweite des Fahrzeugs bezogen werden oder aber mit einer sogenannten Stabilisatorspurweite verknüpft werden.

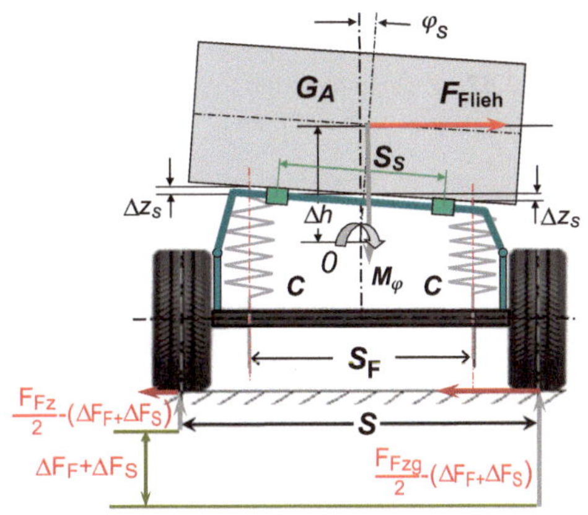

Abb. 2.86 Kräfteplan des Zweispurmodells unter Querbeschleunigung mit Stabilisator

Die Stabilisatorkraft geht wie die Aufbaufederkraft in das Momentengleichgewicht in Gl. 2.164 ein, von daher kann man direkt folgende Auswirkung auf den Wankwinkel herleiten:

$$\varphi = \frac{2 \cdot \Delta h \cdot F_{\text{Flieh,A}}}{c_{\text{Av}} \cdot s_{\text{Fv}}^2 + c_{\text{Ah}} \cdot s_{\text{Fh}}^2 + c_{\text{Stab,v}} \cdot s_{\text{Stab,v}}^2 + c_{\text{Stab,h}} \cdot s_{\text{Stab,h}}^2} \tag{2.164}$$

Der Einsatz eines Stabilisators hat neben der Reduzierung des Wankwinkels einen weiteren, entscheidenden Einfluss auf die Fahrdynamik. Mit einer gezielten Aufteilung der Wankabstützung zwischen Vorder- und Hinterachse kann das so genannte Eigenlenkverhalten beeinflusst werden (s. Abschn. 2.5.7.4, Variante 4).

Bisher wurde davon ausgegangen, dass der Fahrzeugaufbau verwindungssteif ist. Dies gilt vor allem für moderne Pkw. Im Nutzfahrzeugbereich können unter Umständen andere Anforderungen gelten, sodass sogar ein verwindungsweicher Fahrzeugrahmen erforderlich wird (Baustellenfahrzeug).

Bei solchen torsionsweichen Fahrgestellen bzw. Aufbauten werden daher zwei Teilsysteme betrachtet, die jeweils einen eigenen Wankwinkel aufweisen. Die Teilsysteme sind über eine virtuelle Torsionsfeder (c_{tor}) miteinander verbunden (Abb. 2.87). Bei diesem Modell ist es erforderlich, zwei einzelne Gleichungen für den Wankwinkel aufzustellen.

$$m_{\text{Av}} \cdot a_y \cdot \Delta h_{\text{v}}$$

$$= \varphi_{\text{v}} \cdot \frac{s_{\text{Fv}}^2}{2} \cdot c_{\text{Av}} + (\varphi_{\text{v}} - \varphi_{\text{h}}) \cdot c_{\text{tor}} \tag{2.165}$$

$$m_{\text{Ah}} \cdot a_y \cdot \Delta h_{\text{h}}$$

$$= \varphi_{\text{v}} \cdot \frac{s_{\text{Fh}}^2}{2} \cdot c_{\text{Ah}} + (\varphi_{\text{h}} - \varphi_{\text{v}}) \cdot c_{\text{tor}} \tag{2.166}$$

Abb. 2.87 Zweispurmodell bei torsionsweichem Rahmen

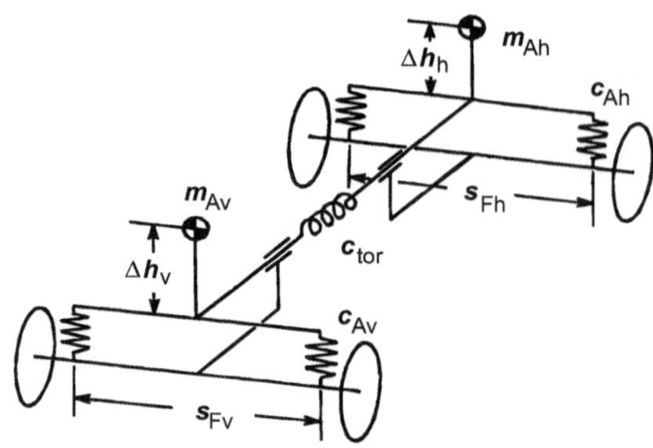

2.4.6 Parametervariation

Die hergeleiteten Zusammenhänge aus den Federungsmodellen werden in einer Parametervariation vertieft.

Dazu wird ein Zweimassen-Modell schrittweise variiert. Es werden jeweils die Aufbaubeschleunigung und die dynamischen Radlaständerungen analysiert [20].

Die Aufbaubeschleunigung gilt als Maß für den Insassenkomfort bzw. für die Ladegutbeanspruchung und ist auch ohne den Detaillierungsgrad einer zusätzlichen, schwingenden Sitzmasse ein wichtiges Kriterium.

Die Bodenhaftung und damit die Fahrsicherheit wird durch die dynamischen Radlaständerungen charakterisiert. Hohe dynamische Radlastschwankungen verursachen hohe Schwankungen in der Übertragbarkeit von Horizontalkräften des Reifens, im Extremfall hat ein Reifen keinen Bodenkontakt mehr und kann daher überhaupt keine Kräfte übertragen.

In der Analyse wird jeweils die spektrale Leistungsdichte von Aufbaubeschleunigung sowie dynamischer Radlast ermittelt und dargestellt (Abb. 2.93).

Die Nullversion der Parametervariation weist folgende Daten auf:

Radmasse	$m_R = 40$ kg
Anteilige Aufbaumasse	$m_A = 400$ kg
Reifensteifigkeit	$c_R = 150.000$ N/m
Aufbaufedersteifigkeit	$c_A = 21.000$ N/m
Reifendämpfung	$k_R = 100$ N s/m
Aufbaudämpfung	$k_A = 1500$ N s/m

Für die Ausgangsversion ergeben sich folgende Ergebnisse. Zur besseren Übersichtlichkeit sind die jeweiligen Linien für Aufbau, Straße und Rad vertikal verschoben (Abb. 2.88). Sehr deutlich zu erkennen ist die im Vergleich zur Schwingungsbandbreite der Straße sehr kleine Amplitude der Aufbauvertikalbeschleunigung. Hier hat vor allem der Aufbaudämpfer seine Funktion der Bedämpfung von Schwingungen erfüllt.

Variation der Radmasse m_R (Variante 1)
In Variante 1 wird der singuläre Einfluss verschiedener Radmassen ermittelt. Die Aufbaueigenfrequenz wird durch diese Maßnahme genauso wenig tangiert wie die Amplitude der Aufbauresonanzerhöhung. Vor allem in der Betrachtung der Bodenhaftung fällt auf, dass mit steigender Radmasse die Resonanzerhöhung im Bereich der Radeigenfrequenz deutlich zunimmt. Dies liegt daran, dass eine größere Masse von gleich gebliebenen Dämpfern beruhigt werden muss [2].

Daher ist eine kleine Radmasse im Sinne der Fahrsicherheit unbedingt anzustreben. Generell sind die ungefederten Massen gering zu halten (Abb. 2.89).

Abb. 2.88 Wege, Geschwindigkeiten, Beschleunigungen von Straße, Rad und Aufbau der Ausgangsvariante

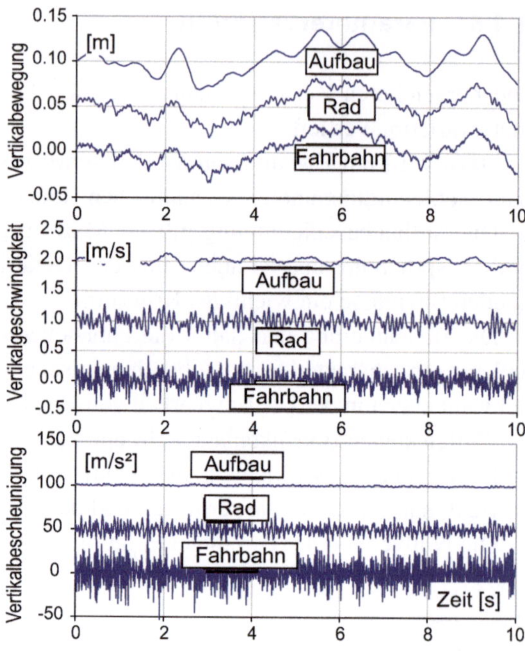

Abb. 2.89 Parametervariation: Radmasse (Variante 1)

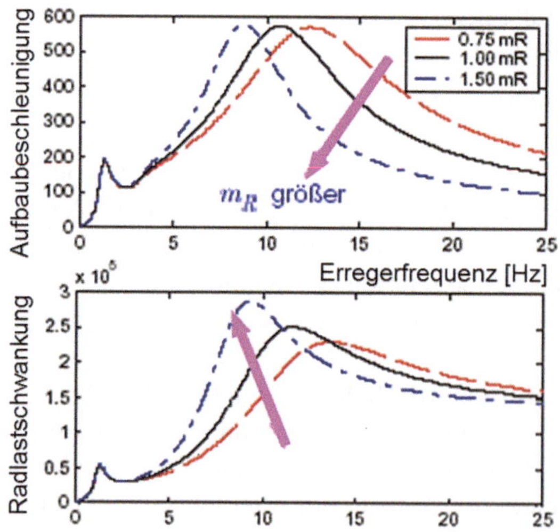

Variation der Reifensteifigkeit c_R (Variante 2)

Wie die Ergebnisse der unterschiedlichen Reifensteifigkeiten in Abb. 2.90 zeigen, hat diese Variation ebenfalls keine Auswirkung auf die Aufbaueigenfrequenz und die Aufbauresonanzerhöhung.

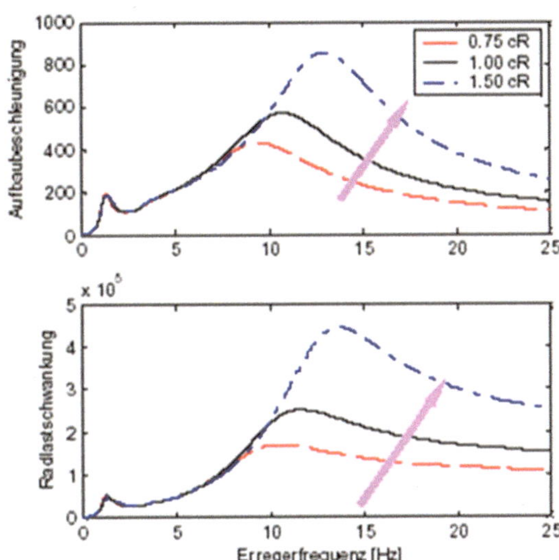

Abb. 2.90 Parametervariation: Reifenfedersteifigkeit

Im Bereich der Radeigenfrequenz zeigen sich jedoch Auswirkungen. Eine niedrige Reifenfedersteifigkeit führt zu einer positiven Veränderung des Schwingverhaltens. Vor allem die Bodenhaftung wird durch weichere Reifen im Bereich der Radeigenfrequenz erheblich erhöht. Allerdings zwingen andere Umstände dazu, die Reifen nicht allzu weich auszulegen wie z. B. der Rollwiderstand, die hohe Walkarbeit, eine gewünschte hohe Seitensteifigkeit sowie der hohe Verschleiß [20].

Variation der Aufbaufedersteifigkeit c_A (Variante 3)
Eine Veränderung der Aufbaufedersteifigkeit hat große Auswirkungen auf die Aufbaueigenfrequenz und vor allem auf die Resonanzamplitude.

In Abb. 2.91 wird die Aufbaufedersteifigkeit variiert. Bei weicherer Aufbaufeder verringert sich die Aufbaueigenfrequenz und als Folge vergrößert sich die relative Dämpfung; Aufbaubeschleunigung und bezogene dynamische Radlast werden kleiner.

Durch die kleinere Resonanzamplitude vergrößert sich die relative Dämpfung im Bereich der Aufbaueigenfrequenz. Die Aufbaubeschleunigung sowie die dynamischen Radlaständerungen werden deutlich kleiner. Auch hier sprechen äußere Umstände gegen eine allzu weiche Auslegung der Aufbaufedern. Dafür wären große Federwege notwendig, sodass der Bauraumbedarf sehr hoch wäre. Weiterhin begrenzen die Niveauänderung durch Beladung, Nickvorgänge beim Beschleunigen oder Bremsen sowie eine dann sehr hohe Kurvenneigung die Möglichkeiten einer weichen Aufbaufederauslegung.

Variation der Aufbaudämpfung k_A (Variante 4)
Im Bereich der Aufbaueigenfrequenz wird erwartungsgemäß die Resonanzamplitude sowohl in der Aufbaubeschleunigung als auch bei den dynamischen Radlasten durch

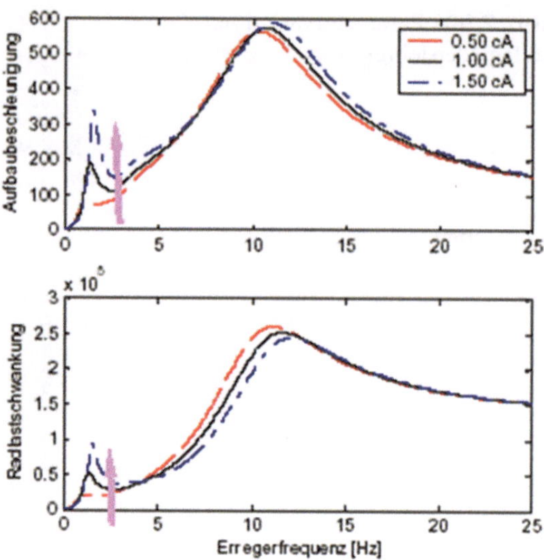

Abb. 2.91 Parametervariation: Aufbaufedersteifigkeit

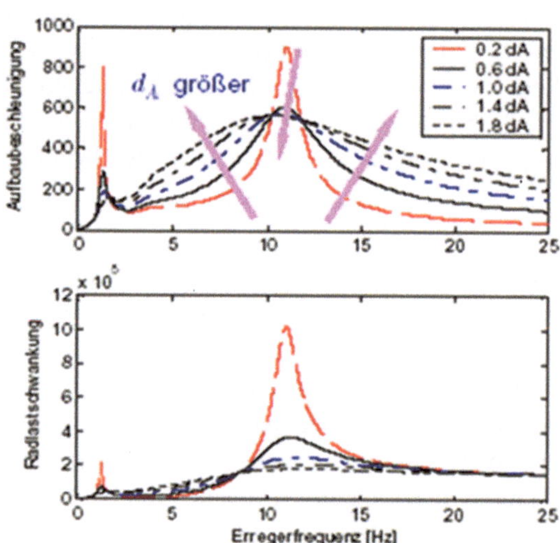

Abb. 2.92 Parametervariation: Aufbaudämpfung V4

eine hohe Aufbaudämpfung stark reduziert. Allerdings verursacht eine starke Aufbaudämpfung über einen großen Frequenzbereich außerhalb der Eigenfrequenzen eine Anhebung des Niveaus der Aufbaubeschleunigung sowie der dynamischen Radlaständerung. Hier wirkt sich ein weicher Aufbaudämpfer positiv aus (Abb. 2.92).

Eine starre Aufbaudämpferauslegung kann also nur eine Kompromisslösung sein. Eine Auflösung dieses Zielkonfliktes ist z. B. durch geregelte, aktive Dämpfer mit verschiedenen Kennlinien möglich.

Variation der Aufbaumassen m_A (Variante 5)

Sowohl im Bereich der Aufbau- als auch Radeigenfrequenz wird die Resonanzamplitude in der Aufbaubeschleunigung durch eine hohe Aufbaumasse stark reduziert. Die Aufbaumasse hat dagegen auf die dynamische Radlaständerung fast gar keinen Einfluss. Sie wirkt sich daher auf den Fahrkomfort sehr positiv aus. Nachteil ist natürlich der steigende Kraftstoffverbrauch und die höhere Belastung aller Fahrwerkteile (Abb. 2.93).

Zusammenfassung der Parametervariation

Tab. 2.8 fasst die durch die singulären Parametervariationen ermittelten Ergebnisse zusammen.

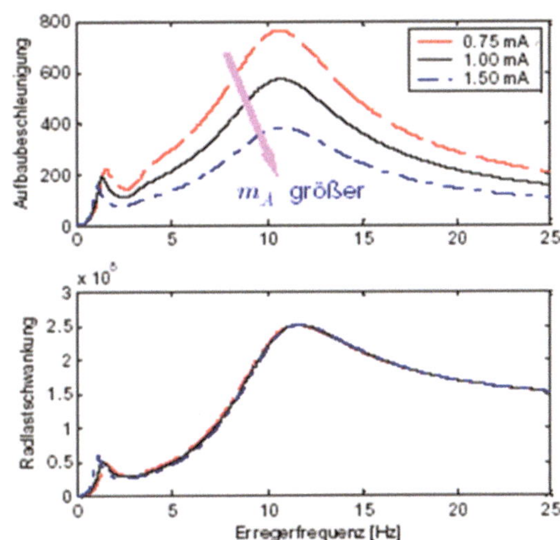

Abb. 2.93 Parametervariation: Aufbaumasse V5

Tab. 2.8 Auswirkung der Änderungen am Federungssystem auf Fahrsicherheit und Fahrkomfort

	Fahrsicherheit		Fahrkomfort	
Erregung	langwellig	kurzwellig	langwellig	kurzwellig
Maßnahme:				
Aufbaufeder weich	↑ ↑		↑ ↑	
Dämpfer weich	↓	↓	↓	↑
Reifen weicher		↑ ↑		↑ ↑
Radmasse leichter		↑		↑
Empfehlung:				
Aufbaufeder	weich	kaum Einfluss	weich	kaum Einfluss
Dämpfung	stark	stark	stark	schwach
Reifen	kaum Einfluss	weich	kaum Einfluss	weich
Radmasse	kaum Einfluss	leicht	kaum Einfluss	leicht

2.4.7 Menschliche Schwingungsbewertung

Die quantitative Bewertung des Schwingungskomforts setzt einen Maßstab und eine Bezugsfahrbahn für die Schwingungseinwirkung voraus. Hierfür wurden nach Reihenuntersuchungen die Richtlinie VDI 2057, Blatt 1 und Blatt 2 [34] erarbeitet. In diesen Richtlinien wird zwischen der Wahrnehmungsstärke und der Einwirkdauer differenziert.

Die im Kraftfahrzeug auftretenden Schwingungen sind in Allgemeinen zurückzuführen auf:

- Massenkräfte/Momente des Antriebsaggregates,
- Fahrmanöver und
- Fahrbahnunebenheiten.

Einen wesentlichen Einfluss auf das menschliche Empfinden bzw. den subjektiven Wahrnehmungsgrad von Schwingungen haben:

- Frequenz,
- Intensität,
- Einwirkungsort,
- Einwirkungsrichtung,
- Einwirkungszeit,
- Körperhaltung des Menschen.

Der Fahrzeuginsasse ist unter schwingungstechnischem Aspekt als ein „Schwinger" mit mehreren Resonanzfrequenzen anzusehen (Abb. 2.94). Für die Beurteilung der Schwingungsbeanspruchung ist daher hinsichtlich der Lage der Eigenfrequenz des menschlichen Körpers neben der Schwingbeschleunigung auch die Frequenz der Schwingung von Bedeutung.

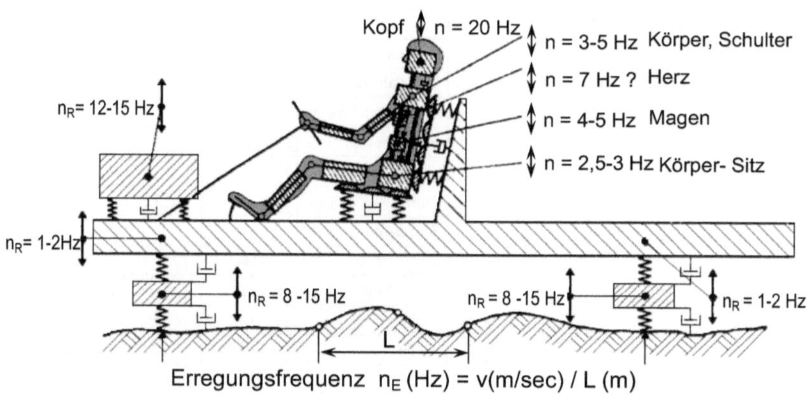

Abb. 2.94 Schwingungsmodell Kraftfahrzeug – Sitz – Mensch [34]

Die Beurteilung der Einwirkung mechanischer Schwingungen auf den Menschen ist Gegenstand der VDI Richtlinie 2057 [34]. Als Hauptschwingungsrichtung in Kraftfahrzeugen ist für den sitzenden bzw. stehenden Menschen die vertikale Richtung anzusehen. Nach VDI 2057 aus 2002 berechnet sich der Effektivwert der frequenzbewerteten Beschleunigung a_{wT} wie folgt:

$$a_{wT} = \sqrt{\frac{1}{T} \int_0^T a_{wi}^2(t)\, dt} \text{ mit } T = \text{Messdauer} \tag{2.167}$$

Die partielle energieäquivalente frequenzbewertete Beschleunigung a_{wi} für jeden Frequenzanteil bzw. jedes Frequenzband errechnet sich aus der Multiplikation der gemessenen anteiligen Beschleunigung a_i mit dem Bewertungsfaktor W_i für diesen Frequenzanteil. W_i ist abhängig von der Erregerfrequenz und berücksichtigt die frequenzabhängigen Wirkungen auf den menschlichen Körper oder seiner Teilbereiche.

Abb. 2.95 zeigt, dass die stärkste Bewertung für Vertikalbeschleunigungen im Frequenzbereich 4 bis 10 Hz vorgenommen wird, die für Horizontalbeschleunigung dagegen zwischen 1 und 2 Hz. Im Allgemeinen sind bis ca. 3 Hz sowohl Mensch als auch Fahrzeug amplitudenempfindlich: Der Mensch will wissen, wo er ist, um seine Motorik zu steuern. Die Fahrzeugfahrdynamik wird durch Aufbau und Radbewegungen beeinflusst. Von 3 bis 8 Hz werden einzelne Organe des Menschen und einzelne Baugruppen des Fahrzeugs in Resonanz angeregt. Das ist unkomfortabel und muss gedämpft werden. Von 8 bis 14 Hz ist der Mensch beschleunigungsempfindlich, während das Fahrzeug amplitudenempfindlich bleibt: Das Rad neigt dazu, von der Fahrbahn abzuheben und verschlechtert dadurch die Fahrdynamik. Oberhalb von 14 Hz. beeinflussen die Beschleunigungen den Fahrkomfort [35].

Neben der Erregungsintensität und -frequenz ist auch die Einwirkdauer für das menschliche Wohlbefinden von Bedeutung. Unter Einbeziehung der Einwirkdauer T ist eine Abschätzung von Einschränkungen des Wohlbefindens, der Leistungsfähigkeit und des Risikos für Gesundheitsschädigungen möglich. Aufschluss über die Gesundheitsgefährdung in Abhängigkeit von der frequenzbewerteten Beschleunigung und der Einwirkdauer gibt Abb. 2.96.

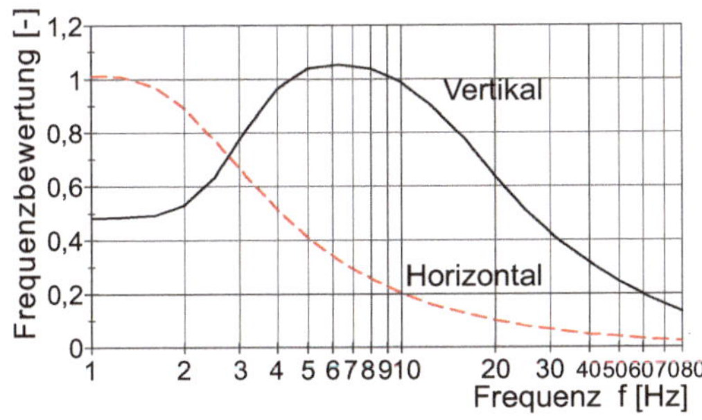

Abb. 2.95 Frequenzbewertungskurve für horizontale und vertikale Schwingungen für sitzenden oder stehenden Menschen nach VDI 2057 (2002) [34]

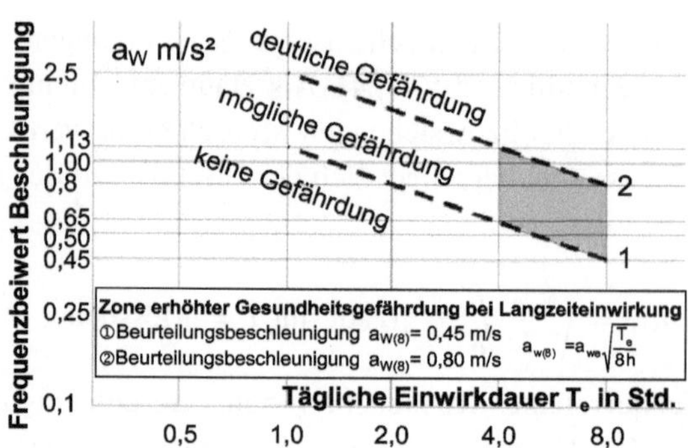

Abb. 2.96 Gesundheitsgefährdung in Abhängigkeit von a_w und T_e [34]

Zone erhöhter Gesundheitsgefährdung bei Langzeiteinwirkung:

(1) Beurteilungsbeschleunigung $a_{w(8)} = 0{,}45\,\text{m/s}$,
(2) Beurteilungsbeschleunigung $a_{w(8)} = 0{,}80\,\text{m/s}$.
(1) und (2) beziehen sich auf die Linien in Abb. 2.96.

$$a_{w(8)} = a_{we}\sqrt{\frac{T_e}{8\,\text{h}}}$$

Die als frequenzbewertete Beschleunigung klassifizierte Beanspruchung beinhaltet auch eine subjektive Wahrnehmung der Schwingungen. Diese reicht von einer Fühl- oder Wahrnehmungsschwelle, unterhalb der eine Wahrnehmung nicht mehr möglich ist, bis zu einer Schmerzgrenze, oberhalb der die Wahrnehmung in Schmerz übergeht. Fühl- und Schmerzschwelle sind individuell verschieden und hängen darüber hinaus von den Umgebungsbedingungen ab.

Tab. 2.9 zeigt den Zusammenhang zwischen der frequenzbewerteten Beschleunigung und der subjektiven Wahrnehmung. Auf eine genaue Definition muss aber aus erwähnten Gründen verzichtet werden.

Bei einer Expositionsdauer von mehr als 4 Stunden unter gut spürbaren Beschleunigungen sind gesundheitliche Schädigungen möglich [34].

Tab. 2.9 Zusammenhang zwischen frequenzbewerteter Beschleunigung subjektiver Wahrnehmung

Effektivwert a_{wT} der Beschleunigung $a_w(t)$	Beschreibung der Wahrnehmung
$<0{,}010\,\text{m/s}^2$	Nicht spürbar
$0{,}015\,\text{m/s}^2$	Wahrnehmungsschwelle
$0{,}020\,\text{m/s}^2$	Gerade spürbar
$0{,}080\,\text{m/s}^2$	Gut spürbar
$0{,}315\,\text{m/s}^2$	Stark spürbar
$>0{,}315\,\text{m/s}^2$	Sehr stark spürbar

2.4.8 Erkenntnisse aus den vertikaldynamischen Grundlagen

Aus den im Abschn. 2.4.7 hergeleiteten Zusammenhängen für das gesamte Schwingungssystem mit den Erregerschwingungen durch Fahrbahnunebenheiten lassen sich einige wichtige Bedingungen für den Aufbau von Kraftfahrzeugen postulieren.

Wie der Abschn. 2.4.8 zeigt, hat der Mensch als Passagier eines Kraftfahrzeugs bestimmte Schwingungsswahrnehmungen und -bewertungen. Besonders im Bereich 4–8 Hz, wo Eigenfrequenzen einiger menschlicher Organe liegen, weist er die höchste Schwingungsempfindlichkeit auf. Daher sollten Beschleunigungs- oder Spektralamplituden 4–8 Hz sehr niedrig sein, um den Fahrkomfort der Passagiere sicher zu stellen.

Insbesondere an der spektralen Dichte der Aufbaubeschleunigung erkennt man direkt die Notwendigkeit, dass z. B. die Eigenfrequenz des Fahrzeugaufbaus besonders niedrig sein sollte. Hier hat sich ein Wert rund um 1 Hz bewährt (s. Abb. 2.90).

Es wird weiterhin empfohlen, die Radeigenfrequenzen der vorderen und hinteren Achsen voneinander leicht abweichend auszulegen, um deren gegenseitige Beeinflussung zu unterdrücken.

Da die Vertikalschwingungen von der Fahrzeuggeschwindigkeit abhängig sind, muss bei der schwingungstechnischen Auslegung des Fahrzeugs ein Geschwindigkeitsbereich festgelegt werden, auf den das Komfortverhalten eines Fahrzeugs bevorzugt abgestimmt wird.

Geschwindigkeiten unter 50 km/h dürften weniger interessant sein, weil in diesem Bereich keine großen Schwingungen auftreten. Hier beeinflussen Abrollkomfort und Kantenempfindlichkeit der Reifen im Zusammenspiel mit den elastischen Fahrwerkslagern den Langsam-Fahrkomfort.

Die obere Grenze dürfte vorwiegend bei 150 km/ h liegen, auch wenn das Fahrzeug schneller fahren kann [2]. Jedoch variiert dieser Geschwindigkeitsbereich je nach Fahrzeugklasse.

Einige wesentliche Ergebnisse aus theoretischen Grundlagenarbeiten seien wie folgt zusammengefasst [2]:

1. Für einen guten Schwingungskomfort sollte die Aufbaufrequenz möglichst klein sein (jedoch nicht unter 0,9 Hz), vorausgesetzt die Räder haben einen ausreichenden Federweg.
2. Für die Aufbaudämpfung muss ein Kompromiss zwischen Komfort einerseits (D um 0,3) und Radlastschwankungen (D um 0,4) andererseits unter Berücksichtigung der zur Verfügung stehenden Radfederwege gefunden werden.
3. Die Teilsysteme vorn und hinten müssen im Hinblick auf das Nickverhalten aufeinander abgestimmt werden.
4. Ein großer Radstand vermindert die Nickbeschleunigung, die durch Bodenunebenheiten angeregt werden.
5. Eine negative Koppelmasse verbessert den Komfort in Bezug auf Nickschwingungen.

6. Die geringste Schwingungsbelastung für die Fahrzeuginsassen ergibt sich in Radstandmitte.
7. Die richtige Wahl der Radaufhängung vermindert oder gar unterbindet Bremsnicken.
8. Ein im Aufbau elastisch gelagertes Antriebsaggregat kann den Komfort bei Unebenheit, speziell bei periodischer Anregung (Stuckern) beeinträchtigen.
9. Einen guten Komfort in Bezug auf Wankschwingungen erhält man durch eine niedrige Aufbauwankeigenfrequenz (Nachteil besteht in der großen Aufbauneigung bei Kurvenfahrten) und ein kleines Aufbauwankdämpfungsmaß.

2.5 Querdynamik

Die Querdynamik umfasst alle quer zur Fahrtrichtung entstehenden Bewegungen des Fahrzeugs und dadurch resultierende Drehbewegungen um die Fahrzeughochachse. Die Querbewegungen des Fahrzeugs kommen nur durch die Wirkung von Querkräften zustande, die hauptsächlich durch Lenkbewegungen des Fahrers verursacht werden und eine Querbeschleunigung des Fahrzeugs zur Folge haben. Die Querkräfte sind in erster Linie die Seitenführungskräfte an den Rädern und die Fliehkräfte, die in jeder Kurvenfahrt entstehen. Außerdem verursachen Seitenwindkräfte einseitige Fahrbahnunebenheiten und die Fahrbahnseitenneigung Querkräfte.

All diese auf das Fahrzeug wirkenden Querkräfte müssen über die Radaufstandsflächen auf die Fahrbahn übertragen werden. Solange diese Kräfte geringer sind als die maximal übertragbaren Seitenkräfte, folgt das Fahrzeug den Lenkbewegungen des Fahrers. Diese werden jedoch bei Annäherung an den Grenzbereich zunehmend durch das Eigenlenkverhalten des Fahrzeugs überlagert.

Jede Lenkbewegung ist verbunden mit einem querdynamischen Vorgang. Insofern kann die Querdynamik als die Beurteilung des Lenkverhaltens eines Fahrzeugs beschrieben werden.

Zwei sehr wichtige Testmanöver werden zur Beurteilung der Querdynamik benutzt: Die stationäre und die instationäre Kreisfahrt.

In diesen Fahrmanövern werden die Reaktionen des Fahrzeugs auf Lenkbewegungen gemessen und bewertet. Jedoch dienen zahlreiche weitere Fahrsituationen mit kombinierten Lenk-, Beschleunigungs- und Bremsvorgängen zur Abstimmung der querdynamischen Eigenschaften.

2.5.1 Anforderungen an das Fahrverhalten

Wie bei allen nicht spurgebundenen Fahrzeugen obliegt dem Fahrer eines Kraftfahrzeugs nicht nur die Steuerung bzw. Regelung der Fahrgeschwindigkeit, sondern auch die der Fahrtrichtung [20]. Die Regeltätigkeit des Fahrers bei der Fahrtverlaufbestimmung umfasst drei kybernetische Aufgaben (Abb. 2.97).

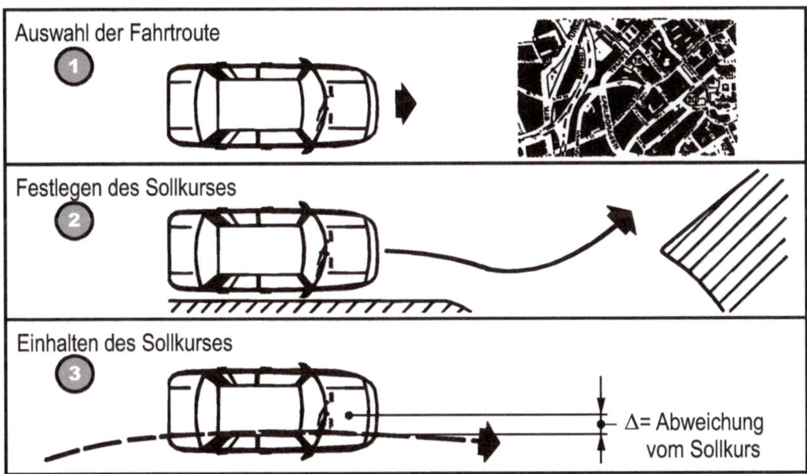

Abb. 2.97 Kybernetische Aufgaben des Menschen bei der Führung eines Kraftfahrzeuges [20]

1. Aus den angebotenen Fahrtrouten ist eine Strecke nach Kriterien wie Zeitbedarf oder Streckenlänge auszuwählen.
2. Innerhalb der gewählten Route ist der Sollkurs festzulegen, wobei die während der Fahrt aufgenommenen Informationen (Mit- und Gegenverkehr, Signalanlagen, Streckenführung) bewertet werden.
3. Das Fahrzeug ist mittels seiner Stellglieder (Bedienungselemente) auf dem zuvor bestimmten Sollkurs zu halten.

Mit der letzten der drei Aufgaben übernimmt der Mensch die Funktion eines Reglers im Sinne der Fahrstabilität. Regelstrecke ist das Fahrzeug, sodass sich die Wechselwirkungen zwischen Fahrerhandlungen und Fahrzeugreaktionen als Vorgänge in einem geschlossenen Regelkreis auffassen lassen (Abb. 2.98). In diesem Regelkreis wirken Störgrößen auf Fahrer (z. B. Relativbewegung Fahrer-Fahrzeug, Sichtbehinderung, Fahrerermüdung) und Fahrzeug (z. B. Seitenwind, Fahrbahnunebenheiten). Stellgröße ist bei Betrachtung der Fahrzeug-Querdynamik insbesondere der Lenkradwinkel, und die Regelabweichung wird vom Fahrer als Differenz zwischen Soll- und Ist-Kurs wahrgenommen.

Abb. 2.98 Regelkreis Fahrer – Fahrzeug [20]

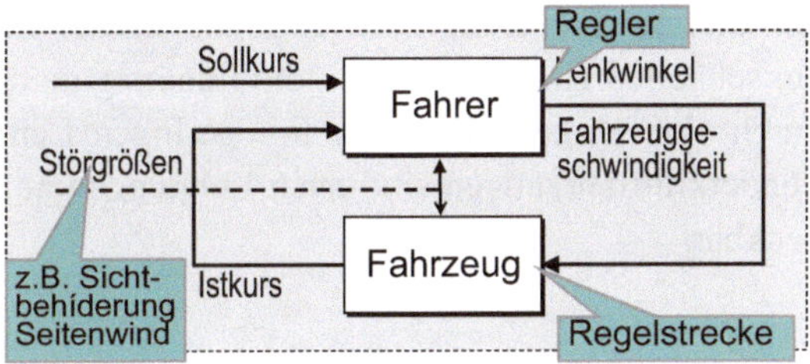

Der geschlossene Regelkreis ist ein dynamisch arbeitendes System. Da die Adaptionsmöglichkeiten des Reglers „Fahrer" begrenzt sind, hängt es wesentlich von den Gesetzmäßigkeiten des Fahrzeugverhaltens ab, ob sich das Gesamtsystem Fahrer – Fahrzeug beim schnellen Ausregeln großer Kursabweichungen und unter dem Einfluss von Störgrößen in Bezug auf die Kurshaltung stabil verhält.

Die Eigenschaften der Regelstrecke „Fahrzeug" müssen den Fähigkeiten des Reglers „Fahrer" angepasst sein. Die Güte dieser Anpassung wird durch den Begriff *„Fahrverhalten"* charakterisiert. In Hinblick auf ein „gutes Fahrverhalten" sind an die Fahrzeugeigenschaften [20] folgende Anforderungen zu stellen:

- Es muss ein sinnvoller und für den Fahrer überschaubarer Zusammenhang zwischen Lenkwinkeländerung und Kursänderung bestehen (Übertragungsverhalten der Regelstrecke „Fahrzeug", Fahrstabilität).
- Der Fahrer muss sinnvolle Informationen über den Bewegungszustand des Fahrzeuges erhalten (z. B. Änderung der Lenkmomentcharakteristik, Anwachsen von Schwimmwinkel und Reifengeräusch vor Erreichen des physikalischen Grenzbereichs der Fahrstabilität).
- Auf das Fahrzeug wirkende Störungen (z. B. Windkräfte) sollten möglichst keine oder nur geringe Kursabweichungen verursachen (Eigenstabilität der Regelstrecke Fahrzeug).
- Erreichbare Kurvengeschwindigkeit und Querbeschleunigung eines Fahrzeugs sollten im Hinblick auf Fahrsicherheit und Fahrleistung hoch sein (Stabilitätsreserve der Regelstrecke Fahrzeug).

Gesetzliche Vorschriften zum Fahrverhalten liegen z. Z. noch nicht vor [20], jedoch haben sich inzwischen einige Bewertungsverfahren zur aktiven Sicherheit im Rahmen der NCAP (New Car Assessment Program) etabliert (z. B. Rollover Resistance, NHTSA) [36].

Im Rahmen des Abschnitts Querdynamik werden im Folgenden mit Blick auf die genannten Anforderungen die Gesetzmäßigkeiten und Wirkungsmechanismen des querdynamischen Fahrzeugverhaltens beschrieben, indem die Regelstrecke „Fahrzeug" getrennt vom Regler „Fahrer" untersucht wird.

Als Grundlage für die Betrachtungen zur Fahrdynamik gelten zunächst die Reifeneigenschaften, die im Abschn. 2.2 ausführlich behandelt wurden.

Um dem Fahrzeug bzw. dem Fahrer die Möglichkeit zur Spurführung zu geben, ist ein lateraler Freiheitsgrad notwendig. Dieser existiert in Form lenkbarer Räder, wobei bei schnellen Kraftfahrzeugen die Lenkung an der Vorderachse zum Einsatz kommt, die durch eine Hinterradlenkung mit geringen Lenkwinkeln unterstützt werden kann. Bei Sonderkraftfahrzeugen sind auch Lenkungen an der Hinterachse oder an beiden Achsen denkbar.

Nachfolgend werden zunächst die kinematischen Lenkeigenschaften beschrieben, bevor die grundsätzlichen physikalischen Zusammenhänge der querdynamischen Fahrzeugbewegung anhand von Fahrzeugmodellen dargestellt werden.

2.5.2 Lenkkinematik

Für den lateralen Freiheitsgrad ist eine Lenkung notwendig, die vom Fahrer eines Kraftfahrzeugs durch ein Lenkrad bedient bzw. geführt wird. Die Zuordnung der Radlenkwinkel zum Lenkradwinkel und der Radlenkwinkel untereinander wird durch nichtlineare Zusammenhänge beschrieben, da diese Zuordnung von der momentanen Winkellage der Bauteile des Lenkgestänges zueinander abhängt und die Zusammenhänge damit Winkelfunktionen enthalten. Man spricht dabei von einer Lenkfunktion, und die Bauteile einer Lenkung können als Bestandteile eines Lenkgetriebes aufgefasst werden.

Soweit die konstruktionstechnischen Randbedingungen (Bauraum, Gelenkanzahl, Lenkgetriebebauart) dies zulassen, können diese Zusammenhänge durch entsprechende Anordnung und Abmessungen der Gestängebauteile gezielt ausgelegt werden (Abb. 2.99).

Die Auslegung kann unter Berücksichtigung von Anforderungen an das statische (ohne Reifenseitenkrafteinfluss) oder das dynamische (mit Reifenseitenkrafteinfluss) Radlenkverhalten vorgenommen werden.

2.5.2.1 Statische Lenkungsauslegung

Bei geringer Fahrgeschwindigkeit rollen die Räder bei Kurvenfahrt schräglaufwinkelfrei und damit seitenkraftfrei ab, wenn die Verlängerungen aller Raddrehachsen sich in

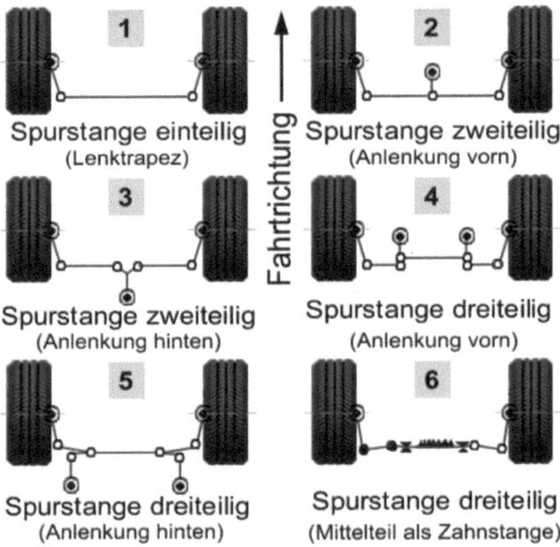

Abb. 2.99 Lenkgestängebauarten [37]

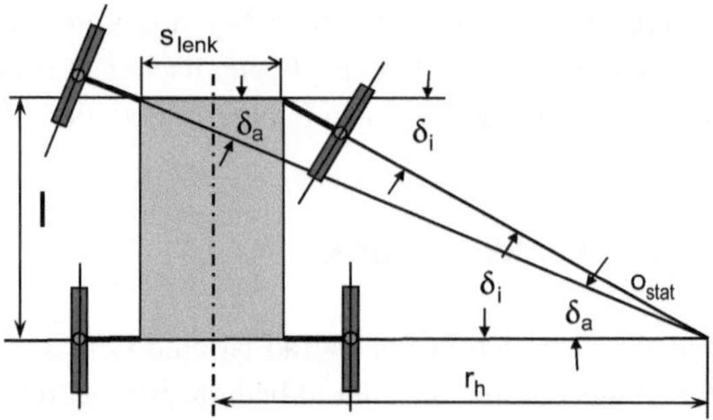

Abb. 2.100 Geometrische Bedingung für schräglauffreies Abrollen in der Kurvenfahrt (Ackermann-Bedingung) [20]

einem Punkt, dem Kurvenmittelpunkt, schneiden (Ackermann, 1816) (Abb. 2.100). Die geometrischen Zusammenhänge für dieses Abrollen der Räder ohne Zwangskräfte führen auf folgende Sollfunktionen für den Radlenkwinkel kurveninnen δ_i in Abhängigkeit vom Radlenkwinkel kurvenaußen δ_a:

$$\delta_i = \arctan \frac{l}{\left(\frac{l}{\tan \delta_a} - s_{\text{Lenk}}\right)} \tag{2.168}$$

mit

δ_i, δ_a	Radlenkwinkel innen, außen,
l	Radstand,
s_{Lenk}	Lenkzapfenspurweite,
r_h	Bahnradius der Hinterachse.

Diese ist eine sehr vereinfachende Betrachtung der Ackermannfunktion, da die Radstellungsänderungen in Längs- und Querrichtung nicht berücksichtigt werden. Diese können vor allem bei erheblicher räumlicher Neigung der Lenkachse (Spreizung) einer lenkbaren Radaufhängung signifikant sein [30].

$$\delta_i = \arctan \frac{x_i + l_h}{(x_a + l_h) \cdot \cot(\delta_a) + y_a - y_i} \tag{2.169}$$

Hier werden die Koordinaten x und y des inneren und äußeren Vorderrades berücksichtigt. Die Räder rollen bei Einhaltung dieser Ackermann-Bedingung ohne Schräglaufwinkel bei langsamer Fahrt ohne Querbeschleunigung ab. Dann liegt der Kurvenmittelpunkt genau auf Höhe der Hinterachse, wie in Abb. 2.100. Während bei Geradeausfahrt die Radebenen der gelenkten Räder parallel zueinander in Fahrtrichtung liegen, ergibt sich aus der Ackermann-Bedingung, dass bei Kurvenfahrt der Spurdifferenzwinkel zwischen kurvenäußerem (δ_a) und kurveninnerem Rad (δ_i) Werte im Sinne von Nachspur annimmt [20].

Kinematisch ist diese Bedingung einfach zu realisieren, indem die Spurhebel statt parallel, zueinander schräg ausgelegt werden (Lenktrapez statt Lenkparallelogramm).

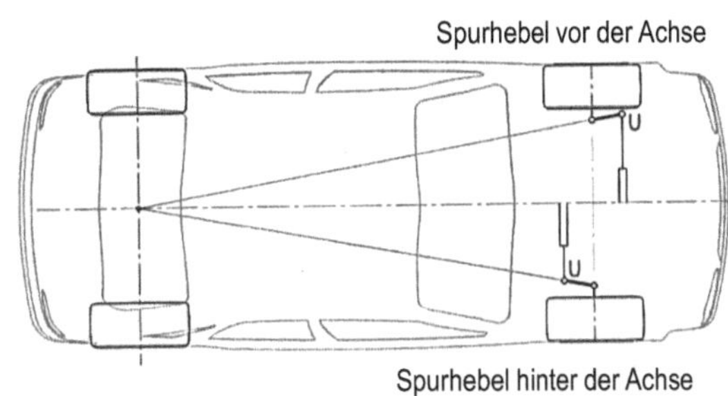

Abb. 2.101 Lenkkinematik mit Ackermanns Bedingung erfüllende Auslegung [38]

Die Verlängerungen der Spurhebel müssen sich dann in der Mitte der Hinterachse schneiden.

Günstig ist, wenn das Lenkgetriebe vor der Achse liegt. Die Spurhebel bei gleichem Getriebe können nämlich dann länger sein. Beim Federn des Rades kommt es zu geringeren Lenkwinkeländerungen (Abb. 2.101) [38].

2.5.2.2 Dynamische Lenkungsauslegung

Bei Kurvenfahrt mit höherer Fahrgeschwindigkeit treten an den Rädern Schräglaufwinkel auf, aus denen die zur Abstützung der Fliehkraft erforderlichen Reifenseitenkräfte resultieren. Der Kurvenmittelpunkt ergibt sich in diesem Fall als der Schnittpunkt der Normalen auf die Bewegungsrichtungen der Räder in deren Radaufstandspunkten (Abb. 2.102).

Unter Querbeschleunigung wandert der Kurvenmittelpunkt (Momentanpol der Fahrzeugbewegung) immer nach vorn und liegt nicht mehr auf Höhe der Hinterachsmittellinie.

Bei der Lenkkinematik nach der Ackermann-Bedingung (Abb. 2.100) sind die kurvenäußeren Lenkwinkel kleiner als die kurveninneren. Um an den vertikal höher belasteten kurvenäußeren Rädern den gleichen Kraftschlussbeiwert auszunutzen wie an den kurveninneren, sollten die Schräglaufwinkel kurvenaußen größer sein als die kurveninneren [39].

Eine dynamische Lenkungsauslegung erfordert daher ein Abweichen von der Ackermann-Bedingung in der Weise, dass die Räder eher parallel eingeschlagen werden als

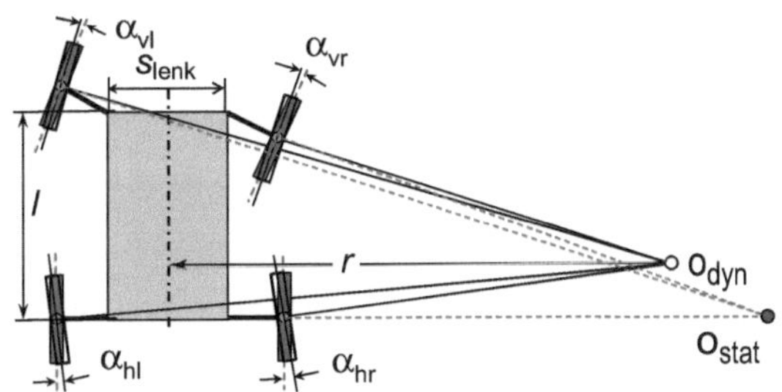

Abb. 2.102 Zusammenhang zwischen Radlenkwinkeln, Schräglaufwinkeln und Lage des Kurvenmittelpunktes [20]

mit zunehmender Nachspur [30]. Diese Auslegung bietet darüber hinaus den Vorteil, dass sie kinematisch einfacher zu realisieren ist.

In der Praxis strebt man Paralleleinschlag der gelenkten Räder (dynamische Auslegung) bis zu einem Lenkwinkel von ca. 20° an und verwirklicht erst bei größeren Einschlagwinkeln eine Annäherung an die Ackermann-Auslegung (Abb. 2.103).

Die größeren Radeinschlagwinkel werden nicht nur im Fahrbetrieb, sondern auch für den Rangierbetrieb benötigt und auch dort ist ein schlupffreies Verhalten im Sinne der Ackermann-Bedingung anzustreben.

2.5.3 Fahrzeugmodellierung

Ähnlich wie in der Vertikaldynamik werden auch in der Querdynamik Modelle für die Simulation erstellt. Diese werden vorwiegend für Handlingsimulationen oder für die Simulation von Fahrdynamikreglern verwendet.

Zunächst soll das einfache Einspurmodell vorgestellt werden, welches schrittweise mit einem höheren Detaillierungsgrad ausgestattet wird.

2.5.3.1 Einfaches Einspurmodell

Das auch heutzutage sehr häufig verwendete einfache Einspurmodell ist bereits 1940 von den beiden Ingenieuren Dr. Riekert und Dr. Schunck erstellt worden [40] und wird daher auch als „Einspurmodell von Riekert-Schunck" bezeichnet. Es ist das einfachste Modell zur Beurteilung des Lenkverhaltens und beschreibt die Reaktion des Fahrzeugs auf Lenkbewegungen.

Das Einspurmodell beinhaltet einige Vereinfachungen, die allerdings die grundsätzliche Analyse des Fahrverhaltens vor allem bei Betrachtungen im linearen Fahrdynamikbereich nicht wesentlich beeinträchtigen, aber die Anzahl der Freiheitsgrade des Systems wird dadurch deutlich reduziert. Damit erlaubt es die schnelle Erfassung und Analyse des Fahrverhaltens sowie die einfache Umsetzung in einem Simulationsprogramm.

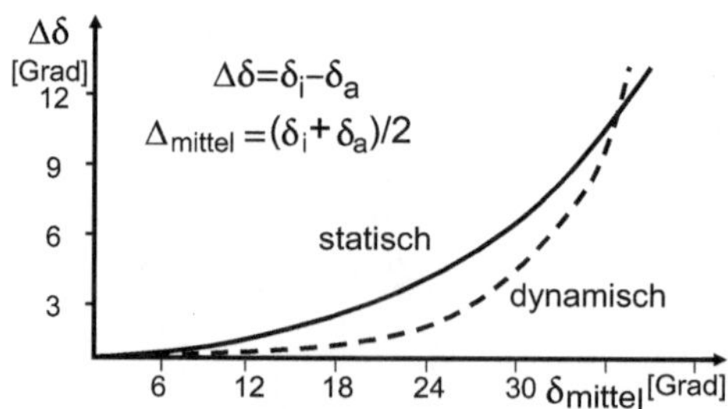

Abb. 2.103 Spurdifferenzwinkel als Funktion des mittleren Lenkeinschlags für eine statische und dynamische Lenkungsauslegung [20]

Die wesentlichen Vereinfachungen sind:

- Es wird angenommen, dass der Gesamtschwerpunkt des Fahrzeugs auf Fahrbahnhöhe liegt. Dadurch entstehen keine Radlastunterschiede zwischen der Innen- und Außenseite bei schneller Kurvenfahrt. Eine Unterscheidung in innere und äußere Radübertragungskräfte wird damit hinfällig. Die Radaufstandspunkte werden achsweise zusammengeführt, das Fahrzeug besteht nur aus einem Vorder- und Hinterrad bzw. nur noch einer Spur. Weiterhin wird angenommen, dass das Fahrzeug wegen der auf der Fahrbahn liegende Lage des Schwerpunkts nicht wankt (Abb. 2.104).
- Die Bewegungsgleichungen des Einspurmodells werden linearisiert. Das gilt für die Betrachtung der Winkelfunktionen ($\sin(\alpha) \approx \alpha$ sowie $\cos(\alpha) \approx 1$, da kleine Winkel α vorausgesetzt werden). Des Weiteren wird ein lineares Reifenverhalten vorausgesetzt. Diese Linearisierung ist bis etwa 3° bis 4° gültig. Über diese Grenze hinausgehend werden die Betrachtungen fehlerbehaftet, da die Reifencharakteristik einen stark degressiven Verlauf zeigt. Für den betrachteten Bereich gilt der lineare Zusammenhang für die Reifenseitenkraft (für konstant angenommene Schräglaufsteife c_α und Radlast):

$$F_\alpha = c_\alpha \cdot \alpha \tag{2.170}$$

Abb. 2.104 Annahmen für das Einspurmodell [26]

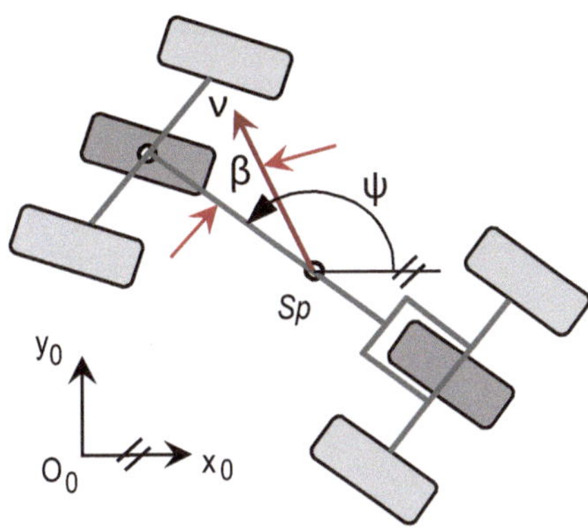

- Radaufstandspunkte sind achsweise in der Fahrzeugmitte zusammengefasst,
- Nur zwei Freiheitsgrade; Gierbewegung (ψ) und Schwimmbewegung (β).
- Querbeschleunigung weniger als 0,4 g.
- Fahrgeschwindigkeit v = *constant* (keine Beschleunigung in Fahrtrichtung).
- Keine Wankbewegung, keine Radlastdifferenzen innen und außen Räder.
- Keine Hub- und Nickbewegungen, konstante Radlasten an beiden Achsen.
- Keine Lenk- und Schräglaufwinkel, lineare Reifenseitenkraftkennlinien.
- Keine Reifennachlaufe, Rückstellmomente infolge der Schräglaufwinkel.
- Keine Umgangskräfte an den Reifen.

Unter diesen Vereinfachungen und Voraussetzungen die in Abb. 2.104 zusammengefasst sind, lassen sich die geometrischen Zusammenhänge des Einspurmodells aufstellen (Abb. 2.105).

Im Schwerpunkt des Fahrzeugs lassen sich folgende Gleichungen für das Kräfte- und Momentengleichgewicht aufstellen:

- Newton'sche Bewegungsgleichung für die Fahrzeugquerrichtung:

$$m \cdot a_y = F_{\text{sv}} + F_{\text{sh}} \tag{2.171}$$

- Drallsatz um die z-Achse durch den Fahrzeugschwerpunkt:

$$\Theta \cdot \ddot{\Psi} = F_{\text{sv}} \cdot l_{\text{v}} - F_{\text{sh}} \cdot l_{\text{h}} \tag{2.172}$$

Die im Fahrzeugschwerpunkt angreifende Trägheitskraft $m \cdot a_y$ entspricht der aus der momentanen Bahnkrümmung resultierenden Fliehkraft:

$$m \cdot a_y = m \cdot \frac{v^2}{r} = m \cdot \frac{v}{r} \cdot \dot{v} \cdot r$$
$$= m \cdot v \cdot \left(\dot{\psi} - \dot{\beta}\right) \tag{2.173}$$

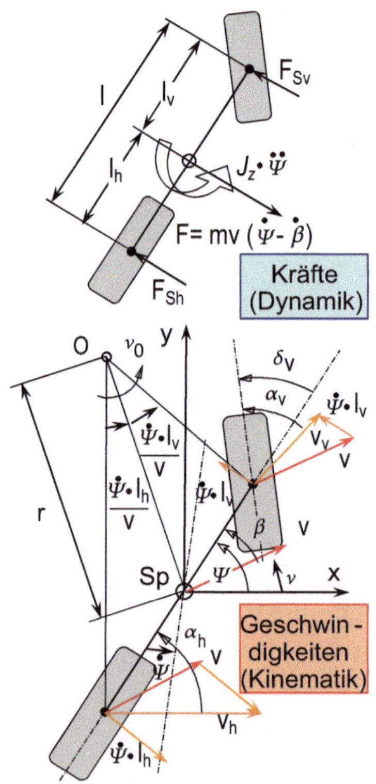

Abb. 2.105 Geometrische Zusammenhänge Einspurmodell [20]

mit

v Fahrgeschwindigkeit,

r Bahnradius (momentan).

$\dot{\nu}$ Bahnwinkelgeschwindigkeit der Bewegung des Fahrzeugschwerpunktes,

$\dot{\psi}$ Giergeschwindigkeit (Winkelgeschwindigkeit des Fahrzeuges um die z-Achse),

$\dot{\beta}$ Schwimmwinkelgeschwindigkeit (Winkeländerung zwischen Geschwindigkeitsvektor im Fahrzeugschwerpunkt und Fahrzeuglängsachse),

α Schräglaufwinkel (Winkel zwischen dem Geschwindigkeitsvektor des betrachteten Reifens sowie seiner Längsachse),

δ Lenkwinkel an der Vorderachse (Winkel Längsachse des Fahrzeugs zur Längsachse des Reifens).

Es wird grundsätzlich das fahrzeugfeste horizontierte Koordinatensystem nach DIN 70000 verwendet. In diesem System zeigt die x-Achse in Fahrzeugrichtung nach vorn, die y-Achse nach links sowie die z-Achse senkrecht von der Fahrbahn nach oben. Der Koordinatenursprung ist der Gesamtschwerpunkt des Fahrzeugs (s. Abb. 1.21).

In der Literatur sowie in einigen einschlägigen Simulationsprogrammen werden auch andere Orientierungen verwendet, sodass hier beim Abgleich oder Vergleich das jeweilig verwendete Koordinatensystem beachtet werden muss.

Die o. g. Winkel zur Beschreibung der kinematischen Vorgänge unterliegen ebenfalls unterschiedlichen Definitionen in der Literatur, sodass auch hier darauf geachtet werden muss, welche Definition verwendet wird. In der vorliegenden Version des Einspurmodells wird die Definition gewählt, bei der bei schneller Kurvenfahrt nach links alle verwendeten Größen positiv sind. Eine solche schnelle Kurvenfahrt nach links ist in Abb. 2.105 zu sehen.

Wie dort zu erkennen ist, wird der Schräglaufwinkel ausgehend von seinem Geschwindigkeitsvektor bis zur Längsachse des Reifens (vertikale Querschnittsebene in Umfangsrichtung des Reifens) definiert.

Der Lenkwinkel wird ausgehend von der Fahrzeuglängsachse hin zur Längsachse des Reifens gemessen und hat eine positive Winkelorientierung gegen den Uhrzeigersinn. Die Bahnwinkelgeschwindigkeit $\dot{\nu}$ sowie die Gierwinkelgeschwindigkeit $\dot{\psi}$ werden ebenfalls positiv gegen den Uhrzeigersinn gerichtet, sodass diese bei einer Linkskurve positive Werte aufweisen. Für den Schwimmwinkel gilt, dass dieser ausgehend von einer langsamen Kurvenfahrt ohne Querbeschleunigung und damit einhergehend auch ohne Reifenseitenkräfte hin zu einer schnellen Kurvenfahrt mit entstehenden Reifenseitenkräften einen Vorzeichenwechsel durchläuft. Dieses geschieht, weil der Kurvenmittelpunkt von der Hinterachslinie (siehe Ackermann-Bedingung) in Fahrtrichtung nach vorn wandert. In dem Moment, in dem die Höhe des Schwerpunktes durchlaufen wird, findet der Vorzeichenwechsel statt. In der vorliegenden Definition wird der Schwimmwinkel nach dem Vorzeichenwechsel als positiv betrachtet. Der Schwimmwinkel wird ausgehend vom Geschwindigkeitsvektor hin zur Längsachse des Fahrzeugs gemessen und ist bei schneller Kurvenfahrt (Linkskurve) positiv. Für die Reifenseitenkräfte gilt:

$$F_{sv} = c_{sv} \cdot \alpha_v \tag{2.174}$$

$$F_{sh} = c_{sh} \cdot \alpha_h \tag{2.175}$$

Eingeführt wird hier eine resultierende Schräglaufsteife c_s, die die Elastizitäten der Radaufhängung berücksichtigt [20].

Die Schräglaufwinkel können gemäß Abb. 2.105 formuliert werden:

$$\alpha_v = \delta + \beta - \frac{l_v \cdot \dot{\psi}}{v} \tag{2.176}$$

$$\alpha_h = \beta + \frac{l_h \cdot \dot{\psi}}{v} \tag{2.177}$$

mit

$\dot{\psi}$ Gierwinkelgeschwindigkeit (Gierwinkel: Winkel zwischen Fahrzeuglängsachse und der X-Achse),

β Schwimmwinkel (Winkel zwischen Fahrzeuglängsachse und dem Geschwindigkeitsvektor im Schwerpunkt),

α Schräglaufwinkel am Rad (Winkel zwischen Geschwindigkeitsvektor im Radaufstandspunkt und der Radumfangsrichtung),

δ Lenkwinkel am Rad (Winkel zwischen Radumfangsrichtung und der Fahrzeuglängsachse).

2.5.3.2 Einfache Betrachtungen der Fahrdynamik

Mit den dargestellten Gleichungen des einfachen Einspurmodells lassen sich bereits erste Betrachtungen durchführen. Ein sehr einfaches Fahrmanöver ist die stationäre Kreisfahrt. Dabei wird ein Kreis mit einem vorgegebenen Radius mit konstanter Fahrgeschwindigkeit befahren. Dadurch ist die Gierwinkelgeschwindigkeit konstant und auch der Schwimmwinkel stellt sich konstant ein. Die mathematischen Zusammenhänge werden dadurch erheblich übersichtlicher.

$$v = \text{const.}$$
$$\dot{\psi} = \text{const.} \Rightarrow \ddot{\psi} = 0$$
$$\beta = \text{const.} \Rightarrow \dot{\beta} = 0$$

Aus dem Drallsatz 2.173 wird ein einfaches Momentengleichgewicht, welches um den vorderen und hinteren Radaufstandspunkt zu formulieren ist [20].

$$F_{sv} \cdot l = m \cdot a_y \cdot l_h \tag{2.178}$$

$$F_{sh} \cdot l = m \cdot a_y \cdot l_v \tag{2.179}$$

Mit Gl. 2.174 sowie Gl. 2.175 erhält man:

$$c_{sv} \cdot \alpha_v = m \cdot a_y \cdot \frac{l_h}{l} \tag{2.180}$$

$$c_{sh} \cdot \alpha_h = m \cdot a_y \cdot \frac{l_v}{l} \tag{2.181}$$

Mithilfe der Gleichungen für die Schräglaufwinkel, 2.177 sowie 2.178 ergibt sich

$$c_{sv} \cdot \left(\delta + \beta - \frac{l_v \cdot \dot{\psi}}{v} \right) = m \cdot a_y \cdot \frac{l_h}{l} \tag{2.182}$$

$$c_{sh} \cdot \left(\beta + \frac{l_h \cdot \dot{\psi}}{v} \right) = m \cdot a_y \cdot \frac{l_v}{l} \tag{2.183}$$

Da die Schwimmwinkelgeschwindigkeit bei der stationären Kreisfahrt Null ist, entspricht die Gierwinkelgeschwindigkeit der Bahnwinkelgeschwindigkeit, siehe Gl. 2.173.

$$\dot{\psi} = \dot{\nu} = \frac{v}{r} \tag{2.184}$$

Setzt man die beiden Gleichungen 2.183 sowie 2.184 gleich, erhält man durch einfaches Umformen:

$$\delta = \frac{m}{l} \cdot a_y \cdot \left(\frac{l_h}{c_{sv}} - \frac{l_v}{c_{sh}} \right) + \frac{\dot{\psi}}{v} \cdot (l_v + l_h) \tag{2.185}$$

Mit Gl. 2.184 ergibt sich daraus die Bedingung für den Lenkwinkelbedarf bei einem bestimmten Fahrzustand bei der stationären Kreisfahrt [20].

$$\delta = \frac{l}{r} + \frac{m}{l} \cdot \left(\frac{l_h}{c_{sv}} - \frac{l_v}{c_{sh}} \right) \cdot a_y \tag{2.186}$$

Diese Gleichung gibt wesentliche Aussagen über den Lenkwinkelbedarf zum Befahren einer Kurve. Man erkennt, dass der Lenkwinkelbedarf immer aus einem stationären Anteil l/r besteht. Dieser Grundbedarfswinkel resultiert nur aus den geometrischen Daten des Fahrzeugs (Radstand l) sowie dem Kurvenradius r. Dieser Winkel wird auch als Ackermannwinkel bezeichnet. Darüber hinaus besteht der Lenkwinkelbedarf aus einem Winkel, der linear von der Querbeschleunigung abhängt. Der Proportionalfaktor hängt ebenfalls von den Eigenschaften des Fahrzeugs ab, nämlich von der Gesamtmasse, dem Radstand, der Lage des Schwerpunkts sowie den effektiven Schräglaufsteifigkeiten an der Vorder- und Hinterachse [20]. Der querbeschleunigungsabhängige Lenkwinkelterm kann sowohl negative als auch positive Werte annehmen, sodass der Lenkwinkelbedarf ausgehend vom stationären Ackermannwinkel unter Querbeschleunigung erhöht oder auch gesenkt werden kann.

$$\delta = \boxed{\frac{1}{r}} + \underbrace{\boxed{\frac{m}{l}} \cdot \boxed{\frac{l_\mathrm{h}}{c_{sv}} - \frac{l_\mathrm{v}}{c_{sh}}} \cdot \boxed{a_\mathrm{y}}}$$

$\Downarrow$ Querbeschleunigungsabhängig

Stationärer Anteil = Ackermannwinkel

Darauf folgende Zusammenhänge zeigt Tab. 2.10.

Diese grundsätzliche Betrachtung hat einen wesentlichen Einfluss auf die Betrachtungen der Fahrdynamik. Der Fahrer muss einen Lenkwinkel einstellen, der nicht nur von der Form der Kurve abhängt, sondern auch von der aktuellen Querbeschleunigung.

Dafür verantwortlich ist, dass sich in der Regel an Vorder- und Hinterachse unterschiedliche Schräglaufwinkel einstellen. Für diese Betrachtung wird die so genannte Schräglaufwinkeldifferenz eingeführt.

$$\Delta\alpha = \alpha_\mathrm{v} - \alpha_\mathrm{h} \tag{2.187}$$

Mithilfe der Gln. 2.176 und 2.177 ergibt sich

$$\Delta\alpha = \left(\delta + \beta - \frac{l_\mathrm{v} \cdot \dot{\psi}}{v}\right) - \left(\beta + \frac{l_\mathrm{h} \cdot \dot{\psi}}{v}\right)$$

$$= \delta - \frac{l_\mathrm{v} \cdot \dot{\psi} + l_\mathrm{h} \cdot \dot{\psi}}{v} = \delta - \frac{\dot{\psi} \cdot l}{v} \tag{2.188}$$

Mit Gl. 2.184 ergibt sich eine Vereinfachung:

$$\Delta\alpha = \delta - \frac{l}{r} \tag{2.189}$$

Formt man die Gl. 2.186 um, so erkennt man diese Schräglaufwinkeldifferenz wieder.

$$\Delta\alpha = \frac{m}{l} \cdot \left(\frac{l_\mathrm{h}}{c_{sv}} - \frac{l_\mathrm{v}}{c_{sh}}\right) \cdot a_\mathrm{y} \tag{2.190}$$

Tab. 2.10 Einfluss von Schwerpunktlage und Schräglaufsteifigkeiten auf den Lenkwinkelbedarf

Lenkwinkelbedarf wird unter Querbeschleunigung …	Bedingung
vergrößert	$\frac{l_\mathrm{h}}{c_{sv}} > \frac{l_\mathrm{v}}{c_{sh}}$
verkleinert	$\frac{l_\mathrm{h}}{c_{sv}} < \frac{l_\mathrm{v}}{c_{sh}}$
nicht verändert	$\frac{l_\mathrm{h}}{c_{sv}} = \frac{l_\mathrm{v}}{c_{sh}}$

In Kurzform gilt also für den Lenkwinkelbedarf bei Kurvenfahrt

$$\delta = \frac{l}{r} + \Delta\alpha \qquad (2.191)$$

Diese Gleichung zeigt, dass der Fahrer neben dem geometrischen Lenkwinkelbedarf einen Lenkwinkel zur Kurshaltung aufprägen muss, der die entstehende Schräglaufwinkeldifferenz $\Delta\alpha$ kompensiert.

Die Schräglaufwinkeldifferenz hängt von den Fahrzeug- und Reifenparametern ab und wird als **„Eigenlenkverhalten"** bezeichnet [20]. Die Schräglaufwinkeldifferenz kann herangezogen werden, um das Lenkverhalten zu charakterisieren. Eine klassische Definition gibt es von *Olley* aus dem Jahr 1934 (Tab. 2.11) [20].

Mit dieser Definition wird der absolute Lenkwinkelverlauf betrachtet und nicht etwa der Lenkwinkelgradient. Nach Olley benötigt der Fahrer zum Befahren eines Kreises bei einem untersteuernden Fahrzeug einen größeren Lenkwinkel als bei einem neutralen Fahrzeug (Abb. 2.106).

Betrachtet man die Definition nach Olley etwas näher, so lassen sich folgende Aussagen über die Zusammenhänge der Reifeneigenschaften (Schräglaufsteifigkeit) sowie Fahrzeugeigenschaften (Schwerpunktlage) treffen:

In Abb. 2.107 wird der Schwerpunkt exakt in die Mitte des Radstands gesetzt und die Schräglaufsteifigkeiten variiert. Es ist leicht zu erkennen, dass es zu einem untersteuernden Fahrzeugverhalten kommt, wenn die hintere effektive Schräglaufsteifigkeit höher ist als die vordere. Der vordere Schräglaufwinkel wird daher größer sein als der hintere.

In Abb. 2.108 wird eine gleiche Schräglaufsteifigkeit an der Vorder- und Hinterachse angenommen und die Schwerpunktlage variiert. Eine Verlagerung des Schwerpunktes nach vorn führt ebenfalls zu einem untersteuernden Fahrverhalten.

Wichtiger als die Absolutwerte der Schräglaufwinkeldifferenz und des Lenkwinkels ist für die Beurteilung des Eigenlenkverhaltens der augenblickliche Wert des Gradienten $d\delta/da_y$ beim Befahren einer Kurve.

Die Definition des Eigenlenkverhaltens nach Olley ist daher nur begrenzt sinnvoll und nur in Bereichen kleiner Querbeschleunigungen aussagekräftig.

Das Reifenverhalten zeigt vielmehr veränderte Schräglaufsteifigkeiten in den Bereichen hoher Seitenkräfte, die unter hohen Querbeschleunigungen erforderlich werden. Der lineare Zusammenhang zwischen der Schräglaufdifferenz und der Quer-

Tab. 2.11 Fahrzustandsbeurteilung nach Olley	**Zustand**	**Bedingung**
	Übersteuern	$\Delta\alpha = \alpha_v - \alpha_h < 0$
	Neutral	$\Delta\alpha = \alpha_v - \alpha_h = 0$
	Untersteuern	$\Delta\alpha = \alpha_v - \alpha_h > 0$

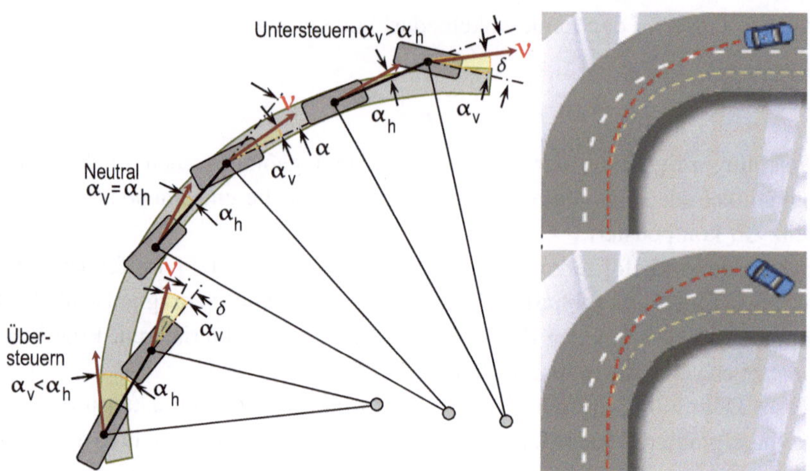

Abb. 2.106 Definition nach Olley

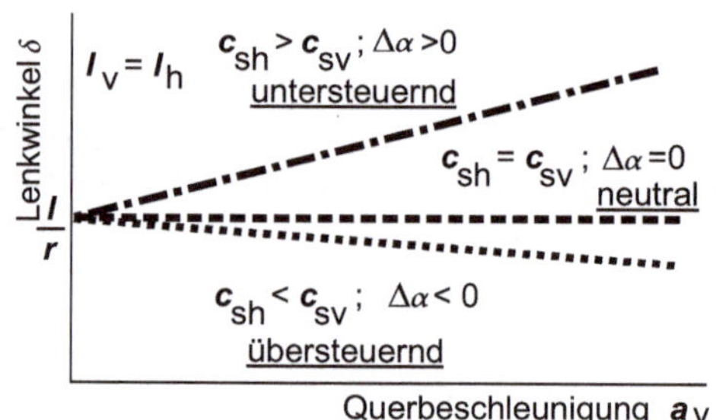

Abb. 2.107 Lenkwinkelbedarf bei Variation der Schräglaufsteifigkeiten [20]

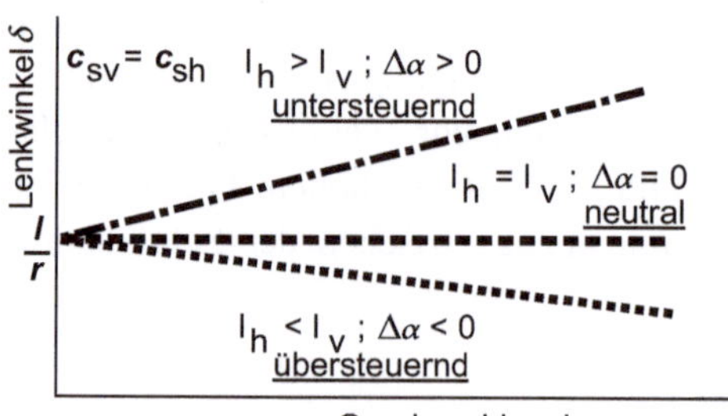

Abb. 2.108 Lenkwinkelbedarf bei Variation der Schwerpunktlage [20]

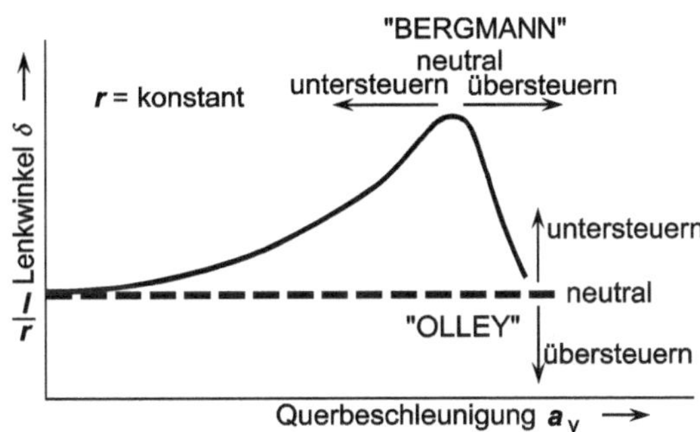

Abb. 2.109 Definition nach Bergmann [20]

beschleunigung und damit auch zwischen dem erforderlichen Lenkwinkel und der Querbeschleunigung ist in diesen Bereichen nicht mehr gültig.

Bei einem von Haus aus übersteuernden Fahrzeug kann durch geeignete Maßnahmen ein untersteuerndes Verhalten erzielt werden. Bei höheren Querbeschleunigungen ändern sich aber insbesondere die in den jeweiligen Betriebspunkten der Reifen wirksamen Schräglaufsteifigkeiten. Dadurch geht der lineare Zusammenhang zwischen Schräglaufwinkeldifferenz und Querbeschleunigung bzw. erforderlichem Lenkwinkel und Querbeschleunigung verloren. Das Vorzeichen des Gradienten $d\delta/da_y$ stimmt nicht unbedingt mit dem Vorzeichen der Schräglaufwinkeldifferenz überein. Somit kann es auch in Bereichen, die nach Olley ein untersteuerndes Fahrverhalten anzeigen, zu lokal negativen Gradienten kommen, Abb. 2.109 [20].

Im Bereich des hier gezeigten Lenkwinkelmaximums kommt es relativ rasch zu einer Verminderung des notwendigen Lenkwinkels. Der Fahrer muss Lenkradwinkel zurücknehmen, sobald hier ein übersteuernder Fahrzustand herrscht. Diese Beurteilung nach *Bergmann* hat sich daher durchgesetzt (Tab. 2.12).

In Gl. 2.186 wird der Lenkwinkelbedarf in Abhängigkeit von Reifen- und Fahrzeugeigenschaften beschrieben. In differenzieller Form gilt dieser auch unter Zugrundelegung nichtlinearer Reifeneigenschaften.

$$F_{sv} = \int_0^{\alpha_v} c_{sv}(\alpha)\,d\alpha \qquad (2.192)$$

Tab. 2.12 Fahrzustandbeurteilung nach Bergmann

Zustand	Bedingung
Übersteuern	$d\delta/da_y < 0$
Neutral	$d\delta/da_y = 0$
Untersteuern	$d\delta/da_y > 0$

Tab. 2.13 Beurteilung des Fahrzustands mit nichtlinearen Reifeneigenschaften

Zustand	Bedingung
Übersteuern	$c_{sh}(\alpha_h) \cdot l_h < c_{sv}(\alpha_v) \cdot l_v$
Neutral	$c_{sh}(\alpha_h) \cdot l_h = c_{sv}(\alpha_v) \cdot l_v$
Untersteuern	$c_{sh}(\alpha_h) \cdot l_h > c_{sv}(\alpha_v) \cdot l_v$

$$F_{\text{sh}} = \int_0^{\alpha_{\text{h}}} c_{\text{sh}}(\alpha)\,\mathrm{d}\alpha \tag{2.193}$$

Eingesetzt ergibt sich die differenzielle Form des Lenkwinkelbedarfs

$$\frac{\mathrm{d}\delta}{\mathrm{d}a_{\text{y}}} = \frac{m}{l} \cdot \left(\frac{l_{\text{h}}}{c_{\text{sv}}(\alpha_{\text{v}})} - \frac{l_{\text{v}}}{c_{\text{sh}}(\alpha_{\text{h}})} \right) \tag{2.194}$$

Damit zeigt sich auch bei differenzieller Betrachtung die Möglichkeit, das Fahrverhalten zu beurteilen (Tab. 2.13).

2.5.3.3 Bewegungsvorgänge beim Über- und Untersteuern

Anhand der Zusammenhänge aus dem einfachen Einspurmodell können die Bewegungsvorgänge beim Unter- und Übersteuern erläutert werden.

Bei Kurvenfahrt entstehen Fliehkräfte, welche aus der Querbeschleunigung resultieren und über die Reifenseitenkräfte abgestützt werden müssen. An der Achse, an der zuerst die Kraftschlussgrenze erreicht wird, steigt der Schräglaufwinkel unkontrolliert an.

Bei einem untersteuernden Fahrzeug geschieht dieses zunächst an der Vorderachse. Dadurch wird der Schwimmwinkel β reduziert und damit auch der hintere Schräglaufwinkel α_{h} relativ verringert.

Durch den verringerten Schräglaufwinkel an der Hinterachse wird die Seitenkraft reduziert, womit das Fahrzeug sich auf einem größeren Kreisradius bewegen wird. Dieser größere Bahnradius führt zu einer geringeren Querbeschleunigung und einhergehend zu geringeren abzustützenden Seitenkräften. Das Fahrzeug wird durch diesen Untersteuereffekt stabilisiert.

Anders verhält sich ein übersteuerndes Fahrzeug: Hier steigt der hintere Schräglaufwinkel bei Erreichen der Kraftschlussgrenze schnell an und erhöht dadurch den Schwimmwinkel β. Der vordere Schräglaufwinkel α_{v} wird in Folge relativ vergrößert und sorgt damit für eine Seitenkraftzunahme an der Vorderachse. Das Fahrzeug wird in Richtung eines kleineren Bahnradius bewegt und die Schleudertendenz wird drastisch erhöht. Es handelt, sich dabei im negativen Sinne um einen Selbstverstärkungseffekt, da bei gleich bleibender Geschwindigkeit die Querbeschleunigung mit sinkendem Bahnradius steigt. Das Fahrzeug kann nur dadurch stabilisiert werden, indem der Fahrer den Lenkwinkel zurücknimmt oder gar gegenlenkt. So würde das Fahrzeug wieder auf einen größeren und damit sicheren Bahnradius gebracht werden.

Viele Normalfahrer sind mit dieser Fahraufgabe leider überfordert, sodass hier die Motivation für die Entwicklung aktiver Stabilisierungssysteme liegt. Entsprechende aktive Brems- bzw. Lenksysteme sind seit einiger Zeit in Fahrzeugen enthalten und werden detailliert im Bd. 2, Abschn. 3.6.2 und 4.2.2 beschrieben.

Das Fahrzeug in Abb. 2.110 ist eindeutig im übersteuernden Bereich und rutscht in der Kurve nach außen. Der (Test-) Fahrer lenkt das Fahrzeug trotzdem zum Kurvenaußen hin, wie die Reifenstellung dies klar zeigt. Somit bleibt das Fahrzeug auf der Spur.

Um von vornherein den Fahrer bei der Erledigung seiner Stabilisierungsaufgabe zu entlasten, wird stets ein neutrales oder leicht untersteuerndes Eigenlenkverhalten in der Fahrzeugentwicklung angestrebt.

Zusammengefasst kann man sagen, dass ein Fahrzeug eine Eigenlenktendenz zum Übersteuern hat, wenn:

- der hintere Schräglaufwinkel größer ist als der vordere,
- die Schräglaufsteifigkeit hinten kleiner ist als vorne,
- der Schwerpunkt näher zur Hinterachse liegt,
- der hintere Stabilisator steifer ist als der vordere.

2.5.3.4 Erweitertes Einspurmodell mit Hinterradlenkung

Es hat in der Vergangenheit immer wieder Entwicklungen gegeben, auch die Hinterachse eines schnellen Kraftfahrzeuges lenkbar zu gestalten (s. Bd 2., Abschn. 4.7), weil die Hinterachslenkung in zweierlei Hinsicht helfen kann, die Fahreigenschaften zu verbessern:

Der naheliegende Grund ist die Verbesserung der Wendigkeit des Kraftfahrzeugs durch einen der Lenkrichtung entgegengesetzten Hinterachslenkwinkel. Dadurch wird der minimale Wendekreis deutlich verkleinert, was gerade im Stadt- bzw. Parkierbetrieb für den Fahrer sehr entlastend ist.

Der zweite wichtige Aspekt hinsichtlich der Verbesserung der Fahreigenschaften betrifft die Fahrstabilität des Kraftfahrzeuges. Die erhöhte Stabilität wird bei höheren Geschwindigkeiten durch einen in Relation zum Vorderachslenkwinkel gleichsinnig gerichteten Hinterachslenkwinkel erreicht.

Durch einen solchen zusätzlichen Lenkwinkel ergeben sich im Gegensatz zum konventionell gelenkten Fahrzeug deutliche Unterschiede in den kinematischen Beziehungen. Wie Abb. 2.111 zeigt, wird durch einen gleichsinnigen Lenkeinschlag der Momentanpol der Bewegung nach hinten verlagert.

Abb. 2.110 Fahrzeuglenkung in einer übersteuernden Situation

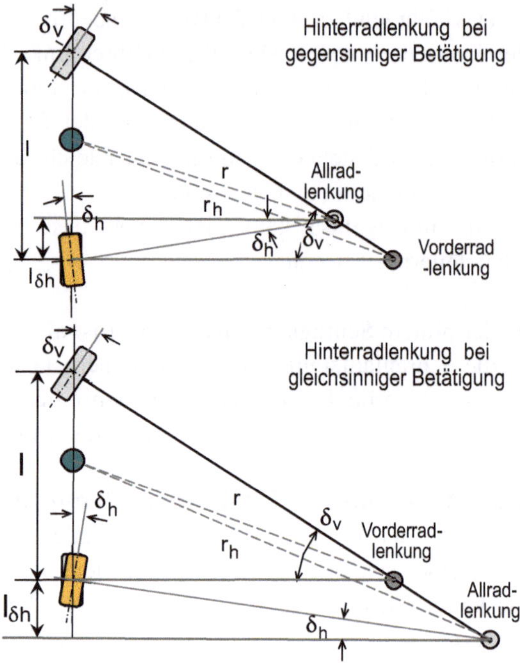

Abb. 2.111 Veränderung der Lage des Momentanpols bei gegensinnigem und gleichsinnigem Lenkanschlag

Durch diese Verlagerung des Kurvenmittelpunktes nach hinten wird der Radstand scheinbar verlängert, wodurch die Fahrstabilität deutlich erhöht wird [41]. Durch das gleichsinnige Lenken der Räder an Vorder- und Hinterachse kommt es bei einer Lenkbewegung zu einer deutlichen Giermomentabschwächung, da die entstehenden Schräglaufseitenkräfte an Vorder- und Hinterachse zwar in die gleiche Richtung zeigen, damit aber um den Schwerpunkt entgegengesetzte Giermomente erzeugen.

Eine zusätzliche Hinterradlenkung hat den entscheidenden Vorteil, dass der Aufbau von Seitenkräften unmittelbar erfolgt und nicht wie bei einem normalgelenkten Fahrzeug erst bei einem Aufbau des Schwimmwinkels [20]. Physikalisch werden bei einer schnellen Lenkbewegung zunächst nur an der Vorderachse Seitenkräfte aufgebaut, während die Hinterachse zunächst an der Drehung des Fahrzeugs nicht beteiligt ist [20].

Das Fahrzeug beginnt dann mit einer überlagerten Quer- und Gierbewegung, sodass ein Schwimmwinkel und direkt einhergehend ein Schräglaufwinkel an der Hinterachse entsteht. Erst dann wird an der Hinterachse eine Seitenführungskraft aufgebaut. Nur mit einer Seitenkraft an der Hinterachse kann der stabile Gleichgewichtszustand (etwa bei einer stationären Kreisfahrt) erreicht werden. Andernfalls würde weiterhin eine Gierbeschleunigung entstehen, die das Fahrzeug weiter eindrehen lässt. Mit dem Aufbau einer Seitenkraft an der Hinterachse wird die Gierbeschleunigung schließlich Null [20].

Betrachtet man Abb. 2.112 (links), so erkennt man, dass bei gegensinnigem Radeinschlag unmittelbar nach dem Lenkeinschlag an Vorder- und Hinterachse gleichzeitig

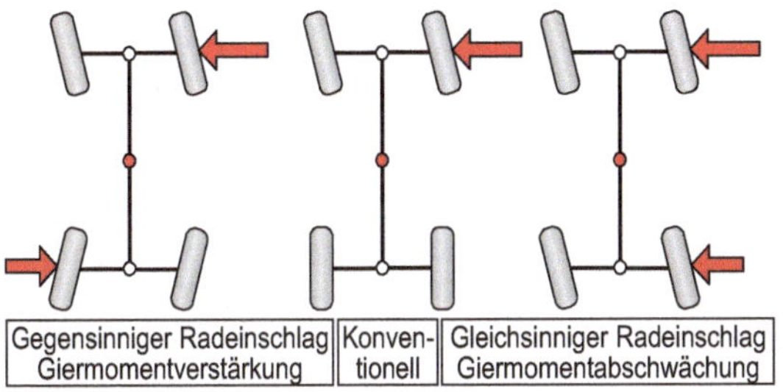

Abb. 2.112 Seitenkraftaufbau unmittelbar nach einem schnellen Lenkeinschlag [42]

Seitenkräfte aufgebaut werden. Direkt ersichtlich ist, dass die Seitenkräfte entgegengerichtet sind und damit eine schnelle Gierbewegung hervorrufen müssen. Diese fällt deutlich höher aus als bei einem konventionell gelenkten Fahrzeug (Abb. 2.112, Mitte).

Die resultierende Querbeschleunigung ist zunächst allerdings geringer, da die Kräfte entgegengerichtet sind. Eine solche Strategie zum Einsatz einer Hinterradlenkung würde bei Geschwindigkeiten oberhalb des Wende- und Parkierbereichs und insbesondere bei hohen Fahrgeschwindigkeiten zu sehr hohen Überschwingern in der Giergeschwindigkeit des Fahrzeugs bei gleichzeitig nur verzögertem Querbeschleunigungsaufbau führen [20]. Ein gegenseitiger Radeinschlag ist nur für untere Geschwindigkeiten vorteilhaft.

Im Sinne der Fahrstabilität ist insbesondere bei höheren Fahrgeschwindigkeiten die Strategie des gleichsinnigen Lenkeinschlags die wesentlich bessere Variante. Dabei werden an der Vorder- und Hinterachse gleichzeitig Seitenkräfte in gleichgesetzter Richtung erzeugt, die für einen schnellen Anstieg der Querbeschleunigung sorgen (Abb. 2.112, rechts). Die Giergeschwindigkeit wird dagegen nur langsam aufgebaut und die Überschwinger werden deutlich geringer ausfallen als bei einem konventionellen Fahrzeug.

Wird eine Hinterachslenkung eingesetzt, so ändern sich auch die Gleichungen des einfachen Einspurmodells. Zusätzlich zum konventionellen, vorderen Lenkwinkel wird ein hinterer Lenkwinkel eingeführt. Analog zu den Gleichungen aus Abschn. 2.5.3.1 wird auch in diesem Fall der Schwerpunktsatz und Drallsatz für das Einspurmodell aufgestellt.

Das erweiterte lineare Einspurmodell hat die gleichen Annahmen wie das einfache Einspurmodell (Schwerpunkthöhe Null, achsweise zusammengefasste Kräfte, linear angenommene Schräglaufsteifigkeit) und wird um den hinteren Lenkwinkel erweitert (Abb. 2.113).

Es gelten selbstverständlich die grundsätzlichen Zusammenhänge aus den Gln. 2.206 ff. Die Seitenkraft durch Schräglauf wird linear angenommen:

$$F_\alpha = c_\alpha \cdot \alpha \tag{2.195}$$

Aus Newton'scher Bewegungsgleichung und Drallsatz ergeben sich:

$$m \cdot a_y = F_{sv} + F_{sh} \tag{2.196}$$

Abb. 2.113 Lineares
Einspurmodell mit
Hinterradlenkung [41]

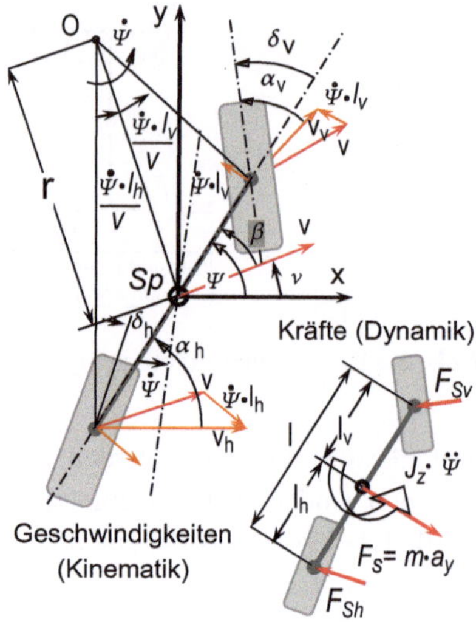

$$\Theta \cdot \ddot{\psi} = F_{sv} \cdot l_v - F_{sh} \cdot l_h \tag{2.197}$$

Während die geometrischen und kinematischen Zusammenhänge an der Vorderachse sich nicht vom einfachen Einspurmodell unterscheiden (s. Gl. 2.176)

$$\alpha_v = \delta_v + \beta - \frac{l_v \cdot \dot{\psi}}{v} \tag{2.198}$$

wird die Gleichung für die Hinterachse (Gl. 2.177) um einen zusätzlichen Lenkwinkel erweitert:

$$\alpha_h = \delta_h + \beta + \frac{l_h \cdot \dot{\psi}}{v} \tag{2.199}$$

Für die Fliehkraft gilt der Zusammenhang aus Gl. 2.173:

$$m \cdot a_y = m \cdot \frac{v^2}{r} = m \cdot \frac{v}{r} \cdot \dot{v} \cdot r$$

$$= m \cdot v \cdot \left(\dot{\psi} - \dot{\beta} \right) \tag{2.200}$$

Setzt man die Gln. 2.198 und 2.199 unter Verwendung von Gl. 2.200 in die Newton'sche Bewegungsgleichung (Gl. 2.196) ein, so ergibt sich eine Differenzialgleichungen für den Schwimmwinkel:

$$\dot{\beta} = \left(-\frac{c_{sv} + c_{sh}}{m \cdot v} \right) \cdot \beta$$

$$+\left(1 - \frac{c_{\text{sh}} \cdot l_{\text{h}} - c_{\text{sv}} \cdot l_{\text{v}}}{m \cdot v^2}\right) \cdot \dot{\psi}$$

$$-\left(\frac{c_{\text{sv}}}{m \cdot v}\right) \cdot \delta_{\text{v}} - \left(\frac{c_{\text{sh}}}{m \cdot v}\right) \cdot \delta_{\text{h}} \tag{2.201}$$

Setzt man die gleichen Bedingungen in den Drallsatz nach Gl. 2.197 ein, so entsteht eine weitere Differenzialgleichungen für die Gierwinkelbeschleunigung.

$$\ddot{\psi} = \left(-\frac{c_{\text{sv}} \cdot l_{\text{v}}^2 + c_{\text{sh}} \cdot l_{\text{h}}^2}{\Theta \cdot v}\right) \cdot \dot{\psi}$$

$$+\left(\frac{c_{\text{sv}} \cdot l_{\text{v}} - c_{\text{sh}} \cdot l_{\text{h}}}{\Theta}\right) \cdot \beta$$

$$+\left(\frac{c_{\text{sv}} \cdot l_{\text{v}}}{\Theta}\right) \cdot \delta_{\text{v}} - \left(\frac{c_{\text{sh}} \cdot l_{\text{h}}}{\Theta}\right) \cdot \delta_{\text{h}} \tag{2.202}$$

Diese beiden Zusammenhänge dienen dazu, den Schwimmwinkel sowie die Gierwinkelgeschwindigkeit zu berechnen, wenn Lenkwinkel, Fahrgeschwindigkeit und die genannten Fahrzeug- und Reifenparameter bekannt sind [41].

2.5.3.5 Nichtlineares Einspurmodell

In den vergangenen Abschnitten wurden linearisierte Einspurmodelle dargestellt. Es wurde angenommen, dass nur kleine Winkel auftreten, sodass einige trigonometrische Vereinfachungen getroffen werden konnten.

Falls Betrachtungen notwendig werden, bei denen Schwimmwinkel größer als $10°$ auftreten können, so ist diese linearisierte Darstellung nicht mehr ausreichend genau [41]. Weiterhin werden in diesen Schwimmwinkelbereichen sicherlich Schräglaufwinkel größer als 3–$4°$ erreicht, sodass die Linearisierung der Schräglaufsteifigkeiten ebenfalls den zulässigen Bereich verlässt. Daher werden nun die nichtlinearen Zusammenhänge im Einspurmodell dargestellt.

Bisher wurden die Reifenseitenkräfte jeweils orthogonal zur Fahrzeuglängsachse angesetzt, In der Realität greifen diese jedoch senkrecht zur Radlängsachse an, sodass diese in den jeweiligen Newton'schen Bewegungsgleichungen winkelkorrigiert eingehen. Daher wird erneut die Abb. 2.113 verwendet, in dem die Reifenseitenkräfte bereits mit dem jeweiligen Radlenkwinkel versehen sind. Dadurch entstehen im Gegensatz zu den linearisierten Einspurmodellgleichungen Kraftanteile in Längsrichtung, welche in diesem Fall als Verzögerung auf den Schwerpunkt wirken [41].

$$m \cdot a_x = -F_{\text{sv}} \cdot \sin\left(\delta_{\text{v}}\right) - F_{\text{sh}} \cdot \sin\left(\delta_{\text{h}}\right) \tag{2.203}$$

Die schon aus den Gln. 2.171 und 2.196 bekannte Bewegungsgleichung in lateraler Richtung wird durch die Winkelfunktionen entsprechend erweitert.

$$m \cdot a_y = F_{sv} \cdot \cos\left(\delta_v\right) + F_{sh} \cdot \cos\left(\delta_h\right) \tag{2.204}$$

Die Beschleunigung eines Massepunktes in der Ebene wird mit einer Tangential- und einer Normalkomponente dargestellt [43]

$$\vec{a} = \dot{v} \cdot \vec{e}_t + \frac{v^2}{r} \cdot \vec{e}_n \tag{2.205}$$

In einem Fahrzustand gemäß Abb. 2.113 mit der entsprechenden Definition für die Winkelrichtung des Schwimmwinkels ergeben sich dabei die folgenden Tangential- und Normalkomponenten [43]:

$$\vec{e}_t = \begin{pmatrix} \cos\left(\beta\right) \\ -\sin\left(\beta\right) \end{pmatrix} \tag{2.206}$$

$$\vec{e}_n = \begin{pmatrix} \sin\left(\beta\right) \\ \cos\left(\beta\right) \end{pmatrix} \tag{2.207}$$

Damit ergeben sich folgende Beschleunigungskomponenten in x- und y-Richtung des Fahrzeugs

$$a_x = \dot{v} \cdot \cos\left(\beta\right) + \frac{v^2}{r} \cdot \sin\left(\beta\right) \tag{2.208}$$

$$a_y = -\dot{v} \cdot \sin\left(\beta\right) + \frac{v^2}{r} \cdot \cos\left(\beta\right) \tag{2.209}$$

Es werden erneut die Zusammenhänge aus Gl. 2.173 verwendet.

$$a_x = \dot{v} \cdot \cos\left(\beta\right) + v \cdot \left(\dot{\psi} - \dot{\beta}\right) \cdot \sin\left(\beta\right) \tag{2.210}$$

$$a_y = -\dot{v} \cdot \sin\left(\beta\right) + v \cdot \left(\dot{\psi} - \dot{\beta}\right) \cdot \cos\left(\beta\right) \tag{2.211}$$

Diese beiden Bedingungen werden in Gl. 2.203 sowie Gl. 2.204 eingesetzt:

$$\begin{aligned} m \cdot \left(\dot{v} \cdot \cos\left(\beta\right) + v \cdot \left(\dot{\psi} - \dot{\beta}\right) \cdot \sin\left(\beta\right)\right) \\ = -F_{sv} \cdot \sin\left(\delta_v\right) - F_{sh} \cdot \sin\left(\delta_h\right) \end{aligned} \tag{2.212}$$

$$\begin{aligned} m \cdot \left(-\dot{v} \cdot \sin\left(\beta\right) + v \cdot \left(\dot{\psi} - \dot{\beta}\right) \cdot \cos\left(\beta\right)\right) \\ = F_{sv} \cdot \cos\left(\delta_v\right) + F_{sh} \cdot \cos\left(\delta_h\right) \end{aligned} \tag{2.213}$$

In den Gleichungen kann man die Bahnbeschleunigung isolieren und diese dann gleichsetzen [41].

$$\frac{F_{sv} \cdot \cos\left(\delta_v\right) + F_{sh} \cdot \cos\left(\delta_h\right)}{m \cdot \sin\left(\beta\right)}$$

$$-\frac{F_{\mathrm{sv}} \cdot \sin\left(\delta_{\mathrm{v}}\right) + F_{\mathrm{sh}} \cdot \sin\left(\delta_{\mathrm{h}}\right)}{m \cdot \cos\left(\beta\right)}$$

$$= v \cdot \left(\dot{\psi} - \dot{\beta}\right) \cdot \left[\frac{\cos\left(\beta\right)}{\sin\left(\beta\right)} + \frac{\sin\left(\beta\right)}{\cos\left(\beta\right)}\right] \tag{2.214}$$

Mit dem Additionstheorem

$$\sin^2\left(\beta\right) + \cos^2\left(\beta\right) = 1 \tag{2.215}$$

sowie der Erweiterung des ersten Terms gilt

$$\frac{\left[F_{\mathrm{sv}} \cdot \cos\left(\delta_{\mathrm{v}}\right) + F_{\mathrm{sh}} \cdot \cos\left(\delta_{\mathrm{h}}\right)\right] \cdot \cos\left(\beta\right)}{m \cdot \sin\left(\beta\right) \cdot \cos\left(\beta\right)}$$

$$-\frac{\left[F_{\mathrm{sv}} \cdot \sin\left(\delta_{\mathrm{v}}\right) + F_{\mathrm{sh}} \cdot \sin\left(\delta_{\mathrm{h}}\right)\right] \cdot \sin\left(\beta\right)}{m \cdot \sin\left(\beta\right) \cdot \cos\left(\beta\right)}$$

$$= \frac{v \cdot \left(\dot{\psi} - \dot{\beta}\right)}{\sin\left(\beta\right) \cdot \cos\left(\beta\right)} \tag{2.216}$$

$$\Leftrightarrow \frac{F_{\mathrm{sv}} \cdot \left[\cos\left(\delta_{\mathrm{v}}\right) \cdot \cos\left(\beta\right) - \sin\left(\delta_{\mathrm{v}}\right) \cdot \sin\left(\beta\right)\right]}{m \cdot \sin\left(\beta\right) \cdot \cos\left(\beta\right)}$$

$$+\frac{F_{\mathrm{sh}} \cdot \left[\cos\left(\delta_{\mathrm{h}}\right) \cdot \cos\left(\beta\right) - \sin\left(\delta_{\mathrm{h}}\right) \cdot \sin\left(\beta\right)\right]}{m \cdot \sin\left(\beta\right) \cdot \cos\left(\beta\right)}$$

$$= \frac{v \cdot \left(\dot{\psi} - \dot{\beta}\right)}{\sin\left(\beta\right) \cdot \cos\left(\beta\right)} \cdot \tag{2.217}$$

Mit einem weiteren Additionstheorem

$$\cos\left(\alpha + \beta\right) = \cos\left(\alpha\right) \cdot \cos\left(\beta\right)$$

$$-\sin\left(\alpha\right) \cdot \sin\left(\beta\right) \tag{2.218}$$

ergibt sich hieraus eine Differenzialgleichungen „DGL" für den Schwimmwinkel:

$$\dot{\beta} = \dot{\psi} - \frac{1}{m \cdot v} \tag{2.219}$$

$$\cdot \left[F_{\mathrm{sv}} \cdot \cos\left(\delta_{\mathrm{v}} + \beta\right) + F_{\mathrm{sh}} \cdot \cos\left(\delta_{\mathrm{h}} + \beta\right)\right]$$

Der bisherige, linearisierte Drallsatz aus Gl. 2.197 wird unter der Berücksichtigung der Lenkwinkel an Vorder- und Hinterachse zu:

$$\Theta \cdot \ddot{\psi} = F_{sv} \cdot l_v \cdot \cos(\delta_v) - F_{sh} \cdot l_h \cdot \cos(\delta_h) \tag{2.220}$$

Werden nun die Winkelzusammenhänge aus den Gln. 2.198 und 2.199 in diese beiden Gln. 2.219 sowie 2.220 eingesetzt, so entstehen die beiden Differenzialgleichungen für die Schwimmwinkelgeschwindigkeit sowie für die Gierwinkelbeschleunigung.

$$\dot{\beta} = \dot{\psi} - \frac{1}{m \cdot v} \cdot \left[c_{sv} \cdot \left(\delta_v + \beta - \frac{l_v \cdot \dot{\psi}}{v} \right) \right.$$

$$\cdot \cos(\delta_v + \beta)$$

$$\left. + c_{sh} \cdot \left(\delta_h + \beta + \frac{l_h \cdot \dot{\psi}}{v} \right) \cdot \cos(\delta_h + \beta) \right] \tag{2.221}$$

$$\ddot{\psi} = \frac{1}{\Theta} \left[c_{sv} \cdot \left(\delta_v + \beta - \frac{l_v \cdot \dot{\psi}}{v} \right) \cdot l_v \cdot \cos(\delta_v) \right.$$

$$\left. - c_{sh} \cdot \left(\delta_h + \beta + \frac{l_h \cdot \dot{\psi}}{v} \right) \cdot l_h \cdot \cos(\delta_h) \right] \tag{2.222}$$

Diese Bewegungsgleichungen beschreiben die Zusammenhänge zwischen den verschiedenen Bewegungsgrößen eines nichtlinearen Einspurmodells und der Fahrzeug- und Reifenparameter.

2.5.3.6 Instationäre Betrachtungen des einfachen Einspurmodells

Die bisherigen Betrachtungen zum Einspurmodell beziehen sich nur auf den stationären Fahrzustand, z. B. für eine stationäre Kreisfahrt. Um auch instationäre Fahrzustände beschreiben und analysieren zu können, werden die Gleichungen des einfachen Einspurmodells herangezogen und schrittweise für die instationäre Betrachtung verwendet. Diese werden z. B. für die Analyse des Übergangsverhaltens angewendet. Um die Bewegungsgleichungen nach Newton und Euler vollständig zu notieren, werden die Gln. 2.173, 2.175 sowie 2.176 herangezogen und in Gl. 2.171 und Gl. 2.172 eingesetzt. Es werden dabei die Schräglaufwinkeldefinitionen aus den Gln. 2.198 und 2.199 verwendet, die einen zusätzlichen hinteren Lenkwinkel bereits beinhalten. Falls das instationäre Fahrverhalten eines konventionellen Fahrzeugs ohne Hinterachslenkung betrachtet werden soll, sind die entsprechenden Terme zu Null zu setzen.

$$m \cdot v \cdot (\dot{\psi} - \dot{\beta}) = c_{sv} \cdot \left(\delta_v + \beta - \frac{l_v}{v} \cdot \dot{\psi} \right)$$

$$+ c_{sh} \cdot \left(\delta_h + \beta + \frac{l_h}{v} \cdot \dot{\psi} \right) \tag{2.223}$$

$$\Theta_Z \cdot \ddot{\psi} = c_{sv} \cdot \left(\delta_v + \beta - \frac{l_v}{v} \cdot \dot{\psi} \right) \cdot l_v$$

$$- c_{sh} \cdot \left(\delta_h + \beta + \frac{l_h}{v} \cdot \dot{\psi} \right) \cdot l_h \qquad (2.224)$$

Aus der Newton'schen Bewegungsgleichung 2.224 kann eine Beziehung für die Gierrate isoliert werden.

$$m \cdot v \cdot \dot{\psi} - m \cdot v \cdot \beta = \beta \cdot (c_{sv} + c_{sh})$$

$$+ c_{sv} \cdot \delta_v + c_{sh} \cdot \delta_h$$

$$+ \dot{\psi} \cdot \left(c_{sh} \cdot \frac{l_h}{v} - c_{sv} \cdot \frac{l_v}{v} \right) \qquad (2.225)$$

$$\Leftrightarrow \dot{\psi} = \frac{\left(\begin{matrix} m \cdot v \cdot \dot{\beta} + (c_{sv} + c_{sh}) \cdot \beta \\ + c_{sv} \cdot \delta_v + c_{sh} \cdot \delta_h \end{matrix} \right)}{m \cdot v + c_{sv} \cdot \frac{l_v}{v} - c_{sh} \cdot \frac{l_h}{v}} \qquad (2.226)$$

Um diese Gleichung zu differenzieren, wird die Voraussetzung getroffen, dass die Geschwindigkeit konstant ist [20].

$$\ddot{\psi} = \frac{\left(\begin{matrix} m \cdot v \cdot \ddot{\beta} + (c_{sv} + c_{sh}) \cdot \dot{\beta} \\ + c_{sv} \cdot \dot{\delta}_v + c_{sh} \cdot \dot{\delta}_h \end{matrix} \right)}{m \cdot v + c_{sv} \cdot \frac{l_v}{v} - c_{sh} \cdot \frac{l_h}{v}} \qquad (2.227)$$

Mit diesen Beziehungen für die Gierwinkelgeschwindigkeit und Gierwinkel-beschleunigung kann der Drallsatz aus Gl. 2.224 erweitert werden.

Es wird folgende Vereinbarung zur mathematischen Vereinfachung der Umformung getroffen:

$$A: = m \cdot v + c_{sv} \cdot \frac{l_v}{v} - c_{sh} \cdot \frac{l_h}{v} \qquad (2.228)$$

Damit ergibt sich eine Differenzialgleichungen für den Schwimmwinkel β:

$$[\Theta_Z \cdot m \cdot v] \cdot \ddot{\beta}$$

$$+ \left[\Theta \cdot (c_{sv} + c_{sh}) + c_{sv} \cdot l_v^2 \cdot m \right.$$

$$\left. + c_{sh} \cdot l_h^2 \cdot m \right] \cdot \dot{\beta}$$

$$+ \left[A \cdot (l_\mathrm{h} \cdot c_\mathrm{sh} - l_\mathrm{v} \cdot c_\mathrm{sv}) \right.$$

$$\left. + (c_\mathrm{sv} + c_\mathrm{sh}) \cdot \left(c_\mathrm{sv} \cdot \frac{l_\mathrm{v}^2}{v} + c_\mathrm{sh} \cdot \frac{l_\mathrm{h}^2}{v} \right) \right] \cdot \beta$$

$$= [-c_\mathrm{sv} \cdot \Theta] \cdot \dot{\delta}_\mathrm{v} + [-c_\mathrm{sh} \cdot \Theta] \cdot \dot{\delta}_\mathrm{h}$$

$$+ \left[A \cdot l_\mathrm{v} \cdot c_\mathrm{sv} - c_\mathrm{sv}^2 \cdot \frac{l_\mathrm{v}^2}{v} - c_\mathrm{sv} \cdot c_\mathrm{sh} \cdot \frac{l_\mathrm{h}^2}{v} \right] \cdot \delta_\mathrm{v}$$

$$+ \left[-A \cdot l_\mathrm{h} \cdot c_\mathrm{sh} - c_\mathrm{sh}^2 \cdot \frac{l_\mathrm{h}^2}{v} - c_\mathrm{sv} \cdot c_\mathrm{sh} \cdot \frac{l_\mathrm{v}^2}{v} \right] \cdot \delta_\mathrm{h}$$

$$\Leftrightarrow \ddot{\beta} + \left[\frac{c_\mathrm{sv} + c_\mathrm{sh}}{m \cdot v} + \frac{c_\mathrm{sv} \cdot l_\mathrm{v}^2 + c_\mathrm{sh} \cdot l_\mathrm{h}^2}{\Theta \cdot v} \right] \cdot \dot{\beta}$$

$$+ \left[\frac{c_\mathrm{sh} \cdot l_\mathrm{h} - c_\mathrm{sv} \cdot l_\mathrm{v}}{\Theta} + \frac{c_\mathrm{sv} \cdot c_\mathrm{sh} \cdot l^2}{\Theta \cdot m \cdot v^2} \right] \cdot \beta$$

$$= [-c_\mathrm{sv} \cdot \Theta] \cdot \dot{\delta}_\mathrm{v} + [-c_\mathrm{sh} \cdot \Theta] \cdot \dot{\delta}_\mathrm{h}$$

$$+ \left[\frac{c_\mathrm{sv} \cdot l_\mathrm{v}}{\Theta} - \frac{c_\mathrm{sv} \cdot c_\mathrm{sh} \cdot l \cdot l_\mathrm{h}}{\Theta \cdot m \cdot v^2} \right] \cdot \delta_\mathrm{v}$$

$$- \left[\frac{c_\mathrm{sh} \cdot l_\mathrm{h}}{\Theta} + \frac{c_\mathrm{sv} \cdot c_\mathrm{sh} \cdot l \cdot l_\mathrm{v}}{\Theta \cdot m \cdot v^2} \right] \cdot \delta_\mathrm{h} \tag{2.229}$$

Damit ist für den Schwimmwinkel β eine inhomogene Differenzialgleichungen DGL 2. Ordnung entstanden [20]. Der inhomogene (rechte) Teil der Gleichung besteht aus den Radlenkwinkeln sowie den Radlenkwinkelgeschwindigkeiten an Vorder- und Hinterachse. Diese werden als Störgrößen betrachtet. Reale Störgrößen wie Bodenunebenheiten sowie Seitenwind sind hier nicht berücksichtigt.

Setzt man den Radlenkwinkel sowie die Radlenkwinkelgeschwindigkeit der Hinterachse zu Null, so erhält man die entsprechende DGL 2. Ordnung für ein konventionelles Einspurmodell [20].

Betrachtet wird nun der homogene Teil dieser DGl.

$$\ddot{\beta} + \underbrace{\left[\frac{c_{sv} + c_{sh}}{m \cdot v} + \frac{c_{sv} \cdot l_v^2 + c_{sh} \cdot l_h^2}{var\Theta \cdot v} \right]}_{=:P} \cdot \dot{\beta}$$
$$+ \underbrace{\left[\frac{c_{sh} \cdot l_h - c_{sv} \cdot l_v}{\Theta} + \frac{c_{sv} \cdot c_{sh} \cdot l^2}{\Theta \cdot m \cdot v^2} \right]}_{=:Q} \cdot \beta = 0 \tag{2.230}$$

Zur Vereinfachung werden die Definitionen P und Q eingeführt:

$$\Rightarrow \ddot{\beta} + P \cdot \dot{\beta} + Q \cdot \beta = 0 \tag{2.231}$$

Der homogene Teil der DGL hat die Form einer gewöhnlichen gedämpften Schwingungsgleichung

$$\ddot{\beta} + 2\sigma \cdot \dot{\beta} + \omega_e^2 \cdot \beta = 0 \tag{2.232}$$

mit der Abklingkonstanten σ und der ungedämpften Eigenkreisfrequenz ω_e. Das bedeutet, dass das Fahrzeug in der Horizontalebene Schwingungen ausführen kann, die gedämpft sind.

Durch Koeffizientenvergleich von Gl. 2.230 mit Gl. 2.232 ergibt sich für die ungedämpfte Eigenkreisfrequenz des Systems:

$$\omega_e = \sqrt{\frac{c_{sh} \cdot l_h - c_{sv} \cdot l_v}{\Theta} + \frac{c_{sv} \cdot c_{sh} \cdot l^2}{\Theta \cdot m \cdot v^2}} \tag{2.233}$$

Für das Dämpfungsmaß D einer allgemeinen Schwingungsgleichung gilt:

$$D = \frac{\sigma}{\omega_e} \tag{2.234}$$

Auch hier ergibt sich durch den gleichen Koeffizientenvergleich:

$$D = \frac{1}{2\omega_e} \cdot \left[\frac{c_{sv} + c_{sh}}{m \cdot v} + \frac{c_{sv} \cdot l_v^2 + c_{sh} \cdot l_h^2}{\Theta \cdot v} \right] \tag{2.235}$$

Der Vollständigkeit halber kann auch die gedämpfte Eigenkreisfrequenz dargestellt werden.

$$\omega_{e,m.D.} = \omega_e \cdot \sqrt{1 - D^2} \tag{2.236}$$

Das Dämpfungsmaß und die Eigenkreisfrequenz wurden aus der Differenzialgleichungen für den Schwimmwinkel ermittelt. Dennoch spricht man in diesem Fall von Giereigenfrequenz und Gierdämpfungsmaß [20].

Da sowohl der Gierwinkel als auch der Schwimmwinkel einen Winkel um die Hochachse des Fahrzeuges beschreiben und die Gierbeschleunigung unter Vernachlässigung der Bahnbeschleunigung gleich der Schwimmwinkelbeschleunigung (Gl. 2.237) ist, kann in die DGL für den Schwimmwinkel (Gl. 2.229), der Schwimmwinkel durch den Gierwinkel ersetzt werden. Der homogene Teil der DGL, aus dem das Dämpfungsmaß und die ungedämpfte Eigenkreisfrequenz gewonnen werden, ist dann vollkommen identisch zu Gl. 2.230. Eine Schwingung um die Hochachse kann für den Schwimmwinkel und den Gierwinkel nur eine gemeinsame Eigenkreisfrequenz und ein gemeinsames Dämpfungsmaß haben.

$$v = \psi - \beta \Rightarrow \ddot{\psi} = \ddot{\beta} \quad \text{mit } \ddot{v} \approx 0 \tag{2.237}$$

Anhand der Zusammenhänge aus der Differenzialgleichungen für den Schwimmwinkel und von Giereigenfrequenz sowie Gierdämpfung lassen sich interessante Analysen des instationären Fahrverhaltens ableiten. Dazu wird eine Simulation von drei verschiedenen Fahrzeugkonfigurationen durchgeführt. Für ein Standardfahrzeug werden drei verschiedene hintere Schräglaufsteifigkeiten verwendet. Es wurden die Fahrzeugdaten aus Tab. 2.14 verwendet.

Die unterschiedlichen Schräglaufsteifigkeiten für die Hinterachse werden so gewählt, dass nach der stationären Fahrzustandsbetrachtung nach Olley Untersteuern und Übersteuern vorkommen (Tab. 2.15).

Damit ergeben sich für diese drei Varianten Giereigenfrequenz und Gierdämpfung gemäß den Diagrammen in den Abb. 2.114 und 2.115.

Es ist zu erkennen, dass für das übersteuernde Fahrzeug bei einer bestimmten Fahrgeschwindigkeit die ungedämpfte Giereigenfrequenz gegen null geht. Einhergehend fällt die Gierdämpfung ebenfalls auf null ab. Diese Fahrgeschwindigkeit wird auch als kritische Fahrgeschwindigkeit v_{krit} bezeichnet. Schwingungstechnisch bedeutet dies, dass das Fahrzeug ab dieser Geschwindigkeit eine ungedämpfte Schwingung auf eine

Tab. 2.14 Verwendete Fahrzeuggrößen [20]

Radstand	$l = 2{,}5$ m
Schwerpunktabstand vorn	$l_{\text{v}} = 1{,}3$ m
Schwerpunktabstand hinten	$l_{\text{h}} = 1{,}2$ m
Fahrzeugmasse	$m = 1300$ kg
Trägheitsmoment um z-Achse	$\Theta_z = 1960\,\text{kg}\,\text{m}^2$
Schräglaufsteifigkeit vorn	$c_{\text{sv}} = 30.000\,\text{N/rad}$

Tab. 2.15 Variable Schräglaufsteifigkeit hinten

$c_{\text{sh}} = 30.000\,\text{N/rad}$	$c_{\text{sh}} \cdot l_{\text{h}} < c_{\text{sv}} \cdot l_{\text{v}}^2$	Übersteuern
$c_{\text{sh}} = 35.000\,\text{N/rad}$	$c_{\text{sh}} \cdot l_{\text{h}} > c_{\text{sv}} \cdot l_{\text{v}}^2$	Untersteuern
$c_{\text{sh}} = 40.000\,\text{N/rad}$	$c_{\text{sh}} \cdot l_{\text{h}} > c_{\text{sv}} \cdot l_{\text{v}}^2$	Untersteuern

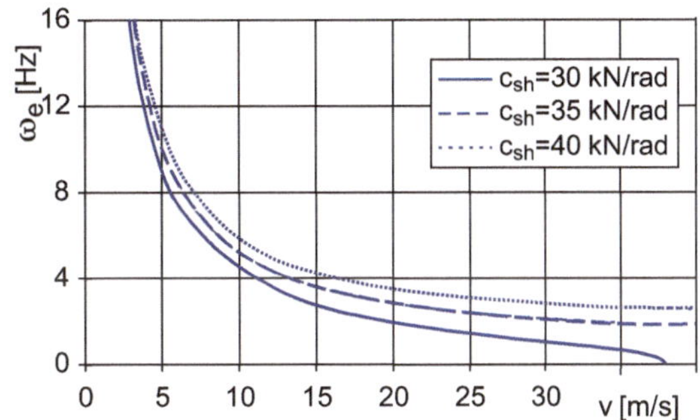

Abb. 2.114 Giereigenfrequenz als Funktion der Fahrgeschwindigkeit [20]

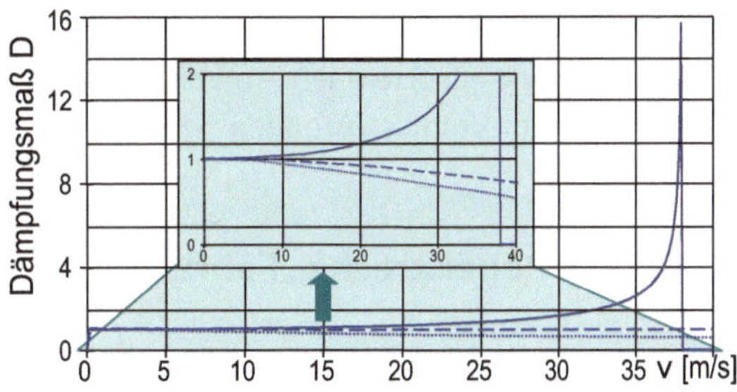

Abb. 2.115 Gierdämpfung als Funktion der Fahrgeschwindigkeit [20]

Gieranregung ausführt. Die Gierbewegung kann also nicht mehr abklingen. Das Fahrzeug beginnt zu schleudern und ist nicht mehr kursstabil [20].

Für die beiden dargestellten untersteuernden Fahrzeugvarianten gilt, dass die Gierdämpfung bei steigender Fahrgeschwindigkeit abnimmt, aber nicht gegen null geht. Somit werden eingeleitete Gierbewegungen stets bedämpft.

Eine kritische Fahrgeschwindigkeit existiert für das untersteuernd ausgelegte Fahrzeug nicht.

Dementsprechend ist hier ein weiterer Grund gegeben, Fahrzeuge durch eine geschickte Wahl der Fahrzeugparameter untersteuernd auszulegen.

Allerdings können auch bei grundsätzlich untersteuernd ausgelegten Fahrzeugen Fahrsituationen entstehen, in denen es zu einem dynamischen Übersteuern kommen kann. Dies ist dann der Fall, wenn der Reifen durch Radlastverlagerungen (z. B. Lastwechsel) oder die Überlagerung von Längs- und Querkräften einer hohen Kraftschlussbeanspruchung unterliegt und sich somit Betriebspunkte einstellen, die dem Fahrzeug eine Übersteuertendenz verleihen [44].

Hinsichtlich Giereigenfrequenz und -dämpfung gibt es innerhalb der bisher dargestellten Fahrzeuge verschiedene Konfigurationen (Abb. 2.116). Sie gelten für die Geschwindigkeiten zwischen 20 und 30 m/ s.

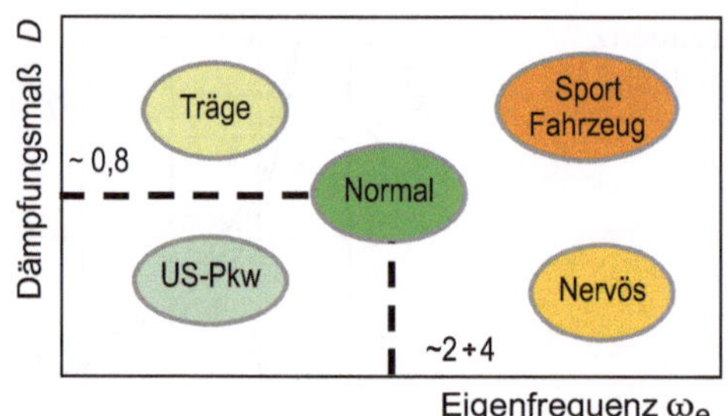

Abb. 2.116 Auslegungsvarianten in Bezug auf Giereigenfrequenz und Gierdämpfung [20]

Eine optimale Auslegung hinsichtlich des Fahrverhaltens ist leider nicht immer möglich, da viele wichtige Parameter durch andere Anforderungen ebenfalls eingeschränkt werden. So muss also je nach Anwendungsfall und Anforderungen an das Fahrzeug ein gelungener Kompromiss gefunden werden.

2.5.4 Die Regelstrecke „Fahrzeug" im Regelkreis

Wie zu Beginn des Abschn. 2.5 erwähnt, ist das System „Fahrzeug" ein Teil des Regelkreises „Fahrer–Fahrzeug". Zur Untersuchung der Regelstrecke „Fahrzeug" wird eine Eingangsgröße (in diesem Fall der Lenkwinkel) in die Regelstrecke gegeben und die Antwort der Regelstrecke (Querbeschleunigung und Gierrate) betrachtet. Zu diesem Zweck wird auf das einfache Einspurmodell aus Abschn. 2.5.3.1 zurückgegriffen. In Gl. 2.221 findet man den Zusammenhang für den Lenkwinkelbedarf:

$$\delta = \frac{l}{r} + \frac{m}{l} \cdot \left(\frac{l_\mathrm{h}}{c_\mathrm{sv}} - \frac{l_\mathrm{v}}{c_\mathrm{sh}} \right) \cdot a_y \tag{2.238}$$

Der Lenkwinkel gilt als Eingangsgröße der Regelstrecke „Fahrzeug". Als Antwort bzw. Ausgangsgröße wird die resultierende Gierwinkelgeschwindigkeit verwendet. Das Verhältnis aus Ausgangsgröße zu Eingangsgröße wird in diesem Fall als stationärer Gierverstärkungsfaktor bezeichnet [20].

$$\left(\frac{\dot{\psi}}{\delta} \right)_\mathrm{stat} = \frac{\dot{\psi}}{\frac{l}{r} + \frac{m}{l} \cdot \left(\frac{l_\mathrm{h}}{c_\mathrm{sv}} - \frac{l_\mathrm{v}}{c_\mathrm{sh}} \right) \cdot a_y} \tag{2.239}$$

Mit den Zusammenhängen für die Gierrate sowie für die Querbeschleunigung

$$\dot{\psi} = \frac{v}{r} \quad \text{sowie} \quad a_y = \frac{v^2}{r} \tag{2.240}$$

ergibt sich der stationäre Gierverstärkungsfaktor:

$$\left(\frac{\dot{\psi}}{\delta}\right)_{\text{stat}} = \frac{v}{l + \frac{m}{l} \cdot \left(\frac{l_{\text{h}}}{c_{\text{sv}}} - \frac{l_{\text{v}}}{c_{\text{sh}}}\right) \cdot v^2} \tag{2.241}$$

In dieser Gleichung befindet sich der so genannte **Eigenlenkgradient** (*EG*), welcher sich auf die Gleichung für den Lenkwinkelbedarf 2.239 bezieht.

$$\frac{\mathrm{d}\delta}{\mathrm{d}a_{\text{y}}} = \frac{m}{l} \cdot \left(\frac{l_{\text{h}}}{c_{\text{sv}}} - \frac{l_{\text{v}}}{c_{\text{sh}}}\right) =: EG \tag{2.242}$$

Damit wird aus Gl. 2.241:

$$\left(\frac{\dot{\psi}}{\delta}\right)_{\text{stat}} = \frac{v}{l + EG \cdot v^2} \tag{2.243}$$

Abb. 2.117 zeigt die Abhängigkeit des stationären Gierverstärkungsfaktors für Fahrzeuge mit verschiedenen Eigenlenkgradienten. Auch hier findet sich die so genannte kritische Fahrgeschwindigkeit v_{krit} wieder.

Bei einem übersteuerndem Fahrzeug ($EG < 0$) geht der stationäre Gierverstärkungsfaktor in einer Polstelle gegen unendlich: d. h., die Gierbewegungen werden so weit verstärkt, dass eine Stabilisierung nicht mehr möglich ist.

Bei einem untersteuernden Fahrzeug hingegen bleibt der Gierverstärkungsfaktor in einem niedrigen Bereich. Auch hier ist er abhängig von der Fahrgeschwindigkeit und weist ein Maximum auf. Die dazugehörige Geschwindigkeit wird als charakteristische Geschwindigkeit v_{char} bezeichnet. Mathematisch lässt sich v_{char} durch einfache Differentiation und Maximalwertbildung von Gl. 2.243 ermitteln.

$$\frac{\mathrm{d}}{\mathrm{d}v}\left(\frac{\dot{\psi}}{\delta}\right)_{\text{stat}} = \frac{l + EG \cdot v^2 - 2 \cdot EG \cdot v^2}{\left(l + EG \cdot v^2\right)^2} \overset{!}{=} 0 \tag{2.244}$$

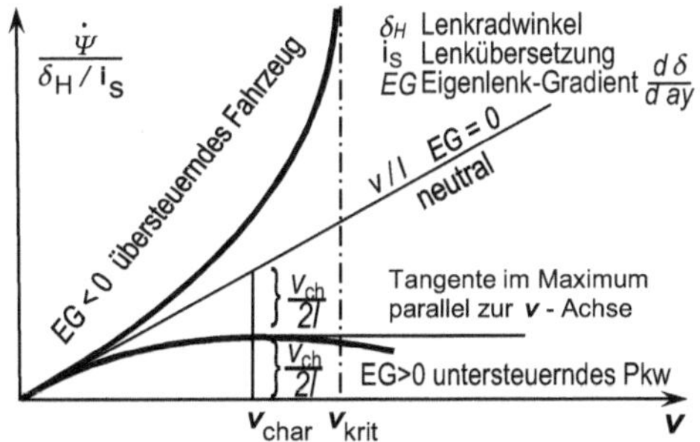

Abb. 2.117 Gierverstärkungsfaktor bei verschiedenen Eigenlenkgradienten [44]

$$\Rightarrow v_{\text{char}}^2 = \frac{l}{EG} \tag{2.245}$$

Eingesetzt in Gl. 2.243 ergibt sich mit v_{char}

$$\left(\frac{\dot{\psi}}{\delta}\right)_{\text{stat}} = \frac{v}{l \cdot \left(1 + \frac{v^2}{v_{\text{char}}^2}\right)} \tag{2.246}$$

Somit kann unter Kenntnis der charakteristischen Geschwindigkeit sehr schnell die resultierende stationäre Gierrate ermittelt werden, wenn der aufgeprägte Lenkwinkel sowie die Fahrgeschwindigkeit bekannt sind. Die charakteristische Geschwindigkeit kann im Fahrversuch durch stationäre Kreisfahrt bei verschiedenen Fahrgeschwindigkeiten ermittelt werden. Bei der charakteristischen Geschwindigkeit weist ein Fahrzeug für den stationären Betrieb die höchste Lenkempfindlichkeit bzw. die Gierfreudigkeit auf.

Das Auslegungsziel für v_{char} für moderne Kraftfahrzeuge liegt zwischen 65 und 100 km/ h [20, 44, 45]. Mittels des Eigenlenkgradienten EG in Gl. 2.243 kann die dafür benötigte Untersteuertendenz abgeschätzt werden.

2.5.4.1 Dynamisches Verhalten der Regelstrecke Fahrzeug

Um das dynamische Verhalten der Regelstrecke „Fahrzeug" zu betrachten, werden die instationären Bewegungsgleichungen (Gl. 2.223 ff.) aus Abschn. 2.5.3.6 verwendet.

Auch hier ist die Antwort der Regelstrecke auf eine Eingangsgröße von Interesse. Ausgangsgröße ist erneut die Gierwinkelgeschwindigkeit, Eingangsgröße bleibt der vordere Radlenkwinkel. Die Übertragungsfunktion lässt sich im Bildbereich der Laplace-Transformation [46] herleiten.

Dazu wird zunächst der hintere Radlenkwinkel in den instationären Bewegungsgleichungen (2.224) und (2.225) zu null gesetzt, da das Übertragungsverhalten von vorderem Radlenkwinkel zur Gierwinkelgeschwindigkeit ermittelt wird.

$$m \cdot v \cdot \left(\dot{\psi} - \dot{\beta}\right) = c_{\text{sv}} \cdot \left(\delta_{\text{v}} + \beta - \frac{l_{\text{v}}}{v} \cdot \dot{\psi}\right)$$

$$+ c_{\text{sh}} \cdot \left(\beta + \frac{l_{\text{h}}}{v} \cdot \dot{\psi}\right) \tag{2.247}$$

$$\Theta_{\text{Z}} \cdot \ddot{\psi} = c_{\text{sv}} \cdot \left(\delta_{\text{v}} + \beta - \frac{l_{\text{v}}}{v} \cdot \dot{\psi}\right) \cdot l_{\text{v}}$$

$$- c_{\text{sh}} \cdot \left(\beta + \frac{l_{\text{h}}}{v} \cdot \dot{\psi}\right) \cdot l_{\text{h}} \tag{2.248}$$

Diese werden so in den Bildbereich transformiert, dass der Schwimmwinkel eliminiert werden kann. Da die Ausgangsgröße die Gierwinkelgeschwindigkeit ist, wird im Bildbereich $\psi(s) \cdot s$ nicht weiter mit anderen Größen verrechnet.

$$m \cdot v \cdot [\psi(s) \cdot s - \beta(s) \cdot s]$$

$$= c_{sv} \cdot \left[\delta_v(s) + \beta(s) - \frac{l_v}{v} \cdot \psi(s) \cdot s \right]$$

$$+ c_{sh} \cdot \left[\beta(s) + \frac{l_h}{v} \cdot \psi(s) \cdot s \right] \tag{2.249}$$

$$\Theta_Z \cdot \psi(s) \cdot s^2$$

$$= c_{sv} \cdot \left[\delta_v(s) + \beta(s) - \frac{l_v}{v} \cdot \psi(s) \cdot s \right] \cdot l_v$$

$$- c_{sh} \cdot \left[\beta(s) + \frac{l_h}{v} \cdot \psi(s) \cdot s \right] \cdot l_h \tag{2.250}$$

Diese beiden Gleichungen lassen sich nach dem Schwimmwinkel $\beta(s)$ auflösen und gleichsetzen. Damit erhält man eine Gleichung, die nur noch $\psi(s) \cdot s$ und $\delta_v(s)$ enthält, womit direkt die Übertragungsfunktion aufgestellt werden kann. Die Übertragungsfunktion im Bildbereich ergibt sich zu:

$$\left(\frac{\psi(s) \cdot s}{\delta_v(s)} \right) = \frac{\begin{pmatrix} (m \cdot v \cdot s + c_{sv} + c_{sh}) \cdot c_{sv} \cdot l_v \\ -c_{sv}^2 \cdot l_v + c_{sv} \cdot c_{sh} \cdot l_h \end{pmatrix}}{N_1} \tag{2.251}$$

Mit dem Nenner N_1

$$N_1 : = (m \cdot v \cdot s + c_{sv} + c_{sh}) \cdot \Theta_Z \cdot s$$

$$+ \frac{m \cdot v \cdot s + c_{sv} + c_{sh}}{v} \cdot \left(c_{sv} \cdot l_v^2 + c_{sh} \cdot l_h^2 \right)$$

$$+ m \cdot v \cdot (c_{sh} \cdot l_h - c_{sv} \cdot l_v)$$

$$- \frac{1}{v} \cdot (c_{sv} \cdot l_v - c_{sh} \cdot l_h)^2 \tag{2.252}$$

Durch umfangreiche Umformungen [43] und unter Verwendung der folgenden markanten Zusammenhänge für das instationäre Einspurmodell wird die dynamische Übertragungsfunktion hergeleitet.

Stationärer Gierverstärkungsfaktor aus Gl. 2.241:

$$\left(\frac{\dot{\psi}}{\delta}\right)_{\text{stat}} = \frac{v}{l + \frac{m}{l} \cdot \left(\frac{l_{\text{h}}}{c_{\text{sv}}} - \frac{l_{\text{v}}}{c_{\text{sh}}}\right) \cdot v^2} \tag{2.253}$$

Ungedämpfte Giereigenkreisfrequenz aus Gl. 2.233:

$$\omega_{\text{e}} = \sqrt{\frac{c_{\text{sh}} \cdot l_{\text{h}} - c_{\text{sv}} \cdot l_{\text{v}}}{\Theta} + \frac{c_{\text{sv}} \cdot c_{\text{sh}} \cdot l^2}{\Theta \cdot m \cdot v^2}} \tag{2.254}$$

sowie Gierdämpfungsmaß aus Gl. 2.235:

$$D = \frac{1}{2\omega_{\text{e}}} \cdot \left[\frac{c_{\text{sv}} + c_{\text{sh}}}{m \cdot v} + \frac{c_{\text{sv}} \cdot l_{\text{v}}^2 + c_{\text{sh}} \cdot l_{\text{h}}^2}{\Theta \cdot v}\right] \tag{2.255}$$

Mit diesen Ausdrücken kann die komplexe Gleichung aus Gl. 2.251 in eine anschauliche Form gebracht werden.

$$\left(\frac{\psi(s) \cdot s}{\delta_{\text{v}}(s)}\right) = G(s) \tag{2.256}$$

$$= \left(\frac{\dot{\psi}}{\delta}\right)_{\text{stat}} \cdot \frac{1 + \frac{m \cdot v \cdot l_{\text{v}}}{c_{\text{sh}} \cdot l} \cdot s}{1 + \frac{2 \cdot D}{\omega_{\text{e}}} \cdot s + \frac{1}{\omega_{\text{e}}^2} \cdot s^2}$$

Wird nun der Term im Zähler zusammengefasst mit der Zeitkonstanten T_z

$$T_z = \frac{m \cdot v \cdot l_{\text{v}}}{c_{\text{sh}} \cdot l}, \tag{2.257}$$

dann ergibt sich eine Übertragungsfunktion der Giergeschwindigkeit in einer Form, in der sich weiterführende Betrachtungen insbesondere hinsichtlich des Verhaltens in einem schwingfähigen Regelkreis durchführen lassen.

$$\left(\frac{\psi(s) \cdot s}{\delta_{\text{v}}(s)}\right) = G(s) \tag{2.258}$$

$$= \left(\frac{\dot{\psi}}{\delta}\right)_{\text{stat}} \cdot \frac{1 + T_z \cdot s}{1 + \frac{2 \cdot D}{\omega_{\text{e}}} \cdot s + \frac{1}{\omega_{\text{e}}^2} \cdot s^2}$$

Vergleicht man diese Übertragungsfunktion mit bekannten Gliedern aus der Regelungstechnik [46], so erkennt man, dass $G(s)$ aus zwei in Reihe geschalteten, linearen Regelkreisgliedern besteht, nämlich einem PT_2-Glied und einem PD-Glied. Die einzelnen Übertragungsfunktionen lauten:

$$G_{\text{PT2}}(s) = \frac{k_1}{T_1 \cdot T_2 \cdot s^2 + (T_1 + T_2) \cdot s + 1} \tag{2.259}$$

$$G_{\mathrm{PD}}(s) = k_2 \cdot (1 + T_{\mathrm{v}} \cdot s) \tag{2.260}$$

Somit ergibt sich in Reihe geschaltet:

$$
\begin{aligned}
G(s) &= G_{\mathrm{PT2}}(s) \cdot G_{\mathrm{PD}}(s) \\
&= \frac{k_1 \cdot k_2 \cdot (1 + T_{\mathrm{v}} \cdot s)}{T_1 \cdot T_2 \cdot s^2 + (T_1 + T_2) \cdot s + 1}
\end{aligned}
\tag{2.261}
$$

Durch Koeffizientenvergleich mit Gl. 2.178 ergeben sich direkt die einzelnen Konstanten

$$k_1 \cdot k_2 = \left(\frac{\dot{\psi}}{\delta} \right)_{\mathrm{stat}} \tag{2.262}$$

$$T_{\mathrm{v}} = T_z = \frac{m \cdot v \cdot l_{\mathrm{v}}}{c_{\mathrm{sh}} \cdot l} \tag{2.263}$$

$$T_1 \cdot T_2 = \frac{1}{\omega_{\mathrm{e}}^2} \tag{2.264}$$

$$T_1 + T_2 = \frac{2 \cdot D}{\omega_{\mathrm{e}}} \tag{2.265}$$

Werden die instationären Bewegungsgleichungen in (2.259) und (2.260) für die Querbeschleunigung anstatt für die Gierwinkelgeschwindigkeit formuliert, so kann man erneut über eine Laplace-Transformation die Übertragungsfunktion für die Querbeschleunigung aufstellen [44].

$$\frac{a_{\mathrm{y}}}{\delta} = G'(s) \tag{2.266}$$

$$= \left(\frac{a_{\mathrm{y}}}{\delta} \right)_{\mathrm{stat}} \cdot \frac{1 + T_1 \cdot s + T_2 \cdot s^2}{1 + \frac{2 \cdot D}{\omega_{\mathrm{e}}} \cdot s + \frac{1}{\omega_{\mathrm{e}}^2} \cdot s^2}$$

Auch hier wird aus der stationären Übertragungsfunktion von Querbeschleunigung zu Radlenkwinkel der stationäre Verstärkungsfaktor verwendet.

Bei T_1 und T_2 handelt es sich erneut um Zeitkonstanten (nicht identisch mit T_1 und T_2 aus Gl. 2.300 f.) mit:

$$T_1 = \frac{l_{\mathrm{h}}}{v} \tag{2.267}$$

$$T_2 = \frac{\Theta}{c_{\mathrm{sh}} \cdot l} \tag{2.268}$$

Mittels dieser Übertragungsfunktionen können nun übliche Methoden aus der Regelungstechnik [46] angesetzt werden, um das dynamische Fahrverhalten eines Fahrzeugs zu untersuchen. Die Regelstrecke „Fahrzeug" wird dabei verschiedenen, speziellen Eingangssignalen unterworfen. Die Antwort bzw. das Ausgangssignal des Systems „Fahrzeug" wird dabei untersucht und beurteilt.

In der Modellabbildung können die Fahrzeugantworten analytisch über die in diesen Kapiteln gegebenen Zusammenhänge ermittelt werden. Mit einem realen Fahrzeug werden standardisierte Fahrmanöver durchgeführt. Die wichtigsten Testverfahren sind die Manöver „Lenkwinkelsprung" und „Sinuslenken".

Lenkwinkelsprung

Beim Lenkwinkelsprung wird eine Sprungfunktion als Eingangssignal (Lenkwinkel) verwendet. Mit dem Sinuslenken wird der Frequenzgang ermittelt. In Abb. 2.118 (links oben) ist die Eingangsfunktion für den Lenkwinkelsprung dargestellt. Wichtige Kenngrößen oder Zeitpunkte sind markiert. Die Antwort des Fahrzeugs ist als Gierwinkelgeschwindigkeit, Schwimmwinkel sowie Querbeschleunigung gegeben. Die sogenannte *Peak Response Time* ($T_{\psi,\max}$) ist eine wichtige Kenngröße bei der Beurteilung eines Lenkwinkelsprungs.

Es handelt sich dabei um die Zeitspanne zwischen dem Zeitpunkt des halben maximalen, statischen Lenkwinkels sowie dem Zeitpunkt, bei dem die Giergeschwindigkeit das Maximum erfährt (Abb. 2.118).

Einerseits soll ein Fahrzeug der Forderung nach einer schnellen Lenkbewegung folgen, andererseits besteht die Anforderung, dass das Fahrzeug in den Bewegungsgrößen

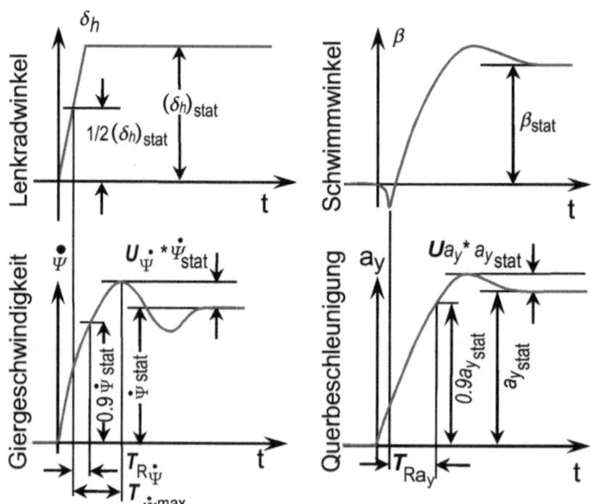

Abb. 2.118 Fahrzeugverhalten bei einem Lenkwinkelsprung [45]; $T_{R\psi}$, T_{Ra_y}: 90 % Response Time; $T_{\psi\,\max}$: Peak Response Time; U_ψ, U_{a_y}: bez. Überschwingweiten; TB $= T_{\psi\,\max}.\,\beta_{stat}$; $\nu = $ const.

möglichst nicht überschwingt. Auch hier ist also (wie in der gesamten Fahrzeugauslegung) ein gelungener Kompromiss zu finden. Die übliche Peak Response Time liegt zwischen 200 und 400 ms [20].

Sinuslenken

Die Übertragungsfunktion für die Giergeschwindigkeit (Gl. 2.258) nimmt für die sinusförmige Eingangsgröße eine andere Form an [20].

$$G(i \cdot \omega) = \left(\frac{\dot{\psi}}{\delta} \right)_{\text{stat}} \cdot \frac{1 + T_z \cdot i \cdot \omega}{1 + \frac{2 \cdot D}{\omega_e} \cdot i \cdot \omega - \frac{\omega^2}{\omega_e^2}} \tag{2.269}$$

Analog dazu wird die Übertragungsfunktion für die Querbeschleunigung in diese Form gebracht:

$$G'(i \cdot \omega) = \left(\frac{a_y}{\delta} \right)_{\text{stat}} \cdot \frac{1 + T_1 \cdot i \cdot \omega - T_2 \cdot \omega^2}{1 + \frac{2 \cdot D}{\omega_e} \cdot i \cdot \omega - \frac{\omega^2}{\omega_e^2}} \tag{2.270}$$

Man erkennt, dass die jeweiligen Amplitudenverhältnisse frequenzabhängig sind.

$$|G(i \cdot \omega)| = \frac{\hat{\dot{\psi}}}{\hat{\delta}} \tag{2.271}$$

$$|G'(i \cdot \omega)| = \frac{\hat{a}_y}{\hat{\delta}} \tag{2.272}$$

Neben der Betrachtung der Amplitudenverhältnisse ist auch der Phasengang bzw. die -verschiebung von Interesse, der das sinusförmige Ausgangssignal gegenüber dem sinusförmigen Eingangssignal aufweist. Diese Phasenverschiebung wird folgendermaßen berechnet:

$$\varphi(i \cdot \omega) = \arctan \frac{Im(G(i \cdot \omega))}{Re(G(i \cdot \omega))} \tag{2.273}$$

Hinsichtlich der Frequenzgänge wird, wie bereits erwähnt, eine Fahrzeugauslegung angestrebt, mit der einerseits der Abfall des Querbeschleunigungsamplitudengangs nicht bei zu niedrigen Frequenzen einsetzt (wichtig für eine schnelle Lenkreaktion bei schneller Lenkbewegung), andererseits die Überhöhung des Giergeschwindigkeitsamplitudengangs nicht zu stark ist [47].

Wird die Phasenverschiebung in beiden Phasengängen zu groß, steigen die Anforderungen an den Fahrer im Sinne eines Reglers für die Fahrstabilität (s. Abb. 3.16). Da die beiden Übertragungsfunktionen von Giergeschwindigkeit sowie Querbeschleunigung allerdings unmittelbar miteinander verkoppelt sind, ist es nicht möglich, diese vollständig getrennt auszulegen. Eine Kompromisslösung ist anzustreben, die die Vorgaben und Anforderungen an das Fahrverhalten möglichst gut abdeckt [45].

2.5.4.2 Schwimmwinkelkompensation mittels Hinterradlenkung

Die aus Abschn. 2.5.3.4 gewonnenen Erkenntnisse kann man direkt für einen ersten Ansatz zur Verwendung einer Hinterradlenkung nutzen.

Im Sinne der Fahrstabilität bei hohen Geschwindigkeiten ist in Abschn. 2.5.3.4 der gleichsinnige Lenkeinschlag an Vorder- und Hinterachse als Einsatzstrategie einer Hinterradlenkung vorgeschlagen. Damit wurde zunächst die Richtung des Lenkeinschlags der Hinterradlenkung vorgegeben. Nun sollen Überlegungen zum gezielten Einsatz mit funktionaler Verknüpfung zum Vorderradlenkwinkel dargestellt werden [20].

Eine direkt ersichtliche Möglichkeit, die Hinterradlenkung sinnvoll einzusetzen, ist die einer Schwimmwinkelkompensation, s. Gl. 2.199.

Der Fahrer ist schnell damit überfordert, die Zusammenhänge des Fahrverhaltens richtig und vor allem in kritischen Fahrsituationen innerhalb kürzester Zeit richtig abzuschätzen. Im Grenzbereich tritt oft eine große Änderung des Schwimmwinkels auf, die der Fahrer aus seinen normalen Alltagssituationen nicht kennt und daher nicht einzuschätzen vermag. Man kann den Fahrer in seiner Funktion als Regler im Sinne der Fahrstabilität dadurch unterstützen, dass man das Fahrverhalten bis in den Grenzbereich als vorhersehbar und vertraut gestaltet. Eine Schwimmwinkelkompensation ist ein erster Ansatz dazu [20].

Wie eine solche Schwimmwinkelkompensation zu realisieren ist, wird anhand der Bewegungsgleichungen des Einspurmodells gezeigt. Verwendet werden die Bewegungsgleichungen aus (2.259) und (2.260). Gemäß der Forderung nach einer Schwimmwinkelkompensation werden der Schwimmwinkel sowie die Schwimmwinkelgeschwindigkeit zu null gesetzt. Dadurch entstehen die folgenden Zusammenhänge:

$$m \cdot v \cdot \dot{\psi} = c_{\mathrm{sv}} \cdot \left(\delta_{\mathrm{v}} - \frac{l_{\mathrm{v}}}{v} \cdot \dot{\psi} \right)$$

$$+ c_{\mathrm{sh}} \cdot \left(\delta_{\mathrm{h}} + \frac{l_{\mathrm{h}}}{v} \cdot \dot{\psi} \right) \tag{2.274}$$

$$\Theta_{\mathrm{Z}} \cdot \ddot{\psi} = c_{\mathrm{sv}} \cdot \left(\delta_{\mathrm{v}} - \frac{l_{\mathrm{v}}}{v} \cdot \dot{\psi} \right) \cdot l_{\mathrm{v}}$$

$$- c_{\mathrm{sh}} \cdot \left(\delta_{\mathrm{h}} + \frac{l_{\mathrm{h}}}{v} \cdot \dot{\psi} \right) \cdot l_{\mathrm{h}} \tag{2.275}$$

Mittels einer Laplace-Transformation lassen sich die Differentialgleichungen vereinfacht lösen [20, 44]. So wird aus Gl. 2.274:

$$\psi(s) \cdot \left[m \cdot v \cdot s + c_{\mathrm{sv}} \cdot \frac{l_{\mathrm{v}}}{v} \cdot s - c_{\mathrm{sh}} \cdot \frac{l_{\mathrm{h}}}{v} \cdot s \right]$$

$$= c_{sv} \cdot \delta_v(s) + c_{sh} \cdot \delta_h(s) \tag{2.276}$$

und aus Gl. 2.275 entsteht folgende Gleichung:

$$\psi(s) \cdot \left[\Theta_Z \cdot s^2 + c_{sv} \cdot \frac{l_v}{v} \cdot s + c_{sh} \cdot \frac{l_h}{v} \cdot s \right]$$

$$= c_{sv} \cdot l_v \cdot \delta_v(s) - c_{sh} \cdot l_h \cdot \delta_h(s) \tag{2.277}$$

Diese können jeweils nach $\psi(s)$ isoliert und dann gleichgesetzt werden. Dadurch entsteht eine Gleichung, die den vorderen und hinteren Lenkwinkel in einen funktionalen Zusammenhang setzt.

Durch umfangreiche Umformungen gelangt man zur Übertragungsfunktion des hinteren Lenkwinkels in Bezug auf den vorderen Lenkwinkel.

$$F_\delta(s) = \frac{\delta_h(s)}{\delta_v(s)}$$

$$= -\frac{c_{sv} \cdot c_{sh} \cdot l_h \cdot l - c_{sv} \cdot l_v \cdot m \cdot v^2}{c_{sv} \cdot c_{sh} \cdot l_v \cdot l + c_{sh} \cdot l_h \cdot m \cdot v^2}$$

$$\cdot \frac{1 + \frac{\Theta_Z \cdot v}{c_{sh} \cdot l_h \cdot l - l_v \cdot m \cdot v^2} \cdot s}{1 + \frac{\Theta_Z \cdot v}{c_{sv} \cdot l_v \cdot l + l_h \cdot m \cdot v^2} \cdot s} \tag{2.278}$$

Zur besseren Übersichtlichkeit werden folgende Proportionalkonstanten und Zeitkonstanten definiert:

$$P_h = -\frac{c_{sv} \cdot c_{sh} \cdot l_h \cdot l - c_{sv} \cdot l_v \cdot m \cdot v^2}{c_{sv} \cdot c_{sh} \cdot l_v \cdot l + c_{sh} \cdot l_h \cdot m \cdot v^2} \tag{2.279}$$

$$T_D = \frac{\Theta_Z \cdot v}{c_{sh} \cdot l_h \cdot l - l_v \cdot m \cdot v^2} \tag{2.280}$$

$$T_1 = \frac{\Theta_Z \cdot v}{c_{sv} \cdot l_v \cdot l + l_h \cdot m \cdot v^2} \tag{2.281}$$

Damit wird die Übertragungsfunktion zu:

$$F_\delta(s) = \frac{\delta_h(s)}{\delta_v(s)} = P_h \cdot \frac{1 + T_D \cdot s}{1 + T_1 \cdot s} \tag{2.282}$$

Für die Schwimmwinkelkompensation entspricht diese Übertragungsfunktion dem Verhalten eines PDT1-Elements mit dem Verstärkungsfaktor des Proportionalanteils P_h, der Zeitkonstante des D-Anteils T_D sowie der Verzögerungskonstante T_1 [46].

Direkt zu erkennen ist, dass die Übersetzung zwischen vorderem und hinterem Lenkwinkel geschwindigkeitsabhängig ist.

In Abb. 2.119 werden experimentelle Ergebnisse eines Fahrzeugs mit einer Hinterradlenkung zur Schwimmwinkelkompensation dargestellt.

Durch das gegensinnige Einlenken an der Hinterachse ist per se ein größerer Lenkwinkelbedarf an der Vorderachse vorhanden, da durch die geometrischen Zusammenhänge bereits der stationäre Gierverstärkungsfaktor verringert wird. Dieses ist durch eine direktere Lenkübersetzung an der Vorderachse zu kompensieren.

Im Bereich der Giereigenfrequenz zeigt das Fahrzeug ohne Hinterradlenkung einen sehr deutlichen Überschwinger, was auf eine geringe Gierdämpfung hinweist. Das Fahrzeug wird bei schnellen Lenkbewegungen dazu tendieren, nachzuschwingen, was natürlich die Fahrstabilität beeinträchtigt [20]. Beim Fahrzeug mit Hinterradlenkung sieht man ein komplett verschiedenes Ergebnis. Eine Resonanzerhöhung ist praktisch nicht vorhanden, die Gierdämpfung ist sehr hoch.

Sehr deutlich werden die Unterschiede im Phasengang der Querbeschleunigung. Der Phasenverzug ist bei einem konventionellen Fahrzeug sehr groß (z.B. 90° bei ca. 1,1 Hz), während er bei gleicher Frequenz nur 15° mit einer zusätzlichen Hinterradlenkung beträgt. Der Effekt des Nachdrängens des Fahrzeugs ist also weniger stark ausgeprägt [20].

Zusammenfassend kann gesagt werden, dass eine zusätzliche Hinterradlenkung ein großes Potenzial hat, das Fahrverhalten entscheidend zu verändern, und somit den

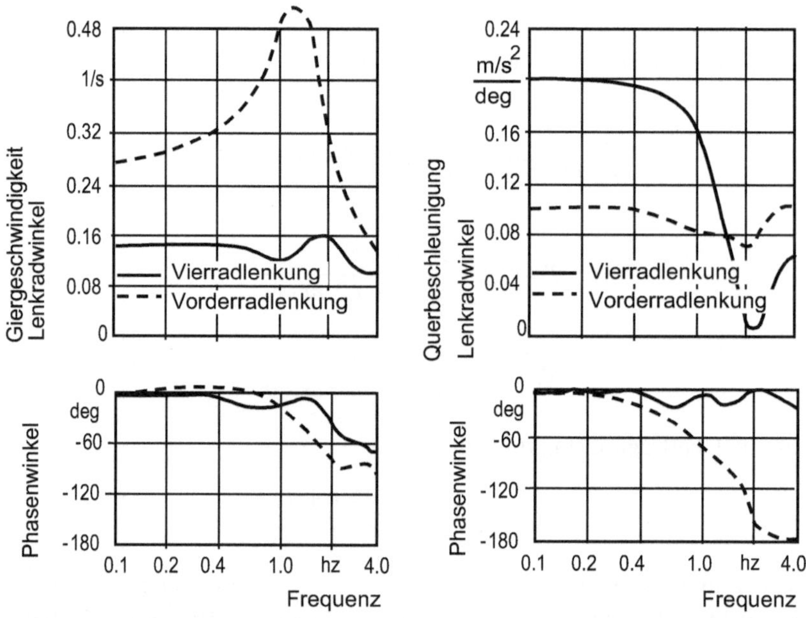

Abb. 2.119 Frequenzgänge mit und ohne Schwimmwinkelkompensation durch die Hinterradlenkung [48]

Fahrer bei seiner Stabilisierungsaufgabe sehr stark entlasten kann. Die hier dargestellte Schwimmwinkelkompensation ist nur eine von vielen Möglichkeiten, wie eine Hinterradlenkung in das Fahrzeugkonzept eingebunden werden kann. Insbesondere vor dem Hintergrund der stetig wachsenden Verbreitung aktiver, elektronischer Fahrdynamikregelsysteme kann die Hinterradlenkung in den Verbund der aktiven Reglersysteme aufgenommen werden und einen wichtigen Beitrag zur Verbesserung der Fahrstabilität liefern. Die rasante Entwicklung im Bereich der elektrischen Lenksysteme (s. Bd. 2, Kap. 4), die ohne hydraulische Versorgung auskommen, macht den Einsatz der Hinterachslenkung noch attraktiver.

2.5.5 Frequenzgangbetrachtung bei variierten Fahrzeugparametern

Mithilfe des Programmpakets Matlab/Simulink werden die Übertragungsfunktionen für die Giergeschwindigkeit sowie für die Querbeschleunigung in der Rechensimulation abgebildet. Für die Betrachtung der Variationen werden die Parameter Fahrgeschwindigkeit, Gierträgheitsmoment sowie Schräglaufsteifigkeit der Hinterachse schrittweise verändert [20].

2.5.5.1 Variation der Fahrgeschwindigkeit

Zunächst wird in der Simulation die Fahrgeschwindigkeit variiert, sodass die Abhängigkeit der Fahrzeugantwort auf die Fahrgeschwindigkeit sichtbar wird. Es wird jeweils der Amplituden- und Phasengang für die Gierwinkelgeschwindigkeit sowie die Querbeschleunigung dargestellt.

Der stationäre Gierverstärkungsfaktor aus Gl. 2.243 sowie der ähnlich aufgebaute stationäre Verstärkungsfaktor für die Querbeschleunigung finden sich in den Amplitudengängen wieder (stationäre Verhältnisse bei $f = 0\,\mathrm{Hz}$).

$$\left(\frac{\dot{\psi}}{\delta}\right)_{\text{stat}} = \frac{v}{l + EG \cdot v^2} \tag{2.283}$$

$$\left(\frac{a_y}{\delta}\right)_{\text{stat}} = \frac{v^2}{l + EG \cdot v^2} \tag{2.284}$$

Wie aus Gl. 2.283 sowie in Abb. 2.120 zu erkennen ist, steigt der stationäre Gierverstärkungsfaktor mit steigender Fahrgeschwindigkeit. Beide Amplitudenkurven fallen mit steigenden Frequenzen ab und gehen asymptotisch gegen einen Grenzwert. Die Phasenverzüge steigen in beiden Phasengängen mit steigender Geschwindigkeit. Das bedeutet, dass das Fahrzeug mit steigender Fahrgeschwindigkeit träger auf Lenkwinkeleingaben reagiert.

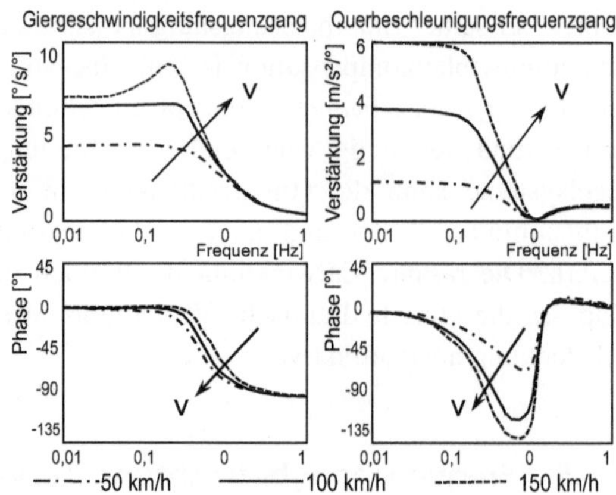

Abb. 2.120 Frequenzgang, Variation der Fahrgeschwindigkeit [20]

2.5.5.2 Variation des Gierträgheitsmoments

Die nächste Simulationsvariante variiert das Gierträgheitsmoment in drei Schritten (Abb. 2.121):

Betrachtet man die stationären Verstärkungsfaktoren aus Gl. 2.283 und Gl. 2.284, so ist zu erkennen, dass das Gierträgheitsmoment keinen Einfluss auf die stationären Zustände hat. Daher sind diese jeweils bei $f = 0$ Hz gleich groß.

Die Amplitudengänge fallen generell bei steigender Erregerfrequenz ab und gehen auch hier asymptotisch gegen einen Grenzwert. Der Einfluss des Gierträgheitsmoments ist sichtbar. Die Maxima der beiden Amplitudengänge verändern sich mit steigendem Trägheitsmoment zu kleineren Erregerfrequenzen. Im Umkehrschluss fallen die Amplituden bei niedrigeren Frequenzen ab, wenn das Gierträgheitsmoment steigt. Auf die Phasengänge hat das Gierträgheitsmoment ebenfalls einen signifikanten Einfluss. Wie

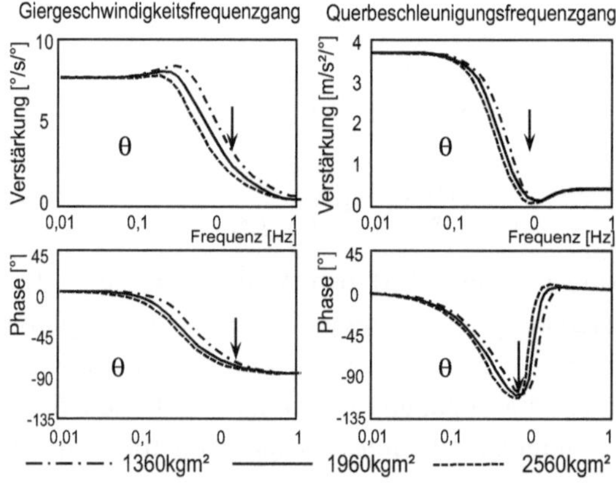

Abb. 2.121 Frequenzgangfunktionen unter Variation des Gierträgheitsmomentes [20]

nicht anders zu erwarten war, steigt der Phasenverzug mit steigendem Gierträgheitsmoment. Das Fahrverhalten wird träger.

2.5.5.3 Variation der hinteren Schräglaufsteifigkeit

Im letzten Schritt wird die hintere effektive Schräglaufsteifigkeit c_{sh} variiert. Mit dieser Schräglaufsteifigkeit wird direkt das Eigenlenkverhalten (Eigenlenkgradient EG) variiert. Welche Einflüsse dieses auf die Übertragungsfunktionen hat, wird in den folgenden Frequenzgängen sichtbar, Abb. 2.122.

Der Eigenlenkgradient hat Einfluss auf die stationären Verstärkungsfaktoren, siehe die Gln. 2.283, 2.284.

Dementsprechend haben die Amplitudengänge jeweils einen unterschiedlichen Startwert bei unterschiedlicher Schräglaufsteife. Mit steigender hinterer Schräglaufsteifigkeit steigt die Untersteuerneigung, sodass einhergehend die Gierverstärkung und die Übertragungsfunktion der Querbeschleunigung niedrigere Amplituden aufweist.

Die Phasenverzüge weisen ebenfalls geringere Werte bei steigender Untersteuertendenz auf. Damit erfüllt die Variante mit der höchsten hinteren Schräglaufsteifigkeit die Anforderung, dass der Phasenverzug möglichst erst bei höheren Frequenzen stattfinden soll. Allerdings ist im Amplitudengang der Gierverstärkung der höchste Überschwinger bei dieser Konfiguration sichtbar.

Generell ist bei diesen Simulationen zu beachten, dass sie „nur" für die dargestellten Modellgleichungen gelten. Reale Fahrzeuge haben eine Vielzahl weiterer Einflussgrößen, die hauptsächlich nichtlinear das Fahrverhalten beeinflussen. Insbesondere gilt dies für die nichtlinearen Reifeneigenschaften.

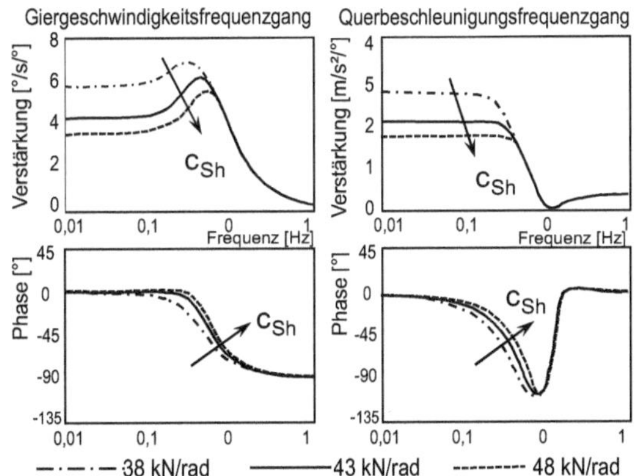

Abb. 2.122 Frequenzgangfunktionen unter Variation der hinteren Schräglaufsteifigkeit [20]

2.5.6 Zweispur-Fahrzeugmodellierung

In Abschn. 2.4.5.5 wurde bereits ein Zweispur-Federungsmodell eingeführt. Dieses weist bereits die Freiheitsgrade Wanken und Nicken auf. Auch für die Betrachtung der Querdynamik sind Zweispurmodelle sehr wichtig. Gegenüber den bereits in den vorherigen Kapiteln diskutierten Einspurmodellen erfahren diese nämlich z. B. Radlastschwankungen dadurch, dass der Schwerpunkt nun nicht mehr auf Fahrbahnhöhe angenommen wird. Der Aufbau wankt, sodass der Einsatz von Stabilisatoren diskutiert wird, was sehr entscheidende Auswirkungen auf das Fahrverhalten hat.

Im Zweispurmodell sind weiterhin Betrachtungen von radselektiven Eingriffen im Gegensatz zum Einspurmodell möglich. So kann z. B. ein bremsenbasiertes Stabilisierungsprogramm (ESP) im Zweispurmodell angewendet bzw. untersucht werden. Eine radselektive Bremskraft führt im Zweispurmodell direkt zu einem (korrigierenden) Giermoment.

Einhergehend mit der stärkeren Detailtreue werden für Zweispurmodelle in der Simulation und Berechnung nichtlineare Reifenmodelle (s. Abschn. 2.2.2) verwendet, die insbesondere im Zusammenspiel mit dem Stabilisator einen wichtigen Einfluss auf die Betrachtung der Fahrdynamik im Grenzbereich haben. Je nach Anwendungsfall wird das Zweispurmodell um wichtige Eigenschaften wie Elastokinematik oder Elastizitäten im Lenkstrang erweitert. Das Einspurmodell weist zwar nicht diesen Detaillierungsgrad auf, dafür können insbesondere die linearisierten Einspurmodelle analytisch untersucht werden (Abschn. 2.5.3.1). Dieser analytischen Untersuchungsmöglichkeit entzieht sich das nun vorgestellte Zweispurmodell, da es dafür zu komplex ist. Allerdings können mithilfe moderner Rechenprogramme (Mehrkörpersysteme wie ADAMS oder SIMPAC oder Simulationsprogramme wie Matlab/Simulink) Zweispurmodelle modelliert und die Ergebnisse ausgewertet werden.

In der jeweiligen Simulationsumgebung kann der Modellierungsgrad beliebig verfeinert werden. Am Lenkrad kann entweder ein einfacher Lenkverlauf (Sinus, Lenkwinkelsprung) oder ein „Fahrerregler" angeschlossen werden, der die komplexeren Fahreraufgaben bewältigen bzw. regeln kann (doppelter Fahrspurwechsel). Die für die Untersuchung des Fahrverhaltens notwendigen und passenden Fahrmanöver werden detailliert in Abschn. 3.2 beschrieben.

Am Radaufstandspunkt können beliebige Fahrbahnprofile oder Fahrbahnunebenheiten angreifen. Diese können sogar stochastischer Natur sein und dabei einen gewünschten Unebenheitsgrad und eine gewünschte Welligkeit aufweisen, s. Abschn. 2.4.3.5.

Im Folgenden wird ein relativ einfaches Zweispurmodell vorgestellt, mit dem sich aber bereits viele grundsätzliche Untersuchungen durchführen lassen.

Wie in Abb. 2.123 zu erkennen ist, weist das Fahrzeug an Vorder- und Hinterachse einen Wankpol auf. Beim Wankpol handelt es sich um den achsenspezifischen Momentanpol der Bewegung der zu dieser Achse gehörenden Räder. Dieser Momentanpol ist zugleich bei Kraft- und Momentengleichgewichten als Kraftangriffspunkt aufzufassen, über den Kräfte zwischen Radaufhängung und dem Aufbau übertragen werden.

Abb. 2.123 Zweispurmodell für die Untersuchung des Fahrverhaltens

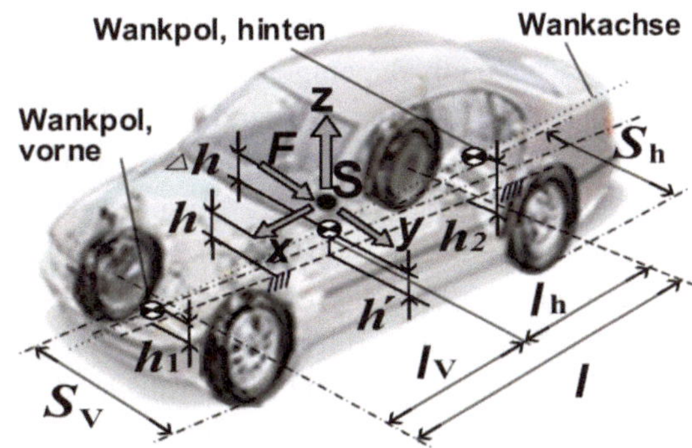

Weiterhin ist der Wankpol der Punkt, um den der Fahrzeugaufbau unter Querbeschleunigung seinen Wankwinkel aufbaut [30]. Die Verbindungslinie zwischen dem vorderen und dem hinteren Wankpol wird als Wankachse bezeichnet. Mit dem Abstand des Schwerpunkts zur Wankachse wird der Fahrzeugaufbau ein Wankmoment um diese Wankachse aufbauen, Abb. 2.124 (s. auch Abb. 1.35). An den einzelnen Rädern wirken

Abb. 2.124 Kräfte am Zweispurmodell

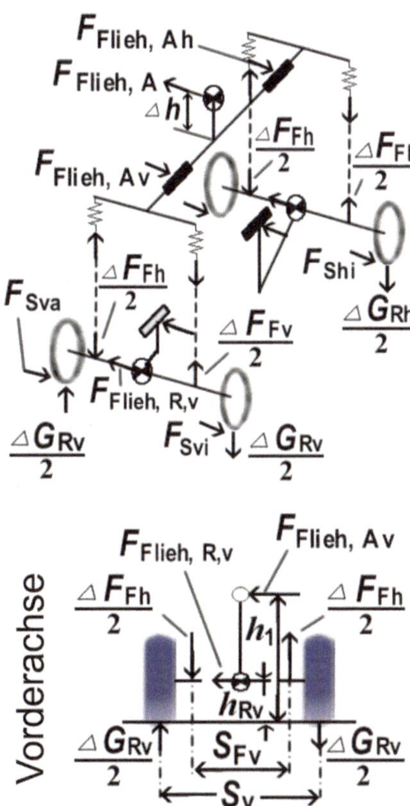

die jeweiligen Seitenkräfte sowie die Radlastdifferenzen. Bei den Radlastdifferenzen handelt es sich um diejenigen Kraftanteile, die durch Änderungen des Fahrzustands gegenüber dem Ausgangszustand entstehen. So führt eine Verzögerung oder eine Beschleunigung zu einer Achslastverschiebung zwischen Vorder- und Hinterachse.

Zu einer Radlastverschiebung zwischen der linken und rechten Fahrzeugseite kommt es, wenn das Fahrzeug unter Querbeschleunigung fährt. Die statischen Radlasten sowie die Gesamtmasse, wie sie im Ausgangszustand vorliegen, werden der Übersichtlichkeit halber in den folgenden Betrachtungen herausgerechnet.

Im Schwerpunkt greift die Fliehkraft an, die durch die Querbeschleunigung entsteht. Diese wird direkt in die beiden Anteile für den vorderen und hinteren Aufbauteil aufgeteilt, sodass eine achsweise Betrachtung der resultierenden Effekte möglich wird. Die vorderen und hinteren Achssysteme weisen jeweils auch eine Masse auf, die natürlich ebenfalls der Zentripetalbeschleunigung (Fliehkraft) unterliegt.

Es wird vereinfachend angenommen, dass sich die Lage der Wankpole bei einer Einfederbewegung nicht ändert und dass lineare Federkennungen vorliegen. Weiterhin wird bei den Bewegungen von kleinen Winkeln ausgegangen [20].

Mit den in Abb. 2.125 dargestellten Kräften lassen sich für Vorder- und Hinterachse Momentengleichgewichte aufstellen. Unter der Verwendung von Größen aus Tab. 2.16 gilt für die Hinterachse:

$$\sum M_{\mathrm{HA}} \overset{!}{=} 0 = F_{\mathrm{Flieh,Ah}} \cdot h_2 + F_{\mathrm{Flieh,Rh}} \cdot h_{\mathrm{Rh}}$$

$$+ 2 \cdot \frac{\Delta F_{\mathrm{Fh}}}{2} \cdot \frac{s_{\mathrm{Fh}}}{2} - 2 \cdot \frac{\Delta G_{\mathrm{Rh}}}{2} \cdot \frac{s_{\mathrm{h}}}{2} \qquad (2.285)$$

$$\frac{\Delta F_{\mathrm{Fh}}}{2} = c_{\mathrm{Ah}} \cdot \Delta f_{\mathrm{h}} + c_{\mathrm{Stab,h}} \cdot \Delta f_{\mathrm{Stab,h}} \qquad (2.286)$$

Für die effektiven Federwege gilt ein einfacher geometrischer Zusammenhang mit dem Wankwinkel:

$$\frac{\Delta F_{\mathrm{Fh}}}{2} = c_{\mathrm{Ah}} \cdot \varphi \cdot \frac{s_{\mathrm{Fh}}}{2} + c_{\mathrm{Stab,h}} \cdot \varphi \cdot \frac{s_{\mathrm{Stab,h}}}{2} \qquad (2.287)$$

Abb. 2.125 Auswirkungen von Radlastdifferenzen

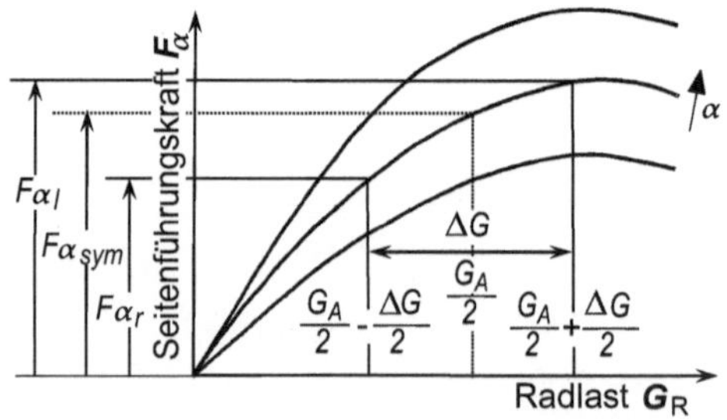

Tab. 2.16 Verwendete Größen

$F_{\text{Flieh,Ah}}$	Abzustützender Anteil der Aufbaufliehkraft an der Hinterachse. Es gilt: $F_{\text{Flieh,Ah}} = m_A \cdot a_y \cdot l_v / l$
h_2	Wankpolhöhe an der Hinterachse
$F_{\text{Flieh,Rh}}$	Fliehkraft der Hinterachsmasse. Es gilt: $F_{\text{Flieh,Rh}} = m_{\text{Rh}} \cdot a_y$
h_{Rh}	Achsschwerpunkt Hinterachse über Fahrbahn
ΔF_{Fh}	Federkraftdifferenz an der Hinterachse bei einer Wankbewegung
s_{Fh}	Hinterachse Spurweite zwischen den Federn
ΔG_{Rh}	Hinterachse Radlastdifferenz unter Querbeschleunigung
s_h	Spurweite an der Hinterachse
c_{Ah}	Federrate der Aufbaufedern an der Hinterachse
Δf_h	Differenz der Federwege an der Hinterachse
$c_{\text{Stab,h}}$	Federrate des Stabilisators an der Hinterachse
$\Delta f_{\text{Stab,h}}$	Differenz der Federwege der Stabilisatorschenkel an der Hinterachse
$s_{\text{Stab,h}}$	Spurweite zwischen den Stabilisatorenden an der Hinterachse

Der Wankwinkel ist bei einem als starr angenommenen Fahrzeugaufbau an Vorder- und Hinterachse gleich.

Wankwinkel φ sowie die Aufbaufliehkraft stehen in folgendem Zusammenhang, siehe Gl. 2.164.

$$\varphi = \frac{2 \cdot \Delta h \cdot F_{\text{Flieh,A}}}{\left(\begin{array}{c} c_{\text{Av}} \cdot s_{\text{Fv}}^2 + c_{\text{Ah}} \cdot s_{\text{Fh}}^2 + c_{\text{stab,v}} \cdot s_{\text{stab,v}}^2 \\ + c_{\text{stab,h}} \cdot s_{\text{stab,h}}^2 \end{array} \right)} \tag{2.288}$$

Aus Gl. 2.285 erhält man durch Umformung eine Gleichung für die Radlastdifferenz:

$$\Delta G_{\text{Rh}} = F_{\text{Flieh,Ah}} \cdot \frac{2 \cdot h_2}{s_h} + F_{\text{Flieh,Rh}} \cdot \frac{2 \cdot h_{\text{Rh}}}{s_h}$$

$$+ \Delta F_{\text{Fh}} \cdot \frac{s_{\text{Fh}}}{s_h} \tag{2.289}$$

Zusammen mit Gl. 2.287 ergibt sich folgende wichtige Gleichung zur Radlastdifferenz an der Hinterachse:

$$\Delta G_{\text{Rh}} = F_{\text{Flieh,Ah}} \cdot \frac{2 \cdot h_2}{s_h} + F_{\text{Flieh,Rh}} \cdot \frac{2 \cdot h_{\text{Rh}}}{s_h}$$

$$+ c_{\text{Ah}} \cdot \varphi \cdot \frac{s_{\text{Fh}} \cdot s_{\text{Fh}}}{s_h}$$

$$+ c_{\text{Stab,h}} \cdot \varphi \cdot \frac{s_{\text{Stab,h}} \cdot s_{\text{Fh}}}{s_{\text{h}}} \tag{2.290}$$

Für die Vorderachse gilt eine identische Herleitung:

$$\Delta G_{\text{Rv}} = F_{\text{Flieh,Av}} \cdot \frac{2 \cdot h_1}{s_{\text{v}}} + F_{\text{Flieh,Rv}} \cdot \frac{2 \cdot h_{\text{Rv}}}{s_{\text{v}}}$$

$$+ c_{\text{Av}} \cdot \varphi \cdot \frac{s_{\text{Fv}}^2}{s_{\text{v}}} + c_{\text{Stab,v}} \cdot \varphi \cdot \frac{s_{\text{Stab,v}} \cdot s_{\text{Fv}}}{s_{\text{v}}} \tag{2.291}$$

Die effektive, resultierende Radlast setzt sich wie erwähnt pro Rad aus einem stationären (Ausgangszustand) und einem dynamischen Anteil (Längs- und Querdynamik) zusammen. Generell gilt:

$$G_{\text{ij}} = \frac{1}{2} \cdot G_{\text{stat,j}} \pm \frac{1}{2} \cdot \Delta G_{\text{dyn,j}} \tag{2.292}$$

Die jeweilige stationäre Achslast ergibt sich aus dem Gesamtgewicht sowie der Gesamtschwerpunktlage in Längsrichtung. Für die einzelnen Radlasten gilt

für vorne außen:

$$G_{\text{Rva}} = \frac{1}{2} \cdot m_{\text{ges}} \cdot g \cdot \frac{l_{\text{h}}}{l} + \frac{1}{2} \cdot \Delta G_{\text{Rv}} \tag{2.293}$$

vorne innen:

$$G_{\text{Rvi}} = \frac{1}{2} \cdot m_{\text{ges}} \cdot g \cdot \frac{l_{\text{h}}}{l} - \frac{1}{2} \cdot \Delta G_{\text{Rv}} \tag{2.294}$$

hinten außen:

$$G_{\text{Rha}} = \frac{1}{2} \cdot m_{\text{ges}} \cdot g \cdot \frac{l_{\text{v}}}{l} + \frac{1}{2} \cdot \Delta G_{\text{Rh}} \tag{2.295}$$

hinten innen:

$$G_{\text{Rhi}} = \frac{1}{2} \cdot m_{\text{ges}} \cdot g \cdot \frac{l_{\text{v}}}{l} - \frac{1}{2} \cdot \Delta G_{\text{Rh}} \tag{2.296}$$

Das bedeutet, dass die Räder an der Außenseite der Kurve die deutlich höheren Seitenkräfte abzustützen haben, da die Radlast hier jeweils wesentlich höher ist als an der kurveninneren Seite.

$$\sum F_{\text{sv}} = F_{\text{svi}} + F_{\text{sva}} = F_{\text{Flieh,ges}} \cdot l_{\text{h}}/l \tag{2.297}$$

$$\sum F_{sh} = F_{shi} + F_{sha} = F_{Flieh,ges} \cdot l_v/l \tag{2.298}$$

Wichtig ist bei dieser Betrachtung, dass über die Seitenkräfte aller Räder die Fliehkraft des kompletten Fahrzeugs abzustützen ist.

Vereinfachend wird zunächst davon ausgegangen, dass die Schräglaufwinkel an beiden Rädern einer Achse gleich groß sind. Somit lassen sich mit der statischen Achslast sowie der entstehenden Radlastdifferenz entweder die erreichbaren Reifenseitenkräfte ermitteln oder bei gegebener Querbeschleunigung (damit gegebener Fliehkraft) die notwendigen Schräglaufwinkel.

Der hier dargestellte Verlauf der Seitenführungskraft durch Schräglaufwinkel ist typisch für normale Fahrzeugreifen. Die Seitenkraft ist ab einem bestimmten Bereich stark degressiv über der Radlast bzw. über dem Schräglaufwinkel. In der Praxis heißt dies, dass es bei höheren Radlasten zu einer Seitenkraftsättigung kommt und ab dem Seitenkraftmaximum die Seitenkraft sogar wieder abnimmt.

Ausgehend von einem theoretischen, symmetrischen Ruhezustand könnten die beiden Reifen einer Achse jeweils die gleiche Seitenführungskraft übertragen (hier $F_{\alpha,sym}$) Bewegt man sich nun von diesem Arbeitspunkt mit den Radlastdifferenzen nach rechts und links, so lässt sich getrennt für jedes Rad die jeweilige Seitenführungskraft ablesen. Man erkennt direkt, dass man im degressiven Bereich des Reifenkennfeldes auf jeden Fall mit sinkender Radlast (kurveninnen) mehr Seitenführungskraft reduziert, als man mit steigender Radlast (kurvenaußen) hinzugewinnt. Es gilt also:

$$2 \cdot F_{\alpha,sym} > F_{\alpha i} + F_{\alpha a} \tag{2.299}$$

Das bedeutet, dass durch eine große Radlastdifferenz an einer betrachteten Fahrzeugachse zwangsläufig das Seitenkraftpotenzial absinken muss (Abb. 2.125).

2.5.7 Parametervariation

Zur Verdeutlichung der fahrdynamischen Zusammenhänge beim Zweispurmodell wird eine Parametervariation vorgestellt [1].

Der Grundzustand (Variation 0) hat folgende Daten:

Gesamtmasse des Fahrzeugs:	m_{ges}	$= 1678\,kg$
Radmasse:	m_{Rad}	$= 35\,kg$
Radstand:	l	$= 2680\,mm$
Spurweite vorn/hinten:	$s_v = s_h$	$= 1520\,mm$
Schwerpunktlage :	l_v	$= 1080\,mm$
	l_h	$= 1600\,mm$
Schwerpunkthöhe :	h	$= 520\,mm$
Wankpolhöhen :	$h_1 = h_2$	$= 0\,mm$

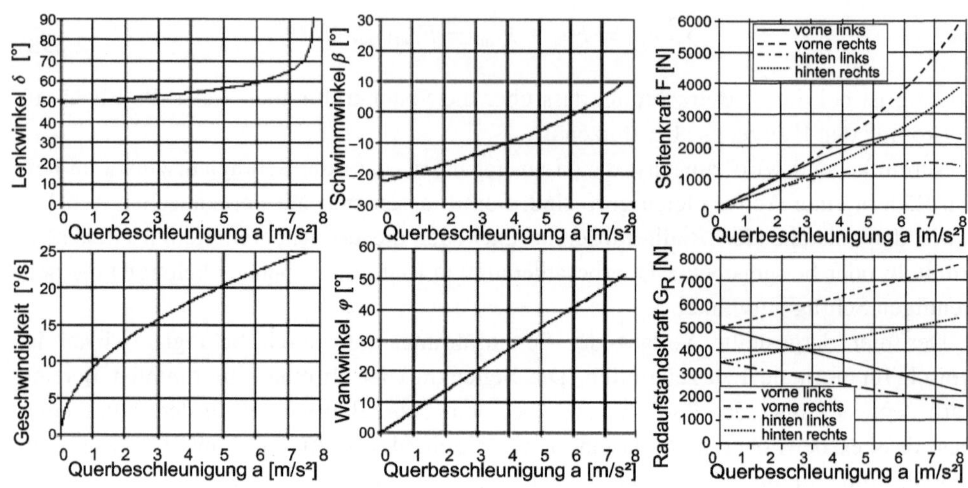

Abb. 2.126   Simulationsergebnisse bei stationärer Kreisfahrt der Ausgangsversion [20]

Abb. 2.126 zeigt die Simulationsergebnisse für die Nullversion bei stationärer Kreisfahrt.

Zur Beschreibung der stationären Lenkeigenschaften werden folgende Größen betrachtet:

$$
\begin{aligned}
\text{Lenkradwinkel:} \qquad & \delta_H = f(a_y) \\
\text{Schwimmwinkel:} \qquad & \beta = f(a_y) \\
\text{Wankwinkel:} \qquad & \varphi = f(a_y) \\
\text{Gierwinkelgeschwindigkeit:} \qquad & \dot{\psi} = f(a_y)
\end{aligned}
$$

Die stationäre Kreisfahrt wird zunächst dazu verwendet, den Lenkwinkelbedarf unter steigender Querbeschleunigung zu ermitteln. Wie in Abb. 2.126 oben links zu erkennen ist, steigt der Lenkwinkel zunächst zwar linear an, wird dann aber bei höherer Querbeschleunigung stark progressiv. Die Ausgangsversion dieser Parameterstudie ist also untersteuernd ausgelegt.

Aus dem linearen Teil der Kurve für den Lenkwinkelbedarf lässt sich gemäß Gl. 2.242 der Eigenlenkgradient *EG* unter Berücksichtigung der Lenkübersetzung ($i_\text{Lenk} = 13$) ablesen: $EG = 0{,}0017\,\text{rad}/(\text{m/s}^2)$. Der stationäre Gierverstärkungsfaktor nach Abb. 2.127 ist hier ebenfalls abzulesen. Im linearen Bereich der Fahrdynamik gilt:

$$
\left(\frac{\dot{\psi}}{\delta} \right)_\text{stat} = \frac{v}{l + EG \cdot v^2}
\tag{2.300}
$$

Damit ergibt sich der folgende Verlauf des Gierverstärkungsfaktors über der Geschwindigkeit (Abb. 2.127).

Das Maximum dieser Kurve und damit die gierfreudigste Geschwindigkeit liegen leicht oberhalb der eigentlich geforderten 65 bis 100 km/ h.

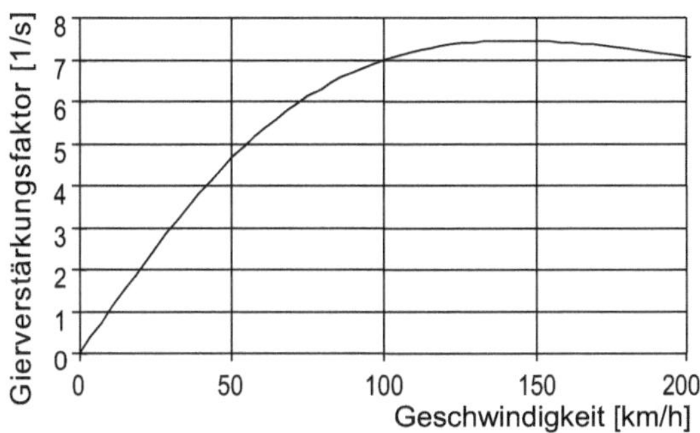

Abb. 2.127 Gierverstärkungsfaktor als Funktion der Fahrgeschwindigkeit [20]

Weiterhin ist der Schwimmwinkelverlauf dargestellt. Wie Abb. 2.126 zeigt, ist der Schwimmwinkel bei langsamer Kurvenfahrt zunächst negativ und wird erst bei höheren Querbeschleunigungen einen Nulldurchgang aufweisen. Dann befindet sich der Kurvenmittelpunkt vor der Schwerpunktlinie. Bei Beginn der Kurvenfahrt folgt der Schwimmwinkel der einfachen geometrischen Beziehung:

$$\beta_0 = \frac{l_\mathrm{h}}{r} = -2{,}2° \tag{2.301}$$

Der Nulldurchgang wird im vorliegenden Fall erst bei ca. 6 m/s² erreicht. Dann liegen Fahrzeuglängsachse und Bahntangente auf einer gemeinsamen Geraden. Darüber hinaus zeigt die Fahrzeuglängsachse bei höheren Querbeschleunigungen in den Bahnradius hinein, der Schwimmwinkel wird gemäß Definition positiv.

2.5.7.1 Variation der Schwerpunkthöhe (Variante 1)

In dieser Variation wird die Schwerpunkthöhe bis auf die Fahrbahn abgesenkt und entspricht damit den Zuständen beim Einspurmodell. Die Simulationsergebnisse sind in Folge dargestellt, Abb. 2.128.

Signifikant ist der Unterschied im Eigenlenkverhalten bzw. im dargestellten Lenkwinkelbedarf. Gegenüber der Nullversion zeigt die Version 1 eine wesentlich geringer ausgeprägte Untersteuertendenz. Dieses Verhalten entspricht in etwa dem eines Einspurmodells.

Im Zeitbereich sind bei der Version 1 geringer ausgeprägte Überschwinger in der Giergeschwindigkeit und im Schwimmwinkel zu erkennen, was auf eine höhere Gierdämpfung hindeutet.

Grund dieses Verhalten ist im Wesentlichen bereits im Abschn. 2.5.6 erklärt. Durch das Absenken der Schwerpunkthöhe werden die entstehenden Radlastdifferenzen ausgehend vom realen Wert bis auf null abgesenkt. Durch hohe Radlastdifferenzen sinkt das übertragbare Seitenkraftpotenzial, die effektive Schräglaufsteifigkeit sinkt ebenfalls mit steigender Radlastdifferenz und macht sich daher hier deutlich bemerkbar.

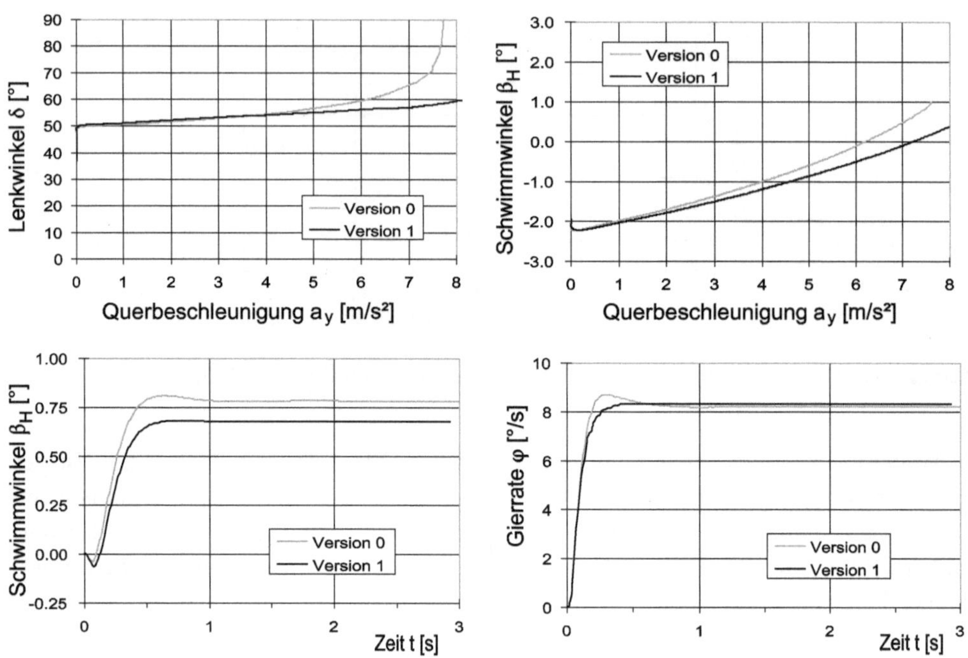

Abb. 2.128 Simulationsergebnisse bei abgesenkter Schwerpunkthöhe (Variante 1) [20]

2.5.7.2 Variation der Schwerpunktlage in Längsrichtung (Variante 2)

In dieser Variante wird der Schwerpunkt gegenüber der Nullversion in Längsrichtung zurückverlegt, befindet sich aber immer noch im vorderen Teil des Fahrzeugs. Hier ist eine leichte Minderung der Untersteuertendenz der Variante 2 gegenüber der Nullvariante zu erkennen. Im Zeitbereich ist eine etwas bessere Gierdämpfung zu erkennen (Abb. 2.129).

Auch hier ist das degressive Reifenverhalten für dieses Verhalten verantwortlich. Durch eine Vergrößerung des Schwerpunktabstands von der Vorderachse wird die Achslast an der Vorderachse verringert, der Ausgangspunkt bezüglich der Radlast wandert im Reifenkennfeld nach links. Die effektive Schräglaufsteifigkeit an der Vorderachse nimmt dadurch zu, weil der Einfluss des degressiven Bereichs kleiner wird. Die Zunahme ist allerdings nicht so groß wie die Zunahme des Schwerpunktabstands.

2.5.7.3 Variation der Wankachse (Variante 3)

Wie beschrieben wird sich der Aufbau unter Querbeschleunigung um die sogenannte Wankachse neigen. Bei der Nullversion liegen die Wankpole auf der Fahrbahn, daher liegt auch die Wankachse auf Fahrbahnhöhe. In dieser Variante wird der vordere Wankpol auf 0,15 m über der Fahrbahn angehoben. Damit ist die Wankachse nach hinten abfallend.

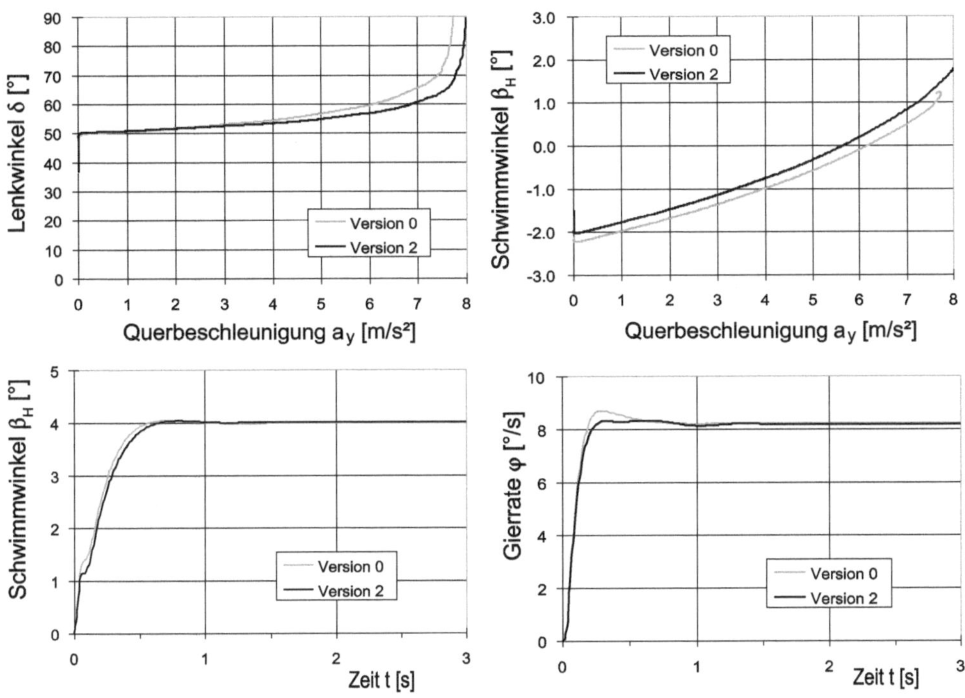

Abb. 2.129 Simulationsergebnisse bei veränderter Schwerpunktlage (Variante 2) [20]

Da die Schwerpunkthöhe konstant bleibt, wird der Hebelarm Δh der Aufbaufliehkraft um die Wankachse gegenüber der Nullversion kleiner. Die direkten Folgen sind klar ersichtlich, Abb. 2.130. Der resultierende Wankwinkel wird gemäß Gl. 2.288 bei gleicher Querbeschleunigung kleiner. Wie in Gl. 2.290 sowie Gl. 2.291 zu erkennen ist, wird die Radlastdifferenz ebenfalls kleiner, da alle anderen Parameter der Radlastdifferenzgleichungen identisch bleiben.

Gemäß den Gln. 2.285 ff. muss die gesamte Fahrzeugfliehkraft über die Summe der Radlastdifferenzen an Vorder- und Hinterachse kompensiert werden. Da also die Radlastdifferenz wegen des geringeren Wankwinkels und der ansonsten gleich bleibenden Parameter an der Hinterachse kleiner wird, muss die Radlastdifferenz an der Vorderachse entsprechend größer werden, siehe Gln. 2.290 sowie 2.291. Daher nimmt also die Untersteuertendenz bei der Variante 3 noch weiter zu, da die effektive Schräglaufsteifigkeit der Vorderachse weiter abgesenkt wird. Die Gierdämpfung nimmt entsprechend auch etwas ab.

2.5.7.4 Variation der Wankfederverteilung (Variante 4)

Gegenüber der Nullversion wird in dieser Variante die Stabilisatorsteifigkeit an der Vorderachse erhöht (Abb. 2.131). Eine Erhöhung einer der beiden Stabilisatorsteifigkeiten

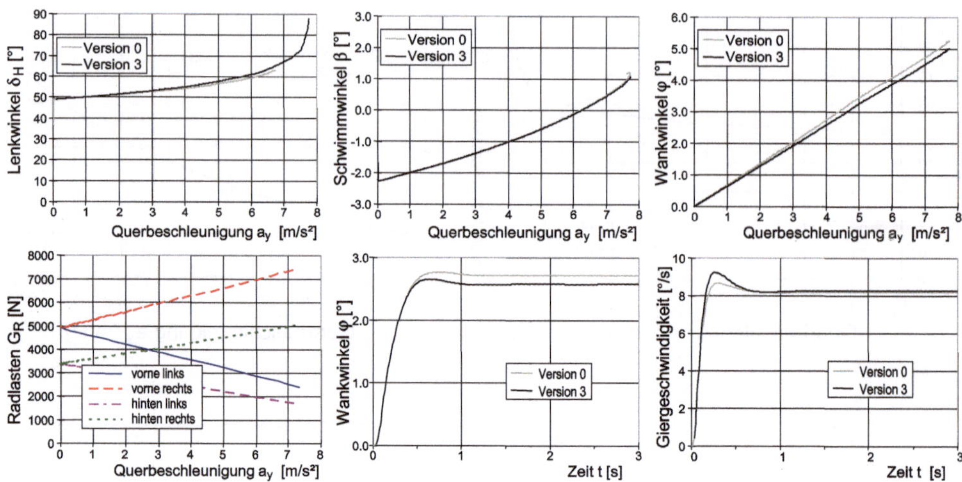

Abb. 2.130 Simulationsergebnisse bei veränderter Wankachse (Variante 3) [20]

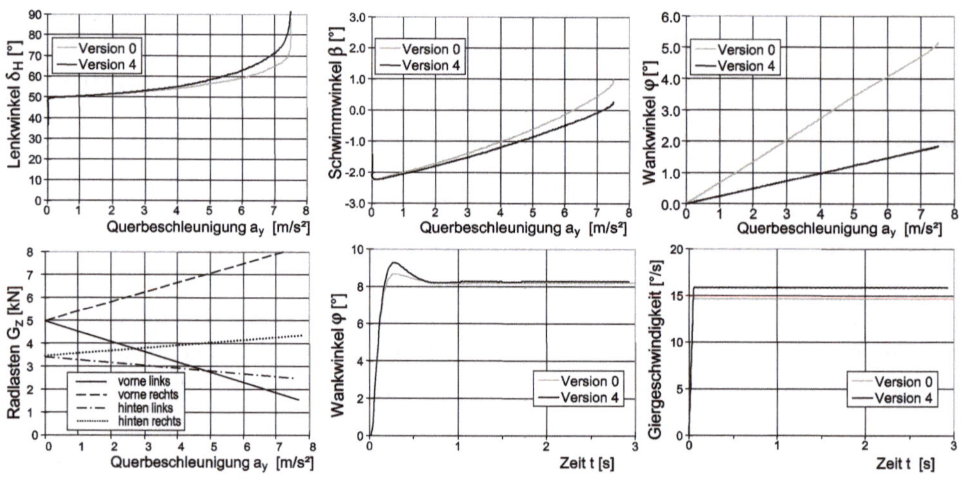

Abb. 2.131 Variation der Stabilisatorsteifigkeit (Variante 4) [20]

führt per se in einem Fahrzeug zu einem niedrigeren Wankwinkel, s. Gl. 2.279. Allerdings hat der Einbauort der erhöhten Stabilisatorsteifigkeit einen entscheidenden Einfluss auf das Fahrverhalten und insbesondere auf das Eigenlenkverhalten.

Die Gln. 2.290, 2.291 werden erneut zur Abschätzung für die Radlastdifferenz herangezogen. Bei einer Erhöhung der Stabilisatorsteifigkeit an der Vorderachse wird die Radlastdifferenz an der Hinterachse kleiner, da hier nur der Wankwinkel verändert wird (Gl. 2.290. In Folge muss die Radlastdifferenz an der Vorderachse in gleichem Maße ansteigen, um weiterhin die gleiche Gesamtfliehkraft abzustützen. Den Einfluss einer höheren Stabilisatorsteifigkeit zeigt Abb. 2.132.

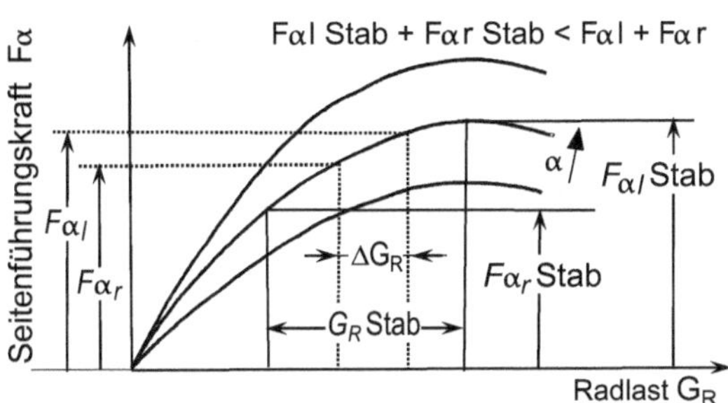

Abb. 2.132 Einfluss des Stabilisators auf die Seitenführungskraft [20]

Ein Stabilisator vergrößert de facto die Radlastdifferenzen an der betreffenden Achse und verringert daher ihre wirksame Schräglaufsteifigkeit.

Die Simulationsergebnisse zeigen daher eine Erhöhung der Untersteuertendenz gegenüber der Nullversion. Wie bereits erwähnt, hat der Stabilisator einen entscheidenden Einfluss auf das Fahrverhalten.

Er verringert nicht nur den resultierenden Wankwinkel, sondern kann durch geschickten Einsatz auch dazu verwendet werden, das Eigenlenkverhalten des Fahrzeugs entscheidend zu verändern.

Eine Erhöhung der Stabilisatorsteifigkeit an der Vorderachse erhöht die Untersteuertendenz, eine Erhöhung an der Hinterachse dagegen verringert die Untersteuertendenz.

2.5.7.5 Variation des Antriebskonzepts (Variante 5)

Man kann bereits in der Variante 1 erkennen, dass der Lenkwinkelbedarf mit steigender Querbeschleunigung ansteigt. Dies lässt sich mit Einflüssen aus dem Antrieb erklären. Eine steigende Querbeschleunigung geht direkt einher mit einer erhöhten Fahrgeschwindigkeit und damit auch mit erhöhten Fahrwiderständen durch Luft- und Reibungswiderstand. Diese erhöhten Fahrtwiderstände sind durch eine höhere Antriebskraft an der angetriebenen Achse zu kompensieren. Wie im Abschn. 2.2.1.2, Abb. 2.55 (Krempeldiagramm), dargestellt, beeinflussen sich Längs- und Querkraft des Reifens, d.h., dass das Seitenkraftpotenzial unter erhöhter Längskraft reduziert wird. Dadurch wird die effektive Schräglaufsteifigkeit an der angetriebenen Achse reduziert.

Dieser Effekt ist bei kleinen Kurvengeschwindigkeiten und niedrigen Querbeschleunigungen noch sehr gering, wird aber bei höheren Querbeschleunigungen deutlich spürbar (Abb. 2.133). Bei einem Fahrzeug mit Vorderradantrieb wird daher die Untersteuertendenz noch durch das Antriebskonzept verstärkt [20]. Ein durch eine geeignete Parameterauswahl tendenziell untersteuerndes heckgetriebenes Fahrzeug kann dagegen durchaus ein lokal übersteuerndes Verhalten nach Bergmann (s. Abb. 2.109) aufweisen.

Das hier zu beobachtende lokale Übersteuerverhalten ist dadurch zu erklären, dass die effektive Schräglaufsteifigkeit an der Hinterachse stärker reduziert wird als an der Vorderachse. An der Hinterachse wird diese durch steigende Radlastdifferenz sowie durch die Erhöhung der Umfangskräfte (erhöhter Fahrtwiderstand) herabgesetzt, an der Vorderachse allein durch die steigende Radlastdifferenz.

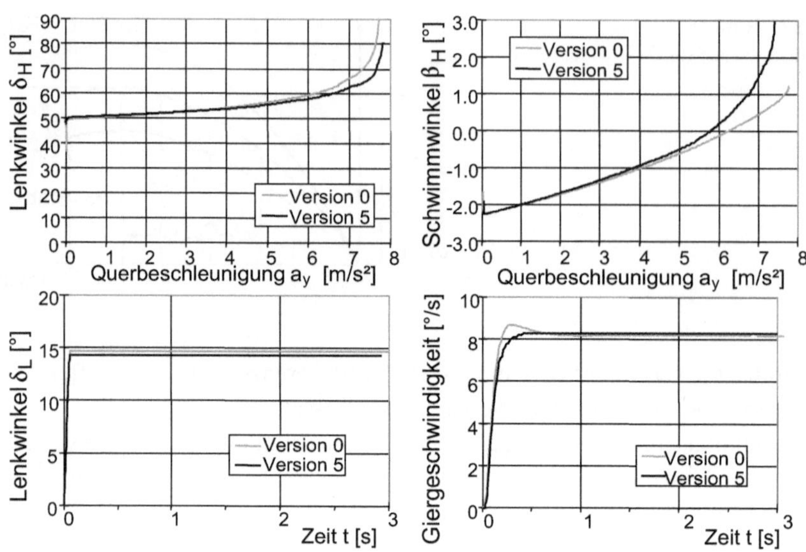

Abb. 2.133 Variation des Antriebskonzeptes (Variante 5) [20]

Der Schräglaufwinkel an der Hinterachse steigt dadurch stark an, wodurch ein sehr großer Schwimmwinkel des Fahrzeugs resultiert. In Folge muss der Lenkwinkel an der Vorderachse zurückgenommen werden, um das Fahrzeug kursstabil zu halten.

Bei einem frontgetriebenen Fahrzeug setzt ein selbstsichernder Effekt ein. Die Untersteuertendenz nimmt immer weiter zu, der Bahnradius erhöht sich dabei.

Dadurch sinken die Querbeschleunigung und damit die einhergehende abzustützende Seitenkraft. Die Vorderachse verlässt unter diesem Einfluss den gesättigten Bereich der Seitenführungskraft und befindet sich wieder in einem stabilen Zustand.

Wie in Abschn. 2.5.3.3 beschrieben, zeigt das übersteuernde Fahrzeug ein Selbstverstärkungsverhalten im negativen Sinne. Durch das Einlenken in die Kurve wird der Übersteuereffekt in kürzester Zeit verstärkt.

Ohne ein schnelles Gegenlenken ist das Fahrzeug instabil und beginnt unkontrolliert zu schleudern.

Bei Fahrzeugen mit Allradantrieb hängt das Verhalten im Grenzbereich davon ab, wie die Antriebsmomente auf Vorder- und Hinterachse verteilt werden [20]. Generell lässt sich allerdings mit einem Allradfahrzeug eine etwas höhere Querbeschleunigung erreichen, da die Antriebskräfte auf beide Achsen verteilt werden.

In der Fahrzeugentwicklung ist man bestrebt, die Querbeschleunigungsfähigkeit der Fahrzeuge permanent zu erhöhen. Bei Betrachtung der grundsätzlichen theoretischen Zusammenhänge ist allerdings zu beachten, dass der Übergang vom Grenzbereich in den Bereich, in dem eine Kurshaltung praktisch nicht mehr möglich ist, dabei immer abrupter erfolgen muss. Die erreichbare Grenzquerbeschleunigung wird nämlich immer weiter der theoretisch möglichen Querbeschleunigung angenähert, die nur vom Reibwert abhängt. Es bleibt Aufgabe des Fahrwerkentwicklers, dass der Fahrer bei der Einschätzung des Grenzbereichs nicht überfordert wird. Weiterhin kann der Fahrer durch aktive Fahrwerksysteme bei seiner Fahraufgabe im Sinne eines Kursreglers unterstützt werden, was bei neuen, mit Antischleudersytemen (ESP) ausgestatteten Fahrzeugen der Fall ist.

2.5.7.6 Zusammenfassung der Parametervariationen

1. Eine Senkung der Schwerpunkthöhe reduziert die Untersteuertendenz und erhöht die Gierdämpfung.
2. Die Verlegung der Schwerpunktlage nach hinten mindert ebenfalls die Untersteuertendenz und verbessert die Gierdämpfung, allerdings schwächer als bei der Senkung der Schwerpunkthöhe. Dafür ist das degressive Reifenverhalten verantwortlich.
3. Wird die Wankachse vorne erhöht, wird der Wankwinkel kleiner, die Untersteuertendenz nimmt zu und die Gierdämpfung etwas ab.
4. Eine Erhöhung der beiden Stabilisatorsteifigkeiten führt zu niedrigem Wankwinkel. Allerdings hat der Einbauort einen entscheidenden Einfluss auf das Fahrverhalten und Eigenlenkverhalten. Ein Stabilisator vergrößert die Radlastdifferenzen an der betroffenen Achse und verringert ihre wirksame Schräglaufsteifigkeit. Eine Erhöhung der Stabilisatorsteifigkeit an der Vorderachse erhöht die Untersteuertendenz des Fahrzeugs und umgekehrt.
5. Bei steigender Kurvengeschwindigkeit steigen auch die Querbeschleunigung und Fahrwiderstände, die nur durch ein höheres Drehmoment an der angetriebenen Achse erreicht werden. Die Längskräfte unter den Reifen steigen, das Seitenkraftpotenzial sinkt, d. h. die effektive Schräglaufsteifigkeit an der angetriebenen Achse wird reduziert. Ein Vorderradantrieb erhöht die Untersteuertendenz und Hinterradantrieb die Übersteuertendenz. Beim Allradantrieb hängt das Verhalten im Grenzbereich von der Antriebsmomentverteilung ab. Generell lässt sich aber mit Allrad eine etwas höhere Querbeschleunigung erreichen.

2.6 Allgemeine Fahrdynamik

Bisher wurde jeweils nur eine der drei Fahrdynamikdomänen betrachtet. Um die Vorgänge vereinfacht zu erklären und zu verstehen, wurden dabei jeweils die Einflüsse anderer Domänen außer Acht gelassen.

Bei einer normalen Fahrt ist es jedoch sehr selten der Fall, dass nur Vertikal-, Längs- oder Querkräfte auftreten.

Bei der Geradeausfahrt auf einer Schlechtwegstrecke entstehen z. B. neben den Längskräften auch dynamische Radlaständerungen. Das bedeutet gleichzeitiges Wirken von längs- und vertikaldynamischen Bewegungen. Während der Geradeausfahrt auf einer Fahrbahn mit rechts und links unterschiedlichen Reibkoeffizienten entstehen

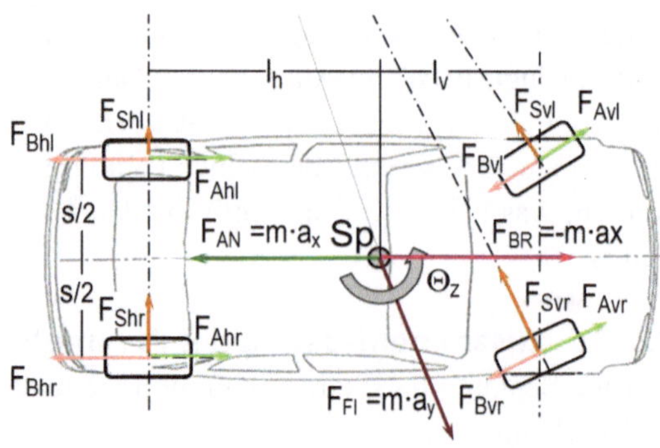

Abb. 2.134 Kräfte und Momente am Fahrzeug, *Sp*: Schwerpunkt, *A*: Antriebskraft, *B*: Bremskraft, *S*: Seitenkraft, *Fl*: Fliehkraft, Θ_z: Giermoment, *v*: vorn, *h*: hinten, *r*: rechts, *l*: links/Radstand, *s*: Spurlänge

neben den Längskräften auch Querkräfte, wenn dabei gebremst oder beschleunigt wird. Während der Kurvenfahrt oder beim Spurwechsel entstehen Quer- und Längskräfte, wenn gebremst, beschleunigt oder ein Lastwechsel durchlaufen wird. Eine Kurvenfahrt auf einer unebenen Fahrbahn verursacht schließlich Kräfte in allen drei Fahrdynamikdomänen.

Für die Fahrsicherheit sind besonders die Fälle mit Längs- und Querkräften interessant, da nur diese Kräfte die Stabilität des Fahrzeugs beeinflussen.

Die Erklärung der Situation ist am einfachsten mithilfe von Horizontalkräften unter den Reifen und Momenten um die *z*-Achse am Fahrzeugschwerpunkt (Drallsatz) verständlich (Abb. 2.134). Die Längs- und Querkräfte wirken immer längs oder quer zum Reifen und diese müssen im Gleichgewicht mit der immer am Schwerpunkt nach kurvenaußen wirkenden Fliehkraft sein. Die Summe der durch die Längs- und Querkräfte erzeugten Momente um den Schwerpunkt ist dann der Giermoment, der das Fahrzeug um seine Hochachse dreht. Dieser Giermoment ist verantwortlich dafür, dass das Fahrzeug in die Kurve gezwungen wird. Ist er zu hoch, übersteuert sich das Fahrzeug und ist er zu niedrig, untersteuert sich das Fahrzeug.

2.6.1 Wechselwirkungen zwischen Vertikal-, Längs- und Querdynamik

Im allgemeinen Fall, nämlich bei einer Fahrt entlang eines beliebigen Kurses auf beliebiger Fahrbahn kann die Vertikal-, Längs- und Querdynamik des Fahrzeugs nicht getrennt voneinander betrachtet werden. Es existieren Wechselwirkungen untereinander, die das Fahrverhalten zum Teil erheblich beeinflussen. Bereits bei Betrachtung des Kraftübertragungsverhaltens von Fahrzeugreifen wurde deutlich, dass kombinierte Schlupfzustände, wie beispielsweise Beschleunigen oder Bremsen in der Kurve einen starken Einfluss auf den Seiten- und Längskraftaufbau haben, der den fast vollständigen Verlust der Seitenkraft zur Folge haben kann.

Im Weiteren sollen daher folgende Wechselwirkungen näher untersucht werden:

- Vertikalkraftschwankungen und deren Einfluss auf die Reifen-Horizontalkräfte,
- Einfluss längsdynamischer Vorgänge auf die Querdynamik.

2.6.1.1 Vertikalkraftschwankungen

Bei Fahrt auf unebener Straße, im Gelände oder beim Überrollen von Fahrbahnhindernissen treten Schwankungen im Verlauf der Radlast $F_{Z,W}$ auf. Darüber hinaus führen Beschleunigungs- und Bremsvorgänge sowie Kurvenfahrten in Folge dynamischer Massenkräfte zu Veränderungen der Radlast $F_{Z,W}$.

Der Zusammenhang zwischen der Vertikalkraft $F_{Z,W}$ in der Reifenaufstandsfläche A_T und der übertragbaren Horizontalkraft $F_{H,W}$ ist nicht linear. Vielmehr nimmt die Horizontalkraft $F_{H,W}$ bei steigender Radlast $F_{Z,W}$ degressiv zu (Abb. 2.135).

Doppelte Radlast $F_{Z,W}$ führt demnach nicht zu doppelter Seitenkraft $F_{Y,W}$ bzw. Längskraft $F_{X,W}$. Der dadurch in Summe bedingte Verlust an Seiten- und Längskraft muss durch größere Schräglaufwinkel bzw. erhöhten Umfangsschlupf kompensiert werden. Insbesondere im Hinblick auf die Querdynamik kann das Eigenlenkverhalten eines Fahrzeugs durch Lastwechsel und die dadurch bedingten Vertikalkraftschwankungen beeinflusst werden.

Fahrbahnunebenheiten führen ebenfalls zu dynamischen Vertikalkraftschwankungen. Bedingt durch den nichtlinearen Zusammenhang zwischen Radlast und Seitenkraftaufbau führen Fahrbahnunebenheiten wiederum zum Verlust von Seitenkraftübertragungspotenzial. Abb. 2.136 macht dies am Beispiel einer sinusförmigen Vertikalkraftschwankung deutlich. Die in Summe übertragbare Seitenkraft ist geringer, als sie es bei konstanter Radlast wäre. Gegenteiliges gilt für das Rückstellmoment. Es nimmt im Mittel zu.

Ein weiterer Effekt dynamischer Radlastschwankungen ist der Horizontalkraftverlust in Folge des transienten Reifenverhaltens (s. Abschn. 2.2.1 und Abb. 2.57). Abnehmende Radlast $F_{Z,W}$ macht sich im selben Moment durch entsprechenden Verlust von Umfangskraft $F_{X,W}$ bzw. Seitenkraft $F_{Y,W}$ bemerkbar. Zum Neuaufbau der Horizontalkräfte $F_{H,W}$

Abb. 2.135 Degressiver Anstieg übertragbarer Seitenkräfte $F_{Y,W}$ mit zunehmender Radlast $F_{Z,W}$ [20]

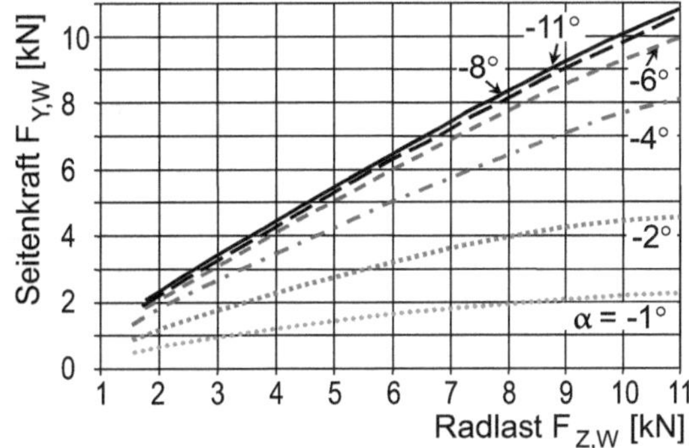

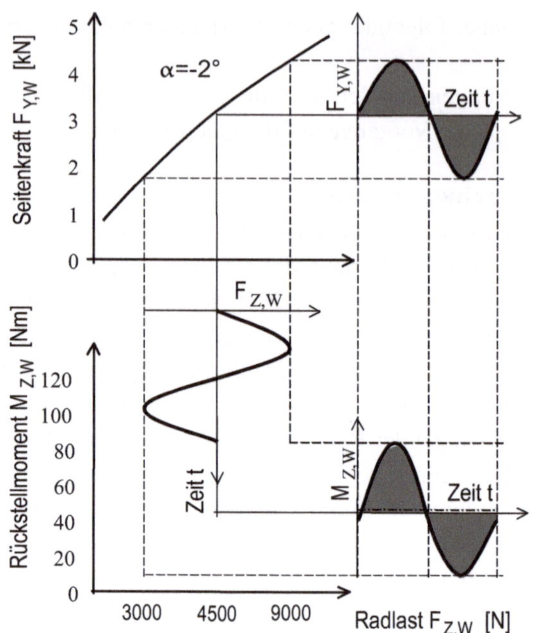

Abb. 2.136 Seitenkraftverlust und Rückstellmomentänderung in Folge dynamischer Vertikalkraftänderungen [20]

nach steigender Radlast $F_{Z,W}$ vergeht aufgrund des transienten Verhaltens und einer Reifen-Einlauflänge (PT_1-Verzögerer) eine gewisse Wegstrecke σ und somit Zeit.

Dieser Effekt ist nicht nur für Schlupf- und Schräglaufänderungen gültig, sondern betrifft auch Radlastschwankungen. Die im zeitlichen Mittel bei dynamischen Radlastschwankungen übertragbare Horizontalkraft $F_{H,W}$ liegt daher auch aufgrund des Einlaufverhaltens unter der, die bei konstanter Radlast erzeugbar wäre.

Ein Fahrzeug ohne Fahrbahnkontakt lässt sich weder lenken noch bremsen bzw. beschleunigen (Abb. 2.137). Ziel der Fahrwerkauslegung sollte es daher sein, durch

Abb. 2.137 Fahrzeug ohne Fahrbahnkontakt

geschickte Auswahl der Aufbaufederung und Aufbaudämpfung, durch Reduktion ungefederter Massen sowie Optimierung des einzustellenden Reifenfülldrucks, dynamische Radlastschwankungen in Folge Fahrbahnunebenheiten so gering wie möglich zu halten. Ebene Fahrbahnen tragen ebenso dazu bei, die Fahrsicherheit durch optimale Kraftschlussausnutzung zu erhöhen.

2.6.2 Kritische Fahrsituationen

Betrachtet man die Wechselwirkungen zwischen Längs-, Quer- und Vertikaldynamik, so sind vor allem die folgenden Fahrsituationen von Interesse:

- Bremsen in der Kurve,
- Beschleunigen in der Kurve,
- Lastwechsel (Gaswegnahme, Auskuppeln),
- Vertikalanregung durch Fahrbahnunebenheiten bei Kurvenfahrt,
- Bremsen/Anfahren auf einer inhomogenen Fahrbahnoberfläche (z. B. μ-Split).

Die ersten drei Fahrmanöver verursachen bei einer Kurvenfahrt eine querdynamische Fahrzeugreaktion, die vom Fahrer durch Lenkkorrekturen kompensiert werden muss [20]. Beim Bremsen bzw. Anfahren auf einer μ-Split-Fahrbahnoberfläche wirkt, hervorgerufen durch verschieden große Bremskräfte auf der linken und rechten Fahrzeugseite, ein Störgiermoment auf das Fahrzeug, dem der Fahrer ebenfalls durch Lenkkorrekturen entgegenwirken muss. Die vier aufgeführten Fahrmanöver sollen nun im Folgenden genauer betrachtet werden.

2.6.2.1 Bremsen in der Kurve

Bei der Betrachtung der Fahrzeugreaktion beim Bremsen in der Kurve ist zwischen geringen bis mittleren Verzögerungen und hohen Verzögerungen zu unterscheiden. Beim Bremsen mit geringer bis mittlerer Verzögerung wird die Wirkung des dem Bremsbeginn vorangegangenen Lastwechsels verstärkt, d. h. das Fahrzeug dreht sich stärker in die Kurve hinein (übersteuert). Die Fahrzeugreaktion wird wie beim Lastwechsel im Wesentlichen durch das übersteuernd wirkende Giermoment bestimmt, das durch die dynamische Achslastverlagerung hervorgerufen wird.

Beim Bremsen mit mittleren bis hohen Verzögerungen hängt die Fahrzeugreaktion dagegen in zunehmendem Maße vom Einfluss der Reifenumfangskräfte auf die gleichzeitig übertragbaren Reifenseitenkräfte ab. Je nach Bremskraftverteilung zwischen Vorder- und Hinterachse sind zwei Grenzfälle der Fahrzeugreaktion zu unterscheiden. Wird beim Bremsen in der Kurve die Hinterachse überbremst (d. h. der an der Hinterachse ausgenutzte Kraftschlussbeiwert ist größer als der an der Vorderachse), dann bricht das Fahrzeug bei Erreichen der Kraftschlussgrenze mit dem Heck aus (übersteuert) und verliert damit die Gierstabilität. Wird dagegen die Vorderachse überbremst, verliert das Fahrzeug bei Erreichen der Kraftschlussgrenze zwar die Lenkbarkeit, behält aber die Gierstabilität und ist nach Lösen der Bremse wieder zu beherrschen [20]. Um die Gierstabilität zu gewährleisten, ist demnach eine Bremskraftverteilung mit einem ausreichenden Sicherheitsabstand zwischen der Kurve der installierten Bremskraftverteilung (s. Abb. 7.6) und der Parabel der idealen Bremskraftverteilung bei Geradeausbremsung vorzusehen bzw. ein Bremskraftregler einzusetzen, der die Bremskraftverteilung in Abhängigkeit von der Verzögerung steuern kann.

Mithilfe eines Antiblockiersystems erreicht man, dass die Lenkbarkeit auch während einer Vollbremsung erhalten bleibt.

Als Bewertungskriterium werden die Werte der Bewegungsgrößen 1 s nach Bremsbeginn (Reaktionszeit des Fahrers) bei stationärer Kreisfahrt mit fixiertem Lenkrad herangezogen.

Als Parameter wird neben dem Ausgangsradius und der Ausgangsquerbeschleunigung die Längsverzögerung variiert. Wenn diese Werte oberhalb der Referenzlinien für eine Abbremsung mit exakter Einhaltung des Ausgangskreises liegen, deutet dies auf ein Eindrehen in den Kreis beim Bremsen hin. Die Grenze der Lenkbarkeit ist dadurch charakterisiert, dass die Querbeschleunigung nach Bremsbeginn auf null abfällt. Die Giergeschwindigkeit fällt in diesem Fall unter die Referenzlinie ab, da das Fahrzeug über die Vorderachse zum Kurvenaußenrand schiebt (s. auch Abb. 2.143, Abb. 2.144 und Abb. 3.13).

Mit ABS oder ESP werden die Bremskräfte individuell auf die Räder verteilt. Dadurch kann ein zusätzliches kurskorrigierendes Giermoment aufgebaut werden, welches übermäßige Unter- und Übersteuereffekte verhindert (Abb. 2.138).

2.6.2.2 Beschleunigte Kurvenfahrt

Beim Beschleunigen eines Fahrzeugs wird durch die dynamische Achslastverlagerung die Vorderachse entlastet und die Hinterachse im selben Maß belastet. Ohne Lenkkorrektur schieben auf griffiger Fahrbahn sowohl Fahrzeuge mit Hinterradantrieb als auch Fahrzeuge mit Frontantrieb über die Vorderachse zum Kurvenaußenrand (untersteuernd), da die resultierende Seitenkraft an der Vorderachse mit der Achslast abnimmt,

Abb. 2.138 Bremsen in der Kurve mit und ohne ESP [49]

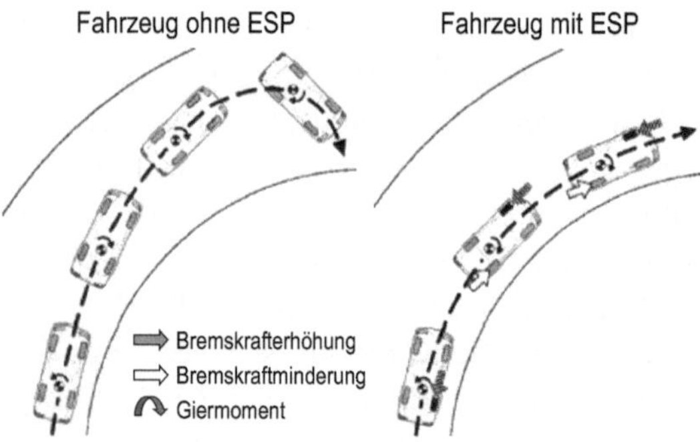

die abzustützende Querbeschleunigungskraft jedoch mit der Fahrgeschwindigkeit beim Beschleunigen zunimmt.

Bei Fahrzeugen mit Frontantrieb sind in der Regel höhere Lenkkorrekturen erforderlich, da durch die an der Vorderachse übertragenen Antriebskräfte die gleichzeitig übertragbaren Seitenkräfte reduziert und dadurch die dynamische Untersteuertendenz zusätzlich verstärkt wird. Als Bewertungsmaßstab für die Fahrzeugreaktion beim Beschleunigen in der Kurve kann die Giergeschwindigkeitsdifferenz zum Zeitpunkt Δt nach Beschleunigungsbeginn herangezogen werden, die sich mit festgehaltenem Lenkrad beim Übergang von einer stationären Kreisfahrt mit $R_0 = $ const. zur beschleunigten Kreisfahrt ergibt. Abb. 2.139 zeigt die Giergeschwindigkeitsdifferenz nach $t = 1$ s in Abhängigkeit von der Längsbeschleunigung a_y für verschiedene Antriebskonzepte auf griffiger Fahrbahn [20, 45].

Die Referenzgerade in Abb. 2.139 kennzeichnet die Giergeschwindigkeitszunahme, die aus der Fahrgeschwindigkeitszunahme resultieren würde, wenn beim Beschleunigen keine Abweichung vom Ausgangsradius auftreten würde. Auf Eis sind die Fahrzeugreaktionen deutlicher ausgeprägt, Abb. 2.140. Das durch die kombinierte Schlupfsituation hervorgerufene dynamische Übersteuern der Fahrzeuge mit Hinterradantrieb führt hier zu einem Eindrehen in den Ausgangskreis (übersteuern).

Die Vorteile der Aufteilung der Antriebskräfte auf alle vier Räder beim Allradantrieb werden auf rutschiger Fahrbahn deutlich. Auf trockener Fahrbahn sind die Unterschiede dagegen eher auf die Auslegung des stationären Lenkverhaltens (geringe Untersteuertendenz) zurückzuführen als auf das Antriebskonzept.

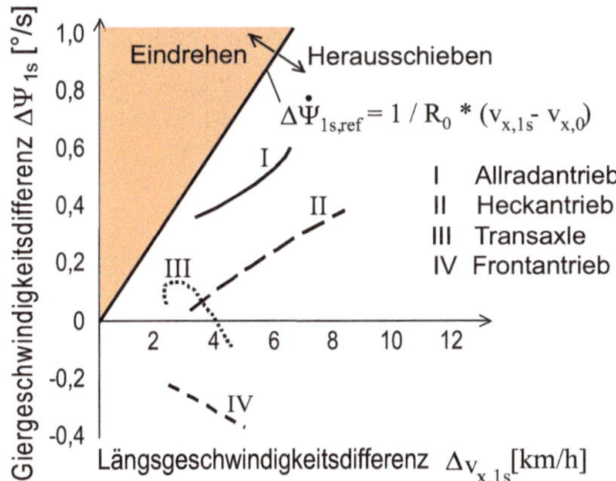

Abb. 2.139 Giergeschwindigkeitsabweichung beim Beschleunigen in der Kurve (griffige Fahrbahn) [42]; *I*: Allradantrieb, *II*: Heckantrieb, *III*: Transaxle, *IV*: Frontantrieb; 1 Sekundenwert der Giergeschwindigkeitsdifferenz $\Delta\dot{\psi}_{1s} = \dot{\psi}_{1s} - \Delta\dot{\psi}_0$ nach Beschleunigung aus stationärer Kreisfahrt $R_0 = 100$ m, $a_{y,0} = 3{,}0\,\text{m/s}^2$

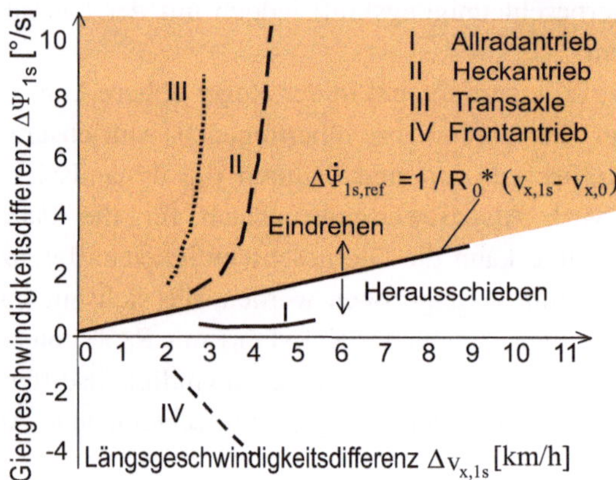

Abb. 2.140 Giergeschwindigkeitsabweichung beim Beschleunigen in einer rutschigen Kurve [42]; *I*: Allradantrieb, *II*: Heckantrieb, *III*: Transaxle, *IV*: Frontantrieb; 1 Sekundenwert der Giergeschwindigkeitsdifferenz $\Delta\dot\psi_{1s} = \dot\psi_{1s} - \Delta\dot\psi_0$ nach Beschleunigung aus stationärer Kreisfahrt auf Eis $R_0 = 45$ m, $a_{y,0} = 1{,}2\,\mathrm{m/s^2}$

Mit ESP werden Kursabweichungen bei Beschleunigungsvorgängen durch radindividuelle Bremseingriffe ausgeglichen. Abb. 2.141 zeigt dies am Beispiel eines eindrehenden Fahrzeugs auf rutschiger Fahrbahn.

2.6.2.3 Lastwechsel in der Kurve

Mit Lastwechsel wird die sprunghafte Änderung der Antriebskräfte beim schnellen Wechsel der Gaspedalstellung, beim Auskuppeln oder zu Beginn des Schaltvorgangs eines automatischen Getriebes bezeichnet. Bei Kurvenfahrt kann die sprunghafte Änderung der Umfangskräfte an den Antriebsrädern eine Gierreaktion des Fahrzeugs verursachen, die ohne Lenkkorrektur des Fahrers zu einem Eindrehen in die Kurve führt. Die heftigste Anregung stellt hier das plötzliche Loslassen des Gaspedals dar, da die

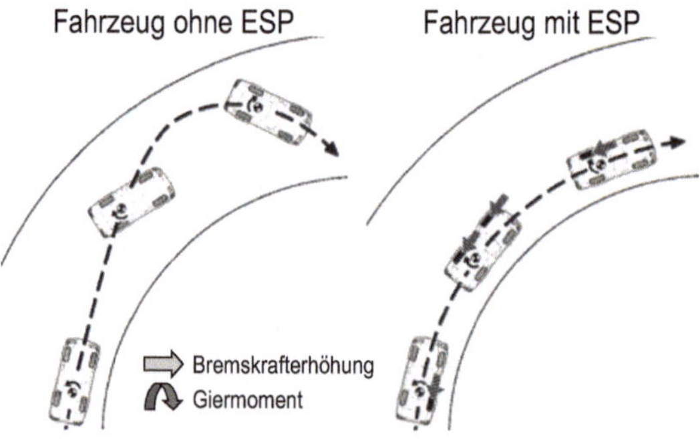

Abb. 2.141 Fahrzeugbewegung beim Beschleunigen in der Kurve auf rutschiger Fahrbahn mit und ohne ESP [49]

Antriebskräfte nicht nur zu null werden, sondern aufgrund des Motorschleppmoments in Bremskräfte umschlagen.

Da das plötzliche Loslassen des Gaspedals eine natürliche Reaktion des Fahrers beim zu schnellen Anfahren einer sich im weiteren Verlauf verengenden Kurve darstellt, hat die Lastwechselreaktion eine große Bedeutung für die aktive Sicherheit.

Den weitaus größten Einfluss auf die Lastwechselreaktion hat die dynamische Achslastverlagerung, die zu einer zusätzlichen Belastung der Vorderachse und Entlastung der Hinterachse führt. Diese dynamische Achslastverlagerung bewirkt eine Seitenkraftzunahme an der Vorderachse und gleichzeitig eine Seitenkraftabnahme an der Hinterachse. Die Seitenkraftänderungen verursachen unabhängig vom Antriebskonzept ein in die Kurve eindrehendes Giermoment (dynamisch Übersteuern) [45, 50] Abb. 2.142.

Durch die kinematischen und elastokinematischen Eigenschaften der Radaufhängungen kann das Eindrehen in den Kreis verstärkt oder verringert werden. So verstärken z. B. mit dem Einfederweg zunehmende Vorspurwinkel und negative Sturzwinkel an der Hinterachse die für die Fahrstabilität günstige Untersteuertendenz. Beim Lastwechsel federt jedoch die Hinterachse aufgrund der dynamischen Achslastverschiebung aus. Die momentan wirksamen Seitenkräfte durch negativen Sturz und Vorspur werden damit bei einem Fahrzeug mit entsprechend ausgelegter Hinterachskinematik abgebaut und verstärken dort den Seitenkraftverlust an der Hinterachse durch die Achslastverschiebung und somit die Lastwechselreaktion.

Eine Abschwächung der Lastwechselreaktion kann dagegen durch eine entsprechende Auslegung der elastokinematischen Eigenschaften der Antriebsachse erzielt werden. Wird z. B. bei einem Fahrzeug mit Hinterradantrieb das kurvenäußere Hinterrad von Antriebskräften in Nachspur und von Bremskräften in Vorspur gedrückt, dann wirkt die-

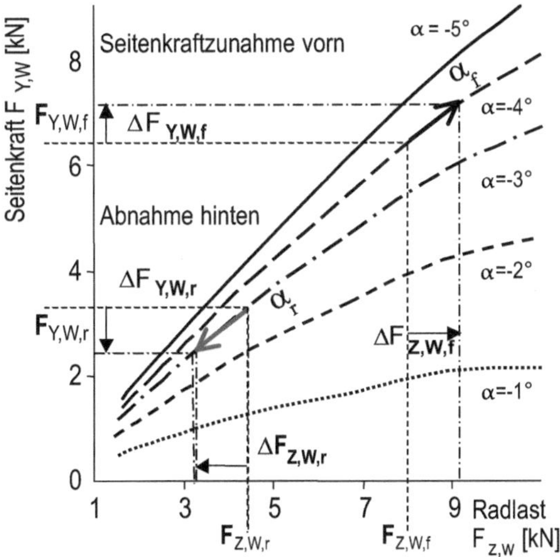

Abb. 2.142 Seitenkraftänderungen beim Lastwechsel

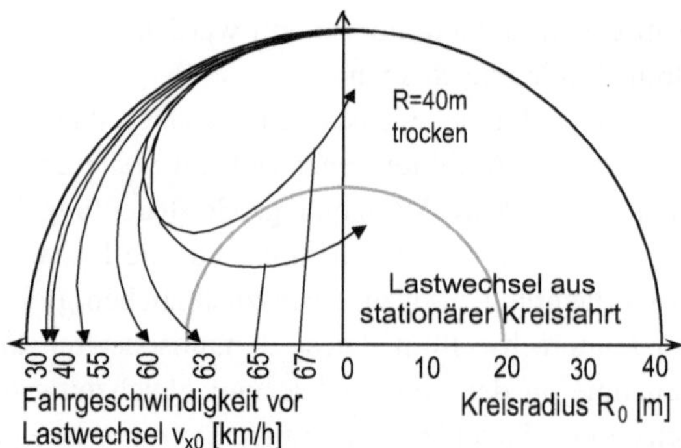

Abb. 2.143 Abweichung der Schwerpunktbahn beim Lastwechsel [45]

ser durch den Wechsel der Reifen-Umfangskraft gesteuerte Eigenlenkeffekt der Lastwechselreaktion entgegen. Als Bewertungskriterium einer Lastwechselreaktion dient die Abweichung der Schwerpunktbahn vom Ausgangskreis R_0 nach einem Lastwechsel bei stationärer Kreisfahrt mit fixiertem Lenkrad (Abb. 2.143) sowie die Abweichung der Bewegungsgrößen von den Ausgangswerten 1 s nach dem Lastwechsel (Reaktionszeit des Fahrers). Als Parameter werden Ausgangsradius und Ausgangsquerbeschleunigung variiert (Abb. 2.144).

2.6.2.4 Vertikalanregung durch Fahrbahnunebenheiten bei Kurvenfahrt

Die Fahrbahnunebenheiten verursachen dynamische Radlastschwankungen. Da aber die übertragbare Horizontalkraft am Reifenlatsch von der Radlast abhängt, ändern sich dann unter den einzelnen Rädern auch die Kraftübertragungsgrenzen. Dadurch wird die Kurshaltung beeinflusst und in kritischen Fällen kann ein Rad seitlich ins Rutschen geraten, wenn die Radlast zu sehr zurückgeht.

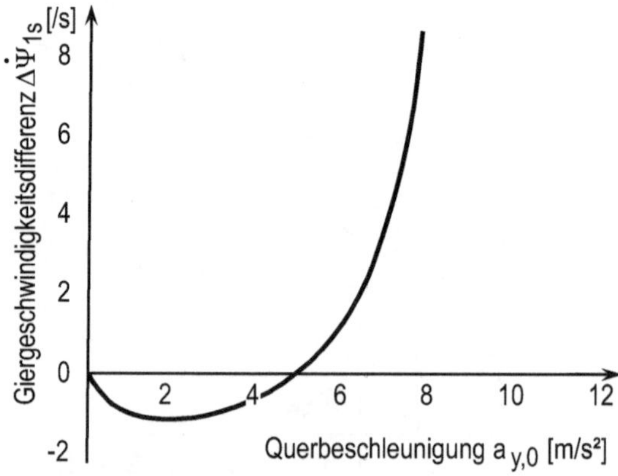

Abb. 2.144 Giergeschwindigkeitsabweichung 1 s nach einem Lastwechsel aus stationärer Kreisfahrt auf trockener Fahrbahn $R = 40$ m, Frontantrieb; 1 Sekundenwert der Giergeschwindigkeitsdifferenz $\Delta\psi'_{1s} = \psi'_{1s} - \Delta\psi'_0$ [45]

2.6.2.5 Bremsen und Anfahren auf einer inhomogenen Fahrbahnoberfläche (μ-Split)

Beim Bremsen auf einer Fahrbahn mit unterschiedlich griffigen Fahrspuren (z. B. Fahrbahn mit vereistem Rand) resultiert aus der Bremskraftdifferenz zwischen rechter und linker Fahrzeugseite ein Giermoment, welches das Fahrzeug zur griffigeren Fahrspur eindreht. Um dieses Giermoment zu kompensieren, muss ein Kräftepaar aus einer Seitenkraft an der Vorderachse und einer entgegengerichteten Seitenkraft an der Hinterachse wirksam werden Abb. 2.145.

Der hierzu erforderliche Schräglaufwinkel an der Hinterachse kann nur aufgebaut werden, wenn das Fahrzeug sich während der Bremsung mit dem Schwimmwinkel β zur Fahrtrichtung bewegt. An der Vorderachse ist ein Lenkwinkel in Richtung der weniger griffigen Fahrspur erforderlich.

Zu Beginn der Bremsung, noch bevor die Reaktionszeit des Fahrers abgelaufen ist und ein Gegenlenken einsetzt, kann durch eine geschickte elastokinematische Auslegung des Fahrwerks bereits ein Giermoment aufgebaut werden, das der durch die Bremskraftdifferenz hervorgerufenen Gierdrehung entgegenwirkt.

Die Bremsstabilität wird verbessert, wenn die Elastokinematik der Radaufhängung so ausgelegt ist, dass das auf griffigem Grund laufende Vorderrad in die Vorspur gedrückt wird (Abb. 2.146). Dabei ist allerdings zu beachten, dass dies beim Bremsen in der Kurve das Eindrehen des Fahrzeugs in die Kurve begünstigt. Eine weitere Möglichkeit, das Fahrverhalten beim Bremsen auf μ-Split für den Fahrer leichter beherrschbar zu machen, ist bei Fahrzeugen mit ABS gegeben. Wird das auf hohem Reibwert laufende Vorderrad durch ABS zunächst bewusst unterbremst, dann wird das durch die Brems-

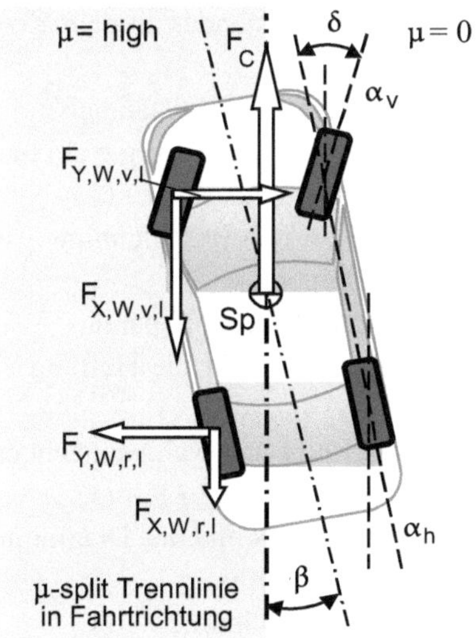

Abb. 2.145 Giermomentenbilanz beim Bremsen unter μ -Split-Bedingungen [51]

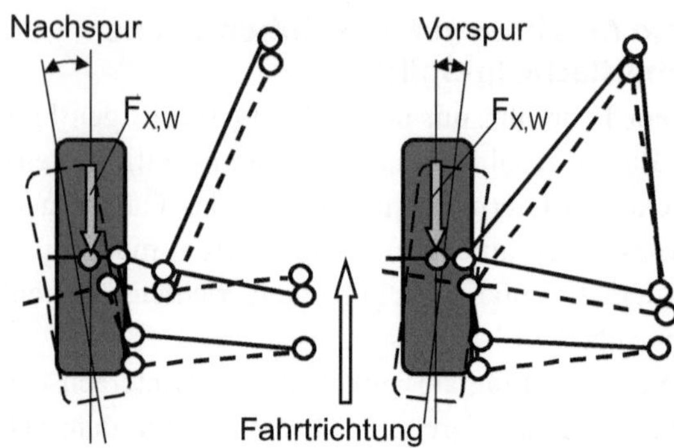

Abb. 2.146 Elastokinematische Auslegung der Vorderradaufhängung zur Verbesserung der Bremsstabilität unter μ -Split-Bedingungen [52]

kraftdifferenz hervorgerufene Giermoment verzögert aufgebaut und dem Fahrer ein rechtzeitiges Gegenlenken erleichtert [20].

Aufgaben zum Kapitel 2 – Fahrdynamik

1. Was behandelt das Gebiet der Fahrdynamik?
2. Benennen Sie die Fahrwiderstände an einem Fahrzeug.
3. Aus welchen Anteilen besteht der Radwiderstand?
4. Welche Faktoren beeinflussen den Reifenrollwiderstand?
5. Erklären Sie den Walkwiderstand.
6. Was versteht man unter Reifen-Schluckvermögen?
7. Wann entsteht Aquaplaning?
8. Wie hoch ist der Anteil des Luftwiderstandes an dem Kraftstoffverbrauch nach dem WLTP-Zyklus?
9. Von welchen Parametern hängt der Luftwiderstand ab?
10. Erklären Sie die potenzielle und kinetische Energie am Fahrzeug.
11. Wie viel sind 30° Steigung in Prozent ausgedrückt?
12. Was bedeutet der Massefaktor ei für den Beschleunigungswiderstand?
13. Welche Fahrwiderstände sind rekuperativ?
14. Nennen Sie zehn Maßnahmen zum Kraftstoffsparen.
15. Nach welchen Gesetzmäßigkeiten entsteht die Haftung zwischen Reifen und Fahrbahn?
16. Was versteht man unter Längsschlupf und wann entsteht er?
17. Wie wirkt der Radsturz auf die Seitenkraft?
18. Beschreiben Sie den Kammschen Kreis und das Diagramm nach Krempel.
19. Was sind die Parameter für Längsdynamik?
20. Wie ist dem Bremsnicken entgegenzuwirken?
21. Bei welchem Antriebskonzept entsteht das geringste Anfahrnicken?

22. Wie wirkt sich ein Lastwechsel auf die Fahrdynamik aus?
23. Welche Annahmen werden für das Einspur-Modell nach Rieckert und Schunk getroffen?
24. Was ist der Hauptvorteil des Einspur-Modells?
25. Was sagt die Zustandsbeschreibung nach Olley?
26. Wie definiert Bergmann das Eigenlenkverhalten?
27. Warum ist Übersteuern gefährlich?
28. Was sind die Vorteile der Hinterradlenkung?
29. Was ist die Gierrate und wie wird sie gemessen?
30. Zeichnen Sie den Gierverstärkungsfaktor über- und untersteuernder Fahrzeuge vs Geschwindigkeit.
31. Wie lässt sich der Schwimmwinkel kompensieren?
32. Wie viele Freiheitsgrade kann man mit einem Zweispur-Modell berechnen?
33. Wie wirkt ein Stabilisator?
34. Was kann man mit einem Stabilisator beinflussen?
35. Welchen Einfluss hat die Lage des Schwerpunktes auf das Eigenlenkverhalten des Fahrzeugs?
36. Wie wirken sich Vertikalkraftschwankungen auf das Fahrverhalten aus?
37. Wie muss sich der Fahrer beim Bremsen in der Kurve verhalten?
38. Wann ist das Beschleunigen in der Kurve gefährlich?
39. Warum sollte man in der Kurve einen Lastwechsel vermeiden?
40. Was passiert beim Bremsen unter μ-Split-Bedingungen und wie lässt sich dies korrigieren?

Literatur

1. Wallentowitz, H.: Längsdynamik von Kraftfahrzeugen, 2. Aufl. Schriftenreihe Automobiltechnik, Aachen (1998)
2. Mitschke, M., Wallentowitz, H.: Dynamik der Kraftfahrzeuge, 4. Aufl. Springer, Berlin, Heidelberg (2005)
3. N.N.: Der Reifen – Rollwiderstand und Kraftstoffersparnis. Jubiläumsausgabe, Erstauflage, Société de Technologie Michelin, Michelin Reifenwerke KgA, Karlsruhe (2005)
4. Braess, H.-H., Seiffert, U.: Handbuch Kraftfahrzeugtechnik, 6. Aufl. Vieweg+Teubner, Braunschweig, Wiesbaden (2011)
5. N.N.: Ratgeber Reifen –Spritsparen mit moderner Reifentechnik. Beilage zur Auto Bild von Michelin in der Ausgabe Reifen-Spezial (2008)
6. ISO-Norm 8767, Pkw-Reifen – Methoden der Rollwiderstandsmessung (1992); ISO-Norm 9948, Lkw- und Busreifen – Methoden der Rollwiderstandsmessung 1992
7. SAE-Norm J1269, Rollwiderstands-Messverfahren für Pkw-, Leicht-Lkw- und Schwer-Lkw-Reifen. REAF SEP2000; SAE-Norm J2452, Methode der „schrittweisen Verlangsamung" zur Rollwiderstandsmessung von Reifen, Juni 1999
8. Napp, A.: Mit frischem Wind zum Spritsparen. Auto Motor und Sport 2, 48–55 (01.2016)

9. Schütz (Hrsg.): Hucho – Aerodynamik des Automobils, ATZ/MTZ-Fachbuch, S. 1–67. Springer Vieweg, Wiesbaden (13.09.2013)
10. Karcher, G.: So fährt das Aerodynamik-Wunder. Autobild.de, 28.11.2015
11. Wallentowitz, H., Holtschulze, J., Holle, M.: Fahrer-Fahrzeug-Seitenwind. VDI-Tagung Reifen-Fahrwerk-Fahrbahn, Hannover, 2001
12. Wallentowitz, H.: Fahrer-Fahrzeug-Seitenwind. Dissertation, TU Braunschweig (1979)
13. Brand, W.: Untersuchungen zur Seitenwindempfindlichkeit verschiedener Pkw unter natürlichen Windbedingungen. Diplomarbeit, RWTH Aachen (2001)
14. Schaible, S.: Fahrzeugseitenwindempfindlichkeit unter natürlichen Bedingungen. Dissertation, RWTH Aachen (1998)
15. Sorgatz, U., Buchheim, R.: Untersuchung zum Seitenwindverhalten zukünftiger Fahrzeuge. Automobiltechnische Zeitschrift **1**(84), 11–18 (1992)
16. Mit Vollgas in den Klimakollaps? Wolfgang Tiefensee. www.n-tv.de/762862.html. Zugegriffen: 8. Febr. 2007
17. Heizwert siehe: de.wikipedia.org/wiki/Heizwert. Zugegriffen: 5. März 2007
18. N.N.: Firmen Informationsblatt AUDI – Ingolstadt (2007)
19. Holtschulze, J., Goertz, H.; Hüsemann, T.: A Simplified Tyre Model for Intelligent Tyres. 3rd International Tyre Colloquium **24**(4), (2004)
20. Wallentowitz, H.: Vertikal-/Querdynamik von Kraftfahrzeugen, 4. Aufl. Schriftenreihe Automobiltechnik, Aachen (2000)
21. Holtschulze, J.: Analyse der Reifenverformung für eine Identifikation des Reibwerts und weiterer Betriebsgrößen zur Unterstützung von Fahrdynamikregelsystemen. Dissertation, RWTH Aachen (2006)
22. Ammon, D., Gnadler, R.; Mäckle, G., Unrau H.-J.: Ermittlung der Reibwerte von Gummistollen. Automobiltechnische Zeitschrift, 7–8, Jahrgang 106. Vieweg, Wiesbaden (2004)
23. Möckle, G., Schirle, T.: Active Tyre Tilt Control ATTC – Das neue Fahrwerkkonzept des F400 Carving. 11. Aachener Kolloquium Fahrzeug- und Motorentechnik **1**, 395–408 (2002)
24. Kummer, H.W.: Unified Theory of Rubber and Tyre Friction. Engineering Research Bulletin B-94. The Pennsylvania State University (1966)
25. Bösch, P., Ammon, D., Klempau, F.: Reifenmodelle – Wunsch und Wirklichkeit aus Sicht der Fahrzeugentwicklung. DaimlerChrysler AG, Research&Technology, 4. Darmstädter Reifenkolloquium, Oktober 2002
26. Wöhman M.: Manuskript zur Vorlesung. FH Wismar (2007)
27. Holtschulze, J.: Die Bedeutung des Reifens in der Fahrwerksentwicklung. 6. Tag des Fahrwerks am Institut für Kraftfahrwesen ika der RWTH Aachen, Oktober 2008
28. Leister, G.: Fahrzeugreifen und Fahrwerkentwicklung, ATZ/MTZ Fachbuch, 1. Aufl. Vieweg, GWV Fachverlage, Wiesbaden (2009)
29. Hein, R., Baer, T.: Die Runflat Reifentechnologie – Der BMW Weg zu noch besserer Mobilität und noch höherer aktiver Sicherheit. 15. Aachener Kolloqium Fahrzeug- und Motorentechnik **2**, 867–880 (2006)
30. Matschinsky, W.: Radführungen der Straßenfahrzeuge. 2. Aufl. Springer, Berlin, Heidelberg (1998)
31. Schlitt, H.: Systemtheorie für regellose Vorgänge. Springer, Berlin, Heidelberg (1960)
32. Braun, H.: Untersuchungen über Fahrbahnunebenheiten. Deutsche Kraftfahrtforschung und Verkehrstechnik, Heft 186. VDI Verlag, Düsseldorf
33. Maerschalk, G., Ueckermann, A., Heller, S.: Bewertetes Längsprofil. Bericht der Bundesanstalt für Straßenwesen (BASt). Straßenbau **73**, 65–68 (2011)
34. N.N.: Frequenzbewertete Aufbaubeschleunigung. VDI Richtlinie 2057 (2002)

35. Gold, H.: Gas-Feder-Dämpfereinheit: Interessant für hochwertige Kompaktfahrzeuge auch mit Radnabenmotor. 6. CTI Konferenz Federung & Dämpfung im Kfz. Stuttgart, 26./27. Januar 2012

36. Diermeyer, F.: Methode zur Abstimmung von Fahrdynamikregelsystemen hinsichtlich Überschlagsicherheit und Agilität. Dissertation, TU München (2008)

37. Forkel, D.: Ein Beitrag zur Auslegung von Kraftfahrzeuglenkungen. Deutsche Kraftfahrtforschung und Verkehrstechnik **145** (1961)

38. Pfeffer, P., Harrer, M.: Lenkungshandbuch. 2. Aufl. Springer Vieweg, Wiesbaden (2013)

39. Fiala, E.: Kraftkorrigierte Lenkgeometrie unter Berücksichtigung des Schräglaufwinkels. ATZ **61**, 29–32 (1959)

40. Mitschke, M.: Das Einspurmodell von Riekert-Schunck. ATZ **107** (2005)

41. Pruckner, A.: Nichtlineare Fahrzustandsbeobachtung und -regelung einer Pkw-Hinterradlenkung. Dissertation an der RWTH Aachen, Forschungsgesellschaft Kraftfahrwesen Aachen, Aachen (2001)

42. Wallentowitz, H.: Hydraulik in Lenksystemen für 2 und 4 Räder. HDT Tagung T-30-302-056-9, 1989

43. Adomeit, G.: Dynamik I. Unterlagen zur Vorlesung an der RWTH Aachen (1989)

44. Zamow, J.: Beitrag zur Identifikation unbekannter Parameter für fahrdynamische Simulationsmodelle. VDI Berichte Reihe 12, Nr. 217 (1994)

45. Rompe, K., Heißing, B.: Objektive Testverfahren für die Fahreigenschaften von Kraftfahrzeugen. Verlag TÜV Rheinland, Köln (1984)

46. Rake, H.: Regelungstechnik A. Umdruck zur Vorlesung an der RWTH Aachen, 22. Aufl. Aachener Forschungsgesellschaft Regelungstechnik (1998)

47. Bantle, M., Braess, H.-H.: Fahrwerkauslegung und Fahrverhalten des Porsche 928. ATZ **9** (1977)

48. Berkefeld, V.: Theoretische Untersuchungen zur Vierradlenkung, Stabilität und Manövrierbarkeit. HDT Tagung T-30930-056-9, 1989

49. Reif, K.: Automobilelektronik. ATZ/MTZ Fachbuch, 4. Aufl. Springer, Springer Fachmedien, Wiesbaden (2012)

50. Bleck, U., Heißing, B., Meyer, B.: Analyse der Lastwechselreaktionen mittels Simulation und Messung. VDI-Bericht Nr. 699 (1988)

51. Burckhart, M.: Der Einfluss der Reifenkennlinien auf Signalgewinnung und Regelverhalten auf Fahrzeuge mit ABS. Automobil-Industrie **3** (1987)

52. Bismis, E.: Testverfahren für das instationäre Lenkverhalten. In: Entwicklungsstand der objektiven Testverfahren. Kolloquiumsreihe „Aktive Fahrsicherheit". Verlag TÜV Rheinland, Köln (1978)

Fahrverhalten

3

Bernd Heißing, Metin Ersoy und Christian Schimmel

Einleitung

Neben Design und Image eines Fahrzeugs, ist das stark technisch bestimmte Fahrverhalten nach wie vor eines der wesentlichen Kriterien für den Kauf. Der Kompromiss aus Agilität, Sicherheit und Komfort kann für eine Marke ein wesentliches Differenzierungsmerkmal sein, weil es für den Kunden schon bei der ersten Probefahrt unmittelbar wahrnehmbar, also „erfahrbar" ist. Hinzu kommt auch die Bewertung des Fahrverhaltens in der Boulevard- und Fachpresse, in denen Tests zur Fahrsicherheit und -agilität ein großes Gewicht haben.

Das Fahrverhalten ist definiert als „die Fahrzeugreaktion auf Fahrerhandlungen und auf das Fahrzeug einwirkende Störungen während der Fahrbewegung, beschrieben durch die Bewegungsgrößen" [1]. Gutes Fahrverhalten ist insbesondere die Möglichkeit der exakten Kurshaltung im Sinne der Führungsaufgabe und damit ein Teil der Regelgüte des Gesamtsystems. Eng verknüpft mit der Fahrzeugreaktion ist das Schluckvermögen des Fahrzeugs bezüglich der Störungen, die dem Komfort zugeordnet werden müssen (z. B. Schwingungen, Lenkunruhe). Wichtig ist, dass zur Bewertung des Fahrverhaltens stets der Fahrer einbezogen sein muss, um die Einflüsse des Komforts bei seiner Bewertung herausfiltern zu können [2].

B. Heißing
Ehemals Lehrstuhl für Fahrzeugtechnik, TU München, München, Deutschland

M. Ersoy (✉)
Ehemals ZF Friedrichshafen AG, Lemförde, Deutschland
E-Mail: metin.ersoy@t-online.de

C. Schimmel
Audi AG, Ingolstadt, Deutschland

© Springer Fachmedien Wiesbaden GmbH, ein Teil von Springer Nature 2020 233
M. Ersoy (Hrsg.), *Fahrwerklehrbuch Band 1,*
https://doi.org/10.1007/978-3-658-26712-4_3

3.1   Anforderungen an das Fahrverhalten

Die grundsätzliche Aufgabe des Fahrwerks und speziell der Radaufhängung ist die Verbindung von Straße und Fahrzeugaufbau. Es sollte möglichst leicht sein und bei größtmöglichem Fahrkomfort die Fahrsicherheit zu jedem Zeitpunkt gewährleisten. Die exakte Führung der Räder zählt ebenso dazu, wie eine präzise und leichtgängige Lenkung, die dem Fahrer ein gutes Gefühl für den Fahrbahnkontakt vermittelt. Das Fahrverhalten muss durch die Kinematik und Elastokinematik der Achsen und der Radaufhängung für den Fahrer vorhersehbar sein und durch gezielte konstruktive Maßnahmen unterstützend in der Fahraufgabe wirken. Weiterhin soll das Fahrwerk eine geringe Empfindlichkeit gegenüber Fahrbahn-, Beladungs- und Umwelteinflüssen aufweisen.

Als weitere Komfortanforderung gilt es, Abroll- und Fahrwerksgeräusche vom Fahrzeuginnenraum fernzuhalten, um einen guten Akustik- und Schwingungskomfort zu bieten.

Anforderungen an das Fahrverhalten
- hohes Niveau an Fahrsicherheit, durch ein neutrales bis leicht untersteuerndes Eigenlenkverhalten,
- sicheres, stabiles Fahrverhalten und Beherrschbarkeit bei allen Fahrbedingungen bis in den Grenzbereich,
- geringe Empfindlichkeit gegenüber Lastwechselreaktionen,
- gute Seitenführung,
- gute Rückmeldung über Fahrzeugreaktion und Fahrbahnbeschaffenheit,
- Rückmeldung über die Annäherung an den physikalischen Grenzbereich,
- ruhiger, stabiler und komfortabler Geradeauslauf in Bezug auf Seitenwind und Fahrbahnprofil,
- komfortables Abrollen bei guter Kontrolle der Aufbaubewegungen,
- gutes Schwing- und Akustikverhalten,
- präzises, intuitives Lenkverhalten, das sowohl komfortabel und leichtgängig ist und ein Gefühl für die Straße vermittelt.

Die genannte Aufgabenvielfalt sollte das Fahrwerk mit geringem Aufwand an Gewicht, Bauraum und Kosten erfüllen und dies möglichst konstant über die gesamte Lebensdauer des Fahrzeugs. Des Weiteren sollte es einen geringen Fertigungsaufwand, sowie eine hohe Montage- und Reparaturfreundlichkeit aufweisen.

Wegen der Vielfalt der Anforderungen an das Fahrverhalten und der subjektiv geprägten Wahrnehmung durch den Kunden wird die letztendliche Freigabe eines Fahrwerks auch heute noch durch das Subjektivurteil von Testfahrern bestimmt. Auch ein großer Teil der Entwicklungs- und Abstimmungsarbeit erfolgt im Rahmen von Testfahrten mit anschließender Subjektivbeurteilung. Da aber die theoretischen Grundlagen zum Entwurf und zur Grundabstimmung von Fahrzeugen zunehmend erschlossen werden, wird die subjektive Beurteilung mehr und mehr durch quantifizierbare Simulations- und Messergebnisse gestützt und somit objektivierbar.

Das folgende Kapitel befasst sich daher mit den Methoden und Testabläufen zur subjektiven und objektiven Beurteilung des Fahrverhaltens, wie sie heute üblich sind. Als Grundlage werden zunächst die fahrzeugseitigen Bestimmungsgrößen und die wichtigsten Abstimmungsmöglichkeiten an einer bestimmten Fahrzeugkonfiguration vorgestellt. Die verschiedenen gebräuchlichen Methoden und Fahrmanöver zur Fahrverhaltensabstimmung bilden das Handwerkszeug für die im Anschluss erwähnten Einzelkriterien zur Beurteilung des Fahrverhaltens.

3.2   Beurteilung des Fahrverhaltens

Ziel der Fahrverhaltensbeurteilung ist die Prüfung und Abstimmung der Fahreigenschaften eines Fahrzeugs über den gesamten Bereich der fahrdynamisch möglichen Zustände im Hinblick auf den oben dargestellten Anforderungskomplex. Dazu wird im Verlauf des Entwicklungsprozesses ein Mix aus subjektiven und objektiven Methoden eingesetzt. Grundsätzlich kann festgestellt werden, dass im Bereich der Auslegung und Grundabstimmung zunehmend objektive Mess- und Simulationsmethoden im offenen Regelkreis zum Einsatz kommen, die endgültige Feinabstimmung jedoch immer noch im geschlossenen Regelkreis und durch das Subjektivurteil der Testfahrer erfolgt.

Für die zahlreichen Einzelkriterien der Fahrverhaltensbeurteilung etablieren sich im Zuge einer Standardisierung zusehends genormte Fahrmanöver und Testbedingungen (ISO TC22/SC9). Da die Detailabstimmung aber stark vom Anspruch des Fahrzeugherstellers an das Fahrverhalten abhängt, sind viele unterschiedliche und nicht normierte Einzelmanöver üblich. Es hat sich dennoch in der Automobilindustrie ein vergleichbares Repertoire an Beurteilungskriterien herausgebildet, welches im Folgenden vorgestellt wird.

Objektive und subjektive Beurteilung

Da die Wahrnehmungsfähigkeit und das Fahrempfinden des Menschen in seiner großen Bandbreite noch weit davon entfernt sind, vollständig objektiv erfasst zu sein, findet ein großer Teil der Fahrverhaltensbeurteilung durch Testfahrer statt. Die Beurteilung der vielfältigen Einzelkriterien in einer für den Entwicklungsprozess geeigneten Form entzieht sich zudem dem Normalfahrer, weshalb die Tests von sogenannten „Skilled Drivers", also geschulten Fahrern oder Entwicklungsingenieuren durchgeführt werden. Die Testfahrer als „Sensor Mensch" unterliegen trotz ihrer Professionalität psychisch und physisch bedingten Mess- und Beurteilungsschwankungen. Zudem unterliegen die Auflösungsgenauigkeit und die Trennschärfe der menschlichen Sinnesorgane Grenzen, die eine vollständige Beurteilung nicht immer zulassen. Da am Ende jedoch das Fahrverhalten in seiner Gesamtheit auf den Menschen wirkt, ist diese Methode bislang nicht zu ersetzen [2].

Wo durch Grundlagenuntersuchungen der Wirkzusammenhang zwischen fahrdynamischen Messgrößen und dem Fahrerempfinden hergestellt werden konnte, kommen zunehmend objektive Methoden zum Einsatz.

Die Abbildung des subjektiven Empfindens in Mess- und abgeleiteten Kennwerten ist vor dem Hintergrund der frühzeitigen Absicherung der Fahreigenschaften im Entwicklungsprozess ein Hauptanliegen der Fahrwerksentwicklung. Nur wenn dieser Zusammenhang geschaffen wurde, können zu einem frühen Zeitpunkt z. B. Simulationsmethoden zur Optimierung des Konstruktionsstandes eingesetzt werden. Dies kann einen wertvollen Beitrag zur Verkürzung der Entwicklungszeiten und zur Verbesserung der ersten Prototypenstände leisten. Objektive Tests können in Form von Testfahrten mit Messausrüstung oder durch Simulation bestimmter Fahrmanöver mit Dokumentation der Fahrzeugreaktionen erfolgen.

Zur Verknüpfung zwischen Messwerten und Subjektivurteil hat sich allgemein ein Auswerteprozedere etabliert, welches diesen Zusammenhang mithilfe von Methoden aus der Korrelations- und Regressionsstatistik herzustellen versucht [1, 3, 4].

Offener und geschlossener Regelkreis
Die Unterscheidung zwischen Messungen im offenen und geschlossenen Regelkreis betreffen die Art der Betätigung der Bedienelemente zur Längs- und Querdynamikregelung. Während im geschlossenen Regelkreis der Mensch das Fahrzeug durch Längsführung und Kursregelung bewegt, sind die Bedieneingaben im offenen Regelkreis fest vorgegeben und damit besser reproduzierbar (Abb. 3.1).

Messungen im geschlossenen Regelkreis zielen in erster Linie auf das Zusammenspiel der Regelstrecke Fahrzeug mit dem Regler Mensch in seiner ganzen Komplexität ab. Dabei stehen Stabilitäts- und Lenkfähigkeitsuntersuchungen im Vordergrund. Es wird also die Regelgüte des Gesamtsystems Fahrer-Fahrzeug-Umwelt unter den Einschränkungen der Regelfähigkeit des Menschen beurteilt [2].

Im offenen Regelkreis soll der Fahrereinfluss minimiert oder ausgeschaltet werden. Es wird dabei die Reaktion des Fahrzeugs auf festgelegte Lenk- bzw. Längsdynamikeingaben beurteilt, ungeachtet der sich ergebenden Fahrspur. Mit dieser Methode werden auch die für das Fahrzeug charakteristischen physikalischen Grenzbereiche ermittelt. Diese Methoden können detailliert untergliedert werden [2].

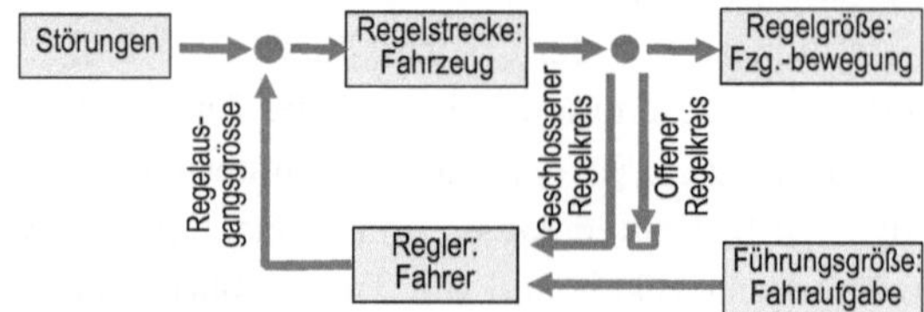

Abb. 3.1 Regelkreis Fahrer – Fahrzeug – Umwelt [5]

Geschlossener Regelkreis (auch *Closed Loop* oder Fahrleistungstest)

- Fahrzeug wird durch den Fahrer im Normalfahrbereich oder im Grenzbereich geführt, die fahrdynamischen Eigenschaften werden subjektiv beurteilt,
- Fahrzeug wird durch den Fahrer in standardisierten Fahrmanövern geführt mit Messung und Analyse der Bewegungsgrößen.

Offener Regelkreis (auch *Open Loop* oder Fahrverhaltenstest)

- Fahrversuch mit standardisierten Eingaben für die Betätigungselemente (Lenkrad, Fahr- und Bremspedal), Messung und Analyse der Bewegungsgrößen.

Zusätzlich werden häufig zwei Spezialfälle des offenen Regelkreises genannt:

- Fixed Control: vorgegebene Funktion für den Lenkwinkel, z. B. fixiertes Lenkrad beim Seitenwindverhalten,
- Free Control: freigegebenes Lenkrad.

3.3 Fahrmanöver

Die Fahrversuche sollen möglichst den gesamten späteren Einsatzbereich eines Pkw abdecken, damit das Verhalten des Fahrzeugs auch in anormalen und extremen Situationen bekannt ist. Tab. 3.1 stellt eine Systematik für die Möglichkeiten dar, ein Fahrzeug aktiv durch Lenk-, Fahr- und Bremspedal- eingaben zu bewegen. Um alle im späteren Alltagsgebrauch vorkommenden Situationen abzudecken, wird ein Teil der Manöver zusätzlich in dem in Abschn. 3.4 beschriebenen Parameterraum gefahren. Auf speziellen Schlechtwegstrecken erfolgt dort z. B. die Überlagerung der Tests zur Quer- und Längsdynamik unter Einfluss einer vertikaldynamischen Anregung. Verschiedene Reibschlussverhältnisse müssen ebenso betrachtet werden, wie unterschiedliche Beladungszustände, Bereifungsvarianten und das Seitenwindverhalten [2].

Tab. 3.1 Systematik der Fahrmanöver [5]

| Querdynamik (Lenkwinkel δ) | Längsdynamik (Längsbeschleunigung a_x) | | | |
	$a_x = 0$	$a_x \neq 0$, Lastwechsel	$a_x > 0$, Beschleunigen	$a_x < 0$, Bremsen
$\delta = 0$	Stationär			
$\delta \neq 0$, free control				
$\delta\uparrow$, ansteigend	Instationär			
$\delta \neq 0$, regellos				
$\delta \neq 0$, sinusförmig				
$\delta \neq 0$, impulsförmig				

Kategorisierung der Fahrmanöver

Die quantitative Ausführung der Manöver (Fahrgeschwindigkeit, Kurvenradien etc.) ist trotz fortschreitender Standardisierung (ISO-TC22/SC9) bei verschiedenen OEM und Testinstituten noch unterschiedlich. In die Normungsarbeit werden um fassende „Closed-Loop-Verfahren" aber erst dann aufgenommen, wenn der Einfluss des Fahrers auf die Versuchsergebnisse separiert bzw. eliminiert werden kann. Solange dies nicht möglich ist, beschränkt sich die Normung auf die Festlegung der Rahmenbedingungen, also z. B. der Fahrgassenführung [6].

Einzelmanöver im Überblick

In der Praxis gebräuchliche Fahrmanöverkombinationen listet Tab. 3.2. Sie zeigt auch die Zuordnung, ob ein Manöver für die subjektive Beurteilung oder für die Messung verwendet wird. In den einzelnen Manövern werden Lenkwinkelamplitude, -frequenz, Beschleunigungen und Verzögerungen und schließlich die Fahrgeschwindigkeit variiert, um möglichst alle Alltagsbedingungen abzudecken. Die gebräuchlichsten Lenkwinkeleingaben für Open-Loop-Manöver zeigt Abb. 3.2. In den folgenden Abbildungen werden die gängigsten Fahrmanöver grafisch dargestellt und erläutert:

VDA-Ausweichtest (Elchtest) (Abb. 3.3) Bei diesem Test wird mit leerem und beladenem Fahrzeug gefahren. Er soll eine Kippneigung bei einem abrupten Ausweichmanöver mit anschließendem Wieder einfädeln in die ursprüngliche Fahrspur aufdecken. Hochbauende VANs und SUVs mit weit oben liegendem Schwerpunkt sind hier zwar prinzipiell gefährdet, doch durch das Einwirken des ESP wird die kritische Situation im Ansatz vermieden.

Doppelter Spurwechsel auf Nässe (Abb. 3.4) Bei diesem Test gilt es, bei Landesstraßengeschwindigkeit auf nasser Fahrbahn einem Hindernis auszuweichen und anschließend wieder in die Fahrspur zurückzulenken.

ISO-Wedeltest (Abb. 3.5) Wie ein Fahrzeug sich bei einem schnellen Ausweichmanöver auf der Autobahn verhält, kann mit dem sogenannten ISO-Wedeltest beurteilt werden. Dieser Test lässt außerdem Aussagen über Spurtreue und Lenkverhalten zu.

μ-Split-Bremsung (Abb. 3.6) Eine Teil- oder Vollbremsung auf unterschiedlichem Straßenbelag kann Kursabweichungen auslösen, deren Ausmaß in dieser Testsituation beurteilt wird. Eine derartige Situation kann auch auftreten, wenn mit zwei Rädern auf einem rutschigen Seitenstreifen und mit den anderen beiden auf Asphalt gebremst wird.

Tab. 3.2 Einzelne Fahrmanöver im Überblick [5]

Kategorie	Manöver (KF Kreisfahrt, LW Lenkwinkel)	Stationär	Instationär	Open Loop	Closed Loop	Subjektiv	Objektiv
Freie Fahrt	Handlingkurs, Teststrecke		X		X	X	
	Öffentliche Straßen		X		X	X	
Geradeaus-fahrt	Ebene Fahrbahn	X		X	X	X	X
	Unebene Fahrbahn		X	X	X	X	X
	Bremsen		X	X	X	X	X
	Beschleunigen		X	X	X	X	X
	Lastwechselreaktion		X	X	X	X	X
	Wechsellenken um Nulllage		X		X	X	
	Seitenwind (Kursregelung)		X		X	X	
	Anlenken (Lenkkraftniveau Mittellage)		X		X	X	
Kreisfahrt	Stationäre Kreisfahrt „KF"	X					X
	Bremsen aus stationärer KF		X	X	X	X	X
	Lastwechsel aus stationärer KF		X	X	X	X	X
	Beschleunigen aus stationärer KF		X	X	X	X	X
	Lenkrückstellverhalten aus stat. KF		X	X	X	X	X
	Hindernisüberfahrt in stationärer KF		X	X	X	X	X
Sinus-förmiges Lenken	Slalom (18 m, 36 m) Lastfrequenz „LW"		X		X	X	
	Wedelfahrt: LW-Frequenz wird erhöht		X	X			X
	Wedelfahrt: LW-Amplitude wird erhöht		X	X			X
	Freies Wedeln (Proportionalbereich)		X		X	X	
	Sinuslenken über eine Periode		X	X			X
	Sinuslenken eingeschwungen		X	X			X
Wechsel-lenken	Einfacher Spurwechsel „SP"		X		X	X	X
	Doppelter SP, schnell ISO-Wedeltest		X		X	X	X
	Doppelter SP, langsam (Elchtest)		X		X	X	X
	Fishhook-Manöver		X	X			X
	Lenkradfreigabe nach Wechsellenken		X		X	X	
	Regelloser Lenkeinschlag		X	X			X
	Parkieren		X		X	X	X

(Fortsetzung)

Tab. 3.2 (Fortsetzung)

Kategorie	Manöver (KF Kreisfahrt, LW Lenkwinkel)	Stationär	Instationär	Open Loop	Closed Loop	Subjektiv	Objektiv
Lenkwinkel-sprung	Gerade → Kreis		X	X			X
	Kreis → Kreis		X	X			X
	Wiederholter Lenkwinkelsprung		X	X			X
Lenk-impulse	Rechteckimpuls		X	X			X
	Dreiecksimpuls		X	X			X
	Anreißen (Dämpfungsmaß Anhänger)		X	X	X	X	X

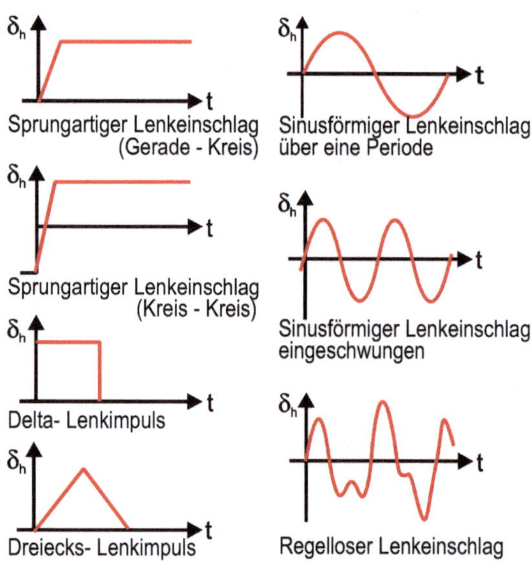

Abb. 3.2 Gängige Lenkwinkelfunktionen [5]

Slalomtest (Abb. 3.7) Spurtreue, Lenkverhalten in Wechselkurven und Fahrstabilität lassen sich mit dem Slalomtest beurteilen. Die häufig im Abstand von 18 m aufgestellten Pylone werden – wie auch bei allen anderen Fahrdynamiktests – mit leerem und vollbeladenem Fahrzeug umfahren. Je höher die Geschwindigkeit, bei der das Fahrzeug ohne Berührung der Pylone auf dem Slalomkurs bleibt, desto besser wird die Fahrstabilität beurteilt.

Stationäre Kreisfahrt (Abb. 3.8) Auf nasser und trockener Fahrbahn wird mit dem Fahrzeug der Grenzbereich angefahren, bei dem Über- oder Untersteuern einsetzt. Die Geschwindigkeit wird konstant gehalten. Übliche Radien der Kreisbahn sind 70, 80 aber auch 100 und 200 m.

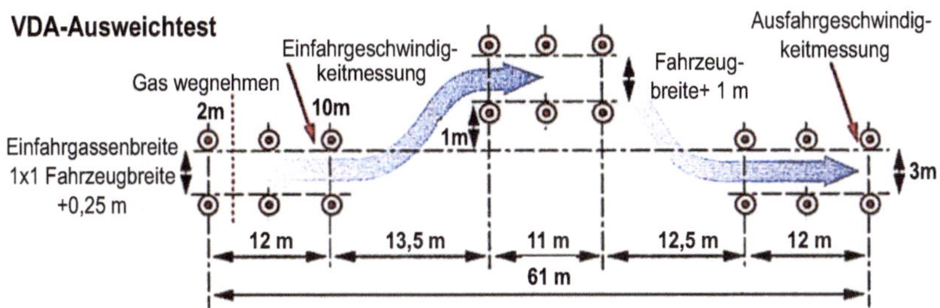

Abb. 3.3   VDA-Ausweich-(Elch-)test [7]

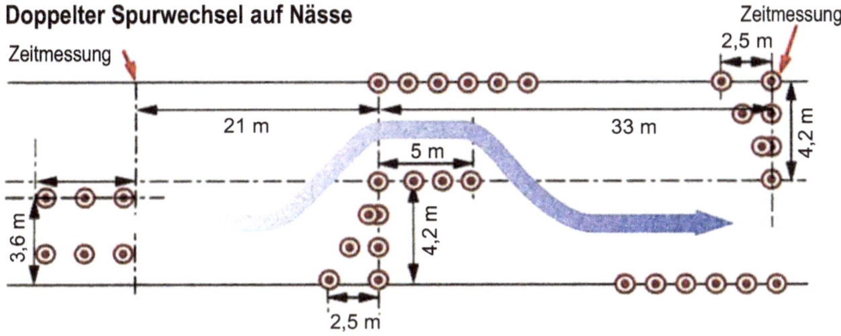

Abb. 3.4   Doppelter Spurwechsel auf Nässe [7]

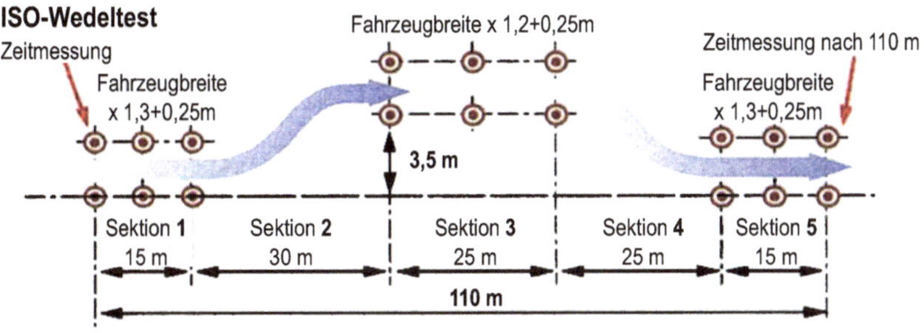

Abb. 3.5   ISO-Wedeltest [7]

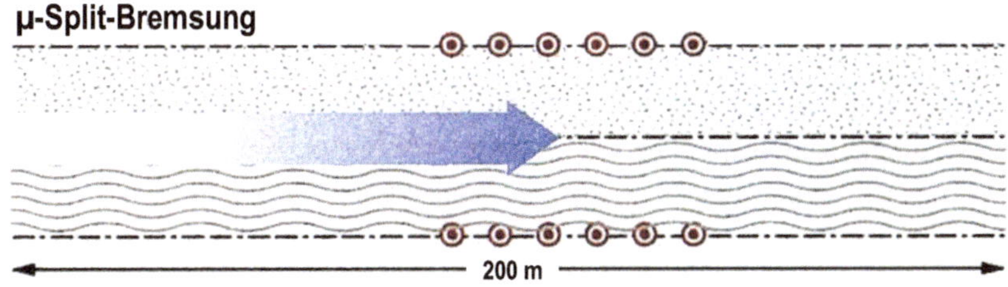

Abb. 3.6 μ-Split-Bremsung [7]

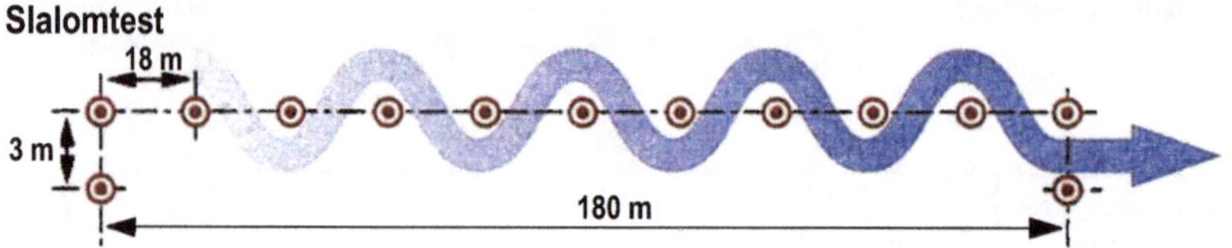

Abb. 3.7 Slalomtest [7]

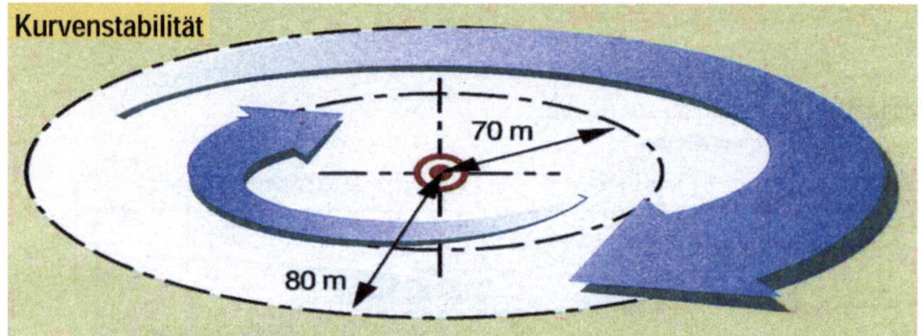

Abb. 3.8 Stationäre Kreisfahrt [7]

3.4 Fahrmanöver Parameterraum

Die genannten Fahrmanöver bilden die Möglichkeiten ab, ein Fahrzeug längs- und quer-dynamisch zu bewegen. Einige werden auf Fahrbahnen mit unterschiedlichen und teilweise wechselnden Reibbeiwerten durchgeführt, um Fahrverhalten und Regelsysteme für das gesamte im Alltag auftretende Spektrum an Fahrsituationen zu testen. Verschiedenartige, durch die Fahrbahnbeschaffenheit hervorgerufene Vertikalanregungen vervollständigen den Parameterraum seitens der Fahrbahn.

Nachfolgend sind die fahrzeugseitigen Variationsmöglichkeiten beschrieben. Dies betrifft in erster Linie die Bereifung, Dach- und Anhängelasten und als wichtigsten Parameter unterschiedliche Fahrzeuggewichte durch Zuladung sowie Ausstattung. Darüber hinaus müssen zumindest alle Closed-Loop Fahrmanöver mit mehreren Testfahrern durchfahren werden, um fahrerseitige Einflüsse zu identifizieren, sofern die Versuche nicht mit Fahrrobotern durchgeführt werden.

Fahrbahn

Die Vielzahl der Testmanöver erfordert unterschiedliche Streckenformen und -eigenschaften und unterschiedliche Randbedingungen hinsichtlich Reibbeiwert, Steigung oder Fahrbahnunebenheit. Die erforderlichen Testbedingungen stellen hohe Ansprüche an die Vielseitigkeit von Testgeländen, die z. B. das Testgelände ATP in Papenburg voll erfüllt (Abb. 3.9).

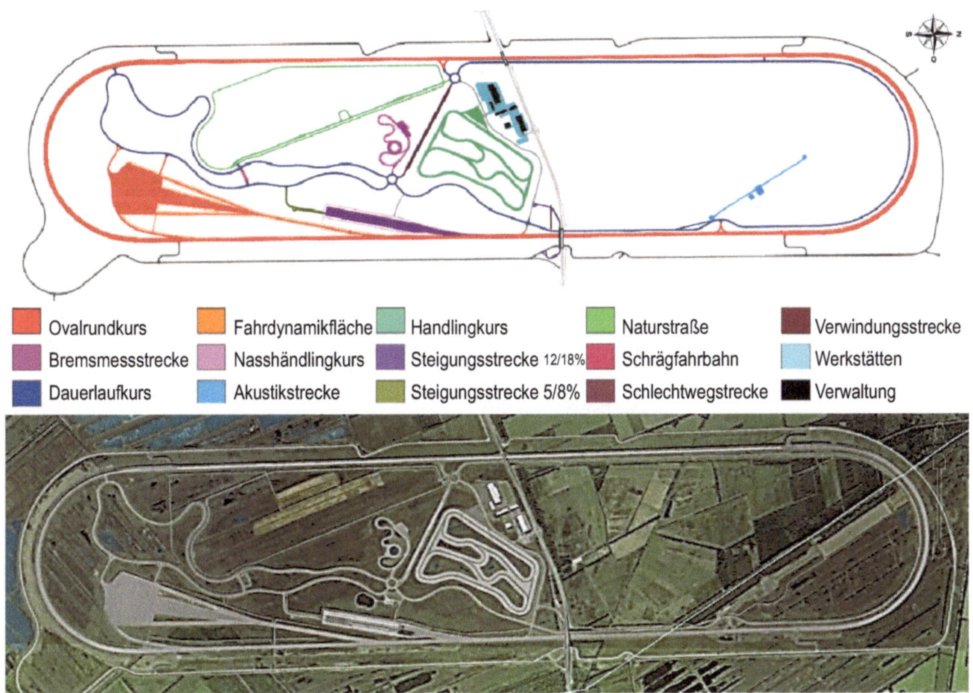

Abb. 3.9 Testgelände in Papenburg (ATP) mit seinen vielfältigen Strecken für alle Fahrverhaltensprüfungen [8]

Hinzu kommen Fahrdynamiktests in Heiß- und Kaltländern, da die entsprechenden Fahrbahnbedingungen wie z. B. Schnee- und Eisfahrbahnen sonst nicht zuverlässig erzeugt werden können. In Tab. 3.3 sind die gebräuchlichen Teststrecken zur Fahrdynamikabstimmung kurz beschrieben. In der Tab. 5.7 sind die weltweit bekanntesten mietbaren Testgelände aufgelistet, auf denen Fahrzeugtests durchgeführt werden.

Beladung

Für die Bewertung sind zwei Beladungszustände relevant. Zum einen das minimale Testgewicht bestehend aus dem Fahrer und dem Leergewicht des Fahrzeugs (dazu ggf. Messausstattung) und zum anderen das maximale Testgewicht, welches durch das zulässige Gesamtgewicht bestimmt wird.

Dieser Zustand kann durch das Ausnutzen entweder der zulässigen Hinterachslast oder der zulässigen Vorderachslast variiert werden. Die Auslastung des Fahrzeugs mit zulässigem Gesamtgewicht und zugleich zulässiger Hinterachslast ist für den Fahrverhaltenstest als der kritischste anzusehen [9].

Ein weiterer Beladungszustand ist die der „Konstruktionslage" zugrunde liegende Besetzung des Fahrzeugs mit zwei oder fünf Personen und 80 kg Zuladung im Kofferraum. Für die Beladungszustände sind mit Wasser gefüllte Ballast-Dummies (meist 68, 75, 80 kg) als Mitfahrerersatz üblich (Abb. 3.10).

Tab. 3.3 Gebräuchliche Teststrecken zur Fahrverhaltensbeurteilung

Öffentliche Strecken	Autobahnen: Hochgeschwindigkeitstests und ggf. Tests für elektronische Regelsysteme, die andere Verkehrsteilnehmer bei hohen Geschwindigkeiten erfordern (ACC)
	Bergstrecken und Pässe: Anhängerbetrieb und Bremsentests (bergab) auch mit Anhänger
	Stadtstrecken: Handlichkeit, Parkiermanöver und Übersichtlichkeit (Karosserie)
	Überlandstrecken: Normaler Fahrbetrieb, Alltagstests von seriennahen Prototypen
Fahrdynamikteststrecken	Kreisfahrtstrecke [2] (Trocken, nass): Stationäres und instationäres Kurven- und Lenkverhalten, Brems-, Beschleunigungs- und Lastwechselverhalten
	Fahrdynamikfläche [2] (Trocken, nass): Stationäres und instationäres Kurven- und Lenkverhalten
	Schnellfahrbahn [2] (Trocken, nass): Hochgeschwindigkeitsverhalten, Dauerbelastungstests (Antriebsstrang)
	Verschiedene Straßendecken wie Blaubasalt, Asphalt, Beton (Trocken, nass): Traktion, Bremsen, Kurven- und Lenkverhalten, Regelverhalten von Regelsystemen
	Handlingkurs (unterschiedliche Kurvenradien, Wechselkurven) [2] (Trocken, nass): Kurven- und Lenkverhalten, Traktion
	Seitenwindprüfstrecke [2]: Seitenwindverhalten mit und ohne Anhänger
	Steigungsstrecke (trocken, nass, Schnee, Eis): Traktion, Schlupfregelsysteme
Niedrigreibwertstrecken	Eis, Schnee: Kurven-, Lenk-, Brems-, Beschleunigungs- und Lastwechselverhalten
	Lastwechselverhalten
	Gemischter Reibwert μ-Split, μ-Jump (gerade, mit Kurven): Traktion, Brems-, Beschleunigungsverhalten, Regelgüte von Regelsystemen
	Überflutete Straße: Aquaplaning
Fahrkomfortteststrecken	Verschiedene Straßendecken wie Blaubasalt, Asphalt, Beton (trocken, nass): Geräusche und Schwingungen
	Unebene Fahrbahnen mit unterschiedlichen Fahrbodenoberflächen (gleichzeitige versetzte Wellen, Löcher, Querrinnen): Geräusche und Schwingungen
	Schlechtwegstrecke eben oder mit Gefälle (Schotter, Geröll, Sommerwegstreifen): Geräusche und Schwingungen

Vor den Testfahrten ist der Zustand des Fahrzeugs nach DIN 70020 und 70027 zu dokumentieren. Diese umfasst das Fahrzeuggewicht, die Achslasten, die Kennwerte der Radstellung, relevante Fahrwerksdaten, die Reifenart und -druck sowie die Fahrzeugvariante mit der Ausstattung. Die Terminologie, Hinweise und Messvorschriften sind ebenfalls dort zu finden.

Abb. 3.10 Ballast-Dummy

Reifen

Zur Schaffung einer vergleichbaren Basis für die Bewertung werden in den verschiedenen Vorschlägen der ISO-Normungsgruppe [10] neue Reifen empfohlen, die 150 bis 200 km in der üblichen Anordnung am Testfahrzeug ohne übermäßig harten Einsatz eingefahren wurden. Es können aber auch Reifen mit einem beliebigen Abnutzungszustand eingesetzt werden, solange das Profil eine Mindesttiefe von 1,6 mm am gesamten Reifenumfang nicht unterschreitet. Vor dem Test sind die Reifen warm zu fahren. Dazu werden verschiedene stationäre und instationäre Manöver vorgeschlagen (s. ISO 4138, ISO/DIS 7975, [10]). Der Reifenluftdruck ist vor der Fahrt genau einzustellen und nach der Fahrt erneut zu messen.

3.5   Abstimmungsmaßnahmen

Durch die Auswahl der Achs- und Lenkungskonzepte wird schon bei der Konzeption eines Fahrzeugs das mögliche Eigenschaftsspektrum des fertigen Fahrzeugs bestimmt. Die Vor- und Nachteile der einzelnen Achs- und Lenkungskonstruktionen werden an anderer Stelle des Buches behandelt. Hier sollen beispielhaft die Möglichkeiten benannt werden, die sich dem Fahrwerksingenieur bieten, ein Fahrzeug mit einem bestehenden Achs- und Lenkungskonzept abzustimmen, ohne die Konzepte zu ändern. Dabei ist streng darauf zu achten, dass an der Karosserie keinerlei Änderungen vorgenommen werden dürfen, weil diese sehr zeit- und kostenintensiv sind.

Am Beispiel des für die Grundabstimmung des Fahrverhaltens sehr wichtigen Manövers der stationären Kreisfahrt sollen die wichtigsten Maßnahmen gezeigt werden.

3.5.1   Abstimmungsmaßnahmen zum stationären Lenkverhalten

Die Abstimmung des stationären Lenkverhaltens wird durch die Beeinflussung der Kräfte und Kraftverhältnisse in den vier Radaufstandsflächen erreicht. In der Regel wird durch die Veränderung der Achslasten oder die Veränderung der Radlastunterschiede zwischen kurveninnerem und kurvenäußerem Rad der Schräglaufwinkelbedarf einer Achse in die gewünschte Richtung verändert. Eine Erhöhung des Schräglaufwinkelbedarfs an der Vorderachse verändert das Fahrverhalten in Richtung untersteuernd, eine Verringerung entsprechend in Richtung übersteuernd. Die Aussagen gelten umgekehrt für die Hinterachse.

Tab. 3.4 beschreibt isoliert die Auswirkung der Einzelmaßnahme für das Eigenlenkverhalten in stationärer Kreisfahrt mit den dabei auftretenden Radlastunterschieden. Jede Maßnahme hat in der Regel zusätzliche Auswirkungen auf das Fahrverhalten. Diese sind für eine Ausprägung einer Maßnahme an einer Achse beschrieben. An der anderen Achse, bzw. in entgegen gesetzter Ausprägung umgesetzt, bewirkt sie das Gegenteil.

Tab. 3.4 Grundlegende Abstimmungsmaßnahmen für das stationäre Lenkverhalten [5]. VA: Vorderachse, HA: Hinterachse, 4WD: Allradantrieb

Maßnahme	Physikalische Auswirkung	Effekt
Reifenbreite VA vergrößern	Schräglaufwinkelbedarf VA sinkt	Übersteuern
Achslast erhöhen	Höhere Normalkräfte • übertragbare Seitenkräfte steigen • Schräglaufwinkelbedarf sinkt (Effekt überwiegt die Zunahme der Radlastunterschiede und die damit verbundene Erhöhung des Schräglaufwinkelbedarfs)	Untersteuern
Spurweite VA vergrößern	Radlastunterschiede sinken, Schräglaufwinkelbedarf sinkt	Übersteuern
Momentanpol VA tiefer legen	Verringerung der Wankmomentenabstützung, Radlastunterschiede sinken, Schräglaufwinkelbedarf sinkt	Übersteuern
Federrate VA erhöhen	Radlastunterschiede VA und Schräglaufwinkelbedarf VA steigen Radlastunterschiede HA und Schräglaufwinkelbedarf HA sinken	Untersteuern
Stabilisator VA härter	Radlastunterschiede VA und Schräglaufwinkelbedarf VA steigen Radlastunterschiede HA und Schräglaufwinkelbedarf HA sinken	Untersteuern
Ausgleichsfeder HA verstärken, Hubfederrate verringern	Radlastunterschiede HA sinken, Schräglaufwinkelbedarf HA sinkt	Untersteuern
Vorspur VA erhöhen	Schräglaufwinkel außen steigt, Schräglaufwinkel innen sinkt • Schräglaufwinkelbedarf VA sinkt	Übersteuern

(Fortsetzung)

Tab. 3.4 (Fortsetzung)

Maßnahme	Physikalische Auswirkung	Effekt
+ Radsturz VA verringern oder − Radsturz VA vergrößern	Schräglaufwinkelbedarf steigt außen und sinkt innen • Schräglaufwinkelbedarf VA sinkt	Übersteuern
Wanklenken nach kurveninnen	Zusätzlicher Lenkwinkel nach Aufbau des Wankwinkels	Übersteuern
Seitenkraftlenken nach kurveninnen in VA	Zusätzlicher Lenkwinkel nach Aufbau der Querbeschleunigung	Übersteuern
aerodynamischen Auftrieb an der VA vermindern	Höhere Normalkräfte • übertragbare Seitenkräfte steigen • Schräglaufwinkelbedarf sinkt	Übersteuern
Lenkung Richtung Ackermann verändern	Geringerer effektiver Lenkwinkel durch Verringerung der Vorspur	Untersteuern
Nachlaufwinkel der VA vergrößern	Verringerung des Radlenkwinkels durch Elastizitäten	Untersteuern
Bremskraftanteil der VA erhöhen	Größerer Bedarf an Kraftschlusspotenzial durch Längskräfte • Weniger Potenzial für Querkräfte zur Verfügung • Schräglaufwinkelbedarf steigt (Effekt beim Bremsen wirksam)	Untersteuern
Antriebskraftanteil bei 4WD erhöhen	Größerer Bedarf an Kraftschlusspotenzial durch Längskräfte • Weniger Potenzial für Querkräfte zur Verfügung • Schräglaufwinkelbedarf steigt (nur unter Vortrieb wirksam)	Untersteuern

Tab. 3.5 gibt einen Überblick über die vielfältigen konstruktiven Möglichkeiten zur Einflussnahme auf das Fahrverhalten. Bezogen auf das Gesamtfahrzeug sind dies die Änderungen beim Radstand, der Spurweite, der Schwerpunktlage, des Antriebskonzepts und der Aerodynamik. Für jedes Fahrwerksystem sind in der Tabelle Merkmale bzw. Parameter aufgelistet, durch deren Variation das Fahrverhalten beeinflusst werden kann. Viele dieser Maßnahmen beeinflussen sich gegenseitig und erschweren eine nachträgliche Abstimmung des Fahrverhaltens.

3.6 Subjektive Fahrverhaltensbeurteilung

Für die subjektive Fahrverhaltensbeurteilung gibt es bisher keine einheitlichen oder standardisierten Fahrmanöver, Beurteilungskriterien und Bewertungsskalen. Fahrzeughersteller und Zulieferer, Testinstitute und Fachzeitschriften verwenden meist selbst entwickelte Verfahren mit einer eigenen Terminologie. Nur in wenigen Fällen wurde der

Tab. 3.5 Möglichkeiten zur Einflussnahme auf das Fahrverhalten

Baugruppe	Maßnahme
Gesamtfahrzeug	Radstand, Spurweite, Achslastverteilung, Schwerpunktlage, Massenträgheitsmomente des Aufbaus Dynamische Achslastverlagerung (v. a. bei Längsbeschleunigungen) Antriebskonzept und Antriebsmomentenverteilung (Allrad) Aerodynamische Eigenschaften (v. a. im Hochgeschwindigkeitsbereich)
Bremsen	Bremsenkonzept, -dimensionierung und -ausführung Bremskraftverteilung Auslegung Bremskraftregler Bremsbelagcharakteristik
Achsen	Achskonzept und -ausführung Ausführung und Abstimmung von Federung, Stabilisierung, Dämpfung und Zusatzfedern Kinematik und Elastokinematik der Achsen (Längs- und Seitenkraftlenken) Längs- und Querelastizitäten von Vorderachse und Hinterachse Dynamische Radlastverlagerung Nickkinematik der Achsen (Anfahrstützwinkel: Anti-Squat, Bremsnickausgleich: Anti-Dive) Wankkinematik der Achsen (Lage Wankachse, Wankabstützung durch Federung, Zusatzfedern, Stabilisierung und Dämpfung) Verteilung der Wankabstützung zwischen Vorder- und Hinterachse
Radstellung	Nachlaufwinkel, -strecke, -versatz, Spreizung, Spur etc. Raderhebungskurven und Änderung der Radstellung beim Federn
Lenkung	Konzept und Ausführung Lenksystem, Ausführung Lenkgetriebe Statische und dynamische Lenkübersetzung Bauart und Lenkungskennfeld der Servounterstützung Lenkungscharakteristik (Lenkmomente, Übersetzung) Elastizitäten, Trägheitsmomente und Dämpfung im Lenkungsstrang Störkrafthebelarm, Lenkrollradius, Anordnung der Spurstangen (Pfeilung) Auslegung kinematische Lenkrückstellung (Nachlauf, Spreizung)
Reifen	Dimensionierung von Rad und Reifen Profilgestaltung Schräglaufsteifigkeit Reifenfülldruck Mischbereifung
Antriebsstrang	Konstruktive Anordnung der Aggregate und deren Lagerung Elastizitäten und Dämpfung des Antriebsstrangs Motorcharakteristik (Momentenverlauf Schleppmoment-Charakteristik) Getriebeübersetzung, Wandlercharakteristik Länge und Torsionssteifigkeit der Antriebswellen Sperrcharakteristik der Differenziale Charakteristik der Gaspedalbetätigung
Regelsysteme	Die Auslegungen der Antriebs-Schlupf-Regelsysteme, Brems- und Fahrstabilitätssysteme sind grundsätzlich Aufgabe der Fahrverhaltensabstimmung und besitzen ein eigenes komplexes Parameterfeld zur Abstimmung. Dies gilt insbesondere unter dem Gesichtspunkt der Vernetzung der Regelsysteme in einem Integrated Chassis Management

einer Beurteilung zugrunde liegende Verlauf der Fahrspur standardisiert (z. B. doppelter Fahrspurwechsel nach [4]).

Nachfolgend sind deshalb die gebräuchlichen Beurteilungskriterien zur Fahrverhaltensabstimmung und die dazu verwendeten Fahrmanöver qualitativ beschrieben. Ebenso wird die in der Industrie übliche Beurteilungsskala für die Subjektivbeurteilung vorgestellt. Ein Teil dieser Kriterien wird auch objektiv beurteilt.

3.6.1 Bewertungsmethoden und Darstellung

Die Beurteilung der Kriterien des Fahrverhaltens erfolgt in einem Notensystem. Die Noten bewegen sich zwischen 1 und 10, wobei 10 die beste Bewertung darstellt (Tab. 3.6). Die Noten 1 bis 4 werden als „unter dem Industriestandard" bezeichnet und sind für ein Serienfahrzeug nicht akzeptabel.

Für eine bessere Qualifizierung der Aussage können in dem meist benutzten Bereich, zwischen 5 und 9 Halbe- und zwischen 6 und 8 Viertelnoten vergeben werden, obwohl die Wahrnehmung von Viertelnotenunterschieden an die Grenzen der Beurteilungsfähigkeit führt und durch zusätzliche Vergleichsbeurteilungen mit Referenzfahrzeugen gestützt werden muss.

Tab. 3.6 Zweistufiges Bewertungssystem zur subjektiven Beurteilung von Fahrzeugeigenschaften [11]

1. Stufe	2. Stufe				3. Stufe	
Bewertung	Bewertung	Mangel	Wahrnehmbar durch		Note	
Eigenschaft im Industriestandard	Optimal	Nicht wahrnehmbar	Ausgebildete Beobachter	10		
	Sehr gut	Kaum wahrnehmbar	Ausgebildete Beobachter	9	8,5	
	Gut	Äußerst gering	Ausgebildete Beobachter kritische Kunden	8		8,25
					7,5	7,75
	Noch gut	Sehr gering	Kritische Kunden	7		7,25
					6,5	6,75
	Befriedigend	Gering	Kritische Kunden	6		6,25
					5,5	5,75
	Genügend	Gut	Kritische Kunden und Normalkunden	5		
Eigenschaft unter Industriestandard	Mangelhaft	Unangenehm, Reklamation, Verbesserung erforderlich	Normalkunden	4		
	Schlecht	Nicht akzeptabel Bauteil fehlerhaft	Alle Kunden	3		
	Sehr schlecht	Nicht akzeptabel, Bauteil bedingt funktionsfähig	Alle Kunden	2		
	Völlig ungenügend	Nicht akzeptabel Bauteil ohne Funktion	Alle Kunden	1		

Die Vergabe der Benotungen ist abhängig von der Fahrzeugklasse, weil z. B. in der Oberklasse andere Anforderungen hinsichtlich des Komforts gelten als bei einem Kompaktfahrzeug. Außerdem unterliegt die Bewertung einer Veränderung über der Zeit, um den fortschreitenden Stand der Technik zu berücksichtigen und den resultierenden Verbesserungen in Fahrverhalten und Komfort Rechnung zu tragen. Als groben Richtwert insbesondere für die Komfortdiziplinen kann man 0,5 Noten Abwertung für einen 2-Jahres-Turnus annehmen [11].

3.6.2 Anfahrverhalten

Das Anfahrverhalten beschreibt die Auswirkungen der Antriebskräfte beim Anfahren auf die Quer-, Längs-, Vertikaldynamik des Fahrzeugs, sowie die Rückwirkungen auf das Lenksystem (Tab. 3.7). Hinzu kommen die Kriterien Traktion und Beschleunigungsvermögen, die jedoch meist objektiv erfasst werden. Das Anfahrverhalten wird nach den Kriterien Anfahrnicken, Anfahrpendeln, Anfahrschütteln, Verlenken, Lenkungsklemmen, Traktion und Regelverhalten der Traktionskontrollsysteme beurteilt.

3.6.3 Bremsverhalten

Die Abstimmung des Bremsverhaltens bezieht sich auf die Beurteilung der Bremsanlage samt deren Betätigungscharakteristik und die fahrdynamischen Auswirkungen von Verzögerungskräften auf die Fahrzeugbewegung (Tab. 3.8). Ein wichtiges Kriterium ist bei den Testmanövern im geschlossenen Regelkreis der Regelaufwand zur Kurshaltung bei der Bremsung.

Es kann unterschieden werden zwischen Tests bei Geradeausfahrt mit dem Fokus auf Bremsenfunktion und Fahrstabilität und Tests in Kurvenfahrt mit dem Fokus Fahrverhalten bei Bremsung. Dazu kommen Tests zu Ergonomie und Komfort der Bremsbetätigung und der Rückwirkung auf den Fahrer, insbesondere bei Bremsregelsystemen. Ausschlaggebend für die Abstimmung der eigentlichen Fahrdynamik sind die Bremstests in Kurvenfahrt mit den Kriterien: Kurvenlauf, Lenkbarkeit und Gierstabilität.

Die allgemeinen Beurteilungskriterien sind Bremsverzögerung, Standfestigkeit, Geradeauslauf, Kurvenverhalten, Lenkbarkeit, μ-Split-Bremsung, Bremsnicken, Pedalkraftaufwand, Pedalgefühl, Pedalrückwirkung, Pedalmoving (beide mit ABS/ESP), Bremsenrubbeln, Bremstrampeln und Bremsgeräusche.

3.6.4 Lenkverhalten

Die Beurteilung bezieht sich auf das Lenkverhalten bei Geradeausfahrt und bei Kurvenfahrt sowie auf das Lenkkraftniveau und die Beurteilung von Lenkradschwingungen (Tab. 3.9). Es kann unterschieden werden zwischen Manövern, die sich mit dem Lenken aus der Nulllage heraus, oder um die Nulllage herum befassen und solchen, die das

Tab. 3.7 Kriterien zur Beurteilung des Anfahrverhaltens [5, 11]

Kriterium	Fahrmanöver	Entwicklungsziel
Anfahrnicken	Anfahren, Beschleunigen aus langsamer Fahrt, unterschiedliche Beschleunigungen, μ-high	Der zeitliche Nickwinkelverlauf und die Nickgeschwindigkeit sollten möglichst gering sein
Anfahrpendeln	Anfahren, Beschleunigen aus langsamer Fahrt, unterschiedliche Beschleunigungen, μ-high, ausgeprägte Fahrbahnunebenheiten	Die aus den Fahrbahnunebenheiten resultierenden Ungleichförmigkeiten in der Kraftübertragung sollen möglichst nicht zu Wank- oder Gierbewegungen führen und keinen hohen Aufwand zur Kursregelung erfordern
Anfahrschütteln	Anfahren, Beschleunigen aus langsamer Fahrt, unterschiedliche Beschleunigungen Fahrbahnen mit gemischten Griffigkeiten	Ungleichförmigkeiten durch Elastizitäten im Antriebsstrang sollen möglichst nicht zu Komfort mindernden Schwingungen am Lenkrad oder in der Karosserie führen
Verlenken	Anfahren, Beschleunigen aus langsamer Fahrt Hohe Beschleunigungen Unebene Fahrbahn mit μ-high oder μ-Split	Durch die Fahrbahn induzierte unterschiedliche Antriebskräfte zwischen linker und rechter Fahrzeugseite sollen möglichst geringe Gierbewegungen des Fahrzeugs bedingen, und damit einen möglichst geringen Regelungsaufwand am Lenkrad verursachen
Torque Steer	Anfahren, Beschleunigen aus langsamer Fahrt Hohe Beschleunigungen Unebene Fahrbahn oder μ-split	Unsymmetrien im Antriebsstrang (Lenkungselastizitäten, ungleich lange Antriebswellen etc.) sollten möglichst nicht zu zusätzlichen Gierwinkeln und damit zu einem erhöhten Regelungsaufwand führen
Lenkungsklemmen (Frontantrieb)	Hohe Beschleunigungen aus dem Stand oder aus langsamer Fahrt μ-high	Die auftretenden Traktionskräfte sollten möglichst wenig Einfluss auf die Betätigungskräfte am Lenkrad haben. Lenkungsrückstellung und Mittellagengefühl sollten erhalten bleiben
Traktion	Beschleunigung aus dem Stand oder langsamer Fahrt μ-high, μ-low, μ-Split, μ-Jump	Möglichst hohe Traktion und gutes Beschleunigungsvermögen. Bewertung erfolgt in erster Linie objektiv
Regelverhalten (Schlupfregelung)	Beschleunigen aus dem Stand oder vorgegebenen konstanten Fahrgeschwindigkeiten Fahrbahnen mit unterschiedlichen, wechselnden Reibwertverhältnissen Ggf. Kurven- und Steigungsstrecken	Das Eingreifen von Regelsystemen zur Traktionskontrolle sollte möglichst weich erfolgen, eine gute Beschleunigung ermöglichen und einen geringen zusätzlichen Lenkaufwand erfordern

(Fortsetzung)

Tab. 3.7 (Fortsetzung)

Kriterium	Fahrmanöver	Entwicklungsziel
Pedalrückwirkung (Schlupfregelung)	Beschleunigen aus dem Stand oder vorgegebenen konstanten Fahrgeschwindigkeiten Fahrbahnen mit unterschiedlichen, wechselnden Reibwertverhältnissen	Die Rückwirkungen des Regelsystems am Fahrpedal können Informationen über die Traktionsverhältnisse vermitteln, sollten dabei aber nicht Komfort mindernd wirken. Heute meist nur noch optische Anzeige des Regeleingriffs

Tab. 3.8 Kriterien zur Beurteilung des Bremsverhaltens [5, 11]

Kriterium	Fahrmanöver	Entwicklungsziel
Bremsverzögerung	Vollbremsungen auf ebener Fahrbahn, μ-high, μ-low, μ-Split, μ-Jump	Beurteilt werden die erreichbare Verzögerung und der Regelaufwand für Kurshaltung; Kriterium wird eher objektiv beurteilt
Standfestigkeit	Vollbremsungen in der Ebene oder im Gefälle, μ-high	Subjektive Bewertung von Veränderungen im Pedalgefühl und Pedalkraftaufwand; Bremsweg wird jedoch objektiv bewertet
Geradeauslauf	Bremsen ohne Blockieren der Räder mit unterschiedlicher Verzögerung, unterschiedliche Reibbeiwerte	Möglichst geringer Regelaufwand zur Kurshaltung, Möglichst geringe Kursabweichungen
Kurvenlauf	Bremsen in Kurvenfahrt mit unterschiedlichen Verzögerungen aus unterschiedlichen Geschwindigkeiten, unterschiedliche Radien, μ-high, μ-low	Fahrzeugreaktion soll über den gesamten Parameterbereich qualitativ gleich sein. Fahrzeugreaktion sollte den Fahrer während Lenk-Brems-Manövern unterstützen, indem die Situation durch leichtes Eindrehen in die Kurve entschärft wird
Lenkbarkeit	Bremsung aus Geradeausfahrt mit gleichzeitigem Lenken, unterschiedliche Reibbeiwerte	Die Fahrzeugreaktion sollte bei der Bremsung ähnlich sein, wie ohne Einfluss der Verzögerung
Gierstabilität	Bremsen aus Geradeausfahrt aus verschiedenen Geschwindigkeiten mit verschiedenen Verzögerungen, μ-high, μ-low, μ-Split	Der Lenkaufwand zur Kurshaltung sollte möglichst gering sein. Fahrzeugreaktionen sollten nicht überraschend und leicht korrigierbar sein
Bremsnicken	Bremsen auf μ-high	Nickwinkel und Nickwinkelgeschwindigkeit sollten möglichst gering sein
Pedalkraftaufwand	Bremsen auf μ-high	Zur Fahrzeugcharakteristik passender Pedalkraftaufwand. Kriterium wird teilweise durch Messung der Pedalkraft ergänzt

(Fortsetzung)

Tab. 3.8 (Fortsetzung)

Kriterium	Fahrmanöver	Entwicklungsziel
Pedalgefühl	Bremsung aus Geradeausfahrt aus unterschiedlichen Geschwindigkeiten und unterschiedlichen Verzögerungen, Bremsbetätigung schnell, langsam, unterschiedliche Reibbeiwerte	Eindeutige, intuitive Zuordnung des Kraft-Weg-Verlaufs am Bremspedal zu Bremsverzögerung muss möglich sein
Pedalrückwirkung (ABS)	Bremsungen aus Geradeausfahrt aus unterschiedlichen Geschwindigkeiten und mit unterschiedlichen Verzögerungen mit ABS-Regelung, unterschiedliche Reibwerte und Reibwertübergänge	Pedalbewegungen sollten dem Fahrer Information über den Fahrbahnkontakt übermitteln, sollten jedoch nicht Komfort mindernd sein
Pedalmoving (ABS)	Bremsungen aus Geradeausfahrt aus unterschiedlichen Geschwindigkeiten und mit unterschiedlichen Verzögerungen mit ABS-Regelung, unterschiedliche Reibwerte und Reibwertübergänge	Niederfrequente Bewegungen (Verschiebungen) des Bremspedals während der ABS-Regelbremsung sollten so gering wie möglich sein.
Bremsenrubbeln	Geradeausbremsung bei hohen Geschwindigkeiten mit verschiedenen Verzögerungen	Es sollten keine durch Bremsenrubbeln ausgelöste Komfort mindernde Schwingungen am Lenkrad, in der Bodengruppe oder am Sitz auftreten
Bremsgeräusche	Bremsen bei Geradeaus- und Kurvenfahrt bei unterschiedlichen Geschwindigkeiten und Verzögerungen, Stop & Go beim niedrigen Bremsdrücken	Es sollten keine Bremsgeräusche (Quietschen, Buhen, Brummen, Knarren) auftreten

Lenkverhalten während der Kurvenfahrt beschreiben. Als weitere Kriterien werden das Zurücklenken in die Nulllage, das Lenkkraftniveau und der Fahrbahnkontakt beurteilt. Dieser ist für den Fahrer eine wichtige Informationsquelle über den Zustand der Fahrbahnoberfläche und die herrschenden Reibverhältnisse.

Die Beurteilungskriterien sind sehr vielseitig; angefangen von Anlenk- und Ansprechverhalten, Mittengefühl, Lenkkraftniveau in unterschiedlichen Situationen bis hin zu Zielgenauigkeit, Fahrbahnkontakt, Handlichkeit sowie Lenkungsrücklauf.

Diese lassen sich aber durch vier Oberbegriffe zusammenfassen:

- Lenkverhalten bei Geradeausfahrt,
- Lenkkraftverhalten,
- Lenkschwingungen und
- Lenkverhalten bei Kurvenfahrt.

Tab. 3.9 Kriterien zur Beurteilung des Lenkverhaltens [5, 11]

Kriterium	Fahrmanöver	Entwicklungsziel
Anlenkverhalten	Anlenken aus Geradeausfahrt bei unterschiedlichen Geschwindigkeiten. Trockene und nasse Fahrbahn. Variiert werden Lenkwinkel und Lenkwinkelgeschwindigkeit	Möglichst spontane und proportionale Reaktion auf Lenkeingaben, Phasenverzug und Überreaktion sollten gering gehalten werden
Ansprechverhalten	Sinusförmiges oder regelloses Anlenken aus Geradeausfahrt mit größer werdenden Amplituden, bis eine deutliche Gierreaktion eintritt Trockene und nasse Fahrbahn, ggf. Längsrillen. Variiert wird die Fahrgeschwindigkeit	Reaktion bereits auf kleine Lenkradwinkel, bei niedrigen und mittleren Geschwindigkeiten. Geradeausstabilität bei hohen Geschwindigkeiten durch progressiv ansteigenden Lenkwinkelbedarf
Überschwingen bei Lenkungsrücklauf	Übergang von Kurvenfahrt zu Geradeauslauf Lenkrad freigeben oder durch Fahrerhand zurückgleiten lassen	Möglichst geringe Amplitude von Lenkradüberschwingern, Überschwingen soll schnell abklingen
Nachschwingen nach Richtungswechsel	Einmaliges sinusförmiges Anlenken im Bereich der Wankeigenfrequenz	Gierschwingungen sollten möglichst schnell abklingen
Nachlenken nach Kurvenfahrt	Aus Kurvenfahrt in Geradeausfahrt übergehen. Verschiedene Querbeschleunigungen und Lenkgeschwindigkeiten	Möglichst keine Lenkmomentschwankungen, keine Nachlenkeffekte durch Seitenkraft bzw. Querelastizitäten
Zielgenauigkeit	Kurvenfahrt mit unterschiedlichen Radien (Handlingkurs, Autobahn) unterschiedliche Geschwindigkeiten	Fahrzeug folgt dem eingeschlagenen Kurs störungsfrei, geringer Nachlenkbedarf, Störungen sind leicht auszuregeln
Grabeneffekt	Spurwechsel bzw. zügiges Anlenken aus Geradeausfahrt bei mittleren bis hohen Geschwindigkeiten	Merklicher Lenkmomentanstieg beim Übergang von Geradeausfahrt zu Lenkphase bei höheren Geschwindigkeiten. Gut spürbare Selbstzentrierung. Harmonischer Übergang zwischen Geradeausfahrt und Lenkphase
Mittengefühl (*center point feeling*)	Leichtes Anlenken Geschwindigkeiten >120/km h	Kein Spiel, keine Hysterese bei kleinen Lenkradwinkeln im Hochgeschwindigkeitsbereich. Nach dem Anlenken gute Selbstzentrierung und hohe Geradeausstabilität

(Fortsetzung)

Tab. 3.9 (Fortsetzung)

Kriterium	Fahrmanöver	Entwicklungsziel
Fahrbahnkontakt	Geraden oder Kurven Unterschiedliche Geschwindigkeiten und Querbeschleunigungen bis zur Haftgrenze Trockene und nasse Fahrbahnen mit unterschiedlicher Unebenheit	Deutliche, aber nicht Komfort mindernde Informationen über Querbeschleunigung, Fahrbahnoberfläche, Reibwertverhältnisse und Haftgrenzreserve aus dem Verlauf des Lenkmoments
Lenkungsrücklauf	Kurven mit unterschiedlichen Radien. obere Geschwindigkeiten, unterschiedliche Querbeschleunigung	Nach der Kurvenfahrt selbstständiges Rücklaufen der Lenkung in die Geradeausstellung. Kein negatives Rückstellmoment (selbstständiges Einlenken)
Lenkkrafthöhe	Wechsellenken μ-high (trocken, nass) Geschwindigkeiten von 0 bis v_{max} Verschiedene Querbeschleunigungen	Hysteresefreier, proportionaler Verlauf des Lenkmoments bei allen Geschwindigkeiten und Lenkmanövern, geringer Unterschied zwischen Lenk- und Haltemomenten, Rückmeldung über Reibwertverhältnisse und Seitenführung, Abnahme des Lenkmoments bei Annäherung an die Haftgrenze
Lenkungsüberholen	Schnellstmögliches Wechsellenken aus Geradeausfahrt Unterschiedliche Fahrgeschwindigkeiten	Kein Nacheilen oder Aussetzen der Lenkungsunterstützung
Handlichkeit	Kurven mit unterschiedlichen Radien Niedrige bis hohe Geschwindigkeiten Gesamter Querbeschleunigungsbereich	Möglichst agiler Gesamteindruck mit spontanem Ansprechen bei geringem Lenkaufwand

3.6.5 Kurvenverhalten

Das Kurvenverhalten beschreibt das Gierverhalten und die Zusatzbewegungen, die dem Fahrzeug bei Kurvenfahrt unter dem Einfluss von Quer- und Längsbeschleunigungen aufgeprägt werden (Tab. 3.10). Dieses Verhalten wird maßgeblich von der Eigenschaft der Reifen beeinflusst, um Längs- und Seitenkräfte unter Schlupf übertragen zu können. Dadurch und wegen der unter Krafteinwirkung sowie bei Aufbaubewegungen auftretenden Radstellungsänderungen entsteht die Mehrzahl der in der Tabelle aufgeführten Eigenlenkeffekte (z. B. Über- oder Untersteuern).

Tab. 3.10 Kriterien zur Beurteilung des Kurvenverhaltens [5, 11]

Kriterium	Fahrmanöver	Entwicklungsziel
Eigenlenkverhalten	Kreisbahn mit unterschiedlichen Radien und unterschiedlichen Geschwindigkeiten Verschiedene Reibwerte (trocken, nass, Eis)	Gut vorhersehbares Gierverhalten bei Kurvenfahrt, möglichst geringe Lenkarbeit zur Kurshaltung Ziel: Neutrales bis leicht untersteuerndes Eigenlenkverhalten bis zu mittleren Querbeschleunigungen. Darüber sollte die Untersteuertendenz überproportional zunehmen
Einlenkverhalten	Übergang von Geraden zu Kurven unterschiedlicher Radien Unterschiedliche Fahrgeschwindigkeit und Giergeschwindigkeit. Trocken, nass	Gierwinkel und Gierbeschleunigung möglichst proportional zum Lenkwinkel bei allen Lenkwinkelgeschwindigkeiten. Möglichst kein Zeit- bzw. Phasenverzug, keine Überreaktion
Seitenkraftaufbau	Übergang von Geraden zu Kurven unterschiedlicher Radien bei unterschiedlichen Fahrgeschwindigkeiten, Querbeschleunigungen. Trocken, nass	Seitenkraftaufbau und -abstützung spontan und ohne Phasenverzug zwischen Vorder- und Hinterachse. Möglichst keine Querelastizitäten und Anlegeeffekte spürbar
Giergeschwindigkeitsaufbau	Einfache und doppelte Fahrspurwechsel Trocken, nass	Giergeschwindigkeitsaufbau proportional zur Lenkgeschwindigkeit. Keine Unstetigkeiten, Trägheiten, Phasenverzug
Querführungsvermögen	Wechselkurven mit unterschiedlichen Radien Unterschiedliche Geschwindigkeiten und Querbeschleunigung bis in den Grenzbereich. Trocken, nass	Querführungsvermögen möglichst groß. Gute Balance zwischen Vorder- und Hinterachse unabhängig von Reibwert und Querbeschleunigung. Rückmeldung über Annäherung an Grenzbereich, Übergang in Grenzbereich ohne hektische Gierreaktion
Wankverhalten	Geraden und Wechselkurven unterschiedliche Geschwindigkeiten, Querbeschleunigungen und Lenkwinkelgeschwindigkeiten	Wankreaktion möglichst gering und proportional zur Querbeschleunigung. Wankwinkel soll Rückmeldung über aufgebaute Seitenkraft geben
Diagonales Tauchen	Geraden und Wechselkurven. Unterschiedliche Geschwindigkeiten und bewusst unharmonische und sprungartige Lenkeinschläge	Wankbewegung möglichst nur um Fahrzeug-Längsachse. Kein gegenphasiges Federn von Vorder- und Hinterachse, sodass keine diagonalen Federbewegungen spürbar werden
Aufstützen	Geraden und Wechselkurven Unterschiedliche Geschwindigkeiten und bewusst unharmonische und sprungartige Lenkeinschläge	Möglichst keine Unwilligkeit zum Einfedern kurvenaußen spürbar, die durch „Ausheben" des Fahrzeugs die Spurhaltung beeinträchtigen kann
Wankschrauben	Kurvenfahrt mit mindestens einer Bodenwelle oder -senke Unterschiedliche Geschwindigkeiten	Aufbauhubfederbewegungen bei Bodenwelle möglichst parallel zur Fahrbahn. Keine Überlagerung von Hub- und Gierbewegung durch Unsymmetrien in der Achskinematik

(Fortsetzung)

Tab. 3.10 (Fortsetzung)

Kriterium	Fahrmanöver	Entwicklungsziel
Spurwechselverhalten	Einfache und doppelte Fahrspurwechsel. Mehrere Geschwindigkeiten. Unterschiedlich schnelle Fahrspurwechsel bis in den Grenzbereich. Trocken, nass, Eis, Schnee	Möglichst präzise und verzugsfreie Reaktion auf die Lenkeingabe. Keine großen Lenkkorrekturen durch Überreaktion oder Trägheit
Lenk-Bremsverhalten	Bremsungen aus Kurvenfahrt mit mittleren bis hohen Verzögerungen (mit ABV auch im Regelbereich). Kurven mit unterschiedlichen Radien. Bis Höchstgeschwindigkeit	Hohe Richtungsstabilität. Möglichst geringe, korrigierbare Gierreaktionen
Lenk-Beschleunigungsverhalten	Beschleunigung aus konstanter Kreisfahrt auf Kreisbahnen mit unterschiedlichen Radien und Fahrbahnoberflächen. Unterschiedlich starke Betätigung des Fahrpedals. Mehrere Geschwindigkeiten und Querbeschleunigungen bis zur Haftgrenze	Mäßig reduziertes Untersteuern (Leistungsübersteuern). Unabhängig vom Fahrzustand und Fahrbahn vorhersehbare und leicht zu korrigierende Gierreaktion
Lastwechselverhalten	Sprungartiges Loslassen des Fahrpedals aus stationärer Kreisfahrt. Variation des Motorbremsmoments durch Gangwahl. Kreisbahn mit unterschiedlichen Radien und Oberflächen. Unterschiedliche Querbeschleunigungen bis zur Haftgrenze	Mäßiges Eindrehen in den Kreis. Unabhängig vom Fahrzustand und Fahrbahn vorhersehbare und leicht zu korrigierende Gierreaktion
Fahrbahneinflüsse	Gerade und kurvige Strecken. Beschleunigen und Bremsen bei unterschiedlichen Geschwindigkeiten. Besonders breite Variation der Reibwerte und Fahrbahnoberflächen	Charakteristik des Lenk- und Fahrverhaltens sollte unverändert bleiben (Rückmeldung aber über Lenkradmoment)

Ein typisches Kriterium der objektiven Beurteilung ist das Eigenlenkverhalten. Trotz zahlreicher Kennwerte zu diesem Kriterium wird es immer auch einer Subjektivbeurteilung unterzogen.

Beurteilt werden das Eigenlenkverhalten sowie der Regelaufwand zur Kurshaltung. Insbesondere werden die Höhe und die Änderung des erforderlichen Lenkradwinkels in Abhängigkeit von der Querbeschleunigung bewertet.

Die Lenkarbeit zur Kurshaltung sollte gering und eindeutig vorhersehbar sein.

3.6.6 Geradeausfahrt

Die Geradeausfahrt wird durch Störkräfte als Folge von Bodenunebenheiten, aerodynamischen Einflüssen, nicht zur Kurshaltung erforderlichen Lenkbewegungen (Fahrerrauschen) und inneren Kräften sowie Momenten im Antriebsstrang bzw. in der Radführung beeinflusst (Tab. 3.11).

Tab. 3.11 Kriterien zur Beurteilung der Geradeausfahrt [5, 11]

Kriterium	Fahrmanöver	Entwicklungsziel
Geradeauslauf	Gerade Strecke, breit variierte Reibwerte, Oberflächenbeschaffenheiten und Unebenheiten, Geschwindigkeiten von 80 km/h bis v_{max}, Geringer Seitenwind	Selbstständiges, stetiges Zentrieren, sodass nur geringe Haltekräfte und Korrekturbewegungen erforderlich sind
Federungslenken	Gerade Fahrbahn, μ-high, Unterschiedliche Bodenunebenheiten, Geschwindigkeiten von 80 km/h bis v_{max}	Möglichst keine Gierbewegungen oder Bewegungen am Lenkrad auch bei starkem Durchfedern
Wanklenken	Gerade Fahrbahn, μ-high, Unterschiedliche, auch einseitige Bodenunebenheiten, Geschwindigkeiten von 80 km/h bis v_{max}	Möglichst keine Gierbewegungen oder Bewegungen am Lenkrad auch bei starken Wankbewegungen
Lenkungspendeln	Geradeausfahrt mit sinusförmigem Lenken steigender Frequenz bis zur Eigenfrequenz, geringe Amplituden, dann Freigabe des Lenkrads aus eingeschwungenem Zustand, Mittlere bis hohe Geschwindigkeiten, Alternativ: Anreißen aus Geradeausfahrt und Freigeben des Lenkrads	Möglichst kein Lenkungspendeln, auch bei Anregung durch Unebenheiten. Lenkrückstellkräfte sollten harmonischer Anregung entgegenwirken, Pendelbewegung soll möglichst schnell ausklingen, Möglichst schnelles Zurückkehren in Nulllage, ohne starkes Überschwingen
Längsfugenempfindlichkeit	Geradeausfahrt, μ-high, Konstante mittlere bis hohe Geschwindigkeiten, Überfahren ausgeprägter Längsfugen im spitzen Winkel	Keine durch Längsfugen induzierte Lenkbewegungen, Lenkmomentschwankungen und Kursänderungen
Spurrinnenempfindlichkeit	Geradeausfahrt, μ-high, Konstante mittlere bis hohe Geschwindigkeit, Überfahren ausgeprägter Spurrinnen im spitzen Winkel	Keine durch Spurrinnen induzierten Lenkbewegungen, Lenkmomentschwankungen und Kursänderungen
Lastwechselsteuern	Geradeausfahrt mit plötzlichem Loslassen/vollständigem Durchtreten des Fahrpedals, Trocken, nass, Eis, Schnee, Konstante mittlere bis hohe Geschwindigkeiten	Keine durch den Lastwechsel induzierten Lenkbewegungen, Lenkmomentschwankungen und Kursänderungen

(Fortsetzung)

Tab. 3.11 (Fortsetzung)

Kriterium	Fahrmanöver	Entwicklungsziel
Seitenwindverhalten	Geradeausfahrt, μ-high, Konstante mittlere bis hohe Geschwindigkeit, Natürlicher Seitenwind oder Seitenwindanlage	Möglichst geringe Richtungsänderung und Spurversatz, Dämpfung auftretender Störungen, Möglichst geringer Lenkaufwand zur Kurskorrektur
Windempfindlichkeit	Geradeausfahrt mit Überholen und Überholtwerden, um in die Wirbelschleppen anderer Fahrzeuge (wie Busse und Lkw) zu geraten, Unterschiedliche Geschwindigkeiten	Möglichst keine Fahrzeugreaktion durch Wirbelschleppen, Möglichst geringer Aufwand zur Kursregelung
Pendelstabilität mit Anhänger	Geradeausfahrt auf μ-high bis zur kritischen Geschwindigkeit. Sinusförmige Lenkbewegungen mit Eigenfrequenz der Anhänger-Pendelbewegung und geringer Amplitude Alternativ: Kurzes Anreißen aus Geradeausfahrt	Gespann muss gesetzlich vorgeschriebene Geschwindigkeit sicher erreichen, Siehe auch „Objektive Fahrverhaltensbeurteilung"

Bewertet wird, in welchem Ausmaß der Geradeauslauf durch Richtungsänderungen und Seitenversatz gestört wird und wie hoch der Aufwand zur Ausregelung der Störung ist. Free control, fixed control und Kursregelung durch den Fahrer sind die Möglichkeiten der Lenkradbetätigung, die bei der Beurteilung des Geradeauslaufs verwendet werden.

Als Entwicklungsziel gilt, dass sich das Fahrzeug möglichst selbsttätig und stetig zentriert, sodass nur geringe Haltekräfte und Korrekturbewegungen am Lenkrad erforderlich sind.

3.6.7 Fahrkomfort (subjektiv)

Die Untersuchungen zum Fahrkomfort beschäftigen sich hauptsächlich mit der Fähigkeit des Fahrwerks, vertikaldynamische Anregungen jeglicher Art so zu verarbeiten, sodass sie sich für die Insassen nicht unangenehm auswirken. Dazu werden Schwingungen und Geräusche in den verschiedenen Frequenzbereichen subjektiv und objektiv beurteilt. Der Fahrkomfort muss im Zusammenhang mit den Fahreigenschaften eines Fahrzeugs beurteilt werden [2]. Der Testfahrer sollte jedoch bei der subjektiven Beurteilung des Handlings versuchen, die Einflüsse der Vertikaldynamik auszusondieren.

Die subjektiven Fahreindrücke, insbesondere Komfortbewertungen, werden zum großen Teil von Geräuschen mitgeprägt [12].

Bei der subjektiven Schwingungsbeurteilung von Fahrzeugen lassen sich dominierende Frequenzbereiche gängigen Begriffen zuordnen. Für den Fahrwerkbereich interessieren etwa folgende Schwingungsbereiche [11]:

- Aufbauschwingungen 0,5–5 Hz
- Anfedern, Reiten 2–5 Hz
- Stuckern 5–15 Hz
- Prellen 7–25 Hz
- Zittern 15–40 Hz
- Dröhnen 30–70 Hz
- Abrollakustik 30–300 Hz.

Die teilweise Überdeckung von Frequenzbereichen resultiert aus der dominanten Einleitungsrichtung der Störkräfte. So beinhaltet Prellen große Anteile von Längsbeschleunigungen, die beim Überfahren von Einzelhindernissen entstehen, während den restlichen Begriffen überwiegend harmonische Beschleunigungen in Vertikalrichtung zugeordnet werden können.

In Tab. 3.12 sind die üblichen Kriterien zur Beurteilung des Fahrkomforts zusammengefasst.

3.7 Objektive Fahrverhaltensbeurteilung

Dieser Abschnitt befasst sich mit der auf Messungen beruhenden Beurteilung des Fahrverhaltens. Dazu werden zunächst die für die Ableitung der Kenngrößen erforderlichen Messgrößen vorgestellt.

Die Beurteilungskriterien sind wie im Kapitel „Subjektive Beurteilung" gegliedert. Anzahl und Art der in der Industrie verwendeten Beurteilungsgrößen sind zum Teil stark unterschiedlich. Hier soll ein Überblick über einige etablierte Größen und ihre Interpretation gegeben werden. Ziel dieser Größen ist es, mittels Messung ein dem Empfinden des Fahrers entsprechendes Maß zur Beurteilung zu schaffen.

Sehr deutlich wird dies im Fall des Eigenlenkverhaltens. Die ursprüngliche Definition des Eigenlenkverhaltens nur über die Schräglaufwinkel an Vorder- und Hinterachse wurde aufgegeben, weil der Zusammenhang mit dem Fahrergefühl nicht gegeben war. Heute wird das Eigenlenkverhalten mittels des Eigenlenkgradienten beurteilt, der sehr gut mit dem Subjektivurteil übereinstimmt (s. Abb. 2.109).

Um vergleichbare Messergebnisse erzeugen zu können, ist es notwendig, auch die Eingabegrößen für den Fahrvorgang reproduzierbar zu gestalten. Dazu wird entweder der Fahrer durch Hilfsmittel unterstützt oder es werden Lenk- bzw. Bremsmaschinen eingesetzt, welche den Fahrer ganz ersetzen (Abb. 3.11). Die Eingaben sind damit unabhängig von der Fahrzeugreaktion immer gleich und die Ergebnisse stets reproduzierbar.

Tab. 3.12 Kriterien zur Beurteilung des Fahrkomforts [5, 11]

Kriterium	Fahrmanöver	Entwicklungsziel
Federungskomfort	Fahrt mit unterschiedlichen Geschwindigkeiten (50 km/h bis v_{max}), unterschiedliche Beladungszustände	Harmonisierung von Aufbaubeschleunigungen abhängig von Fahrzeugpositionierung im Lastenheft. Häufig verschiedene Fahrwerkvarianten (Sport-, Normal- und Komfortfahrwerk)
Nickfederverhalten	Fahrt mit unterschiedlichen Geschwindigkeiten (50 km/h bis v_{max}), unterschiedliche Beladungszustände	Weitestgehende Reduktion von Nicken bei Erhalt der sicheren Fahrzeugführung
Wankfederverhalten	Fahrt mit unterschiedlichen Geschwindigkeiten (50 km/h bis v_{max}), unterschiedliche Beladungszustände	Weitestgehende Reduktion von Wanken bei Erhalt der sicheren Fahrzeugführung. Kompromiss zwischen Anfedern einseitiger Bodenwellen und straffer Führung bei schnellen Lenkeingaben
Aufbaudämpfung	Fahrt mit unterschiedlichen Geschwindigkeiten (50 km/h bis v_{max}), unterschiedliche Beladungszustände	Minimierung der Aufbaubeschleunigungen ohne Nachschwingen, sichere Fahrzeugführung
Abrollkomfort	Fahrt mit unterschiedlichen Geschwindigkeiten (20 km/h bis v_{max})	Minimierung hochfrequenter Aufbaubeschleunigungen ohne Nachschwingen oder Springen der Räder
Rauigkeit (Harshness)	Fahrt mit unterschiedlichen Geschwindigkeiten (20 km/h bis v_{max}) bei verschiedenen Lastzuständen (Zug, Teillast, Schub)	Minimierung des hör- und fühlbaren Schwingungspegels. Gute Abstimmung wird als geschmeidig abrollend und gut isolierend bezeichnet.
Abrollgeräusch	Fahrt mit unterschiedlichen Geschwindigkeiten (20 km/h bis v_{max})	Minimierung wahrnehmbarer Innenraumgeräusche
Kantenempfindlichkeit	Fahrt mit unterschiedlichen Geschwindigkeiten (20 km/h bis v_{max})	Minimierung des Geräuschpegels und spürbarer Aufbaubeschleunigungen. Maßgebliche Beeinflussung des Gesamtkomforteindrucks durch Kantenempfindlichkeit
Dröhnen	Fahrt mit unterschiedlichen Geschwindigkeiten (20 km/h bis v_{max})	Vermeidung von Schwingungsüberhöhungen im Bereich zwischen 30 und 70 Hz
Dämpferpoltern	Schrittgeschwindigkeit und Langsamfahrt bis 40 km/h auf Straßen mit geringer Oberflächengüte	Eliminierung von Poltergeräuschen

(Fortsetzung)

Tab. 3.12 (Fortsetzung)

Kriterium	Fahrmanöver	Entwicklungsziel
Prellen	Fahrt mit unterschiedlichen Geschwindigkeiten (50 bis 150 km/h) über Einzelhindernisse	Eliminierung von Nachschwingungen an Rädern und Achsbauteilen
Schluckvermögen	Fahrt mit unterschiedlichen Geschwindigkeiten (50 bis 150 km/h) auf Straßen mit klein- und mittelwelligen Unebenheiten	Minimierung von Aufbaubeschleunigungen und -stößen ohne große Karosseriebewegungen
Aushängen	Fahrt im Geschwindigkeitsbereich von 30 km/h bis v_{max} auf Strecken, die Räder zum Abheben veranlassen	Vermeidung von Fahrbahnkontaktverlust. Kursabweichungen, Abhebegeräusche und Beschleunigungsspitzen durch Abheben der Räder sind bei hohen Geschwindigkeiten zu vermeiden
Puffereinsatz	Fahrten im Geschwindigkeitsbereich zwischen 30 km/h und v_{max} mit unterschiedlichen Beladungszuständen auf Strecken mit großen Bodenwellen oder Sprunghügeln	Harmonische Begrenzung der Einfederbewegung durch Zusatzfedern ohne Kraftspitzen
Zurückwerfen	Fahrten im Geschwindigkeitsbereich zwischen 30 km/h und v_{max} mit unterschiedlichen Beladungszuständen auf Strecken mit großen Bodenwellen oder Sprunghügeln	Vermeidung zu großer und zu schneller Ausfederbewegungen und Kraftspitzen nach dem Einfedern
Reiten	Fahrten im Geschwindigkeitsbereich zwischen 60 km/h und v_{max} auf Stecken, die Resonanzschwingungen in Hochrichtung auslösen (Bsp.: Plattenbeton Los Angeles)	Vermeidung störender Resonanzerscheinungen bei Sinusanregungen und periodischen Rechtecksignalen
Anfedern	Fahrten im Geschwindigkeitsbereich zwischen 40 und 120 km/h auf Stecken mittlerer Oberflächengüte mit unregelmäßiger Anregung	Geschmeidiges Überrollen von Fahrbahnunebenheiten
Stuckern	Fahrten im Geschwindigkeitsbereich zwischen 30 und 120 km/h mit geringem Vortrieb unter Fahrzuständen, die Resonanzschwingungen in der Bodengruppe anregen	Eliminierung störender Resonanzphänomene durch Fahrbahnkoppelschwingungen zwischen 5 und 15 Hz

(Fortsetzung)

Tab. 3.12 (Fortsetzung)

Kriterium	Fahrmanöver	Entwicklungsziel
Lastwechselschlag	Positive und negative Lastwechsel bei verschiedenen Motordrehzahlen und unterschiedlichen Fahrstufen/Gängen	Eliminierung von wahrnehmbaren Effekten aus dem Lastwechsel am Antriebsaggregat und den Betätigungselementen
Aufbauzittern	Fahrten im Geschwindigkeitsbereich zwischen 50 und 150 km/h auf homogenen Oberflächen mit Einzelhindernissen	Vermeidung von komfortvermindernden Schwingungen zwischen 15 und 40 Hz nach Einzelhindernissen
Lenkungszittern	Fahrt mit unterschiedlichen Geschwindigkeiten (50 km/h bis v_{max})	Minimierung von translatorischen Schwingungen in Folge von Einzelhindernissen
Lenkungsflattern	Fahrten mit präparierten Reifen (Unwuchtgewichte oder Uniformity-Abweichungen) in unterschiedlichen Geschwindigkeitsbereichen im Bereich der Radeigenfrequenzen	Unempfindlichkeit gegenüber Unwuchten und Toleranzen der Serienfertigung
Lenkungsstößigkeit	Gerade und kurvige Strecken mit möglichst einseitiger Überfahrt von Einzelhindernissen (Kanaldeckel, Querfugen, Kanten) mit und ohne Seitenkrafteinwirkung	Vermeidung von stoßförmigen Drehimpulsen am Lenkrad durch Längs- und Seitenkräfte an den Einzelhindernissen
Lenkungsrückschlagen	Kurvige Strecken mit Einzelhindernissen, die mit wechselnder Geschwindigkeit, Fahrstufe, oder Motordrehzahl unter Vortriebs- und Bremskräften durchfahren werden	Eliminierung rückschlagender Impulse in die Lenkung aufgrund von dynamischer Kurvenfahrt
Lenkungsklappern	Gerade und kurvige Strecken mit schlechter Oberflächengüte werden bevorzugt mit geringer Geschwindigkeit durchfahren. Zunächst erfolgen minimale Lenkradwinkeleingaben, die anschließend gesteigert werden	Eliminierung mechanischer Klappergeräusche beim Lenken auf schlechter Fahrbahnoberfläche

3.7.1 Messgrößen

Zur Bildung der Kennwerte werden hauptsächlich die Bewegungsgrößen des Fahrzeugs und deren Ableitungen verwendet (Tab. 3.13). Ein inzwischen überholtes Messgerät zur Erfassung der translatorischen Beschleunigungen und der Lagewinkel im Fahrzeug ist

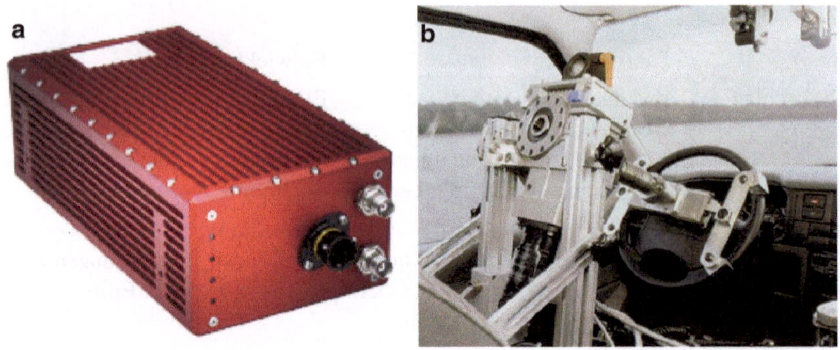

Abb. 3.11 Inertiales Mess-System (**a**) (hier Fa. OXTS) und Lenkmaschine (**b**)

Tab. 3.13 Messgrößen zur Bestimmung des objektiven Fahrverhaltens [3, 13]

Variable	Formelzeichen
Längsbeschleunigung, Querbeschleunigung, Vertikalbeschleunigung	a_x, a_y, a_z
Längsgeschwindigkeit, Quergeschwindigkeit	v_x, v_y
Gierwinkel, Giergeschwindigkeit, Gierbeschleunigung	$\psi, \dot{\psi}, \ddot{\psi}$
Wankwinkel	φ
Nickwinkel	δ
Schwimmwinkel	β
Bremsweg	s_{Bx}
Kursabweichung (seitliche Fahrzeugkursabweichung von einem Referenzkurs)	s_{KA}
Koordinaten des Fahrzeugschwerpunktes in der Fahrbahnebene	X, Y, Z
Knickwinkel zwischen Zugfahrzeug und Anhänger (nur bei Pkw-Zügen)	$\Delta\psi$

die kreiselstabilisierte Plattform. Die gleiche Funktionalität ist neuerdings auch durch elektronische Geräte ohne bewegte Teile realisiert, die robuster und schneller in der Inbetriebnahme sind. Für die Messung von Positionsdaten werden heute die Daten aus inertialen Messsystemen mit globalen Messdaten (z. B. GPS) verknüpft, um eine höhere Genauigkeit zu erreichen.

3.7.2 Anfahrverhalten

Beim Anfahren werden hauptsächlich die Kriterien Traktion und Beschleunigungsvermögen auf unterschiedlichen Reibwerten objektiv bewertet. Es kann die Traktion im Stillstand mit fester Anbindung des Versuchsfahrzeugs und bei langsamer Fahrt gegen eine Seilbremse oder ein gebremstes Messfahrzeug objektiv beurteilt werden. Dazu werden die durch das Testfahrzeug aufgebrachten Zugkräfte gemessen. Der Test wird typischerweise auf trockenem, nassem und vereistem Untergrund durchgeführt.

Neben dem Zusammenspiel der Radlastverteilung mit dem Antriebskonzept kann auch die Art der Radaufhängung einen Einfluss auf die Traktion haben.

Außer der Zugkraft kann noch das Beschleunigungsvermögen durch Zeitstoppen gemessen werden. Dabei wird die Zeit bis zum Erreichen einer vorgegebenen Geschwindigkeit gemessen und die entsprechende Beschleunigung abgeleitet oder gemessen. Zugleich kann bei diesem Manöver (optimale Ausnutzung der Motorleistung bzw. der Reibwertverhältnisse) auch der Aufwand für die Lenkkorrektur zur Kurshaltung *(Free Control)* und der Gierwinkel bei festgehaltenem Lenkrad *(Fixed Control)* gemessen werden [10].

3.7.3 Bremsverhalten

Bremsen aus stationärer Kreisfahrt
Da die Fahrsituation „Bremsen in der Kurve" bei kleinen Kurvenradien eine besondere Rolle im Unfallgeschehen spielt, kommt diesem Testmanöver eine besondere Bedeutung bei. Bei vielen Unfällen spielt zudem das Zusammenwirken von Bremsung und gleichzeitigem Lenkeinschlag eine Rolle. Es werden deshalb Versuchsvarianten getestet, bei denen der Lenkeinschlag während des gesamten Manövers konstant gehalten wird, und solche, bei denen mit der Bremsung auch ein Lenkeinschlag erfolgt. Beide Varianten sind Open-Loop-Manöver. Beim Versuch wird bei konstantem Kreisbahnradius aus verschiedenen Ausgangsquerbeschleunigungen die Bremse gegen Anschläge unter dem Bremspedal oder automatisch betätigt. Dabei wird ausgekuppelt, um den Motor nicht abzuwürgen und Überlagerungen mit dem Lastwechsel zu vermeiden.

Bei dem Manöver ist besonders zwischen dem Verhalten bei kleiner bzw. mittlerer und dem bei maximaler Verzögerung zu unterscheiden. Bis zu mittleren Verzögerungen tritt ein maximales Giermoment bei den durch die Radlastverlagerungen bedingten Veränderungen der Querkräfte in der Reifenaufstandsfläche auf. Es ergibt sich durch die höheren Vorderachslasten ein reduzierter Schräglaufwinkel an der Vorderachse und zugleich ein erhöhter Schräglaufwinkel an der Hinterachse.

Das Verhalten bei maximaler Verzögerung wird dagegen durch die Blockierreihenfolge der Räder und somit durch die Bremskraftverteilung bestimmt.

Durch die Einführung von automatischen Blockierverhinderern (ABV) ist diese Unterscheidung für die meisten modernen Fahrzeuge aber nicht mehr relevant. Da bei diesem Manöver die stärksten Achslastverlagerungen auftreten, wird der Beladungszustand so variiert, dass neben dem maximal zulässigen Gesamtgewicht auch die Extrempunkte maximale Vorder- bzw. Hinterachslast abgetestet werden. Die Bewertung der Fahrzeugreaktion bezieht sich auf die seitliche Abweichung von dem durch den Lenkeinschlag beabsichtigten Kurs und auf die Größe des auftretenden Gier- bzw.

Schwimmwinkels und damit auf die Gierstabilität. Neben den Maximalwerten z. B. der Giergeschwindigkeit werden auch die Abweichungen vom Wunschkurs und abgeleitete Größen zum Zeitpunkt der üblichen Fahrerreaktion (in der Regel 1 s, ggf. 0,5 oder 2 s, Abb. 3.12) zur Beurteilung ermittelt.

Diese Werte zum Beobachtungszeitpunkt für Giergeschwindigkeit bzw. Querbeschleunigung werden auf den Ausgangswert bei stationärer Kreisfahrt bezogen.

Auch Schwimmwinkeldifferenz und Fahrgeschwindigkeitsdifferenz können bewertet werden. Alle Größen werden in Abhängigkeit von der Bremsverzögerung dargestellt [5, 10]:

$$\overline{a}_{x,t} = \frac{\Delta V_x}{t} \quad \text{und} \quad \frac{\dot{\psi}_{t,ref}}{\dot{\psi}_{t0}} = \frac{V_t/R_0}{\dot{\psi}_{t0}} \tag{3.1}$$

Bremsen bei Geradeausfahrt

Das Manöver dient zur Beurteilung der Bremsverzögerung und der Fahrstabilität während des Bremsvorgangs bei Geradeausfahrt. Der Bremsdruck kann durch den Fahrer oder durch mechanische Hilfsmittel wie Pedalstützen oder Bremsmaschinen eingeregelt werden. Die Lenkradbetätigung kann durch den Fahrer als Kursregelung oder als *Free Control* bzw. *Fixed Control* erfolgen. Die Fahrbahnbedingungen sind entweder einheitlich trocken, nass oder auf Niedrigreibwertstrecken mit Schnee und Eis.

Die Bremsungen bei μ-Split und μ-Jump werden hauptsächlich zur Beurteilung der Funktion von automatischen Blockierverhinderern (ABS und ESP) und dem erforderlichen Regelaufwand für den Fahrer bei der Regelbremsung herangezogen [10].

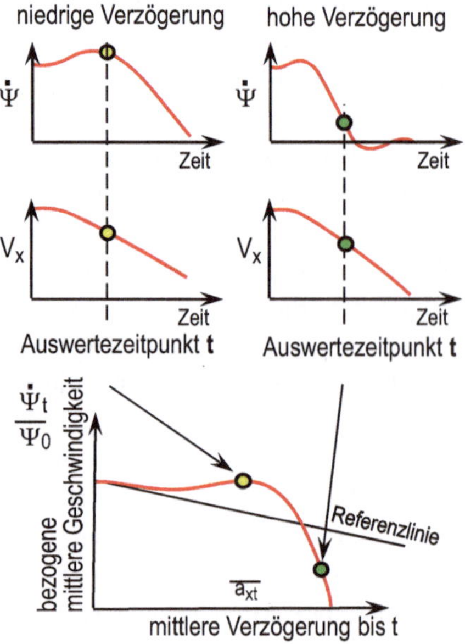

Abb. 3.12 Kennwertbildung beim Bremsen aus stationärer Kreisfahrt

Verzögerungsmessung

Bei der Durchführung der Verzögerungsmessung ist darauf zu achten, dass der Bremsdruckaufbau sehr schnell erfolgt. Mindestens 90 % des Bremsdrucks sollten in weniger als 0,4 s erreicht werden. Wichtige Versuchsparameter sind die Fahrbahngriffigkeit und die Bremsentemperatur, die daher genau zu erfassen und konstant zu halten sind. Die Bremsdauer und der Bremsweg sind vom Erreichen von 5 % des maximalen Bremsdrucks bis zum Stillstand zu messen. Die Bremsverzögerung wird dabei berechnet zu:

$$a_x = \frac{1}{2} \cdot \frac{v_{x,0}^2}{s_{B,x}} \tag{3.2}$$

mit der Ausgangslängsgeschwindigkeit $v_{x,0}$ und dem Bremsweg $s_{B,x}$.

Für das Verzögerungsvermögen selbst existieren mehrere Kenngrößen:

- der Bremsweg als Funktion der Ausgangsgeschwindigkeit,
- die mittlere Verzögerung als Funktion des Bremsdrucks (alternativ: Bremspedalkraft oder Bremspedalweg),
- die Bremspedalkraft als Funktion der mittleren Verzögerung,
- die maximale Verzögerung als Funktion des Bremsdrucks (alternativ: Bremspedalkraft oder Bremspedalweg).

Kennzeichnend für die Güte einer Bremsanlage ist die sogenannte Kraftschlussausnutzung, also das Verhältnis des maximalen Verzögerungsvermögens bestimmt durch den Kraftschlussbeiwert μ. Daneben ist der Verlauf von Bremspedalkraft über dem Bremspedalweg und die resultierende Verzögerung ein wichtiges Merkmal für das Empfinden des Fahrers hinsichtlich Sicherheit und Fahrzeugcharakteristik. Dieses Kriterium unterliegt aber hauptsächlich der subjektiven Beurteilung [10].

Fahrstabilität und Kurshaltung

Zur Beurteilung von Fahrstabilität und Kurshaltung wird entweder der Regelaufwand, um das Fahrzeug auf Kurs zu halten *(Closed Loop)* oder die Spurabweichung des Fahrzeugs bei *Free Control* oder *Fixed Control* herangezogen. Es werden folgende Kenngrößen ermittelt [10]:

- die Seitenabweichung über dem Bremsweg,
- die Giergeschwindigkeit zum Beobachtungszeitpunkt T als Funktion der bis zum Zeitpunkt T mittleren Verzögerung,
- die Querbeschleunigung zum Beobachtungszeitpunkt T als Funktion der bis zum Zeitpunkt T mittleren Verzögerung,
- die maximale Gierbeschleunigung zum Beobachtungszeitpunkt T als Funktion der bis zum Zeitpunkt T mittleren Verzögerung.

Bremsen auf μ-Split

Das Manöver zur Bremsung auf μ-Split wird auf einer präparierten Fahrbahn mit einseitig niedriger Griffigkeit (μ-Split) durch Schnee bzw. Eis, Glasbausteine, Kunststofffolie oder Bitumenschlemme durchgeführt. Dabei erfolgt aus Geschwindigkeiten meist zwischen 60 und 120 km/h eine Geradeausbremsung mit unterschiedlichen Verzögerungen. Die Gierstabilität wird bewertet durch die ohne Lenkkorrekturen während der Bremsung auftretenden Kursabweichungen, Giergeschwindigkeiten und Gierbeschleunigungen oder die zur Kurshaltung notwendigen Lenkkorrekturen. Auftretende Kursabweichungen, Giergeschwindigkeiten und Gierbeschleunigungen sollten möglichst gering sein. Die Gierreaktionen dürfen den Fahrer nicht überraschen und sollten mühelos korrigierbar sein [5, 10].

3.7.4 Lenkverhalten

Die objektive Beurteilung des Lenkverhaltens betrifft in erster Linie das instationäre Lenkverhalten. Zeit- und Verstärkungsverhalten eines Fahrzeugs auf Lenkeingaben sind von entscheidender Bedeutung für die Sicherheit und Stabilität des Fahrverhaltens. Die Fahrmanöver haben zum Ziel, die Parameter zu identifizieren, die das Fahrzeug als schwingungsfähiges System beschreiben. Dabei dienen die Fahrmanöver „sprungartiger Lenkeinschlag", „Rechteckimpuls", „Dreiecksimpuls" und „Sinuslenken über eine Periode" zur Ermittlung der Übertragungsfunktion. Das eingeschwungene Sinuslenken dient zur Bestimmung von Amplitudenverhältnis und Phasengang.

Abb. 3.13 zeigt die Veränderung der wichtigen Größen Dämpfungsmaß und gedämpfte Eigenfrequenz über der Fahrgeschwindigkeit.

Lenkwinkelsprung

Kennzeichnend für die Sprungantwort des Fahrzeugs ist die Verzögerung im Aufbau der Giergeschwindigkeit. Diese wird durch den Wert $T_{R\psi',90\%}$ und den Wert $T_{R\psi',\mathrm{max}}$ beschrieben (Abb. 3.14).

Abb. 3.13 Dämpfungsmaß und gedämpfte Eigenfrequenz für das Einspurmodell [5]

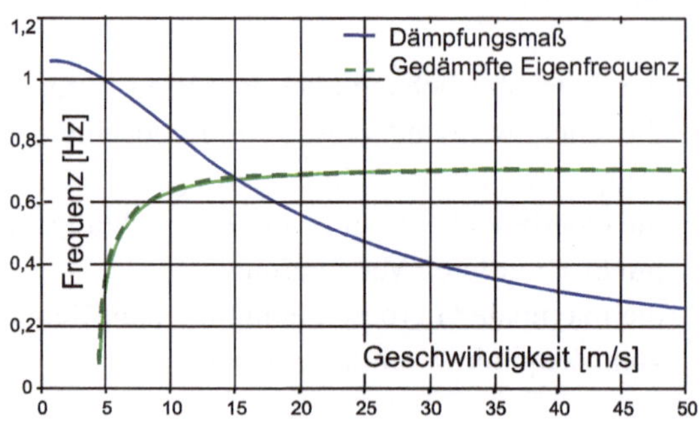

Abb. 3.14 Lenkwinkelsprung
und Ansprechverhalten

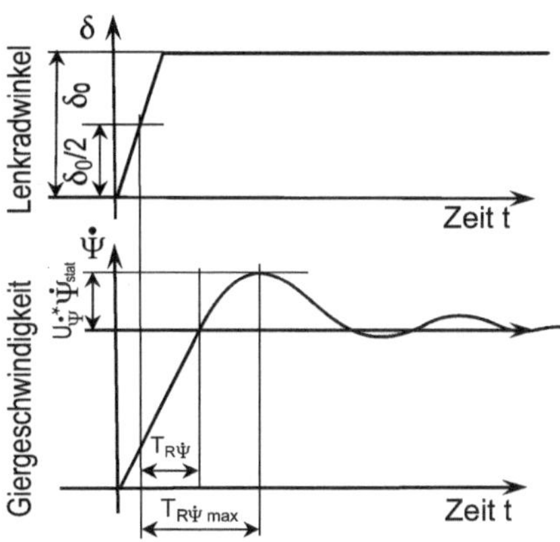

Bei der Abstimmung des Fahrverhaltens ist eine möglichst geringe Verzögerung beim Aufbau der Giergeschwindigkeit, ein geringes Überschwingen und ein schnelles Abklingen der Giergeschwindigkeitsschwingung wünschenswert. Die gleichzeitige Optimierung dieser Kenngrößen erzeugt Zielkonflikte hinsichtlich Fahrdynamik und Komfort.

Sinuslenken

Die Ermittlung des Frequenzgangs als Verhältnis von Fahrzeugreaktion zu Lenkradwinkeleingabe erfolgt durch Stellen eines sinusförmigen Lenkradwinkels mit Frequenzen zwischen 0,2 und 4 Hz. Das Manöver wird mit einer vorher festgelegten Amplitude für alle Frequenzen und bei jeweils konstanten Fahrgeschwindigkeiten zwischen 50 und 150 km/h gefahren.

Die Eingabe kann durch einen Testfahrer mit speziellen Hilfseinrichtungen zur Unterstützung der Sinusschwingung oder durch eine Lenkmaschine erfolgen.

Zur Auswertung werden mithilfe der Zeitschriebe das Amplitudenverhältnis und die Phasenverschiebung zwischen Lenkradwinkel und Giergeschwindigkeit ermittelt (Abb. 3.15).

Die günstige Auslegung von Amplitudenverhältnis und Phasenverzug ist sehr komplex und wird in [10] ausführlicher behandelt. Generell lässt sich sagen, dass die Auslegung den regelungstechnischen Fähigkeiten des Menschen nicht zuwider laufen sollte.

Das erfordert zunächst, einen möglichst geringen Phasenverzug in dem für den Menschen zugänglichen Frequenzbereich bis 2 Hz.

- 0 bis 0,4 Hz: Im Bereich der zur Fahrzeugführung wichtigen Lenkbewegungen kann der Fahrer auftretende Schwingungen zu 100 % ausregeln. In diesem Bereich soll das Fahrzeug mit möglichst wenig Phasenverzug reagieren.
- 0,4 bis 2 Hz: Der Fahrer kann die Schwingung nur bedingt ausregeln, 2 Hz sind die Obergrenze für Aktionen des Fahrers.

Abb. 3.15 Sinuslenken
zur Bestimmung von
Amplitudenverhältnis und
Frequenzgang [5]

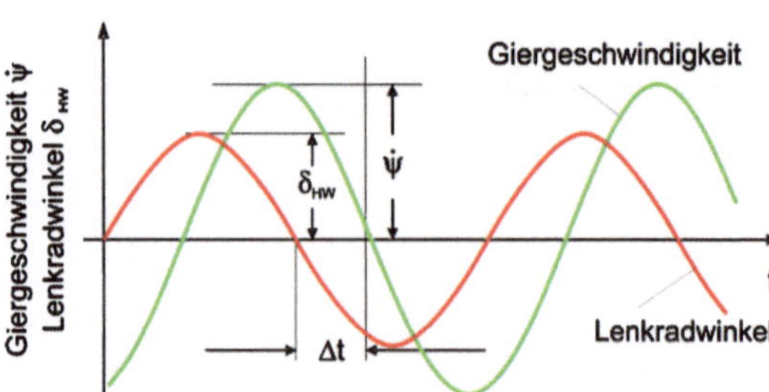

- Über 2 Hz: Der Fahrer hat keine Möglichkeit, selbst auszuregeln und schaukelt die Schwingung durch gegenphasiges Lenken ggf. noch auf. Anregungen über dieser Frequenz z. B. durch Fahrbahnstörungen sollen vom Fahrzeug möglichst träge beantwortet werden. Das Amplitudenverhältnis sollte möglichst sehr klein sein. Amplitudenverhältnis und Phasenwinkel beim Sinuslenken:

$$\frac{\widehat{\dot{\psi}}}{\widehat{\delta}_\mathrm{H}} \qquad \text{(Amplitudenverhältnis)} \qquad (3.3)$$

$$\alpha = f \cdot \Delta t \cdot 360° \quad \text{(Phasenwinkel)} \qquad (3.4)$$

Der Frequenzgang wird auch aus den Fahrmanövern „Sinuslenken über eine Periode", „Lenkwinkelsprung" oder „Dreiecksimpuls" ermittelt [10].

Lenkrückstellverhalten

In der Regel wird für dieses Kriterium das Lenkrad aus der stationären Kreisfahrt heraus freigegeben und mit verschiedenen Ausgangsgeschwindigkeiten und Ausgangsquerbeschleunigungen durchgeführt.

Kennzeichnend sind die Zeitverläufe von Lenkradwinkel, Giergeschwindigkeit und Querbeschleunigung, sowie die Zeit, bis sich nach der Freigabe die Giergeschwindigkeit Null einstellt. Aus dem Zeitverlauf des Lenkradwinkels werden außerdem die maximale Überschwingbreite und das Dämpfungsmaß ermittelt [5]. Wünschenswert für die Abstimmung sind das möglichst schnelle Abklingen der Lenkraddrehschwingung und eine geringe Überschwingbreite.

Die maximale Amplitude nimmt dabei mit steigender Geschwindigkeit und steigender Beschleunigung zu. Das Dämpfungsmaß sinkt mit steigender Querbeschleunigung bzw. Geschwindigkeit. Das Dämpfungsmaß wird gemäß Gl. 3.5) ermittelt, wobei A_n die Amplituden der Gierschwingungen sind [5].

$$D = \frac{\ln(r)}{\sqrt{\pi^2 + (\ln(r))^2}} \qquad (3.5)$$

mit

$$r = \frac{1}{n-1}\left(\frac{A_1}{A_2} + \frac{A_2}{A_3} + \cdots \frac{A_{n-1}}{A_n}\right) \tag{3.6}$$

und A_1 als maximale Überschwingbreite.

3.7.5 Kurvenverhalten

Die objektive Beurteilung des Kurvenverhaltens bezieht sich auf die Eigenschaften bei stationärer Kreisfahrt sowie auf die Lastwechselreaktionen und das Verhalten bei Beschleunigung aus stationärer Kreisfahrt. Das Manöver wird genauer in DIN 70000 beschrieben.

Stationäres Lenkverhalten

In der stationären Kreisfahrt werden primär das Eigenlenkverhalten und der Gierverstärkungsfaktor bestimmt. Zusätzlich werden die Verläufe von Lenkwinkel, Lenkmoment sowie Wank- und Schwimmwinkel gemessen. Die Kenngrößen werden meist in Abhängigkeit von der Querbeschleunigung ermittelt und daher aus der sogenannten quasistationären Kreisfahrt gewonnen. Dabei wird die Längsgeschwindigkeit bei konstantem Radius langsam stufenweise vom querkraftfreien Ausgangszustand bis zur maximalen Querbeschleunigung erhöht [10]. Die Messung erfolgt jeweils mindestens 3 s nachdem ein stationärer Zustand von Fahrgeschwindigkeit, Giergeschwindigkeit und Querbeschleunigung erreicht ist. In dem Manöver werden Kreisbahnen mit unterschiedlicher Geschwindigkeit und Radius befahren, wobei die Fahrt mit konstantem Radius am gebräuchlichsten ist.

Eigenlenkverhalten und Eigenlenkgradient *EG*

Das Eigenlenkverhalten wird heute durch die Abhängigkeit des Lenkradwinkels δ_H von der Querbeschleunigung definiert. Dazu wird auf einem konstanten Radius schrittweise beschleunigt und der Lenkwinkel für die verschiedenen Stufen der sich einstellenden Querbeschleunigung gemessen. Der Eigenlenkgradient ergibt sich aus der Steigung der Lenkwinkelkurve.

Die Kenngröße beschreibt die Tendenz eines Fahrzeugs zum Unter- bzw. Übersteuern bei Kurvenfahrt und ist ein wichtiges Kriterium für die Grundauslegung des Fahrverhaltens. Da das Ausbrechen des Hecks als Folge eines stark übersteuernd ausgelegten Kurvenverhaltens schwer beherrschbar ist, sind heute alle Fahrzeuge grundsätzlich leicht untersteuernd ausgelegt. Der Einsatz von stabilisierenden Assistenzsystemen erlaubt es, moderne Fahrzeuge wieder mehr in Richtung übersteuernd abzustimmen, um die Agilität zu verbessern.

Definition des Eigenlenkgradienten

$$EG = \frac{1}{i_S} \cdot \frac{\mathrm{d}\delta_H}{\mathrm{d}a_y} - \frac{\mathrm{d}\delta_A}{\mathrm{d}a_y} \tag{3.7}$$

Ziel der Definition der Kenngröße ist es, eine Übereinstimmung mit dem Fahrerempfinden hinsichtlich Unter- und Übersteuern zu erreichen. Sie beschreibt das Verhalten des erforderlichen Lenkwinkels bei der Steigerung der Querbeschleunigung. Bei Durchführung mit konstantem Radius entfällt der zweite Term. Aus der Definition ergeben sich drei Bereiche [5]:

- $EG > 0$: Untersteuern
- $EG = 0$: Neutralsteuern,
- $EG < 0$: Übersteuern.

Bei höheren Querbeschleunigungen ergibt sich eine nichtlineare Abhängigkeit des Eigenlenkgradienten von der Querbeschleunigung, die in erster Linie auf die Sättigung der Reifenkennlinie zurückzuführen ist.

Gierverstärkungsfaktor

Der Gierverstärkungsfaktor ist die Giergeschwindigkeit bezogen auf den Lenkwinkel. Aus der Abhängigkeit des Gierverstärkungsfaktors von der Fahrgeschwindigkeit werden die Kenngrößen „charakteristische Geschwindigkeit" v_{char} und „kritische Geschwindigkeit" v_{krit} abgeleitet [14].

Da übersteuernde Fahrzeuge heute nur noch selten vorkommen, ist die kritische Geschwindigkeit praktisch nicht von Bedeutung. Dagegen ist die charakteristische Geschwindigkeit, nämlich diejenige bei der das Fahrzeug am empfindlichsten auf Lenkeingaben reagiert, für die Abstimmung sehr wohl relevant (Abb. 3.16) [14].

Lastwechselreaktion aus stationärer Kreisfahrt

Mit dem Fahrmanöver zur Erfassung der Lastwechselreaktion wird die fahrdynamische Reaktion des Fahrzeugs bei einer plötzlichen Umkehr der Kraftrichtung in der Radaufstandsfläche unter Einfluss von Querbeschleunigungen untersucht. Es wird als

Abb. 3.16 Gierverstärkungsfaktor und Fahrdynamikbewertung

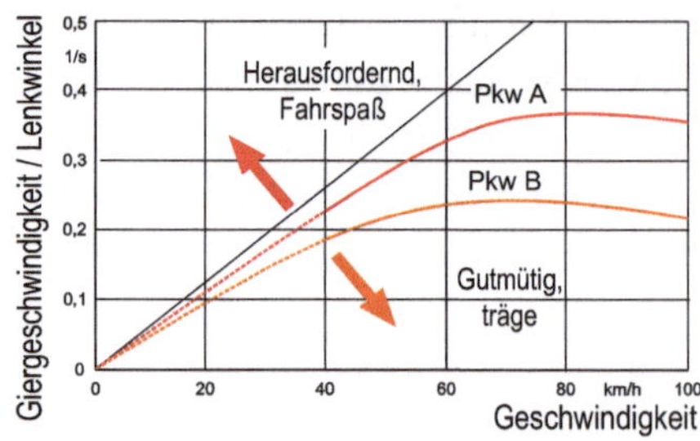

Open-Loop-Manöver getestet, d. h. der Lenkradwinkel wird bei der Messung konstant gehalten.

Aus der stationären Kreisfahrt wird das Fahrpedal losgelassen, sodass sich eine Verzögerung einstellt. Bei dem Manöver werden Querbeschleunigung und die Ausgangsbedingungen des Lastwechsels, also Fahrstufe und Fahrgeschwindigkeit variiert, um das Ausmaß der Änderung der Umfangskräfte zu verändern. Wie bei allen instationären Manövern ist die Fahrzeugreaktion stark vom Beladungszustand und dem Reibbeiwert abhängig und wird bei entsprechenden Bedingungen getestet.

Die Beschreibung des Fahrverhaltens erfolgt über die Größen Giergeschwindigkeit, Gierbeschleunigung, Querbeschleunigung, Fahrspurradius und Fahrspurkrümmung. Ein Kennwert kann über die Veränderung der Giergeschwindigkeit (üblicherweise 1 s = Passivzeit des Fahrers) nach Einleitung des Lastwechsels in Abhängigkeit von der Veränderung der Längsgeschwindigkeit im selben Zeitraum oder in Abhängigkeit von der Querbeschleunigung erfolgen. Es ist auch möglich, die Veränderung der Giergeschwindigkeit auf den Ausgangszustand oder auf den hypothetischen Wert eines Fahrzeugs ohne Lastwechselreaktion zu beziehen.

Ein Gütekriterium für die Beurteilung des Fahrverhaltens ist die aus der Gierreaktion folgende Kursänderung des Fahrzeugs. Eine möglichst geringe Abweichung vom ursprünglichen Radius bei moderatem Eindrehen in den Kreis ist wünschenswert (Abb. 3.17).

Der Fahrer hat so die Möglichkeit, durch Zurücknahme des Lenkwinkels den ursprünglichen Kurs wiederherzustellen. Zudem erfolgt durch die erhöhten Schräglaufwinkel eine Abbremsung des Fahrzeugs [10].

Beschleunigen aus stationärer Kreisfahrt
Mit dem Fahrmanöver zur Messung des Fahrverhaltens beim Beschleunigen wird die fahrdynamische Reaktion des Fahrzeugs bei einer plötzlichen Zunahme der Antriebskräfte unter Einfluss von Querbeschleunigungen untersucht. Es wird als Open-Loop Manöver getestet. Aus der stationären Kreisfahrt wird das Fahrpedal gegen einen verstellbaren Anschlag bewegt. Bei dem Manöver werden Querbeschleunigung und die Höhe der Antriebskräfte variiert.

Abb. 3.17 Lastwechsel aus stationärer Kreisfahrt [5]

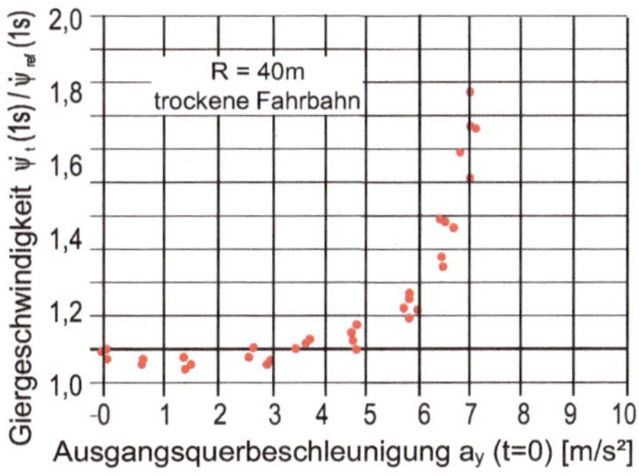

Die Beschreibung des Fahrverhaltens kann über die Veränderung der Giergeschwindigkeit (üblicherweise 1 und 2 s) nach Beschleunigungsbeginn in Abhängigkeit von der Veränderung der Längsgeschwindigkeit im selben Zeitraum erfolgen.

Ein Gütekriterium für die Beurteilung des Fahrverhaltens ist die aus der Gierreaktion folgende Kursänderung des Fahrzeugs. Eine möglichst geringe Abweichung vom ursprünglichen Radius ist wünschenswert. Der Kennwert ist bei hohen Reibschlussbeiwerten hauptsächlich vom Eigenlenkverhalten des Fahrzeugs abhängig. Erst in zweiter Linie und verstärkt bei niedrigen Reibwerten kommt das Antriebskonzept zum Tragen. Dort zeigt der Allradantrieb Vorteile gegenüber Front- oder Heckantrieb [10].

3.7.6 Geradeausfahrt

Bei der Geradeausfahrt sollte ein Fahrzeug möglichst geringe Lenkkorrekturen erfordern und wenig anfällig für Störungen von außen sein. Dies betrifft vor allem Fahrbahnanregungen und insbesondere Frequenzen über 0,4 Hz, da diese nicht mehr vollständig vom Fahrer ausgeregelt werden können. Auch der Lenkaufwand bei Seitenwindeinfluss und das Verhalten im Anhängerbetrieb sind Beurteilungskriterien für den Geradeauslauf.

Es sind drei Arten der Lenkradbetätigung üblich. Neben der Kursregelung durch den Fahrer kann das Lenkrad auch freigegeben oder in Geradeausposition fixiert werden, wobei dann die Kursabweichung als Gütekriterium betrachtet wird. Bei den letzten beiden Arten der Betätigung ist nur eine Beurteilung des Einflusses von Störungen möglich, nicht jedoch der Regelaufwand zur Kurshaltung.

Bei der Kursregelung durch den Fahrer erfolgt die objektive Beurteilung hauptsächlich mit zwei Verfahren. Dazu werden aus den Zeitverläufen der Lenkwinkel zum einen die Häufigkeitsverteilung und zum anderen die frequenzabhängige Darstellung als spektrale Leistungsdichte abgeleitet.

Die Häufigkeitsverteilung des Lenkradwinkels ist ein Maß für den zur Geradeausfahrt notwendigen Regelaufwand (Abb. 3.18). Da diese Verteilung aber nicht nur von externen Störungen wie den Fahrbahnunebenheiten, sondern auch stark vom Fahrer, dessen Spurabweichungstoleranz und dessen Tagesform abhängig ist, kann es zu erheblich unterschiedlichen Ergebnissen für Fahrzeug und Fahrer kommen.

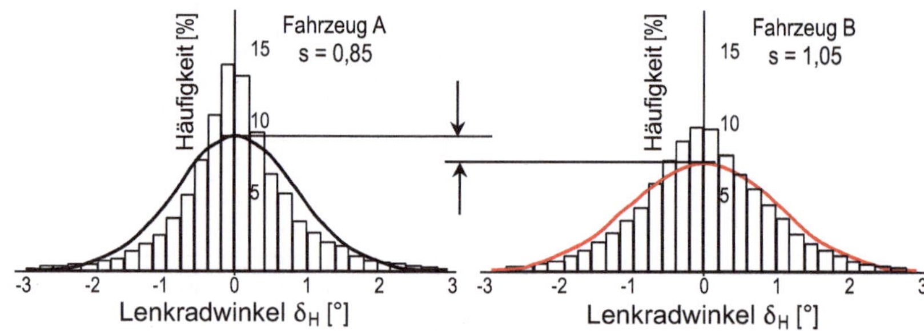

Abb. 3.18 Häufigkeitsverteilung Lenkradwinkel bei Geradeausfahrt $v = 150$ km/h, BAB [5]

Mittels der spektralen Leistungsdichte werden in diesem Zusammenhang die auftretenden Lenkwinkel im Frequenzbereich beschrieben. Dies erlaubt eine Verknüpfung mit den Fahrbahnanregungen, die oberhalb von 0,4 Hz Einfederungen und damit gekoppelte Radlenkwinkel im Bereich der Aufbaueigenfrequenz verursachen können. Dieser Zusammenhang wird in charakteristischer Weise von der Art der Radaufhängung geprägt. Grundsätzlich ist eine niedrige Leistungsdichte besonders im Bereich bis 0,4 Hz wünschenswert. Auch hier ist die Abhängigkeit vom Fahrer und dessen Tagesform noch sehr groß, was eine sinnvolle Beurteilung nur mit genauer Kenntnis des Fahrerverhaltens ermöglicht [10].

Anhängerbetrieb

Das Verhalten von Pkws mit Anhängern wird als ein Teil der Untersuchungen zur Geradeausfahrt betrachtet. Beim Fahrbetrieb mit Anhängern, insbesondere mit Wohnwagen, kann es mit zunehmender Geschwindigkeit zu Pendelerscheinungen kommen. Es wird daher untersucht, bis zu welcher Geschwindigkeit keine oder stark gedämpfte Pendelschwingungen am Anhänger auftreten.

Bei der Beurteilung des Fahrverhaltens von Pkw-Anhänger-Gespannen ist die Dämpfung die entscheidende Kenngröße. Zur Ermittlung der bestimmenden Parameter für das Verhalten eines Anhängers kann analog zum Einspurmodell ein Einradmodell hergeleitet werden. Mit diesem Modell wird das Pkw-Anhänger-Gespann als schwingungsfähiges System beschrieben. Auch hier werden zur Vereinfachung die Räder einer Achse zu einem Rad zusammengezogen und der Aufbau in die Fahrbahnebene projiziert. Zudem wird vereinfachend angenommen, dass die Masse des Anhängers keine Rückwirkung auf die Masse des Pkws hat ($m_{\mathrm{Pkw}} \gg m_{\mathrm{Hänger}}$) (Abb. 3.19).

Der formelmäßige Zusammenhang für die Dämpfung des Gespanns lautet (Tab. 3.14):

$$D = \frac{c_{\mathrm{S,A}}}{2 \cdot V \cdot \sqrt{\dfrac{c_{\mathrm{S,A}}\left((\theta_{z,A}/l^2)+m_{\mathrm{A}}\right)}{l}}} \tag{3.8}$$

Der Fahrversuch findet auf einer ebenen, geraden Fahrbahn mit hoher Griffigkeit statt. Aus der Geradeausfahrt mit gleichmäßiger Geschwindigkeit, die in Stufen bis zur Nähe der kritischen Geschwindigkeit oder bis zur Höchstgeschwindigkeit variiert wird, kann das Lenkrad in verschiedener Weise betätigt werden.

Abb. 3.19 Einradmodell des Anhängers [5]

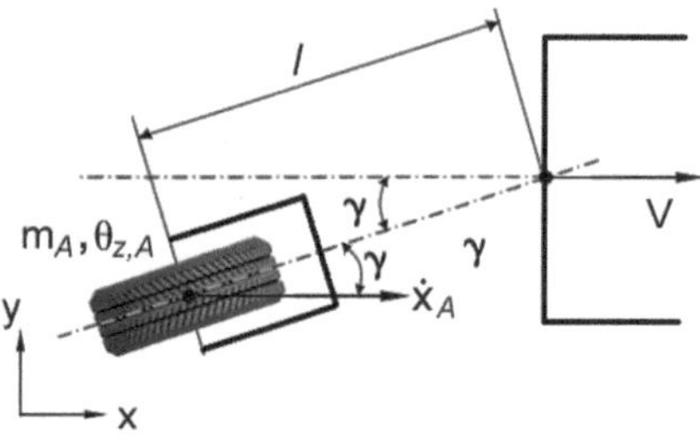

Tab. 3.14 Formelzeichen zur Beschreibung der Dämpfung des Pkw-Anhänger-Gespanns

Beschreibung	Zeichen
Anhänger-Achsschräglaufsteifigkeiten	$c_{S,A}$
Längsgeschwindigkeit im Kupplungspunkt	V
Gierträgheitsmoment des Anhängers	Θ
Masse des Anhängers	m_A
Deichsellänge (Kupplung-Schwerpunkt)	l

Zunächst werden leichte sinusförmige Lenkbewegungen um die Mittellage mit unterschiedlicher Frequenz ausgeführt, um die Eigenfrequenz der Pendelbewegung des Anhängers zu ermitteln. Danach wird das Gespann bei dieser Eigenfrequenz angeregt. Die Amplituden der Lenkbewegung sind sehr gering. Die Versuche werden immer bei niederen Geschwindigkeiten begonnen. Die Geschwindigkeit wird in kleinen Schritten gesteigert. Nimmt die Pendelbewegung deutlich zu, nähert sich das Gespann der kritischen Geschwindigkeit und auf eine weitere Steigerung der Geschwindigkeit ist unbedingt zu verzichten. Bei Fahrt mit der kritischen oder höheren Geschwindigkeit schaukelt sich das Gespann auf und ist auch für den erfahrenen Fahrer nicht mehr abzufangen.

Ein alternatives Verfahren zur Bestimmung der Dämpfung ist die Anregung des Gespanns mit einem impulsförmigen Lenkeinschlag mit einer kurzen Gegenlenkbewegung, um das Gespann wieder auf Geradeausfahrt zu bringen. Das Dämpfungsmaß wird dann rechnerisch aus den Verhältnissen der abklingenden Amplituden des Knickwinkels analog dem Dämpfungsmaß des Lenkrückstellverhaltens (s. Gl. 3.5) berechnet.

Die Versuche sind mit verschiedenen Beladungszuständen im Rahmen der zulässigen Lasten sowohl des Zugfahrzeugs als auch des Anhängers durchzuführen.

Das Ziel ist, dass das Gespann auch mit einem ungünstigen Massenverhältnis zwischen Zugfahrzeug und Anhänger die gesetzlich zulässige Höchstgeschwindigkeit sicher erreichen muss. Damit ein ausreichender Abstand von der kritischen Geschwindigkeit gewährleistet ist, sollte diese so hoch wie möglich sein.

Gängige objektive Kenngrößen

Gängige objektive Kenngrößen sind (Abb. 3.20):

- die Geschwindigkeit, bei der die Dämpfung 0,05 beträgt,
- die Geschwindigkeit, bei der die Dämpfung 0 beträgt (kritische Geschwindigkeit), das Dämpfungsmaß bei 100 km/h.

Zur Verbesserung der Pendelstabilität helfen die in Tab. 3.15 aufgeführten Maßnahmen.

Seitenwindverhalten

Unter Einfluss von Seitenwind kann das Fahrzeug eine Richtungsänderung und einen Kursversatz erfahren.

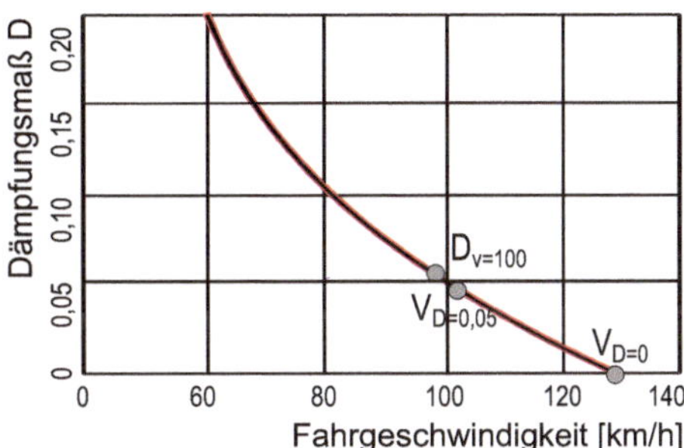

Abb. 3.20 Dämpfungsmaß der Knickwinkelschwingung in Abhängigkeit von der Fahrgeschwindigkeit

Tab. 3.15 Maßnahmen zur Verbesserung der Pendelstabilität von Pkw-Anhänger-Gespannen

Am Zugfahrzeug	Am Anhänger
Größere Masse	Geringere Masse
Größerer Radstand	Größere Deichsellänge
Geringerer Kupplungsüberhang	Größere Stützlast (Optimum vorhanden)
Größeres Gierträgheitsmoment	Geringeres Gierträgheitsmoment
Größere Schräglaufsteife	Größere Schräglaufsteife
Allradantrieb	Knickwinkeldämpfung
Größere Wanksteifigkeit	Größere Wanksteifigkeit
ESP und ABS	Stabilitätssteigerndes Kupplungskonzept

Bewertet werden das Ausmaß der Störung, wie schnell die Störungen abklingen und der Lenkaufwand, der erforderlich ist, das Fahrzeug geradeaus zu führen.

Um diese Aussagen zu gewinnen, wird das Lenkrad während der geregelten Geradeausfahrt zeitweise freigegeben oder festgehalten. Die Störung des Geradeauslaufs durch die Einwirkung von Seitenwind kann je nach Schwere als Komfort- oder Sicherheitsthema betrachtet werden.

Wünschenswert für die Auslegung des Fahrverhaltens ist eine möglichst geringe Fahrzeugreaktion auf diese Störung bzw. ein möglichst geringer Effektivwert des Lenkradwinkels zur Kursregelung. Treten Störungen der Kurs- und Richtungshaltung auf, so sollten sie gut gedämpft verlaufen, damit dem Fahrer hinreichende Reaktionszeiten zur Verfügung stehen. Als besondere Bedingung für diesen Versuch ist das Durchfahren der Seitenwindstrecke mit Dachbeladung bzw. mit Anhänger zu sehen. Detaillierte Informationen zur Physik des Seitenwindverhaltens sind in Abschn. 2.1.2 zu finden.

3.7.7 Fahrkomfort (objektiv)

Die wichtigsten Kriterien zur Beurteilung des Fahrkomforts sind in Abschn. 3.6.7 angeführt und die Physik der Vertikaldynamik ist in Abschn. 2.4 sehr ausführlich beschrieben. Der Fahrkomfort umfasst die Gesamtheit aller auf die Insassen einwirkenden Mechanismen und akustischen Schwingungen, die in Abschn. 4.1 behandelt werden.

Die wesentlichen, für die objektive Beurteilung des Fahrkomforts ermittelbaren Größen sind die Geräusche im Fahrgastraum, gemessen in der Nähe des Ohrs des Fahrers, und Aufbaubeschleunigungen, gemessen an den Stellen, an denen der Fahrer mit dem Aufbau direkt in Kontakt steht, nämlich dem Sitz [15], dem Bodenblech, dem Lenkrad und dem Schaltungsknauf. Der Fahrkomfort wird, wie in der Tab. 2.8 dargestellt, beeinflusst durch die Festlegung der Parameter Aufbaumasse, Aufbau- und Reifenfedersteifigkeiten und -dämpfungskonstanten. Auch eine gute Isolierung von Schwingungen, die vom Fahrwerk und vom Antriebsaggregat zum Aufbau gelangen, mithilfe von Gummi-Metalllagern und Dämm-Matten verbessern den Fahrkomfort deutlich. Neben den Vertikalbeschleunigungen sind auch die Wank- und Nickbeschleunigungen komfortrelevant.

Aufgaben zum Kapitel 3 – Fahrverhalten
 1. Wie wird das Fahrverhalten definiert?
 2. Was ist eine subjektive und was eine objektive Beurteilung?
 3. Nennen Sie mind. 6 von 10 Anforderungen an das Fahrverhalten.
 4. In welcher Entwicklungsphase ist eine objektive Beurteilung unerlässlich und warum?
 5. Was sind offene und geschlossene Regelkreise?
 6. Was ist der Unterschied zwischen Fixed und Free Control?
 7. Was ist ein Fahrmanöver?
 8. Wo wird das Fahrverhalten getestet?
 9. Beschreiben Sie den VDI-Ausweichtest /Elch-Test).
10. Beschreiben Sie den ISO-Wedeltest.
11. Nennen Sie gängige Lenkwinkelfunktionen für Fahrmanöver.
12. Was ist eine stationäre und was eine instationäre Kreisfahrt?
13. Welche Parameter beeinflussen ein Fahrmanöver?
14. Zählen Sie min. 10 Maßnahmen auf, um ein Übersteuerverhalten zu korrigieren.
15. Beschreiben Sie die Bewertung der zweistufigen Bewertungskonzepte.
16. Wie wird das Anfahrverhalten getestet?
17. Wie wird das Bremsverhalten getestet?
18. Wie wird das Lenkverhalten getestet?
19. Was ist der Handlingtest?
20. Was ist eine Schlechtwegstrecke?
21. Was sind Messgrößen zur Bestimmung objektiver Fahrverhalten?
22. Beschreiben Sie Varianten des Bremstests bei der Geradeausfahrt.
23. Wie wird Lenkradrückstellverhalten gemessen?
24. Was sind charakteristische und was kritische Geschwindigkeiten?
25. Was sind die für eine objektive Beurteilung ermittelten Größen des Fahrkomforts?
26. Wie beeinflusst ein Anhänger das Fahrverhalten?

Literatur

1. Becker, K. (Hrsg.): Subjektive Fahreindrücke sichtbar machen III. Expert, Renningen-Malmsheim (2009)
2. Bundesministerium für Forschung und Technologie (Hrsg.): Technologien für die Sicherheit im Straßenverkehr. Umschau Verlag, Frankfurt a. M. (1976)
3. Becker, K. (Hrsg.): Subjektive Fahreindrücke sichtbar machen I. Expert, Renningen-Malmsheim (2000)
4. Becker, K. (Hrsg.): Subjektive Fahreindrücke sichtbar machen II. Expert, Renningen-Malmsheim (2002)
5. Heißing, B.: Vorlesung „Dynamik der Straßenfahrzeuge". Manuskript zur Vorlesung, Lehrstuhl für Fahrzeugtechnik-TU München (2006)
6. VDA (Hrsg.): Auto Jahresbericht 2002. VDA, Frankfurt a. M. (2002)
7. N.N.: Fahrdynamik-Tests. Auto Bild **14**(51) (2007)
8. www.atp-papenburg.de
9. Henker, E.: Fahrwerktechnik – Grundlagen, Bauelemente, Auslegung. Vieweg, Wiesbaden (1993)
10. Rompe, K., Heißing, B.: Objektive Testverfahren für die Fahreigenschaften von Kraftfahrzeugen. Verlag TÜV Rheinland, Köln (1984)
11. Heißing, B., Brandl, H.J.: Subjektive Beurteilung des Fahrverhaltens, 1. Aufl. Vogel, Würzburg (2002)
12. Stall, E., Bensinger, J., Van Dest J.C.: Neue Gelenke zur Isolation von Motoranregungen beim Frontantrieb. ATZ **95**, 204–209 (1993)
13. Adomeit, G.: Dynamik I. Unterlagen zur Vorlesung an der RWTH Aachen (1989)
14. Zomotor, A.: Fahrwerktechnik: Fahrverhalten, 1. Aufl. Vogel Buchverlag, Würzburg (1987)
15. Haldenwanger, H.G.: Entwicklung und Erprobung von Sitzen. ATZ **84**, 437–446 (1982)

Fahrkomfort

4

Metin Ersoy, Klaus Kramer und Wolfgang Sauer

Einleitung

Der Fahrkomfort umfasst die Gesamtheit aller auf die Insassen einwirkenden mechanischen und akustischen Schwingungen [1] in allen Fahrsituationen.

Der Fahrkomfort wird bestimmt durch die Abstimmung der Federung (weich oder hart), die Fahreigenschaften (ruhig gedämpft oder hart und poltrig), die Geräuschentwicklung (leise oder laut) und die Ausstattung, die dem Fahrer die Arbeit des Fahrens erleichtert [2] (z. B. Servohilfen für Lenkung, Automatikgetriebe, Assistenzsysteme u. a.) bzw. den Insassen ein entspanntes Reisen ermöglicht (z. B. einfache Bedienung, bequeme Sitze, behagliche Temperierung etc.).

Der Fahrkomfort wird im Allgemeinen definiert durch ein geringes Beschleunigungsniveau der am Gesamtfahrzeug und an Fahrzeugkomponenten auftretenden Schwingungen. Neben den translatorischen Bewegungen gelten niedrige Nick- (beim Bremsen und Beschleunigen) und Wankbeschleunigungen (während der Kurvenfahrt) als weitere Komfortmerkmale.

Außer den fühlbaren Schwingungen trägt auch die Geräuschentwicklung im Innenraum zum Komforteindruck bei. Je teurer ein Automobil ist, desto geringere Innengeräusche werden erwartet.

M. Ersoy (✉)
Ehemals ZF Friedrichshafen AG, Walluf, Deutschland
E-Mail: metin.ersoy@t-online.de

K. Kramer
ZF Friedrichshafen AG, Damme, Deutschland

W. Sauer
Novisys, Bad Soden, Deutschland

© Springer Fachmedien Wiesbaden GmbH, ein Teil von Springer Nature 2020
M. Ersoy (Hrsg.), *Fahrwerklehrbuch Band 1*,
https://doi.org/10.1007/978-3-658-26712-4_4

Obwohl der Name „Fahrkomfort" sich auf ein fahrendes Fahrzeug bezieht, ist der Komfort auch beim stehenden Fahrzeug von Bedeutung, insbesondere bei laufendem Motor (Leerlauf).

Ein hohes Gesamtgewicht und große Radstände sowie Spurweiten sind wichtige Voraussetzungen für guten Fahrkomfort. Bei hohem Aufbaugesamtgewicht ändert sich die Aufbaueigenfrequenz durch Beladung wenig sowie die vertikalen Radlastschwankungen beeinflussen den Aufbau weniger, weil das Verhältnis Aufbaumasse zu Radmasse günstig ist. Großer Radstand und große Spurweite verursachen kleinere Nick- und Wankwinkel und geringere Nick- sowie Wankbeschleunigungen.

Ein wesentlicher Beitrag zu gutem Komfortverhalten wird jedoch durch eine optimale Abstimmung der Federsteifigkeiten und Dämpferkonstanten erreicht. Der Fahrkomfort lässt sich deutlich verbessern, wenn die Feder- und Dämpferparameter sich aktiv an jede Fahrsituation anpassen lassen (aktive Fahrwerke).

Die Schwingungen und Geräusche von Fahrbahn, Fahrwerk und Antriebsaggregaten, die sich über die Bauteile in den Fahrgastraum übertragen, können durch die zwischengeschalteten viskoelastischen Übergänge *(Gummi-Verbundteile)* deutlich reduziert oder vollständig eliminiert werden.

In diesem Kapitel werden nach den Grundlagen, verschiedene Ausführungen von Gummiverbundteilen beschrieben, die in Pkws als einfache und geregelte Bauteile ein breites Anwendungsgebiet als Aggregatelagerung, Lenkerlagerung, Achsträgerlagerung, Federbeinlagerung, Verbundlenkerlagerung haben.

Das Kapitel wird mit der Diskussion über die zukünftigen Bauteilausführungen abgeschlossen.

4.1 Grundlagen, Mensch und NVH

Der Fahrkomfort lässt sich umschreiben als das Wohlbefinden der Insassen während der Fahrt. In erster Linie sind es die Schwingungen in der Fahrgastzelle, die das Wohlbefinden beeinträchtigen, sei es als Vibrationen, Geräusche oder beides zusammen. Da die Schwingungsquellen wie Fahrbahn, Fahrwerk, Antriebsstrang sich außerhalb der Fahrgastzelle befinden, kann deren Weiterleitung und Eindringen in die Fahrgastzelle mit Einsatz geeigneter Bauelemente verhindert werden.

4.1.1 Begriffe und Definitionen

Aus der Perspektive der Fahrwerktechnik umfasst der Fahrkomfort im Allgemeinen alle auf die Insassen einwirkenden Schwingungsphänomene. Aus dem Englischen hat sich für diesen Bereich der fahrzeugspezifischen Schwingungstechnik auch die Kurzform NVH verbreitet. Die Abkürzung steht für *Noise, Vibration and Harshness* und umfasst akustische und mechanische Schwingungen und ihre subjektiven Wahrnehmungen durch den Menschen.

Abb. 4.1 Zusammenhang der Schwingungsfrequenz zur Wahrnehmung als Vibration, Rauigkeit und Geräusch [3]

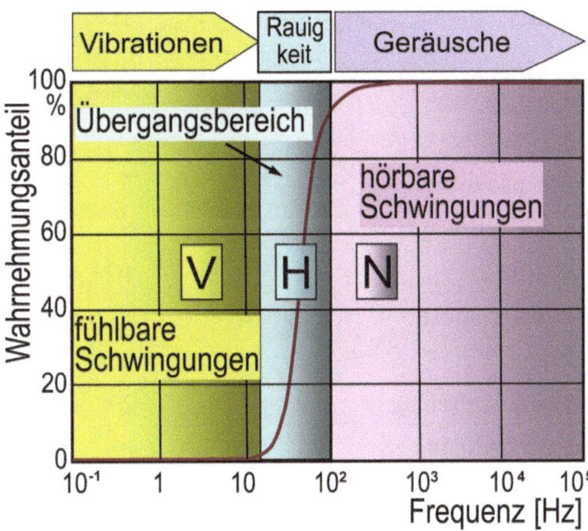

In Abb. 4.1 ist die Zuordnung der Frequenzbereiche zu den drei Begriffen Vibration, Rauigkeit (Abrollkomfort) und Geräusche dargestellt [3].

Neben der messtechnischen Erfassung und Analyse der verschiedenen Schwingungseinflüsse, werden die Einwirkungen auf die Fahrzeuginsassen subjektiv beurteilt. Gängige Begriffe und Umschreibungen der komfortrelevanten NVH-Einflüsse werden dominierenden Frequenzbereichen zugeordnet, für die aber keine klare Trennung möglich ist, da in der Regel frequenzgemischte Signale auftreten und der Mensch gleichzeitig einwirkende Geräusche und Vibrationen sehr unterschiedlich fühlt und bewertet (Tab. 4.1).

Der Begriff der Rauigkeit *(Harshness)* beschreibt typischerweise hör- und fühlbar wahrgenommene Schwingungen, die in einem Frequenzbereich von 20 bis 100 Hz auftreten (Abb. 4.1).

Antriebsgeräusche werden hier nur in dem interessierenden Bereich der Fahrwerksakustik betrachtet, die als primäre Körperschallübertragung einen wichtigen Anteil am NVH-Komfortverhalten des Gesamtfahrzeugs haben.

Im Fahrwerk spielen Gummi-Verbundkomponenten als elastokinematische Verbindungselemente eine wichtige Rolle bei der Übertragung von Einwirkungen, die dem Bereich NVH zugeordnet werden können. Die elastomeren Fahrwerkslager beeinflussen nicht nur die dynamischen Übertragungseigenschaften aller Fahrwerkskomponenten, sondern werden auch als vibroakustische Abstimmglieder für die psychoakustischen und fahrdynamischen Spezifikationen der Fahrzeughersteller genutzt, um die Entwicklungsziele wie z. B. eine unverwechselbare Soundcharakteristik des Antriebs, eine hohe Fahrsicherheit sowie Sportlichkeit und Agilität zu erreichen.

Die quasistatischen und dynamischen Übertragungseigenschaften der Fahrwerkslager werden im Wesentlichen durch die Materialeigenschaften und die Bauteilgeometrie festgelegt. Die Materialparameter der elastomeren Werkstoffe zeigen eine signifikante Abhängigkeit von der Art der Anregung, dem Einfluss durch die Umgebung (Temperatur, Vorspannung, chemische Reaktionen mit Umgebungsmedien) und der Belastungshistorie (Alterung, Setzung, Vordeformation, Überlastung und Missbrauch).

Tab. 4.1 Einflüsse auf den Fahrkomfort [4]

Schwingungsphänomen			Anregung		
	f(Hz) von-bis		Fahrbahn	Unwucht	Antriebstrang
Aufbauschwingung	0,5	5	++		
Reiten, FreewayHop	2	5	++		
Längsruckeln	4	10			++
Stuckern, Shake	7	15	++	+	
Prellen	7	25	++		
Lastwechselschlag	8	20			++
Achsschwingungen	10	15	++	+	
Lenkunruhe	10	20		+	
Bremsrubbeln	15	25		+	
Zittern, Schütteln	15	40			++
Leerlaufschütteln	20	30			++
Abgasanlage	20	1000			++
Dröhnen	30	70	++	+	++
Achsrauigkeit	30	80	++		
Abrollen	30	300	++		
Motorgeräusche	200	5000			++
Getriebegeräusche	400	500			++

Die Elastomerwerkstoffe werden heute entsprechend den technischen Anforderungen für die jeweiligen Einbaupositionen der Fahrwerkslager entwickelt und produziert. Im Gegensatz zu metallischen Werkstoffen besitzen Elastomerwerkstoffe hyperelastische und inhärente Dämpfungseigenschaften, die für die Schwingungs- und Geräuschisolation konstruktiv verwendet werden.

Dennoch reicht das Dämpfungsvermögen der Gummiwerkstoffe nicht bei jeder Schwingungsisolation im Fahrwerk aus. Dies führte zur Entwicklung hydraulisch dämpfender Elastomerlager *(Hydrolager)*, die neben der Werkstoffdämpfung durch Massenträgheit und Reibung einer angekoppelten Fluidbewegung zusätzliche Dissipation im Übertragungspfad *(noise path)* erzeugen.

Das Übertragungsverhalten der Fahrwerkslager wird durch die Messung der statischen Federraten und der dynamischen Steifigkeiten als Funktion der Anregungsamplitude und -frequenz in den sechs Schwingungsfreiheitsgraden (je drei translatorische und rotatorische Freiheitsgrade) analysiert und mit den Komfortkriterien des Gesamtfahrzeugs verglichen (subjektive Fahrzeugbeurteilung hinsichtlich eines Rating Systems).

Durch die stochastischen Anregungsprofile und die partiell großen Bauteilverformungen im Zusammenwirken mit den komplexen Werkstoffeigenschaften führen die NVH-Ereignisse im Fahrwerk in der Regel zu nichtlinearen Simulationsmodellen für die Vorauslegung der Fahrwerkslager.

4.1.2 Schwingungs- und Geräuschquellen

Eine hauptsächliche Ursache für die Entstehung von Schwingungen im Fahrwerk ist der Kontakt der Reifen zur Fahrbahn. Beim Überfahren von Straßenunebenheiten folgt das Rad der Topografie in Abhängigkeit von den eigenen Parametern wie Reifenhalbmesser, ungefederte Massen und Verformungsverhalten. Fahrbahnen mit verkehrsüblichen Streckenführungen (Autobahnen, Stadt- und Landstraßen) werden durch die standardisierte Messung der spektralen Amplitudendichte *(Power Spectral Density)* über der Wellenlänge klassifiziert. Für die Beeinträchtigung des Fahrkomforts und für die Auslegung der Bauteilfestigkeiten sind in dem niederfrequenten Frequenzbereich bis 50 Hz Fahrbahnwellenlängen von 150 mm bis 90 m relevant, wenn die Fahrgeschwindigkeiten bis zu 200 km/h erreichen (s. Abschn. 2.4.8).

Diese statistische Beschreibung des Anregungszustandes erfasst aber nicht die regellosen Hindernisse wie einerseits Schlaglöcher in Reifengröße und andererseits scharfkantige Hindernisse mit einer nur 5 mm hohen Stufe oder Vertiefung wie bei Stoßfugen. Gerade diese Störungen führen zu Anregungen der Fahrwerksstruktur, durch die mechanische Schwingungen und Körperschall auf unterschiedlichen Pfaden in den Innenraum weitergeleitet und dort als Vibration im Sitz, Lenkrad oder Karosserieboden gefühlt werden.

Das Rollgeräusch entsteht an der Kontaktfläche des Reifens zur Fahrbahnoberfläche. Die komplexe Struktur des Reifens schwingt mit einer Vielzahl von Eigenformen bei unterschiedlichen Frequenzen (s. Bd. 2, Abschn. 9.4.4). Die Körperschallschwingungen werden über die Felge, die Radaufhängung und den in der Regel immer vorhandenen Achsträger in die Karosserie übertragen und schließlich an den Oberflächen des Innenraums als Luftschall abgestrahlt.

Gleichzeitig werden die Reifenschwingungen an seiner Oberfläche als Luftschall an die Umgebung abgestrahlt, der wiederum Karosserie- und Fensterteile zu Schwingungen anregen kann, die nach erneuter Abstrahlung vom Insassen als Geräusch wahrgenommen werden.

Eine weitere dominante Quelle für Schwingungen und Geräusche, die den Fahrkomfort beeinflussen, ist der Antriebsstrang des Fahrzeugs, dessen Aggregate wie Motor, Getriebe und Abgasanlage über Elastomerlager mit dem Aufbau oder der Fahrwerksstruktur verbunden sind. Die elastische Aggregatelagerung trägt nicht nur die anteiligen Gewichte, sondern unterdrückt durch Werkstoff- oder hydraulische Dämpfung störende Schwingungen (z. B. Motorstuckern) und entkoppelt Körperschall vom Innenraum.

Die Gas- und Massenkräfte, die bei der Verbrennung im Motor entstehen, prägen die Anregungsspektren, die in Abhängigkeit von der Motorordnung und der Resonanzfähigkeit der schwingungsfähigen Strukturen des Fahrwerks und der Karosserie zu Komforteinbußen führen. Aber auch Reib- und Kontaktvorgänge im Getriebe, in Wälzlagern und Kupplungen sind Quellen für die Schwingungs- und Geräuschentstehung.

Mit dem NVH-Komfort eng verbunden sind die Anforderungen an die marken- und modellspezifische Fahrzeugakustik, die durch ein Sounddesign gezielt moduliert wird. Obwohl im ersten Schritt der Gesamtpegel reduziert und Störanteile herausgefiltert werden, kann dies bedeuten, einzelne Geräuschanteile bewusst anzuheben, um einen unverwechselbaren Klang des Antriebs zu erzeugen. Auch die Übertragungscharakteristika der Fahrwerkslager werden für diese Optimierungen entsprechend abgestimmt, da der Körperschall durch ihre Spektralfilterfunktion wirkungsvoll modifiziert werden kann.

Eine weitere Quelle für Schwingung und Geräusche ist die Fahrwerksstruktur selbst. Elastisch verbundene, gelenkige und massebehaftete Komponenten der Radaufhängung, der Achse und der Lenkung, in denen im Betrieb Reibungs- und Kontaktereignisse vorkommen, erzeugen eine Vielzahl von gekoppelten Schwingungsformen und Eigengeräuschen. Der Kontakt zwischen Reifen und Fahrbahn und der Antrieb als Störquellen regen die gewichtsoptimierten Fahrwerksstrukturen in den Resonanzbereichen an, sodass die Intensität der übertragenen Schwingungen vermindert *(Tilger)* oder verstärkt *(Resonator)* wird.

4.1.3 Wahrnehmungsgrenzen des Menschen

Über die Wahrnehmungsempfindlichkeit des menschlichen Körpers gibt es mehrere wissenschaftliche Untersuchungen. Alle zeigen, dass es keinen absoluten Standard gibt, der durch physikalische, messbare Parameter wie zum Beispiel Wegamplituden oder Beschleunigungen bei einer gegebenen Frequenz ausgedrückt werden könnte [5].

Dennoch gibt es genügend Testdaten aus verschiedenen Studien, die statistisch ausgewertet Wahrnehmungsbereiche abgrenzen, in denen die Schwingungs- und Geräuschbelastung von Testpersonen als schmerzhaft, sehr unangenehm, spürbar oder nicht mehr wahrnehmbar beurteilt wird (Abb. 4.2). Im Vordergrund standen bei diesen Studien mehr die medizinischen Aspekte der Schwingungseinwirkungen auf den menschlichen Körper als die Komfortkriterien sitzender Menschen in Kraftfahrzeugen [6].

Bei der akustischen Wahrnehmung sind die Grenzen noch viel weiter gesteckt. Der Schalldruck bei der menschlichen Schmerzgrenze ist 10^6- bis 10^7-mal größer als bei der Hörgrenze (Abb. 4.3).

Das menschliche Gehör nimmt nicht alle Frequenzen gleich stark wahr. Es werden Bewertungsfilter verwendet, die die Empfindlichkeit des Gehörs nachbilden. In der Automobilindustrie wird vorwiegend die A-Bewertung verwendet. Dabei werden in einer breitbandigen Geräuschanregung die Anteile unter 1000 Hz abgeschwächt. Dröhn- und Brummgeräusche werden nicht so stark wahrgenommen wie Pfeif- oder Zischgeräusche.

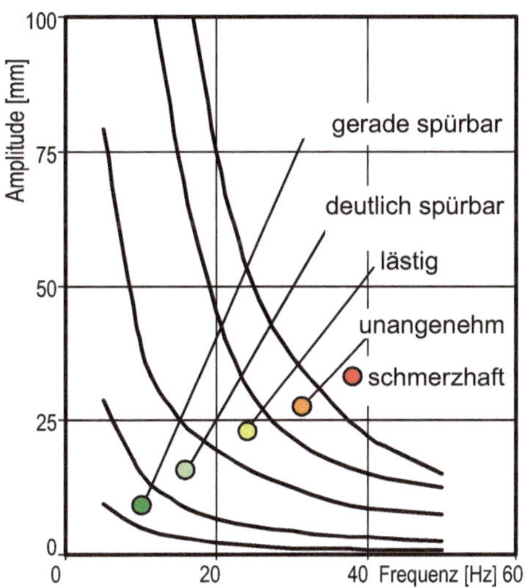

Abb. 4.2 Wahrnehmungsbereiche des Menschen, vertikale Körperbewegung [6, 7]

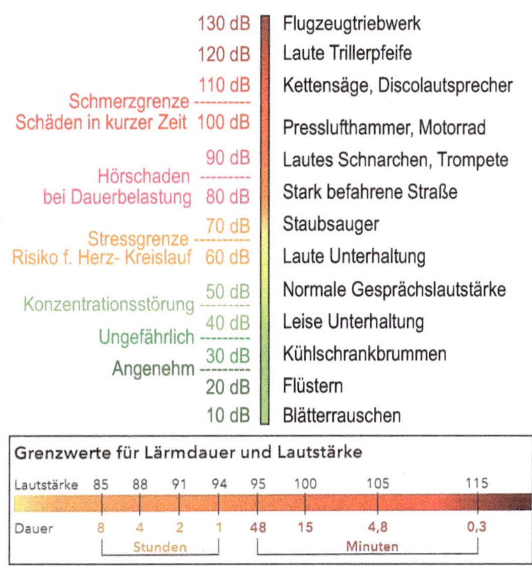

Abb. 4.3 Schalldruckwahrnehmung des menschlichen Gehörs

Für die Differenzierung der verschiedenen Fahrzeugklassen werden auch die Anforderungen an die maximal zulässigen Geräuschpegel im Innenraum sehr genau spezifiziert. Darüber hinaus wird die psychoakustische Wahrnehmung der Fahrzeuginsassen durch weitere Parameter wie Lautheit, Schärfe, Rauigkeit, Tonhaltigkeit und Klangbild beschrieben.

Studien haben ergeben, dass die subjektive Beurteilung von fühlbaren Schwingungen mit kleinen Amplituden in der Gegenwart von hohem Innengeräusch zu schlechteren Ergebnissen führt. Aber Vibrationen mit großen Amplituden erhalten bessere Beurteilungen, wenn hohe Geräuschpegel gleichzeitig einwirken.

Der Fahrkomfort wird im Allgemeinen auch höherwertig eingestuft, wenn das Innengeräusch geringere Intensität besitzt und im unteren Frequenzbereich dominiert [8].

Auch das Alter des Menschen spielt bei der Beurteilung komfortrelevanter Einflussgrößen eine nicht zu vernachlässigende Rolle. Zwischen dem 25. und 50. Lebensjahr verliert der Mensch ca. 30 bis 40 dB Hörempfindlichkeit im Bereich größer 3 kHz Schwingungen. Für die Abstimmung des Fahrkomforts sollten demnach auch das Alter der NVH-Ingenieure und der Zielgruppen mitberücksichtigt werden.

In weiteren Untersuchungen wurde der Einfluss der Phasendifferenz zwischen unterschiedlichen, aber gleichzeitigen Schwingungseinwirkungen auf den menschlichen Körper nachgewiesen. Wird der Sitz und Boden einer sitzenden Person vertikal mit 4 Hz beschleunigt und besteht eine Phasendifferenz von bis zu 180° zwischen beiden Anregungen, wird der Komfort schlechter beurteilt als bei synchroner Schwingungseinleitung. Der Effekt verschwindet wieder bei Beschleunigungen über etwa 0,6 m/s^2 [4].

4.1.4　Das Wohlbefinden des Menschen

Eine Übersicht über die biologischen und psychischen Effekte, die zu erwarten sind, wenn der menschliche Körper Schwingungen verschiedener Frequenzen und Amplituden ausgesetzt wird, ist in Abb. 4.4 zusammengestellt [7] (s. Abschn. 2.4.7).

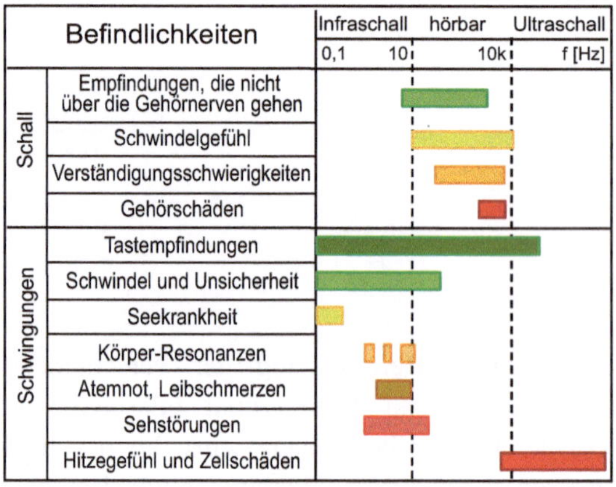

Abb. 4.4 Schwingungseinwirkungen auf den menschlichen Körper

Das Wohlbefinden des Menschen, das sich bedingt durch die Gesundheit, die Stimmung und die aktuelle Situation schnell und grundlegend ändern kann, eignet sich kaum als Beurteilungsskala, um den Fahrkomfort für ein ganzes Fahrzeugleben abzustimmen.

Da bisher objektive Messgrößen nur eine unzureichende Bewertung über angenehme oder unangenehme Schwingungen oder Geräusche zulassen, wird das zielgruppenorientierte akustische und fühlbare Schwingungsprofil durch eine Vielzahl von subjektiven Beurteilungen erarbeitet.

Für das Fahrwerk eines leistungsstarken Sportwagens ist es beispielsweise wichtig, dass Fahrbahnunebenheiten gezielt an den Fahrer übertragen werden, um eine gute Rückmeldung über Fahrbahnbeschaffenheit und Fahrzustand zuzulassen. Eine moderate Schwingungsübertragung wird hier als spürbar angenehm empfunden, erhöht das Gefühl der Sicherheit und trägt zum Fahrspaß bei.

Da das psychische Wohlbefinden des fahrenden Menschen nur begrenzt einschätzbar ist, sollte der medizinische Aspekt der körperlichen Beeinträchtigung in die Komfortuntersuchungen einbezogen werden, um insbesondere Langzeitwirkungen besser vorhersehen zu können. Einzelne Organe und Körperteile besitzen im nachgiebigen Gewebe eine Beweglichkeit, die bei entsprechender Anregung zu Resonanzerscheinungen führen kann (s. Abb. 2.94).

Andauernde Belastungszustände können die Körperpartien in Mitleidenschaft ziehen und führen in letzter Konsequenz zu Unwohlsein oder sogar Krankheit.

Umfangreiche Untersuchungen über die Schwingungsfähigkeit der menschlichen Körperteile zeigen, dass der Mensch über einen großen Frequenzbereich zu Eigenschwingungen seiner Körperpartien fähig ist (Tab. 4.2) [7].

Die auf den menschlichen Körper einwirkenden Schwingungen werden bei sitzenden Menschen über Gesäß und Oberschenkel in die oberhalb des Sitzes befindlichen Körperteile, über den Fahrzeugboden in die Füße und Unterschenkel und über das Lenkrad oder über die Armlehne in Hände und Arme geleitet. Dabei sind im Allgemeinen die eingeleiteten Bewegungen verschieden groß. Es treten neben diesen translatorischen Bewegungen in vertikaler Richtung noch die wesentlichen Nick- und Wankdrehungen um die Mittelachse des Oberkörpers auf [4].

Tab. 4.2 Eigenfrequenzen der Körperpartien

Körperteile	Hz
Kopf (axial)	ca. 25
Schulterpartie	4–5
Brustkorb	ca. 60
Wirbelsäule	10–12
Bauch	4–8
Unterarm	16–30
Handgriff	50–200
Beine	ca. 2

Bei der NVH-Abstimmung sind diese Eigenschwingungen und -frequenzen im Einzelnen zu berücksichtigen, um ein späteres Unwohlwerden der Insassen auf allen Sitzplätzen auszuschließen.

4.1.5 Maßnahmen gegen Schwingungen und Geräusche

Die Auslegung des Fahrkomforts erfolgt auf der Basis der im Lastenheft eines Fahrzeugs definierten Marktpositionierung mit den möglichen Ausprägungen wie „sportlich agil", „komfortorientiert" oder „geschmeidig kompakt". Mit der Positionierung des Fahrzeugs wird auch festgelegt, in welchem Umfang Schwingungsbelastungen auf die Fahrzeuginsassen zugelassen werden, um eine fühlbare Rückmeldung über den Fahrbahnkontakt an den Fahrer zu erreichen.

Der Fahrkomfort wird durch das Zusammenspiel aller Radführungs-, Federungs- und Dämpfungselemente und der Karosserie mit Anbauteilen bestimmt. Im Hinblick auf die fahrdynamischen Anforderungen entsteht häufig ein Zielkonflikt mit den NVH-Komfortansprüchen, der nur durch eine simultane Erprobung und Beurteilung aller Kriterien in einen akzeptablen Kompromiss aufgelöst werden kann.

Um Maßnahmen zur NVH-Abstimmung ergreifen zu können, müssen alle Komponenten der Fahrzeugteilsysteme auf dem Übertragungsweg betrachtet und gegebenenfalls modifiziert werden. Diese sind:

- Reifen,
- Federung, Stabilisatoren, Zusatzfedern,
- Schwingungs- und Stoßdämpfer,
- elektronische Fahrwerksregelsysteme,
- Reibung der Radaufhängung,
- elastische Fahrwerkslager,
- Aggregatelager,
- lokale/globale Karosseriesteifigkeiten,
- Schalldämmungsauskleidung,
- Sitzfederung und -dämpfung.

Im Fahrwerk werden vorzugsweise die elastischen Fahrwerkslager zur NVH-Feinabstimmung genutzt, weil dadurch in nur begrenzt vorhandenen Bauräumen eine gezielte Steifigkeits- und Dämpfungsvariation mit vertretbarem Änderungsaufwand möglich ist. Durch die hyperelastischen Eigenschaften des Werkstoffs Gummi werden im Vergleich zu metallischen Werkstoffen große Verformungsenergiedichten erreicht. Federkennlinien mit linearem Anteil, weichem Übergang in die Anschlagprogression und definierten Maximalverformungen an der jeweiligen Einbauposition lassen eine große Abstimmungsbandbreite zu.

Die Federkennlinien und -steifigkeiten in den radialen, axialen und kardanischen Drehrichtungen können weitgehend unabhängig voneinander eingestellt werden, um z. B. die Nebenfederraten von Radlenkerlagern zu minimieren (Verringerung der Hystereseverluste) und dennoch hohe Radialsteifigkeiten für die Fahrdynamik zur Verfügung zu stellen.

Durch konstruktive Anordnung der Gummifederpakete wird eine Reihen- oder Parallelschaltung erzeugt, um die Kraftübertragung auch über unterschiedliche Wege zu realisieren. Die Federpakete können unabhängig voneinander ausgelegt werden, um eventuell Körperschall durch eine hochelastische Feder mit geringer dynamischer Verhärtung zu dämmen und mechanische Stoß- und Schwingungseinwirkungen durch eine harte Feder mit hoher Dämpfung (auch hydraulische Dämpfung) von der Karosserie zu entkoppeln.

Treten lokal Strukturschwingungen in einem schmalen Frequenzbereich auf, die den Fahrkomfort beeinträchtigen, kann gezielt mit einer elastisch aufgehängten Masse die Störung getilgt werden. Elastomertilger werden im Antriebsstrang als Drehschwingungstilger, in der Karosserie und im Fahrwerk als Translationstilger in zahlreichen Einbaupositionen verwendet.

Um den steigenden Anforderungen an den Fahrkomfort Rechnung zu tragen, werden Elastomerlager mit erweiterter Funktionalität entwickelt. Zur angekoppelten Funktion hydraulischer Dämpfung kommen auch geschaltete Motorlager und aktive Lagersysteme in Betracht. Bei adaptiven oder geschalteten Lagern wird zwischen zwei Übertragungscharakteristika in Abhängigkeit von einem lagerexternen Steuersignal hin- und hergeschaltet (z. B. hydraulisch dämpfendes Motorlager mit Leerlaufentkopplung). Bei aktiven Lagern werden durch Einwirken externer Aktuatorkräfte in den Übertragungsweg des Lagers die dynamischen Steifigkeiten über einen großen Frequenz- und Amplitudenbereich beeinflusst (s. auch 4.8 und 4.9).

Für bestimmte Fahrbetriebszustände wie Leerlauf, Ausrollen, Schubbetrieb mit Zylinderabschaltung wird eine weiche, den Körperschall isolierende Übertragungssteifigkeit eingeregelt. In Fahrsituationen, in denen Fahrdynamik, Sicherheit und Sportlichkeit dominieren, werden die Lager durch härtere Übertragungssteifigkeiten und höhere Dämpfung direkter an die Anschlusselemente angekoppelt.

4.1.6 Vorgehen bei der NVH-Optimierung

In der Beurteilung von Geräusch und Schwingungskomfort von Fahrzeugen gibt es eine Reihe von bekannten Phänomenen, die in der Tab. 4.1 zusammengefasst sind. Die Störungsbeseitigung wird durch die Ermittlung der Ursachen und Einführung der Abhilfemaßnahmen vorgenommen [9]. Der Ansatz geht dabei in der Regel von vier Schritten aus:

1. Feststellung der Geräuschquelle,
2. Optimierung der Geräuschquelle,
3. Optimierung des Übertragungspfades,
4. Optimierung des Gesamtsystemverhaltens.

Der erste Schritt beschäftigt sich mit dem Aufspüren der Anregung und den Geräuschquellen. Die Anregung kann in Antriebstrang (Motor, Getriebe, Hilfsaggregate, Kardanwelle, Achsgetriebe, Seitenwellen), Hydraulik, elektrische Aktuatoren, Fahrbahn oder Unwuchten entstehen.

Zunächst wird die Frequenzbandbreite des Geräusches gemessen und eine Frequenzanalyse durchgeführt. Je nach der festgelegten Anregungsquelle und gemessenen Störfrequenz kann in vielen Fällen die Anzahl der als Hauptgeräuschquelle infrage kommenden Komponenten stark eingeschränkt werden (Abb. 4.5).

Der zweite Schritt des Lösungsansatzes bezieht sich auf die Verbesserung der als Quelle definierten Komponenten. Der Optimierung der Komponenten geht eine Bestimmung der modalen Eigenschaften der Komponenten voraus. Die Eigenfrequenzen und dazugehörigen Schwingformen werden mithilfe der Modalanalyse entweder rein experimentell oder computergestützt durch Simulation ermittelt. Eine anschließende CAE-Sensitivitätsanalyse gibt Aufschluss über das Potenzial unterschiedlicher geometrischer Parameter für eine Verbesserung der modalen Eigenschaften. Die Resonanzen der Komponenten lassen sich vermeiden, wenn deren Eigenfrequenzen deutlich unter oder noch besser über der Anregungsfrequenz liegen [9].

Nicht alle der gefundenen Parameter (z. B. Bauteilabmessungen, Massen, Werkstoffe, Wanddicken, Geometrien, Biege- und Torsionsmoden) lassen sich beliebig variieren. Die Sensitivitätsanalyse beurteilt in einem iterativen Verfahren die durch die einzelnen Maßnahmen erreichbaren Verbesserungen und stellt im Anschluss eine geeignete Auswahl von Parametern und deren Variationen zusammen.

Im dritten Schritt wird die Schnittstelle zum Gesamtfahrzeug bzw. zur Karosserie untersucht. Hierbei wird häufig auf das Mittel der experimentellen Transferpfadanalyse

Abb. 4.5 Beispiele für Geräuschphänomene in einem Pkw [10]

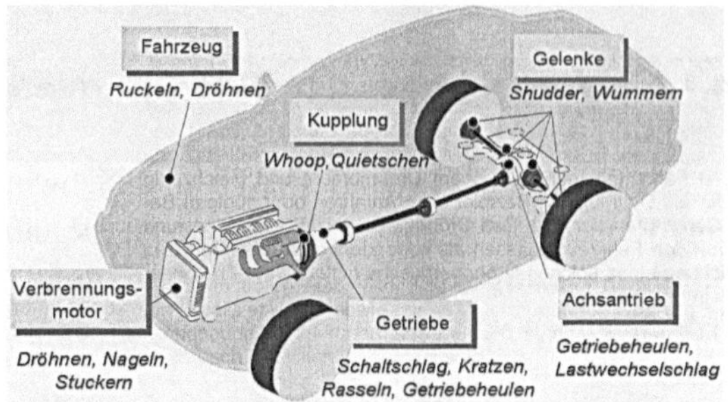

zurückgegriffen, welche Auskunft über den Hauptschallübertragungspfad gibt. Ebenso kommen Abkoppelungstests zum Einsatz, bei denen gezielt Pfade getrennt werden, um deren Einfluss auf die Übertragung der Schwingungen in den Innenraum bestimmen zu können.

Nach Identifikation des Hauptübertragungspfads werden mithilfe CAE gezielte Verbesserungen an den entsprechenden Komponenten vorgenommen. Dies betrifft die Gestaltung von Lenkeranbindungsstellen, Achsträgern und dessen Verbindung zum Aufbau bis hin zu Karosserieteilen oder gesamten Karosseriegruppen, wie zum Beispiel der Bodengruppe [9].

Geräusche, die auch als Luftschall an die Karosseriewände und von da aus in den Innenraum übertragen werden können, können mittels geeigneter Dämmstoffe stark reduziert werden.

Im vierten Schritt wird auf das Gesamtsystemverhalten eingegangen. Hier wird das Zusammenspiel der einzelnen Komponenten untersucht und es werden Mechanismen, die das Geräuschverhalten beeinflussen, ermittelt. Als geeignetes Hilfsmittel dient dabei die Betriebschwingformanalyse, mit deren Hilfe die Bewegungen einzelner Komponenten phasengerecht dargestellt werden können. Aus den damit gewonnenen Erkenntnissen werden weitere Optimierungen auf Gesamtsystemebene abgeleitet.

Eine geeignete Maßnahme kann z. B. der Einsatz von Gummimetall-Lagerungen sein, deren Dämpfungseigenschaften in allen drei Bewegungsrichtungen optimal ausgelegt sind, oder aber eine Anpassung der Hebelarme der Lagerung, um eine Anbindung an Stellen mit lokalen Schwingungs- oder Kraftüberhöhungen zu vermeiden.

Bei einem Hinterachsdifferenzial ergeben sich z. B. größere Drehmomente an den Ausgängen, d. h. zu der Anbindung an die Seitenwellen als an der Eingangswelle (Kardanwelle). Die Stützweite der Differenziallagerung in der Längsrichtung muss daher entsprechend groß gewählt werden, um die Momente an den Seitenwellen optimal abzustützen. Dieses Beispiel zeigt, dass nicht nur die optimale Auslegung der Gummiverbundteile, sondern auch der Ort der Lagerungsstellen eine wichtige Rolle spielen [9].

Eine weitere Möglichkeit, die Schwingungsparameter zu beeinflussen, ist der Einsatz von Tilgern, die jedoch aus Kosten- und Gewichtsgründen immer als letzte Maßnahme in Betracht gezogen werden.

4.2 Gummiverbundteile

Gummiverbundteile sind Bauteile, in denen ein Gummiwerkstoff mit einem Metall- oder Kunststoffteil durch Vulkanisieren fest verbunden ist. Durch die feste Verbindung werden die Schwingungen vom Metall oder Kunststoffteil auf den Gummi übertragen und hier gedämpft bzw. isoliert.

Abb. 4.6 Wechselseitige
Beziehungen zwischen
den Anforderungen an
Gummiverbundteile

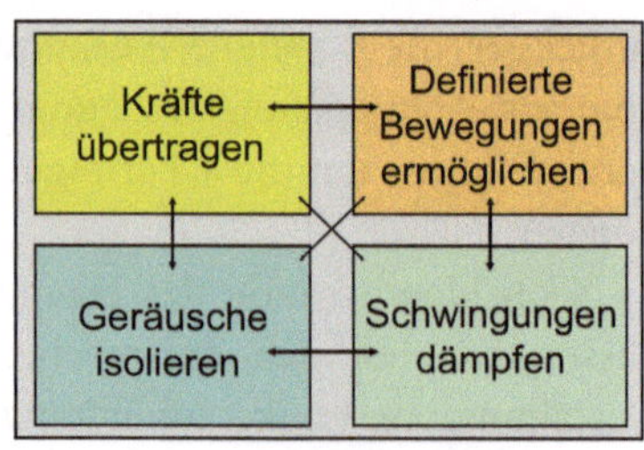

4.2.1 Funktion der Gummiverbundteile

Die wesentlichen Funktionen der Gummiverbundteile mit den gegenseitigen Wechselwirkungen sind in Abb. 4.6 dargestellt.

4.2.1.1 Kräfte übertragen

Gummilager werden zur Verbesserung des Fahrkomforts, der Fahrsicherheit und der
Fahrdynamik eingesetzt und so ergibt sich zwangsläufig die Anforderung, die Kraftübertragung über der Lebensdauer des Fahrzeugs sicherzustellen.

Neben der mechanischen Überbelastung eines Bauteiles, welches sich durch Risse im
Gummitragkörper zeigt, ist der Verlust der Haftung zwischen den Metall- oder Kunst-
stoffteilen und dem Elastomer eine mögliche Ausfallursache.

Weitere Bauteilschädigungen können durch die Alterung des Elastomers auftreten.
Bei nicht mehr ausreichend vorhandenem Alterungsschutz nach langjährigem Einsatz,
können an der Bauteiloberfläche Risse auftreten.

4.2.1.2 Definierte Bewegungen ermöglichen

Bewegungen unter Krafteinleitung zu ermöglichen, hat mit der Weiterentwicklung der
Fahrwerkdynamik einen sehr großen Stellenwert bei der Auslegung von Gummilagern
gewonnen. Die Fahrwerkdynamiker fordern für die Bauteile in fast allen Richtungen
genau abgestimmte Kennlinien, die erhebliche Anforderungen an die Lagergestaltung
stellen.

Für einen guten Abrollkomfort wird eine relativ weiche Kennlinie in Fahrzeuglängsrichtung F_L gefordert. Gleichfalls soll für ein gutes Ansprechen der Federung die
Torsionssteifigkeit gering sein. Für die Erreichung einer hohen Fahrsicherheit ist hingegen eine große Steifigkeit in Fahrzeugquerrichtung notwendig.

4.2.1.3 Geräusche isolieren

Die Betrachtung von Geräuschproblemen hat in den vergangenen Jahren im Kraft-
fahrzeugbau stark an Bedeutung gewonnen. Durch diese Entwicklung wurde der
Geräuschpegel in den Fahrzeugen insgesamt stark abgesenkt, sodass nun u. U. einzelne
Geräuschprobleme stärker herausragen. Die Gummilager müssen zum Erreichen eines

derart niedrigen Geräuschpegels vielfach den Zielkonflikt aus fahrwerksdynamischen und akustischen Anforderungen lösen.

Grundsätzlich wird bei der Geräuschausbreitung zwischen *Luftschall* und *Körperschall* unterschieden, wobei letzterer im Zusammenhang mit Gummi-Verbundteilen betrachtet wird. Der Definition nach ist Schall eine mechanische Schwingung in einem elastischen Medium. Körperschall ist somit Schall in Festkörpern.

Für eine theoretische Betrachtung der „akustischen Güte" wird zunehmend der gesamte Geräuschpfad von der Quelle bis zum Fahrerohr berücksichtigt. Bei der akustischen Auslegung eines Gummi-Verbundelementes muss die umgebende Struktur betrachtet werden, um wirksame Lösungen anbieten zu können. So ist z. B. mit der geläufigen Methode der elastischen Lagerung nur dann eine gute Isolation zu erreichen, wenn die mechanische Impedanz (Quotient von Kraft und Geschwindigkeit) des Gummilagers wesentlich kleiner ist als die aller angeschlossenen Bauelemente. Das heißt, die frequenzabhängigen komplexen mechanischen Impedanzen müssen bekannt sein.

Neben der elastischen Lagerung mit und ohne Dämpfung werden zur Körperschalldämmung auch Massen als Tilger und Kombinationen aus beiden verwendet.

Die hochfrequenten Eigenschaften von Gummi-Verbundelementen selbst sind zum einen von den Materialeigenschaften der verwendeten Gummimischungen und zum anderen von den Geometrien und dem Aufbau der Gummi-Verbundelemente abhängig. Zu den Materialeigenschaften zählen die frequenzabhängige Dämpfung und der frequenzabhängige Elastizitätsmodul beziehungsweise Schubmodul, wodurch die Bauteile eine mit der Frequenz steigende Steifigkeit aufzeigen.

Für eine gute akustische Isolation ist es ein Entwicklungsziel, eine möglichst geringe dynamische Verhärtung zu erreichen.

Ein weiterer akustisch wirksamer Materialparameter des Gummis ist die im Vergleich zu Metallen sehr niedrige Schallgeschwindigkeit (Tab. 4.3).

Im Zusammenhang mit der Geometrie (großvolumige Bauteile) und dem Aufbau (z. B. Zwischenbleche im Gummivolumen) können Resonanzeffekte zu frequenzabhängigen Einbrüchen in der Isolierwirkung führen. Ein Gummi-Verbundelement kann in diesen Frequenzbereichen nicht mehr nur durch eine Steifigkeitsfunktion und eine Dämpfungsfunktion pro Freiheitsgrad beschrieben werden, sondern muss mittels Vierpoltheorie und einer komplexen Steifigkeitsmatrix betrachtet werden.

Tab. 4.3 Schallübertragungsgeschwindigkeiten

Werkstoff	Schallgeschwindigkeit (m/s)
Stahl	5050
Aluminium	5200
Gummi hart	ca. 300
Gummi weich	ca. 50

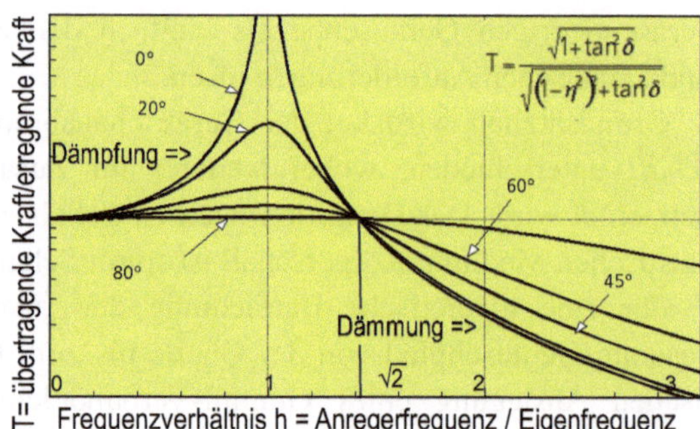

Abb. 4.7 Vergrößerungsfunktion in Abhängigkeit von Dämpfung und Anregungsfrequenz

4.2.1.4 Schwingungen dämpfen

Für eine gute Schwingungsdämpfung wäre, bei einer gleich bleibenden bekannten Anregungsfrequenz, eine hochelastische Lagerung anzustreben. Gemäß Abb. 4.7 ergibt sich ab einem Verhältnis >2 von Erregerfrequenz zur Eigenfrequenz eine Isolation, die bei geringer Dämpfung besonders ausgeprägt ist. In der Fahrwerkdynamik treten jedoch die unterschiedlichsten Anregungsfrequenzen auf, sodass insbesondere für eine Stoßanregung oder das Durchfahren der Eigenfrequenz eine Mindestdämpfung notwendig ist.

Für die Erfüllung dieser vier Funktionen ergibt sich somit eine Reihe von unterschiedlichen, sich zum Teil widersprechenden Forderungen, die sich wie folgt darstellen:

- Kräfte übertragen:
    - hartes Lager geringe Einfederung,
    - niedrige Dämpfung,
- Fahrkomfort:
    - weiche Lager in Fahrzeuglängsrichtung,
    - harte Lager in Fahrzeugquerrichtung,
    - niedrige Torsionssteifigkeit,
- Geräusche isolieren:
    - weiches Lager,
    - niedrige Dämpfung,
- Schwingungen dämpfen:
    - hohe Dämpfung.

Für die verschiedenen Zielkonflikte ist bei der Fahrzeugabstimmung ein entsprechender Kompromiss zu finden, wobei dieser je nach Fahrzeugart z. B. Sportwagen oder Limousine deutlich unterschiedlich ausfallen kann.

Die Funktion „Kräfte übertragen", sowie definierte Bewegungen ausführen, werden heute durch die Fahrwerksimulation vor der Teileherstellung relativ gut abgebildet. Vor der Herstellung von Mustern kann somit ausreichend genau bewertet werden, in welchem Umfang die Gummiverbundteile diese Anforderungen erfüllen.

Für Fahrzeuglager (Motorlager seien hier ausgenommen) können die sinnvollen Dämpfungswerte für die einzelnen Lagerstellen durch eine Simulationsrechnung jedoch noch nicht ausreichend genau bestimmt werden. Eine Simulationsrechnung für die Geräuschübertragung und Geräuschentstehung des gesamten Fahrwerkes benötigt eine genaue physikalische Beschreibung des dynamischen Verhaltens aller Einzelkomponenten.

Dieses ist zwar inzwischen theoretisch möglich, doch die Ausführung der einzelnen Bauteile weicht von den Annahmen häufig noch zu stark ab. Die akustische Feinoptimierung des Fahrwerks erfordert dann ggf. vor dem Serienanlauf nochmals leichte Modifikationen der Gummilager bezüglich der Steifigkeit und der Dämpfung, um ein Optimum für das Gesamtschwingungssystem zu erreichen.

4.2.2 Elastomerspezifische Definitionen

4.2.2.1 Kennlinien

Neben der Geometrie ist die Kennlinie eine Hauptcharakteristik zur Beschreibung der Gummiverbundteile. Da die Eigenschaften des Elastomers temperatur- und geschwindigkeitsabhängig sind, bedarf es einer genauen Festlegung zu den Umfeldbedingungen als auch zum Messaufbau. In der Automobilindustrie wurden hierzu entsprechende Prüfvorschriften erarbeitet, deren wesentliche Vorgaben sich auf die Anzahl der Vorbelastungen, die Messgeschwindigkeit, Raumtemperatur, Lagerzeit, Teileherstellung und Prüfaufnahme beziehen. Für die genaue Ermittlung der Steifigkeiten von harten Bauteilen (> ca. 1500 N/mm) ist die Steifigkeit der Prüfaufnahme und der Messmaschine von besonderer Bedeutung, um vergleichbare Kenndaten auf verschiedenen Prüfeinrichtungen zu erhalten.

Die Kennlinienverläufe ergeben sich aufgrund des Materials (Härte) und der Bauteilgeometrie und ermöglichen dem Konstrukteur einen großen Gestaltungsfreiraum. Durch FE-Berechnungen können die Charakteristiken virtuell sehr genau vorausbestimmt werden.

Alle Kennlinien eines Elastomerbauteiles haben eine mehr oder minder stark ausgeprägte Hysteresis. Die Größe der Hysteresis ist im Wesentlichen durch die Dämpfung des Elastomers und dessen Bauart bedingt. Für Radführungs- sowie Lenkungsbauteile ist es wichtig, die nicht konstante Nullpunktposition bei der Fahrwerkauslegung mit zu berücksichtigen.

4.2.2.2 Dämpfung

Die viskoelastischen Eigenschaften der Elastomerwerkstoffe lassen sich durch einen geeigneten Aufbau der Mischungsrezeptur auf die jeweiligen NVH-Anforderungen einstellen. Die inhärente Dämpfung des Elastomerwerkstoffes wird durch den Phasenverschiebungswinkel zwischen der übertragenen Kraft und der Anregung durch beispielsweise einen sinusförmigen Federweg charakterisiert (Abb. 4.8). Für den Phasenverschiebungswinkel hat sich in der Automobilindustrie der Begriff Verlustwinkel δ als Maß für die Materialdämpfung gegenüber anderen Größen (logarithmisches Dekrement, Dämpfungskonstante D) etabliert.

Für kleine Verlustwinkel ($\delta < 5°$) wird durch die vereinfachende Annahme einer linearisierten Verformung des Elastomerkörpers das Dämpfungsverhalten hinreichend genau beschrieben. Es wird aber darauf hingewiesen, dass die vom viskoelastischen Elastomerwerkstoff geleistete Dämpfungsarbeit, insbesondere bei nicht linearen Bewegungen mit hoher Dämpfung, aus der Hysterese einer Kraft-Weg-Kennlinie ermittelt werden kann.

Der Verlustwinkel kann von 2° (weiche Naturkautschukmischungen) bis zu ca. 20° (Butyl-Mischungen) variiert werden. Eine für die Schwingungsdämpfung sinnvolle Erhöhung des Verlustwinkels führt zu einer Verschlechterung der Bauteillebensdauer, der akustischen Entkoppelung sowie des Kriechverhaltens und ist sorgfältig bei der Bauteilerprobung zu bewerten.

Die Messung des Verlustwinkels erfolgt auf servohydraulischen Prüfmaschinen mit einer sinusförmigen Schwingungsanregung. Die Auswertprogramme errechnen aus den die Hystereseschleife beschreibenden Messpunkten den Verlustwinkel und die dynamische Steifigkeit (Abb. 4.9).

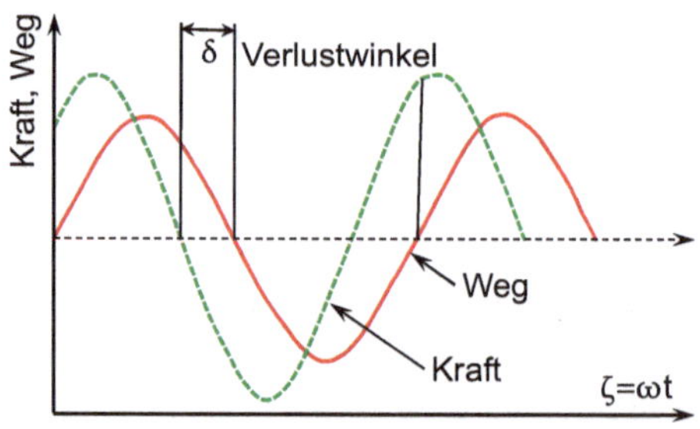

Abb. 4.8 Weg- und Kraftverlauf in Abhängigkeit vom Phasenwinkel ωt

Abb. 4.9 Statische Kennlinie mit Hystereseschleife einer dynamischen Schwingung

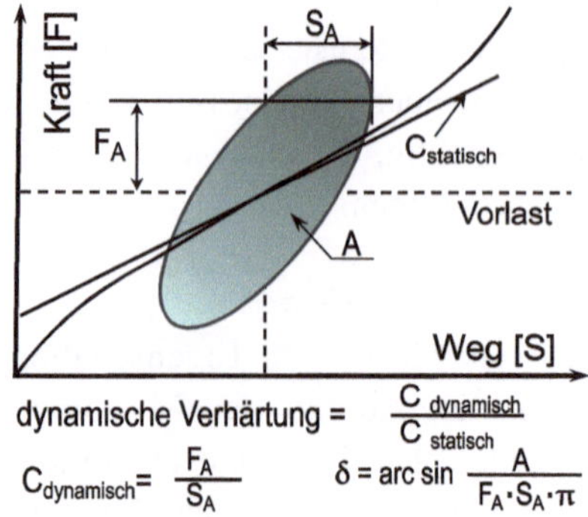

$$\text{dynamische Verhärtung} = \frac{C_{dynamisch}}{C_{statisch}}$$

$$C_{dynamisch} = \frac{F_A}{S_A} \qquad \delta = \arcsin \frac{A}{F_A \cdot S_A \cdot \pi}$$

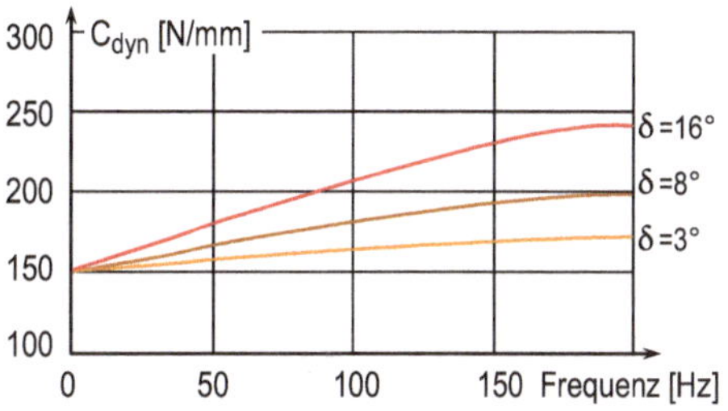

Abb. 4.10 Frequenzabhängigkeit der dynamischen Steifigkeit unterschiedlich dämpfender Mischungen

Durch die viskoelastischen Materialeigenschaften ergibt sich eine zur Geschwindigkeit proportionale dynamische Steifigkeit, die zu einem Anstieg des Verhärtungsfaktors über der Frequenz führt (Abb. 4.10).

Die dynamische Steifigkeit bzw. die Höhe der dynamischen Verhärtung ist bei der Lagerauslegung ein wesentliches Kriterium für die Beurteilung der akustischen Güte.

Für die Bewertung des Verlustwinkels und der dynamischen Steifigkeit hat sich in der Fahrwerkentwicklung eine Messamplitude von 0,5 bis 1,0 mm bei einer Frequenz von 15 bis 20 Hz etabliert. Die Kraft wird dabei möglichst auf den Vorlastwert im Fahrbetrieb eingestellt. Die dynamische Verhärtung liegt dabei im Bereich von 1,1 für hochelastische, weiche Naturkautschukmischungen und bis zu 2,5 für hochdämpfende Synthesemischungen.

4.2.2.3 Setzung

Die bleibende Setzung an Gummiverbundteilen ist für Bauteile, die unter konstanter Vorlast stehen, z. B. Motorlager, Federbeinstützlager und Hilfsrahmenlager, für die Berechnung der Konstruktionslage zu berücksichtigen. Aufgrund der viskoelastischen Eigenschaften ist die Höhe der Setzung sowohl von der Rezeptur als auch von der Einfederungshöhe unter der Vorlast abhängig. Die Langzeitsetzung für Raumtemperatur ist bei Kenntnis der Federkennung und der Vorlast sehr gut theoretisch abzuschätzen.

In der logarithmischen Zeitauftragung ist die Setzkurve eine lineare Funktion und ermöglicht die Berechnung der Konstruktionsmaße über die Lebensdauer des Teiles.

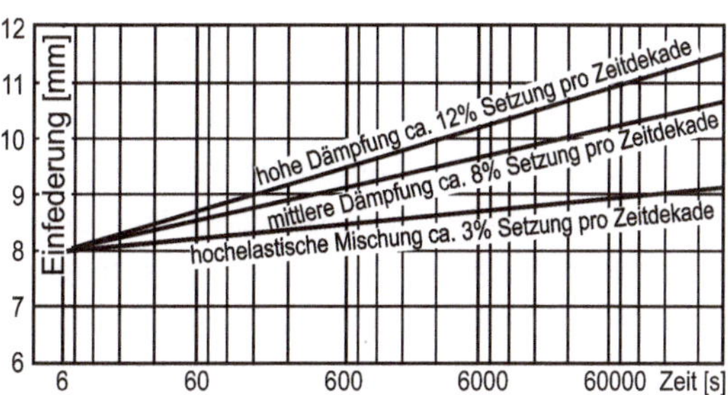

Abb. 4.11 Setzkurven für unterschiedlich dämpfende Mischungen bei Raumtemperatur

Abb. 4.12 Setzkurve eines Motorlagers unter konstanter Temperatur von 80° C

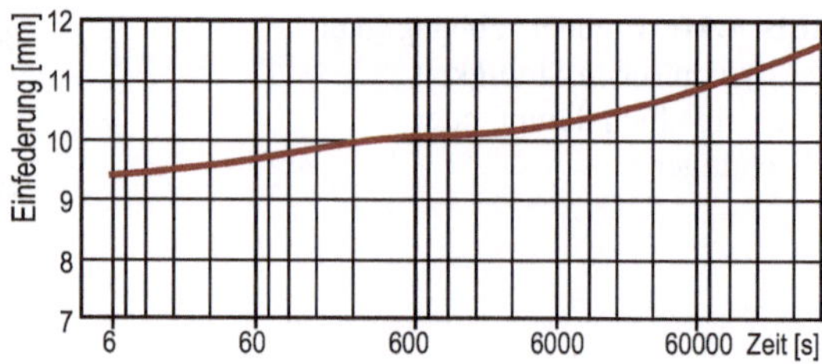

Abb. 4.11 zeigt den Setzungsverlauf bei Raumtemperatur für verschieden dämpfende Naturkautschukmischungen.

Das Setzverhalten von Bauteilen, die neben einer Vorlast auch noch einer erhöhten Temperatur ausgesetzt sind, kann nicht wie bei Raumtemperatur theoretisch vorausbestimmt werden. Hier müssen anwendungsbezogene Tests die Funktionserfüllung bestätigen. Dabei sind die Voraussetzungen wie ein wärmebeständiger Mischungsaufbau und möglichst geringe spezifische Belastungen bei geringen Einfederungen anzustreben.

Abb. 4.12 zeigt den Setzungsverlauf eines Motorlagers bei konstanter Temperatur. Die Setzkurve macht deutlich, dass erst nach ca. 6000 s ein stärkeres Setzen stattfindet als in den ersten drei Zeitintervallen. Eine besonders hohe Anforderung an die Mischungs- und Bauteilentwicklung stellen wechselnde Temperaturprofile dar und können bei weichen Lagerungen zu Setzbeträgen von einigen Millimetern führen.

4.3 Aggregatelager

Die Motor-Getriebe-Einheit eines Fahrzeugs wird häufig als Aggregat bezeichnet. Diese Antriebseinheit wird durch Motorlager, Getriebelager und Drehmomentstützen im Fahrzeug elastisch gelagert.

Die Basis dieser Lager sind Gummi-Metall-Verbindungen. Die Komplexität dieser Aggregatelager reicht von konventionellen über hydraulisch dämpfende bis hin zu aktiven Gummi-Metall-Lagern.

Die Aggregatelager nehmen die statische Last der Motor-Getriebe-Einheit auf und begrenzen maximale Wege bei Lastwechseln oder hohen Drehmomenten. Die niederfrequenten Triebwerksschwingungen können durch frequenzselektive Dämpfung deutlich reduziert werden. Zusätzlich wird die Einleitung von Körperschall durch die Motor- und Getriebeanregung in die Karosserie wirkungsvoll unterdrückt, um die Vibrationen und den Innengeräuschpegel über den gesamten Drehzahlbereich des Motors für die Insassen des Fahrzeugs komfortabel zu gestalten.

Die sich zum Teil widersprechenden Anforderungen, hohe Dämpfung bei niedrigen Frequenzen und großen Anregungsamplituden sowie gute Körperschallisolation bei kleinen Anregungsamplituden und hohen Frequenzen, können durch die Entwicklung von fahrzeugspezifisch abgestimmten Aggregatelagern erfüllt werden.

Insgesamt lassen sich die Funktionen der Aggregatelager in drei Punkten zusammenfassen:

- tragen (quasistationär),
- dämpfen (niederfrequent, große Anregungsamplituden),
- isolieren (hochfrequent, kleine Anregungsamplituden).

Für die Auslegung von Elastomerlagern sind einige Parameter von großer Bedeutung, die auf die Bauform und Ausführung des Lagers einen großen Einfluss haben:

- Einbaulage des Aggregates,
- Bauraum,
- Belastungsart,
- maximale Kräfte,
- Freiwege, Wegbegrenzungen,
- Kennlinien, Progressionen.

Als Belastungsarten können an den Lagern Kräfte in axialer und radialer Richtung und Momente in Form von Torsion und Kardanik auftreten [11]. Die Motor-Getriebe-Einheit kann als Folge der elastischen Lagerung translatorische und rotatorische Bewegungen ausführen. Dadurch wirkt das Aggregat mit seinen Lagern als Feder-Masse-System. Alle Lager eines Aggregates beeinflussen sich gegenseitig und müssen deshalb aufeinander abgestimmt werden.

Auf dem Pkw-Markt haben sich heute zwei Antriebssysteme mehrheitlich durchgesetzt:

- Quereinbau des Aggregates mit Vorderachsantrieb: Diese Anordnung findet bei den meisten Kleinwagen aber auch in der Mittelklasse Anwendung. Diese Antriebsstränge kommen ohne Hinterachsgetriebe und Kardanwellen aus.
- Längseinbau des Aggregates mit Hinterachs- oder Vierradantrieb: In Fahrzeugen der Oberklasse und den SUVs werden die Vorteile dieses Antriebsstranges genutzt. Außerdem lassen sich bei dieser Anordnung auch große Motoren und Getriebe verbauen.

Abb. 4.13 zeigt die Aggregatelagerung eines typischen Quereinbaus (Blick von vorne in den Motorraum eines VW Golf). Motor- und Getriebelager nehmen zusammen die statische Last des Aggregates auf. Durch das Antriebsmoment des Motors dreht sich das Aggregat im Fahrzeug. Die Drehmomentstütze begrenzt diese Drehbewegung.

Abb. 4.14 zeigt die Lagerung eines längs eingebauten Aggregates (AUDI A4 Quattro). Typisch für diese Anordnung sind zwei Motor- und ein Getriebelager als Traglager. Eine zusätzliche Drehmomentstütze verhindert zu starke Aggregatebewegungen, da in diesem Fall die maximalen Wege nicht über die Motorlager eingegrenzt werden [12]. Bei angetriebener Hinterachse ist auch eine Lagerung des Hinterachsdifferenzial notwendig.

Abb. 4.13 Aggregatelagerung
Quereinbau

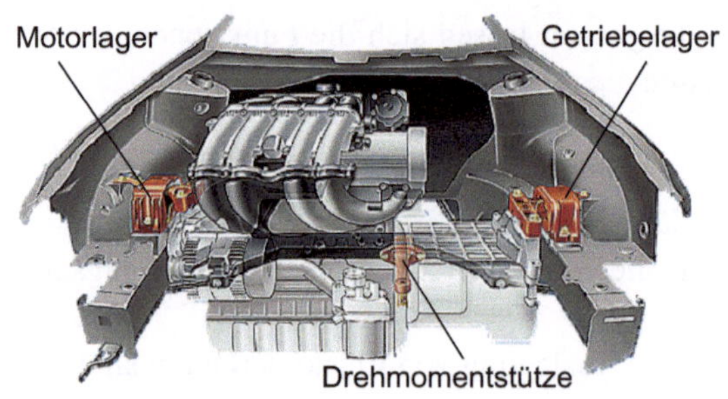

Abb. 4.14 Aggregatelagerung
Längseinbau

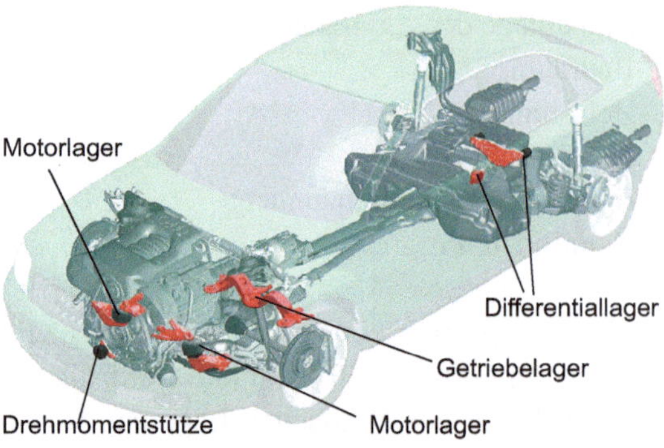

Abb. 4.15 Konventionelles
Getriebelager [13]

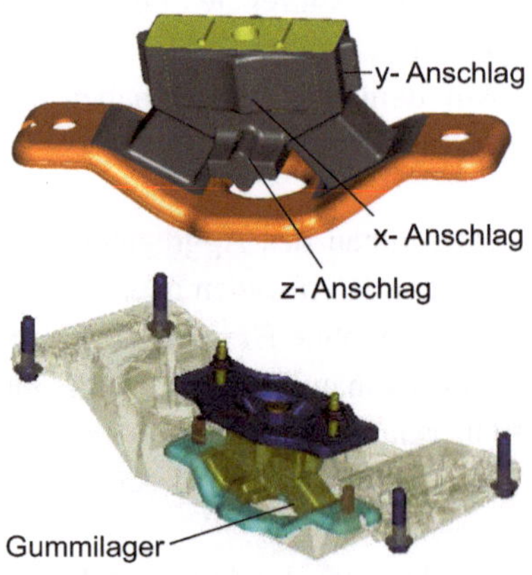

Als Getriebelager werden häufig konventionelle Gummi-Metall-Lager eingesetzt. Abb. 4.15 zeigt ein Keillager eines Fahrzeugs mit am Heck längs eingebautem Motor, welches mit dem Getriebequerträger Wegbegrenzungen in alle Raumrichtungen ermöglicht.

Die in Abb. 4.16 gezeigte Bauform einer Drehmomentstütze findet in vielen Fahrzeugen mit quereingebautem Aggregat Anwendung. In der Regel bestehen diese Drehmomentstützen aus einer harten und einer weichen Gummi-Metall-Buchse, die in eine

Abb. 4.16 Drehmomentstütze [13]

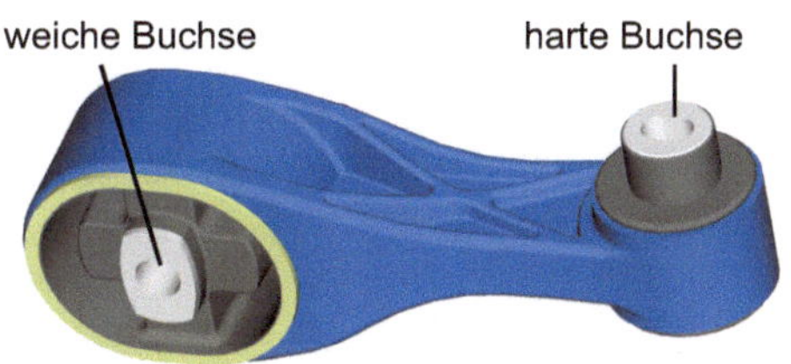

metallische Stütze eingepresst sind. Je nach Anordnung und Befestigung im Fahrzeug arbeitet die radial harte Buchse als Gelenk mit möglichst niedriger Torsionssteifigkeit bzw. kardanischer Steifigkeit.

Mithilfe der weichen großen Buchse lässt sich die statische Kennung der Drehmomentstütze exakt auf jedes Aggregat abstimmen. Ziel ist es, im unbelasteten Zustand eine geringe Steifigkeit darzustellen, um eine optimale Isolation zu gewährleisten. Sobald sich das Aggregat durch das abgebende Drehmoment des Motors aus seiner statischen Ruhelage im Fahrzeug dreht, ist diese Bewegung durch eine geeignete Anschlagsprogression in der Gummikontur zu begrenzen.

4.3.1 Hydraulisches Motorlager

Motorlager werden in den meisten Fahrzeugen als hydraulisch dämpfende Lager ausgeführt. Der Tragkörper bildet die Gummi-Metall-Kontur. Zwischen dem Tragkörper und dem Balg ist das Lager mit Dämpfflüssigkeit gefüllt. Dieser Flüssigkeitsraum ist durch ein Kanalsystem in zwei Arbeitsräume aufgeteilt. Durch dynamische Anregungen des Tragkörpers wird Flüssigkeit durch den geometrisch abgestimmten Kanal von einer Arbeitskammer in die andere gepumpt. Die dabei erzeugte Dämpfung wird meistens als Verlustwinkel angegeben und lässt sich frequenzgenau abstimmen. Da die hydraulische Dämpfung gleichzeitig zu einem Anstieg der dynamischen Steifigkeit des Lagers im mittleren und höheren Frequenzbereich führt, wird zwischen den beiden Arbeitskammern ein Entkopplungssystem integriert. Diese Entkopplungsmembranen können so abgestimmt werden, dass bei kleinen Anregungsamplituden die Isolationswirkung des Lagers im akustisch relevanten Frequenzbereich stark verbessert wird.

Abb. 4.17 zeigt exemplarisch die Übertragungsfunktion eines hydraulischen Motorlagers.

Die dynamische Steifigkeit c_{dyn} wird in [N/mm] und der Verlustwinkel δ in [°] angegeben. Da aus akustischen Gründen die Steifigkeiten der Lager möglichst gering eingestellt werden, ergeben sich für elastisch gelagerte Aggregate Resonanzen um etwa 10 Hz in vertikaler Richtung. Durch Unebenheiten der Fahrbahn können bei entsprechender Fahrgeschwindigkeit Aggregatschwingungen angeregt werden. Das sogenannte „Stuckern" lässt sich durch eine frequenzstabile Dämpfung schon bei kleinen Amplituden gezielt unterdrücken.

Abb. 4.17 Übertragungsfunktion
Hydrolager

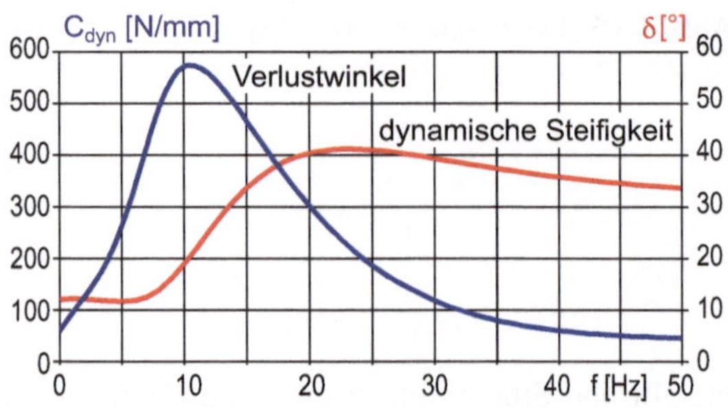

Abb. 4.18 zeigt das hydraulische Motorlager eines heckgetriebenen Pkws mit längseingebautem Motor.

Abb. 4.19 zeigt ebenfalls ein hydraulisches Motorlager. Dieses Lager wird als Zusammenbau des eigentlichen Hydrolagers, des Motor-Tragarms und des außenliegenden Anschlagsystems geliefert.

Diese Bauform ist typisch für Fahrzeuge mit quer eingebautem Aggregat. Bei diesen Lagern hat die Abstimmung der Anschlagprogressionen in Fahrzeuglängsrichtung eine hohe Bedeutung. Unter hoher Last wird die Drehbewegung des Aggregates durch die Drehmomentstütze gestoppt, was zu Reaktionskräften in Motor- und Getriebelagern führt und damit die beiden Traglager radial in ihre Anschläge verschiebt. Durch diesen

Abb. 4.18 Hydraulisches
Motorlager [13]

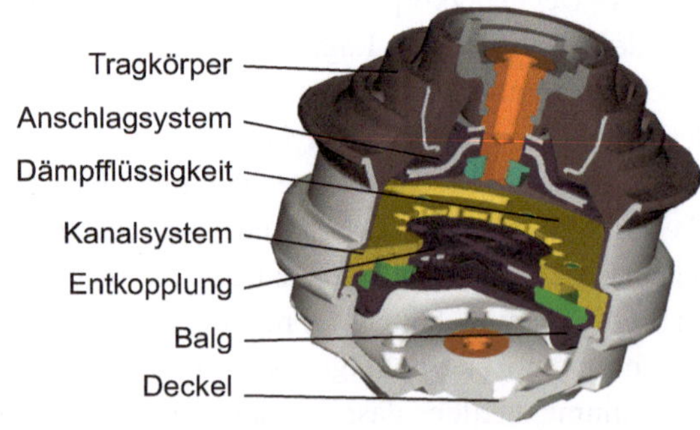

Abb. 4.19 Hydraulisches
Motorlager mit Tragarm [13]

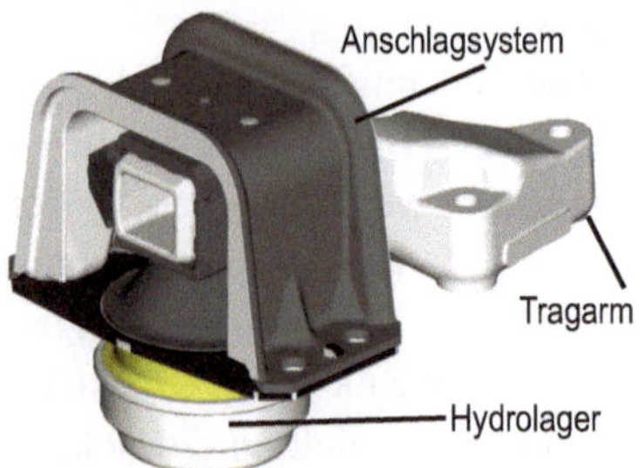

Eingriff des Anschlagpuffers kann ein zusätzlicher Geräuschpfad die Komfortkriterien nachteilig beeinflussen.

Im Laufe des Entwicklungsprozesses eines Fahrzeugs werden die Aggregatelager individuell auf jedes Aggregat abgestimmt. In den Versuchsabteilungen werden die Fahrzeuge hinsichtlich Fahrdynamik und Akustik beurteilt. Neben der subjektiven Beurteilung werden objektive Messergebnisse genutzt, um Geräuschpfade oder Störquellen aufzudecken.

Motoren verschiedener Bauarten, Zylinder oder Verbrennungsprozesse zeigen unterschiedliche Anregungen. Aus diesem Grunde sind die Aggregatelager jeder Motor-Getriebe-Einheit anzupassen. Entwicklungsziel ist jedoch immer, durch eine geschickte Baukastenlösung die Variantenanzahl der Lager einzugrenzen und somit die Werkzeug- und Bauteilkosten zu reduzieren.

Während der Fahrzeugabstimmung stehen die Versuchsingenieure immer wieder vor der Herausforderung den Zielkonflikt zwischen optimaler Fahrdynamik und bestem Komfort zu lösen. Wie in Abb. 4.17 zu erkennen ist, führt die hydraulische Dämpfung zu einer Erhöhung der dynamischen Steifigkeit im höheren Frequenzbereich. Im Fahrbetrieb kann auf die Dämpfung zur Reduzierung der Stuckerneigung nicht verzichtet werden.

4.3.2 Schaltbares Hydrolager

Für den Leerlaufbetrieb eines Fahrzeugs bieten sich jedoch Möglichkeiten, die dynamische Steifigkeit abzusenken und die Lagerung auf Komfortstellung umzuschalten. Abb. 4.20 zeigt ein Beispiel für ein elektrisch schaltbares Motorlager mit Wärmeschutzkappe.

Im Fahrbetrieb wirkt das Lager als hydraulisches Motorlager. Nur im Leerlauf wird durch einen Schalter die integrierte Luftfeder aktiviert. Durch diese zusätzliche Nachgiebigkeit in der Arbeitskammer des Lagers wird keine Flüssigkeit durch den Kanal gepumpt.

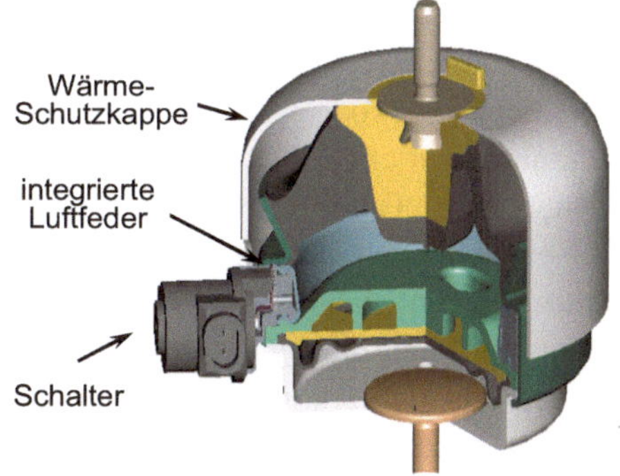

Abb. 4.20 Schaltbares Motorlager [13]

Abb. 4.21 Übertragungsfunktion schaltbares Lager

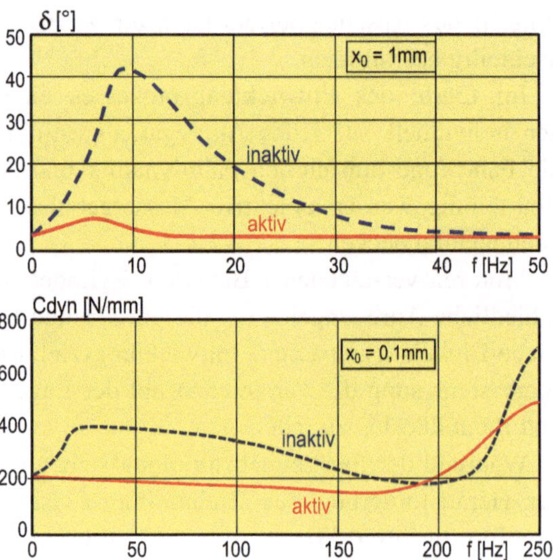

Abb. 4.22 Schaltbares Motorlager (Bypass) [13]

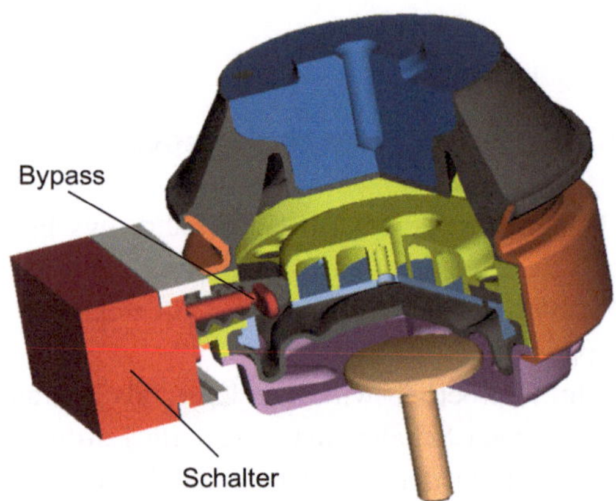

Somit kommt es auch zu keiner Dämpfung und folglich zu keiner dynamischen Verhärtung. Durch diesen Effekt lässt sich die dynamische Steifigkeit über einen großen Frequenzbereich absenken (Abb. 4.21).

In der Folge können dadurch die störenden Vibrationen und Geräusche reduziert oder eliminiert werden. Sobald das Fahrzeug in den Fahrbetrieb übergeht, schaltet das Lager wieder auf die Fahrdynamik-Stellung und liefert die notwendige Dämpfung.

Neben den elektrisch schaltbaren Motorlagern sind auch pneumatisch schaltbare Motorlager im Einsatz. Außerdem gibt es neben Schaltung der Volumensteifigkeit auch schaltbare Lager mit Bypass-Schaltung.

In diesen Lagern wird im Leerlauf ein zusätzlicher Kanal (Bypass) aufgezogen. Dadurch wird die Dämpfung zu höheren Frequenzen verschoben, um die dynamische

Abb. 4.23 Silikonmotorlager [13]

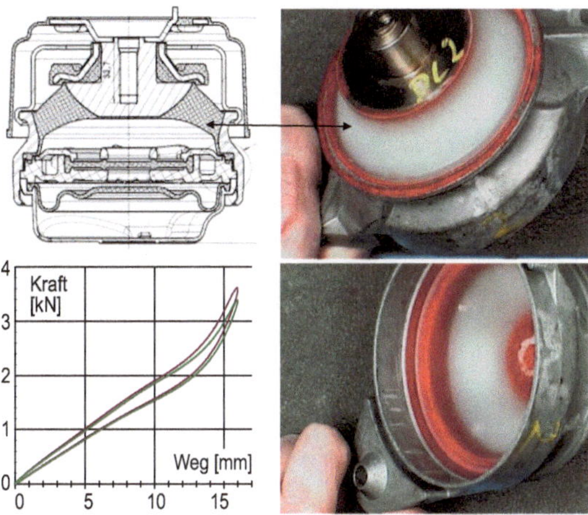

Verhärtung des Lagers hinter die Frequenz der dominanten Motorordnung zu schieben (Abb. 4.22).

Um in Zukunft den steigenden NVH-Anforderungen noch besser gerecht werden zu können, wird in den Entwicklungsabteilungen an aktiven Lagern gearbeitet. Trotz erster Serieneinsätze solcher Systeme ist noch erheblicher Entwicklungsaufwand zu leisten, um den Schwingungs- und Geräuschkomfort in den unterschiedlichen Fahrsituationen zu verbessern [14]. Neben dem hohen Gewicht und den hohen Kosten für aktive Systeme stehen auch die komplexe Auslegung der Regler und die hohe Leistungsaufnahme der Lager einem breitem Einsatz bisher im Wege. Zusätzlich wird an aktiven Strukturelementen und Tilgersystemen zur Verbesserung des NVH-Verhaltens gearbeitet [15].

An den Stellen, wo sehr hohe Temperaturen herrschen, kann Silikon den Gummi ersetzen. Abb. 4.23 zeigt den Prototypen eines Silikon-Hydromotorlager [13].

Ein weiteres Potenzial für NVH-Verbesserung wird in der optimalen Integration aller schwingungs- und komfortrelevanten Systeme gesehen. Im Fokus stehen z. B. Lageranbindungssteifigkeiten am Fahrwerk und die Steifigkeitsbetrachtung im gesamten Geräuschpfad.

4.4 Fahrwerk – Gummilager

Die Lenker verbinden die Räder und Radträger mit dem Aufbau. Die Schwingungen, die von der Fahrbahn bzw. vom Rad kommen, gehen als erstes über diese Bauteile zum Aufbau. Deshalb ist es sinnvoll die Gummi-Verbundteile, die diese Schwingungen an der Weiterleitung verhindern sollen, an den Übergängen vom Lenker zum Achsträger bzw. zur Karosserie einzubauen. Außerdem übernehmen die Gummi-Verbundteile die

Abb. 4.24 Verschiedene Einbaustellen von Fahrwerk-Gummilager bei einem Transporter Bj. 2010 [13]

Aufgabe der Gelenke, die wegen der Kinematik zwischen Lenker und Aufbau notwendig sind. Abb. 4.24 zeigt verschiedene Einbaustellen dieser Lager.

Ein weiterer Vorteil der Verwendung von Gummi-Verbundteilen zur Radführung ist die Möglichkeit, das Fahrverhalten durch eine gezielte Auslegung der Gummisteifigkeiten elastokinematisch zu beeinflussen (s. auch Bd. 2, Abschn. 7.4).

Die Gummilager, die an Lenkern eingebaut werden, unterscheiden sich in Hülsenlager, Gleitlager, hydraulisch dämpfende Buchsen, bidirektional dämpfende Hydrolager, Verbundlenkerlager, Federbeinstützlager und Achsträgerlager. Im Folgenden werden diese Lagerausführungen erläutert.

4.4.1 Hülsenlager

Der Begriff Hülsenlager wird im Fahrzeugbau für Gummiverbundteile verwandt, die im Allgemeinen ein zylindrisches Innenrohr mit einer zylindrischen Außenkontur aufweisen. Neben Hülsenlager sind die Begriffe Lenkerlager, Silentbloc, Rundlager oder auch nur Gummilager gebräuchlich.

Abb. 4.25 zeigt verschiedene Hülsenlagerausführungen und lässt erkennen, dass je nach Anforderung unterschiedlichste Lösungsprinzipien möglich sind.

Hülsenlager der Ausführung A stellt die einfachste und kostengünstigste Lösung dar. Das Bauteil wird in die Lenkeraufnahme eingepresst und wird durch die radiale Vorspannung und die seitlichen Anlageringe fixiert. Die Übertragung von axialen Kräften und die Abstimmung der Radial-, Axial- und Torsionsrate sind im Vergleich zu anderen Hülsenlagern nur begrenzt möglich. Dadurch dass die Aufnahmebohrung unbearbeitet bleibt und keine Außenhülse notwendig ist, ergeben sich deutliche Kosteneinsparungen.

Abb. 4.25 Verschiedene Ausführungen der Hülsenlager [13]

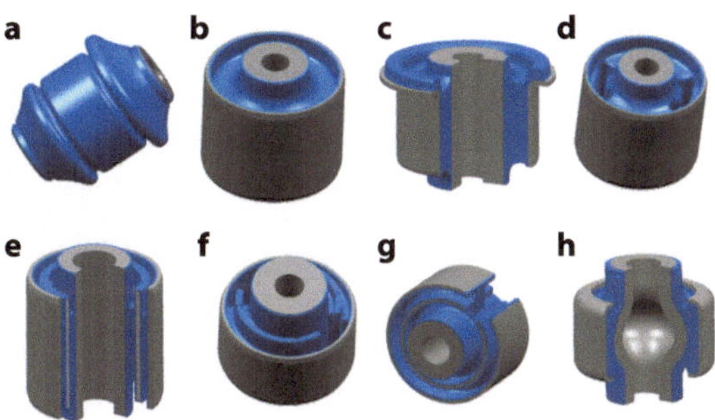

Ausführung B ermöglicht eine wesentlich genauere Abstimmung der Radial- und Axialraten zueinander. Durch das Höhen- zu Längenverhältnis des Elastomerkörpers und einer Kalibrierung des Außenrohres, der Gummikörper wird hierbei vorgespannt, kann das Federratenverhältnis c_{radial}/c_{axial} von 1:4 bis 1:10 eingestellt werden.

Ausführung B, C und D sind vom grundsätzlichen Aufbau identisch, wobei C einen axialen Anschlag und D Nieren zur Erzielung unterschiedlicher Radialraten aufweist.

Für moderne Fahrzeuge wird zunehmend die Mehrlenkerachse mit bis zu 10 Hülsenlagern je Rad eingesetzt. Zur präzisen Radführung werden sehr hohe Radialfederraten bei einer möglichst geringen Torsionsrate zur Reduzierung der Nebenfederraten des Gesamtfahrzeuges gefordert. Um diese Vorgaben zu erreichen werden Zwischenhülsen eingesetzt, wodurch sich die Radialrate bei gleicher Mischungshärte bei annähernd unveränderter Axial- und Torsionsrate mehr als verdoppelt.

Ausführung E, F und G zeigen hierzu einige Ausführungen. E und F werden im Herstellungsprozess kalibriert bzw. die Innenhülsen aufgeweitet. Ausführung G erhält die Lagerverspannung bei der Montage. Das Bauteil wird lageorientiert über eine Konushülse eingepresst. Die Hauptbelastung soll dabei 90° zum Schlitz erfolgen.

Ausführung H ist ein Hülsenlager, das für große kardanische Beanspruchungen bei einer hohen Radialsteifigkeit entwickelt wurde. Zur Gewichtsreduzierung wurde eine Hohlkugel als Fließpressteil eingesetzt.

Abb. 4.26 zeigt zwei Lagerausführungen, die Radialraten von 18 kN/mm bei einer Torsionsrate von 0,8 N m/Grad aufzeigen und damit eine besonders extreme Optimierung im Verhältnis Steifigkeit zu niedriger Torsionsrate erreichen.

Durch eine Kalibrierung der Außenhülse und eine Aufweitung der Innenhülse wurde mit Ausführung A diese Vorgabe erreicht. Ausführung B erreicht vergleichbare Werte, wobei das Zwischenrohr entfiel und die Charakteristik durch eine spezielle Modifikation des Innen- und Außenteils erzielt wurde. Grundvoraussetzung für diese Extremwerte ist ein möglichst kleiner Durchmesser der Bauteile.

Ist für eine Mehrlenker Hinterachse die Auslegung der Radial- und Torsionssteifigkeit der Gummilager vorrangig, stellt sich für die Lager der Vorderachse eine zusätzliche Anforderung bezüglich der Wahrnehmung von Schwingungen durch die direkte Verbindung Rad zum Lenkrad.

Abb. 4.26 Vergleich zweier Hülsenlagerausführungen mit gleichen Kenndaten [13]

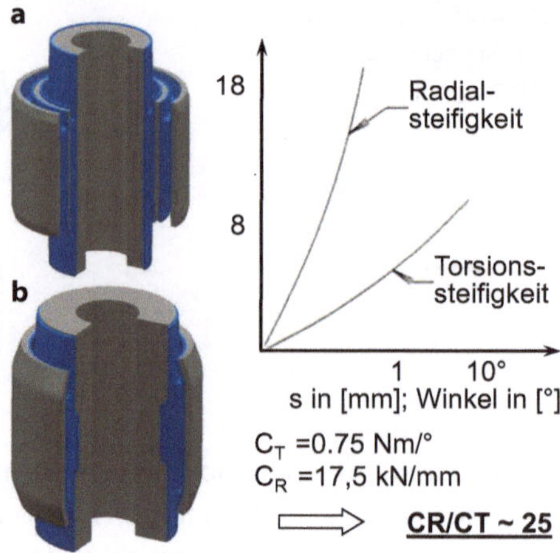

Abb. 4.27 McPherson-Federbein mit einem hydraulisch dämpfenden Lager (Hydrolager)

Für einen guten Fahrkomfort ist eine Nachgiebigkeit des Rades in Fahrzeuglängsrichtung gewünscht, die durch weiche Gummilager erreichbar ist. Gleichzeitig führen Fahrbahnunebenheiten, Radunwuchten und geringe Ungleichmäßigkeiten in der Bremsscheibe zu einer Schwingungsanregung des Feder-Massesystems Vorderachse, welche am Lenkrad unmittelbar wahrgenommen werden. Zur Schwingungsdämpfung ist somit eine ausreichende Dämpfung der Lager notwendig und führte in der Vergangenheit zum Einsatz von Mischungen mit einem Verlustwinkel von bis zu 16 Grad. Zum Vergleich: für normale Fahrwerkslager wird eine hochelastische Naturkautschukmischung mit einem Verlustwinkel von 3 bis 6 Grad eingesetzt.

Abb. 4.27 zeigt eine McPherson-Vorderachse mit der Einbaustelle einer hochdämpfenden Buchse oder eines Hydrolagers. Nachteilig bei der Ausführung als hochdämpfende Buchse sind die größere Lagersetzneigung und die geminderte Lebensdauer sowie die schlechte akustische Entkopplung. Dieser Zielkonflikt hat zu der Entwicklung der hydraulisch dämpfenden Buchsen für diese Lagerung geführt.

Neben der Anforderung an die Federraten ist natürlich auch die Bauteillebensdauer der Hülsenlager ein Hauptentwicklungsziel. Zur Erreichung geringer Torsionsraten sind möglichst geringe Durchmesser zu wählen, wodurch die spezifische Belastung ansteigt. Durch eine FE-Berechnung lässt sich eine relativ gute Aussage zu den normalen Betriebsbelastungen erzielen. Für sehr hohe, jedoch in geringer Häufigkeit auftretende Kräfte bedarf es der Erfahrung des Konstrukteurs, um eine Überdimensionierung der Lager zu vermeiden.

Beträgt die Zugfestigkeit einer guten Naturkautschukmischung 25 bis 30 N/mm^2, kann die Druckbelastung in einem optimal ausgelegten Hülsenlager für Stoßbelastung bis zu 40 N/mm^2 betragen, ohne zu einer Schädigung zu führen (wobei für die Dauerbelastung 8 N/mm^2 nicht zu überschreiten ist). Überträgt man diese Relation auf ein Metallbauteil, werden die besonderen Vorzüge des Elastomerwerkstoffes erkennbar.

4.4.2 Hydraulisch dämpfende Buchsen

Die ersten hydraulisch dämpfenden Buchsen wurden um 1980 in McPherson-Vorderachsen eingesetzt. Die grundsätzlichen Auslegungsprinzipien waren von den Motorlageranwendungen bekannt und wurden auf die Buchsengeometrie übertragen. Der prinzipielle Aufbau der Lager ist in Abb. 4.28 dargestellt. Zwei mit Flüssigkeit, einem Wasser-Glykolgemisch, gefüllte Kammern stehen über einen Kanal in Verbindung. Bei einer Schwingungsanregung in Richtung über die Kammern, muss ein Volumenausgleich erfolgen. Die Flüssigkeit fließt durch den Kanal und stellt eine schwingende Masse dar.

Bei der quasistatischen Messung werden die Kenndaten des Lagers fast ausschließlich durch die Tragfedern bestimmt, das Lager verhält sich annähernd einem konventionellen

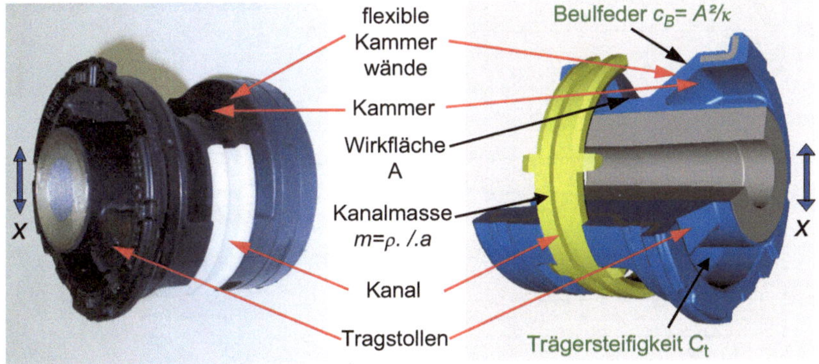

Abb. 4.28 Aufbau einer Hydrolagerbuchse (ohne Außenrohr) [13]

Bauteil. Mit steigender Anregungsfrequenz beginnt die Flüssigkeit in Zusammenwirken mit der Steifigkeit der Kammerwände als Feder-Masse-System zu schwingen. Die maximale Dämpfung wird bei der Anregung des Lagers mit der Frequenz erreicht, die die Eigenfrequenz des Feder-Massesystems Flüssigkeit-Kammerwandsteifigkeit darstellt. Wird die Anregungsfrequenz weiter erhöht, fällt der Dämpfungswert aufgrund der Massenträgheit und der Reibungswerte im Kanal, Kanaleintritt und -austritt wieder annähernd bis auf die reinen Materialwerte des Elastomers ab. Zu der dynamischen Steifigkeit der Tragfeder addiert sich nun aufgrund des notwendigen Volumenausgleiches in der Kammer die dynamische Steifigkeit der Wände hinzu.

Über die Abstimmung der Kammerwände, der Wirkfläche und der Kanalgeometrie lassen sich die Kennwerte der Hydrobuchse auf die Anforderungen der jeweiligen Anwendung im Fahrzeug abstimmen. Auslegungsziel ist es, das Dämpfungsmaximum auf die störenden Anregungsfrequenzen im Fahrzeug abzustimmen.

Abb. 4.29 zeigt die Kennwerte für zwei unterschiedlich ausgeführte Kanalversionen.

Die sogenannte massedämpfende Buchse hat einen langen, relativ großen Kanalquerschnitt. Das Dämpfungsmaximum ist relativ schmalbandig und hoch. Die dynamische Verhärtung ist im Vergleich zur Ausführung mit einem sehr kurzen Kanal aufgrund der weichen Kammerwände niedriger.

Hydrobuchsen mit einem sehr kurzen Kanal, sogenannte reibungsgedämpfte Lager, sind in der Dämpfung breitrandiger bei einem geringem Verlustwinkel und einer höheren dynamischen Verhärtung.

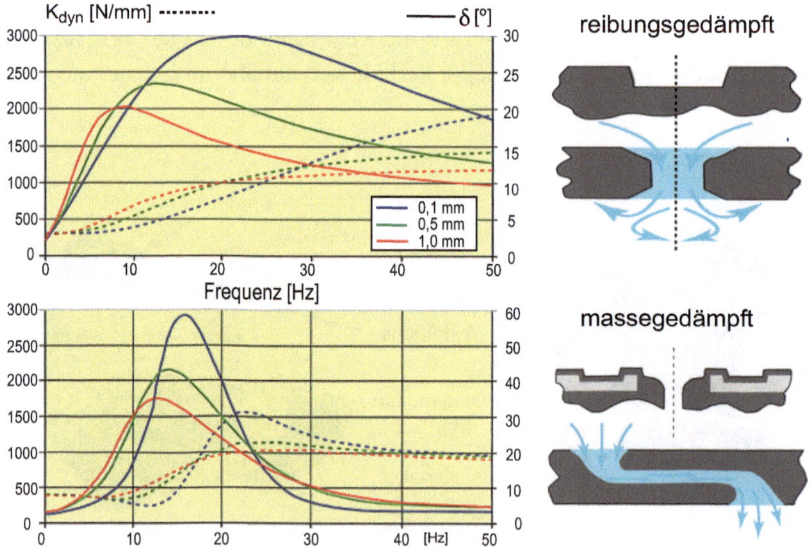

Abb. 4.29 Einstellbarkeit von Hydrolagern durch Kanalgeometrien [13]

Die breitbandige Dämpfung wird vorzugsweise dann angewandt, wenn aufgrund von verschiedenen Reifengrößen, Bremsscheibenausführungen und anderen Bauteilschwankungen die störenden Anregungsfrequenzen nicht konstant sind. Nachteilig ist die höhere dynamischen Verhärtung, die sich durch die härtere Kammerwandsteifigkeit oberhalb der Frequenz für die maximale Dämpfung eingestellt. Die hohe dynamische Steifigkeit ist bei akustischer Anregung, d. h. bei Schwingungen mit kleinen Amplituden ungünstig. Bei Motorlagern hat das zu verschiedensten Bauformen geführt, die bei kleinen Schwingungsamplituden zu keinem Volumenausgleich über den Kanal zwischen den Kammern führt (siehe hydraulische Motorlager, Abschn. 4.3). Bei Buchsenlagern ist aufgrund des beengten Bauraumes bislang noch keine sogenannte „akustische Entkoppelung" integriert worden.

Zur Berechnung der dynamischen Kenndaten und zur Bewertung der Lebensdauertüchtigkeit von Hydrobuchsen ist eine FE-Analyse der Bauteile notwendig. Durch die relativ weiche Steifigkeit der Buchsen im Arbeitsbereich, mit ca. 200 bis 600 N/mm sind häufig zur Aufnahme der Maximalkräfte Endanschläge notwendig, die intern oder extern durch Aufstecken von Kunststoffringen realisiert werden.

Die Standardausführung der hydraulisch dämpfenden Buchse ist das radial dämpfende Lager, welches horizontal verbaut wird. Abb. 4.30 zeigt hierzu einige Ausführungsbeispiele.

Variante A hat einen kombinierten außenliegenden Kunststoff Celastoanschlag, um einen weichen Kennlinienübergang in den Progressionsanstieg zu erreichen. Die Gleitbewegung bei torsionaler Auslenkung erfolgt zwischen dem Werkstoff Celasto und der Gummikontur. Das Bauteil wird in den Lenker eingepresst und die Verschraubung erfolgt horizontal karosserieseitig.

Bei Ausführung B wurde ein außen liegender Gummianschlag zur Erreichung eines günstigen Progressionsanstieges eingesetzt. Die Verbindung zum Querlenker erfolgt durch Aufpressen auf einen unbearbeiteten Zapfen, wobei der Toleranzausgleich über die Gummikontur in der Innenhülse des Lagers erfolgt.

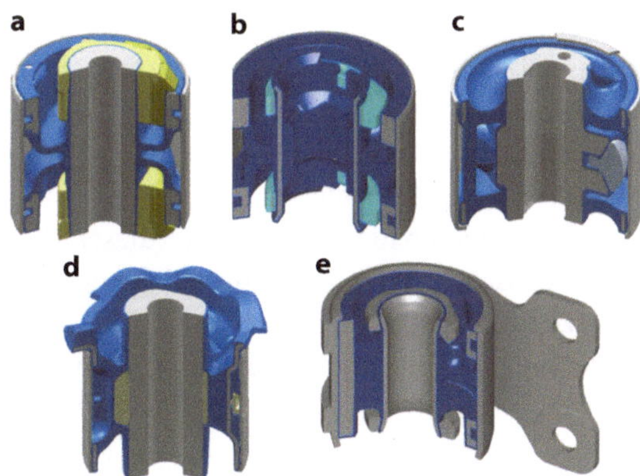

Abb. 4.30 Ausführungsbeispiele zu hydraulisch dämpfenden Buchsen [13]

Abb. 4.31 Axial dämpfende
Hydrobuchse [13]

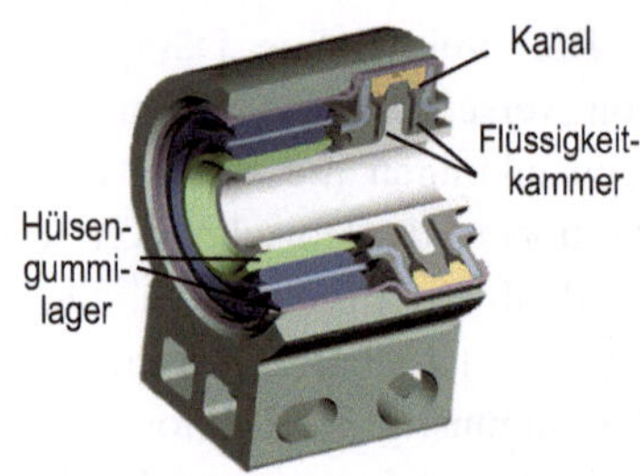

Bei Ausführung C wurde der Anschlag zur Wegbegrenzung durch einen in eine Aufnahmebohrung am Innenteil eingepressten Kunststoffstopfen realisiert.

Durch die Integration des Anschlages in das Lager können größere Kammervolumen (höhere Dämpfungswerte) erzielt werden und die Gleitfläche Anschlag-Außenteil unterliegt keinen Umwelteinflüssen.

Ausführung D weist neben dem innen liegenden radialen Anschlag einen umlaufenden Kragen mit einer Gummierung auf, der axiale Kräfte über die karosserieseitige Anschlagfläche aufnimmt. Eine weitere Besonderheit ist der eingelegte Kunststoffclip, der die Kanalgeometrie bestimmt. Für unterschiedliche Fahrzeugmodelle werden verschiedene Kanalvarianten eingesetzt.

Bei Ausführung E wurde das Gummielement unmittelbar in einen Bügel eingepresst und das üblicherweise eingesetzte Außenrohr entfällt. Die Verbindung zum Querlenker erfolgt durch Aufpressen des Innenrohres auf den bearbeiteten Zapfen des Lenkers.

Bei allen Ausführungsbeispielen kommt es bei starken Einfederungen zum Einsatz des Anschlages und zu Gleitbewegungen. Dieses kann unter besonderen Umständen zur Geräuschentstehung führen und ist im Rahmen der Fahrzeugerprobung zu bewerten.

Je nach Anordnung oder Ausführung kann es in Sonderfällen erforderlich sein, eine axial dämpfende Buchse, wie in Abb. 4.31 dargestellt, einzusetzen. Das klassische Hülsengummilager wird um die axial dämpfende Einheit ergänzt. Aufgrund des deutlich höheren Aufwandes ist jedoch diese Lösung nur Einzelanwendungen vorbehalten.

Eine weitere Sonderlösung für eine Hydrobuchse ist in Abb. 4.32 dargestellt. Die zuvor beschriebenen und dargestellten Lager sind für einen horizontalen Verbau ausgelegt. Die Radeinfederung erzeugt eine für die Lebensdauer des Bauteiles relativ unkritische Torsionsbewegung im Lager. Die horizontale Verschraubung des Bauteiles ist jedoch aufwendig und es ergibt sich somit die Anforderung, die Hydrobuchse für eine vertikale Montage auszulegen.

Die Radfederungen erzeugen bei dieser Gestaltung für die Lebensdauer des Teiles relativ kritische kardanische Auslenkungen, die insbesondere bei den Kammerwänden zu vorzeitigen Ausfällen führen. Die Lebensdauer des dargestellten Ausführungsbeispiels wurde mittels FE-Analyse optimiert und erreicht annähernd das Niveau einer horizontalen Hydrobuchse.

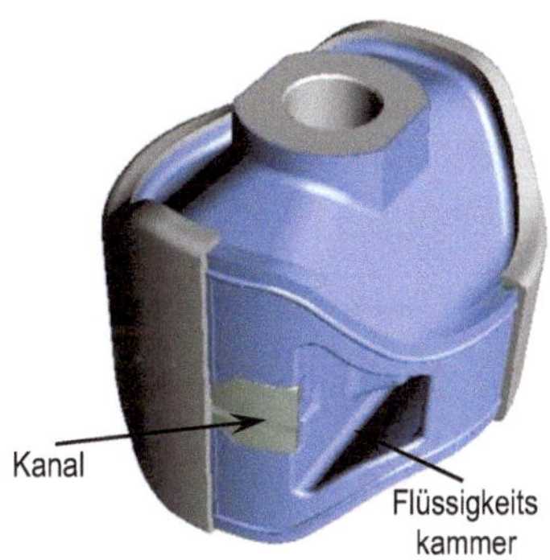

Abb. 4.32 Hydraulisch dämpfende Buchse für vertikale Montage [13]

Da hydraulisch dämpfende Buchsen im Vergleich zu konventionellen Gummilagern eine kritische Lebensdauer haben und deutlich höhere Kosten verursachen, ist eine breitere Einführung dieser Ausführung bislang nicht gelungen.

4.5   Achsträgerlager

Fahrschemel-, Hilfsrahmen- oder auch Vorder- bzw. Hinterachsträgerlager genannt, bieten den Vorteil, Aggregate- und Fahrbahngeräusche, bei gleichzeitiger Komfortverbesserung, besonders gut zu isolieren. Durch die Masseträgheit des Achsträgerlagers werden hochfrequente Schwingungen von der Fahrbahn oder vom Motor nicht oder nur sehr stark gedämmt über die Achsträgerlager in den Aufbau weitergeleitet. Außer- dem bieten die Achsträgerlager den Vorteil, dass die Achsen als fertige Baugruppe in die Fahrzeugmontage einfließen können. Aufgrund der deutlichen Mehrkosten für die Achsträgerlager als auch der Gummilager wird diese Fahrwerkskonstruktion überwiegend ab der Mittelklasse eingesetzt. Die Anforderungen an die Achsträgerlager sind hohe Steifigkeit in Fahrzeugquerrichtung, niedrige Steifigkeit in Fahrzeuglängs- und Hochrichtung und geringe dynamische Verhärtung, um eine gute Geräuschisolation zu erzielen.

Um diese Anforderungen zu erfüllen, sind Achsträgerlager im Vergleich zu Hülsenlagern relativ groß ausgeführt (Durchmesser 70 bis 100 mm), und es kommen hochelastische, weiche Mischungen zum Einsatz. Durch die Formgebung des Innenkerns sowie der Gummikonturgestaltung wird die gewünschte Federratenspreizung in den Radialrichtungen erreicht.

Abb. 4.33 zeigt ein Achsträgerlager mit einer Gummierung des Außenteiles und einen durch die Konturgebung des Innenteiles integrierten Progressionsanschlag in Fahrzeughochrichtung.

Die Gummierung der Außenhülse ermöglicht einen guten Toleranzausgleich und erfordert somit keine besondere Bearbeitung des Aufnahmeauges. Im Reparaturfall lässt sich das Bauteil im Fahrzeug demontieren, da die Auszugskräfte durch die Abstimmung der Gummi-Aufnahmegeometrie begrenzt sind.

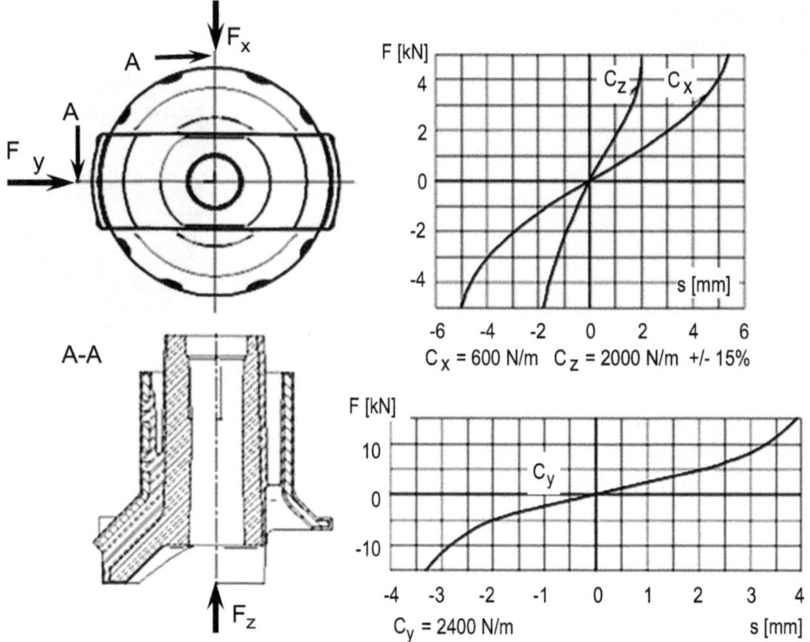

Abb. 4.33 Statische Steifigkeiten und Kenndaten eines konventionell dämpfenden Achsträgerlagers

Über die Achsträgerlager werden die Aggregate als auch Fahrzeugteilgewichte und die Radführungskräfte in die Karosserie eingeleitet. Die Gewichtskräfte erzeugen eine konstante Vorlast, die bei relativ weichen Lagern zu hohen axialen Einfederungen und dementsprechend zu großen Setzwerten führen kann. Bezüglich der gewünschten freien Schwingwege in Fahrzeughochrichtung ist dieses unbedingt bei der Auslegung der Konstruktionslage zu berücksichtigen.

Wie auch bei den Hülsenlagern ergibt sich bei den Achsträgerlagern der Zielkonflikt einer guten Geräuschisolation und einer ausreichenden Schwingungsdämpfung. Zur Lösung dieses Konfliktes kommen hydraulisch dämpfende Lager zum Einsatz.

Besondere Sorgfalt ist bei der Auslegung der hydraulischen Achsträgerlager auf die Erfüllung der Bauteillebensdauer zu legen. Große radiale und axiale Auslenkungen bei den relativ weichen Lagercharakteristiken machen Endanschläge zur Wegbegrenzung bei hohen Kräften erforderlich.

Abb. 4.34 stellt einige ausgeführte Achsträgerlager in konventioneller (A bis C) und hydraulisch radial dämpfender Bauart (D bis F) dar.

Ausführung A hat als Außenteil einen Kunststoffring, der bei der Montage um ca. 3 % kalibriert wird. Hierdurch ergibt sich eine Kalibrierung des Gummielementes, ein Abbau der Schrumpfspannungen, als auch eine ausreichende Pressverbindung.

Abb. 4.34 Ausführungsvarianten von konventionellen und hydraulisch dämpfenden Achsträgerlagern [13]

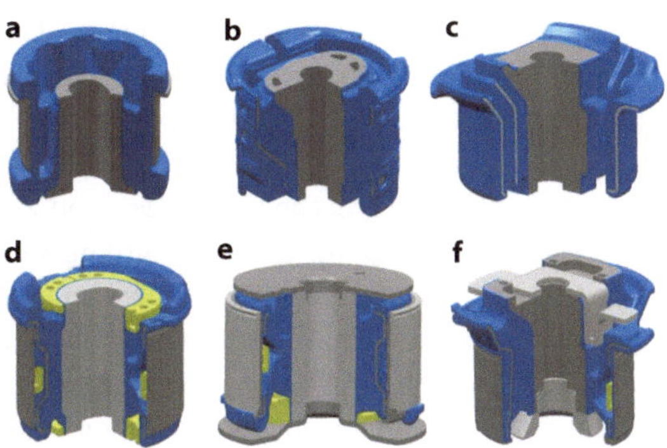

Zur weiteren Absicherung gegen Auswandern dient der durch die Aufnahmebohrung gepresste umlaufende Gummiwulst, der in Verbindung mit dem pilzförmigen Innenteil eine Keilwirkung bei axialer Auslenkung bewirkt. Die axiale Wegbegrenzung wird durch Anlage an die Karosserie, Gummiwulst-Pilzinnenteil, bzw. durch einen bei der Montage zugefügten Anschlagteller erreicht.

Bei Ausführung B erzeugen zwei Halbschalen, die bei der Montage zusammengepresst werden, die notwendigen Vorspannkräfte für die Verbindung. Gleichzeitig wird durch die Vorspannung der Gummistege die Abstimmung der unterschiedlichen Radialkennlinien vorgenommen. Die Halbschalen sind außen vollständig gummiert und erleichtern die Montage als auch die Demontage im Reparaturfall. Ein- und Auspresskräfte können innerhalb definierter Grenzen gehalten werden und Umwelteinflüsse bewirken eine nur sehr geringe Veränderung. Um bei den gewünschten weichen Radialraten eine ausreichende Axialsteifigkeit zu erzielen, wird durch die Konturgebung der Halbschalen als auch des Innenteiles eine Schub-Druckbelastung erzeugt. Die axiale Wegbegrenzung erfolgt wie zu Ausführung A durch die Karosserie und durch Anschlagteller.

Ausführung C hat zur Erreichung einer hohen Spreizung der beiden Radialraten in einer Richtung Zwischenbleche, wodurch ein Ratenverhältnis von ca. 10:1 erreicht wird. Die Axialrate wird durch die Winkelstellung des Innen- als auch Außenteiles entsprechend eingestellt. Durch den Progressionsanstieg des großflächig ausgelegten Druckpuffers übernimmt dieser gleichzeitig die Funktion der maximalen axialen Wegbegrenzung.

Ausführung D zeigt ein hydraulisch dämpfendes Achsträgerlager mit einem eingelegten Kunststoffkanal. Die Ausführung mit dem eingelegten Kanal kann aufgrund des etwas größer zur Verfügung stehenden Bauraumes im Vergleich zu Buchsenlagern eingesetzt werden und hat sich für die Abstimmungsmodifikation sehr bewährt. Im Zusammenwirken mit den außen angebrachten Kunststoffringen dient der Kanal gleichzeitig als radialer Endanschlag. Die axiale Wegbegrenzung erfolgt karosserieseitig bzw. durch Anschlagteller. Ausführung E entspricht von der Grundkonzeption analog dem zuvor beschriebenen Lager, wobei die axialen Anschlagteller bereits vormontiert sind und zu einer Montagevereinfachung führen. Durch die Pressverbindung der Anschlagscheiben ist eine Bauraumvergrößerung von ca. 3 mm im Durchmesser bei gleicher Teileperformance notwendig. Die Außenrohre zu Ausführungen D und E sind glatte, oberflächenbeschichtete Rohre, die bei dem Zusammenbau des Lagers unter Flüssigkeit auf das Gummiteil aufgeschoben werden und zum Abbau der Schrumpfspannungen und zur Verbesserung der Dichtigkeit geringfügig kalibriert werden.

Ausführung F zeigt die hydraulische Lagerausführung zur Variante C. Um für die filigranere Geometrie der Kammerwände eine ausreichende Dauerfestigkeit zu erzielen, ist eine sehr sorgfältige Abstimmung der axialen Freiwege notwendig und führt zu den beidseitig auf das Innenteil aufgepressten Anschlägen. Die Radialwegbegrenzung in Dämpfungsrichtung wird durch die Doppelfaltung des Axialanschlages erreicht. Das Außenteil ist gummiert, um bei der Montage des Lagers in den unbearbeiteten Hilfsrahmen Maß- und Formabweichungen ausgleichen zu können. Die überwiegend ausgeführten hydraulisch dämpfenden Hilfsrahmenlager sind radial wirkend.

Ist für Sonderanwendungen eine axiale Dämpfungsrichtung notwendig, bieten sich Lösungsmöglichkeiten wie zu den Hülsenlagern nach Abb. 4.30 an.

4.6   Federbeinstützlager

Die Bezeichnungen *Federbeinstützlager* und *Dämpferlager* beschreiben die verschiedenen Belastungen der Bauteile: Bei einem Dämpferlager auch „Kopflager" oder „Top-Mount" genannt, werden ausschließlich Dämpferkräfte übertragen. Das Fahrzeuggewicht sowie dynamische Fahrwerkskräfte werden über die Tragfeder getrennt vom Dämpferlager in das Chassis eingeleitet.

Bei einem Federbeinstützlager werden neben der Dämpferkraft auch die Tragfederkräfte über eine Gummifeder in die Karosserie eingeleitet. Werden Dämpferkraft und Federkraft in einem Bauteil aber über unterschiedliche Gummifedern in das Chassis eingeleitet, spricht man von einem entkoppelten oder mehrpfadigen Federbeinstützlager.

Ausführung A in Abb. 4.35 zeigt ein Federbeinstützlager, welches für eine McPherson-Aufhängung eingesetzt wird. Dämpfer, Tragfeder und Zusatzfeder stützen sich gemeinsam über eine Elastomerfeder gegenüber der Karosserie ab. Das Kugellager

Abb. 4.35 Verschiedene Ausführungen von Dämpfer- und Federbeinstützlagern [13]

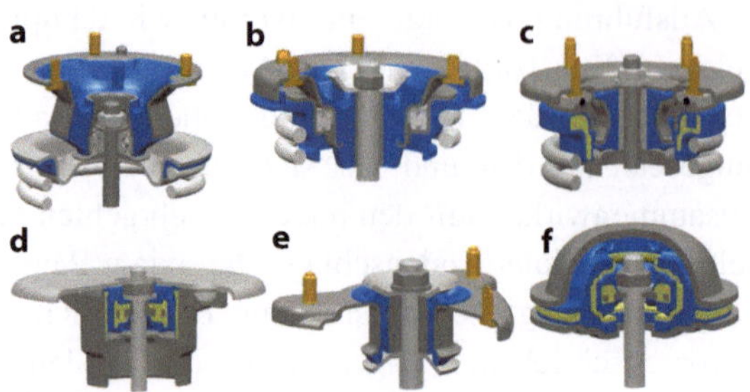

ermöglicht die bei einem Lenkausschlag entstehende Drehbewegung der Feder. Die Federtellergeometrie ist mit der Kontur des Elastomerlagers abgestimmt und ergibt bei hohen Kräften einen progressiven Kennlinienverlauf.

Die Federraten im Arbeitsbereich liegen je nach Fahrzeugklasse und Abstimmungsphilosophie im Bereich von 200 bis 500 N/mm. Da sich das Fahrzeuggewicht über die Lager abstützt, ergibt sich je nach Kennlinie eine relativ hohe statische Einfederung. Setzen und schwankende Fahrzeuggewichte (Motorisierung, Ausstattung, Passagiere) führen zu unterschiedlichen Einfederungswegen, die bezüglich des Progressionseinsatzes genau zu ermitteln sind, um Komfortverschlechterungen bei maximaler Einfederung zu minimieren. Bei sehr großen Vorlastschwankungen über die Fahrzeugbaureihe hat es sich bewährt, über eine entsprechende Vorhaltung des Innenteiles gegenüber dem Außenflansch die Reduzierung des freien Schwingweges zu kompensieren und je nach Gewicht Lagervarianten einzusetzen.

Weich abgestimmte Fahrzeuge werden im Allgemeinen bei geringer Zuladung (niedrige Motorisierung und Ausstattung plus Fahrer) besser in der Fahrbeurteilung bewertet. Bei maximaler Zuladung dagegen treten deutliche Komfortverschlechterungen auf, da das Federbeinstützlager verstärkt im Progressionsanschlag arbeitet. Bei hart abgestimmten Fahrzeugen bleibt die Fahrbeurteilung auch bei höherer Zuladung gleich, da die Veränderung der Federungsrate gering ist.

In Abb. 4.36 sind diese Einflüsse erkennbar.

Ausführung B in Abb. 4.35 zeigt ein entkoppeltes Federbeinstützlager. Dämpfer und Zusatzfeder stützen sich über die Elastomerfeder gegenüber der Karosserie ab. Die Tragfeder wird über ein zusätzliches Elastomerlager und dem Kugellager gegenüber dem Außenflansch des Stützlagers abgestützt. Die Charakteristik des Elastomersteiles für den Dämpfer kann somit ohne die Berücksichtigung der Tragfederabstützung abgestimmt werden. Dämpferlager haben um den Nullpunkt einen relativ weichen freien Schwingweg von ca. 3 bis 4 mm mit einem anschließend starken Progressionsanstieg zur Begrenzung der maximalen Schwingwege.

Das Übertragungsverhalten eines Hydraulikdämpfers zeigt für sehr geringe Amplituden, ca. 0,1 mm, als auch für hohe Anregungsamplituden deutliche Kraftüberhöhungen.

Abb. 4.36 Kennlinien von Federbeinstützlagern mit unterschiedlichen Steifigkeiten

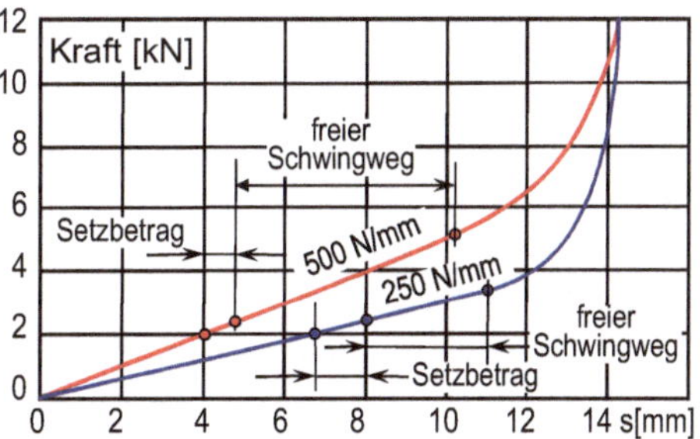

Ohne ein Dämpferlager würden die Rollgeräusche in diesem Frequenzbereich wie bei einer starren Verbindung in die Karosserie eingeleitet.

Ausführung C zeigt gleichfalls ein entkoppeltes Federbeinstützlager, wobei der Unterschied zur Ausführung B darin besteht, dass die hohen Kräfte der Zusatzfeder direkt über eine Gummiauflage am Flansch in die Karosserie eingeleitet werden. Die Kräfte der Zusatzfeder in der Ausführung B werden über das Gummielement in den Außenflansch übertragen und belasten das Lager deutlich höher.

Bei den Dämpferlagern D und E wird der progressive Kennlinienverlauf durch integrierte Anschläge bzw. durch auf die Kolbenstange aufgelegte Scheiben erreicht. Bei den Ausführungen werden die Kräfte der Zusatzfeder über den Außenflansch direkt in die Karosserie eingeleitet.

Bei Ausführung E wurde durch das Einbringen von Nieren in den Gummikörper in der Hauptwinkelrichtung eine weichere Kardanikrate erreicht, um ein möglichst geringes Moment für die Kolbenstange des Dämpfers zu erzielen.

Ausführung F stellt eine Sonderausführung eines Dämpferlagers gemäß C dar. Das innere Element ist von der grundsätzlichen Ausführung identisch dem Lager nach C. Um dieses innere Dämpferlager ist ein zweites äußeres, durch zwei Halbschalen gebildetes Gummilager gesetzt worden. Dieses Lagerelement gleicht die Karosserietoleranzen der oberen und unteren Blechelemente aus und ermöglicht bei sehr hohen Kräften einen zusätzlichen Federweg, wodurch sich eine deutlich verbesserte Lebensdauer erzielen lässt.

4.7 Akustische Bewertung von Gummiverbundteilen

Die Körperschalltransferpfade in einem Fahrzeug sind äußerst komplex und mannigfaltig, sodass der Einfluss eines Gummi-Metallteiles auf die Isolierwirkung zwischen Schallquelle und Schallempfänger, nämlich dem menschlichen Körper in der Fahrgastzelle, sehr unterschiedlich sein kann und auch sehr schwer zu ermitteln ist.

Schon in der Fahrzeugauslegungsphase werden dynamische Bauteil-, Modul- und Systemsimulationen durchgeführt, um relevante Transferpfade und kritische Frequenzen frühzeitig zu erkennen und positiv beeinflussen zu können. Am fertigen Fahrzeug bedient man sich verschiedenster messtechnischer Hilfsmittel, wie Komponentenanregung mithilfe von Impulshammer oder Shaker, zur Ermittlung von Übertragungsfunktionen und Eigenmoden oder auch Gesamtfahrzeuganregungen über Pulser oder Shaker zwecks Durchführung von Strukturanalysen.

Will man ein Gummi-Metallteil allein bewerten, so ermittelt man zunächst den Transfersteifigkeitsverlauf des Prüflings, zum Beispiel mithilfe des direkten oder indirekten Messverfahrens [16] und bestimmt die Qualität der Isolierwirkung mithilfe des Isolationsgrades, der Schnell-Pegeldifferenz, der übertragenen Leistung oder der Einfügedämmung [17]. Dabei ist es erforderlich, den Prüfaufbau sehr detailliert auf das Bauteil abzustimmen, um Auswirkungen auf das Prüfergebnis auszuschließen.

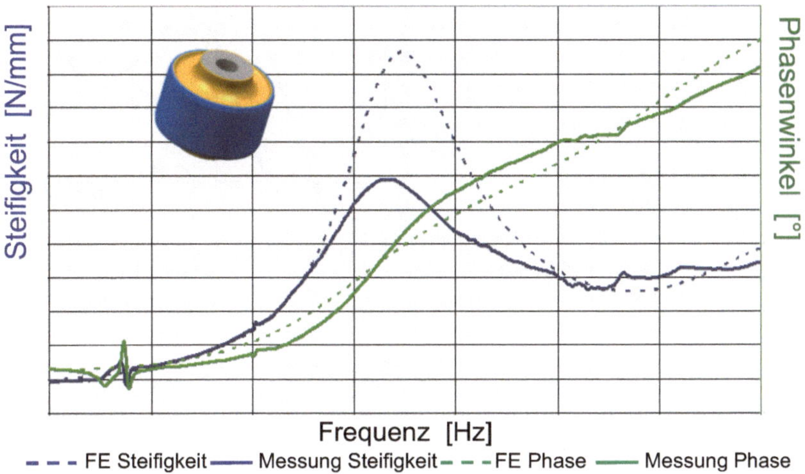

Abb. 4.37 Vergleich von berechnetem und gemessenem Transfersteifigkeits- und Phasenwinkel-verlauf [13]

Diese kosten- und zeitintensive Bauteilanalyse kann man umgehen, wenn die dynamischen Werkstoffparameter vorliegen. Mit einem speziell ausgelegten Prüfkörper, der so ausgelegt ist, dass die Prüfkörpergeometrie einen vernachlässigbaren Einfluss auf das Prüfergebnis hat, und mit dem oben erwähnten indirekten Messverfahren werden die Werkstoffkenngrößen dynamischer Speicher- und Verlustmodul als Funktion der Frequenz ermittelt.

Mithilfe der FEM und dem vorliegenden CAD-Modell des Bauteiles lässt sich nun eine Frequenzgangsimulation bis ca. 2000 Hz mit ausreichender Genauigkeit durchführen. Als Ergebnis sind sowohl die Transfersteifigkeit als auch die Frequenzlage der Steifigkeitsüberhöhungen interessant. Der Abgleich mit detektierten Problemfrequenzen aus dem Fahrzeug kann Aufschluss über den Einfluss des betrachteten Gummi-Metallteiles auf das Problem und über mögliche Abstellmaßnahmen geben (Abb. 4.37).

4.8   Schaltbares Fahrwerklager

Fahrwerklager haben auf verschiedenste im Fahrzeug auftretende störende Schwingungen einen mehr oder weniger großen Einfluss. Das Bremsrubbeln oder das unangenehme Lenkradzittern, ungleichförmige Bremskräfte an den Vorderrädern oder auch Antriebsschwingungen, die über die Achsträgerlager an Hinter- bzw. Vorderachse übertragen werden, seien hier als Beispiele genannt. Häufig treten diese Schwingungen in einem relativ schmalen Frequenzbereich auf, sodass sie über hydraulisch dämpfende Gummilager reduziert oder gar eliminiert werden können. Vorteil dieser hydraulisch arbeitenden

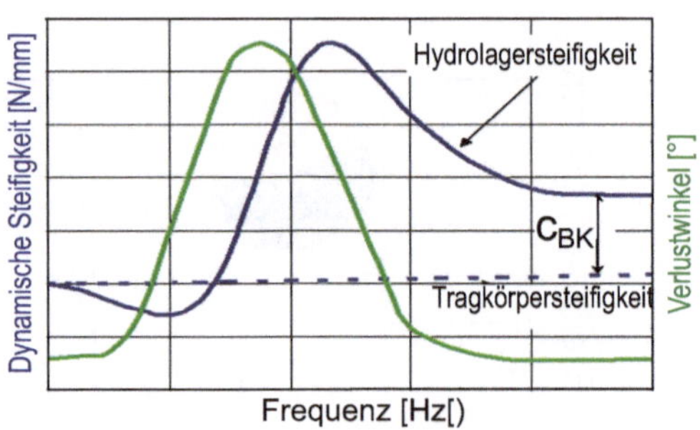

Abb. 4.38 Typische Charakteristik eines hydraulisch dämpfenden Gummilagers

Lager ist die Einstellbarkeit einer frequenzabhängigen Dämpfung. Nachteilig ist aber, dass oberhalb der Dämpfungsfrequenz eine starke Zunahme c_{BK} der dynamischen Steifigkeit des Bauteiles akzeptiert werden muss (Abb. 4.38).

Diesem Nachteil kann man durch den Einsatz schaltbarer Lager begegnen. Schaltet man die Dämpfung aus oder verschiebt sie in nicht relevante Frequenzbereiche, dann erfolgt auch nicht mehr der dynamische Steifigkeitssprung. Deshalb arbeitet man, wie bei den Aggregatlagern, auch bei hydraulisch dämpfenden Fahrwerklagern an Lösungen, die sich je nach äußerer Anregung bzw. nach Fahrsituation zwischen o. g. beiden Schaltstellungen hin- und herschalten lassen. Die Funktion eines Hydrolagers wurde bereits in den Abschn. 4.3 und Abschn. 4.4.2 beschrieben.

Danach lässt die Frequenzlage $f_{\partial max}$ der maximalen Dämpfung sich entsprechend folgender Beziehung einstellen:

$$f_{\partial max} \sim \frac{1}{2\pi} \cdot \sqrt{\frac{a_{k}}{\kappa \cdot \varrho \cdot l_{k}}} \tag{4.1}$$

mit der Kanalquerschnittsfläche a_k, der Kanallänge l_k, der Volumennachgiebigkeit κ und der Flüssigkeitsdichte ϱ. Die Volumennachgiebigkeit ist umgekehrt proportional zur Beulfederrate c_{BK}, die ursächlich für den oben beschriebenen Steifigkeitssprung ist.

$$C_{BK} \sim 1/\kappa \tag{4.2}$$

Eine Möglichkeit der Schaltbarkeit ist die Vergrößerung des Kanalquerschnittes a_k durch Zuschaltung eines zweiten Kanals mit großer Querschnittsfläche und kleiner Länge. Hierdurch lässt sich die Frequenzlage des Verlustwinkelmaximums in nicht relevante Frequenzbereiche verschieben. Die dynamische Steifigkeit im relevanten Frequenzbereich kann auf dem Steifigkeitsniveau der Tragkörpersteifigkeit gehalten werden, bei geschickter Verschiebung des Verlustwinkelmaximums leicht oberhalb der Arbeitsfrequenz ist sogar eine Absenkung möglich. Derzeit wird mit Hochdruck an schaltbaren Lenkerlagern gearbeitet.

Ähnlich wie bei der Dämpferauslegung existiert auch bei der Gummilagerauslegung für die Lenker immer der Konflikt zwischen der steifen Lagerung für die Fahrdynamik

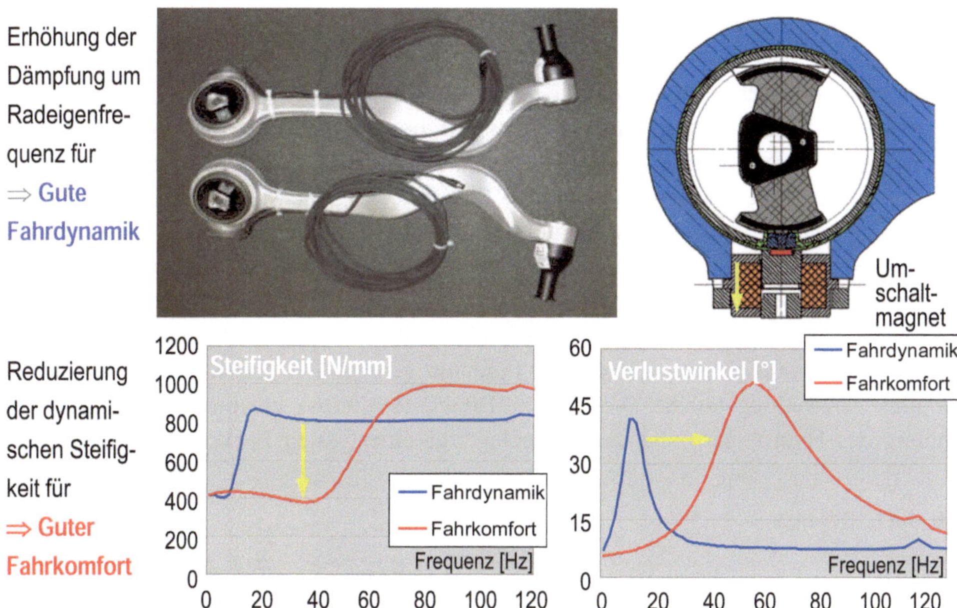

Abb. 4.39 Schaltbares Fahrwerklager [13]

Abb. 4.40 Schaltbares
Spurlenkerhydrolager [13]

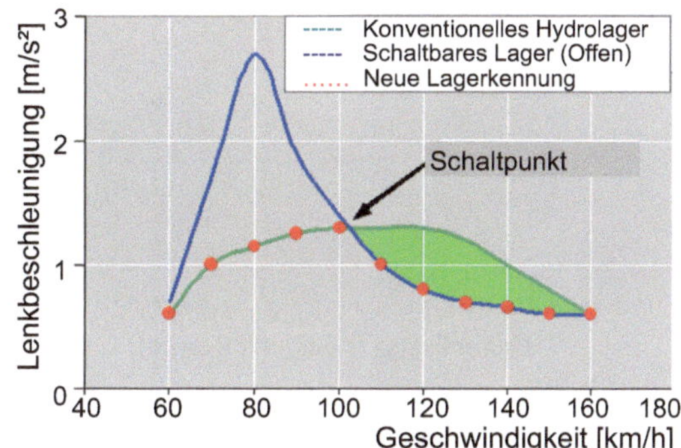

und der weichen Lagerung für den Fahrkomfort. Wenn man die Aufgabe ohne Kompromiss lösen möchte, braucht man einen Lenker mit schaltbarem Hydrolager.

Abb. 4.39 zeigt ein Fahrwerklager für einen Spurlenker, dessen Steifigkeit je nach der
gemessenen Lenkungsbeschleunigung durch eine Magnetspule zwischen weich und hart
umgeschaltet wird. Abb. 4.40 zeigt den Frequenzgang des Hydrolagers.

4.9 Regelbares Fahrwerklager

Die schaltbaren Lager ermöglichen nur zwei Zustände. Wenn man die Steifigkeit je nach der gemessenen Frequenz stufenlos variieren will, braucht man ein regelbares Lager. Die Regelung muss sehr dynamisch sein (2–3 Hz), um den Regeleffekt fühlbar zu machen.

Dazu eignen sich magnetorheologische Flüssigkeiten, wie sie auch beim Dämpfer eingesetzt werden. Eine Magnetspule um den Schwingkanal zwischen den beiden Kammern des Hydrolagers beeinflusst die Dämpfung sehr schnell und stufenlos in Abhängigkeit von der geregelten Magnetfeldstärke (Abb. 4.41).

In Abb. 4.42 sind die Kennlinienverläufe für die dynamische Steifigkeit und den Verlustwinkel (Dämpfung) abhängig von der Frequenz gezeigt. Die drei Kurven entsprechen den drei Anwendungsfällen: Die grünen Linien (stromlos) entsprechen der Grundkennung des Hydrolagers und sind ausgelegt für einen guten Fahrkomfort. Die roten

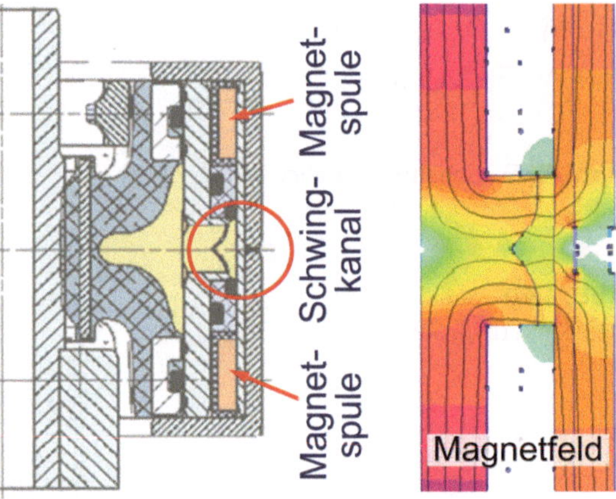

Abb. 4.41 Regelbares Hydrolager [13]

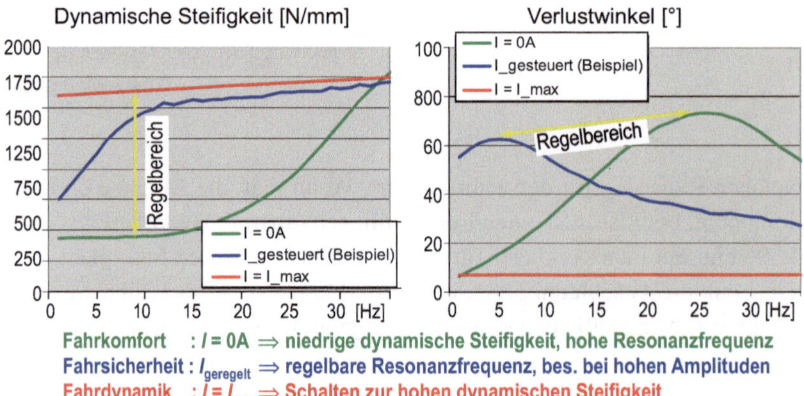

Abb. 4.42 Kennlinien von geregelten Hydrolagern [13]A

Linien (max. Strom) entsprechen der harten Auslegung für ein sehr sportliches Verhalten. Situationsabhängig kann nun zwischen den grünen und roten Kennlinien geregelt werden. Eine Beispielkennung stellen die blauen Linien dar.

Aufgaben zum Kapitel 4 – Fahrkomfort

1. Wie wird Fahrkomfort im Allgemeinen definiert?
2. Wie ist Rauigkeit (Harshness) definiert?
3. Nennen Sie fünf Schwingungsphänomene mit ihren Frequenzbereichen und Erregerquellen.
4. Was versteht man unter Übertragungspfad?
5. Wie entstehen Rollgeräusche?
6. Was ist Luftschall, was ist Körperschall?
7. Was ist ein Tilger, was ein Resonator?
8. Was ist die Eigenfrequenz, warum ist sie entscheidend für den Fahrkomfort?
9. Was ist dämpfen und was ist isolieren?
10. Was ist für eine gute Schwingungsdämpfung anzustreben?
11. Beschreiben Sie den Verlustwinkel, in welchem Bereich liegen übliche Werte?
12. Beschreiben Sie die dynamische Verhärtung, in welchem Bereich liegen übliche Werte?
13. Warum werden Hydromotorlager eingesetzt?
14. Warum soll ein Fahrwerklager möglichst kleine Torsionssteifigkeit besitzen?
15. Was ist der Unterschied zwischen schaltbarem und regelbarem Hydrolager?
16. Wo werden im Fahrwerk Gummi-Metalllager eingesetzt?
17. Was sind Gleitlager, wo und wann werden sie eingesetzt?
18. Erläutern Sie Aufbau, Besonderheiten und Nutzen der Achsträgerlager.
19. Welche Ausführungsvarianten der Federbeinstützlager gibt es? Warum sind sie so wichtig?
20. Wie ist ein regelbares Hydrolager aufgebaut?

Literatur

1. Heißing, B., Brandl, H.J.: Subjektive Beurteilung des Fahrverhaltens. Vogel, Würzburg (2002)
2. N.N.: https://de.wikipedia.org/wiki/Komfort. Zugegriffen: 6. Jan. 2016
3. Hieronimus, K.: Anforderungen an Schwingung- und Akustikberechnungen aus Sicht der Fahrzeugentwicklung. VDI-Bericht Nr. 186. VDI, Düsseldorf (1990)
4. Mitschke, M., Wallentowitz, H.: Dynamik der Kraftfahrzeuge. Springer Fachmedien-Wiesbaden, Wiesbaden (1997)
5. Bastow, D., Howard, G., Whitehead, J.P.: Car Suspension and Handling, 4. Aufl. SAE International, Warrendale (2004)
6. Gillespie, T.D.: Fundamentals of Vehicle Dynamics. SAE International, Warrendale (1999)
7. Bishop, R.E.D.: Schwingungen in Natur und Technik. Teubner, Stuttgart (1985)
8. Hempel, J.: Schwingungstechnik für Automobile. Vibracoustic, Weinheim (2002)

9. Biermann, J.W., Graef, L.: Beeinflussungsmöglichkeiten des NVH-Verhaltens von Kardanwellen. IFA Symposium, Haldensleben, 21./22. Juni (2007)

10. Exner, W.: Antriebsstrang NVH – eine Detektivarbeit – Ursachenanalyse und Bekämpfung von Antriebsstranggeräuschen und -schwingungen. 6. Aachener Kolloquium Fahrzeug- und Motorentechnik, Aachen (1997)

11. Göbel, E.F.: Gummifedern, Berechnung und Gestaltung. Springer, Heidelberg (1969)

12. Becker, K., Bukovics, J., Kosanke, D., Ohlendorf, J., Schrey, A.C., Verweyen, K.: Entwicklung von Akustik und Schwingungskomfort am neuen Audi A6. Sonderausgabe ATZ und MTZ (2004)

13. N.N.: ZF Friedrichshafen AG/Boge-Elastmetall. Firmeninterne Informationsschriften. Damme (2004–2010)

14. Sauer, W., Krug, P.E.: Aktive Systeme zur Aggregatelagerung im Pkw. VDI-Bericht Nr. 1416. VDI, Düsseldorf (1998)

15. Marienfeld, P.M., Karkosch, H.J., Svariok, F.: Mechatronische Systeme zur Komfortsteigerung in Kfz in Serieneinsatz. Tagung Autoreg März 2006 in Wiesloch, S. 293–302. VDI, Düsseldorf (2006)

16. DIN Deutsche Institut für Normung e.V.: DIN EN ISO 10846. Beuth

17. Cremer, L., Heckl, M.: Körperschall, Physikalische Grundlagen und technische Anwendungen, 2. Aufl. Springer, Berlin (1996)

Fahrwerkentwicklung

5

Metin Ersoy und Christoph Elbers

Einleitung

Die Entwicklung eines Fahrwerks ist gekennzeichnet durch sehr große Fertigungs-stückzahlen (Hunderttausend bis mehrere Millionen Stück in der gesamten Laufzeit von 6–7 Jahren), anspruchsvolle Technologien, strenge Sicherheitsanforderungen, hohe Umweltauflagen sowie Termin- und Kostendruck.

Da heute die Autos weltweit verkauft werden, müssen sie in den polarnahen wie auch in heißen und feuchten tropischen Gegenden einsetzbar sein, nicht nur auf den gut gebauten Autobahnen sondern auch auf den schlechten Feldstraßen problemlos fahren können. Insofern wird selten ein Produkt so gründlich entwickelt und getestet wie ein Auto.

Auf der anderen Seite ist die hohe Komplexität jeden Autos zu betonen, das aus 25 bis 30 Systemen, rund 50 Modulen und ca. 20 Tausend Einzelteilen besteht.

Diese entstehen simultan in unterschiedlichen Entwicklungsabteilungen und bei verschiedenen Entwicklungslieferanten und Dienstleistern in rund drei Jahren. Dabei kommt es auf effizientes Projektmanagement und eine sehr gut organisierte Projekt-logistik an [1].

Wie in jeder technischen Entwicklung sind auch beim Fahrwerk fünf Ziele ständig zu berücksichtigen:

M. Ersoy (✉)
Ehemals ZF Friedrichshafen AG, Walluf, Deutschland
E-Mail: metin.ersoy@t-online.de

C. Elbers
ZF Friedrichshafen AG, Friedrichshafen, Deutschland

© Springer Fachmedien Wiesbaden GmbH, ein Teil von Springer Nature 2020   327
M. Ersoy (Hrsg.), *Fahrwerklehrbuch Band 1,*
https://doi.org/10.1007/978-3-658-26712-4_5

1. Termineinhaltung,
2. Funktionserfüllung,
3. Qualitätssicherung,
4. Kostenminimierung,
5. Gewichtsoptimierung.

Eine generelle Priorisierung ist nicht möglich, sie hängt von den jeweiligen Projekt-gegebenheiten ab. Die Ecktermine der Fahrzeugentwicklung ergeben sich rückwirkend aus dem Zieldatum des SOP *(Start of Production)* wobei für die Serienentwicklungs-phase je nach Projektumfang zwei bis drei Jahre und für die Vorentwicklungsphase ein bis zwei Jahre angesetzt werden. An ihnen orientiert sich die Feinplanung aller Bereiche des Unternehmens. Zu nennen sind insbesondere:

- Entwicklung, Design,
- Marketing, Vertrieb, Kundendienst,
- Controlling,
- Beschaffung/Logistik,
- Produktion/Planung,
- Qualitätssicherung.

Dabei sind ständig die Bereichsinteressen auszugleichen und kundenorientierte Lösun-gen zu erarbeiten. Ein Beispiel hierzu: Wenn durch die Einbauraumvorgaben die Zugänglichkeit einer Schraubverbindung eingeschränkt ist und zu einer Handmontage führt, ist diese Lösung für die Sicherheitsverschraubungen in der Serie abzulehnen. Die Qualitäts- und Kostenziele können so nicht erreicht werden. Somit muss die Einbau-raumforderung überdacht werden.

Da alle Baugruppen und Systeme stark vernetzt und voneinander abhängig sind, ist eine frühe und systematische Betrachtung aller Anforderungen notwendig. Um den Ent-wicklungsprozess diesbezüglich zu optimieren, wurden in den letzten Jahren bei allen Automobilherstellern ähnliche Strategien und Ansatzpunkte gewählt.

Die wichtigsten und effektivsten sind hier:

- Einführung des Projektmanagements und Bildung eines Projektteams,
- Optimierung der Prozesse durch Simultaneous Engineering und Baureihenstrukturen,
- Standardisierung durch Plattform- und Modulstrategien,
- Nutzung rechnerunterstützter Methoden wie DMU *(Digital Mock Up)*, CAx *(Compu-ter Aided)*, virtuelle Produktentwicklung, virtuelles Validieren, Testen,
- Einbindung von System/Modul-Lieferanten in den frühen Phasen,
- Berücksichtigung der Globalisierung.

5.1   Entstehung des Fahrwerks

„Fahrwerk" ist eine Untermenge des Fahrzeugs und entsteht parallel zu den anderen Fahrzeugsystemen. Es beginnt mit dem Entwicklungsprozess, für den der Aufbau eines Projektmanagements unerlässlich ist. Es folgen mehrere Entwicklungsschritte von der Planung bis zur Serieneinführung, und sogar der Serienbetreuung während der gesamten Produktionslaufzeit.

Während der Produktentstehung haben zuerst die Planungsarbeiten den Vorrang mit anschließender Konzeptfestlegung. Diese frühen Phasen sind durch virtuelle (rechnerische) Festlegungen, Optimierungen und Validierungen geprägt. Später, nachdem alle Bauteile konstruiert und Prototypen gebaut sind, werden die physikalischen Tests und Fahrversuche das endgültige Fahrwerk bestimmen.

Parallel zur Entwicklung sind auch die Zulieferer auszuwählen, die Fertigungseinrichtungen zu konzipieren, herzustellen und zu testen sowie ein Logistikkonzept festzulegen und zu validieren.

All diese Schritte, die während der Entstehung des Fahrwerks zu durchlaufen sind, werden in den folgenden Abschnitten ausführlich beschrieben.

5.1.1   Entwicklungsprozess

Wie bei jeder technischer Entwicklung werden auch bei der Fahrwerksgestaltung die folgenden Schritte durchlaufen [2]:

- Planung und Definition,
- Konzeption,
- Konstruktion und Simulation,
- Prototypenbau und Validierung,
- Abstimmung, Optimierung und letztendlich
- Serieneinführung.

Dieser Gesamtprozess wird oft als *„Produktentstehungsprozess"*, kurz „PEP" definiert (Abb. 5.1). Der PEP wird in Phasen unterteilt, innerhalb derer *Quality Gates* oder *Meilensteine* definiert sind, die wiederum mehrere *Check Points* beinhalten.

Die Meilensteine und Checkpoints stellen innerhalb des Projektes terminlich festgelegte Kontrollpunkte dar, bis zu denen alle vorgesehenen Aktivitäten dokumentiert und erfolgreich abgeschlossen werden müssen. An diesen Punkten werden die Arbeitsergebnisse den vorgegebenen Anforderungen gegenübergestellt.

Die Erfüllung der Anforderungen ist die Voraussetzung für die Freigabe nachfolgender Arbeitsschritte.

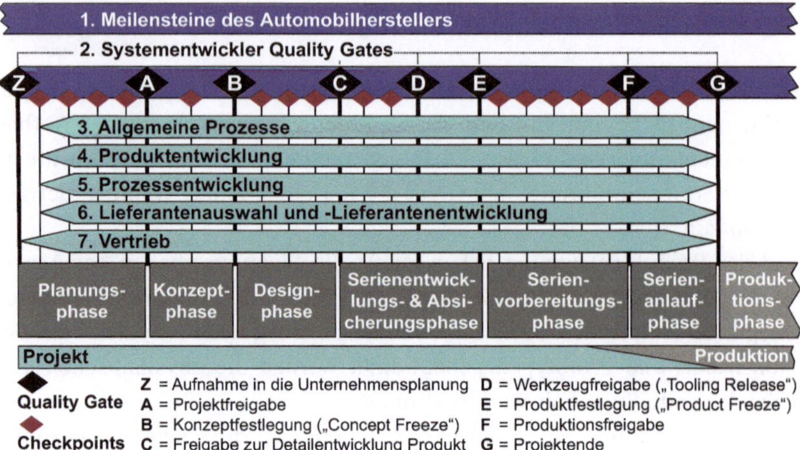

Abb. 5.1 Produktentstehungsprozess (PEP) [1]

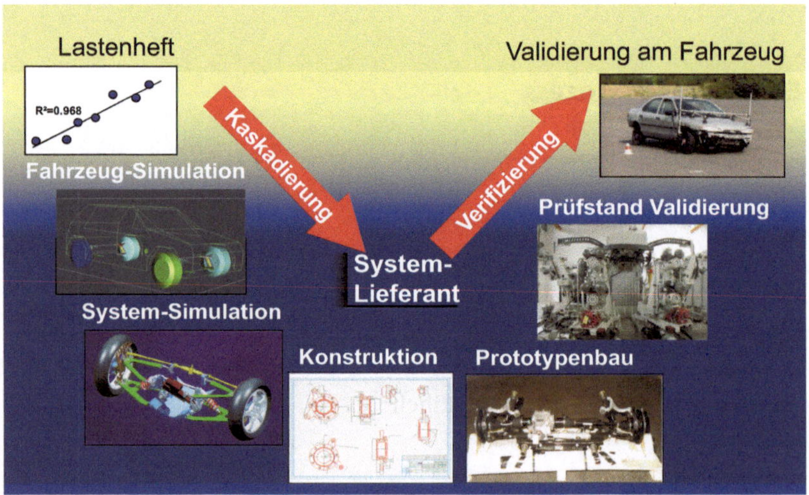

Abb. 5.2 V-Plan: Grundlage für den Entwicklungsablauf [1]

Der Entwicklungsprozess kann auch als sogenanntes „V-Modell" (Abb. 5.2) dargestellt werden, bei dem die Ebenen Gesamtfahrzeug, System und Bauteil zu unterscheiden sind.

Begonnen wird mit der Festlegung des Gesamtfahrzeuglastenhefts, welches aus den Zieleigenschaften bzw. der Positionierung des Fahrzeugs am Markt abgeleitet wird. Im nächsten Schritt werden dann die Anforderungen an die Systeme und Subsysteme des Fahrzeugs definiert und das System entsprechend ausgelegt. Im untersten Punkt der

Kaskade werden die Bauteile konstruiert und dann wieder zum System integriert. Im Weiteren schließt sich die Validierungsphase mit Erprobungen auf System- und Gesamtfahrzeugebene an.

Dieses V-Modell kann in einer Fahrzeugentwicklung mehrfach durchlaufen werden und verfeinert sich in der Aussagefähigkeit mit der Qualität der Bauteile bis hin zu werkzeugfallenden Teilen.

Wesentliche Fahrzeugsysteme sind: Rohbau, Interieur, Sitze, Sicherheits- und Komfortsysteme, Armaturentafel, Elektrik/Elektronik/Multimedia, Antriebsstrang, Kraftstoff- und Abgasanlage, Front- und Rearend, sowie Fahrwerk.

Das V-Modell kann in verschiedenen Ebenen der Fahrzeugentwicklung angewandt werden. So wird das Fahrzeug in verschiedene Systeme, Subsysteme, Module, bis auf die Komponentenebene aufgeschlüsselt (Abb. 5.3).

Analog der aufgezeigten Ebenen mit weiteren möglichen Unterstrukturen wird auch das Gesamtprojekt in Unterprojekte aufgeteilt. Entsprechend existieren für das Fahrwerk mehrere Projektteams; beim Fahrzeughersteller und bei den Entwicklungsdienstleistern und Entwicklungslieferanten, die koordiniert und zueinander abgestimmt werden müssen *(Projekt-Management)*.

Der Produkt-Entstehungs-Prozess (PEP) kann in die Teilprozesse der Konzeptfindung, der Produktplanung, der Produktentwicklung sowie der Produkt- und Fertigungsvorbereitung kategorisiert werden.

Abb. 5.4 stellt ein Standardschema für den Produktentwicklungs- und Produktentstehungsprozess vor, auf Basis einer Untersuchung von 21 Automobilfirmen in Europa, Japan und den USA mit einem gemeinsamen Marktanteil von 86 % [3].

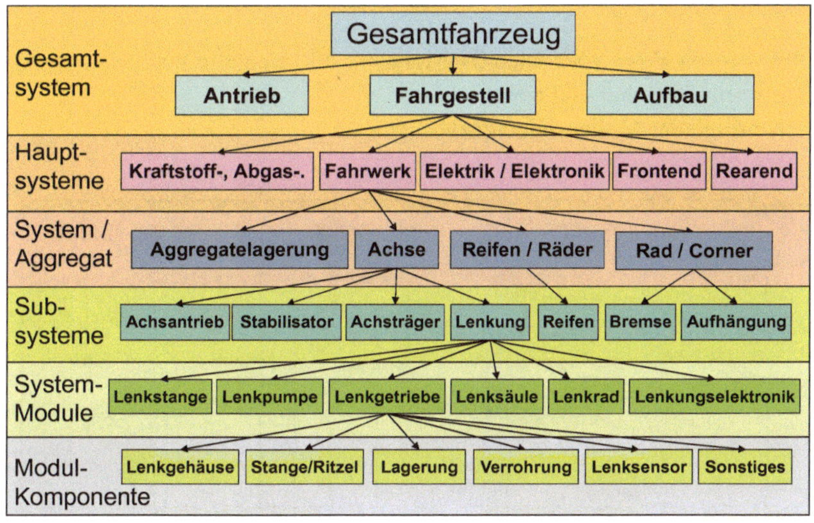

Abb. 5.3 Fahrzeug-Funktionsebenen

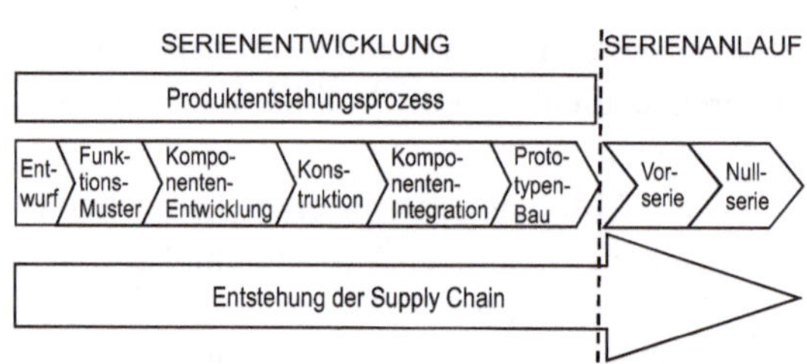

Abb. 5.4 Standardphasenplan für die Produktentwicklung

Da sich die Zulieferer in der Automobilbranche zu Systemlieferanten für komplette Module (Frontend, Sitze, etc.) entwickelt haben, ist ihre Integration spätestens zur Komponentenentwicklung unerlässlich.

In der Konsequenz wird der Automobilbau zu einer „Baukastenfertigung", die z. B. der Volkswagenkonzern als erster Hersteller gezielt umgesetzt hat (MQB/MLB/MEB Modulares Quer-/Längs-/Elektrifizierungsbaukastensystem).

Durch sie wird dem Autokäufer ein Höchstmaß an Individualität ermöglicht, (bei VW 40 Modelle mit MQB) ohne die Variantenzahl in der Produktion auf ein unbeherrschbares Niveau zu treiben [4].

Sehr ausführlich sind die Entwicklungsschritte im FPDS *(Ford Product Development System)* beschrieben, das seit 1998 weltweit bei allen neuen Ford-Fahrzeugprogrammen angewandt wird (Abb. 5.5) [5].

Die programmspezifische Arbeit fängt mit **KO** *Kick-Off* an und endet mit **Job #1 (SOP),** d. h., mit dem Start des ersten in der Serie gefertigten Fahrzeugs. Die vorgesehene Zeitspanne für ein ganz neues Modell ist hier 42 Monate. Dazwischen sind zwei Haupthaltepunkte festgeschrieben, ST und CP:

ST *Surface Transfer* nach 16 Monaten: Styling eingefroren und das Programm endgültig freigegeben.

CP *Confirmation Prototypes* nach 27 Monaten: alle Bauteile und Systeme in seriennahen Prototypen eingebaut und freigegeben.

Die Reihenfolge der Meilensteine dazwischen ist:

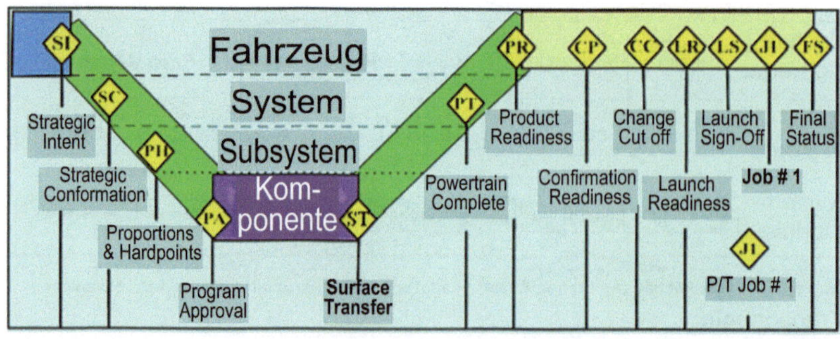

Abb. 5.5 FPDS *(Ford Product Development System)*

- **KO** *Kick Off,*
- **PS** *Pre-strategic Intent:* Planung abgeschlossen,
- **SI** *Strategic Intent:* Fahrzeugkonzept, Zielkunden, Wettbewerbsmodelle, Programmlogistik, Ressourcen, Arbeitsplan, Montagewerke sind festgelegt,
- **SC** *Strategic Confirmation:* Ziele für alle Ebenen festgeschrieben, Systemlieferanten definiert,
- **PH** *Proportions & Hardpoints:* Abmessungen, Design, Kinematikpunkte eingefroren,
- **PA** *Program Approval:* Projekt freigegeben,
- **ST** *Surface Transfer:* Styling festgelegt,
- **PR** *Product Readiness:* Fertig für Prototypenbau,
- **CP** *Confirmation Prototypes,*
- **CC** *Change Cut-off:* keine konstruktive Änderungen mehr zulässig,
- **LR** *Launch Readiness:* Freigabe der Fertigungswerkzeuge und Einrichtungen,
- **LS** *Launch Sign of:* Montagelinie und alle Bauteile fertig für die Montage,
- **J1 Job #1** Produktionsstart.

Die deutschen Automobilhersteller definieren ausgehend vom Produktionsstart rückwärts ähnliche Kontrollpunkte [6]:

- **K** Programmstrategische Richtung ausgelegt,
- **J** Programmstrategische Richtung festgelegt,
- **I** Fahrzeugabmessungen, Gewichte etc. festgelegt,
- **H** Programm genehmigt, Finanzierung bewilligt,
- **G** inneres und äußeres Design genehmigt,
- **F** analytische Produktfreigabe,
- **E** erstes Fahrzeug für Test verfügbar,
- **D** Produktfreigabe,
- **C** Testphase beendet,
- **B** Produktionsstart genehmigt,
- **A** Produktionsstart.

Porsche beschreibt die Abläufe zur Fahrwerkentwicklung, wie sie in Abb. 5.6 dargestellt sind [7], in drei Hauptphasen: Definitionsphase, Konzeptabsicherungsphase und Serienentwicklungsphase, die insgesamt ebenfalls in 42 Monaten abgearbeitet werden, davon lediglich 24 Monate für die Serienentwicklung. Ähnliche Entwicklungsabläufe findet man bei der VW-Gruppe, BMW oder Daimler.

In Abb. 5.7 wird als repräsentatives Beispiel die Reifegradentwicklung innerhalb des Fahrwerk-PEP bei AUDI dargestellt [8]. Der PEP bei AUDI ist ebenfalls in drei Hauptphasen geteilt: Definition, Realisierung und Launch (Serienanlauf), die insgesamt 60 Monate dauert, je zur Hälfte für Definition und Realisierung und 3 zusätzliche Monate für den Launch.

Die ersten 18 Monate sind beginnend mit dem Produktplanungsstart (PPS) über den Richtungsentscheid (RE) für die Produktplanung vorgesehen. Nach einem positiven

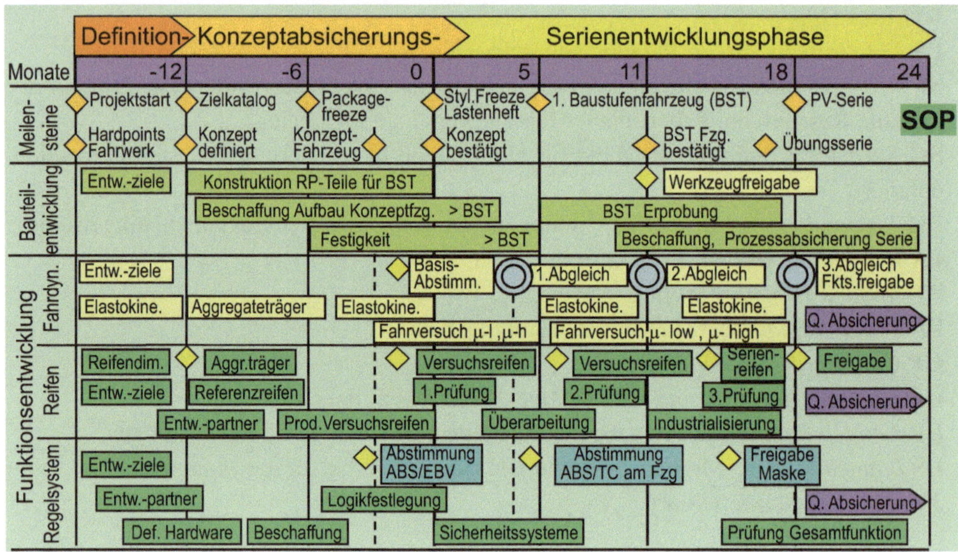

Abb. 5.6 Bauteil- und Funktionsentwicklungsablauf im Fahrwerk bei Porsche [7]

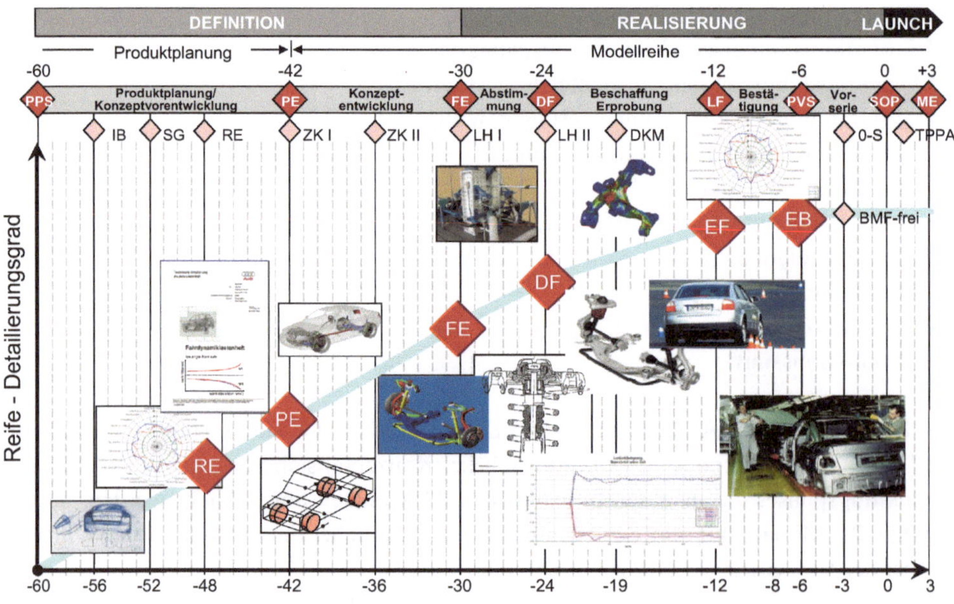

Abb. 5.7 Ablaufplan für Fahrwerkentwicklung bei Audi AG [8]

Produktentscheid (PE) übernimmt die Modellreihe das Projekt. Wenn die Konzepte validiert und freigegeben sind, fängt die eigentliche Serienentwicklung an. Sie besteht aus den Abschnitten Abstimmung (FE: Fahrzeugentscheid), Beschaffung und Erprobung (DF: Design freeze), Bestätigung (LF: Launchfreigabe) und Vorserie (PVS). Dazwischen sind Checkpoints eingebaut wie IB: Interieurbestätigung, ZK: Zielkatalog, DB: Designbestätigung, EB: Erstbemusterung, AF: Ausstattungsfreeze.

Wichtig ist zu vermerken, dass bei keinem neuen Automodell mehr als 1/3 wirklich ganz neu ist, sonst wäre die Entwicklung terminlich und wirtschaftlich nicht zu bewältigen und das Risiko mit den Problemen in der Serie sehr hoch. Die neuen Konzepte werden zunächst in der Vorentwicklung ausgearbeitet, berechnet, gebaut, geprüft, optimiert, abgesichert und für eine Serienentwicklung als „ohne großes Risiko machbar" freigegeben.

Die übliche Aufgabenteilung zwischen der Vorentwicklung und Serienentwicklung zeigt Abb. 5.8.

Im Allgemeinen wird dabei ein neu entwickeltes Fahrwerk ohne große Änderungen mindestens in zwei Modellgenerationen (12 bis 15 Jahre) eingesetzt.

In den letzten Jahren sind von bestimmten Fahrzeugherstellern Berichte veröffentlicht worden, in denen von noch drastischeren Kürzungen der Entwicklungszeiten zu lesen war. Ford hat sein FPDS *(Ford Product Development System)* noch weiter verschlankt und spricht von einer Serienentwicklungszeit von 12 Monaten und einer 20 %-igen Senkung der Entwicklungskosten in 2012. Dies wird erreicht durch noch intensivere Nutzung der CAE sowie von virtuellen Simulationen und durch einen deutlich geringeren Bedarf an physischen Prototypen und Versuchen [9]. Auch Fiat arbeitet an einer

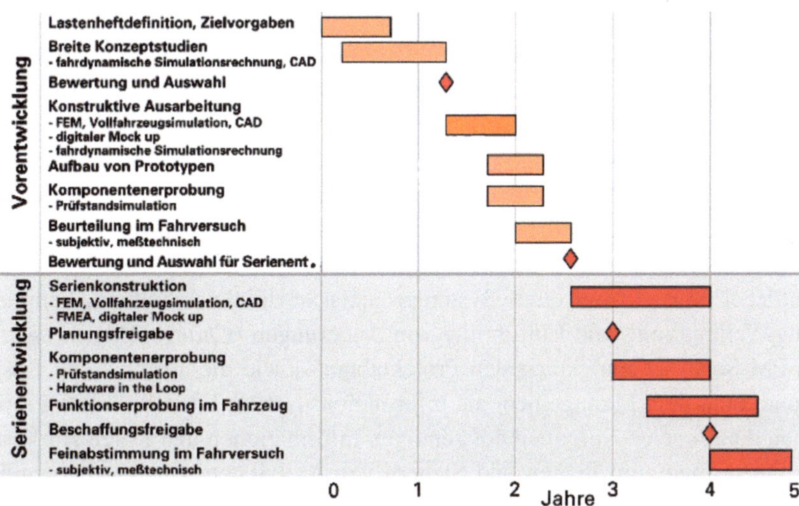

Abb. 5.8 Aufgabenteilung zwischen Vor- und Serienentwicklung und geplante Dauer einzelner Schritte

Straffung der Entwicklungszeit auf 15 Monate [10]. Dieses Ziel sollte inzwischen hauptsächlich durch mehr virtuelle Simulationen und eine stärkere Modularisierung erreicht werden.

Dies sind hinsichtlich der steigenden Modellanzahl und dem Zwang zur Senkung der Kosten und der Entwicklungsdauer gewiss richtige Schritte. Dabei muss jedoch sichergestellt werden, dass trotz der Verlagerung zur virtuellen Entwicklung und dem erhöhten Risiko, welches durch Weglassen von Prototypen und Testfahrten sicherlich entstehen wird, eine gleichbleibend hohe Produktqualität zu erreichen ist.

5.1.2 Projektmanagement (PM)

Der Eigenfertigungsanteil der Automobilhersteller liegt heute unter 30 %. Deshalb geschieht ein Großteil der Entwicklung des Fahrwerks im Zusammenwirken von Automobilhersteller und Zulieferer. Sie entwickeln parallel in verschiedenen Standorten manchmal sogar weltweit, mit international besetzten Projektteams das Fahrwerk. Dabei wird eine Projektabwicklung erwartet, die Synergien nutzt und die Fehlerwiederholung verhindert. Drei Hauptziele beschreiben die Strategie [1]:

1. Etablieren effizienter Prozesse zum Planen und Steuern der Projekte,
2. Einführen und Anwenden einer standardisierten, effizienten Projektmanagement-Software,
3. Harmonisieren und Zusammenführen der Projektziele und Fachprozesse der einzelnen Linienbereiche im Sinne einer effizienten Produktentstehung.

Projektmanagement gilt als eine Art „Klammer", die alle an der Produktentstehung beteiligten Bereiche des Unternehmens einschließt. Effektives PM sorgt dafür, dass die Kommunikation zwischen den Bereichen reibungslos abläuft und für alle Beteiligten die gemeinsam definierten Projektziele transparent sind. Diese Organisation gewährleistet zugleich die Integration der Unterlieferanten. Wesentlicher Bestandteil jedes PMs ist ein einheitlicher Ablauf bei der Produktentstehung mit einheitlichen *Quality Gates* (Abb. 5.1). Dieser Plan basiert auf den Prinzipien des *Advanced Product Quality Planning* (APQP) des Verbandes der Automobilindustrie (VDA).

Wesentlicher Kernprozess eines Systemprojekts ist die Ausarbeitung, kommerzielle Bewertung, Verhandlung und Einführung von Änderungen *(Change Management).* Eine Standard-PM-Software unterstützt den Projektablauf sowie die Termin- und Kostenverfolgung und dient dem Management als Informationssystem. Es stellt jedem Projektmitglied genau die für seine Aufgaben notwendigen Informationen und Daten zur Verfügung wie z. B. Funktionen zum Planen und Steuern von Aktivitäten, zur Ressourcenplanung, zum Statusbericht sowie die komplette kommerzielle Dokumentation des Projekts.

5.2   Planung und Definitionsphase

Nach der Entscheidung des Unternehmens, ein neues Modell mit genau definierten Fahrzeugzielen zu entwickeln, wird diese in einem Rahmenlastenheft festgehalten, welches alle wichtigen Anforderungen an das Gesamtfahrzeug beinhaltet. Nachdem das vorläufige Fahrzeuglastenheft erstellt worden ist, wird es auf die Subsysteme aufgeteilt, laut Braess & Seiffert [6] ausgehandelt und mit subsystemspezifischen Zielen erweitert. Auf dessen Basis erfolgt die detaillierte Ablaufplanung und Ressourcenaufteilung. Später wird über weitere Untersysteme bis zu den einzelnen Komponenten kaskadiert. In der Definitionsphase erfolgt die Detaillierung der Konzepte und deren Bewertung hinsichtlich Technik, Qualität und Wirtschaftlichkeit. Es sind Konzepte, die sich in der laufenden Serie bewährt haben oder aus der Vorentwicklung eine klar definierte Machbarkeits- und Risikountersuchung durchlaufen haben.

Es können in dieser Phase zuerst mehrere Konzepte parallel weiterverfolgt werden. Dadurch ist die Freiheit des Entwicklungsingenieurs noch relativ hoch (Abb. 5.9). In den späteren Phasen wird jedoch diese Freiheit immer stärker eingeschränkt, weil jede späte Änderung die Kosten- und Terminziele gefährdet [11].

Die Kinematikpunkte *(Hardpoints)* der ausgewählten Aufhängungskonzepte werden in das vorgesehene Package des neuen Fahrzeugs eingepasst. Aus dem Lastenheft für das Gesamtfahrzeug werden die Anforderungen an das Fahrwerk abgeleitet und ergänzt (s. Abschn. 1.3.1).

5.2.1   Zielwertkaskadierung

Der Prozess der Ableitung der Anforderungen und Spezifikationen vom Gesamtfahrzeug zu den Systemen (z. B. Vorderachse, Hinterachse, Bremsen), von Systemen zu Subsystemen (Radaufhängung, Federung) und schließlich zu den Komponenten (Querlenker, Radträger, Bremssattel) wird *Zielwertkaskadierung* oder *Target Cascade* genannt (Abb. 5.10). Danach werden die Verantwortlichkeiten zwischen OEM und Zulieferer im Vorfeld einer

Abb. 5.9 Änderungshäufigkeit während Entwicklung

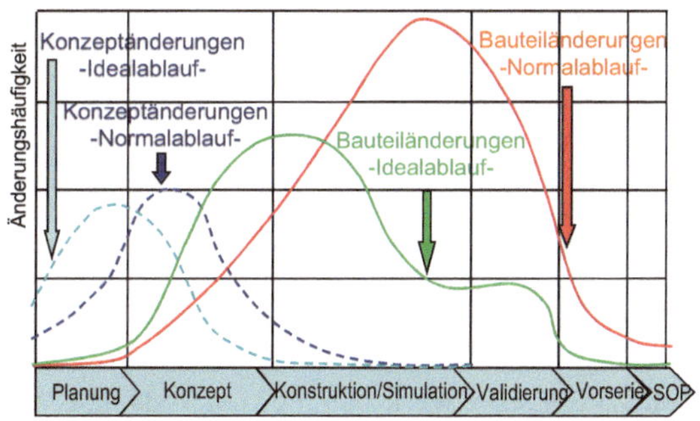

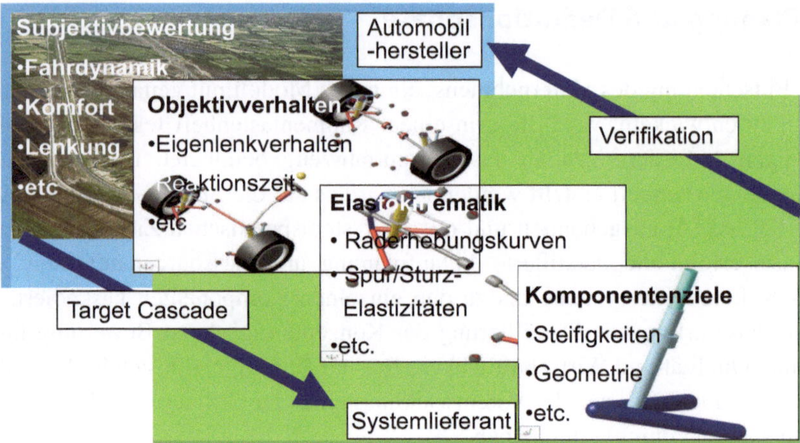

Abb. 5.10 Zielwertkaskadierung *(Target Cascade)* [12]

Projektentwicklung eindeutig festgelegt und Lastenhefte für die Systeme, Subsysteme und Komponenten erstellt [12].

Im Folgenden soll nun der Prozess beschrieben werden, mit welchem aus vorliegenden elastokinematischen Zielwerten einer Vorder- oder Hinterachse (s. Abschn. 1.3.5) Steifigkeitstargets für die einzelnen Komponenten hergeleitet werden können. Kernstück dabei ist die Verbindung von Mehrkörpersimulation (z. B. ADAMS) und FEM-Modellen der einzelnen Fahrwerksteile (Abb. 5.11). Diese Verbindung kann über ADAMS/Flex realisiert werden. Zwingend hierfür ist ein anhand des K&C *(Kinematics and Compliances)* Prüfstandes validiertes Achsenmodell des Systems.

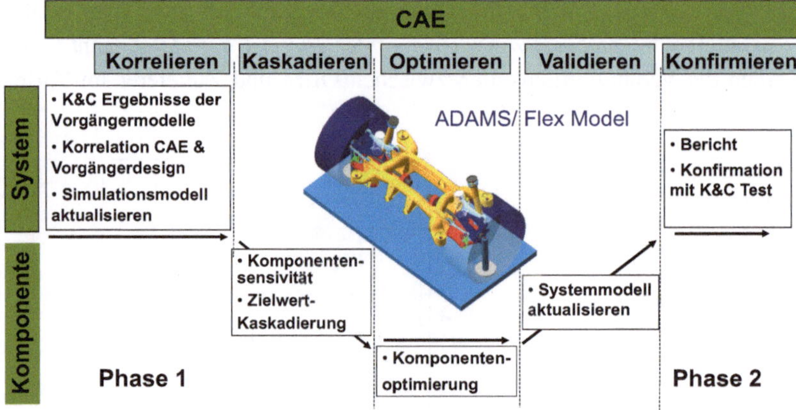

Abb. 5.11 Zielwertkaskadierung vom System bis zu den Komponenten [12]

Durch Variation der Steifigkeiten der einzelnen FE-Modelle wird die Sensitivität der einzelnen Bauteile auf die Gesamtsteifigkeiten festgestellt [13].

Bauteile mit Steifigkeitssensitivität bieten die Möglichkeit, die Gesamtsteifigkeit der Achse maßgeblich zu beeinflussen. Bauteile niedriger Sensitivität bieten oft eine Chance zur Gewichtseinsparung.

Aus diesen Ergebnissen können dann neue Steifigkeitsanforderungen für einzelne Komponenten definiert werden. Gibt es Steifigkeitsanforderungen vom OEM, sind die Änderungen mit ihm abzustimmen. Die auf die neuen Steifigkeitswerte optimierten Komponenten sind in das MKS-Modell einzupflegen, und die Einhaltung der Systemspezifikationen in Bezug auf die Elastokinematik ist nachzuweisen.

Normalerweise wird die Zielwertkaskadierung durch Intuition und Probieren *(trial and error)* durchgeführt. So können bereits in einem frühen Projektstadium Aussagen über Funktion, Gewicht, Belastungsdaten eines Fahrzeugkonzeptes oder eines Bauteils getroffen werden. Als eine systematischere Vorgehensweise zur Ermittlung von Komponentensteifigkeiten finden Optimierungsalgorithmen Anwendung, welche in der Lage sind, Bauteilsteifigkeiten in den verschiedenen Belastungsrichtungen aus den vorgeschriebenen Systemsteifigkeiten abzuleiten. Die Optimierung bezieht sich also nicht nur auf die Gesamtsteifigkeit des Bauteils, sondern reduziert auch das Material und damit Gewicht und Kosten in den Richtungen, in denen keine hohe Steifigkeit notwendig ist.

In vielen Fällen kann somit eine signifikante Gewichtsersparnis der Bauteile, z. B. der Radaufhängung, erreicht werden ohne eine Verschlechterung der kinematischen Kennwerte [13].

Dieser Prozess der Zielwertkaskadierung kann nur durch Einsatz von virtueller Simulation erfolgen, auf welche in Abschn. 5.4 näher eingegangen wird.

5.3 Konzeptphase

Die eigentlichen Lösungskonzepte für die Fahrwerkfunktionen werden bereits in der Definitionsphase entschieden. Die noch nicht in der Serie befindlichen – innovativen – Konzepte werden in der Vorausentwicklung nach ihrer Machbarkeit geprüft, um sicher zu sein, dass alle Lösungsansätze realisierbar sind. Die Konzeptphase während der Serienentwicklung dient daher nicht zum Finden neuer Lösungen, sondern vielmehr zur Validierung der im Voraus definierten Konzepte bzw. zu deren endgültiger Auswahl, wenn mehrere Parallel-Konzepte vorgeschlagen wurden. Die Modifikationsfreiheit [11] ist in dieser Phase bereits deutlich eingeschränkt (s. Abb. 5.9); der Entwicklungsingenieur kann nur noch zwischen den „schubladenreifen" Technologien, die beim Programmstart identifiziert und validiert worden sind, wählen (s. Abb. 5.6).

Für das Fahrwerk sind als Input des Gesamtfahrzeugs in dieser Phase das Package-Freeze und als Endergebnis das Styling-Freeze wesentlich [7].

Auf Basis des Package-Freeze wird fahrwerkseitig ein Konzeptfahrzeug aufgebaut, das zur physikalischen Absicherung des Fahrwerkkonzepts dient. Gesamtfahrzeugseitig wird mit dem Styling-Freeze die Aerodynamik definiert, die wesentliche Einflüsse auf die Fahrdynamik, Fahrzeugdurchströmung (z. B. zur Bremsscheibenkühlung) und Fahrgeräusche ausübt.

Diese lassen sich heute weitgehend durch Simulationen absichern.

Um die Serienentwicklungsphase in kürzester Zeit ohne Schleifen zu durchlaufen, sind folgende Anforderungen zu erfüllen [7]:

- Fahrwerkkonzept durch das Konzeptfahrzeug abgesichert,
- Motor auf dem Prüfstand abgesichert, Motor und Motorsteuerung entsprechen dem Serienstand,
- Getriebe auf dem Prüfstand abgesichert,
- Karosseriesteifigkeiten bestätigt.

5.4 Virtuelle Simulation

In der Konzeptphase wird versucht, die Aufgaben möglichst durch virtuelle Simulationen zu lösen. Unter der virtuellen Simulation versteht man alle rechnerunterstützten numerischen Berechnungsmethoden.

Die virtuelle Simulation bietet dabei enorme Zeit- und Kostenersparungspotenziale und führt im allgemeinem zu einer erhöhten Entwicklungsqualität.

Durch die schnelle Änderung am Modell und erneute Simulationen, kann auch an deren Optimierung gearbeitet werden, lange bevor die ersten Prototypenfahrzeuge oder Bauteile für Tests zur Verfügung stehen. Für den Begriff virtuelle Simulation wird im internationalen Sprachgebrauch die Abkürzung CAE *(Computer Aided Engineering)* verwendet.

Dabei soll hier auf die beiden großen Felder Mehrkörpersimulation (MKS) und Finite Elemente Methode (FEM) exemplarisch auf deren Anwendungen in der Fahrwerktechnik eingegangen werden.

Grundlage für den Aufbau von CAE-Modellen sind je nach Projektphase und Werkzeug (MKS oder FEM), erste Annahmen in Bezug auf Fahrzeuggeometrie, Massen, Steifigkeiten, Dämpfungen etc. oder bereits vorhandene CAD-Modelle mit konkreten (gemessenen) Materialwerten, Gummilagersteifigkeiten etc. oder eine entsprechende Kombination.

Gleichwohl ist anzumerken, dass trotz der sehr leistungsfähigen Simulationstools auf physikalische Tests in der Automobilindustrie auf lange Sicht nicht verzichtet werden kann.

So sollten die verwendeten CAE-Modelle frühestmöglich mit reellen Versuchen validiert werden.

Zudem wird es trotz sich weiter entwickelnder Soft- und Hardware Kriterien geben, die sich nicht virtuell abtesten lassen. Hier seien die subjektive Beurteilung des Fahrverhaltens und des Fahrkomforts beispielsweise genannt.

5.4.1 Software für die Mehrkörpersimulation (MKS)

Die Simulation von Mehrkörpersystemen (MKS) wird eingesetzt, um das Bewegungsverhalten komplexer Systeme zu untersuchen, die aus einer Vielzahl gekoppelter beweglicher Teile bestehen. Mit MKS lassen sich neben den Bewegungen auch Schnittkräfte und -momente bestimmen, die durch Bewegungen des Fahrzeugs entstehen [14].

Es gibt mehrere Standard MKS-Softwarepakete: ADAMS, SIMPAC, IPG, DADS usw. In der Fahrwerkentwicklung ist z. B. die MSC-Software ADAMS weit verbreitet.

Die Software ADAMS/Car beinhaltet u. a. eine Datenbank gebräuchlicher Radaufhängungskonzepte (z. B. McPherson, Doppelquerlenker etc.). Diese sogenannten „Templates" lassen sich ohne großen Aufwand an die jeweilige Fahrzeuggeometrie anpassen. Dies ermöglicht auch einen weitgehend problemlosen Austausch von Fahrzeug- oder Fahrwerksmodellen zwischen den an einem Projekt beteiligten Firmen (so denn allseits gewünscht).

Weitere in der Fahrwerkentwicklung eingesetzte ADAMS-Module sind beispielsweise ADAMS/Flex, ADAMS/Tire, ADAMS/Vibrationen [15].

5.4.1.1 Aufbau von MKS-Fahrwerksmodellen mit ADAMS/Car

In diesem Abschnitt werden die für die MKS-Simulationen am Beispiel ADAMS/Car grundlegenden Begriffe aus der Modellbildung und Berechnung zusammengestellt und deren Zusammenhänge untereinander und zum realen Fahrwerk erläutert.

Mehrkörpersystem

Ein *Mehrkörpersystem* ist der Zusammenbau starrer und/oder flexibler massebehafteter Körper, die durch Gelenke (für Translation, Rotation, kardanische Gelenke), Federn, Dämpfer, Gummilager verbunden sind. Diese werden von externen (eingeprägten) Kräften und Momenten oder externen Führungsbewegungen angetrieben und mathematisch durch ein System von differential-algebraischen Gleichungen (DAE) beschrieben.

Mehrkörpersimulation

Die Mehrkörpersimulation ist ein Berechnungsverfahren zur rechnergestützten Lösung oben genannter DAEs mit dem Ziel, die folgenden Größen bereitzustellen:

- Lage-, Geschwindigkeits-, Beschleunigungsvektoren (Translation und Rotation) für die Schwerpunkte und Anbindungspunkte zwischen den Körpern des Systems,
- Trajektorien (Kraft über Einfederung, Längskraft über Querkraft, Spur über Einfederung etc.) und insbesondere auch
- Schnittkräfte und Schnittmomente an den Anbindungspunkten für die Lastenkaskadierung.

Die Begriffe Mehrkörpersystem und Mehrkörpersimulation werden mit MKS abgekürzt. Im Englischen heißen sie *Multi Body System* und *Multi Body Simulation* und werden mit MBS abgekürzt.

5.4.1.2 CAD-Fahrwerkmodell und Mehrkörpersystem

Das Mehrkörpersystem und das CAD-Fahrwerksmodell werden aus demselben Kinematikplan und grundsätzlich mit denselben Kennlinieneigenschaften und ggf. Massen aufgebaut. Da moderne CAD-Systeme ebenfalls einen Mehrkörpergleichungslöser beinhalten, werden sie im Automobilbau auch für Bauraum- und Kollisionsuntersuchungen genutzt. Bauteilnachgiebigkeiten, Gummilagersteifigkeiten, etc. werden dabei nicht berücksichtigt. Diese Bauraumanalysen werden im Allgemeinen nur statisch durchgeführt. Da der Aufbau eines CAE- (MKS) und CAD-Models auf denselben Eingangsdaten aufsetzt, liegt der Gedanke der Zusammenführung beider Werkzeuge in einem Softwarepaket nahe. Hierauf wird in Abschn. 5.5.3 noch näher eingegangen.

Abb. 5.12 illustriert die geometrischen Äquivalenzen zwischen dem CAD- und dem MKS-Modell für eine McPherson-Vorderachse. Die graphischen Darstellungen der Fahrwerkskomponenten im MKS-Modell dienen im Sinne der Mehrkörperdynamik nur als Visualisierungen, denn für die mathematische Modellbildung sind die Körper durch deren Massen und Massenträgheitsmomente sowie die Steifigkeits- und Dämpfungsmatrizen eindeutig definiert [16].

5.4.1.3 Mehrkörpersimulation mit starren und flexiblen MKS-Modellen

Kommerzielle MKS-Software bietet seit mehreren Jahren die Option, Elastizitäten massebehafteter Körper zu berücksichtigen. Dazu werden die Verformungen mittels einer Modalanalyse zerlegt und durch relativ wenige modale Koordinaten und Modalformen angenähert. Damit verbleibt ein in der Simulation gut handhabbares Mehrköpersystem. Da Elastizitäten von Achsträgern, Querlenkern und Dämpferbeinen die

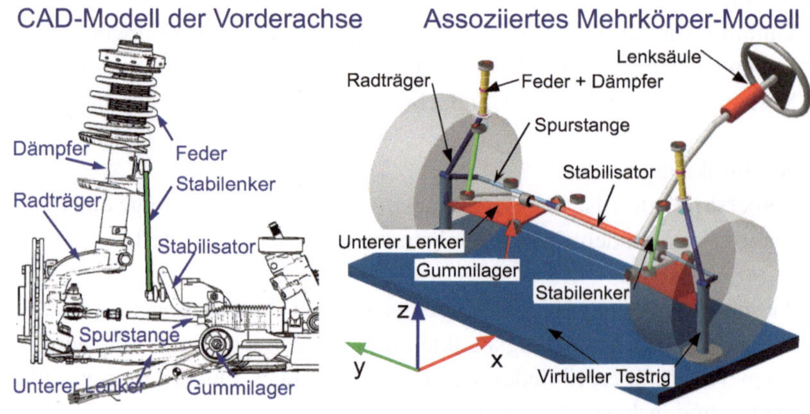

Abb. 5.12 Zusammenhang zwischen CAD-Modell und MKS-Modell (ADAMS/Car-Modell) [12]

Schnittlasten bei hochdynamischen Fahrmanövern signifikant beeinflussen können, findet die Integration von Elastizitäten in die Modellbildung immer größere Verbreitung. Für die Betriebsfestigkeitsanalysen von Fahrwerkskomponenten liefern Starrkörper-MKS-Modelle in der Regel nicht ausreichend genau berechnete Schnittlasten.

Daher sind Lastenkaskadierungen grundsätzlich mit flexiblen ADAMS/Car-Modellen durchzuführen (Generierung mittels ADAMS/Flex, s. Abschn. 5.4.3.6). Der Unterschied zwischen den beiden Modellen ist aus der Abb. 5.13 und an Simulationsergebnissen aus der Abb. 5.14 ersichtlich.

Modellreduktionen durch eine Umwandlung von (einzelnen oder mehrerer) flexiblen Komponenten in Starrkörper sind nur zu empfehlen, sofern der Einfluss der Modellreduktion im Rahmen einer *Sensitivitätsanalyse* quantifiziert wurde. Für die Sensitivitätsanalyse sind Simulationen mit transienten Fahrversuchslasten oder äquivalenten synthetischen Lasten durchzuführen.

Dieses Vorgehen, vollständig flexible ADAMS/Car-Modelle gegenüber dem Starrkörpermodell zu verwenden, führt allerdings auf um den Faktor 10- bis 25-mal längere Simulationszeiten.

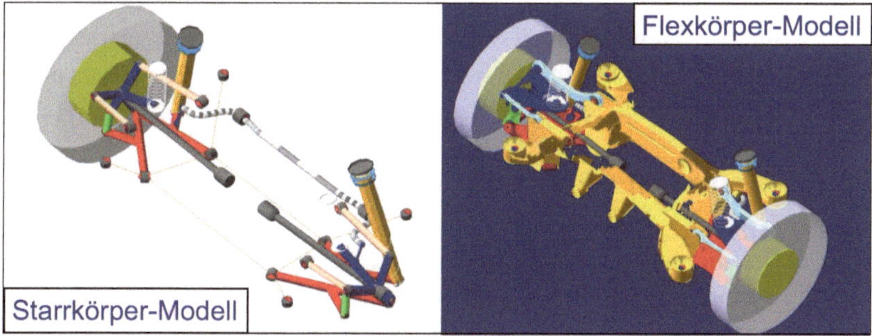

Abb. 5.13 Starrkörper-Modell (ADAMS/Car) und zugeordnetes ADAMS-Modell mit flexiblen Vorderachs-Komponenten [12]

Abb. 5.14 Einfluss der Starr- oder Flexkörpersimulation auf die statischen und dynamischen Kräfte

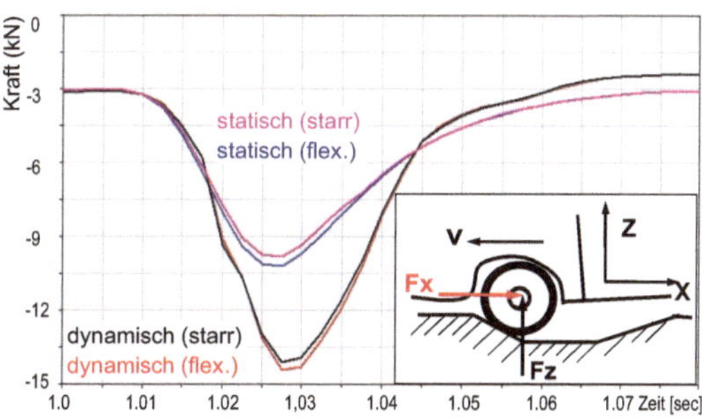

5.4.1.4 Mehrkörpersimulation mit Gesamtfahrzeug-, Fahrwerk- und Achsmodellen

Generell muss bei der MKS, genauso wie bei jeder anderen Art der Simulation, neben der Auswahl der einzelnen Elemente (z. B. starr oder flexibel), der Berechnungsart (z. B. dynamisch oder statisch) auch besonders auf die Randbedingungen des zu simulierenden Versuches geachtet werden. Dies sei am Beispiel eines Dauerfestigkeitsprüfstandes erläutert.

So werden, verglichen mit Gesamtfahrzeugmodellen, bei der Schnittlastberechnung von Fahrwerkmodellen überhöhte Lasten erwartet, weil das Fahrwerkmodell an die unbewegliche Umgebung, anstatt am nachgiebigen Fahrzeugaufbau angebunden ist. Die resultierende Versteifung gilt nicht nur für virtuelle MKS-Fahrwerksanalysen sondern auch für Fahrwerkstests auf Straßen-Simulations-Prüfständen. Die vorwiegend in der Vertikaldynamik auftretende Schnittlastüberhöhung ist vom Massenverhältnis aus der gefederten Aufbaumasse und der ungefederten Fahrwerkmasse sowie von den Feder und Dämpfereigenschaften des Fahrwerks abhängig. Die generelle Charakteristik eines linearen Fahrwerkmodells bei harmonischer Kraftanregung zeigt Abb. 5.15. Aus der Darstellung der Federbeinkraft des Fahrwerkmodells bezogen auf die des Gesamtfahrzeugs bei der Frequenz Null geht hervor, dass die Überhöhung $(1 + m_1/m_2)$ allein vom Massenverhältnis bestimmt ist. In der Nähe der normierten Eigenfrequenz des Aufbaus (1 Hz) ist der Fehler des Achsenmodells maximal; er wird durch die dynamischen Eigenschaften vergrößert. Im überkritischen Bereich verschwindet die Differenz zunehmend.

5.4.2 Software für Finite Elemente Methode (FEM)

Die FEM ist ein numerisches Verfahren, das allgemeine Feldprobleme näherungsweise löst, indem das betrachtete Kontinuum durch eine endliche (finite) Anzahl kleiner Elemente angenähert (diskretisiert) wird.

Zweck der Festigkeits- und Verformungsanalysen mittels FEM ist es, ein Bauteil oder eine Baugruppe aus einem definierten Zustand des Entwicklungsprozesses

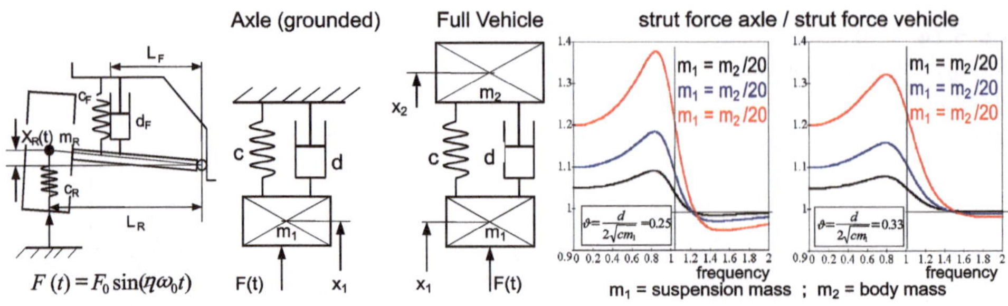

Abb. 5.15 Unterschied der Federbeinkraft im Fahrwerk- und Gesamtfahrzeugmodell

im Hinblick auf seine mechanischen Eigenschaften unter realen oder angenommenen Beanspruchungen zu beurteilen, bevor aufwändige Prüfstandversuche initiiert werden.

Der linear- bzw. nichtlinearstatische Kontext der FE-Analyse berücksichtigt Beanspruchungen ohne Zeitabhängigkeit (d. h. ohne Dynamik), aber mit nichtlinearen Parametern (z. B. Kontakte, elastisch-plastisches Werkstoffverhalten) [6]. Mit der FEM jedoch können auch dynamische Schwingungsprobleme analysiert und Betriebsfestigkeitsanalysen durchgeführt werden.

Erforderliche Angaben

In jedem Fall ist ein FE-Netz oder ein zur Erzeugung eines Netzes geeignetes CAD-Modell der Baugruppe/des Bauteils bereitzustellen. Dieses Modell muss alle relevanten Körper sowie Geometrien wie z. B. Kinematikpunkte, Verschraubungspunkte oder Feder/Dämpfer-Orientierungen beinhalten. Das CAD-Modell muss einen dokumentierten, verbindlich gültigen Entwicklungsstand wiedergeben.

Es müssen geeignete Werkstoffdaten vorliegen. Diese sind in linearen Simulationen E-Modul, Querkontraktion, ggf. Dichte und mindestens die Fließgrenze (R_{p02}). In nichtlinearen Simulationen muss zusätzlich die vollständige Fließkurve (bei Raumtemperatur oder bei entsprechender Simulationstemperatur) bekannt sein. Je nach abzudeckenden Aspekten können weitere Angaben erforderlich werden.

Die Beurteilung von Bauteil und Baugruppensteifigkeiten setzt die Kenntnis entsprechender Soll- oder Grenzsteifigkeiten voraus. Für die Betriebsfestigkeitsberechnungen sind zusätzlich zyklische Werkstoffkennwerte notwendig.

Neben den Werkstoffkennwerten sind Randbedingungen (sowie Anfangsbedingungen bei dynamischen Analysen) zu spezifizieren. Die Randbedingungen sind bekannte Kräfte und Momente bzw. Verschiebungen (und Geschwindigkeiten) an Lagerstellen. Weiterhin sind Kontaktbedingungen zwischen den Bauteilen eines FEM-Modells festzulegen (z. B. zwischen Zapfen und Bohrung eine formschlüssige Verbindung).

Kommerzielle FEM-Softwaremodule

- Auch für die FEM gibt es zahlreiche Standard-Software: ABAQUS, ANYSYS, NASTRAN, MARC-Mentant. Für die Simulationssteuerung und -vernetzung werden Hilfsprogramme angeboten wie PATRAN oder HYPERMESH. Es gibt unterschiedliche Anwendungen [17]:
- Programme zur Vernetzung,
- Programme für lineare Berechnungen,
- Programme für nichtlineare Berechnungen,
- Programme zur Schwingungsanalyse,
- Programme für Crashsimulationen
- Programme zur Simulation von Fertigungsverfahren,
- Programme für Topograpie-(Shape)optimierung,
- Programme für Topologieoptimierung,
- Programme für Betriebsfestigkeitsberechnungen.

Für die Auslegung der Radträger und Lenker aus Stahl oder Aluminium, hergestellt durch Kokillengießen, Druckgießen, Kaltfließpressen oder Schmieden, empfiehlt sich ein Standardablauf, der die Bauteile mit Hilfe von oben genannten FEM-Anwendungen optimiert (s. Abschn. 5.6.1.1).

5.4.2.1 Klassifizierung der Analysen

Statische FE-Berechnungen können zunächst in lineare und nichtlineare Analysen eingeteilt werden. Lineare Analysen sind – von der Vernetzung eines Bauteils abgesehen – schneller und einfacher durchzuführen, berücksichtigen jedoch keine nichtlinearen Aspekte wie z. B. große Verformungen, elastisch-plastisches Werkstoffverhalten oder Kontaktbereiche. Sie können daher nur dann sinnvoll verwendet werden, wenn entweder die Beanspruchungen hinreichend gering sind, lineares Werkstoffverhalten vorausgesetzt werden kann oder das Verlassen des linearen Bereiches erkannt und berücksichtigt wird. Beispiele hierfür sind:

1. Wird die Fließgrenze eines metallischen Werkstoffs überschritten, d. h., treten Spannungen oberhalb R_{p02} auf?
   Bis R_{p02} wird ein linearer Zusammenhang zwischen Dehnungen und Spannungen angenommen.
2. Wie groß sind die elastischen (reversiblen) Verformungen des Bauteils/der Baugruppe unter einer gegebenen Beanspruchung (Steifigkeitsanalyse)? Dies setzt voraus, dass Punkt 1 erfüllt ist.
3. Welche Bereiche eines Bauteils sind potenziell kritisch, d. h. unterliegen lokalen Spannungsüberhöhungen?
   Es werden primär die Orte identifiziert, an denen relativ hohe Spannungen vorliegen; die Höhe der Spannungen ist von sekundärem Interesse.

Nichtlineare Analysen sind sowohl numerisch (Rechenzeiten) als auch in der Modellierung erheblich aufwändiger, decken aber wesentlich mehr Aspekte der Realität ab, wie z. B. Kontaktbereiche, elastisch-plastisches Werkstoffverhalten, große Verformungen. Durch nichtlineare Analysen können daher komplexere Probleme detaillierter beurteilt werden, als dies mit einer linearen Analyse möglich ist. Beispiele für nichtlineare Standardberechnungen sind:

1. Wie groß ist die maximal übertragbare Kraft im Druckbereich eines Zweipunkt-Lenkers oder einer Spurstange?
   Es handelt sich hierbei um ein Knickproblem, das durch sehr große Verformungen und in der Regel Dehnungen weit im plastischen Bereich gekennzeichnet ist.
2. Welche Beanspruchungen treten im Presssitz eines Kugelzapfens auf?
   Kontakte stellen sogenannte nichtlineare Randbedingungen dar.
3. Wie verhalten sich Elastomerbauteile (Gummilager)?
   Es liegt nichtlineares Werkstoffverhalten vor.

Die Entscheidung über die Analyseklasse muss daher unter Einbezug des Analyseziels, einer Aufwandsabschätzung und des Entwicklungsstadiums der Baugruppe/des Bauteils getroffen werden. Sie muss von Fall zu Fall neu getroffen werden; generell gilt, dass die Detaillierung einer FE-Aufgabenstellung zur Detaillierung und Reife der Baugruppe bzw. des Bauteils korrelieren sollte.

Innerhalb der linearen bzw. der nichtlinearen Berechnung soll an dieser Stelle zwischen Festigkeits- und Steifigkeitsanalysen unterschieden werden.

5.4.2.2 Festigkeitsanalysen

Die Festigkeit ist die wichtigste Frage bei der Dimensionierung tragender Bauteile. Im Rahmen von Festigkeitsanalysen stehen die Beanspruchungen des Bauteils bzw. des Werkstoffes unter einer definierten Beanspruchung im Vordergrund. Mögliche Ergebnisse der FE-Analyse sind z. B. Spannungen, Dehnungen oder Flächenpressungen, deren lokale oder absolute Maximalwerte mit bekannten und gesicherten Werkstoffkennwerten verglichen werden. Aus diesem Vergleich können Aussagen über Versagenswahrscheinlichkeit, Werkstoffausnutzung oder Optimierungspotenzial getroffen werden (Abb. 5.16). Die Genauigkeit der Ergebnisse hängt von der Güte des Modells und dessen Diskretisierungsgrad sowie von der genauen Beschreibung der Belastungen ab.

5.4.2.3 Steifigkeitsanalysen

Immer mehr Komponenten im Fahrwerk müssen nach Steifigkeitsanforderungen dimensioniert werden. Bei Steifigkeitsanalysen werden im Wesentlichen die Verschiebungen betrachtet, die an den Krafteinleitungspunkten unter einer definierten Beanspruchung

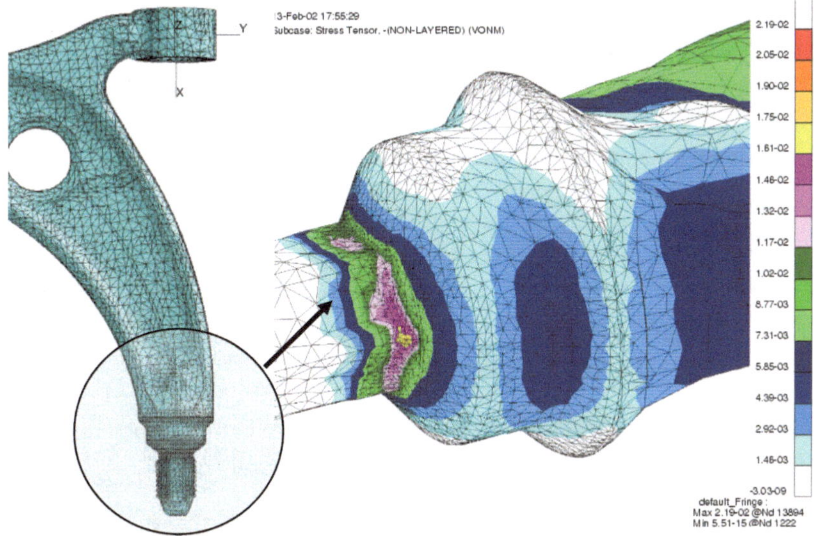

Abb. 5.16 Mit FEM berechneter Lenkerarm

auftreten. Mögliche Ergebnisse sind z. B. Kraft-Verschiebungskurven, deren Steigungen ein Maß für die Steifigkeit bzw. Nachgiebigkeit des Bauteils an den betrachteten Punkten (z. B. Kinematikpunkten) darstellen. Die Genauigkeit liegt im Bereich der Messgenauigkeit, die Prognosegüte ist daher so hoch, dass die Beurteilung der Bauteilsteifigkeiten ohne Versuche erfolgen kann.

Steifigkeiten spielen eine besondere Rolle bei der Elastokinematik einer Baugruppe. Es können auch dynamische Steifigkeiten ermittelt werden. Wegen des statischen Charakters sind jedoch dynamische Effekte wie Schwingungen und Resonanzerscheinungen mit den Steifigkeitsanalysen nicht ermittelbar.

5.4.2.4 Eigenfrequenzanalysen

Die FEM-Software kann gleichzeitig die Eigenform der Bauteile unter den Betriebslasten ermitteln. Besonders die erste Eigenform des Bauteils ist für das NVH-Verhalten von großer Bedeutung und wird in den Bauteillastenheften sehr häufig mit angegeben. Ziel ist immer mit der ersten Eigenfrequenz unter der geforderten Schwingzahl zu bleiben, um spätere Körperschallübertragungsprobleme und Eigenfrequenzschwingungen zu vermeiden.

5.4.2.5 Lebensdauer-Betriebsfestigkeit

Wie die Spannungen und die Steifigkeiten lassen sich mit FEM-Software auch die Lebensdauer- bzw. Betriebsfestigkeiten vorausberechnen.

Grundlage der Berechnung ist die Abbildung des Ermüdungsverhaltens von Bauteilen mit mathematischen Modellen. Diese beziehen sich ausschließlich auf die Bauteile unter schwingenden Beanspruchungen mit dem Versagenskriterium Bauteilbruch bzw. Bauteilanriss. Diese Modelle werden anhand von experimentellen Beobachtungen ermittelt (Abb. 5.17).

Das Modell ist dasselbe wie das FEM-Modell. Einzugeben sind zusätzlich Zeit und Ablaufabhängigkeit der Belastungen sowie die zyklischen Werkstoffkennwerte (z. B. Wöhlerlinien). Das Programm berechnet aus dem Last-Zeit-Verlauf resultierende Summenschädigungen und bewertet diese nach definierten Versagenskriterien [18].

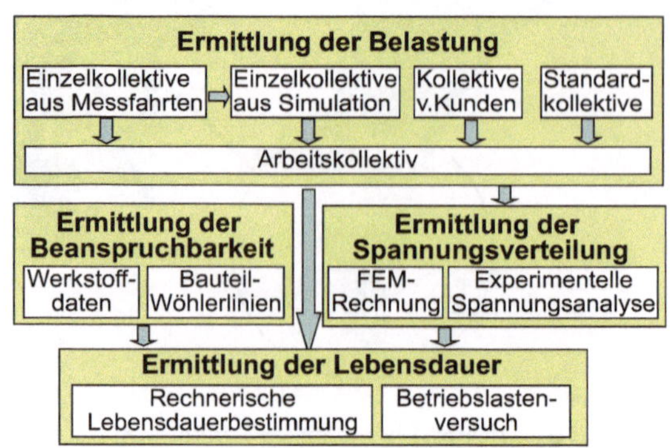

Abb. 5.17 Gebiete der Betriebsfestigkeitsanalyse

Das **Nennspannungskonzept** ist leicht anwendbar, benötigt aber Bauteil-Wöhlerlinien, die experimentell bestimmt werden müssen. Es ist gut geeignet für die in ähnlicher Form häufig vorkommenden Bauteile.

Das **örtliche Konzept** benutzt allgemein bekannte bauteilunabhängige Werkstoff-Wöhlerlinien, dessen Ergebnisse jedoch nicht genau sind. Dafür ist es gut geeignet für komplexe Beanspruchungsfälle.

Das **Strukturspannungskonzept** ist zur Berücksichtigung der speziellen Randbedingungen bei Schweißnähten geeignet. Basis ist die rückberechnete Wöhlerlinie. Für jede Last-Zeit-Folge wird von Umkehrpunkt zu Umkehrpunkt die komplette Last-Dehnung ermittelt. Davon lässt sich mit Hilfe der Wöhlerlinie die zugehörige Versagensspielzahl ermitteln [18]. Der Anriss (1 mm Risslänge) am Bauteil tritt ein, wenn die Summe aller Teilschädigungen den Wert 1 ergibt. Solche Punkte werden dann farblich dargestellt: Rote Farbe markiert die Stellen größter Schädigung (Abb. 5.18).

Die Aussagegenauigkeit der Betriebsfestigkeitssimulationen zur Lokalisierung der schwächsten Stellen (Rissanfang) ist sehr hoch, jedoch die der ermittelten Lebensdauerzyklen noch mittelmäßig.

5.4.2.6 Crash-Simulationen

Auch für die Strukturteile des Fahrwerks (Lenker, Achsträger) ist die Analyse deren Crash-Verhaltens von Bedeutung. Im Gegensatz zu oben erklärten FE-Methoden, die auf implizierten numerischen Verfahren beruhen, wird zur Nachbildung der Crash-Abläufe die explizite FE-Methode angewandt. Es wird zu jedem Zeitpunkt und an jeder Stelle der FE-Struktur das dynamische Gleichgewicht gebildet. Unter bestimmten Annahmen wird sichergestellt, die für die implizite Methode typische Gleichungslösung der Steifigkeitsmatrix durchzuführen, um hochgradig nichtlineare Probleme mit vertretbarer Rechenzeit zu bearbeiten. Die notwendigen Werkstoffkennwerte müssen jedoch auch deren Hochgeschwindigkeitsverhalten wiedergeben, die nicht überall in der Literatur zu finden sind. Die Methode vereint die Vorteile der FEM- und MKS-Verfahren. In die Crash-Simulation lassen sich auch die Insassen und Fußgänger mit einbeziehen, um den Verletzungsgrad zu simulieren. Zur Auswertung werden Beschleunigungsverläufe, Energieaufnahme, örtliche Deformationen herangezogen. Damit lassen sich sehr teure und zeitintensive Versuchserprobungen ersparen.

Abb. 5.18 Berechnete und tatsächliche Dauerbruchstelle eines Traglenkers

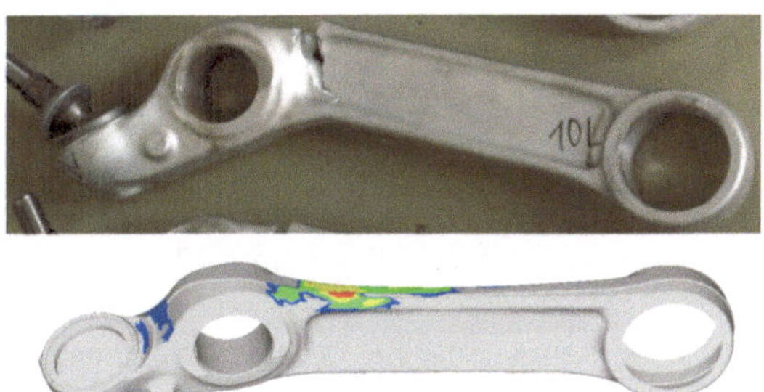

5.4.2.7 Topologie- und Formoptimierung

FEM-Software wird nicht nur für die Berechnungen an konstruierten Bauteilen eingesetzt sondern auch für die optimierte Gestaltung dieser Bauteile. Unter Angabe von Lasten und Randbedingungen sowie geforderten Entwicklungszielen (max. Steifigkeit, hohe Eigenfrequenz, min. Masse, max. zulässige Spannungen) ermittelt auf Basis der FEM geschriebene Topologieoptimierungssoftware bereits vor dem ersten Konstruktionsentwurf eine anforderungsgerechte Bauteilgestalt oder ideale Anordnung von Rippen, Sicken, Verprägungen. Damit wird nicht nur zeitaufwändiges Modellieren des Bauteils umgangen, sondern automatisch eine Gewicht- oder Spannungsoptimierung realisiert.

Topologieoptimierung ist ein Verfahren zur Bestimmung einer optimalen Materialverteilung innerhalb eines vorgegebenen Bauraums zur konzeptionellen Ermittlung optimaler Geometrien, Rahmenstrukturen, Rippenanordnungen oder zur Entfernung von unterbeanspruchten Bauteilbereichen.

Das Ergebnis der Topologieoptimierung ist eine ideale Bauteilgeometrie, die jedoch so noch nicht herstellbar ist. Dieses Modell wird zur CAD zurückgeführt und entsprechend der Feinheiten des Herstellungsverfahrens überarbeitet. Anschließend muss es mit herkömmlichen FEM erneut nach Spannungen und Steifigkeiten berechnet werden (Abb. 5.19).

Topografieoptimierung ist ein Verfahren zur Ermittlung von Verprägungsmustern bei dünnwandigen Bauteilen z. B. zur Entwicklung von anforderungsgerechten Versickungen (Abb. 5.20).

Parameteroptimierung ist ein Verfahren zur Ermittlung idealer Bauteilparameter wie Wandstärken, Feder- Balken- oder Querschnittsgrößen. Dabei lassen sich die

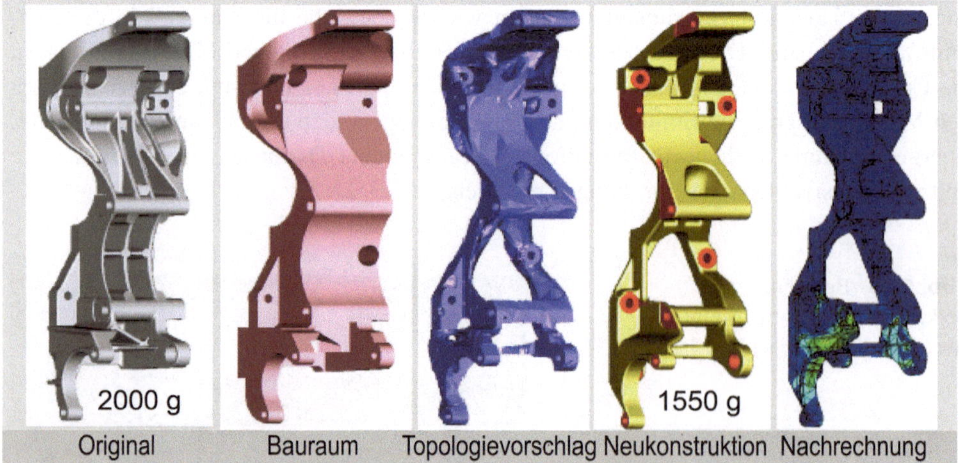

Abb. 5.19 Beispiele für die Optimierung, Anpassung und Nachberechnung eines Fahrwerkbauteils [19]

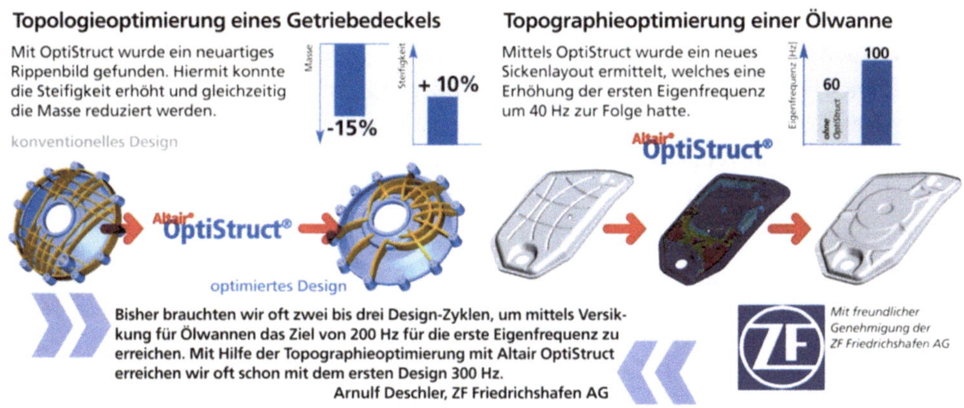

Abb. 5.20   Beispiele für Topologie- und Topographieoptimierung mit FEM [18]

Fertigungseinschränkungen (minimale Wanddicken, Entformungsrichtungen, Versickungen, Symmetrievorgaben etc.) berücksichtigen.

5.4.2.8 Simulation der Fertigungsverfahren

Die FEM ermöglicht auch die Simulation der Abläufe für die Herstellungsprozesse der Bauteile. Bekannt sind die Simulationssoftware für Gießen, Schmieden, Umformen, Kaltfließpressen etc. Diese Simulationen zeigen, wie gut die vorgeschlagene Bauteilgeometrie für das gewählte Verfahren geeignet ist. Dadurch lässt sich bereits im Vorfeld ohne Werkzeuge und Maschinen die Geometrie so optimieren, dass sich später bei der Fertigung keine Probleme ergeben. Es ist heute üblich, jedes Bauteilmodell zuerst durch Simulation auf die Fertigungseignung hin zu prüfen, bevor die Prototypenwerkzeuge hergestellt werden.

5.4.3   Vollfahrzeugsimulation

Nicht nur die Bauteile und Systeme sondern auch ein Vollfahrzeug lässt sich virtuell simulieren, nämlich mit MKS-Software. Mit einer Vollfahrzeugsimulation kann man das Fahrzeug über eine virtuelle Fahrbahn fahren und dabei beliebige Fahrmanöver durchführen lassen. Somit werden nicht nur fahrdynamisches Verhalten und Kennwerte des Fahrzeugs beurteilt, sondern es lassen sich die Kräfte, die dabei entstehen, bis zu den Schnittstellen der einzelnen Bauteile zerlegen, die dann die Grundlage für die Bauteilauslegung bilden. Hierzu muss ein sehr aufwändiges Modell für das Gesamtfahrzeug erstellt werden. Dabei dürfen zur Vereinfachung, die nicht relevanten Bauteile als Einzelmassen in ihrem Schwerpunkt dargestellt werden.

Die Entwicklung des Gesamtfahrzeuges obliegt dem OEM. Somit wäre dieser auch verantwortlich für den Aufbau, Korrelation und Pflege der Vollfahrzeugsimulationsmodelle. Dies ist auch dadurch bedingt, dass nur der OEM im Besitz aller zur Simulation notwendigen Daten ist (Fahrwerk, Karosserie, Antriebsstrang, Reifenmodelle etc.). Der Aufbau eines Vollfahrzeugmodells bei Lieferanten ist also nur dann sinnvoll, wenn dazu notwendige Daten vom OEM zur Verfügung gestellt werden. Ist dies der Fall, kann der Lieferant folgendes Entwicklungspaket abwickeln:

- Aufbau, Pflege des Gesamtfahrzeugmodells,
- Korrelation anhand von Standard-Fahrmanövern,
- Auswirkungen von Änderungen in der Elastokinematik des Fahrwerkes auf die Fahrdynamik,
- Berechnung von dynamischen Schnittlasten für die Bauteilauslegung.

Ein Herunterbrechen der Kennwerte für das Fahrverhalten (z. B. Eigenlenkgradient, Ansprechverhalten, Stabilität, Aufbaueigenfrequenzen etc.) sollte federführend vom OEM durchgeführt werden.

5.4.3.1 Fahrdynamiksimulation

Zur Simulation des Fahrdynamik- und Eigenlenkverhaltens benötigt man neben einem Vollfahrzeugmodell auch ein Fahrbahnmodell, Reifenmodell und die Definition der Fahrmanöver. Hierzu gibt es von allen OEMs akzeptierte typische Standardfahrmanöver (Tab. 5.1) (s. Abschn. 3.2).

Die Fahreigenschaften werden in starkem Maß von der Kraftübertragung am Reifen bestimmt. Daher müssen die Reifeneigenschaften genau vermessen und modelliert werden.

5.4.3.2 Kinematik/Elastokinematik

Die Elastokinematik einer Achse mit ihren wesentlichen Kenngrößen Spur, Sturz, Nachlauf, Radmittelpunktsverschiebungen etc., ist wesentlicher Einflussfaktor für die Fahrdynamik eines Fahrzeuges. Bei deren Ermittlung gilt der Elastokinematik-Prüfstand (*Kinematics & Compliance Rig,* K&C Rig) als maßgeblich. Man kann dabei in kinematische und elastokinematische Kenngrößen unterscheiden.

Kinematische Tests

Die Achse ist fest eingespannt: die Räder werden gleich und wechselseitig ein- und ausgefedert. Dabei werden im Allgemeinen Spur, Sturz sowie Radmittelpunktsbewegungen aufgezeichnet.

Elastokinematische Tests

Die Achse ist fest eingespannt: an den Radaufstandspunkten werden Längs- und Querkräfte aufgebracht. Dabei werden im Allgemeinen Spur, Sturz sowie Radmittelpunktsbewegungen aufgezeichnet. Die MKS-Simulationsmodelle sind zwingend mit flexiblen

Tab. 5.1 Standardfahrmanöver-Messgrößen

Fahrmanöver	Zu messende Größen	Auswertung
Stationäre Kreisfahrt DIN 4138	Lenkradwinkel/Lenkmoment Längs-/Quergeschwindigkeit, Gier-/Querbeschleunigung Wank-/Schwimmwinkel	Eigenlenkgradient Wankwinkel bei $a_y = 4\,\text{m/s}^2$, Gesamt-schwerpunkterhebung
Lastwechselreaktionen bei Kreisfahrt DIN ISO 9816	Lenkradwinkel, Gier-geschwindigkeit, Beschleunigung Längs-/Quergeschwindigkeit, Längs-/Querbeschleunigung Wank-/Nickwinkel, Spurradius	Zeit- und wegabhängige Darstellung der Größen
Bremsen Beschleunigen DIN ISO 7975	Lenkradwinkel, Gier-geschwindigkeit, Beschleunigung Längs-/Quergeschwindigkeit, Längs-/Querbeschleunigung Wank-/Nickwinkel, Spur-abweichung	Zeit- und wegabhängige Darstellung der Größen
VDA-Richtlinie Spurwechseltest	Lenkradwinkel, Gier-geschwindigkeit, Beschleunigung Längs-/Quergeschwindigkeit, Längs-/Querbeschleunigung	Zeit- und wegabhängige Darstellung der Größen
Sinus-Lenken DIN ISO 8725	Lenkradwinkel, Gier-geschwindigkeit, Beschleunigung Längs-/Quergeschwindigkeit, Längs-/Querbeschleunigung Wank-/Nickwinkel	Frequenzabhängige Darstellung der Größen
Lenkwinkelsprung	Lenkradwinkel, Gier-geschwindigkeit, Beschleunigung Längs-/Quergeschwindigkeit, Längs-/Querbeschleunigung Wank-/Nickwinkel	Zeitabhängige Darstellung der Größen
Lenkradanreißen	Lenkradwinkel, Gier-geschwindigkeit, Beschleunigung Längs-/Quergeschwindigkeit, Längs-/Querbeschleunigung Wank-/Nickwinkel	Zeitabhängige Darstellung der Größen

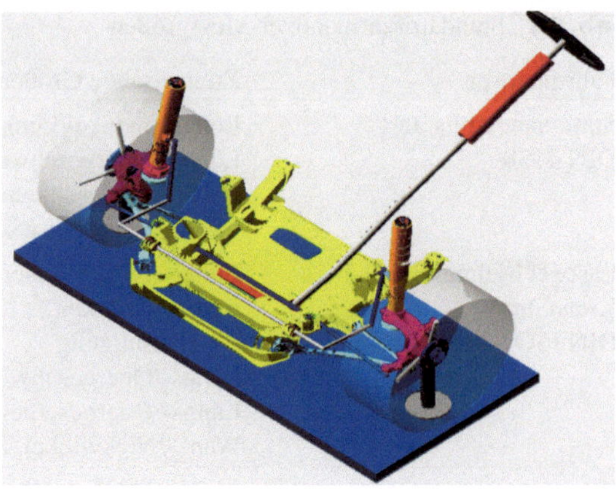

Abb. 5.21 ADAMS/Flex-Modell einer Vorderachse

Bauteilen (FEM-Modelle) aufzubauen (Abb. 5.21, s. auch Abb. 5.13). Beim Projektstart werden Zielwerte im Hinblick auf das elastokinematische Verhalten festgelegt (Abb. 5.22, s. auch Tab. 1.2). Aus diesen Kurven werden Werte entnommen, wie z. B. Spur bzw. Sturznachgiebigkeit, welche die Steigung der Kurve in einem spezifischen Punkt (meist KO-Lage) darstellen.

5.4.3.3 Standard-Lastfälle

Da am Beginn der Fahrwerksauslegung noch keine bzw. nur an den Prototypen gemessene Radlasten vorliegen, werden die Lasten aus Standardfahrmanövern abgeleitet.

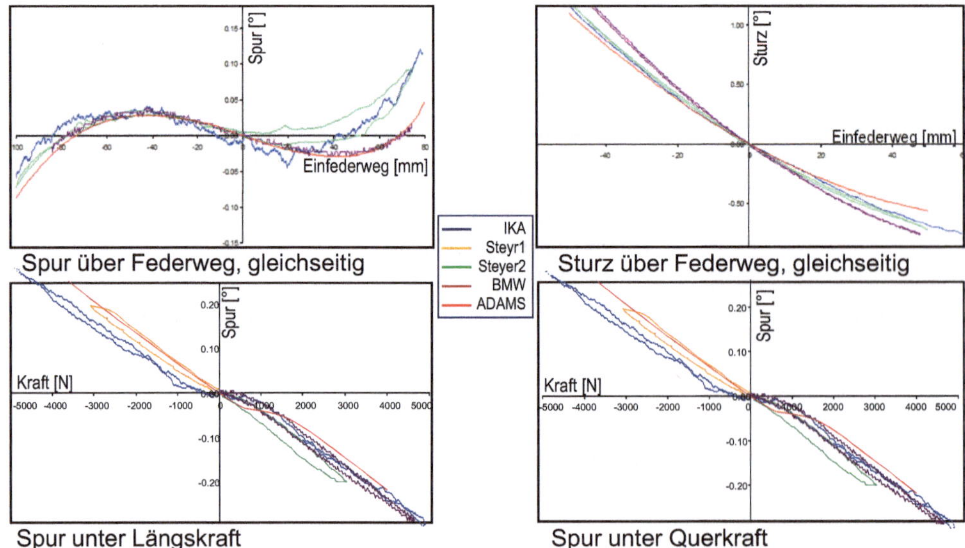

Abb. 5.22 Elastokinematische Ergebnisdarstellungen

Diese Fahrmanöver werden als quasistatisch, d. h., zeitunabhängig angenommen. Aus den Standard-Lastfällen lassen sich durch ADAMS-Simulationen Schnittlasten für quasistatische FEM-Berechnungen (Strukturfestigkeit, Betriebsfestigkeit) ermitteln. Diese Standardlasten finden sich bei vielen Fahrzeugherstellern in ähnlicher Form.

Die Radlasten werden entweder als Radbeschleunigungen oder als Zahlenwerte für Kräfte/Momente angegeben. Die Beschleunigung ist allgemeiner, da sie unabhängig von der Achslast ist.

Die Tab. 5.2 zeigt Standard-Lastfälle für die Festigkeitsauslegung (Lastfall 1 bis 10) und Lastfallpaare für die Betriebsfestigkeitsanalyse (11,12), (13,14), (15,16).

5.4.3.4 MKS-Modellverifikation

Um die Aussagekraft der Simulation, deren Glaubwürdigkeit und das Vertrauen in deren Ergebnisse zu erhöhen, ist ein Abgleich mit vorhandenen Versuchsergebnissen durchzuführen. Im Rahmen einer funktionellen Absicherung ist einer Systementwicklung ein enges Zusammenwirken von Versuch und Simulation unerlässlich, um ein Höchstmaß an Effizienz zu erreichen. Der Ergebnisabgleich aus MKS und Versuch kann dabei in mehreren Feldern erfolgen (Tab. 5.3).

Tab. 5.2 Standard-Lastfälle für Strukturfestigkeit

	Standard-Lastfälle Strukturfestigkeit	Beschleunigung [g]		
		x	y	z
1.	Stehendes Auto	0,00	0,00	1,00
2.	Vertikaler Stoß 3,0 g	0,00	0,00	3,00
3.	Längsstoß 2,50 g	2,50	0,00	1,00
4.	Seitlicher Stoß 2,50 g	0,00	2,50	1,00
5.	Kurvenfahrt rechts 1,25 g	0,00	1,25	1,00
6.	Bremsen bei Kurvenfahrt	0,75	0,75	1,00
7.	Rückwärtsbremsen 1,0 g	1,00	0,00	1,00
8.	Beschleunigen −0,5 g	−0,5	0,00	1,00
9.	Kurvenbeschleunigung 0,7 g	−0,5	0,50	1,00
10.	Diagonallast: v_l und h_r	0,00	0,00	1,75
11.	Vertikal Einfedern 2,25 g	0,00	0,00	2,25
12.	Vertikal Ausfedern 0,75 g	0,00	0,00	0,75
13.	Kurvenfahrt rechts 0,75 g	0,00	0,75	1,00
14.	Kurvenfahrt links 0,75 g	0,00	−0,75	1,00
15.	Bremsen 0,75 g	0,75	0,00	1,00
16.	Beschleunigen 0,5 g	−0,5	0,00	1,00

Tab. 5.3 Vergleich MKS/Prüfstandergebnisse

Feld	Name	Simulation	Prüfstand	Auswertung
Fahrdynamik	Fahmanöver	ADAMS Full Vehicle	Teststrecke	Eigenlenk- und Ansprechver-halten
	K&C-Rig	ADAMS Full Suspension	K&C-Anlage	Spur/Sturz, Radmittelpunkts-verschiebung
NVH	4-Post-Rig	ADAMS 4-Post-Rig	4-Stempelanlage	Aufbaueigen-frequenz (0 bis 25 Hz)
	Transferfunktion	ADAMS Vibra-tion	Impulshammer	Übertragungs-funktion (0 bis 500 Hz)
Lastmanagement	SSP-Dauerlauf	Virtuell ADAMS Testing	SSP-Prüfstand	Relative Schädi-gungen, Schnitt-lasten

5.4.3.5 NVH

In Bezug auf NVH lassen sich im Niederfrequenzbereich (0 bis 25 Hz) Untersuchungen auf der virtuellen 4-Stempelanlage durchführen. Dabei können Wank-, Nick- und Gier-frequenzen des Aufbaus sowie Radaufhängungsfrequenzen bestimmt werden. Die Dia-gramme in Abb. 5.23 zeigen den Vergleich zwischen berechneten und gemessenen

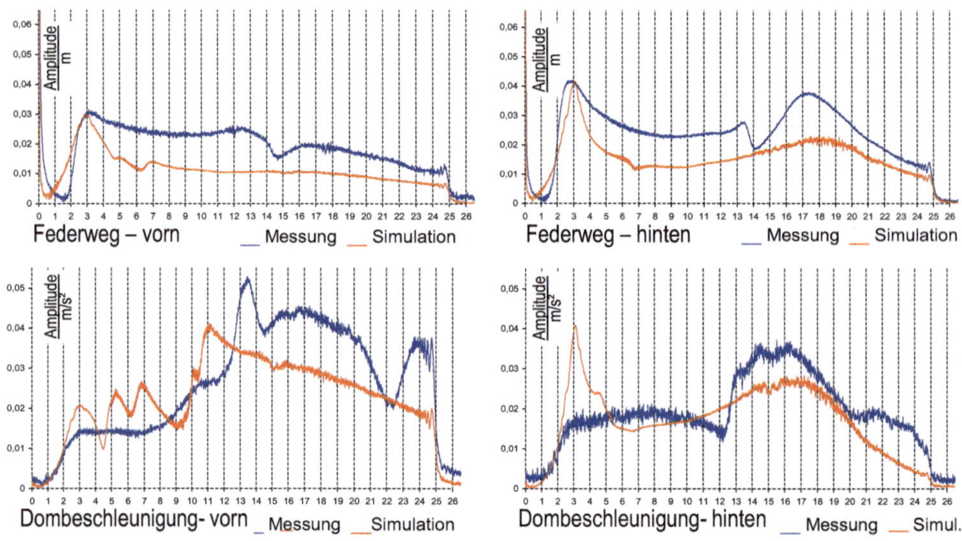

Abb. 5.23 Vergleich von Messung und Berechnung bei Hubanregung einer 4-Stempelanlage [12]

Tab. 5.4 Schwingungserregung (4-stempelanlage)

Anregung	Frequenz	Amplitude	Signale	Darstellung
Heben	0 bis 25 Hz	<5 mm	Aufbaubeschleunigung, Winkelauslenkung, Einfederweg	Darstellung im Frequenzbereich
Nicken				
Wanken				
Diagonal				

Daten. Besonderes Augenmerk beim Abgleich von Messung und Rechnung ist auf die Randbedingungen am Reifenaufstandspunkt zu richten (freischwimmend, eingespannt). Tab. 5.4 zeigt die untersuchten Anregungsarten.

5.4.3.6 Loadmanagement (Lastenkaskadierung vom System zur Komponente)

Die genaue Bestimmung von Schnittlasten ist die Voraussetzung für die Auslegung der Komponenten von Fahrwerken durch Festigkeitsberechnungen und abschließende Versuche für die Validierung dieser Komponenten und das Gesamtsystem Fahrwerk [16].

Im Rahmen des Loadmanagements werden Lasten von der Systemebene auf die Komponentenebene heruntergebrochen. Das System ist das Fahrwerk, für das die Rad und Antriebslasten vom Fahrzeughersteller vorgegeben werden. In der Komponentenebene befinden sich die einzelnen Fahrwerkskomponenten (Lenker, Radträger, Achsträger), für deren Auslegung Schnittlasten zu ermitteln sind. Die Berechnungsmethoden und -verfahren werden *Lastenkaskadierung* genannt.

Abb. 5.24 fasst die Berechnungsaufgaben, Methoden, Voraussetzungen und Resultate des Loadmanagement für den Fahrwerkentwicklungsprozess zusammen. Der

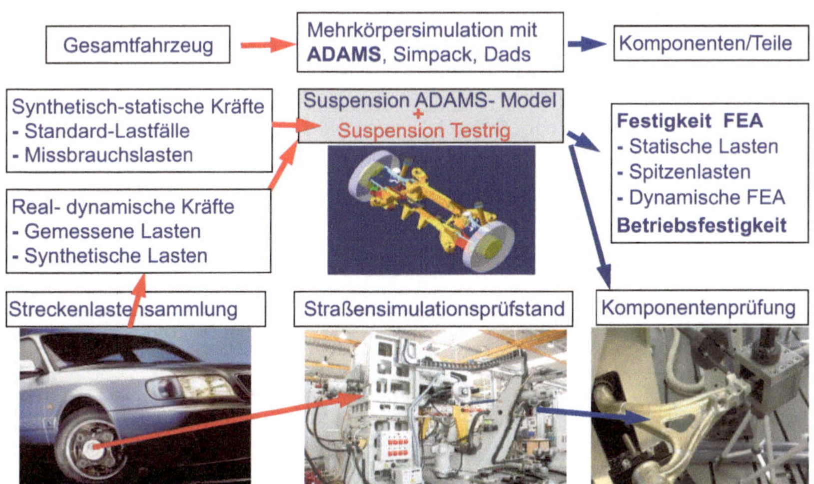

Abb. 5.24 Berechnungsaufgaben, Methoden, Voraussetzungen und Resultate der Lastenkaskadierung für die Fahrwerkentwicklung [12]

Berechnungsprozess wird von links nach rechts durchlaufen. Auf der Systemebene werden synthetische Lasten und Fahrversuchslasten in dieser Reihenfolge als Eingangslasten für die MKS-Simulation verarbeitet. Die berechneten Schnittlasten werden für die Auslegung von Komponenten bezüglich deren Struktur- und Betriebsfestigkeit und für die verbindlichen Validierungsversuche verwendet. Den jedoch alternativen kosten- und zeitaufwendigen Pfad der Lastenkaskadierung auf Prüfständen zeigt die untere Zeile in Abb. 5.25. Die Lastenkaskadierung wird z. B. mit einer um spezifische Funktionalitäten erweiterten Installation der Mehrkörpersimulation-Software ADAMS/Car durchgeführt. Mit der MKS-Software können im Gegensatz zu zeitintensiven Prototypen und Versuchsaufbauten Fahrzeugmodelle ohne großen Aufwand erzeugt, analysiert und optimiert werden.

Die genaue Analyse der berechneten Schnittlasten (für synthetische und gemessene Lasten) bezogen auf die Rad- und Antriebslasten ist auch deshalb unbedingt erforderlich, um die Korrektheit des MKS-Modells zu prüfen. Insbesondere die Kräfte und Momente aus dem Versuch sind einem aufwendigen Pre- und Postprocessing zu unterziehen. Darin besteht eine Hauptaufgabe des Loadmanagements.

Im Folgenden werden die Lastdaten am MKS-Modell, die Wahl von Vergleichspunkten für die Modellverifikation sowie die Analyse und Bewertung der Lastdaten detailliert diskutiert. Die zentrale Rolle der Mehrkörpersimulation zeigt Abb. 5.26. Transiente, hochgradig dynamische Straßenkräfte und -momente werden zum einen als Eingänge für den Achsenversuchsstand verwendet und werden zum anderen als Lasten auf ein MKS-Achsenmodell mit dem zugehörigen virtuellen Prüfstand eingeprägt.

Lastdaten am MKS-Modell

Dieser Abschnitt charakterisiert die Lasten und Lastfälle, die für die Validierung des MKS-Modells zur Verfügung stehen bzw. zu verwenden sind.

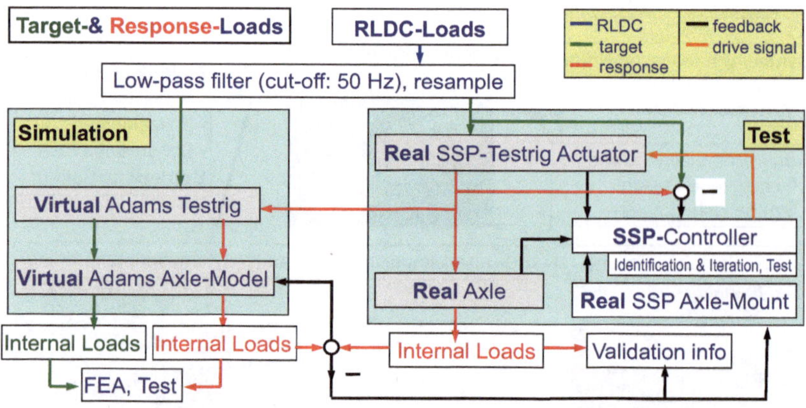

Abb. 5.25 Zusammenspiel von Simulation und Versuch in der Fahrwerkentwicklung [12]

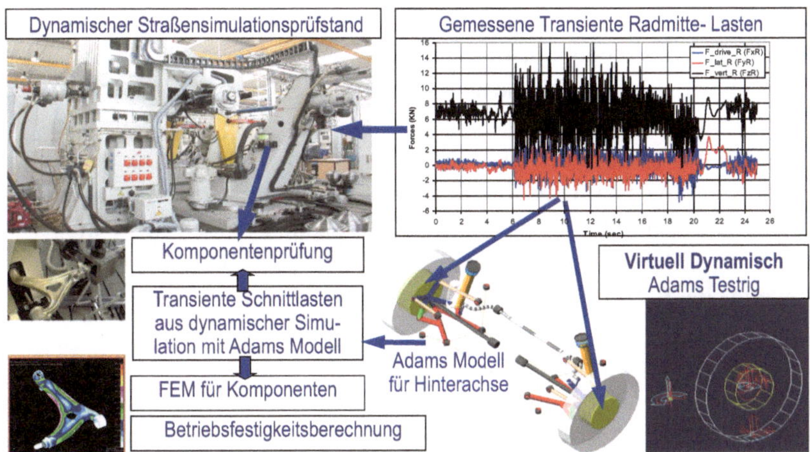

Abb. 5.26 Verwendung von gemessenen transienten Radlasten in Versuch und Simulation [12]

Rad- und Motorlasten als Modelleingangsdaten

Eingangsdaten für die MKS-Validierungssimulation sind quasistatische und/oder dynamische Lastfälle. Diese Lasten sollten möglichst von einfacher Art sein, wie rein vertikale Radkräfte oder vertikale Raderhebungen, um die Vergleichbarkeit mit dem Versuch zu vereinfachen und um anschauliche Plausibilitätsargumente anwenden zu können.

Bei statischen Lastfällen kann beispielsweise aus einer bestimmten Radlast oder einem Federweg die Reaktionskraft im Federbein mit hoher Genauigkeit per DMS gemessen werden und durch Handrechnung überprüft werden. Die Lasten des stehenden Fahrzeugs in Konstruktionslage oder vorgegebenen Beladungszuständen sind als erste Referenz schon in der Vorauslegungsphase der Achse bekannt und eignen sich für den Abgleich des Simulationsmodells.

Des Weiteren müssen die Simulationsmodelle auch im Modus dynamischer Lasten überprüft werden. Für die Auslegung von Bauteilen wird die Berücksichtigung dynamischer Lasten fast immer verlangt. Als Last-Eingangssignal sollte für die Modellüberprüfung ein wiederum „einfaches" Kraftsignal, wie etwa ein Sinus-Kraftsignal mit fester oder gleitender Frequenz aufgegeben werden. Überlagerte Validierungslastfälle, wie etwa Einfedern und Bremsen, sollten zugunsten einer sequenziellen Überprüfung vermieden werden.

Schnittlasten als Modellausgangsdaten

Die Ausgangsdaten der Simulation sind Schnittlasten an definierten Anbindungspunkten (z. B. Gummilager zwischen zwei Bauteilen, Radträger an Spurstange etc.). Diese Schnittlasten werden auch später ausgewertet, wenn die Belastungen der realen Testfahrten (*Road Load Data Collections*, RLDC) benutzt werden. Für deren Ausgabe werden im MKS-Modell Schnittstellen bezüglich eines bauteilfesten lokalen

Koordinatensystems definiert, wobei deren Definition unter Berücksichtigung der Möglichkeiten der Messtechnik erfolgen sollte. Abweichend vom Idealzustand ist stets zu berücksichtigen, dass die Messdaten mit der jeweiligen Bauteilbelastung, die auf einem *Straßen-Simulationsprüfstand* (SSP) oder auf einer realen Testfahrt (RLDC) ermittelt wurden, oft nicht in den gleichen Punkten gemessen werden, die der Lage des bauteilfesten Koordinatensystems im Simulationsmodell entspricht. Außerdem ist zu beachten, dass die Koordinatenrichtungen im Simulationsmodell nicht immer mit den Ausrichtungen von Messmitteln übereinstimmen, da beispielsweise im Anbindungspunkt zweier Bauteile eine Beklebung mit DMS-Streifen nicht realisiert werden konnte.

Wahl der Vergleichspunkte für Modellverifaktion

Bei der Festlegung von Vergleichspunkten muss beachtet werden, dass ein unabhängiger Abgleich für alle drei Kraftrichtungen möglich ist und weiterhin sich die Vergleichspunkte nicht an einem einzigen Ort auf der Achse befinden.

Die beste Vergleichbarkeit erhält man an Zug-Druck-Streben, wie etwa einer Spurstange, da dafür ein DMS sehr genau in Stangenrichtung geklebt werden kann und die Ausrichtung des lokalen Koordinatensystems im MKS-Modell erfolgt. Zudem lässt sich die Messinformation „Zug-Druck" unmittelbar in Vorzeichenwechsel für berechnete Kräfte übertragen, womit insgesamt eine sehr gute Vergleichbarkeit zwischen Versuch und Simulation erreicht wird.

Folgende Bauteile eignen sich gut für einen Abgleich, da diese Punkte auch im Versuch gut mit Messsensoren in x-, y- und z-Richtungen bestückt werden können:

- **Fx:** Anbindung des unteren Querlenkers an den Radträger, nahe dem Führungsgelenk, ggf. an der Hinterachse auch der Längslenker.
- **Fy:** Spurstange, Anbindung des unteren Querlenkers an den Radträger (Führungsgelenk), Anbindung des oberen Querlenkers an den Radträger bei Doppelquerlenkerachsen.
- **Fz:** Federbein (Feder/Dämpfersystem), Anbindung des unteren Querlenkers an den Radträger (Auszugkräfte am Kugelgelenk), Stabilenker.

Begutachtung und Bewertung der Lastdaten

Bevor die Datenblöcke mit den Last-Zeit-Funktionen aus der Simulation und dem Versuch bewertet werden können, sind sie in der Regel zu bearbeiten, da z. B. im Versuch die Lastdaten mit bereinigter Vorlast aufgezeichnet werden (Offset-Bereinigung).

Um die Qualität der Simulation zu bestimmen, werden grundsätzlich die Last-Zeit-Datensätze mit folgenden Verfahren analysiert:

- visuelle Analyse der Last-Zeit-Daten,
- Erstellung von Leistungsdichtespektrum (PSD),
- Klassierung,
- Schädigungsrechnung nach Miner als Spannpaar über Summenschädigung.

Visuelle Analyse der Last-Zeit-Daten
Komponentenlastsignale aus der MKS-Simulation und dem entsprechenden Versuch werden der Software LMS-Techware gegenübergestellt, um die Übereinstimmung der Kurvencharakteristiken im Allgemeinen sowie Phasenverschiebungen und Lastspitzenabweichungen festzustellen. Diese sind insbesondere in Vertikalrichtung ein Anzeichen für abweichende Kennlinien (z. B. Feder, Dämpfer, Zusatzfeder) in Simulation und Versuch (Abb. 5.27).

PSD-Analyse (Power Spectral Density), Analyse des Leistungsdichtespektrums
Die spektrale Leistungsdichte ist die auf die Frequenz bezogene Leistung eines Signals in einem infinitesimalen Frequenzband (Leistung × Zeit). Wird die spektrale Leistungsdichte über dem Frequenzspektrum angegeben, entsteht ein Power-Spectral-Density (PSD).

Bei Begutachtung der Frequenzabhängigkeit von Lasten müssen die typischen Eigenfrequenzen und PSD-Amplituden von Radaufhängungen in vertikaler Richtung (Aufbau: ca. 1 bis 1,5 Hz, Fahrwerk ca. 10 bis 14 Hz) und in horizontaler Richtung (ca. 20 bis 30 Hz) in Simulations- und Versuchslasten in guter Übereinstimmung stehen.

Im Allgemeinen muss nur der Frequenzbereich von 0 bis 50 Hz begutachtet werden, da der Weiterverarbeitung der Originalmessdaten eine Tiefpassfilterung mit der Eckfrequenz 50 Hz vorgeschaltet wird (erfolgt oft bereits auf der Teststrecke). Sie dient der Eliminierung möglicher Aliasing-Effekte und trägt der begrenzten Antriebsleistung des Straßen-Simulationsprüfstands (SSP) Rechnung. Sofern das PSD hohe Amplituden im Bereich einiger Hertz (abweichend von den Eigenfrequenzen) aufweist, so liegt mit hoher Wahrscheinlichkeit Aliasing vor (Abb. 5.28).

Klassierung
Klassierung bedeutet die Einsortierung von Objekten in eine bestehende Klassifikation.

a) Symmetrischer Klassendurchgang über Häufigkeit Mit dem symmetrischen Klassendurchgang wird die Lastverteilung über Häufigkeit unter Einbeziehung der Vorzeichen (Zug-/Druckkräfte) und statischer Lasten bewertet.

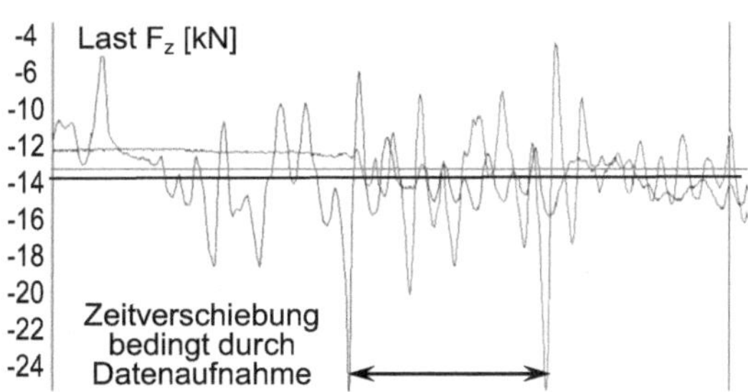

Abb. 5.27 Visuelle Analyse der Last-Zeit-Daten

Abb. 5.28 PSD-Analyse

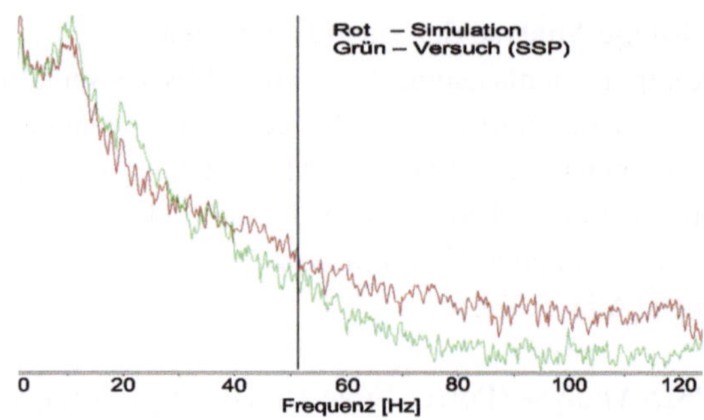

Statische Lasten (große Häufigkeit) erkennt man am Umkehrpunkt (sogenannte Nase) der Kurven, während maximale/minimale Lasten (geringe Häufigkeit) bei kleiner Zyklenzahl zu finden sind. Damit lassen sich folgende Modell-Überprüfungen durchführen:

- Überprüfung der statischen Achslast für verschiedene Belastungszustände,
- Überprüfung der Luftfederkräfte bei Verwendung einer Niveauregulierung (on-road, off-road),
- Überprüfung des Übersetzungsverhältnisses zwischen Rad- und Federbeinlast durch Erstellung von Klassendurchgangsdiagrammen für die Rad- und Federbeinlast,
- Überprüfung der Dämpfer-Kennlinien hinsichtlich der richtigen Zug- und Druckstufe,
- Überprüfung abweichender Maximal-/Minimallasten, die ein Indiz für unterschiedliche Bauteilkennlinien (Zusatzfeder, Dämpfer) im MKS und im Versuchsfahrzeug/Versuchsachse sein können.

b) Spannpaar über Summenhäufigkeit (Abb. 5.29) Das Spannpaardiagramm zeigt die doppelte Schwingungsamplitude der Last in Abhängigkeit der Summenhäufigkeit (Summe aller Lastzyklen), wobei Mittelwerte wie z. B. statische Vorlasten im Gegensatz zum Klassendurchgang unberücksichtigt bleiben.

Abb. 5.29 Lasten mit deren Zykluszeiten: Klassendurchgang über Lasthäufigkeit

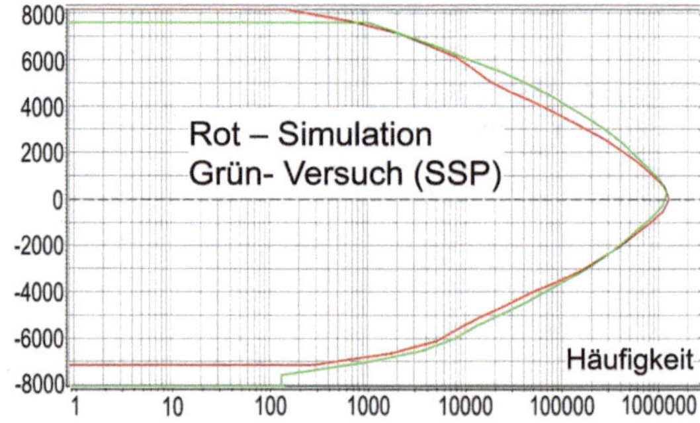

In Analogie zum Klassendurchgangsdiagramm muss das Gesamtbild aus Simulation und Versuch übereinstimmen. Im Bereich kleiner Summenhäufigkeit sind hohe dynamische Lasten zu finden. Unterschiedliche maximale Summenhäufigkeiten in Simulation und Versuch weisen auf die unterschiedliche Anzahl kleiner Lastamplituden hin, welches ein Indiz für MKS-Modellierungsfehler, wie zu große Lagersteifigkeiten, oder fehlerhafte Einstellung des numerischen Lösungsverfahrens sein kann.

c) Schädigungsrechnung: Spannpaar über (relative) Summenschädigung Die Schädigung in Lasten ist eine entscheidende Kenngröße für die Betriebsfestigkeit des Bauteils. Die Schädigung wird aus der Schadensakkumulationsregel von Miner angewandt auf Kräfte und Momente errechnet. Da die Schädigung sehr sensitiv gegenüber Laständerungen ist, ist als weiteres Maß für die Vergleichbarkeit von MKS-Simulation und Versuch das Spannpaar als Funktion der jeweiligen relativen Schädigung dieses Lastkollektives zu bewerten. Die Lasten aus der Simulation sind ausreichend korreliert, sofern sich die maximalen Schädigungen (Endwerte auf der Ordinate) um maximal 20 bis 30 % unterscheiden. Große Lastunterschiede von geringer Anzahl (abzulesen bei kleinen Ordinatenwerten) führen in der Regel zu Schädigungsdifferenzen, die von kleineren Lastanteilen nicht mehr ausgeglichen werden (Abb. 5.30 und 5.31).

Die berechnete Schädigung ist eine relative Größe, weil Änderungen im Lastkollektiv lediglich in Bezug auf eine angenommene Wöhlerlinie mit gleicher Steigung k vorgenommen werden können. Die Steigung k sollte möglichst derjenigen des

Abb. 5.30 Spannpaar über Summenhäufigkeit

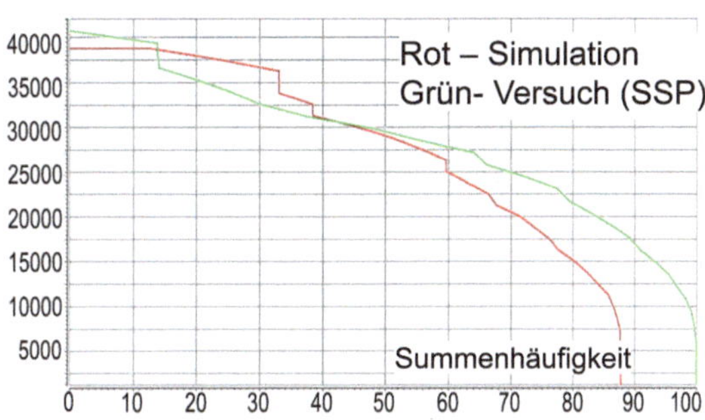

Abb. 5.31 Spannpaar über Summenschädigung

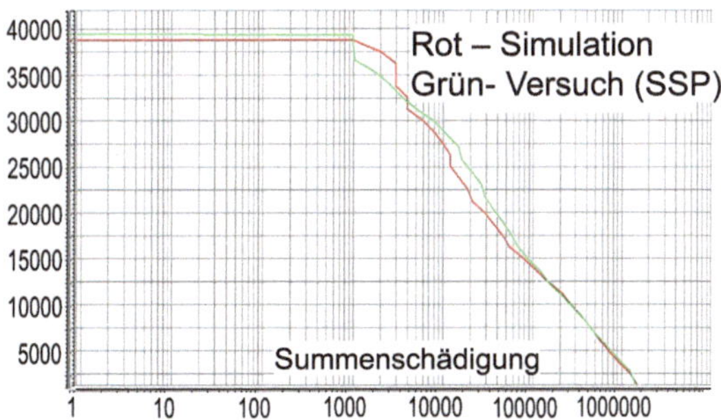

Komponentenwerkstoffes entsprechen, auf die die Last wirkt. Es ist zu beachten, dass eine Laststeigerung (für alle Amplituden) um 10% die Schädigung um den Faktor $1,1k$ vergrößert ($k = 5\Psi$, Faktor 1,61).

5.4.3.7 Vollfahrzeug – Betriebsfestigkeitssimulation

Die Berechnungen von Fahrzeugbelastungen durch Abfahren einer bestimmten virtuellen Fahrbahnoberfläche (Schlaglöcher, Bordsteinkanten etc.) für die Bauteilauslegung zu verwenden, erfordert einen weitaus größeren Modellierungsaufwand. Außerdem können ausreichend genaue Lasten nur bei Vorhandensein sehr präziser Reifen- und Fahrbahnoberflächenmodelle erreicht werden. Die Vollfahrzeug-Betriebsfestigkeitssimulation ist noch im Forschungs- und Entwicklungsstadium. Aus diesen Gründen wird die Simulation der Extremlastfälle und Straßenlasten noch nicht standardmäßig eingesetzt. Bei Extremlastfällen greift jeder Hersteller oft auf seine Erfahrungswerte zurück.

5.4.4 Software zur 3D-Modellierung CAD

Das wichtigste Hilfsmittel für die Fahrwerkentwicklung ist die 3D-CAD-Software. Sie ermöglicht die Modellierung der Gestalt des zukünftigen Produktes und beinhaltet neben geometrischen Informationen (Abmessungen, Toleranzen) auch Struktur- (Baustruktur, Stücklisten) und Fertigungsinformationen (Werkstoff, Fertigungsverfahren, Oberflächen und Wärmebehandlung). Alle Bauteile, Zusammenbauten, Module bis zum Gesamtfahrzeug wird mit 3D-CAD modelliert. Dieses Modell wird DMU *(Digital Mock Up)* genannt. DMU für das Gesamtfahrzeug (Außenabmessungen, Radstand, Spurweiten, Fahrgastraum, Bodengruppe, Antriebsaggregat, Hardpoints für Achsen etc.) entsteht bereits vor der Planungsphase, obwohl in dieser Zeit noch keine genauen Bauteilmodelle vorhanden sind. Stattdessen werden vereinfachte Modelle als Platzhalter einkopiert. Im Laufe der Entwicklung werden diese ständig konkretisiert und optimiert. Größter Vorteil des DMU ist die ständige Koordination unterschiedlicher Entwicklungsbereiche, um die Bauraumkonflikte zu vermeiden. Außerdem bildet DMU das Grundmodell für alle Simulationen, Package- und Freiraumuntersuchungen, Kinematikanalysen, aber auch für die Herstellung von Rapid-Prototypen oder Prototypen und Serienwerkzeugen. DMU kann nur dann diese Anforderungen erfüllen, wenn alle Daten in einer nativen Sprache sind; d. h., nicht nur alle Bereiche der Automobilentwicklung sondern auch alle externen Entwickler (Ingenieurbüros, Zulieferer) dieselbe CAD-Software und dieselben Softwareeinstellungen benutzen.

In der Automobilindustrie sind nur noch drei CAD-Softwarepakete zu finden:

- Catia V5,
- ProE (Creo),
- UG Unigraphics (inkl. I-DEAS).

Alle drei sind parametrische Solidmodeller, d. h., die Modelle sind durch Parameter definiert, die untereinander nach Konstruktionsregeln in Beziehung stehen. Das Modell lässt sich dann einfach ändern, indem die Zahlenwerte der Parameter geändert werden.

In diesen CAD-Paketen werden immer mehr Module integriert, damit der Konstrukteur ohne Datenaustausch und -anpassung neben dem Konstruieren, Stücklisten generieren, Gewichte ermitteln, die Kinematik und Kollision untersuchen, FEM berechnen, PDM *(Product Data Management)* und die CNC-Programmierung durchführen kann. In allen drei CAD-Softwareprogrammen können die kinematischen Untersuchungen simultan durchgeführt werden, um in jeder Radstellung die Bauteile nach Kollision oder Sicherheitsabständen (Freiräume) zu prüfen.

PDM oder dessen Erweiterung PLM *(Product Life-cycle Management)* ist ein Modul, das alle Anwender im gesamten Unternehmen und spartenübergreifend vernetzt. So kann jeder parallel mit derselben Datenversion arbeiten. Es ist die Anwenderoberfläche für Informationssuche, Produktsimulation und Zusammenarbeit in einer Echtzeit 3D-Umgebung, d. h., jeder Anwender kann jedes CAD-Modell ändern, ohne zu wissen, wie es erstellt wurde.

PLM erlaubt darüber hinaus auch ein weltweites Wissensmanagement eines Unternehmens, neben der Entwicklung auch in allen industriellen Geschäftsprozessen zur Verwaltung von Anforderungen, Programmen, Produktportfolios, Compliance und Beschaffung.

5.5 Integrierte Simulationsumgebung

Immer kürzere Entwicklungszeiten und höhere Anforderungen an die Funktionalität und an die Wirtschaftlichkeit von Fahrwerksystemen erfordern einen intelligenten und effizienten Entwicklungsprozess. Eine sorgfältige Vorentwicklung stellt sicher, dass einschränkende Parameter frühzeitig eingebunden werden und dass Bedingungen für die folgende Entwicklung schnell und zuverlässig postuliert werden können. In einer frühen Phase unterstützen schnelle Analyse-Werkzeuge die kinematische Auslegung der Konzepte (wie z. B. ABE-Tool s. 5.5.1). Im weiteren Entwicklungsprozess werden Modelle detaillierter aufgebaut, wobei die Gummilager und die Bauteilsteifigkeiten eine wichtige Rolle spielen (elastokinematische Auslegung). Bauraumuntersuchungen mit simulierten Bewegungen der Achse, Berechnungen der kinematischen und elastokinematischen Kenngrößen und die Kaskadierung der Radlasten zu den einzelnen Bauteilen mit Hilfe von Mehrkörpersimulationen sowie die Analyse der Bauteilbelastungen und deren anschließenden Auslegungen und Lebensdauerberechnungen mit Hilfe der Finite Elementen Methode (FEM) werden mit speziellen kommerziellen Softwarepaketen durchgeführt. Eine Effizienzsteigerung wird durch eine Integration dieser Entwicklungsaufgaben und notwendigen Softwarepakete in einer Entwicklungsumgebung erreicht, welche „Virtuelle Produktentwicklungsumgebung" genannt wird (VPE, *Virtual Product Environment*).

5.5.1 Kinematische Analyse: Basistool ABE

Hauptziel bei der Konstruktion und Entwicklung von Radaufhängungen von Kraftfahrzeugen ist die Realisierung von Fahrsicherheit und Fahrkomfort. Die Radaufhängung ist die Verbindung zwischen dem Fahrzeugaufbau und dem Rad samt Reifen und übernimmt dabei die wichtige Funktion, das Rad gegenüber dem Fahrzeugaufbau nach festgelegten Gesetzmäßigkeiten zu führen. Sie gibt dem Rad im Wesentlichen einen Freiheitsgrad in vertikaler Richtung, um Fahrbahnunebenheiten auszugleichen. Zur Beurteilung und zum Vergleich unterschiedlicher Radaufhängungen, werden verschiedene Kenngrößen herangezogen. Die Anordnung bzw. die Koordinaten der Radaufhängungspunkte am Radträger und Fahrzeugaufbau haben einen direkten Einfluss auf die Bewegung des Rades beim Einfedern und/oder Einlenken. Die räumliche Starrkinematik allgemeiner Einzelradaufhängungen kann durch einen mathematischen Ansatz einfach und exakt beschrieben werden.

Der Berechnungsalgorithmus basiert auf einem mathematischen Ansatz von Matschinsky [20, 21]. Dieser ist in [22] umgesetzt sowie deutlich erweitert worden. Mit diesem Ansatz wird der translatorische und rotatorische Geschwindigkeitszustand des Radträgers berechnet. Positionen und Geschwindigkeiten aller beteiligten Punkte innerhalb der Radaufhängung, wie z.B. des Radaufstandspunktes oder Radmittelpunktes liegen damit explizit vor und werden für die Berechnung der Kinematikkennwerte herangezogen.

Für einige der Kennwerte sind weitere Fahrzeugdaten wie z.B. Radstand, Schwerpunktlage oder Bremskraftverteilung erforderlich. Tab. 5.5 zeigt einen Auszug aus der Liste der berechneten Kinematikkennwerte.

In dem Programm ABE, wird dieser Ansatz in eine Rechenroutine umgesetzt, die in *Visual Basic for Applications* (VBA) geschrieben und deshalb im Programm Microsoft Excel nutzbar ist.

Der Fahrwerkingenieur hat mit ABE ein präzises und leicht zu bedienendes Berechnungstool, um schnell und transparent die Starrkinematik und die kinematischen Kenngrößen einer Aufhängung bestimmen zu können.

So ist es möglich, nach Eingabe konstruktionstechnischer Merkmale einer Radaufhängung den Bewegungszustand numerisch zu erfassen und aus den Bewegungsgrößen eine Vielzahl starrkinematischer Kenngrößen abzuleiten. Schnelle Parametervariationen und Benchmark-Analysen von Achssystemen sind möglich (Abb. 5.32).

Das Berechnen von aufgelösten Lenkerverbunden bzw. räumlichen Radaufhängungskinematiken (z.B. Mehrlenkeraufhängungen) wurde ermöglicht. Weitere Radaufhängungstypen (z.B. McPherson) lassen sich mittels geometrischer und kinematischer Formulierungen ebenfalls mit ABE berechnen. Die Beschreibung der Lenkachsengeometrie auch bei ideellen Lenkachsen, sowohl bei Hub- als auch bei Federbewegungen, erfordert erweiterte Methoden, die in [22] zu finden sind.

Tab. 5.5 Auszug aus Liste der berechneten Kinematikkennwerte in ABE

Federweg Feder-/Dämpfer [mm]	Nachlaufwinkel [°]
Weg am Rad (vert. Radhub) [mm]	Nachlaufstrecke [mm]
(Vor-)Spurwinkel [°]	Nachlaufversatz [mm]
Spurstangenweg [mm]	Spreizungswinkel [°]
Radlenkwinkel [°]	Lenkrollradius [mm]
Radsturzwinkel [°]	Spreizungsversatz [mm]
Spurweite [mm]	Störkrafthebelarm Bremsen
Wankpol-Lage Wankfedern [mm]	Störkrafthebelarm Antreiben
Optimaler Bremsabstützwinkel [°]	Radlenkwinkel innen [°]
Tatsächlicher Bremsabstützwinkel [°]	Radlenkwinkel außen [°]
Bremsnickausgleich [%]	Mittlerer Radlenkwinkel [°]
Optimaler Anfahrabstützwinkel [°]	Spurdifferenzwinkel [°]
Tatsächlicher Anfahrabstützwinkel [°]	Ackermann-Winkel [°]
Anfahrnickausgleich [%]	Ackermann-Anteil [%]
Schrägfederungswinkel [°]	Lenkradwinkel [°]
Federübersetzung (Feder/Rad)	Lenkübersetzung [–]

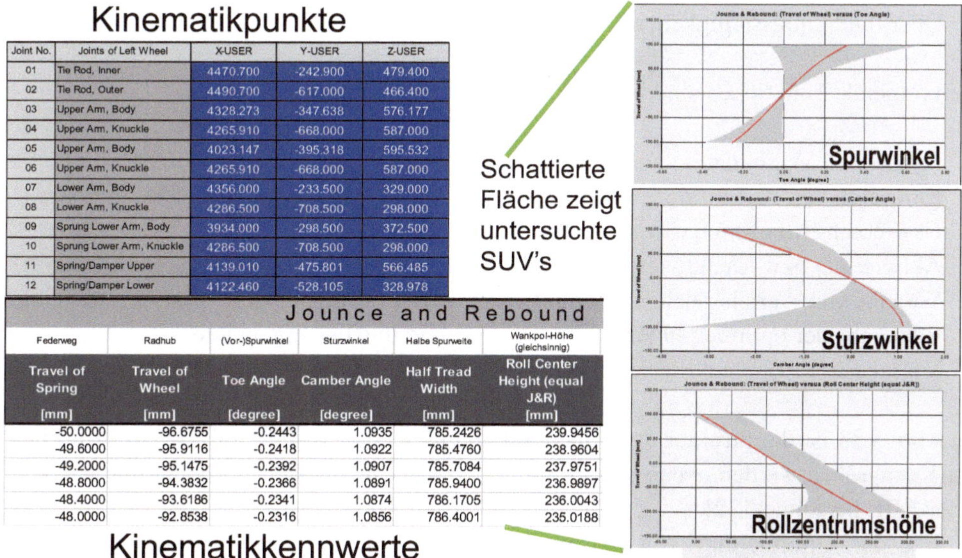

Abb. 5.32 Benchmark berechneter Kennwerte

5.5.2 Vollautomatische Kinematik- und Elastokinematik-Optimierung OPT

An eine Fahrzeugachse werden eine Vielzahl von Anforderungen gestellt, die es im Entwicklungsprozess zu berücksichtigen gilt. Neben den Anforderungen hinsichtlich der Fahrdynamik gibt es eine große Anzahl Restriktionen, wie zum Beispiel der Bauraum. Daher stellt ein Achskonzept immer einen Kompromiss zwischen den Fahrdynamikeigenschaften, dem Bauraum und nicht zuletzt den Kosten dar.

Um diesen Kompromiss zwischen Fahrdynamikeigenschaften und Bauraum in der Auslegung positiv zu gestalten, wurde ein Optimierungs-Tool entwickelt, das die Kinematikoptimierung mit ABE und ADAMS/Car ermöglicht. Damit kann die Lage der Kinematikpunkte in Abhängigkeit von Randbedingungen wie Bauraumrestriktionen so bestimmt werden, dass die gewünschten Kenngrößen erzielt werden.

Die Kinematik-Optimierungsgrößen sind:

- Spur- und Sturzwinkelverlauf,
- Wankpolhöhe, Brems-, Nickausgleich,
- Ackermannausgleich (Vorderachse).

Bei der Optimierung der Elastokinematik ist die Reaktion der Achse bei Beanspruchung mit Längs- und Querkräften von Interesse. Es gilt die Längs- und Quersteifigkeit des Achssystems zu optimieren. Die folgenden Größen werden dabei berücksichtigt:

- Spuränderung über Längs- und Querkraft [°/kN],
- Quer- und Längssteifigkeiten [mm/kN]

und folgende Funktionen sind implementiert:

- Import und Manipulation von Sollkennlinien,
- Einfrieren von zu optimierenden Kenngrößen (nicht mehr veränderbare Kenngrößen),
- Gewichtung von Kenngrößen,
- Aktivierung bzw. Deaktivierung von Einflussfaktoren im Optimierungsprozess,
- Vorgabe von Wertebereichen der Einflussfaktoren mit Angabe der Variationsbreite,
- Rückgabe der optimierten Parameter zur Verifizierung der Ergebnisse,
- Vorgabe von Abbruchkriterien und Toleranzgrenzen für den Optimierer.

In Abb. 5.33 ist die Struktur des Kinematikoptimierers dargestellt. Die achsspezifischen Ist-Kenngrößen werden, wenn es sich um eine reine kinematische Optimierung handelt, über ABE berechnet [22].

Bei der Optimierung von elastokinematischen Kenngrößen muss man mit der DOE(*Design of Experiments*)-Methode ein mathematisches Ersatzmodell aus dem Mehrkörpersimulationsprogramm ADAMS/Car generieren. Das Ersatzmodell beschreibt das

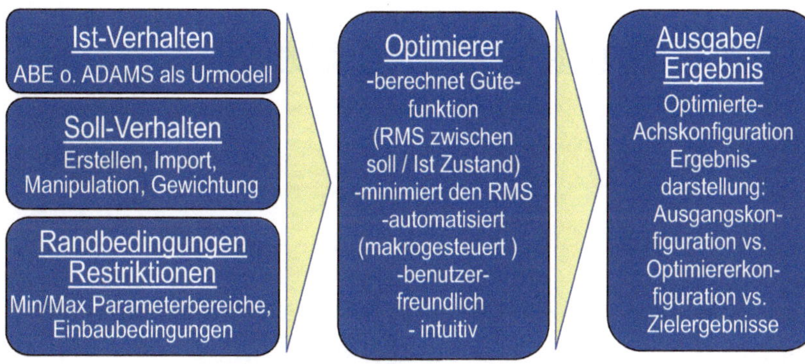

Abb. 5.33 Struktur des Kinematikoptimierers

Systemverhalten als Funktion der zu optimierenden Kenngrößen. Das gewünschte Soll-verhalten kann über den Import von Kennlinien bzw. über eine Interpolationsfunktion vorgegeben und manipuliert werden. Über die Randbedingungen/Restriktionen werden die Package-Bedingungen berücksichtigt und der Parameterbereich definiert.

Der programmierte Optimierer ermittelt die Differenzen zwischen den Ziel- und den Ist-Größen über die Fehlerquadrat-Methode und optimiert die entsprechenden Kenngrößen unter Berücksichtigung der definierten Radbedingungen. Die optimierte Achskonfiguration kann im Vergleich zur Ausgangskonfiguration und im Vergleich zur Zielkonfiguration dargestellt werden. Die Zielkonfiguration und die optimierte Konfiguration sind dabei idealerweise nahezu identisch [23].

Dieses Programm erspart dem Konstrukteur die heute übliche und sehr zeitintensive Probiermethode (trial and error). Er braucht nicht mehr die Kinematikpunkte zu variieren und Raderhebungskurven zu berechnen. Er gibt vielmehr den gewünschten Kurvenverlauf und die zulässigen Variationsgrenzen der Kinematikpunkte ein. Die Software berechnet daraus die notwendigen Kinematikpunkte.

Die Software wurde in den letzten Jahren unter dem Namen „Axle Kinematics Simulation Software" AKSIS von der RWTH-IKA weiterentwickelt und erweitert [24]. Hier wird zusätzlich der Einfluss der Kinematik auf die Fahrdynamik bei den Testmanövern „Stationäre Kreisfahrt" und „sprungartiger Lenkeinschlag" berücksichtigt und mitoptimiert.

5.5.3 Virtuelle Produktentwicklungsumgebung

VPE *(Virtuelle Produktentwicklungsumgebung)* hat das Ziel, die Entwicklung mit Hilfe von innovativen Prozessen effizienter zu gestalten, Entwicklungszeit zu reduzieren, Kosten zu sparen, Fehler zu vermeiden und mit Hilfe von parametrisierten Modellen auf Modifikationen schnell reagieren zu können [25]. Automatisch generierte, standardisierte Reports unterstützen die Dokumentation der Entwicklungsphasen (Abb. 5.34).

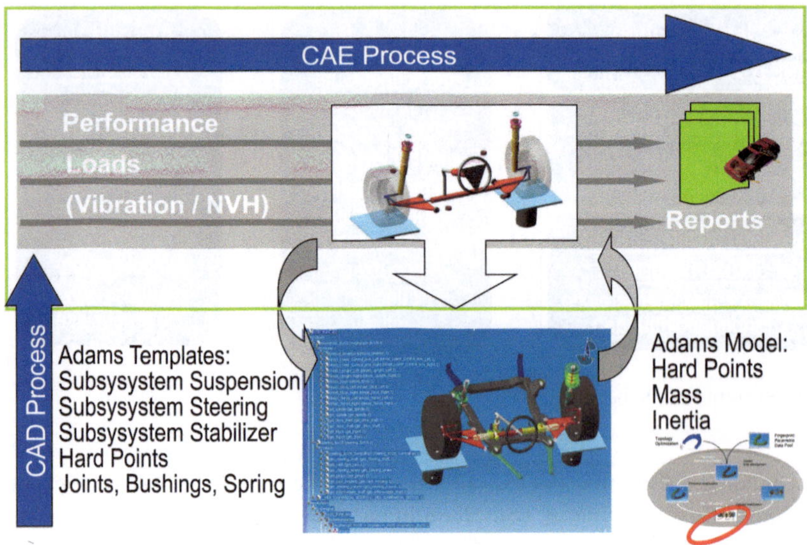

Abb. 5.34 Synchronisation zwischen CAE- und CAD-Prozess

Mit Hilfe von VPE lassen sich diese Aufgabenstellungen mit einer gemeinsamen Oberfläche bearbeiten:

- CAD-Design zur Generierung von parametrischen 3D-Volumen,
- Package-Analyse: Kinematik-, Kollisions- und Toleranzuntersuchung,
- Mehrkörpersimulation (MKS-Software),
- Finite-Element-Methode (FEM-Software),
- Report Generator für Kinematik/Elastokinematik und Lastenkaskadierung.

Die Basis einer virtuellen Produktentwicklung wird durch die Synchronisation zwischen dem CAD-Tool Catia V5 und der Mehrkörpersimulation ADAMS/Car ermöglicht, welches den CAE-Prozess mit dem CAD-Prozess verbindet (Abb. 5.35).

Die CAD-Konstruktion wird auf spezifischen Achsen-Templates aufgebaut, die die Achskonstruktion abbilden und auf die bei der Entwicklung von neuen Projekten mit einer zentralen Achsdatenbank zugegriffen werden kann. Mit Hilfe der Datenbank können alle bekannten Achsen hinterlegt werden, die als Grundlage neuer Achskonstruktionen dienen.

Die konzeptspezifischen Kenngrößen (z. B.: Hardpoints, Gummilager- und Federsteifigkeiten) müssen dann der neuen Konstruktion bzw. dem Projekt angepasst werden. Somit steht nach relativ kurzer Modellierungszeit eine Entwicklungsumgebung zur Verfügung, auf der die CAD-Bauteilkonstruktion aufsetzten kann.

Die CAD-Modelle werden parametrisiert aufgebaut, wobei die Hardpoints als zentrale Parameter die Bauteildimensionen bestimmen. In einer Datenbasis sind die

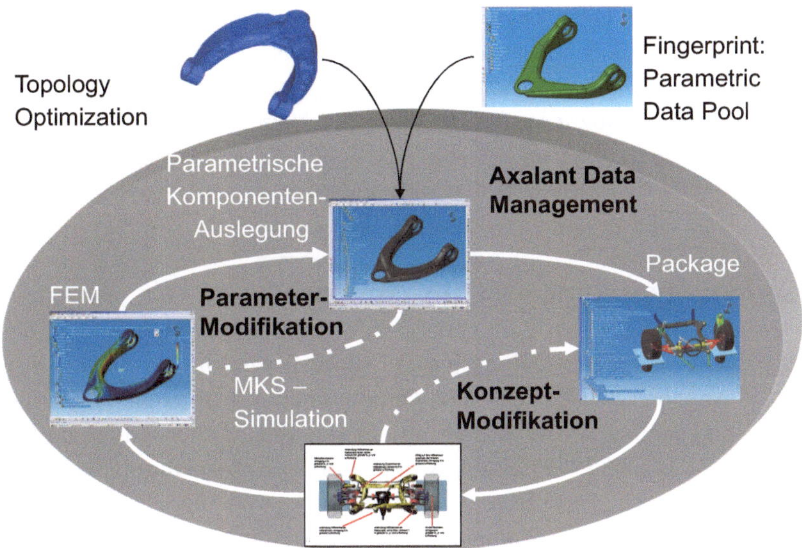

Abb. 5.35 VPE-Entwicklungsprozess

Hardpoints abgelegt und können so zentral versionisiert werden. Das CAD-Modell und das MKS-Modell ist jederzeit synchronisiert und dem CAD-Konstrukteur steht eine Mehrkörpersimulationsumgebung zur Verfügung. Sowohl Bauraumuntersuchungen als Funktion der Federung aber auch als Funktion von äußeren Kräften können analysiert werden.

Bei konzeptionellen Änderungen der Hardpoints können durch Online-Analysen die Änderung der kinematischen bzw. elastokinematischen Achskenngrößen direkt untersucht werden. Durch den parametrisierten Modellaufbau spiegeln sich diese Änderungen direkt im CAD-Modell wider (Loop: Concept Modification).

Zur Dokumentation verschiedener Designphasen werden Standardberichte automatisch generiert, die die fahrdynamischen wichtigen Kennwerte, maximal auftretenden Gelenkwinkel und Belastungen von der Gesamtachse bis hin zu jeder Komponente darstellen. Diese Belastungsergebnisse werden als Eingangsdaten für die FEM-Berechnung in derselben Entwicklungsumgebung benutzt. Mit Hilfe der Design-Parameter kann das CAD-Modell so angepasst werden, dass die maximalen Bauteilspannungen die zulässigen Grenzwerte nicht überschreiten. Durch die integrierten Schleifen zwischen der FEM-Berechnung und der Bauteilmodifikation lässt sich eine Effizienzsteigerung im Entwicklungsprozess realisieren.

Werden neue Bauteile in diese Entwicklungsumgebung integriert, so wird überprüft, ob aus der Datenbank ein parametrisiertes Modell als Gleichteilkonzept übernommen werden kann. Mit Hilfe der sogenannten Fingerprint-Methode werden über Fertigungsverfahren, Material, Bauteilsteifigkeiten und Bauteilbelastungen die Gleichteile identifiziert und in die Achsstruktur integriert. Durch Austausch der Hardpoints des neuen

Achskonzeptes hat man Dank des parametrisierten Modellaufbaus in kurzer Zeit ein CAD-Modell mit einem hohen Detaillierungsgrad zur Verfügung.

Bei einer kompletten Neukonstruktion einer Komponente wird mit Hilfe der Bauteilbelastungen, dem maximal zur Verfügung stehenden Bauraum, der Einspannbedingung, dem Fertigungsverfahren und dem Material eine Topologieoptimierung durchgeführt, die als Grundlage für das parametrisierte CAD-Modell dient.

5.6 Serienentwicklung und Absicherung

Für die eigentliche Serienentwicklungsphase (Konstruktion und Erprobung) bleiben in der Regel nur 24 Monate. Hier kann man keine grundlegenden Änderungen mehr vornehmen. Hauptaugenmerk ist die Auslegung der Bauteile, Sicherstellung der Betriebsfestigkeiten, Optimierung der Funktionen und Einhaltung der Terminpläne sowie der Kostenziele. Es ist auch deshalb keine grundlegende Änderung mehr möglich, weil die Produktion bereits mit der Planung der Produktionsanlagen und Serienwerkzeuge angefangen hat (Industrialisierung). Die Hauptstrategien und wesentlichen Maßnahmen sind dabei [7]:

- strukturierte Kopplung an einen Gesamtfahrzeugentwicklungsablauf mit definierten Schnittstellen und Synchronisierungspunkten,
- Nutzung von Konzeptfahrzeugen zur Absicherung der Fahrzeugkonzepte unabhängig vom Gesamtfahrzeugprojekt,
- Beschleunigung der Bauteilentwicklung durch gezielten Einsatz von Simulations- und Berechnungsverfahren, die vollständige Modellierung der Teile in 3D-CAD, die Nutzung von DMU sowie die Verkürzung der zeitkritischen Prototypenherstellung durch Rapid-Prototyping,
- strukturierte Funktionsabsicherung für Fahrdynamik, Reifen und Regelsysteme und simultane Bearbeitung der Teilprozesse der Funktionsentwicklung durch klar definierte und gemeinsam genutzte Fahrwerkstände, sowie durch übergreifende Abgleiche der getrennt erarbeiteten Entwicklungsstände.

5.6.1 Konstruktion

Die erste Gelegenheit der Konzept- und Funktionsüberprüfung ergibt sich mit der Fertigstellung der *Aggregateträger*. Die Basis ist ein vorhandenes Serienfahrzeug, das in den Abmessungen, der Achskonzeption, dem Fahrverhalten, dem Antriebskonzept und der Motorleistung möglichst nahe an dem zu entwickelnden Prototypen liegt. Damit werden die Funktion und die Wirksamkeit von Einzelkomponenten untersucht. Dazu können Systeme wie z. B. aktive Dämpfungsregelung, Fahrdynamikregelung, Allradantrieb und

Lenkungssysteme gehören. Es kann auch der Referenzreifen als Basis für die weitere Entwicklung festgelegt werden [7].

Die Fertigstellung des Konzeptfahrzeugs mit dem zukünftigem Fahrwerk ist die erste Möglichkeit zum Abgleich der Ergebnisse der einzelnen Entwicklungsteams. Konzeptfahrzeuge basieren meist auf den Aggregateträgern, haben damit einen seriennahen Stand der Karosserie, der Antriebseinheit und Elektrik. Deshalb weisen sie in Vergleich zu Prototypen der vorangegangenen Entwicklungsphasen eine hohe Zuverlässigkeit und Verfügbarkeit auf. Die Konzeptfahrzeuge werden mit allen Achsbauteilen des zukünftigen Serienfahrzeugs ausgerüstet. Hierzu erfolgt parallel zur Konstruktion des Serienfahrzeugs die Konstruktion der Achsbauteile zur Fertigung in Rapid-Prototyping. Neben den geometrischen und kinematischen Eigenschaften entsprechen auch die Bauteilsteifigkeiten der Serienachse. Eine Halbachse wird auf dem Prüfstand nach Kinematik und Elastokinematik geprüft.

Am Ende der Konzeptabsicherungsphase steht die Basisabstimmung des *Konzeptfahrzeugs,* es entspricht bezüglich Querdynamik, Gewichtsverteilung, Aerodynamik weitgehend dem Serienfahrzeug und die erste Generation der Versuchsreifen steht zur Verfügung. Für die Fahrwerkregelsysteme erfolgt die Überprüfung und Festlegung der Einzelfunktionen sowie die Verifikation der Schnittstellen zu anderen Systemen. Die Konstruktion der Teile für die *Baustufenfahrzeuge* und deren Beschaffung wird eingeleitet. Die Baustufenfahrzeuge entsprechen genau dem zukünftigen Fahrzeug. Die in den Konzeptfahrzeugen optimierten und freigegebenen Entwicklungsstände werden nun in die Baustufenfahrzeugen übertragen. Bei diesen Fahrzeugen werden die Schnittstellen des Fahrwerks, Antriebs und der Karosserie sowohl bei den Bauteilen und Bauräumen als auch die elektronischen Systeme überprüft. Die letzte Entwicklungsschleife vor der Freigabe erfolgt in allen Disziplinen mit dem aktuellsten Stand der Baustufenfahrzeuge.

Da mehrere Funktionsbereiche parallel arbeiten, sind deren Ergebnisse und Entwicklungsfortschritte abzugleichen, um den jeweiligen Gesamtfunktionsstatus festzustellen und zu überprüfen. Dazu werden üblicherweise Baustufen mit konsistenten Spezifikationen für die Mechanik, Elektronik und Vernetzung definiert. Bei der heutigen Komplexität und Varianz der Einzelsysteme muss die Aktualisierung baustufenweise und nicht stetig erfolgen. Der dritte und letzte Abgleich wird mit *Vorserienfahrzeugen* durchgeführt, um für das Fahrwerk die Funktionsfreigabe zu erteilen [7].

Die Serienentwicklungsphase beginnt mit der konstruktiven Überarbeitung aller Bauteile auf Basis der gewonnenen Aufbau- und Erprobungskenntnisse in der Konzeptphase. Die Bauteilschwachstellen werden beseitigt, deren Gewicht und Kosten weiter optimiert. Außerdem werden alle Voraussetzungen für eine fertigungs- und montagegerechte Konstruktion erfüllt. In dieser Phase wird sehr eng mit dem Zulieferer der Rohteile (Schmieden, Gießereien, Blechumformer, Kaltfließpresser usw.) und mit der Endfertigung dieser Teile zusammengearbeitet. Diese können mit ihrer Erfahrung wesentlich zum Kostensenken und zur späteren problemlosen Fertigung beitragen. Auch die richtige Oberflächenbehandlung des Bauteils muss jetzt festgelegt sein. Bei allen Optimierungsanreizen darf jedoch die Robustheit der Bauteile nie vernachlässigt werden. In der

Konstruktion wird deshalb immer mehr die Methode des *Robust Designs* angewendet, um einen hohen, unter allen Gegebenheiten, wie Umweltbedingungen und Sonderereignissen, reproduzierbaren Kundenwert sicherzustellen.

Hierbei können Simulationstechniken nur teilweise helfen. Die Einfachheit der Konstruktionen, Tests unter extremen Umweltbedingungen und mit besonderen Kundenprofilen sind besonders hilfreich. Bei der Gestaltung aller Erprobungs- und Freigabetests ist zu berücksichtigen, dass die Reklamations- und Gewährleistungskosten im Serieneinsatz weit höher sein können als die gesamten Entwicklungskosten des Bauteils.

5.6.1.1 Bauteilkonstruktion

Die Auslegung der kraftübertragenden Bauteile im Fahrwerk wird mit Hilfe der Simulationen durchgeführt (Abb. 5.36).

Früher hatte man das Bauteil in CAD modelliert und danach mit FEM berechnet, um zu sehen, ob es den eingeleiteten Kräften widersteht bzw. die gewünschte Steifigkeit besitzt. Dabei musste ständig kontrolliert werden, dass keine Kollisionen mit den benachbarten Bauteilen vorkommen. Heute geht man umgekehrt vor [17]: Zuerst wird der Bauraum, der zur Verfügung steht, aus dem CAD-Modell des Gesamtsystems entnommen: das „Bauraummodell". Dann werden die Krafteinleitungspunkte und Restriktionen (Gelenkfreiheiten) festgehalten und die einwirkenden Kräfte (Lasten bzw. Lastkollektiven) berechnet sowie die Optimierungsziele (nach Festigkeit, Steifigkeit, Eigenfrequenz usw.) definiert. Es ist auch notwendig zu wissen, für welches Fertigungsverfahren das Bauteil geplant ist.

Mit diesen Daten wird eine Topologieoptimierung durchgeführt (s. Abb. 5.20). Der Topologievorschlag der Simulation zeigt, wie die Werkstoffmasse verteilt werden soll,

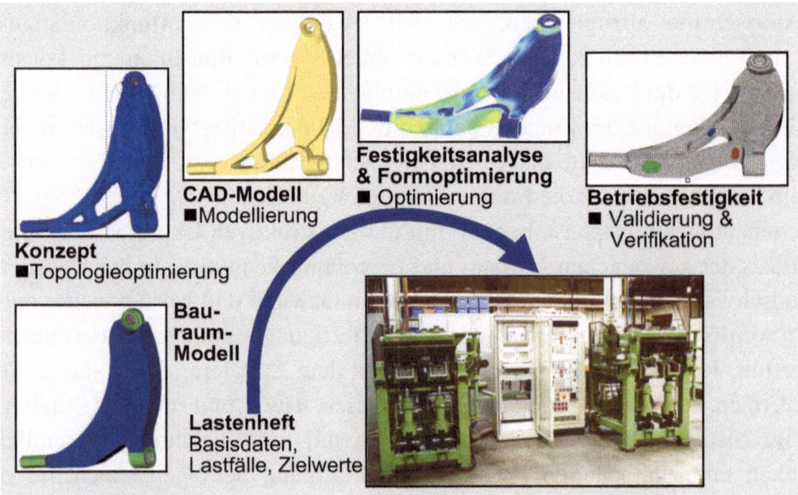

Abb. 5.36 CAD-unterstütztes Vorgehen beim Auslegen der optimierten Fahrwerkbauteile

damit die gewünschten Ziele erreicht werden. Dieser Vorschlag muss jedoch noch geglättet und unter Berücksichtigung der Fertigungseinschränkungen überarbeitet werden, d. h., konstruktiv umgesetzt werden. In einem anschließenden Simulationsablauf mit FEM wird die Konstruktion nach Spannungen und Steifigkeiten berechnet, um sicher zu sein, dass sie die Belastungen aushält. Für die kritischen Stellen können mit der Shapeoptimierung [19] die Spannungen weiter abgebaut werden. Es ist auch ratsam, zuletzt auch die Betriebsfestigkeit zu simulieren, um die Lebensdauer und die kritischen Zonen *(hot spots)* vorauszusehen.

Obwohl die Durchführung dieser Schritte schnell vollzogen wird und innerhalb von 2 bis 3 Tagen das optimierte Bauteilmodell steht, dauert der Prozess in der Praxis jedoch mehrere Tage, weil es nicht bei einer einzigen Lösungsvariante bleibt.

Um die kostengünstigste und gewichtsoptimierte Lösung zu finden, wird das Bauteil für unterschiedliche Werkstoffe und Fertigungsverfahren parallel ausgelegt, angefragt, mit Unterlieferanten diskutiert, überarbeitet und kalkuliert. Dazu kommen auch die Änderungen an Kinematikpunkten, Lastdaten oder Bauraum, die mehrere Varianten (manchmal bis zu 10) für dasselbe Bauteil notwendig machen. Abb. 5.37 zeigt die unterschiedlichen Fertigungs- und Werkstoffalternativen, aus denen nach einer Bewertung die beste Lösung ausgewählt wird.

5.6.1.2 Bauraum „Package"

Während der Konstruktion ergeben sich aus dem verfügbaren Bauraum oftmals die Hauptanforderungen, mit der sich die Konstrukteure am längsten und häufigsten auseinandersetzen müssen. Grund ist einerseits die sehr hohe Bauraumdichte im Fahrwerk und die Bauraum- und Packageoptimierungen mit den anderen Bereichen und anderseits die schwierige Überschaubarkeit der Bauteilkollisionen in allen Kinematikstellungen.

Es sind sehr oft die Bauraumkonflikte, die eine optimale Auslegung der Bauteile verhindern. Die Hauptvoraussetzung ist, dass die Bauteile in allen Extremlagen des

VARIANTE MODELL	Stahlblech	Alu-Druckguss	Alu-Schmiede	Mg-Druckguss	Alu-IHU
Kosten	75%	90%	**100%**	110%	120%
Gewicht	1360 g	620 g	620 g	520 g	600 g
Steifigkeit	2,7 kN/mm	2,2 kN/mm	2,3 kN/mm	2 kN/mm	1,4 kN/mm
Festigkeit	+	+	++	**0**	**0**
Knicklast	**0**	+	+	-	+
Bauraum	-	+	++	+	-

Abb. 5.37 Auslegungsvarianten für einen oberen Querlenker (mit Bearbeitung, ohne Gelenke)

Fahrwerks, unter max. Belastungen, elastokinematischen Verschiebungen und Radstellungen nicht kollidieren dürfen. Parallel dazu sind mehrere Ausführungen anderer Aggregate (z. B. Motor, Getriebe, Antriebswellen), die Allradversionen oder die Optionen wie unterschiedliche Felgen/Reifen, Schneeketten, Rechts-/Linkslenker-Varianten zu berücksichtigen. Um die Anzahl der Fahrwerkvarianten zu senken, wird sogar für unterschiedliche Modelle einer Baureihe angestrebt, das Fahrwerk möglichst unverändert zu belassen.

Zu berücksichtigen sind auch die elastokinematischen Verschiebungen der Lenker und die fertigungsbedingten Abmessungstoleranzen. Neben der Kollisionsfreiheit ist es auch notwendig, zwischen den beweglichen Bauteilen einen ausreichenden Sicherheitsabstand für Montage- und Einbautoleranzen, Verschleiß, Wärmedehnungen, Verschiebungen durch Achseinstellung etc. vorzuhalten (Freiraumvorschriften). Auch die Montierbarkeit oder Austauschbarkeit im Service kann zusätzlichen Einbauraum in Anspruch nehmen.

Kollisions- und Freiraumuntersuchungen lassen sich mit CAD-, noch besser mit MKS-Software relativ einfach vollziehen. Nach dem Programmlauf – der lange dauern kann – erhält man einen Bericht über alle kollidierenden Bauteile und entsprechende Kinematikstellungen (diese müssen nicht unbedingt an Extrempositionen der Kinematik sein) sowie auch über die Stellungen, an denen die geforderten Freiräume mit kritischen Abständen unterschritten werden. Voraussetzung ist jedoch immer, dass das CAD-Modell (DMU) vollständig und aktuell ist.

5.6.1.3 Fehlermöglichkeits- und Einflussanalyse

Ein wichtiges Gebot der Konstruktion ist die frühe Erkennung und Beseitigung der Schwachstellen. Die zu diesem Zweck angewandte FMEA-Methode *(Fehlermöglichkeits- und Einflussanalyse)* ist ein Hauptbestandteil der Konstruktionsarbeit und dient zum systematischen Entdecken, Erfassen und Abstellen der potentiellen Fehler. Dabei unterscheidet man je nach Anwendungsfeld zwischen System-FMEA, Konstruktions-FMEA oder einer Prozess-FMEA [26]. Standard-Softwarepakete wie IQ-FMEA oder Plato mit integrierter Datenbank erleichtern, ähnlich wie die Expertensysteme, die Durchführung der FMEA.

5.6.1.4 Toleranzuntersuchungen

Die Bauteil- und Fertigungstoleranzen sollten immer so groß wie möglich bzw. so klein wie funktionell nötig gehalten werden. Das führt zu Kosteneinsparungen in der Fertigung und Montage und zu einer Verbesserung der Prozessstabilität und Robustheit. Da in CAD alle Teile mit ihren Nennmaßen modelliert werden, ist es notwendig, die Gesamtkonstruktion beim Auftreten der ungünstigsten Toleranzkette zu untersuchen. Statistisch gesehen ist es sehr unwahrscheinlich, dass alle Bauteile gleichzeitig ihre ungünstigsten Abmessungen haben. Deshalb werden nicht die in der Zeichnung vorgesehenen Maximal-Toleranzen, sondern die vom Fertigungsverfahren abhängigen, statistischen Mittel-Toleranzen angenommen. Wenn jedem Bauteil diese Toleranzen zugeordnet sind, kann die CAD-Software die ungünstigste Kombination aller Toleranzen ermitteln und das Fahrwerk mit diesen Werten darstellen.

5.6.2 Validierung

Validierung ist das Testen und Freigeben des Entwicklungsergebnisses an physikalischen Bauteilen (Prototypen) auf den Prüfständen bzw. Prüffeldern, die im Folgenden erläutert werden.

5.6.2.1 Prototypen

Obwohl heute sehr viel mit der virtuellen Simulation berechnet, geprüft und validiert wird, kann nicht auf reale Prototypen verzichtet werden. Nur deren notwendige Anzahl lässt sich drastisch reduzieren. Auf Gesamtfahrzeugebene sind dies Aggregateträger, Konzeptfahrzeuge, Baustufenfahrzeuge und Vorserienfahrzeuge, mit denen nicht nur die Funktionen und das Gesamtfahrverhalten erprobt werden, sondern auch die einzelnen Module und Bauteile.

Einfacher und kostengünstiger ist es jedoch, die Einzelbauteile zuerst im Versuch zu testen. Die Prototypen dazu können in den frühen Phasen aus dem „Vollen" bearbeitet werden. Die CNC-Programmierungsmodule sind in den meisten modernen CAD-Systemen integriert. Damit lassen sich aus den 3D-Modellen sehr schnell Werkstücke erstellen und kontrollieren. Die Bearbeitung dauert jedoch relativ lang und ist kostenintensiv, besonders wenn größere Stückzahlen benötigt werden. Für solche Stückzahlen und für komplizierte Geometrien bietet sich das *Rapid-Prototyping* an. Für die Fahrwerkteile hat sich das *Selective Laser Sintering* (SLS) mit Metallpulver bewährt. Das Pulver wird in bis zu $20\,\mu m$ [27] dünnen Schichten aufgetragen, mit einem Laserstrahl zusammengebunden und Schicht für Schicht verhärtet. Da die Steuerung des Lasers direkt aus dem 3D-CAD-Modell abgenommen werden kann, benötigt man keine Werkzeuge oder Formen. Diese sogenannten „3D-Drucker" sind in den letzten Jahren deutlich billiger geworden. Sie finden immer breitere Anwendung [28]. Der aus Metall gedruckte und daher hoch belastbare Teil lässt sich direkt als Prototyp benutzen oder aber es werden zuerst daraus Formen aus Sand oder Metall hergestellt, damit dann mehrere 100 Teile gegossen werden können.

Für die Blechteile lassen sich diese Methoden leider nicht anwenden. Die Ausgangsplatinen werden zuerst mit Laser geschnitten, dann mit teuren Werkzeugen umformt und wenn nötig zusammengeschweißt.

Für Anschauungsmodelle, Package und Funktionstests ohne hohe Belastungen wird die Stereolithographie angewendet. Für das Fahrwerk ist der Nutzen dieser Teile eher gering, weil solche Untersuchungen auch direkt mit CAD durchgeführt werden können.

Für die Schmiedeteile, die in einer Anzahl von mehr als 50 Stück benötigt werden, lohnt es sich, ein einfaches Schmiedewerkzeug herzustellen. An diesen Rohlingen wird zwar deutlich mehr gefräst als bei Serienrohteilen, dennoch reduzieren sich die Prototypenkosten deutlich.

Die kostengünstigste Möglichkeit der Prototypenfertigung ist, wenn Roh- oder Fertigteile aus der Serienfertigung mit Nacharbeit verwendet werden können.

Mit der Prototypenfertigung der Module, wie z. B. eine komplette Achse, sollte erst dann angefangen werden, wenn die Prototypen für alle Einzelteile hergestellt und getestet sind. Somit wird vermieden, dass die Modulprüfung immer wieder gestoppt werden muss, weil ein Einzelteil frühzeitig versagt hat.

5.6.2.2 Validierung am Prüfstand

Die Validierung am Prüfstand wird in den Testeinrichtungen mit den Prototypenteilen vorgenommen und es wird angestrebt, die Bedingungen im Feld nachzubilden, was jedoch nicht immer gelingt.

Die Validierung an den Prüfständen ist sehr zeit- und kostenintensiv. Prüfkosten können bis zu 30 % der Gesamtentwicklungskosten ausmachen. Zuerst benötigt man für jede Prüfungsart meist einen anderen Prüfstand (Maschinenkosten), dann sind mehrere teure Prototypen (Teilekosten) erforderlich und schließlich benötigt man gut ausgebildete Versuchsingenieure (Personalkosten), die den Prüfplan erstellen, testen, Ergebnisse kommentieren und den Prüfbericht verfassen. Auch die Laufzeiten zur Fertigung der Prototypen und die Dauer der Prüfungen sind nicht zu unterschätzen. Außerdem werden die Prüfungen oft unterbrochen, weil ein Bauteil zu früh ausfällt (die Qualität der Prototypen ist nie so gut wie die von Serienteilen) oder die Prüfung des Moduls wird nicht bestanden. Dann muss alles von vorn wiederholt werden. Hinzu kommt auch, dass durch diese Prüfungen am Ende nur bestätigt wird, dass die Bauteile die Anforderungen erfüllen, aber nicht, ob diese gewichtsoptimiert sind. Schließlich entsprechen die Prüfbedingungen (Lastkollektive, -frequenzen, und -eingriffspunkte, Umweltbedingungen, Einfluss mit nicht getesteten Systemen und Bauteilen usw.) nur annähernd den tatsächlichen Einsatzbedingungen.

Es gilt zuerst zu prüfen, ob die geforderten Funktionen und Bauraumbedingungen erfüllt werden. Dann wird die Haltbarkeit kontrolliert unter statischen und dynamischen Lasten sowie in Raumtemperatur und in den extremen Umweltbedingungen. Auch Missbrauchsprüfungen, wenn die extremen Lasten bzw. Bedingungen herrschen, gehören dazu. Insofern sind mehrere Prüfungsarten an mehreren unterschiedlichen Prüfeinrichtungen durchzuführen [6]:

- Sichtprüfung,
- Bauraumprüfung,
- Funktionsprüfung,
- Verschleißprüfung,
- Missbrauchsprüfung,
- Umweltsimulationsprüfung,
- Betriebsfestigkeitsprüfung,
- Korrosionsprüfung.

Für viele Fahrwerkkomponenten gibt es AK-Lastenhefte (Arbeitskreis-Lastenhefte), die in Zusammenarbeit von mehreren (deutschen) Fahrzeugherstellern und Zulieferern ausgearbeitet sind und von allen Beteiligten akzeptiert werden. Darüber hinaus haben alle Hersteller ihre eigenen Prüfvorschriften, die jedoch erheblich voneinander abweichen können. Auch für die Prüfstandsprüfungen ist die Aufteilung in die Fahrzeugebenen System–Subsystem–Komponente maßgebend. Für jede Ebene gelten eigene Testeinrichtungen und Vorgehensweisen (Abb. 5.38).

Die Ergebnisse haben ebenfalls unterschiedliche Aussagekraft:

Gesamtfahrzeugprüfungen haben den größten Aussagewert für das Gesamtfahrzeug, lassen sich jedoch aus Kosten- und Zeitgründen sowie Komplexität nicht immer realisieren (Abb. 5.39 und 5.40).

Systemprüfungen haben einen guten Aussagewert bezogen auf das Teilsystem, haben jedoch auf Grund ihrer Komplexität und des Aufwandes den Nachteil, dass die Ergebnisse nicht hinreichend statistisch abgesichert werden können. Systemprüfungen können aussagekräftig nur als Simulationsversuch mit iterativer Vorgehensweise betrieben werden.

Abb. 5.38 Vogelperspektive des Versuchsraums mit Prüfeinrichtungen für Systeme und Komponenten (ZF/Lemförde)

Abb. 5.39 Achsvermessung (IKA, RWTH-Aachen)

Abb. 5.40 4-Stempelanlage (ZF/Sachs)

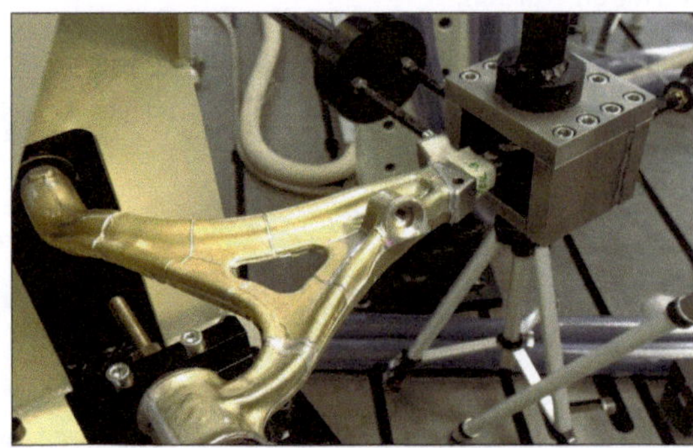

Abb. 5.41 Dreiachsige Prüfung eines Lenkers (ZF/Lemförde)

Subsystemprüfungen (Abb. 5.41) haben einen nur geringen Aussagewert, da der Fokus auf wenige Komponenten gerichtet wird. Im Vergleich zu Systemprüfungen nimmt ihre Komplexität ab, die statistische Aussagefähigkeit dagegen steigt. Sie können als Einstufenversuch, geblockte Belastung oder Simulationsversuch mit iterativer Vorgehensweise durchgeführt werden.

Komponentenprüfungen (Abb. 5.42) sind nur auf ein einzelnes Bauteil gerichtet. Die Aussagefähigkeit für das System ist demnach unwesentlich, die für das Einzelteil hängt von der Art des Versuches ab (Einstufenversuch, geblockte Belastung oder Simulationsversuch mit iterativer Vorgehensweise nach Abb. 5.43).

Erst durch die Zusammenführung der Versuchsergebnisse aller Ebenen gewinnt man aussagekräftige Erkenntnisse:

- Komponentenversuche (ausreichende Statistik),
- Subsystemversuche (ausreichende Statistik),
- Systemversuche (hoher Aussagewert),
- Missbrauchsversuche am Fahrzeug,
- Fahrzeug-Raffdauerläufe (Korrelation zum Systemversuch),
- Fahrzeug-Straßendauerlauftests (härterer Kundenbetrieb).

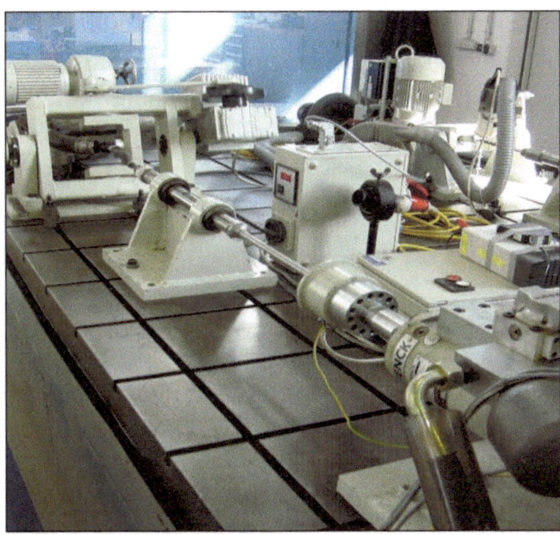

Abb. 5.42 Kugelzapfen-Betriebsfestigkeitsprüfung (ZF Friedrichshafen AG/Lemförde)

Prüfart	Einaxial	Mehraxial	Halbachse	Gesamtachse
Prüf-Stand				
Einstufen	sinnvoll	nicht sinnvoll	nicht sinnvoll	nicht sinnvoll
Last-kollektiv	sinnvoll	bedingt sinnvoll	nicht sinnvoll	nicht sinnvoll
Nachfahrvers.	sinnvoll	sinnvoll	sinnvoll	sinnvoll

Abb. 5.43 Mögliche Lebensdauertests auf Prüfmaschinen und deren Aussagewert

5.6.2.3 Straßen-Simulationsprüfstand (SSP)

Der Achsprüfstand simuliert im Laborversuch die bei verschiedenen Schlechtweg-strecken auftretenden Beanspruchungen an den Achskomponenten. Der Gesamtprüf-stand besteht aus zwei spiegelbildlich angeordneten Belastungseinheiten, die jeweils auf einer Drehplattform angeordnet sind, um die Prüfung von gelenkten Achsen zu ermög-lichen. Dazu werden am Radaufstandspunkt Längskräfte, Seitenkräfte, Vertikalkräfte sowie Brems- und Sturzmomente in die Achsstruktur eingeleitet. Jede Belastungsein-heit besteht im Wesentlichen aus einer Grundplatte mit entsprechenden Zylinderböcken für die Antriebszylinder, der Krafteinleitungskinematik sowie einem Radersatz. Neben der Kraft-, Lenkmoment- und Antriebsmomenteinleitung ist auch eine Lenkwinkel-simulation vorgesehen. Die Lenkwinkelsimulation ermöglicht Lenkwinkeleinschläge bis zu $\pm 40°$ mit einer maximalen Winkelgeschwindigkeit von $50°/\mathrm{s}$. Die Drehung des Lenkrads wird von einem servogeregelten Hydromotor ausgeführt. Ein ungelenkter Betrieb des Prüfstands ist möglich (Abb. 5.44). Diese Prüfstände können bis zu 16 Kanäle (Hydropulszylinder) besitzen mit einer Simulationsbandbreite von bis 50 Hz. Es lassen sich maximal 60 Messkanäle anschließen und auswerten. Der Hydrauliköldruck beträgt 210 bar mit einer mittleren Ölfördermenge von 460 l/min.

Die Tab. 5.6 zeigt die zugeordneten Fahrzeugkenngrößen und erzielbare Kräfte/Hübe.

Durchführung der Prüfstandsiteration

Als Target-Signale bezeichnet man Lastdaten, die an der zu prüfenden Komponente bzw. dem System im Fahr- oder Prüfstandsversuch aufgenommen werden. Leider geben diese Target-Signale keine Auskunft über den Last-Zeit-Verlauf an den Krafteinleitungspunkten der servohydraulischen Zylinder. Aus diesem Grund müssen entsprechende Signale für die Prüfstandsanregung berechnet werden, die man als Drive-Signale bezeichnet. Da ein mehraxialer Prüfstand aus mehreren Zylindern besteht, die sich gegenseitig beeinflussen und durch hochamplitudige Belastungen ein nichtlineares Prüfteil- und Prüfstandsverhalten verursachen, ist ein spezieller Prozess für die Drive-Signalgenerierung nötig. Dieser Vorgang gliedert sich in zwei Phasen:

1. *System-Identifikation* und
2. *Target-Simulation.*

Abb. 5.44 Straßen-Simulationsprüfstand für komplette Achsen (ZF/Lemförde)

Tab. 5.6 Spezifikationen für einen 16. Kanal Straßen-Simulationsprüfstand

Kanal-Nummer	Fahrzeug-Kenngröße	Antriebseinheit	Angriffspunkt	Maximalwert	
				Kraft $+/-$	Hub $+/-$
$1+2$	Längskraft	Hydraulikzylinder	Radaufstandspunkt	31,5 kN	100 mm
$3+4$	Querkraft	Hydraulikzylinder	Radaufstandspunkt	32,5 kN	100 mm
$5+6$	Vertikalkraft	Hydraulikzylinder	Radaufstandspunkt	53 kN	180 mm
$7+8$	Bremsmoment	2 Plungerzylinder	Radaufstandspunkt	5000 N m	16°
9	Antriebsmoment	Drehzylinder	Radaufstandspunkt	3000 N m	140°
$10+1$	Lenkmoment	2 Plungerzylinder	Radaufstandspunkt	3600 N m	10°
$12+13$	Sturzmoment	Hydraulikzylinder	Radaufstandspunkt	10 kN	125 mm
$14+15$	Lenkwinkel am Rad	Hydromotor, hydrostatisches Lager	Radaufstandspunkt	3500 N m	40°
16	Lenkradwinkel	Hydromotor	Radaufstandspunkt	350 N m	450°

Systemidentifikation

Bei der Systemidentifikation wird das dynamische Verhalten des gesamten Systems, inklusive Prüfstand, Prüfling, PID-Regler (Proportional-Integral-Differenzial-Regler) und der gesamten Messeinrichtung mathematisch beschrieben. Hierzu werden die Zylinder mit definierten Steuersignalen angeregt. Aus den Eingangs- und Ausgangsgrößen lässt sich die Übertragungscharakteristik mittels einer Frequenz-Antwort-Funktion errechnen. Nach einer ersten Beaufschlagung von Drive-Signalen ist darüber zu entscheiden, ob die errechnete Übertragungsfunktion, auch Modell genannt, das Prüfstandsverhalten hinreichend wiedergibt, oder ob eine weitere Beaufschlagung von definierten Rausch-Signalen notwendig ist. Je öfter die Übertragungsfunktion aktualisiert wird, umso genauer gibt die Übertragungsfunktion das Prüfstandsverhalten wieder. Diese Prozedur macht die Systemidentifikation zwar etwas zeitaufwendiger, reduziert aber die Anzahl der Iterationen bei der Target-Simulation.

Target-Simulation

Das in der Systemidentifikation erstellte Modell beschreibt den linearen Zusammenhang des gesamten Prüfstandes. Da sich aber das gesamte System stark nichtlinear verhält, müssen die Steuer-Signale während der Target-Simulation iterativ errechnet werden. Dazu wird die wahre systembeschreibende Übertragungscharakteristik, also das eben genannte Modell, aus der Identifikationsphase übernommen.

5.6.3 Validierung am Gesamtfahrzeug

Die Validierung am Gesamtfahrzeug wird an den Baustufenfahrzeugen zur endgültigen Abstimmung und später an den Vorserienfahrzeugen zur Qualitätsabsicherung vorgenommen. Die Tests werden durchgeführt

- auf physikalischen Prüfständen,
- auf realen Straßen (jeder OEM hat ausgesuchte, für den Dauerbetrieb repräsentative Strecken),
- auf Testgeländen unter Ausschluss der Öffentlichkeit z. B. Nürburgring Nordschleife, Neustadt, Ehra-Lessien, Dudenhofen, Aschheim, Boxberg, Papenburg, Lommel (B), IDIADA (E), Miramas (F) (Tab. 5.7),
- in Extremgegenden, z. B. in Nordskandinavien (Winterbetriebtests) oder Death Valley (USA) (Sommerbetriebtests), auf Alpenpässen (Großglockner) (Bremsentests).

Mit den Tests am Gesamtfahrzeug werden unter den Fahrzeuggesamtfunktionen, die gegenseitigen Einflüsse der Einzelsysteme, das Verhalten aller Bauteile, Werkstoffe und Betriebsstoffe geprüft. Die Tests liefern außerdem Aussagen zum Fahrerlebnis, zur Langstrecken- und Schlechtwegtauglichkeit, zum Verhalten in Grenzsituationen und unter Extrembedingungen. Darüber hinaus werden technische Spezifikationen (Verbrauch,

Tab. 5.7 Liste einiger öffentlicher Testgelände, weltweit

Aberdeen Test Center	Magna Steyr
ACTS	MAG Research
Arctic Falls AB	Michigan Proving Ground
Arjeplog Test Center	Millbrook Proving Ground
ATP Papenburg	Nevada Automotive Test Center
Australian Automotive Research Centre	PMG Technologies
Bosch Boxberg	Prodrive
CERAM	Prototipo
Dayton T. Brown	Smithers Winter Test Center
Defiance Testing and Engineering	Southwest Research Institute
IDIADA	Southern Hemisphere Proving Ground
Keweenaw Resarch Cent.	TNO Automotive
Lommel	Transportation Research Center

Beschleunigung, Höchstgeschwindigkeit usw.) vermessen. Dabei werden alle fahrwerkrelevanten Betriebszustände eines Fahrzeugs berücksichtigt (s. Kap. 3):

- Fahren → Konstantfahrt, Beschleunigung, Überholfahrt, Rückwärtsfahrt, Anhängerbetrieb, Bergsteigung, Rampenfahrt, Geländefahrt, Schlechtstreckenfahrt, Notbetriebsfahrt-Schleppfahrt,
- Lenken → Kurvenfahrt, Seitenwindfahrt, Slalomfahrt, ISO-Spurwechsel, μ-Split-Fahrt,
- Bremsen → Dauerbremse Talfahrt, Verzögerung bei Normalfahrt, Notfallbremsung, Bremsen mit Betriebbremse, μ-Split und μ-Jump-Bremsung.

5.6.4 Optimierung und Abstimmung

Einen sehr großen Anteil am Entwicklungsprozess eines Fahrzeugs nimmt die Optimierung und Abstimmung der Fahrwerke und Fahrwerkregelsysteme ein. Die folgenden Optimierungen sind von Bedeutung:

- Gesamtgewicht und Gewichtsverteilung,
- Fahrdynamik, Fahrverhalten im Grenzbereich,
- Fahrwerkkomfort,
- NVH-Verhalten,
- Gesamtabstimmung,
- Fahrerlebnis.

Die Zieldefinition und Kompromissfindung in der Längsdynamik ist vergleichsweise einfach, weil es mehrere messbare Kriterien wie z. B. Bremsweg oder erreichbare Längsbeschleunigung gibt. Schwieriger ist es, einen guten markentypischen Kompromiss in der Quer- und Vertikaldynamik zu finden.

Vor allem in der Vertikaldynamik gibt es mit der Dämpfer- und Federabstimmung zahlreiche Einstellmöglichkeiten. Noch umfangreicher sind die Logik- und Parametereinstellungen von geregelten Vertikaldynamiksystemen. So kann es bei einer Dämpferregelung bis zu 500 Einstellparameter geben. Über 25 unterschiedliche Kriterien der Vertikaldynamik werden vom Testfahrer für unterschiedlich abgestimmte Fahrzeuge subjektiv bewertet und in einem Spider-Diagramm *(Ride-Meter)* eingetragen (Abb. 5.45). Anhand der Unterschiede der Kurvenverläufe wird dann zwischen Fahrkomfort und Fahrdynamik der beste Kompromiss gesucht und dementsprechend eine Systemempfehlung abgegeben [29].

Abb. 5.45 Spider-Diagramm (Ride-Meter) zur subjektiven Beurteilung der vertikaldynamischen Kriterien [29]

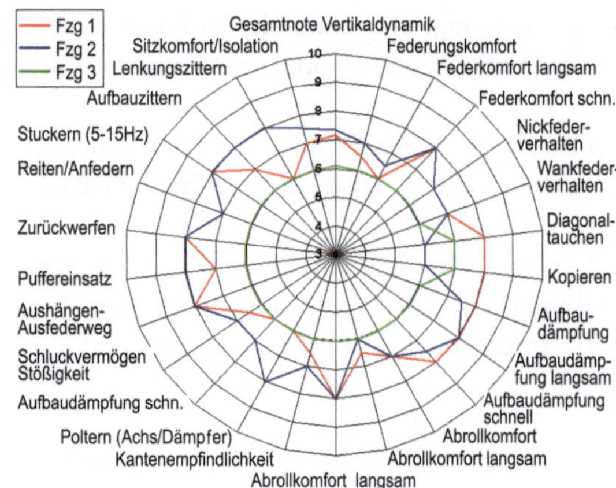

5.7 Hardware-in-the-Loop-Simulation

Innovative Regelsysteme und moderne Mechatronik für Fahrwerk, Antriebsstrang oder Fahrerassistenzsysteme erhöhen signifikant die Agilität, Fahrleistung, Sicherheit, Energieeffizienz und den Komfort. Sie helfen dabei die Zielkonflikte, der teils sehr konträren Eigenschaften, deutlich besser aufzulösen. Hierbei wird die Softwareentwicklung für die unterschiedlichen Steuergeräte mehr und mehr zum dominierenden Faktor. Schon heute ist der Aufwand in der Steuergeräteentwicklung zu 50–70 % durch Software geprägt. Die vielfältige und vielzählige Sensorik, Steuergeräte und Aktoren mit vernetzten Funktionen müssen beherrscht werden und erhöhen deutlich die Komplexität im Entwicklungsprozess. Die Vielzahl hochkomplexer und stark vernetzter Komponenten muss im ganzheitlichen Zusammenspiel mit dem Fahrzeug und der Umgebung möglichst früh in der Entwicklung abgesichert werden.

Frontloading im Entwicklungsprozess, die Wiederverwendbarkeit und Standardisierung von Testumgebungen, Modelle, Testfälle, Kalibriermethoden, Daten und Ergebnissen, wie in Abb. 5.46 dargestellt, sind zentrale Erfolgsfaktoren für qualitativ hochwertige Soft- und Hardware im Fahrzeug. Der Anspruch ist, effektiv zu entwickeln, Fehler früh zu finden, den Reifegrad deutlich zu steigern, Eigenschaften früh und zuverlässig abzusichern, dabei aber Doppelarbeit zu vermeiden. Die modellbasierte Entwicklungsmethodik spielt hierzu eine entscheidende Rolle. Hier werden durch Einsatz verschiedener Modellansätze und Simulationen gezielt Verifikations- und Validierungsumfänge in die frühe Phase der Entwicklung verlagert. Dabei kommen verschiedene in-the-Loop-Testumgebungen zum Einsatz. Die Hardware-in-the-Loop-Prinzip spielt hierbei eine zentrale Rolle.

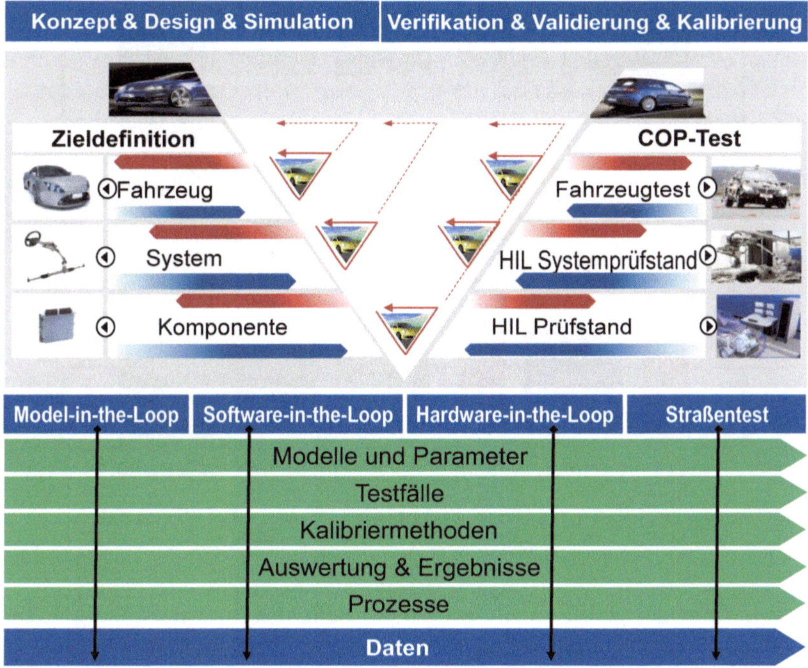

Abb. 5.46 Durchgängige Entwicklung im Vorgehensmodell des V-Prozesses

5.7.1 Funktionsweise von in-the-Loop-Testumgebungen

Bei der in-the-Loop-Testumgebung unterscheidet man zunächst ob das Testobjekt (Unit under Test – UUT) als Modell, Softwarekomponente oder als Hardware vorliegt und in die Testumgebung eingebunden ist. Weiterhin unterscheidet man, um welche Komponente oder System es sich handelt. Geht es beispielsweise um eine Lenkung, Motor oder Antriebstrang. Die generische Architektur ist dabei grundsätzlich gleich. Abb. 5.47 zeigt den schematischen Funktionsaufbau und den Unterschied von Model-in-the-Loop (MIL), Software-in-the-Loop (SIL) und Hardware-in-the-Loop (HIL).

Das Testobjekt liegt entweder als Modell, ECU-Software oder als komplette und vollfunktionsfähige ECU – Electronic Control Unit (Hardware mit Software) vor und ist in die Testumgebung entsprechend eingebunden. Die restlichen Komponenten wie Sensoren, Aktoren und die Regelstrecke (Fahrer, Fahrzeug und Umgebung) sind virtuell als Modelle dargestellt. Das Fahrer-, Fahrzeug- und Umgebungsmodell wird hierbei als Fahrdynamikmodell bezeichnet. Mit dem gewonnenen Versuchsaufbau lassen sich die Testobjekte wie zum Beispiel ESP, EPS, CDC, ARS, AWD, ABC, ACC, LKA usw. in eine MIL/SIL/HIL-Testumgebung integrieren und im geschlossenen Regelkreis im Gesamtfahrzeug testen.

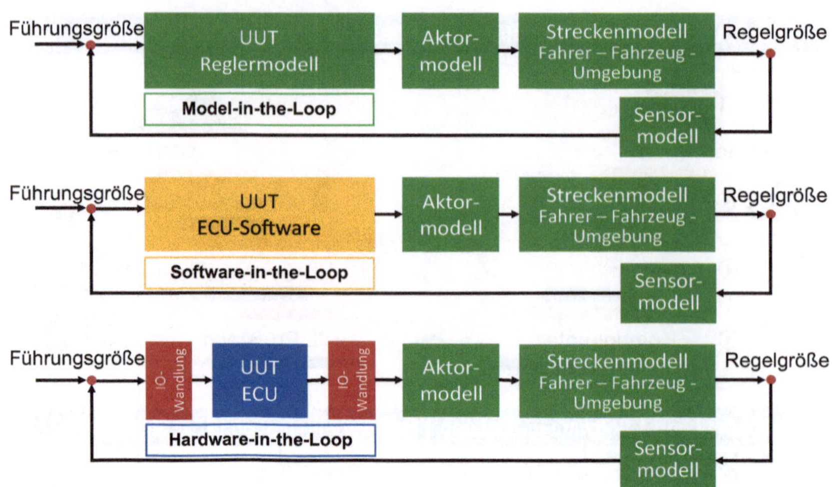

Abb. 5.47 Software- und Hardware-in-the-Loop Prinzip (vereinfachte Darstellung)

Zur Integration der UUT sind geeignete Schnittstellen notwendig. Für einen MIL-Aufbau eine Modellschnittstelle wie durch MATLAB/SIMULINK oder ASCET.

Für einen SIL-Aufbau ist eine Softwareschnittstelle notwendig, um den Serien-Steuergeräte-Code als C-Code oder als DLL (Dynamic Link Library) einzubinden. Bei einem HIL-Aufbau müssen hingegen die UUT's als ECU oder Prüfstand über elektrische Schnittstellen angebunden werden. Hierzu müssen die Modellsignale mittels I/O-Karten (Input/Output) in elektrische Größen gewandelt werden, um den Signal- und Informationsaustausch mit dem Steuergeräte oder Prüfstand zu ermöglichen. Die elektrischen Schnittstellen sind dabei mannigfaltig und können z. B. Digital/Analog, Analog/Digital, Digital/Digital, Puls, Frequenz, CAN-, FlexRay-, LIN oder Ether CAT-Bussysteme u. v. m. sein.

Da beim MIL und SIL die integrierten Modelle oder Softwarefunktionen im selben Zyklus mit dem Streckenmodell bzw. Fahrdynamikmodell aufgerufen werden, müssen diese nicht in Echtzeit ausgeführt werden. Die Ausführung kann dabei schneller oder langsamer als Echtzeit erfolgen. Im Gegensatz dazu müssen die Modelle am HIL millisekundengenau – im Fachjargon auch harte Echtzeit genannt – mit einem Echtzeitrechner ausgeführt werden. Der Grund liegt darin, dass die ECU einen eigenen Echtzeittakt besitzt. Beide Systeme müssen demnach gleich schnell in genauer Echtzeit laufen, um die Signale und Informationen synchron austauschen zu können. Selbst kleinste temporäre Verzögerungen in der Signal- oder Informationsantwort des Fahrdynamikmodells – auch Jitter (Taktzittern) genannt – führen schnell zu Fehlereinträgen im Steuergerät und lassen keinen fehlerfreien Test zu. Die Architektur von Echtzeitcomputern unterscheidet sich im Wesentlichen von gewöhnlichen PC's dadurch, dass zum einen ein Echtzeitbetriebssystem wie Linux Realtime verwendet

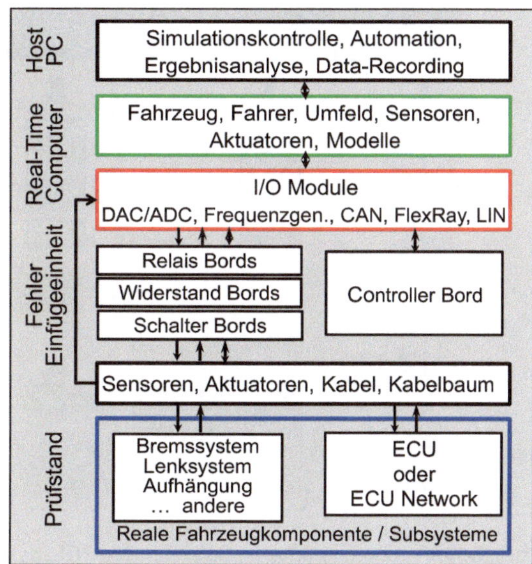

Abb. 5.48 Aufbau des Hardware-in-the-Loop-Systems

wird und dass sich die I/O-Module über geeignete Busschnittstellen wie PCI, PCI Express etc. einbinden und ansprechen lassen. Abb. 5.48 zeigt schematisch den Aufbau eines HIL-Systems.

5.7.2 Varianten von HIL-Systeme

Klassisch kommt das Hardware-in-the-Loop-Prinzip aus dem Steuergerätetest. Dies bedeutet, dass die UUT als ECU vorliegt. Man könnte auch sagen, es handelt sich um einen ECU-HIL. Steuergeräte können hierbei entweder als einzelne ECU's oder als ganze ECU Netzwerke aufgebaut sein. Große HIL-Integrationsprüfstände können dabei mehr als 50 Steuergeräte umfassen, die in ihrem Zusammenspiel getestet werden. Grundsätzlich besagt der Name Hardware-in-the-Loop allerdings nur, dass die UUT als Hardware vorliegt. Dies kann demnach auch jede beliebige mechanische Komponente, wie ein konventioneller Dämpfer oder ein mechatronisches System wie ein komplettes Lenksystem oder ein geregeltes Differential sein.

Abb. 5.49 zeigt schematisch und beispielhaft verschiedenen Varianten und Ausprägungen von HIL-Systemen. Mehr und mehr geht man dazu über ganze mechatronische Systeme als HIL aufzubauen, um das Zusammenspiel der Mechanik (z. B. Zahnstange, Lenkgetriebe und Lenksäule) mit der Elektronik (Drehmomentsensor, Lenkwinkelsensor, ECU, E-Motor zur Lenkunterstützung) im Gesamtfahrzeug zu untersuchen. Als Erweiterung muss hier neben dem Steuergerät auch ein Signalaustausch mit der Prüfstandregelung erfolgen.

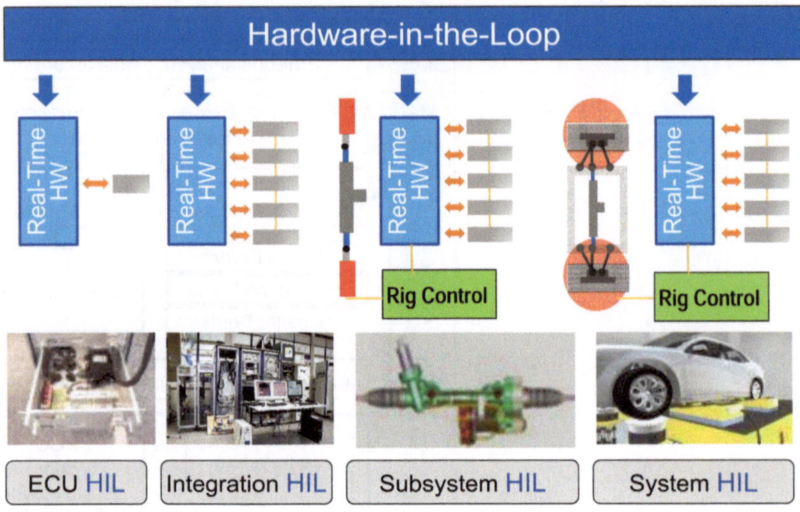

Abb. 5.49 Varianten und Ausprägungen von HIL-Systeme

Der zusätzliche Signalaustausch zwischen der Prüfstandsregelung mit dem Fahrdynamikmodell soll hier an einem Steering-in-the-Loop-Prüfstand (Abb. 5.50) vereinfacht dargestellt werden. Das Lenksystem ist lagekorrekt, wie im Fahrzeug, auf einem Lenkprüfstand aufgebaut und gefesselt. Die Zahnstangen sind jeweils mit Längsaktuatoren (kraft-/wegegeregelt) und das Lenkrad mit einem Lenkroboter (winkel- und drehmomentgeregelt) gekoppelt. Die Integration des realen Lenksystems in ein Fahrdynamikmodell erfolgt über dieselben Schnittstellen wie im realen Fahrzeug. Die Schnittstelle zum Fahrer ist als Lenkwinkel- oder Lenkwinkelmomenteingabe definiert, die mittels Lenkroboter auf das Lenkrad aufgebracht wird. Der Lenkroboter erhält seine

Abb. 5.50 Steering-in-the-Loop-Prüfstand an der Hochschule München

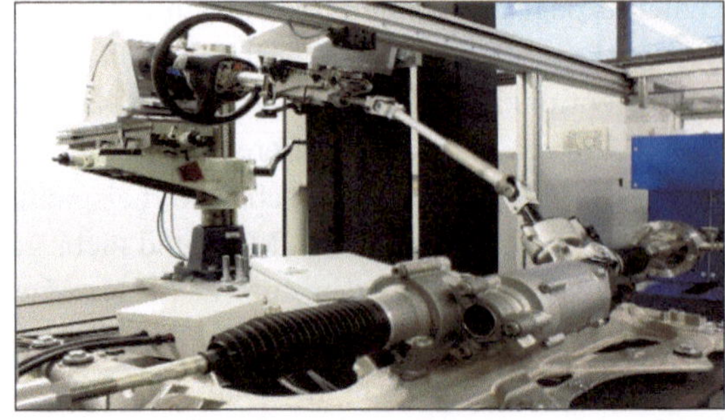

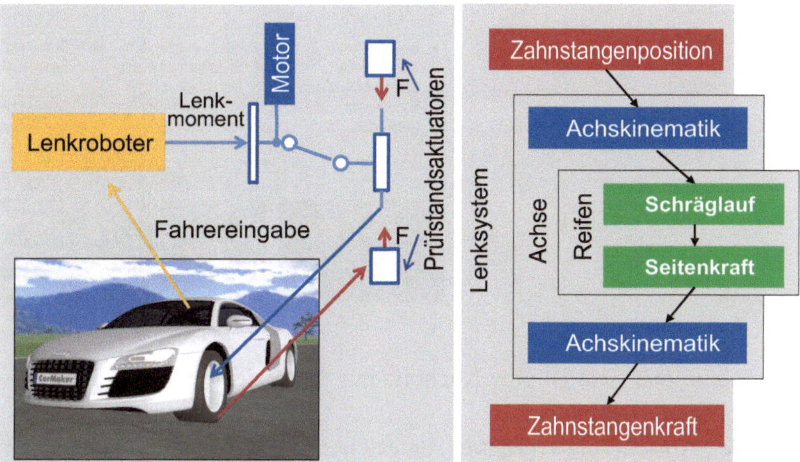

Abb. 5.51 Geschlossener Regelkreis des Prüfstandes mit dem Fahrdynamikmodell

Vorgabe vom Fahrer oder von der Manöversteuerung des Fahrdynamikmodells. Die Signalübertragung kann über die I/O-Module analog oder als CAN Botschaften erfolgen. Die Lenkradbetätigung verursacht über die Mechanik eine Zahnstangenbewegung. Diese wird durch einen Wegsensor am Prüfstand gemessen. Diese Zahnstangenposition wird auf die Achsschnittstelle der Lenkung des Fahrdynamikmodells aufgeprägt.

Dies verursacht über die Achs- bzw. Lenkkinematik einen entsprechenden Radeinschlagwinkel. Daraus resultieren ein Schräglaufwinkel und eine Seitenkraft am Reifen, woraus sich über die Achskinematik wiederum eine Spurstangenkraft ergibt. Die simulierte Spurstangenkraft wird wiederum an den Prüfstand übergeben und von der Prüfstandsregelung über die Linearaktuatoren an den Spurstangen eingeregelt. Abb. 5.51 zeigt den Signalfluss im geschlossenen Regelkreis zwischen Fahrdynamikmodell und Prüfstand. Der Signalaustausch erfolgt dabei zyklisch in jeder Millisekunde.

5.7.3 Testmethoden

Bisher wurden der Aufbau und die Funktionsweise der verschiedenen MIL, SIL und HIL-Entwicklungsumgebungen dargestellt. Entscheidend ist allerdings vielmehr, was man damit testen kann. Ein Test ist lediglich ein Versuch, mit dem Sicherheit darüber gewonnen werden soll, ob ein technischer Apparat oder ein Vorgang innerhalb der geplanten Rahmenbedingungen funktioniert, beziehungsweise ob bestimmte Eigen-

Abb. 5.52 Beispiel Testgruppen zur Verifikation und Validierung

schaften vorliegen. Der Test ist eine Nachbildung des realen Einsatzes im Fahrversuch, am Prüfstand oder in der Simulation.

Im Zuge der Absicherungsverfahren unterscheidet man zwischen Verifikation und Validierung. Die Verifikation beantwortet hierbei die Fragen: Haben wir die Dinge richtig gemacht? Dies checkt ob die Spezifikationen z. B. der Komponenten und Teilsysteme erfüllt sind oder nicht. Die Validierung beantwortet im Gegensatz dazu die Frage: Haben wir die richtigen Dinge gemacht? Dies überprüft vielmehr, ob die gewünschten Eigenschaften des Gesamtfahrzeugs erfüllt sind.

Im Allgemeinen werden die Tests für mechatronische Systeme in 3 Testgruppen (Abb. 5.52) aufgeteilt. Die Verifikation der Sicherheitssoftware überprüft das Fehlersicherheitsverhalten, wenn unerwünschte Defekte auftreten und ob Fehler richtig erkannt, abgefangen, angezeigt und in der Diagnose eingetragen werden. Die Funktionstests verifizieren, ob Funktionen richtig implementiert sind und wie vorgesehen aktiviert oder deaktiviert werden. Bei Performance Tests werden hingegen die Eigenschaften des Gesamtfahrzeuges, wie der Bremsweg oder die Rundenzeit, gegenüber einem Zielwert validiert.

Die Verifikation und Validierung von Fahrwerksregelsystemen werden heute immer mehr nach sogenannten Fahrmanöverkatalogen getestet (s. Abschn. 3.2). Fahrmanöver deshalb, weil dadurch nicht nur die Tests von der Teststrecke mit dem Fahrdynamikmodell nachgebildet werden können, sondern vielmehr, weil damit realistische Einsatzbedingungen im Kundeneinsatz rekonstruierbar sind. Hierbei spricht man von manöverbasiertem Testen. Diese Fahrmanöver können allerdings sehr komplex sein. Insbesondere dann, wenn zu genau definierten Fahr- oder Systemzuständen beispielsweise eine Fehleraufschaltung zum Zeitpunkt des Regeleingriffs erfolgen soll. Diese Fahrmanöver werden von der Straße auf die MIL-, SIL- und HIL-Umgebungen verlagert. Entscheidend dabei ist, dass durchgängig dieselben Fahrmanöver und Bewertungskriterien zur Anwendung kommen. Die Ergebnisse der Bewertung werden mit den erwarteten Ergebnissen verglichen und als bestanden (passed) oder nicht bestanden (failed) mittels Ampelschaltung dargestellt (Abb. 5.53).

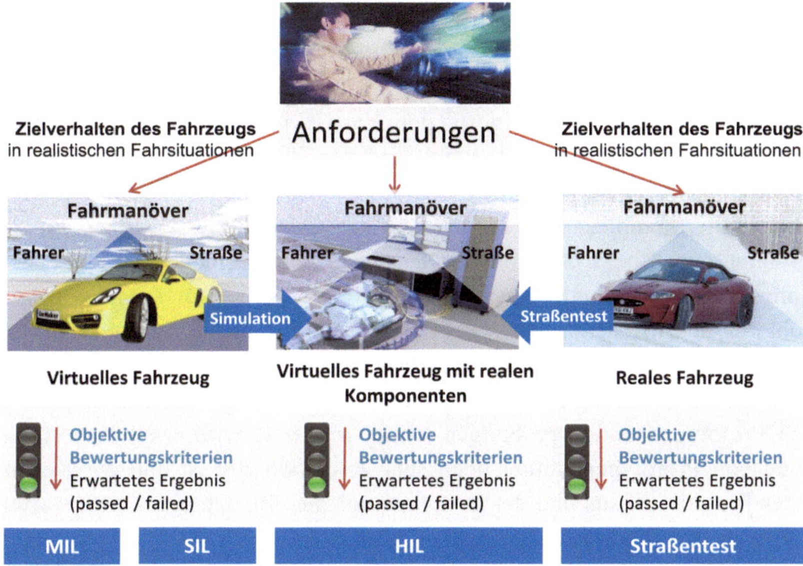

Abb. 5.53 Prinzip der durchgängigen Verifikation und Validierung

5.8 Serienbegleitende Entwicklung

Während der Serienproduktion muss ein problemloser und störungsfreier Produktionsprozess sichergestellt werden. Das Projektteam löst sich üblicherweise nach dem erfolgten Serienanlauf auf. Ein Abschlussgespräch ist hierbei angebracht, um die Erfahrungen und Ergebnisse für neue Projekte und andere Projektteams verfügbar zu machen: *lessons learned.* Ein kleines Entwicklungsteam begleitet die Serienproduktion weiter.

Obwohl die Fahrwerkentwicklung mit unzähligen Erprobungs- und Dauerläufen abgesichert ist, können während der Serie immer wieder technische Probleme auftauchen, für die manchmal sehr schnell Lösungen gefunden und eingeführt werden müssen. Außerdem ist es notwendig, auch während der Serie durch KVP (kontinuierlicher Verbesserungsprozess) die Kosten zu senken. Es kann aber durch die Gesetzgebung oder Markttendenzen notwendig werden, gewisse Neuerungen nachträglich umzusetzen. Kurzum, die Entwicklungsaktivitäten laufen weiter.

Die Änderungen – wenn sie nicht dringend erforderlich sind – werden immer zusammen mit dem Modelljahrwechsel, in der Regel nach den Sommerferien eingeführt, um den Produktionsablauf und die spätere Ersatzteilversorgung nicht zu stören. Auch in der Mitte der Gesamtlaufzeit von 6 bis 8 Jahren wird eine gründliche Aufbesserung und Aufwertung, *face lift,* vorgenommen, um das Modell zu aktualisieren. Dafür wird meist auch eine kleine Fahrwerkentwicklung notwendig, die in deutlich gestraffter Form abläuft, als die zuvor beschriebene.

5.9   Ausblick und Zusammenfassung

Die Fahrwerkentwicklung ist heute gekennzeichnet durch verkürzte Entwicklungszeiten, den vollständigen Einsatz rechnergestützter Entwicklungsmethoden, der Integration neuer elektronischer Fahrwerkregelsysteme und den Zwang zur Vereinheitlichung und Standardisierung.

Trotz der immer komplexer werdenden Fahrwerktechnologie verkürzen sich die Entwicklungszeiten von Modell zu Modell. Die meiste Zeit nehmen nicht mehr die reinen Entwicklungstätigkeiten, sondern Abstimmung, Organisation und Änderungsprozesse ein, obwohl der Begriff *design freeze* aus der Automobilindustrie stammt und Änderungen nach dem *design freeze* an sich nicht mehr zugelassen werden.

Während der Entwicklung lässt sich noch Zeit einsparen, wenn die Anzahl der physikalischen Prototypen und Erprobungen weiter reduziert wird, weil insbesondere die Beschaffung von Prototypen immer noch sehr zeitaufwändig ist und der Konstrukteur während des Prototypenbaus und der Testphase auf die Versuchsergebnisse warten muss [6].

Die Entwicklung und die virtuelle Simulation heutiger Fahrwerke sind ohne die modernen, rechnerunterstützten Hilfsmittel nicht mehr vorstellbar. Durch deren Einsatz hat sich die Qualität der Fahrwerke und damit Fahrsicherheit und Fahrkomfort in den letzten 30 Jahren drastisch verbessert.

Ermöglicht haben es anfangs einfache, selbst geschriebene CAE Programme und später dann aufwändige und umfangreiche Standardprogramme.

Die neuesten Softwareprogramme integrieren zusätzlich das gesamte Expertenwissen eines Unternehmens in einer übergeordneten Entwicklungsumgebung. Damit eröffnet sich eine neue Ära, in dem gebündeltes Firmenwissen unabhängig vom Standort der Entwicklung, firmencharakteristische und optimierte Lösungen innerhalb kürzester Zeit ermöglicht.

Grundsätzlich neue Radaufhängungen sind mittelfristig nicht in Sicht. Package-anforderungen und die Integration neuer Fahrwerkregelsysteme wie Luftfederung, Wankstabilisierung oder eine aktive Aufbaukontrolle, aber auch neue Antriebskonzepte mit Elektromotoren zwingen die Fahrwerkentwickler jedoch immer wieder zu neuen Lösungen und Kompromissen.

Die Fahrzeughersteller versuchen durch standardisierte Fahrwerke innerhalb des Unternehmens oder von Unternehmensgruppen die Entwicklungsaufwendungen und Entwicklungszeit zu reduzieren. Beispiele sind hier Plattform-, Baukasten- oder Modulstrategien. Die Hauptherausforderung ist dabei jedoch die Bestimmung der Anforderungen neuer Fahrzeuggenerationen und Fahrzeugklassen und die sinnvolle Umsetzung dieser Anforderungen in kosten- und gewichtsoptimierte Fahrwerke.

Diese Strategien erlauben eine Ressourcenverschiebung von den früher eher mechanisch orientierten, hin zu mechatronisch und elektronisch geprägten Fahrwerken.

Aufgaben zum Kapitel 5 – Fahrwerkentwicklung

1. Bennen Sie die sechs Phasen der Produktentstehung auf.
2. Was sind Meilensteine und Check-Points?
3. Was ist APQP?
4. Definieren Sie „Zielwertkaskadierung".
5. Was geschieht während der Konzeptphase?
6. Erklären Sie Design Freeze/Change Cut-Off.
7. Was kann man mit FEM-Modulen berechnen?
8. Was kann man mit MKS-Modulen berechnen?
9. Was ist Topologieoptimierung?
10. Wofür wird Loadmanagement eingesetzt?
11. Wie werden für die Validierungstests notwendige Radlastdaten gesammelt?
12. Welche Software wird zur 3D-Modellierung der Bauteile, Baugruppen, Module und Gesamtsysteme eingesetzt?
13. Was versteht man unter Integrierte Simulationsumgebung?
14. In welchen Schritten wird ein Bauteil konstruiert?
15. Welches sind die zur Validierung am Prüfstand geprüften Gegenstände?
16. Was ist ein Straßen-Simulationsprüfstand?
17. Was bedeutet K&C Rig?
18. Was ist das Ziel der HI-Simulation?
19. Was wird während der serienbegleitenden Entwicklung durchgeführt?
20. Mit welchen Fertigungsverfahren werden die seriennahen Prototypen (Bauteile) gefertigt?

Literatur

1. Fecht, N.: Fahrwerktechnik für Pkw. Moderne Industrie, Landsberg am Lech (2004)
2. Ersoy, M.: Konstruktionsmethodik für die Automobilindustrie. Konstruktionsmethodik – Quo vadis? Symposium des Instituts für Konstruktionslehre, Bericht Nr. 55. TU Braunschweig, Braunschweig (1999)
3. Genter, A.: Entwurf eines Kennzahlensystems zur Effektivitätssteigerung von Entwicklungsprojekten. Vahlen, München (2003)
4. Rennemann, T.: Wettbewerbsvorsprung durch Supply Chain Management. Arbeitsberichte – Working Papers, Heft Nr. 2. Ingolstadt (November 2003)
5. Oberhausen, A.: Ford Product Development System. VDI-Berichte Nr. 1398, S. 355–374. Düsseldorf (1998)
6. Braess, H.-H., Seifert, V.: Vieweg Handbuch Kraftfahrzeugtechnik. Springer Vieweg, Wiesbaden (2013)
7. Berkefeld, V., Döllner, G., Söffge, F.: Fahrwerkentwicklung in 24 Monaten. Tag des Fahrwerks, S. 128. Institut für Kraftfahrwesen, RWTH Aachen, Aachen (2000)
8. N.N.: Fahrwerkentwicklungsschritte bei VW/AUDI Internes Dokument (2005)
9. N.N.: FORD on course to meet „one-year development time for a new car" target. Automotiv Eng. (Feb. 2008)

10. Wester, H.J.: Weniger ist mehr. 17. Aachener Kolloquium für Fahrzeug- und Motorentechnik, 5.–8. Okt. 2008, S. 19–24. Aachen (2008)

11. Sommerlatte, T.: Innovations-Management. Digitale Fachbibliothek. Symposium Publishing, März 2006

12. ZF Friedrichshafen AG/Lemförde: Zielwertkaskadierung. Interner Bericht (2003)

13. Taboada, M.: Automatisierte Targetkaskadierung. Dissertation, FH Berlin, Berlin (2006)

14. Wittenburg, J.: Dynamics of Systems of Rigid Bodies. Teubner, Stuttgart (1977)

15. www.mscsoftware.com/products/adams.cfm. Zugegriffen: Okt. 2006

16. Noe, A.: Load-cascading of transient multi-axial forces in automotive suspensions by Adams/ Car. In: Proceedings of the 1st MSC.ADAMS European User Conference, London, Nov. 2002. MSC-Software (2002)

17. Ersoy, M.: Neue Entwicklungswerkzeuge für Pkw-Achsen. In: HdT-Essen, Fahrwerkstagung in München am 3./4. Juni 2003

18. Hiese, W.: Betriebsfestigkeits-Leitfaden, 4. Aufl. ZF Friedrichshafen AG, Friedrichshafen (2003)

19. Meyer-Prüßner, R.: Die Topologieoptimierung im Einsatz beim VW. Altair User Meeting Stuttgart (2001)

20. Matschinsky, W.: Radführungen der Straßenfahrzeuge. Springer, Heidelberg (1998)

21. Matschinsky, W.: Bestimmung mechanischer Kenngrößen von Radaufhängungen. Dissertation, Universität Hannover, Heidelberg (1992)

22. Albers, I.: Auslegungs- und Optimierungswerkzeuge für die effiziente Fahrwerkentwicklung. Dissertation RWTH Aachen, Verlag fka, Aachen (2009)

23. Albers, I., Elbers, C.: OPT – Effiziente Kinematik-Optimierung in der Fahrwerksimulation. chassis.tech, München (2009)

24. CT Vemireddy, K., Ditmar, T., Eckstein, L.: Development of driving dynamics oriented suspension design during the early concept phase. In: Chassis Tech. 6. Int. Chassis Symposium, S. 233–254. München, 5. Juni 2015

25. Elbers, C., Albers, I.: Use of a virtual product environment for axle suspension system development and joint angle calculation. FISITA World Automotive Congress, Yokohama (Japan) (2006)

26. Verband der Automobilindustrie e.V. (VDA): Sicherung der Qualität vor Serieneinsatz. VDA, Frankfurt a. M. (1986)

27. Kruth, J.P., Wang, X., Laoui, T., Froyen, L.: Lasers and materials in selective laser sintering. J. Assembly Automation S: 357–372 **23**(4) (2003)

28. N.N.: http://www.rp-online.de/digitales/pc-tablets/3d-drucker-erobern-auch-die-industrie-aid-1.4754874. Zugegriffen: 15. Dez. 2015

29. AUDI: Vertikaldynamische Bewertung Ride-Meter. Interne Dokumenntation. Ingolstadt (2006)

Achsen und Radaufhängungen

6

Metin Ersoy, Bernd Heißing und Stefan Gies

Einleitung

Die ursprüngliche Definition der Achse war die starre Querverbindung der beiden miteinander drehbar gelagerten Räder, um die Fahrstabilität sicherzustellen und die Montage zu vereinfachen. Über die Achse werden dann die beiden Räder mit dem Aufbau verbunden.

Diese Definition gilt für alle Starr- und Halbstarrachsen, weil hier die Räder unmittelbar auf der Achse gelagert sind und sich mit ihr mitbewegen.

Mit der Einführung der Einzelradaufhängung wurde diese starre Verbindung beider Räder miteinander aufgegeben; das Rad wird auf einem Radträger drehbar gelagert und der Radträger, als Koppelglied einer kinematischen Kette, durch ein bis fünf Lenker mit dem Aufbau verbunden.

Es ist nun schwierig zu sagen, ob die Achse auch die Aufhängung und den Radträger beinhaltet oder die neuen Komponenten eine neue Baugruppe bilden (die die Amerikaner als *Corner* bezeichnen). In diesem Buch wird der Begriff „Achse" für die gesamte Verbindung beider Räder und „Radaufhängung" für die Einzelräder samt ihrer Anbindung an den Aufbau verwendet. Damit hat ein Pkw 2 Achsen mit 4 Aufhängungen. Laut Definition im Kap. 1 (s. Abb. 1.2) beinhaltet die Baugruppe Achse den Achsträger mit an ihm fest verbundenen Modulen wie die Lenkung, dem Stabilisator und dem Achsantrieb *(gefederte Massen).* Die anderen Fahrwerkmodule wie Radaufhängung samt Federung,

M. Ersoy (✉)
Ehemals ZF Friedrichshafen AG, Lemförde, Deutschland
E-Mail: metin.ersoy@t-online.de

B. Heißing
Ehemals Lehrstuhl für Fahrzeugtechnik, TU München, München, Deutschland

S. Gies
Volkswagen AG, Wolfsburg, Deutschland

© Springer Fachmedien Wiesbaden GmbH, ein Teil von Springer Nature 2020
M. Ersoy (Hrsg.), *Fahrwerklehrbuch Band 1,*
https://doi.org/10.1007/978-3-658-26712-4_6

Dämpfung, und Radträger, Radlagerung sowie Bremse werden dem Rad, bzw. einer „Ecke" des Fahrzeugs (Corner) zugeordnet *(ungefederte Massen)*.

Für die Beschreibung der Achskonzepte ist es jedoch zweckmäßig, Achse und Corner als eine Einheit zu sehen und als Achsmodul zu betrachten (Abb. 6.1).

Aggregate- und Achsträgerlagerungen gehören ebenfalls zur Achse, werden jedoch im Kap. 5 Fahrkomfort NVH ausführlich beschrieben. Reifen und Felgen (Bd. 2 Kap. 9), die erst am Bandende montiert werden, sind hier in Verbindung mit Achsen nicht berücksichtigt.

Jeder Pkw besitzt zwei Achsen, um den Radträger über die Radaufhängung mit dem Aufbau zu verbinden. Jede Achse hat in der Regel eine Stabilisatorstange, welche die beiden Räder miteinander koppelt, um das Wanken des Aufbaus während der Kurvenfahrt zu reduzieren. Die Stabilisatorstange (s. Bd. 2, Abschn. 5.3.3) wird mit zwei Gummilagern am Aufbau (oder Achsträger) befestigt. An den Enden verbinden die Stabilisatorlenker, die auch Koppelstangen genannt werden, den Stabilisator räumlich-gelenkig mit dem Radträger (oder Radlenker/Stoßdämpfer).

Die modernen Pkw-Achsen werden vorab auf einem Achsträger (auch „Hilfsrahmen" bzw. „Fahrschemel" genannt, s. Bd. 2, Abschn. 7.7) montiert und bei der Endmontage mit zwei bis vier Schrauben am Aufbau befestigt. Diese Befestigung erfolgt meist indirekt über großvolumige Achsträgerlager. Die Gummilager reduzieren die Übertragung der von der Fahrbahn kommenden Schwingungen und des Körperschalls auf den Fahrgastraum. Gleichzeitig ermöglichen sie durch größere Längselastizitäten eine zusätzliche Längsfederung der Achse, um die Abrollhärte abzuschwächen.

Lenkgetriebe und Spurstangen (s. Bd. 2, Abschn. 4.2.3) sind Bestandteile der Vorderachse, weil diese die Vorderradführung mitbestimmen. Je nach Bauraumsituation, vor allem bedingt durch die Motor-/Getriebelage, wird das Lenkgetriebe auf dem Achsträger vor oder hinter der Radmitte befestigt. Auch gibt es Lenkgetriebebefestigungen oberhalb von Motor/Getriebe mit Verschraubung an der Karosserie-Spritzwand) (z. B. frühere Alfa-Romeo Modelle und Audi A4, A6, A8 bis 2007).

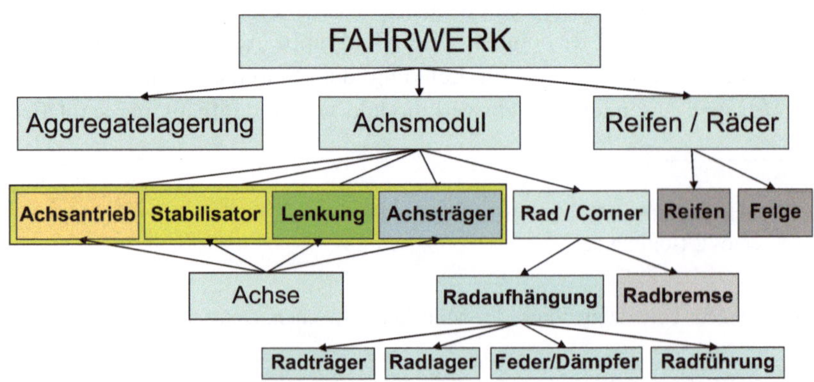

Abb. 6.1 Achsen und Radaufhängungen

Die Anbindung der Lenkung an die Achse bzw. den Radträger sollte im Sinne einer exakten Radführung möglichst steif sein. Die Befestigung der Lenkgetriebe an dem Achsträger statt dem Aufbau ist diesbezüglich und auch bezüglich der kürzeren Fertigungstoleranzkette zwischen Lenkung und Achsteilen einfacher zu beherrschen. Der Achsträger der Vorderachse dient außerdem als Träger für Motor und Getriebe, d.h., die Motor-/Getriebelagerung befindet sich auf dem Achsträger. Weitere Lagerpunkte können auf zusätzlichen Karosseriequerverbindungen oder Karosserielängsträgern angeordnet sein. Die Aggregate-Lageranordnung ist eng mit dem Fahrzeugkonzept verknüpft und prägt den Schwingungs- und Geräuschkomfort entscheidend. Stuckern und Brummfrequenzen des Motors lassen sich jedoch durch die Achsträgergummilager unterdrücken (s. Abschn. 4.3).

Die Gewichte von Motor und Getriebe werden direkt über das Motorlager zum Achsträger und von da aus über Radaufhängung und Räder auf die Straße übertragen. Die Laufunruhe und Schwingungen werden dagegen über Achsträger und Karosserie zum Fahrzeuginnenraum weitergeleitet. Ein ohne Gummilager direkt am Aufbau befestigtes Antriebsaggregat könnte heute kaum den Komfortansprüchen der Insassen genügen.

Der an die Karosserie verschraubte Achsträger bietet zudem eine erhebliche Erleichterung der Montage des Fahrzeugs. Die Achse mit Corner-Modulen kann vormontiert ans Band geliefert werden, für die Vorderachse gegebenenfalls sogar mit komplettem Antrieb.

Opel hat bereits 1934 die Vorteile dieser Vormontagefähigkeit genutzt. Das Antriebsaggregat wurde auf die vormontierte Vorderachse geschraubt („Verlobung"). Anschließend wurde die Achse mit dem Aggregat im Montageband in die Karosserie gehoben und mit dieser verschraubt („Hochzeit"). Damit war eine effiziente Montagefolge gefunden, die dann bald von allen anderen Automobilherstellern übernommen wurde.

Bei den Fahrzeugkonzepten mit Heck- und Mittelmotor wirkt die Hinterachse gleichzeitig als Aggregateträger für den Antrieb. Auch das Hinterachsgetriebe wird, wie die Motor-/Getriebeeinheit der Vorderachse, über großvolumige Gummilager zur Achse montiert um das NVH Verhalten zu verbessern.

Der bewegliche Radträger wird durch die Radführungsteile (Lenker, Spurstangen, Federbein) mit dem nicht beweglichen Achsträger verbunden. Die Verbindungspunkte, die die Achskinematik bestimmen, werden als Gelenkpunkte (Hardpoints) definiert und bilden die Grundlage für jede Radaufhängung.

Die Radaufhängung sollte an jeder Seite der Achse genau symmetrisch zur Fahrzeugmittellinie angeordnet sein. Bei Asymmetrien kann der Geradeauslauf sich verschlechtern und das Fahrverhalten bei Links- und Rechtskurven unterschiedlich sein. Bauraumbedingt kann es allerdings, wenn auch sehr selten, Zwänge geben, beispielsweise die x-Koordinaten links und rechts unterschiedlich zu wählen.

Das Rad einer hinteren Einzelradaufhängung hat relativ zum Aufbau nur einen Freiheitsgrad (in z-Richtung) zum Federn. Das Rad einer vorderen Einzelradaufhängung besitzt einen zweiten Freiheitsgrad (um die Lenkachse) zum Lenken der Räder.

Die Starrachsen haben als eine Einheit immer zwei Freiheitsgrade: einen translatorischen und einen rotatorischen, weil das rechte und linke Rad fest miteinander über die Achse verbunden sind. Deshalb beeinflussen die beiden Räder einer Starrachse sich gegenseitig.

Weil die Starrachsen und Einzelradaufhängungen sich grundsätzlich voneinander unterscheiden, fehlt eine klare Begriffsbestimmung zwischen Achse und Radaufhängung. Eine eindeutige, logische Systematik aller Achskonzepte ist ebenfalls schwierig, weil viele Unterscheidungsmerkmale sich überschneiden. Trotzdem wird hier versucht, durch die übergeordneten Unterscheidungsmerkmale einzelner Konzepte, eine Systematik aufzubauen, die in fünf Ebenen gegliedert ist.

Die oberste Ebene der Systematik lässt sich durch die grundsätzliche Unterscheidung zweier Achskonzepte eindeutig festlegen:

- Starrachsen (abhängige Radführung),
- Einzelradaufhängungen (unabhängige Radführung).

Zwischen den beiden Grundtypen liegt eine dritte:

- Halbstarrachsen (Verbundlenkerachsen).

Tab. 6.1 zeigt die übergeordneten Merkmale dieser drei Konzepte und deren Gegenüberstellung.

Als nächste Unterscheidungsebene nach Starrachse, Halbstarrachse und Einzelradführung eignen sich die Lenker- und Gelenkarten (2-Punkt, 3-Punkt, 4-Punkt, Drehschub nach Bd. 2, Abb. 7.4 und 7.5).

Bei den Starrachsen lässt sich dieses durch Blattfedern erweitern, weil die Blattfedern auch als Lenker dienen. Damit wären die zwei wichtigsten Unterscheidungsebenen festgelegt (Tab. 6.2).

Tab. 6.1 Übergeordnete Auswahlkriterien für Achskonzepte [1]

ACHSTYPEN	ACHSE		RADAUFHÄNGUNG		
MERKMALE	Starr	Halb-starr	eben	sphä-risch	räum-lich
Auslegungspotential	-	0	0	+	++
Längsfederung	-	-	0	+	++
Herstellkosten	+	+	0	-	--
Raumausnutzung	--	+	0	0	+
Gesamtgewicht	-	++	0	+	+
Robustheit	++	0	0	-	-
Fahrverhalten	-	0	0	+	++
Fahrkomfort	--	0	0	+	++

6 Achsen und Radaufhängungen

Tab. 6.2 Systematische Aufteilung der Achs- und Aufhängungskonzepte

MERK-MALE	STARRACHSEN										HALBSTARR			EINZELRADAUFHÄNGUNGEN									
Gelenk-art	Blatt-feder	Drehgelenk									Drehgelenk			Drehgelenk							Drehschub+ Drehgelenk		
Lenker-anzahl	1	1		2			3		4		1			1			2	3	4	5	3	4	
Lenker-lage	Längs	Schräg / Deichsel		Längs			Längs		Längs		Längs			Längs	Schräg	Quer	Schräg	Quer	Raum	Raum	Quer	Quer	Raum
Zusatz-merkmal	Federverband	Panhard	Wattgestänge	Dreieck	Panhard	Wattgestänge	Panhard	Wattgestänge	Panhard	Wattgestänge	Torsion	Koppel	Verbund	Gerade	Dreieck	Gerade	Trapez	DQ-Lenker	DQ Aufgelöst	Raum	3-Punkt	Federbein	Dämpferbein
Lf.-Nr	1	2	3	4	5	6	7	8	9	10	11	12	13	14	15	16	17	18	19	20	21	22	23

Als dritte Unterscheidungsebene empfiehlt sich die Anzahl der Lenker; bei starren Achsen die Gesamtlenkerzahl der Achsführung, bei Einzelradaufhängungen nur die Lenkeranzahl einer Radführung.

Die vierte Ebene wird über die Orientierung der Lenker (längs, quer bzw. pendelnd, schräg und räumlich nach Abb. 6.33) gebildet.

Schließlich lassen sich in einer fünften Ebene die weiteren Ausführungsvarianten als unterstes Unterscheidungsmerkmal berücksichtigen.

Damit ergeben sich die in der Tab. 6.2 dargestellten 23 unterschiedlichen Achs- und Aufhängungsarten.

In den Abschn. 6.1, 6.2 und 6.3 werden alle gängigen Achsen und Aufhängungen gemäß dieser Aufteilung näher erläutert und deren Vor- und Nachteile sowie mehrere aktuelle Einsatzfälle beschrieben. Außerdem wird für jede Gattung ein Eigenschafts-profil in Form eines Spider-Diagramms (wie in Abb. 6.4) dargestellt, das alle wichtigen Anforderungen an die Achsen mit deren Bewertungen beinhaltet [3].

In den Abschn. 6.4 und 6.5 werden die Einzelradaufhängungen, die sich besonders als Vorder- oder Hinterachse eignen, zusätzlich beschrieben. Hier werden außerdem die Anteile der einzelnen Achs- und Aufhängungsarten im Serieneinsatz gezeigt und eine Prognose für die wichtigsten zukünftigen Arten für Hinter- und Vorderachse sowie für Volumen- und Premium- Automodelle gegeben.

Der Konstruktionskatalog im Abschn. 6.6.4 zeigt eine systematische Gegenüber-stellung aller Achskonzepte.

Die restlichen Abschnitte behandeln das Gesamtfahrwerk (Abschn. 6.6) und die zukünftigen Entwicklungen der Achsen und Radaufhängungen (Abschn. 6.7).

6.1 Starrachsen

Wenn die beiden Räder über einen quer liegenden Achskörper fest miteinander verbunden sind und sich dadurch gegenseitig beeinflussen, spricht man von Starrachsen
(Solid Axle) oder von abhängiger Radführung. Dieses Konzept wurde ursprünglich von
den Kutschen übernommen. Heute werden Starrachsen bei Pkws und SUVs als Vorderachse nur dann eingesetzt, wenn die beste Geländegängigkeit im Vordergrund steht
(z. B. beim Jeep Rubicon, Baujahr 2007, (Abb. 6.2 und 6.3). Sie werden jedoch häufig
als angetriebene Hinterachse bei schweren Fahrzeugen (SUVs, Transporter, Trucks) mit
geringem Komfortanspruch verwendet.

Abb. 6.2 Jeep Rubicon auf
dem Gelände

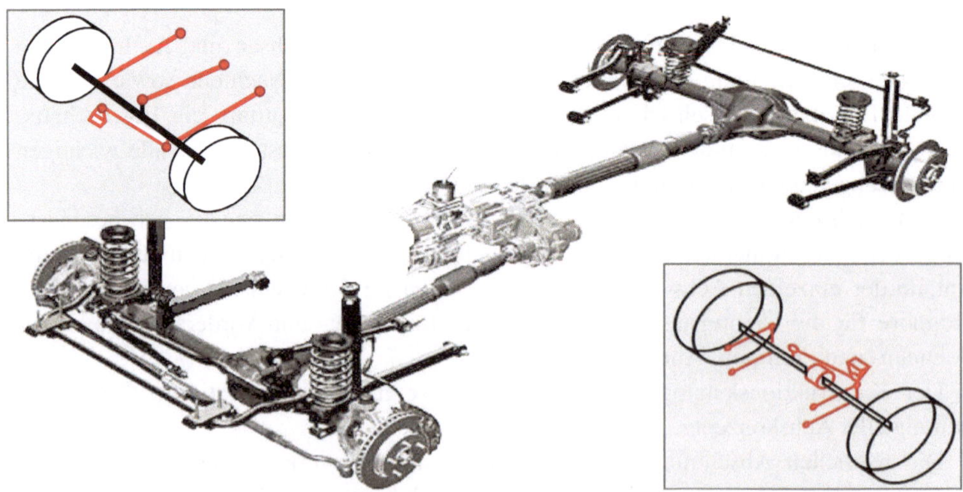

Abb. 6.3 Fahrwerk eines allradgetriebenen Geländefahrzeugs mit Starrachsen vorne und hinten
mit Stabilisator, Panhardstab, Schraubenfeder, Dämpfern und Längslenkern. (VA&HA: Chrysler
Jeep Rubicon, Bj. 2007)

Die wichtigsten Eigenschaften der Starrachsen sind in Abb. 6.4 zusammengestellt.

Abb. 6.5 verdeutlicht den wesentlichen Unterschied zwischen Starrachsen und Einzelradaufhängungen beim Überfahren von einer einseitigen Fahrbahnunebenheit mit dem rechten Rad. Die Starrachse verschränkt sich insgesamt und nimmt dabei auch das linke Rad mit und wankt den Aufbau. Bei der Einzelradaufhängung federt dagegen nur das rechte Rad ein ohne das linke Rad und den Aufbau zu beeinflussen.

Die wichtigsten Vorteile der Starrachsen sind:

- Einfachheit, Wirtschaftlichkeit,
- bei angetriebener Achse kostengünstige Integration der Hinterachsdifferenziale (Seitenwellen ohne Gelenk) im Achskörper,
- flache Bauweise, breite Ladefläche bei nicht angetriebener Achse,
- Robustheit, hohe Belastbarkeit,
- hohes Wankzentrum (ca. auf der Radmittelhöhe),
- identische Radstellung an beiden Rädern beim Federn (beide Räder haben stets dieselbe Spur und Sturz und daher keine Spur-, Spurweiten- und Sturzänderung) (Abb. 6.5),
- hohe Verschränkungsfähigkeit der Achse im Gelände (Abb. 6.5).

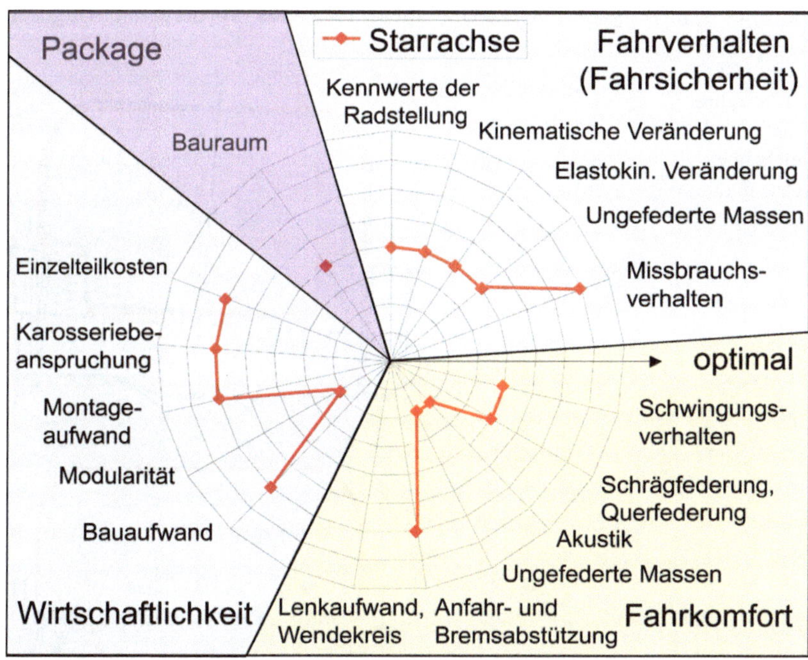

Abb. 6.4 Eigenschaftsprofil für die Starrachsen [3]

Die Nachteile der Starrachsen sind dagegen:

- große ungefederte Masse (Gesamtachse federt mit), bei angetriebenen Achsen ca. doppelt so groß wie bei einer Einzelradaufhängung, dadurch große Radlastschwankungen (beeinträchtigte Bodenhaftung),
- gegenseitige Beeinflussung der Räder (Trampeln, reduzierte Anfederwilligkeit des Einzelrades) bei einseitiger Fahrbahnunebenheit (Abb. 6.5),
- Versetzneigung der Achse auf Querwellen und dadurch entstehendes Wanklenken (s. Abb. 6.14),
- Vorspur und Sturz können nicht gezielt über anliegende Radkräfte (Elastokinematik) oder Einfederwege fahrsituationsabhängig beeinflusst werden,
- nur geringe Möglichkeiten zur Nutzung elastokinematischer Effekte,
- schlechtere Wankdämpfung durch die Dämpfer,
- eingeschränkte Möglichkeit des Brems- und Anfahrnickausgleichs,
- erhöhter Platzbedarf zwischen Achse und Unterboden entsprechend dem Federweg,
- notwendige ungefederte, massive, bewegliche Querverbindung (Achsträger), mit viel Raumanspruch.

Wegen der vielen Nachteile werden Starrachsen heute – bis auf sehr wenige Ausnahmen (nur 1,4 % aller Fahrzeuge unter 3,5 t) – nicht mehr als Vorderachse eingesetzt. Als

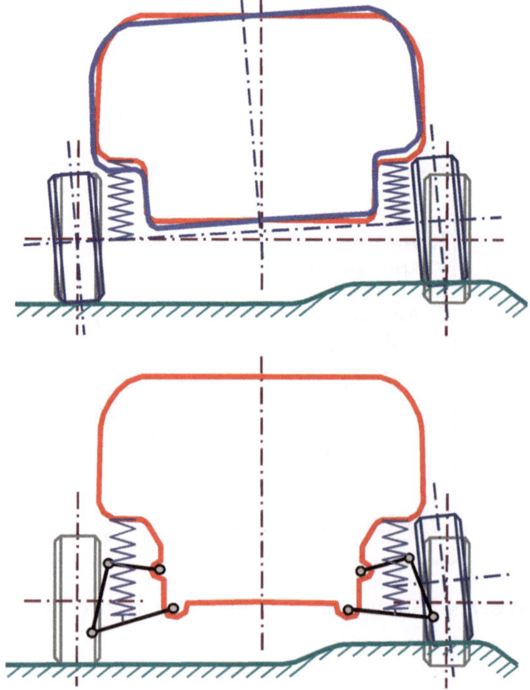

Abb. 6.5 Überfahren von einseitigen Fahrbahnunebenheiten mit Starrachse und Einzelradaufhängung

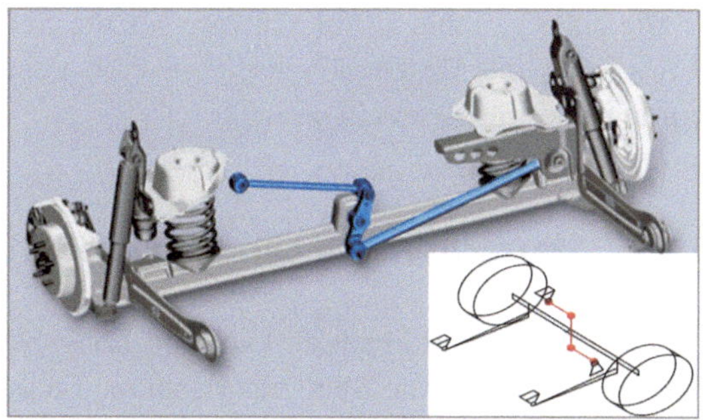

Abb. 6.6 Nicht angetriebene Starrachse mit Wattgestänge. (HA: Chrysler PT Cruiser, Bj. 1997)

Hinterachse haben sie jedoch mit 22 % noch einen großen Anteil und daher werden in diesem Buch nur starre Hinterachsen behandelt.

Die Starrachsen lassen sich in vier Hauptkategorien unterteilen; angetrieben, nicht angetrieben, mit Blattfederführung und mit Lenkerführung.

Die nicht angetriebenen Starrachsen haben gegenüber den angetriebenen Achsen, wegen fehlendem Differenzial und Seitenwellen sowie dem leichteren Achsprofil zwischen den Radachsen, geringere ungefederte Massen. Durch eine niedrigere Positionierung zur Kraftebene kann das Achsprofil zudem schlanker gestaltet werden (Abb. 6.6). Nicht angetriebene, hintere Starrachsen werden häufig mit einem statisch negativen Radsturz und einer geringen Vorspur versehen, um das Seitenführungspotenzial zu verbessern.

Bei angetriebenen Starrachsen ist das Differenzial entweder im Achsgehäuse integriert (konventionelle Ausführung mit Seitenwellen ohne Gelenke Abb. 6.7) oder das Differenzial wird von der Achse getrennt und am Aufbau befestigt (s. Abb. 6.15). In diesem Fall benötigt man Seitenwellen mit homokinematischen Gelenken.

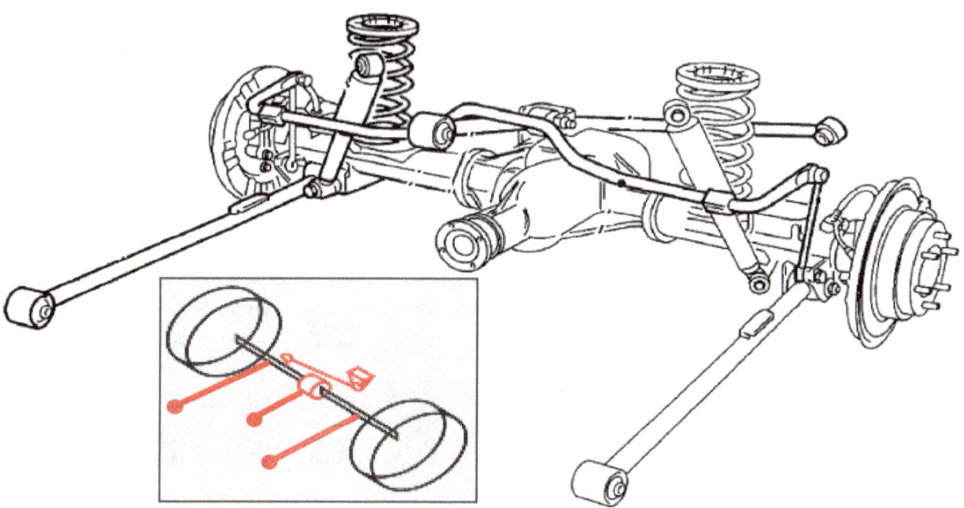

Abb. 6.7 Angetriebene Starrachsemit Panhardstab und drei Längslenkern. (HA: Opel Frontera, Bj. 1995)

Die erste Variante ist für schwere MPVs, SUVs, Pickups und Light Trucks geeignet. Die zweite, die De-Dion-Achse, die eine deutlich geringere ungefederte Masse hat, wurde früher für Pkws eingesetzt.

6.1.1 Starrachsen mit Längsblattfederführung

Die Federung bei Starrachsen kann mit Längsblattfedern realisiert werden. Je nach Ausführung übernimmt die Blattfeder dabei die Führung der Achse vollständig oder teilweise. Häufig werden auch Lenker zur Aufnahme von Quer- oder Längskräften hinzugefügt. Die Blattfedern haben zwar Vorteile bezüglich Bauraum durch die flache Anordnung und bezüglich Karosseriebelastung (niedrige Punktbelastung durch zwei voneinander weit entfernte Abstützpunkte). Sie sind aber schwer, haben hohe Reibung, zeigen S-Schlagneigung und den sogenannten „Trampeleffekt" beim Lastwechsel (Abb. 6.8), weisen keine Längselastizität, keine größere Radhübe und kleine Wanksteifigkeit auf. Sie können daher die heutigen Komfortanforderungen nicht erfüllen.

Auch einteilig hergestellte moderne Hightech-Blattfedern aus Compositwerkstoffen, die leicht sind und sehr geringe Reibung haben, konnten sich nicht durchsetzen, weil nach wie vor die Radführung über eine Blattfeder kinematische Defizite aufweist.

Es gibt auch Versuche, die Blattfeder quer einzusetzen, um die Stabilisatorwirkung in die Feder zu integrieren (s. Abb. 6.67).

Eine sehr bekannte und immer noch in den USA bei SUVs und Light Trucks eingesetzte angetriebene Hinterachse mit elliptischen Blattfedern [4], ist die „Hotchkiss-Achse" (Abb. 6.9). Sie besitzt keinen Lenker; Blattfedern übernehmen gleichzeitig die Längs- und die Querführung.

Abb. 6.8 Die Nachteile der Blattfederführung

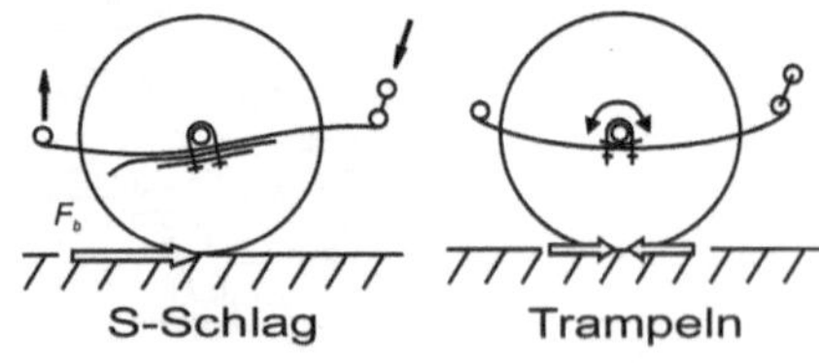

Abb. 6.9 Angetriebene Hotchkiss-Starrachse mit elliptischen Blattfedern. (HA: Opel Campo, Bj. 1995)

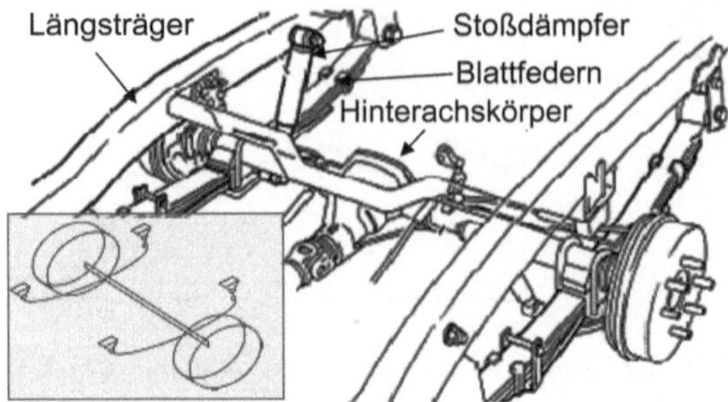

Obwohl diese Ausführung bei Pkws immer seltener vorkommt, hat sie bei Lkws seinen festen Platz.

Moderne Kleintransporter, die aus wirtschaftlichen Gründen die Plattform der Serien-Pkws teilen, haben häufig hinten Starrachsen mit Blattfederführung, weil diese kostengünstig herstellbar und höher belastbar sind sowie eine breite Ladefläche ermöglichen.

Beispiele sind VW Caddy, Fiat Doblo (Vorgängermodell) oder Opel Campo. Um eine progressive Federkennung zu erreichen, wird die Hauptblattfeder um ein zweites kürzeres Federblatt ergänzt, welches bei Vollbeladung die Federrate erhöht (Abb. 6.10). Diese lastabhängig progressive Federkennlinie verbessert den Fahrkomfort (die Aufbaueigenfrequenz wird an die Zuladung angepasst) und die Durchbiegung des Federpakets trägt zu einem untersteuernden Eigenlenkverhalten bei.

Die Starrachse mit Längsblattfeder ist sicherlich ein einfaches und kostengünstiges Achskonzept für nicht angetriebene Achsen, weil es keine Lenker benötigt. Allerdings bietet es kaum Spielraum für weitere Optimierungen, denn mehr Komfort durch weichere und damit längere Blattfedern führt zur Verschlechterung der Seitenführung und erhöht die S-Schlagneigung.

6.1.2 Starrachsen mit Längs- und Querlenker

Entfällt die Achsführung durch die Blattfeder, so ist die Achse durch Lenker zu führen. Dabei müssen zwei Freiheitsgrade (eine vertikale Translation und eine Rotation um die Fahrzeuglängsachse) zugelassen werden.

Die Längsführung und damit die Längskräfte übernehmen die Längslenker. Die Querführung wird über einen Querlenker (Panhardstab), über ein Wattgestänge oder über einen Dreipunktlenker realisiert (Abb. 6.11). Während der Panhardstab eine geringe

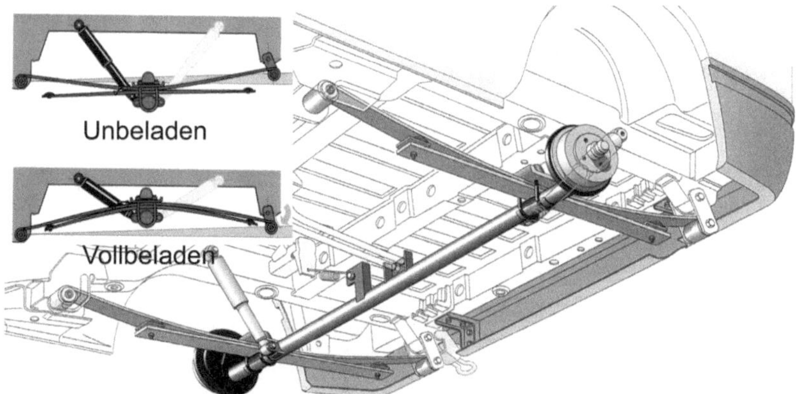

Abb. 6.10 Starre Hinterachse eines Kleintransporters mit Blattfedern. (HA: VW Caddy 2, Bj. 1994)

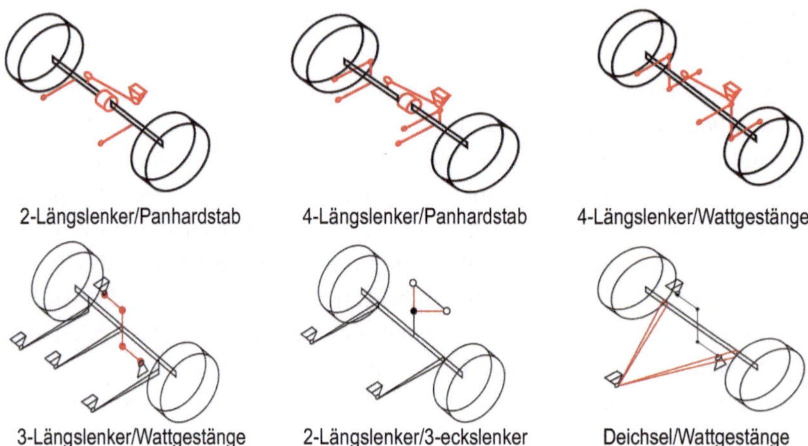

Abb. 6.11 Ausführungsvarianten der Starrachsen

Querversetzung der Achse beim Ein- und Ausfedern verursacht, führt das Wattgestänge die Achse stets ohne Querbewegung in der Mitte des Aufbaus. Für die Führung des Achskörpers über Lenker steht auch die Kombination eines Dreieckslenkers, der auch die Querkräfte aufnimmt, mit zwei Längslenkern zur Verfügung.

Eine bis vor kurzem noch aktuelle starre Hinterachse mit Schraubenfedern und drei Längslenkern ist die Hinterachse des Ford Mustang (Abb. 6.12). Obwohl Mustang ein Sportwagen ist, ist man aus Kostengründen lange Zeit bei der Starrachse geblieben. Erst ab 2015 wurde die für Ford Mondeo entwickelte Integrallenker-Einzelradaufhängung auch für den Mustang übernommen (s. Abb. 6.66).

Abb. 6.12 zeigt drei Starrachsaufhängungen mit zwei, drei und vier Längslenkern (zuzüglich Stabilisator).

Bis etwa 1982 war bei Ford die 4-Lenker-Starrachse als angetriebene Hinterachse mit Schraubenfedern [4] weit verbreitet (Abb. 6.13). Der Achskörper mit integriertem Differenzial wird durch zwei Längslenker unten und zwei Schräglenker oben am Aufbau befestigt.

Abb. 6.12 Starre HA mit Schraubenfedern, 3 Längslenkern, Panhardstab. (Ford Mustang, bis Bj. 2015)

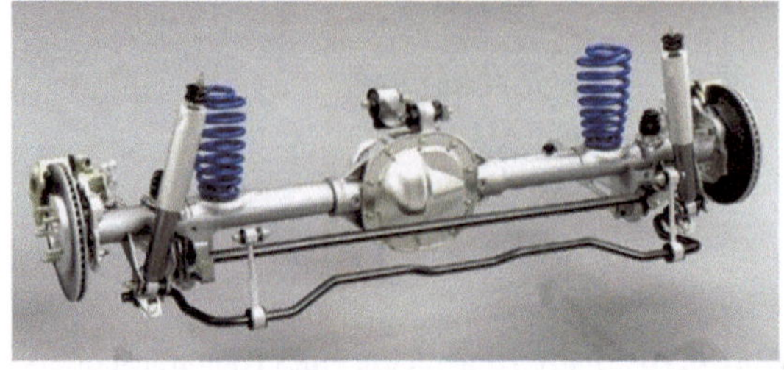

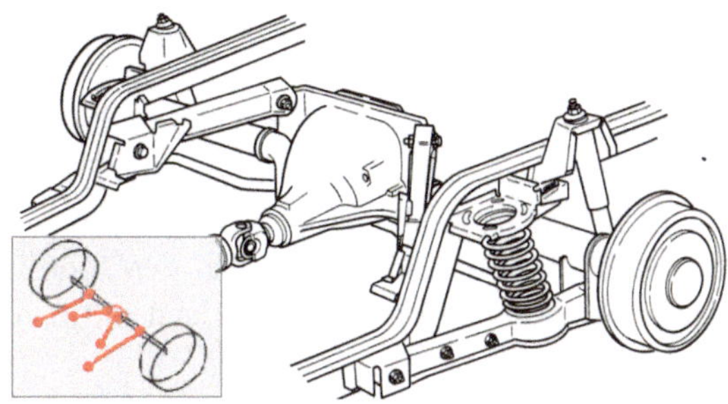

Abb. 6.13 4-Lenker-Starrachse. (HA: Ford Taunus, Bj. 1970)

Die Brems- und Antriebsmomente werden über das Kräftepaar im jeweils oberen und unteren Lenker aufgenommen. Die Schräglenker übernehmen die Querführung der Achse.

Die sich auf den unteren Längslenkern abstützenden Schraubenfedern verbessern den Fahrkomfort. Die geometrische Anordnung der Lenker erlaubt eine gezielte Einflussnahme auf die kinematischen Eigenschaften. Durch Festlegung der Lage der Anbindungspunkte der 4-Lenker lassen sich deutliche Verbesserungen in der Wankpolfestlegung, im Brems- und Anfahrnickverhalten und in der Wanklenkeigenschaft erreichen. Da die Längslenker durch Gummilager zum Aufbau verbunden werden, sind (wenn auch eingeschränkt) elastokinematische Optimierungen durchführbar, um Fahrverhalten und Fahrkomfort zu verbessern.

Als Vereinfachung können die beiden oberen Stablenker durch einen Dreipunktlenker in A-Form ersetzt werden. Die Seitenführung wird häufig auch durch einen Panhardstab oder Wattgestänge übernommen.

Bei Starrachsen mit Längslenkerführung erfolgt bei einseitigem Einfedern eine Eigenlenkbewegung der Achse, und dies umso stärker, je näher der Längspol an der Achse liegt (Abb. 6.14). Dieser Effekt bewirkt einen unruhigen Geradeauslauf beim Befahren unebener Fahrbahnen.

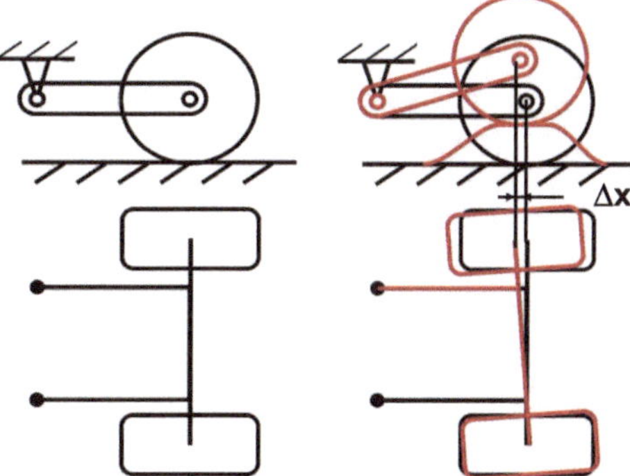

Abb. 6.14 Lenkverhalten der Starrachsen bei einseitigen Bodenunebenheiten

6.1.3 De-Dion-Achse: angetriebene Starrachse mit Zentralgelenk

Schon in den 1930er Jahren hat der französische Autobauer de Dion die Nachteile der hohen ungefederten Massen bei der Fahrdynamik erkannt und versucht, ihr entgegenzuwirken, indem er das Hinterachsgetriebe nicht an der Achse, sondern am Aufbau befestigt hat (Abb. 6.15). Diese, bei den sportlichen Fahrzeugen lange Zeit bevorzugte angetriebene Starrachsenart, wurde erst mit dem Aufkommen der Einzelradaufhängung aufgegeben.

Im Jahre 1996, als Smart eine ganz neue Autogattung für den Stadtverkehr mit sehr schmaler Breite und kleinem Wendekreis (nur 8,6 m) konzipierte, war es nicht möglich das Antriebsaggregat vorne unterzubringen. So war es notwendig, den sehr kompakten Antriebsblock in Querrichtung und geneigt auf die Hinterachse zu setzen [5]. Dadurch hatte man über dem Antriebsblock – wenn auch sehr klein – einen Kofferraum. Damit war die De-Dion-Ausführung in Verbindung mit einer Deichselachse wieder interessant, weil hier nicht nur das Getriebe, sondern das ganze Antriebsaggregat vormontiert werden konnte (Abb. 6.16). Auch jetzt bei der dritten Generation bleibt Smart diesem Konzept treu. Als Schwestermodelle werden Smart ForFour und Renault Twingo mit demselben, jedoch verlängertem Radstand gebaut.

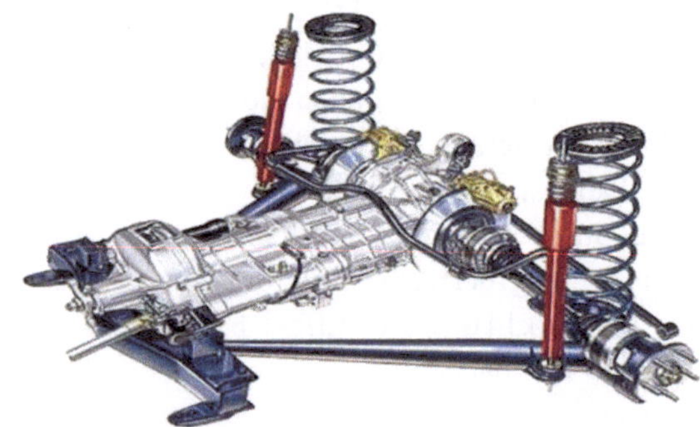

Abb. 6.15 De-Dion-HA in Verbindung mit einem Transaxle Antriebsstrang. (Alfa Romeo Alfetta, Bj. 1972)

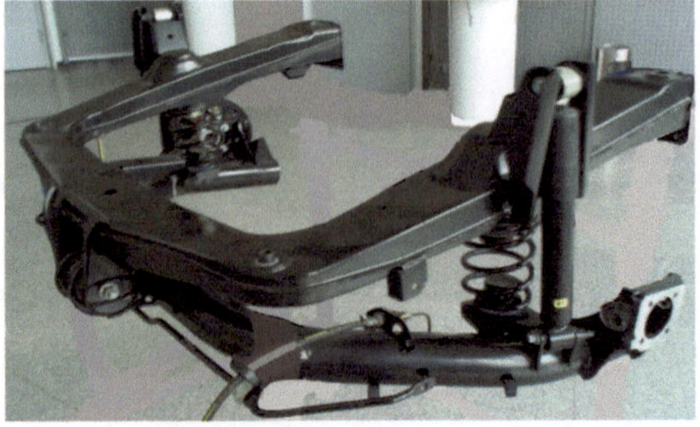

Abb. 6.16 De-Dion-Achse mit Deichsel, Oberrahmen ist der Aggregateträger. (HA: Smart, Bj. 1998)

Abb. 6.17 Deichselachse.
(HA: Mercedes A-Klasse, Bj.
2004)

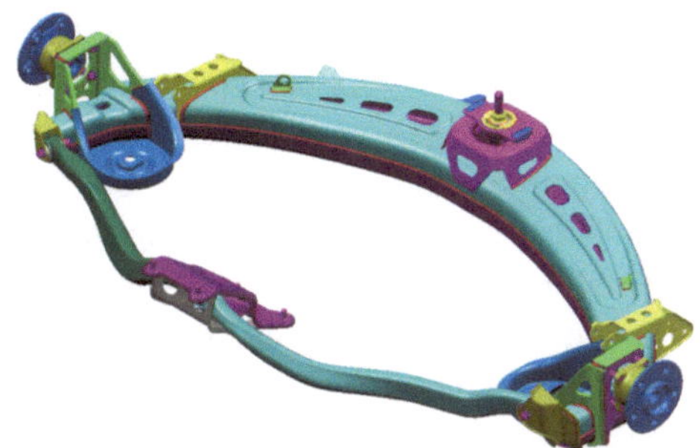

6.1.4 Starrachsen mit Zentralgelenk- und Querlenkerführung (Deichselachse)

Eine effiziente Art der Anbindung einer Starrachse an den Aufbau ist die Deichselachse. Hierbei wird die Achse ähnlich einer Deichsel eines Anhängers vorne über ein Kugelgelenk oder ein Gummilager mit dem Aufbau verbunden. Eine möglichst hohe Anordnung des Lagers ergibt dabei einen verbesserten Brems- und Anfahrnickausgleich. Die Querführung übernimmt ein zusätzliches Quergestänge. Um Eigenlenkbewegungen beim Einfedern zu vermeiden, ist eine vertikale gerade Führung des Achskörpers bei dieser Achse wichtig. Deshalb kommt ein Scherenlenkerprinzip bzw. Wattgestänge zum Einsatz. Auch dann treten beim einseitigen Einfedern leichte Lenkbewegungen auf, wie sie auch bei den Starrachsen mit Längslenker vorkommen.

Die Räder bewegen sich immer parallel zueinander, mit sehr geringer Sturzänderung – solange beide Räder symmetrisch federn. Federt nur ein Rad, verschieben sich beide Räder seitlich um ca. 2,5 % des Federwegs und verursachen eine Lenkwirkung, die zur Stabilisierung des Fahrzeugs beiträgt.

Die Modelle der Mercedes A- und B-Klasse wurden mit dem Modellwechsel ab 2004 an der Hinterachse mit einer Deichselachse ausgestattet. Ein zusätzliches Wattgestänge stützt die Querkräfte und reduziert so die Übersteuertendenz der starren Achse. Das Wattgestänge zur Querführung ist liegend angeordnet, in der Fahrzeugmitte am Aufbau gelagert und verbindet beide Enden der Radträger miteinander (Abb. 6.17).

6.2 Halbstarrachsen

Halbstarrachsen *(Semi Solid Axle)* haben wie die Starrachsen eine mechanische Kopplung der beiden Räder. Während bei Starrachsen jegliche Relativbewegung zwischen den Rädern durch den Achskörper unterbunden wird, sind bei den Halbstarrachsen durch eine gezielte elastische Torsionsverformung des Verbindungselements begrenzte Relativbewegungen der Räder zueinander möglich.

Die Halbstarrachsen lassen sich, je nach der Lage der Quertraverse als Koppellenker, Torsionskurbel, Verbundlenkerachse in 3 Gruppen teilen (Abb. 6.18):

- **Koppellenkerachse:** wenn die Quertraverse sehr nah zur Radmitte liegt und damit ähnliche Eigenschaften einer Starrachse aufweist,
- **Torsionskurbelachse:** wenn sich die Traverse am vorderen Drittel der Längslenker befindet und damit Vorteile der Längslenkeraufhängung mit denen der Verbundlenkerachsen vereint,
- **Verbundlenkerachse:** wenn die Quertraverse nahe zur Längslenkerlagerung liegt und damit ähnliche Eigenschaften einer Längslenkeraufhängung aufweist.

Die Halbstarrachse *(Twist Beam)* vereinigt einige Eigenschaften von Starrachse und Einzelradführung. Sie hat einerseits von der Starrachse bekannte geringe Spur-, Sturz- und Vorspuränderungen bei symmetrischer Radfederung, anderseits einen günstigen Radsturz und merkliche Wankzentrumshöhe sowie ein ausgeprägtes kinematisches Eigenlenkverhalten bei asymmetrischer Radfederung [2], wie es die Einzelradführung ermöglicht.

Die beiden Radträger sind auf den steifen Längslenkern befestigt, die wiederum in Querrichtung mit einer Traverse fest miteinander verbunden sind. Während die Längskräfte allein von den steifen Längslenkern aufgenommen werden, sind Querkräfte und Sturzmomente durch die versteifende Wirkung der Quertraverse abzufangen. Hierzu ist das Profil biegesteif auszuführen.

Gleichzeitig muss die Quertraverse aber torsionsweich sein, um neben der Funktion einer Stabilisatorstange auch das eingeschränkte unabhängige Einfedern der beiden Räder zu ermöglichen.

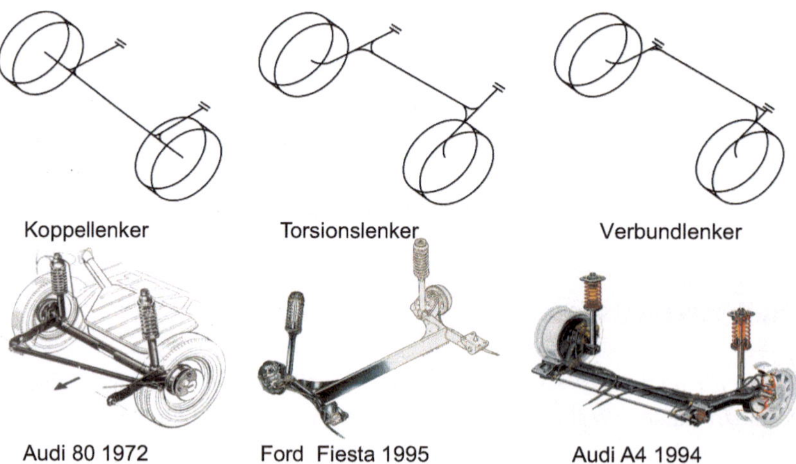

Abb. 6.18 Ausführungsformen der Halbstarrachsen

Wenn die Quertraverse, wie beim Koppellenker nahe zur Radmitte liegt, dominieren die Eigenschaften der Starrachse und wenn sie, wie beim Verbundlenker nach vorne, nahe zu den Lenkerlagerungen verlagert wird, dominieren die Eigenschaften der Einzelradaufhängung.

Als Quertraverse werden neben T-Profilen heute bevorzugt V- oder U-Profile eingesetzt, weil diese in der Betriebsfestigkeit der Schweißnähte zu den Längslenkern dem T-Profil überlegen sind. Eine günstige Querverbindung ergibt sich mit einem Rohrprofil, dessen Enden rund bleiben, welches aber dazwischen in eine C-Form zugedrückt ist. Damit sinkt die Torsionsrate und es lassen sich trotzdem ausreichend lange Schweißnähte an den runden Enden anbringen, die für eine lange Betriebsdauer unerlässlich sind (s. Abb. 6.23).

Die Halbstarrachse wurde zuerst 1968 als Koppelkurbelachse bei Audi 100, 1974 beim VW Golf/Scirocco als Verbundlenker (Abb. 6.19) und kurz danach beim Audi 50 und VW Polo als Koppellenkerachse in Serie eingeführt.

Mit dieser Anordnung der Lenker entstand ein sehr einfaches, wartungsfreies, kostengünstiges und Raum sparendes Achskonzept, das keinen Achsträger benötigt. Dieses Konzept wurde bald bei vielen Fahrzeugmodellen der unteren Klassen eingesetzt.

Die Halbstarrachsen sind für angetriebene Hinterachsen nicht geeignet, denn u. a. ist eine Kröpfung des Verbindungsprofils nicht sinnvoll darstellbar.

Abb. 6.20 zeigt die Eigenschaften der Halbstarrachsen.

Die Vorteile dieser Achsen sind [6]:

- Sehr einfache Konzeption: sie besteht aus einer Schweißbaugruppe und zwei Gummilagern, daher ist sie die kostengünstigste nicht angetriebene Hinterachse überhaupt,
- Achse erfordert keinen Achsträger,
- geringer Raumbedarf, flacher Aufbau, aber: die Quertraverse erfordert je nach Einbaulage Freiraum beim Ein- und Ausfedern,
- leichte Montage und Demontage der Achse,
- nahezu wartungsfrei,

Abb. 6.19 Erste Serienverbundlenkerachse. (HA: VW Golf I, Bj. 1974)

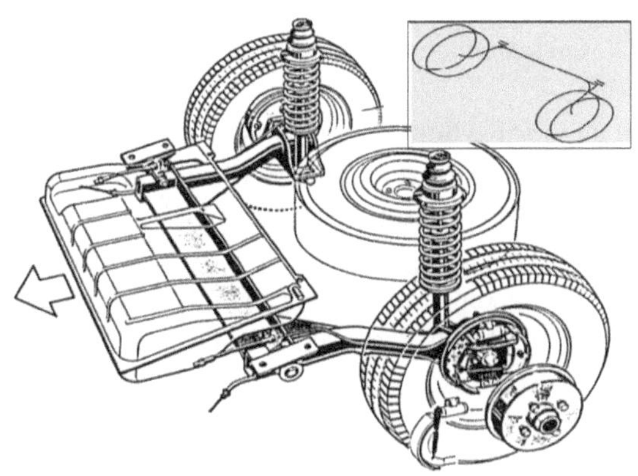

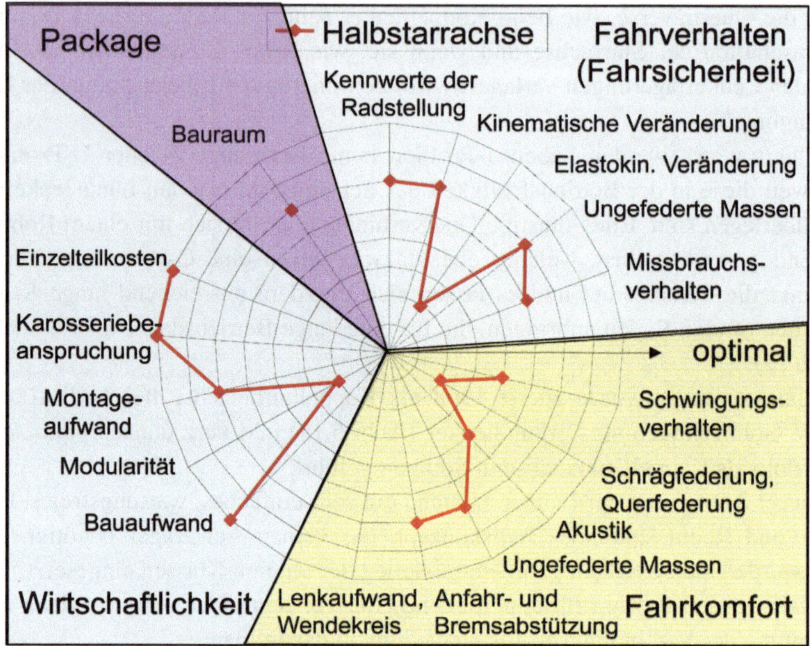

Abb. 6.20 Eigenschaftsprofil für Halbstarrachsen [3]

- Stabilisatorwirkung durch den Querträger,
- kleine ungefederte Masse,
- günstige Übersetzung Rad zu Feder und Dämpfer,
- Gummilager sind in Längsrichtung belastet, dadurch entsteht geringe Karosserie-beanspruchung bei guter Längselastizität (Fahrkomfort),
- beladungsunabhängiges Wankuntersteuern,
- guter Bremsnickausgleich,
- geringe Spurweitenänderung.

 Diesen gegenüber stehen die folgenden Nachteile:

- ungünstige Seitenkraftabstützung (eingeschränkte Quersteifigkeit),
- Spannungsspitzen in der Schweißnaht an den Übergangstellen von den verdrehsteifen Längslenkern zum Verbundprofil,
- ohne spurkorrigierende Lager übersteuerndes Seitenkraftverhalten (Abb. 6.21),
- Spurwinkel empfindlich gegenüber Zuladung,
- ungeeignet als angetriebene Achse,
- eingeschränktes Optimierungspotenzial für anspruchsvolle Komfort- und Akustik-eigenschaften.

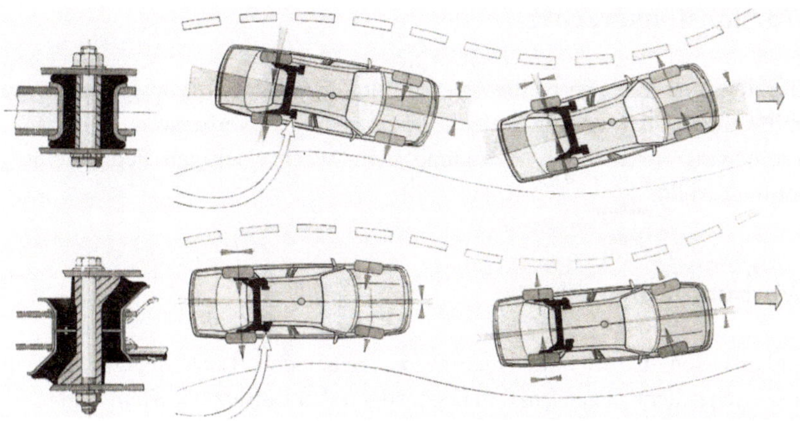

Abb. 6.21 Verbessertes Verhalten der Halbstarrachse durch spurkorrigierende Hinterachslager

6.2.1 Koppellenkerachse

Die Koppellenkerachsen sind die ältesten halbstarren Achsen (Audi 100 aus 1968) und sind im Prinzip die Mischachsen zwischen Längslenkeraufhängungen und torsionsweichen Starrachsen.

Wenn das Auto rollt oder einseitig federt, drehen sich die Längslenker, die als Kurbel auf der Achse sitzen, relativ zueinander. Um dies zu ermöglichen muss die Quertraverse torsionsweich sein.

In Abb. 6.22 fallen besonders der einfache, einteilige Blechlenker mit Federaufnahme und die nahe dem Radmittelpunkt angeschweißte, dunkelgrüne Quertraverse auf. Das grüne Teil ist der Achsträger.

Abb. 6.22 Aktuelle Ausführung einer Koppellenkerachse. (HA: VW Jetta, Bj. 2013)

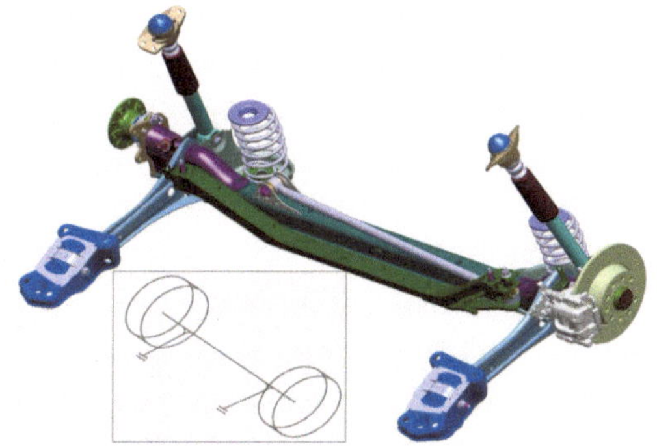

6.2.2 Torsionslenkerachse

Bei den Torsionslenkerachsen ist die Querverbindung etwa mittig zwischen Lagerstellen und Radmitte angeordnet, um die Seitenkraftabstützung zu verbessern.

Außerdem wird durch diese Anordnung beim wechselseitigen Federn eine geringe Sturzänderung erzielt.

6.2.3 Verbundlenkerachse

Verbundlenkerachsen haben die Quertraverse nahe den Lenkerlagern. Ausgewogene technisch-wirtschaftliche Eigenschaften begünstigen den Einsatz bei Kleinwagen. Abb. 6.23 zeigt die Verbundlenkerachse der Opel Astra (Bj. 2004). Die Quertraverse ist sehr nah an den hinteren Lagern angeordnet, um die Verschränkung der Räder möglichst groß zu halten.

Die kinematischen Eigenschaften der Achse werden durch die Lage des Schubmittelpunkts des Profils festgelegt, denn hierüber definiert sich zusammen mit der Geometrie, die Vorspurkurve bei wechselseitigem Einfedern und somit bei Kurvenfahrt (Abb. 6.24).

Ein Nachteil der Verbundlenkerachse, wie Abb. 6.25 zeigt, besteht in der seitlichen Nachgiebigkeit unter Querkraft, weil eine direkte Querunterstützung fehlt und damit immer eine Nachspurvergrößerung (Übersteuertendenz) entsteht. Die Übersteuertendenz der Verbundlenkerachse in der Kurve kann durch spurkorrigierende Lager und die gezielte Auslegung des Schubmittelpunktes (Abb. 6.24) vermindert werden.

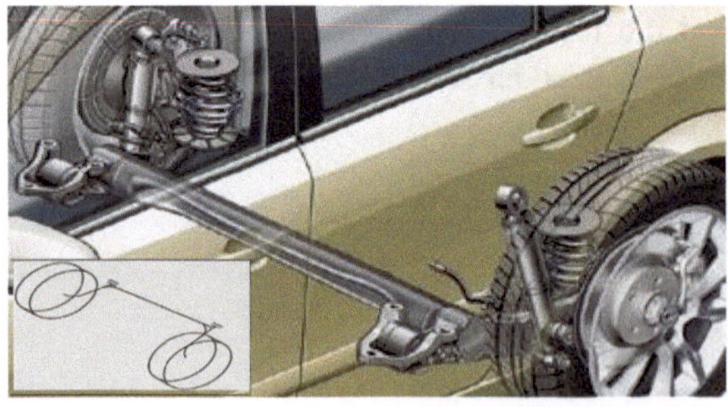

Abb. 6.23 Verbundlenker-Hinterachse. (HA: Opel Astra, Bj. 2004)

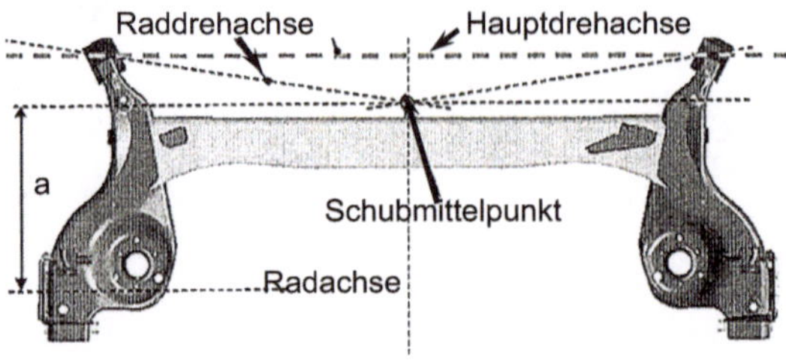

Abb. 6.24 Kinematik der Verbundlenkerachsen

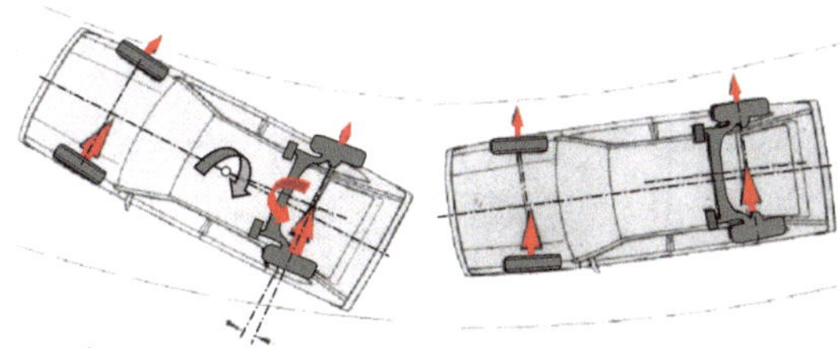

Abb. 6.25 Übersteuertendenz unter Querkraft

Diese sorgen durch die speziell geformten konischen und asymmetrischen Lager bei Seitenverschiebung durch Querkraft für eine entgegengesetzte Bewegung, wodurch bei Kurvenfahrt die Selbstlenkung hin zu Übersteuern verringert wird.

Eine einfachere und fast kostenneutrale Entschärfung der Übersteuertendenz ist durch die Optimierung der Führungslagerdachwinkel möglich [7] (Abb. 6.26). Diese Auslegung entspricht heute dem Stand der Technik bei allen Verbundlenkerachsen.

Mit der Einführung des „Focus" im Jahr 1999 hat Ford als Erster das Verbundlenkerkonzept in diesem Segment verlassen, um die kinematischen und elastokinematischen Eigenschaften der Hinterachse weiter zu verbessern (s. Abb. 6.69). Bald folgten ihm VW, Peugeot und Hyundai und neuerdings auch Mercedes mit der A- und B-Klasse. Wegen der hohen Mehrkosten und dem Mehrgewicht (ca. 12 kg) gegenüber dem Verbundlenker wurde bei den Einstiegsmodellen des VW Golf VII mit Motoren unter 90 kW wieder die Verbundlenkerachse eingeführt. (Abb. 6.27) zeigt diese Achse [8].

6.2.3.1 Verbundlenkerachse mit Wattgestänge

Der konstruktionsbedingte Nachteil der Verbundlenkerachse, nämlich erhöhte Nachgiebigkeit unter Querkräften (z. B. bei Kurvenfahrt), kann durch eine zusätzliche Querabstützung über ein Wattgestänge, wie in Abb. 6.28 dargestellt, entgegengewirkt werden [9].

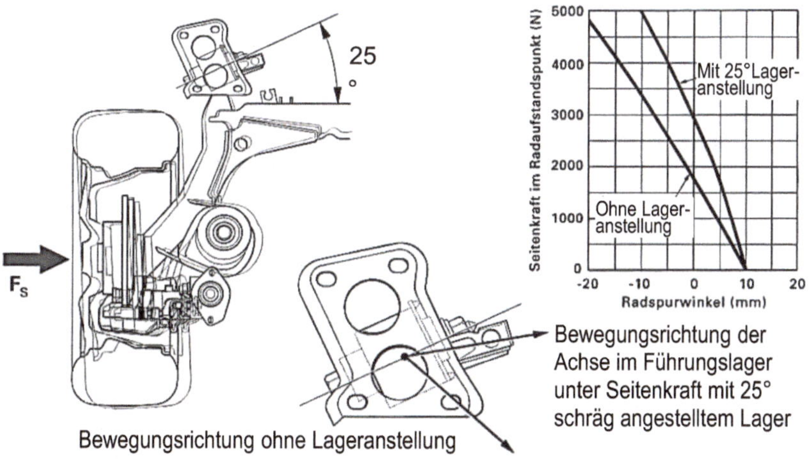

Abb. 6.26 Verbessertes elastisches Verhalten der Verbundlenker durch Schräglegung der Gummilager

Abb. 6.27 Verbundlenkerachse. (HA:
VW Golf VII, für Motorisierungen
unter 90 kW, Bj. 2012) [8]

Abb. 6.28 Verbundlenkerachse
mit Wattgestänge zur
Querkraftabstützung. (HA Opel
Astra Bj. 2010) [9]

6.3   Einzelradaufhängungen

Mit Einzelradaufhängung *(Independent Suspension)* wird ein Achskonzept bezeichnet,
bei dem die beiden Räder keine Verbindung zueinander haben und sich deshalb
unabhängig voneinander bewegen können (Abb. 6.29). Dies erhöht den Fahrkomfort und
verbessert die Straßenlage. Deshalb bildet heute die Einzelradaufhängung in allen Pkws
die Standardradführung.

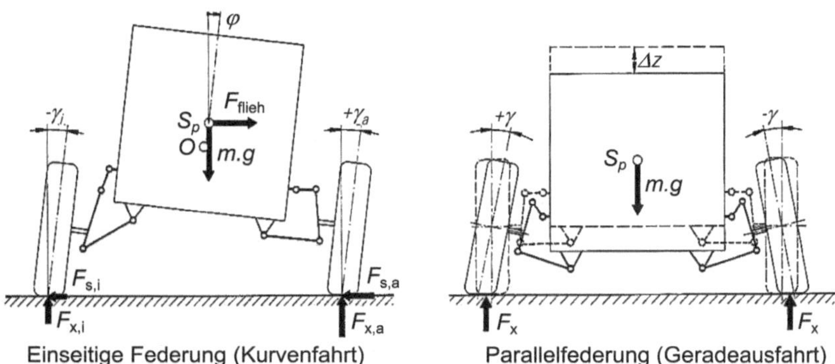

Abb. 6.29 Radbewegungen bei der Einzelradaufhängung während der Kurvenfahrt und bei der Geradeausfahrt [10]

6.3.1 Kinematik der Einzelradaufhängung

Jede Einzelradaufhängung besteht aus einer kinematischen Kette (ein Gebilde aus starren Gliedern und beweglichen Gelenken), die den Aufbau (Grundglied) mit dem Radträger (Koppelglied) durch Zwischenglieder verbindet.

Die einzelnen Glieder sind an deren Enden mit Gelenken miteinander verbunden. Die Art des Gelenkes bestimmt die relative Bewegungsfreiheit der zugehörigen Glieder. Der Freiheitsgrad kann von 1 bis 5 variieren.

Jedes Rad ist am Radträger mit einer zusätzlichen Bewegungsfreiheit drehbar gelagert. Dieser Drehfreiheitsgrad des Rades, die durch Radlagerung sichergestellt wird, ist Bestandteil einer jeden Radaufhängung und wird in folgenden Betrachtungen nicht mehr erwähnt.

Eine Einzelradaufhängung und damit der Radträger muss gegenüber dem Aufbau einen Freiheitsgrad besitzen, damit das Rad Fahrbahnunebenheiten folgend, sich entlang einer in der z-Richtung gerichteten Bahnkurve bewegen kann (Radfederung). Diese Federbewegung sorgt für eine Schwingungsisolierung des Aufbaus gegenüber den Fahrbahnunebenheiten und wird durch Feder- und Dämpferelemente abgestützt.

Für die Lenkbarkeit wird ein zweiter Freiheitsgrad benötigt, der durch Verschieben eines Lenkers (Spurstange) mittels des Lenkgetriebes in y-Richtung erreicht wird. Für weitere Betrachtungen wird dieser Lenker zuerst in seiner K0-Lage festgehalten; somit haben auch die vorderen Radträger nur einen Freiheitsgrad. Das heißt, die Lenker müssen die maximal sechs Freiheitsgrade des Radträgers bis auf einen reduzieren.

Die starren Lenker mit den Gelenken an den Enden bilden eine kinematische Kette, die den Radträger mit dem Aufbau verbindet (Abb. 6.30). Dazu kommen Feder und Dämpfer. Diese begrenzen den sechsten Freiheitsgrad als elastische Glieder, in die Kinematik greifen sie aber nicht ein. Ausnahme ist die Verwendung des Dämpfers als Dreh-Schubgelenk.

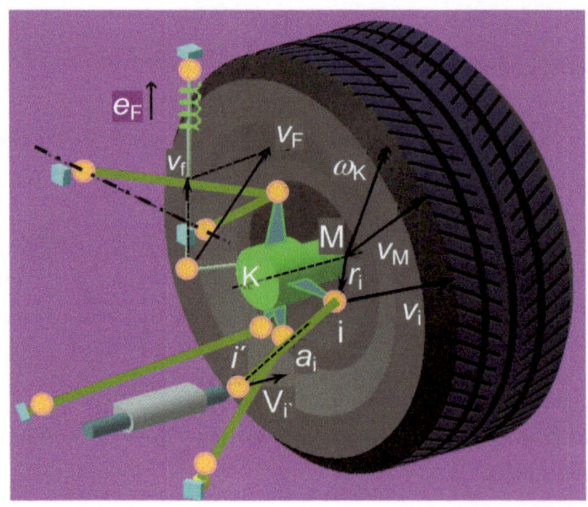

Abb. 6.30 Einzelradaufhängung [2]

Die erforderliche Anzahl der Lenker (Abb. 6.31) für eine Radführung hängt von den kinematischen Eigenschaften der Lenkertypen ab.

Die einfachsten Lenker sind die **2-Punkt-Lenker** (Stablenker) (Abb. 6.31a) mit zwei Kugel- bzw. Gummilagern als Gelenke. Jeder dieser Lenker reduziert einen Freiheitsgrad des Radträgers. Ist der Radträger mit fünf solcher Lenker geführt, bleibt nur noch ein Freiheitsgrad für die Radhubbewegung übrig. Es handelt sich dann um eine **5-Lenker-Aufhängung** (an der Hinterachse auch als Raumlenkeraufhängung bekannt).

Der **3-Punkt-Lenker** (Dreieckslenker) (Abb. 6.31b), hat ein Gelenk zum Rad und zwei Gelenke zum Aufbau und eliminiert zwei Freiheitsgrade. Mit einem 3-Punkt-Lenker lassen sich zwei 2-Punkt-Lenker ersetzen.

Zusammen mit zusätzlich drei 2-Punkt-Lenkern entsteht eine **4-Lenker-Aufhängung** (Abb. 6.32).

Bei Verwendung eines zweiten 3-Punkt-Lenkers ist nur noch ein zusätzlicher 2-Punkt-Lenker erforderlich; es entsteht eine **3-Lenker-Aufhängung.** Sie ist bekannt als Doppel-Querlenker-Aufhängung, wenn die beiden Lenker quer zum Fahrzeug angeordnet sind.

Abb. 6.31 Lenkerarten im Fahrwerk [2]

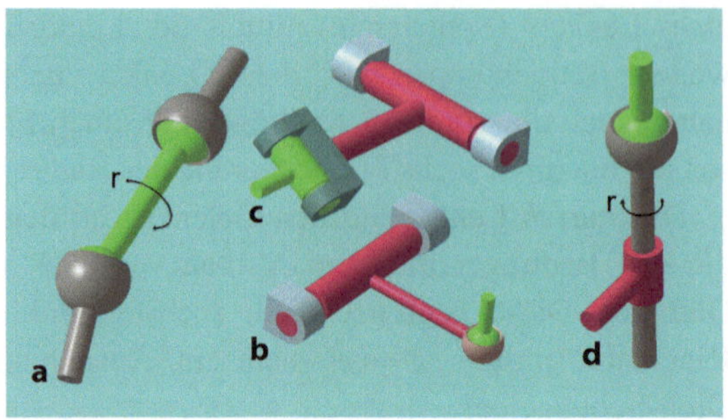

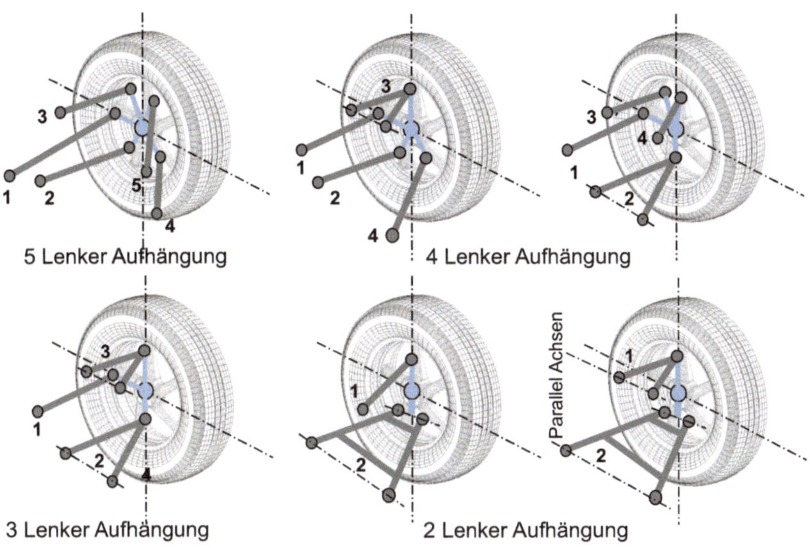

Abb. 6.32 Einzelradaufhängungen mit 5-, 4-, 3- und 2-Lenkern

Setzt man nun einen **4-Punkt-Lenker** (Trapezlenker) (Abb. 6.31c) ein, dann wird der Radfreiheitsgrad um 4 reduziert. Zusammen mit noch einem 2-Punkt-Lenker hat der Radträger jetzt nur noch einen Freiheitsgrad. Es handelt sich so um eine **2-Lenker-Aufhängung.**

Diese Aufhängung kann nur an der Hinterachse anwendet werden, weil hier kein Lenken des Rades möglich ist.

Schließlich gibt es noch als Hinterachse die **1-Lenker-Aufhängung**, bei der der Radträger über ein Drehgelenk direkt mit dem Aufbau verbunden wird (Abb. 6.33). Die Orientierung des Drehlagers gibt die Bahnkurve des mit einem rotatorischen Freiheitsgrad belassenen Radträgers beim Einfedern vor.

Eine weitere Gelenklagerart ist das Drehschubgelenk, z. B. Stoßdämpfer, deren Kolbenstange relativ zum Dämpfergehäuse dreh- und verschiebbar ist (Abb. 6.31d).

Wenn das Dämpfergehäuse fest mit dem Radträger und die Kolbenstange über ein Kugelgelenk bzw. Gummilager mit dem Aufbau verbunden sind, werden 2 rotatorische Freiheitsgrade eliminiert. Dieses als **Dämpferbein-Aufhängung**bezeichnete Konzept benötigt 3 weitere 2-Punkt-Lenker, oder einen 3-Punkt und einen 2-Punkt-Lenker, um auf den einen Freiheitsgrad zu kommen (s. Abb. 6.90).

Abb. 6.33 a Quer-, **b** Längs- und **c** Schräganordnung der Lenker

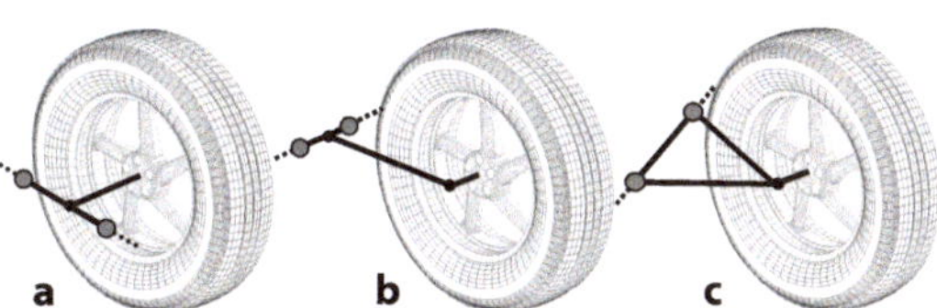

Wenn die Aufbaufeder platzsparend um den Dämpfer angeordnet ist, spricht man von **Federbein-Aufhängung** mit zwei 2-Punkt-Lenkern (s. Abb. 6.91) oder nur einem 3-Punkt-Lenker auf der unteren Ebene zuzüglich der Spurstangenlenker (s. Abb. 6.85 und 6.86).

Es gibt darüber hinaus andere Lenker- und Gelenkarten (z.B. Kugelflächengelenk). Diese ermöglichen weitere Aufhängungsvarianten [2], die jedoch keine praktische Anwendung haben.

Die Systematik für die Einzelradaufhängung wird neben Lenkerart und -anzahl um zwei weitere Aspekte erweitert und damit abgeschlossen: Orientierung bzw. Schnittpunkt der Lenker und die Lage der Lenker.

Die Orientierung der Lenker kann quer, längs oder schräg zur Fahrtrichtung sein (Abb. 6.33). Dementsprechend können sie dann die Kräfte in Quer-, Längs- oder in beiden Richtungen übertragen. Dieses ist sehr wichtig, weil eine Radaufhängung prinzipiell in Querrichtung möglichst steif und in Längsrichtung möglichst weich sein muss.

Die Schnittpunkte der Lenker einer Aufhängung (in Längs- und Querrichtung) bestimmen die grundsätzliche Art der kinematischen Kette. Danach lassen sich die kinematischen Ketten als ebene, als sphärische oder als räumliche kinematische Kette klassifizieren (Abb. 6.34) [2].

Eine ebene Anordnung ist gegeben, wenn die Drehachsen (Verbindungslinie der Gummilager) parallel zueinander laufen und dadurch auch die Momentanachse der Radträger parallel zu den Achsen verläuft. Das Rad bewegt sich um diese Achse in einer Ebene und führt eine ausschließlich *„ebene Bewegung"* aus. Die Momentanachse verschiebt sich immer parallel zu dieser Linie *m*.

Wenn die Drehachsen der unteren Lenker nicht parallel sind, sondern sich in einem Punkt schneiden, dann bleibt dieser Punkt beim Ein- und Ausfedern immer ortsfest. Alle Punkte des Radträgers üben eine *„sphärische Bewegung"* um diesen Zentralpunkt aus. Im Gegensatz zur ebenen Bewegung verschiebt sich hier die Momentanachse nicht parallel sondern pendelt um diesen Punkt.

Schneiden sich die Drehachsen nicht, dann führt der Radträger im Raum eine Bewegung aus, die durch überlagerte Momentandrehungen um beide Drehachsen bei gleichzeitiger Kugelbewegung um den fahrzeugseitigen Anlenkpunkt des Stablenkers gekennzeichnet ist.

Abb. 6.34 Ebene (**a**), sphärische (**b**) und räumliche (**c**) Einzelradaufhängungen an einer Hinterachse mit Trapezlenker

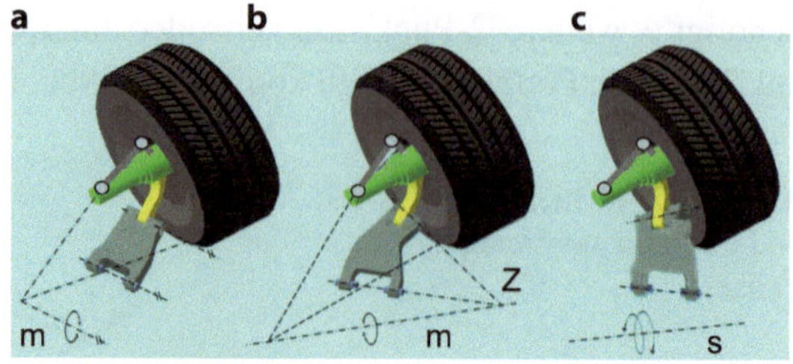

Diese Bewegung lässt sich auf eine Momentanschraubung um die Schraubachse s zurückführen. Der Radträger vollzieht eine *„räumliche Bewegung"*.

Die kinematischen Optimierungsfreiheiten sind bei einer ebenen Aufhängung gering, weil die Raderhebung durch Bestimmung der Momentanachse im Raum mit nur drei Parametern eindeutig festliegt. Bei der sphärischen Aufhängung hat man einen vierten frei wählbaren Parameter. Erst bei einer räumlichen Aufhängung kommt der fünfte Parameter hinzu.

So lässt sich bei der Auslegung der Kinematik die fünf wichtigsten Kenngrößen (Wankpol, Stützwinkel, Schrägfederungswinkel, Vorspuränderung und Sturzänderung) unabhängig voneinander frei bestimmen.

Schließlich unterscheidet man als Klassifizierungsmerkmal auch noch zwischen den unteren und oberen Lenkerebenen (Abb. 6.35).

6.3.2 Eigenschaften der Einzelradaufhängungen

Der Anteil der Einzelradaufhängung an den neuen Pkw-Modellen erreicht weit über 90 %. Der Grund liegt in den folgenden wesentlichen Vorteilen der Einzelradaufhängung:

- geringe ungefederte Masse,
- keine gegenseitige Beeinflussung der Räder bei Wechselbelastungen,
- große kinematische und elastokinematische Auslegungsfreiheiten,
- besseres Lenkgefühl, Kurs- und Kurvenstabilität,
- gleiche Stoßdämpferwirkung sowohl beim parallelen als auch einseitigen bzw. gegenseitigen Federn
- einfache Isolierung der Fahrbahnschwingungen von dem Aufbau,
- deutlich besseres Fahrverhalten und besserer Fahrkomfort, besonders bei hohen Geschwindigkeiten.

Abb. 6.35 Obere und untere Lenkerebenen

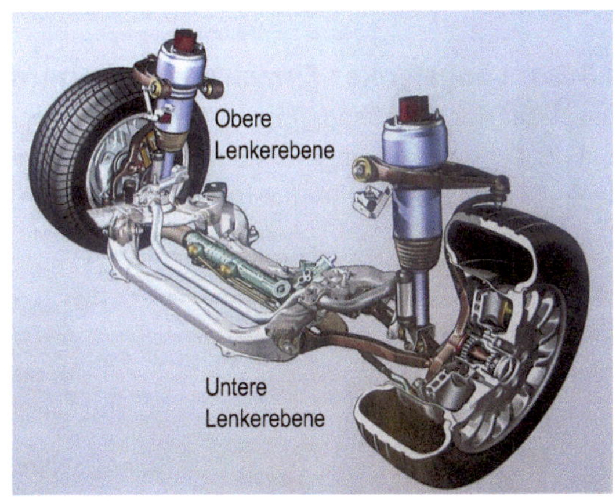

Sie haben jedoch auch einige Nachteile wie z. B.:

- geringe Verschränkung, niedrige Bodenfreiheit (s. Abb. 6.5),
- Sturz-, Spur-, Spurweitenänderungen beim Federn,
- Belastungsausgleichswirkung der Räder in Kurvenfahrt nur über Stabilisator möglich,
- nicht so robust wie die Starrachsen
- und sind in der Regel teurer als die Starrachsen.

6.3.3 Einzelradaufhängungen mit einem Lenker

Die einfachste Einzelradaufhängung entsteht, wenn der Radträger nur mittels eines einzigen Lenkers mit dem Aufbau verbunden wird. Der Lenker ist dann gleichzeitig auch der Radträger. Der Lenker muss außerdem zum Aufbau hin eine stabile Drehlagerung in Form eines Gummilagers aufweisen (Abb. 6.36).

Je nach der Ausrichtung der Lenkerdrehachse heißen sie dann a) Längslenker-, b) Schräglenker- oder c) Quer- bzw. Pendellenker-Einzelradaufhängung.

Da sowohl Längs- als auch Querkräfte von diesem Lenker aufgenommen werden müssen, muss er möglichst groß und steif gestaltet sein. Zusätzlich sind zwei weit genug voneinander entfernte Gummilager mit gleicher Drehachse notwendig, um die im Lenker entstehenden Drehmomente mit möglichst kleinen Kräften in den Aufbau einzuleiten. In dieser Hinsicht ist die Schräglenkerachse den Längs- oder Querlenkerachsen überlegen.

Einzelradaufhängungen mit einem Lenker kommen heute nur noch vereinzelt und nur an den Hinterachsen zum Einsatz.

Die Pendellenkeraufhängung mit nur einem Querlenker (Abb. 6.36c) hat heute keine Bedeutung mehr, weil die Spur-/Sturzänderungen beim Ein- und Ausfedern zu groß sind.

Die ständigen Spurweitenänderungen beim Ein- und Ausfedern des Rads führen zu dynamischem Schräglauf und damit unerwünschten Seitenkräften. Zusätzlich lässt sich der Nickpol nicht frei festlegen.

6.3.3.1 Längslenker-Einzelradaufhängungen

Die Längslenkeraufhängungen *(Trailing Arm Suspension)* haben nur einen Längslenker, der sowohl Längs- als auch Querkräfte aufnimmt und den Radträger um die quer liegende Drehachse schwingen lässt.

Abb. 6.36 Einzelradaufhängung mit einem Lenker

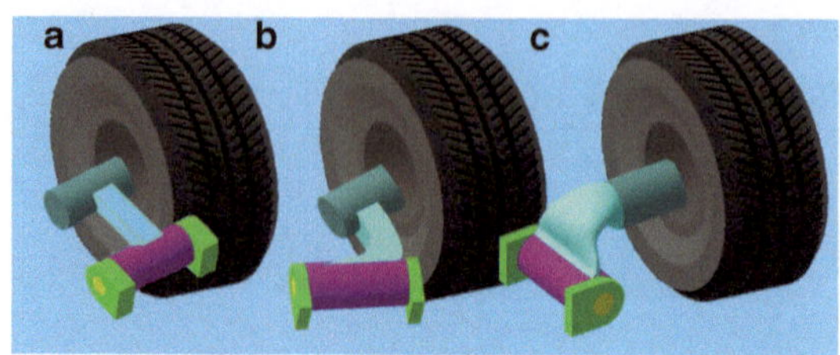

Die Drehachse liegt genau quer unter dem Aufbaubodenblech. Die Lenker sind in Längsrichtung mit dem Aufbau elastisch gelagert, um der Achse gute Längsfederungs- und damit gute Komforteigenschaften zu verleihen. An der Hinterachse ist es ein ziehender und (sehr selten) an der Vorderachse ein schiebender Lenker. Der englische Name *Trailing Arm* bezieht sich auf den ziehenden Lenker der Hinterachse.

Der Längslenker der Hinterachse wird beim Bremsen auf Zug und beim Beschleunigen auf Druck sowie beim Auftreten der Querkräfte auch auf Biegung bzw. Torsion belastet. Um die Änderungen an Spur, Sturz usw. gering zu halten, muss der Längslenker möglichst parallel zur Fahrbahn liegen und steif gestaltet sein. Dadurch wird er schwer und teuer.

Ein wichtiger Vorteil der Längslenkeraufhängung ist der schmale Aufbau, der einen tiefen und breiten Kofferraum ermöglicht und viel Freiraum für Tank, Reserverad und Abgasanlage übrig lässt.

Durch Variation des Lagerpunktes der Längslenker im Abstand und in der Höhe wird die Kinematik optimiert. Dieser Punkt ist der Nickpol der Achse. Mit der Lenkerlänge und der Anordnung der Feder auf dem Lenker lässt sich die Progressivität der Federung beeinflussen.

Nachteilig sind der auf Fahrbahnhöhe liegende Momentanpol der Achse und die größeren Sturzwinkel der Räder während der Kurvenfahrt. Bei der Ein- und Ausfederung beanspruchen die sich ändernden Hochkräfte die Längslenker unterschiedlich stark auf Torsion und entsprechend ändern sich die Sturzwinkel. Aufgrund der Elastizitäten in der Lagerung geht das kurvenäußere Rad unter der Einwirkung der Querkraft in Nachspur und das Fahrzeug tendiert zum Übersteuern, was unerwünscht ist.

Der Längslenker kann mit Gummilager am Radträger befestigt werden oder aber über ein Scharniergelenk drehbar gelagert sein.

Es ist auch häufig der Fall, dass die beiden Längslenker mit einem Torsionsstab miteinander verbunden werden, um eine Stabilisatorwirkung zu erzielen. Ein Beispiel für eine Längslenker-Anordnung ist die Hinterachse der ersten Mercedes A-Klasse, Bj. 1997 (Abb. 6.37), die bei der Neuauflage in 2004 durch eine Deichselachse (s. Abb. 6.17) ersetzt wurde.

Abb. 6.37 Längslenkeraufhängung *(Trailing Arm Suspension)*. (HA: MB A-Klasse, Bj. 1997)

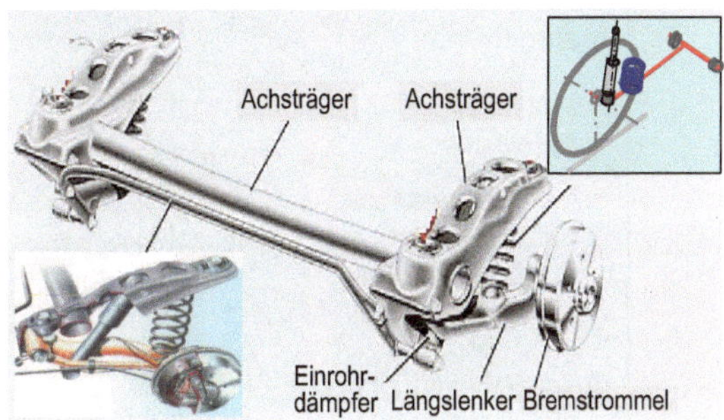

Die Vorteile der Längslenkeraufhängung sind:

- einfacher Aufbau, nur zwei Lenker,
- geringer Raumbedarf, viel Platz für Kofferraum,
- günstige Auswirkung auf den Nickpol,
- voneinander unabhängige Radmassen,
- Möglichkeit des Ersetzens der Schraubenfeder durch querliegende Stabfeder.

Die Nachteile dagegen sind (Abb. 6.38):

- geringe Quersteifigkeit,
- ohne Maßnahmen übersteuernd bei Seitenkraft,
- geringe Rollsteifigkeit ohne Stabilisator (wegen dem auf der Fahrbahnhöhe liegenden Wankpol),
- eingeschränkte Schwingungsisolation zum Aufbau,
- große Sturzänderungen während der Kurvenfahrt.

6.3.3.2 Schräglenker-Einzelradaufhängungen

Die Längs- und Querkräfte können durch einen einzigen Lenker am besten aufgefangen werden, wenn der Lenker schräg angeordnet ist *(Semi Trailing Arm Suspension)* und aufbauseitig zwei Lagerstellen mit großem Abstand aufweist. Damit wird ein guter

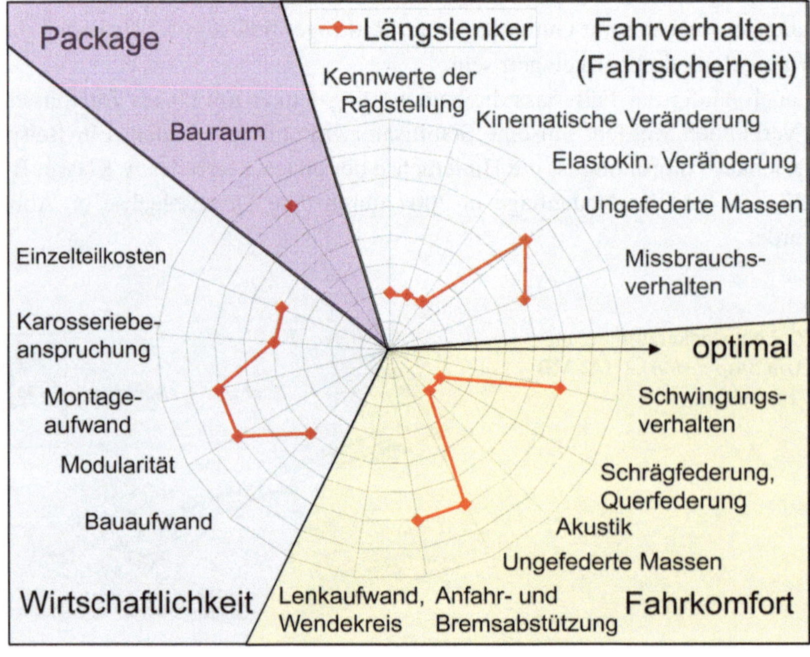

Abb. 6.38 Eigenschaftsprofil der Längslenkeraufhängung [3]

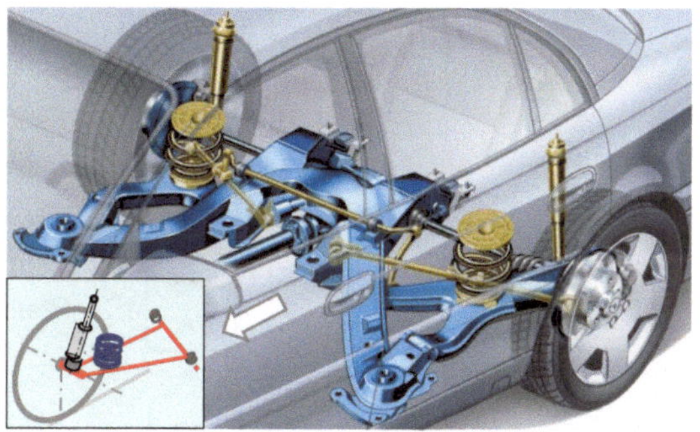

Abb. 6.39 Schräglenkeraufhängung mit Stützlenkern in *gelb*. (HA: Opel Omega, Bj. 1986)

Kompromiss zwischen Längslenker- und Pendellenker- aufhängungen erreicht, der die technischen Vorteile der beiden Konzepte besitzt, ohne große Nachteile zu haben. Die Schräglenkeraufhängungen wurden meist ab der Mittelklasse vorgesehen. Abb. 6.39 zeigt die Opel Omega Hinterachse mit Schräglenker.

Die Schräglenkeraufhängung findet ausschließlich bei angetriebenen Hinterachsen mit großen Achslasten Anwendung, wie z. B. beim ersten VW Sharan (Abb. 6.40). Die Drehachse des fest am Radträger befestigten Schräglenkers (Verbindungslinie der beiden Lagerungen zum Aufbau) liegt in der Draufsicht in der horizontalen Ebene in einem großen Winkel (Pfeilungswinkel α) von 10–25° und in der Quersicht in einem deutlich kleinerem Winkel (Dachwinkel β) von weniger als 5° zur Fahrzeugquerachse (Abb. 6.41). Durch Anpassung von Pfeilungswinkel α und Dachwinkel β lassen sich die gewünschten kinematischen Eigenschaften einstellen [6].

Ein Vergrößern des Pfeilungswinkels bewirkt ein Ansteigen des Wankzentrums, das jedoch durch den Dachwinkel wieder abgesenkt werden kann. Eine kürzere Lenkerlänge lässt nur einen eingeschränkten Federweg zu, erlaubt dafür aber ein höheres Wankzentrum. Ein langer Lenker ergibt ein tiefer liegendes Wankzentrum und eine geringere Spurweitenänderung. Eine Verkleinerung des Pfeilungswinkels oder Vergrößerung des

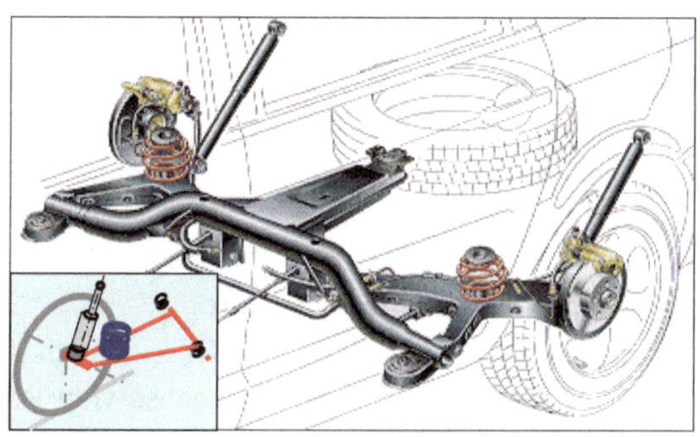

Abb. 6.40 Schräglenkeraufhängung. (HA: VW Sharan, Bj. 1995)

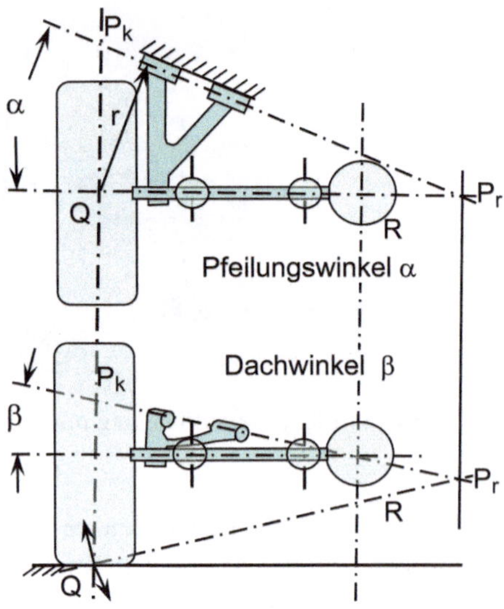

Abb. 6.41 Kinematik der Schräglenkeraufhängung

Dachwinkels bewirkt eine günstigere Bremsnickabstützung. Je größer der Pfeilungswinkel wird, umso kleiner wird die Sturzänderung. Durch den Pfeilungswinkel gehen die Räder beim Ein- und Ausfedern geringfügig in Vorspur. Der Dachwinkel wird negativ ausgelegt, um ein Wankuntersteuern durch eine Zunahme der Vorspur am kurvenäußeren Rad zu erreichen. Abb. 6.42 zeigt das Eigenschaftsprofil der Schräglenkeraufhängung.

Die Vorteile der Schräglenkeraufhängung sind:

- guter Kompromiss aus Längslenker- und Pendelachsen, einfache Konstruktion,
- Auslegungspotenzial durch Optimierung des Pfeilungs- und Dachwinkels,
- Optimierungspotential durch Variation der Steifigkeiten der vier Gummilager,
- Flache Bauweise, raumsparend, großer Freiraum zwischen den Rädern.

Die Nachteile dagegen sind:

- Seitenkräfte zwingen das kurvenäußere Rad in Nachspur,
- Sturzänderungen bei der Einfederung,
- unabhängige Auslegung der Sturz- und Vorspur- kinematik nicht möglich,
- steife Lenker und Anlenkpunkte notwendig,
- großer Abstand der Lenkerlager notwendig,
- guter Komfort nur mit Achsträger erreichbar.

6.3.3.3 Schraublenker-Einzelradaufhängungen

Der Schräglenker ist eine ebene Aufhängung und in der kinematischen Auslegungsfreiheit noch eingeschränkt. Wird er nun entlang der Drehachse vom Radhub abhängig verschiebbar gestaltet, indem ein kurzer Hilfslenker unter dem äußeren Arm angebracht wird (Abb. 6.43, s. auch Bd. 2, Abb. 7.8), entsteht ein räumlicher Mechanismus. Durch

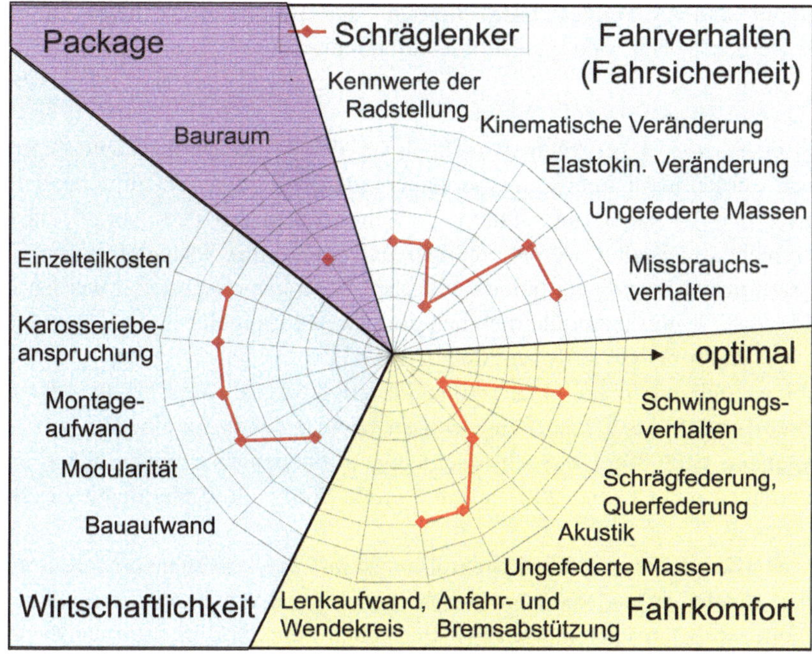

Abb. 6.42 Eigenschaftsprofil der Schräglenkeraufhängung [3]

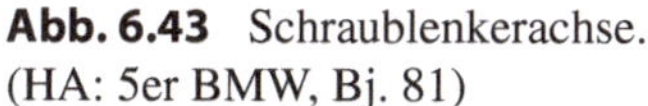

Abb. 6.43 Schraublenkerachse. (HA: 5er BMW, Bj. 81)

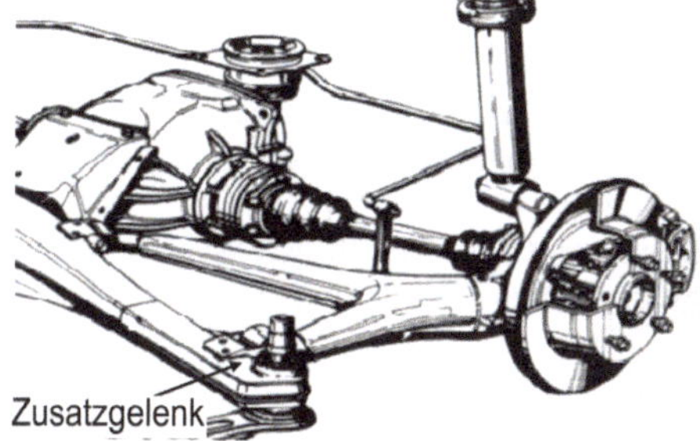

die Festlegung der Länge und des Winkels des Hilfslenkers können weitere Parameter beeinflusst werden (5er BMW, Bj. 1981). Diese Aufhängung mit einem Pfeilungswinkel von 20° und Dachwinkel von 13° hat einen günstig liegenden Nickpol und geringe Sturz- und Spurweitenänderungen.

6.3.4 Einzelradaufhängungen mit zwei Lenkern

Im Vergleich zu Aufhängungen mit einem Lenker ist es günstiger, die Längs- und Quer- kräfte mit zwei Lenkern, die winkelig zueinander angeordnet sind, aufzunehmen. Bestes

Beispiel dafür sind die Pendelachsen, die dann durch einen zusätzlichen Längslenker abgestützt werden, welche alle Längskräfte aufnehmen.

6.3.4.1 Quer-Längs-Pendelachsen

Pendelachsen *(Swing Axle)* können auch als in der Mitte durchgesägte Starrachsen beschrieben werden [2]. Die beiden Querlenker sind fast in der Achsmitte pendelnd (am Hinterachsgetriebe) gelagert und führen die Seitenwellen mit dem Vorteil, dass diese nicht verschiebbar gestaltet werden müssen und daher mit kostengünstigen Kardangelenken statt mit aufwändigen, homokinetischen Gelenken ausgestattet werden können (Abb. 6.44). Zwei Längslenker übernehmen die Längsführung der Achse (Mercedes 220, Bj. 1959, VW Käfer bis 1974, Rover 2000, Bj. 1963).

Obwohl es sich um ein einfaches und kostengünstiges Konzept für angetriebene Hinterachsen handelt, setzt man Pendelachsen heute nicht mehr ein. Die sehr starken Sturzänderungen beim Ein- und Ausfedern lassen ein heute akzeptables Kurven- und Komfortverhalten nicht zu und führen durch große Spurweitenänderungen zu erhöhtem Reifenverschleiß.

Die in der Kurve entstehende Seitenführungskraft am kurvenäußeren Rad versucht den Aufbau anzuheben und reduziert durch großen positiven Sturz die maximal übertragbare Seitenkraft am Reifenlatsch [4]. Bei hohen Seitenkräften kann dabei der Aufbau durch Aushebeln des Hinterwagens und Einklappen des kurvenäußeren Rades nach außen umkippen *(Jacking Force)*.

Abb. 6.44b verdeutlicht den Übergang von der Pendel- zur Schräglenkeraufhängung.

Abb. 6.44 Pendelachse des VW Käfer (**a**), Bj. 1948, und Schräglenkerachse des VW Transporter (**b**), Bj. 1979, beide mit Drehstabfederung

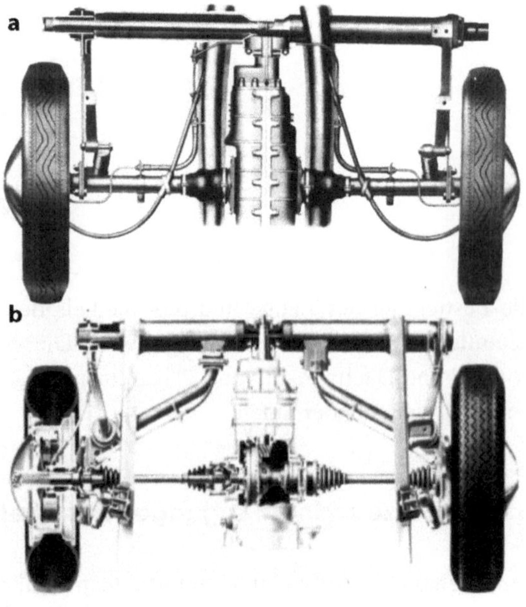

6.3.4.2 Trapezlenker mit einem Querlenker

Eine Radaufhängung mit einem Trapezlenker und einem in der oberen Ebene angebrachten Querlenker bildet die Hinterachse des Audi 100 Quattro (Abb. 6.45). Der 2-Punkt-Querlenker kontrolliert den Sturzwinkel. Der sehr breit gelagerte Trapezlenker nimmt sowohl das beim Bremsen bzw. beim Anfahren entstehende Drehmoment als auch alle Längskräfte auf. Die Spuränderungen werden durch die sehr langen Lagerabstände am Radträger (295 mm) und Aufbau (750 mm) minimiert. Diese Anordnung bietet eine sehr flache, raumsparende Raumbelegung, die für die Hinterachsen sehr wichtig ist [7].

6.3.4.3 Trapezlenker mit einem flexiblen Querlenker (Porsche Weissachachse)

Eine Radaufhängung mit einem Trapezlenker und einem Querlenker, dessen Drehachsen sich am Aufbau an einem Punkt schneiden, gehört zur sphärischen Aufhängung (Abb. 6.46).

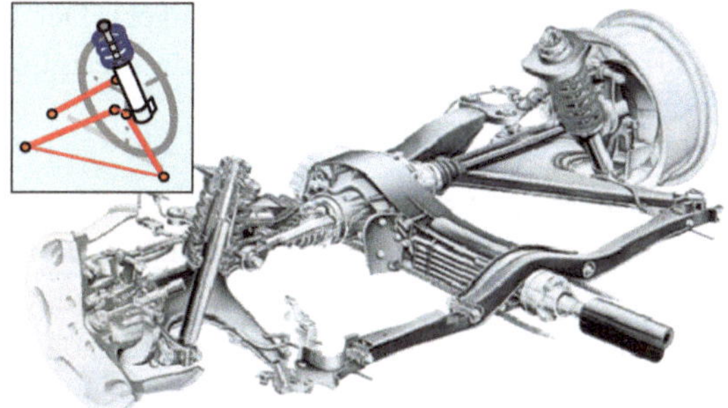

Abb. 6.45   Trapezlenkeraufhängung. (HA: Audi 100 Quattro, Bj. 1984)

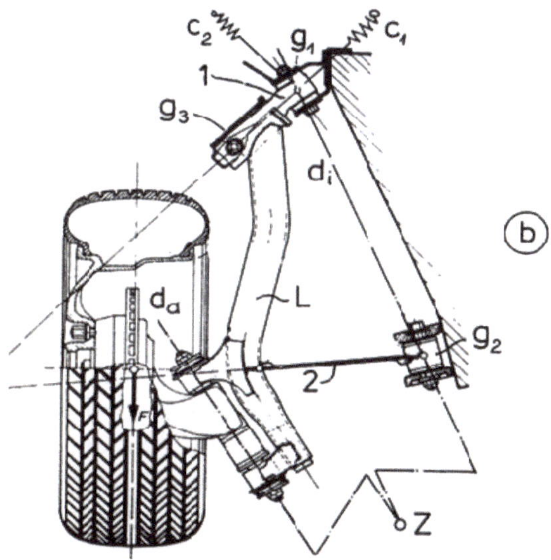

Abb. 6.46   Trapezlenkeraufhängung. (Weissach-HA: Porsche 928, Bj. 1977)

Der 2-Punkt-Querlenker kontrolliert den Sturzwinkel. Die Elastokinematik wird durch einen als Viergelenkgetriebe gestalteten Trapezlenker bestritten. Sein vorderes, der Längsfederung dienendes Lager, ist eine Steuerschwinge, die durch ein Gummilager am Fahrgestell und ein Lager mit harten Federraten am Trapezlenker befestigt ist und dafür sorgt, dass das Rad beim Bremsen oder Lastwechsel in Vorspur geht. Diese Ausführung wird bei Porsche mit Auslaufen der Modellreihe (1995) nicht mehr eingesetzt.

6.3.5 Einzelradaufhängungen mit drei Lenkern

Je mehr Lenker eine Aufhängung hat, desto mehr kinematisches Auslegungspotenzial bietet sie. Wenn jedoch mehrere Lenker den Radträger führen, können sie nicht mehr starr sondern nur über Dreh- oder Kugelgelenke mit ihm verbunden werden. Sonst wird die Kinematik überbestimmt. Auch die Drehachse des Einzellenkers am Aufbau muss drei Drehfreiheiten erhalten (meist durch Gummilager). Der Radträger bildet das Koppelglied und Aufbau bzw. Achsträger lassen sich als das Festglied der kinematischen Kette anbieten.

6.3.5.1 Längslenker mit zwei Querlenkern

Die Nachteile der Längslenker in Bezug auf die Quersteifigkeit und Elastokinematik lassen sich vermeiden, wenn zwei zusätzliche Querlenker hinzugefügt werden (Dreilenkeraufhängung). Um die durch die fehlenden Radträger entstehende Überbestimmung der kinematischen Kette zu verhindern, werden die Lenker mit entsprechenden Gummilagersteifigkeiten versehen [11].

Die beiden oben und unten angeordneten Querlenker übernehmen die Querkräfte und gleichzeitig ermöglichen sie die freie Auslegung der Sturzänderung. Die wegen des Querlenkereinsatzes sehr weich auslegbaren Gummilager der Längslenker ermöglichen eine gute Längselastizität und Schwingungsisolation und verbessern den Fahrkomfort. Das Federbein als Feder/Dämpfer wird direkt am Radträger angelenkt (Abb. 6.47).

Die Nachteile dieser Anordnung sind die erhöhten Kosten, eingeschränkter Bauraum zwischen den Rädern wegen der Querlenker und die notwendigen vier (3 Lenker und Federbein) Anbindungspunkte zum Aufbau (Achsträger ist notwendig).

6.3.5.2 Längslenker mit zwei Schräglenkern (Zentrallenker-Einzelradaufhängung)

Eine spezielle Form der Längslenker mit zwei Querlenkern ist die „Zentrallenkerachse" (Abb. 6.48). Die zwei Querlenker, die die Querkräfte aufnehmen, haben Drehachsen, die durch den Anlenkpunkt des Zentrallenkers am Aufbau laufen. Es ergibt sich eine sphärische Einzelradaufhängung (3er BMW, Bj. 1990). Das Verhältnis der Lenkerlängen zum Querpolabstand bestimmt die Relativbewegung zwischen der Radachse und der Momentanachse, welche für das Eigenlenkverhalten maßgebend ist.

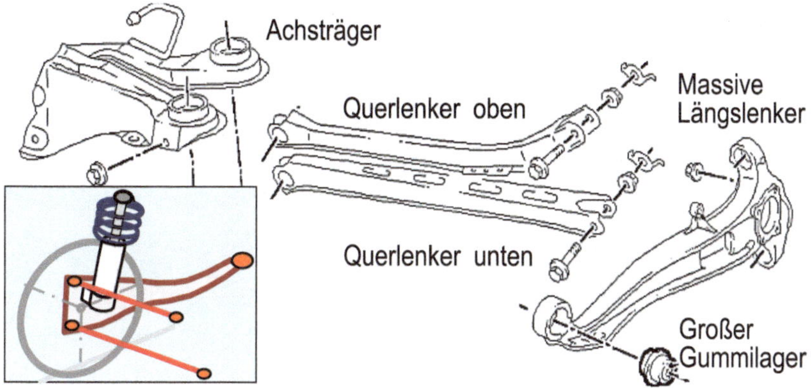

Abb. 6.47 Längslenkeraufhängung mit großvolumigen und weichem Gummilager geführt durch zwei zusätzliche Querlenker. (HA, Vectra B, Bj. 1999)

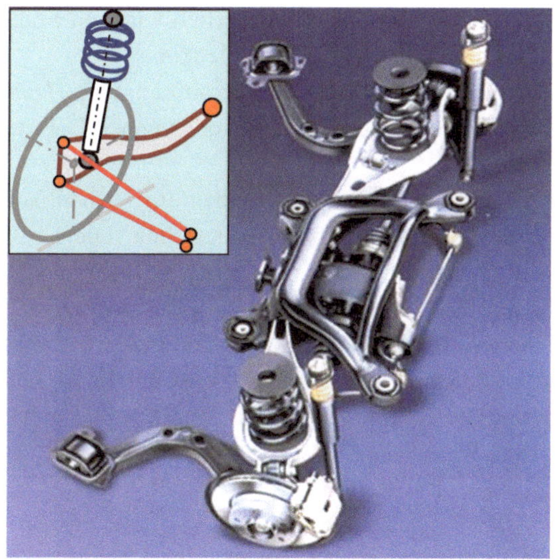

Abb. 6.48 Zentrallenkeraufhängung. (HA: 3er BMW, Bj. 1990 und Bj. 1998)

Die Elastokinematik, d. h., die Auslegung des elastischen Verhaltens unter Seiten- und Längskräften, wird über die räumliche Anstellung der Hauptachsen und der Hauptfederraten des großvolumigen Gummilagers im Längslenker unter Berücksichtigung der Grundrisspfeilung bestimmt [2]. Die Bauart einer Zentrallenker-Hinterachse mit zwei 2-Punkt-Querlenkern und einem Längslenker wurde auch für die BMW Mini Hinterachse (Abb. 6.49) und von Fiat für die neuen Doblo Modelle übernommen.

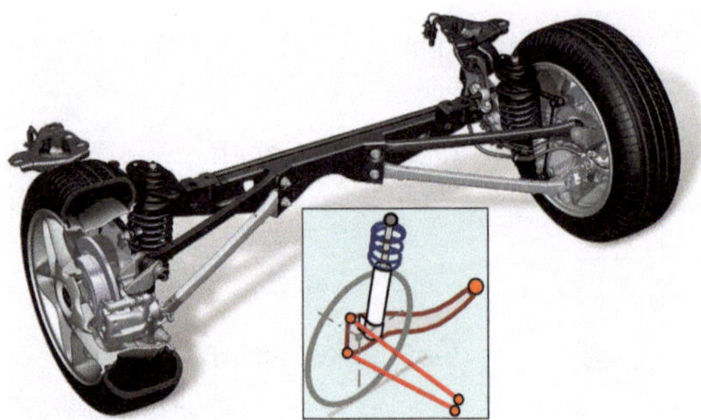

Abb. 6.49 Zentrallenkeraufhängung. (HA: BMW Mini, Bj. 2000)

6.3.5.3 Doppelquerlenkeraufhängungen

Wenn der Radträger nur mit quer liegenden Lenkern aufgehängt wird, muss ein Lenker oberhalb und der andere unterhalb der Radmitte angeordnet sein, um alle Kräfte und Momente abstützen zu können (Abb. 6.50). Zusätzlich wird ein Spurlenker benötigt, um die Spur des Rades zu definieren bzw. das Rad zu lenken.

Diese Aufhängungsart heißt Doppelquerlenkeraufhängung *(Double Wishbone Suspension)* und wird bevorzugt bei Oberklassen-Limousinen, SUVs und Sportfahrzeugen vorne und hinten verwendet.

Durch die doppelte Anbindung der 3-Punkt-Lenker am Aufbau, können die Querlenker neben den Querkräften auch die Längskräfte weiterleiten. Die Lenker haben radträgerseitig Kugelgelenke und aufbauseitig Gummilager, die relativ steif sind, um die Kräfte aufnehmen zu können. Der Fahrkomfort wird häufig durch einen zwischen Aufhängung und Aufbau angeordneten Achsträger verbessert, der mit großvolumigen und weichen Gummilagern am Aufbau befestigt wird. Zudem wird der Fahrkomfort verbessert, weil die Aufbaubelastungen und die Toleranzen der Kinematik gering gehalten werden.

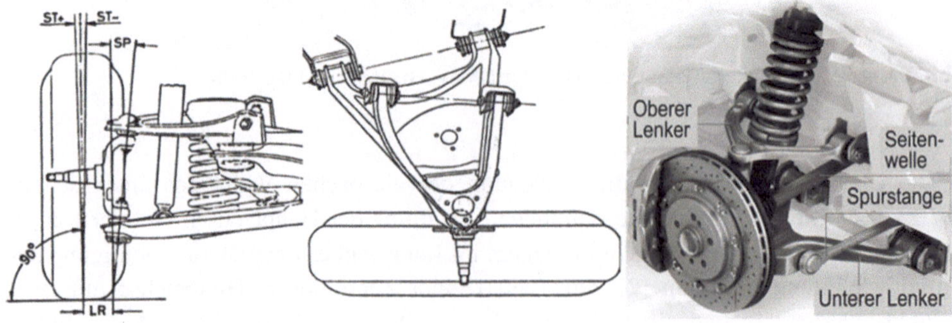

Abb. 6.50 Doppelquerlenker-(DQL)-aufhängung

Die Doppelquerlenker-Kinematik lässt sich durch Änderung der acht frei wählbaren Anbindungspunkte (Hardpoints) beider Querlenker und des Spurlenkers großzügig optimieren. Die Verbindung der Mittelpunkte der beiden Kugelgelenke am Radträger bildet die Lenkachse. Der Schnittpunkt der Verbindung Kugelgelenk–Gummilager beider Arme auf der Querebene bildet den Querpol (Wankpol). Der Schnittpunkt (wenn diese sich nicht schneiden, der Punkt des kürzesten Abstands) der Gummilagerdrehachsen beider Arme in der Längsebene bestimmt den Längspol (Nickpol). Die Lage der Lenkachse, des Wank- und Nickpols lassen sich in einem großen Bereich variieren (Abb. 6.51).

Zweckmäßig ist es, wenn die oberen Lenker kürzer sind als die unteren (daher stammt auch die amerikanische Bezeichnung SLA, *Short Long Arm*). In diesem Fall sind die Änderungen an Spur und Spurweite geringer. Der kurze obere Lenker zieht außerdem in der Kurve das einfedernde kurvenäußere Rad zu negativem Sturz und vergrößert damit die Reifenlatschfläche und erhöht die Querkraftabstützung. Außerdem ist es räumlich günstiger, wenn die oberen Lenker nicht zu sehr in den Motor- oder Kofferraum eindringen.

Die Lage des Wankzentrums wird durch die Stellung der Querlenker bestimmt und liegt meistens unter der Achsmittellinie, um die Änderungen der Spurbreite klein zu halten. Der untere Lenker liegt fast horizontal, der obere, kürzere Lenker wird etwas schräg nach unten gestellt.

Beim Wanken überträgt sich damit nur ein geringer Anteil des Wankwinkels auf den Sturzwinkel des kurvenäußeren Rades gegenüber der Fahrbahn. Damit bleibt die Querführung der Achse weitgehend unbeeinflusst von Wankbewegungen des Aufbaus. Die Lenkachsenquerneigung ändert sich auf die gleiche Weise wie der Sturz, wodurch das Rückstellmoment des stärker belasteten kurvenäußeren Rades größer wird [12].

Die Drehachsen der Gummilager beider Arme werden schräg angeordnet, um die Brems- und Anfahrnickkräfte besser abzustützen. Da der Nickpol sich im Schnittpunkt der Verlängerung der Lagerachsen befindet, wird er durch deren Winkellage optimiert.

Abb. 6.51 Kinematikpunkte der Doppelquerlenkeraufhängung mit Wank- und Nickpol

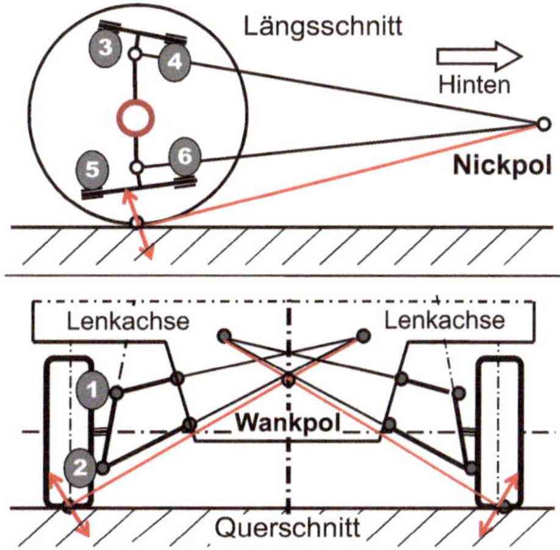

Werden die Drehachsen des oberen Lenkers nach hinten und die des unteren Lenkers nach vorne gekippt, liegt der Nickpol dicht hinter der Achse. Während des Einfederns vergrößert sich dadurch die Lenkachsenlängsneigung und es entsteht ein größerer Nachlauf, der den Geradeauslauf verbessert und in den Kurven größere Rückstellkräfte in der Lenkung aufbaut.

Die Feder- und Dämpferkräfte werden meist direkt auf die unteren Lenker oder sehr selten auf die oberen Lenker übertragen und verursachen große Biegemomente, die Gewicht und Kosten des Lenkers deutlich erhöhen. Der Abstützpunkt sollte daher möglichst nahe am Radträger gewählt werden, um die Biegung und Feder-Dämpferkräfte klein und die Übersetzung groß zu halten. Statt einer Schraubenfeder kann auch eine Drehstabfeder eingesetzt werden (Mercedes GLE-Klasse W163 (1997), s. Bd. 2, Abb. 5.11), was jedoch ebenfalls die Kosten erhöht und nur in Ausnahmefällen, z. B. bei Einbaueinschränkungen, in Frage kommt.

Eine weitere Möglichkeit ist die Anwendung einer Querblattfeder (dann aber zeitgemäß aus Compositwerkstoffen wie in Abb. 6.67 und 6.105), die gleichzeitig die Funktion des Stabilisators übernimmt.

Abb. 6.52 zeigt das Eigenschaftsprofil der Doppelquerlenkeraufhängung.

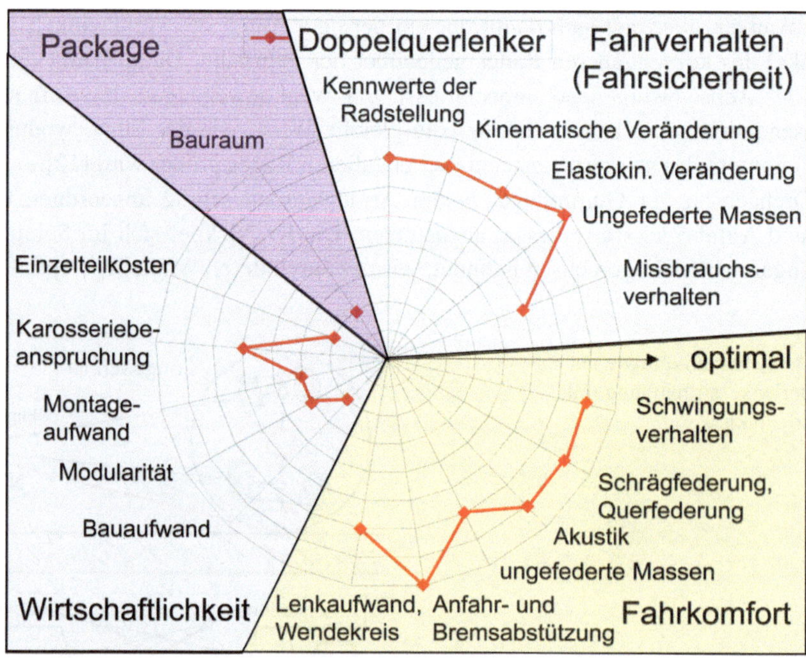

Abb. 6.52 Eigenschaftsprofil der Doppelquerlenkeraufhängung [3]

Die Vorteile der Doppelquerlenker sind:

- großes kinematisches Auslegungspotenzial: günstige Auslegung von Spur und Sturz, Wank- und Nickpolen,
- großes elastokinematisches Optimierungspotential,
- geringe Spurweitenänderung,
- hohe Quersteifigkeit.

Die Nachteile dagegen sind:

- höhere Herstellungskosten, größerer Bauaufwand,
- großer Raumbedarf,
- hohe Längssteifigkeit (geringer Abrollkomfort),
- erhöhte Nebenfederraten durch die Querlager,
- resultierende hohe Kräfte an den Lagerpunkten machen einen Achsträger unverzichtbar.

Die Doppelquerlenkeraufhängungen lassen sich in zwei Varianten auslegen (Abb. 6.53):

- **Kurze Lenkachse** *(Short Spindle):* Beide Kugelgelenke sind in der Felge und nahe an der Radmitte angeordnet. Der Abstand zwischen den Kugelgelenken ist kurz.
- **Lange Lenkachse** *(Long Spindle):* Das obere Kugelgelenk befindet sich oberhalb des Reifens. Der Abstand zwischen den Kugelgelenken ist lang.

Die zweite Ausführung ist zwar aufwändiger, bietet aber zusätzliche Möglichkeiten, die Radkinematik weiter zu verbessern. Damit kann die Lenkachse ohne Kollisionsgefahr mit der Felge fast frei gewählt werden (geringer Störkrafthebelarm, Rollwinkel usw.). Außerdem werden durch deutlich erweiterte Wirkabstände zwischen den beiden äußeren Gelenken die Kräfte an den oberen 3-Punkt-Lenkern geringer. Zugleich können die oberen Querlenker weiter außen angeordnet werden, um mehr Platz für das Antriebsaggregat freizumachen. Der große Wirkabstand erhöht auch die Genauigkeit der Radführung.

Abb. 6.53 Ausführungsvarianten der Doppelquerlenker (**a** lange Lenkachse, **b** kurze Lenkachse)

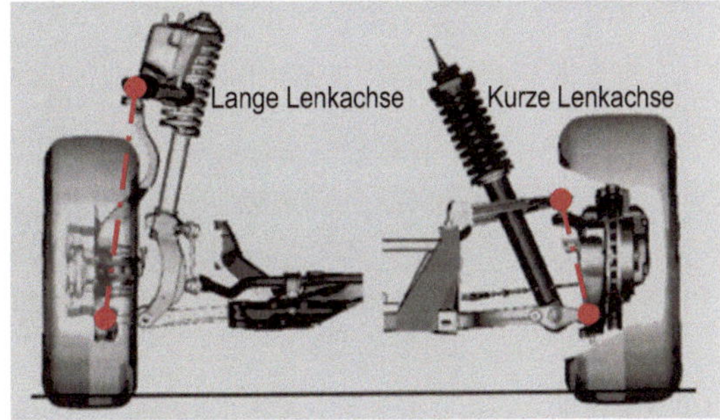

Abb. 6.54 Doppelquerlenker
mit kurzer Lenkachse. (VA:
Mercedes SLS, Bj. 2002)

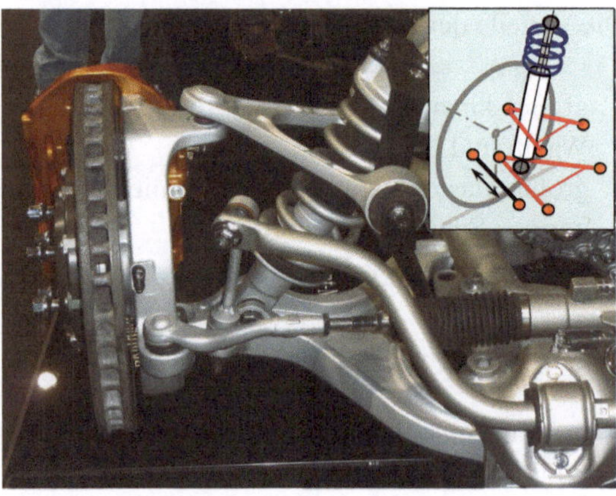

Die Nachteile sind jedoch mehr Gewicht, höhere Kosten des Radträgers und die Lagerung der oberen Lenker in der Karosserie statt auf dem Achsträger.

Die kurze Ausführung wird vorrangig für die Hinterachsen bevorzugt, weil hier die Lage der Lenkachse zweitrangig ist. An der Vorderachse ist diese Ausführung eher für die Pkws mit Front-Längs-Motoren (Platzbedarf) sowie für Sportautos (flache Fronthaube) geeignet (Abb. 6.54) [13]. Die lange Ausführung findet man nur an der Vorderachse (Abb. 6.55).

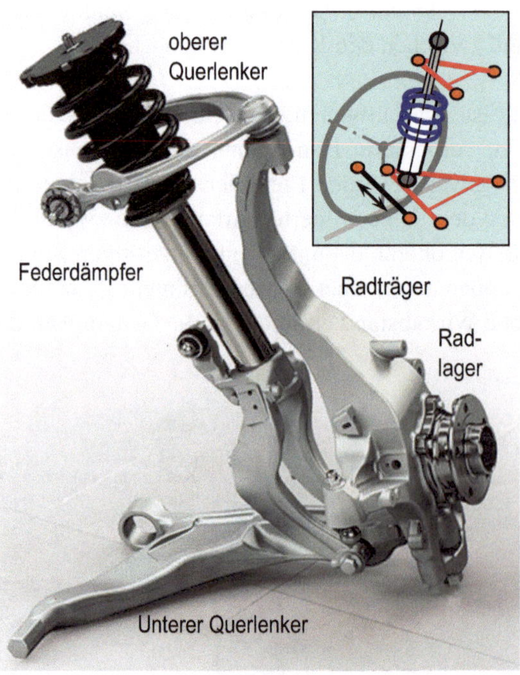

Abb. 6.55 Doppelquerlenkeraufhängung mit langer Lenkachse, Long Spindle. (VA: VW Touareg, Bj. 2002)

Abb. 6.56 zeigt die Achsen des VW Touareg: Vorne Doppelquerlenker mit langer Lenkachse, hinten eine Mehrlenkeraufhängung. Diese Aufhängungskombination ist besonders geeignet für schwere Premiumfahrzeuge mit Allradantrieb.

Abb. 6.57 illustriert die Vorderachse von Citroen C5. Interessant hier ist der Radträger aus Aluminium-Guss.

Abb. 6.58 zeigt das Fahrwerk eines anderen Premiumfahrzeugs [14]. Die Achsen des Bentley Bentayga: Standesgemäß vorne eine Vierlenkeraufhängung mit langer Lenkachse, hinten eine Mehrlenkeraufhängung. Das Bild verdeutlicht das sehr kompakte Packaging des Antriebsaggregats und Fahrwerks.

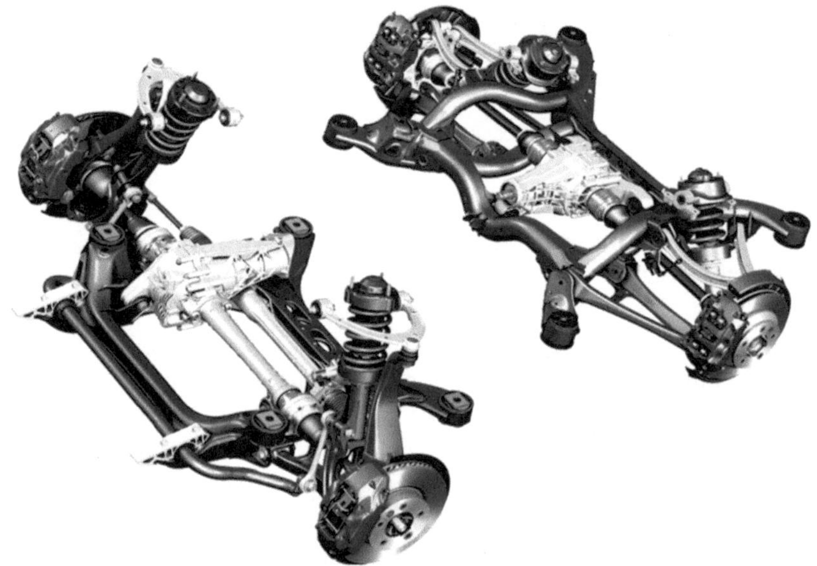

Abb. 6.56 Achsen der VW Touareg. *Vorne:* DQL mit langer Lenkachse. *Hinten:* Vierlenkeraufhängung. (VA& HA: VW Touareg, Bj. 2010)

Abb. 6.57 DQL Vorderachse Citroen C5 Bj. 2008

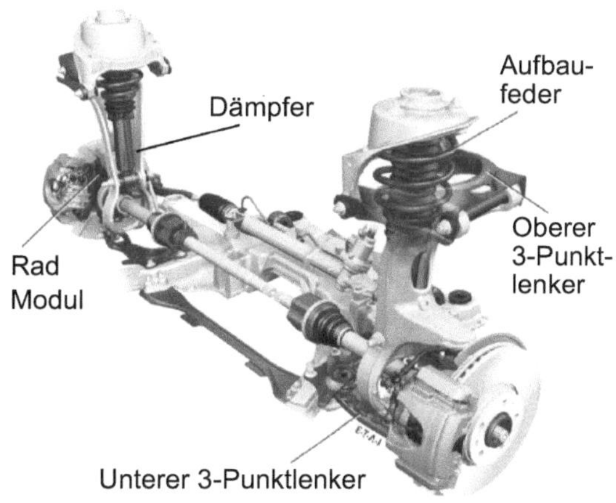

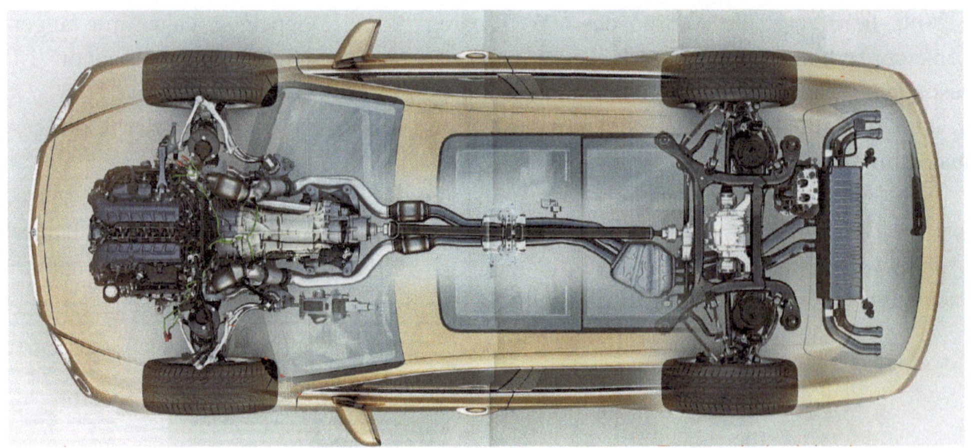

Abb. 6.58 VA: Vierlenker mit langer Lenkachse, HA: Fünflenkeraufhängung. (Bentley Bentayga Bj. 2015) [14]

6.3.6 Vierlenker – Einzelradaufhängungen der Hinterachse (Mehrlenker)

Die Aufhängung des Rades mit vier Lenkern ist möglich, wenn keine von diesen Lenkern fest (unmittelbar) am Radträger befestigt sind, d. h., jeder Lenker muss bewegliche Gelenkpunkte haben. Zweckmäßig ist es, wenn einer der Lenker längs angeordnet wird. Die Längskräfte werden durch einen Längs- oder Schräglenker elastisch abgefangen (Längsnachgiebigkeit). Da die Längslenker der Hinterachse sehr geringe Querkräfte und Querwinkeländerungen haben, reicht es aus, wenn der Längslenker als Blechlenker zwar fest am Radträger befestigt ist, selbst jedoch eine gewisse Elastizität besitzt oder mit weichem Gummilager am Aufbau gelagert wird.

Drei Querlenker dagegen fangen die Seitenkräfte vollständig ab und sorgen für eine hohe Quersteifigkeit.

Die einfachste Art, zu einem Vierlenker zu kommen, ist die Auflösung des oberen oder unteren 3-Punkt-Lenkers einer Doppelquerlenkerachse durch zwei Stablenker.

Für die Mehrlenkerachsen ist es wegen vieler unterschiedlicher Ausführungen schwierig, ein eindeutiges Eigenschaftsprofil zu zeichnen. Dennoch wird versucht ein allgemeines Profil zu erstellen (Abb. 6.59) [3].

Die Vorteile der Mehrlenkeraufhängungen sind:

- großer Gestaltungsspielraum für die Auslegung der Raderhebungskurven und der Elastokinematik,
- Erhöhung der Vorspur beim Bremsen und Kurvenfahrt wirkt stabilisierend (untersteuernd),
- gute Längselastizität (Fahrkomfort),

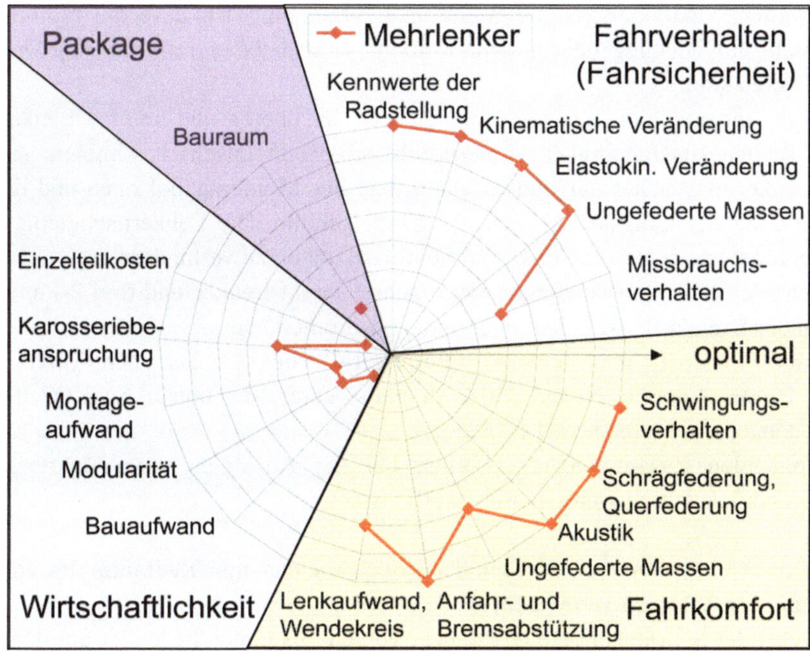

Abb. 6.59 Allgemeines Eigenschaftsprofil der Mehrlenkeraufhängungen [3]

- an der Vorderachse optimale Auslegung der Lenkachse möglich,
- an der Hinterachse lassen sich sehr hohe Quersteifigkeiten erzielen.

Die Nachteile dagegen sind:

- viele Lenker, daher hohe Kosten,
- viele Kinematikpunkte, die genau hergestellt und justiert werden müssen (Toleranzen),
- empfindlich gegen Missbrauchskräfte,
- hohe Nebenfederraten, viele Gummilager.

Da die Hinterräder nicht gelenkt werden, erfordert dies keine Kugelgelenke an den Befestigungen zum Radträger. Die 3-Punkt-Lenker sind daher im Falle der Hinterräder oft aufgelöst oder über eine gemeinsame Achse am Radträger befestigt. Hierdurch wird es ermöglicht, Spur und Sturz während des Radhubes durch unterschiedliche Lenker und somit mit mehr Freiheiten auszulegen und einzustellen. Dies nennt man Mehrpunktlenkung [15] und diese Art der Radaufhängung Mehrlenkeraufhängung *(Multilink Suspension)*. Oft positioniert man einen der aufgelösten Lenker in der Längsrichtung und mit weicher Gummilagerung, um die Längskräfte elastisch aufzunehmen (verbesserten Abrollkomfort), und die anderen in der Querrichtung, um die Querkräfte gut abzustützen. In diesem Fall spricht man von Längs-Quer-Mehrlenkeraufhängung.

Eine weitere Charakteristik der Mehrlenkeraufhängung ist, dass die radführenden Lenker nicht auf Biegung beansprucht werden [4] und daher rein auf Zug-Druck zu dimensionieren sind.

Durch die unterschiedlichen Lagersteifigkeiten der oberen und unteren Lenker kann man die Radlängsnachgiebigkeit (Längskräfte am Reifenlatsch) bestimmen; sind die unteren Lenker elastischer aufgehängt, dann liegt der Momentanpol oben und das Rad dreht sich unter der Längskraft gegen den Uhrzeigersinn. Die Lenkernachgiebigkeit ist jedoch begrenzt um exzessive Sturz- und Spurelastizitäten zu verhindern.

Bei den Mehrlenkeraufhängungen mit einem 3-Punkt-Lenker und drei 2-Punkt-Lenkern kann der Dreieckslenker oben oder unten positioniert sein.

In Serien-Pkws trifft man beide Ausführungen (3-Punkt-Lenker oben: Volvo, Cadillac CTS, Holden Caprice, Nissan 350Z, Honda Accura; oder unten: Audi Q7, Porsche Cayenne, Panamera, Mercedes GLE- Klasse).

Die folgenden Zusammenhänge sollten bei der Auslegung von Mehrlenkeraufhängungen berücksichtigt werden (Abb. 6.60) [16]:

- Möglichst kleiner Versatz zwischen Trag(Feder)-lenker und Radmitte, um eine Verspannung der Achse zu vermeiden,
- vorn liegender Spurlenker erzeugt kleinere Vorspur als hinten liegender Spurlenker,
- Verlauf der Vorspurkurve wird durch die innere Spurlenkeranbindungshöhe eingestellt,
- Spuränderung beim Bremsen wird durch die Steifigkeiten der Spurlenker-Gummilager und die Vorspurkurve bestimmt,
- der 3-Punktquerlenker ist L- förmig zu gestalten; ein Schenkel quer und der andere möglichst schräg,
- hoher Anfahrnickausgleich wird erreicht durch höhere Positionierung der Innenlenkeranbindung vorn unten.

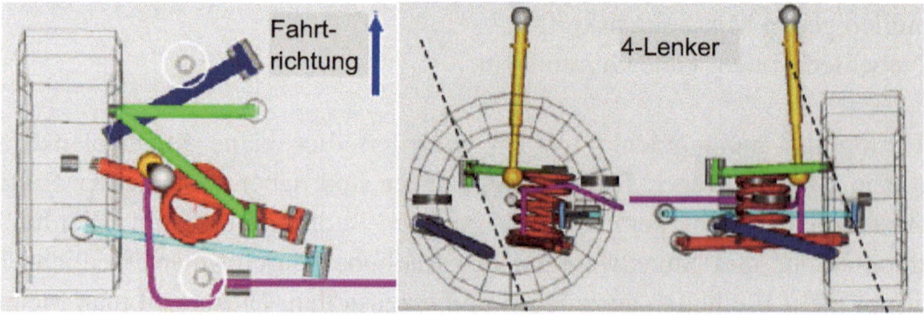

Abb. 6.60 Kinematik der Mehrlenkeraufhängungen [16]

6.3.6.1 Mehrlenkerhinterachsen durch Auflösung des unteren 3-Punkt-Lenkers

Kinematisch gesehen lässt sich jeder 3-Punkt-Lenker durch zwei 2-Punkt-Lenker ersetzen. Damit entstehen Aufhängungen mit vier oder fünf Lenkern. Da die steigende Anzahl der festzulegenden Parameter eine bessere Auslegung der Aufhängung ermöglicht (jede Auflösung bringt einen zusätzlichen Hardpoint oder drei neue Koordinaten, die frei festgelegt werden können) lassen sich die Kennwerte besser an die Anforderungen anpassen, d. h., Fahrsicherheit- bzw. Fahrkomfort verbessern. Die Kosten jedoch erhöhen sich, weil man nun vier statt drei Gelenkpaare benötigt.

Ein Schräg- und drei Querlenker

Ein Nachteil bei den Mehrlenkerachsen mit Längslenker ist die Anbindung des Längslenkers direkt an der Karosserie, wodurch Geräuschprobleme entstehen können und eine volle Vormontage aller Lenker an den Achsträger nicht möglich ist. Deshalb positionieren einige Hersteller den Längslenker schräg statt längs und lagern direkt auf dem Achsträger. Volvo und GM Cadillac ziehen diese Anordnung bei allen ihren Hinterachsen vor, die einen großen Achsträger aus Aluminium besitzen. An dem Achsträger wird auch das Hinterachsgetriebe befestigt. Oberer Querlenker ist weiterhin ein 3-Punkt-Lenker und die drei restlichen sind 2-Punkt-Lenker. Der Federdämpfer stützt sich auf den unteren Querlenker.

Der vordere obere Lenker ist schräg angeordnet und weich gelagert, um die notwendige Längselastizität zu ermöglichen (Abb. 6.61). Abb. 6.62 zeigt eine ähnlich aufwändige Hinterachse des Holden VE-Car, Baujahr 2008, bei der alle Lenker am Achsträger gelagert sind. Hier sind Achsträger und alle Lenker als Stahlblechpressteile ausgeführt.

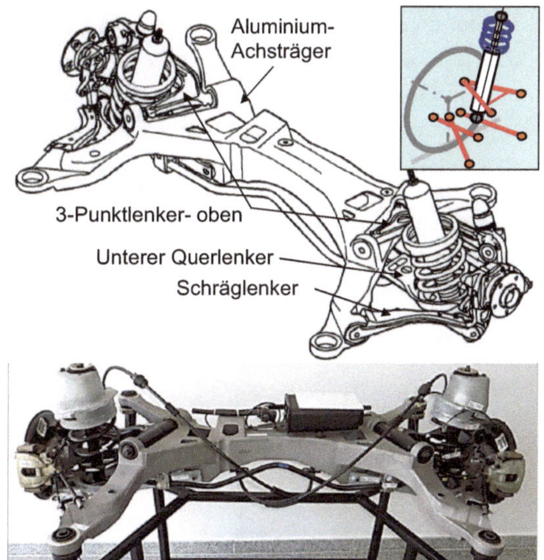

Abb. 6.61 Mehrlenkeraufhängung mit einem 3-Punkt-Lenker oben und drei 2-Punkt-Lenker unten. (HA: Volvo S80, Bj. 1998)

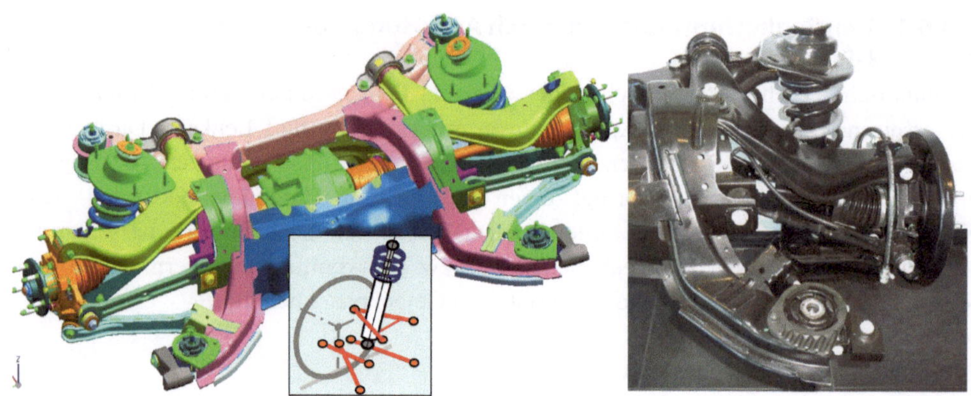

Abb. 6.62 Mehrlenkeraufhängung. (HA:Holden VE Car Bj. 2008)

6.3.6.2 Mehrlenkerhinterachsen durch Auflösung der oberen 3-Punkt-Lenker

Kinematisch gesehen ist es gleichwertig, statt der unteren die oberen Dreieckslenker aufzulösen. Beispiele zu dieser, von den deutschen Herstellern bevorzugten Ausführung, zeigt die Abb. 6.63 mit der Hinterachse des Porsche Panamera.

6.3.6.3 Trapezlenkeraufhängung (Integrallenker)

Wenn in der unteren Lenkerebene ein Trapezlenker ist, verbleiben noch zwei Freiheitsgrade, die durch zwei 2-Punkt-Querlenker abgedeckt werden können. Die Bremsmomentabstützung erfolgt durch einen kurzen Zusatzlenker (Zwischenkoppel) zwischen dem Trapezlenker und dem Radträger, wie an der Integralachse des 7er BMW in Abb. 6.64 [17] oder an der Trapezlenker-Hinterachse von Audi A4 (Abb. 6.65) zu sehen sind.

Da jetzt dieser Zusatzlenker eine drehsteife Kette zwischen den Querlenkern bildet, kann das Gummilager des Trapezlenkers am Achsträger bzw. Aufbau zum Zwecke der Längsfederung sehr weich gestaltet werden.

Abb. 6.63 Mehrlenkeraufhängung mit aufgelösten oberen Lenkern. (HA: Porsche Panamera, Bj. 2009)

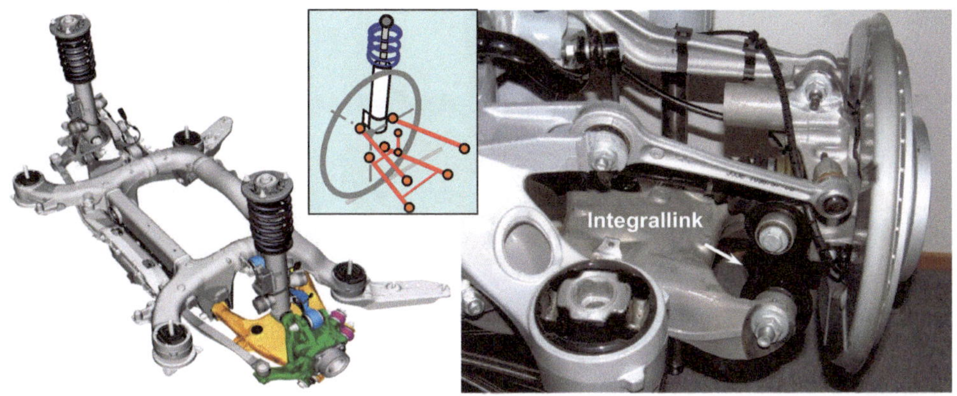

Abb. 6.64 Trapezlenkeraufhängung mit Integrallenker. (HA: 7er und 5er BMW, Bj. 2009/2010)

Abb. 6.65 Trapezlenker.
(HA: AudiA4, Bj. 2007)

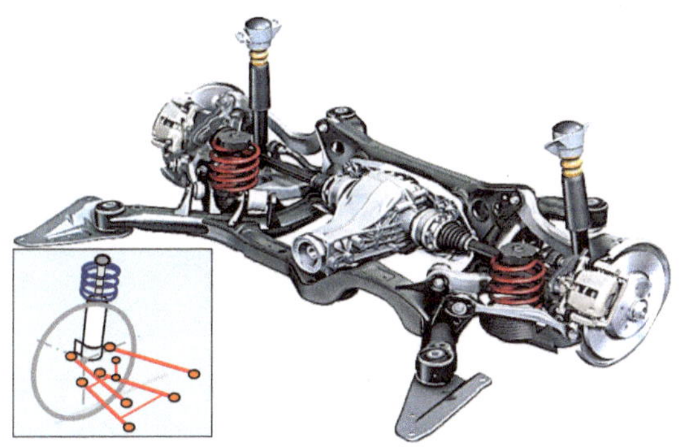

Der Trapezlenker ist ein relativ aufwendiges Bauteil und kann verhältnismäßig komplex werden. Deswegen ersetzt BMW dieses technisch beste Hinterachskonzept bei den neusten 5er und 7er durch Fünflenkeraufhängung, die deutlich kostengünstiger zu bauen sind.

Auf der anderen Seite hat Ford für den neuen Mondeo eine Trapezlenkeraufhängung entwickelt (Abb. 6.66), die seit 2014 bei vielen Ford Premiumfahrzeugen (z. B. auch Mustang) serienmäßig eingebaut wird.

Der neue Volvo XC90 hat ebenfalls eine Trapezlenkeraufhängung. Die Federung übernimmt eine GFK Querblattfeder, die auch den Stabilisator ersetzt und damit Gewicht spart (Abb. 6.67).

Trapezlenkeraufhängungen kennzeichnen sich durch sehr kleines Radträgerkippen beim Bremsen und Beschleunigen aus. Durch den elastokinematischen Drehpol außen, hinter Radmitte ergibt sich ein günstiges Vorspurverhalten beim Bremsen und bei Kurvenfahrt (Abb. 6.68). Die Einstellmöglichkeiten sind [18]:

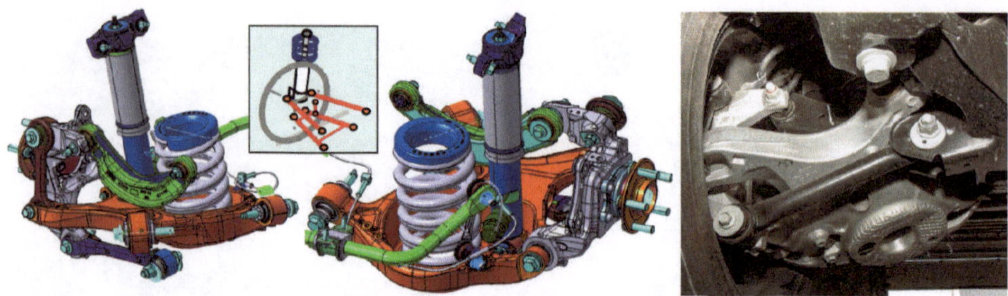

Abb. 6.66 Trapezlenkeraufhängung mit Integrallenker. (HA: Ford Mondeo CD4, Bj. 2013)

Abb. 6.67 Trapezlenkeraufhängung mit Kompositquerblattfeder. (HA: Volvo XC 90, Bj. 2016)

Abb. 6.68 Kinematische Einstellungen der Trapezlenkeraufhängung. (HA: Audi A4 Bj. 2007) [18]

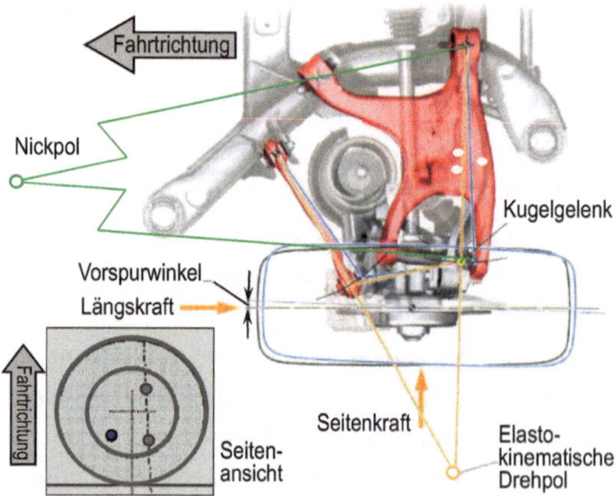

- Brems- und Anfahrnickausgleich lassen sich unabhängig voneinander auslegen,
- Vorspuränderungseinstellung durch die Höhe der Spurlenker-Innenanbindung,
- Quersteifigkeitseinstellung durch Trapezlenkergummilagersteifigkeit,
- Bremslenkungseinstellung durch Spurstangenpfeilung,
- Längsnachgiebigkeitseinstellung durch Steifigkeit des vorderen unteren Gummilagers,
- Sturz- und Nachlaufwinkeleinstellungen durch oberen Lenker.

6.3.6.4 Mehrlenkerhinterachsen mit Längslenker

Ein Längs- und drei Querlenker

Eine gängige Ausführung der Mehrlenkerachse besteht aus einem Längs- und drei Querlenkern, von denen zwei in der unteren und der dritte in der oberen Ebene angeordnet sind. Diese Aufhängung ist mit der Einführung an der Focus Hinterachse 1999 unter dem Namen Schwertlenkeraufhängung bekannt geworden (Abb. 6.69).

Der Radträger ist mit einem Schwert in Längsrichtung drehbar mit dem Aufbau verbunden. Das Schwert ist allerdings elastisch (gehärtetes Blech) und besitzt zudem ein weiches Gummilager, um die Spur- und Sturzänderungen, bedingt durch die anderen Lenker, zuzulassen. Die drei quer angeordneten Lenker nehmen die Querkräfte auf. Der elastisch weich gelagerte Längslenker nimmt dagegen die Brems- und Anfahrkräfte auf, und sorgt für einen sehr guten Abrollkomfort.

Abb. 6.70 zeigt eine vergleichbare Ausführung des VW Golf VII. In Abb. 6.71 wird die Kinematik dieser Mehrlenkeraufhängung dargestellt.

Den Nickpol bildet das aufbauseitig elastisch angebrachte Lager. Die unteren parallel angeordneten Querlenker bestimmen die Spurkurve und sind ungleich lang; bei einer Längskraft wird die Nachspur, die durch die Gummilagerelastizitäten entsteht, kompensiert, weil der kürzere Lenker das Rad nach innen zieht [19]. Auch beim Einwirken der Querkräfte und beim Einfedern zieht dieser Lenker das Rad in Richtung mehr Vorspur.

Die neuen A- und B- Klassen von Mercedes besitzen nun nach mehreren Konzeptwechseln (s. Abb. 6.37 und 6.17) ebenfalls diese Art von Mehrlenkeraufhängung (Abb. 6.72).

Die angetriebene Hinterachse des Mazda 929 von 1988, die unter den Namen E-Link bekannt ist, hat genau solche Radträger als Längslenker plus 3 Querlenker, die fast parallel zueinander verlaufen und Kugelgelenke als Verbindung zum Radträger aufweisen. Die Gummilager zum Aufbau haben asymmetrische Kennlinien. Das vordere reagiert elastisch bei Kräften nach innen und steif bei Kräften nach außen, das hintere genau umgekehrt. Hierdurch ergibt sich bei Querkräften eine Vorspur (Abb. 6.73).

Abb. 6.69 Schwertlenker-Aufhängung: ein Längs- und drei Querlenker. (HA: Ford Focus, Bj. 1999)

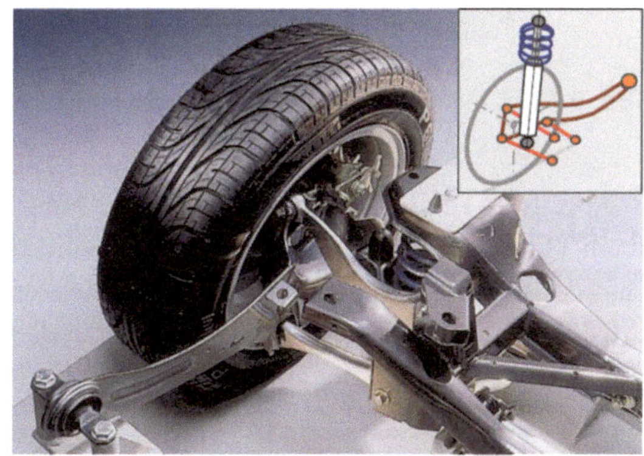

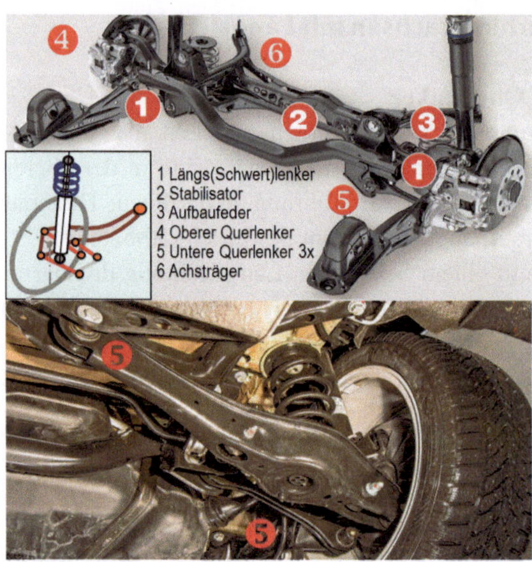

Abb. 6.70 Mehrlenkeraufhängung: ein Längs- und drei Querlenker. (HA: VW Golf VII, Bj. 2012) [8]

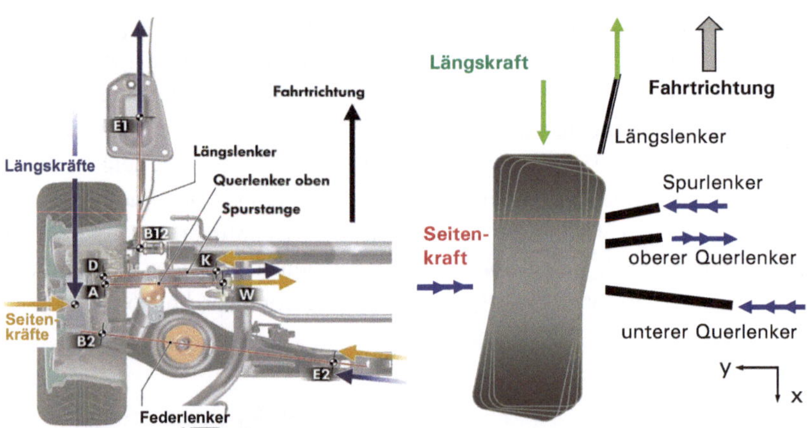

Abb. 6.71 Kinematik der Mehrlenkeraufhängung [19]. (HA: VW Golf V. Bj. 2002)

Abb. 6.74 zeigt die nicht angetriebene Hinterachse vom Honda Accord, bei der der obere Querlenker über dem Reifen liegt und damit eine lange Lenkachse bildet. Die Längskräfte und die Bremsmomente werden von einem weich gelagerten Längslenker aufgenommen. Die unteren Lenker sind parallel zueinander und der Vordere ist kürzer als der Hintere. Dadurch geht das Rad beim Einfedern in eine gute Sturzabstützung.

Abb. 6.72 Mehrlenkeraufhängung:
ein Längs- und drei Querlenker [20].
(HA: Mercedes A- und B-Klasse. Bj.
2012)

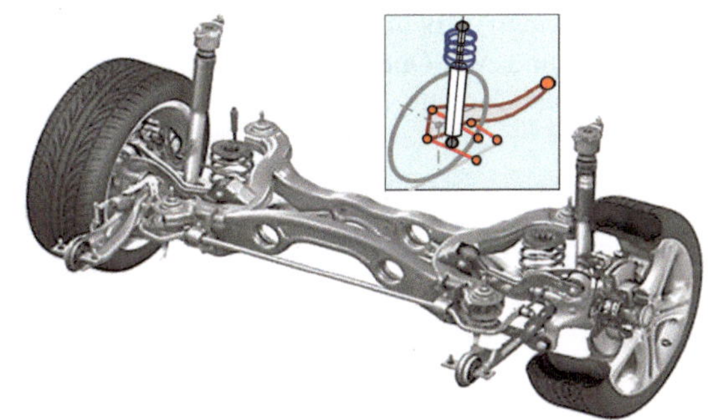

Abb. 6.73 E-Link-
Mehrlenkeraufhängung: ein
Längs- und drei Querlenkern.
(HA: Mazda 929, Bj. 1988)

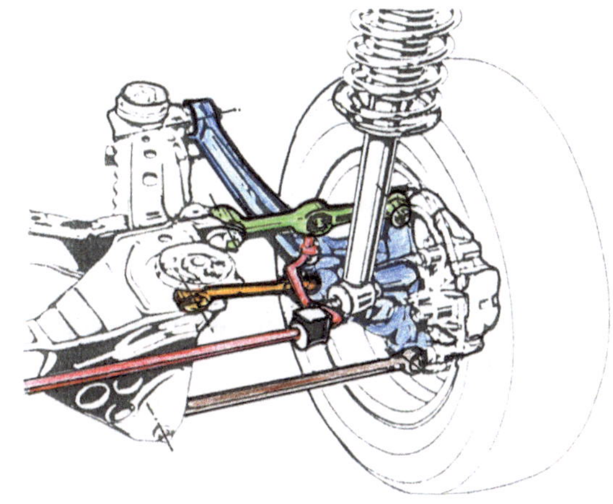

Abb. 6.74 Anordnung
mit einem Längs- und drei
Querlenkern. (HA: Honda
Accord, Bj. 1986)

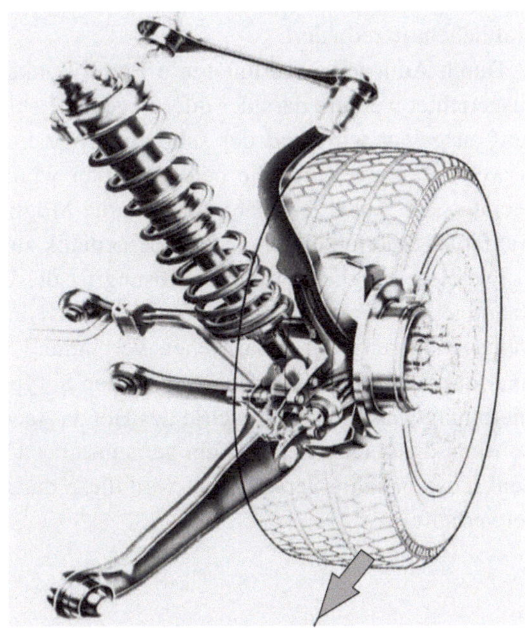

Abb. 6.75 Mehrlenkeraufhängung:
zwei Längs- und zwei Querlenker.
(HA: Chevrolet Corvette, Bj. 1960)

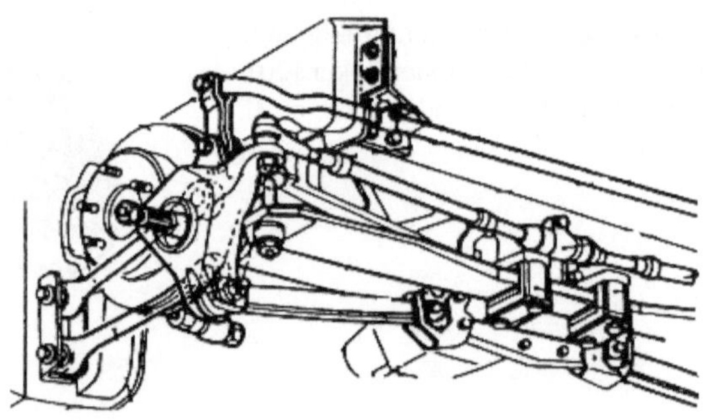

Zwei Längs- und zwei Querlenker

Zwei fast parallel laufende Längslenker nehmen die Längskräfte und das Antriebs- und Bremsmoment auf und die zwei Querlenker sowie die Seitenwelle stützen das Rad gegen Querkräfte und kontrollieren den Sturz- und Spurwinkel (Abb. 6.75).

Die Federung übernimmt die quer angeordnete, nicht radführende Blattfeder aus Compositwerkstoff über Pendelstützen (Chevrolet Corvette, Bj. 1960)

6.3.7 Vierlenker – Einzelradaufhängungen der Vorderachse

Auch an der Vorderachse lässt sich aus einer Doppelquerlenkerachse durch Auflösen eines Dreieckslenkers eine Vierlenker-Aufhängung ableiten. Hier wird vorzugsweise der untere Dreieckslenker aufgelöst, um durch weich-harte Lagerung der beiden Gummilager die Längsnachgiebigkeit zu verbessern. Zudem wird durch Erzeugung einer virtuellen Lenkachse ein neutraler bzw. negativer Lenkrollradius erzielt und der Störkrafthebelarm reduziert.

Durch Auflösung des unteren 3-Punkt-Lenkers können die beiden neuen Lenker so ausgerichtet werden, dass der quer liegende Lenker allein die Seitenkräfte aufnimmt und steif ausgelegt wird und der schrägliegende Lenker den Abrollkomfort erhöht, indem er weich gelagert wird; die beiden Lenker würden sich nicht mehr gegenseitig negativ beeinflussen. Außerdem hat man auch die Möglichkeit, durch unabhängige Auswahl der Gummilagersteifigkeiten, die Elastokinematik zu optimieren.

Die erste Möglichkeit der Auflösung ist die Lagerung des zweiten Lenkers nicht am Radträger, sondern am ersten Lenker. Die Kinematikpunkte bleiben unverändert; die weiche Lagerung der zusätzlichen Verbindung verbessert den Abrollkomfort. Ein Beispiel dazu ist die Ausführung des Jaguar S-Type (Abb. 6.76). Eine ähnliche 4-Lenker-anordnung weist die Vorderachse des Honda Accord auf (Abb. 6.77).

Wenn die beiden Lenker kein gemeinsames Gelenk besitzen, dann lässt sich auch die Lenkachse beliebig verschieben, weil diese durch den fiktiven Schnittpunkt beider Lenker verläuft.

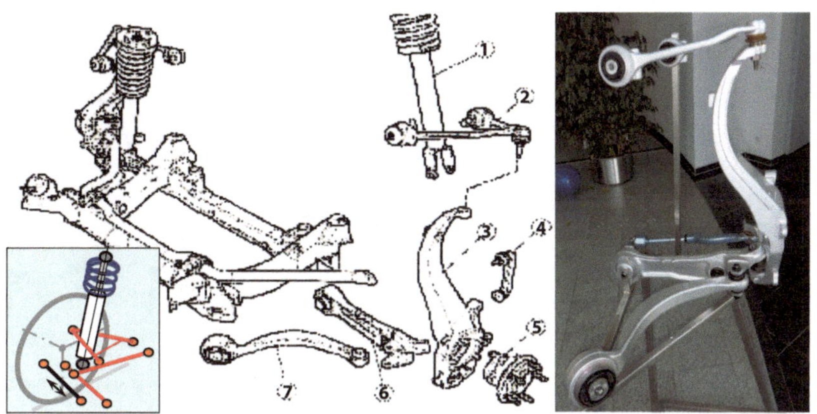

Abb. 6.76 Aufhängung mit 2-teiligem unterem Lenker. (VA: Jaguar S-Type, Bj. 2000)

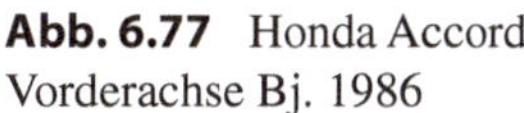

Abb. 6.77 Honda Accord
Vorderachse Bj. 1986

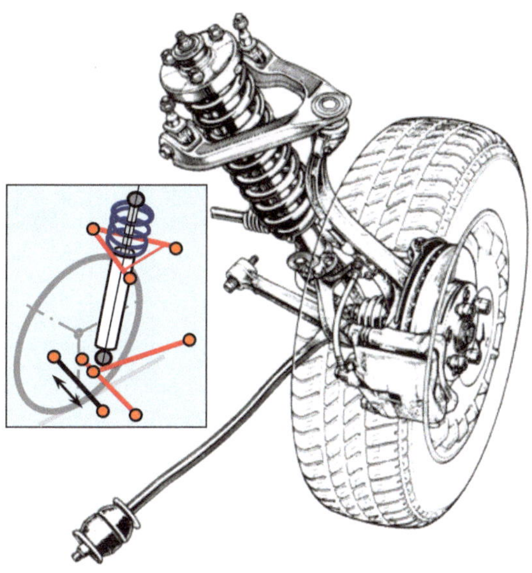

   Als Beispiele sind die aufgelösten unteren Ebenen des Ford Falcon (Abb. 6.78),
BMW 7er (Abb. 6.79) oder auch Mercedes C450 4-Matic (Abb. 6.80) zu nennen.
   Die durch die Auflösung verdoppelten, nah zueinander liegenden Kugelgelenke
benötigen jedoch viel Platz in der Felge und erschweren die freie Auslegung. Abb. 6.78
rechts zeigt das Packageproblem mit zwei extrem dicht nebeneinander liegenden Kugelgelenken. Dies wird durch ein in ein gemeinsames Gehäuse eingebautem „Doppelgelenk",
bei dem die Kugelmittelpunkte höhenversetzt und die Kugelzapfen entgegengesetzt orientiert sind, entschärft (Abb. 6.81). Das Doppelgelenkgehäuse wird dann an den Radträger
geschraubt.

Abb. 6.78 Doppelquerlenker-Aufhängung mit aufgelöstem unterem Lenker. (VA: Ford Falcon, Bj. 2008)

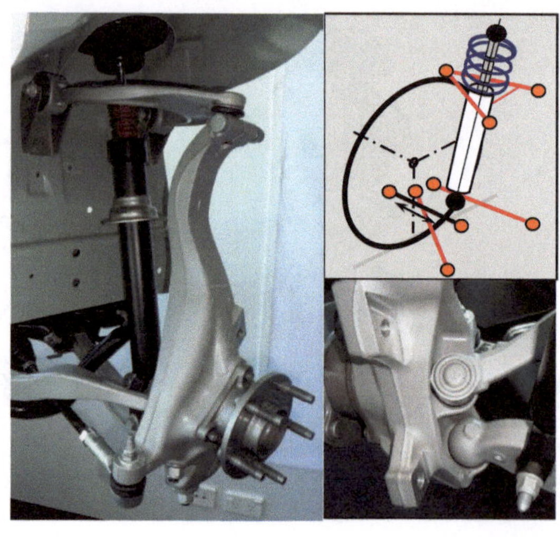

Abb. 6.79 Doppelquerlenker-Aufhängung mit aufgelöstem unterem Lenker. (VA: BMW 7er, Bj. 2009)

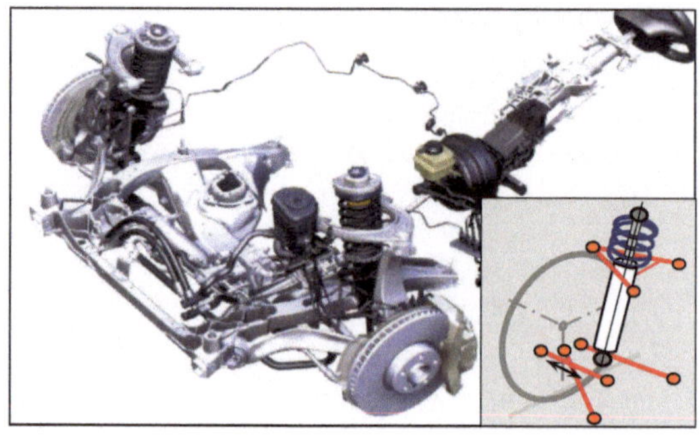

Abb. 6.80 Doppelquerlenker-Aufhängung mit aufgelöstem unterem Lenker. (VA: Mercedes, C450 Bj. 2015)

Abb. 6.81 Doppelgelenk für
die unteren Lenker [21]

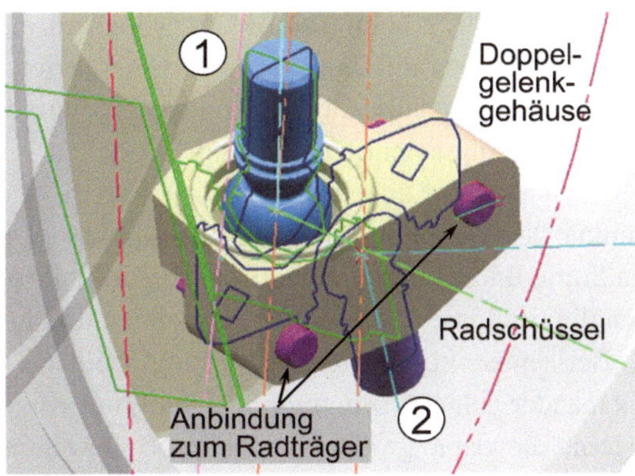

6.3.8 Einzelradaufhängungen mit fünf Lenkern

Die maximal mögliche Anzahl der Lenker einer Radaufhängung ist fünf. Alle diese fünf
Lenker müssen 2-Punkt-Lenker sein und am Radträger befestigt werden. Das Rad hat
nur einen Freiheitsgrad. Die Fünflenkeraufhängungen lassen sich als Hinter oder Vorderachse einsetzen. In der Vorderachse ist die Spurstange der fünfte Lenker. Da die fünf
Lenker räumlich angeordnet sind, bezeichnet man diese Aufhängung auch als *„Raumlenkeraufhängung"*. Dies ist jedoch ein Begriff, der nur für die Hinterachse benutzt wird.

Die Vorteile der Fünflenker-Radaufhängungen sind:

- gezielte Auslegung der kinematischen und elastokinematischen Eigenschaften ohne
  Kompromisse,
- geringe, ungefederte Massen (keine Biegekräfte an den Lenkern),
- geringe Anbindungskräfte zum Aufbau hin,
- Freiraum in der Radmitte für die Seitenwellen.

Die Nachteile dagegen sind:

- großer Raumbedarf,
- aufwendige Konstruktion und Abstimmung,
- hohe Nebenfederraten, viele Gummilager
- empfindlich gegen Missbrauchskräfte,
- ein Achsträger notwendig.

6.3.8.1 Fünflenker Einzelradaufhängung – Vorderachse

Löst man den unteren und den oberen 3-Punkt-Lenker einer Doppelquerlenkeraufhängung auf, so hat man fünf 2-Punkt-Lenker; sogenannte Raumlenker (Mercedes Benz
Bezeichnung) für die Hinterachse oder Fünflenker (Audi Bezeichnung) für die Vorderachse. An gelenkten Achsen wird dadurch eine frei im Raum liegende, virtuelle Lenkachse realisiert, die von Fritz Oswald 1958 patentiert wurde. Die „virtuelle Lenkachse"

fand zuerst 1977 beim 7er BMW, jedoch in einer Federbeinaufhängung, und 1994 an einer Mehrlenkeraufhängung im Audi A8 Serienanwendung. Dieses Konzept wurde dann auch auf die Modelle A4 und A6 übertragen und ist gegenwärtig immer noch im Serieneinsatz, allerdings nur bei den Audi-Modellen.

Die virtuelle Lenkachse des A4 (Abb. 6.82 und 6.83) wird durch die zwei Schnittpunkte der Querlenkerrichtungen festgelegt. Dadurch verläuft die Lenkachse nah zur Radmitte und es ergibt sich ein geringer Lenkrollradius und Störkrafthebelarm. So werden die Einflüsse der Antriebs-, Brems- und Unwuchtkräfte auf die Lenkung minimiert.

Bei einer kompletten Auflösung beider 3-Punkt-Lenker müssen diese drehbar zueinander gelagert sein, radträgerseitig mit Kugelgelenken und aufbauseitig mit Gummilagern, die dann größere kardanische Bewegungen zulassen müssen, ohne dabei ihre Steifigkeit in der Hauptbelastungsrichtung zu verlieren. Deshalb sind solche Auslegungen aufwendiger. Die Drehbarkeit der einzelnen Lenker um ihre Längsachsen muss zudem bei der Raumaufteilung der Aufhängung in allen Radpositionen berücksichtigt werden.

Abb. 6.82 Mehrlenkeraufhängung mit fünf Querlenkern (einer ist die Spurstange). (VA: Audi A6 C7, Bj. 2011)

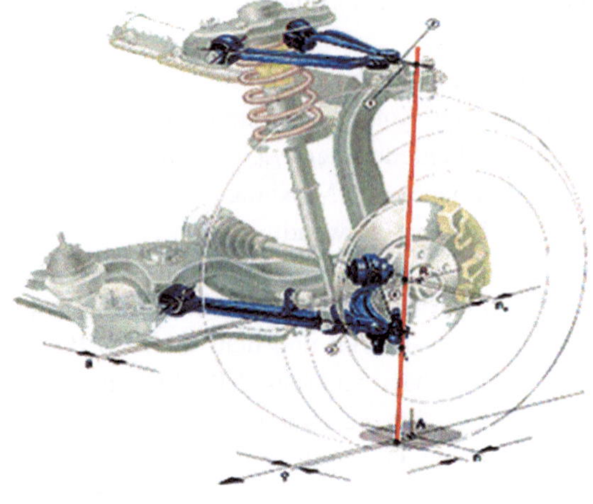

Abb. 6.83 Virtuelle Lenkachse (rot dargestellt) der 5-Lenker-Vorderachse (Audi A4, A6 und A8)

6.3.8.2 Fünflenker-Einzelradaufhängung – Hinterachse (Raumlenker)

Für die Hinterachse setzt man fünf voneinander unabhängige, räumlich zwischen Radträger und Achsträger verteilte 2-Punkt-Lenker ein, wenn man das ganze kinematische Auslegungspotenzial ausnutzen will. Zwei obere und zwei untere, jeweils in Draufsicht gegeneinander angestellte Querlenker, übernehmen die Seiten- und Längskräfte. Der fünfte (Spur-)Lenker, etwa in der Höhe der Radachse, bestimmt im Wesentlichen den Spurwinkel und dürfte in der neutralen Achse der elastischen Sturzänderungen bei Seitenkraft liegen.

Die erste und bekannteste Raumlenkeraufhängung ist die vom Mercedes C190 aus dem Jahr 1985 (Abb. 6.84 zeigt eine vergleichbare Achse in der GLE-Klasse Bj. 2005).

In den aktuellen 1er- und 3er-Modellen des BMW sind ebenfalls Fünflenker-Hinterachsaufhängungen eingebaut. Damit hat BMW das Konzept der bis dahin eingebauten Zentrallenkeraufhängung verlassen, um das größere Optimierungspotenzial des Raumlenkers auszunutzen (Abb. 6.85).

In der Mercedes S-Klasse (W220, Bj. 1997) kreuzten sich die beiden oberen Querlenker. So entstand eine Spreizung der virtuellen Lenkachse, geneigt zur

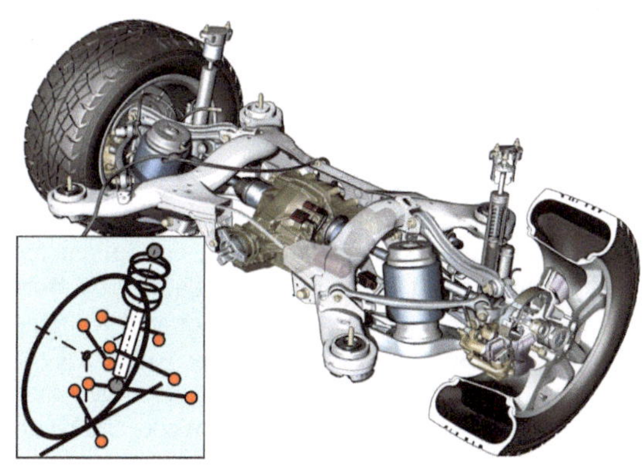

Abb. 6.84 Fünf-(Raum-)lenkeraufhängung. (HA: Mercedes GLE-Klasse, Bj. 2005)

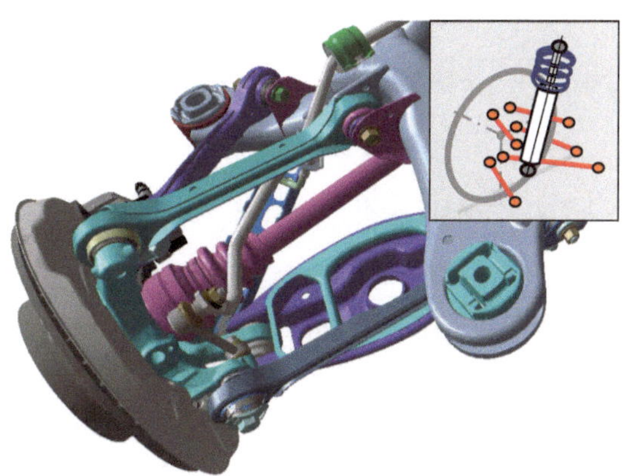

Abb. 6.85 Fünflenkeraufhängung. (HA: 3er BMW E90, Bj. 2005)

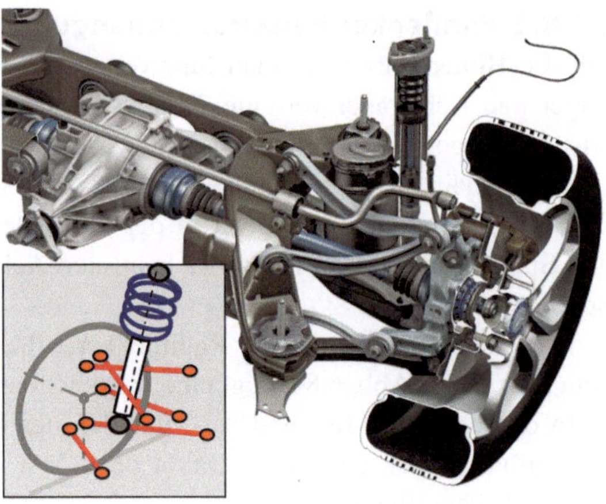

Abb. 6.86 Fünflenkeraufhängung mit gekreuzten oberen Lenkern. (HA: Mercedes E-Klasse W212, Bj. 2009)

Fahrzeuginnenseite. Dadurch lässt sich eine gezielte Abstimmung der elastischen Lenkwinkel beim Bremsen und Anfahren realisieren und die achsinternen Kräfte lassen sich um 10 % senken [22]. Diese Anordnung wurde auch für die aktuelle E-Klasse (W212) übernommen (Abb. 6.86).

In einer Patentanmeldung [23] von BMW wird die optimale Anordnung der fünf Lenker für die Hinterachse wie folgt beschrieben (Abb. 6.87):

„Es sollten zwei Lenker oben, zwei unten und die fünfte als „Spurstange" auf der Radmittelpunktebene, hinter der Radmitte mit einer Peilung von3°bis10° angestellt angeordnet sein. Diese Spurstangenanordnung ermöglicht einen lang bauenden Lenker, der toleranzunempfindlich ist und geringe Kardanik bzw. Torsion verursacht. Dies lässt wiederum den Einsatz kostengünstiger Gummilager statt Kugelgelenke zu. Die kurz bauenden oberen beiden Lenker sollten in Fahrtrichtung vor dem Feder-/Dämpferelement liegen, um den Bauraum optimal zu nutzen. Die radträgerseitigen Anlenkpunkte der oberen und unteren Lenker werden höhenversetzt angeordnet. Weder die beiden oberen noch die unteren Lenker dürfen

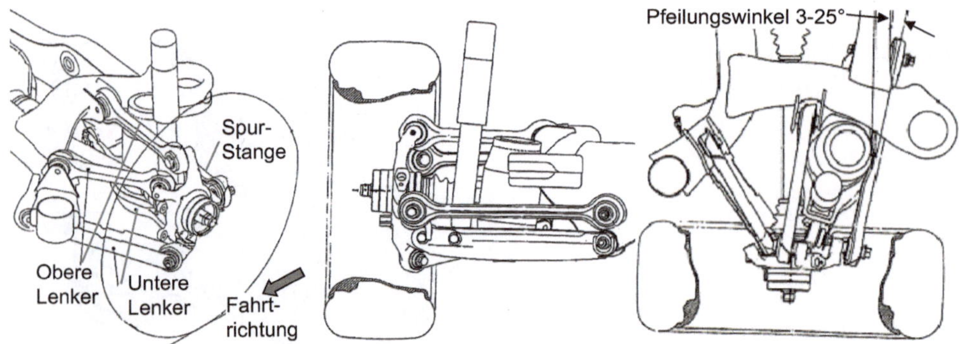

Abb. 6.87 Räumliche Anordnung der fünf Lenker, um den Bauraum voll auszunutzen und optimale kinematische sowie elastokinematische Auslegung zu sichern [23]

jeweils eine gemeinsame Ebene beschreiben. Die höhenversetzte Anbindung ermöglicht, die Lenker besonders nahe zueinander am Radträger anzulenken, wodurch eine günstige Lage der Lenkachse ermöglicht wird." [23]

6.3.9 Federbein-Einzelradaufhängungen

Feder- und Dämpferbeinaufhängungen *(Strut and Links Suspension)* gelten als eigenständige Aufhängungsart, weil hier im Gegensatz zu den bisherigen Arten ein anderer Gelenktyp zum Einsatz kommt, nämlich ein Drehschubgelenk (s. Abb. 6.31d).

Das Drehschubgelenk lässt sowohl die translatorische als auch die rotatorische Bewegung einer Achse zu und wird gleichzeitig als stehender (Zweirohr) -Dämpfer benutzt. Der Dämpfer ersetzt zwei 2-Punkt-Querlenker. Das Dämpferrohr wird fest mit dem Radträger verbunden und die Kolbenstange drehbar am Aufbau befestigt. Damit gehen die Aufbaukräfte über Kolbenstange-Kolben-Dämpferrohr-Radträger direkt an die Räder.

Wegen ihrer einfachen und Platz sparenden Bauweise und der großen Abstützbasis am Aufbau, d. h., des niedrigen Niveaus ihrer Reaktionskräfte, ist diese Aufhängungsart sehr verbreitet. Sie behauptet sich nicht nur bei Pkws, sondern auch bei leichten Lkws.

Wenn der Dämpfer den Freiraum in der Schraubenfeder ausnutzt und gleichzeitig die beiden Enden der Feder abstützt (unten am Federteller, oben am Federbeinlager), spricht man von einem *Federbein*, wenn die Feder nicht auf den Dämpfer montiert ist, von einem *Dämpferbein*(Abb. 6.88). Das Dämpferbein ist teurer als die Federbeinvariante und benötigt einen größeren Einbauraum, bietet aber mehr Packagefreiheit, weil Dämpfer und Feder unabhängig voneinander platziert werden können. Bei den neuen Modellen trifft man die Dämpferbeinausführung kaum noch an.

Durch die Federkräfte entstehen im Federbein Querkräfte. Diese belasten die Kolbenstange auf Biegung und verursachen damit eine höhere Reibung. Sie werden reduziert, indem seitenkraftausgleichende Federgeometrien (s. Bd. 2, Abb. 5.44) und reibungsarme Kolbenbeschichtungen eingesetzt werden. Damit zeigt das Ansprechverhalten der Federung, gegenüber anderer Arten der Radführung, keinen großen Nachteil mehr.

Abb. 6.88 Federbein-Radführung (**a**) und Dämpferbein-Radführung (**b**) (Feder und Dämpfer getrennt)

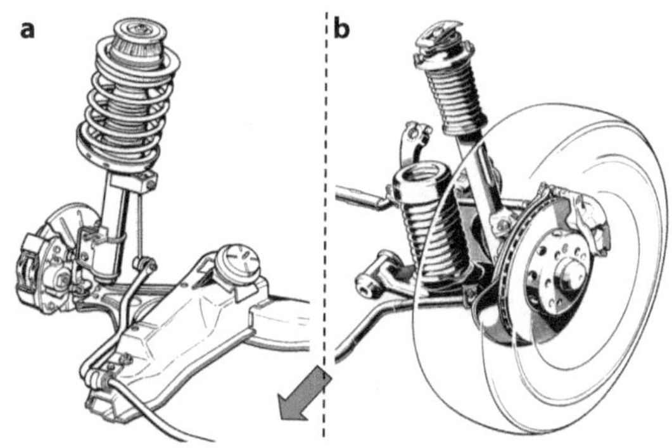

Obwohl diese Aufhängungsart bereits 1924 von Fiat als Patent angemeldet und erst 1948 bei Ford Angila als „McPherson" in die Serie eingeführt wurde, hat seine Verbreitung als wirtschaftlichste Vorderachskonstruktionen erst nach den siebziger Jahren eingesetzt.

Zur Vervollständigung der Aufhängung brauchen Feder- oder Dämpferbeinaufhängungen noch drei 2-Punkt-Lenker; einen als Spurlenker und die beiden anderen in der unteren Ebene zum Führen des Rades (Führungslenker). Die beiden unteren 2-Punkt-Lenker werden meist zu einem 3-Punkt-Lenker zusammengefasst, um Kosten zu sparen. Daher kann man von Zwei- und Dreilenker- Federbeinausführungen sprechen.

Abb. 6.89 zeigt das Eigenschaftsprofil für die Federbeinaufhängung. Die Vorteile der Feder-/Dämpferbeinaufhängung sind:

- alle Federungs- und Führungsteile können in einem Bauteil zusammengefasst werden,
- benötigt wenig Platz in der Breite (ausreichend Freiraum für quer angeordnete Antriebsaggregate),
- hohe Feder- und Dämpferübersetzung (1:1),
- niedrige Karosseriebelastung (gegenüber DQL),
- sehr kosten- und gewichtsparend,
- lange Federwege leicht realisierbar,
- große Längselastizitäten erreichbar.

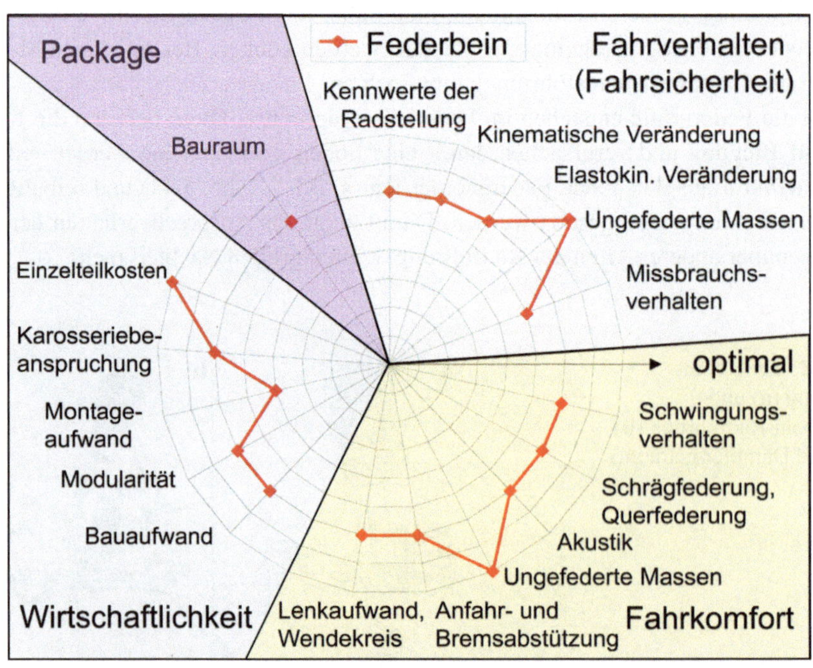

Abb. 6.89 Eigenschaftsprofil für die Federbeinaufhängungen [3]

Beim Dämpferbein zusätzlich:

- etwas geringere, ungefederte Masse,
- keine Wälzlagerung des Dämpferlagers,
- günstige Unterbringung der Schraubenfeder, größere Führungslänge möglich.

Die Nachteile dagegen sind:

- an den Vorderachsen ungünstigere kinematische Eigenschaften (insbesondere der steile Sturzwinkelverlauf), niedriger Wankpol (kleine Wanksteifigkeit),
- die hohe Position der oberen Lagerung verursacht eine hohe Fronthaube mit Auswirkungen auf Design, Aerodynamik und Fußgängerschutz,
- Hochkräfte werden direkt am Radkasten eingeleitet, der entsprechend verstärkt werden muss,
- schwierige Isolation der Fahrbahngeräusche,
- geringe Bremsnickabstützung,
- Störkrafthebelarm nur eingeschränkt reduzierbar,
- beim Dämpferbein werden Federkräfte über den unteren Lenker an den Radträger geleitet; Lenker und Kugelgelenk werden gegenüber Federbein höher belastet.

6.3.9.1 Zweilenker – Federbeinaufhängung

Diese Ausführung verfügt in der unteren Ebene über einen 3-Punkt-Lenker und zur Lenkung bzw. Spurführung über eine Spurstange. Sieht man von heute nicht mehr verwendeten Versionen mit radführendem Stabilisator ab, ist dies die kostengünstigste Vorderachsradführung und wird als Standardvorderachse für alle unteren und mittleren Großserienfahrzeuge eingebaut.

Bei moderner McPherson-Aufhängungen (Abb. 6.90 und 6.91) wird die Feder oberhalb des Rades räumlich schräg und exzentrisch zum Dämpfer angestellt.

Der sichelförmige 3-Punkt-Lenker ist mit einem Kugelgelenk am Radträger befestigt, welches ihm in der Draufsicht eine definierte Drehbewegung erlaubt.

In der Verlängerung der Radmittelachse ist der Lenker mit einem steifen Gummilager, das jedoch Kardanik zulässt, am Aufbau oder Achsträger befestigt, der die Querkräfte aufnimmt.

Am langen Arm des 3-Punkt-Lenkers, der nach hinten oder vorne zeigen kann, ist dagegen ein weiches, großvolumiges Gummilager, vorteilhaft sogar als Hydrolager, angeordnet. Das lässt die Längsfederung des Rades zu und wirkt der Abrollhärte entgegen. Die richtig gewählte Peilung der Spurstange gegenüber dem Querlenkerarm des Lenkers sorgt für das gewünschte Eigenlenkverhalten.

Die Zahnstangenlenkung sollte in etwa der Höhe des Querlenkers vor der Achse liegen, um ein untersteuernder Anlenkverhalten zu erzielen. Der Stabilisator wird durch eine lange Koppelstange am Außenrohr des Dämpfers angebunden, damit er ohne Übersetzung wirkt (große Wege, geringe Kräfte d. h. kleinerer Stabilisatorstangendurchmesser).

Abb. 6.90 McPherson
Federbein-Radführung

Abb. 6.91 Zeichnung einer
McPherson- Radführung

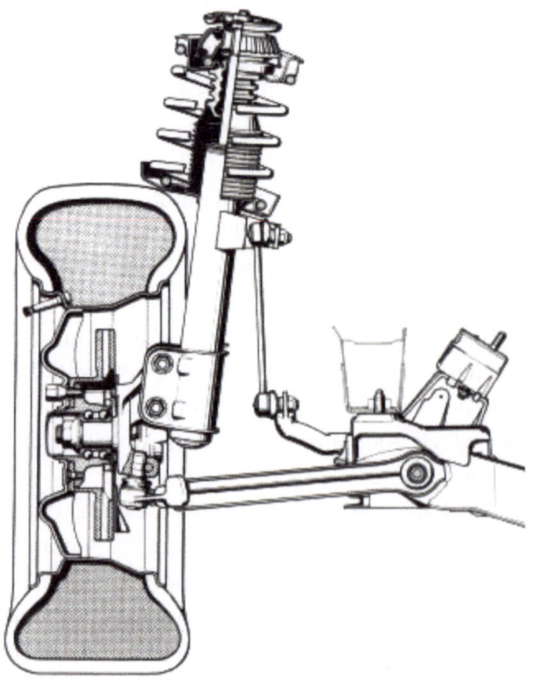

Abb. 6.92 zeigt die Zweilenker- Federbeinaufhängung des VW Golf V. Der Achsträger der Vorderachse ist dreiteilig gestaltet. Die beiden Außenteile sind austauschbar, um unterschiedliche Spurweiten zu realisieren, ohne die restlichen Teile zu ändern.

Abb. 6.93 zeigt die MQB (Modularer Querbaukasten) Frontachse von VW eingebaut in Audi TT.

Abb. 6.94 zeigt den Schnitt des Vorderachspackaging des VW Golf VII, mit McPherson-Aufhängung. Die weggeschnittene Spurstange ist hier nicht sichtbar.

6.3.9.2 McPherson mit Querverbindungstraverse

Die höhere Motorisierung und steigende Radlasten der Vorderachse verursachen stärkere Karosseriebelastungen an den Federbeinlagern, die Quer- und Längskräfte abstützen. In solchen Fällen werden die beiden Lageraufnahmen mit einer Quertraverse miteinander verbunden um eine erhöhte Quersteifigkeit zu erzielen. Die Traverse lässt sich auch als zusätzlicher Motorabstützpunkt benutzen (Abb. 6.95).

6.3.9.3 McPherson mit optimiertem Lenker

Die elastokinematischen Eigenschaften und damit Fahrdynamik und Abrollkomfort werden sehr stark von der Auslegung der unteren 3-Punkt-Lenker beeinflusst. Je nach

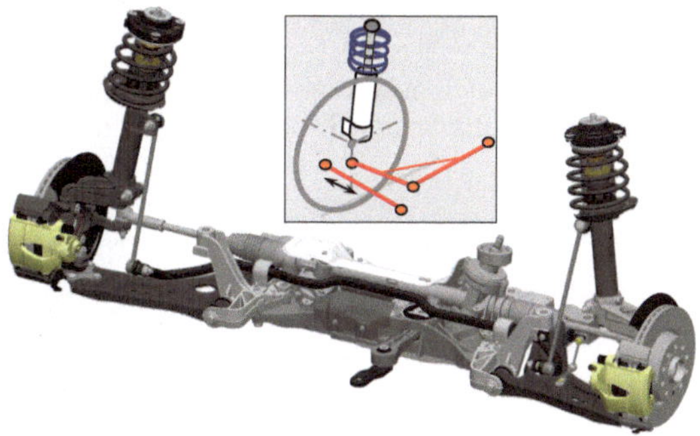

Abb. 6.92 Federbein-Radführung McPherson. (VA: VW PQ35 – Golf V, Bj. 2005)

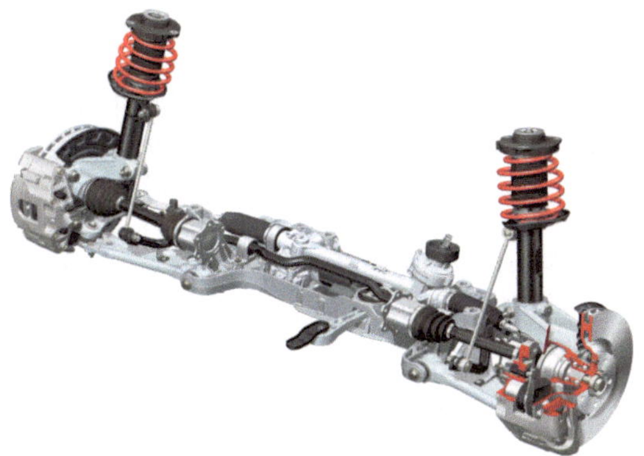

Abb. 6.93 Federbein-Radführung McPherson. (VA: Audi TT, Bj. 2014)

Abb. 6.94 Schnitt der McPherson Federbein-Radführung. (VA: VW PQ35 – Golf VII, Bj. 2012)

Abb. 6.95 Verbindungstraverse. (VA: Toyota Corolla Sport TS, Bj. 2005)

Geometrie wird dieser Lenker als A- oder L-Lenker bezeichnet. Während der A-Lenker Quer- und Längskräfte jeweils über beide inneren Lagerpunkte aufnimmt, trennt der L-Lenker die Kraftaufnahme weitgehend: Querkräfte über das vordere Lager und Längskräfte über das hintere. Dadurch wird eine hohe Quersteifigkeit mit einer gleichzeitig hohen Längsnachgiebigkeit für Abrollkomfort erreicht.

Eine kinematisch optimale Lenkerauslegung erreicht man, wenn das Lager in Längsrichtung 10 bis 15 mm hinter oder vor dem Kugelgelenk liegt, um bei kleinen Längsfederungen Seitenkraftstöreffekte zu vermeiden (Abb. 6.96).

Abb. 6.96 McPherson unterer
3-Punkt-Lenker

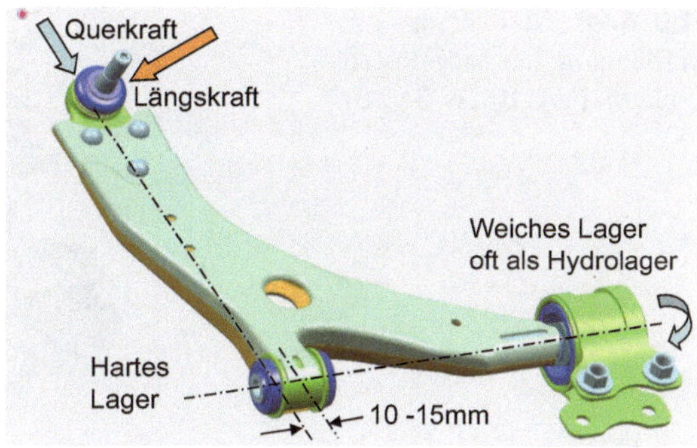

6.3.9.4 McPherson mit aufgelöstem unterem Lenker (Dreilenker-Federbein)

Die Forderung nach einem kleinen oder gar negativen Lenkrollradius ergibt Einbauprobleme zwischen der Bremse und den radseitigen Führungsgelenken. Deshalb kann es zweckmäßig sein, durch die Auflösung des unteren 3-Punkt-Lenkers eine virtuelle Lenkachse zu schaffen. Wird der untere 3-Punkt-Lenker durch zwei 2-Punkt-Lenker, einer quer und ein anderer schräg angeordnet, ersetzt, hat man die beiden Funktionen (Quersteifigkeit und Längselastizität) bei dieser Geometrieauslegung durch reine Zug-/ Druckkraftübertragung voneinander getrennt. Außerdem kann der untere Drehpunkt der Lenkachse beliebig ausgelegt werden, weil er auf dem Schnittpunkt beider Lenker liegt. Dies ermöglicht dem Konstrukteur eine große kinematische Auslegungsfreiheit, um die Störeinflüsse auf die Lenkung zu minimieren (Abb. 6.97). Dadurch werden auch die Bauraumprobleme gelöst. Die Spurstange des vorne liegenden Lenkgetriebes verläuft fast parallel zum Querlenker, um eine hohe Spurtreue bei Längsfederung des Rades zu gewährleisten.

Abb. 6.97 Federbein-
Radführung mit aufgelösten
unteren Lenkern. (VA: BMW
5er, Bj. 1988)

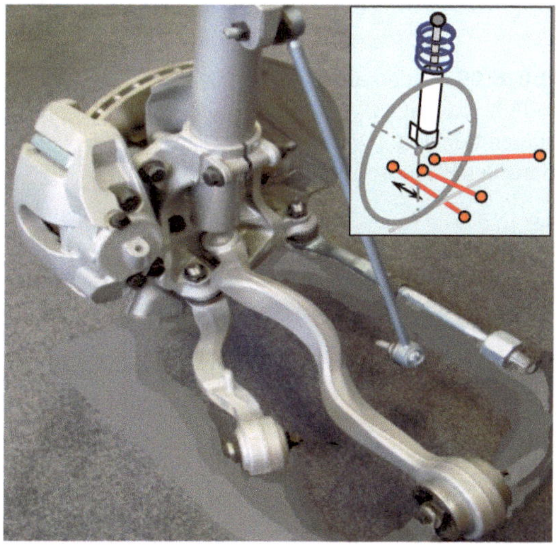

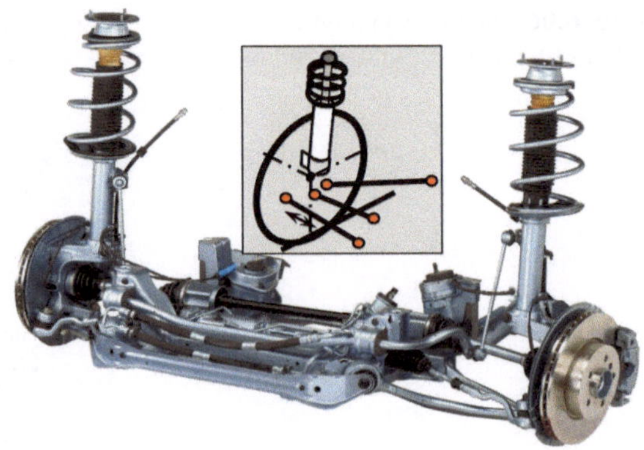

Abb. 6.98 McPherson-Aufhängung mit aufgelösten Lenkern. (VA: BMW 3er, Bj. 2005)

Die aufgelösten unteren Lenker der Vorderachse wurden beim 5er und 7er BMW eingeführt. BMW konnte mit dieser Auflösung lange Zeit dem kosten- und platzsparenden Federbein-Konzept treu bleiben, ohne dessen Nachteile in Kauf zu nehmen (Abb. 6.98).

Obwohl Mercedes bei der vorletzten E-Klasse (W222) ebenfalls diese Lösung (Abb. 6.99) übernommen hat, ist sie bei der neuen E-Klasse (W223) wieder zur besseren Vierlenkeraufhängung zurückgekehrt (s. Abb. 6.121). Damals wurde zur Optimierung des Fahrkomforts das Federbein stark aufgerichtet, um die Vorlast auf dem unteren vorderen Lenker (Zugstrebe) zu verringern. Ein weiteres Argument war die Reduzierung der relativen Radlast (Achslast/Achsgewicht) um 31 % von 42 % auf 55 % [22] gegenüber dem Vorgänger. Die Radstellungskennwerte zeigen in KO-Lage einen Sturz von $-0{,}5°$, eine Spreizung von $14°$ und einen negativen Lenkrollradius von $13\,\mathrm{mm}$ auf.

6.3.9.5 McPherson mit Doppelradträger

Bei den frontangetriebenen Fahrzeugen mit starken Motoren können u. a. durch Verwendung eines Sperrdifferentials große Drehmomentunterschiede zwischen den beiden

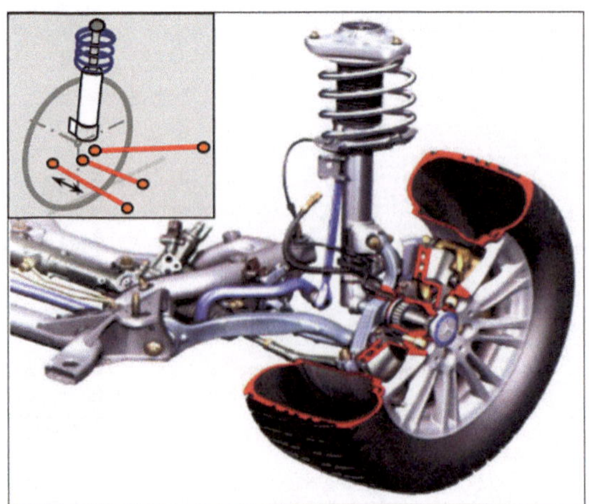

Abb. 6.99 Federbein-Radführung mit aufgelösten unteren Lenkern. (VA: Mercedes E-Klasse, Bj. 2009)

Rädern entstehen. Diese stören die Lenkung und das Lenkgefühl. Die Größe des Störkrafthebelarms (senkrechter Abstand der Radmitte zur Lenkachse) ist der Hauptfaktor. Wenn er reduziert wird, werden auch die Störmomente am Lenkrad und in der Lenkung proportional vermindert.

Durch Teilung des Radträges in zwei Teile, die ineinander drehbar gelagert sind (nur ein Freiheitsgrad), wird die Drehbewegung des Federbeins nicht mehr notwendig, weil diese Aufgabe der äußere Teil des Radträgers übernimmt und damit auch die Lenkachse bestimmt [24]. Da die räumlichen Einschränkungen entfallen, kann die neue Lenkachse wesentlich freizügiger festgelegt werden. Durch diese Anordnung entsteht eine Federbeinachse mit den Vorteilen der Doppelquerlenkerachse, die dann ohne Karosserieänderungen auch als Variante für die Hochmotorisierungen eingesetzt werden kann (Abb. 6.100).

Mit der Einführung der Elektrolenkung ergibt sich jedoch die deutlich kostengünstigere alternative Möglichkeit, den Störungen im Lenkmoment per Software, durch Aufschaltung von Gegenmomenten entgegen zu wirken.

6.3.9.6 Federbeinaufhängung für die Hinterachse

Die Anordnung der radführenden Feder-/Dämpferbeinaufhängungen für die Hinterachse ist ähnlich, mit dem Unterschied, dass hier nicht gelenkt wird und deshalb das Kugelgelenk und die Drehbewegung im Dämpfer entfallen können. Die Spurstange ist jetzt ein fester Querlenker (Spurlenker genannt), und können sehr lang fast bis zur Fahrzeugmitte verlängert werden, um die Spurweiten- und Sturzänderungen zu optimieren. Dies hat bei Beladung ein weniger stark absinkendes Wankzentrum zur Folge.

Die einfachste Ausführung besteht aus einem Federbein, einem längsgebauten 2-Punkt-Lenker und einem quergebautem 4-Punkt-Lenker, wie es bei Ford Escort angewandt wurde (Abb. 6.101).

Technisch bessere Lösungen haben jedoch statt eines 4-Punkt-Lenkers, zwei quer angeordnete 2-Punkt-Lenker. Wegen des Abrollkomforts ist der Längslenker mit einem weichen Gummilager am Aufbau befestigt. Diese als *„Camuffo-Hinterachse"* genannte Einzelradaufhängung wurde 1972 im Lancia Beta eingeführt und bei vielen weiteren Fiat- Modellen eingebaut. Später wurde dieses Konzept auch von japanischen (Mazda

Abb. 6.100 McPherson-Vorderachse mit Doppelradträger. (VA: Ford Focus RS, Bj. 2008) [24]

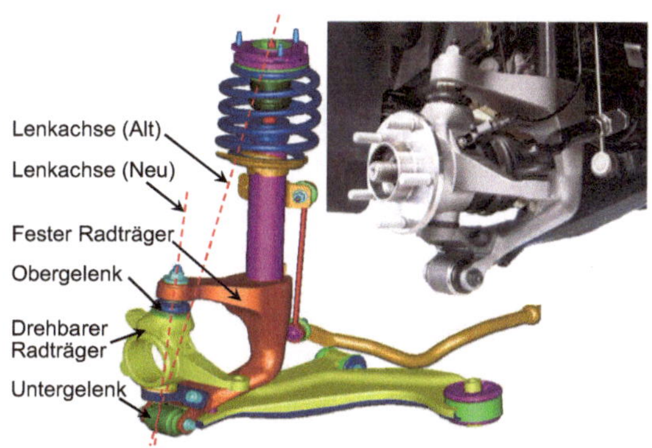

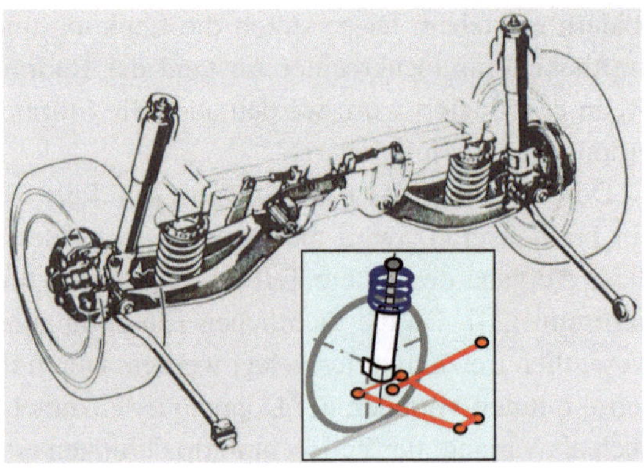

Abb. 6.101 Federbeinaufhängung mit einem Längs- und einem 4-Punkt-Lenker. (HA: Ford Escort, Bj. 1981)

626, Toyota Celica) und amerikanischen (Ford Mondeo) Autoherstellern übernommen (Abb. 6.102) [25].

Diese im Englischen *Strut and Links* genannte Aufhängung war in den USA und Japan sehr populär und wurde bis zur Jahrhundertwende als Gegenstück zur Verbundlenkerachse in Europa eingesetzt.

Will man jedoch die Vorteile der Elastokinematik ausnutzen und die durch die weiche Lagerung der Längsachse entstehende Längsverschiebung des Rades ohne Spuränderungen erreichen, müssen Doppel-2-Punkt-Querlenker parallel nebeneinander angeordnet ein Viergelenkgetriebe bilden. Dann ermöglichen die gegenseitig ausgelegten Gummilagersteifigkeiten beider aufbauseitigen Verbindungen das Rad bei der Längsbewegung gezielt in Vor- bzw. Nachspur zu gehen (*Twin Trapezoidal Link*, Mazda 323, 626 Abb. 6.103). Die beiden 2-Punkt-Lenker in der unteren Ebene können radseitig auch als Längs- und Querlenker aneinander gekoppelt gelagert sein (Abb. 6.104).

Das radführende Feder- oder Dämpferbein mit 2 einfachen 2-Punktlenkern gehört neben den Verbundlenkerachsen zu den kostengünstigsten Radaufhängungsarten.

Eine gewicht- und kostenoptimierte Dämpferbeinachse mit radführendem Querlenker aus Compositwerkstoff wurde von ZF vorgestellt (Abb. 6.105) [26]. Die einteilige

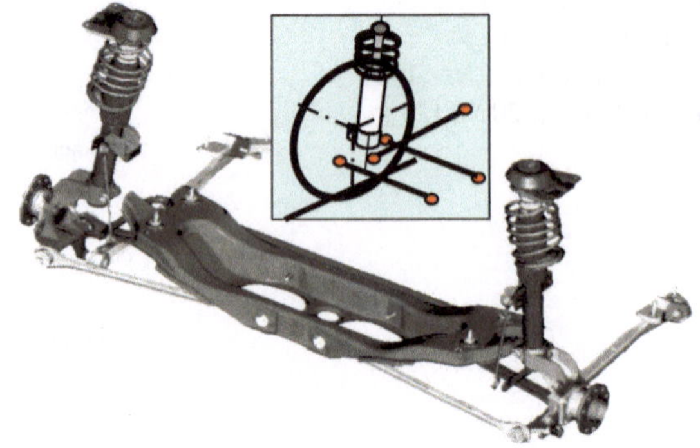

Abb. 6.102 Federbein mit 2 quer + 1 längs angeordneten 2-Punkt-Lenkern. (HA: Ford Mondeo, Bj. 2000)

Abb. 6.103 Twin Trapezoidal Link. (HA: Mazda 626)

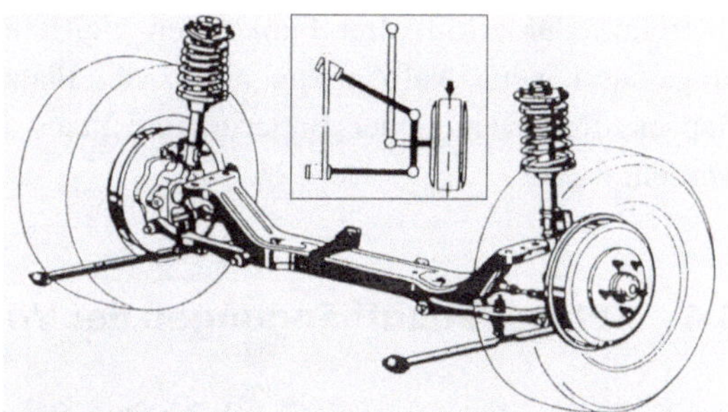

Abb. 6.104 Federbeinaufhängung mit einem Längs- und zwei Querlenkern. (HA: Porsche Boxter S, Bj. 2002)

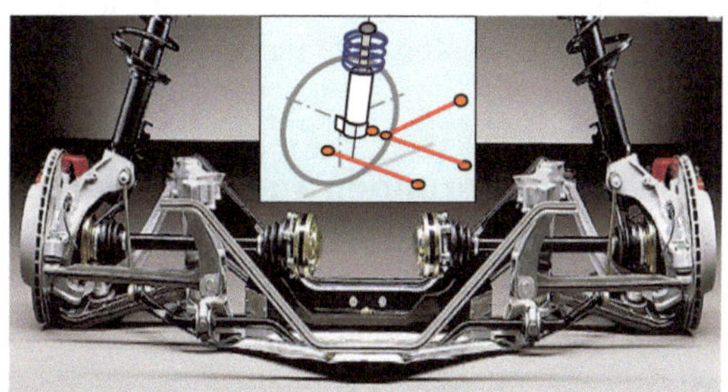

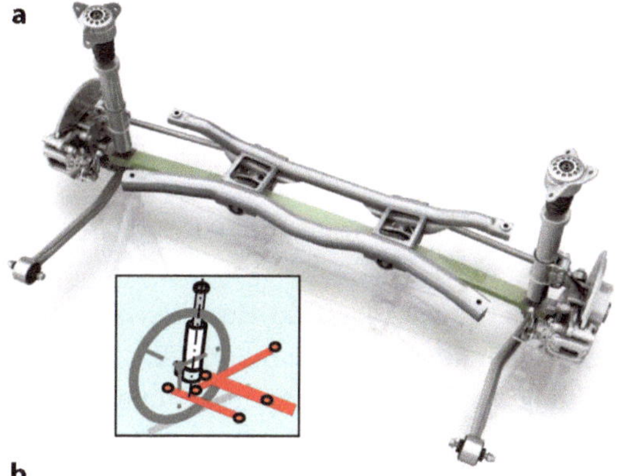

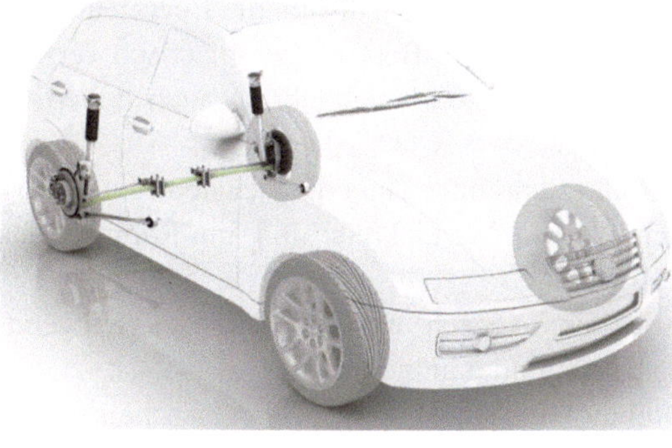

Abb. 6.105 Dämpferbeinaufhängung mit radführender GFK – Querblattfeder [26]; **a** die Achse allein, **b** Einbaulage in einem Auto. (HA: ZF, IAA 2009)

Querblattfeder erfüllt drei Funktionen gleichzeitig: Federung, Radführung, Stabilisierung. Diese neue Aufhängung bietet viel Platz zwischen den Längslenkern (z. B. für Gepäck, Reserverad oder Batterie) und kann auch als angetriebene Achse ausgeführt werden.

6.4   Einzelradaufhängungen der Vorderachse

Da die Anforderungen und Gegebenheiten für die Vorder- und Hinterachse sehr unterschiedlich sind, weichen die Aufhängungskonzepte voneinander ab. Die Eignung der bisher beschriebenen Konzepte für die Vorder- und Hinterachsen werden hier behandelt.

6.4.1   Anforderungen an die Vorderachsaufhängungen

Die Radaufhängung sorgt für die Übertragung der Brems-, Antriebs- und Seitenkräfte sowie die präzise Führung des Rades gegenüber dem Aufbau mit einer Doppelfunktion von Kraft-/Bewegungsübertragung:

- Zuerst muss die Radaufhängung die Stellung des Rades zum Aufbau und zur Straße bei allen Fahrsituationen und auftretenden Kräften so halten, dass die Fahrzeugführung nicht gestört wird.
- Sie muss einen hohen Nickpol haben, um einen ausreichenden Bremsnickausgleich zu ermöglichen.
- Sie muss die unerwünschten (Hub-, Wank- und Roll-) Bewegungen des Aufbaues minimieren.
- Sie muss die Kräfte so übertragen, dass die Reaktionszeit beim Beschleunigungs-, Brems- und Lenkvorgang sehr kurz ist (hohe Steifigkeit).
- Sie muss die Weiterleitung der Schwingungen und Stöße, die vom Rad kommen verhindern.
- Die Konstruktion der Radaufhängung hat Crashforderungen zu berücksichtigen. Anbindungspunkte an den Längsträgern dürfen die Energieaufnahme nicht behindern.
- Achsbauteile sollen sich bei hohen Belastungen plastisch verformen, aber nicht brechen. Die Radführung und Lenkbarkeit bleibt so auch bei Missbrauch oder Unfallsituation möglichst erhalten.
- Die erforderlichen Radkastenräume unter Berücksichtigung möglichst großer Lenkeinschläge für einen kleinen Wendekreis sind im Rahmen des Fahrzeug-Package möglichst gering zu halten.
- Sie muss bei angetriebenen Achsen um die Achsmitte genügend freien Platz für die Seitenwellen und das Differential anbieten.
- Störungen durch Drehmomentschwankungen, Bremsscheibentoleranzen, Unwuchten, ESP- Wirkung als auch Fahrbahnunebenheiten sind von der Lenkung fernzuhalten.

- Die Lenkkinematik muss für eine schnelle, gleichmäßige Lenkradrückstellung sorgen.
- Sie muss in den Kurven ein untersteuerndes bis neutrales Eigenlenkverhalten aufweisen.
- Ungleiche Reibwerte am linken und rechten Rad dürfen das Lenkmoment nicht stören sondern den Fahrer beim Ausregeln möglichst unterstützen.
- Sie muss in allen Fahrsituationen ein direktes Gefühl zur Straße vermitteln.

Ein Großteil dieser Anforderungen gilt auch für die Hinterachse. Für die Vorderachse sind jedoch folgende Besonderheiten zusätzlich zu berücksichtigen:

Lenkbarkeit

Die Einzelradaufhängungen der Vorderachse müssen lenkbar sein. Die heute üblichen Zahnstangenlenkungen haben eine parallel zur Radmitte angeordnete Achse, in der die Zahnstange nach rechts oder nach links bewegt wird. Die Lenkungslenker, die „Spurstangen" genannt werden, verbinden die Zahnstange mit den beiden Radträgern; nach innen zur Zahnstange mit einem Axialkugelgelenk und nach außen zum Radträger mit einem Radialkugelgelenk. Die Gelenkmittelpunkte bestimmen zusammen mit der Lenkachse der Radaufhängung die Lenkkinematik.

Die Eigenschaften der Lenkung dominieren die Auslegung jeder Vorderachse. Wichtig dabei ist die Anordnung der genannten Gelenkpunkte derart, dass die Ackermanngesetze berücksichtigt werden, die Spur und Spurweite sich innerhalb des gesamten Bewegungsraums des Rades nicht unzulässig ändern, die Toleranzen die Lenkeigenschaften nur geringfügig beeinflussen und der Lenkstrang zwischen Rad und Zahnstange möglichst steif bleibt.

Das Lenkgetriebe kann vor oder hinter der Achse und jeweils oberhalb oder unterhalb der Achsmittellinie angeordnet sein. Eine günstige Anordnung – wenn der Bauraum es zulässt – ist aus elastokinematischen Gründen vor der Achse und aus Steifigkeits- und Packageaspekten höher als der unteren Lenkerebene. Die Montagetoleranzen, die die Höhe der Zahnstangenmittelachse beeinflussen, müssen sehr eng gewählt werden.

Motor-Getriebe-Antriebsart

Die Auswahl des Aufhängungskonzepts für die Vorderachsen wird bestimmt durch folgende Faktoren:

- Anordnung des Antriebsaggregates (Front/Heck, Längs/Quer, Motor/Getriebe, Hybridantrieb),
- Antriebsart (angetrieben, nicht angetrieben),
- Motorgröße (Zylinderzahl, Reihen- oder V-Anordnung),
- Fahrzeugklasse (z. B.: Mini, Klein, Kompakt, Mittel- und Luxusklasse, SUV, Sportwagen, Van etc.).

Antrieb

Wenn die Vorderachse gleichzeitig die Antriebsachse ist, ist bei der Auslegung darauf zu achten, dass die Antriebskräfte und -drehmomente die Lenkung nicht negativ beeinflussen. Dies wird in erste Linie durch eine möglichst nahe zur Radmitte verlaufende Lenkachse erreicht, weil dadurch die Störkrafthebelarme klein sind. Wichtig ist auch, dass die Antriebsmomente an beiden Rädern gleichgroß sind (Seitenwellen sollten gleich lang sein), sonst besteht die Gefahr des Selbstlenkens (Torque steer).

Achslast

Die Vorderachslast ist wegen des meist vorn liegenden Antriebsaggregates höher als die Hinterachslast. Die Zuladung aber beeinflusst die Vorderachse weit geringer als die Hinterachse.

Bremskräfte

Die Bremskräfte sind an den vorderen Rädern immer höher als an den Hinteren (60–70 % der Gesamtbremskraft), weil beim Bremsen wegen der Trägheitskräfte die Vorderachse mehr belastet und die Hinterachse entsprechend entlastet wird. Die Bremsanlage muss demnach an der Vorderachse größer dimensioniert sein.

Crash

Beim Frontalcrash muss die Vorderachse einen Anteil der Crashenergie aufnehmen. Das bedeutet, dass Aufhängungsteile und Achsträger mit dem Verformungsverhalten des Vorderwagens abgestimmt sein müssen.

Fußgängerschutz

Die neuen Regelungen des Fußgängerschutzes erfordern einen Freiraum zwischen der Motorhaube und dem darunter liegenden harten Teil. Diese Regelung kann die Lage des höchsten Kinematikpunktes (z. B. die obere Dämpferanbindung) beeinflussen.

6.4.2 Komponenten der Vorderachse

Neben der Radführung gehören die Lenkung, Federung/Dämpfung, Radlagerung, Radbremse und in der Regel ein Stabilisator sowie ein Achsträger, zu den Komponenten der Vorderachse. Auch werden die Lenksäule und das Lenkrad hinzugezählt. Das Antriebsaggregat wird gerne auf dem Hilfsrahmen mit 2 bis 3 Gummilagern (meist Hydrolager, zum Teil sogar regelbar) befestigt. Diese Lagerung gehört ebenfalls zu den Komponenten der Vorderachse. Abb. 6.106 zeigt eine angetriebene Vorderachse, die in einzelne Komponenten zerlegt ist.

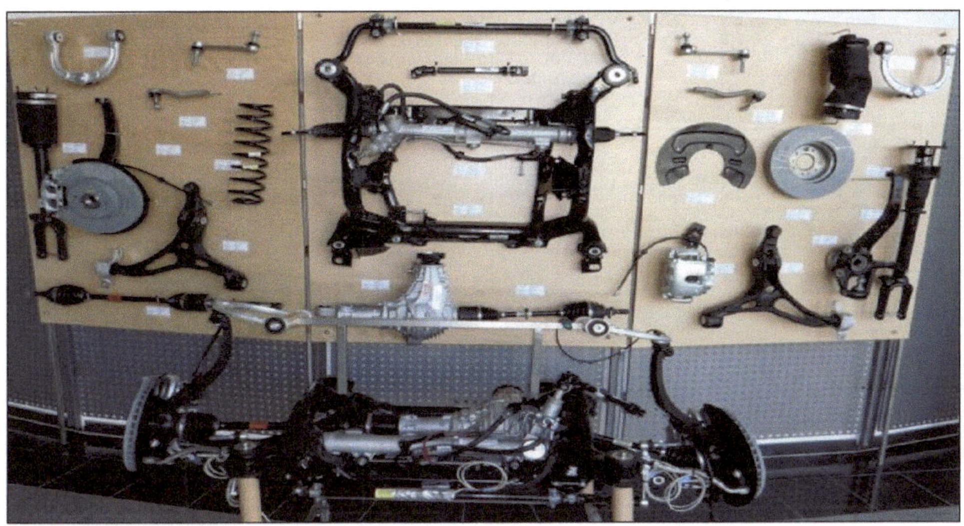

Abb. 6.106 Komponenten einer Vorderachse. (VA: Mercedes GLE-Klasse, Bj. 2007)

6.4.3 Einsatzgebiete der Vorderachstypen

Eine weite Verbreitung hat die McPherson-Aufhängung als Vorderachse gefunden (in 2005 weltweit 78 %), gefolgt von der Doppelquerlenkerachse (20 %).

Alle restlichen Aufhängungsarten machen gerade 2 % der weltweit 100 Mio. gebauten Fahrzeuge aus.

75 % dieser Fahrzeuge haben einen Frontantrieb. Hier liegt die Einsatzquote der McPherson-Aufhängung sogar bei 90 % (Abb. 6.107).

Bei den nicht angetriebenen Vorderachsen dagegen ist die Doppelquerlenkeraufhängung mit 53 % häufiger als McPherson mit 39 %. Die Mehrlenkerachsen findet man mit 15 % ausschließlich (Ausnahme Audi A4/6/8) bei nicht angetriebenen Vorderachsen, jedoch insgesamt nur bei 1 % aller Vorderachsen.

Die Starrachse wird nur noch zu 1,4 % an den Vorderachsen bevorzugt, davon 0,8 % bei den Allradfahrzeugen (Die starre Vorderachse ist immer noch in 12 % der

Abb. 6.107 Anteile der Vorderachstypen weltweit in den Jahren 2005 und 2010

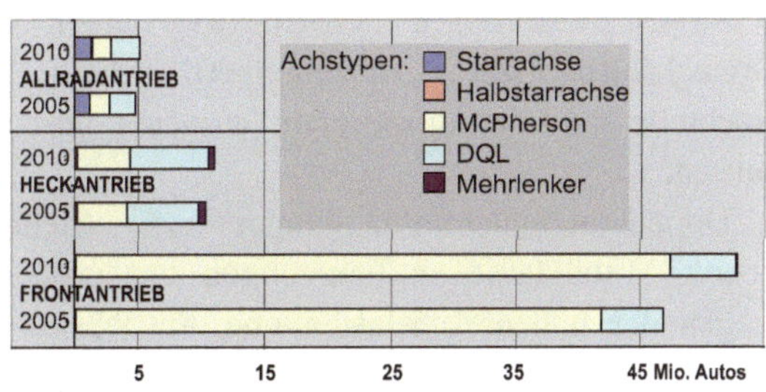

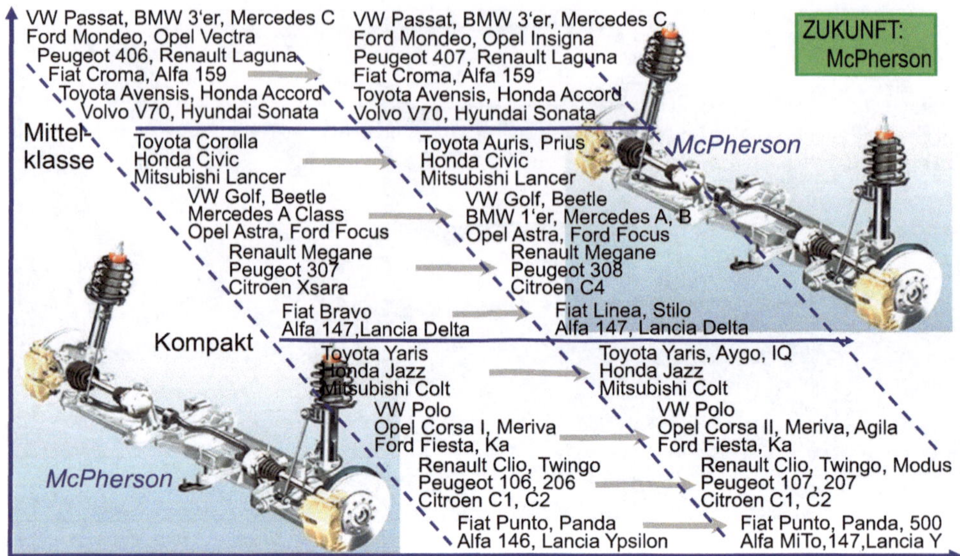

Abb. 6.108 Zukunftstendenzen der Vorderachsen für die unteren Fahrzeugsegmente

Allradfahrzeuge verbaut, wobei die Allradfahrzeuge lediglich 13 % der Gesamtfahrzeuge ausmachen).

Abb. 6.108 zeigt eine Aufstellung für die bekannten Volumenmodelle der unteren Fahrzeugklassen. Hier werden fast ohne Ausnahme McPherson-Federbeinaufhängungen verwendet.

Abb. 6.109 zeigt im Vergleich dazu eine Aufstellung der bekannten Premiummodelle der oberen Klassen. Hier werden überwiegend Vier- oder Fünflenker-Einzelradaufhängungen bevorzugt. Vereinzelt sind aber immer noch McPherson-Aufhängungen mit aufgelösten unteren Lenkern zu finden. Reine Doppelquerlenker sind kaum noch anzutreffen.

6.4.4 Besonderheiten der Vorderachsaufhängungen

Wie die statistische Auswertung zeigt, sind vor allem zwei Bauarten für die Vorderachse von Bedeutung: Federbein- (McPherson) und Doppelquerlenker. Das Auflösen der Dreiecksquerlenker zu Einzellenkern in beiden Konfigurationen eliminiert funktionale Nachteile und führt zu weiteren Derivaten dieser Konzepte, wie 4- und 5-Lenker-Vorderachsen.

Doppelquerlenkeraufhängungen bzw. Mehrlenkervorderradaufhängungen sind ab oberer Mittelklasse an Fahrzeugen mit großen, längs liegenden Motoren eingebaut wegen der hohen Achslasten und Antriebskräfte und der Kombinationsfähigkeit mit

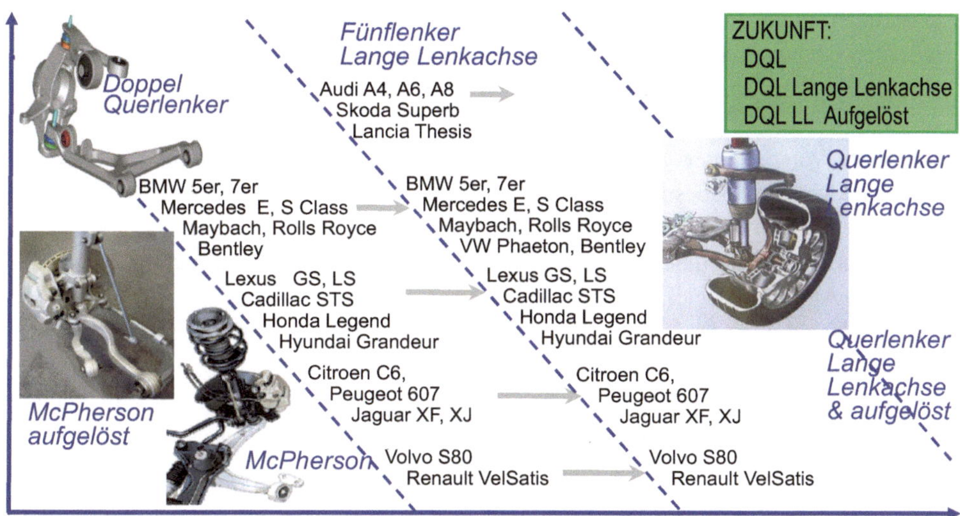

Abb. 6.109 Zukunftstendenzen der Vorderachsen für die oberen Fahrzeugsegmente

Luftfederung. Federbeinaufhängungen hingegen werden für die kleineren Fahrzeuge im Wesentlichen wegen des sehr guten Kosten/Nutzen-Verhältnisses, des geringen Platzbedarfes und Gewichts verwendet.

6.5   Einzelradaufhängungen der Hinterachse

Eine Hinterachse ohne Hinterradlenkung benötigt keine lenkbarkeit. Sie ist insofern lenkkinematisch einfacher auszulegen als die Vorderachse. Der Fahrer hat dagegen keine Möglichkeit das Verhalten der Achse durch Lenken zu beeinflussen. Außerdem leistet die Hinterachse zur Stabilität des Fahrzeugs einen größeren Beitrag als die Vorderachse. D. h. der Einfluss der Hinterachse beim Wanken, Nicken, Geradeausfahrt und Eigenlenkverhalten ist sehr groß und bedarf einer sorgfältig abgestimmten Kinematik. Besondere Bedeutung hat die Hinterachsaufhängung wegen der Übertragung der Antriebsmomente bei Fahrzeugen mit Heckantrieb.

6.5.1   Anforderungen an die Hinterachsaufhängungen

Die Anforderungen an die fahrdynamischen Eigenschaften der Hinterachse lassen sich zusammenfassen als:

- Geringe Spur-, Sturzänderungen wegen Reifenverschleiß.
- Das Wankzentrum sollte nicht zu hoch liegen, um die Geradeausfahrtstabilität zu sichern.

- Die Räder müssen sich beim Einfedern und unter Längsstößen nach hinten verschieben können (Längsnachgiebigkeit, Schrägfederung).
- Hohe Steifigkeit um die Radhochachse, um Vorlauf bei pneumatischem Nachlauf zu sichern.
- Konstante Vorspur oder geringe Zunahme der Vorspur bei Kurvenfahrt (Seitenkraft- und Wanklenken), insbesondere am kurvenäußeren Rad.
- Moderate Zunahme der Vorspur beim Bremsen in der Kurve.
- Hohe Sturzsteifigkeit unter Querkraft für eine gute Kurvenstabilität, gutes Lenkgefühl und hohe Agilität.
- Geringe Nachlaufänderungen unter Quer- und Bremskräften, um die Empfindlichkeit gegenüber Bremsrubbeln und Achsschütteln klein zu halten.
- Keine Antriebsmomentabstützung über das Rad und keine damit zusammenhängende Radlastschwankungen bei Antriebsmomentänderungen.
- Guter Nickausgleich beim Beschleunigen und Bremsen.

Im Wesentlichen sind drei Horizontalkräfte, die am Rad wirken, von Bedeutung:

- Längskräfte an der Radmitte, die als Stöße durch die Unebenheiten auf der Fahrbahn entstehen,
- Längskräfte am Reifenlatsch, die beim Bremsen oder Beschleunigen entstehen,
- Querkräfte am Reifenlatsch, die bei der Kurvenfahrt entstehen.

Um die Stöße abzumindern muss die Radmitte möglichst große Längsnachgiebigkeit haben (ca. 10 % der Vertikalfederung). Diese ist wichtig für einen guten Fahrkomfort.

Längs- und Querkräfte am Reifenlatsch müssen das Hinterrad in Richtung Vorspur bewegen.

Die Aufhängung muss eine sehr hohe Quersteifigkeit aufweisen, damit sich unter Einfluss von Seitenkräften Sturz und Nachlauf nicht bzw. minimal ändern.

Für die Hinterachse sind folgende Besonderheiten zu berücksichtigen:

Abhängigkeit von der Zuladung

Die beladungsabhängigen Achslaständerungen sind an der Hinterachse deutlich ausgeprägter, weil das Gewicht des Gepäcks und der Fahrzeuginsassen sowie die Kupplungsstützlast für die Anhänger in erster Linie die Hinterachse belasten. Bei passiven Federn ändern sich mit der Zuladung Federweg, Radstellung und die Auslenkung der Gummilager. Die Lösung ist der Einsatz von Niveauregelung durch Luftfederung, Nivomat, Elektromotor oder auch durch CDC (s. Bd. 2, Abschn. 6.6 und 6.8).

Antriebsmomentenabstützung

Die Oberklassenfahrzeuge und SUVs haben in der Regel eine angetriebene Hinterachse, die hohe Drehmomente übertragen muss. Das Drehmoment muss in der Aufhängung gut abgestützt werden um Fahrsicherheit und Komfort nicht zu beeinträchtigen.

Fahrkomfort, Schluckvermögen der Stöße

Die Stöße und Schwingungen aus der Hinterachse, die von der Fahrbahn in den Aufbau übertragen werden, sind für die hinten sitzenden Insassen besonders wahrnehmbar. Deshalb muss eine Hinterachsaufhängung diese gut isolieren können. In dieser Hinsicht ist das wichtigste Merkmal die Parallelbewegung (Längselastizität) des Rades, wenn ein Längsstoß auftritt. Das Merkmal ist nur durch die Radaufhängung und deren Elastokinematik zu optimieren.

Die Anbindungspunkte der Radaufhängung an der Karosserie sind ebenfalls komfortrelevant. Diese müssen besonders in der Längsrichtung immer durch großvolumige Gummilager bestückt sein. Besser ist jedoch der Einsatz eines Achsträgers.

Einbauraumverhältnisse

Im Package muss die Hinterradaufhängung so schmal und flach bauen wie möglich, um größten Freiraum, mit großer Durchladebreite und tiefer Ladekante zu erreichen.

Einfluss der Modellvarianten

Eine weitere Herausforderung bei den Hinterradaufhängungen ist die Sicherstellung, dass viele unterschiedliche Modellvarianten (Limousine, Kombi, Coupé, Cabriolet usw.) und Antriebsvarianten (Front-, Heck-, Allradantrieb) mit möglichst wenigen Änderungen an der Achse zu realisieren sind (Abb. 6.110).

Einfluss auf die Agilität, Torque Vectoring

In der letzten Zeit werden Allradfahrzeuge mit aktiver Quermomentenverteilung an der Hinterachse angeboten. Dieses Achsgetriebe verteilt das Drehmoment zwischen dem rechten und linken Rad derart, dass das Fahrzeug im Kurveneingang aktiv in die Kurve gedreht wird.

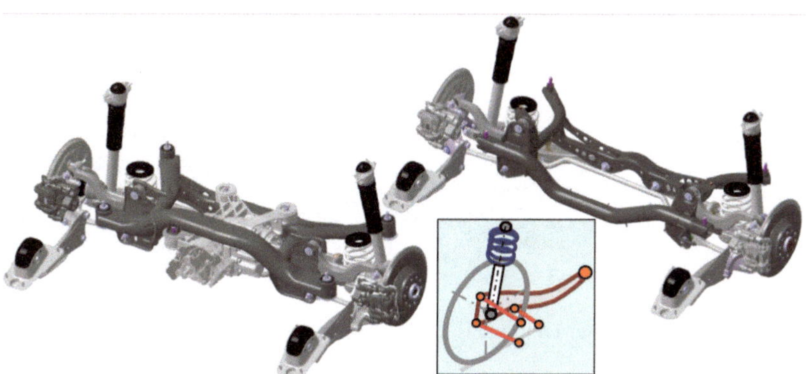

Abb. 6.110 Angetriebene (**a**) und nicht angetriebene (**b**) Varianten der Mehrlenker- Hinterachse des Golf VII, Bj. 2012, die sich nur beim Achsträger unterscheiden [19]

Modularität der Hinterachsen

Ein sehr wichtiger Gesichtspunkt bei der Auslegung von Plattform- Hinterachsen ist die Vorgabe, dass die Achse sowohl für das Frontantriebsfahrzeug aber auch für Allradversionen geeignet ist. Die gleiche Achse zu benutzen bedeutet, dass die in größeren Stückzahlen gebauten Frontantriebfahrzeuge unnötige Mehrkosten durch die Allradversionen aufweisen. Zwei unterschiedliche Versionen bedeuten dagegen zu viele zusätzliche Einzelteile, Werkzeug- und Entwicklungskosten. Der beste Weg ist die nicht angetriebene Achse so zu optimieren, dass sie mit möglichst wenigen Änderungen und möglichst vielen Gleichteilen von der angetriebenen Achse abgeleitet werden kann. Ein Beispiel zeigt Abb. 6.110 anhand der VW Golf VII Hinterachse.

6.5.2 Komponenten der Hinterachse

Neben den Radführungskomponenten, wie Federung, Dämpfung, Radträger, Radlagerung, Radbremse, gehören Achsträger und seine Lagerung (bei den Starr und Halbstarrachsen sowie einigen nicht angetriebenen Einzelradaufhängungen braucht man keinen Achsträger), Stabilisatorstange, sowie bei angetriebenen Achsen ein Ausgleichsgetriebe und Seitenwellen samt ihrer Aufhängung zu den Komponenten der Hinterachse (Abb. 6.111).

Abb. 6.111 Komponenten einer Hinterachse. (HA: Mercedes GLE-Klasse Bj. 2007)

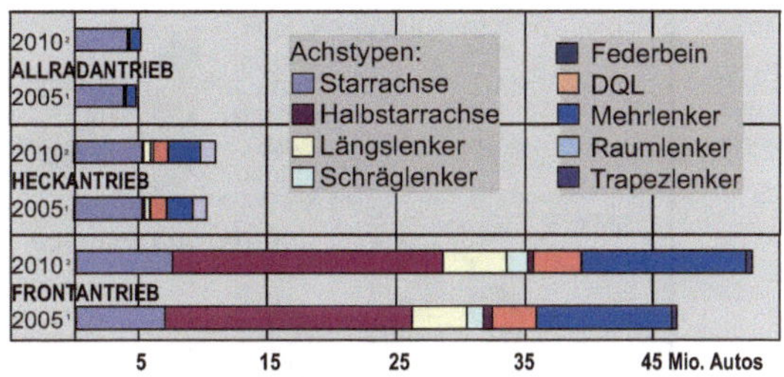

Abb. 6.112 Anteil der Hinterachstypen in den Jahren 2005 und 2010

6.5.3   Einsatzgebiete der Hinterachstypen

Die die Auswertung für die Jahre 2005 und 2010 zeigt, ist die Variantenvielfalt bei den Hinterachsen deutlich größer als bei den Vorderachsen. Es sind 5 Achskonzepte, die häufig zu finden sind: Mit 26 % führen die Verbundlenkerachsen gefolgt von Starr- bzw. Mehrlenkerachsen mit jeweils 23 %. Weitere drei Konzepte sind noch von Bedeutung: Doppelquerlenker, Längslenker (jeweils 8 %) und Torsionskurbelachsen (6 %). Schräglenker- (2,3 %) und Raumlenkeraufhängungen (1,8 %) haben von ihrer Verbreitung her eine geringere Bedeutung (Abb. 6.112).

Abb. 6.113 zeigt eine Aufstellung der bekannten Volumenmodelle der unteren Fahrzeugklassen (nicht angetrieben). Hier werden mehrheitlich Verbundlenkerachsen verwendet. Bei einigen Modellen werden auch Mehrlenkerachsen (1 Längs- und 3 Querlenker) eingebaut.

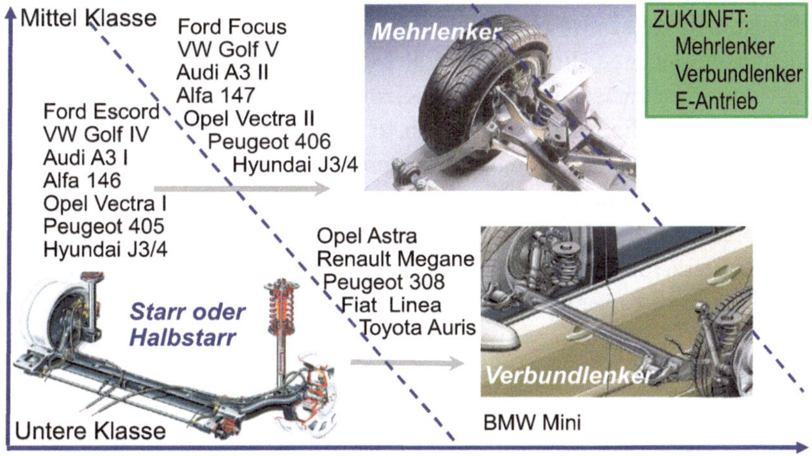

Abb. 6.113 Zukunftstendenzen der Hinterachsen für die unteren Fahrzeugsegmente

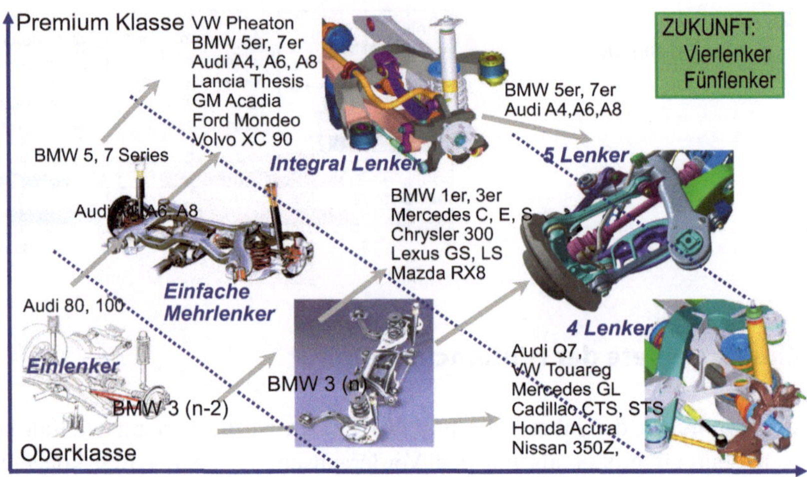

Abb. 6.114 Zukunftstendenzen der Hinterachsen für die oberen Fahrzeugsegmente

Abb. 6.114 zeigt eine Aufstellung der bekannten Premiummodelle der oberen Klassen. Hier konkurrieren drei unterschiedliche hochwertige Aufhängungstypen.

Gegenwärtig werden überwiegend Vier- oder Fünflenker-Einzelradaufhängungen verwendet.

6.5.4 Besonderheiten der Hinterachsaufhängungen

6.5.4.1 Nicht angetriebene Hinterachsen

Bei den nicht angetriebenen Hinterachsen führen die halbstarren Bauarten mit 42 % (Verbundlenker 34 %, Torsionslenker 8 %). Alle Kleinfahrzeugsklassen haben eine raum- und kostensparende Verbundlenkerachse (s. Abb. 6.18). In der unteren Mittelklasse setzt sich die Mehrlenkeraufhängung immer mehr durch (23,5 %). Sie wird gefolgt von Starrachsen mit 12,2 % (ausschließlich bei SUVs und Light Trucks).

Für nicht angetriebene Kleinwagen-Hinterachsen sind die Verbundlenkerachsen aus Nutzen/Kosten-Betrachtungen her die günstigste Wahl. Sogar bei der unteren Mittelklasse werden Verbundlenkerachsen häufig verwendet (Opel Astra, Fiat Punto, Peugeot 207, Renault Clio, Toyota Auris), weil die Mehrkosten der Mehrlenkeraufhängungen trotz ihrer fahrdynamischen Vorteile im Markt kaum akzeptiert werden.

Die aufwändigen Mehrlenkeraufhängungen finden erst ab der Mittelklasse Verwendung, weil hier die Mehrkosten in Kauf genommen werden. Die Starrachsen sind nur bei einigen allradangetriebenen großen Pkw und Transportern sowie Light Trucks wegen der deutlich höheren Belastbarkeit zu finden.

Eine Entwicklung der letzten paar Jahre ist die Abkehr von BMW und AUDI vom Integrallenker zur Raumlenkeraufhängung.

6.5.4.2 Angetriebene Hinterachsen

Die Starrachsen werden bei den angetriebenen Hinterachsen mit 57 % deutlich bevorzugt (Abb. 6.112). Diese sind absolut gesehen jedoch ein kleiner Anteil von lediglich 14 % aller Hinterachsen und beschränken sich ausschließlich auf SUVs und Light Trucks außerhalb Europas. Mehrlenker- (21 %) und Raumlenkerradaufhängungen (8 %) folgen den Starrachsen. In Europa werden bei Mittel- und Oberklassenfahrzeugen fast ausschließlich diese Bauarten bevorzugt. Schließlich haben bei den angetriebenen Hinterachsen die Doppelquerlenkeraufhängungen einen Anteil von 9 %.

6.5.4.3 Verbundlenker-Hinterachsen

Die Verbundlenkerachse ist führend bei allen frontangetriebenen kleinen bis mittelgroßen Fahrzeugen mit Frontmotor; in erster Linie wegen der unschlagbar günstigen Kosten und der kompakten Abmessungen. Deshalb werden die limitierten kinematischen Eigenschaften in der Kurvenfahrt und beim Bremsen für Volumenmodelle in Kauf genommen. Es wird aber ständig versucht, die fahrdynamischen, Eigenschaften zu verbessern, ohne das Verbundlenkerkonzept zu ändern. Eine aktuelle Lösung ist im neuen Opel Astra zu finden. Die Verbundlenkerhinterachse wird mit einem in der Achsmittellinie angeordneten Watt-Gestänge erweitert, um die Querkräfte besser abzustützen. Dadurch wird die Quersteifigkeit erhöht und die Übersteuertendenz reduziert (s. Abschn. 4.2.1.3; Abb. 6.28). Die beiden Enden des Watt-Gestänges sind am Radträger gelagert. Das kurze Mittelglied mit drei Gelenken stützt die beiden Koppelstangen ab und das Mittelgelenk, das drehbar am Aufbau gelagert ist, leitet die Querkräfte zum Aufbau weiter.

6.5.4.4 Mehrlenker-Hinterachsen

Für die Fahrzeuge der mittleren und oberen Klassen, besonders wenn diese angetriebene Hinterachsen haben, kommen die günstigen Verbundlenkerachsen, auch mit Optimierungen nicht in Frage. In diesen Klassen finden in erster Linie Mehrlenkerachsen Anwendung. Durch die 4 bis 5 Lenker sind hier die Auslegungsfreiheiten so groß, dass man alle an eine Hinterachse gestellten Anforderungen erfüllen kann. Dabei werden die höhere Kosten und das höhere Gewicht in Kauf genommen.

6.6   Gesamtfahrwerk

Das Zusammenwirken beider Achsen und deren Anpassung zueinander sowie zu den Aufbaumerkmalen (Gewicht, Länge, Breite, Antriebsaggregat) bestimmt, wie gut die Eigenschaften des Gesamtfahrwerks sind. Das heißt, mit einer guten Vorderachse und einer ebenfalls guten Hinterachse, die jedoch nicht zueinander und zum Rest des Fahrzeugs passen, kann kein gutes, optimales Fahrverhalten erreicht werden. Insofern lassen sich die beiden Achsen nie unabhängig voneinander konfigurieren, auslegen und abstimmen.

6.6.1 Zusammenspiel von Vorder- und Hinterachse

Die kinematischen Eigenschaften der Vorder- und Hinterachse sind aufeinander abzustimmen, um ein harmonisches Gesamtfahrzeugverhalten zu erhalten.

Wichtig sind die Wankpole, durch die die Wankachse des Aufbaus verläuft. Allgemein wird eine leicht nach vorne geneigte Wankachse als stabilisierend beurteilt, die absolute Höhe muss sich an der Lage des Fahrzeugschwerpunkts orientieren. Auch der Nickausgleich ist zwischen den Achsen so abzustimmen, dass der Fahrer beim Bremsen neben einem geringen Nickwinkel möglichst kein Absenken erfährt.

Vertikaldynamisch sind die Eigenfrequenzen beider Achsen leicht unterschiedlich zu wählen, um ausgeprägte Nickeigenschwingungen auszuschließen.

6.6.2 Eigenlenkverhalten des Fahrzeugs

Die gegenseitige Beeinflussung der Achsen macht sich hauptsächlich beim Eigenlenkverhalten des Gesamtfahrzeugs bemerkbar (s. Abschn. 2.5.3).

Aufgrund der Lage des Antriebs und der Gewichtsverteilung zeigen Fahrzeuge mit Vorderradantrieb im Prinzip ein Untersteuerverhalten, dagegen diejenigen mit Hinterradantrieb und mit einem hinten liegenden Schwerpunkt eine Tendenz zum Übersteuern. Dies kann durch Auswahl geeigneter Aufhängungstypen ausgeglichen werden.

Für die Autos mit Frontantrieb wählt man vorne eine Aufhängung mit geringem und hinten mit größerem Schräglaufbedarf. Dies wird maßgeblich durch die Höhe des Rollzentrums bestimmt.

Wenn das Rollzentrum durch Zuladung absinkt, wird ein größerer Anteil des Wankmomentes auf die anderer Achse übertragen. Dadurch wird die stärkere Drift, die sich aus der höheren Achsbeanspruchung ergibt, kompensiert [15].

Bei Stößen (plötzlich auftretenden Kräften) wird das Wankmoment zum größten Teil von den Stoßdämpfern aufgenommen. Wenn die Achsdämpfungen unterschiedlich sind, wird die Achse mit härterer Dämpfung stärker driften, was das Lenkverhalten beeinflusst. Ein niedriger Schwerpunkt und harte Federn schränken die Wankbewegung ein.

Bei schnellen Spurwechselmanövern kann die Stabilität des Fahrzeugs verbessert werden, indem die Hinterachse mit der Vorderachse mitgelenkt wird. Dies wird erreicht, wenn die Hinterachse unter Querkraft in die Vorspur geht (untersteuert).

6.6.3 Achslastverlagerungen

Die Achslasten werden beim Bremsen und Beschleunigen bedingt durch die Trägheit des Aufbaus verlagert; beim Bremsen zur Vorderachse, beim Beschleunigen zur Hinterachse. Es ist wünschenswert, diese Lastverlagerungen so klein zu halten wie möglich.

6.6.4 Konstruktionskatalog als Auswahlhilfe für die Achstypen

Obwohl es viele vergleichende Untersuchungen zu den verschiedenen Aufhängungsvarianten gibt, entscheiden sich die Automobilhersteller für die neuen Modelle sehr oft aus ihrer Firmentradition und langfristigen Achsstrategien für das Altbewährte. Es sind einerseits die umfangreichen Erfahrungen, die sie mit ihrer eigenen Lösung gesammelt haben, andererseits die Pflege der Brandkultur, die eine bestimmte Lösung als Markenzeichen mit der Firma verbindet und vom Kunden wahrgenommen wird.

Insofern ist es selten der Fall, bei neuen Modellen die Art der Aufhängung anhand objektiver Kriterien, die in einem Konstruktionskatalog zusammengefasst werden können, neu zu entscheiden.

Die Konstruktionskataloge beinhalten alle bekannten Lösungen für die technischen Aufgaben mit deren für die Auswahl relevanten Eigenschaften. Die Lösungssammlung ist systematisch gegliedert. Die Eigenschaften sind für die einzelnen Lösungen unmittelbar miteinander vergleichbar, um eine möglichst objektive Auswahl zu ermöglichen [27]. Ein Konstruktionskatalog für die Achsen und Aufhängungen wird gewiss nie ausschließlich für die Entscheidung des Achskonzepts neuer Modelle benutzt. Er bietet aber eine sehr übersichtliche und komprimierte Sammlung aller bekannten Ausführungsmöglichkeiten samt deren Merkmalen für die Vorder- und Hinterachsen (Tab. 6.3).

6.7 Radaufhängungen der Zukunft

6.7.1 Achstypen der letzten 20 Jahre

In den letzten 20 Jahren hat sich die Einsatzhäufigkeit der Achstypen stark geändert. Vergleicht man die Porsche Studie aus 1985 und 1995 (nur in der BRD, bis 1300 kg Leergewicht) [28] mit den Zulassungszahlen von 2000 [29] und 2005 [30] stellt man folgende Änderungen und Tendenzen fest:

- das Federbein vorn ist mit Abstand führend (78 %),
- der Anteil der Doppelquerlenker vorn mit Antrieb sinkt leicht auf 7,5 % im Jahr 2005, nach starken Steigerungen in den Jahren 1985 bis 1995,
- der Anteil der Doppelquerlenker vorn ohne Antrieb sinkt stark auf 9,2 % im Jahr 2005, nach starkem Anstieg in den Jahren 1985 bis 1995,
- der Anteil der Starrachsen sinkt sowohl als Vorderachse (1,4 %) als auch als Hinterachse (22,5 %),
- der Anteil der Halbstarrachsen hinten gehen auf 31 % zurück im Jahr 2005, nach 35 % im Jahr 1995,
- auch Längs- und Schräglenker hinten werden seltener (von 12,6 % im Jahr 2003 auf 10,2 % in 2005),

Tab. 6.3 Konstruktionskatalog für die Achsen (L = Längs, Q = Quer, S = Schräg, V = Vorderachse, H = Hinterachse. 1 = ungünstig, 5 = sehr günstig) [27]

Classification Section and Main Section

Config. number	Axle (Front/Rear)	Suspension Type (R,SR,I)	Link Connection Type (D,I)	Number of Links (1–5)	Link Orientation (L, T, D)	Two-Point Links	Three-Point Links	Four-Point Links	Rotational Sliding Joints	Stationary Links	Steering Toe Links	Standard Designation	Other Names or Types
F1	Front Axle	Rigid	Direct	1	T	-	-	-	-	-	1	Rigid Axle	Dependent Suspension
F2	Front Axle	Independent	Direct	3	L	-	1	-	1	-	1	McPherson Suspension	Spring- / Damper Strut, Coilover
F3	Front Axle	Independent	Direct	4	L/D	2	-	-	1	-	1	Strut with 2 Two-Point Links	Double-Joint McPherson
F4	Front Axle	Independent	Indirect	2	L	-	1	-	-	-	1	Lateral Arms with T-Leaf Spring	Leaf Spring Link Suspension
F5	Front Axle	Independent	Indirect	3	L	-	2	-	-	-	1	Double Wishbone	Short/Long Arms (SLA)
F6	Front Axle	Independent	Indirect	4	L/D	2	1	-	-	-	1	Decomposed SLA	Multi-Link with Three-Point Link
F7	Front Axle	Independent	Indirect	5	L/D	4	-	-	-	-	1	Four-Link Suspension	Multi-Link with 4 Two-Point Links
R1	Rear Axle	Rigid	Direct	1	T	-	-	-	-	1	-	Rigid Axle with Leaf Springs	Dependent Leaf Spring Susp.
R2	Rear Axle	Rigid	Direct	2	T/D	2	-	-	-	-	-	Rigid Axle with Coil Springs	Dependent Coil-Spring Susp.
R3	Rear Axle	Rigid	Direct	3	D	2	-	-	-	1	-	De Dion Axle	Yoke or Parabolic Axle
R4	Rear Axle	Semi-Rigid	Direct	1	T	-	-	-	-	1	-	Twist Beam Axle (TBA)	Standard, Coupling-type TBA
R5	Rear Axle	Semi-Rigid	Direct			-	-	-	-	1	-	Torsion-type Twist Beam Axle	Torsion Arm Axle
R6	Rear Axle	Independent	Direct	1	T	-	-	-	-	1	-	Trailing Arm Suspension	Swing Axle Suspension
R7	Rear Axle	Independent	Direct		D	-	-	-	-	1	-	Semi-Trailing Arm Suspension	Diagonal-, Screw- or Central Link
R8	Rear Axle	Independent	Direct	2	L	-	1	-	1	-	-	Rear McPherson, Chapman	Coilover Strut Suspension
R9	Rear Axle	Independent	Direct	3	L/D	2	-	-	1	-	-	Strut with 2 Two-Point Links	D-J Chapman, Strut & Links
R10	Rear Axle	Independent	Indirect	3	D	1	2	-	-	-	-	Double Wishbone	Short/Long Arms (SLA)
R11	Rear Axle	Independent	Indirect	4	L/D	3	1	-	-	-	-	Decomposed SLA	Multi-Link with Three-Point Link
R12	Rear Axle	Independent	Indirect	4	L/D	3	-	1	-	-	-	Integral Link Suspension	Multi-Link with Trapezoidal Link
R13	Rear Axle	Independent	Indirect	4	T/L	3	-	-	-	1	-	Multi-Link with Trailing Arm	Trailing Blade, Trailing SLA, E-Link
R14	Rear Axle	Independent	Indirect	5	L/D	5	-	-	-	-	-	Five-Link, (Full) Multi-Link	Three-Dimensional Multi-Link

Assesement Section — General and Kinematics

Config. number	Modernity	Suitability as a driven axle	Suitability as a non-driven axle	Suitability as off-road/heavy duty	Total axle module weight	Scrub radius	Disturbance force lever arm	Wheel Load Lever Arm Length	Braking Support Angle	Wheel to spring/damper ratio
F1	1	3	3	5	1	3	2	2	1	5
F2	5	5	5	3	4	4	3	3	3	5
F3	3	5	5	3	4	5	4	4	3	5
F4	1	2	5	4	3	3	3	4	2	3
F5	3	5	3	4	2	4	4	4	5	3
F6	3	5	3	3	2	5	5	5	4	3
F7	2	5	3	3	2	5	5	5	5	3
R1	1	4	4	5	2	-	-	-	3	5
R2	3	4	4	5	3	-	-	-	3	5
R3	1	4	2	2	2	-	-	-	3	5
R4	5	1	5	1	5	-	-	-	3	5
R5	2	1	4	1	4	-	-	-	3	5
R6	2	1	3	2	3	-	-	-	3	5
R7	2	3	3	3	3	-	-	-	5	5
R8	2	3	3	2	3	-	-	-	4	5
R9	3	3	3	2	3	-	-	-	5	5
R10	4	5	3	4	3	-	-	-	5	3
R11	3	4	3	3	3	-	-	-	5	4
R12	2	5	1	2	1	-	-	-	5	3
R13	4	3	3	2	3	-	-	-	4	4
R14	4	5	2	1	1	-	-	-	5	3

Assesement Section — Handling, Ride Comfort and Economics

Config. number	Wheel orientation parameters	Kinematic changes during drive	Elastokinematic changes d. drive	Unsprung mass	Resistance to misuse	Vibration response behavior	Diagonal / longitudinal springing	Acceleration / Braking behavior	Required steering effort	Unsprung mass	Acoustic properties	Chassis loading	Modularity	Space optimization	Assembly costs	Component costs	Manufacturing costs
F1	2	2	2	1	4	1	2	3	3	1	1	4	4	2	3	4	3
F2	4	5	4	5	3	3	4	3	3	5	5	3	4	4	3	5	5
F3	5	4	4	5	2	4	4	4	4	5	5	3	4	4	2	4	4
F4	2	3	2	2	2	2	2	2	3	2	2	4	4	5	2	4	5
F5	4	5	5	5	2	5	5	5	3	4	5	2	1	1	2	1	2
F6	5	5	5	5	2	5	5	5	4	4	5	2	1	2	2	1	2
F7	5	5	5	5	3	5	5	5	5	4	5	2	1	2	1	1	1
R1	1	2	1	1	4	1	1	1	-	1	1	4	4	3	3	4	4
R2	2	2	2	2	3	1	1	1	-	1	1	4	4	3	2	4	4
R3	2	2	3	2	3	1	1	2	-	2	2	4	3	3	2	3	3
R4	4	4	1	4	2	2	1	4	-	4	2	5	1	4	4	5	5
R5	4	3	1	3	2	2	1	3	-	3	2	4	3	3	4	4	4
R6	1	1	1	4	2	4	1	4	-	4	1	2	4	4	4	1	3
R7	2	2	1	4	2	4	1	3	-	4	2	4	4	2	4	4	4
R8	5	4	4	5	2	3	4	3	-	5	3	3	4	4	1	5	4
R9	5	5	4	5	2	4	4	4	-	5	3	3	4	4	1	4	4
R10	4	5	5	5	2	5	5	5	-		5	2	1	1	2	1	2
R11	5	5	5	5	2	5	5	5	-	4	5	2	1	2	2	1	2
R12	4	4	4	4	3	4	4	5	-	4	4	2	1	2	1	1	1
R13	4	4	5	4	3	5	4	5	-	4	4	2	1	2	1	2	2
R14	5	5	5	5	2	5	5	5	-	5	5	2	1	1	1	2	2

Legend: T= Trailing arm, longitidunal arm, L= Lateral arm, D= diagonal arm, semi-trailing arm

SLA: Short Long Arm; Double Wishbone, TBA= twist Beam Axle, Susp.= Suspension, D-J= Duble Joint

- der Doppelquerlenkeranteil hinten steigt von 6,1 % auf 8 %, insbesondere bei nicht angetriebenen Achsen,
- der Anteil der Mehrlenkeraufhängungen hinten bleibt stabil bei 25 %,
- der Anteil des Feder-/Dämpferbeins hinten hat keine Bedeutung mehr (1,2 %),
- der Allrad-Anteil ist von 4,5 auf 6,5 % gestiegen,
- der Frontantrieb dominiert deutlich (76,5 %).

6.7.2   Häufigkeit der aktuellen Achstypen

Die Vielfalt der Achstypen der 62 Millionen weltweit produzierten Fahrzeugen bis 3,5 t in 2005, ca. 70 Mio. in 2010 und fast 90 Mio. in 2015 ist überschaubarer geworden: Abb. 6.115 zeigt die Anteile für die Vorderachsen und Abb. 6.116 für die Hinterachsen.

Hier sieht man, dass vorne nur vier und hinten nur neun Typen über 99 % des Marktes abdecken. In der Zukunft wird die Typenvielfalt weiter abnehmen und sich auf jeweils 2 bis 3 Typen für Vorder- und Hinterachsebeschränken. Die Abb. 6.108 und 6.109 sowie Abb. 6.113 und 6.114 zeigen deren vorausgesagte Bedeutung für die einzelnen Fahrzeugsegmente.

Für die Entscheidung des Aufhängungskonzepts ist die Fahrzeugklasse maßgebend; entweder kostengünstige Volumenmodelle oder teure Premiumklassen. Die Mittelklasse

Abb. 6.115 Anteile der Vorderachstypen weltweit in den Jahren 2005 und 2010: nur vier Typen werden gebaut

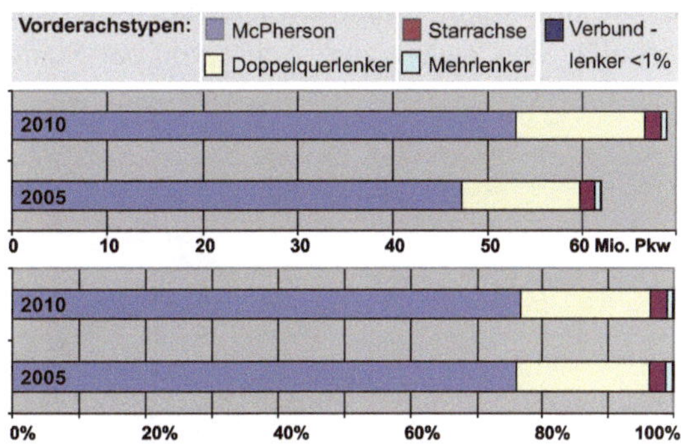

Abb. 6.116 Anteile der Hinterachstypen weltweit in den Jahren 2005 und 2010: neun Typen werden gebaut

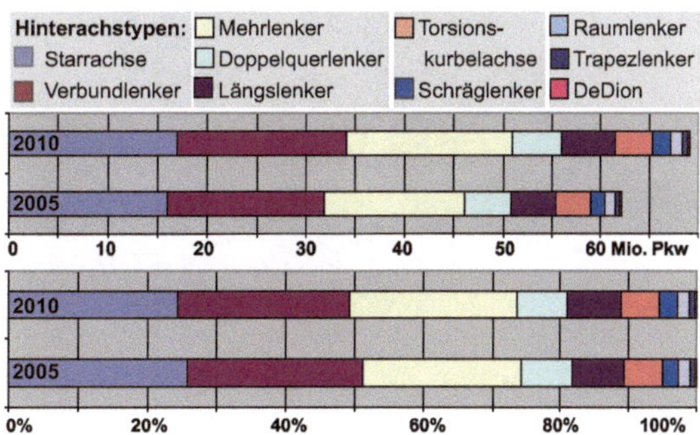

wird sich dann, je nach der Positionierung des Modells und dessen Käuferschicht, der Konzepte der unteren oder oberen Klasse bedienen.

Für jedes Fahrzeugsegment kristallisiert sich eine optimale Kombination von Vorder- und Hinterachstypen heraus: für die frontangetriebenen Fahrzeuge der unteren Klassen vorne McPherson, hinten Verbundlenker (Abb. 6.117), für die frontangetriebenen Fahrzeuge der Kompakt- und Mittelklassen vorne McPherson, hinten Verbund- oder Mehrlenker (Abb. 6.118), für die Allradfahrzeuge der Kompakt- und Mittelklassen vorne McPherson, hinten Mehrlenker (Abb. 6.119), für alle Oberklassen-Fahrzeuge mit Front, Heck- oder Allradantrieb vorne Vierlenker-, hinten Vier- oder Fünflenkeraufhängungen (Abb. 6.120 und 6.121).

Starrachsen beschränken sich auf die Hinterachsen von großen Light-Trucks, Transporter und Geländewagen, gekoppelt mit einer Doppelquerlenkeraufhängung als Vorderachse (Abb. 6.122).

6.7.3 Die zukünftigen Vorderachstypen (Tendenzen)

Bedingt durch den verstärkten Einsatz von nur einigen wenigen Plattformbaukästen für die gesamte Modellpalette eines Herstellers ist eine weitere Konzentration auf wenige Achstypen die eindeutige Tendenz für die Zukunft [31].

Darüber hinaus werden der steigende Kostendruck, eine potentiell große Käuferschicht mit wenig Kaufkraft, aber auch die Konsolidierung der Anzahl der Automobilhersteller, den Zwang zur „Achse von der Stange" erhöhen. So ist es durchaus denkbar,

Abb. 6.117 Achsen für frontangetriebene Fahrzeuge der unteren Klassen. *Vorne:* McPherson, *Hinten:* Verbundlenker (z. B. Audi A1 Bj. 2009)

Abb. 6.118 Achsen für Fahrzeuge mit Frontantrieb in der Kompakt- und Mittelklasse. *Vorne:* McPherson, *Hinten:* Mehrlenker (z. B. Mercedes B Klasse Bj. 2011)

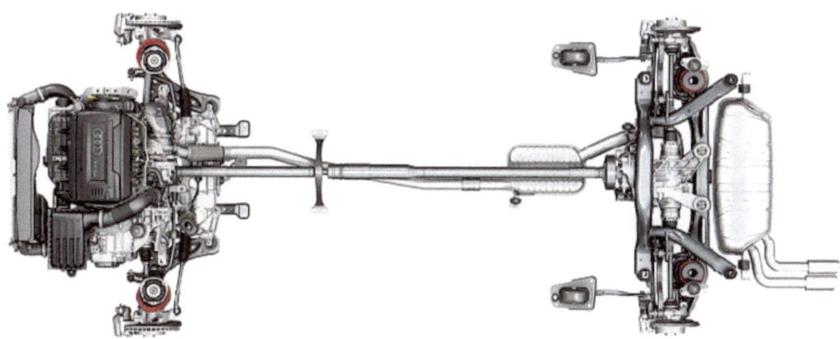

Abb. 6.119 Achsen für Allradfahrzeuge in der Kompakt- und Mittelklasse. *Vorne:* McPherson, *Hinten:* Mehrlenker (z. B. Audi A3 Quattro Bj. 2013)

dass ein und dieselbe Achse nicht nur in den unterschiedlichen Marken und Modellen eines Hersteller, sondern auch in den Fahrzeugen anderer Hersteller zu finden sein wird.

In Zukunft wird sicherlich auch die Stellung der Achse als Kernkompetenz der OEMs nachlassen und der Kostenanteil der mechanischen Achse (ohne Elektronik) am Gesamtfahrzeug zurückgehen.

Für die Vorderachse wird die McPherson-Aufhängung die Volumenmodelle der unteren und mittleren Klassen voll beherrschen. Sie wird gefolgt von Doppelquerlenkeraufhängung (zum Teil mit aufgelösten unteren Lenkern) mit langer Lenkachse für

Abb. 6.120 Achsen für heckangetriebene Fahrzeuge in der Oberklasse. *Vorne:* DQL mit langer Lenkachse, *Hinten:* Vier- oder 5-Lenker (z. B. Mercedes E Klasse W223 Bj. 2016)

Abb. 6.121 Achsen für Allradfahrzeuge in der Oberklasse. *Vorne:* DQL mit langer Lenkachse, *Hinten:* Vier- oder 5-Lenker (z. B. Mercedes GLE Bj. 2011)

Oberklasse und SUVs. Alle anderen Ausführungen werden nur Nischenlösungen bleiben. Da die Außenabmessungen der Fahrzeuge nicht weiter wachsen werden, wird die McPherson-Radaufhängung auch in Zukunft aus Bauraum- und Kostengründen führend bleiben. Ebenfalls für die Elektrofahrzeuge bietet sich aus oben genannten Gründen diese Aufhängungsart an.

Abb. 6.122   Achsen für Light trucks. *Vorne:* DQL Aufhängung, *Hinten:* Starre Achse mit Antrieb (z. B. Mitsubishi L200 Bj. 2014)

6.7.4   Die zukünftigen Hinterachstypen (Tendenzen)

Als Hinterachse wird sich für nicht angetriebene Fahrzeuge bis zur Mittelklasse die Verbundlenkerachse weiterhin behaupten. Für die Mittel- und Oberklasse sowie für SUVs werden die Mehrlenkeraufhängungen dominieren. Die teureren Integrallenkeraufhängungen von BMW und Audi werden durch Fünflenkeraufhängungen abgelöst. Die Starrachsen sind für Transporter, Light Trucks (Fahrzeuge mit höheren Achslasten) als angetriebene Achse weiterhin sinnvoll. Alle sonstige Arten (Schräglenker, Längslenker, Federbein usw.) werden weiter an Bedeutung verlieren.

Da die Anzahl der Lenker sich nicht weiter erhöhen lässt, ist ein Ende der kinematischen Weiterentwicklung der Hinterachse vorauszusehen. Die Lenker werden jedoch einfacher und kostengünstiger gestaltet.

Der zukünftige Mehrwert an den Achsen wird nicht mehr durch mechanische sondern durch elektronische Systeme erzielt, die das Verhalten der Achse aktiv an die jeweilige Fahrsituation anpassen können.

Den größten Einfluss an die Hinterachse wird jedoch die Elektrifizierung des Antriebs ausüben, wenn der Anteil der Elektrofahrzeuge mit radnahen Elektromotoren oder Radnabenelektromotoren (Abb. 6.123) steigt. Dann ist mit ganz neuen, nur den Erfordernissen des Elektroantriebs entsprechenden Achstypen zu rechnen.

Eins ist jedoch sicher: die Achsen werden sich in den nächsten 20 Jahren nicht wesentlich von den heutigen unterscheiden. Schließlich wurden die gegenwärtig verwendeten Achsen in einer über 125-jährigen Entwicklungsgeschichte bestmöglich an die Verwendung im Automobil angepasst.

Abb. 6.123 Radnabenmotoren: eWheel, Bridgestone und Proteon DriveProton [32, 33]

Eine radikale Veränderung des Achskonzepts, z. B. durch vollständige Integration aller Radführungs- und Antriebselemente im Rad (Abb. 6.124) muss vor der Nutzung sorgfältig anhand der umfangreichen Lastenheftvorgaben aktueller Achsen überprüft werden. In jedem Fall wird sich jedoch der Umfang der elektronisch und elektrisch dargestellten Fahrwerkfunktionen erweitern.

Die in Abb. 6.125 gezeigte Vision „eCorner-Modul" von VDO (jetzt Conti) fasst den Radnabenmotor, die Federung, Dämpfung, Bremse und sogar die Lenkung in einem sehr engen Raum zusammen.

In der Citroen-Studie C-Matisse wurde diese Konfiguration der Straße getestet [36]. Sie kann als Ausblick auf zukünftige Achskonzepte zumindest für elektrisch angetriebene Stadtfahrzeuge gelten. Nicht so radikale, aber eher umsetzbare Konzepte hierzu wurden bereits von den Zuliefererfirmen Schaeffler und ZF-Friedrichshafen vorgestellt (s. Abb. 7.22 und 7.23).

Abb. 6.124 Radnabenmotor „Active Wheel" von Michelin [34]

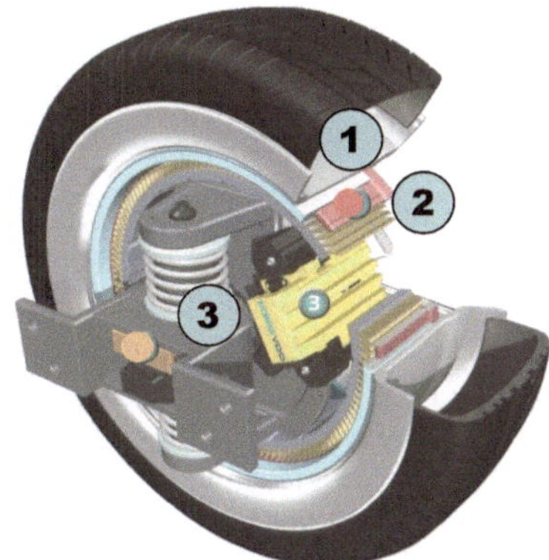

Abb. 6.125 eCorner-Modulkonzept von Siemens VDO (jetzt Conti) [35]. *1* Reifen und Felge, *2* Radnabenmotor, *3* Keilbremse, *4* aktive Feder/Dämpfer, *5* Lenkung

Aufgaben zum Kapitel 6 – Achsen und Radaufhängungen

1. Aus welchen Komponenten besteht eine Achse?
2. Was sind die Hauptbauarten für Achsen und Aufhängungen? Nennen Sie ihre Merkmale.
3. Erklären Sie Vor- und Nachteile der Starrachsen.
4. Was ist S-Schlag und was ist Trampeln?
5. Wie wird eine Starrachse geführt?
6. Was ist die De-Dion-Achse?
7. Welche Arten der Halbstarrachsen gibt es?
8. Warum sind Verbundlenkerachsen so beliebt?
9. Warum sind Halbstarrachsen übersteuert?
10. Welche Lenkerarten gibt es?
11. Was sind Einzelradaufhängungen und was sind ihre Vor- und Nachteile?
12. Welches sind die Einzelradaufhängungen mit nur einem Lenker?
13. Welches sind die Einzelradaufhängungen mit drei Lenkern?
14. Benennen Sie die Arten der Doppelquerlenker.
15. Wie werden Nick- und Wankpol beeinflusst?
16. Erklären Sie die Varianten der Vierlenkeraufhängungen.
17. Was ist die Trapezlenkeraufhängung?
18. Was versteht man unter Schwertlenker?
19. Wo werden Fünflenkeraufhängungen eingesetzt?
20. Erklären Sie das Prinzip der Federbein-Einzelradaufhängungen.
21. Warum ist die McPherson-Aufhängung die meist gebaute Aufhängung?
22. Was sind die Anforderungen an Vorderachsaufhängungen?
23. Was sind die Anforderungen an Hinterachsaufhängungen?
24. Was sind die Vorderradaufhängungen der Zukunft?
25. Was sind die Hinterradaufhängungen der Zukunft?

Literatur

1. Braess, H.-H., Seifert, V.: Vieweg Handbuch Kraftfahrzeugtechnik. Springer Vieweg, Wiesbaden (2013)
2. Matschinsky, W.: Radführungen der Straßenfahrzeuge. Springer, Berlin (1998)
3. Heißing, B.: Vorlesungsmanuskript. TU München, München (2005)
4. Gillespie, T.D.: Fundamentals of Vehicle Dynamics. SAE International, Warrendale (1999)
5. Gersthofer, M., Scheiner, J.: Antrieb – Der Heckmotor meldet sich zurück. Automobil Industrie – Online. 18.11.14
6. Henker, E.: Fahrwerktechnik. Vieweg, Wiesbaden (1993)
7. Reimpell, J.: Fahrwerktechnik: Radaufhängungen. Vogel Buchverlag, Würzburg (1986)
8. Übler, J.: Technik – VW-Golf 7 Hinterachsen. Auto Motor Sport **01** (2013)
9. Harder, M., Ohlschläger, S.: The new Opel Astra rear axle, S. 281–297. Chassis-Tech., München, 8.–9. Juni (2010)
10. Herkommer, C., Pippert, H., Sponagel, P.: Der sichere Weg zur Meisterprüfung im Kfz-Handwerk. Fahrwerk, Lenkung, Räder, 1. Aufl. Vogel Buchverlag, Würzburg (1995)
11. Genta, G, Morello, L.: The Automotive Chassis, Bd. 1. Springer Science+Business Media, Berlin (2009)
12. Bastow, D., Howard, G., Whitehead, J.: Car Suspension and Handling, 4. Aufl. SAE International, Warrendale (1993)
13. Spina, M.: Full-Range rear architecture suspension using flexible arm. Vehicle Dynamic Expo, Stuttgart, May (2004)
14. Dralle, J.: Die Technik des Bentayga. Faszination Bentley. Auto Motor und Sport – Extra, Heft 25, S. 8–9. Motor Presse, Stuttgart (2015)
15. Arkenbosch, M., Mom, G., Neuwied, J.: Das Auto und sein Fahrwerk, Bd. 2. Motorbuch, Stuttgart (1992)
16. Zandbergen, P.: Design guidelines for advanced automotive rear suspension, S. 17–112. 6. Tag des Fahrwerks-Institut für Kraftfahrzeuge RWTH, Aachen, Okt. (2008)
17. Lischka, J.: The Integrallink Rear Axle of the new BMW 7 Series. Chassistech, München, März (2009)
18. Hudler, R., Leitner, W., Krome, H., Steigerwald, A., Fischer, S.: Die Achsen der neuen Audi A4. AZT Extra, S. 104–113. Motor Presse, Stuttgart (2007)
19. Schebstad, K.: Fahrdynamik des neuen VW Golf. Vortrag in VDI Bezirksverein Hannover, Hannover (2006)
20. Walgreen, N.: Doppelkugelgelenk. Interne Informationsschriften. ZF Friedrichshafen AG, Dielingen (2008)
21. Jordan, M.: Das Fahrwerk der neuen A-Klasse. mbpassionblog, August (2013)
22. Früh, Ch., et al.: Die neue E-Klasse von Mercedes Benz, S. 128–142. AZT Extra. Motor Presse, Stuttgart (2009)
23. Eppelin, R.: Hinterachse eines Pkws mit fünf einzelnen Lenkern. Offenlegungsschrift DE 101 33 424 A1. Bundesdruckerei 11.02 102 640/565 (2003)
24. Frantzen, M., Bouma, J., David, W., Simon, M., Ohraaho, L.: The simple answer to torque steer: „Revo" Suspension. www.not2fast.com/chassis/revoKnuckle.pdf. Ford Motor Company (2004)
25. www.de.wikipedia.org/wiki/Camuffo-Hinterachse. Zugegriffen: April 2016
26. Fruhmann, G., Stretz, K., Elbers, Ch.: Leichtbau im Fahrwerk. ATZ **6**, 394–399 (2010)
27. Ersoy, M.: Konstruktionskataloge für Pkw Leichtbauachsen. Haus der Technik, Tagung Fahrwerktechnik, München, 6./7. Juni 2000

28. Berkefeld, V., Göhrich, H.J., Söffge, F.: Analyse der Achskonzepte für kompakte und leichte Fahrzeuge. ATZ **98**(7/8), 415–425 (1996)
29. Fecht, N.: Fahrwerktechnik für Pkw. Verlag Moderne Industrie, Landberg am Lech (2004)
30. ZF Friedrichshafen AG/Lemförde: Marktuntersuchung. Interner Bericht (2008)
31. Gott, G.P.: Segment Trends in All Wheel Drives. 7. Grazer Allradkongress, 2./3. Februar 2006
32. Masaki, N., Tashiro, K., Iwano, H., Nagaya, G.: Entwicklung eines Radnabenantriebssystems, S. 1699–1710. 15. Aachener Kolloquium, 9./11. Oktober 2006
33. Gies, S.: Zukünftige Herausforderungen der Fahrwerkentwicklung. IKA 7. Tag des Fahrwerks, Aachen, 4.10.2010
34. http://www.reifenfachhandel.eu/michelin-active-wheel-treibt-mit-radnabenmotoren-zwei-elektroautos-an. Zugegriffen: 6. Okt. 2008
35. Gombert, B.: X-by-wire im Automobil: Von der Electronic Wedge Brake zum eCorner. Chassistech, München, 1./2. März (2007)
36. N.N.: Radnabenantrieb – Wird das Rad elektrifiziert? http://www.automobil-industrie.vogel.de. Zugegriffen: 31. Mai 2007

Zukunftsaspekte des Fahrwerks

7

Metin Ersoy

Einleitung

Die in Abb. 7.1 dargestellten Megatrends der Gesellschaft bestimmen auch die Zukunftsaspekte des Fahrwerks. Effizienz, Sicherheit und autonomes Fahren sind die Treiber für
die Anforderungen der Kunden an die Automobilhersteller (Abb. 7.1 und 7.2) [1, 3].

Definierten früher die PS- Zahlen und später die niedrigen Verbrauchswerte die
Attraktivität eines Automodells, ist es heute immer wichtiger, welche Assistenzsyteme
das Fahrzeug anbietet und wie gut und wie einfach sich das Fahrzeug vernetzen lässt. In
der nahen Zukunft wird sich die Aufmerksamkeit mehr und mehr auf autonomes Fahren
richten.

Für die fahrwerkrelevanten Anforderungen stehen neben Umweltschutz, Vernetzung
und dem autonomen Fahren, die Themen Kosten, Gewicht, Komfort, Sicherheit, Elektrifizierung und Fahrerassistenzsysteme im Vordergrund [1].

Bezogen auf das Automobil als unverzichtbarem Bestandteil unserer individuellen
Mobilität, haben diese Bedürfnisse die Fahrzeugentwicklung auch in den Bereichen
Fahrwerk und Fahrzeugregelsysteme geprägt. Ziel der Fahrzeugregelsysteme ist es, für
den Fahrer schwer zu kontrollierende, nichtlineare und verkoppelte Vorgänge beherrschbar zu machen und so die Sicherheit zu erhöhen. Die Fahrwerke selbst sollen den
Kundenwunsch durch ihre Eigenschaften Agilität, Fahrdynamik, Komfort und Sicherheit
erfüllen helfen, aber die Bedienung nicht komplizierter machen.

Durch die Weiterentwicklung der Fahrwerkselemente und durch ein immer besseres und tieferes Verständnis der Fahrzeug- und Zulieferindustrie für das komplexe
Zusammenwirken dieser Komponenten konnten gerade in den letzten dreißig Jahren
große Fortschritte in der Qualität und den Eigenschaften von Fahrwerken erzielt werden.

M. Ersoy (✉)
Ehemals ZF Friedrichshafen AG, Walluf, Deutschland
E-Mail: metin.ersoy@t-online.de

© Springer Fachmedien Wiesbaden GmbH, ein Teil von Springer Nature 2020   493
M. Ersoy (Hrsg.), *Fahrwerklehrbuch Band 1*,
https://doi.org/10.1007/978-3-658-26712-4_7

Abb. 7.1 Megatrends der
Gesellschaft [1]

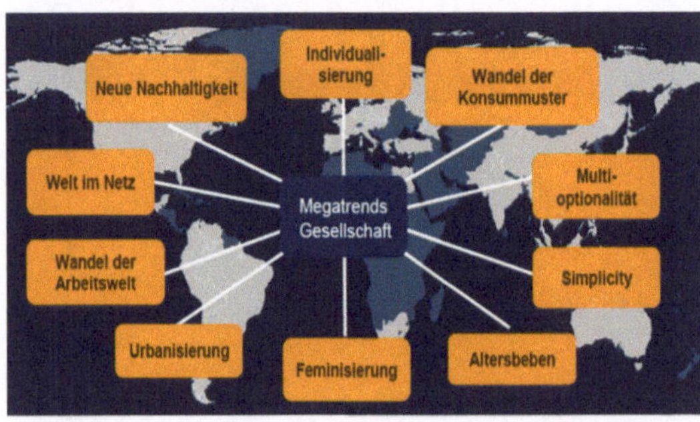

Abb. 7.2 Megatrends
bestimmen die Fahrzeug- und
Fahrwerkentwicklungen [3]

Effizienz	Kosten, Gewicht, Verbrauch senken, Ressourcen schonen
Sicherheit	Aktive- und passive Sicherheit, Fahrerassistenz
Komfort	Wohlfühl-Mobilität schaffen, Fahrkomfort, Fahrerentlastung,
Autonomes Fahren	Prädiktives Fahren ohne Fahrereingriff, Umwelterkennung
Vernetzung	Vernetzung des Autos und Fahrers mit der Außenwelt
Stadt- (Urban) Autos und Elektromobilität	Kleine, wendige, sparsame (Elektro-) Autos für Megastädte
Budget -Autos	Kostengünstige Familienautos für die Entwicklungsländer

Dazu trugen aber auch immer leistungsfähigere Entwicklungswerkzeuge, Materialien und Herstellverfahren bei.

Obwohl aus Kostengründen auch heute noch die meisten Fahrwerke konventioneller Natur, d. h., aus passiven Komponenten aufgebaut sind, darf von einem hohen erreichten Niveau „mechanischer Intelligenz" gesprochen werden.

Eine technische Revolution auf dem Fahrwerkssektor ist durch den Einsatz leistungsfähiger, vernetzter Fahrwerkregelsysteme abzusehen. Dabei spielt das Thema der zeitlichen und räumlichen Vorausschau für Fahrspurführung und Fahrbahnunebenheiten eine große Rolle. Das hohe mechanische Ausgangsniveau bleibt dennoch die unverzichtbare Basis der Fahrwerksabstimmung, auch wenn unter den neuen technischen Randbedingungen der Kompromisszwang für die konventionellen, passiven Teile des Fahrwerks gegenüber heute reduziert sein wird.

Die aktuellen Themen CO_2, Elektrifizierung, Vernetzung und autonomes Fahren werden, wenn auch nicht revolutionär, das Fahrwerk der künftigen Modelle beeinflussen.

7.1 Fahrwerkkonzepte – Fokussierung auf den Kundenwert

7.1.1 Fahrzeug Diversifizierung und Stabilisierung der Fahrwerkkonzepte

Der Trend zur Individualisierung betrifft neben der Gestaltung des Innenraums auch die Konzipierung des Gesamtfahrzeugs. Der Nachfrage nach neuen, den individuellen Bedürfnissen der Endkunden angepassten Fahrzeugkonzepten wird zuerst von einzelnen OEM entsprochen und veranlasst andere Hersteller dazu, diese Nischen ebenfalls zu bedienen. Eine Diversifizierung des Fahrzeugmarktes ist die Folge.

Der Diversifizierung der Fahrzeugkonzepte steht eine Stabilisierung der verwendeten Fahrwerkkonzepte gegenüber. Dies kann darauf zurückgeführt werden, dass die Bedeutung des mechanischen Anteils des Fahrwerks als Differenzierungsmerkmal auf Grund der hohen Ausreifung und der resultierenden Performance bereits eine Sättigung erreicht hat. Ein Großteil der Differenzierung im Bereich zukünftiger Fahrwerke wird besonders im Bereich kleiner und mittlerer Pkws über die Verwendung elektronischer Assistenzsysteme erfolgen. Die Anzahl der unterschiedlichen Aufhängungskonzepte wird sich stark verringern.

Schon heute wird bei fast allen Fahrzeugen der Klein-, Kompakt- und Van-Klasse eine McPherson-Federbein-Vorderachse verbaut. Bei den Hinterachsen werden zum gleichen Zeitpunkt bereits ca. 75 % der Klein- und 40 % der Kompaktklasse mit Verbundlenkerachsen bestückt.

Die Schwierigkeiten, eine Differenzierung vom Wettbewerb durch aufwendigere Lösungen, z. B. in der Kompaktklasse zu erreichen, zeigen den hohen Reifegrad der Verbundlenkerlösungen. Die Standardlösung aus McPherson vorn und Verbundlenker hinten, ist mit den korrespondierenden Fahrzeuggewichten und -abmessungen in der Lage, für fast den gesamten fahrdynamischen Bereich ein ausreichend gutes Fahrverhalten zu gewährleisten.

Von der Mittelklasse an aufwärts scheint die Verwendung von Vier- und Fünflenkerhinterachsen zum Standard zu werden (ca. 70 bis 90 % der Fahrzeuge). Bis zum Jahr 2025 ist eine weitere Verbreitung abzusehen. Für die Vorderachse werden vorrangig Doppel-Querlenker und Vierlenkeraufhängungen verbaut.

7.1.1.1 Vorderachsen

Bei den bisher verbauten Achssystemen der Vorderachse zeigt sich eine deutliche Konzentration auf die drei Achskonzepte Vierlenker, Doppel-Querlenker und McPherson-Aufhängungen, wobei letztere eine klar beherrschende Stellung, vor allem in den leichteren und preissensitiveren Marktsegmenten einnimmt.

In der oberen Mittelklasse werden zu 50 % Vierlenkerachsen und vor allem im niedrigeren Preissegment bis zu 80 % McPherson verbaut. Das große Potenzial der McPherson-Aufhängung an der Vorderachse zeigt sich in der partiellen Verwendung auch in

Fahrzeugen der oberen Mittelklasse und sogar der Oberklasse bei nicht angetriebenen Achsen.

Es ist in den nächsten Jahren nicht mit einer Verschiebung der beschriebenen Verhältnisse zu rechnen. Die McPherson-Aufhängungen können wegen der gestiegenen Anforderungen an den Fahrkomfort ggf. mit einer aufgelösten unteren Lenkerebene aufgewertet werden (s. Abschn. 6.4.3).

7.1.1.2 Hinterachsen

Differenzierter stellt sich die Technologielandkarte bei den aktuell verbauten Hinterachskonzepten dar. Während in den kostengünstigen Modellen halbstarre Verbundlenkerachsen und in geringem Umfang noch Längslenkerfederbeinaufhängungen (strut and links) zum Einsatz kommen, ist bei den schweren bzw. teureren Fahrzeugklassen eine breite Fächerung abzusehen (s. Abschn. 6.5.3).

Starrachsen kommen nur noch bei SUV, Geländewagen, Vans und vor allem in Pickups zum Einsatz, wohingegen in der Ober- und Mittelklasse aufwendige Doppelquerlenker- oder Mehrlenkeraufhängungen eingesetzt werden, um trotz des höheren Fahrzeuggewichts die klassenspezifisch hohen Anforderungen an Fahrkomfort und Fahrdynamik erfüllen zu können. Generell zeigt sich eine Abnahme von Schräg- und Längslenkeraufhängungen sowie von nicht angetriebenen Doppelquerlenkeraufhängungen. An Bedeutung gewinnen dagegen die Mehrlenkeraufhängungen. Aus Kostengründen ersetzen Fünflenkeraufhängungen die sehr aufwendigen Integrallenkerversionen.

Die Zunahme von Verbundlenkerachsen ist durch den steigenden Marktanteil von kleineren Fahrzeugen und dem Gewichtsvorteil bedingt.

Der Einzug elektronischer Regelsysteme wird ebenfalls zu einer Erhöhung des Anteils von Mehrlenkeraufhängungen führen [4]. Revolutionäre Änderungen an den Hinterachsen sind erst mit der Etablierung von Elektrofahrzeugen zu erwarten. Diese vorwiegend kleinen Stadtfahrzeuge werden durch Elektromotoren an der Hinterachse angetrieben und lassen eine unveränderte Übernahme heutiger nichtangetriebener Hinterachsen der Kleinwagenklassen nicht sinnvoll zu (s. Abschn. 7.3).

7.1.2   Elektronische Fahrwerksysteme der Zukunft

Im Bereich der Ausrüstung mit Fahrwerksregelsystemen sind zwei Schwerpunkte festzustellen:

- Zum einen ABS, welches bereits in vielen Ländern zur serienmäßigen Ausstattung, bis in das Niedrigpreissegment gehört und zunehmend gesetzlich vorgeschrieben wird.
- Zum anderen ESP (elektronisches Stabilitätsprogramm), das sich ausgehend von der Ober- und Mittelklasse zunehmend in die niedrigeren Klassen ausbreitet.

Ein modernes ESP-System umfasst eine ganze Reihe von Funktionen. Zu nennen sind, neben der allgemeinen Fahrzeugstabilisierung, die Traktionsregelung durch EDS und ASR, die elektronische Bremskraftverteilung EBV und Cornering Brake Control (CBC) zur Erhöhung der Fahrzeugstabilität bei Kurvenfahrt. Durch diese Funktionen kann das Potenzial, das Bremseingriffe und die Schnittstelle zum Antriebsstrangmanagement bieten, vollständig ausgeschöpft werden. Der volle Funktionsumfang, insbesondere bei der Traktionsregelung, wird jedoch nur in höheren Klassen, bzw. bei Fahrzeugen mit höheren Motorleistungen genutzt.

ESP mit seinen Basisfunktionen wird allerdings, genauso wie ABS, bald weltweit zur Grundausstattung von allen Pkws und Lkws gehören.

Der Einbau weiterer aktiver Fahrwerkelemente schafft dann größeren Spielraum für zusätzliche Funktionen. Auch die Elektrolenkung wird in den Assistenzsystemen eine sehr große Rolle übernehmen. So werden alle Fahreraufgaben, die mit Spurhaltung und Spurwechsel zusammenhängen von diesen Systemen übernommen. Die aktiven Lenksysteme wirken ebenfalls bei der Fahrzeugstabilisierung mit und unterstützen die Bremseingriffe.

Das nächste Ziel ist dann das autonome Fahren.

Was die weitere Entwicklung kundenrelevanter Funktionen anbelangt, lässt sich feststellen, dass die Stabilitätsregelung an den fahrdynamischen Grenzen bereits einen sehr hohen Reifegrad erreicht hat.

Im Komfortbereich finden sich Systeme zur Beeinflussung der Aufbaubewegung, allen voran Luftfederung, semi-aktive Dämpfer Active Body oder Wank Control (ABC/ERC). Gearbeitet wird an größeren Spreizungen der Verstellbarkeit. So entwickelt sich das System der Luftfeder vom Einkammer-System zum schaltbaren Mehrkammersystem. Die Regelung kann durch Kenntnis der vorliegenden Straßenführung und Straßenqualität weiter verbessert werden.

Großes Potenzial bietet so die Vernetzung aktiver Komponenten mit Vorausschausensorik, die sogenannten Preview-Funktionen, z. B. die die Anpassung der Dämpfungskonstante an die vorausliegenden Fahrbahnzustände, wie Schlaglöcher ermöglicht, bevor das Fahrzeug darüber fährt [5].

Im Bereich der Agilität wird durch eine entsprechende Ansteuerung von aktiven Lenksystemen, Dämpfern und Stabilisatoren das Fahrzeugansprechverhalten verbessert und das Fahrverhalten meist in Richtung Sportlichkeit getrimmt.

Mit der Einführung von aktiven Allradsystemen wird hier allerdings noch ein deutlicher Fortschritt zu beobachten sein, von dem vor allen Dingen der besonders sportliche Fahrer profitiert.

Alle geregelten Systeme benötigen Informationen über den Ist-Zustand des Fahrzeugs. Diese werden durch einzelne Sensoren aufgenommen, die zunehmend in einem Chip integriert dem jeweiligen Einzelsystem zugeordnet sind. Künftig werden Sensorcluster, unabhängig von Einzelsystemen, eigenständig die den Ist-Zustand beschreibenden physikalischen Größen aufnehmen und allen Systemen zur Verfügung stellen. Dadurch lassen sich nicht nur die Kosten senken, sondern es werden auch widersprüchliche Informationen verschiedener Sensoren vermieden. Ein aktuelles Beispiel ist die Integration des ESC-Sensors in die Air Bag-Sensorik.

Dasselbe gilt auch für die Umwelterkennungssensorik, die für das autonome Fahren feste Voraussetzung ist.

Das aktuell wichtigste Thema „Connectivity" berührt das Fahrwerk noch nicht so stark.

7.1.3 Fahren in der Zukunft

Gefahren wird in der nahen Zukunft mehrheitlich mit Elektro- oder Hybridfahrzeugen, um die Umwelt zu schonen und den fossilen Kraftstoffbedarf zu minimieren. Die Fahrzeuge werden vorausschauend, intelligent und selbstlernend sein. Sie werden sich autonom, ohne ständigen Eingriff des Fahrers fortbewegen.

Die Konnektivität mit der Außenwelt beim Fahren wird ständig aufrecht gehalten.

Statt des eigenen Autos wird sich Carsharing weit verbreiten und für jeden leicht zugänglich sein. Das Fahrwerk mit Reifen und Rädern wird aber weiterhin für die Fortbewegung sorgen, jedoch mit elektrifizierten, aktiv und autonom funktionierenden Fahrwerksystemen.

7.2   Umweltschutz und CO_2

7.2.1   Beitrag des Fahrwerks zur CO_2-Senkung

Nach Abb. 2.30 ist 31 % des Kraftstoffverbrauchs, bedingt durch den Verbrennungsprozess, nicht beeinflussbar. Mit weiteren 19 % liegt das größte Ersparnispotenzial am Verbrennungsmotor selbst. Die übrigen Verbraucher sind mit 12 % das Fahrzeuggewicht, mit 11 % die Reifen und Lenkung, mit 11 % der Luftwiderstand, mit 8 % der Antriebsstrang und schließlich mit 8 % Klima, Kühlung und Nebenaggregate. Das Fahrwerk verursacht primär nur 12–15 % des Kraftstoffverbrauchs.

Das Fahrwerk kann durch rollwiderstandsarme Reifen, wirkungsgradoptimierte Elektrolenkungen und Achsgetriebe, reibungsarme Gelenke, reduzierten Luftwiderstand (Aufbauabsenkung, Unterbodenverkleidung) und Gewichtsreduzierung an Fahrwerksbauteilen Kraftstoff sparen helfen.

Da das anteilige Gewicht des Fahrwerks bei max. 20 % des Fahrzeuggesamtgewichtes liegt, ist es mit 5–6 % jedoch relativ gering am Verbrauch beteiligt, trotzdem muss auch das Gewicht der Fahrwerkskomponenten reduziert werden.

Abb. 7.3 zeigt die vom Fahrzeuggewicht abhängigen Kraftstoffverbrauchsanteile an einem Pkw der Kompaktklasse [6].

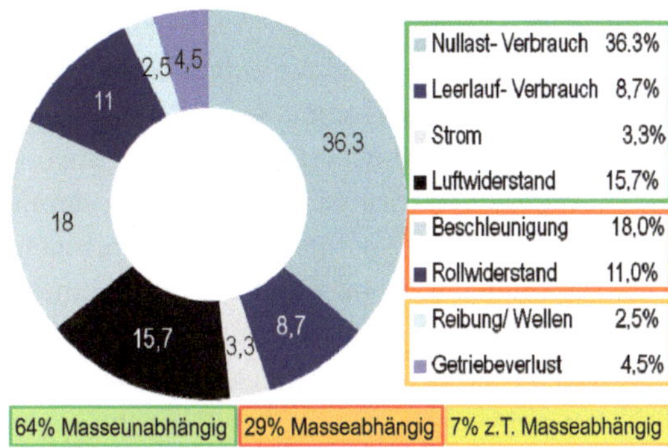

Abb. 7.3 Verbrauchsaufteilung am Golf VI 1,4 TSI 90 kW [6]

7.2.1.1 Reifen und Bremse

Das größte Sparpotenzial am Fahrwerk liegt in der Reduzierung des Reifenrollwiderstandes. Wenn der Rollwiderstand von derzeit 0,008 auf 0,004 gesenkt werden kann, ist eine Kraftstoffersparnis von 10 % erzielbar (s. Abb. 2.11). Auch die Reifendrucküberwachung kann zur Kraftstoffeinsparung beitragen, wenn dadurch der Fahrer angehalten wird, den Reifenluftdruck nicht unter den Solldruck abfallen zu lassen (Rollwiderstand erhöht sich mit zu geringem Reifenfülldruck).

Die Bremsenergie, die bei jedem Bremsvorgang als Wärme abgeführt wird, lässt sich durch einen Generator in elektrische Energie umwandeln und dann in die Batterie zurückspeisen (Rekuperation). Physikalisch lässt sich jedoch nur bis zu 30 % dieser Energie rekuperieren. Die starken Bremsungen über $0{,}3\,g$ würden solch hohe Spannungsspitzen hervorrufen (s. Abb. 7.6), die mit heutiger Generator- und Batterietechnologie nicht regeneriert werden können. Hohe elektrische Ströme lassen sich zwar sehr schnell in Supercaps (leistungsfähige Kondensatoren) speichern, diese haben jedoch eine deutlich geringere Energiedichte als Li-Ionen Batterien (Faktor 20) und zu teuer. Es muss deshalb die Rekuperation nicht als *„stand alone"* sondern integriert in die klassische Bremse betrachtet werden.

Durch die Bremsenergierückgewinnung ist eine Kraftstoffersparnis von bis zu 20 % möglich [7].

7.2.1.2 Nebenaggregate mit Elektroantrieb

Die Nebenaggregate mit hydraulischem Antrieb haben auch im Leerlauf eine hohe Leistungsaufnahme. Der Grund liegt daran, dass die Hydraulikpumpe meist direkt am Motor angeflanscht ist und immer mit dem Motor mitläuft. Wenn solche Systeme elektrisch angetrieben werden, ziehen sie die Energie nur dann ab, wenn sie benötigt wird *(Power on Demand)*.

So benötigt eine Elektrolenkung EPS im Durchschnitt nur 10 Watt, eine konventionelle Hydrolenkung HPS dagegen 500 Watt (jede 100 Watt verbraucht bis zu 0,1 l/ 100 km). Die Verbrauchersparnis der Elektrolenkung liegt bei ca. 0,4 l/100 km [8].

Ähnlich ist es auch beim Wankstabilisierungssystem (ein elektrisches System verbraucht nur 20 % des hydraulischen Systems, s. Bd. 2, Abschn. 5.4.3.6) oder Aktivfahrwerk ABC (ein elektrisches System verbraucht ca. Hälfte des hydraulischen Systems, s. Bd. 2, Abschn. 5.3.6.1). Deshalb strebt man die Elektrifizierung aller Nebenaggregate an. Alle diese elektrischen Aktuatoren zusammen würden bei einem Premiumfahrzeug bis zu 1 l Kraftstoffersparnis pro 100 km bringen.

Bereits mit der Konzeptentscheidung einer Achse wird deren Gewicht maßgeblich beeinflusst. Abb. 7.4 zeigt eine innovative Hinterachse, die im Hinblick auf Gewicht (43 kg) und Kosten (Verbundlenkerkostenniveau) Vorteile aufweist [9].

Es ist jedoch nicht allein das Gewicht, welches durch diese Entscheidung bestimmt wird.

7.2.1.3 Fahrwerkgewicht

Jede 100 kg Gewichtsersparnis senkt den Kraftstoffverbrauch bis zu 0,2 l/100 km (Abb. 7.5).

Es gibt viele Wege zur Gewichtsersparnis [10]:

- Systemleichtbau,
- repräsentative, realistische Lastkollektive,
- Belastungsreduzierung
- Konzeptoptimierung,
- Materialleichtbau,
- Fertigungsleichtbau.

Abb. 7.4 Gewichts-/
Kostenoptimierte Hinterachse [9]

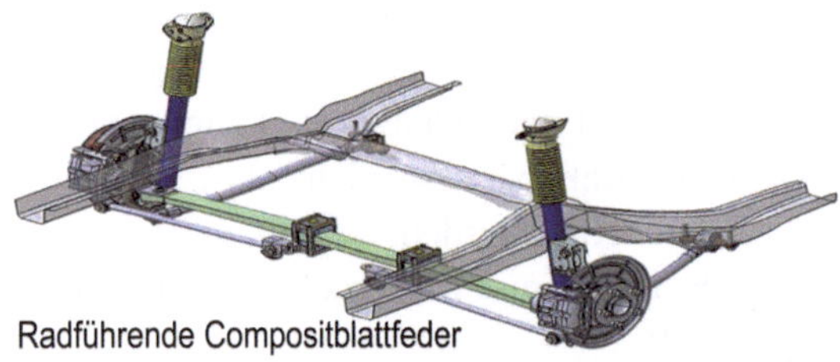

Abb. 7.5 Verbrauchseinfluss von
100 kg Mindergewicht. (Quelle: BMW)

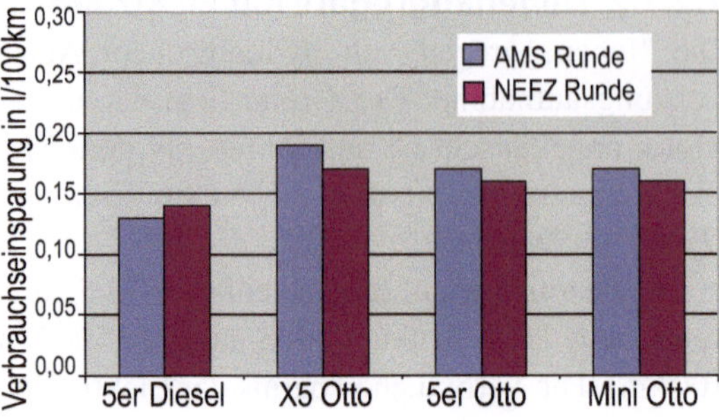

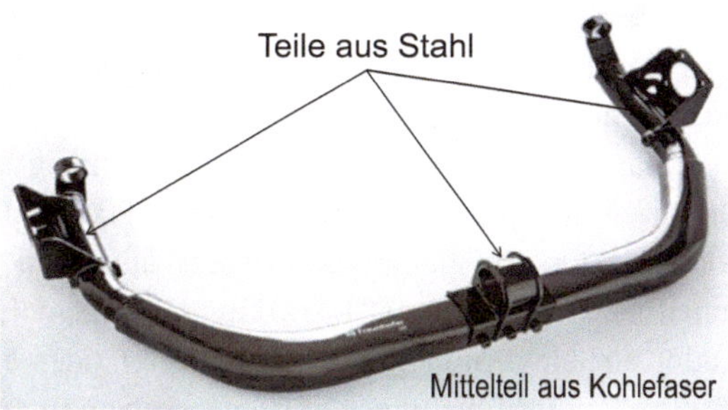

Abb. 7.6 Leichtbau-Deichselhinterachse von Frauenhofer Institut (Mittelteil aus GFK, Enden aus Stahl) [11]

Das Fahrwerk bietet ein Gewichtsreduzierungspotenzial von 20 bis 40 kg, was zu einer Verbrauchssenkung von 0,3 bis 0,6 l/100 km beiträgt.

Abb. 7.6 zeigt eine Leichtbau- Hinterachse mit Verbindungsrohr aus GFK und Endstücke aus Stahl [11].

Abb. 7.7 zeigt einige Maßnahmen zur Gewichtseinsparung am Beispiel einer Vorderachse [8].

7.2.1.4 Luftwiderstand

Wenn ein Fahrzeug eine Niveauregelung hat, lässt sich durch Absenken des Aufbaus bei schnellen Fahrten der C_w-Wert und damit der Luftwiderstand um 0,002 verbessern. Dies ergibt bei einer Fahrt im gemischten Straßenverkehr auf Stadt-/Bundesstraßen/Autobahnen eine Verbrauchreduzierung von 0,1 bis 0,2 l/100 km.

Bei ausschließlicher Autobahnfahrt ist die Verbrauchsreduzierung deutlich höher.

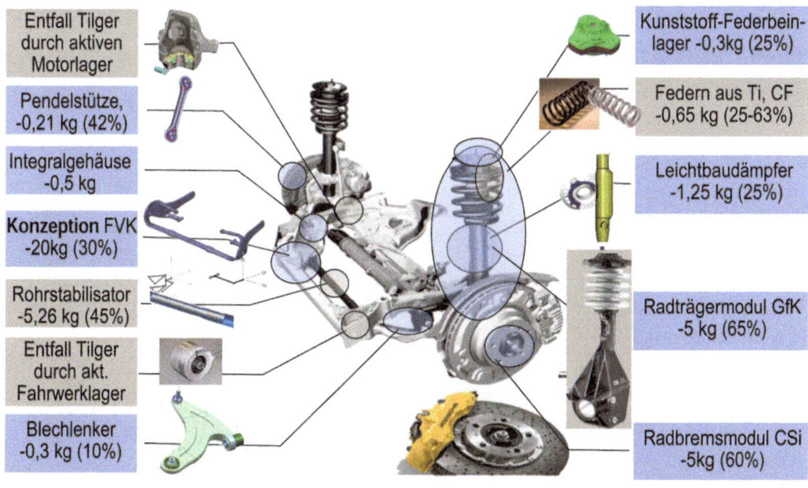

Abb. 7.7 Leichtbaumaßnahmen an einer Vorderachse [8]

7.2.1.5 Energierückgewinnung an Stoßdämpfern

Wie die Bremse in Längsrichtung wandeln die Stoßdämpfer in Vertikalrichtung die kinetische Energie in Wärme. Demnach ist auch diese Energie rekuperierbar. Die Menge ist abhängig von der Fahrbahn, dem Fahrzeug und der Geschwindigkeit (Abb. 7.8). Im Durchschnitt kann man von maximal 200 W pro Fahrzeug bei Fahrt auf Straßen mit normaler Oberflächenbeschaffenheit ausgehen [12]. Das entspricht einer Kraftstoffersparnis von bis zu 0,2 l/100 km. Um diese Energie zu rekuperieren, ist jedoch entweder ein elektromagnetischer Dämpfer oder ein Induktionsfeld um den Dämpfer mit entsprechender Leistungselektronik notwendig, wodurch das Gesamtsystem im Hinblick auf die geringe Energierückgewinnung unwirtschaftlich wird.

Eine interessante Entwicklung von Audi mit einem neuen Konzept als elektromagnetischer Dämpfer mit guten Serienchancen ist in Bd. 2, Abb. 6.54 zu sehen.

7.2.1.6 Zusammenfassung

Der Beitrag des Fahrwerks zur Kraftstoffverbrauchssenkung- und damit CO_2-Reduzierung lässt sich wie folgt zusammenfassen:

- Das Leichtbaupotenzial im Fahrwerk beträgt bis zu 20–40 kg/Fahrzeug und kann zu einer Kraftstoffersparnis von bis zu 0,6 l/100 km beitragen.
- Leichtlaufreifen bringen heute schon eine Kraftstoffersparnis von bis zu 0,4 l/100 km.
- „Power-On-Demand"-Technologien für Nebenaggregate ermöglichen eine Kraftstoffersparnis von 0,6 bis 0,9 l/100 km (inkl. EPS).
- Rekuperative Dämpfer stellen weiteres Potenzial von ca. 0,2 l/100 km in Aussicht.
- Eine aktive 4-Rad-Niveauabsenkung bietet ein Einsparpotenzial von bis zu 0,2 l/100 km und ein glatter Unterboden 0,1 l/100 km.
- Das Fahrwerk ist „Enabler"-Technologie für z. B.: Rekuperation bei Hybrid-/Elektrofahrzeugen oder Antriebsstrangoptimierung (Downsizing, Übersetzungsänderung) durch Leichtbaufahrwerk.

Abb. 7.8 Energiedissipation durch Dämpfer auf der *A*: Autobahn 120 km/h, *B*: Bundesstraße außerorts 80 km/h, *C*: Innerorts 60 km/h, *D*: sonstige Straßen außerorts 60 km/h, *E*: Innerorts 30 km/h [12]

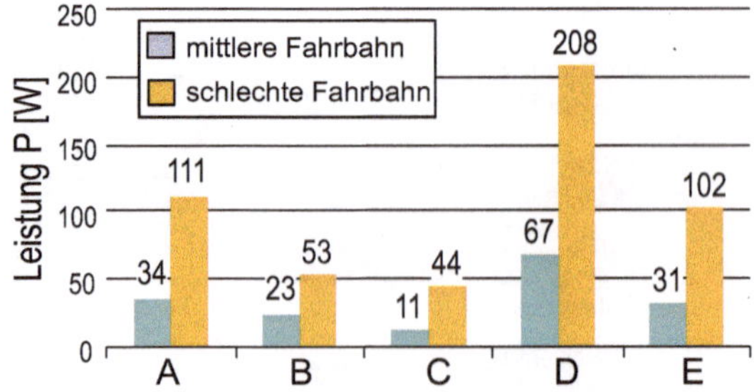

7.2.2 Beitrag des Hybrid- und Elektroantriebs zur CO_2-Senkung

Obwohl die Verbrennungsmotoren für Fahrzeuge den Hauptantrieb bilden, ist dies in ähnlicher Weise auch mit Elektromotoren möglich. Tab. 7.1 gibt eine vollständige Übersicht über die Antriebskonzepte zum Fortbewegen eines Fahrzeugs: Verbrennungsmotor oder Elektromotor als Antrieb oder die Kombination von beidem, nämlich Hybridantrieb. Nachdem die fossilen Kraftstoffe langsam zur Neige gehen und immer teurer werden und zudem durch den CO_2-Ausstoß die Umwelt beschädigen, gewinnen auch die anderen Antriebskonzepte als Alternative zum Verbrennungsmotor an Bedeutung [13].

Die Antriebsklassen A, B, C werden mit konventionellen Verbrennungsmotoren angetrieben, D, E, F und G sind Hybride. Das Konzept H wird nur durch einen von Batterie gespeisten Elektromotor angetrieben. Bei den Konzepten I und J werden die Brennstoffzellen (Fuel Cell) zur Stromerzeugung für die Batterie genutzt.

In Abb. 7.9 sind die CO_2-Einsparpotenziale für die Varianten der Hybrid- und Elektrofahrzeuge für unterschiedliche Fahrzeugsegmente aufgelistet [14].

Der Verbrennungsmotor spielt seine Stärken aus, wenn Kraft, Geschwindigkeit und hohe Reichweiten gefordert sind, allerdings arbeitet er mit schädlichen Abgas- und Lärmemissionen und verbraucht wertvolle Ölressourcen. Seine Energiebilanz ist ungünstig, denn über 60 % der erzeugten Energie wird nicht zum Antrieb des Fahrzeugs genutzt, sondern als Wärme abgegeben.

Der Elektromotor fährt abgasfrei, hoch effizient (>95 % Wirkungsgrad) und nahezu lautlos, allerdings mit einer geringen Reichweite und hohem Batteriegewicht.

Mit der Hybridtechnologie kann man die Vorteile beider Antriebskonzepte miteinander verknüpfen und die Nachteile durch den jeweils anderen Antrieb vermeiden. In solchen Fahrzeugen werden beide Motoren eingebaut, die über ein intelligentes

Tab. 7.1 Aufteilung der Antriebsmöglichkeiten [13] H: Hybrid, P: Plug-in, EV: Electrovehicle, VM: Verbrennungsmotor, EM: Elektromotor, RE: Range extender, FC: Fuel Cell, F-Kst: Fossile Kraftstoffe

	Verbrennungsmotor			Hybridantrieb				Elektromotor			
Antrieb	Diesel, Otto, F-Kst und alternative Kst. Konzepte A,B,C			Immer ein VM und EM / Generator mit großer Batterie zusammen am Board Konzepte D,E			Rein elektrisch VM oder FC als RE Konzepte F, G, H			
Klasse	A		B	C	D	E	F	G	H	I	J
Antriebsstruktur	OTTO-Motor		DIESEL-Motor	HEV Micro-hybrid	HEV Mild-hybrid	HEV Voll-hybrid	PHEV Voll-hybrid	PHEV VM als RE	EV Elektro-antrieb	PHEV FC als RE	FC hybrid
Primärenergie	F-Kst.	F- und Bio-Kst.	F-Kst.	F-Kst	F-Kst	F-Kst	F-Kst	Elektro strom	Elektro strom	Elektro strom	Strom aus FC
Erläuterungen	Konventioneller Otto	CNG, LPG, etc.	Konventioneller Diesel	A, B + Start-Stop	C + Rekupe. Boosten	D+ elektr. Fahren	E+ Batterie Plug-in	VM zum Laden	Nur Batterie Plug-in	Kleine FC zum Laden	FC als Strom-erzeuger

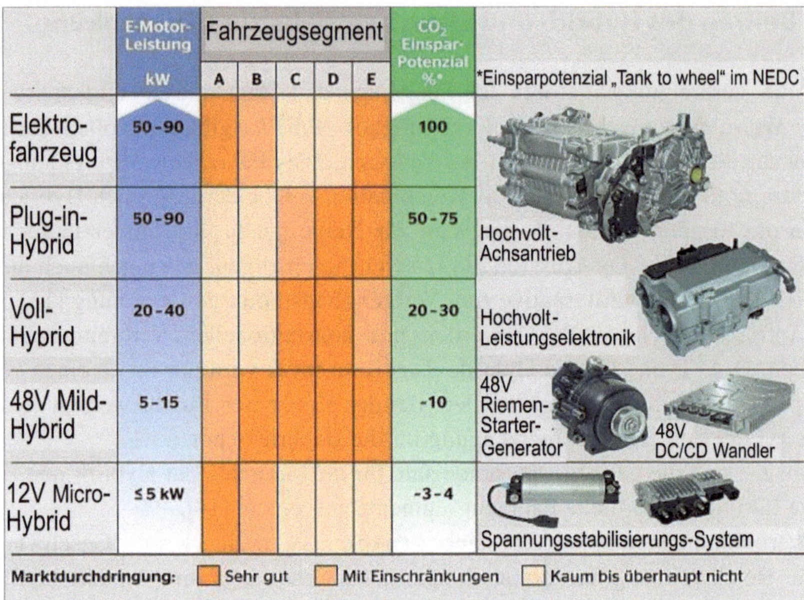

Abb. 7.9 CO_2-Einsparpotenzial in % für die Varianten der Hybrid- und Elektroantriebe [14]

Steuergerät gemeinsam betrieben. Dazu kommt ein Generator, der die für den Elektroantrieb notwendigen Batterien wieder auflädt.

Haupttreiber für die Entwicklung von Hybridantrieben sind heute die Erfordernisse zur Senkung der CO_2-Emissionen, zur Verbrauchsminderung und zur Verbesserung von Fahrleistungen. Entscheidend für den Markterfolg wird dabei ein gutes Kosten-Nutzen-Verhältnis sein.

Es werden grundsätzlich vier Hybridarten unterschieden:

- Die einfachste Bauart wird als **„Microhybrid"** bezeichnet (Abb. 7.10). Diese hat meist nur einen verstärkten Generator und eine Batterie mit den Funktionen Start-Stopp und in kleinem Umfang Energierückgewinnung (z. B. BMW Efficient dynamics). Die StartStopp- Funktion wird heute in fast allen neuen Fahrzeugen serienmäßig eingebaut.
- Der **„Mildhybrid"** (Abb. 7.11) hat zusätzliche Komponenten und einen stärkeren Elektromotor mit meist 42 Volt, mit dem man auch boosten kann (Unterstützung des Verbrennungsmotors beim Starten bzw. Überholen).
- Ein **„Vollhybrid"** besitzt einen deutlich größeren Elektromotor mit mehr als 144 Volt Spannung und kann elektrisch anfahren bzw. kurze Strecken rein elektrisch fahren.
- Ein **„Plug-in Hybrid"** ist ein Hybridantrieb, bei dem die Batterie auch über externe Ladestationen aufgeladen werden kann (Abb. 7.12). Hierdurch kann der Verbrauch von Kraftstoff weiter gesenkt werden [15].

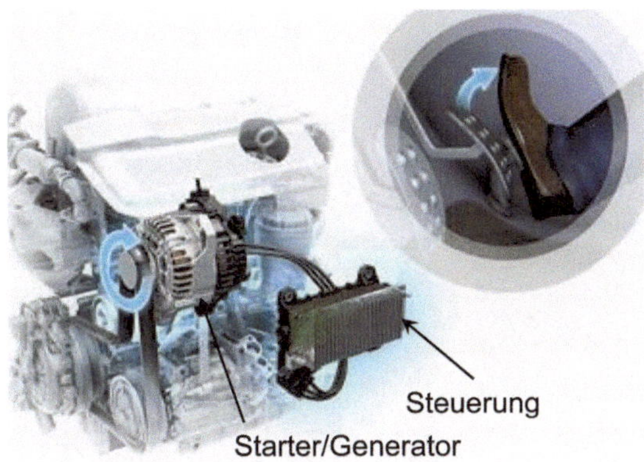

Abb. 7.10 Microhybrid mit verstärktem Generator und Batterie für Start-Stopp-Automatik

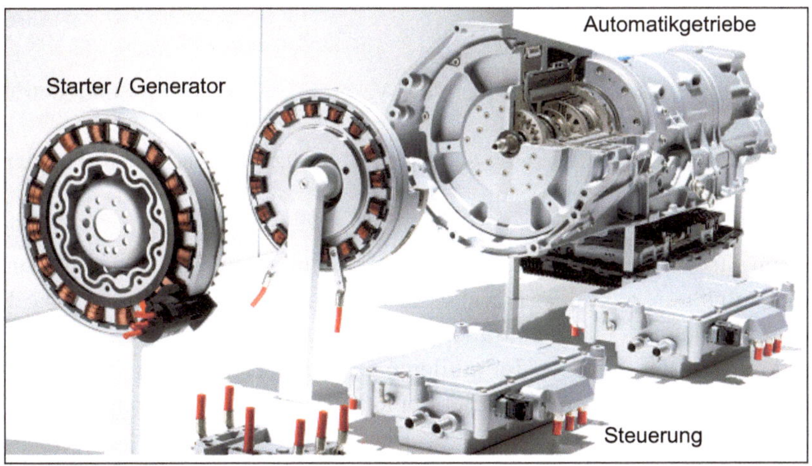

Abb. 7.11 Mildhybrid 8HP ZF Automatikgetriebe mit integriertem Starter/Generator [8]

Es gibt zahlreiche Varianten des Vollhybrid, die sich u. a. durch serielle oder parallele Anordnung vom Verbrennungsmotor und Elektromotor unterscheiden.

- Beim *seriell* angeordneten Vollhybrid wird die elektrische Energie mit einem Stromgenerator erzeugt, den der Verbrennungsmotor antreibt. Der Verbrennungsmotor ist nicht mit dem Radantrieb verbunden und dient lediglich zur Stromerzeugung.
- Beim *parallel* angeordneten Vollhybrid ist der Elektromotor zwischen Verbrennungsmotor und Getriebe angeordnet. Eine zweite Trennkupplung ermöglicht das Abtrennen des Verbrennungsmotors [16]. Beim Beschleunigen arbeiten beide Motoren gemeinsam. Beim Bremsen und im Schubbetrieb wird ein Teil der Bremsenergie

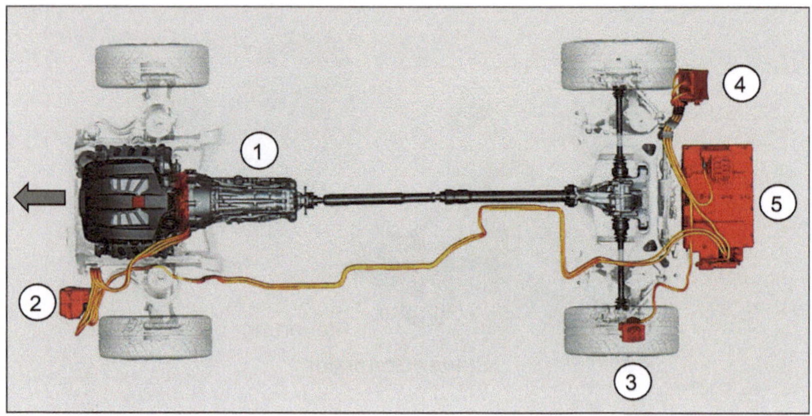

Abb. 7.12 Plug-In Mildhybrid Porsche Panamera SE; *1:* Verbrennungsmotor, *2:* Stromwandler, *3:* Rekuperation, *4:* Plug-In Kabelanschluss, *5:* Li-Ion Batterie [15]

zurückgewonnen. Darüber hinaus kann der Verbrennungsmotor im Schubbetrieb oder bei Stillstand abgeschaltet werden.

- Der *Hybrid mit Leistungsverzweigung* verfügt zusätzlich über einen unabhängigen, zweiten elektrischen Antriebsstrang

Vor allem im Stadtverkehr mit häufigen Beschleunigungs- und Bremsvorgängen sowie langen Leerlaufphasen zeigt der Hybridantrieb ein hohes Einsparpotenzial. Die Kombination von Verbrennungs- und Elektromotor verbessert die Fahrdynamik.

Der Verbrennungsmotor liefert im mittleren Drehzahlbereich ein hohes Drehmoment und ergänzt sich somit ideal mit dem Elektromotor, der im unteren Drehzahlbereich sein maximales Drehmoment entfaltet [16].

Tab. 7.2 zeigt diese Varianten mit ihrer elektrischen Leistung, Motorspannung, Verbrauchreduzierung und Zusatzfunktionen.

Vollhybridsysteme bieten ein größeres Einsparpotenzial als Micro- oder Mildhybridsysteme. Gemessen an den geringeren Anschaffungskosten können sich aber auch die Einsparungen von Mikro- und Mildhybriden (Boost- & Start-Stopp-Funktionalität) für Fahrer oder Flottenhalter rechnen [17].

Im Markt befindliche Hybride arbeiten mit in den herkömmlichen Antriebsstrang integrierten Elektromotoren. Die Integration erfolgt über leistungsverzweigte Getriebe (Lexus RX400h, Toyota Prius und Auris, Ford Escape HEV) oder direkt in die nicht vom Verbrennungsmotor angetriebene Achse (Honda Civic IMA/Insight, GM Tahoe/Yukon).

Abb. 7.13 gibt einen Gesamtüberblick über alle Varianten des Hybridfahrzeugantriebs inklusive Elektroauto.

Im Funktionsumfang Fahrwerk kann die Nutzung des Elektromotors im Generatorbetrieb *(Rekuperation)* als „Dauerbremse" die Auslegungsmöglichkeiten der reinen Betriebsbremse durch ein verändertes Lastkollektiv positiv beeinflussen. Dagegen sind

Tab. 7.2 Varianten des Hybrid-Antriebs

	Mikrohybrid	Mildhybrid 48 V	Vollhybrid		
			parallel	seriell	Plug-in
Elektr. Leistung kW	3–5	5–15	30–120	50–400	50–200
Spannung Volt	14	42–150	144–600	144–600	144–400
CO_2-Einsparpotenzial %	3–4 %	10 %	20–30 %	20–30 %	50–75 %
Verbrauchsenkung	3–5 %	10–20 %	15–30 %	15–30 %	20–50 %
Start-Stopp/Generator	+	+	+	+	+
Rekupieren	teilweise	+	+	+	+
Boosten	−	+	+	+	+
Rein elektr. Anfahren	−	+/−	+	+	+
Rein elektr. Fahren	−	−	+	+	+
Mehrkosten	4 %	8–12 %	20 %	25 %	30 %

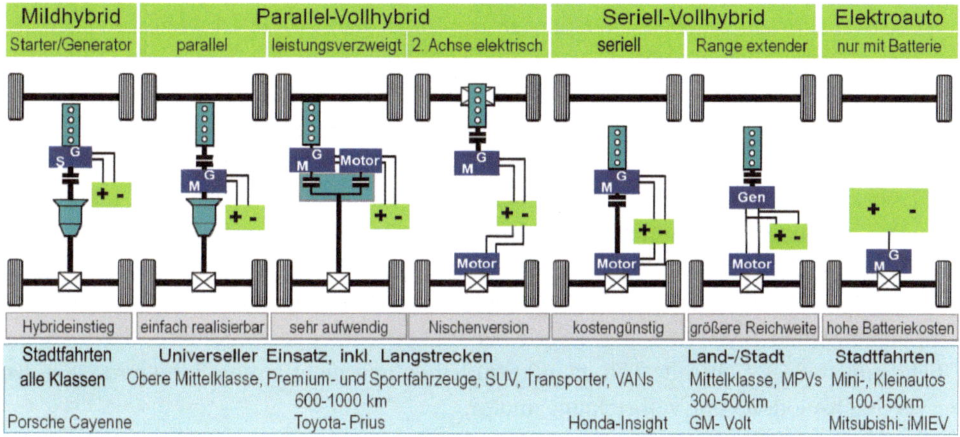

Abb. 7.13 Varianten der Hybrid- und Elektroantriebe

die Antriebskomponenten stärker zu dimensionieren, weil das Bremsmoment hierdurch zum Generator geleitet wird.

Das Sparpotenzial des Hybridantriebs liegt in den Stadtfahrten und auf den bergigen Landstraßen, wo bei unteren und mittleren Geschwindigkeiten häufig gebremst, angehalten und gestartet wird. Auf den Schnellstraßen dagegen wird der Verbrauch maßgeblich durch den nicht rekupierbaren Luft- und Reifenrollwiderstand bestimmt.

Hybridfahrzeuge produzieren ihre elektrische Energie über den Verbrennungsmotor und die Energierückgewinnung beim Verzögern. Bei leistungsfähigen, kompakten Batterien ist es auch möglich, die elektrische Energie aus der Steckdose zu laden (PHEV) und längere Strecken nur mit Elektroantrieb zu bewältigen.

Bei der Norm NEFZ Tests startet man mit der vollen Batterie, sodass erhebliche Verbrauchsreduzierungen erreicht werden können [18]. Fahrwerkstechnisch entsprechen Hybride den konventionellen Fahrzeugen, es muss jedoch bei der Abstimmung auf die geänderte Gewichtsverteilung durch die Batterie geachtet werden.

Der Einsatz von Hybrid-Antriebskonzepten sollte nicht zu einer Verschlechterung der Fahreigenschaften gegenüber dem jetzigen Stand der Technik führen. Deshalb erfordern Fahrwerke für Hybrid-Fahrzeuge keine revolutionär neuen Lösungen, sondern nur Anpassungen der herkömmlichen Fahrwerke.

7.3   Elektrofahrzeuge

Urbanisierung, Umweltschutz, wachsender Mobilitätsbedarf, verschärfte Gesetze sind die Megatrends, die die Popularität von Elektroautos begründen. Als sekundäre Gründe gelten Ölverfügbarkeit, Luftverschmutzung, Lärmschutz, strengere gesetzliche Bestimmungen.

Ein Auto mit Elektroantrieb ist eine der möglichen Antworten auf diese Trends. Das absehbare Ende der Förderung fossiler Kraftstoffe und steigende Kraftstoffpreise bei steigender Nachfrage erhöhen die Chancen der Elektrofahrzeuge. Obwohl die vor einigen Jahren prognostizierten Stückzahlen weit verfehlt wurden, herrscht wieder Euphorie durch die große Anzahl von neuen Serienelektromodellen und sinkenden Batteriekosten mit steigender Batterieeffizienz eine Trendwende hervorzurufen.

Der Abgasskandal 2015, Diskussionen, ab 2030 keine Verbrennungsmotoren mehr zuzulassen und die Kaufprämie von 4000 € bald sogar 6000 €, hat die Automobilhersteller in Deutschland endlich dazu bewegt, Elektromobilität ernsthaft voranzutreiben. So will VW ab 2020 200.000 Elektroautos basierend auf Modulare Elektrifizierungsbaukasten verkaufen. Mercedes will ab 2020 neue Elektrofahrzeuge basierend auf EQ Plattform anbieten und BMW hat eine i-Serie für Elektrofahrzeuge eingeführt. Dabei sollen E-Fahrzeuge eine Reichweite von ca. 500 km haben und nicht wesentlich teurer sein als die Vergleichsmodelle mit Verbrennungsmotor.

Auch andere Automobilhersteller (z. B. Opel-Ampera und Toyota 500 km oder Fisker 640 km eine rein elektrische Reichweite mit einer Ladung) bieten langstreckentaugliche Modelle an. Die Infrastruktur mit Schnellladestationen soll bis 2025 stark ausgebaut werden. Anfang 2020 existieren in Deutschland 18.000 Ladestationen.

Der Antriebsstrang des Elektrofahrzeugs besteht aus Drehstrommotor mit Dreiphasenwechselspannung, Batterie mit ca. 20 bis 100 kWh Kapazität, Leistungselektronik mit Umrichter und Steuerung [19]. Das kritische Bauteil ist jedoch die Batterie, weil auch die z. Z. leistungsfähigsten Lithium-Ionen-Batterien noch zu teuer sind (ca. 250 €/kWh), eine relativ geringe Leistungsdichte (ca. 130 Wh/kg) aufweisen und lange Aufladezeiten benötigen. Getrieben durch das wachsende Interesse an Elektrofahrzeugen macht die Technologie jedoch in Leistung, Haltbarkeit und Preis große Fortschritte (Abb. 7.14).

Eine im Oktober 2012 zum Thema Li-Ion Batterien veröffentlichte Studie [21] prognostiziert Kosten von 250 €/kWh für 2015 und < 150 €/kWh für 2020. Die Prognose für

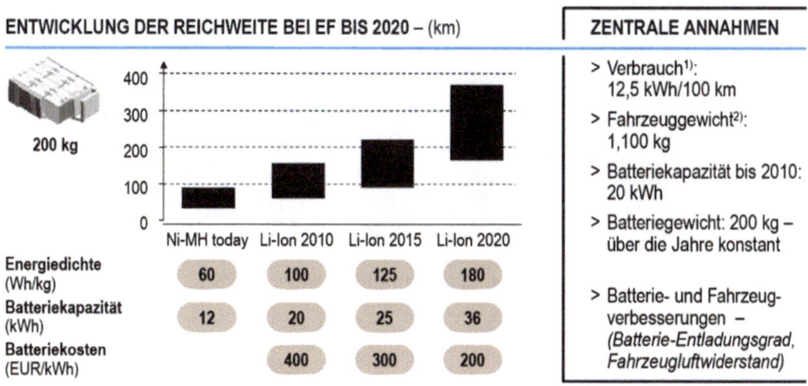

Abb. 7.14 Prognose der Energiedichte, Batteriekapazität und Batteriekosten [20]

die Leistungsdichte liegt bei 130 Wh/kg für 2015 und 180 Wh/kg für 2020. Eine Schnellladung auf 80 % würde dann $\frac{1}{2}$ Stunde oder für 100 km nur 5 min dauern.

Ende 2016 zeigte Samsung eine neue Generation von Li-Ionen-Batterien, die 2021 auf den Markt kommen soll. Sie kann 80 % der Ladekapazität für eine Reichweite von 500 km in 20 min füllen. Die Module (Stacks) haben eine Energiekapazität statt der heute üblichen 2–3 kWh (aus 12 Zellen) von 6–8 kWh (aus 24 Zellen) und wiegen dabei auch 10 % per Modul (insgesamt über 50 %) weniger [22].

Mit neuer Chemie, z. B. mit Lithium-Metall, Lithium-Schwefel oder Lithium-Silizium-Anoden könnte die Energiedichte heute von 160 auf 300–350 Wh/kg ab 2020 steigen. Pro 100 km würde das Auto dann statt 125 nur 70 kg Batterie benötigen, und das zum halben Preis [23].

Die viel gelobte Lithium-Luft-Batterie (Luft statt Ionen) gilt als Zukunftshoffnung der Elektromobilität, jedoch nicht vor 2025. An der Cambridge Universität hat man einen Prototypen entwickelt, der über eine Energiedichte von 90 %, d. h. mehr als 900 Wh/kg verfügt und 2000 Ladezyklen übersteht und dabei bis zu zehnmal leichter sein soll [24]. Aussichtsreichste Entwicklung ist der Ersatz der flüssigen Elektrolyten durch Festelektrolyten um doppelt hohe Leistungsdichte zu erreichen. Damit wäre für die gleiche Ladekapazität nur die Hälfte der heutigen Volumen und Gewichte der Batterie ausreichend. Festkörper-Li-Ionenbatterien sind nicht brennbar, schneller aufladbar und langlebiger. Auch die Batteriekühlung einfacher, weil diese einen deutlich größeren Arbeitstemperaturbereich zulassen.

7.3.1 Fahrwerkkonzepte mit zentralem Elektromotor

Die Mehrheit der bekannten Elektrofahrzeuge hat einen zentralen Elektromotor an der Hinterachse mit integriertem Hinterachsgetriebe. Dafür lassen sich fast alle Hinterachskonzepte anwenden, wie z. B. eine starre Hinterachse bei Peugeot iON, De-Dion-Achse bei Smart For Two, Verbundlenker Hinterachse bei Dacia (Abb. 7.15), die Zentrallenker

Abb. 7.15 Zentraler Elektromotor auf einer Verbundlenkerachse (Dacia Hamster)

Abb. 7.16 Zentral-E-Motor auf Mehrlenker-Hinterachse des Golf VII. (VW Modularer Elektrifizierungsbaukasten mit dem Kürzel „MEB") [25]

Hinterachse bei BMW Mini, oder die Vierlenker Hinterachse des Golf VII (Modulare Elektrifizierungsbaukasten „MEB" von VW), (Abb. 7.16) [25].

Diese sind aus den Serienmodellen mit Verbrennungsmotoren übernommene Hinterachsen.

7.3.2 Fahrwerkkonzepte für zwei Elektromotoren

Ein zentraler Elektromotor als Achsantrieb braucht immer ein Achsgetriebe, um die Motordrehzahl zu reduzieren, das Drehmoment an die beiden Räder zu verteilen und die Drehzahldifferenzen in den Kurven zuzulassen. Diese Aufgaben kann man aber auch durch zwei eigenständige Elektromotoren erfüllen, von denen jeder ein Rad antreibt. Je nach Elektromotor müssen sie gegebenfalls auch ein einfaches Untersetzungsgetriebe haben. Obwohl diese Zweimotorenlösung mehr kostet, bietet sie die Möglichkeit, jedes Rad völlig unabhängig voneinander anzutreiben. Dadurch lassen sich alle Vorteile der

Abb. 7.17 Doppelte Elektromotoren mit Getriebe an einer Mehrlenker-Hinterachse (Bosch) [26]

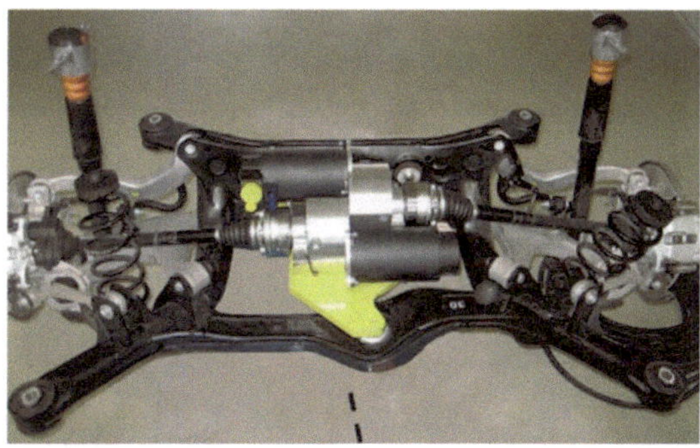

Einzelrad-Rekuperation (Radbremse), Torque-Vectoring-Funktionalität, aber auch einer Hinterradlenkung (bessere Manövrierbarkeit) darstellen.

Abb. 7.17 zeigt eine Mehrlenkerhinterachse, die von der Fa. Bosch zum Validieren dieser Funktionalitäten entwickelt wurde [26].

7.3.3 Fahrwerkkonzepte für radnahen Antrieb

Interessante und innovative Radaufhängungen sind zu erwarten, wenn der Elektromotor radnah oder in der Radfelge angeordnet wird. Nur bei diesen beiden Anordnungen sind vollständig neue, bisher unbekannte Fahrwerkkonzepte vorstellbar.

Die Darstellung eines radnahen Antriebs benötigt für jedes Rad einen Elektromotor. Dies ist bei Starr- und Halbstarrachsen oder Einlenker-Radaufhängungen (Längslenker, Schräglenker, s. Abb. 6.37) sehr einfach zu realisieren, weil der Elektromotor direkt am Radträger befestigt werden kann. Das hat zwar den Nachteil der erhöhten ungefederten Massen, jedoch lässt sich dieser Nachteil bei niedrigen Geschwindigkeiten noch in Kauf nehmen.

Der Elektromotor muss allerdings zentrisch zur Radmitte an der Fahrzeuginnenseite angeflanscht sein, welches enge Bauraumverhältnisse mit sich bringt (Abb. 7.18). Aus

Abb. 7.18 Am Radträger angeflanschter Elektromotor

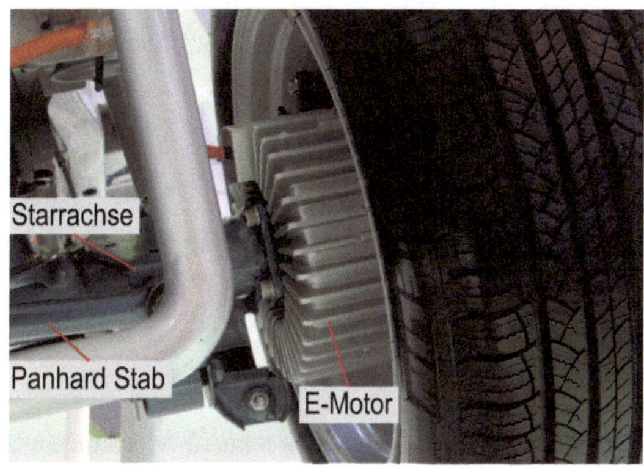

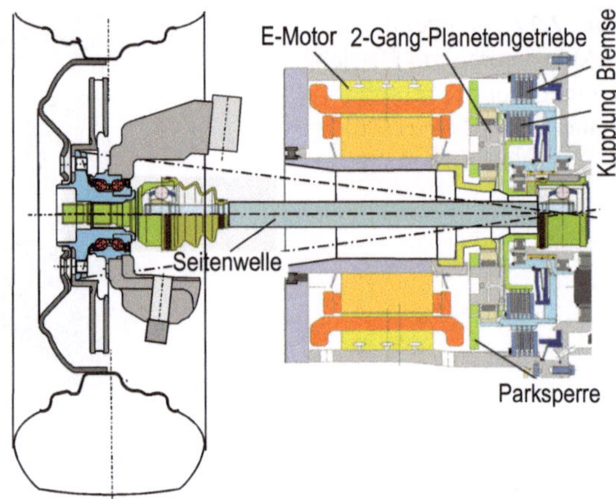

Abb. 7.19 Seitenwelle durch Hohlwelle des Elektromotors

diesen Gründen ist dieses Konzept nur für kleinere Elektromotoren mit geringer Leistung geeignet.

Wenn der Elektromotor zu groß und schwer wird, muss er am Aufbau bzw. Achsträger befestigt werden. Bedingt durch den kurzen Abstand von Motorwelle zur Radnabe ist der Einbau einer Seitenwelle nicht möglich, weil die notwendigen Beugewinkel zu groß wären.

Hier gibt es zwei Möglichkeiten das Problem zu lösen:

- Durch einen Hohlwellenmotor, durch den die Seitenwelle durchgeht und an die Motorinnenseite angeflanscht wird, um die Wellenlänge zu erhöhen bzw. den Beugewinkel zu verkleinern (Abb. 7.19),
- oder durch Anbringung der Motoren an den Längslenkern der Verbundlenkerachse. Der Abstand zwischen Motorwelle und Radmitte wird durch ein einstufiges Getriebe überwunden, das auch für die notwendige Drehzahluntersetzung sorgt (Abb. 7.20) [27].

Abb. 7.20 Verbundlenkerachse mit 2 Motoren an den Längslenkern. (ZF Electric Twist Beam Hinterachse) [27]

Bei aktiven Lösungen bietet sich es an, das Motorgehäuse so zu gestalten, dass die Radaufhängungslenker direkt an diesem gelagert werden, um ein integriertes und kompaktes Antriebsmodul mit Radaufhängung zu bilden. Durch eine Verbindung mit großvolumigen Gummilagern am Aufbau erfüllt das Motorgehäuse gleichzeitig die Funktion eines Achsträgers.

7.3.4 Fahrwerkkonzepte für Radnabenantriebe

Die Ausrüstung von Fahrzeugen mit Radnabenmotoren würde zu einer Erhöhung der ungefederten Massen und damit zu einer Verschlechterung des Fahrkomforts führen. Dem kann durch eine intelligente (z. B. semi-aktive) Dämpfung und Federung und durch ein minimales Radgewicht entgegengewirkt werden.

Radnabenantriebe bieten viele Vorteile (Tab. 7.3). So ist eine relativ einfache Realisierung von Allrad-Funktionen möglich, mit den damit verbundenen Vorteilen hinsichtlich Handling und Traktion. Zur Verbesserung der Handlichkeit und der Manövrierbarkeit trägt die Möglichkeit bei, die Antriebsmomente frei auf die einzelnen Räder zu verteilen (Torque Vectoring) und die möglichen Radeinschlagwinkel durch den Wegfall der Antriebswellen zu erweitern, wie es bei der Toyota-Studie Fine-X realisiert ist (Abb. 7.21).

Tab. 7.3 Vor- und Nachteile der Radnabenantriebe

Vorteile	Nachteile
Höherer Designfreiheitsgrad	Höheres Gewicht
Individuelle Radsteuerung	Temperatur, Motorkühlung
Entfall V-Motor, Getriebe, Antriebswellen	Größere Witterungseinflüsse
Hohe Energieeffizienz	Lebensdauer
Integration weiterer Systeme	Fail-Safe
Freiraum zwischen Rädern	Hohe Kosten
Große Manövrierbarkeit	Aufwendige Regelung

Abb. 7.21 Große Lenkwinkel des Toyoto Fine-X

Ein weiteres Argument für den Einsatz von Radnabenantrieben ist der Wegfall von Achsgetriebe und Antriebswellen. Dies bedeutet in erster Linie einen erheblichen Bauraumvorteil, verbunden mit der Entzerrung und Flexibilisierung des Package, aber auch eine Senkung der Verlustleistung im Antriebsstrang.

Der Einsatz von Radnabenmotoren wäre in Fahrzeugen sinnvoll, deren Einsatzspektrum vom herkömmlichen Fahrzeuge abweicht. Denkbar wären kleinere Fahrzeuge, die im Bereich geringer Längs- und Querdynamik eingesetzt werden, was den Nachteil der höheren ungefederten Massen relativiert. Zugleich ist davon auszugehen, dass das Transport- und Innenraumvolumen bei diesen Fahrzeugen eine übergeordnete Rolle spielt, da hier der Radnabenmotor seinen Bauraumvorteil ausspielen kann. Die Fahrdynamik wäre zugunsten eines erhöhten Transportvolumens und der Flexibilität im Innenraum eingeschränkt. Extreme Handlichkeit und Emissionsfreiheit prädestinieren ein solches Fahrzeug für den Einsatz besonders in Ballungsräumen [28].

Die Tab. 7.4 zeigt eine Gegenüberstellung der Vor- und Nachteile von radnahen und Radnabenantrieben.

7.3.5 Elektro-Stadtautos

Reine Elektrofahrzeuge sind als Stadtauto sehr geeignet. Ein Heckantrieb ermöglicht zudem extrem große Lenkwinkel für exzellente Wendigkeit. Neben den Toyota Fine-X (s. Abb. 7.21) gibt es in Deutschland mehrere Konzept- und Serienfahrzeuge (Elektrosmart, e.GO Life, i-MiEV, c-Zero, Zoe, Leaf, Soul, i3, eUp), die für diese Nutzung entwickelt wurden.

Tab. 7.4 Vergleich von radnahen Antrieben und Radnabenantrieben

	Radnabe	Radnahe
• zentral freiwerdender Bauraum	++	++
• Bauraum Achszentrum	++	+
• Package in der Achse	− −	−
• Hohe Temperaturen	− −	0
• Möglichkeit Torque Vectoring	+	+
• Rekuperationspotenzial	++	++
• erhöhte ungefederte Massen	−	0
• komplexe Radführung	−	−
• permanente Differential-Funktion	−	−
• Verkabelung	−	0
• LE motornah anbringen	−	0
• Einfluss auf ABS/ASR/ESP	−	−
• Getriebeintegration	−	+
• Manövrierfähigkeit	++	0

Autozulieferer Schaeffler's „eWheel Drive", hier an einem Ford Fiesta, wird mittels zweier in den hinteren Rädern verbauten Radnabenantriebe angetrieben [29].

In diesen Radnaben finden sämtliche für Antrieb, Verzögerung und Fahrsicherheit notwendigen Bauelemente – wie 40 kW Elektromotor, Leistungselektronik und Controller, Bremse sowie Kühlung – innerhalb der 16 Zoll-Felge Platz. Das Gewicht einer Radnabenantriebseinheit beziffert Schaeffler mit 53 kg. Rund 45 kg mehr als bei einer Radeinheit mit herkömmlichem Verbrennungsmotor. Abb. 7.22 zeigt alle Vorteile und mögliche Varianten dieses Konzeptes ausführlich [29].

Auch ZF hat ein AUV „Advanced Urban Vehicle" vorgestellt, das neben dem Antrieb auch die Lenkung, Achse und Connectivity für ein Stadtauto optimal ineinander integriert [30]. Hier sind die Elektromotoren radnah in einer Verbundlenkerachse integriert. Die innovative Vorderradaufhängung lässt Lenkwinkel von 75° zu und ermöglicht das 3,70 m lange Auto mit nur einem Zug vollautomatisch in einer 4,30 m großen Parklücke zu parken. Fahren mit 75° Radlenkwinkel ist nur in Verbindung mit der Torque-Vectoring-Funktion beider Elektromotoren möglich. Der Wendekreisdurchmesser von 6,5 m ist halb so groß wie sonst üblich. Die Elektromotoren haben je 40 kW Leistung und bringen das Auto auf 150 km/h. Abb. 7.23 zeigt das ZF AUV, für die urbane Mobilität von Morgen.

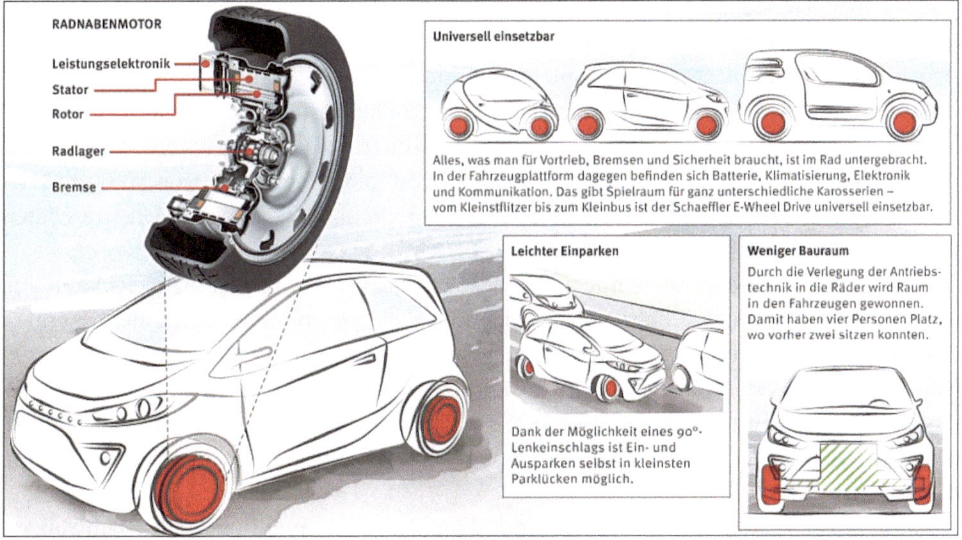

Abb. 7.22 Stadtauto „eWheel Drive" von Schaeffler, das mit Radnabenmotoren bestückt ist [29]

Abb. 7.23   „Advanced Urban Vehicle" von ZF, konzipiert ausschließlich als Elektrostadtauto [30]

7.3.6   Elektro-Fahrzeuge mit Wasserstoffantrieb (Hydrogen Fuel Cell Vehicle)

Als Wasserstoffantrieb wird eine Antriebsart bezeichnet, welche Wasserstoff als Treibstoff oder Kraftstoff nutzt. Bei Kraftfahrzeugen wird der Wasserstoff als Energieträger für ein nachgeordnetes Antriebssystem d. h. Elektromotor eingesetzt [31]. Der als Treibstoff dienende Wasserstoff ist keine Primärenergie, sondern muss analog zur Stromerzeugung, aus Primärenergie hergestellt werden.

Zu seiner Herstellung ist Energie erforderlich. Diese wird bei der chemischen Reaktion in der Brennstoffzelle wieder freigesetzt. Wasserstoffgas enthält aufgrund seiner geringen Dichte massebezogen mehr Energie pro Gewichtseinheit als jeder andere chemische Brennstoff. Allerdings ist die Energiedichte volumenbezogen sehr gering. Daher muss Wasserstoff als Treibstoff stark komprimiert (bis 700 bar) werden. So reicht 120 L Wasserstoff mit einem Gewicht von nur 5 kg für eine Reichweite von 500 km [32].

Die Abgase einer Brennstoffzelle bestehen aus reinem Wasserdampf, d. h. ein echter Null-Emission-Antrieb.

Wasserstoffantriebe werden mit anderen Antriebsarten konkurrieren, in Zukunft im motorisierten Individualverkehr vorwiegend mit Elektroautos. Aus Sicht der Energieeffizienz sind Elektrofahrzeuge demnach sinnvoller als Wasserstofffahrzeuge, da sie deutlich weniger Strom benötigen als beim Umweg über Wasserstoff. Allerdings ist Wasserstoff für Anwendungen notwendig, in denen batteriebetriebene Fahrzeuge nicht sinnvoll eingesetzt werden können, beispielsweise bei Langstreckenfahrzeugen oder im Schwerlastverkehr [33].

Schon um 1995 stellte Daimler-Benz mit dem „Necar II" und in 2008 die Schweizerfirma ESORO unter dem Namen „HyCar" Konzeptfahrzeuge vor [34].

Hyundai baut Brennstoffzellen-Fahrzeuge seit 2013. Die 4. Generation, der ix35 Fuel Cell, hat eine Reichweite mit einer einzigen Tankfüllung von bis zu 594 km. Das Volltanken dauert nur 3 min.

2015 brachte Toyota weltweit den ersten seriell gefertigten Brennstoffzellen-Pkw unter dem Namen „Mirai" auf den Markt (Abb. 7.24) [35]. Die technisch überarbeitete 2.

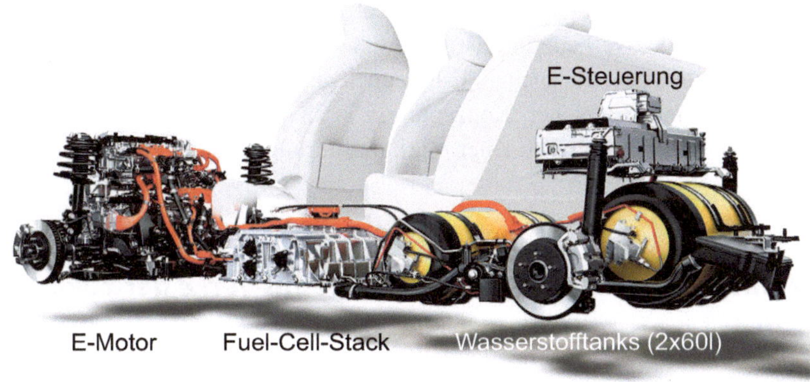

Abb. 7.24 Fuel-Cell -Antrieb mit E-Motor Wasserstofftanks und E-Steuerung. (Toyota Mirai Bj. 2015)

Generation wird ab 2020 in einem neuen Werk 30.000 Stk./Jahr gebaut, und ermöglicht in einem eleganteren Design eine um 30% größere Reichweite.

2016 folgte Honda FX als nächster seriell gefertigter Brennstoffzellen-Pkw mit den Namen „Clarity".

2018 startet der Mercedes GLC in einer Kombination von Brennstoffzelle und extern nachladbarer Batterie – als so genannter GLC F-Cell. Der SUV soll auf eine Reichweite von rund 500 km kommen, und der Wasserstoff kann in rund drei Minuten getankt werden. Die Antriebseinheit wurde so kompakt entwickelt, dass sie unter die konventionelle Motorhaube des GLC passt. Als Energiequelle für den E-Motor dient eine 9-kWh-Lithiumionen-Batterie [36]. Dank des E-Motors kann der GLC auch Rekuperieren (rein elektrische Reichweite: 50 km), also Energie beim Bremsen zurückgewinnen. Die Batterie kann zu Hause oder am Arbeitsplatz geladen werden.

Während das Wasserstofftankstellennetz mit 50 Zapfstationen in Deutschland aktuell (2018) noch sehr dünn ist, soll es nach der Fa. Linde in 2023 auf 400 steigen [37].

In den nächsten 3–5 Jahren werden wohl alle großen Hersteller mit ihren Fuel-Cell-Modellen auf den Markt kommen. Trotzdem bleibt das dünne Zapfstellennetz und sehr hohe Preise größtes Hindernis für die Verbreitung dieser Modelle.

7.3.7 E-Radnabenfahrwerk „eCorner"

Als nächster Evolutionsschritt nach der Entwicklung von Radnabenmotoren ist die Elektrifizierung aller Fahrwerksfunktionen und deren Integration in ein Radmodul vorstellbar. Damit hätte jedes Rad seine eigenen Brems-, Antrieb-, Federungs-, Dämpfung- und aller Fahrwerksfunktionen. In den letzten Jahren sind einige Vorschläge und Prototypen in dieser Richtung bekannt geworden. In den Radnabenantrieb der Fa. Bridgestone sind die Dämpfung und Radführungsfunktionen integriert [38].

Michelin hat in ihrem „Active Wheel" alle Fahrwerkfunktionen bis auf die Lenkung integriert. Sogar eine aktive Federung ist vorgesehen [39]. Von diesen beiden Beispielen gibt es mehrere Prototypen, die auch an Fahrzeugen getestet wurden.

Für den Serieneinsatz solcher Konzepte ist noch eine lange Entwicklungs- und Validierungsarbeit erforderlich. Mit einer Markteinführung ist nicht in absehbarer Zeit zu rechnen.

7.4   Vorausschauende und intelligente Fahrwerke der Zukunft

Die Zielsetzung der Aktivitäten hinsichtlich intelligenter und vorausschauender Fahrwerke ist die Optimierung des Kompromisses zwischen Komfort und Fahrsicherheit. Für konventionelle, passive Fahrwerke existiert eine Grenzkurve hinsichtlich möglicher Kombinationen aus Sicherheit und Komfort. Diese Kurve zu überschreiten ist nur möglich, indem Fahrwerke aktiv reagieren oder – noch besser – agieren können. Dies kann einerseits durch verbesserte Sensorik und Aktuatorik im Fahrzeug und andererseits durch die Verwendung von Informationen von außerhalb des Fahrzeugsensierungsbereichs auf der Ebene der Navigation und der Antizipation erreicht werden. Beide Ansätze haben großes Potenzial hinsichtlich den Sicherheits-, Komfort- und Fahrdynamikeigenschaften eines Fahrzeugs, stellen aber unterschiedliche Anforderungen an die Sensorik, Aktuatorik und Informationsverarbeitung. Im Folgenden sind die zu erwartenden Entwicklungen auf diesen Gebieten ausgeführt.

7.4.1   Fahrzeugsensorik

Großes Potenzial hinsichtlich des Fahrkomforts bieten vorausschauende Fahrwerke, die mittels Sensorik Informationen über Fahrbahnunebenheiten vor dem Fahrzeug für die aktive Regelung von Federn und Dämpfern gewinnen können. Solche Systeme sind seit einigen Jahren bei Mercedes in Serieneinsatz. Diese Systeme tasten die vorausliegende Fahrbahnoberfläche im Nahbereich mithilfe einer an der Frontscheibe angebrachten Stereokamera ab [40]. Dadurch kann die ABC-Systemregelung vorausschauend agieren und so den Fahrkomfort wesentlich verbessern (Abb. 7.25).

Das System ist in der Mercedes S-Klasse (W222) als *„Magic Body Control"* im Serieneinsatz [41].

Die für die Erfassung der Verkehrs- und Umfeldsituation relevante Fahrzeugsensorik ist technisch realisiert und grundsätzlich verfügbar [42].

Eine eigene Klasse bilden Nah-, Mittel- und Fernbereichsradare, die umgebende Fahrzeuge detektieren und vor allem für ACC-Funktionalitäten (Active Cruise Control) genutzt werden.

Die Mercedes S-Klasse spielt hier eine Vorreiterrolle mit 6 Radarsensoren, 5 Stereo- und Infrarotkameras und 16 Ultraschallsensoren (Abb. 7.26), mit zahlreichen

Abb. 7.25 Vorausschauendes Fahren der neuen Mercedes S-Klasse W222 mit einer Stereo-Kamera [41]

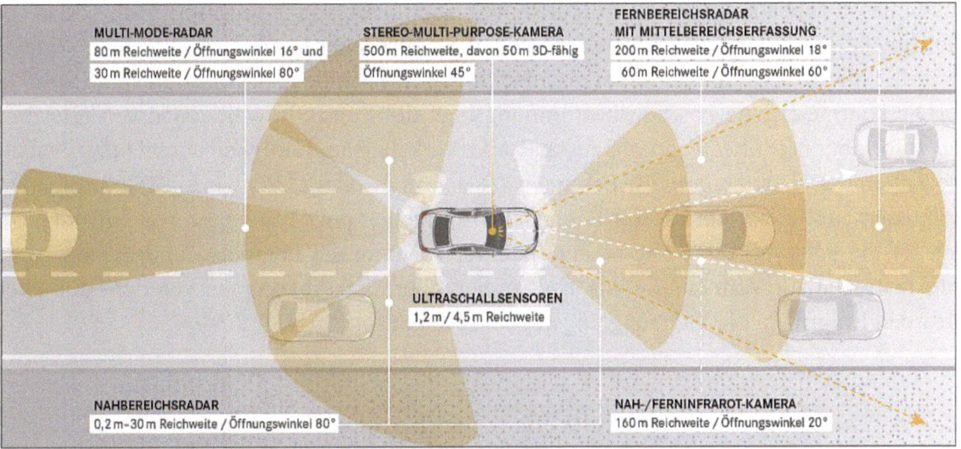

Abb. 7.26 Sensorausstattung der neuen Mercedes S-Klasse W222. (6 Radarsensoren + 5 Kamerasensoren + 12 Ultraschallsensoren) [43]

Assistenzfunktionen u. a. ACC mit Lenkassistent, Aktivem Spurführungsassistenten, BAS Plus mit Kreuzungsassistenten, Pre-Safe-Bremsen mit Fußgängererkennung, 360° Kamera [43]. Eine vergleichbare Funktionalität bei stark erhöhten Sensorfähigkeiten hinsichtlich Reichweite, Öffnungswinkel und der Erkennung von stehenden Gegenständen haben die sogenannten Laserscanner (s. Abb. 7.36), deren Serieneinsatz nach starker Senkung der Herstellkosten in den nächsten Jahren erwartet wird. Ein Technologiesprung hinsichtlich der Qualität von Sensorinformationen für die Fahrdynamikregelung ist die Verwendung von Videobildern. Voraussetzung dafür ist die Zuverlässigkeit der Bilderkennung unter allen Umweltbedingungen. Neben der Erkennung anderer sich bewegender und stehender Fahrzeuge kann auch die Erkennung von Verkehrsschildern und auch nicht metallischen Objekten (z. B. Fußgänger) realisiert werden.

Durch die Weiterentwicklung der Technologie als Stereo-Kamera können nun auch die Entfernungen einzelner Pixel ermittelt werden, was die Bedeutung der Kamerasysteme deutlich steigert [48].

Die Erkennung bzw. Voraussage über die Reibverhältnisse zwischen Reifen und Fahrbahn bietet Potenzial zur Erhöhung der Fahrsicherheit. In Entwicklung sind berührungslose Straßenzustandssensoren auf der Basis von breitbandigem Infrarotlicht, die über die Analyse des reflektierten Lichts Eis, Schnee und ggf. die Wasserstandshöhe auf der Straße detektieren können [49]. Ein anderer Ansatz ist die Verwendung von Sensoren zur Erfassung der Griffigkeit im Reifen selbst. Beide Systeme tragen zu einer Beeinflussung der Fahrdynamik durch Motor-/Bremseingriff bei.

Sensorik außerhalb des Fahrzeugs

Informationen über Kurvenradien und Streckenverlauf aus GPS-Daten können zur Anpassung der Getriebe-Gangstufen und Fahrgeschwindigkeit herangezogen werden. Es ist vorstellbar, dass diese Daten auch Informationen über den Straßenzustand in Form spektraler Unebenheitsdichten enthalten und somit zur Anpassung des Fahrwerks an die Strecke benutzt werden können. Die Daten liegen aber derzeit noch nicht in einem zuverlässigen und für die Fahrdynamikregelung ausreichenden Detaillierungsgrad vor.

Die kontinuierliche Positionsbestimmung über GPS und die Weitergabe von relevanten Informationen über Fahrbahnzustand und Verkehrssituation (Verschmutzung, Nebel etc.) an in der Nähe befindliche Fahrzeuge (*Car-to-car* oder *C2C*) wird in Pilotprojekten praktiziert und bietet ein großes Potenzial [44]. Neben der Weitergabe von Informationen für die Fahrwerksregelung ist auch die Verwendung der Positions- und Bewegungsinformationen zur Vermeidung von Kollisionen oder dem Abkommen von der Fahrbahn über den Eingriff in die Fahrzeuglängsregelung angedacht (Abb. 7.27).

Abb. 7.27 Car2Car Vernetzung [44]

7.4.2 Aktuatorik

Im Bereich der nicht passiven Fahrwerke können drei Varianten unterschieden werden:

Die adaptiven Fahrwerke ermöglichen, eine stufenweise Einstellung der Dämpferkennlinie durch den Fahrer.

Semi-aktive Systeme passen die Dämpferkennlinien in Stufen oder stufenlos selbstständig und ohne Fahrereingriff an die Erfordernisse der Fahrbahn an.

Eine eigene Klasse bilden die aktiven Fahrwerke, wobei hier zwischen langsamen (Stellfrequenz <3 Hz) und schnellen Systemen unterschieden wird. Bei diesen Fahrwerken sind Feder- und Dämpferkennlinien stufenlos verstellbar. Insbesondere mit schnell regelnden aktiven Fahrwerken sind große Verbesserungen hinsichtlich Fahrsicherheit bei gleichzeitigem Komfortgewinn möglich. Der Ansatz der aktiven Fahrwerke bedeutet, die Normalkräfte in der Reifenaufstandsfläche aktiv einstellen zu können.

Mit dem A8 (D5) hat Audi das erste Auto mit elektrisch aktivem Fahrwerk realisiert, welches die Vertikalführung der Räder über einen 48 Volt Elektromotor regelt (46). Der Motor beeinflusst mittels Leistungsverstärker und einer intelligenten Regelung die Normalkräfte im Reifenaufstandspunkt. Es lassen sich nicht nur Fahrbahnunebenheiten durch die schnelle Aktuatorik fast vollständig kompensieren, sondern auch die Nick- und Wankbewegungen des Fahrzeugs frei einstellen. Voraussetzung dafür sind eine schnelle Signalverarbeitung, Leistungselektronik und die hinterlegten Softwarealgorithmen mit entsprechenden Rechenmodellen.

Problematisch ist der Leistungsverbrauch bei hohen Stellgeschwindigkeiten und -kräften. Eine Rekuperation kann die als Generator betriebenen Elektromotoren stattfinden, was den Energiebedarf senkt.

Die funktionalen Möglichkeiten aktiver Fahrwerke werden erweitert durch die Verknüpfung mit vorausschauender Sensorik. Das Fahrwerk kann sich auf die bevorstehende Fahrbahnrauigkeit oder auch auf erkannte Einzelhindernisse einstellen und somit zeitlich begrenzt den Komfort für die Insassen erhöhen, ohne generell Einbußen hinsichtlich der Fahrsicherheit in Kauf nehmen zu müssen.

Ein zweiter Weg, Informationen aus verbesserter Sensorik in- oder außerhalb des Fahrzeugs für die Erhöhung der Fahrsicherheit zu nutzen, sind auf Telematikdaten basierende Eingriffe in das Motormanagement bzw. die Getriebeschaltung. Durch eine Reduzierung des Antriebsmoments kann die Fahrzeuggeschwindigkeit an den zu erwartenden Fahrbahnverlauf oder die Fahrbahnbeschaffenheit angepasst werden. Die gleiche Funktionalität ist auch über einen Bremseneingriff möglich.

Bei beiden Systemen ist die Aktuatorik in den Fahrzeugen durch E-Gas und ESP schon vorhanden. Zusätzliche Möglichkeiten, Kollisionen zu verhindern bzw. den Ausweichvorgang sicher zu gestalten, sind aktive Lenkeingriffe bzw. eine variable Verteilung von Antriebsmomenten zwischen einzelnen Rädern.

Während die Stabilisierung eines fahrerinitiierten Ausweichvorgangs eine Verbesserung der bekannten Stabilisierungsfunktion bedeutet und keiner zusätzlichen Sensorik bedarf, ist die aktive Einleitung oder Unterstützung des Fahrers bei einem Ausweichvorgang von intelligenter Sensorik abhängig.

7.4.3 Vorausschauendes Fahren

Unter *„vorausschauendem Fahren"* versteht man, dass Fahrbahn, Vorausverkehr, Umweltbedingungen, Verkehrseinschränkungen im Voraus bekannt sind, damit der Fahrer und das Fahrzeug rechtzeitig für diese Situation optimal vorbereitet und angepasst werden können (Abb. 7.28) [45].

Beim vorausschauenden Fahrwerk wird der übergeordnete Fahrdynamikregler mit den Systemen für passive Sicherheit bzw. für intelligente Umwelterfassung vernetzt. Hier geht es vor allem um das Erfassen von Fahrbahnverlauf, -steigung, -beschaffenheit aber auch um frühzeitiges Erkennen der Verkehrssituation. Sind diese Daten bekannt, kann die Elektronik die Fahrwerkeinstellungen bereits im Voraus anpassen, Motordrehzahl, Getriebegangstufe, Fahrzeuggeschwindigkeit rechtzeitig beeinflussen. Dann kann, z. B. kurz vor einer Kurve, die Federung und Dämpfung straffer eingestellt, der Sturzwinkel der Räder verändert und, wenn nötig, die Geschwindigkeit reduziert und der Getriebegang heruntergeschaltet werden (Abb. 7.29).

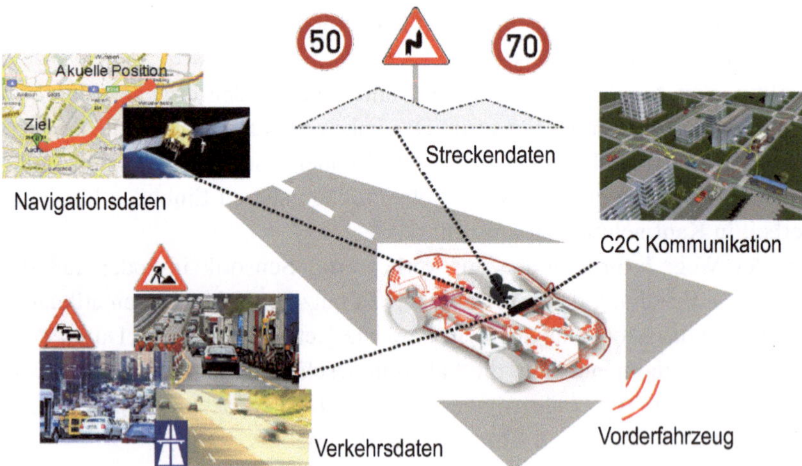

Abb. 7.28 Mögliche Vorausschautechnologien [45]

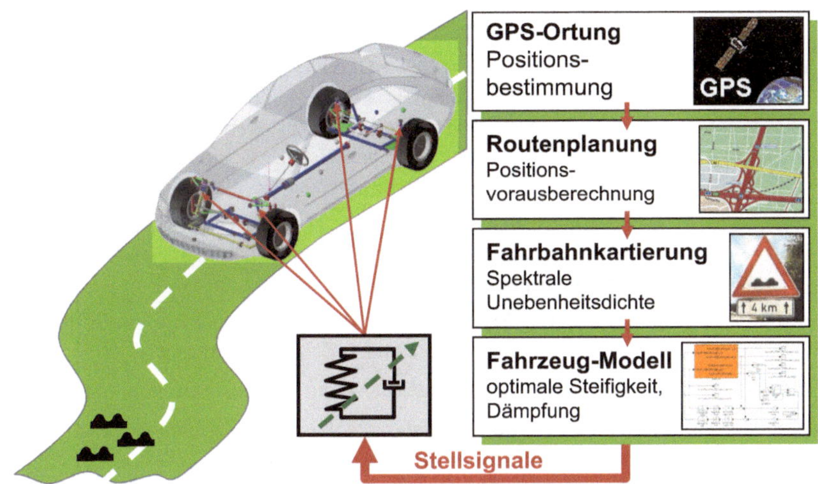

Abb. 7.29 Vorausschauendes Fahrwerk [45]

Die für das vorausschauende Fahrwerk notwendigen Informationen können gewonnen werden:

- aus den Fahrzeugzustandsdaten (z. B. Geschwindigkeit, Beschleunigung, Gangzahl, Lenkwinkel, Bremsdruck, Radschwingungen, ESP-Eingriffe, Licht an/aus, Wischer an/aus, Blinker an/aus, Außentemperatur usw.),
- durch Umfeldsensorik am Fahrzeug,
- aus den Navigationssystemen,
- aus externen Systemen per Funk (Baken),
- aus den vorausfahrenden Fahrzeugen (C2C), über einen Zentralrechner und Mobilfunk,
- durch genaue GPS-Ortung des Fahrzeugs.

Die Fahrzeugsdaten stehen bei fast allen neuen Automodellen zur Verfügung. Die Navigationsysteme bieten Daten über den Fahrbahnverlauf mit Steigungen, jedoch nicht über die Fahrbahnbeschaffenheit.

Ein integriertes Telematiksystem der Zukunft könnte wie folgt aussehen: In jedem Auto sind alle zum Fahren dieses Autos notwendigen Informationen, Einstellungen und Sensordaten verfügbar. Die eigenen Daten können zwar für dieses Fahrzeug nicht vorausschauendend benutzt werden, jedoch für die nachfahrenden Fahrzeuge übermittelt werden, damit sie vorausschauend reagieren. In allen Pkws werden diese Daten in einem Multifunktionsgerät gesammelt und in regelmäßigen Abständen zusammen mit Uhrzeit, Fahrzeugposition und Fahrzeugdaten (Tab. 7.5) über Mobilfunk (UMTS, LTE, 5G) oder Satellit an einen Zentralrechner übermittelt (Abb. 7.30).

Tab. 7.5 Daten und Nutzen eines Telematiksystems zum vorausschauenden Fahren

Fahrzeugdaten	Identifikation, Standort, Uhrzeit, Geschwindigkeit, Drehzahl, Richtung, Drehmoment, Gang, Neigung, Lenkwinkel, Gierraten-sensor, ABS-/ESP-Eingriffe, Fern-, Nebellichter, Blinker, Bremse, Außentemperatur, Scheibenwischer, Lenkerbeschleunigung, Crash-sensoren
Verkehrsdaten	Verkehrsdichtenermittlung nach Pkw-Anzahl und Geschwindigkeit, Wetter-, Staumeldung und Umleitungsvorschläge, Unfallwarnung, Straßensperren, Umleitungen, Statistiken
Navigationsdaten	Zufügung Städte- und Straßennamen in die System-Software zur Ermittlung der Routen nach Zeit oder Verbrauch
Fahrassistenz	Warnung vor Fahrbahnschäden, Verkehrseinschränkungen
Vorausschauendes Fahren	Aus eingehenden Daten rechtzeitig und situationsgerecht die notwendige Voreinstellungen vornehmen
Ferndiagnose	Diagnose, Service, Wartung, präventive Schadenserkennung
Sonstiges	Fahrzeugortung, Notsignal, Fahrtenbuch, Flottenmanagement, Mautgebührerhebung, Unfallnachforschung, Auto-Bankkonto

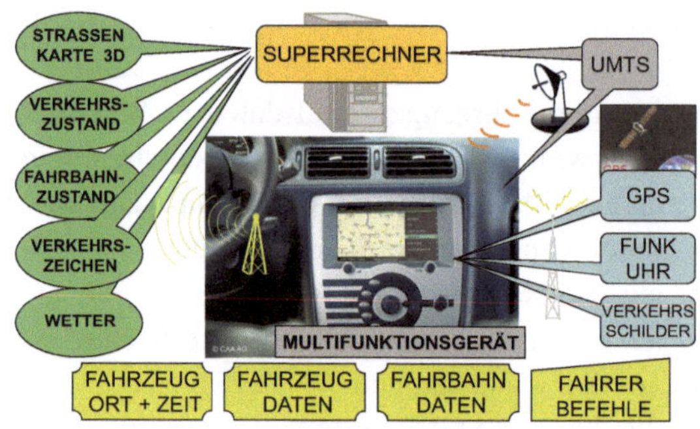

Abb. 7.30 Datensammlung und -übertragung aus vorausfahrenden Pkws zum Zentralrechner

Der Zentralrechner bearbeitet aus diesen Daten alle für die nachfahrenden Pkws wichtigen Informationen. Damit sind nicht nur die statischen Navigationsdaten, sondern auch alle anderen dynamischen Daten (Verkehrsdichte, Unfall, Fahrbahnsperre, Fahrbahnbeschaffenheit, Fahrbahnoberfläche (Wasser, Eis), Außentemperatur, Lichtverhältnisse, Nebel, Schnee usw.) online verfügbar. Die aktuellen Daten über die Strecke vor dem Fahrzeug werden dann einerseits für die Navigation und Stauumgehung verwendet, dienen aber auch als vorausschauende Informationen, die die Fahrwerkeinstellungen vornehmen und dem Fahrer assistieren oder ihn warnen (Abb. 7.31).

Ein wesentliches Merkmal dieses Systems ist die selbstlernende und sich ständig aktualisierende Wirkung ohne menschliche Intervention. Die Alternative, alle diese Daten in dem fahrenden Fahrzeug selbstständig zu sensieren, scheitert an der Reichweite und den Kosten der Sensorik und an den unzureichenden Reaktionsgeschwindigkeiten [40]. Außerdem beschränken sich diese Daten nur auf die Fahrbahn.

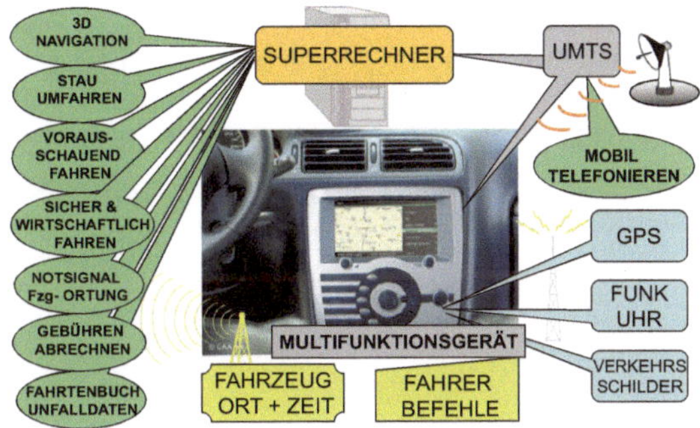

Abb. 7.31 Bearbeitete Daten aus dem Zentralrechner zum aktuellen Pkw und deren Weiternutzung

Erfolg versprechend ist die Sammlung der Daten von den vorausfahrenden Fahrzeugen mithilfe von Mobilfunk, der die Ereignisse deutlich schneller, genauer und umfangreicher meldet als heutige TCM-Sender *(Traffic Channel Message)*.

Unter der Bezeichnung „HD-Traffic" wertet z. B. der Hersteller von Navigationssystemen TomTom (Abb. 7.32) die anonymisierten Bewegungsprofile von Daten mobiler Telefone aus und schickt die aktualisierten Meldungen im Dreiminutentakt. an Besitzer entsprechend ausgestatteter Geräte [46]. Dieses sich im Einsatz befindliche System zielt nur auf eine Verbesserung der Staumeldung. Es ist jedoch kein großer Schritt mehr, auch die Fahrzeugdaten über das Mobiltelefon zur Zentrale zu vermitteln und daraus neben den Verkehr- auch Wetter- und Fahrbahndaten auszuwerten.

Continental's „Road Database" Lösung, um Fahrerassistenzsysteme mit präzisen Streckeninformationen zu versorgen, basiert ebenfalls auf derselben Idee [50]. Continental zeigt ein Fahrerassistenzsystem mit dem Namen *„E-Horizon"*, das zusätzlich geografische Daten über die Umgebung und die vor dem Fahrzeug liegende Strecke verarbeitet (Abb. 7.33) [51].

Heutige Systeme treffen ihre Entscheidungen auf Basis von Informationen aus Umfeld- und Bordsensoren. Mit zusätzlichen Informationen über die Umgebung und die vor ihnen liegende Strecke lassen sich diese Systeme weiter verbessern. „E-Horizon", führt die Straßenkarten und Sensorinformationen des Fahrzeugs mit weiteren Informationsebenen zusammen. Sie umfassen u. a. Daten zur Spur- und Streckenführung,

Abb. 7.32 ① Mobiltelefone ermitteln die Geschwindigkeit und erkennen die Staus. ② Informationen werden zentral erfasst, ③ weitergeleitet. ④ Staumeldungen erreichen die Navigationsgeräte per Mobilfunk und es werden Alternativstrecken berechnet [46]

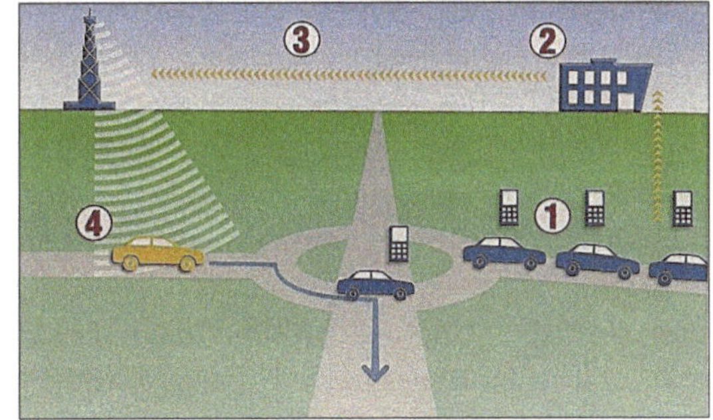

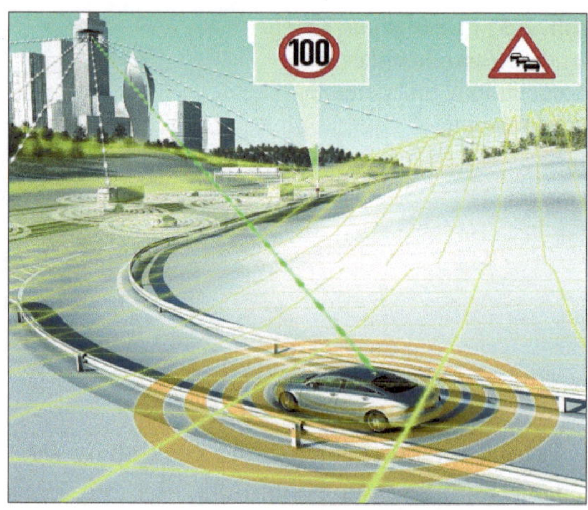

Abb. 7.33 E-Horizon von Conti zum Datentransfer

aber auch zusätzliche Wegbeschreibungen wie Kurvenradien, Steigungen oder Gefälle sowie fahrrelevante Daten wie Geschwindigkeitsbegrenzungen, Überholverbote und Ähnliches.

7.5 Autonomes Fahren der Zukunft

Die komplexeste Aufgabe für ein Assistenzsystem ist die vollautomatische Fahrt ohne Intervention vom Fahrer im gemischten Straßenverkehr. Bei den heute verfügbaren Systemen zur automatischen Längs- und Querführung kann der Fahrer während der Fahrt die Hände kurzzeitig vom Lenkrad nehmen. Dabei muss er jedoch das System ständig überwachen. Dies wird von einer Fahrerzustandserfassung überwacht. Bei einem autonomen System entfällt diese Fahrerüberwachung, weil eine fehlerfreie Funktion des Systems sichergestellt sein muss.

Obwohl die technische Realisierbarkeit solcher Systeme zukünftig erreichbar erscheint und in einfachen Testszenarien bereits prinzipiell nachgewiesen ist, sprechen viele andere Faktoren gegen eine allgemeine Einführung des autonomen Fahrens.

Die wichtigste Voraussetzung für autonomes Fahren ist die genaue Sensierung der Fahrzeugumgebung. Bisher sind dafür sehr viele Einzelsensoren notwendig, welche die Kosten steigen lassen und die Zuverlässigkeit reduzieren. Beste Sensorart dafür ist ein 360 Grad kreisender Laserscanner, der jedoch sehr teuer ist. Audi hat als erstes in den neuen A8 (D5) serienmäßig einen Lasersanner eingebaut und damit diese Sensorart salonfähig gemacht (Abb. 7.34).

Laserscanner können ein besonders präzises Bild von der Umgebung erstellen. Sie vermessen Konturen sehr genau. Sie erkennen Objekte, identifizieren Hindernisse und – ganz wichtig – ausdrücklich auch Freiräume, in denen sich das Auto gefahrlos bewegen kann. Die Firma Ibeo in Hamburg hat eine deutlich kostengünstigere Alternative dafür entwickelt (52), die unauffällig auf der Stoßstange angebracht wird (Abb. 7.35).

Abb. 7.34 Rundum-
Laserscanner des Audi A 8
[46]

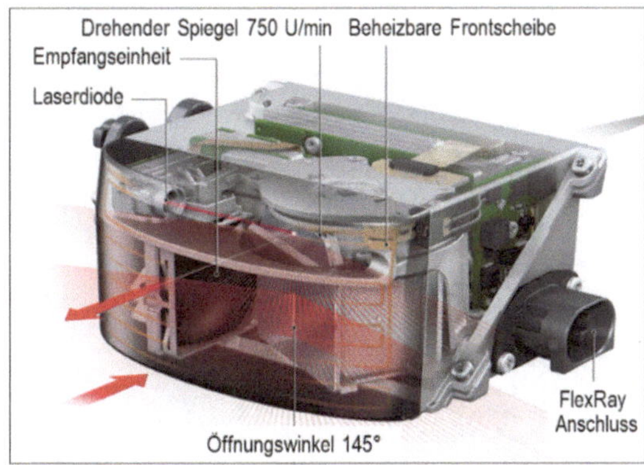

Abb. 7.35 Rundum
Laserscanner der Fa. Ibeo [47]

Im Vergleich zu Radar, dessen Stärke in der Abstandhaltung bei hohen Geschwindig-keiten liegt, sind bei den Laserscannern das Sichtfeld und die Winkelauflösung deutlich größer. Um die Umgebung genau zu erkennen ist jedoch eine Fusion der Informationen von mehreren Sensorsystemen (Radar, Laserscanner, Kamera) notwendig. Das Ziel ist, die Daten unterschiedlicher Hardware perfekt zu integrieren. Und es ist offensichtlich, dass die Software noch wichtiger ist als die Wahl der Sensorik [47]. Konkret bedeutet dies, dass während der Fahrt ständig zweidimensionale Bilder in Lichtgeschwindigkeit aufgenommen werden. Zuerst sind sie nur Punkte und Striche. Erst mit der Fusion der Informationen aus der Kamera werden die Objekte erkennbar gemacht (Abb. 7.36). Dazu detektiert der Laserscanner sehr genau die Randbebauung, sodass eine Art Fahrschlauch entsteht. Die Software sieht gewissermaßen, wo es langgehen kann, weil der Weg da frei ist. Diese Free-Space-Erkennung ist elementar: Etliche Schwierigkeiten heutiger Autos wie etwa das Wiederanfahren nach dem Stillstand im Stop&-Go-Verkehr können hiermit überwunden werden [47].

Die Prüfung dieser neuen Systeme und deren Software auf den öffentlichen Stra-ßen ist natürlich sehr gefährlich und nicht zulässig. Dies kann nun auf einem zu diesem Zweck konzipierten Testgelände stattfinden. In den USA, in der Nähe von Detroit, wurde für die Prüfung des autonomen Fahrens solch ein Testgelände mit den Namen „Mcity"

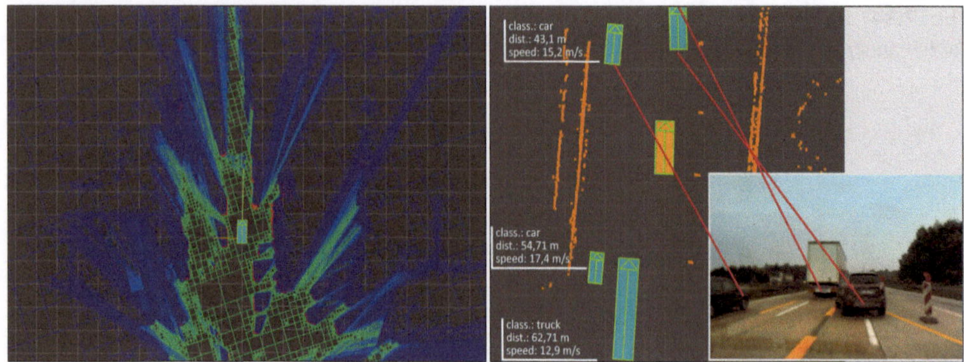

Abb. 7.36 Aufnahmen des Laserscanners und davon berechnetes Umgebungsbild [47]

eröffnet [52]. Sie bietet eine sichere, kontrollierte aber auch realistische Umgebung um autonom fahrende Autos wie in einer Stadt zu testen.

7.5.1 Autofahren ohne Fahrer

Mit den sich ständig erweiternden Fähigkeiten in der Sensorik, Mechatronik, Datenverarbeitung und Kommunikation werden dem Fahrer zahlreiche Assistenzfunktionen bereitgestellt werden, die die Fahrt im Straßenverkehr sicherer und komfortabler ablaufen lassen. Die sich abzeichnenden Fortschritte in der Umgebungserfassung und der Situationsinterpretation lassen in der Weiterentwicklung dieser Systeme die Vision einer voll automatischen Fahrt wie in Abb. 7.74 immer greifbarer werden.

Der seit den Anfängen des Automobils bestehende Regelkreis aus dem Fahrer, der die kybernetischen Leistungen zur Fahrzeugführung und zur Bewältigung zahlreicher Nebenaufgaben erbringt, und dem Fahrzeug als Regelstrecke könnte damit durch ein autonomes kognitives System ersetzt werden.

Mit entsprechenden Systemen an Bord könnte der Fahrer künftig entscheiden, ob er selbst fahren möchte oder sich automatisiert fahren lässt. Mit der Markteinführung hochautomatisierter Fahrzeuge um 2020 können sich Fahrer darüber hinaus anderen Tätigkeiten widmen, wie beispielsweise der Lektüre der neuesten Schlagzeilen im Internet. Dies eröffnet somit neue Handlungsspielräume für den Fahrer. Gleichzeitig wird das automatisiert fahrende Auto noch sicherer, durch die noch stärkere Vernetzung in sich und mit seiner Umwelt.

Ob, wann und wie der Fahrer die Fahrzeugführung und damit auch die Verantwortung für die Sicherheit der Fahrt vollständig an ein autonomes System wie in Abb. 7.37 abgeben kann, ist Gegenstand zahlreicher Forschungsarbeiten und zentrales Thema vieler Fachkongresse. Hier wird nicht nur von der Entlastung des Fahrers und Erhöhung der Verkehrssicherheit gesprochen, sondern auch von einem bis zu 3-mal höheren Durchsatz

Abb. 7.37 Vorgeschmack „Autonomes Fahren" in 2015 [53]

von Fahrzeugen auf den Fahrspuren. In allen Abhandlungen wird z. Z. von dramatischen Verbesserungen der Leistungen der für eine automatische Fahrt wichtigen Komponenten berichtet.

Dennoch beschränken sich die bereits eingeführten Assistenzsysteme bisher auf die Ausführung und Unterstützung einer vom Menschen aufgrund seiner Interpretationen der Fahrumgebung vorgegebenen Fahrzeugbewegung. In diesen Systemen sind die auftretenden Regelabweichungen auf der Basis einfach zu erfassender Signale aus dem Fahrzeug sicher zu erkennen und auszuregeln. Diese Regelaktivitäten spielen sich teilweise in einem höheren Frequenzbereich ab, in dem der Fahrer ohnehin nicht handlungsfähig ist [54] (Abb. 7.38).

Schwieriger zu erfassen und interpretieren sind Informationen aus der Fahrumgebung, die die Basis für die zeitliche und räumliche Bestimmung des Fahrtkurses bilden. Hier ist nicht nur ein dynamisches räumliches Geschehen zu interpretieren. Es sind darüber hinaus Prognosen über die Bewegungen aller Verkehrsteilnehmer auf der Kenntnis derer Eigenschaften und Fähigkeiten in Echtzeit zu erbringen. Soll ein Assistenzsystem in diesem Aspekt die Fahrzeugführung unterstützen, so muss die Umfeldinterpretation mit zumindest gleicher Qualität wie beim menschlichen Fahrer erfolgen.

Abb. 7.38 Regelkreis Fahrer–Fahrzeug–Umfeld mit Assistenzsystem [54]

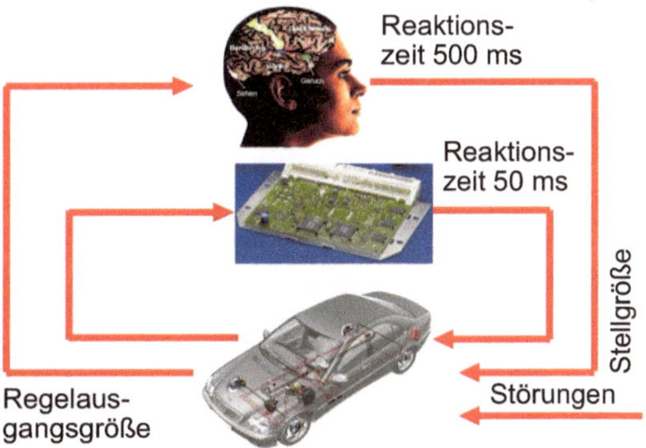

Gegenwärtig erreicht die automatische Umfelderfassung und -analyse das menschliche Leistungsvermögen bei weitem noch nicht. Würde ein Assistenzsystem bei drohender Unfallgefahr automatisch intervenieren, so übernähme es auch die Verantwortung für die Sicherheit des Fahrvorgangs. Dies ist auf der Basis der gegenwärtigen Unschärfe der Umfeldwahrnehmung und der stark vereinfachten Situationsinterpretation noch nicht möglich. Jedoch können dem Fahrer auf der Basis der sich ständig erweiternden Fähigkeiten der Assistenzsysteme Informationen, Handlungsempfehlungen und „Handreichungen" angeboten werden, die mit großer Zuverlässigkeit generiert den Fahrer bei der Fahrzeugführung unterstützen. Jedoch wird er sie nur dann nutzen, wenn die von Assistenzsystemen angebotenen oder erbrachten Leistungen zuverlässig funktionieren, für den Fahrer nachvollziehbar sind und zu akzeptablen Mehrkosten verfügbar sind.

Die Assistenzsysteme werden schrittweise Copilot-Funktionen und Aufgaben zum Chassismanagement unter der Verantwortung des Fahrers übernehmen „Temporary Auto Pilot" (Abb. 7.39).

Auf abgesperrten Stecken ist eine vollautomatische Längs- und Querführung nach dem aktuellen Stand der Technik darstellbar (Abb. 7.40).

In diesem Fall würde die Verantwortung für die Fahrsicherheit auf den Streckenbetreiber und den Fahrzeughersteller übergehen.

Abb. 7.39 Regelkreis Fahrer–Fahrzeug–Umfeld mit artifiziellem Copilot [54]

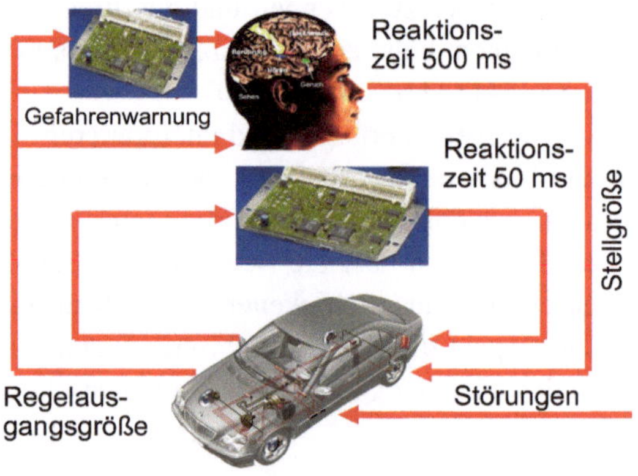

Abb. 7.40 Regelkreis beim autonomen Fahren [54]

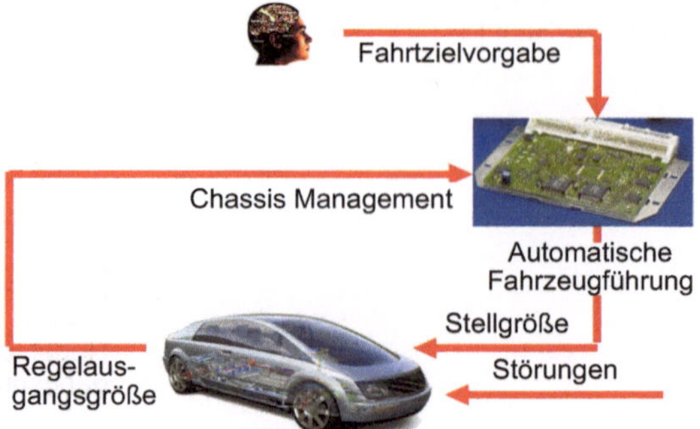

Das für eine automatische Fahrzeugführung im gemischten Verkehr erforderliche Sicherheitsniveau ist gegenwärtig noch nicht darstellbar.

Abb. 7.41 zeigt die sechs Stufen des autonomen Fahrens nach VDA beginnend mit der Stufe 0 von gestern, Stufe 1 von heute bis zu der Endstufe 5 [55]. Für ein besseres Verständnis sind für jede Stufe die Aktivitäten des Fahrers, Aufgaben des Systems sowie das ungefähre Datum des Eintretens, nach Ansicht von ZF-TRW, angegeben [56].

Heute ist die Stufe 2 mit den Serienfahrzeugen der Premiumhersteller wie Mercedes, BMW, Volvo und andere erreicht: Diese Systeme übernehmen die Längs- und Querführung des Fahrzeugs bis zu 210 km/h, aber z. Z. nur auf den Autobahnen. Allerdings muss der Fahrer dabei das Fahrzeug dauernd selbst überwachen.

Der Elektroauto-Hersteller Tesla will als erster in der Branche die Stufe 4 einführen, indem er alle seine künftigen Fahrzeuge zu selbstfahrenden Autos macht [57]. Dafür werden sämtliche neugebaute Autos mit der nötigen Technik für voll automatisiertes Fahren ausgerüstet. Die Software dazu wird später schrittweise freigeschaltet werden. 2018 soll es zum Beispiel möglich sein, von Los Angeles nach New York gefahren zu werden, ohne auch nur einen Handgriff machen zu müssen.

Alle Tesla-Fahrzeuge bekämen nun acht Kameras (rote Punkte im Abb. 7.42) sowie Ultraschall- und Radar-Sensoren mit höherer Reichweite, Auflösung sowie 40 Mal mehr Rechenleistung im Computer. Die Freischaltung der Software zum autonomen Fahren wird dann 8000 Dollar kosten.

Eine lernende Software soll im sogenannten „Schatten-Modus" dazulernen. Dabei werde der Computer – während der Mensch fährt – im Hintergrund die Verkehrssituation analysieren.

Die Software wird in der Zukunft wegen des autonomen Fahrens eines der wichtigsten Unterscheidungsmerkmale eines Autos werden. Während heute die Steuerungssoftware in Autos aus 100 Millionen Zeilen Code besteht, wird es sich bis 2030 verdreifachen [58].

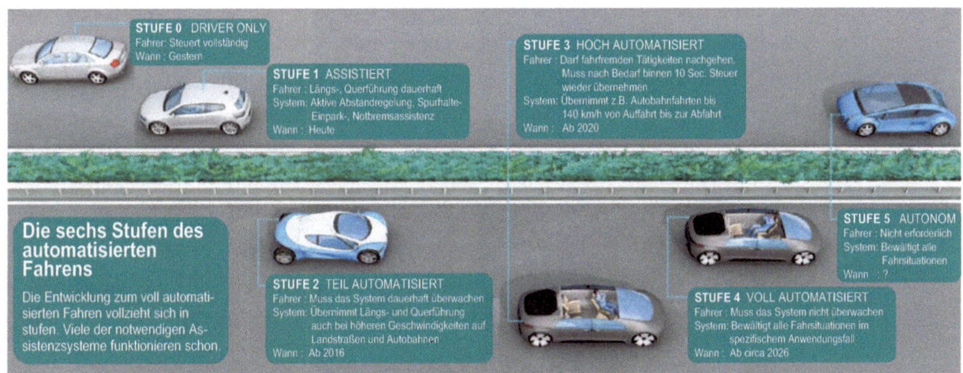

Abb. 7.41 Road map „Autonomes Fahren" nach ZF TRW [56]

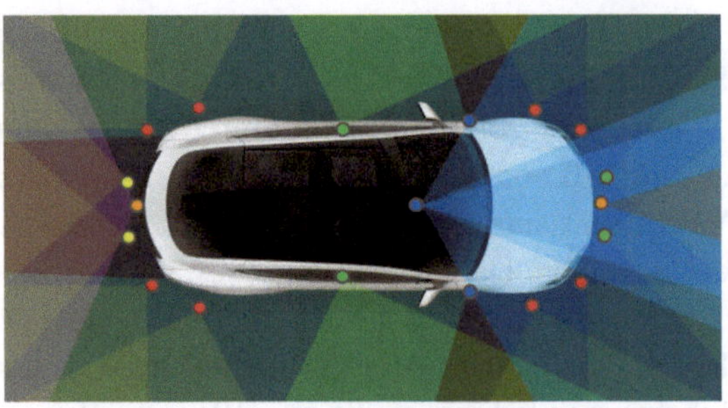

Abb. 7.42 Tesla Umfeldsensorik mit 8 Kameras für autonomes Fahren ab 2017 [57]

Die geschätzten Kosten für die Zusatzausstattung und die Infrastruktur bei automatischer Fahrt auf abgesperrten Strecken übersteigen mit ca. 5000 € gegenwärtig die auf dem freien Markt erzielbaren Erträge von maximal 3000 € (Abb. 7.43). Neuere Quellen sprechen von 2000 bis 3000 € für teilautonom fahrende und 5000 bis 8000 für vollautonom fahrende Systeme [59].

Technische Grundvoraussetzung für die Realisierung automatisierten Fahrens ist die Systemzuverlässigkeit. Verkehrssicherheit auf höchstem Niveau ist deshalb die unverzichtbare Grundlage, auf der automatisiertes Fahren aufsetzen muss. Dies bedeutet konkret, die Erfordernis einer ausfallsicheren Architektur, die im Falle eines Fehlers das Fahrzeug in einem sicheren Fahrzustand hält. Jedoch wird der Zeitrahmen für die Entwicklung dieser notwendigen Sicherheitsarchitektur nicht alleiniger Taktgeber für die Markteinführung sein: Der Gesetzgeber wird maßgeblich über das Wann und Wie der Markteinführung automatisierter Fahrzeuge entscheiden, schließlich müssen die notwendigen gesetzlichen Rahmenbedingungen noch geschaffen werden [53].

Die Wiener Konvention von 1968 verlangt, dass jeder Fahrer dauernd sein Fahrzeug beherrschen muss. In einer Ergänzung von 2015 sollen die Systeme zugelassen sein, mit denen ein Pkw autonom fährt, wenn sie jederzeit vom Fahrer gestoppt werden können.

Neben Sicherheitsfragen und den Mehrkosten gibt es noch weitere Faktoren, welche die Einführung des autonomen Fahrens hinauszögern:

- Rechtliche (Schuld) Fragen zur Verantwortung nach einem Unfall sind noch nicht geklärt.
- Viele Menschen haben Angst vor dem ausgeliefert sein an einer Maschine.

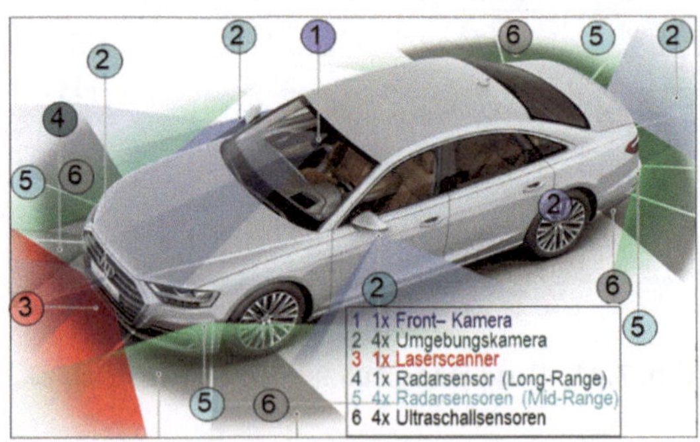

Abb. 7.43 Sensorik-Umfang für autonomes Fahren [42]

- Etliche Menschen haben Freude am (Selbst-) Fahren.
- Einige Menschen geben ungern die Kontrolle ab.

Autonomes Fahren wäre jedoch in folgenden Sonderfällen durchaus sinnvoll [60]:

- in geschlossenem bzw. abgesperrten Gelände (Fabriken, Flughäfen etc.),
- Autobahnfahrten mit Kolonnenbildung, insbesondere für den Güterverkehr „elektronische Deichsel" [61],
- Langstreckenfahrten auf gut ausgebauten und nicht überfüllten Straßen,
- baulich separierte Fahrspuren z. B. nur für Güterverkehr.

Bosch führte Ende 2012 eine repräsentative Studie bei 2261 Neuwagenkäufern in Deutschland, Frankreich und Italien durch, um einen aktuellen Kenntnisstand zum Fahralltag, dem Bekanntheitsgrad und der Bedeutung moderner Fahrerassistenzsysteme sowie einen ersten Einblick in die Einstellung zu automatisiertem Fahren zu erlangen [62].

Zur Frage des autonomen Fahrens waren über 50 % der Befragten unter 30 Jahren und 40 % über 60 Jahren positiv eingestellt. Die Ergebnisse zeigt das Abb. 7.44.

Zusammenfassend kann man sagen, dass bereits große Schritte in Richtung des autonomen Fahrens gemacht werden. Es gibt jedoch noch viele Hindernisse, die man überwinden muss, und viele offene Fragen, die es zu beantworten gilt. Zum einem muss die

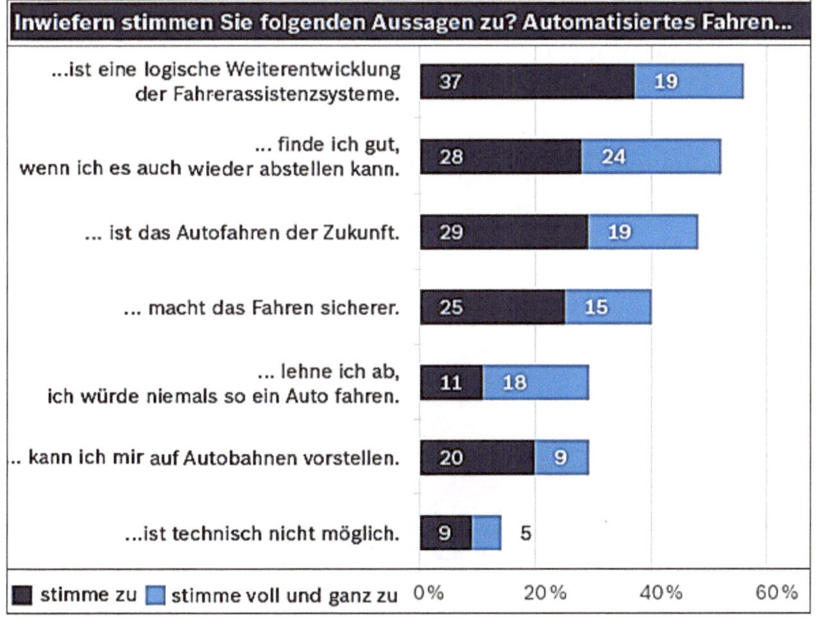

Abb. 7.44 Einstellung der Autokäufer zum autonomen Fahren.

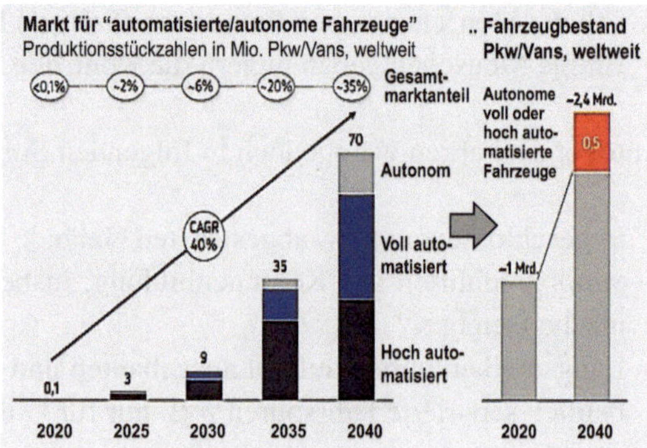

Abb. 7.45 Markt für automatisierte und autonome Fahrzeuge bis 2040 [63]

Technologie reifen wie auch großflächig getestet werden und zum anderen muss die Gesellschaft eine solche Technologie akzeptieren.

Das autonome Fahren wird aber kommen. Dies zeigt auch eine Studie des Berryll's Strategie Advisors von 2014 (Abb. 7.45). Danach werden in 2040 jährlich 70 Millionen Autos produziert, die hoch- oder vollautomatisiert bzw. autonom fahren können [63].

7.6 Ausblick

Eine neuere Prognose zeigt den Pkw-Bestand bis zum Jahre 2050 in verschiedenen Ländern und Regionen (Abb. 7.46): Hier ist ebenfalls die drastische Steigerung in China, Indien und Südasien deutlich [64].

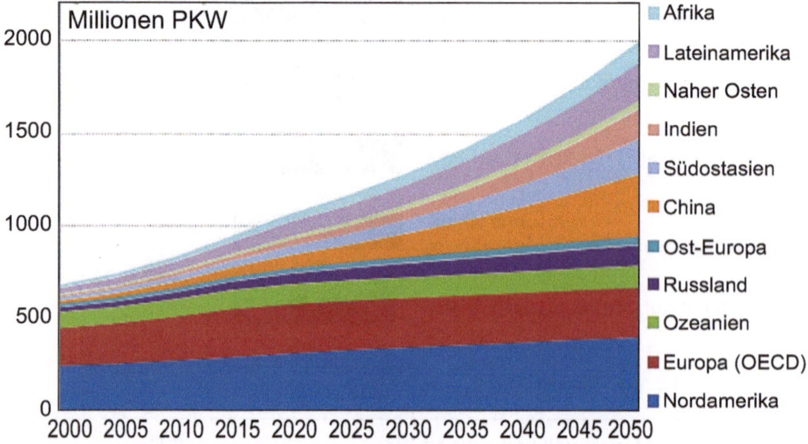

Abb. 7.46 Weltweite Entwicklung des Pkw-Bestandes 2000 bis 2050 [64]

Die Prognosen von Britisch Petroleum (BP) gehen davon aus, dass der Fahrzeugbestand weltweit von derzeit 900 Millionen bis zum Jahr 2050 auf 2 Milliarden ansteigen wird [65]. Zugleich wird die Energienachfrage bis 2030 um 60 % zunehmen. Dabei sind die Reserven der fossilen Energie auf 40 bis 50 Jahre geschätzt. Die fossilen Brennstoffe werden ab 2030 die wachsende Nachfrage nicht mehr abdecken können und deren Preis wird bis dahin stetig steigen.

Mit synthetischen Brennstoffen aus nachwachsenden Stoffen zusammen mit Brennstoffzelle, Wasserstoff, Hybrid- und Elektroantrieben wird versucht, die Lücke zu schließen. Der Kraftstoffanteil an den Gesamtkosten des Autos wird deshalb stark wachsen. Dies wird dann wiederum die Bereitschaft der Autokäufer, mehr für das Auto zu bezahlen, stark begrenzen; zuerst wird auf das Zubehör verzichtet und dann auf ein billigeres Modell umgestiegen.

Wegen der Kraftstoffknappheit und CO_2 Reduzierungsbestimmungen werden ab 2050 die Autos, die ausschließlich von einem Verbrennungsmotor angetrieben werden verschwinden und durch Hybrid-, Elektro- und Brennstoffzellen Fahrzeuge ersetzt (Abb. 7.47) [65].

Abb. 7.48 zeigt eine andere Prognose für Entwicklung der unterschiedlichen Antriebsarten, allerdings nur in der EU von 2010 bis 2030 [66]. Der Bestand der Fahrzeuge mit Benzin und Dieselantrieb wird ab 2018 stagnieren, danach wird das Wachstum von 40 Mio. Fahrzeugen bis 2030 nur durch die alternativen Energie- und Antriebsarten (LPG, CNG, Bioethanol, Hybrid-, Elektro- und Brennstoffzellenfahrzeuge) erreicht.

All diese Prognosen zeigen, dass die Mobilität durch Pkw dank der Wachstumsländer zwar in der Zukunft weiter steigen wird (in den Jahren 2010 bis 2025 von 67 auf über 105 Millionen Autos – ein Plus von 57 %), der Großteil dieser Autos wird jedoch weniger kosten als heute. Wegen der steigenden Kraftstoffkosten und strenger werdende Emissionsvorschriften müssen die Autos deutlich weniger verbrauchen. Das größte Potenzial liegt hier in einer Reduzierung des Hubraums bei gleicher Leistung zusammen

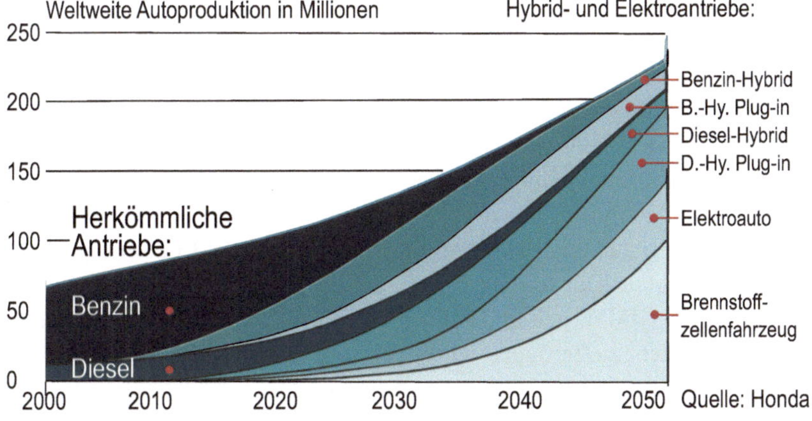

Abb. 7.47 Prognose der Antriebe in der Zukunft [65]

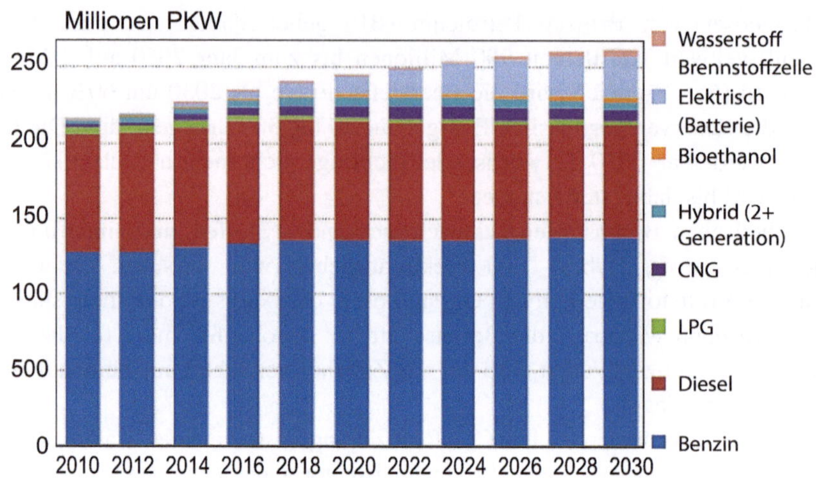

Abb. 7.48 Antriebsarten der Pkw-Flotte in der EU bis 2030 [66]

mit einer Verbesserung des Wirkungsgrades der Verbrennungsmotoren und in einer verstärkten Nutzung von Hybrid-, Brennstoffzellen- sowie Elektroantrieben.

Daraus lassen sich folgende globale Trends ableiten:

- erhöhte Anzahl an Kleinwagen,
- Aufkommen von Niedrigpreis-Fahrzeugen unter 8000 € (10 Millionen Stück in 2017),
- Wachstum an Neufahrzeugen wird von Emerging Märkten getragen,
- Reduzierung von Kraftstoffverbrauch und damit CO_2 Emission (2010 bis 2020 minus 30 %),
- Aufkommen von rein Elektrofahrzeugen (Ziel 5 Millionen in 2020 wird wohl nicht erreicht),
- Preisabfall bei allen Fahrwerkkomponenten.

Der Beitrag des Fahrwerks zur Verbrauchsreduzierung wird durch die Senkung des Gewichtes und des Rollwiderstandes realisiert. Durch Leichtlaufreifen kann schon heute der Verbrauch bis zu 8 % reduziert werden [67] und das Gewicht des Fahrwerks lässt sich durch Einsatz eines intelligenten Materialmixes und durch Einsatz von CAx-Methoden zur Bauteiloptimierung um bis zu 20 % senken [68]. Sehr interessant ist in diesem Zusammenhang der Versuch von BMW, die Karosserie des 2013 in Serie gegangenen i3 aus kohlefaserverstärkten Kunstoffen zu fertigen. Dies wird alleine ca. 100 kg Gewicht sparen [69]. Wenn es BMW gelingt, Fahrzeuge mit einer derartigen Werkstofftechnologie ohne Mehrkosten zu fertigen, wird dies die zukünftige Gestaltung von Automobilen stark beeinflussen.

Die rasantesten Fortschritte wird es aber bei der Entwicklung und Einführung neuer Fahrerassistenzsysteme geben, mit dem Ziel bis 2020 mindestens ein hochautomatisiertes Fahren zu ermöglichen.

Entsprechend der dualen Preissegmentierung wird es auch nur noch zwei unterschiedliche Fahrwerke geben: Das Fahrwerk des unteren Preissegments wird einfacher, leichter, robuster und preiswerter. Der Kostendruck wird die Hersteller dazu bewegen, mehr und mehr Standardfahrwerke zu benutzen, die mit deutlich weniger Einzelteilen in großen Stückzahlen, mit Niedriglöhnen gefertigt werden und nicht nur modell- sondern auch markenübergreifend einsetzbar sind.

Dementsprechend wird das Fahrwerk in diesem Preissegment als Verkaufsargument keine große Rolle spielen. Als kostengünstigstes Konzept gilt McPherson-Federbeinaufhängung vorn und Verbundlenkerachse hinten. Ein zeitgemäßer Sicherheitsstandard bei Fahrzeuggeschwindigkeiten bis 160 km/ h wird erwartet, es werden jedoch keine hohe Anforderungen an den Komfort gestellt, um die Herstellkosten niedrig zu halten.

Ganz anders wird es im Hochpreissegment sein. Das Fahrwerk wird wegen seines großen Einflusses auf Komfort, Sicherheit und Fahrspaß noch deutlicher als Verkaufsargument benutzt und daher technologisch auf Hightech-Niveau weiterentwickelt. Die Mehrlenkeraufhängungen und ihre Derivate werden in diesem Segment sowohl vorne als auch hinten die Standardachse bilden und die aktiven, vernetzten Fahrwerksysteme werden voll zur Geltung kommen.

Das Mittelpreissegment wird wie erwähnt, keine Hauptrolle mehr spielen und damit wird es weniger Bedarf an Fahrwerken zwischen den beiden Kategorien geben.

Mobilität wird auch in den nächsten 50 Jahren hauptsächlich mit Fahrzeugen mit Fahrbahnkontakt (auf Räder) stattfinden und daher wird das Fahrwerk auch in den nächsten 50 Jahren aktuell bleiben, unabhängig davon, was für eine Energie- bzw. Antriebsart es fortbewegt.

Die größten Änderungen in der Fahrwerktechnik der Zukunft werden durch die Technologien von Hybrid- und Elektroantrieben sowie der elektronischen Fahrwerkregelung (Aktive-, X-by-wire- oder Fahrerassistenzsyteme) herbeigeführt.

All diese Einflüsse können das Fahrwerk soweit verändern, dass die zukünftigen Fahrwerke mit diesen Antriebkonzepten sich grundsätzlich von den heutigen unterscheiden. Einen visionären Vorboten hierzu zeigt die Active Wheel von Michelin, die jedoch noch keine Serienchancen hat. Es sind auch andere, realistischere Studien bekannt, die Hinweise geben, dass die Lösungen in den Abb. 7.21, 7.22 oder 7.23 nicht zu sehr utopisch sind.

Aufgaben zum Kapitel 7 – Zukunftsaspekte des Fahrwerks
1. Was sind die Megatrends der letzten Jahre?
2. Wie könnte das Fahren in der Zukunft aussehen?
3. Was sind die wichtigsten CO^2-Einsparmöglichkeiten am Fahrzeug?
4. Warum werden alle Nebenaggregate elektrifiziert?
5. Wie groß ist das Gewichtseinsparpotenzial am Fahrwerk?
6. Wie kann man Dämpferenergie zurückgewinnen?
7. Was sind die bekannten Antriebsmöglichkeiten?
8. Was ist Mildhybrid, was sind die Vorteile?

9. Was ist Parallel-Vollhybrid?
10. Was ist das Besondere bei Elektrofahrzeugen?
11. Was sind die Nachteile der rein elektrischen Antriebe?
12. Was sind Vor- und Nachteile der Radnabenantriebe?
13. Was ist Fuel Cell?
14. Welche Eigenschaften sollte ein Stadtauto haben?
15. Wie kann man sich vorausschauende intelligente Fahrwerke vorstellen?
16. Was sind die technischen Voraussetzungen für autonomes Fahren?
17. Welche Sensorikarten kennen Sie?
18. Wie sieht die Roadmap für Autonomes Fahren nach VDA aus?
19. Welche Kraftstoffarten außer Benzin und Diesel gibt es?
20. Welche Antriebsarten werden in 2030 erwartet, in welcher Reihenfolge?

Literatur

1. Hackenberg, U.: Trends in der Fahrwerk- und Elektronikentwicklung. 17. Aachener Kolloquium, S. 1–9, Okt. (2008)
2. Burgard, J., Wyman, O.: Wo führt die Zukunft hin. In: Automobil Produktion, S. 20–28, Mai (2008)
3. N.N.: Gemeinsam Fahrtaufnehmen. DRIVE: Das ZF-Magazin 2.2015, S. 27–29, Friedrichshafen (2015)
4. Institut für Fahrzeugtechnik der TU München: Interner Bericht. TU München (2005)
5. Bähnisch, S.: Neue S-Klasse sieht alles. www.autobild.de/artikel/mercedes-s-klasse-W222-erlkoenig-update-3724651. 29.04.2013. Zugegriffen: Januar 2016
6. Krinke, S., Koffler, Ch., Deinzer, G., Heil, U.: Automobiler Leichtbau unter Einbezug des gesamten Lebenszyklus. ATZ **112**, 483–445 (2010)
7. Gies, S.: Zukünftige Herausforderungen der Fahrwerkentwicklung, S. 23. 7. IKA Tag des Fahrwerks, Aachen, Okt. (2010)
8. ZF Friedrichshafen: Interne Präsentation (2008)
9. Fuhrmann, G., Elbers, Ch., Stretz, K.: Achskinematikstudie mit radführender Querblattfeder, S. 1603–1615. 19. Aachener Kolloquium, Okt. (2010)
10. Kücükay, F.: Leichtbau im Antriebsstrang, S. 17–60. IFA Symposium, Haldesleben, Juni (2007)
11. Sievernich, W.: Neue hybride Leichtbauhinterachse für E-Fahrzeuge. Automobil Industrie. www.automobil-industrie.vogel.de/neue-hybride_leichtbau_hinterachse-fuer-e-fahrzeuge-a_545787/?cmp=nl. Zugegriffen: 16. Aug. 2016
12. Ammon, D.: Rekuperation der Dämpfungsenergie. ATZ Online (2009)
13. Naunin, D., Bader, J., Biermann, J.-W.: Hybrid-, Batterie- und Brennstoffzellenelektrofahrzeuge, 4. Aufl. Expert-Verlag, Renningen (2007)
14. Klein, B.: Nieder-Volt-Hybridisierung vor dem Serieneinsatz. Continental-Pressemitteilung: CO_2-Potenzial verhilft 48 V zum Durchbruch. 07.05.15
15. N.N.: Weniger ist mehr: Momentum 2014 – Ideen bewegen, S. 43. Auszug aus dem Geschäftsbericht Volkswagen (2013)
16. N.N.: Drei Wege in die Hybrid-Antriebszukunft. Automobil-Wirtschaft **3**, 18–19 (2007)

17. Bielefeld, M., Bieler, N.: Modulare Hybrid-Antriebssysteme. ATZ **107**(9), 738–745 (2005)
18. Schwarzer, C.M.: Elektromobilität: Mogelpackung Plug-in-Hybrid. Zeit Online. zeit.de/auto/2013-04/plug-in-hybrid. Zugegriffen: Jan. 2015
19. Seibt, T.: Wie funktioniert der Antrieb der Zukunft. Auto Motor und Sport. auto-motor-und-sport.de/news/elektro-auto-technik-erklaert_747506.html. Zugegriffen: Febr. 2015
20. Bernhard, W.: Elektromobilität – Der einzige Weg in die Zukunft. 19. Aachener Kolloquium, S. 619–633. Okt. (2010)
21. Schubert, H. Roland Berger sieht Li-Ionen-Akkublase platzen. www.elektroniknet.de/elektronik/power/23.10.2012
22. Baumann, U: Samsung kündigt Turbo-Batterie an. 20 Minuten für 500 Kilometer Reichweite. auto-motor-und-sport.de/news/samsung-kuendigt-turbo-batterie-an-20-minuten-fuer-500-kilometer-reichweite-1034774.html. Zugegriffen: 11. Jan. 2017
23. Rosin, F.: Der Akku der Zukunft. Auto Bild S. 56–57 (27. November 2015)
24. Otto, Ch.: Lithium-Luft-Batterie aus Großbritannien. Automobil Industrie Online. automobil-industrie.vogel.de/lithium-luft-batterie-aus-grossbritannien-a-510149. Zugegriffen: 1. Nov. 2015
25. Sievernich, W.: Volkswagen bringt 2020 erstes E-Fahrzeug. Automobil Industrie. automobil-industrie.vogel.de/volkswagen-bringt-2020-erstes-e-fahrzeug-a-552060. Zugegriffen: 30. Sept. 2016
26. König, L., Böcker, R., Folke, R.: Bosch Torque Vectoring foe EV – A new approach to design lateral dynamics. In: ChassisTech, S. 99–109. München, Mai (2010)
27. N.N.: Electric Twist beam Achse (ausgestellt auf der IAA 2013) ZF Mitarbeiter Zeitung, Friedrichshafen (03. 2015)
28. Advancements in electric and hybrid electric vehicle technology. SAE SP-1023. Society of Automotive Engineers, Warrendale (1994)
29. Nolte, M.: Schaeffler zeigt zweite Generation seines Radnabenmotors „E-Wheel Drive". Automotive Technologoe. 11.04.2013
30. Goroncy, J., Günnel, T.: ZF zeigt Konzeptauto für die Stadt. Mobility. AI Online. automobil-industrie.vogel.de/zf-zeigt-konzeptauto-fuer-die-stadt-a-496714. Zugegriffen: 6. Juli 2015
31. https://de.wikipedia.org/wiki/Wasserstoffantrieb. Zugegriffen: Okt. 2016
32. Debus, T.: Brennstoffzellen-Antrieb – Wasserstoff ist der neue Sprit. http://www.faz.net/aktuell/technik-motor/auto-verkehr/wasserstoff-autos-von-toyota-honda-mit-brennstoffzellen-13912571.html. Zugegriffen: 17. Nov. 2015
33. Jacobson, M.Z., et al.: A 100% wind, water, sunlight (WWS) all-sector energy plan for Washington State. Renewable Energy **86**, 75–88, S. 76, DOI: 10.1016/j.renene. 03.08.2015 (2016)
34. Kern, K.: HyCar – das erste Brennstoffahrzeug der Schweiz. esoro.ch/deutsch/content/KernK/nhqnst/hycar/hycar_1.html (2002). Zugegriffen: Januar 2015
35. Die Zukunft kostet 80.000 Euro: So fährt Toyotas Serienauto mit Brennstoffzelle. Focus.de
36. Priemwe, B.: Mercedes GLC F-Cell – Ab 2017 als Brennstoffzellen-Plug-in. Auto Motor und Sport 11. 06. (2016)
37. Benny 4: Fahrbericht, BMW Wasserstoff Brennstoffzelle in 5er GT. bimmertoday.de. Zugegriffen: 10. Juli 2015
38. Kabushiki, K.: EP 2003079412, EP 1547844/A1. Bridgestone Nagoya 29.06.2005
39. http://www.reifenfachhandel.eu/michelin-active-wheel-treibt-mit-radnabenmotoren-zwei-elektroautos-an. Zugegriffen: 6. Okt. 2008

40. Krämer, M.: Die neue Generation der Fahrerassistenzsysteme bei Mercedes, S. 753–762. 17. Aachener Kolloquium, Okt. 2008

41. N.N.: http://Kfztech.de/Kfz-Technik/Federung/abc-active-body-control. Zugegriffen: März 2013

42. N.N.: Audi A4 Fahrerassistenzsysteme – Sensorübersicht Okt. 2015. www.audi-technology-portal.de

43. N.N.: Neue Mercedes S-Klasse. http://www.sueddeutsche.de/auto. Zugegriffen: Nov. 2012

44. N.N.: VDA Magazin-Elektromobilität. Eine Alternative zum Öl. VDA Berlin, Mai 2011

45. ZF Friedrichshafen: Interner Studie für vorausschauendes Fahrwerk. Friedrichshafen (2004)

46. Gulde, D.: Technik Lexikon – TMC-Staudienst. Auto Motor Sport **12**, 44 (2009)

47. Schwarzer, Ch.: Laserscanner vor Serienstart. www.heise.de/auto/artikel/laser-scanner-vor-serienstart.Zugegriffen: 16. Nov. 2016

48. Konrad, M., Nuss, D., Dietmayer, K.: Localisation in digital maps for road course estimation. IEE Intelligent Vehicle Symposiom, Bd. IV, S. 72–92 (2012)

49. Hlubek, B., Hobein, D.: Intelligente Sensorik – Basis für perfekte Performance. ATZ **102**(12), 1118–1123 (2000)

50. Steiner, J.: Continental präsentiert Road Database. AI Online. automobil-industrie.vogel.de/continental-praesentiert-road-database-a-504444. 16.09.2015. Zugegriffen: Januar 2016

51. Kampfmann, Ch., Scheiner J.: Continental: Technik blickt nach vorne. Zulieferer. AI Online. automobil-industrie.vogel.de/continental-technik-blickt-nach-vorne-a-499733.   03.08.15. Zugegriffen: Febr. 2016

52. Sievernich, W.: Erstes Testgelände für automatisiertes Fahren. Automotisiertes Fahren. AI Online. automobil-industrie.vogel.de/engineering/articles/501293/?cmp=nl.99.   18.08.2015. Zugegriffen: Jan. 2016

53. Continental: Continental Strategie zielt auf automatisiertes Fahren. Continental Pressemitteilung, Hannover, Dezember 2012. http://www.mediacenter.continental-corparation.com

54. Heißing, B.: Wer fährt unsere Fahrzeuge in der Zukunft – Mensch oder Computer. TU München (2005)

55. N.N.: VDA-Magazin-Automatisierung, von Fahrerassistenzsystemen zum automatisierten Fahren, VDA, Berlin, S. 15 (2015)

56. N.N.: Nächste Ausfahrt Zukunft. DRIVE: Das ZF-Magazin **2.2015**, 30–37 (2015)

57. Kallweit, J.: Tesla baut Technik für autonomes Fahren in alle Autos ein. www.auto-mobil-produktion.vogel.de/hersteller/tesla-baut-technik-fuer autonomes-fahren-in-alle-autos-ein-260.html. 20.10.2016. Zugegriffen: Nov. 2016

58. http://zone.ni.com/devzone/cda/pub/p/id/377

59. Günner, T.: Studie: Automobilzulieferer solide aufgestellt – Wirtschaft. AI Online. 04.09.15

60. Berger, C., Rumpe, B.: Autonomes Fahren – Erkenntnisse aus DARPA Urban Challenge. it – Information Technology **50**(4), (2008)

61. Deutschle, S.: Das KONVOI Projekt – Entwicklung und Untersuchung des Einsatzes von elektronisch gekoppelten Lkw-Konvois auf Autobahnen, S. 881–886. 17. Aachener Kolloquium, Okt. (2008)

62. N.N.: Bosch-Studie zu Fahrerassistenzsystemen (2012)

63. Kleinhals, Ch.: Automatisiertes Fahren – „The next big thing“. Berylls Strategy Advisors, München, 15.12.2014

64. N.N.: Verteilung der globalen Autoproduktion. http://www.fraunhofer-isi-ms.de/elektromobili-taet/Media. (2012)

65. Goeudevert, D.: Die Automobilindustrie ist nicht innovativ. VDI-Nachrichten, 24.3.2006. VDI, Düsseldorf (2006)

66. Zukunft des Automobils – Krieg der Welten. ADAC Motorsport, (25.–30.12.2009). H. April 2011
67. Gilsdorf, H.J.: Effizienter Leichtbau bei Federbeinen und Achsdämpfern. 7. IKA Tag des Fahrwerk, Aachen, S. 43–52, Oktober (2010)
68. Braess, H.-H., Seiffert, V.: Vieweg Kraftfahrzeughandbuch. Springer Vieweg, Wiesbaden (2013)
69. Grundhoff, S.: Leicht ist und wird es auch nicht. http://www.focus.de/auto/neuheiten/tid-18873. 01.07.2010

Glossar

Englisch	**Deutsch**
3D modeling (software)	3D-Modellierung, Software
4-post test rig	4-Stempelanlage

A

Englisch	**Deutsch**
ABE (software)	Basistool ABE
ABS valve configuration	ABS-Ventilkonfiguration
ACC Stop&Go	ACC Stop&Go
acceleration (driveoff) behavior	Anfahrverhalten
acceleration balance	Anfahrnickausgleich
acceleration sensor	Beschleunigungssensor
acceleration support angle	Anfahrabstützwinkel
accelerator pedal module	Gaspedalmodul
accident avoidance maneuvering, full automated	Ausweichmanöver, vollautomatisiertes
acid corrosion	Säurekorrosion
Ackermann	Ackermann-Bedingung
acoustic excitations	akustische Anregung
acoustic isolation, noise isolation	akustische Entkoppelung
acoustic quality	akustische Güte
acoustics	Akustik
active body control (ABC)	Active Body Control (ABC)
active chassis stabilization	Fahrwerkstabilisierung (AFS), aktive
active cornering enhancement (ACE)	Active Cornering Enhancement (ACE)
active cruise control (ACC)	Active Cruise Control (ACC)
active four-wheel steering	aktive Vierradlenkung
active front steering	aktive Vorderradlenkung
active geometry control suspension (AGCS)	Active Geometry Control Suspension (AGCS)

© Springer Fachmedien Wiesbaden GmbH, ein Teil von Springer Nature 2020
M. Ersoy (Hrsg.), *Fahrwerklehrbuch Band 1,*
https://doi.org/10.1007/978-3-658-26712-4

active leveling	Niveauregulierung
active leveling systems	Niveauregulierungsystem
active leveling systems, hydropneumatic	Niveauregulierungsystem, hydropneumatisch
active leveling, adaptive spring systems for	Niveauregulierung, adaptives Federungssystem
active rollover protection (ARP)	Active Rollover Protection (ARP)
active safety system	Aktives Sicherheitssystem
active spring system	Aktivfederung
active steering	Aktivlenkung
active suspension control system (ASCS)	Active Suspension Control System (ASCS)
active suspension via control arm (ASCA)	Active Suspension via Control Arm (ASCA)
active tilt control (ATC)	Active Tilt Control (ATC)
active tire tilt control (ATTC)	Active Tire Tilt Control (ATTC)
active yaw control (AYC)	Active Yaw Control (AYC)
actuators	Aktuatorik
adaptive cruise control (ACC)	Adaptive Cruise Control (ACC)
adaptive materials	Werkstoffe, adaptive
adhesion	Haftung, Kraftschluss
adhesion limit	Kraftschlussgrenze
adhesion potential	Kraftschlusspotenzial
adhesive friction	Adhäsionsreibung
advanced product quality planning (APQP)	Advanced Product Quality Planning (APQP)
aerodynamic drag	Luftwiderstand
aerodynamic drag coefficient	Luftwiderstandsbeiwert
aerodynamic drag, induced	Luftwiderstand, induzierter
aerodynamic drag, internal	Luftwiderstand, innerer
agility	Agilität
agility, increased	Agilitätssteigerung
air resistance	Luftwiderstand
air resistance coefficient	Luftwiderstandsbeiwert
air spring strut	Luftfederbein
air springing	Luftfederung
air spring	Luftfeder
airborne sound transmission	Luftschallübertragung
air-filled spring/damper unit	Luft-Feder-Dämpfer
Aktakon algorithm	Aktakon-Algorithmus
aligning torque	Rückstellmoment

all wheel drive	Allradantrieb
all wheel steering	Allradlenkung
amplification function	Vergrößerungsfunktion
angle superposition steering system	Winkelüberlagerungslenkung
angular ball joint	Winkelgelenk
anti-dive	Bremsnickausgleich
antilock braking system (ABS)	Anti-Blockiersystem (ABS)
anti-roll moment, distribution of	Wankabstützung, Verteilung der
anti-spin regulation (ASR)	Antriebsschlupfregelung (ASR)
aquaplaning	Aquaplaning
articulation, cardanic	Auslenkung, kardanische
ASIL standards	ASIL-Standard
assistance systems	Assistenzsysteme
automatic leveling	Niveauregelung
autonomous driving	autonomes Fahren
auxiliary (emergency) brake	Hilfs-Bremsanlage (HBA)
axial ball joint	Axialgelenke
axial ball joint, construction	Axialgelenk, Aufbau
axial bump stop	Axialanschlag
axial runout	Planschlaggenauigkeit
axial stiffness	Axialsteifigkeit
axle	Achse
axle body	Achskörper
axle differentials, electronically-controlled	Achsdifferential, elektronisch geregeltes
axle drive	Achsgetriebe
axle drive for lateral torque distribution	Achsgetriebe, zur Quermomentverteilung
axle load shift	Achslastverlagerung
axle module	Achsmodul
axle tramp	Trampeln
axle type design catalog	Achstypen, Konstruktionskatalog

B

B/W split	S/W-Aufteilung
ball joint	Kugelgelenk
ball joint configuration	Kugelgelenk, Aufbau
ball joint housing	Kugelgelenk, Gehäuse
ball joint types	Kugelgelenk, Systematik
ball race	Kugelschale
ball stud	Kugelzapfen

barrel-shaped sealing boots	Tonnenbalg
bead core	Wulstkern
bearing/pivot systems	Lagersystem
bearing friction	Lagerreibung
bearing grease	Radlagerfette
bearing play	Lagerbetriebsspiel
bellows, boot	Balg
belt drive	Riemenantrieb
bias-ply tires	Diagonalreifen
bicyle mode	Einspurmodel
biological growth	Biologisches Wachstum
body acceleration	Aufbaubeschleunigung
body acceleration, spectral density of	Aufbaubeschleunigung, spektrale Dichte der
body damping, variation of	Aufbaudämpfung, Variation der
body natural frequency	Aufbaueigenfrequenz
body stabilization	Aufbaustabilisierung
body-borne noise transmission	Körperschallübertragung
bonded rubber components	Gummiverbundteile
bottom valve	Bodenventil
brake assistant	Bremsassistent
brake assistant, electronic (EBA)	Bremsassistent, elektronischer (EBA)
brake assistant, hydraulic (HBA)	Bremsassistent, hydraulischer (HBA)
brake assistant, mechanical (MBA)	Bremsassistent, mechanischer (MBA)
brake caliper bracket	Bremssattelhalter
brake calipers	Bremssattel
brake circuit split, diagonal	Bremskreisaufteilung, diagonale
brake circuit split, front/rear	Bremskreisaufteilung, Vorder-/Hinterachs-
brake disc materials	Bremsscheiben, Werkstoffe
brake discs	Bremsscheiben
brake discs, automated cleaning of	Bremsscheiben, Reinigungsmodul
brake discs, dishing of	Bremsscheiben, Schirmung
brake discs, floating	Bremsscheiben, schwimmend gelagerte
brake discs, modification of	Bremsscheiben, Modifikation
brake drum materials	Bremstrommel, Werkstoffe
brake fade	Bremsenfading
brake fluid	Bremsflüssigkeit
brake force booster	Bremskraftverstärker
brake force booster, active	Bremskraftverstärker, aktiver
brake force booster, hydraulic	Bremskraftverstärker, Hydraulik-
brake force booster, vacuum	Bremskraftverstärker, Unterdruck-

brake force distribution	Bremskraftverteilung
brake force distribution, electronic (EBD)	Bremskraftverteilung, elektronische (EBV)
brake force transfer	Bremskraftübertragung
brake hoses	Bremsschlauch
brake intervention in traction control (EDC)	Bremsenregelung der ASR (BASR)
brake judder	Bremsrubbeln
brake lines	Bremsleitung
brake lines, flexible	Bremsschlauchleitungen, Flexleitungen
brake lines, hard	Bremsrohrleitungen
brake linings	Bremsbeläge
brake pedal feel	Bremspedalcharakteristik
brake pedal module	Bremspedalmodul
brake pressure buildup	Bremsdruckaufbau
brake pressure buildup, predictive	Bremsdruckaufbau, vorgesteuerter
brake support angle	Bremsabstützwinkel
brake systems, future of	Bremse, Zukunft
brake, electrohydraulic (EHB)	Bremse, elektrohydraulische (EHB)
brake, electromechanical (EMB)	Bremse, elektromechanische (EMB)
brake, radial	Bremse, Radial-
brake, wedge	Bremse, Keil-
brake-by-wire	Brake-by-wire
braking behavior	Bremsverhalten
braking coefficient	Bremskoeffizient
braking control systems, electronic	Bremsregelsystem, elektronisches
braking dynamics	Bremsdynamik
braking forces	Bremskräfte
braking on a μ-split surface	Bremsen auf μ-Split
braking potential	Bremspotenzial
braking slip	Bremsschlupf
braking system	Bremssystem
braking system, enhanced stability (ABSplus)	Bremssystem, erweitertes Stabilitäts-, (ABSplus)
braking systems, design of	Bremsanlage, Auslegung
braking systems, types of	Bremsanlage, Arten
braking torque	Bremsmoment
braking while cornering	Bremsen in der Kurve
buckling force	Knickkraft
buckling safety	Knicksicherheit
bump absorption capability	Schluckvermögen
bump stop	Druckanschlag
bump stop, displacement-dependent	Druckanschlag, wegabhängiger

bump stop, elastic	Druckanschlag, elastischer
bump stop, mechanical-hydraulic	Druckanschlag, hydraulisch-mechanischer
bus systems	Bussysteme
bushings/mounts, active	Lager, aktive
bushings/mounts, adaptive	Lager, adaptive
bushings/mounts, intelligent	Lager, intelligente
bushings/mounts, radially damping	Lager, radial dämpfendes
bushings, hydraulically damped	Buchse, hydraulisch dämpfende

C

CAD model	CAD-Modell
calculation models	Berechnungsmodelle
calibration	Kalibrierung
caliper materials	Sattel-Werkstoffe
caliper specification	Sattelauslegung
camber angle	Sturzwinkel
CAN bus	CAN-Bus
carcass	Karkasse
CASE model	CASE-Modell
CASE tools	CASE-Tools
caster angle	Nachlaufwinkel
cavity	Kavität
center differential	Längsdifferenzial, Mittendifferenzial
center of gravity height, variation of	Schwerpunkthöhe, Variation
center of gravity position, variation of	Schwerpunktlage, Variation
center of wind pressure	Windangriffspunkt
central controllers	Zentralregler
centripetal acceleration	Zentrifugalbeschleunigung
change frequency	Änderungshäufigkeit
chassis acoustics	Fahrwerksakustik
chassis bushings/mounts, elastomeric	Fahrwerkslager, elastomeres
chassis components	Fahrwerk, Bestandteile
chassis composition	Fahrwerk, funktionelle Struktur
chassis control systems	Fahrwerkregelsysteme
chassis control systems, electronic	Fahrwerkregelsysteme, elektronische
chassis control systems, networking of	Fahrwerksregelungssysteme, Vernetzung
chassis control systems, simulation of	Fahrwerkregelsysteme, Simulation
chassis development	Fahrwerkentwicklung
chassis development process plan	Fahrwerkentwicklung, Ablaufplan

computer-aided engineering	Simulation, virtuelle
concept phase	Konzeptphase
concept vehicle	Konzeptfahrzeug
conical disc insert	Kegelscheibe
contact patch	Aufstandsfläche, Latschfläche
contact patch force	Radaufstandskraft
contact pressure	Kontaktdruck
continuous damping control (CDC)	Continuous Damping Control (CDC)
continuous improvement process (CIP)	kontinuierlicher Verbesserungsprozess (KVP)
contour shaping	Konturgebung
control arm	Führungslenker
control arm mounts, switchable	Querlenkerlagerung, schaltbare
control joint	Führungsgelenk
control loop, closed loop	Regelkreis, geschlossener
control loop, open loop	Regelkreis, offener
control strategies	Betriebsstrategien
control, integral	Regelung, integrale
control, networked	Regelung, vernetzte
cord fabric	Cordgewebe
corner module	Corner Modul
cornering	Kurvenfahrt
cornering behavior	Kurvenverhalten
cornering stability	Kurvenstabilität
cornering stiffness	Kurvensteifigkeit
cornering under acceleration	Kurvenfahrt, beschleunigte
correction factor	Korrekturfaktor
corrosion protection	Korrosionsschutz
corrosion resistance	Korrsionswiderstand
coupling, elastic	Kupplung, elastische
coupling-type twist beam axle	Koppellenkerachse
course angle	Schwimmwinkel
crank slider system	Schubkurbelgetriebe
crash compatibility	Crashkompatibilität
crash phases	Crashphasen
crash prediction	Crash Prediction
crash safety requirements	Crashanforderungen
crash simulation	Crashsimulation
crash system, adaptive	Crashsystem, adaptives
creep	Kriechverhalten
cross-axis joints	Hülsengelenk
cross-ply bellows	Kreuzlagenbalg

crosswind behavior	Seitenwindverhalten
crosswind coefficients	Seitenwindbeiwerte
crosswind forces	Seitenwindkräfte
crosswind sensitivity	Seitenwindempfindlichkeit
cruise control	Tempomat-Funktion
customer value	Kundenwert
CV joints, constant-velocity joints	Gleichlaufgelenke

D

damage calculation	Schädigungsrechnung
damper characteristic curves	Dämpferkennlinien
damper force calculation	Dämpfkräfteberechnung
damper joint	Dämpfergelenk
damper mounts	Dämpferlager
damper strut	Dämpferbein
damper strut suspension	Dämpferbein, Aufhängung
dampers, ERF	Dämpfer, ERF-
dampers, load dependent	Dämpfer, lastabhängiger
dampers, MRF	Dämpfer, MRF
dampers, variable	Dämpfer, variabler
damping	Dämpfung
damping bandwidth	Dämpfungsbandbreite
damping bushings	Silentbloc
damping capacity	Dämpfungsvermögen
damping coefficient	Dämpfungsbeiwerte
damping constants	Dämpferkonstante
damping properties	Dämpfungseigenschaft
damping systems	Dämpfungssystem
damping systems, adaptive (ADSII)	Dämpfungssystem, adaptives (ADSII)
damping systems, semi-active	Dämpfungssystem, semi-aktive
damping value	Dämpfungsmaß
damping, amplitude selective	Dämpfung, amplitudenselektive
damping, frequency-dependent	Dämpfung, frequenzabhängige
damping, frequency-selective	Dämpfung, frequenzselektive
damping, future of	Dämpfung, Zukunft
damping, hydraulic	Dämpfung, hydraulische
damping, load-dependent	Dämpfung, lastabhängige
damping, semi-active	Dämpfung, semiaktive
damping, stroke-dependent	Dämpfung, hubabhängige
damping, wide-band	Dämpfung, breitbandige
de Dion axle	De-Dion Achse

decay constant	Abklingkonstante
decay curve	Abklingkurve
deceleration measurement	Verzögerungsmessung
definition phase	Definitionsphase
deformation energy	Formänderungsenergie
deformation wave creation	Deformationswellenbildung
density, spectral	Dichte, spektrale
design	Konstuktion
difference angle coupling	Differenzwinkeleinheit
differential	Differenzial
differential lock	Differenzialsperre
differential lock, electronic	Differenzialsperre, elektronische
digital mockup (DMU)	Digital Mock Up (DMU)
dip painting	Tauchlackierung
disc brake	Scheibenbremse
distance assistance	Distanzassistenz
domain	Domäne
domain, lateral dynamic	Domäne, Querdynamik
domain, longitudinal dynamic	Domäne, Längsdynamik
domain, vertical dynamic	Domäne, Vertikaldynamik
domain-based classification	Domänenaufteilung
double wishbone	Doppelquerlenker
double wishbone suspension system	Doppelquerlenkerachse
double-fold sealing boot	Doppelfaltenbalg
double-headed bending tool	Doppelkopfbieger
double-sleeve joint	Doppelhülsengelenk
drive slip	Antriebsschlupf
driver assistance systems	Fahrerassistenzsysteme
driver-vehicle control loop	Regelkreis Fahrer-Fahrzeug
drivetrain	Antriebsstrang
drivetrain efficiency	Antriebsstrangwirkungsgrad
driving (dynamic) stability	Fahrstabilität
driving chassis	Fahrwerk, selbstfahrendes
driving dynamics	Fahrdynamik
driving maneuvers	Fahrmanöver
driving maneuvers, matrix of	Fahrmanöver, Systematik
driving maneuvers, standardized	Fahrmanöver, Standard-
driving resistance	Fahrwiderstand
driving resistance, power required to overcome	Fahrwiderstandsleistung
driving, autonomous	Fahren, autonomes
driving, predictive	Fahren, vorausschauendes
drum brakes	Trommelbremse

drum brakes, duo-servo	Trommelbremse, Duo-Servo-
drum brakes, simplex	Trommelbremse, Simplex-
dual pinion drive	Doppelritzelantrieb
dual-track model	Zweispurmodell
ductility	Duktilität
durability	Dauerfestigkeit
durability (service life)	Betriebslebensdauer
dust lip	Staublippe
Dynamic Drive	Dynamic Drive
dynamic hardening	Verhärtung, dynamische
dynamic load rating	Tragzahl, dynamische
dynamic stiffness	Steifigkeit, dynamische
dynamic wheel loads	Radlastdifferenz
dynamic wheel vertical force	Achslastverschiebungen

E

eCorner module	eCorner-Modul
effects analysis (FMEA)	Einflussanalyse
elastokinematic connection elements	Verbindungselement, elastokinematisches
elastokinematic testing	elastokinematische Tests
elastokinematics, modeling of	Elastokinematik, Modell
elastokinematics, optimization of	Elastokinematik, Optimierung
elastokinematics, specification of	Elastokinematik, Auslegung
elastomers	Elastomer
elastomers, components	Elastomer, Bauteil
elastomers, force-displacement curves	Elastomer, Kennlinie
elastomers, material behavior	Elastomer, Werkstoffverhalten
elastomers, materials	Elastomer, Werkstoffe
elastomers, tuned mass dampers	Elastomer, Tilger
electric parking brake (EPB)	Parkbremse, elektrische (EPB)
electric power steering	Elektrolenkung
electrical active body control (eABC)	Electrical Active Body Control (eABC)
electro-dip painting	Elektrotauchlackierung
electromagnetic suspension system	Suspension-System, elektromagnetisches
electronic parking brake	Parkbremse, elektronische
E-link (suspension)	E-Link (Aufhängung)
elongation	Dehnung
emergency steering maneuver	Notlenkmanöver
emergency steering properties	Notlenkeigenschaften
emissions, reduction of	Emissionssenkung
energy absorption	Energieabsorption

energy requirements	Energiebedarf
engine and transmission mounts	Aggregatelager
engine drag torque control (MSR)	Motor-Schleppmomentenregelung (MSR)
engine efficiency	Motorwinkungsgrad
engine intervention ASR (MASR)	Motorregelung der ASR (MASR)
engine mounts	Motorlager
engine mounts, electrically switchable	Motorlager, elektrisch schaltbares
engine mounts, hydraulic	Motorlager, hydraulisches
engine oscillations	Triebwerksschwingung
engine pivot damper	Motornickdämpfer
engine shudder	Motorstuckern
environment detection sensors	Umfeldsensorik
excitation acceleration	Erregerbeschleunigung
excitation amplitude	Erregeramplitude
excitation frequency	Anregungsfrequenz
excitation oscillations	Erregerschwingungen
excitation signal	Anregungssignal
exposure, time length of	Einwirkdauer

F

F300 LifeJet	F300 Life-Jet
F400 Carving	F400 Carving
fail-safe mode	Fail-Safe-Modus
fail-silent mode	Fail-Silent Modus
failure distribution	Ausfallverteilung
failure mode analysis	Fehlermöglichkeitsanalyse
fatigue life	Ermüdungslaufzeit
	Ermüdungslebensdauer
fingerprint, whole-vehicle handling	Fingerprint, fahrdynamischer
finite element method (FEM)	Finite Elemente Methode (FEM)
finite element method (FEM), software	Finite Elemente Methode (FEM), Software
five-link suspension	5-Lenker-Aufhängung
	Raumlenker
fixed calipers	Festsattel
flatspotting	Flat-Spot-Verhalten
flexible body model	Flexkörper-Modell
flexing resistance	Walkwiderstand
FlexRay	FlexRay
FMEA methods	FMEA-Methode
force transfer	Kraftübertragung
force transfer between road and tire	Kraftübertragung Reifen-Fahrbahn
force transfer, physics of	Kraftübertragung, Physik

force transfer, vertical	Kraftübertragung, vertikale
force-measuring wheel unit	Kraftmessfelge
force-stroke curve	Kraft-Hub Diagramm
force-velocity curve	Kraft-Geschwindigkeits-Diagramm
four-link suspension	4-Lenker-Aufhängung
four-point link	4-Punkt-Lenker
four-wheel steering	Allradlenkung
four-wheel steering, passive	Allradlenkung, passive
four-wheel-drive, all-wheel-drive	Allradantrieb
FPDS (Ford Product Development System)	FPDS (Ford Product Development System)
free rolling	Rollen, freies
frequency position	Frequenzlage
friction minimization	Reibungsminimierung
friction radius, effective	Reibradius
frictional force	Reibkraft
frictional resistance	Reibungswiderstand
front suspension	Vorderachsaufhängung
front suspension, five-link	Vorderachsaufhängung, Fünflenker-
front-wheel steering	Vorderradlenkung
fuel consumption	Kraftstoffverbrauch
full hardening	Durchhärtung
fully-supporting air spring	Luftfeder, volltragende
function architecture	Funktionsarchitektur
functional integration	Funktionsintegration
future axle drives	Achsantrieb der Zukunft
future scenarios	Zukunftsszenarien
future wheel designs	Räder der Zukunft

G

gear tooth base	Zahnfuß
gear tooth tip	Zahnkopf
geometry measurement	Geometrie-Messung
„G-G" diagram	„G-G"-Diagramm
glass transition temperature	Glastemperatur
global chassis control	Global Chassis Control
global chassis management	Global Chassis Management
globoid worm drive transmission	Globoidschneckengetriebe
GM Hy-Wire	GM Hy-Wire
Gough diagram	Gough-Diagramm
ground contact patch	Bodenaufstandsfläche
ground hook control strategy	Ground-Hook-Regelung

H

half-shafts	Seitenwellen
Hall effect sensor	Hall-Sensor
handling	Fahrverhalten
handling behavior evaluation (acc. to Bergmann)	Fahrzustandsbeurteilung nach Bergmann
handling behavior evaluation (acc. to Olley)	Fahrzustandsbeurteilung nach Olley
handling stabilization functions	Fahrstabilisierungsfunktionen
handling, evaluation of	Fahrverhalten, Beurteilung
handling, objective evaluation of	Fahrverhalten, Beurteilung, objektive
handling, subjective evaluation of	Fahrverhalten, Beurteilung, subjektive
hard points	Gelenkpunkte
harmonic excitations	harmonische Anregungen
harshness	Rauigkeit
health risk	Gesundheitsgefährdung
heat value	Heizwert
height adjustment	Niveauwahl
height-to-width ratio	Schlankheitsgrad
helical-cut gears	Schrägverzahnung
high-pressure accumulator	Hochdruckspeicher
high-speed strength	Schnelllauffestigkeit
hill-hold function	Hill-hold-Funktion
hollow-bar stabilizers	Rohrstabilisator
hot forming	Warmumformung
Hotchkiss axle	Hotchkiss-Achse
human oscillation evaluation	Schwingungsbewertung, menschliche
human-machine interface (HMI)	Mensch-Maschine-Schnittstelle (HMI)
hybrid powertrain	Hybridantrieb
hybrid vehicle	Hybridfahrzeuge
hydraulic bushing, axially-damping	Hydrobuchse, axial dämpfende
hydraulic mount	Hydrolager
hydraulically-damped („hydro") bushings	Hydrolagerbuchse
hydraulic-electronic control unit (HECU)	hydraulisch/elektronische Regeleinheit (HECU)
hydrostatic backup steering system	Notlenksystem, hydrostatisches
hysteresis loop	Hystereseschleife
hysteresis, friction from	Hysteresereibung

I

imaginary steering axis	Lenkachse, virtuelle
impact absorbers	Pralldämpfer
impulse wheel	Impulsrad
incline angle	Dachwinkel
independent suspension	Einzelradaufhängung
independent suspension with five links	Einzelradaufhängung mit fünf Lenkern
independent suspension with four links	Einzelradaufhängung mit vier Lenkern
independent suspension with one link	Einzelradaufhängung mit einem Lenker
independent suspension with three links	Einzelradaufhängung mit drei Lenkern
independent suspension with two links	Einzelradaufhängung mit zwei Lenkern
independent suspension, central link	Einzelradaufhängung, Zentrallenker
independent suspension, double wishbone	Einzelradaufhängung, Doppelquerlenker
independent suspension, front axle	Einzelradaufhängung, Vorderachse
independent suspension, kinematics of	Einzelradaufhängung, Kinematik
independent suspension, lateral link	Einzelradaufhängung, Querlenker
independent suspension, multi-link	Einzelradaufhängung, Mehrlenker-
independent suspension, rear axle	Einzelradaufhängung, Hinterachse
independent suspension, screw-link	Einzelradaufhängung, Schraublenker-
independent suspension, semi-trailing link	Einzelradaufhängung, Schräglenker-
independent suspension, spring strut	Einzelradaufhängung, Federbein-
independent suspension, swing axle	Einzelradaufhängung, Pendellenker-
independent suspension, trailing link	Einzelradaufhängung, Längslenker-
individual distribution error	Einzelteilungsfehler
individualization	Individualisierung
inertial force	Trägheitskraft
inertial resistance	Beschleunigungswiderstand
infrared (IR) temperature measurement	IR-Temperaturtechnik
initial displacement excitation	Fußpunkterregung
inner drum test rig	Innentrommelprüfstand
instantaneous center/axis of rotation	Momentanpol
integral link	Integrallenker
integrated damper control	Dämpferregelung, integrierte
integrated simulation environment	Simulationsumgebung, integrierte
internal pressure	Innendruck
internal-pressure hydroforming	Innen-Hochdruck-Umformverfahren (IHU)
involute steering rack teeth	Zahnstangen-Evolventverzahnung
irregularities, periodic	Unebenheiten, periodische
irregularities, stochastic (random)	Unebenheiten, stochastische

J

jacket tube	Mantelrohr
jacking force	Jacking Force
joint angle representation	Gelenkwinkeldarstellung
joint motion	Gelenkbewegung
joints, integrated CV/bearing	Gelenk, homokinetisches
joints, system structure	Gelenk, Systematik

K

Kamm's circle	Kammscher Kreis
kinematic analysis	kinematische Analyse
kinematic linkage	kinematische Kette
kinematic optimization	Kinematikoptimierung
kinematic parameters	Kinematikkennwerte
kinematic points	Kinematikpunkte
kinematic testing	kinematische Tests
kinematics & compliance (K&C) rig	Kinematics & Compliance Rig (K&C Rig)
kinematics/elastokinematics	Kinematik/Elastokinematik
kinematics, active	Kinematik, aktive
kingpin (steering) axis	Spreizachse
kingpin inclination	Spreizung
knuckle	Achsträger
Krempel diagram	Krempel-Diagramm

L

lane changing	Spurwechsel
lane changing assistance	Spurwechselassistenz
lane holding	Spurführung
lane holding assistance	Spurhalteassistenz
lane holding, fully automated	Spurführung, vollautomatische
lateral acceleration	Querbeschleunigung
lateral adhesion	Seitenhaftung
lateral camber force	Sturzseitenkraft
lateral dynamic control systems	Querdynamikregelsysteme
lateral dynamics	Querdynamik
lateral dynamics systems	Querdynamiksysteme
lateral force changes	Seitenkraftänderung
lateral force compensation	Querkraftausgleich
lateral force reduction	Querkraftreduzierung, Seitenkraftverlust
lateral force shear stress	Querkraftschubspannung

lateral force vs. sideslip curves	Seitenkraft-Schräglaufkennlinie
lateral force vs. tire sideslip angle curves	Seitenkraft-Schräglaufwinkel-Kennlinie
lateral forces	Seitenkräfte
lateral grip	Seitenführung
lateral slip	Querschlupf
lateral torque distribution	Quermomentverteilung
leaf spring design	Blattfederkonstruktion
leaf spring suspension	Blattfederführung
leaf spring windup	S-Schlag
leaf spring windup tendency	S-Schlagneigung
leaf springs	Blattfeder
leaf springs, made from composite	Blattfeder, Kunststoff
leaf springs, shaping of	Blattfeder, Formgebung
leaf springs, with linear stiffness	Blattfeder, mit linearer Kennlinie
leveling	Niveauausgleich
lightweight wheel bearing unit	Leichtbau-Radlagereinheit
line of effective wheel force	Radwirkungslinie
lockable differential	Sperrdifferential
load cascading	Lastenkaskadierung
load cases, standard	Lastfälle, Standard-
load changes	Lastwechsel
load changes during straight line driving	Lastwechsel, bei Geradeausfahrt
load changes, reactions to	Lastwechsel, Reaktion
load shifts	Wechselbelastung
loads data (for MBS models)	Lastdaten am MKS -Modell
load transfer	Lastenverschiebung
locking differentials	Sperrdifferenziale
long spindle	lange Lenkachse
longitudinal adhesion	Längshaftung
longitudinal distribution	Längsverteilung
longitudinal dynamic systems	Längsdynamik, Systeme
longitudinal dynamics	Längsdynamik
longitudinal force	Längskraft
longitudinal slip	Längsschlupf
longitudinal torque distribution	Längsmomentverteilung
loss angle	Verlustwinkel
low-noise tires	Flüsterreifen
lubricant film	Schmierfilm
lubricants	Schmierstoffe
lubrication	Schmierung

M

manufacturing process simulation	Fertigungsverfahren, Simulation
manufacturing tolerances	Fertigungstoleranzen
mass, unsprung	Masse, ungefederte
McPherson, suspension system	McPherson, Achse
McPherson, with two-piece wheel carrier	McPherson, mit doppeltem Radträger
mechatronic systems	System, mechatronisches
milestones	Meilensteine
model integration	Modellintegration
momentary center/axis of rotation	Momentanpol
monotube shock absorber	Einrohrdämpfer
motor angle position sensor	Motorwinkelsensor
motor vehicle fuels	Kraftfahrzeug-Treibstoffe
multi-body model	Mehrkörpermodell
multi-body simulation (MBS)	Mehrkörpersimulation (MKS)
multi-body simulation (MBS), chassis analysis	Mehrkörpersimulation (MKS), Fahrwerkanalyse
multi-body simulation (MBS), flexible models	Mehrkörpersimulation (MKS), flexible
multi-body simulation (MBS), model verification	Mehrkörpersimulation (MKS), Modellverifikation
multi-body simulation (MBS), programs	Mehrkörpersimulation (MKS), Programme
multi-body simulation (MBS), rigid-body models	Mehrkörpersimulation (MKS), Starrkörpermodelle
multi-body simulation (MBS), software	Mehrkörpersimulation (MKS), Software
multi-disc clutch	Lamellenkupplung
multi-link suspension	Mehrlenkeraufhängung
multi-link suspension system	Mehrlenkerachse
multi-point links	Mehrpunkt-Lenker
multi-pole encoder	Multipolencoder
multi-valve dampers	Mehrventildämpfer

N

natural frequencies	Eigenfrequenzen
natural frequency analysis	Eigenfrequenzanalyse
natural rubber	Naturkautschuk
navigation system	Navigationssystem
Nivomat	Nivomat

Nivomat LbW (leveling-by-wire)   Nivomat-LbW
Nivomat pump   Nivomatpumpe
noise generation   Geräuschentwicklung
noise isolation   Geräuschisolation
noise level   Geräuschpegel
noise sources   Geräuschquelle
noise, attenuation   Geräusche, Maßnahmen gegen
noise, vibration, and harshness (NVH) Noise, Vibration and Harshness (NVH)
nominal stress method   Nennspannungskonzept
notch effect   Kerbwirkung
notch impact toughness   Kerbschlagzähigkeit
NVH   NVH

O

objective test procedures   Testverfahren, objektive
one-link suspension   1-Lenker-Aufhängung
onion-shaped sealing boots   Zwiebelbalg
optimized contact patch   Optimierte Kontaktfläche
oscillatory disturbances   Schwingungsbelastungen
oscillatory phenomena   Schwingungsphänomene
oscillatory stability   Pendelstabilität
outer drum test rig   Außentrommelprüfstand
override drive   Überlagerungsgetriebe
overrun brake   Auflaufbremse
oversteer   Übersteuern
oversteer tendency   Übersteuertendenz
oxidation   Sauerstoffkorrosion

P

package (design space)   Bauraum „Package"
package model   Bauraummodell
painting   Lackieren
Panhard rod   Panhardstab
parabolic axle   Deichselachse
parabolic springs   Parabelfeder
parallel axis drive   Antrieb, achsparalleler
parameter identification   Parameteridentifikation
parameter optimization   Parameteroptimierung
parameter steering   Parameterlenkung
parameter variation   Parametervariation
park distance control (PDC)   Park Distance Control (PDC)

parking	Parkieren
parking assistance systems	Einparkassistenz
parking brake	Feststell-Bremsanlage (FBA)
	Feststellbremse
parking maneuver	Einparkvorgang
parking space recognition	Parklückenerkennung
partially-floating brake caliper	Rahmensattel
partially-floating caliper	Schwimmrahmensattel
peak response time	Peak Response Time
pedal cluster	Fußhebelwerk
pedal cluster, adjustable	Pedalwerk, verstellbares
perception sensitivity	Wahrnehmungsempfindlichkeit
perception, strength of	Wahrnehmungsstärke
perception, threshold of	Wahrnehmungsschwelle
phase angle	Phasenwinkel
phase response	Phasengängen
pinion drive power assist	Servoantrieb am Ritzel
piston rod guide	Kolbenstangenführung
pitch axis	Nickpol
pitch moment	Nickmoment
pivot bearing	Schwenklager
pivot joints	Drehgelenk
planar motion	Bewegung, ebene
planetary gear drive	Planetenantrieb
planning phase	Planungsphase
plastification	Plastifizieren
play adjustment	Spiel-Nachstellung
pneumatic trail	Reifennachlauf
powder coating, electrostatic	Pulverbeschichtung, elektrostatische
power assist	Servounterstützung
power density, spectral	Amplitudendichte, spektrale
power loss analysis	Verlustleistungsanalyse
power spectral density (PSD) analysis	Leistungsdichtespektrum, Analyse
power steering systems	Servolenksystem
powertrain mounts	Aggregatelagerung
powertrain systems	Antriebssysteme
powertrain variation	Antriebskonzept, Variation
preloaded joints	Traggelenk
pre-series vehicle	Vorserienfahrzeug
pressure drag	Druckwiderstand
pressure sensor	Drucksensor
pressure-limiting valve	Druckbegrenzungsventil

product creation process	Produktentstehungprozess
product data management (PDM)	Product Data Management (PDM)
product development environment, virtual, (VPE)	Produktentwicklungsumgebung, virtuelle, (VPE)
profile deformation, local (tire)	Profildeformation, lokale
progressive increase (force-displacement)	Progressionsanstieg
project management	Projektmanagement
proportional dampers	Proportionaldämpfer
PSD (power spectral density) analysis	PSD (Spektrale Leistungsdichte)-Analyse

Q

quality gates   Quality Gates

R

rack and pinion power steering	Zahnstangenservolenkung
rack and pinion steering	Zahnstangenlenkung
rack and pinion steering, hydraulic	Zahnstangenlenkung, hydraulische
radial displacement, limitation of	Radialwegbegrenzung
rapid prototyping	Rapid Prototyping
ratios (springs)	Übersetzung (Federn)
real-time vehicle model	Echtzeitfahrzeugmodell
rear axle, driven	Hinterachse, angetriebene
rear axle, non-driven	Hinterachse, nicht angetriebene
rear axle, types	Hinterachse, Bauarten
rear suspension, five-link	Hinterachsaufhängung, Fünflenker-
rear wheel steering, out of phase	Lenkeinschlag, gegensinniger
rear wheel steering, parallel	Lenkeinschlag, gleichsinniger
rear-axle kinematics, active	Hinterachskinematik, aktive
rear-axle kinematics, AGCS-type	Hinterachskinematik, aktive, (AGCS)
rear-axle kinematics, AHK-type	Hinterachskinematik, aktive, (AHK)
rear-axle subframe mounts	Hinterachsträgerlager
rear-wheel steering	Hinterachslenkung, Hinterradlenkung
rear-wheel steering, active	Hinterachslenkung, aktive
rear-wheel steering, closed-loop	Hinterradlenkung, geregelte
rear-wheel steering, steer angle proportional	Hinterradlenkung, lenkwinkelproportionale
REAS valve	REAS-Ventil
rebound stop	Zuganschlag
rebound stop, elastic	Zuganschlag, elastischer
rebound stop, hydraulic	Zuganschlag, hydraulischer

rebound velocity	Ausfedergeschwindigkeit
recirculating ball steering	Kugelmutterlenkung
redundancy levels	Fail-Safe-Rückfallebene
regenerative braking	Bremsen, regeneratives
regenerative braking	Rekuperation
relaxation (run-in) length	Relaxationslänge
release-level vehicle	Baustufenfahrzeug
reservoir (brake fluid)	Ausgleichbehälter
residual braking torque	Restbremsmomente
resonance	Resonanz
response curve model	Kennfeldmodell
retaining rings	Spannring
ride comfort	Fahrkomfort
ride comfort control systems	Fahrkomfortregelsysteme
rigid (live) axle suspension	Starrachse
rigid (live) axle suspension with a central link	Starrachse mit Zentralgelenkführung
rigid (live) axle suspension with longitudinal and lateral links	Starrachse mit Längs- und Querlenker
rigid (live) axle suspension with longitudinal leaf springs	Starrachse mit Längsblattfederführung
rigid (live) axle suspension, four-link	Starrachse, Vierlenker-
rigid body vibration modes	Starrkörperschwingformen
rigid-body models	Starrkörper-Modell
rim width, flange-to-flange	Felgenmaulweite
road speed, variation of	Fahrgeschwindigkeit, Variation
road surface irregularities	Fahrbahnunebenheiten
road surface, deformable	Fahrbahn, plastische
road surface, inhomogeneous	Fahrbahnoberfläche, inhomogene
road surface, uneven	Fahrbahn, unebene
road surface, wet	Fahrbahn, nasse
roadway irregularity driveover	Schlagleistenüberfahrten
roadway measurement	Streckenmessung
roadway simulation test rig	Straßen-Simulationsprüfstand (SSP)
Robust Design method	Robust Design
rod link	Stablenker
roll axis	Wankachse
roll axis, variation of	Wankachse, Variation
roll behavior	Wankverhalten
roll center	Wankpol
roll control	Wankregulierung
roll moment	Wankmoment

roll prevention (uphill starting)	Berganfahrhilfe
roll springing	Wankfederung
roll stabilization	Wankstabilisierung
roll stabilization systems	Wankstabilisierungssysteme
roll stiffness ratio, variation of	Wankfederverteilung, Variation
rolling element contact	Wälzkontakt
rolling element fatigue strength	Wälzfestigkeit
rolling noise	Rollgeräusche
rolling noise, rolling acoustics	Abrollgeräusch
rolling radius, dynamic	Rollradius, dynamischer
rolling resistance	Radwiderstand, Rollwiderstand
rolling resistance, coefficient of	Rollwiderstandbeiwert
rolling resistance, measurement of	Rollwiderstandsmessung
rolling speed (wheel speed)	Rollgeschwindigkeit
rollover prevention	Roll-Over Prevention
rotation restriction	Verdrehsicherung
rotational dampers	Rotationsdämpfer
rotational sliding joint (trunnion joint)	Drehschubgelenk
RPM compensation	Drehzahlausgleich
rubber bellows (sealing boot)	Gummibalg
rubber bushings	Hülsenlager
rubber bushings/mounts	Gummilager
rubber bushings/mounts, active	Gummilager, aktives
rubber bushings/mounts, stiffness-switchable	Gummilager, steifigkeitsschaltbares
rubber bushings/mounts, toe-correcting	Gummilager, spurkorrigierendes
rubber compound	Gummimischung
rubber networks, partially thermoreversible	Kautschuknetzwerke, partiell thermoreversibel
rubber support elements	Gummitragkörper
rubber, contour of	Gummikontur
rubber, properties of	Gummi, Eigenschaften
rubber, shaping of	Gummikontur, Gestaltung
rubber, temperature-related	Gummi, Temperatur
rubber-metal components	Gummi-Metall-Komponenten
run-flat tires	Reifennotlaufsysteme
run-in length (relaxation length)	Einlauflänge
Rzeppa-type joint	Rzeppagelenk

S

safety requirements	Sicherheitsanforderungen
safety, active and passive	Sicherheit, aktive und passive

safety-critical components	Sicherheitsbauteile
safety-flex surface	Safety-Walk-Belag
scenario analysis	Szenarioanalyse
scissor-type linkage	Scherenführung
screw wheel transmission	Schraubradgetriebe
scrub radius, negative	Lenkrollradius, negativer
seal seat	Dichtsitz
seal, dynamic	Abdichtung, dynamische
seal, static	Abdichtung, statische
sealing boots	Faltenbälge
sealing elements	Dichtung
sealing ring	Dichtring
sealing system	Dichtsystem
seat suspension	Sitzfederung
secant stiffness	Sekantensteifigkeit
second moment of area	Flächenträgheitsmoment
secondary (auxiliary) links	Hilfslenker
secondary spring rate	Nebenfederrate
self-pumping spring/damper elements	Selbstpumper
self-steering behavior	Eigenlenkverhalten
self-steering gradient	Eigenlenkgradient
semi-rigid axle	Halbstarrachse
semi-trailing arm suspension	Semi Trailing Arm Suspension
semi-trailing links	Schräglenker
sensitivity analysis	Sensitivitätsanalyse
sensor cluster	Sensorcluster
sensors, ABS	Sensor, ABS-
sensors, predictive	Sensorik, vorausschauende
sensors, suspension arm position	Sensorik
series development	Serienentwicklung
service brake	Betriebs-Bremsanlage (BBA)
service life	Laufleistung
service life and durability	Lebensdauer-Betriebsfestigkeit
service life prediction	Lebensdauervorhersage
Servotronic®	Servotronic
setting	Setzung
setting behavior	Setzkurve
setting tendency	Lagersetzneigung
shaft ring seal	Stangendichtringe
shaft sealing ring	Wellendichtring
shear modulus	Schubmodul
shear stress	Schubspannung

shimmy	Lenkradschwingung
shock absorber	Stoßdämpfer
shore hardness	Shorehärte
short spindle	kurze Lenkachse
shot peening	Kugelstrahlen
shudder	Stuckern
side-load springs	Side-Load-Feder
sideslip	Schräglauf
sideslip angle	Schräglaufwinkel
sideslip angle difference	Schräglaufwinkel, Differenz
sideslip difference	Schräglauf, Differenz
sideslip rolling resistance coefficient	Schräglaufwiderstandsbeiwert
sideslip stiffness	Schräglaufsteifigkeit
sideslip stiffness, variation of the rear	Schräglaufsteifigkeit, Variation der hinteren
silane additives	Silan-Additive
simulation models	Simulationsmodelle
single-track (bicycle) model, expanded	Einspurmodell, erweitertes
single-track (bicycle) model, expanded linear	Einspurmodell, erweitertes lineares
single-track (bicycle) model, nonlinear	Einspurmodell, nichtlineares
single-track (bicycle) model, simple	Einspurmodell, einfaches
single-wheel steering	Einzelradlenkung
sinusoidal steering	Sinuslenken
sinusoidal steering input	Sinuslenken
skyhook control strategy	Sky-Hook-Regelung
skyhook dampers	Sky-Hook-Dämpfer
SLA-suspension	Doppelquerlenkeraufhängung
sliding bushings	Gleitlager
sliding caliper	Faustsattel
sliding caliper, combined	Faustsattel, kombinierter
sliding caliper, FNR-type	Faustsattel FNR
sliding caliper, FN-type	Faustsattel FN
sliding friction, coefficient of	Gleitreibwert
sliding pair	Gleitpartner
slip	Gleiten
	Schlupf
slip angle	Schwimmwinkel
slip angle compensation	Schwimmwinkelkompensation
slip angle compensation using rear-wheel steering	Schwimmwinkelkompensation, mittels Hinterradlenkung
slip angle velocity	Schwimmwinkel, Geschwindigkeit
smart actuators	Steller, intelligenter

sound level difference	Schall-Pegeldifferenz
sound transmission velocity	Schallübertragungsgeschwindigkeit
speed control system (cruise control)	Fahrgeschwindigkeitsregler
spherical motion	Bewegung, sphärische
spring and damper selection	Feder-/Dämpferauslegung
spring carrier, coilover shock	Federträger
spring characteristics	Federcharakteristik
spring compression ratio	Federübersetzung
spring constant	Federkonstante
spring force	Federkraft
spring rate	Federrate
spring rate, static	Federrate, statische
spring seat	Federteller
spring stiffness	Federsteifigkeit
spring stiffness, wheel-specific	Federsteifigkeit, radbezogene
spring strut	Federbein
spring strut mounts, top mount	Federbeinstützlager
spring strut, suspension system	Federbein, Aufhängung
spring system	Federungssystem
spring travel, spring displacement	Federweg
spring work	Federungsarbeit
spring/damper characteristics, viscoelastic	Feder-Dämpfereigenschaften, visko-elastische
springing, future of	Federung, Zukunft
springing, hydropneumatic	Federung, hydropneumatische
springing, semiactive	Federung, semiaktive
springs	Federn
springs, fully-supporting hydropneumatic	Federn, volltragende hydro-pneumatische
springs, hydropneumatic	Federn, hydropneumatische
springs, partially-supporting hydropneumatic	Federn, teiltragende hydro-pneumatische
spring masses	gefederte Massen
stabilinks	Stabilenker
stability program, electronic controlled (ESC)	Stabilitätsprogramm, elektronisches (ESP)
stability program, expanded electronic (ESC II)	Stabilitätsprogramm, erweitertes elektronisches
stabilizer	Stabilisator
stabilizer, active	Stabilisator, aktiver
stabilizer, basic types	Stabilisator, Grundbauformen
stabilizer, cold forming of	Stabilisator, Kaltumformung
stabilizer, passive	Stabilisator, passiver

stabilizer, semi-active	Stabilisator, semiaktiver
stabilizer, shaping of	Stabilisator, Formgebung
stabilizer, switchable off-road	Stabilisator, schaltbarer Off-Road-
stabilizer, switchable on-road	Stabilisator, schaltbarer On-Road-
stabilizer arm ends	Stabilisatorschenkelenden
stabilizer arms	Stabilisatorschenkel
stabilizer links	Stabilisatorlenker
stabilizer mounts	Schulterlager
stabilizer spine	Stabilisatorrücken
stabilizer stiffness	Stabilisatorsteifigkeit
standard (rear-wheel) drive	Standardantrieb
standard interfaces	Standardschnittstellen
star-profile sleeve	Sperrstern
steady state handling	stationäres Handling
steel spring	Stahlfeder
steel spring materials	Stahlfeder, Werkstoffe
steel spring, linear	Stahlfeder, lineare
steel spring, manufacturing	Stahlfeder, Herstellung
steer angle	Lenkwinkel
steered headlight system	Kurvenlicht
steering (column) lock	Lenkschloss
steering actuators	Lenkaktuator
steering angle actuator	Lenkwinkelaktuator
steering angle correction	Lenkwinkelkorrektur
steering angle gradient	Lenkwinkelgradient
steering angle sensor	Lenkwinkelsensor
steering angle step input	Lenkwinkelsprung
steering angle, required	Lenkwinkelbedarf
steering assistance	Lenkassistenz
steering behavior	Lenkverhalten
steering behavior, steady-state	Lenkverhalten, stationäres
steering column	Lenksäule
steering column drive	Lenksäulenantrieb
steering console	Lenkungskonsole
steering damper	Lenkungsdämpfer
steering driveline	Lenkstrang
steering feel, optimized	Lenkgefühl, optimiertes
steering function	Lenkfunktion
steering kinematics	Lenkkinematik
steering layout, dynamic	Lenkungsauslegung, dynamische
steering layout, static	Lenkungsauslegung, statische
steering ratio	Lenkübersetzung

steering ratio, variable	Lenkübersetzung, variable
steering return forces	Rückstellkräfte
steering return, active	Lenkungsrückstellung, aktive
steering self-centering behavior	Lenkrückstellverhalten
steering shaft, intermediate	Lenkzwischenwelle
steering system	Lenksystem
steering system, electrohydraulic	Lenksystem, elektrohydraulisches
steering system, steer-by-wire	Lenksystem, Steer-by-wire
steering tie rods	Spurstangen
steering torque correction, automatic	Lenkmomentkorrektur, automatische
steering wheel actuator	Lenkradaktuator
steering wheel adjustment	Lenkradverstellung
steering wheel angle sensor	Lenkradwinkelsensor
steering wheel oscillations	Lenkradzittern
steering, electromechanical	Lenkung, elektromechanische
steering, future of	Lenkung, Zukunft
stick-slip behavior	Stick-Slip-Verhalten
stiffening (tire)	Versteifung (Reifen)
stiffness analysis	Steifigkeitsanalyse
straight line driving	Geradeausfahrt
straight line driving, braking during	Geradeausfahrt, Bremsen bei
strength	Festigkeit
strength (durability)	Betriebsfestigkeit
strength (durability) simulation	Betriebsfestigkeitssimulation
strength analysis	Festigkeitsanalyse
strength testing	Festigkeitsprüfung
stress pairs	Spannpaar
stress-relief annealing	Spannungsarmglühen
stroke limit	Wegbegrenzung
structural lateral force	Strukturseitenkraft
structural stress method	Strukturspannungskonzept
structure-borne noise transmission paths	Körperschalltransferpfade
subjective test procedures	Testverfahren, subjektive
subframe	Achsträger
subsystem-level tests	Subsystemprüfungen
„Super HICAS" four-wheel steering	Super-HICAS-Vierradlenkung
superposition steering	Überlagerungslenkung
support links	Traglenker
supporting force (tires)	Tragverhalten
surface irregularities	Oberflächenfehler
suspension link bushings	Lenkerlager

suspension link classification	Lenker, Systematik
suspension link manufacturing processes	Fahrwerklenker, Herstellverfahren
suspension link materials	Fahrwerkslenker, Werkstoffe
suspension model (springing)	Federungsmodell
suspension model, dual-mass	Federungsmodell, Zweimassen-
suspension model, dual-track	Federungsmodell, Zweispur-
suspension model, single-mass	Federungsmodell, Einmassen-
suspension model, single-track	Federungsmodell, Einspur-
suspension model, triple-mass	Federungsmodell, Dreimassen-
suspension spring	Aufbaufeder
	Tragfeder
suspension spring rate	Aufbaufederrate
suspension spring stiffness, variation of	Aufbaufedersteifigkeit, Variation der
suspension spring supports	Tragfederabstützung
suspension subframe	Fahrschemel
suspension subframe bushings/mounts	Fahrschemellager
suspension with one trapezoidal link	Radaufhängung mit einem Trapez-lenker
suspension, double wishbone	Radaufhängung, Doppelquerlenker-
suspension, future of	Radaufhängung, zukünftige
sustained-action brake	Dauer-Bremsanlage (DBA)
sweep	Pfeilung
sweep angle	Pfeilungswinkel
SWIFT (tire simulation model)	SWIFT
swing axles, lateral-longitudinal	Pendelachse, Quer-/Längs-
switching cycle times	Schaltzeiten
system identification	Systemidentifikation
system networking	Systemvernetzung
system safety	Systemsicherheit
system-level tests	Systemprüfungen

T

tandem master cylinder (TMC)	Tandem-Hauptzylinder (THZ)
tangential stiffness	Tangentensteifigkeit
taper	Konizität
target cascading	Zielwertkaskadierung
target simulation	Target-Simulation
teflon compound coatings	Teflon-Compound-Material
telematics data	Telematikdaten
telematics system	Telematiksystem
telescoping shock absorber	Teleskopdämpfer

telescoping (steering column) systems	Teleskoplenksäulensysteme
test rig iterations	Prüfstandsiteration
theft protection, electronic	Diebstahlschutz, elektronischer
three-dimensional motion	Bewegung, räumliche
three-link suspension	3-Lenker-Aufhängung
three-point link	3-Punkt-Lenker
threshold value control	Schwellwertregler
threshold value strategy	Schwellwertstrategie
tilt resistance	Verkippungswiderstand
tilt stiffness	Kippsteifigkeit
TIME (tire measurement) procedure	TIME-Prozedur
tire behavior modeling	Reifenverhalten, Modellierung
tire behavior, transient	Reifenverhalten, transientes
tire characteristic curves	Reifenkennlinien
tire contact patch	Reifenlatsch
tire forces	Reifenkräfte
tire interface, standardized (STI)	Reifeninterface
tire materials	Reifenmaterialien
tire measurement	Reifenmessung
tire modal analysis	Reifenmodalanalyse
tire model	Radersatzmodell, Reifenmodell
tire model, MBS	Reifenmodell, MKS
tire model, simulation	Reifenmodell, Simulation
tire model for lateral dynamics	Reifenmodell für die Horizontaldynamik
tire model for vertical dynamics	Reifenmodell für die Vertikaldynamik
Tire Model Performance Test	Tire Model Performance Test
tire model using finite elements	Reifenmodell mit Finiten Elementen
tire pressure	Reifenfülldruck
tire pressure monitoring	Reifendruckkontrolle
tire runout	Reifenrundlauf
tire spring stiffness	Reifenfedersteifigkeit
tire stiffness, variation of	Reifensteifigkeit, Variation der
tire temperature	Reifentemperatur
tire temperature, measurement of	Reifentemperatur, Verfahren
tire test rig	Reifenprüfstand
tire uniformity	Reifengleichförmigkeit
tire vibration modes	Reifenmoden
tire/roadway friction coefficient	Reifen-Fahrbahnreibwert
tires	Reifen
tires, acoustic properties	Reifenakustikeigenschaften
tires, characteristic curves	Reifen, Kennfelder
tires, construction	Reifenaufbau

tires, contact patch surface	Reifenaufstandsfläche
tires, damping of	Reifendämpfung
tires, deformation of	Reifen, Deformation
tires, evaluation criteria	Reifen, Bewertungskriterien
tires, future of	Reifen, Zukunft
tires, high performance	Reifen, High Performance
tires, rolling radius	Reifenabrollradius
tires, sensor technology	Reifen, Sensorik
tires, types	Reifen, Bauarten
tires, ultra high performance	Reifen, Ultra High Performance
tires, winter driving characteristics of	Reifen, Wintereigenschaften
toe angle adjustment	Spureinstellung
toe angle difference	Spurdifferenzwinkel
toe angle resistance	Vorspurwiderstand
toe-out, toe-in	Nachspur, Vorspur
tolerance investigations	Toleranzuntersuchungen
top mount	Kopflager
top mounts (struts & dampers)	Top-Mount
topography optimization	Topografieoptimierung
topology optimization	Topologieoptimierung
torque distribution	Momentenverteilung
torque sensors	Drehmomentsensor
torque support	Drehmomentstütze
torque vectoring	Torque Vectoring
torque vectoring, lateral	Torque Vectoring, laterales
torque-on-demand	Torque-on-Demand
Torsen differential	Torsen-Differenzial
torsion bar spring	Drehstabfeder
torsion bar spring	Torsionsstabfeder
torsion bar spring, shaping of	Drehstabfeder, Formgebung
torsional moment	Torsionsmoment
torsional spring	Torsionsfeder
torsional stiffness	Torsionssteifigkeit
torsion-type twist beam axle	Torsionskurbelachse
total distribution error	Summenteilungsfehler
total driving resistance	Gesamtfahrwiderstand
total slip	Gesamtschlupf
total spring rate	Gesamtfederrate
track width change	Spurweitenänderung
tracking	Spurhaltung
tracking control	Geradeauslaufkorrektur
traction optimization	Traktionsoptimierung

traffic jam assistance function	Stau-Assistenz
trailer stabilization	Gespannstabilisierung
trailer towing operation	Anhängerbetrieb
trailing blade suspension	Schwertlenkerachse
trailing link suspension	Längslenkerachse
transfer function	Übertragungsfunktion
transfer stiffness	Transfersteifigkeit
transmission mounts	Getriebelager
trapezoidal link	Trapezlenker
trapezoidal link suspension	Trapezlenkeraufhängung
trapezoidal link with one flexible lateral link	Trapezlenker mit einem flexiblen Querlenker
trapezoidal link with one lateral link	Trapezlenker mit einem Querlenker
trapezoidal springs	Trapezfeder
tread block deformation	Profilstollenverformung
tread blocks	Profilstollen
trial and error method	Trial and Error Methode (Versuch und Irrtum)
triangle link (A-arm)	Dreieckslenker
triangular leaf springs	Dreiecksfeder
tribology	Tribologie
tripod-type joint	Tripodgelenk
tuning	Abstimmung
turning and sliding joint	Dreh-Schubgelenk
turning radius	Wendekreis
twin trapezoidal link	Twin Trapezoidal Link
twin-tube dampers	Zweirohrdämpfer
twin-tube spring strut	Zweirohrfederbein
twist angle signal	Torsionswinkelsignal
twist beam axle	Verbundlenkerachse
twist beam axle mounts	Verbundlenkerlager
twist beam axle, dynamic	Verbundachse, dynamische
twist beam rear axle	Verbundlenkerhinterachse
twist beam suspension	Twist Beam Aufhängung
two-link suspension	2-Lenker-Aufhängung
two-point link	2-Punkt-Lenker

U

understeer	Untersteuern
uniformity, measurement of	Uniformity-Messung
unsprung masses	ungefederte Massen

V

V model	V-Modell
V plan	V-Plan
vacuum pump	Vakuumpumpe
validation	Validierung
validation using test rigs	Validierung am Prüfstand
validation, whole-vehicle	Validierung am Gesamtfahrzeug
VDA characteristics	VDA-Kennung
vehicle condition data	Fahrzeugzustandsdaten
vehicle control path	Regelstrecke Fahrzeug
vehicle deceleration	Fahrzeugverzögerung
vehicle dynamic control	Fahrdynamikregelung
vehicle dynamic control systems	Fahrdynamikregelsysteme
vehicle dynamics, simulation of	Fahrdynamiksimulation
vehicle loading	Fahrzeugbeladung
vehicle modeling	Fahrzeugmodellierung
vehicle sensor systems	Fahrzeugsensorik
vehicle stability and roadholding	Fahrstabilität und Kurshaltung
vertical dynamic control systems	Vertikaldynamikregelsysteme
vertical dynamic management	Vertikaldynamikmanagement
vertical dynamic systems	Vertikaldynamiksysteme
vertical dynamic systems, classification of	Vertikaldynamiksysteme, Einteilung
vertical dynamics	Vertikaldynamik
vertical force	Vertikalkraft
vertical load fluctuations	Vertikalkraftschwankungen
vertical springing	Vertikalfederung
vibration dampers	Schwingungsdämpfer
vibration damping	Schwingungsdämpfung
vibration sensitivity	Schwingungsempfindlichkeit
viscoelastic properties	Eigenschaften, viskoelastische
viscous clutch	Visco-Kupplung
volcano friction model	Reibungskuchen
volume expansion	Volumenaufnahme
Von Mises stress	Vergleichsspannung nach Mises

W

wandering hub	Mäandernabe
water film thickness	Wasserfilmhöhe
water-glycol mixture	Wasser-Glykolgemisch
Watt's linkage	Wattgestänge
waviness	Welligkeit

X

X-by-wire	X-by-wire
X-by-wire, future of	X-by-wire, Zukunft
X-division	X-Aufteilung

Y

yaw amplification factor	Gierverstärkungsfaktor
yaw amplification factor, steady-state	Gierverstärkungsfaktor, stationärer
yaw angular natural frequency, undamped	Giereigenkreisfrequenz, ungedämpfte
yaw behavior	Gierverhalten
yaw damping	Gierdämpfung
yaw damping coefficient	Gierdämpfungsmaß
yaw moment buildup delay	Giermomentaufbauverzögerung
yaw moment compensation	Giermomentenkompensation
yaw moment of inertia	Gierträgheitsmoment, Variation
yaw moment reduction	Giermomentabschwächung
yaw natural frequency	Giereigenfrequenz
yaw rate	Gierrate, Gierwinkelgeschwindigkeit
yaw rate deviation	Giergeschwindigkeitsabweichung
yaw rate sensor	Gierratensensor
yaw stability	Gierstabilität
yaw tendency	Gierfreudigkeit
yaw transfer behavior	Gierübertragungsverhalten

Stichwortverzeichnis